実験動物学

田嶋嘉雄
監修

江崎孝三郎
藤原公策
前島一淑
光岡知足
高垣善男
編集

朝倉書店

監修者

元 東京大学名誉教授　田　嶋　嘉　雄

編集者

大阪府立大学農学部教授　江　崎　孝三郎

日本大学農獣医学部教授
東京大学名誉教授　　　　藤　原　公　策

慶応義塾大学医学部教授　前　島　一　淑

日本獣医畜産大学教授
東京大学名誉教授　　　　光　岡　知　足

中外製薬(株)取締役薬事部長　高　垣　善　男

序

　現代的な意味での実験動物(科)学という言葉をわが国で最初に使ったのは，おそらく本書の監修者である故田嶋嘉雄(1964年)で，実験動物学と銘打ったわが国最初のテキストは，田嶋が編集した「実験動物学総論」(朝倉書店，1970年)である．田嶋は，続いて「実験動物学各論」(朝倉書店，1972年)と「実験動物学技術編」(朝倉書店，1982年)を編纂，刊行した．この3部作は，1951年の実験動物研究会設立以来，わが国の関係者が営々として研究，集積してきた実験動物に関する科学業績の集大成であり，わが国が誇ってよい実験動物学の一里塚的記念碑である．田嶋による3部作の刊行と前後して，わが国では実験動物に関する多数のテキストが出版されるようになったが，残念なことに，田嶋の書を越える本は遂に出なかった．

　この3部作は，実験動物関係者ばかりでなく，実験動物を利用する医学，生物学研究者にも広く読まれて版を重ねてきたが，実験動物学の展開に機敏に応じて随時改訂版を刊行することを求める声も高く，3部作の最終刊行の2年後の1984年には，田嶋は早くも「新しい」実験動物学テキストの編纂を決意して自ら監修者となり，江崎孝三郎，藤原公策，前島一淑，光岡知足，高垣善男の5名を編集者として作業を開始した．

　新しいテキストの執筆者に関する田嶋の選定基準は，担当項目についてアクティヴな研究活動を行っており，かつ今後10年間は研究活性が持続するであろうと予想される者であった．当初は1985年刊行を予定していたが，予想外のさまざまな事情が生じて本書の編集作業は大幅に遅れ，監修者の田嶋は新しいテキストを手にすることなく1990年8月29日に他界した．また，少なくとも10年間は現役の研究者であることが条件であったにも関わらず，執筆者の中に田嶋の他に2人の物故者があり，当時の職を退いた者も少なくない．このように不本意な結果に終わった責任の多くは監修者よりも編集者である私たちにあり，関係者に多大の迷惑を掛けたことを詫びなければならない．

　ところで，前の3部作と比べて本書の頁数はかなり圧縮されているが，総論に胚工学，モニタリング，無脊椎動物の感染病等，各論に「ヒト」等の項目を新しく設け，また，従来からの項目においては最新の研究成果を手際よく組入れ，かつ今日では不要と思われる部分を削除し，内容的に格段に優れたテキストが編纂できたと私たちは自負している．本書の刊行はまた，新しい「実験動物学」の出発点である．田嶋の遺志を継いで，さらに新しい実験動物学テキストの編纂を志す者が1人でも現れれば，本書は成功したと私たちは考える．そのような人材が生まれることを願ってやまない．

1991年11月

編集者一同

執筆者

田嶋　嘉雄	元東京大学名誉教授
前島　一淑	慶応義塾大学医学部教授
加藤　秀樹	(財)実験動物中央研究所室長
江崎　孝三郎	大阪府立大学農学部教授
西村　正彦	浜松医科大学助教授
勝木　元也	東海大学医学部教授
横山　峯介	(財)実験動物中央研究所室長
菅野　茂	東京大学農学部教授
光岡　知足	日本獣医畜産大学教授
高橋　徳太郎	(株)ヤクルト本社中央研究所主席研究員
藤原　公策	日本大学農獣医学部教授
伊澤　久夫	元北海道大学獣医学部教授
土井　邦雄	東京大学農学部教授
中川　雅郎	元国立予防衛生研究所室長
岩井　泟	酪農学園大学教授
山内　一也	東京大学医科学研究所教授
佐藤　徳光	新潟大学医学部助教授
田口　茂敏	慶応義塾大学医学部教授
菊山　栄	早稲田大学教育学部教授
河村　孝介	早稲田大学教育学部講師
小黒　千足	富山大学学長
水谷　誠	(財)日本生物科学研究所主任研究員
宿田　幸男	和光純薬工業(株)松本工場部長
中野　健司	北里大学名誉教授
安達　二朗	(株)シーエスケーリサーチパーク実験動物事業部長
小久江　栄一	東京農工大学農学部助教授
澤崎　徹	東京大学農学部助教授
辻　紘一郎	(株)シーエスケーリサーチパーク取締役
富樫　守	中外製薬(株)研究開発本部研究主査
神谷　正男	北海道大学獣医学部教授
早川　純一郎	金沢大学医学部助教授
篠田　元扶	群馬大学医学部附属動物実験施設
後藤　信男	神戸大学農学部教授
浅野　敏彦	国立予防衛生研究所獣疫部主任研究官
米田　嘉重郎	東京医科大学教授
谷岡　功邦	(財)実験動物中央研究所室長
長　文昭	国立予防衛生研究所筑波医学実験用霊長類センター室長
本庄　重男	愛知大学教養部教授
吉田　高志	国立予防衛生研究所筑波医学実験用霊長類センター主任研究官
和　秀雄	日本獣医畜産大学教授
寺尾　恵治	国立予防衛生研究所筑波医学実験用霊長類センター主任研究官
興水　馨	鹿児島大学農学部教授
城　勝哉	兵庫医科大学教授

(執筆順)

目　　次

I　総　　論

1. 序　　論 …………………………………………2
   - 1.1 実験動物学の歴史と展望 …（田嶋嘉雄）…2
     - （1）動物実験の歴史……………………………2
     - （2）実験動物の歴史……………………………4
     - （3）実験動物学の展開…………………………7
   - 1.2 動物実験と実験動物 ……（前島一淑）…9
     - （1）適正な動物実験……………………………9
     - （2）適正な実験動物……………………………14
     - （3）実験動物学と関連団体……………………18
2. 実験動物の遺伝的コントロール……………………20
   - 2.1 遺伝子と遺伝形質
     - ……………………（加藤秀樹・江崎孝三郎）…20
     - （1）はじめに……………………………………20
     - （2）遺伝子DNA………………………………20
     - （3）遺伝形質……………………………………23
     - （4）遺伝形質の変化とその原因………………25
     - （5）染色体の動きと表現型の多様性…………26
     - （6）おわりに……………………………………27
   - 2.2 育　　種 ………………（西村正彦）…27
     - （1）遺伝的統御法の分類………………………29
     - （2）遺伝分析の方法……………………………35
     - （3）開発改良のための育種計画および育種方法…………………………………………42
   - 2.3 遺伝的モニタリング
     - ……………………（加藤秀樹・江崎孝三郎）…45
     - （1）はじめに……………………………………45
     - （2）遺伝的モニタリングの対象となる系統および集団とそれらに見られる遺伝的変化…………………………………………46
     - （3）遺伝的モニタリング技術…………………48
     - （4）遺伝的モニタリングの実施方法…………51
     - （5）おわりに……………………………………53
   - 2.4 発生工学技術を用いた実験動物の開発
     - ………………………………（勝木元也）…53
     - （1）はじめに……………………………………53
     - （2）特定遺伝子の突然変異マウスを得る方法………………………………………………54
     - （3）特定遺伝子機能のアンチセンス遺伝子導入による抑制……………………………55
     - （4）遺伝子導入マウス（トランスジェニックマウス）によるヒト疾患モデルの開発と遺伝子機能の解析……………………56
     - （5）おわりに……………………………………58
   - 2.5 凍結保存技術の応用 ………（横山峯介）…59
     - （1）マウス初期胚および精子の凍結保存技術の開発と進歩……………………………60
     - （2）マウス初期胚の凍結保存技術……………61
     - （3）初期胚の凍結保存の利用効果……………63
     - （4）おわりに……………………………………64
3. 実験動物の環境コントロール………………………65
   - 3.1 環境が生体に及ぼす影響 …………………65
     - （1）実験動物をとりまく環境要因
       - ………………………………（菅野　茂）…65
     - （2）気候的要因………………（菅野　茂）…66
     - （3）物理・化学的要因………（菅野　茂）…73
     - （4）生　物　要　因…………（光岡知足）…78
   - 3.2 環境要因のコントロール
     - ………………………………（高橋徳太郎）…92
     - （1）物理・化学的要因のコントロール………94
     - （2）生物要因のコントロール…………………101
     - （3）被験物質のコントロール…………………109
     - （4）エネルギーコントロール…………………110
4. 実験動物の感染病……………………………………112
   - 4.1 感染病総論………………（藤原公策）…112
     - （1）動物実験における動物品質と実験環境の管理………………………………………112
     - （2）感染病と動物実験…………………………112
     - （3）感染病のコントロール……………………115
   - 4.2 無脊椎動物………………（伊澤久夫）…119
     - （1）昆　虫　類…………………………………119
     - （2）軟体動物および甲殻類……………………120
   - 4.3 魚　　類…………………（伊澤久夫）…120
     - （1）ウイルス病…………………………………120
     - （2）細　菌　病…………………………………121
     - （3）真　菌　病…………………………………123
     - （4）原　虫　病…………………………………123
   - 4.4 両　生　類………………（伊澤久夫）…124
     - （1）ウイルス病…………………………………124
     - （2）細　菌　病…………………………………124
     - （3）真　菌　病…………………………………124
     - （4）原　虫　病…………………………………124
   - 4.5 は　虫　類………………（伊澤久夫）…125
     - （1）ウイルス病…………………………………125
     - （2）細　菌　病…………………………………125
     - （3）真　菌　症…………………………………126
     - （4）原　虫　病…………………………………126
   - 4.6 鳥　　類…………………（伊澤久夫）…127

（1）ウイルス病 …………………127
　（2）細　菌　病 …………………129
　（3）クラミジア病 ………………130
　（4）マイコプラズマ病 …………130
　（5）真　菌　病 …………………131
　（6）原　虫　病 …………………131
　4.7　食　肉　目 ………（土井邦雄）…131
　　（1）イ　　ヌ ……………………131
　　（2）ネ　　コ ……………………134
　　（3）フェレット …………………135
　4.8　偶　蹄　目 ………（伊澤久夫）…137
　　（1）ブ　　タ ……………………137
　　（2）ヒツジ，ヤギ ………………140
　4.9　ウサギ目 …………（中川雅郎）…141

　（1）ウイルス病 …………………141
　（2）細　菌　病 …………………143
　（3）原　虫　病 …………………146
　4.10　げっ歯目 …………（岩井　泫）…149
　　（1）ウイルス病 …………………149
　　（2）マイコプラズマ病 …………155
　　（3）細　菌　病 …………………156
　　（4）真　菌　病 …………………159
　　（5）原　虫　病 …………………159
　4.11　霊　長　目 ………（山内一也）…160
　　（1）ウイルス感染 ………………160
　　（2）細菌感染 ……………………165
　　（3）寄生虫感染 …………………166

II　各　　　論

1．無脊椎動物 …………（佐藤徳光）…168
　1.1　ゾウリムシ …………………………168
　　（1）分類学的位置と二，三の形態的特徴
　　　　…………………………………168
　　（2）研究の歴史 …………………169
　　（3）特　　性 ……………………169
　　（4）研究動向など ………………169
　1.2　プラナリア …………………………170
　　（1）分類学的位置と二，三の形態的特徴
　　　　…………………………………170
　　（2）研究の歴史 …………………170
　　（3）特　　性 ……………………170
　　（4）研究動向など ………………171
　1.3　ウニ，ヒトデ ………………………171
　　（1）分類学的位置とよく使われる種 …171
　　（2）研究の歴史 …………………171
　　（3）特　　性 ……………………171
　　（4）研究動向など ………………172
　1.4　アルテミア，アメリカザリガニ……172
　　（1）分類学的位置と二，三の特徴 …172
　　（2）研究の歴史 …………………173
　　（3）特　　性 ……………………173
　　（4）問　題　点 …………………174
　1.5　ショウジョウバエ，カイコ ………174
　　（1）分類学的位置とよく使われる種 …174
　　（2）研究の歴史 …………………174
　　（3）特　　性 ……………………174
　　（4）研究動向など ………………176
　1.6　カ，ハエ，ゴキブリ ………………176
　1.7　そ　の　他 …………………………176

2．魚　　類 ……………（田口茂敏）…179
　2.1　実験動物としての魚類 ……………179
　2.2　魚類の分類 …………………………180
　2.3　メ　ダ　カ …………………………181
　　（1）メダカの生物学 ……………181
　　（2）実験動物としてのメダカ …181

　　（3）入手と飼育 …………………182
　2.4　その他の魚類 ………………………186
　　（1）キ　ン　ギ　ョ ……………187
　　（2）グッピー（guppy） ………187
　　（3）タップミノー（カダヤシ）…188
　　（4）スォードテール ……………188
　　（5）ウ　ナ　ギ …………………188
　　（6）ヌタウナギ …………………188

3．両　生　類 ………（菊山　栄・河村孝介）…189
　3.1　両生類の生活史 ……………………189
　3.2　両生類研究の歴史 …………………190
　3.3　体の構造と機能 ……………………190
　3.4　繁殖行動 ……………………………192
　3.5　実験に用いられる主な動物 ………195
　　（1）ツメガエル …………………195
　　（2）ヒキガエル …………………196
　　（3）ウシガエル …………………196
　　（4）イ　モ　リ …………………196
　　（5）メキシコサンショウウオ …196

4．は　虫　類 …………（小黒千足）…198
　4.1　分類学的位置 ………………………198
　4.2　実験動物としてのは虫類 …………198
　4.3　体長・体重・生殖・寿命 …………199
　　（1）カ　ナ　ヘ　ビ ……………199
　　（2）ヤマカガシ …………………199
　　（3）シ　マ　ヘ　ビ ……………199
　　（4）ク　サ　ガ　メ ……………199
　4.4　解　　剖 ……………………………200

5．鳥　　類 ……………（水谷　誠）…202
　5.1　ウ　ズ　ラ …………………………202
　　（1）生物分類学的位置 …………202
　　（2）実験動物になるまでの歴史 …202
　　（3）一般的性状 …………………203
　　（4）形　　態 ……………………203

（5）生　　　理 ……………………………206
　　　（6）実験動物としての生物学的特徴および
　　　　　使われ方 …………………………209
　5.2　ニワトリ …………………………………218
　　　（1）生物分類学的位置 ………………………218
　　　（2）実験動物になるまでの歴史 ……………219
　　　（3）一般的性状 ………………………………219
　　　（4）形　　　態 ………………………………219
　　　（5）生　　　理 ………………………………223
　　　（6）実験動物としての生物学的特徴および
　　　　　使われ方 …………………………224

6．食　肉　目 ………………………………………236
　6.1　フェレット ……………（宿田幸男）…236
　　　（1）生物分類学的位置 ………………………236
　　　（2）実験動物になるまでの歴史 ……………236
　　　（3）一般的性状 ………………………………236
　　　（4）形　　　態 ………………………………237
　　　（5）生　　　理 ………………………………238
　　　（6）使用目的 …………………………………239
　6.2　ネ　　　コ ……………（中野健司）…239
　　　（1）生物分類学的位置 ………………………239
　　　（2）実験用動物としてのネコ ………………240
　　　（3）生物学的特性 ……………………………242
　6.3　イ　　　ヌ ……………（安達二朗）…252
　　　（1）生物分類学的位置 ………………………252
　　　（2）実験動物になるまでの歴史 ……………252
　　　（3）一般的性状 ………………………………253
　　　（4）形　　　態 ………………………………254
　　　（5）生　　　理 ………………………………258
　　　（6）繁殖生理 …………………………………264
　　　（7）実験動物としての有用性と今後の問題
　　　　　……………………………………………265

7．偶　蹄　目 ………………………………………268
　7.1　ブ　　　タ ……………（小久江栄一）…268
　　　（1）種と系統 …………………………………268
　　　（2）一般的性状 ………………………………268
　　　（3）形態（解剖・発生）……………………269
　　　（4）生理（一般生理・繁殖生理）…………270
　　　（5）実験動物としての利用性と問題点 …273
　7.2　ヤ　　　ギ ……………（澤崎　徹）…274
　　　（1）生物分類学的位置 ………………………274
　　　（2）実験動物になるまでの歴史 ……………274
　　　（3）シバヤギの一般的性状 …………………276
　　　（4）形　　　態 ………………………………276
　　　（5）行　　　動 ………………………………278
　　　（6）シバヤギの一般生理 ……………………278
　　　（7）シバヤギの繁殖生理 ……………………278
　　　（8）実験動物としてのシバヤギ ……………278
　7.3　ヒ　　ツ　ジ …………（澤崎　徹）…279
　　　（1）生物分類学的位置 ………………………279
　　　（2）実験動物としてのヒツジ ………………279
　　　（3）一般的性状 ………………………………280

　　　（4）形　　　態 ………………………………281
　　　（5）行　　　動 ………………………………282
　　　（6）一般生理 …………………………………282
　　　（7）繁殖生理 …………………………………282

8．ウ　サ　ギ　目 …………………………………284
　8.1　ウ　サ　ギ …（辻　紘一郎・富樫　守）…284
　　　（1）生物分類学的位置 ………………………284
　　　（2）実験動物になるまでの歴史 ……………285
　　　（3）一般的性状 ………………………………285
　　　（4）形　　　態 ………………………………287
　　　（5）生　　　理 ………………………………290
　　　（6）実験動物としての生物学的特徴および
　　　　　使われ方 …………………………293
　8.2　ナキウサギ ……………（神谷正男）…295
　　　（1）生物分類学的位置 ………………………295
　　　（2）実験動物になるまでの歴史 ……………295
　　　（3）一般的性状 ………………………………295
　　　（4）形　　　態 ………………………………296
　　　（5）生　　　理 ………………………………297
　　　（6）系　　　統 ………………………………298
　　　（7）使用目的 …………………………………298

9．げ　っ　歯　目 …………………………………300
　9.1　マ　ウ　ス ……………（早川純一郎）…300
　　　（1）生物分類学的位置 ………………………300
　　　（2）実験動物となるまでの歴史 ……………301
　　　（3）一般的性状 ………………………………302
　　　（4）形態（発生・成長・解剖）……………303
　　　（5）一般生理 …………………………………311
　　　（6）繁殖生理 …………………………………314
　　　（7）遺　　　伝 ………………………………316
　　　（8）実験動物としての特徴と使い方 ……320
　9.2　ラ　ッ　ト ……………（篠田元扶）…327
　　　（1）生物分類学的位置 ………………………327
　　　（2）実験動物になるまでの歴史 ……………327
　　　（3）一般的性状 ………………………………328
　　　（4）形態（解剖・発生・成長）……………330
　　　（5）生理（一般生理・繁殖生理）…………335
　　　（6）実験動物としての生物学的特徴および
　　　　　使われ方 …………………………341
　9.3　コットンラット ………（神谷正男）…344
　　　（1）生物分類学的位置 ………………………344
　　　（2）実験動物になるまでの歴史 ……………344
　　　（3）一般的性状 ………………………………344
　　　（4）形　　　態 ………………………………345
　　　（5）生　　　理 ………………………………345
　　　（6）使用目的 …………………………………346
　9.4　ハタネズミ ……………（後藤信男）…347
　　　（1）生物分類学的位置 ………………………347
　　　（2）実験動物になるまでの歴史 ……………347
　　　（3）一般的性状 ………………………………348
　　　（4）形　　　態 ………………………………349
　　　（5）生　　　理 ………………………………351

（6）特性と利用 ……………………352
9.5　スナネズミ ……………（浅野敏彦）…357
　　（1）生物分類学的位置 ………………357
　　（2）実験動物になるまでの歴史 ……357
　　（3）一般的性状 ………………………357
　　（4）スナネズミの形態学的性状 ……358
　　（5）生　理 ……………………………358
　　（6）実験動物としての生物学的特徴および
　　　　 使われ方 ……………………………359
9.6　シリアンハムスター ……（米田嘉重郎）…361
　　（1）生物分類学的位置 ………………361
　　（2）実験動物になるまでの歴史 ……361
　　（3）一般的特徴 ………………………362
　　（4）解剖，組織 ………………………362
　　（5）発　生 ……………………………364
　　（6）成　長 ……………………………364
　　（7）生　理 ……………………………365
　　（8）繁殖生理 …………………………366
9.7　チャイニーズハムスター
　　　 ……………………（米田嘉重郎）…372
　　（1）生物分類学的位置 ………………372
　　（2）実験動物になるまでの歴史 ……372
　　（3）一般的特徴 ………………………373
　　（4）解　剖 ……………………………373
　　（5）受精，発生，精子形成 …………374
　　（6）成　長 ……………………………375
　　（7）生　理 ……………………………375
　　（8）繁殖生理 …………………………375
　　（9）実験動物としての生物学的特徴および
　　　　 使われ方 ……………………………377
9.8　モルモット ……（中川雅郎・浅野敏彦）…380
　　（1）生物分類学的位置 ………………380
　　（2）歴　史 ……………………………380
　　（3）一般的性状 ………………………381
　　（4）形　態 ……………………………382
　　（5）生　理 ……………………………384
　　（6）実験動物としての生物学的特徴および
　　　　 使われ方 ……………………………387

10. 霊長目 ……………………………386
10.1　マーモセットおよびタマリン
　　　 ……………………（谷岡功邦）…388
　　（1）生物分類学的位置 ………………388
　　（2）実験動物になるまでの歴史 ……389
　　（3）一般的特徴 ………………………389
　　（4）形　態 ……………………………390
　　（5）一般生理 …………………………392
　　（6）繁殖生理 …………………………396
　　（7）実験用動物としての利点と使用領域
　　　　 ………………………………………397
10.2　リ ス ザ ル ………………（長　文昭）…398
　　（1）リスザルの分類学的位置および自然生
　　　　 息地域 ……………………………398
　　（2）実験動物になるまで ……………398
　　（3）外観的特性 ………………………399
　　（4）リスザルの繁殖 …………………399
　　（5）おわりに …………………………400
10.3　ミドリザル（サバンナモンキー）………
　　　 ……………（吉田高志・本庄重男）…401
　　（1）生物学的特性 ……………………402
　　（2）ミドリザルの実験動物化 ………404
　　（3）おわりに …………………………406
10.4　ニホンザル ………………（和　秀雄）…407
　　（1）生物分類学的位置 ………………407
　　（2）実験動物としての歴史 …………408
　　（3）一般的性状 ………………………408
　　（4）形　態 ……………………………409
　　（5）生　理 ……………………………410
　　（6）実験動物としての生物学的特徴 …412
10.5　カニクイザル
　　　 ……………（本庄重男・寺尾恵治）…413
　　（1）解　剖 ……………………………414
　　（2）生　理 ……………………………414
　　（3）成長と加齢 ………………………421
　　（4）遺伝的コントロールと今後の課題 …423
10.6　アカゲザル ………………（谷岡功邦）…426
　　（1）生物分類学的位置 ………………426
　　（2）実験動物としての歴史 …………426
　　（3）一般的特徴 ………………………427
　　（4）形　態 ……………………………427
　　（5）生　理 ……………………………430
　　（6）実験動物としての動向とその使われ方
　　　　 ………………………………………436
10.7　ヒ ヒ 類 ……………………（和　秀雄）…437
　　（1）生物分類学的位置 ………………437
　　（2）実験用動物としての歴史 ………440
　　（3）一般的性状 ………………………440
　　（4）形　態 ……………………………441
　　（5）生　理 ……………………………442
　　（6）実験用動物としての生物学的特徴およ
　　　　 び使われ方 ………………………443
10.8　チンパンジー ……………（興水　馨）…445
　　（1）生物分類学的位置 ………………445
　　（2）実験動物になるまでの歴史 ……446
　　（3）形　態 ……………………………446
　　（4）一般的性状 ………………………447
　　（5）生　理 ……………………………448
　　（6）実験動物としての使われ方 ……450

11. ヒ　ト ……………………（城　勝哉）…452
　　（1）分類上の位置 ……………………452
　　（2）形態的特徴 ………………………453
　　（3）生理学的数値 ……………………454
　　（4）主要な臓器 ………………………461
　　（5）ヒトの脳の特性 …………………462

付　表 ……………………………………465
索　引 ……………………………………469

I. 総 論

1. 序　　論

1.1　実験動物学の歴史と展望

　科学的な立場で実験動物の品質を向上させ，動物実験の精度を高めようとする動き（しばしば実験動物の近代化運動といわれている）は，1950年前後にイギリス，アメリカならびに日本で始まった．それから10年ほど経って各国で"実験動物学（Laboratory Animal Science, Versuchstierkunde, Sciences et Techniques de l'Animal de Laboratoire)"という言葉が使われだした．この用語は，実験動物ならびにその利用（動物実験）に関する科学と技術を意味している．このように，実験動物学は20世紀半ばにいたって誕生したが，それは現在，ヒトを含めた各種動物の比較生物学に基礎を置く動物実験に関連する科学技術と理解されるようになっている．

　さて，現代的な意味での動物実験ならびに実験動物は措くとして，動物からヒトを含む生物の情報を集めるための操作（実験）は医学，生物学の揺籃の時期から試みられていたとみてよい．また，動物実験の素材である実験動物について明確な目的意識をもって探索，改良しようとする動きは19世紀に芽生えている．以下においては，動物実験ならびに実験動物がいつ最初の文献に登場したかを紹介したあと，実験動物学の歴史を簡単に述べ，その将来に触れたい．

（1）　動物実験の歴史

a.　古代ギリシャ，ローマ時代

　歴史的にも現実的にも，実験動物の最大の利用領域は医学ならびに生物学で，その医学（西洋医学），生物学の誕生の地は古代ギリシャである[1,2]．

　医聖と称されるHippocratesは科学史に現れた最初の学者の1人で，動物実験にかかわったとする記載はないが，病気を生物学的プロセスで理解していたという．ほぼ同時代のAristotelesは哲学者で生物学者であるが，各種動物の比較解剖的な検索を行い，生物学の創始者とされている．

　生きた動物を実験に使った最初の人は，多分，ギリシャ医学の流れを汲むアレキサンドリア医学の優れた解剖学者で生理学者のErasistratusであろう．彼はブタの実験で，気管が空気を運ぶパイプであり，肺が呼吸器であることを確認した[1,3]．麻酔薬のない当時は，当然のことながら，無麻酔の"生体解剖（vivisection）"である．家畜や野生動物を使った無麻酔の動物実験は，19世紀後半までつづいている．このvivisectionは意味が拡大され，現在では動物実験を指し，anti-vivisectionistとは動物実験反対論者のことである．

　ローマ時代には，Hippocrates以来の最大のギリシャ医学者といわれるGalenosが活躍している．彼は内科医であると同時に解剖学者でかつ生理学者であり，実験生理学の創始者とされている．当時，人体解剖は許されず，彼はブタ，ウシ，ヒツジ，ヤギ，ウマ，イヌ，ネコ，その他の野生哺乳類，鳥類，魚類を使って実験を行ったが[3]，動物の所見，たとえば，有蹄類特有とされている脳底部の網目状構造（rene mirable），各種動物における子宮の双角構造，肝臓の4分葉などをそのままヒトにあてはめる誤りを犯している[1]．

　しかし，Galenosの医学はその後長く信奉された．Galenosの死後，ローマでは，ローマ皇帝が公認したGalenos医学が基本とされたが，それは単なる文献の収集と注釈で，人体解剖はもちろん，動物死体の解剖も自然を冒瀆するものとして教会から禁止され，彼が示した実験的方向は顧みられなかった[4]．そして西欧は，いわゆる中世の暗黒時代を迎えた．

b.　ルネッサンス後期

　西欧では14世紀後半からルネッサンス文化が興

図 1.1　A. Vesalius(1514-1564)によるブタの実験
Cohen, B. J. and Loew, F. M. : Laboratory Animal Medicine, Historical Perspective, pp.1-17, Laboratory Animal Medicine (Fox, J. G., Cohen, B. J. and Loew, F. M., *ed*.) Acad. Press(1984).

ったが，その晩期である 16 世紀に至って医学はふたたび活性をとり戻した．この時代に動物実験を通じて際立った業績を挙げた人物が二人いる．

第1はベルギーの Vesalius で，主としてブタ，イヌの生理と解剖について研究を進め（図1.1），彼によって解剖学と生理学が結びついたといわれている．彼はまたヒトの臨床所見，ヒトの死体解剖ならびに動物の生体解剖の所見をたえず比較検討し，1543年には"De humani corporis fabrica（人体の組立てについて）"という 7 巻の大著を公表し，これによって近代解剖学の体系がほぼ確立し，彼は近代解剖学の創始者とされている．彼の研究は同時に Galenos 医学の誤りを指摘することにもなった[1]．

図 1.2　W, Harvey(1578-1657)
暉峻義等訳：動物の心臓ならびに血液の運動に関する解剖学的研究，岩波文庫，第 8 版，1979．

いま 1 人はイギリスの Harvey（図1.2）である．彼は前人未踏の計数的概念を医学に導入し，また 120 種以上の脊椎動物，無脊椎動物の生体解剖を試みた．そして，1628 年には"Exercitatio anatomica de motu cordis et sanguinis in animalibus（動物の心臓ならびに血液の運動に関する解剖学的研究）"を

フランクフルトで出版した．今日，これは医学における最高の古典とされている．彼の業績は医学に対して大きな影響を与えたばかりでなく，自然科学全体，さらには思想界や芸術界にも影響を及ぼしたという[1,5]．なお，Harvey の血液循環論の唯一の欠点は動脈血の静脈移行についての説明がないところで，それは Malpighi の毛細血管の発見により補われた[1,2]．

c.　19 世紀のフランス

時代が 1800 年代に入ると，実験医学と生物学がフランスを中心に大きく発展した．まず Magendie は，脊髄の前根（動物では腹根）が運動性で，後根（背根）が知覚性であるという Bell-Magendie の法則に名を残している．彼は子イヌの脊髄を無麻酔で切断するという"勇ましい実験"を行い，前根を切断すると刺激しても運動は見られないが，後根を切断すると感覚は消失するが運動性は残ることを 1822 年に証明した[1,6]．彼はまた，物理化学的な手法を取り入れた実験生理学的な方法を確立し，実験薬理学の創始者でもあるとされている．なお Bell はイギリスの高名な外科医で解剖学者で，1811 年に発表した私家版論文の中で，脊髄の前根に障害があると痙攣を起こすことを述べているが，後根の知覚性についての記述は不十分であったという．

図 1.3　C. Bernard(1813-1878)
Cohen, B. J. and Loew, F. M. : Laboratory Animal Medicine, Historical Perspective, pp.1-17, Laboratory Animal Medicine (Fox, J. G., Cohen, B. J. and Loew, F. M., *ed*.) Acad. Press(1984).

つぎに Bernard（図1.3）は，大生理学者として医学史上に不朽の名を残しているが，実験的研究に専念する新しいタイプの研究者であり[1]，1865 年に"Introduction à l'etude de la medicine expérimentale（実験医学序説）"を執筆した．この書は医学を学ぶ者のバイブルといわれ，各国語に翻訳されて愛読された．彼は，容易に入手できる点からみてイヌ，ネコ，ウサギ，ウシ，ヒツジなどの家畜や家禽が実験動物として第1に挙げられるが，貢献度からみればカエルが第1位であるとしている．また，今日の実験動物学が重視している実験動物の環境整備，動物種の選択，その他の動物側の諸条件を実験結果に影響する重要項目であると，すでに指摘している．そして，動物実験は基礎医学の研究に利用されるばかりでなく，もし動物を用いた比較研究がなかったならば，臨床医学は科学としての体裁を整えることはできなかったであろうと述べている．彼はまた，人類のために動物実験において動物に苦痛を与え，あるいは犠牲を強いることは道徳に反しないとしている[7]．

Pasteurは19世紀の偉大な微生物学者で，動物実験によって家禽コレラ，炭疽，狂犬病などのワクチンを開発し，動物やヒトの伝染病制圧に関する基礎ならびに応用研究にはかりしれない貢献をした．彼は動物実験には必ずしも賛成ではなかったが，その手段を使わなければ学問の進歩が望めないので，やむなく動物を研究に用いたという[8]．

d. 19世紀のその他の諸国

このように，19世紀は，フランスを中心に動物を用いた実験医学が目覚ましい進歩をとげたが，同時に動物実験に抑制を求める動きも高まる傾向を見せた．イギリスでは，1982年にSociety for the Prevention of Cruelty to Animals（1840年にRoyal Society：王立動物虐待防止協会）が作られ，1876年にCruelty to Animals Act（動物虐待禁止法）が制定されている[9]．このような動きは次第に西欧諸国の同調するところとなったが，その詳細は次節の「動物実験の倫理」の項で紹介することとして，ここでは，動物実験における麻酔薬使用について触れておくに止めたい．

上述のごとく，19世紀までの動物実験は，家畜あるいは野生動物を使っての生体解剖であったが，19世紀後半にいたって，麻酔薬を使う動物実験が現われてきた．最初の麻酔下の動物実験がいつ，だれによって行われたかは現在のところ特定できないが，1846年にアメリカのマサチューセッツ総合病院（ボストン）で下顎部血管腫の患者の摘出手術にエーテルの全身麻酔が行われたことが翌年の学会誌に公表され，それを知ったBernardなども動物実験に麻酔薬を使いだしたという．なお，イギリスの生理学者Brodieは，この最初のエーテル麻酔手術の25年前の1821年に，モルモットを用いてエーテルの麻酔効果を確認しているが，その成績の公表は1851年であったという[10]．

長らく漢方が主体であった日本の医学は，1870年（明治3年）太政官布告によって西洋流医学に代わった．いうまでもなく西洋医学はそれ以前にも，16世紀のポルトガル人による南蛮医学，17世紀のオランダ人による紅毛医学などが導入されていたから，断片的な動物実験が当時も行われていたかもしれないが，本格的な動物実験は1870年の西洋医学認知以降であろう．そして，これは20世紀に入ってからであるが，たとえば1915年には，市川，山極によるウサギのタール癌のような優れた動物実験が日本で行われている．なお，実験動物学という日本語は明治時代にも使われたことがあるが，それは今日的な「実験動物-学」ではなくて「実験-動物学」であり，貝類からげっ歯類に至る動物の解剖学を意味していた．

（2）実験動物の歴史

ここでは視点を変えて，各種の動物がいつ動物実験に初めて利用されたかについて紹介する．家畜として古い歴史をもつ動物については記述が曖昧であって不明な部分も少なくないが，通常言われているところを記しておく．

a. げっ歯類

マウスが愛玩動物として飼育されていたと思われる記録が紀元前11世紀に中国にあり，わが国には1646年に中国より（愛玩用として）渡来したという．実験動物としてのマウスの最初の使用は，18世紀のヨーロッパにおける遺伝研究においてであった模様であるが，その詳細は不明である．しかし，本格的な利用は20世紀に入ってからで，たとえば，1901年にBurckhardによる発生学の実験，1907年にLittleによる毛色の遺伝研究がある．また，Ehrlichは1906年にマウスの可移植性軟骨腫を発見している[11]．

ラットが最初に飼育されたのは18世紀後期で，イギリスやフランスで流行したラットをイヌに噛み殺

させるゲームに供給するためだったという．実験動物としては，1850年より少し前にラットを栄養学の実験に用いたという記録があるらしいが，最初の学術論文として明らかなものは，1856年に行われたPhilipeauxによる副腎除去に関する研究である．その後，動物学的実験（Donaldson：1893年）や心理学実験（Steward：1898年，Kline：1899年，Small：1900年）に使われ，次第にラットの利用分野はひろがっていった[12,13]．

また，家畜や野生動物の流用ではなく，明確に研究を意図して育成された動物を実験に使おうとする動きも19世紀の後半にヨーロッパで芽生え，実験用ラットが生産，供給されたという[12]．これは，1970年代に作られた用語 purpose bred (laboratory) animals に相当する動物である．また，実験用ラットは明治時代に日本にも輸入され，1910年に東京大学で実験に使われた記録がある．しかし，素性の明らかな実験動物が日本で生産されるようになったのは1940年以降である．

モルモットは，16世紀にスペイン人によって南米よりヨーロッパにもち込まれ，愛玩用としての飼育が始まり，1780年にはLavoiserによって発熱実験に用いられたという記載がある．明確な実験動物学的目的をもつ使用は，1920年のWrightによる遺伝，育種学的研究が最初である[14]．

シリアンハムスターに関する最初の記載は，1839年のWaterhouseによるとされているが，実験動物としての飼育記録は1930年に始まる．それは，エルサレムにあるヘブライ大学のAharoniがシリアからもち帰り生き残った3匹（雄1，雌2）で，その繁殖子孫が，当地では入手困難であったチャイニーズハムスターの代わりに，Adlerによってカラアザールの実験に用いられたという．そして現在，世界中で実験用に使われているシリアンハムスターは，すべてこの3匹の子孫であるという[15]．

チャイニーズハムスターは，1919年にHsiehによって北京街頭で購入され，肺炎球菌の研究に初めて使われた．彼は，当時マウスが高価で入手困難であったため，マウスの代用品としてチャイニーズハムスターを用いたという．その後も野生の動物を使う状態が続いたが，1950年代に入って実験室内繁殖が可能になった[15]．

スナネズミは，中国東北部や蒙古東部に生息しているが，1935年に旧満州国の大連衛生研究所の春日から北里研究所の長野のもとに送られ，1949年以降，実験動物中央研究所の野村によって本格的な実験動物化が進められた．1954年に米国のSchwentkerに，1956年に東大伝染病研究所の鈴木に分与され，これらの研究者を通して次第に世界各地にひろがった[16]．

b．その他の動物

ウサギ（アナウサギ）の家畜化は，紀元前1世紀ごろローマ人によってイベリア地方で行われ，8〜10世紀にはヨーロッパ全土にひろがったという．実験動物としてだれが，いつ，どこで最初に使ったかは明らかでないが，少なくとも1920年には，米国ハーバード大学のCastleが遺伝研究のためにさまざまな品種を収集，維持している[17]．日本には，家畜として明治時代前期に輸入され，主として軍需用に当てられ，現在日本白色種と呼ばれている品種も生まれたが，実験動物用として近交化が始まったのは1965年である（日本生物科学研究所）．

イヌは，おそらく最も古い家畜であり，少なくとも紀元前656年（春秋戦国時代）に中国の晋国で食物に入れられた毒物を検知するために使われたことが記録されている．研究のためのイヌの使用は，ヨーロッパで17世紀ごろから始まった模様である．しかしながら，20世紀に入ってからの1911年のPavlovによる条件反射に関する研究は有名であるが，今日的な意味での実験動物としてのイヌの研究の開始は第2次大戦以後であり，現在でもビーグル種を除くと，イヌに関する実験動物学的検討は十分とはいい難い．

ネコとヒトの共同生活は数千年前より始まったが，実験動物の使用は19世紀の後期であるという．しかし，遺伝的，環境的にコントロールされた実験動物としてのネコの繁殖集団を作出しようとする試みは，世界的に見て多くは1960年代に入ってからであり，十分な成果が挙がっているとはいえない．

家畜としてのブタを実験に利用した例は，紀元前3世紀のErasistratus以来少なくないが，今日的な意味での実験動物としての積極的な使用は，1970年代に入ってから本格化したと見るべきである．それは西欧における動物実験反対運動と無縁でなく，とくに，イヌの研究利用に対する強い批判の対応策として，代わりにブタをあてようとする試みが一つの

要因である．その結果，育種的に体重が 40〜60 kg 程度の小型ブタを作出し，微生物的に SPF 状態で維持する方向に向かっているが，現在のところは，マウス，ラットの水準には遠く及ばない．

サル類については，2 世紀にギリシャの Galen がヒヒやバーバリエープを解剖したという記録があるそうであるが，「生きた」サル類を医学研究に用いた最初の例は，1873 年の Ferrier によるボンネットモンキーを使った脳の機能に関する実験だという．1890 年には Horsley と Beevor がオランウータンを神経生理学研究に，1894 年には Heape がアカゲザルを生殖生理学研究に用いている[18]．20 世紀に入ると，サル類は結核，小児麻痺等の感染病研究や心理学研究に使われだした．サル類を遺伝学的，微生物学的あるいは環境的に規制した条件で維持，繁殖する試みは，主に 1960 年代より各国で試みられてきたが，十分な成果が挙がったという段階にはいたっていない．

c．実験動物関連学協会

まず，実験動物に関する国際的組織について述べる．1956 年，実験動物に関わる国際組織として ICLA (International Committee on Laboratory Animals：実験動物国際委員会) が設立された．この組織は 1979 年に改組されて ICLAS (International Council for Laboratory Animal Sciences：国際実験動物学会議) となり，各国を代表する National Member (1988 年現在 44)，各国の該当学術団体を代表する Scientific Member (10)，各種の国際的学術団体を代表する Union Member (4) ならびに援助団体である各国の企業体による Associate Member から構成されている．わが国は 1963 年以来 Member を送っているが，現在は日本学術会議が National Member，(社) 日本実験動物学会が Scientific Member となっている．

各国の組織として，アメリカには Animal Care Panel (ACP) が発展した American Association for Laboratory Animal Science (AALAS，機関誌：Laboratory Animal Science)，カナダには Canadian Association for Laboratory Animal Science (CALAS)，イギリスには Laboratory Animal Science Association (LASA とドイツの GV の共同学術誌：Laboratory Animals)，ドイツには Gesellschaft für Versuchstierkunde (GV)，フランスには La Sociètè Francaise d'Experimentation Animale (SFEA) 等の学協会が各国にあり，活発に活動を続けている．そして，ヨーロッパの連合学術組織として Federation of European Laboratory Animal Science Association (FELASA) がある．

図 1.4 安東洪次 (1893-1976)
実験動物，**26**，3，1976．

実験動物に関するわが国の唯一の研究学術団体は，(社) 日本実験動物学会である．この学会は 1951 年に安東ら (図 1.4) によって提唱，設立された実験動物研究会が発展したもので，その活動の過程において日本実験動物機材協議会，日本実験動物技術者協会，日本実験動物協同組合，日本実験動物飼料協会，(社) 日本実験動物協会等の団体があいついで設立された (表 1.1)．これらの名称から容易に想像がつくように，機材協議会，協同組合，飼料協会は，それぞれ動物飼育器具 (材料) の製造販売，実験動物の生産販売，飼料の製造販売に関係する団体であり，技術者協会は，実験動物技術者の研修，情報交換，親睦団体である．実験動物協会は農林水産省の

表 1.1 実験動物関係諸団体

団体名	設立年度	備考
(社) 日本実験動物学会	1951 年	旧実験動物研究会
日本実験動物機材協議会	1964 年	
東海実験動物研究会	1965 年	旧東海実験動物談話会
日本実験動物技術者協会	1966 年	旧実験動物技術者懇談会
日本実験動物協同組合	1970 年	旧日本実験動物生産販売業協会
静岡実験動物研究会	1971 年	
日本実験動物飼料協会	1971 年	
埼玉実験動物研究会	1976 年	
信州実験動物研究会	1981 年	
岡山実験動物研究会	1982 年	
九州実験動物研究会	1984 年	
関西実験動物研究会	1984 年	
琉球実験動物研究会	1984 年	
(社) 日本実験動物協会	1985 年	

肝入で最近設立された社団法人で，実験動物の供給体制の安定化を大きな目標の一つとしているが，公益法人として，かつて学会が行っていた実験動物技術者の教育，資格認定事業を引き継いでいる．実験動物研究会（現日本実験動物学会）の活動ならびに各種団体の設立の歴史は，まさしくわが国の実験動物をとり巻く諸条件の改善と，実験動物学の進展の歴史であった．そして，現在の実験動物学会はもっぱら実験動物学に関する基礎および応用研究の推進を目指しており，「実験動物」は同学会の機関誌である．また，各地にはそれぞれの地方名を付した実験動物研究会が設立され，実験動物に関する研究，技術の改善，啓蒙等の幅広い地域活動を続けている．

（3） 実験動物学の展開

a. 実験動物の品質の向上

繰り返し述べてきたように，現代の実験動物学は適正な動物実験を実施するために芽生え，発展してきた．実験動物学研究者が初期に手がけた課題に，実験動物の遺伝学的，微生物学的品質の向上がある．具体的には，実験動物の遺伝的背景の均一化．たとえば近交系やクローズドコロニーの確立，ならびに，病原体汚染が少ない（通常は存在しない）SPF動物群の確立である．そして，良質の実験動物の安定供給も重要な課題であった．また，実験成績を安定させるため，実験動物の飼育器具，器材の改良とともに，温度，照明等の環境因子をできるだけ一定にすることも強調されてきた．そしてこのような努力は，欧米やわが国では，1960年代に一応の成果を収めたということができる（現状で十分という意味ではない）．

実験動物の品質向上のつぎのステップは，その品質が確かに意図した通りの状態にあるか否かを保証することである．それが遺伝学的，微生物学的モニタリングである．1980年代の半ばには，マウス，ラットのモニタリングに関する技術的検討ならびに実施のシステム化に一通りの目処が立ったということができよう．しかし，モルモットその他のげっ歯類，ウサギ，イヌ，ネコ，サル類等の実験動物の遺伝ならびに微生物モニタリングについては，今後の問題である．

実験動物学の誕生当時は，実験動物の品質向上の要求が実験精度向上のために医学，生物学研究者の中から生じ，彼ら自身がこの問題に真剣にとり組んでいた．しかしその後，実験動物そのものを研究テーマとする「実験動物学研究者」と，動物を実験に利用するだけの「医学，生物学研究者」に分化が起こり，実験動物の品質は（一般論として）かくあるべしとする前者と，実験動物の品質を（各論的に）自分の研究目的に合致すればよいとする後者の間に溝が生じ始めたといわざるを得ない．適正な動物実験を実施するためには，実験動物学研究者はいま一度，医学，生物学研究者に，実験動物に何を望むかと問い直し，彼らが求めるそれに実験動物の品質向上の目標を合致させなければならない．

b. 新しい実験動物

実験動物学の課題の一つにより適切な実験動物種の導入（実験動物化）があり，一部の研究者によって熱心に進められてきた．その例としてスナネズミ，マストミス，アフガンナキウサギ，スンクス等の実験動物化を挙げることができるが，多くの努力にもかかわらず，残念ながらいろいろな意味で，マウス，ラットを越える新しいタイプの実験動物は得られなかったし，近い将来得られる可能性も少ないのではなかろうか．

ところでヒトの疾患を研究する場合，ヒトの疾患に似た状態を実験的に動物に作り出す（実験発症疾患モデル動物）よりも，実験動物や野生動物を丹念に観察してヒト疾患類似の異常を示すミュータント個体（自然発症疾患モデル動物）を発見し，その子孫を大量生産する方式のほうがはるかに現実的で，事実われわれは，後者の方式によって多くの疾患モデル動物を手にすることができた．このように積極的に研究目的に適った実験動物を探そうとする動きは1970年代より活発になり，その活動は現在も衰えを見せていない．

しかし最近は，より積極的な試みがある．たとえば，ヒト疾患に関与するヒトの遺伝子を実験動物の卵に導入し，ヒト疾患の遺伝子をもった実験動物を作出しようとする試みである．上記の実験動物に見られる疾患モデルは，いかにヒト疾患と類似であってもヒト遺伝子によって発現した異常ではないが，ここで作られるヒト遺伝子導入動物は，よりヒト疾患に近いと思われる．また，ヒトの消化管内容物を無菌動物に直接経口投与することも試みられている．このような動物は，ヒト消化管から各種の細菌

を個別に分離し，組合わせて無菌動物に投与して作るノトバイオートよりも，保有するフローラがヒトに近い可能性が高い．

c. 明日の実験動物学

医学，生物学が必要とする実験素材（実験動物）を研究の場に導入する上述の方向自体は間違っていないが，一つの学問体系を形成するためには，その学問の基盤となるものがなくてはならない．学問的基盤のないものは単なる技術であって科学ではない．実験動物学研究者は，実験動物の品質向上等に追われて，実験動物学の基盤の整備，つまり基礎領域の研究をなおざりにしてきたきらいがないわけではない．実験動物学の基礎は，次節において触れるように，動物の種の異同を解析する比較動物学であり，比較動物学的研究こそ実験動物学研究者が早急にとり組むべき課題である．

比較動物学の目的は，たとえばマウスとヒトの異同を明らかにして，マウスを用いた実験成績からヒトの知識を効果的に入手するための普遍原理を導きだすことである．したがって，ヒトを除いて動物だけを比較検討してきたこれまでの比較動物学とは一線を画さなければならない．実験動物学においては，ヒトも生物種の一つである．この考え方は，ヒトを一動物種として医学研究を進めるバイオメディカルリサーチ biomedical research と一脈通じるものである．外挿の問題を扱ううえで，また動物福祉の立場で実験動物の代替を積極的に捜すためにも，比較動物学はとくに重要な分野であるが，この領域に手を染めた実験動物学研究者は極めて少ない．今後の重点研究課題である．

言うまでもないことであるが，適正な動物実験の実施のために，一層の実験動物の品質向上，安定供給，新しい動物種の探索等にも，今後とも実験動物学研究者は努めなければならない．これまでの実験動物学は，遺伝学ならびに微生物学領域においてはある程度の成果を挙げてきたが，物理学的，化学的環境条件が実験動物の生理状態に及ぼす影響の解析と，そのコントロールについての検討はまだ十分でない．環境条件を扱うにあたっては，とくに生物リズムを重視した時間生物学的な観点からの検討が将来必要であろう．また，動物からヒトを含む各種の動物の情報を的確に入手するため，動物実験にかかわる技術の開発と改良に努めて，一定の教育，訓練が終わった医学，生物学研究者ならばだれでも実施できる実験技術を普及しなければならない．この際にも，医学，生物学の科学上のニーズをつねに考慮しながらことに当たるべきことは同然である．

現代科学は社会と無縁で存在することは許されないから，動物実験に関して研究者に倫理的配慮を求める社会的な要請も考慮しなければならない．このような分野についても実験動物学研究者は関与し，医学，生物学研究者に適正な動物実験を実施するよう働きかけなくてはならない．

〔田嶋嘉雄〕

文　献

1) 川喜田愛郎：近代医学の史的基盤，岩波書店（1975）．
2) 井上常恒：医学史概論．内田老鶴圃新社（1980）．
3) Cohen, B. J.: The early history of animal experimentation. I. Antiquity. *Proc. Anim. Care.*, **9**, 39-45 (1959).
4) Cohen, B. J. & Loew, F. M.: Laboratory animal medicine ; Historical perspective. *In* Laboratory Animal Medicine. Fox, J. G. *et al* (ed.). Academic Press (1984).
5) ウイリアム・ハーヴェイ（暉峻義等訳）：動物の心臓ならびに血液の運動に関する解剖学的研究（第8刷）．岩波書店（1979）．
6) Sechzer, J. A.: The ethical dilemma of some classical animal experimentation. *Ann. N. Y. Acad. Sci.*, **406**. 5-12 (1983).
7) クロード・ベルナール（三浦岱栄訳）：実験医学序説（岩波文庫，第11刷）．岩波書店（1975）．
8) Loew, F. M.: Developments in the history of the use of animals in medical research. *In* "Scientific Perspectives in Animal Welfare". Dodds, W. J. & Orlans, F. B. (ed.). Academic Press (1982).
9) Heath, M.: British law relating to experimental animals—its provisions and restrictions. *Anim. Tech.*, **37**, 131-135 (1986).
10) Thomas, K. B.: Benjamin Brodie ; Physiologist. *Med. History*, **8**, 286-291 (1946).
11) 農林水産省畜産局家畜生産課監修：第3の家畜．地球社（1986）．
12) Lindsey, J. R.: Historical fundation. *In* "The Laboratory Rat". Vol. 1. Baker, H. J. *et al* (ed.). Amer. Col. Lab. Anim. Med. Series. Academic Press (1979).
13) 石橋正彦，高橋寿太郎，菅原七郎，安田泰久編：実験動物学「ラット」．講談社（1984）．
14) Wagner, J. E.: Introduction and taxonomy. *In* The Biology of the Guinea Pig. Wagner, J. E. & Manning, P. J. (ed.). Academic Press (1976).
15) 奥木　実：ハムスター類．実験動物学各論（田嶋嘉雄編）．朝倉書店（1972）．
16) 奥木　実：その他の小動物．実験動物学各論（田嶋嘉雄編）．朝倉書店（1972）．
17) 石橋正彦，佐久間勇次：ウサギの歴史と現状．ウサギ（佐久間勇次監修）．近代出版（1988）．
18) 田中利男：霊長類．実験動物学各論（田嶋嘉雄編）．朝倉書店（1972）．

1.2 動物実験と実験動物

(1) 適正な動物実験

a. 動物実験の目的と理由

科学上の用に供する動物を実験動物 laboratory animal という．動物を科学上の用に供するとは，研究，すなわち実験（仮説の検証），試験（未知の性質の検索），教育（知識，技術等の伝達），材料採取（研究素材，医薬品原料等の入手）の目的に動物を利用することである．動物を用いる研究の一手段である動物実験を狭く考えれば，動物からヒトを含む同種ないし異種の動物に関する情報を集める手続きで，通常は，動物に何らかの処置が加えられて反応が観察される．したがって，拘束を加えることなく野性動物の行動を観察する生態学的研究，情操教育を加味した小中学校での動物飼育，大学における学生実習，ワクチン製造等は動物実験の範疇に入らないとする意見が強い．動物福祉あるいは法的規制の視点からの適正な動物実験についてはあとでくわしく触れるが，動物にほとんど苦痛を与えないという点で，畜産学における栄養実験，品種改良実験等も狭い意味での動物実験から外すべきだという主張もある．しかしいずれの場合も，動物を科学的な目的に利用していることには違いない．そこで本書では，科学研究のために動物を拘束し，処置を施し，反応を検索することをすべて動物実験とみなし，科学教育のため，および研究ないし医薬品の材料として動物を利用することを包含させる．

さて，動物実験を行う目的と理由は，つぎの3点に要約できる．

　科学的理由：単純な系による実験の実施（正確なデータの収集）
　経済的理由：能率的な実験の実施（安価な実験の実施）
　倫理的理由：人道上あるいは動物福祉の立場からの要請

科学的な立場からいえば，動物実験を企画する最大の理由は正確な実験結果を手に入れることである．再現性の高い動物実験を実施するためには，できる限り単純な実験系，つまり遺伝ならびに環境要因が十分にコントロールされた動物を利用することが重要である．実験結果に影響を及ぼす因子については次項以下で説明するが，たとえば，新しく開発された薬物のヒトに対する薬理効果は最終的にはヒトで確認しなくてはならないとしても，研究過程においては遺伝的背景が複雑で成長あるいは生活環境等が一様でないヒトを用いるよりも，遺伝ならびに環境要因が明確にされている実験動物の利用が望ましいことは当然である．動物の情報を動物から得るときにも同じことがいえる．家畜に関する知識の入手にあたっても，一般論としては，家畜よりもさらに厳しく遺伝，環境条件がコントロールされている実験動物を利用することが望ましい．動物学や獣医学を専攻している研究者のなかには，自分達の学問領域では医学研究と違って研究対象を直接扱える利点があると強調する者もいるが，同種の動物が研究用動物として最適とは限らない．より研究目的に適した動物実験系を捜す努力を忘れてはならない．

比較的見過ごされている点に，経済上の理由がある．原則として，薬物投与量は体重 kg あたりとして算出される．飼料給与量，飼育面積，管理作業量，保定の難易等のいずれをとっても小型動物が一般に有利である．60 kg のヒトと 20 g のマウスの経済上の優劣，600 kg のウシと 2 kg のウサギの経済上の優劣はおのずと明らかであろう．このような意味で実験動物は，家畜と同様に経済動物である．畜産目的のウシやブタを第一の家畜（産業家畜），愛玩用等のイヌやネコを第二の家畜（社会的家畜），実験動物を第三の家畜（科学的家畜）と田嶋は称している[9]．

言うまでもなく，動物実験が行われる三番目の理由は，人道ならびに動物福祉に基づく社会からの要請である．ヒトの健康に関わる医学研究の実施にあたって動物実験は不可欠であるが，ヒトの福祉のために動物に犠牲を強いることに批判的な人も増えつつある．この問題については「実験動物の福祉」と「実験動物の法規制」の項で述べる．

b. 動物の反応

動物の反応について一つの見方を述べておきたい．動物の反応 R は，動物種を越えて共通する反応 A，動物種ないし系に特有の反応 B，個体としての反応，つまり個体差 C，環境の影響 D ならびに実験

誤差 E から成り立っている．
$$R = (A + B + C) \times D + E$$

反応 A は，すべての動物種（正確にはすべての生物種）あるいはいくつかの動物種に共通して見られる反応で，この共通性ゆえに動物実験は成立する．実験科学とは，実験結果から普遍的原理を導き出す作業である．たとえばマウスを用いた免疫学実験が高く評価される理由は，そこで得られた知識がヒトやイヌに当てはめることができるからである．完全な普遍性が成立しなくとも，特定の範囲内で類推が可能ならばその動物実験は有意義である．たとえばある薬物のラットに対する毒性からヒトの安全量が推定できれば，その際にラットの知見がヒト以外の動物に通用しなくともそれなりの価値はある．このように，ある動物種の実験によって他種動物の知識が入手可能な理由は，動物には種を越えて共通する反応があるがゆえである．しかし，すべての生物反応が動物種ないし系統を越えて共通しているならば，種ないし系統という概念は存在しない．マウスをマウスたらしめているものは，マウス固有の生物反応の存在である．したがって，「マウスはマウス，ヒトはヒトであるので，ヒトに関する知識はやはりヒトから得なくてはならない」という意見が当然でてくる．この問題は「外挿」の項で述べるように，動物実験の致命的欠点である．ただし，たとえば，モルモットには鋭敏なアナフィラキシー反応があるためヒトの過敏症に関する研究に利用され，ヌードマウスが胸腺を欠くゆえに人癌の移植に常用されるように，動物種ないし系統に特徴的な性質や反応をうまく利用することによって巧妙な動物実験が可能となることも事実である．また，動物の反応については個体差 C を避けることはできない．そして，反応 A, B, C は遺伝要因として基本的にはいずれも親から受け継ぐものであるが，そのすべてが環境の影響 D を受けている．

実験動物の反応に関して，Russell and Burch (1959 年) の演出型説がある．彼らによれば，動物の遺伝子型 genotype は，出生後の哺乳期を含む発生環境 developmental environment の影響を強く受けて表現型 phenotype を示すが，その表現型はさらに離乳後に動物がおかれた近隣環境 proximate environment の影響を受けて演出型 dramatype になるという（図 1.5）．動物実験とはこの演出型に人

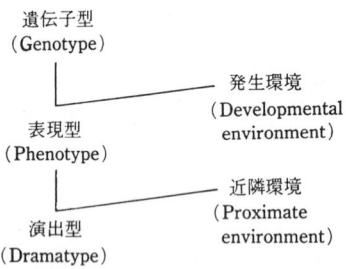

図 1.5　演出型説 (Russell and Burch)

工的な処置を加えることであり，実験動物の演出型の決定に関与するすべての遺伝的背景と環境条件をコントロールすべきだと彼らは主張した．この演出型説はわが国の実験動物界に大きな影響を与えてきたが，彼らのいう表現型は遺伝学の表現型と意味が多少違ううえ，形質発現の段階を表現型と演出型の二つに分ける必然性はないし，催奇形試験のように演出型発現以前に実験処置が加えられることもあるので，この説はもはや科学史的なものと評価すべきであろう．

図 1.6 は動物実験に関する概念である．実験とは極めて分析的な手続きであるから，通常の動物実験においては，たとえばイヌの全体とヒト全体を比較することをせず，特定の性質，反応について 2 種類の動物の異同を比較検討する．比喩的に言えば，図のウシの尻尾に関する研究からヒトの脳についての知識を得ようとすることはない．

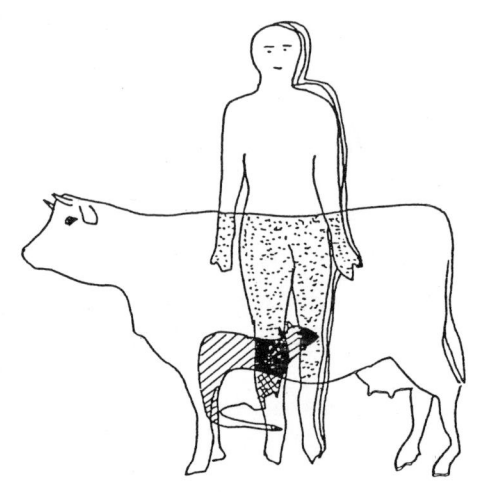

図 1.6　動物実験の概念

c. 動物実験に影響を及ぼす因子1：遺伝要因

実験動物は，研究素材 experimental materials の一つである．実験にあたって必要なことは，一つの処置に対してだれでも，いつでも，どこでも同じ結果を得ることである．動物の反応発現には試薬や測定機器とは比較にならないほど複雑な要因が関与しており，試薬における純度，測定機器における精度が問題とされる以上に，動物の品質に関して慎重な吟味が求められる．

動物実験の成績を変動させる要因は，大きく分けて遺伝要因と環境要因である．動物のすべての形質は基本的に親から受け継ぐから，実験処置に対する動物の反応もすべて親から受け継いだ形質の表現にほかならない．再現性ある動物実験結果を得るための一つの方策は，さきに述べた動物の反応式のなかの個体差である反応Cを零にするか一定にすることである．遺伝学的には，遺伝子構成を一定に維持できる動物集団を揃えることである．具体的手段は次章「実験動物の遺伝的コントロール」において説明するが，個体差を零にするためには血縁係数100％の動物を生産し，個体差を一定にするためには集団としての遺伝子組成が変化しない交配方式を採用する．実験動物における遺伝的コントロールが，畜産領域における家畜の育種とは比較できないほどの厳密さが要求されることも，次章で説明されよう．ただし，マウスやラットではこの遺伝的コントロールが日常的に行われているが，その他の多くの実験動物においてはまだ完全には実施されていない．

概念が違うものを無理に一つにまとめたために統一を欠くきらいはあるが，表1.2は遺伝的コントロールに基づく実験動物の分類としてわが国でしばしば利用されてきた[8]．なお，「遺伝的に雑種であるヒトの研究に純系（近交系）の実験動物を使う必要はない」という遺伝的コントロールに対する誤解が依然としてある．より精密な実験のためにはより単純な実験系の利用が望ましく，ヒトが雑種であるからこそヒトの研究のために遺伝的に均一な実験動物を利用するのであって，上記の意見は科学研究についての無理解に基づくものである．

d. 動物実験に影響を及ぼす因子2：環境要因

一卵性双生児を用いた遺伝素因と育成環境の研究や Russell and Burch の演出型説をもちだすまでもなく，動物の反応は，遺伝的背景のみならず動物のおかれた環境によっても変わってくる．表1.3は，マウスを用いた LD_{50} 値が飼育温度によっていかに変わるかの一例である[6]．たとえば，フラトールは飼育温度が高くなるのに応じてマウスを斃すために多量の投与を必要とするが，三酸化クロムでは飼育温度が22℃のときに最も多量の投与を必要とする．また塩化第二水銀に対して，22℃で飼育されたときマウスの感受性は最も高い．これは，動物の代謝機構が環境温度に強く影響されている結果と思われる．

動物実験に影響を及ぼしそうな諸因子を例示すれば，図1.7の通りである．

環境要因として温度，照明，臭気のような物理，化学的因子の影響はよく知られているが，同居動物，飼育者，病原体等の生物因子にも注意を払うべきである．同居している雄が雌の性周期を攪乱する，ケ

表1.2 遺伝的コントロールによる実験動物の分類

動物群	定義
近交系	兄妹交配または親子交配を20代以上継続している系統
ミュータント系	遺伝子記号をもって示しうるような遺伝子型を特性としている系統，および遺伝子記号を明示しえなくとも，淘汰選抜によって特定の形質を維持することのできる系統
クローズドコロニー	5年以上外部から種動物を導入することなく，一定の集団内のみで繁殖を続け，常時実験供試動物の生産を行っている群
交雑群	系統間の雑種

注）上記以外の動物（遺伝的コントロールが行われていない動物）を雑動物という

表1.3 飼育温度による環境汚染物質のマウス50％致死量の違い（野見山）

	被検試料	投与経路	8℃	22℃	38℃
重金属：	硫酸銅	腹腔内	4.1*	5.6	3.5
	三酸化クロム	腹腔内	18	35	14
	塩化第二水銀	皮下	4.8	4.5	6.5
	塩化カドミウム	腹腔内	4.0	5.4	4.5
		経口	46	78	80
有機溶剤：	ベンゼン	腹腔内	101	118	115
	トルエン	腹腔内	100	126	88
	トリクロルエチレン	腹腔内	40	75	68
農薬：	フラトール	腹腔内	7.0	9.0	9.7
		経口	4.5	21.0	26.5
	メチルパラチオン	腹腔内	14	44	35
		経口	18	38	23
	ディエルドリン	腹腔内	27	75	63
		経口	50	73	69

* mg/kg体重

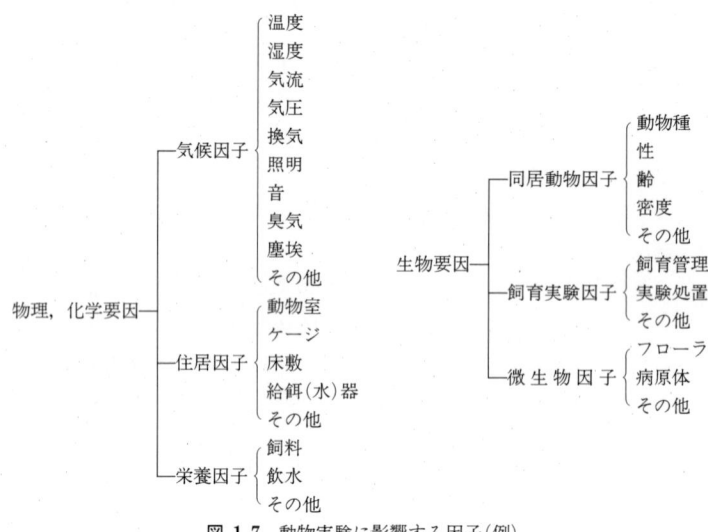

図 1.7 動物実験に影響する因子(例)

ージ内のボス動物が同居個体にストレスを与える，飼育者による過度の床敷き交換やケージ洗浄，あるいは実験者による乱暴な実験処置が動物の生理機能を狂わせる，通常は病原性を欠く微生物が実験処置という過酷な感作によって感染症を誘発する等の影響を忘れてはならない．

これらの因子には，たとえば同居動物のように隔離飼育によって影響を排除できるものと，温度，照明のようにその影響から逃れることはできず，空気調和や照明調節によって影響を一定にする以外に対応手段のないものとがある．また，実験結果に及ぼす環境の影響が個別に特定できないときには，動物実験を適正に実施するためには，予想されるすべての環境要因をコントロールしなければならない．各因子の影響とそのコントロールの実際は，「実験動物の環境コントロール」と「実験動物の感染病」の章で述べる．なお，遺伝的コントロールの場合と同様に環境コントロールについても，「ヒトは実験動物ほど厳格に環境調節された場所には生きていない」，「ヒトは実験動物のように specific pathogen free：SPF ではない」という意見があるが，これも，実験科学とはなにかに思いを至せば説明の要はないはずである．

e. 外　挿

動物実験の最大の欠点は，動物種差の存在であると前述した．たとえば，ヒトに関する知識を収集するためにラットとイヌを利用したとき，これらの動物とヒトの間には越えがたいひとつの溝があると考えられる．その溝を承知のうえである動物の実験結果を他の動物やヒトに当てはめてみることを外挿 extrapolation という．外挿とは数個の実測値からその延長線上の値を推定する数学用語であるが，実験動物学においては，ヒトを含む各種の動物が一直線上に並んでいるという仮定のもとに，ある動物種の実験値から他種の動物やヒトの予測値を得ようとするときに用いる．

実験動物学における最も重要な基礎研究領域は動物種間の異同を明らかにする比較動物学であるが，現在のところ，外挿の問題を含む比較動物学は十分な成果を挙げるに至っていないので，ここでは外挿にかかわるいくつかの問題を例として示し，概括的な記述にとどめることにする．

一般の動物実験では，薬物は体重 kg あたりに換算されて投与される．動物の多くの反応が種を越えて共通するという観点からすればこの換算は理にかなっているが，単純な割算が適切でないことがある．たとえば，多くの動物の1日あたりの飼料摂取量は体重g当たりに換算すればほぼ同じ値となるが，マ

表 1.4　各種動物の1gあたり飼料摂取量(松岡)

動物種	g/日	g/日/g体重
ヒ　　ト	1100	0.0157
サ　　ル	113	0.0185
イ　　ヌ	200	0.0198
ウ　サ　ギ	28.4～85.1	0.0162
モルモット	14.2～28.4	0.0266
ラ　ッ　ト	9.3～18.7	0.07
マ　ウ　ス	2.8～7.0	0.275

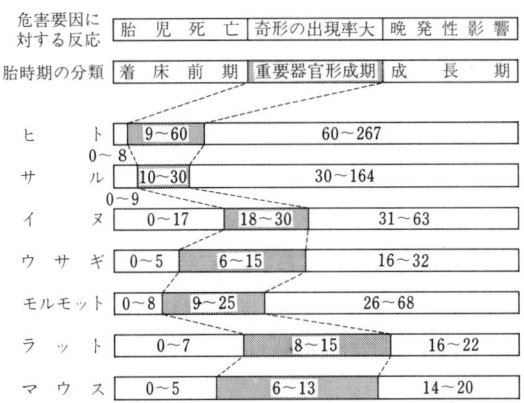

図 1.8 各種動物の胎児期における各期の対応(松岡)

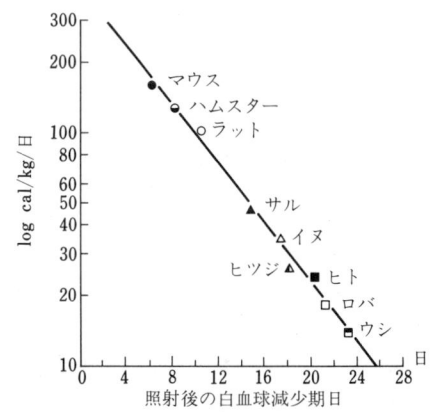

図 1.9 各種動物における X 線照射による白血球減少期日と代謝率の関係(松岡)

ウスの値は全く異なっている(表1.4)．また，Calabrese は，ネコでの有効量に基づいてネコとゾウの体重比から計算された量の LSD をゾウに投与してとんでもない結論に達した実験を皮肉たっぷりに紹介している[1]．また，たとえば「マウスの妊娠 7 日目に母マウスに処置を施した．これをヒトにあてはめると胎齢何日に相当するか」というような質問がある．図1.8は，ヒトおよび各種の動物の在胎期間を同一スケールに乗せ，胎子の死亡が起きやすい時期である着床前期，奇形が出現しやすい時期である重要器官形成期，晩成影響が現れやすい時期である成長期に発生過程を分けたものである[5]．親に投与された薬物の胎子に及ぼす影響検索にあたり，各種動物の在胎期間を機械的に比例配分することは慎重であらねばならないことが図から読みとれよう．しかし，適当な換算法を用いることによって動物の形質(測定値)が一つの直線上に乗り，比較(外挿)が容易なことも多い．その1例を図1.9に示すが，縦軸に1日・体重kg あたりカロリーを対数でとり，横軸に日数を常数でとると，各種動物の X 線照射後の白血球減少期日と代謝率の関係は直線上にプロットできる．ただし，その換算法に関して統一理論があるわけではなく，現時点では形質ごとに異なる方法が必要と考えるべきである．

とくに，代謝系が異なる動物間で実験結果を比較考案するときには慎重であらねばならない．ここで例として，ラットで作られる testosterone 性実験心筋炎がヒトに外挿できない理由を示す[2]．大量の testosterone の投与は 11-β-hydroxylase の活性を阻害する．副腎皮質におけるステロイドホルモン産生過程(図1.10)において，ラットでは 17-α-hydroxy-

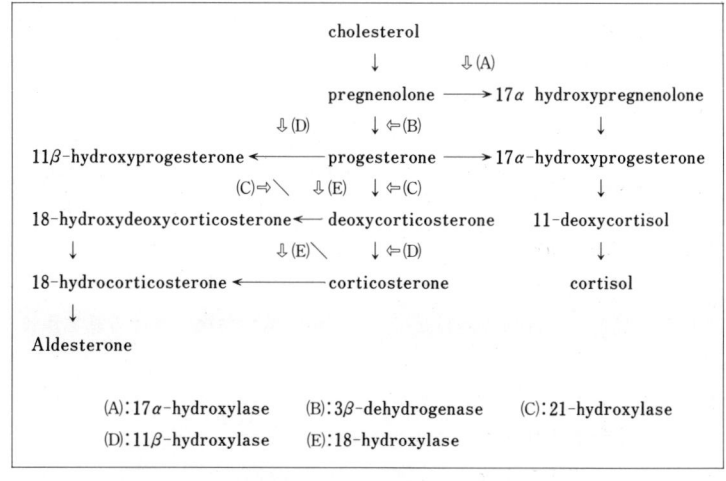

図 1.10 副腎皮質におけるステロイドホルモンの産生
(林)

lase を欠くため，11-β-hydroxylase の阻害は deoxycorticosterone の蓄積をきたし，そのミネラルコルチコイド活性のために心筋に局所性炎症巣が形成される．一方，ヒトでは 17-α-hydroxylase の活性が圧倒的に強いため，11-β-hydroxylase が阻害されても deoxycorticosterone の蓄積は起こらず，したがって心筋炎には至らない．なお副腎皮質ステロイドホルモン合成系に関して，マウス，ウサギはラットと同一のグループ（B動物），ヒトはサル，ブタ，イヌ，モルモットと別の同一グループ（F動物）を形成しているという[7]．

表 1.5 薬物代謝に関するサル，イヌ，ラットとヒトの類似性（加藤）

動物種	ヒトとの類似度			
	大	中	小～無	計
サル	12	15	4	31
イヌ	5	12	14	31
ラット	1	13	17	31

このように代謝系が異なる場合，実験処置に対する反応が2種類の動物の間で全く違うことがある．系統発生的に近いからといって，つねにヒトとサルが同じグループに属するとは限らない．表1.5は，加藤によってまとめられた31種類の薬物の代謝に関するヒト，サル，イヌ，ラット間の類似性である[4]．生物学的に近縁関係にあるサルとヒトの間では類似性が大きい場合が多いが，それでも類似性がないか小さい例が 4/31＝12.9% もある．その反面，ヒトとラットの間には中程度のものを含めて類似性が 13/31＝41.9% ある．「ヒトの研究のためには，系統発生的にできるだけヒトに近い霊長目の動物を用いるべきである」という意見があるが，サルの知見よりもラットのそれがヒトの情報を確実にもたらしてくれる場合のあることを忘れてはならない．

（2） 適正な実験動物

a. 実験動物（狭義）と実験用動物

上述してきたとおり，実験動物に要求されることがらは自明である．科学研究という目的に合わせて遺伝ならびに環境要因がコントロールされていることが，実験動物の基本条件である．遺伝的コントロールとは，必ずしも近交系動物やクローズドコロニー動物の確立，供給ということだけではなく，実験動物の品質を遺伝学的に保証するということであ

表 1.6 狭義の実験動物ならびに実験用動物（田嶋，一部改）

区分	定義
実験動物	研究（検査，検定，診断，教育，製造を含む）に重要であるとして，そのために飼いならされ繁殖，生産される動物
家畜	人類社会に重要であるとして，飼いならされ繁殖，生産される動物で，研究用として使うために必要なコントロールは行われていない
捕獲動物	自然界から捕獲された動物で，人為的な繁殖，生産は行われていない

る．環境コントロールについても，目的とする実験の成績読み取りを攪乱させないように動物を管理するということである．動物実験の必要限度を越えた過大な要求を両コントロールに求めるべきではない．

さてこれまでの実験動物学では，実験動物を表1.6のように狭く定義することが多かった[9]．研究の場における再現性を強く求めるため，動物の反応を変動させる主要因である遺伝要因と環境要因がとくに厳しくコントロールされた動物を"実験動物"と呼び，この狭義の実験動物に，遺伝と環境のコントロールが相対的にゆるやかな家畜 domestic animal とコントロールに欠ける捕獲動物（野性動物） captured animal をあわせて"実験用動物" animal for research, experimental animal と称していた．動物実験の成績に影響を与えるあらゆる因子は除くか一定化されるべきであるという実験動物学の基本的姿勢を明確に打出したい場合，あるいは科学に利用する動物の特殊性を強調しようとする場合，この定義はきわめて有用である．

しかし現実には，家畜も捕獲動物も狭義の実験動物と同様に研究素材として重要であるし，家畜や捕獲動物を実験に供するときには遺伝，環境要因の考慮が免除されるものでもないから，本書においては，特別の場合を除いて実験動物と実験用動物を区別することをせず，実験動物という言葉を用いることにする．

b. 実験動物における基本単位

生物学における生物の基本単位は種 species であるが，実験動物の基本単位について整理不十分の部分がある．

実験動物学においては，交配して繁殖能力をもつ子が得られる2個体を同種とする考え方が主流を占

めているが，これは家畜育種学的な種の概念である．しかし，自然観察に長い歴史をもつ生物分類学においては，交配による繁殖性の伝達だけでなく，生態学ならびに進化学の所見が加味されて種が定義される．よくとり上げられる例の一つであるが，家畜としてのブタ *Sus scrofa domestica* の祖先にはヨーロッパイノシシ *Sus scrofa* とアジアイノシシ *Sus vittatus* があり，自然界では通常住み分けがあって交雑種は存在しない（学名からいえば，家畜としてのブタはヨーロッパイノシシの家畜化されたもの）．したがって，この2種類のイノシシは生物分類学的に独立した種である．しかし，両種を交配させれば繁殖能力をもつ交雑種が得られ，いわゆるミニブタの多くはこのようにして作出されている．家畜育種学的にはこの3種類の動物は同種である．

ところで，マウス，ラットを用いた今日の研究では，すでに系統が基本単位となっている場合が多い．免疫遺伝学や疾患モデル研究においては，1ないし少数個の遺伝子だけが異なっているとされる，コアイソジェニックまたはコンジェニック系統 coisogenic/congenic strain が常用されている．さらに最近の細胞工学の進展は，たとえばマウスの染色体のなかにヒトのDNAを導入することが一般化する方向にある．したがって，最先端の生物科学の領域では，マウス，ラットという生物種の概念はもはや実験動物の基本単位とはなりえなくなりつつある．しかし一方では，その是非は別として，ヒトを除く霊長目のすべての動物がサルとして，キヌゲネズミ科のすべての動物がハムスターとして，しばしば一括して扱われている．また最近，アフガニスタンナキウサギ *Ochotona rufescens rufescens* やメキシコウサギ *Romerolagus diazi* の実験動物化が進んでいるので，かつてはウサギといえばカイウサギだけであったウサギの名称にも混乱が起こりそうである．表1.7には，実験に比較的よく利用される各種のハムスター，ウサギ，サルを掲げておく．

さて実験動物の基本単位であるが，実験動物がきわめて人工的な動物であるという観点から，現実の使われ方を考慮した特別の分類方式を採用してもよいのではないだろうか．つまり，実験動物学を構成している大きな柱の一つが育種学であるので家畜育種学に拠る分類は棄て難いが，学問としての普遍性を重視し，また野性動物を捕獲して動物実験に用いるときの無用の混乱を避けるため，基本的には生物分類学に沿った種名を基本単位とし，実験動物育種学的に系統が十分に確立普及したと見られるマウス，ラットには系統を基本単位とすることを提案したい．また，ハムスター類，ウサギ類，サル類という科または目レベルで括った動物の呼称はできるだけ避けたい．

表1.7 実験に利用されるハムスター類，ウサギ類，サル類

和　　　名	英　　　名	学　　　名
シリアンハムスター	Syrian hamster	*Mesocricetus auratus*
チャイニーズハムスター	Chinese hamster	*Cricetulus griseus*
ユーロピアンハムスター	European hamster	*Cricetus cricetus*
カイウサギ	Rabbit	*Oryctolagus cuniculus domestics*
ナキウサギ	Pika	*Ochotona rufescens rufescens*
コモンマーモセット	Common marmoset	*Callithrix jacchus*
コモンリスザル	Common squirrel monkey	*Saimiri sciurea*
カニクイザル	Cynomologus monkey	*Macaca fascicularis*
アカゲザル	Rhesus monkey	*Macaca mulatta*
ニホンザル	Japanese monkey	*Macaca fuscata*
マントヒヒ	Hamadryas baboon	*Papio hamadryas*
チンパンジー	Chimpanzee	*Pan troglodytes*

c. 実験動物の利用

表1.8は，1956年以来わが国で実施されてきた全国規模の実験動物使用数調査成績のまとめで，あわせて1970年のアメリカの調査資料を付けておく．また，1989年に実施されたわが国の実験動物使用数に関する全国調査結果（最新の資料）の詳細を，巻末に掲載しておく．おおまかに言うと，この十数年間の日本の動物使用数は横ばい状態である．一般に哺乳類，鳥類の使用は医学の領域で多く，とくに安全性試験での利用が多い．使用数が平衡に達している

表 1.8 実験動物年間使用数

国	日本								アメリカ
年度	1956	1960	1970	1975	1981	1986	1988	1989	1970
マウス	1275442	2459683	11150143	9670235	8412865	5123992	4099426	4575999	25669458
ラット	160047	353050	1600643	1611445	1810259	2463974	2125328	2465579	9862974
ハムスター類	—	—	21884	32543	36820	200988	230887	239543	870056
モルモット	67561	121716	144936	149438	166560	70636	44164	53014	737899
ウサギ	71762	164714	152917	184371	158524	172053	138537	150263	192792
イヌ	27486	48570	68052	53142	58282	77023	84523	74717	182728
ネコ	10154	16465	13757	12963	14569	14744	14811	14540	56645
サル類	99	5361	3526	3884	3957	8327	6841	8949	54433
その他哺乳類	6430	16939	32918	17546	13526	407	2020	1817	212424
鳥類	27527	68777	482199	222257	117696	92760	159962	123826	887253
両生類	96200	152126	150639	135564	116656	—	—	—	2039490
鶏卵	—	2834175	43569965	30525065	1872467	—	—	—	—

現象は，わが国の動物実験が停滞しているためではなくて，遺伝ならびに環境がコントロールされた動物の使用が一般化した結果と見るべきである．つまり，実験に供される動物数の増加と，品質向上による動物のロスの大幅減少で使用数が見かけ上つり合っているためと解釈される．

d. 実験動物の福祉

研究者は，科学あるいはヒトの福祉という名目のもとに無制限な動物実験が許されていると考えてはならない．最も大きな制約は，動物福祉 animal welfare の立場からの要請である．研究目的にせよ，畜産目的にせよ，あるいは愛玩目的にせよ，動物を利用することについての人々の考え方は極めて多彩である．自分たちの食料や健康のために他種の動物を利用することは当然であるという考えから，動物にも生きる権利（いわゆる動物権：animal wright）があり，ヒトには他種の動物を苦しめ，殺す権利は一切ないとする主張まである．後者の極端な例では菜食主義者に転向している．いうまでもなく，動物の利用に関する多くの人々の態度は上記両極端な意見の中間にあり，動物の利用はやむをえないが，その犠牲をできるだけ少なくしたいということに尽きる．ただし，どのような利用においても，動物になんらかの拘束，苦痛を与えている可能性は否定できない．

さて，可愛相という"感じ"は，おそらくヒトの心に存在する根源的なものであって，説得や論理によって解消できるものではない．急進的な動物実験反対者は，「ヒトの幸福のために動物を犠牲にすべきではなく，ヒトが自分たちの健康や安全を求めるならばヒト（ボランティア）を利用すべきである」と主張しているが，このようにつき詰めて考えない者でも，自分が飼っているイヌを実験に用いることには躊躇する場合が多いであろう．われわれは，論理の世界と同時に情念の世界にも生きているのである．したがって，動物福祉の問題について論議を尽くしても，考え方の違う者の間の和解は基本的には困難であるかもしれない．少なくとも，この議論に形式論理をもち込むことは無意味である．動物実験の批判者に対して「あなたは肉を食べますか」という質問ですべてが片付くと考える研究者が依然として多いが，これは次元の違うことがらを同一とみなし比喩で論破しようとしているのであって，これではいつまでたっても議論は平行線をたどるばかりである．たとえば，イヌの動物実験に反対する人にとって，ウシを食べることとイヌを実験に利用することは全く別のことである．彼らにとって，イヌはヒトのパートナーであり，イヌはいわばヒト側の存在である．

問題は，その社会構成員の何パーセントが動物実験に反対の立場をとるかである．日本国民の過半数がヒトのために動物を犠牲にすべきでないと考えるようになれば，わが国での動物実験の中止はやむをえない．昭和49年に総理府が行った面接調査によれば，当時20歳以上の日本国民1626人のうち51%が「ヒトに役立つことだから，苦しめなければ動物実験もやむをえない」，18%が「一概にはいえない」，8%が「わからない」と答えていた[10]．時代の流れや調査

方法の違いによってこの数字には多少の変動はあろうが，近い将来，すべての動物実験を中止すべきだとする意見が過半数を占めることはないと予測される．しかし23％の国民が，ヒトに役立つといえども動物を実験に使うことには反対の意思を表明した事実は重大である．動物実験を必要と考える研究者が第一になすべきは，ヒトのための動物利用がやむをえないことを社会に啓蒙することである．また，Russell and Burch が主張した3R，すなわち動物使用数の削減（reduction），動物実験の他手段への置換（replacement）および動物が受ける苦痛の軽減（refinement）等の研究者側の自己規制も大切である．この三つのRの概念をまとめて，最近の欧米ではオールタナティヴ（alternatives）と称している．

動物福祉運動の一つに，実験動物に代わる実験系を捜す方向がある．実験動物学は適正な実験系を求めることに端を発し，発展してきたものであるから，今日利用している実験動物よりも精度が高く，経済的で，かつ倫理観を満足させる実験系が開発されれば，動物実験にかかわる必要はない．このような実験系は，おそらく変温動物，そして無脊椎動物，微生物あるいは培養組織のなかにあると予想されるが，動物個体 whole animal を用いる現在のすべての動物実験が不要となる時代は来ないと思われる．それは，分析精度という観点からいえば下等生物や単細胞生物を用いた実験の優位は疑いないが，未知の性状を検索する毒性試験のような場合，動物個体（とくにヒトのための試験では高等動物）より得られる情報量の豊富さに捨てがたい魅力があるためである．むろん代替の問題は動物福祉の立場ばかりでなく，実験精度向上のためにも研究者が真剣に取り組むべきテーマである．

e. 実験動物の法的規制

日本には，昭和48年10月1日に公布され，昭和49年4月1日に施行された「動物の保護及び管理に関する法律」（法律105号）がある（巻末資料参照）．この法律は日本の動物福祉基本法ともいうべきもので，わが国において人が占有しているあらゆる動物が適正に保護，管理されることを目的に，党派を越えて満場一致で採択された．対象動物は哺乳類ならびに鳥類に属する展示動物，愛玩動物，家畜，実験動物とされているが，その精神はすべての種類の動物に適用されると解される．また重要な点は，本法律が動物愛護と同じ比重で動物に基づく人の危害からの保護を謳っているところである．この法律は，一方的に動物の側に立っているのではない．

とくに実験動物に関しては，動物の適正な飼育管理を義務づけた第4条，安楽死にふれた第10条，動物を科学上の利用に供する場合の措置に関する第18条が重要である．そして，この法律に基づき，昭和55年3月27日に「実験動物の飼養及び管理等に関する基準」が総理府告示第6号によって公布され（巻末資料参照），同時にその解説書が刊行された[3]．本基準は10項よりなり，第1原則，第2定義のあと，第3導入にあたっての配慮，第4実験動物の健康及び安全の確保，第5実験実施上の配慮及び終了後の処置が続いている．この第3～5項はとくに大切で，実験動物が適正に飼われ，適正に実験に供されなければならないとされている．つづく2項，第6危害防止，第7生活環境の保全において，動物がかかわる人の安全について触れられている．実験動物に由来して人が被る危害を阻止することは，実験動物関係者の義務である．実験動物の生産にあたっては畜産業と抵触する部分も多く，第8実験動物生産者の採るべき措置が別項に扱われている．第9, 10項は，補足と適用除外である．

ところで，わが国の法規のなかで実験動物という言葉が定義されている例は，この「実験動物の飼養及び保管等に関する基準」においてだけであろう．「動物の保護及び管理に関する法律」には実験動物という言葉はなく，科学上の利用に供する動物という表現が用いられている．基準では，実験動物を「実験等の利用に供するため，施設で飼養し，又は保管している哺乳類及び鳥類に属する動物（施設に導入するため輸送中のものを含む）」としている．そして，実験等とは「動物を教育，試験研究又は生物学的製剤の製造の用その他の科学上の用に供すること」である．将来も法規では実験動物に関してこの定義が踏襲されると思われるが，この概念は，広義の実験動物，つまりかつての実験用動物の定義に近い．

上記法規は，生産場を出てから実験に供されるまでと実験終了後の動物が適正に扱われることを目的としており，原則として実験中の動物には適用されない．しかし実験中の動物にもこの法規の精神は守られるべきで，基本的には，実験動物の残酷な取扱いと無用な動物実験を行ってはならないが，具体的

な事柄は研究者の良識に任せられている．そこで，研究者には厳しい倫理観の保持が求められるのであるが，研究者側にも動物実験に関する自己規制の声が高まり，昭和55年11月5日の日本学術会議第80回総会において「動物実験のガイドライン策定について」の勧告が議決され，政府に提出された．それを受けた形で，昭和62年5月25日に文部省は，「大学等における動物実験について」という国際学術局長通知を全国の大学長等に送付した．その基本は，各研究機関が自主的に上記の法規の精神を動物実験の場面にも反映させることを求めたものである．これを受けて多くの大学（あるいは学部，研究所）は「動物実験ガイドライン」等を制定し，かなりの数の研究機関では動物実験を含む研究計画の事前チェックを実施する方向にある．このような自主規制の有無は別として，研究者は，実験動物を飼育管理したり動物実験を実施するにあたり，巻末資料に掲げた多数の法規，指針等を守るように努めるべきである．

なお，動物福祉運動はとくにイギリスにおいて長い歴史をもち，すでに1823年に Royal Society for the Prevention of Cruelty of Animals が創立され，1876年には Cruelty to Animals Act が制定され，以来 Dogs Acts (1906年), Protection of Animals Act (1911年)等，多数の関係法規が作られている[12]．イギリスでは，Cruelty to Animals Act を実験動物に関して発展させたものとして，Animals (Scientific Procedure) Act が1986年に制定された．アメリカにおいては，1966年に Animal Welfare Act が制定され（1970, 1976, 1986年に修正），NIHの要請に基づいて ILAR (Institute of Laboratory Animal Resources) が作成した Guide for the Care and Use of Laboratory Animals (1969年) が強い強制力をもっている．また，カナダにおいては The Animals for Research Act (1968—69年), デンマークにおいては Law on Animal Experimentation (1977年)等の動物実験に関する法律が各国で制定されている．また1985年には，EC（欧州会議）動物保護特別委員会が作成した Protection of Vertebrate Animals Used for Experimental and Other Scientific Purposes 案を EC 総会は一部修正のうえ採択した．

（3） 実験動物学と関連団体

a. 実験動物学の構成

実験動物学とは，実験動物を研究対象とする学問である．

「学」には2種類の用法がある．第一の用法では，化学的手段によって生物を研究する生化学，分子レベルで生命現象を解明する分子生物学のように一定の方法論をもつ知識研究体系をいう．この狭義の「学」に対する第二の用法として，化学，遺伝学，微細形態学等のさまざまな手段を利用してヒトの健康に関する研究を進める医学，動物の健康を研究する獣医学のような総合科学技術としての広義の「学」がある．

実験動物学は，言うまでもなく後者である．実験動物学においては特定の方法論は存在せず，遺伝学，化学，生理学，病理学，微生物学その他の手段を駆使して，科学上の用に供する動物を対象に研究する．したがって，実験動物学はヒトの健康を目指す医学，動物の疾病を扱う獣医学，動物の有効利用を目的とする畜産学等と同列の総合科学技術の一つである．生理学や解剖学のような狭義の学問体系に実験動物学を擬してはならない．

実験動物学の誕生とその後の発展は第1節「実験動物学の歴史と展望」に詳述されたとおりで，いまだ学問として展開途上にあるので実験動物学の構成は今後変わることが十分予測されるが，現在のところつぎのような研究分野が中心といえる．

実験動物学の基礎は動物の種の異同を解析する比較動物学である．比較動物学の目的は，マウスとイヌとヒトのどこが同じで，どこが違うかを明らかにし，たとえば，マウスを用いた実験成績からイヌやヒトの知識を効果的に入手するための普遍的原理を導きだすことである．したがって，ヒトを除いて動物だけを比較検討してきたこれまでの比較動物学とは一線を画さなければならない．実験動物学においては，ヒトも生物種の一つである．この考え方は，ヒトを1動物種として医学研究を進めるバイオメディカルリサーチ biomedical research と一脈通じるものである．外挿の問題を扱ううえで，また動物福祉の立場で実験動物の代替を積極的に捜すためにも，比較動物学はとくに重要な分野であるが，この領域に手を染めた実験動物学研究者は極めて少な

い．今後の課題である．

　適正な実験動物を維持，生産するための実験動物の遺伝的コントロールはとりわけ大切で，この問題を扱う実験動物育種学はこれまでの実験動物学の最重要研究テーマの一つであり，また，今後も主要な研究分野でありつづけるであろう．遺伝的コントロールとならんで環境コントロールもおろそかにはできない．ただし，これまでは観念的に環境の影響を扱う場合が多く，各因子と実験結果のひずみの関係の分析はともすればないがしろにされてきた．環境コントロールに関する基礎的研究の推進が待たれる．環境因子のうち病原体の影響に関する解析，つまり感染病の研究はとくに大きな研究課題で，この分野は実験動物感染病学として独立した学問領域を形成しており，これからも独自の進展が予想される．このほかにも，個々の動物の形態，機能を検索，記載していく実験動物解剖学，実験動物生理学，動物の生産供給問題を含む実験動物繁殖学，より適切な動物の飼料を開発する実験動物栄養学等の各種学問が必要である．

　ところで，実験動物の専門家には二つの顔をもつことが求められている．一つの独立した学問領域として自ら動物実験を行いながら実験動物学を発展させつつ，もう一面では，他の学問領域の動物実験を支援する機能を果たすことが要求される（実験動物学の構成と実験動物専門家の機能を混同しないでほしい）．とくに研究支援の場においては，単なる専門知識の集積だけでなく，高度の技術の習得が必要である．その技術には，適正な動物実験実施を促す各種の技術，たとえば，飼育管理，動物保定，試料投与，標本採取，麻酔，手術等の開発，改良が含まれている．

b. 実験動物関係団体

　実験動物に関するわが国の最高の研究学術団体は，日本実験動物学会である．当学会は1951年に設立された実験動物研究会が発展したもので，第1節に記されているように，その活動の過程において日本実験動物機材協議会，日本実験動物技術者協会，日本実験動物協同組合，日本実験動物飼料協会，日本実験動物協会等の団体があいついで設立された（表1.1）．国外の実験動物関係団体についても，第一節で紹介した．

　なお，わが国の動物福祉にかかわる主要な団体は二つあり，それぞれ活発な活動を続けている．一つは第2次大戦後まもなく設立された日本動物愛護協会で，どちらかというとペットの保護に活動の力点があり，もう一つは日本動物愛護協会から分離した日本動物福祉協会で，実験動物の保護に力を注いでいる．2団体の活動はたがいに重複していて，その区別は部外者にはわかりにくい．

文　献

1) Calabrese, E. J.: Principles of Animal Extrapolation. John Wiley & Sons (1983) (松岡　理・小林定喜訳：動物種差と外挿．ソフトサイエンス社 (1984)).
2) 林　裕造：病理学の立場からみた外挿の方法．実験医学のめざす外挿（戸部満寿夫・堀内茂友編）．清至書院 (1984).
3) 実験動物飼育保管研究会編：実験動物の飼養及び保管等に関する基準の解説．ぎょうせい (1980).
4) 加藤隆一：薬物代謝の種差．実験動物, **30**, 507-517, 1981.
5) 松岡　理：実験動物からヒトへの外挿(1980年版)．ソフトサイエンス社 (1980).
6) 野見山一生：環境汚染物質の毒性と環境温度．労働の科学, **34** (7), 29-34, 1979.
7) 大沢仲昭：実験動物から人への外挿―特にホルモンの面から―．実験医学のめざす外挿（戸部満寿夫・堀内茂友編）．清至書院 (1984).
8) 太田　佑，田嶋嘉雄：実験動物の表示法のとりきめ．実験動物学各論（田嶋嘉雄編）．朝倉書店 (1972).
9) 田嶋嘉雄：序説．実験動物学総論（田嶋嘉雄編）．朝倉書店 (1970).
10) 田嶋嘉雄：実験動物の代替について．実験動物学への招待（川俣順一編）．蟹書房 (1984).
11) UFAW (ed.): The UFAW Handbook on the Care and Management of Laboratory Animals. 5th ed., Churchill Livingstone (1976).

2. 実験動物の遺伝的コントロール

2.1 遺伝子と遺伝形質

(1) はじめに

メンデルは，19世紀後半に行ったエンドウマメを使った遺伝実験から，分離の法則，独立の法則および優劣の法則のメンデルの法則を発見した．DNA（デオキシリボ核酸）については19世紀のおわりにその存在が知られていたが，メンデルが明らかにした遺伝現象との直接的関係が明らかにされたのは1953年にワトソンとクリックによってDNAの2重らせんモデルが提唱された後のことである．

その後の分子生物学の発展に伴い遺伝子の本体としてのDNAと，その産物としてのタンパク質に関する研究が進んだ結果，DNAから形質発現にいたる基本的な過程は，生物一般に当てはまるセントラルドグマとしてとらえられるに至っている（図2.1）．

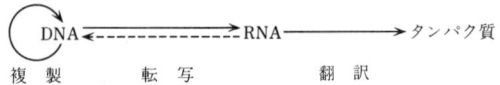

複製　　　転写　　　　翻訳

図 2.1　DNAからタンパク質への基本原理を示した中心教義（セントラルドグマ）

ヒトやマウスでは正常な遺伝形質と明らかに異なる遺伝形質，すなわち突然変異が次々に発見されてきた．特に，外見でわかる形態的変異，電気泳動法を用いて検出できるタンパク質の変異，抗原抗体反応で検出できる抗原性の変異などについては多くの報告が行われてきている．これまでにマウスで報告されている遺伝子は約1200種類を数える[1]．

本章では，遺伝子（DNA）について概説するとともに，これまでに明らかになっている代表的な遺伝形質の例をあげて解説する．

(2) 遺伝子 DNA

動物細胞は，由来する種が異なってもおおよそ図2.2に示したように表すことができる．DNAが存在するのは核および細胞内小器官のミトコンドリアである．

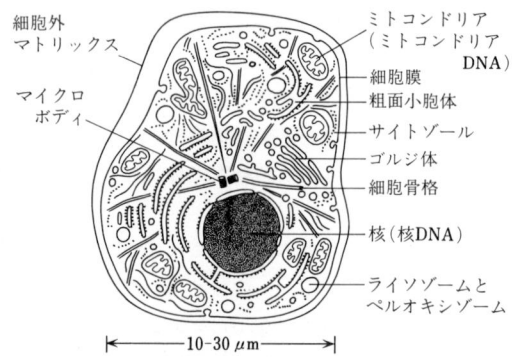

図 2.2　動物細胞の模式図
(B. Alberts, D. Bray, J. Lewis, M. Raff, K. Roberts, J. D. Watson, Molecular Biology of the Cell, 1983 を改変)

細胞1個に存在する核DNAは約10^9塩基対で，つなぎあわせると約1.7mになるとされる．このように長いDNAがどのように核内で存在するかについて示したのが図2.3である．2本鎖DNAはヒストンと呼ばれるタンパク質に巻きついていて，全体としては長い数珠玉のようになり，次々にそれが畳み込まれて最終的に染色体となっている．

一方，細胞質に存在するミトコンドリアのDNA（mtDNA）は，大きさが約16Kb（16000塩基対）と核DNAに比べて短く，構造も環状2本鎖でありヒストンなどのタンパク質を含んでいない．1個のミトコンドリアには通常10個程度のmtDNAが存在する．ミトコンドリアは，細胞あたり約100個含まれているので，1個の細胞には平均約1000個のmtDNAが存在することになる．哺乳動物のmtDNAは，ヒト，マウスを問わず基本的には同じ構

2.1 遺伝子と遺伝形質

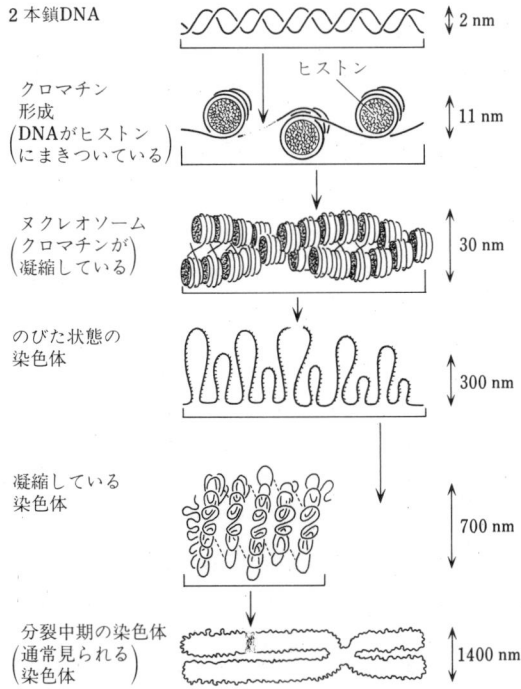

図 2.3 DNA から染色体への構造変化
(B. Alberts, D. Bray, J. Lewis, M. Raff, K. Roberts, J. D. Watson, Molecular Biology of the Cell, Garland Publishing, Inc. New York, 1983 を改変)

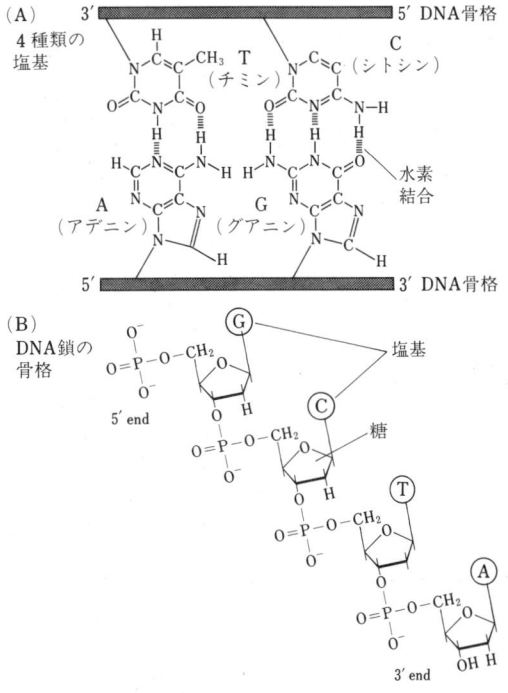

図 2.4 DNA 鎖を構成する 4 種類の塩基と DNA 鎖の骨格
(B. Alberts, D.Bray, J. Lewis, M. Raff, K. Roberts, J. D. Watson, Molecular Biology of the Cell, 1983 を改良)

造をもつ．

a. DNA の構造 DNA は，図 2.4 に示す 4 種類の塩基，A（アデニン），G（グアニン），T（チミン）そして C（シトシン）を材料にして構成される．アデニンとチミン，グアニンとシトシンが対合し，両脇にある糖とリン酸からなる 2 本の骨格に結合すると，図 2.5 に示したねじれた梯子のような構造ができあがる．これがワトソンとクリックが提唱した DNA の 2 重らせんである．

b. 設計図としての DNA DNA からタンパク質に至る過程を考えてみた場合，アミノ酸からタンパク質への過程は理解しやすい．タンパク質はアミノ酸を基本単位としているからである．しかし，DNA からアミノ酸への過程は複雑である．DNA の基本単位であるヌクレオチドとアミノ酸は別の物質だからである．DNA からタンパク質までを次のように文字と文にたとえて考えると理解しやすい．

「あいうえお」や ABC といった一つ一つの文字は情報を含んでいないが，いくつかが組み合わさって単語となりはじめて意味をもつようになる．単語がいくつか集まって文となり，より詳細な情報をもつ

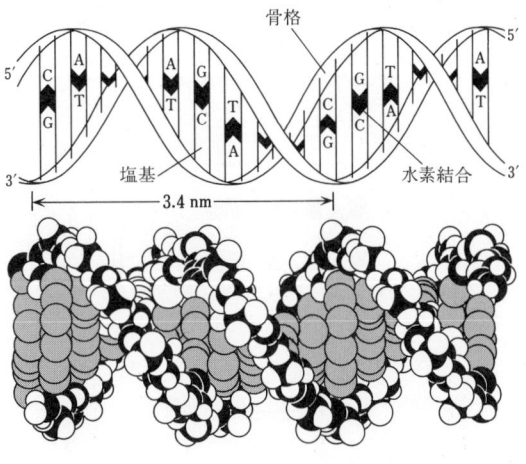

図 2.5 DNA の 2 重らせん（上）と立体模型（下）
(B. Alberts, D. Bray, J. Lewis, M. Raff, K. Roberts, J. D. Watson, Molecular Biology of the Cell, 1983 を改変)

ようになる．これをタンパク質にあてはめて考えてみる．アミノ酸（文字）はそれ自身ではほとんど生物活性をもたない．しかし，アミノ酸の小さな塊であるペプチド（単語）になると生物活性をもつこと

ができるようになる．タンパク質（文）になると十分な生物活性をもつようになる．DNA も同様に考えることができる．一個の文字（アミノ酸）に対応するのがDNA の場合は3個一組のヌクレオチドであり，単語（ペプチド）に相当するのが次に述べるエクソンと呼ばれる小さなDNA 鎖（領域）である．そして，タンパク質あるいはポリペプチドがいくつかのエクソンが集まったDNA 領域全体に対応する．

c. DNA からタンパク質へ 染色体上におけるDNA は，図2.6に示されるようにタンパクをコードする部分（構造配列またはエクソンと呼ぶ）とタンパクをコードしない部分（介在配列またはイントロン）に分かれて並んでいる．

最初のステップである転写では，DNA からエクソンとイントロンの区別なく写し取られて伝令RNA（mRNA：messenger RNA）の前駆体が合成される．RNA 合成では，DNA でT（チミン）が使われているところはU（ウラシル）が使われる．この転写は，その機能を転写開始と転写活性の調節に分けることができる．転写開始は開始領域の上流にある RNA ポリメラーゼが結合するプロモーター領域で決定されており，転写の効率はプロモーターのさらに上流にあるエンハンサーと呼ばれる領域で決定されている．

つぎに，タンパク合成に不必要なイントロンが編集によって除去される．このようにしてできたmRNA は核から細胞質へ出てリボゾームに達し，そこで行われるタンパク質合成ではメッセージテープとして使われる．

mRNA からタンパク質が合成される仕組みを図2.7に示した．mRNA の3個のヌクレオチドはコドンと呼ばれ，表2.1に示したように各アミノ酸に対応している．アミノ酸は転移RNA（tRNA：transfer RNA）によってタンパク合成器であるリボゾー

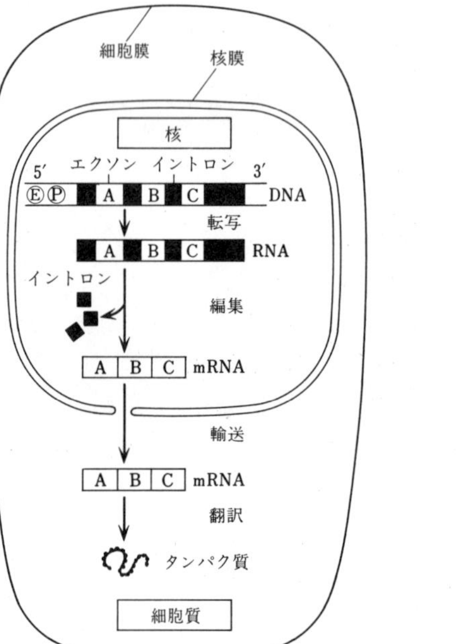

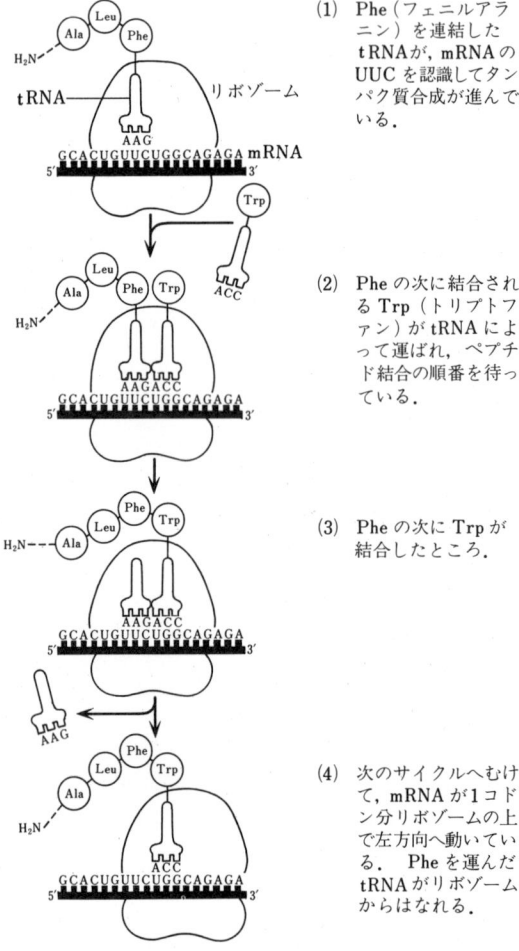

図 2.6 DNA からタンパク質へ至る過程の概略
(DNA 鎖上に示されたⒺはエンハンサ，Ⓟはプロモーターを表す)

(1) Phe（フェニルアラニン）を連結したtRNAが，mRNAのUUC を認識してタンパク質合成が進んでいる．

(2) Phe の次に結合される Trp（トリプトファン）が tRNA によって運ばれ，ペプチド結合の順番を待っている．

(3) Phe の次に Trp が結合したところ．

(4) 次のサイクルへむけて，mRNA が1コドン分リボゾームの上で左方向へ動いている． Phe を運んだ tRNA がリボゾームからはなれる．

図 2.7 遺伝情報を翻訳する仕組み
(B. Alberts, D. Bray, J. Lewis, M. Raff, K. Roberts, J. D. Watson, Molecular Biology of the Cell, 1983 を改変)

2.1 遺伝子と遺伝形質

表 2.1 コドンとアミノ酸の対照表
(Alberts, et al.: Molecular Biology of the cell, 1983を改変)

コドンの1番目 ↓	コドンの2番目				コドンの3番目 ↓
	U	C	A	G	
U	Phe	Ser	Tyr	Cys	U
	Phe	Ser	Tyr	Cys	C
	Leu	Ser	STOP	STOP	A
	Leu	Ser	STOP	Trp	G
C	Leu	Pro	His	Arg	U
	Leu	Pro	His	Arg	C
	Leu	Pro	Gln	Arg	A
	Leu	Pro	Gln	Arg	G
A	Ile	Thr	Asn	Ser	U
	Ile	Thr	Asn	Ser	C
	Ile	Thr	Lys	Arg	A
	Met	Thr	Lys	Arg	G
G	Val	Ala	Asp	Gly	U
	Val	Ala	Asp	Gly	C
	Val	Ala	Glu	Gly	A
	Val	Ala	Glu	Gly	G

Ala：アラニン，Arg：アルギニン，Asn：アスパラギン
Asp：アスパラギン酸，Cys：システイン，Gln：グルタミン
Glu：グルタミン酸，Gly：グリシン，His：ヒスチジン
Ile：イソロイシン，Leu：ロイシン，Lys：リジン，
Met：メチオニン，Phe：フェニルアラニン，Pro：プロリン
Ser：セリン，Thr：トレオニン，Trp：トリプトファン
Tyr：チロシン，Val：バリン
STOPは翻訳（タンパク質合成）を終了するためのコドン

ムへ運ばれ，ポリペプチド合成に使われる．この合成は，アミノ基末端（NH_2）からカルボキシル基末端（COOH）へ向かって行われる．ペプチド合成の開始と終了には決まったコドンがあり，開始にはメチオニンに対応するAUGが，また終了にはアミノ酸に対応していない3種類のナンセンスコドンのUAA, UAGおよびUGAが使われる．合成されたタンパクが機能をもつためには，糖鎖や脂質が付加される必要がある．

（3）遺伝形質

はじめに，遺伝形質を定義しておきたい．一つの遺伝子の産物あるいは一つの遺伝子の作用による現象を狭義の遺伝形質と呼ぶ．一方，一つ一つの遺伝子の発現効果は小さくてもいくつかの遺伝子の総和によって一つの遺伝現象が現れるような，いわゆる量的形質までを含めた遺伝形質を広義の遺伝形質と呼ぶ．実際に扱われている形質のほとんどは狭義の遺伝形質である．以下に，質的形質ならびに量的形質を代表するいくつかの例を紹介する．

a. 質的な遺伝形質

1) 核DNA支配を受ける形質： 赤血球の中にあって，酸素の運搬を担うヘモグロビンは，図2.8のように，α, β各2本ずつ計4本のグロビンタンパクで構成されている[2]．マウスではα鎖は第11染色体のHba遺伝子の産物であり，β鎖は第7染色体のHbb遺伝子の産物である．異なる染色体上の遺伝子で支配されるタンパク質が一つの機能性タンパク質を形成する例でもある．マウスのヘモグロビン遺伝子には遺伝的多型が認められ，α鎖では a, b, c, d, e, f, g, hなどの対立遺伝子[3]が，また，β鎖では3種類の対立遺伝子, d, s および p が報告されている．

図 2.8 ヘモグロビンの立体模式図（分子量は65000）
(B. Alberts, D. Bray, J. Lewis, M. Raff, K. Roberts, J. D. Watson: Molecular Biology of the Cell, 1983を改変)

つぎは，臓器移植の成否を決める要因である主要組織適合遺伝子（MHC: major histocompatibility complex）の例である．MHC抗原は，ほとんどの高等動物で発見されており，マウスではH-2, ラットではRT1, ヒトではHLA遺伝子で支配されている．マウスのH-2[4]は第17染色体にあって多くの遺伝子座からなる遺伝子複合体（complex）であり，産生される物質は多種類に及ぶ．特に重要なのがクラスIおよびクラスIIと呼ばれる抗原で，それらは臓器移植を含めた免疫系に関与している．これらの抗原を図2.9に示した．クラスI抗原の場合はH-2遺伝子座の産物である重鎖と第2染色体の$β^2m$遺伝子座の産物である軽鎖から構成される2量体の，また，クラスII抗原は同じH-2支配を受ける2種類の遺伝子産物で構成される糖タンパク質である．クラスIおよびII抗原における抗原性の小さな変化を同種免疫抗血清を用いることによって検出することができる．これまでに，両抗原に多数の変異が見

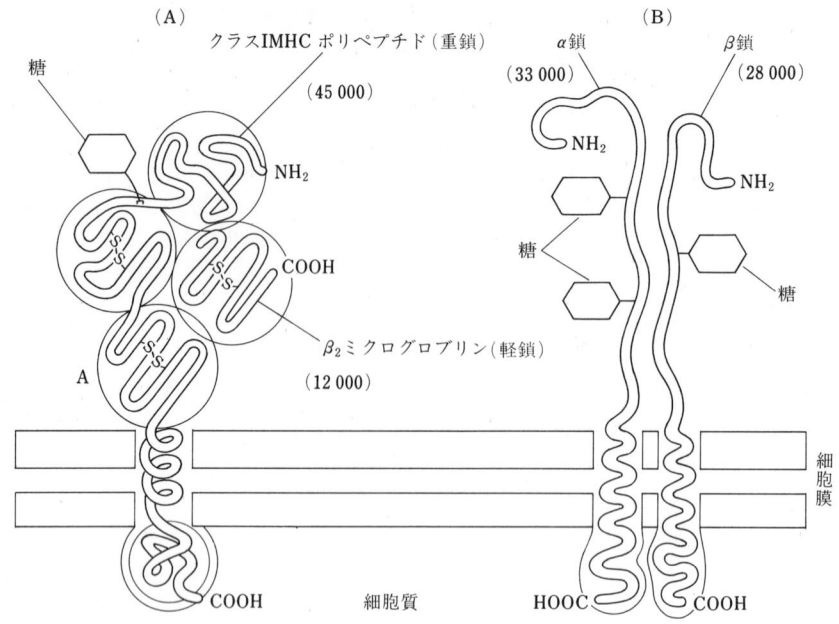

図 2.9 主要組織適合抗原のクラス I 抗原(A)とクラス II 抗原(B)の模式図（カッコ内に分子量）
(B. Alberts, D. Bray, J. Lewis, M. Raff, K. Roberts, J. D. Watson, Molecular Biology of the Cell, 1983 を改変)

いだされており，動物種を問わず，MHC は高い遺伝的多型性を示すことが明らかになっている．

2) mtDNA で支配される形質： mtDNA には 2 個の rRNA，5 個の酵素タンパク質(チトクロームオキシダーゼサブユニット I, II, III, アポチトクローム b, ATP アーゼサブユニット 6)，8 個の未同定タンパク質および 22 個の tRNA が知られている[5]．

一方，マウスでは細胞膜抗原である Mta (maternally transmitted antigen)が H-2 遺伝子によって支配され，その発現が mtDNA で支配されることが明らかにされた[6]．この抗原はほとんどの近交系で見られるが，NZB などの少数の系統では見られない．

b. 量的な遺伝形質 身長，体重，産仔数などは一般に単一の遺伝子支配を受けないことが知られている．しかし，それらの形質は個体選抜によって大きい（多い）方へ，あるいは小さい（少ない）方への選抜が可能であることが家畜などで明らかになっている．乳牛の泌乳量，鶏の産卵数，豚の産子数，サラブレッドの競争馬としての体型などはそのよい例である．

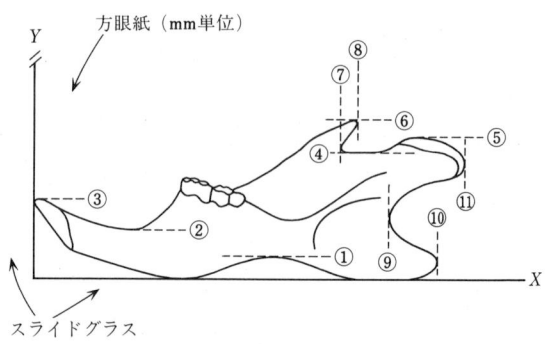

図 2.10 マウス，ラットの下顎骨の模式図と測定部位（①～⑥は X 軸からの距離，⑦～⑪は Y 軸からの距離）
(Festing, M. F. W., Inbred Strains in Biomedical Research, 1979)

実験動物でも，体重などに系統差が知られているが，最も代表的な形質は下顎骨であろう[7,8]．図 2.10 は下顎骨と形態測定部位を表している．11 箇所の測定値を使い多変量解析し，系統ごとの分別を行うと，表 2.2 に示されているように，たとえば BALB/c は 18 匹中 1 匹が否定されたが，17 匹が同じグループに同定された．他の系統も同様に高い確率で同定された．一方，NZB と NZW の F_2 で見られるように，

表 2.2 マウスにおける下顎骨による系統の分別 (Festing, M. F. W. Inbred Strains in Biomedical Research, 1979.)

グループ番号と系統名	1～12のグループへ分別された数												分別されなかった数	合計
	1	2	3	4	5	6	7	8	9	10	11	12		
A. 既知系統														
1. BALB/c	17										1†			18
2. C3H/He		11	1†										1†	13
3. CBA/Ca			6											6
4. B10.LP-a				9										9
5. CE					24								3†	27
6. B10.BR						9								9
7. DBA/2							9						2†	11
8. NZB								27					3†	30
9. NZW									36				6†	42
10. A2G										26			4†	30
11. CLF1 ♀							1†				48			49
12. CLF1 ♂											1†	40		41
														計 285
B. テスト用														
13. NZB×NZW F₁													30	30
14. NZB×NZW F₂		1†		1†		5†						6†	29	42
15. CLF 2											1†		16	17
16. CLF 1 ♀									1†		37	2†	3†	43
														計 417

†：他のグループへ分別された数

調べた42個体すべてが両親系統には分別されなかったことから，この形質は複数個の遺伝子が関与する量的形質とみなされている．

（4） 遺伝形質の変化とその原因

多くの形質が遺伝的に多型であったり系統差を示すことからもわかるように，遺伝形質，言い換えると遺伝子は決して安定ではなく変化するものである．ここで変化を与える原因について例を紹介しながら考えてみる．

a. 点突然変異による遺伝形質の変化

点突然変異はDNAの塩基に生じる変化で，しばしば他の塩基への置換の原因となる．この塩基置換がアミノ酸の置換に対応する場合は，当然のことながらタンパク質のレベルでも何らかの変化が見られる．電気泳動で検出されるような易動度の変化といった軽微な変化もあれば，構造異常や機能の消失へ結びつくような大きな変化もある．

鎌状赤血球貧血症と呼ばれる遺伝病がヒトで知られている．この病気の原因が正常なヘモグロビンAからヘモグロビンSへの変化にあることが知られている．この突然変異は，電気泳動で正常ヘモグロビンから容易に区別されるような易動度の変化をもたらすと同時に，低酸素状態ではヘモグロビンSが重合し，それが原因となって赤血球が鎌状になるという大きな変化も与えている．この変化は，正常ヘモグロビンでは，β鎖のN末端から6番目のアミノ酸がグルタミン酸であるのに対して異常ヘモグロビンではバリンに変化していることが明らかにされた．表2.1を参考にして塩基レベルでの変化を見てみると，バリンとグルタミン酸はコドンの一番目がG，三番目がAとGで共通しているが，二番目がUになるか，Aになるかでバリンになるかグルタミン酸になるかが決まっている．結論として，ヘモグロビンAからSへの変化は，コドンの二番目の塩基がAからUへ変化したためであった．

b. DNAの欠失と挿入による遺伝形質の変化

点突然変異以外のDNAレベルの変化によって遺伝形質に影響を与えるよい例は，DNAの欠失と挿入である．最近，疾患モデル動物でもDNAの欠失と挿入が原因となっている例が知られるようになってきている．以下，それらの代表例を紹介する．

1）DNAの欠失による遺伝形質の変化： シバラー (Shiverer) マウスは[9]，生後2週目ころより企図振戦を呈し，成長とともに痙攣発作を起こすようになり4～5カ月齢で死亡する．このマウスでは中枢

神経系のオリゴデンドロサイトのミエリン塩基性タンパク質（MBP : Myelin Basic Protein）合成が異常であることが生化学的な研究で明らかにされた．一方，MBPの合成異常についてDNAレベルでの研究が進められた．その結果，7個のエクソンの組合せで大きさが異なる4種類のMBPが合成され，それらがミエリンタンパクとして機能することがわかった．そして，シバラーマウスではいくつかのエクソンを含むDNAの欠失があるためにMBPが作られないことが明らかにされた[10]．

2）DNAの挿入による遺伝形質の変化： マウスの第9染色体には毛色を薄くする遺伝子，いわゆるダイリュート（d）遺伝子が存在する．この遺伝子には，ecotropic provirusのEmv-3が挿入されていることが，dの復帰突然変異（ダイリュート作用がなくなる）を使った実験で明らかになった[11]．また，a遺伝子座の対立遺伝子であって優性ホモ致死作用をもつA^yにecotropic MuLV provirusの挿入があることも明らかにされている[12]．

c. 染色体の変化と遺伝形質 染色体の数と形は核型として動物種ごとに決まっている．ヒトの染色体数は46，実験用マウスは40，また実験用ラットは42で，形はその種に固有の基本型がある．もし，核型に数的異常や形態異常が生じると重篤な症状が現れる．次に，ヒトにおける染色体異常の例を挙げて紹介する．

ダウン症候群はイギリス人のダウンにより初めて記載され，患者は東洋人の顔つきに似ていることから蒙古症と呼ばれた．現在は発見者の名前を付けてダウン症と呼ばれている．本症の患者は，知能障害や形態的な異常を示す．ダウン症の患者の染色体を調べると，第21染色体が3本見られることが多い．染色体数が47本になっている場合が標準型21トリソミー，他の染色体にロバートソン型転座をしているため見かけ上の数は正常（46本）である場合が転座型21トリソミーである．なお，ダウン症候群のうち標準型は遺伝性ではないが，転座型の場合は遺伝性となる．

クラインフェルター症候群は，アメリカ人のクラインフェルターによってはじめて報告された．本症の患者は成人で背が高く，睾丸萎縮，無精子症などの特徴をもち不妊である．率は低いが知能障害を伴うこともある．クラインフェルター症候群の患者の染色体の異常は性染色体に認められ，XXYとなっている．この症候群の場合，X染色体は2本あって女性型であるが，Y染色体があるために外見は男性である．

（5） 染色体の動きと表現型の多様性

ヒトやマウスなどの高等哺乳動物の体内では図2.11に示したような2種類の細胞分裂が行われている．一つは体細胞分裂（mitosis）で，他の一つが減数分裂（meiosis）である．前者は親細胞と同じ細胞を作るための分裂であり，後者は生殖細胞（精子あるいは卵子）を作るための分裂である．

両分裂における染色体の動きを見てみると，体細胞では娘細胞，孫細胞へと分裂しても染色体数に変化はない．一方，生殖細胞形成のための減数分裂では，マウスでは体細胞で40本あった染色体が精子や卵子では20本へと半減する．

減数分裂に際して起こる染色体の変化で特に大切なのが組換えである．図2.12（A）に示すように，精子あるいは卵子の染色体は両親由来の染色体がランダムに組み合わさって構成されている．ここでは3対の染色体で考えているが，マウスの生殖細胞の染色体は20本あるので，可能な組合せは2^{20}通りとなる．図2.12（A）では相同染色体間で組換えが起

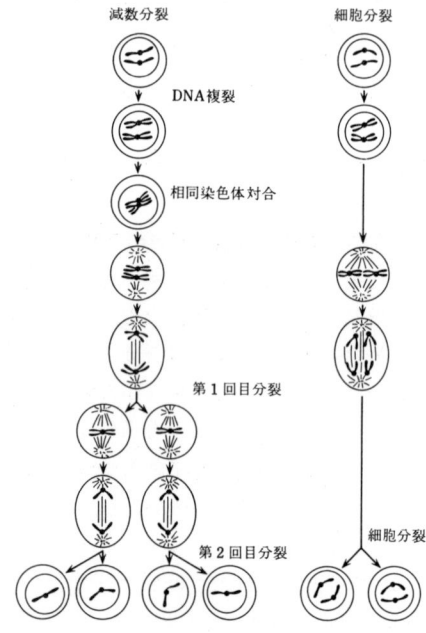

図2.11 減数分裂と体細胞分裂の模式図
(B. Alberts, D. Bray, J. Lewis, M. Raff, K. Roberts, J. D. Watson, Molecular Biology of the Cell, 1983を改変)

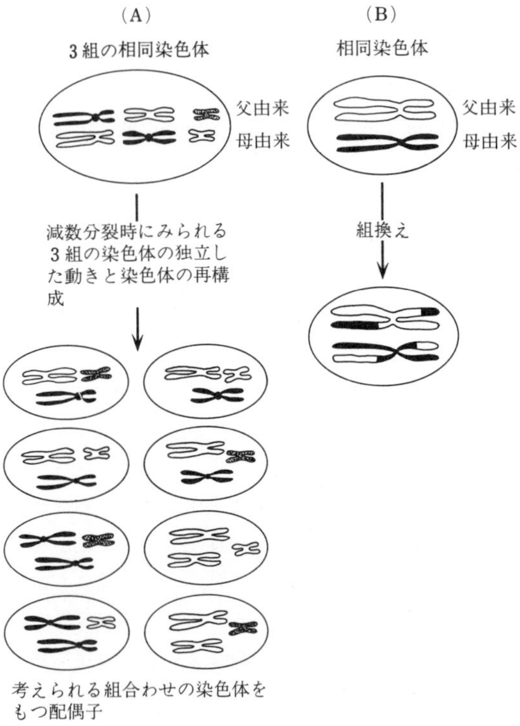

(A) 3組の相同染色体
(B) 相同染色体
父由来　母由来

減数分裂時にみられる3組の染色体の独立した動きと染色体の再構成

組換え

考えられる組合わせの染色体をもつ配偶子

図2.12 遺伝子型の多様性を生みだす減数分裂(A)と相同染色体の組換え(B)

こっていない場合を考えているが，実際には図2.12(B)に示すように組換えが起こっている．結果としては，はるかに多くの新しい組合せの遺伝子構成をもつ精子あるいは卵子ができることになる．

以上のように，減数分裂時の染色体の独立した動きと相同染色体の組換えが子孫における表現型の多様性を生んでいると言える．

(6) おわりに

マウス，ラットなどの実験動物ではヘモグロビンや免疫応答性などに代表される遺伝形質が次々に発見されている．一方，分子遺伝学研究の成果として，遺伝形質がDNAレベルで詳細に研究され，本章で紹介したような多くの成果が得られている．

遺伝形質を遺伝子あるいはDNAレベルで研究する場合に，多くの突然変異あるいは突然変異体が正常との比較において使われてきた．したがって，今後も実験動物の中からヒト疾患に相当する遺伝形質を持つ突然変異体を発見することは，ヒトを対象にしたバイオメディカルサイエンスの発展のために大切なことであるし，実験動物における遺伝子と遺伝形質の研究の役割がここにあると言える．

文　献

1) Mouse News Letter, 74 (1986).
2) 毎田徹夫，松田源治：ヘモグロビンの比較生物学，代謝，**14**, 117～126 (1977).
3) Whitney III, J. B., Copland, G. T., Skow, L. C. and Russel, E. S.: Resolution of products of the duplicated hemoglobin α-chain loci by isoelectric focusing. *Proc. Natl. Acad, Sci. USA*, **76**, 867-871 (1979).
4) Klein, J., Figueroa, F. and David, C. S.: *H-2* haplotypes, genes and antigens: Second listing. II. The *H-2* complex. *Immunogenetics*, **17**, 553-596 (1983).
5) 渡辺公綱：遺伝子から見たミトコンドリアの起源と進化 細胞工学，**4** (1), 29-41 (1985).
6) Fischer Lindahl, K., Hausmann, B. and Chapman, V. M.: A new *H-2*-linked class I gene whose expression depends on a maternally inherited factor. *Nature*, **306**, 383, (1983).
7) Festing, M. F. W.: Inbred strains in biomedical research. McMillan Publishing (1972).
8) Nomura, T., Esaki, K. and Tomita, T.: ICLAS Manual for Genetic Monitoring of Inbred Mice. University of Tokyo Press (1984).
9) Biddle, F., March, E. and Miller, J. R.: Research news. *Mouse News Letter*, **48**, 24 (1973).
10) Roach, A., Takahashi, N., Pravtcheva, D., *et. al.*: Chromosomal mapping of mouse myelin basic protein gene and structure and transcription of the partially deleted gene in shivere mutant mice. *Cell*, **42**, 149 (1985).
11) Jankins, N A., Copeland, N. G., Taylor, B. A. and Lee, B. K.: Dilute (d) coat color mutation of DBA/2J mice is associated withy the site of integration of an ecotropic MuLV genome. *Nature*, **293**, 370 (1981).
12) Copeland, N. G., Jenkins, N. A. and Lee, B. K.: Association of the lethal yellow (A^y) coat color mutation with an ecotropic murine leukemia virus genome. *Proc. Natl. Acad. Sci. USA*, **80**, 247 (1983).

2.2　育　　　　種

動物実験を行う場合，まずどのような動物を用いればよいかが問題となる．研究目的に適した動物には，単純に体の大きさがちょうど適当であるなど，種固有の特性に着目して動物種を決定する場合が多い．一方，特殊な形質を研究対象とする場合には，動物種だけでなく種内の品種や系統の中から求めるものを選ぶことになる．現実に目的に合う変異体が得られないときには，外科的手術等により目的に近い状態を作り出す場合が多い．しかし同一種内の変異に対しては，生殖的に連続しているため人為的に

遺伝の面から形質をコントロールすることにより，目的に沿う動物を作り出したり，将来の要望に備えたりすることができる．使用目的が明確で生産性が重視される家畜と違って実験動物の育種では使用目的が複雑多岐にわたるため，それぞれ特性を異にする動物を広くから集め，系統として整備し，維持，供給し，さらに研究の進展に応じて遺伝的改良を加える必要がある．このような系統的な整備が遺伝的統御すなわち遺伝的コントロールであり，実験動物育種の役割となる．

遺伝的統御の違いによって，1) 近交系，2) ミュータント系，3) クローズドコロニー，4) 交雑群の4群に分類される．なお，遺伝的統御を受けていない動物は一般的には「雑動物」と呼ばれ，素姓の分からない雑種を指す．近交系あるいはミュータント系の中には，a) セグリゲイティング近交系，b) コアイソジェニック系，c) コンジェニック系，d) リコンビナント近交系など，近交系の利点を活かした系統のための遺伝的統御法が含まれている．上記のような遺伝的統御法が最も発達しているのはマウスであり，ラットがそれに続いており，一部ハムスター類，モルモットなどで応用されている．

系統作出の流れを図2.13に示した．もともとの起源は野生種であって，一部は愛玩用を経て実験用へと永年にわたって飼い馴らされ，系統育成がなされ，その間 general purposed animal としてクローズドコロニーが大量生産され需要が満たされる一方，たくさんの近交系の育成により遺伝的整備が急速に進み，目的に応じて系統を選んで使い分けることができるようになった．また自然および誘発により生じた突然変異は各個の遺伝子作用の究明を著しく促進し，遺伝的背景を同一にする congenic 系の導入により特定形質の精密な遺伝分析が可能となった．さらにリコンビナント近交系の登場により，各近交系間の系統差を徹底的かつ効率良く分析することができるようになった．こうして育成された種々の系統の間で交雑群を作ることから，再び新しい変異体あるいは系統が生じ，遺伝分析によって新たな知見が加えられることになる．

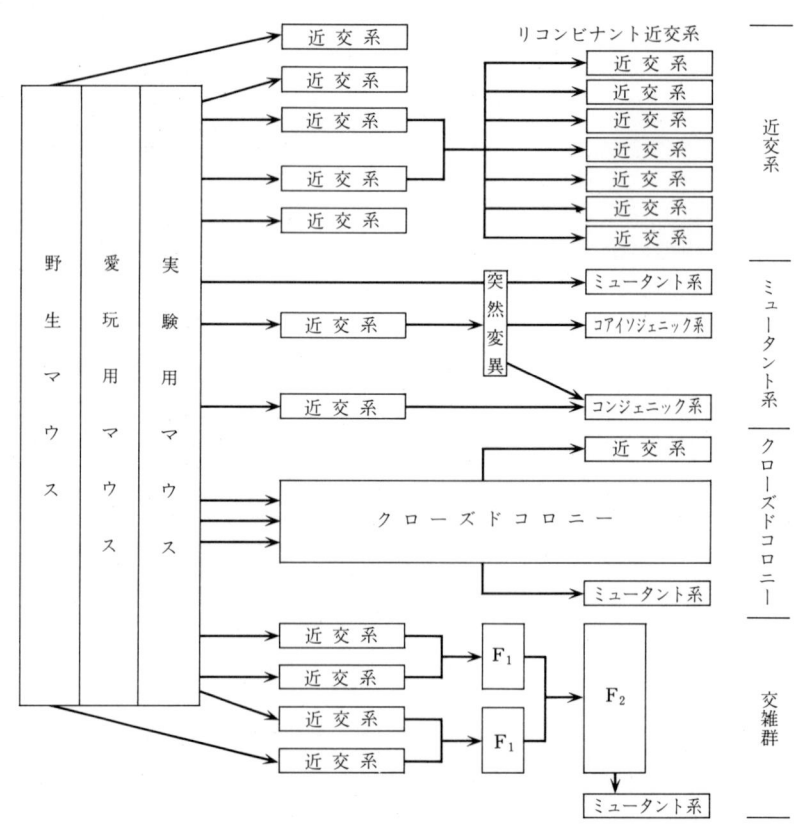

図 2.13　系統作出の流れ（著者原図）

（1） 遺伝的統御法の分類[1,2)]

a. 近 交 系

実験動物，特にマウスの場合「兄妹交配を20代以上継続している系統を近交系という．また親子交配を20代以上継続しているものも含まれるが，親子交配の場合，次代との交配は両親の若い方（後代のもの）と行うものとする．ただし兄妹交配と親子交配を混用してはならない．」と規定されている．

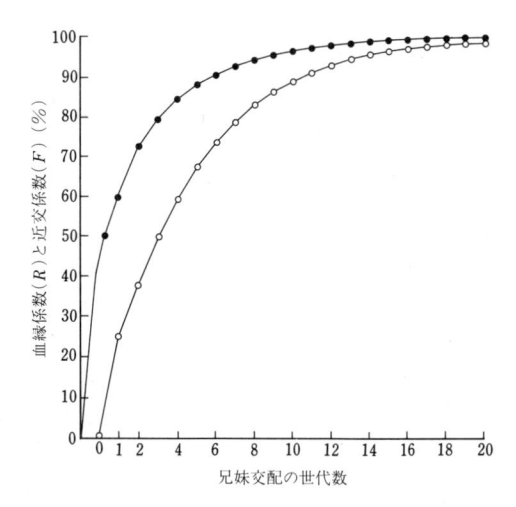

図2.15 兄妹交配を20代まで続けた場合の血縁係数（R）と近交係数（F）

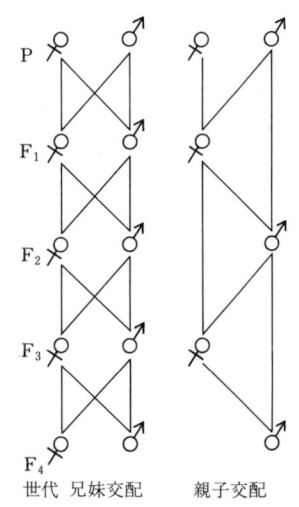

図2.14 近交系育成の2方式

兄妹交配と親子交配の違いを図2.14に示した．兄妹と親子はともに血縁関係は最も強く，血縁係数は同じ50%となる．近交係数も同じく，世代が進むにつれ上昇するので，兄妹交配でも親子交配でも近交化に及ぼす効果は同等である．しかし現実にはほとんどの近交系は兄妹交配により育成，維持されている．これは兄妹交配が最も単純で手がかからない交配方法であるからであり，親子交配の場合には一代ごとに雌雄をかえ，しかも若い方の親と交配しなければ継続できない仕組みになっている．

ラット，ハムスターおよびモルモットまではこの近交系の規定に準じて系統育成がなされているが，ウサギやウズラなど，兄妹交配のような強度の近親交配を続けるのが困難な動物種では，兄妹交配は避けながら血縁係数あるいは近交係数をある程度に保つ系統育成が実質的であり，それを近交系に準じて扱うことがある．近交化の度合いを表す近交係数（coefficient of inbreeding, F）はある個体の遺伝子組成の中のホモの遺伝子座のおきる率（すなわち homozygosity）を示し，血縁関係の強さを表す血縁係数（coefficient of relationship, R）は個体間の遺伝子組成の相似度（すなわち isogenicity）を示す．最初，近交係数および血縁関係が0と仮定した一つがいから毎代兄妹交配を行った場合の近交係数と血縁係数を図2.15に示した．

遺伝子組成のよく似た動物群をそろえることが近交系使用の最大の利点であるので，近交係数よりも血縁係数が重要であり，兄妹交配20代では，血縁係数が99.6%を越え，大体100%とみなしてもよいところから近交系達成の基準と定められた．しかし，20代では近交係数は98.6%で1～2%くらいはヘテロの遺伝子座が残っていることになるので注意を要する．20代は単なる通過点であって検出できるヘテロを完全になくすにはさらに兄妹交配をつづけ highly inbred strain にする必要がある．

一般的に近交系の育成にあたって最も留意すべきことは，起源と育成過程である．特に起源については既存の実験室内の近交系にはない遺伝子源が野生動物には豊富に存在している．そのため，野生動物から直接近交系を育成することにより新しい遺伝子組成をもつ系統を育成することができる．その場合，ヘテロ性に富む野生集団から，一つの近交系を育成することは，近交系化によるホモ化の過程で多くの変異を消失させることが考えられる．それでも得られた近交系には，野生種特有の遺伝的特性が保有さ

れている．そのことは，MOA系など日本産ハツカネズミ（*Mus musculus molossinus*）から確立した近交系の生化学的標識遺伝子の調査などから確かめられている[3,4]．

この野生マウスを直接近交系化する以外に，野生マウスの保有する特定の遺伝子だけをコンジェニック系として取り出す方法もとられている．たとえば，日本産ハツカネズミのH-2遺伝子をC 57 BL/10系に遺伝的に導入した数多くのコンジェニック系マウスが育成されている[5]．

i） セグリゲイティング近交系　ある特定の遺伝子座のみを強制的にヘテロに保ちながら兄妹交配を継続する交配方式（inbreeding with forced heterozygosity）をとっている近交系である．セグリゲイティング近交系においては，近交系でありながらある一つの遺伝子座のみが毎代分離するため，同一の遺伝的背景の中で特定遺伝子座だけがホモとヘテロ接合体の系統内共存状態を作り出せ，特定遺伝子の作用を厳密な形で比較したいときセグリゲイティング近交系が利用されている．たとえば，SM/J系では，a/a♀×A^w/a♂の交配を行うことにより毎代a/aとA^w/aが分離するようになっている[6]．

近交系に突然変異が起きた場合，ミュータント個体と正常個体とをそのままコアイソジェニック系として近交系内で共存をさせながら維持するのに便利である（その例を図2.17に示す）．また他の近交系への戻し交配により，コンジェニック系を確立したあとにセグリゲイティング近交系として維持する場合にも応用される．ミュータントでホモが繁殖不能または致死の場合にはヘテロ型で維持させるしかないので，セグリゲイティング近交系になる．図2.16にその例を示す．ホモ接合体の雌雄の少なくとも一方が生殖力をもっている場合，たとえば通常のヌードマウス（nu/nu）のように雄は繁殖可能であるが，雌は哺乳が困難な場合に（1）のバッククロス方式がとられる（例，$+/nu$♀×nu/nu♂）．

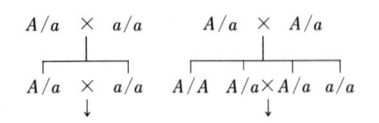

劣性ミュータントのホモ個体が雌雄とも繁殖不能の場合には，（2）のインタークロス方式がとられる（例，$+/ob$♀×$+/ob$♂）．

ii） コアイソジェニック系　既存の近交系において一つの遺伝子座で突然変異が起こり，この突然変異遺伝子を保存するために，元の系統から分系して維持した場合にこれを元の系統に対してコアイソジェニック系と呼ぶ．近交系に突然変異が起こった場合，突然変異という単位だけが元の近交系から変わったものであるため，ミュータント系であると同時に近交系としてすでにでき上っている．たとえばマウスC 3 Hf近交系にMottled（*Mo*）遺伝子座上の突然変異（Macular）[7]が起こり，そのままC 3 Hf-+/Mo^{ml}系として維持している場合や，ラットDA近交系にbeige（bg）[8]突然変異が起こりDA-bg系として維持している場合，これらのミュータント系はコアイソジェニック系と呼ばれる．そのため，これによって突然変異個体と正常兄妹とを最も厳密に比較することができる．図2.17にDA-bg系の系統維持をセグリゲイティング近交系方式で行い，実

$$A/a \times a/a \qquad A/a \times A/a$$
$$A/a \times a/a \qquad A/A \quad A/a \times A/a \quad a/a$$
(1)バッククロス方式　(2)インタークロス方式

図2.16　一つの近交系内に対立遺伝子Aとaを共存させる交配様式（inbreeding with forced heterozygosity）

コアイソジェニック系統

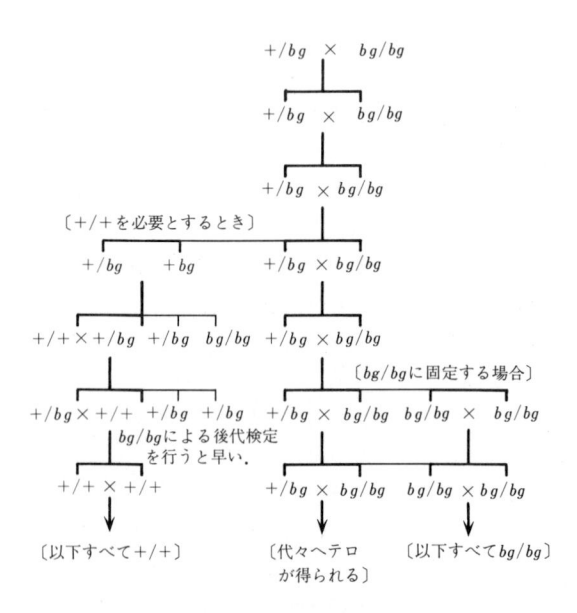

$$+/bg \times bg/bg$$
$$+/bg \times bg/bg$$
$$+/bg \times bg/bg$$

〔+/+を必要とするとき〕
$+/bg \quad +/bg \qquad +/bg \times bg/bg$

$+/+ \times +/bg \quad +/bg \quad bg/bg \qquad +/bg \times bg/bg$

〔bg/bgに固定する場合〕
$+/bg \times +/+ \quad +/bg \quad +/bg \qquad +/bg \quad bg/bg \quad bg/bg \times bg/bg$
bg/bgによる後代検定を行うと早い．

$+/+ \times +/+ \qquad +/bg \times +/bg \quad bg/bg \times bg/bg$

〔以下すべて+/+〕〔代々ヘテロが得られる〕〔以下すべてbg/bg〕

図2.17　DA系ラットに起きたbeige mutantのコアイソジェニック系としての維持と生産方法
タネをinbreeding with forced heterosisで維持し，実験供試用に，bg/bgだけの生産群と$+/+$だけの生産群をもうける．

験供試用に bg/bg と対照群の $+/+$ を生産している様式を示す．

なお起源が近交系でなくて"雑動物"集団のなかに発見されたミュータントについても，前項に述べたように毎代ホモとヘテロが交配されるように選んで，兄妹交配を続けてセグリゲイティング近交系にすれば，同時にコアイソジェニック系ができたことになる．

iii) コンジェニック系

特定の変異遺伝子をもつ動物を他の既存の近交系に何世代も繰り返して戻し交配することによって，目的とする変異遺伝子以外のほとんどの遺伝子組成が，遺伝的背景となる近交系とほぼ同一になった系統である．もともと，コンジェニック系は Snell[9] により組織適合性遺伝子を解析するために考案され，C57BL/10 系を遺伝的背景として H-2 を異にするたくさんのコンジェニック・レジスタント系が作出された．図 2.18 に代々のバッククロスにより A/J 系が有する H-2 対立遺伝子（厳密にはそれを含む染色体部分）が C57BL/10 系の遺伝的背景へと移される様子を示す[10]．コンジェニックの関係にある系統間での実験結果に差が出れば，それは，相互に異なる特定の遺伝子によって起こると考えることができる．図 2.19 に示すように，戻し交配の世代数に対して遺伝的背景がおきかわる確率[11] は，導入する目

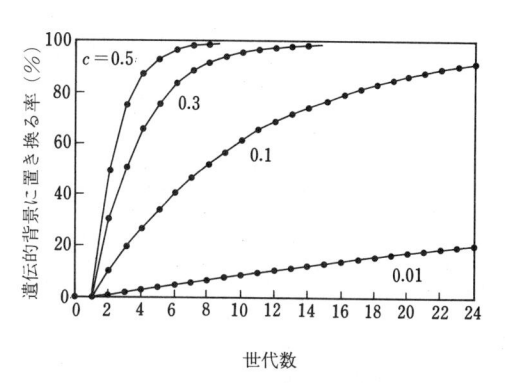

図 2.19 戻し交配の世代数に対する遺伝的背景の遺伝子に置き換る確率 (Green[11])
C は組み換え価を表す．

的遺伝子が属する染色体以外では 8 回の戻し交配では 99.2%，12 回では 99.9% となる．しかし導入する遺伝子と同じ染色体上で，たとえば 10cM の距離にある遺伝子が背景系統の遺伝子となる確率は 8 代で 52.2%，12 代で 68.6% にすぎず導入する遺伝子と同一染色体上で近接していた遺伝子は目的とする遺伝子と一緒に導入される確率が高い．

目的とする遺伝子以外はほぼ同一の遺伝子組成 (congenic) になることを期待しても，実際には目的遺伝子を含む染色体のある幅をもって導入されていると考えた方がよい．その例をあげると，腸炎菌感染に感受性の近交系 DKI に C3H/He 系からの抵抗性遺伝子が導入されたコンジェニック系統として DKIR(N 10) が育成されており[12]，DKI と DKIR の標識遺伝子組成を調べたところ，第 1 染色体上の Idh-1 遺伝子座が両系の間で異なっていることがわかった[13]．DKIR 系が育成されたとき，C3H/He の有する抵抗遺伝子と一緒に Idh-1^a 遺伝子が導入されたことが推定され，実際に抵抗性遺伝子が Idh-1 とリンクしていることが，バッククロスによる交配実験から確認され，抵抗性遺伝子が第 1 染色体上に Mapping された[13]．

連続戻し交配により特定遺伝子の遺伝的背景をかえるにあたっては，性染色体と母性効果を考慮に入れ，各交配でいずれを雌雄にするかは注意しなければならない[14]．図 2.20 の (1) のように特定遺伝子をもつ個体を常に雄にする場合，目的遺伝子以外に Y 染色体が導入されることになる．また (2) では，逆に目的遺伝子をもつ個体を常に雌にするとミトコンドリア DNA や母性効果も導入されることになる．Y 染色体導入系統やミトコンドリア遺伝子導入系

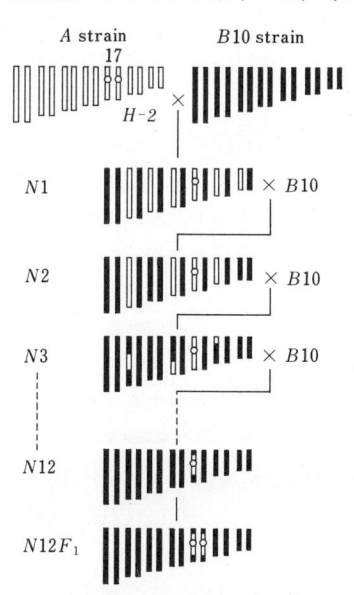

図 2.18 B10 系の遺伝的背景に A 系の第 17 染色体から H-2 遺伝子を入れて，コンジェニック系 (B10.A) を作る方法（森脇[10]）

(1) A 遺伝子と共に Y 染色体が導入される〔X 染色体の交換は最も早い〕

(2) A 遺伝子と共にミトコンドリア DNA や母性効果（乳因子など）が導入される．

(3) A 遺伝子のみ入る〔(2)と同様，X 染色体の交換は常染色体並みで，雌雄交互の戻し交雑法よりも遅い〕

(4) A 遺伝子のみ入る〔X 染色体の交換は雌雄交互の戻し交雑法よりも早い〕

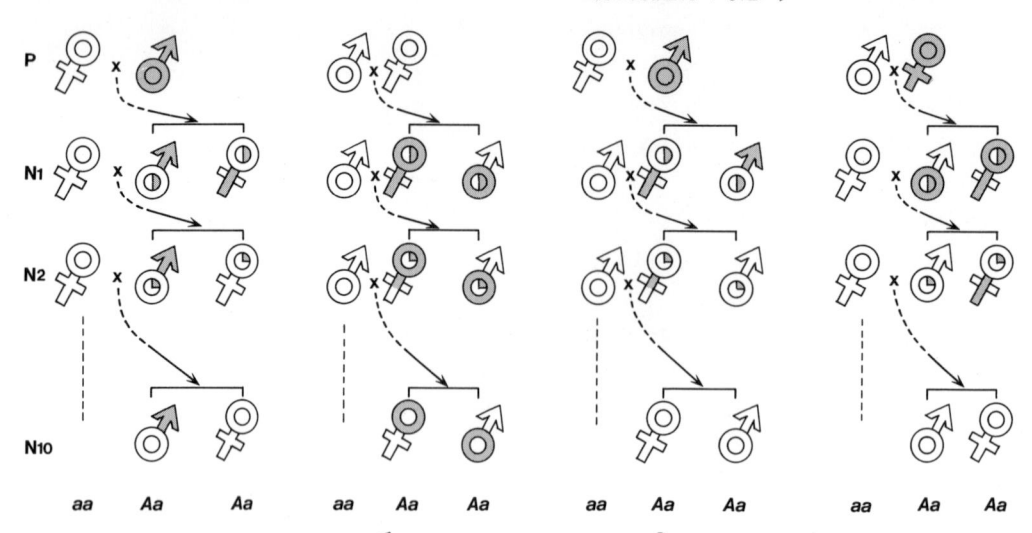

図 2.20 特定遺伝子を他近交系の遺伝的背景におきかえる場合の雌雄のとり方の影響（近藤[14]を改変）

統を作出する目的以外では避けるべきである．したがって，これを避けるためには (3) または (4) の方式のように途中で雌雄を入れ換える必要がある．(3) の場合 X 染色体の交換率が遅く，(4) の方式のように最初が雌で次世代から雄に切り換える方法が最もすぐれている．

iv) リコンビナント近交系（RI 系） 異なる二つの近交系間の F_2 から再び近親交配を繰り返して F_{20} 代を越えた複数の近交系からなるセットのことであり，最初のセットは発案者の Bailey[15] によって作出され，Taylor[16] によって RI 系の広範囲にわたる利用法が示された．RI 系を利用することにより，祖先系間に見いだされる系統差について，その遺伝様式，多面発現または，連関群の推定などの遺伝的解析を効率良く実施できる．

RI 系の遺伝子組成は，祖先の二つの近交系からの遺伝子から成るので，祖先系統間で異なる遺伝子座について，どちらの祖先系統から来た遺伝子であるか調べることにより，RI 系統間の分布表（strain distribution pattern, SDP）を作成できる．

SDP の標識遺伝子数が多いほど，また RI セットを構成する近交系数が多くなるほど解析力が増す．元となった二つの近交系間で差のある遺伝形質であれば，どんな形質のものでも RI 系が利用でき，通常の F_2 交雑群，戻し交雑群では解析困難な形質，たとえば，発癌率，死亡率，半数致死量（LD_{50}）など何匹も測定することによって一つの結果が表される形質に対しても近交系であることの利点を活かして繰り返し調べることができるので，応用範囲が広く，特に単一遺伝子によって支配される形質に関しては連鎖解明の有力な手段となる．この方法は祖先系に選んだ 2 近交系間に差が無い形質に対しては利用できないことが欠点であるが，いろいろな祖先系の組み合わせによる RI セットがたくさん育成されているので，他のセットを利用することによって，ある程度はこの欠点を補うことができる．古くから近交系化された代表的な系統である A，AKR，BALB/C，C3H，C57BL，C57L，C58，DBA/2，SJL，SW，129 などの間で組み合わされた RI 系が作出されている[17]．RI 系のもう一つの難点は，たくさんの系統をセットとして育成し維持するのには，一般に大変な労力を要することである．RI 系統の祖先系統

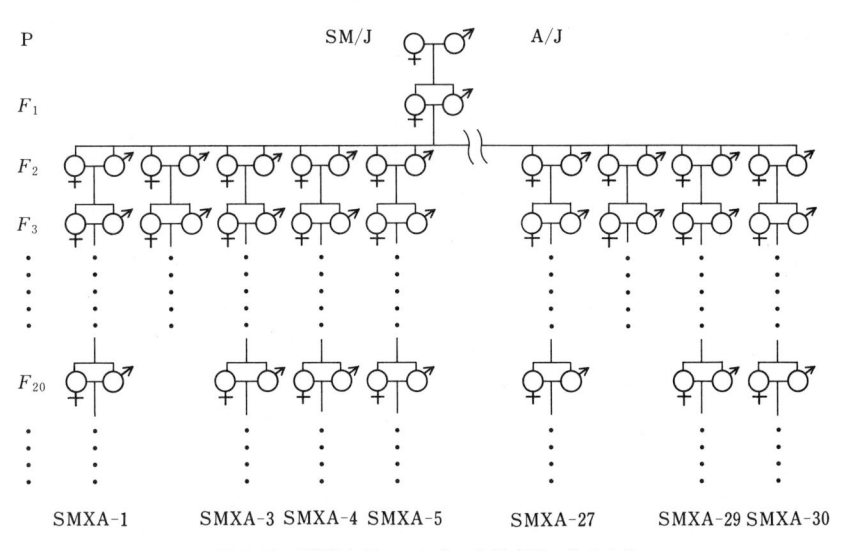

図 2.21 SMXA リコンビナント近交系の作出方法

間の遺伝的距離が大きいほど，それらの近交系間の交雑群から再び近交系を作るのは困難になると考えられる．

筆者ら[28]は SM/J 系と A/J 系の間から本格的な RI 系統群を育成することを計画し，F_2 代の 50 ペアーの兄妹交配からスタートして 30 近交系の確立を目指した結果，F 8 と F 14 代で 1 ラインずつ途絶えたが，28 系統の近交系を確立することができた (図 2.21)．この (SMXA) RI 系統群を例に，RI 系の意義，用途，利用した成績の一部について遺伝分析の項で説明する．

b. ミュータント系

ミュータントという言葉は，遺伝子突然変異によって変化した遺伝子，またはその遺伝子をもつ動物を指すものであり，したがって遺伝子記号をもって示しうるようなミュータントをもつ系統はミュータント系ということになる．

遺伝子記号をもって示しうるようなミュータント遺伝子の数は年々増加の一途をたどり，マウスでは複対立遺伝子座を一つに数えても毛色に関係する遺伝子は約 60，毛皮に変異を来たす遺伝子は約 70，骨格異常は約 100，神経筋異常は約 70，眼の異常は約 40，中耳性の回転行動は約 40 にのぼる[18]．これらの遺伝形質の大部分は形態的な形質や行動に現れる形質であり，肉眼的観察によって見出された可視突然変異が多いが，最近は生化学的な形質も多くなってきているし，また免疫学的な異常形質など眼に見え

ない突然変異も数多く見出されてきている[18]．人間の病気によく似た症状を呈するものも多く，それらは疾患モデル動物として特に重要な役割を果たす[19,20]．ミュータント系の遺伝子組成はミュータント遺伝子とそれ以外の遺伝子組成，すなわち遺伝的背景から成り立っており，遺伝的背景を近交系にしておくことは前述した近交系の利点を備えるし，ミュータント遺伝子を運ぶ系統として既存の近交系を用いれば，ミュータントと正常の比較が最も厳密な形でなされることになる．そのようにミュータント遺伝子を既存の近交系に導入して得たミュータント系をコンジェニック系と呼び，既存の近交系に突然変異が起きて，そのまま近交系として保っているものをコアイソジェニック系と呼ぶ．これらはいずれもミュータント系であって，近交系でもあるが，元の近交系とは亜系の関係になる．

疾患モデルとなるようなミュータントの場合にはその疾患のために繁殖不能あるいは困難になるため，ミュータント遺伝子の保存に重点をおき，ヘテローシスを利用して遺伝的背景をハイブリッドにする方法がよくとられる (例：WB・B 6 F_1-W/W^v)．

ミュータント系の定義では，突然変異遺伝子を保有する系統だけがミュータント系ではなく，遺伝子記号を示せなくとも，何らかの遺伝的特性を保持する系統 (例：KK 系，NOD 系，NZB 系マウス，SHR 系ラットなど) もミュータント系とされる．

表 2.3 のように系統の遺伝的統御の方法は大きく

表 2.3 遺伝的統御法の分類（著者原図）

インブレッド	近交系	ミュータント系
	セグリゲイティング近交系	
	コアイソジェニック系	
	コンジェニック系	
	リコンビナント近交系	
アウトブレッド	クローズドコロニー (closed colony)	
	交雑群 (hybrid)	

分けて近交系と非近交系に分類されるが，突然変異はどこででも起こりうるし，起こった突然変異はどのような遺伝的統御法のもとでも維持されうるので，ミュータント系はすべてのカテゴリーに入ることができる．

c. クローズドコロニー

5年以上外部からタネ動物を導入することなく一定の集団内のみで繁殖を続け，常時実験供試用動物の生産を行っている群である．起源となるタネ動物が近交系か非近交系かでコロニーの遺伝的構成が異なる．化学物質などの安全性試験のためには系統ごとに反応が異なり，偏りの大きい近交系ではなく，集団としてある程度の遺伝的バラツキをもち，ある程度の数の動物を用いることによって，その動物種の平均的な反応と個体差を推定できる動物群が必要となる．まず非近交系由来のクローズドコロニーは，多くの遺伝的変異を保有しているがゆえに，下記の条件を満たす必要がある．各世代にわたってその変異をなるべく変えないで維持することが必要であり，そのためには集団の有効な大きさが常時50以上になるように保ち，かつ集団的に隔離が起きないような交配様式がとられなければならない．一方近交系由来のクローズドコロニーは多量生産の目的には都合が良いが，集団として閉鎖を保つことでもとの近交系との遺伝的隔たりを生じることに矛盾があるし，近交系のような厳密な遺伝的コントロールを受けていないことで整一性，恒常性の点で問題が生じやすいと考えられる．

d. 交雑群

系統間の雑種を交雑群と呼ぶ．交雑第1代（F_1）とそれ以外の交雑方式に分ける．

i) 交雑第1代（F_1）

異なる二つの系統の交配によって得られる最初の世代が F_1 交雑群である．特に実験動物においては近交系間 F_1 交雑群が種々の大きな利点を有している．すなわち，F_1 交雑群の個体の各遺伝子座はヘテロ性が高く，ホモ性の率は著しく低いが，逆に個体間の遺伝的相似度は近交系なみに高い．そのうえ突然変異による変化を受けにくいため近交系以上の遺伝的長期安定性が得られる．さらに F_1 交雑群は環境要因に対して緩衝能が高く，表現型の整一性が非常に高い．また雑種強勢（Hybrid vigor）により長寿命で感染抵抗力も強く，手術による侵襲にも強く扱いやすい．さらに特定の組み合わせによっては特性ある F_1 代が得られる例〔(NZB×NZW)F_1〕も知られており，近交系単独では得られない利点を有する．

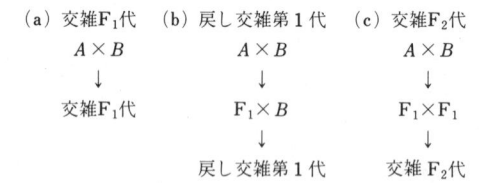

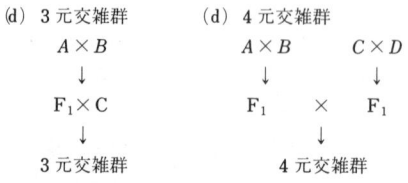

ii) 交雑第1代以後

交雑第1代以後の交雑方式によるものとして F_2，戻し交雑，3元交雑，4元交雑などがあり，いずれもヘテローシスを利用し，遺伝子組成の上でバラエティに富む交雑群ができ，親系統を目的に応じて選ぶことにより利用価値の高い方法となる（図2.22）．F_1 交雑群以後の交雑群では分離によって個体間の相似性や表現型の整一性が失われているのは当然であるが，それぞれ群としては再現性が保たれる．F_2 群や戻し交雑群は遺伝分析に利用される．親の遺伝子構成が明確で，かつ集団としてはヘテロ性が高い3元または4元交雑群をクローズドコロニーに代わるヘテロ均一集団として用いることができる．その例として，ICR クローズドコロニーから作出された一連の近交系群の中から，もっとも適した組み合わせを選んで4元交雑群を作

(a) 交雑F_1代　(b) 戻し交雑第1代　(c) 交雑F_2代

$A \times B$　　　　$A \times B$　　　　$A \times B$
　↓　　　　　　　↓　　　　　　　↓
交雑F_1代　　　$F_1 \times B$　　　$F_1 \times F_1$
　　　　　　　　　↓　　　　　　　↓
　　　　　　　戻し交雑第1代　　交雑F_2代

(d) 3元交雑群　　(d) 4元交雑群

$A \times B$　　　　$A \times B$　　$C \times D$
　↓　　　　　　　↓　　　　　　↓
$F_1 \times C$　　　　F_1　　×　　F_1
　↓　　　　　　　　　　↓
3元交雑群　　　　　　4元交雑群

図 2.22　交雑 F_1，戻し交雑，交雑 F_2，3元交雑および4元交雑動物の作出法

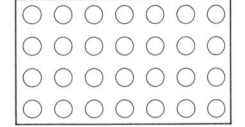

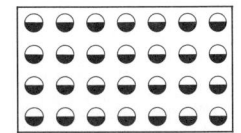

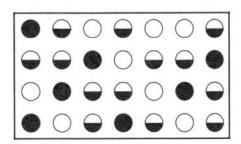

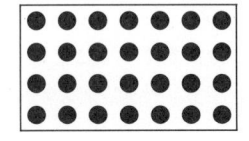

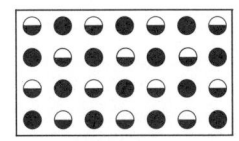

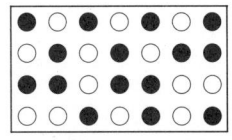

| 近交系（等質ホモ集団） | 近交系（等質ホモ集団） |

| 近交系間F_1（等質ヘテロ集団） | 戻し交雑世代（異質ヘテロ集団） |

| F_2交雑群（異質ヘテロ集団） | RI系統群（異質ホモ集団） |

●○：ホモ接合体
⊖：ヘテロ接合体

図 2.23 近交系，F_1，戻し交雑群，F_2およびリコンビナント近交（RI）系統群の集団構造の違い（著者原図）

り，Jcl：MCH として市販されている．

図 2.23 にこれまで述べた遺伝統御法を概念的に理解するために，ある1対の対立遺伝子の遺伝子型から見た近交系，交雑群（F_1，F_2，BC）とリコンビナント近交系群の集団構造の違いを模式的に示した．近交系を等質ホモ集団，近交系間 F_1 を等質ヘテロ集団とすれば，F_2と BC 群は異質ヘテロ集団で，リコンビナント近交系群は系統単位の異質ホモ集団であると言える．非近交系由来のクローズドコロニーは異質ヘテロ集団に属するが，遺伝子型頻度が世代を経て一定に保たれても，遺伝子ごと，コロニーごとに異なるので，交雑群と同じようには扱えない．したがって次節で述べる遺伝分析のような分析的研究には，クローズドコロニーよりも近交系，交雑群（F_1，F_2，BC），リコンビナント近交系およびコンジェニック系などを用いる方が適していることが理解されるであろう．

（2） 遺伝分析の方法

a. 突然変異体の遺伝分析の方法

i） ミュータント系としての固定　ミュータントが既存の近交系に発見された場合には，ミュータントをもつものを元の系統の亜系として区別して維持する．ミュータント系として固定されたこの亜系と元の近交系の間は，突然変異を起こした遺伝子座以外の遺伝子組成が同一（すなわち coisogenic）の関係にあり，正常形質とミュータント形質の対比を最も厳密なかたちで行うことができる．

一方ミュータントが非近交系に発見された場合には，その変異体の遺伝子組成は均一ではないため，遺伝子組成の均一化によりミュータント系としての固定をはかる．そのためにミュータントを保有する近交系を新規に育成するか，あるいは既存の近交系にミュータント遺伝子を導入する方法がとられる．非近交系由来の動物から近親交配を行うことは，繁殖力の低下を始めとする近交退化現象により貴重なミュータントの固定に失敗する危険があり，かりに系統育成が順調に進行したとしてもかなりの長年月（マウスの場合で20代に達するまでに5年以上）を要する．そこで，安定した繁殖力をもつ既存の近交系へミュータント遺伝子を導入（congenic 系の育成）する方が安全かつ効率的で，そのうえミュータントの利用目的に合わせた近交系を選べるために，新規に近交系を育成するよりはるかに得策である．

ii） ミュータントの遺伝分析の手順　発見された変異体がどのような形質であれ，突然変異によるものであれば，どのような遺伝様式に従うのか調べ，さらに連鎖（リンケージ）関係を調べ，染色体地図の位置を決定することをもって遺伝分析が達成されたことになる．しかし染色体地図へのあてはめにまで至る過程には，その変異体の種類にもよるが，一般に大変な時間と労力を要するため，せっかくミュータントが出現しても遺伝分析が完了に至ることなく埋もれ，消える運命をたどる場合が多い．

そこで発見されたミュータントを，できるだけ効率的に遺伝分析を遂行してゆくための手順を各段階で探る必要がある．その第一は，発見されたミュータントと同じものが，既存のミュータントにあるかどうか検討することであり，経験的にまた文献的に広く似た形質の既存ミュータントを探し，そのミュータントとの異同を調べ，同座性テストを行う．

iii） 同座性テスト　一つの遺伝子座に属する対立遺伝子は，それが被毛なら被毛で，行動異常なら行動異常で，表現形質が似かよっており，もし独立した二つの突然変異が似ていれば対立遺伝子である可能性があり，対立性（すなわち同座性）検定を

行うのが早道である．二つの別個の劣性突然変異間でそれらを交雑して，F_1 がすべて正常しか生れなければ，それらの突然変異は別の遺伝子座にあることになり，F_1 に同じ変異体が生ずれば，染色体上で同じ座を占める対立遺伝子であると言える．しかし，両者の相補性によって擬対立性（pseudoallele）の可能性があることに注意しなければならない．

最初に擬対立性が見られた例を1)で示し，次に筆者らが行った伴性遺伝子でヘミ接合体が半致死で普通交配できず，治療を施してはじめて同座性テストが成功した例を2)に示す．

1) 相補性を示すミュータント[21]：東大医科研で維持中の CBA/Kl マウスに全身性リンパ節腫脹を示す常染色体性劣性突然変異が発見された．すでにこれに酷似する二つの突然変異，すなわち第19染色体上の *lpr*（lymphoproliferation）と第1染色体上の *gld*（generalized lymphoproliferative disease）が存在しているので，これらとの間で互いにホモ同志の交配による同座性テストを行ったところ，*lpr* と *gld* との間の F_1 は正常であったにもかかわらず，新しく起こった mutant（仮に *m*）との間では，驚くべきことに *lpr* マウスとでも *gld* マウスとでも，その F_1 はすべてリンパ節腫脹を起こした（表2.4 a）．すなわち *m* は *gld*, *lpr* 両者との相補性あるいは対立性を示した．このような複雑な関係を明らかにするために戻し交配を行った（表2.4 b）．*lpr* との間で相補性を示した F_1 に正常系統を戻し交配したときリンパ節腫脹は0%で，*m*/*m* を戻し交配したときは100%となったので，*m* は *lpr* と同じ遺伝子座上の対立遺伝子であることが分かった．一方 *gld* との間で相補性を示した F_1 に正常系統を戻し交配したとき約25%，*m*/*m* または *gld*/*gld* を戻し交配したとき約75%のリンパ節腫脹が起こったので，*m* と *gld* は擬対立性の関係にあることが分かった．このミュータントは *gld* と相補的に作用してリンパ節腫脹を起こす新しい *lpr* 遺伝子であることから lpr^{cg}（*lpr* complementing *gld* in induction of lymphoproliferation）と命名された[21]．

表 2.4 リンパ節腫脹を起こすミュータント（*m*）の対立性検定（松沢[21]）

a．F_1 による対立性テスト

雌親	雄親	リンパ節腫脹匹数/観察数	率
C3H-*gld*/*gld* × C3H-*lpr*/*lpr*		0/24	0%
C3H-*m*/*m* × C3H-*gld*/*gld*		101/101	100%
CBA-*m*/*m* × C3H-*lpr*/*lpr*		77/77	100%

b．戻し交配による相補性および同座性テスト

交配		腫脹匹数/観察数	率
(CBA-*m*/*m* × C3H-*gld*/*gld*) F_1 × CBA		30/137	22%
(CBA-*m*/*m* × C3H-*lpr*/*lpr*) F_1 × CBA		0/96	0%
(CBA-*m*/*m* × C3H-*gld*/*gld*) F_1 × CBA-*m*/*m*		99/120	74%
(CBA-*m*/*m* × C3H-*gld*/*gld*) F_1 × C3H-*gld*/*gld*		37/47	80%
(CBA-*m*/*m* × C3H-*lpr*/*lpr*) F_1 × CBA-*m*/*m*		226/226	100%

2) 治療による同座性テスト[7]：メンケス症候群は銅の輸送障害から銅不全を来たし，毛髪の捻転をはじめ，中枢神経症状，結合織形成異常，発育障害などの症状を呈し，乳幼児致死となる伴性遺伝病である．Macular マウスがこの症状と酷似していることから，ヒトメンケス症の疾患モデル動物として有用性を確立している．外国ではすでに Brindled がメンケス症のモデルとして知られ Blotchy と同じく X 染色体上の Mottled（*Mo*）遺伝子座上にあることが分かっている．しかし，Macular, Brindled, Blotchy とも，ヘミ接合体は半致死または不妊であるためそのままでは同座性のテストはできない．

そこで Macular のヘミ雄（*Ml*/Y）を，メンケス症発症前に銅溶液による治療を施して，延命し成体とさせ Brindled 雌（*Br*/+）および Blotchy ヘテロ雌（*Blo*/+）と交配させた．表2.5に示すごとく黒眼白毛の雌マウスを1/4の割合で得ることができ，*Ml* 遺伝子が *Br*, *Blo* と同様に *Mo* 遺伝子座上にあることを証明することができた[7]．

iv) 遺伝様式の推定 発見された変異体が遺伝性のもので繁殖能力のある場合，どのような遺伝様式に従うかを調べるためには，まず正常個体と交

表 2.5 Macular と Mottled シリーズ (Brindled と Blotchy) の間の同座性テスト (西村[7])

親		仔			
雌	雄	雌		雄	
$Br/+$	Ml/Y*	Br/Ml	$+/Ml$	Br/Y	$+/Y$
		11	15	10	17
$Blo/+$	Ml/Y*	Blo/Ml	$+/Ml$	Blo/Y	$+/Y$
		17	19	20	18

*$CuCl_2$ の皮下注により延命し成体となった Ml/Y マウスを交配に用いた.

配して F_1 を作り F_1 の表現型から優性か劣性かが分かる．正逆交配により常染色性か伴性遺伝かを区別できる．さらに F_1 同士を交配して F_2 世代を得るか，また F_1 を両親にバッククロスして二つの BC(backcross) 世代を得るのが古典的な常套手段である．子孫での分離比から遺伝様式を推定し，さらにリンケージテスト，マッピングへと進む．

v) リンケージテスト リンケージテストを効率的に行うためにミュータント保有系統の遺伝的背景をできるだけ多く標識遺伝子にわたって調べ，それと対照的な遺伝子組成を有する近交系を相手に戻し交配または F_2 交雑による交雑実験を行う．一つの近交系ですべてを網羅することは無理なので，いくつかの近交系を利用する必要がある．Mapping のために各染色体で少くとも二つの標識遺伝子を調べるようにすべきであるが，17 染色体を除き一般に染色体番号が大となるほど(染色体が短かくなるほど)利用できる標識遺伝子座は少なくなり，通常の系統間交雑では全染色体にわたってリンケージテストを行うことは未だ困難な現状にある．しかし DNA マーカーの多型 (RFLP) が検出されやすい種間交雑[24]または亜種[26]間交雑による戻し交配世代を用いることにより，解析能力が飛躍的に増大し，全染色体にわたるリンケージテストが可能である(次項，b に後述)．

遺伝子のマッピングの方法には上記のような交雑に基づく三点実験による古典的方法以外に，in vitro での体細胞交雑法と in situ 分子交雑法等がある．in situ 分子交雑法は DNA プローブを直接染色体へハイブリダイズさせ，その遺伝子を特定の染色体へあてはめる方法であり，森ら[22]はラット Angiotensingen (Ang) 遺伝子のラット染色体 19 q 領域へのあてはめに成功した．体細胞交雑法は異なる種に属する細胞を融合させ，両者の染色体を含む細胞の培養中に，片方の種の染色体のみがランダムに消失してクローンごとに異なる染色体分布型ができることを利用して，雑種細胞で発見される酵素活性の有無とクローンの特定染色体の有無の一致から，各酵素の遺伝子座を特定の染色体へあてはめる方法である．安江ら[23]はマウスミエローマ細胞とラット胸腺腫細胞の間で細胞交雑を行って雑種細胞クローンパネルを確立し，これを用いてラットの 23 の遺伝子を各染色体へあてはめることに成功した．この方法の特徴はその種で多型が見いだされていなくても，その遺伝子座を染色体へあてはめることができることである．

b. 近交系が保有する特性の遺伝分析の方法

従来，変異体の出現によって遺伝子機能の解析が進められてきたが，既存の近交系においては本来それぞれの特性をもっているはずであり，それを分析することが重要である．突然変異遺伝子作用の研究は進んでいるが，これからは，遺伝的背景となる近交系それ自体のもっている遺伝的特性の広範な分析が必要になってくると思われる．近年開発された遺伝分析方法として，種間または亜種間交雑とリコンビナント近交系群がある．前者は交雑によるものであり，後者は交雑後に近交系として固定されているため交雑によらない遺伝分析法と言える．

i) 交雑による方法 古典的な系統間の交雑や近年開発された RI 系を使った遺伝分析には用いた親系統間で差が見られなければ，それ以上の遺伝分析はできない．従来の同種内系統間交雑ではその意味で限界があった．しかし交雑に用いる相手に遺伝的距離が非常に大きいと考えられる種間や亜種間を用いることができれば，この欠点はカバーできるはずである．その方法として近年になって開発されたのが種間交雑であり，亜種間交雑である．

1) 種間交雑[24]： 生殖における不連続性が，同

種と異種とを区別する基準となっており，一方生殖能力のある種間雑種第1代から，さらにバッククロスまたは F_2 世代まで得られなければ遺伝分析に使えないので，異種間で遺伝分析を行うのには困難を伴う．もし可能としても特別の種で，しかも雑種第1代で生殖能力があるのは片方の性（哺乳類の場合は雌）に限られるというぎりぎりの線であろうと考えられる．マウスには *Mus speciligus*, *Mus caroli* など，いくつかの近縁種が存在するが，実際に実験用マウス系統（*Mus musculus domesticus*）との種間雑種によるバッククロスが成功しているのは *Mus musculus* と同胞種（sibling species）の関係にある *Mus spretus* である．*Mus spretus* は実験用系統（*Mus musculus*）と交配したり，spretus の遺伝子を近交系へ導入したりできるので，非常に利用価値は高い．染色体マッピングのために，実験用系統（たとえば C57BL/6系）と *Mus spretus* 由来の近交系 SPE マウスとの間で F_1 を作り，F_1 雌に B6 を戻し交配した世代（N_2）で多型を示す遺伝子座について生化学的および RFLP 法，PCR 法等により各個体のタンパク，酵素，分子レベルで検出できる標識遺伝子を調べ，N_2 分離パターンを作成することにより，新しく多型が見つかった遺伝子のマッピングが可能となる．

2) 亜種間交雑： 種間雑種による遺伝分析の利点は十分示されたが，片方の性が不妊であるなど，やはり種間雑種であるがための不便さがつきまとう．遺伝分析に発揮される解像力を損うことなく，種間雑種に見られた不妊の問題を克服する方法として *Mus musculus molossinus* を用いた亜種間交雑による遺伝分析が行われるようになった．*Mus musculus molossinus* から育成された近交系は MoA をはじめとしてすでにたくさん存在し，*Mus musculus domesticus* から由来する実験室内近交系との間で F_1 を作り，戻し交雑により N_2 を得ることにおいて，*Mus spretus* を用いるよりもはるかに容易である．

多くの実験用マウス系統の祖先とされる *M. m. domesticus* と亜種の関係にある *M. m. molossinus* の間には遺伝的に大きな隔たりが存在することから，DNA レベルでの多型が見つかりやすいので，このマウス亜種間雑種の有用性は高い．渡辺ら[25,26]はこのような亜種間雑群を用いた DNA 多型の検出により，全染色体を対象としたマッピングを可能にした．これにより，マッピングがやり残されていたミュータントに対しても，

（ミュータント×*Molossinus*） F_1 ×ミュータントの交雑群を作ることにより，未定であった突然変異遺伝子 *spm* や *lpr* をそれぞれ染色体 18 と 19 というこれまでの方法では標識遺伝子が少なくてリンケージテストが困難であった染色体へのマッピングに成功している．

ii）交雑によらない方法

1) リコンビナント・インブレッド系： 二つの近交系間に存在する遺伝的な違いを遺伝分析する手段としてリコンビナント・インブレッド（RI）系があり，これまで世界中でいろいろな組合わせの RI 系が開発されてきた．ここでは我国で筆者により SM/J と A/J の間で開発された SMXA リコンビナント・インブレッド 28 系統の例を示す[28]．祖先系統に SM/J と A/J 系を選んだのは多目的であり，両系の間にまだ解明されていないたくさんの遺伝的特性の差が存在することにある．一つは A/J が肺腫瘍や乳腺腫瘍が起こりやすいが，SM/J はあらゆるタイプの腫瘍の発生が少ない近交系として知られている．また SM/J は体重が小さい方向へ選抜された系統であるが，一方の A/J は正常体重である．A/J は行動的には極めて緩慢なのに対し，SM/J は敏捷である．そこで両系間でできた RI 系統を用いて腫瘍の発生や，体重，行動における分析を行うことができる．

祖先系統の間には，単一遺伝子での違いとして分かっているたくさんの標識遺伝子座が存在する．育成した28の近交系についてそれらの遺伝子座を調べ，各遺伝子の系統間分布パターン（SDP）を表 2.6 に示した．毛色，生化学的，免疫学的形質に PCR 法や RFLP 法を加えて SDP をさらに充実したものにしつつある[27~30]．

SM/J と A/J で異なる遺伝形質が新たに見つけられた場合，SMXA の RI 系でその形質を調べ，その系統間分布（SDP）が既知標識遺伝子（マーカー）の SDP に似ていれば，この形質はその既知遺伝子と連鎖関係にあることがわかる．二つの遺伝子の SDP をくらべて，祖先型と組み換え型の系統を数え，組み換え型の系統が 1:1 より有意に少なければ連鎖していることがわかる．連鎖している遺伝子座間の組み換え頻度（r, recmbination value）は，調

2.2 育種

表 2.6 SMXA リコンビナント近交系における遺伝子の系統間分布パターン（著者原図）

遺伝子座	染色体番号	1	3	4	5	7	8	9	10	11	12	14	15	16	17	18	19	20	21	22	23	24	25	26	27	29	30	タイピング実施者
Idh-1	1	S	S	S	S	S		A	S	A	S	S		A	S	A	H	A		A	S	A	S	S	A	S	S	1
Akp-1	1	S	S	S	S		A	A	S	S	A	A		A	A	S	H	S	A	A	S	S	A	S	A	S	A	1
Hc	2	S	A	S	A	A	S	S	A	A	S	S	S	A	S	S	A	S	S	A		S	A	S	A	S	A	1
Car-1	3	A	A	S	S	S	A	A	S	S	A	A	S	S	A	S	S	A	S	A	S	S	A	S	A	A	S	2
cdm	3	A	S	A	S	A	A	A	S	A	S	A	S	A	A	S		S		S			A	A	A	S		2
Mup-1	4	A	S	A	S	S	A	A	S	A	A	S	S	A	S	A	A	S	A	A	S	A	A	S	S	S	S	1
b	4	A	S	A	S	A	S	A	S		S		S	A	S	A	S	A		A	A		A		A	S	S	2
Pgm-2	4	A	S	A	S	A	S	A	A	S	A	S	A	S	A	A	A	A	A	H	A	H	S	S	S	A	H	1
Prp	6	A	S	S	S		A	A	A	A	S	S	S	S	S	S	A	S	S		S	A	A	S		A	A	S	3
Mtp-1	7	A	S	A	S	S	S	S	A	A	S	S	S	S	A	S	S	S	S	A	S	A	A	A	A	S	A	4
c	7	S	A	S	A	S	A	S	S	A	S	S	S	H	H	S	S	A	S	A	S	A	S	A	S	A	S	1
Mod-2	7	A	S	A	S	S	H	A	A	S	S	S	S	A	S	H	S		S	A	A	S	S	A	A	S	S	2
Hbb	7	S	A	S	A	S	A	S	A	A	S	S	A	S	S		A	A	S	H	A	A	S	A	S	A	S	1
Int-2	7	S	S		S	S	A	A	A	A	A	S	S	A	S	S	A	S	A	S		A			S	S	S	1
Hba	11	S	A	S	A	A	S	A	A	S	S	A	S	A	H	S		A	S	A	S	S	A	A	S	S	S	1
Hox-2	11	S	A	S	A	A	A	A	A	A	A	A	A	S	A	S	A	A	A		S	A	A		A	A	S	3
Gfap	11	S	A	S	A	A	A	A	S	S	A	A	A		A	A	A	A	A	A	S	A	A		A	A	S	3
Igh-C	12	A	A	S	A	S	A	A	A	A	A	A	A	A	S	S		A	A		A	A		A	S	S	A	1
Igh	12	A	S	S	S	S	A	A	A			S	A	A	A	S	S	A	A	S	S	S			A		A	3
Tcra	14	A	S	S	A	S	A	A	A	A	A	A	A	A	A	A	A	A	A	A	A			A	S	S		3
Hox-3	15	A	A	S	A	S	A	A	A	A	A	A	A	A	A	A	A	A	A	A	A			A			A	3
H-2K	17	A	A	S	A	S	S	S	A	A	A	A	A	S	A	A	A	A	A	A	A			A	A	A	S	1
H-2D	17	A	A	S	A	S	S	S	A	A	A	A	S	A	A	S	A	A	A	A	A	A	A	S	S	S	A	1
Msp-1s	?	A	S	A	A	S	S	S	S	S	A	S	S	S	S	S	S	S	A	S	A	A	A	A	A	S	A	4
Msp-1r	?	S	S	S	S	A	A	A	A	S	A	A	S	A	A	S	A	A	A	S	S	A	S	A	S	S	A	4
Msp-2	?	S	S	S	S	A	A	S	S	A	A	A	S	A	A	S	A	A	S	A	A	S	S	S	S	A	A	4
Msp-3	?	S	A	S	S	S	S	A	S	A			S	S	S	A		A	A	S	A	A		A	S	S	S	A	4

- S は SM/J 由来，A は A/J 由来の遺伝子を示し，H は F 20 代でまだヘテロ性が残っていることを示す．
- タイピング実施者：1. 加藤[27]，2. 西村[28]，3. 若菜[29]，4. 松島[30]

べた RI 系の全系統数（n）中の組み換え型の系統の割合（R）から次式で計算できる[17]．

$$r = \frac{R}{4-6R}$$

r の分散（V）は

$$V = \frac{r(1+2r)(1+6r)^2}{4n}$$

組み換え頻度は遺伝子座の間の染色体上の距離に比例するので，RI 系統群を使った連鎖群分析から遺伝子座の染色体上の位置を決めることができる．

たとえば，松島ら[30]は電気泳動によるマウス唾液タンパクの多型（*Msp*-1.2.3 と仮称，表 2.6 下段）を SMXA RI 系統群を用いて分析し，それぞれの遺伝様式と染色体上の位置決め（mapping）に成功した．RI 系統間分布から *Msp-1* は，*Msp-1* タンパクバンドを発現する構造遺伝子（*Msp-1s*）と性差を起こさせる調節遺伝子（*Msp-1r*）との二つの遺伝子によって支配されていることがわかった．さらに標識遺伝子の SDP と照合することにより，*Msp-1s* は表 2.7 に示すように第 7 染色体上の *Mtp-1* と非常によく似た系統間分布パターンを示し，28 系統中 2 系統だけが組み換え型を示した．したがって，$R = 2/28 = 1/14$ を上式にあてはめると，

$$r = 0.02 \pm 0.01 \; (\sqrt{V})$$

となり，両者間の遺伝的距離は 2.0 cM と計算される．同様にして，*Msp-1r* は第 7 染色体上の *Int-2* との間で 23 系統中 5 系統が組み換え型を示し，$r = 0.081 \pm 0.04$ となった．新たに連鎖が判明した遺伝子座と既知マーカー遺伝子座の間の染色体上の配列順序は，連鎖群を形成する複数の既知マーカーとの組み換え型系統での並び具合から判断できる．表

表 2.7 SMXAリコンビナント近交系における第7染色体上の遺伝子の系統間分布パターン

遺伝子座	染色体番号	SMXA 1 3 4 5 6 7 8 9 10 11 12 13 14 15 16 17 18 19 20 21 22 23 24 25 26 27 29 30	$R=\dfrac{\text{組み換え系統}}{\text{全RI系統数}}$	遺伝的距離= $100 \times$ 組み換え価 r
Msp-1s		A S A A A S S S S A S A S S S S S S S A S A A A A S A		
		× ×		
Mtp-1	7	A S A A S S S S S A A A S S S S S S S A S A A A A S A	$R=2/28$	2.0 cM
c	7	S A S S　　A S A S A S A S H H S A S S A S S S		
Mod-2	7	S A S S H H S A S A S A S S A S H S S S A A A S S S S		
Hbb	7	S A S S　　A S S S S A S A S S S A A A S A A S S		
Int-2	7	S A S S　　　S A A A A　　S A A S S A S S A S A　　　S S S		
		× × × × ×		
Msp-1r		S A S S S A S A A A A S S S A A S A A S A A S S S A S A A	$R=5/23$	8.1 cM

2.7の中で*Msp-1s*が動原体に対して*Mtp-1*より近位に位置することが組み換え型系統であるSMXA-6と13系の他のマーカーとの配列関係から大体推定できる。同様にして*Msp-1r*が*Int-2*よりも8.1cM遠位に位置すると推定される。RI法による位置関係は、通常の戻し交雑による三点実験法による位置決定と同様に行うことができ、図2.24に示すように、RI法による遺伝的距離は三点実験による従来法と比例的に対応させることができる。しかし厳密な位置関係を決定するためには、RI法で推定した連鎖を従来法で確認する必要がある。それは1回の成熟分裂で起こる組み換え確率を調べる従来の戻し交雑法と違って、RI法では固定するまでに連鎖していた遺伝子が組み換えられる機会が多いので、2重交叉も多くなると考えられるからである。このためRI法は密接にリンクした遺伝子座間での組み換え型を見いだすには非常に優れているが、逆に離れた遺伝子座間で連鎖を検出するには不適である。28 RI系統の場合、組み換え型は7系統以下で、25.5cM以下の遺伝的距離内に限り信頼できるリンケージ関係の検出が可能となる。

なお*Msp-2*は第15染色体上の*Hox-3*との間で連鎖(4.1cM)を示し、*Msp-3*は第4染色体の*Mup-1*とまったく同じSDPを示した[30](表2.6)。

c. 遺伝的背景の遺伝分析

ミュータント系それぞれの形質はその遺伝子単独の作用によって発現するものではなく、当然なことであるが、その動物がそれぞれにもっている遺伝子群(遺伝子組成)を基盤として発現することになる。すなわち、着目するミュータント遺伝子以外の遺伝子組成(遺伝的背景)の働きが重要であり、その遺伝的背景の差によって種々の変異を生ずる。特にそれは量的形質の場合に顕著に現われる。したがって主遺伝子をどのような遺伝的背景におくのが研究目標に適しているのかを考えて遺伝的背景をコントロールしなければならない。突然変異遺伝子が発見された場合には、いろいろな遺伝的背景に導入してみる必要があり、また逆に主遺伝子を使って遺伝的背景の遺伝分析が可能となる。同じ遺伝子であってもその発現は遺伝的背景によって左右される。これを目で見える形質である毛色や肥満への作用をもつA^y遺伝子を例に説明する。黄色致死遺伝子A^yは、Agoutiシリーズと呼ばれる複対立遺伝子($A^y >$

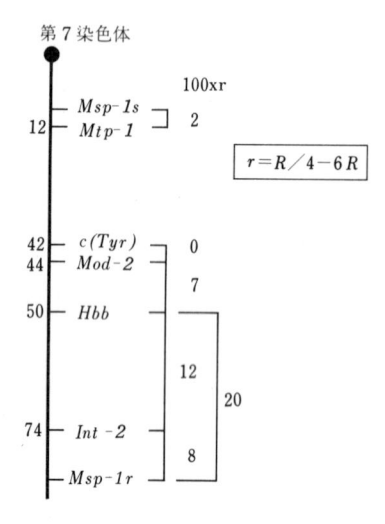

図 2.24 リコンビナント近交系分析法による新しい遺伝的変異(*Msp-1r, s*)の第7染色体地図上へのマッピング(松島[30])
左側の数字は動原体からの遺伝学的距離(cM)を示す。
右側の数字はRI分析法より計算された各遺伝子座間の距離(cM)を示す。

第7染色体
12 — *Msp-1s* / *Mtp-1*] 2
42 — *c(Tyr)*] 0
44 — *Mod-2*] 7
50 — *Hbb*
                ] 12
                      ] 20
74 — *Int-2*
                ] 8
  — *Msp-1r*

$100 \times r$
$r = R/4 - 6R$

2.2 育種

表 2.8 A^y コンジェニック系統間の成体の毛色・肥満度の比較（著者原図）

表現型 遺伝的背景	遺伝子記号	毛色	肥満度
AY-A^y	$A^y AbbCC$	明るい黄色	肥満顕著
B6-A^y	$A^y aBBCC$	明るい黄色	肥満
KK-A^y	$A^y aBBCC$	黒ずんだ黄色	糖尿病の重症化
NOD-A^y	$A^y ABBCC$	黄茶らくだ色	ほとんど肥満しない
NC-A^y	$A^y AbbCC$	薄いらくだ色	ほとんど肥満しない

$A^w > a^t > a$）の最優性遺伝子であり，ホモ（A^y/A^y）は致死なので，ヘテロ接合体（$A^y/+$）で生存し，黄色被毛と肥満症および，がんにかかりやすいなど多面的作用を発現する．A^y 遺伝子のセグリゲイティング近交系である AY 系から既存近交系へ導入された A^y congenic 系間の成体の毛色，肥満症を比較すると表2.8のように変化する．AY 系では明るい黄色であるが，A^y 遺伝子を他の近交系に導入した場合毛色にかなりの違いが見られる．たとえば，NOD 系に A^y を導入した場合の毛色は，黄茶（らくだ色）で，NC 系に導入した場合はさらにくすんだらくだ色となる．この2系統の場合は A^y 遺伝子以外の毛色遺伝子も変化するので，当然かもしれない．しかし B6-A^y では，比較的 AY 系に似た明るい黄色となるが，KK-A^y では黒ずんだ黄色になる．後者2系統の毛色遺伝子型は $A^y/aB/BC/C$ と同一であるにもかかわらず，表現型が異なることから毛色遺伝子型以外の遺伝的背景の違いが影響していると考えられる．

さきに述べたのは質的形質としての毛色であったが，量的形質である肥満度について遺伝的背景の影響を A^y コンジェニック系の比較によって説明する．A^y コンジェニック系統を肥満度の順に並べると，AY, B6, KK, NOD, NC となり，遺伝的背景によって肥満遺伝子 A^y の発現は大きく異なる．AY と B6 での A^y マウスは明らかに肥満となったので，肥満体質をもっていることがわかる．KK では A^y 肥満遺伝子によって糖尿病が重症化される．NOD と NC では黄色であることにより $A^y/+$ と判別できるが，もし毛色で判別できないとすれば体型や体重からは $A^y/+$ であることを識別できないほど肥満度はわずかである．NOD の糖尿病発現には A^y 遺伝子はほとんど影響を及ぼさなかった．また，NC では，A^y 遺伝子の導入自体，困難を伴った．

C57BL/KsJ に起きた単一突然変異糖尿病遺伝子（diabetes, db）はいろいろな近交系に導入されている．db/db であることは肥満体型から外観により識別できるが，糖尿病に関しては，実際に糖尿病となって死亡する系統（C57BL/KsJ, DBA/2J など）と肥満だけにとどまる系統（B6, 129/J）とに分かれる[32]．db 遺伝子以外に糖尿病に至らせるに必要な遺伝子が他に存在することを示唆している．そのことは主遺伝子を一つの遺伝的背景ではなくて，種々の遺伝的背景に代えてみて，それらを比較することによってはじめてわかることである．主遺伝子と遺伝的背景の相互作用を調べることにより，主遺伝子の示す欠陥の本質や，それを促進あるいは抑制する背景遺伝子の働きなど，新たな研究を展開できるであろう．

従来全身性エリテマトーデス（SLE）モデルとして研究されてきた MRL/MP-lpr/lpr (lympho-proliferation) マウスは，糸球体腎炎，動脈炎，関節炎，間質性肺炎など多様な病像を同時に呈する overlap syndrome とされる病態を呈する．この単一突然変異遺伝子 lpr のコンジェニックマウスである C57BL/6-lpr や C3H/HeJ-lpr，AKR-lpr では lpr の存在証明であるリンパ節腫脹があって，種々の自己抗体が検出されるものの，腎炎，動脈炎，関節炎などのループス病変群をどれも発症せず，各コンジェニック系マウスの遺伝的背景がこれらの膠原病病変の発症に影響するものと考えられる．このような遺伝的背景をさらに分析するために能勢ら[33,34]は lpr を有するコンジェニック系間の交雑として MRL-lpr/lpr と（MRL-lpr/lpr×C3H/HeJ-lpr/lpr）F$_1$ との交配を行ったところ，MRL-lpr マウスでは糸球体腎炎，動脈炎，関節炎を over-

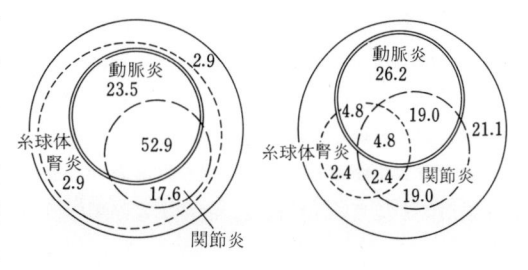

MRL-lpr (34 cases)　　MRL-lpr×(MRL-lpr×C3H-lpr)F$_1$
　　　　　　　　　　　　　　　　(42 cases)

図 2.25 MRL-lpr および C3H-lpr との戻し交雑群における糸球体腎炎，動脈炎，関節炎の発症率（能勢[33,34]）

lapするものは52.9%であったのに対し, back-cross群では三病変をoverlapする個体は4.8%と少なく動脈炎のみ, 関節炎のみを単独発症するものがそれぞれ26.2%, 19.0%出現し, それぞれの病変を別々の遺伝子が支配している可能性があることがわかった. そして, このバッククロス世代から出発して兄妹交配をくり返し, リコンビナント近交系群の作出によってこれらのoverlapしていた膠原病病変をそれぞれ単独で発症する近交系を育成することを試みている. このように, 複数の遺伝子によって支配されている複雑な量的形質を分析するため, 1回または数回の戻し交配後に兄妹交配を開始してリコンビナント近交系群を作成する方法は, リコンビナント・コンジェニック系統[35]と呼ばれている.

（3） 開発改良のための育種計画および育種方法

実験動物の開発・改良を行うには, まず育種計画をたてる. それには, 目標としてどの形質をどのようにしたいかを考え, どんな材料を使ってどんな方法を用いるかを決める必要がある. 言い換えれば, 育種計画を進めるうえで, ① 育種目標の設定, ② 育種素材の選定, そして③ 育種方法の選択という三つの段階をふむ. そして開発改良計画が実施されて新しい系統が誕生しても, それが真に有用であるかどうかは実際に使われてみないとわからないため, 次の段階として利用者によって有用性の評価がなされることになる. そこでさらに改良の余地があれば遺伝的改良を加えることになる.

a. 育種目標の設定

育種を実施するにあたっては, 育種を開始し, 完成するまでに永い歳月が必要となる. したがって, しっかりとした育種目標を設定することが大切である. また, 対象形質に関するある程度の専門的な予備知識と育種学的な予測がつかなければ, 育種目標を立てることは難しい. 目標となる対象形質を試験または検索する適当な方法や指標が無くてはならないし, また適当な検査方法を施しても育種素材に遺伝的素因が含まれていなければ, 期待する効果は得られないからである.

b. 育種素材の選定

いろいろな遺伝子組成を含む育種素材に対して, 育種目標に沿う系統を探す（適応試験）, ポリジーンを集積する（選抜）, 主遺伝子を組み合わせる（遺伝子導入）, などの育種操作を行う. どのような育種素材でもって育種をスタートするかで, その後の成績は大きく左右されるので, 育種素材の検討は重要である.

既存の遺伝子あるいは系統は, すべて育種素材とみなし, もしはじめから目標に近いミュータントあるいは系統があるならば, さらに改良または開発のためにそれを素材として用いれば良いわけであり, 既存系統についての特性に関する情報・資料を調査しておくことが必要である. ただし既存系統を素材として遺伝的変更を加えるのであって, 一方では系統維持して系統としての独自性を保たねばならないのは当然である. 一方目標疾患と類似の特性をもつ系統が資料検索で見つからない場合は, できるだけ遺伝的組成に差がありそうな素材を集めるように心がける. 遺伝的な差は起源または育成経過の違いからもたらされるので, 起源や育成経過の異なり具合が育種素材集めの一つの手がかりとなる. 既存の遺伝子源だけにとどまることなく, 遺伝子源の拡大をはかり育種素材を開発することは大切である. 既存の実験室内飼育系統との間に血縁関係をもたない野生動物を実験動物化することは, 沢山の既存室内系統で探したすえ目標に沿うものがなかった場合に, 野生系統ではどうか, というように考えるうえでまことに貴重である.

c. 育種方法

i） 適応試験 適応試験とは育種目標に従って育種素材として選んだ沢山の系統に対し, 目標とする対象形質について一定の条件下で試験し, 目標に沿う系統を探し出す操作である. この方法は系統を対象とするので, 目標に沿う系統を見つければ, すでに特性をもつ系統を確立したことになり, 系統としての独自性をそこなうことがない. また特性にもいろいろな程度があって, 正常から異常に至る種々の差が系統差として把握されることになり, たとえ遺伝率が低い形質であっても, 適応試験の対象にできる. さらに試験は短期間ででき再現性のあるデータを得ることができるので, さまざまの異なった育種目標に対してそれぞれの適応試験が行われれば, 各系統の資料が豊富に蓄積されて特性の多様性をもつようになる. そしてわざわざ適応試験を行わなくても資料調査で目的を果たせるほどデータの蓄積が可能になる.

適応試験の育種操作としての重要性は、上述した利点だけでなく、本法によって探し出した系統が次の段階の育種操作、すなわち淘汰選抜法の基礎集団を構成したり、遺伝子導入法における背景系統になったりすることによって、その後の育種の成否に影響を及ぼすことである。

ii) 淘汰選抜 淘汰・選抜は規準に合わないものを繁殖から除外し、規準に合うものを選んで繁殖用に供することである。遺伝と環境の相対的役割は形質によって異なる。血圧や血球数・血糖値のように連続した変異として把握される場合は遺伝率と個体選抜効果が比例すると考えられる。

遺伝率が低ければ個体選抜しても効果は低く、家系選抜をとらないと効果が上がり難い。しかし同じ形質でも、検査の方法、検査時期、環境などの条件によって選抜効率が変化するので、最も効率を高くする条件下で選抜をすることが大切である。

淘汰選抜を開始するために集められる集団はできるだけ遺伝的変異を豊富に含んだものが望ましい。基礎集団を適応試験で選出した系統の間の交雑から作ることも一つの方法である。適応試験と違って淘汰選抜は、特性に対する育種と系統育成という二つの育種技術を要するところにこの方法の難しさがある。基礎集団から系統育成までの過程は再現性が乏しいために、もし系統育成に失敗すれば、それまでかかって積み上げられていた選抜効果も水泡に帰する危険性がある。

系統の特性の維持には選抜が必要であることはよく知られているが、その特性発現に最も適した環境を整えることも重要である。別に選抜するような特性の無い系統を維持する場合でも、最小限繁殖能力に対する選抜はたとえ無意識でも行っているわけであり、淘汰選抜は育種の最も基本的かつ重要な育種操作といえる。

iii) 遺伝的複合 ある一つの遺伝子の作用は常に他の多数の遺伝子の作用を背景として効果を発揮すると考えた方がよい。遺伝的背景を考慮せずに特定の遺伝子の効果を断定することには注意を要する。一つの主遺伝子によって支配されるミュータント系であっても、その形質発現の程度は、遺伝的背景（ポリジーン）によって変化することがあるからであり、特にそれは量的形質の場合に顕著である。したがって主遺伝子をどのような遺伝的背景におくのが目標にふさわしいかを考えて、遺伝的背景をコントロールしなければならない。

適応試験によって明らかにされる系統差はふつうポリジーンの差に由来する場合が多いと思われるので、適応試験の結果を参考にして、遺伝的背景にする近交系を選ぶのがよい。ともかく正常対照群が必要であるから、まず正常と思われる近交系へ主遺伝子を導入するのは当然であり、歴史的に多くのマウスミュータントはC 57 BL/6 J系に導入されて比較の対象が標準化されているわけである。

しかしそれだけではせっかくの遺伝的変異が十分活用されているとはいえない。主遺伝子と背景の組み合わせを工夫すれば、特性の改良だけでなく新しい特性を開発する可能性が出てくる。

A^y遺伝子は優性で黄色毛と肥満を多面発現するので、遺伝子導入操作は ob や db などとくらべてははるかに容易である。AY系の A^y 遺伝子をKK系に導入して得たKK-A^y系（別名yellow KK）[36]の体重、尿糖出現率、糖負荷試験について、KK系、AY系、C 57 BL/6 J-A^y系と比較した結果、表28のように、肥満度は軽度であったが、尿糖発症率は非常に高くなり、A^y 遺伝子の遺伝的背景の違いによって、KK-A^y系(98%)＞KK系(30%)＞AY系(7%)＞C 57 BL/6 J-A^y系(5%)となった。発症率だけでなく、発症開始齢と持続期間もこれに比例した変化を示した。

また、逆に特性が全く異なる主遺伝子とポリジーンの複合から、たとえばNOD系へ ob 遺伝子を導入することにより、肥満型糖尿病からやせ型糖尿病へ移行するタイプのモデル動物を作出することができた[37]。

d. 有用性の検討

何らかの特性を目標に育種開発された系統であっても実際に有用であるかどうかは、それぞれの専門分野の研究者の判断に委ねばならない。また偶発的に生じた異常個体が何らかの方面の研究に役立つかどうかの検討は、疾患モデルの開発にとって重要なことであるが、実際に検討するシステムがあるわけではなく、発現されても多くは捨てられ、固定され、たとえ系統化されて保存されていても、本来の有用性がわからないまま埋もれることも多いと思われる。いわゆる偶然発見された異常個体などを簡単に淘汰してしまわずに、関心をもつ研究者に提示し、

疾患モデルとしての価値の検討を試みる場が必要であり，近藤[38]は研究者が興味をもって集まるマーケットへそれをオープンに出品するという意味で，マーケットシステムという考え方を提唱している．

i) マーケットシステムによる疾患モデルの開発例[8,38]

ヒトのChediak-Higashi病は好中球の機能不全のために重篤な感染症を繰り返して早期に死亡する遺伝病である．患者の毛の色が薄くなるのは，色素細胞の顆粒が凝集して大きくなるためであり，好中球の機能不全も好中顆粒の巨大化のためと考えられている．大阪大学の北村はChediak-Higashi (CH)病に相当する突然変異はマウス(beige)，ミンク，ネコ，ウシ，シャチなどの哺乳類に広く分布することから，ラットにも存在するであろうと予測し，浜松医大で維持中の5種類の淡色毛ミュータントラット(TM系，NIG-IIIと未公表のpink-eyed dilutionおよびgrey mutant)を中心に耳介の一部をホルマリン固定して大阪大学に送りスクリーニングに出した．浜松医大で維持していたDA系ラットの中に発見されたgrey色を呈する突然変異においてのみ，マスト細胞や色素細胞の顆粒が巨大化しており，マウスベージュミュータントと全く同じであったので，この突然変異をベージュ(bg)と名づけた[8]．

ベージュDAラット(bg/bg)では毛色，好中球やマスト細胞の顆粒の巨大化とともに血小板の機能不全のため出血時間の延長，natural killer (NK)細胞の機能も低下していることが明らかになり，ヒトのCH病と同じ突然変異と考えられる．また，ラットはマウスより大きいためCH病の研究上材料採取等などで有利であるだけでなく，巨大顆粒を細胞マーカーとして利用できるため，ラットでさかんな臓器移植の研究に役立ち，実際にDA系との間で肺移植の研究などに用いられている．

マーケットシステムと並ぶもう一つの方法として，見た目に異常がなくとも，維持してある系統や新たに育成した系統について集団検診的に一斉に血液や尿のように検査を行い，その検査値から異常を見いだし疾患モデル発見の糸口にしようとする考え方があり，かりに集団検診システムと称している[38]．両システムとも厚生省特定疾患，難病の疾患モデル調査班のプロジェクトとして班の中で実施され成果をあげている．つぎに後者で成功した例を示す．

ii) 集団検診システムによる疾患モデルの開発例[38,39]

東京都予防医学協会の代謝異常検査センターの協力により，各系統維持機関から提出されたたくさんのマウス系統の血中アミノ酸分析が実施された[38]．その中で実中研から出された検体中に高チロジン血症が見出され，Jcl:ICRから作出された一連の近交系の中の一つであるIII系が遺伝性高チロジン血症であることが明らかとなった[39]．新生児で行うヒト先天性代謝異常性のマススクリーニングと違って，ここでのスクリーニングは，成体マウスで実施しているため，早期に死亡するような重篤な疾患には適用できないのが欠点であり，見つかった高チロジン血症マウスも無症状であって，これまで何ら異常は認められていない．しかし遺伝的にはpHPP (para-hydroxy phenylpyruvic acid) oxidase欠損によってもたらされるヒトIII型高チロジン血症に相当することから，外見上観察できなくても何らかの障害が隠されている可能性が大であり，高チロジン血症の原因解明や治療研究に今後貢献するものと期待される．

〔西村正彦〕

文　献

1) 近藤恭司：実験動物の表示法について，実験動物，**22**, 37 (1973).
2) Lyon, M. F.: Rules for nomenclature of inbred strains. Genetic Variants and Strains of the Laboratory Mouse. (M. F. Lyon and A. G. Searle), 632, Oxford Univ. Press, Oxford (1990).
3) Watanabe, T., Ito, T. and Ogasawara, N.: Biochemical markers of three strains derived from Japanese wild mouse (*Mus musculus molossinus*). *Biochemical Genetics*, **20**, 385 (1981).
4) Nishimura, M., Kondo, K., Nakamura, H. and Watanabe, T.: Stranins originated from the wild Japanese mouse (*Mus musculus molossinus*). Proceedings of the ICLA Asian Pacific Meeting on Laboratory Animals, 187-193, *Experimental Animals*, 22 Supplement (1973).
5) 森脇和郎：*Molossinus* mouseからの系統の育成と利用—Congenic系統の育成と利用，実験動物，**28**, 203 (1979).
6) Festing, M. F. W.: Inbred Strains in Biomedical Research, The MacMillan Press Ltd. p. 227 (1979).
7) 西村正彦：メンケス症(銅代謝異常)マウスの育成，実験動物の遺伝的コントロール，(近藤恭司)，pp. 220-227, ソフトサイエンス社 (1983).
8) Nishimura, M., Inoue, M., Nakano, T., Nishikawa, T., Miyamoto, M., Kobayashi, T. and Kitamura, Y.: Beige rat: A new animal model of Chediak-Higashi syndrome. *Blood*, **74**, 270-273 (1989).
9) Snell, G. D.: Methods for the study of histocompatibility genes. *J. Genetics*, **49**, 87-108 (1948).
10) 森脇和郎：免疫遺伝学研究用コンジェニックマウス系

統．実験医学. **1**, 52-56 (1983).
11) Green, E. L.: Genetics and Probability in Animal Breeding Experiments. MacMillan Publishers Ltd. 146 (1981).
12) 岸本好雄, 前田良三, 中野昌康, 斉藤和久, 牛場大蔵, 江崎孝三郎：腸炎菌感染に対する抵抗性遺伝子をDKI系統に導入したCoisogenic系統 (DKIR) の育成. 医学と生物学, **83**, 261 (1971).
13) 西村正彦, 岸本好雄：マウス腸炎菌感染性の遺伝分析Ⅰ. 第1染色体上でのリンケージの検出, 第13回日本実験動物学会, 講演要旨集. 95 (1978).
14) 近藤恭司：実験動物の育種, 実験動物学―総論―(田嶋嘉雄編), p.87, 朝倉書店 (1970).
15) Bailey, D. W.: Recombinant inbred strains, an aid to finding identity, linkage, and function of histocompatibility and other genes. *Transplantation*, **11**, 325 (1971).
16) Taylor, B. A.: Recombinant inbred strains: use in gene mapping. Origins of Inbred Mice. (H. C. Morse). Academic Press, New York 423-438, (1978).
17) Taylor, B. A.: Recombinant inbred strains. Genetic Variants and Strains of the Laboratory Mouse II. (Lyon, M. F. and Searle, A. G.) 773-796, Oxford Univ. Press. Oxford. (1990).
18) 早川純一郎：各種動物の突然変異遺伝子. 実験動物ハンドブック (長澤 弘他), pp.33～50, 養賢堂 (1983).
19) 川俣順一・松下 宏：疾患モデル動物ハンドブック (1979), 疾患モデル動物ハンドブック No.2 (1982), 医歯薬出版.
20) Benirschke, K., Garner, F. M. and Jones, T. G.: Pathology of Laboratory Animals Vol.1 (1978), Pathology of Laboratory Animals Vol.2 (1978), Springer-Verlag New York Inc.
21) Matsuzawa, A., Moriyama, T., Kaneko, T., Tanaka, M., Kimura, M., Ikeda, M. and Katagiri, T.: A new allele of the *lpr* locus, *lpr^{cg}*, that com-lements the *gld* gene in induction of lymphadenopathy in the mouse. *J. Exp. Med.* **171** 519-531, (1990).
22) Mori, M., Ishizaki, K., Yamada, T., Chen, H., Sugiyama, T., Serikawa, T. and Yamada, J.: RFLPs of angiotensinogen gene in inbred strains of rats and mapping of the gene on chromosome 19q. *Cytogenet. Cell Genet.* **50**(1), 42-45, (1989).
23) Yasue, M., Serikawa, T. and Yamada, J.: Chromosomal assignment of 23 biochemical loci of the rat by using rat x mouse somatic cell hybrids. Cytogenet. Cell Genet. (submitted).
24) Avner, P., Amar, L., Dandolo, L. and Guenet, L.: Genetic analysis of the mouse using interspecific crosses. TIG. **4**(1), 18-23, (1988).
25) Watanabe, T., Masaki, S., Takahashi, N., Nishimura, M. and Kato, H.: Restriction fragment length polymorphism and Chromosome mapping of a mous homeo box gene, *Hox-2.1*. *Biochem. Genet.* **26**, 805-813, (1988).
26) 渡辺智正, 清水温子, 酒井由佳, 宮脇茂樹：DNA多型を用いたマウス全染色体のための遺伝子マッピング, 第38回日本実験動物学会講演要旨集, 71, (1991).
27) 加藤秀樹：免疫遺伝学的モニタリング・マウス免疫遺伝学 (森脇和郎), p.165, ソフトサイエンス社 (1988).
28) 西村正彦, 児島昭徳, 加藤秀樹：リコンビナント・インブレッド系 (SMXA) マウスの開発, 第37回日本実験動物学会総会講演要旨集, 135, (1990).
29) 若菜茂晴, 西村正彦, 加藤秀樹：PCR法を用いた分子遺伝学的標識遺伝子によるマウスの遺伝的プロファイル作製, 第38回日本実験動物学会総会講演要旨集, p.72, (1991).
30) 松島芳文, 西村正彦：SMXAリコンビナント近交 (RI) 系マウスの唾液および涙液蛋白遺伝子の分布, 第38回日本実験動物学会総会講演要旨集, p.77, (1991).
31) Lyon, M. F., Kirby, M. C.: Mouse Chromosome atlas. *Mouse Genome*, **89**, 37-59 (1991).
32) Leiter, E. H.: The genetics of diabetes susceptibility in mice. *FASEB Journal*, **3**, 2231-2241, (1989).
33) Nose, M., Nishimura, M. and Kyogoku, M.: Analysis granulomatous arteritis in MRL/MP autoimmune disease mice bearing lymphoproliferative genes. *American Journal of Pathology*, **135**, 271-280, (1989).
34) 能勢真人, 京極方久：Overlap syndromeモデルとしてのMRL/*lpr*マウスの遺伝的背景の解析. 難病の疾患モデル調査研究班昭和63年研究報告書, 111-114, (1988).
35) Demant, P. and Hart, A. A.: Recombinant congenic strains-A new tool for analyzing genetic traits determined by more than one gene. *Immunogenetics* **24**, 416-422, (1986).
36) Nishimura, M.: Breeding of mice strains for diabetes mellitus. *Exp. Animals*, **18**, 147-157, (1979).
37) 西村正彦, 牧野 進：NOD系を遺伝的背景とした肥満マウス系統の育成, 最新医学, **38**, 278-283, (1983).
38) 近藤恭司：疾患モデル動物開発の遺伝育種学的アプローチ, 難治疾患のモデルと動物実験 (京極方久), pp.28-45, (1984).
39) 加藤秀樹, 鈴木 健, 遠藤文夫, 松田一郎：遺伝性高チロジン血症マウス, 難病の疾患モデル調査研究班平成元年度研究報告書, 103-110, (1990).

2.3 遺伝的モニタリング

(1) はじめに

実験動物は, 医学, 生物学などの, いわゆるバイオメディカルリサーチにおいて重要な役割を担ってきている. 特に, マウスおよびラットは取り扱いが容易であり, 繁殖性に優れ, また世代交代も早いために, 今世紀はじめ頃から, がん研究などに使われていた集団を起源とする系統の育成が行われてきた.

一方, マウスおよびラットは遺伝学における研究材料として長い歴史をもっている. 毛色遺伝子をはじめとしてヘモグロビンのベータ鎖などの生化学的形質, 主要組織適合抗原などの免疫学的形質に遺伝的多型が発見されてきており, 個々の系統を正確に, 客観的に特徴づけることのできる遺伝子あるいは遺伝子型が明らかになってきている[1].

系統の種類の多様化に伴い，系統の遺伝的品質の正しさを証明し保証することが実験動物学において重要な課題となってきている．遺伝的モニタリングは，こうした背景のもとに発展してきた実験動物の遺伝学的品質の検査法と位置づけることができる[2]．

本稿では，まずはじめに，遺伝学的モニタリングの対象となる系統および集団と，それらに見られる遺伝的変化について紹介する．つづいて一般に遺伝学的検査で用いられる標識遺伝子について紹介し，最後に遺伝的モニタリングの実施方法について述べる．

（2）遺伝的モニタリングの対象となる系統および集団とそれらに見られる遺伝的変化

実験動物は，遺伝的統御の方法の違いにより大きく3群，すなわち，近交系，交雑群およびクローズドコロニーに分けられ，各群はさらに表2.9に示すように細分化されている．これらの系統および集団では世代を経ても遺伝的に変化しないような交配方法が行われている．しかし，次に述べるような遺伝的変化が起こっているか，あるいは起こる可能性がある．

a. 近交系で見られる遺伝的変化

i） 近交系育成時に見られる遺伝的ヘテロ性の残存 近交系は，兄妹交配を20世代以上続けることにより育成される．しかし，交配が定められた方法で行われなかったり，20世代に満たない場合にはヘテロ型の遺伝子座が存在する確率が高くなる．ヘテロ型の遺伝子座をもつ個体が存在するうちに系統分与が行われると，同じ系統名でも異なる遺伝子型を持つ，いわゆる亜系統が出現することになる．

C3Hは，比較的古くから系統育成が行われた系統である（図2.26）．系統分与の歴史も長くいろいろな時期に枝別れしている．これらの亜系統を遺伝学的手法で調べられた結果，表2.10のように種々の遺伝子座で系統間に違いがあることが明らかになった[4]．この系統差の原因は，突然変異ではなく，遺伝

表 2.9 実験動物における遺伝的統御[3]

系統および集団の育種方法	集団の継続方法
1. 近交系 　20世代以上の兄妹交配を行う	兄妹交配を続ける．
2. リコンビナント系 　2系統間交配のF₂世代の個体をランダムにペアを組み，20世代以上兄妹交配を続ける	兄妹交配を続ける．
3. コアイソジェニック系 　近交系で突然変異を発見	突然変異遺伝子の保存を次のように行う． 　(1) 系統内で兄妹交配を行う． 　(2) バッククロスまたはクロス・インタークロスをもとの系統を用いて行う． 　(3) バッククロスまたはインタークロスによりヘテロ型を保ちつつ兄妹交配を行う． 　(4) インクロスによりホモ型を保ちつつ兄妹交配を行う．
4. コンジェニック系 　a. 10世代以上バッククロスを行う． 　b. 親系統を用いて10世代以上クロス・インタークロスを行う	導入した遺伝子を3-(2), (3)また(4)の方法により維持する．
5. 分離型近交系 　ヘテロ型を20世代以上兄妹交配で保つ． 　(1) バッククロス 　(2) インタークロス[*3] 　(3) クロス・インタークロス 　(4) バッククロス・インタークロス	左記の4方法でヘテロ型を保つ．
6. F1雑種	継続不可能
7. ランダムストック（クローズドコロニーを含む）	ランダム交配を続ける．

インクロス（同じ遺伝子のホモ型同士の交配：（例）$A/A \times A/A$, $a/a \times a/a$）
クロス（対立遺伝子ホモ型同士の交配：（例）$A/A \times a/a$, $A/A \times B/B$）
インタークロス（ヘテロ型同士の交配：（例）$A/a \times A/a$, $A/B \times A/B$）
バッククロス（ヘテロ型とホモ型の交配：（例）$A/a \times A/A$, $A/a \times a/a$）

2.3 遺伝的モニタリング

表 2.10 C3H亜系統の遺伝子型の違い（Whitmore and Whitmore(1985)を改変）

系統	1		3	4	5		6				9					11	12	17	?
	ldh-1	Ren-2	Car-2	Mup-1	Pgm-1	rd	Gus-s	Map-1	Ldr-1	Mod-1	Trf	Sep-1	Ltw-3	Bgl-e	Bgl-s	Hba	Pre-1	SS	Emv-1
C3H/Bi	b	.	.	a	a	.	.	.	.	a	.	b	.	.	.	.	.	.	.
C3H/HeJ	a	n	b	a	b	rd	h	h	a	a	b	b	b	a	a	h	c	o	l
C3HeB/Fel	a	.	b	b	b	rd	.	b	a	.	b	.	.	.	.	c	.	.	a
C3H/St	a	.	.	b	b	rd	b	b	a	.	b	.	.	b	d	.	.	.	.

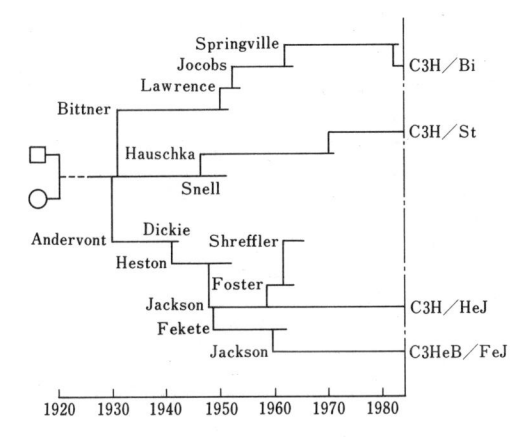

図 2.26 C3H系統の由来と亜系統の出現
（Whitmore & Whitmore (1985) を改変）

的にヘテロ性のある状態で系統分与が行われ，導入先で兄妹交配が行われた結果，異なった遺伝子型に固定したと考えられた．

ii) 突然変異 動物を維持あるいは生産している過程で種々の形質について異常を示す個体が見られることがある．それらの中には一時的な生理的機能の異常が原因となっている場合があると思われるが，突然変異が原因である場合も少なくないと考えられる．

系統の本来の遺伝子型を保ち続けるためには，変異遺伝子は家系から積極的に排除される必要がある．もし，生物学的に，あるいは疾患モデルとして重要と思われる場合は，コアイソジェニック系統として新たに系統を確立して，元の系統と区別する．

iii) 不測の交雑 不測の交雑とは，ある近交系が取扱者の意志とは無関係に他系統と交配し，子孫を作ることである．計画外交配とも呼ばれ，遺伝的汚染，あるいは遺伝的コンタミネーション（genetic contamination）の原因となる．

遺伝的コンタミネーションが起こる危険性は，異なる毛色の系統間でよりも，むしろ同じ毛色の系統間での方がはるかに高い．アメリカのチャールスリバー社から供給されたBALB/cAnCrj系統がそのよい例である[5]．

不測の交雑が起こる原因として次の例を挙げることができる．同じ飼育棚で数系統を飼育している場合，逃亡した動物が他系統のケージへ侵入し交配する可能性を否定できない．同じ毛色の系統を同時に取り扱う場合，系統名を記入しているカードを貼違えたり，ケージを取り違えたりすることもあると思われる．また，系統維持が小規模で行われている場合に，次世代を取るために用意した雌をやむを得ず他系統との交配実験に使用し，その後，再度系統維持に用いることもあろう．

以上のように，不測の交雑は日常的な飼育管理において見られる種々の原因によって生じる．

b. クローズドコロニー系統で見られる遺伝的変化

クローズドコロニーは，外部からのタネ動物の導入を行わず，50匹（雌25匹，雄25匹）以上で構成され，維持される閉鎖集団で，集団の維持は毎世代任意に選ばれる雌と雄の交配によって行われる．任意交配が行われている集団では，遺伝的多型を示す遺伝座における遺伝子頻度は各世代でほぼ一定に保たれると考えられる．しかし，病気の発生などが原因となって集団の規模が小さくなり，その後で再び規模の拡大を行った場合，遺伝子頻度が変化する可能性がある．この現象は，びん首効果（bottle neck effect）として知られている．また，クローズドコロニー系統に他の異なる系統の個体を導入した場合，遺伝子頻度に変化が生じたり，またそれまで集団に存在しなかった遺伝子が導入される可能性がある．これらは，クローズドコロニー系統の遺伝的性質の変化をもたらし，薬物に対する感受性などの変化の

原因になる．

（3） 遺伝的モニタリング技術

前項では系統及び集団で起こる種々の遺伝的変化について述べた．本項では，まず遺伝的変化をとらえるための指標となる標識遺伝子を検出技術とともに紹介する．つぎに，実際にモニタリングを行うために必要な標識遺伝子と，それらを選択する場合の基準となる条件について述べる．

a. 標識遺伝子の種類

遺伝学研究用の動物として長い歴史をもつマウスやラットでは多くの遺伝形質が明らかになっている．遺伝形質は，量的形質と質的形質に分けられるが，遺伝的モニタリングで用いられる標識遺伝子は単一遺伝子支配を受け，遺伝子型と表現型の関係が明確な質的形質の中から選ばれる．マウスで一般に遺伝検査に用いられている標識遺伝子としては，(1) 形態学的標識遺伝子，(2) 生化学的標識遺伝子，(3) 免疫遺伝学的標識遺伝子，(4) 細胞遺伝学的標識遺伝子，および (5) 分子遺伝学的標識遺伝子がある．それぞれについて以下に紹介する．

i） 形態学的標識遺伝子 形態学的形質の一つである毛色は古くから知られており，系統の育成や維持を行う場合の標識として用いられてきた最も身近な遺伝形質である．表2.11には，マウスの毛色とその遺伝子型をまとめた．

ミュータント系統の場合は，それぞれの系統が示す遺伝的特徴，たとえば被毛や尾の形態あるいは行動などを標識として利用できる．

表 2.11 マウスの毛色と毛色遺伝子の関係ならびに各毛色の代表系統

毛 色	遺伝子座（染色体番号）					代 表 系 統
	a (2)	b (4)	c (7)	d (9)	s (14)	
野生色	AA	BB	CC	DD	SS	C 3 H, CBA
黒	aa	BB	CC	DD	SS	C 57 BL/6, C 57 BL/10
茶（チョコレート）	aa	bb	CC	DD	SS	RR, NBR
シナモン	AA	bb	CC	DD	SS	NC
淡いチョコレート	aa	bb	CC	dd	SS	DBA/1, DBA/2
白（アルビノ）	**	**	cc	**	**	AKR, BALB, ICR
白斑	**	**	CC	**	ss	KSB, KSA

＊：任意の対立遺伝子

ii） 生化学的標識遺伝子 同一種内におけるタンパク質や酵素の遺伝子座の変異型はアロザイムと呼ばれる．アロザイムの検出は，澱粉，寒天，ポリアクリルアミドゲル，セルロースアセテートなどを支持体に用いた電気泳動や等電点電気泳動が用いられる[6]．泳動後，タンパク染色や酵素染色を行って目的のタンパク質および酵素を検出し，易動度の違いを対立遺伝子の違いとして区別する．表2.12には，マウスの代表的な生化学的標識遺伝子を示した．

iii） 免疫遺伝学的標識遺伝子 免疫系で重要な役割を担っているTおよびB細胞の細胞膜上には種々の糖タンパク質が発現され，血清中には補体成分や免疫グロブリンが含まれている．これらの遺伝的多型性について，血清学的な方法を用いた研究が盛んに行われてきた．

膜抗原の検出には，補体依存性細胞障害性試験が，また，血清成分の検出には寒天ゲル内二重拡散法，いわゆるOuchterlony法が用いられる．表2.13には，多型を示す代表的な膜抗原と血清成分をまとめた．

皮膚移植が遺伝的モニタリングの方法として有用であると言われる．しかし，判定までの時間が少なくとも1週間はかかるので，実用的な方法とは言えない．

iv） 細胞遺伝学的標識遺伝子 細胞内の核に存在する染色体の数と形は種ごとに決まっており，核型と呼ばれる．マウスの核型は，染色体数が $2n=40$ で，19対の常染色体と1対の性染色体からなっている．マウスの染色体はすべて末端動原体（terocentric）である．

一般的に行われる染色体観察方法は，空気乾燥法で作製した染色体標本をギムザ染色やキナクリン-ヘキスト33258染色を行い，前者の場合は光学顕微鏡で，また後者の場合は螢光顕微鏡を用いて観察す

表 2.12 マウスの代表的な生化学的標識遺伝子

染色体番号	遺伝子記号	遺伝子座名	対立遺伝子の数と種類
1	*Idh-1*	Isocitrate dehydrogenase-1	2(a, b)
1	*Pep-3*	Peptidase-3	3(a, b, c)
1	*Akp-1*	Alkaline phosphatase-1	2(a, b)
3	*Car-2*	Carbonic anhydrase-2	2(a, b)
4	*Mup-1*	Major urinary protein-1	2(a, b)
4	*Gpd-1*	Glucose phosphate dehydrogenase-1	3(a, b, c)
5	*Pgm-1*	Phosphoglucomutase-1	2(a, b)
6	*Ldr-1*	Lactate dehydrogenase regulator-1	2(a, b)
7	*Gpi-1*	Glucose phosphate isomerase-1	2(a, b)
7	*Hbb*	Hemoglobin β-chain	3(d, p, s)
8	*Es-1*	Esterase-1	2(a, b)
8	*Es-2*	Esterase-2	3(a, b, c)
9	*Mod-1*	Malic enzyme-1	2(a, b)
9	*Trf*	Transferrin	2(a, b)
11	*Hba*	Hemoglobin α-chain	8(a, b, c, d, e, f, g, h)
11	*Es-3*	Esterase-3	3(a, b, c)
14	*Es-10*	Esterase-10	3(a, b, c)
14	*Np-1*	Nucleoside phosphorylase-1	2(a, b)
17	*Glo-1*	Glyoxylase-1	2(a, b)

表 2.13 マウスにおける代表的な免疫遺伝学的標識遺伝子

染色体番号	遺伝子記号	遺伝子座名	対立遺伝子の数と種類
2	*Hc*	Hemolytic complement	2(1, O)
6	*Ly-2*	T-lymphocyte antigen-2	2(a, b)
6	*Ly-3*	T-lymphocyte antigen-3	2(a, b)
9	*Thy-1*	Thymus antigen-1	2(a, b)
12	*Igh-C*	Immunoglobuline heavy chain constant region	13(a, b, c, d, e, f, g, h, j, k, l, m, n)
17	*H-2K*	Histocompatibility-2 K	多数
17	*H-2D*	Histocompatibility-2 D	多数
17	*C3*	Complement component-3	3(a, b, c)
19	*Ly-1*	T-lymphocyte antigen-1	2(a, b)

る.

　染色体標本は，形態的な検索だけでなくヘテロクロマチン（Cバンド）の観察にも使うことができる．近交系マウスのCバンドにも遺伝的多型が知られている．

v）分子遺伝学的標識遺伝子　近年，分子遺伝学はめざましい発展をとげており，多くの遺伝子についてDNAレベルでの研究が行われている．たとえば，第17染色体にあるalphaグロビン疑似遺伝子 *Hba-4a* はサイレント遺伝子で遺伝子産物は作られない．しかし，この遺伝子DNAの制限酵素切断型多型（RFLP: restriction flagment length polymorphism）をalphaグロビン遺伝子DNAをプローブに用いて調べると，4タイプに分類できる

ことが知られている．また，細胞質に存在するミトコンドリアDNAについても制限酵素切断型に系統差があることが明らかになっている．

　分子遺伝学的標識遺伝子は，特別な施設（RI施設）が必要であったり，経費がかかる，という点でこれまで述べてきた生化学的標識遺伝子などとは異なっている．しかし，現在遺伝学において分子遺伝学的方法が一般的な方法となりつつあることを考えると，今後分子遺伝学的標識遺伝子は系統の遺伝子型を明らかにするための標識遺伝子としてますます重要になると考えられる．

b. 遺伝的モニタリングで用いられる標識遺伝子の選択

　遺伝的モニタリングでは表2.9に示した遺伝的統

御の方法が異なる種々の系統を検査できる必要がある．しかし，1) から 5) で紹介した標識遺伝子をすべて調べることは容易ではないし，その必要性があるかと言えばそうではない．標識遺伝子の検出方法，特に技術的に困難な点が少ないことも考慮されるべきであるし，最少の項目数で最大の効果を期待できるような標識遺伝子を選ぶことも大切である．

i) 標識遺伝子の選択基準 遺伝的モニタリングの標識遺伝子を選択するための種々の条件が整理された結果，つぎの四つの条件を満たすことが必要であろうと言われている．

正確 (exact)： 遺伝子の発現が環境要因など影響されずに安定しており，同じ検査方法であれば，常に同じ表現型を示すこと．

効果的 (efficient)： 多型であること．対立遺伝子間に優劣関係があるよりはむしろ共優性である方が好ましい．(標識遺伝子が各染色体に広く分布するように選ばれることも必要である．)

簡単 (easy)： 検査方法が簡単で，結果が早く得られること．

経済的 (economic)： 検査費用ができるだけかからないこと．

以上の選択基準を各条件の頭文字をとって 4 E と呼んでいる．前述の標識遺伝子を 4 E を基準にして考えてみると，いずれも正確であり効果的ではあるが，形態学的標識遺伝子，細胞遺伝学的標識遺伝子，および分子遺伝学的標識遺伝子については必ずしも 4 E を満足していない．たとえば，形態学的標識遺伝子としての毛色を検査する場合は，交配実験を行わなければならないので時間がかかるし，細胞遺伝学的標識遺伝子および分子遺伝学的標識遺伝子は検査が簡単ではない．また，分子遺伝学的標識遺伝子は費用がかかることから経済的であるとは言えない．それに対して生化学的標識遺伝子と免疫遺伝学的標識遺伝子については全般的に 4 E をよく満たしている．

ii) 遺伝的モニタリング用標識遺伝子 遺伝的モニタリングの対象となる系統，あるいは集団は異なる遺伝的統御を受けている．したがって，遺伝的統御の方法によっては調べる遺伝子座もおのずと異なってくる．たとえば BALB/c，C 57 BL/6，DBA/2 に代表される近交系の場合は，系統の遺伝子組成が個々に異なっている．したがって，染色体

全体を把握できるように生化学的標識遺伝子を選んだほうがよい．ところが，C 57 BL/10 ScSn 系統を遺伝的背景に持つ H-2 遺伝子のコンジェニック系統の場合は遺伝的背景が同じなので，必ず導入遺伝子，すなわち H-2 遺伝子を調べなければならない．

筆者らは，4 E を基準にして 15 種類の生化学的標識遺伝子と 4 種類の免疫遺伝学的標識遺伝子をマウ

表 2.14 マウスにおける遺伝モニタリング用標識遺伝子

生化学的標識遺伝子 (15 遺伝子座)

染色体	遺伝子記号	サンプル
1	Idh-1	腎臓
1	Pep-3	腎臓
1	Akp-1	腎臓
3	Car-2	赤血球
4	Mup-1	尿
4	Gpd-1	腎臓
5	Pgm-1	腎臓
6	Ldr-1	赤血球
7	Gpi-1	腎臓，血漿，赤血球
7	Hbb	赤血球
8	Es-1	血漿
8	Es-2	腎臓
9	Mod-1	腎臓
9	Trf	血漿
11	Es-3	腎臓

血漿のかわりに血清でもよい．

免疫遺伝学的標識遺伝子 (4 遺伝子座)

染色体	遺伝子記号	サンプル
2	Hc	血漿
9	Thy-1	胸腺
17	H-2K	リンパ節
17	H-2D	リンパ節

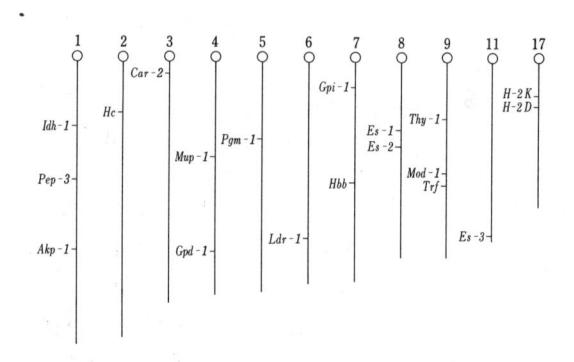

図 2.27 マウスにおける遺伝的モニタリング用標識遺伝子の染色体地図

スの遺伝的モニタリング用の標識遺伝子（モニタリングプロファイル）として選んでいる．それらの標識遺伝子を表2.14に，また染色体上での位置を図2.27に示した．これらの標識遺伝子は20対の染色体のうち11対に分布し，全染色体の55%を占める．

遺伝的プロファイルを作成するための標識遺伝子の種類と数については特に規定はなく，研究機関および国によって異なっている．

（4） 遺伝的モニタリングの実施方法

遺伝的モニタリングは系統の遺伝的プロファイル作成および遺伝的モニタリング（定期的遺伝検査）の2種類の検査で行われる．後者の定期的遺伝検査では，対象となる系統と集団ならびに飼育状況に応じてモニタリングプロファイルの検査とクリティカルサブセットの検査を組み合わせて合理的に行われる．

a. 系統の遺伝的プロファイル作成

遺伝的モニタリングを実施するに際して標準系統との遺伝的異同を明らかにするため，また，これまでに遺伝検査を受けたことのない新しく育成された系統の遺伝的背景を明らかにするために，できるだけ多くの標識遺伝子を調べておくことが望まれる．これを系統の遺伝的プロファイル作成と呼び，(3)節の項の1)〜5)で述べた標識遺伝子についてできるだけ多くの検査を実施することを指している．得られた結果から，個々の系統の遺伝的プロファイルが作成される．

b. 遺伝的モニタリング（定期的遺伝検査）

遺伝的モニタリングはモニタリングプロファイルの検査を主体とする定期的検査として行われることが望ましい．

i） 系統のモニタリングプロファイルの検査

定期的遺伝検査では，系統の遺伝的プロファイル作成で述べたすべての標識遺伝子が検査される必要はなく，4Eを基準にして選ばれた19の標識遺伝子からなるモニタリングプロファイルを検査すればよい．表2.15には代表的な近交系マウスの，また表2.16にはクローズドコロニーであるICRマウス系統のモニタリングプロファイルを示した．定期的な検査によって，近交系の場合はモニタリングプロファイルに異常がないことを確認し，また，クローズドコロニーの場合は，遺伝子頻度あるいは遺伝子型頻度を確認する．

ii） クリティカルサブセットの検査

近交系を維持・生産する過程において不測の交雑は常に起こる可能性があるが，もし起こった場合はできるだけ速やかに排除する必要がある．不測の交雑をより簡単に検査する方法として，不測の交雑が起こる可能性のある系統間で異なっている標識遺伝子の中から最少数の遺伝子のセットを選び検査する方法がある．これをクリティカルサブセット検査と呼ぶ．同じ毛色をもつ系統のクリティカルサブセットを検査の容易な血液をサンプルとした場合について考えると，たとえば，アルビノ3系統，A，AKRおよびBALB/cを互いに区別するためには，*Car-2*と*Hc*を調べればよいことがわかる．つまり，A系統は

表 2.15 近交系マウスのモニタリングプロファイル

	染色体および遺伝子座																		
	1			2	3	4	5	6	7		8		9			11	17	
系統	*Idh-1*	*Pep-3*	*Akp-1*	*Hc*	*Car-2*	*Mup-1*	*Gpd-1*	*Pgm-1*	*Ldr-1*	*Gpi-1*	*Hbb*	*Es-1*	*Es-2*	*Thy-1*	*Mod-1*	*Trf*	*Es-3*	*H-2K*	*H-2D*
A	a	b	b	0	b	a	b	a	a	a	d	b	b	b	a	b	c	k	d
AKR	b	b	b	0	a	a	b	a	a	a	d	b	b	a	b	b	c	k	k
BALB/c	a	a	a	1	b	a	a	b	a	a	d	b	b	b	a	b	a	d	d
CBA/J	b	b	a	1	b	a	a	a	a	b	b	b	b	b	b	a	c	k	k
CBA/N	b	b	b	1	a	a	b	b	a	b	b	b	b	b	b	b	c	k	k
C 3 H/He	b	b	b	1	b	a	a	b	a	b	b	b	b	b	b	b	c	k	k
C 57 BL/6	a	a	a	1	a	b	a	a	a	b	s	a	b	b	b	a	b	b	b
DBA/1	b	b	a	1	a	a	a	a	a	a	d	b	b	b	b	b	c	q	q
DBA/2	b	b	b	0	a	a	b	a	a	a	d	b	b	b	b	b	b	d	d
KK	a	b	b	0	a	b	a	b	a	b	s	b	b	b	a	b	b	b	b
NZB	a	c	b	0	a	a	b	a	a	a	d	b	b	b	b	b	c	d	d

表 2.16　クローズドコロニーマウス，ICR のモニタリングプロファイル

系統名	染色体および遺伝子座																		
	1			2	3	4		5	6	7		8		9		11		17	
	Idh-1	Pep-3	Akp-1	Hc	Car-2	Mup-1	Gpd-1	Pgm-1	Ldr-1	Gpi-1	Hbb	Es-1	Es-2	Thy-1	Mod-1	Trf	Es-3	H-2K	H-2D
ICR (N=39)*	a	b (82)	b	1 (93)	a (2)	a (67)	b	a (13)	a (26)	a (20)	d (51)	b	b	a	a (18)	b	c	b (25)	b (7.5)
		bc (13)		0 (7)	ab (26)	ab (8)		ab (61)		ab (31)	sd (28)			ab (26)	ab (54)			bd (5)	
		c (5)			b (72)	b (25)		b (26)	b (74)	b (49)	s (21)			b (74)	b (28)			d (25)	
																		? (45)	? (92.5)

*：検査個体数を示す．　括弧内は頻度(%)

Car-2^b：Hco，AKR 系統は Car-2^a：Hc^o そして BALB/c 系統は Car-2^b：Hc^1 となり，3 系統を明確に区別できる．

この方法は，遺伝的コンタミネーションの摘発確率を上げるために行われるもので，単独で行ってもあまり意味がなく，定期的検査と組み合わせることによってはじめて効果がでてくる．

c. 遺伝的モニタリングの頻度と検体数

遺伝的モニタリングの実施にあたり，その実施頻度と各系統あたりの検体数が最も議論となるところである．これらに関して，現在のところ具体的な答は得られていないが，以下に筆者の考えを述べておく．

i) 近交系の場合　近交系の維持は，通常兄妹交配で行われており，各世代の一組から生まれた仔が次世代の親となる．また生産集団であっても，家系をたどると雌・雄一組の先祖にたどりつく．したがって，家系についてモニタリングを行う場合は次世代を残した親（一組）か，その同腹の雌・雄一組または雌と雄いずれか 2 匹以上を検査する．検査は毎世代行うのが好ましいが系統数が多い場合は頻繁に実施しなければならず，実際にはかなり困難であると思われる．したがって，隔世代か 3 世代に一回（一年に約一回）程度検査を行い，モニタリングプロファイルの正しさを確認するのが適当であると考える．さらに，ここにクリティカルサブセット検査を組み込むことにより，遺伝的モニタリングの目的の一つである近交系の遺伝的コンタミネーションの摘発確率を上げることができる．

ii) クローズドコロニー系統の場合　クローズドコロニー内での交配はランダム交配が行われており，継代は集団から 50 個体（雌・雄 25 個体）以上を無作為に選ぶことによって行われている．したがって，クローズドコロニーの遺伝的モニタリングでは世代を更新するたびに新しい世代の集団から雌・雄計 50 個体以上を無作為に選び，遺伝的多型を示す遺伝子座の中のいくつかについて遺伝子頻度を調べるのが適当であると考える．

(5) お わ り に

これまで系統の証明と保証は，導入後の記録および系統の家系図に系統の遺伝的特徴を併記することにより行われてきた．しかし，客観性に乏しく系統を証明するという点では，必要条件ではあったが十分条件ではなかった．とはいえ，以上述べてきたように遺伝的モニタリングのシステム化が進められ，系統の遺伝的品質の証明と保証が高い精度で行えるようになってきた．

遺伝的モニタリングを行っているからといって，飼育管理を怠ってよいというわけではない．不測の交雑が起こるような飼育管理では遺伝的モニタリングを実施する意味をほとんど見いだすことはできない．不測の交雑を未然に防ぐためには，まず系統の飼育および維持管理を十分行うことが大切である．そのように考えると，遺伝的モニタリングは，飼育管理の一部とも位置づけることができる．モニタリングは不測の交雑の原因を極力取り除いた上で実施して，はじめてその意味が出てくる．

〔加藤秀樹・江崎孝三郎〕

文　　献

1) Green, M. C.: Genetic variants and strains of the laboratory mouse. Gustav Fischer Verlag, Stuttgart,

New York (1981).
2) Hoffman, H. A., Smith, K. T., Crowell, J. S., Nomura, T. and Tomita, T.: Genetic quality control of laboratory animals with emphasis on genetic monitoring. In Proc. of 7th ICLAS Symp. Gustav Fischer Verlag, Stuttgart, New York, 307-317 (1980).
3) Green, E. L.: Breeding system, (Henry, H. L. Small, J. D. and Fox, J. G. (ed.)) Vol. 1. p. 91, Academic Press, New York (1981).
4) Whitmore, A. C. and Whitmore, S. P.: Subline divergence within L. C. Strong's C3H and CBA inbred mouse strains. A review. *Immunogenetics*, 21: 407-428 (1985).
5) Kahan, B., Auerbach, R., Alter, B. J. and Bach, F. H.: Histocompatibility and isoenzyme differences in commercially supplied BALB/c mice. *Science*, 217, 379-381 (1982).
6) 加藤秀樹：免疫遺伝学モニタリング．マウス免疫遺伝学——技法と展開——（森脇和郎，Bailey, D. W. 編集），ソフトサイエンス社（1988）．

2.4 発生工学技術を用いた実験動物の開発

（1） は じ め に

近年，発生工学と呼ばれる哺乳動物を対象とした研究領域が急速に発展してきた．発生工学とは個体にまで発生する潜在的能力をもつ細胞（受精卵，初期胚など）を操作し，個体発生の過程や発生した個体のもつ生物現象を解析する方法のことである．

哺乳動物は，個体発生の過程を母体の子宮内で胎盤を通した代謝による特殊な環境で過ごす．胚は母体から切り離されては生存することができないので，胚を実験的研究に使うことがむずかしい．とこ ろが，近年着床するまでのマウスの初期胚（胚盤胞まで）を体外で培養することが可能となった．さらに，一たん体外で培養した受精卵や初期胚を，偽妊娠状態の雌マウスの卵管や子宮に再び移植すると，移植されたこれらの胚は正常に個体発生を続け，仔マウスにまで発生することが確認された．体外受精も可能となり，その結果未受精卵から胚盤胞期までの胚を体外で操作ができるようになった．体外受精から体外培養を経て偽妊娠メスマウスの卵管に移植され，個体にまで発生するマウスの率は90％を越えるまでに技術は進歩している[1)2)3)]．

胚操作には次のようなものがある（図2.28）．

i） 体外受精：1匹の雄マウスの精子から，一度に数千個の受精卵を作ることができ，凍結保存法を組み合わせることによって計画的かつ大量のマウスの生産が可能となる．

ii） 核移植：受精卵前核を抜きとり，他の受節卵や胚の割球細胞の核を移植する．クローンマウスを作ることができ，遺伝的に相同の対照を得ることができる．

iii） 集合キメラ：4〜8細胞期の胚を2個以上集合して培養すると集合して1個の桑実胚から胚盤胞 に発生する．集合する胚の遺伝的性質が異なると，生まれる個体は，2種以上の遺伝的に異なる細胞をもつものとなる．

iv） 注入キメラ：正常に発生した胚盤胞に，未分化胚幹細胞（Embryonic Stem Cell；ES細胞）を注入し，宿主と注入細胞とから成る個体を作ることができる．ES細胞は，体外で培養できることから，薬剤耐性を指標とする選択培養によって特定の突然変異を集めることができる．

v） 遺伝子導入マウス（トランスジェニックマウ

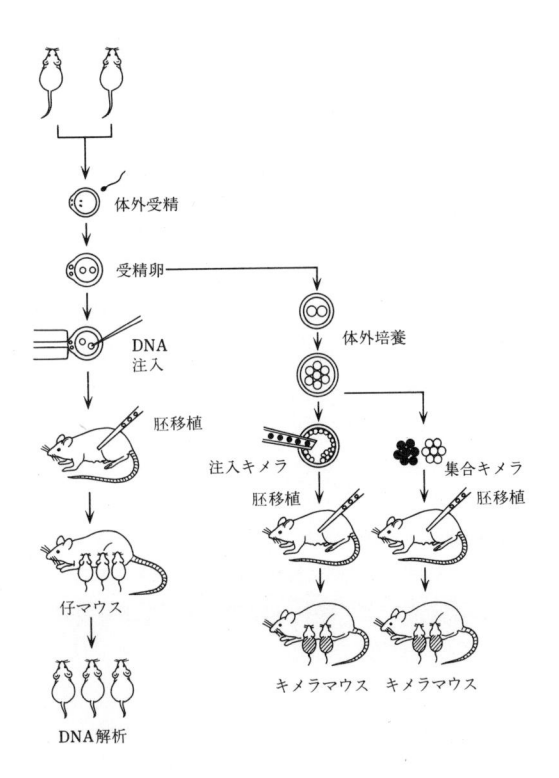

図 2.28

ス)：クローン化された遺伝子DNAをマウス受精卵前核に注入するとマウス染色体の一部に組み込まれ，安定に娘細胞に伝達されていく．その結果，個体の全細胞に導入遺伝子をもつマウスを得ることができる．生殖細胞にも組み込まれているから，子孫へも伝達され，自然界には存在しない新しいタイプの実験動物として系統化することができる．[1),2)]

vi) 遺伝子標的導入（ジーンターゲッティング）：特定の遺伝子に突然変異を導入したものを計画的，選択的に集める方法で，ES細胞を用い，注入キメラマウスを通して突然変異個体を得ることができる．

(2) 特定遺伝子の突然変異マウスを得る方法

1988年から89年にかけて，哺乳動物遺伝学にとって革命的方法の開発が行なわれた[5)~10)]．それは，計画的に目的の遺伝子の突然変異を作り出す技術が開発されたことである．米国ユタ大学のCapecchiらのグループはES細胞への遺伝子導入によって，宿主遺伝子と導入遺伝子との間に相同組換えが遺伝子導入細胞の約1000分の1程度生じていることを確認した[12)]．そして，これらの細胞を高率に選択する方法を開発した．この方法は，どのような遺伝子に対しても実行できるものである．

図2.29に示すように，遺伝子Xをクローン化し，遺伝子操作によってそのエクソンの一つをネオマイシン耐性（Neo^r）遺伝子に置き換える．さらにその片端または両端にヘルペス単純ウイルスのチミジンキナーゼ（HSV-tk）遺伝子をつなぐ．こうして作製した導入遺伝子は，遺伝子Xとは多くの相同部分を有するとともに，機能的にはNeo^r遺伝子によって挿入突然変異をひき起こされた構造になっている．導入遺伝子XをES細胞に電気穿孔法によって導入すると，多くは染色体のランダムな部位に1分子挿入される．培養液中にG 418（ネオマイシン耐性のみを選択する薬剤）を加えて培養すると，導入遺伝子が組み込まれた細胞は増殖することができる．さらに，デオキシグアノシンのアナログであるガンシクロビル（GANC）を加えて培養を続けると，HSV-tk遺伝子を導入された細胞は，GANCをリン酸化し，DNAにとり込むが，HSV-tk遺伝子を導入していない細胞はとり込まない．GANCがとり込まれると，DNA合成はそこで停止し，DNAの伸長が起こ

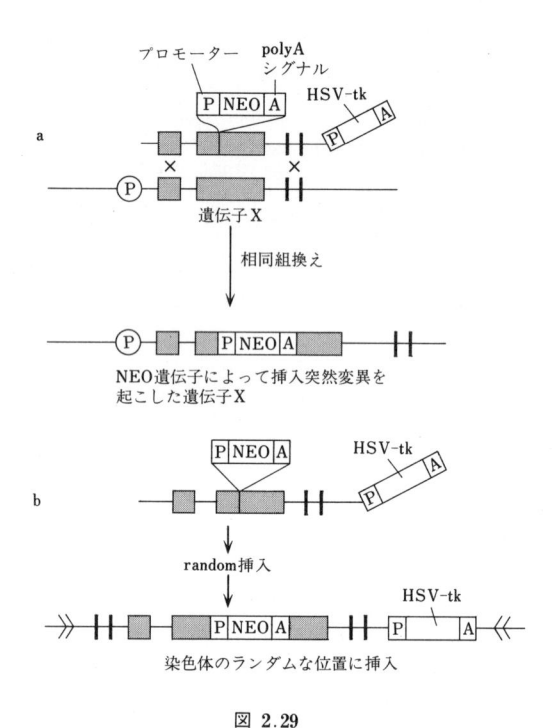

図2.29

らず，結果として，HSV-tk遺伝子を組み込んだ細胞は増殖しないことになる．図2.29aは，相同組換えが起こった場合である．片端または両端に存在するHSV-tk遺伝子は遺伝子Xとは相同部分をもたないため組換えによって染色体に組み込まれないことが期待される．しかしエクソンと置換したNeo^r遺伝子は染色体の一部となるであろう．一方，ランダムな部位に組み込まれる導入遺伝子は，通常両端部から染色体に組み込まれるためHSV-tk遺伝子をも組み込むから（図2.29b），前述したようなG 418とGANCによる選択培養の結果，ランダム挿入細胞は死に相同組換えが起こった細胞のみが増殖し，それを集めることができる．実際の実験結果でも，ヒポキサンチン-リボースリン酸転移酵素（$hprt$）遺伝子の場合24個の細胞中19個が相同組換えを起こしていることが，詳細な遺伝子構造の解析の結果確認された．また，線維芽細胞増殖因子の一つである$int~2$遺伝子については，81個中4個が相同組換えを起こしていた．いずれにせよ数千個に1個のものを，これだけ高率に選択することができれば，実験としては成功といえるであろう．[4)]

さて，こうして得られた細胞は，多分化能をもつから，正常の胚盤胞に注入しキメラマウスを作ることができる．Capecchiらは，このようなキメラマウス多数を作成した．そしてキメラマウスの生殖細胞に，ES細胞由来の細胞が分化した結果，子孫に突然変異個体が生まれてきたのである．得られた突然変異は対立遺伝子が正常型であるが，Neo^r遺伝子を指標として，遺伝子DNAを調べれば伝達の有無を知ることができる．子孫のF2から劣性の形質をもつ突然変異を得ることができる（図2.30）．スコットランドのMeltonらのグループも，遺伝子導入によって確かに相同組換えを起こしたES細胞が生殖細胞に分化し，子孫へ伝達し，仔マウスを得ることができたと報告した．彼らは，hprt遺伝子の欠失によってhprt$^-$になったES細胞（E14TG2a）に，欠失部分（プロモーターおよびエクソン1，2，3）に相当する遺伝子を導入し，hprt$^+$細胞をHAT^{R}によって選択することにより相同組換え細胞を集めた．その率は，ランダムな導入に対して約200分の1であった．相同組換えの起こる位置は，エクソン3の部分だけであり，5′上流側は，3種類のものが得られた．したがって，遺伝子の構造は両端で相同であったCapecchiの場合と異なっている．[9)] Capecchiらの方法の他にも現在では種々の工夫がなされ多くの計画的突然変異マウスが作られている．

この方法が，すべての遺伝子に応用できるようになるならば，今後は目的の遺伝子を，目的の機能的変異や欠失をもつ遺伝子と組換えた突然変異を作成することができるはずである．これは，突然変異ではなく計画変異ともいえるもので，生物学を変革するほどの大発展であろう．

（3） 特定遺伝子機能のアンチセンス遺伝子導入による抑制

自然突然変異と同様な突然変異を目的の遺伝子に起こす方法が前節の遺伝子導入による相同組換え細胞の選択と注入キメラ法を使った個体の作成として実現された．この方法の有用性は強調してもしすぎることはないほどであるが，1988年には，特定遺伝子機能を抑制する方法としてもう一つの有効な方法が開発された．

Katsukiらは，マウスの中枢神経系の神経軸索をとりまくミエリンの形成に不可欠なミエリン塩基性タンパク質（MBP）遺伝子のmRNAと相補的なRNAを発現するように構築した組換えDNA（図2.31a）を作製し，それを導入したトランスジェニッ

図2.30

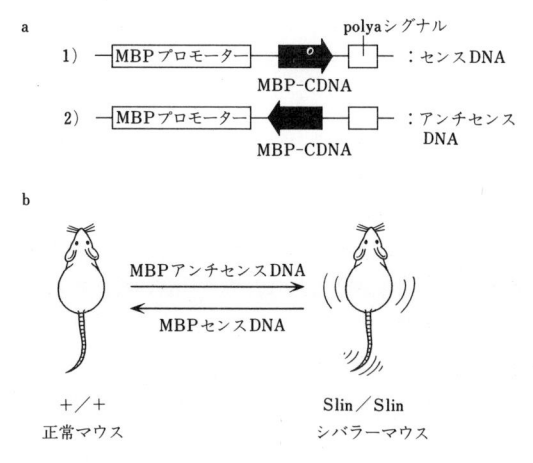

図2.31

クマウスを作成した．得られたマウスのなかにミエリン形成が抑制され，その結果 MBP 遺伝子欠失突然変異マウスであるシバラーと相同の企図振戦が認められたと報告した．[13]

この方法の原理は，1983年 Mizuno らによって，大腸菌の外膜タンパク質（ompF）の産生制御の研究をしている際に見いだされた．大腸菌の ompF 遺伝子の発現の抑制に，他の遺伝子 ompC から読まれる相補的な RNA（micRNA；現在はアンチセンスRNA と呼ばれることが多い）が関与しているというものである．[14]転写 RNA は遺伝子 DNA の 2 本鎖の一方が読まれている．したがって読まれた mRNA は，そのままできたタンパク質に翻訳される．しかし，その中間の段階で相補性のある RNA（アンチセンス RNA）との間に 2 本鎖を作ってしまうと，翻訳が不可能になり，結果としてタンパク質ができないとするものである．この原理は，特定の遺伝子機能を抑制する方法として使えるのではないかと考えられ，翌年には大腸菌のリポタンパク質のアンチセンス遺伝子導入による産生の抑制と，培養細胞へのヘルペス単純ウイルス感染と，そのチミジンキナーゼ遺伝子のアンチセンス RNA 発現による抑制が報告された[15]．その結果，アンチセンス RNA は，内在性 mRNA の数百倍量が必要であると結論された．その後，ショウジョウバエ[16]，カエル，細胞性粘菌等では，アンチセンス RNA の細胞への注入による発生の阻害などが発表された．しかし，マウスでは多くの試みにかかわらず成功していなかった[17]．

Katsuki らの成功の原因は，対象となる遺伝子に，化学量論的形質を選んだこと，アンチセンス遺伝子が働いたときに，行動異常（企図振戦）として表現される単純なシステムを用いたことである．しかし，得られた結果の解析から，大腸菌や培養細胞の場合と異なり，内在性 RNA の 10% 以下のアンチセンスの発現でも有意に MBP 遺伝子機能を抑制し得ることが見出された．この方法による特定遺伝子機能抑制の原理が明らかになれば，劣性形質の突然変異と同等の表現型をもつトランスジェニックマウスを計画的に作成できるものと期待される．

また，遺伝子発現の組織特異性や時期特異性をつかさどる領域をうまく利用すれば，1 個体のなかで，特定の組織や細胞でのみアンチセンス RNA の発現が認められるようなトランスジェニックマウスを作成することができるはずである．このようなマウスは，相同組換えでは決して生じない自然界に存在しない個体であり，生物機能やヒト疾患の研究に重要となるであろう．現在の技術革新の速度を考えれば，2 年以内には，そのようなマウスを用いた研究成果が報告されるものと思われる．

（4）遺伝子導入マウス（トランスジェニックマウス）によるヒト疾患モデルの開発と遺伝子機能の解析

すでに前節までに述べた通り，導入遺伝子の構造を工夫し，適当な選択によって目的の突然変異や目的の遺伝子機能が抑制されたマウスを作ることができることを述べた．しかし，単純に試験管内で構築した遺伝子の機能を測定する系としてもトランスジェニックマウスはすぐれている．

ヒト遺伝子 DNA の全塩基配列の決定が実行に移されようとしている今日でも，また全塩基配列が決定された後にも，それぞれの塩基配列の生物機能については細胞へもどしてその機能を測定する以外に方法はない．そのとき正常の細胞であればあるほど，生物機能を反映するものと考えられる．マウス受精卵は細胞であるし，個体にまで発生する能力をもつものだから，この点でも理想的な遺伝子機能の測定系といえるであろう．

さらに，導入遺伝子は子孫に安定に伝達されるから，いったんトランスジェニックマウスを得ることができるならば，繰り返し，個体発生，成長，老化，生殖を通して正常細胞での導入遺伝子の機能が解析できることになる．また細胞では決して測定することのできない生物固有の現象である形態形成，恒常性，行動など多細胞体制での現象を導入遺伝子との関係で論ずることができる．たとえば，血圧調節に関与するタンパク質であるレニンやアンジオテンシノーゲなどの遺伝子を細胞で発現させることができたとしても，生体機能としての血圧調節系との関係については細胞で知ることは不可能である．つまり，「血圧は細胞では測れない」ことになる．トランスジェニックマウスはその点ですぐれた解析系となる[18]．現在までに解析された代表例をあげながら，トランスジェニックマウスの有用性について説明する．

a. 優性遺伝病遺伝子導入マウス

Yamamura らは，日本に存在する遺伝性疾患である家族性アミロイドポリニューロパシーの優性形質を支配する異型トランスサイレチン遺伝子を導入したマウスを作成した．異型トランスサイレチンとは，肝臓で産生される急性期タンパク質の一種であるトランスサイレチンの1アミノ酸に変異が認められるものである．この異型トランスサイレチン遺伝子をもつ患者は，壮年期に神経疾患を呈し，末梢神経にアミロイドの沈着が認められる．正常に対して異型トランスサイレチンが優性であることから，優性遺伝病であり，家系図からも証明されている．

異型トランスサイレチン遺伝子を導入したマウスでは，発現の組織特異性を変更するようにプロモーターをマウスメタロチオネインIにした組換えDNAを組み込んだマウスにのみ，アミロイドの沈着が認められた．肝臓で異型トランスサイレチンが1/10量発現しているものでは，沈着が生じないことから，異型トランスサイレチンと正常トランスサイレチンが作る四量体は，組織への沈着力が小さいものと考えられた．ヘテロ接合体で見られるような正常と同量の異型トランスサイレチンを発現するトランスジェニックマウスが最近作成され，疾患モデルとなる可能性が期待されている[19]．

b. 遺伝子機能の回復

突然変異に対する正常遺伝子が得られている場合に，突然変異マウス受精卵にこれを導入し，変異からの回復を調べることができれば，突然変異を遺伝子レベルで解析することができる．また導入遺伝子は試験管内で加工することができるから，さまざまな程度に回復したものを作ったり，組織特異性を自然の状況と異なるものとすることもできる．その例は詳しくは原著論文を紹介するに止めるが次のような例がある．

i) 主要組織抗原適合遺伝子欠損の回復[20),21)]
ii) I型糖尿病（NOD）からの回復[22)]
iii) ミエリン塩基性タンパク質欠損（シバラー）の回復[23)]
iv) 視床下部から放出される成長ホルモン放出因子欠損[24)]
v) 成長ホルモン欠損[25)]

などである．これらの遺伝子の解析は詳細になされつつある．

c. がん遺伝子（オンコジーン）導入マウス

ヒトや動物から次々とがんに関連する細胞性の遺伝子（c-onc）が分離され，現在すでに50種以上が見いだされている．これらの遺伝子が狭い意味のがん化に関連しているばかりでなく，正常細胞の細殖や分化にも関連していることが最近多くの報告によって明らかにされてきた．ここでは，狭い意味のがん化を中心にトランスジェニックマウスを利用したがん研究について説明する．

① 組織特異性を示す塩基配列（エンハンサー/プロモーター）を利用して特定の組織をがん化できるか．

がん遺伝子は，マウスNIH3T3細胞の形質転換を指標として分離される．正常遺伝子は形質転換能をもたないのに，突然変異を起こしていたり（ras遺伝子群，erbB2遺伝子など），転座しているため発現量が増加している場合（c-mycなど），あるいは増幅している場合（多くの遺伝子）などがヒトのがんから単離される．そこで，これらの遺伝子が発現すれば必ず細胞はがん化するかどうかを知るため，組織特異性がはっきりした塩基配列の下流に活性型のがん遺伝子をつなぎ，トランスジェニックマウスを作り，がん化の有無が調べられてきた．詳細は原著論文によるとして，ras および myc 遺伝子を例にとって説明する．

Stewart らは，がん遺伝子の一つである c-myc を，乳がんウイルスのプロモーターに連結しトランスジェニックマウスを作ると，雌の子供を生んだマウスでは乳がんが多発することを見いだした[26)]．さらに同様に活性型 ras 遺伝子導入マウスでも乳がんは発生するが，myc と ras のFIをとると，飛躍的高頻度を示すと報告している．このことは，ras や myc は正常細胞をがん化する潜在的能力をもつことが示されたと同時に発現されたら必ずがん化するとは限らないことも示された．細胞の生理的条件ががん化に関与していることが示された．

Katsuki らのグループは，ヒトの正常 c-Ha-ras 遺伝子を ras 自身のプロモーターのもとに導入したトランスジェニックマウスを作成した．その結果は驚くべきものであった．1系統のトランスジェニックマウスでは，初代マウスを含め子孫のトランスジェニックマウス50匹中24匹が何らかの腫瘍を生後18カ月までに発症した．通常正常ヒト c-Ha-ras 遺

伝子は NIH 3 T 3 細胞を形質転換する能力をもたない．そこで，がん組織からDNAを抽出し，そのうちの導入遺伝子の活性化（突然変異）を調べたところ，すべてのがん細胞で体細胞突然変異による導入遺伝子の活性化が認められた．また腫瘍の発生した組織のほとんどは，血管肉腫であった[27]．以上のことは，前述したStewartらの実験結果と同様，細胞の特殊な生理状態とがん遺伝子の活性化が一致したときにのみ細胞はがん化することを示している．Peruchoらはヒトの膵臓がんでは，K-ras 遺伝子が全体の22例中21例で活性化していたと報告している[28]．この例でもわかる通り，個体発がんを繰り返し実験できるトランスジェニックマウスの作成によってのみ初めて実験的個体発がんの研究が可能となり，ヒトの例と対応できる可能性が示唆された．

ウイルスのがん遺伝子については，さらにくわしい研究がなされている．Hanahanは，ラットのインシュリンプロモーター/エンハンサーの下流にSV 40のT抗原遺伝子を連結し，トランスジェニックマウスを作ると，β-細胞のがん化に伴ってインシュリン過剰症のマウスができると報告した[29]．T抗原は，発現した細胞をすべてがん化すると考えられており，核に局在するオンコジーンであるレチノブラストーマ遺伝子産物（Rb）と結合し働くと考えられている．

オンコジーンの発現は，他の多くの因子によってその働きに違いが認められる例がある．Yamamuraらのグループは，myc 転座によって起こる白血病の患者由来のc-myc 遺伝子導入マウスを作成したところ，C 57 BL/6では，B細胞白血病が，C 3 Hでは，T細胞白血病が生じたと報告した[30]．この例でわかる通り，同一の遺伝子でも遺伝的背景の違いによって表現型が異なる場合があることを示している．

がん遺伝子導入トランスジェニックマウスを用いた個体発がんの研究は，多くの系統が出揃い，これからますます研究が進み，系統によっては，発がん物質のスクリーニングのみならず，抗がん新薬開発のモデル動物になるかもしれない．

d．その他

遺伝子工学の進歩と普及に伴い，ヒトのさまざまな機能をもつ遺伝子やcDNAが単離されている．これらがつぎつぎとマウス受精卵に導入され，トランスジェニックスマウスが作られ，ここでは詳細を述べないが，ますますヒト疾患モデル動物となる可能性が示唆されている．

一方，導入遺伝子が，マウスの正常の遺伝子を破壊するように挿入された結果，突然変異（挿入突然変異）が生まれることがある．この場合には，導入遺伝子を指標として挿入された染色体を捜し，さらに付近のDNAを分離することによって新しい突然変異の遺伝子を捜すことができる．

また，トランスジェニックマウスで初めて認められた事実の一つに，遺伝子のメチル化が雌雄の配偶子で異なり，その結果，子孫での導入遺伝子の発現が，雄から伝達されたか，雌から伝達されたかによって異なる場合があることである．このように，実際に自然の生物界で起こっているけれども，われわれが認識できなかった事実が，つぎつぎと導入遺伝子の解析によって得られつつある．

（5）お わ り に

マウスで実現した発生工学の技術は，顕微鏡やマニピュレーターの進歩によって，マウスの胚を生きたまま眼前で操作し，操作した胚を個体にまで発生させることを可能にした．この技術は，すでに存在する突然変異マウスを用いての，正常細胞と突然変異との間の相互関係を知る方法として，核移植や，キメラマウスの作成につながった．

しかし，現代で最も重要なことは，遺伝子工学と総合された分野の展開であろう．偶然の幸運と，莫大な費用と労力に裏づけられた突然変異の分離と解析が，計画的に，合理的かつ省力化して実現できるようになったことである．この節では，この点を強調して述べたが，今後ますます発生工学技術は普及されるであろうし，大型動物で，ヒトの遺伝子産物を計画的に大量に集められるようになるものと思われる．また，人工胎盤や子宮が開発され，特定の組織や臓器が部分的に異種の生物のもので置き換えられるようになるものと期待される．この分野の展開は，遺伝子工学からのインパクトが一巡した後には，臨床医学からの要請によって，一層の発展を遂げるものと思われる．

文　献

1) 勝木元也編著：発生光学実験マニュアル──トランスジェニックマウスの作り方──，講談社サイエンティフィ

ック, 1987.
2) Hogan, B., Costantini, F. and Lacy, E.: Manipulation of the mouse embryo——A Laboratory manual——, Cold Spring Harbor Laboratory, New York, 1986.
3) 勝木元也:新しい実験医学——実験動物と医学研究——, シリーズ分子生物学の進歩, **14**, 93-112. 丸善, 東京, 1990.
4) Mansour, S. L., Thomas, K. R., Capecchi, M. R.: Disruption of the proto-oncogene *int-2* in mouse embryo-derived stem cells: A general strategy for targeting mutations to non-selectable genes. *Nature*, **336**: 348-352, 1988.
5) Zimmer, A. and Gruss, P.: Production of chimeric mice containing embryonic stem (ES) cells carrying a homeobox *Hox 1.1* allele mutated by homologous recombination. *Nature*, **338**: 150-153, 1989.
6) Joyner, A. L., Skarnes, W. C., Rossant, J.: Production of a mutation in mouse *En-2* gene by homologous recombination in embryonic stem cells. *Nature*, **338**: 153-156, 1989.
7) Schwartzberg, P. L., Goff, S. P. and Robertson, E. J.: Germ-line transmission of a and mutation produced by targeted gene disruption in ES cells. *Science*, **246**: 799-803, 1989.
8) Zijlstra M., Li, E., Sajjadi, F., Subramani, S., Jaenisch, R.: Germ-line transmission of a disrupted β_2-microglobulin gene produced by homologous recombination in embryonic stem cells. *Nature*, **342**: 435-438, 1989.
9) Koller, B. H., Hagemann, L. J., Doetschman, T., Hagaman, J. R., Huang, S., Williams, P. J., First, N. L., Maeda, N. and Smithies, O.: Germ-line transmission of a planned alteration made in a hypoxanthine phosphoribosyl transferase gene by homologous recombination in embryonic stem cell. *Proc. Natl. Acad. Sci. USA*, **86**: 8927-8931, 1989.
10) Thompson, S., Clarke, A. R., Pow, A. M., Hooper, M. L. and Melton, D. W.: Germ line transmission and expression of a corrected HPRT gene produced by gene targeting in embryonic stem cells. *Cell*, **56**: 313-321, 1989.
11) Bradley, A., Evans, M., Kaufman, M. H. and Robertson, E. J.: Formation of germ-line chimeras from embryo-derived teratocarcinoma cell lines. *Nature*, **309**: 255-256, 1984.
12) Thomas, K. R. and Folger, K. R. and Capecchi, M.: High frequency targeting of genes to specific sites in the mammalian genome. *Cell*, **44**: 419-428, 1986.
13) Katsuki, M., Sato, M., Kimura, M., Kobayashi, K., Yokoyama, M. and Nomura, T.: Conversion of normal behavior to shiverer by myelin basic protein antisense cDNA in transgenic mice. *Science*, **241**: 593-595, 1988.
14) Mizuno, M., Chou, M. and Inouye, M.: A unique mechanism regulating gene expression: Translational inhibition by a complementary RNA transcript (micRNA). *Proc. Natl. Acad. Sci. USA*, **81**: 1966-1970, 1984.
15) Izant, J. G. and Weintraub, H.: Inhibition of thymidine kinase gene expression by anti-sense RNA: A molecular approach to genetic analysis. *Cell*, **36**: 1007-1015, 1984.
16) Rosenberg, U. B., Preiss, A., Seifert, E., Jáckle, D. and Knipple, C.: Production of phenocopies by *Krüppel* antisense RNA injection into *Drosophida* embryos. *Nature*, **313**: 703-706, 1985.
17) Hatano, M., Aizawa, S., Soejima, T., Shigemoto, K., Taniguchi, M. and Tokuhisa, T.: Specific inhibition of class II MHC gene expression by anti-sence RNA. *Internat. Immunol.*, **1**: 260-266, 1989.
18) Ohkubo, H., Kawakami, H., Kakehi, Y., Takumi, T., Arai, H., Yokota, Y., Iwai, M., Tanabe, Y., Masu, M., Hata, J., Iwao, H., Okamoto, H., Yokoyama, M., Nomura, T., Katsuki, M. and Nakanishi, S.; Generation of transgenic mice with elevated blood pressure by introduction of the rat renin and angiotensinogen genes. *Proc. Natl. Acad. Sci.*, **87**, 5153-5157 (1990).

2.5 凍結保存技術の応用

哺乳動物の配偶子(精子と未受精卵)および初期胚を,超低温下の液体窒素(−196°C)中に凍結することによって,代謝や発生を完全に停止させた状態で半永久的に保存しておくことが可能となった.これらは融解後に,再び発生を開始させ,仮親雌の生殖道内へ移植することにより,仔へと生育させることができる.

この凍結保存技術は,実験動物においてはこれまでに育成された数多くの近交系やリコンビナント系,ミュータント系などを安全に,かつ経済的に長期間保存することを可能にしただけでなく,近年,発生工学的手法によってつぎつぎと作成されるトランスジェニック動物の維持・保存のためにも不可欠の技術となっている.このように凍結胚のかたちで,実験動物の系統維持・保存を行い,必要に応じて凍結胚をもどして動物を供給する一連のシステムは,エンブリオ・バンク(embryo bank)と呼ばれる.

このエンブリオ・バンクの構想は,マウス初期胚の凍結保存技術の開発者の一人である Whittingham[1]によって,1974年に提唱された.その後,ICLAS (International Council for Laboratory Animal Science) 等が中心になって,数回にわたる国際ワークショップが開催され,エンブリオ・バンクの実現と運用にあたっての話し合いがもたれた[2,3].すでに,マウスについては,イギリスの MRC (Medical Research Council) 実験動物センター,アメリカのジャクソン研究所や NIH (National Institute of Health) 実験動物センターをはじめ,フランス,ドイツ,デンマーク,オーストラリア,日本など,20カ所を越える研究所や大学等にエンブ

図 2.32 初期胚保存用の液体窒素タンク（横山原図）
(財)実験動物中央研究所に設置されているエンブリオ・バンク

リオ・バンクが設立されて，運用されている．筆者らの(財)実験動物中央研究所においても，エンブリオ・バンクが設置され(図2.32)，近交系やミュータント系，トランスジェニック系などのマウス初期胚が積極的に凍結保存されている．1991年4月現在では，トランスジェニック系を含めると約720系統120000個の胚が保存されており，最も保存期間の長いものは10年を経過している．

ここでは，実験動物の遺伝的コントロールにおける胚の凍結保存技術およびエンブリオ・バンクの有用性について，マウスを中心にして述べる．

（1） マウス初期胚および精子の凍結保存技術の開発と進歩

哺乳動物初期胚の凍結保存の確実な成功例は，1972年にWittinghamら[4]および，Wilmut[5]によって，マウス胚を用いて，それぞれ独自に報告された．彼らは，DMSO（ジメルスルホオキシド）を含む保存液下で初期胚を，$-80℃$まで$-0.3〜-1℃$という緩慢な速度で冷却し，液体窒素（$-196℃$）または液体ヘリウム（$-269℃$）に凍結保存し，融解に際しては$-80℃$以上を$4〜25℃$の緩慢な速度で温度を上昇させて融解した後，仮親雌に移植することによって産仔を得ることに成功した．成功の要点は，凍害保護剤としてDMSOを使用したこと，冷却過程で胚を浮遊した保存液を強制的に結晶化させる植氷（seeding）処理を行って過冷却による温度変化の影響を少なくしたこと，緩慢な速度での冷却により胚細胞内の自由水を十分に脱水して細胞内氷結を防いだこと，融解も緩慢な速度で行い細胞内に復水させ

る方法を採用したこと，などが考えられている．この凍結法は，緩慢凍結・緩慢融解法（図2.29）と呼ばれ，再現性のある高い生存性が得られることから，現在でも広く利用されている．

しかし，この緩慢凍結・緩慢融解法は凍結操作に長時間を要することから，より操作が簡便で短時間で終了する方法の検討がなされた．その一つがWhittinghamら[6]によって報告された修正緩慢法（図2.33）である．この方法は，植氷した後$-35〜-40℃$まで緩慢な速度で冷却し，液体窒素中に直接投入する．液体窒素に投入する時点でも，胚細胞内の自由水の脱水は完全ではないために細胞内に氷晶は生じるが，その結晶は小さく物理的に細胞を破壊するほどのものではないと推察されている．融解は，細胞内に残存する自由水の再結晶化を防ぐために急速法をとる必要がある．

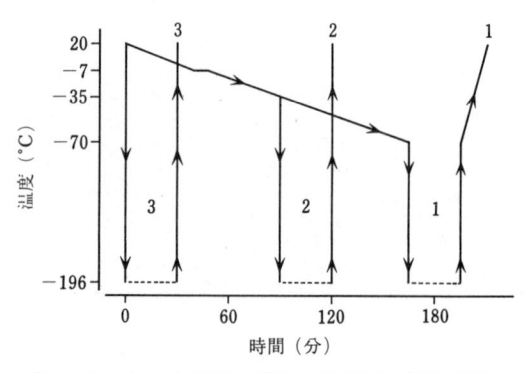

図 2.33 マウス初期胚の凍結および融解法（横山原図）
1：緩慢凍結・緩慢融解法
2：修正緩慢凍結法
3：超急速ガラス化凍結法

この修正緩慢法をさらに簡略化したものが，2段階凍結法[7]である．$-9℃$で植氷した後，サンプル容器を$-20〜-25℃$のアルコールバスに直接移し，この温度に15〜30分間保持して細胞内自由水を脱水する．これを液体窒素中に投入することによって急速凍結を行う．この場合も，融解は急速法によって行い，残存自由水の再結晶化を回避する．

その後，RallとFahy[8]によって，胚を浮遊させた保存液を非結晶の状態で液体窒素中に保存するvitrification（ガラス化）法が報告された．方法としては，高濃度に数種類の凍害保護剤を含むガラス化保存液に胚を浮遊させて細胞内自由水を脱水し，直接液体窒素中に投入する．RallとFahyの方法は，凍害保護剤の毒性を少なく押えるために，胚を保護

剤の低濃度の保存液から高濃度のものへ段階的に移し換えたり，低温（4°C）で操作するなど煩雑であった．その後，保護剤の毒性を弱めたガラス化保存液の開発[9,10]や極めて短時間（10秒以内）で凍結操作を行う超急速ガラス化保存法[11]（図2.29）により，室温から直接液体窒素中に投入して保存することもできるようになった．これらの凍結法による胚の生存性は非常に高いものであり，緩慢凍結・緩慢融解法による成績と比較しても遜色は見られない．また，未受精卵の生存性も高く，凍結・融解後に体外受精し，仮親雌に移植することによって高率の産仔まで生育することも示されている[12]．このガラス化保存法は，実用化にあたっての細かな検討が必要ではあるが，今後，広く普及することが考えられる．

精子の凍結保存においては，家畜精子では長い歴史があり，ウシ，ヤギ，ヒツジ等では実用技術として，遺伝的に優秀な形質をもつ雄畜の有効利用がなされ，産業的にも大きな貢献を果たしてきた．しかし，マウスやラット等の実験動物では困難を極めた．マウス精子の凍結保存の最初の成功例は，1978年のGrahamら[13]の総説の中に記載されている．RapatzとZimmermanの成績と考えられている．その後の報告は全くなされなかったが，ごく近年，国内でマウス精子の凍結保存に関する成果が相ついで報告された[14,15,16]．それによれば，体外受精や人工授精によって産仔を得ることには成功しているものの，実用化までにはさらに検討が必要と考えられる．初期胚の凍結はすでに定まった遺伝子組成を有している胚を保存するのに対して，精子の凍結保存は，融解後にさまざまな遺伝的組み合わせの個体を作出できることから有用と考えられる．

（2） マウス初期胚の凍結保存技術

マウスの系統保存への応用を目的とした初期胚の凍結保存に関する実験操作は，図2.34に示されるようにいくつかの過程から成り立っている[17]．すなわち，①凍結保存に供する胚の採取，②胚の凍結，保存および融解，③仮親雌への胚移植，④得られた仔の育成である．

a．凍結保存に供する胚の採取

マウスでは，生存性に差は見られるが，未受精卵から着床間近の胚盤胞期胚まで，どの発生段階のものでも凍結保存することができる．初期の実験では，凍

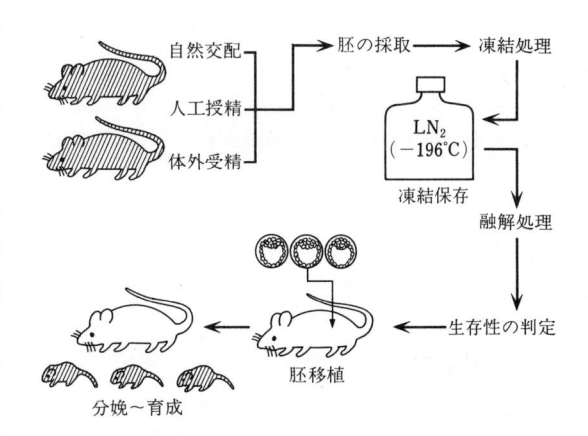

図2.34 胚の凍結保存に関する実験操作（横山，1987[17]）

結・融解処理の影響に強く，かつ，融解後の培養によってその発生能を確認した後に子宮角内に移植できることから，8細胞期から桑実期の胚が主に用いられてきた．しかし，凍結・融解法や胚の卵管内移植法の改良等に伴って，2細胞期胚の凍結保存も普及してきた．胚の採取は，つぎのような方法がとられる．

i）**自然交配法** 自然排卵あるいは性腺刺激ホルモン処理によって誘起排卵した雌を，雄と交配させて得られる胚を凍結保存に供する．マウスは成熟個体でも性周期にかかわりなく，ホルモン処理によって自然排卵の2～4倍数の排卵を誘起することができる．したがって，希望する実験日に目的とする発生段階の胚を，計画的に採取することも可能である．この方法は，近交系をはじめとする一般的な系統に広く用いられている．

ii）**体外受精法** ホルモン処理によって排卵誘起させた未受精卵と，精子を取り出し，体外の人為的な条件下で受精させて胚を得る．マウスの体外受精は，すでに安定した技術として確立されており[18,19]，効率よく2細胞期胚を作成することができる．この方法は，自然交配が不能なミュータント系などから受精卵や胚を得る手法として利用価値も高い．また，体外受精に使用する精子数は，ごく少量ですむので，貴重な雄精子の有効利用ができる．したがって，複数の雌にホルモン処理して多数の未受精卵を準備することにより，1回の実験操作で2000個以上の受精卵や2細胞期胚を得ることも可能である[20]．

iii）**人工授精法** 雄から採取した精子（精液）を，排卵誘起した雌に人工授精して胚を得るもので[21]，

前述の体外受精と同様，自然交配が不能なミュータント系等に応用できる．しかし，マウスでは射出精液の採取が難しいことや，1匹あたりの雌に授精する精子数も雄1匹分以上を必要とすることから効率は良くはない．

b．凍結および融解

マウス胚の凍結および融解法は，前述のように種々の方法があり，使用される装置や器材等も一様ではない．

i）凍結保存液 胚を浮遊させて凍結する保存液は，主に修正 Dulbecco's リン酸緩衝液（PB 1）[1]に，凍害保護剤を添加したものが使用される．凍害保護剤としては，DMSO が最も広く用いられているが，グリセリンやエチレングリコール，プロピレングリコール等も保護効果のあることが認められている．また，ガラス化凍結法では，DMSO，アセトアミド，プロピレングリコール，エチレングリコール，等数種類のものを従来の凍結法よりも高濃度に加えて使用されている[8,9,10,11]．

ii）胚保存容器 胚を収容して凍結する保存容器としては，ガラス製の小試験管やアンプル，ポリプロピレン製のチューブ，家畜精液凍結用プラスチックストローなどが使用されている．

iii）凍結および融解 胚は図2.29に示す通り，種々の方法で冷却・凍結され，液体窒素中（−196°C）に保存する．−35〜−70°C まで冷却するには，ドライアイス・アルコール法，液体窒素・アルコール法あるいはプログラムフリーザー等による方法がとられている．

融解の方法は，どのような条件で凍結されたかによっても異なる．緩慢凍結法の場合は，胚保存容器を室温下に放置する緩慢法で融解し，修正緩慢凍結法およびガラス化凍結法の場合は，37°C 温水中で急速法により行う必要がある．融解後は，凍害保護剤をすみやかに除去する．

iv）胚の生存性の判定と移植 回収された凍結・融解胚は，倒立顕微鏡下で形態的な観察を行って生存性を判定する（図2.31・A）．透明帯や細胞に傷害のないものは，その後の正常な発生が期待できる．正常と判定した胚は，移植あるいは一定時間の培養を行って発生能を確かめたうえ（図2.31・B, C）で仮親雌に移植する．胚移植のための仮親雌は，精管結紮雄との不妊交配によって得る．2細胞期胚は偽妊娠1日目（腟栓確認日を第1日とする）の仮親雌の卵管内へ，8細胞期以降に発生の進んだ胚は偽妊娠3日目の子宮内へいずれも常法[22,23]により移植する．

v）得られた仔の育成と検定：移植胚が着床し，順調に発生が進めば，仮親雌は妊娠20日目に分娩する．しかし，仔の数が少ない場合には，分娩遅延が起こり，死産や喰殺されることが多い．したがって予定日に分娩しない個体は，帝王切開で仔を摘出し，別に準備しておいた里親マウスに哺育させて育成する必要がある[23]．得られた仔は，発育を観察

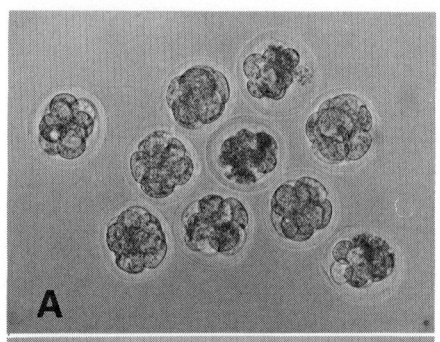

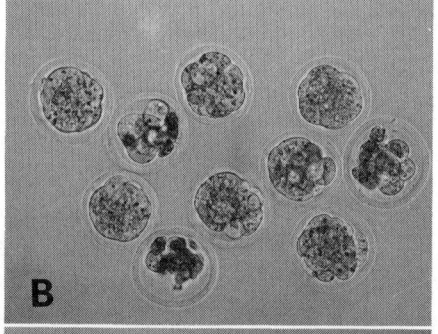

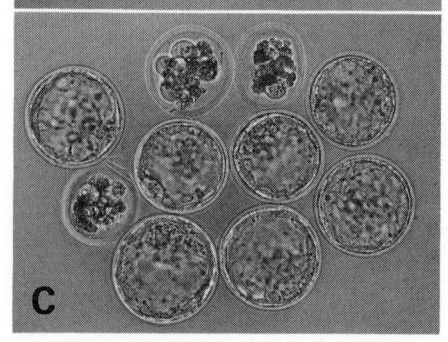

図 2.35 5.5年間凍結保存されたマウス8細胞期胚の発生（——倍）——→写真原図では200倍
A：融解直後，7個は形態的に正常な8細胞期胚であるが，中央上部2個と右側下1個は割球に傷害を認める．
B：培養20時間後，A に示した7個の正常胚はコンパクションを起こし，桑実胚期へと発生している．
C：培養40時間後，A, B に示した7個の正常胚は拡張した胚盤胞期へと発生し，透明帯が薄くなっている．

図 2.36 凍結保存胚から得られたマウス（横山原図）液体窒素中に 5.5 年間凍結保存された胚を融解し，移植によって得られた仔マウス

し，さらに，それぞれの動物がもつ形質や特性の変化の有無を調べる（図 2.32）．

（3） 初期胚の凍結保存の利用効果

実験動物における初期胚の凍結保存技術は，種や系統の保存あるいは遺伝的なコントロールとしてのみならず，実験材料としての受精卵や胚を，計画的に安定したかたちで供給する手法として，近年さらに重要性を増してきた．ここでは，凍結保存技術の利用効果について，その成果の認められているマウスを中心に述べる．

a. 遺伝的形質や特性変化の防止

世代を経て長期間にわたって系統の維持を行う際には，系統本来の遺伝的形質や特性を変化させずに保持し続けることは困難であると考えられる．すなわち，10^{-5}〜10^{-7} の頻度で起こる突然変異や，交配によって継代しているうちに遺伝形質に偏りを生ずる，遺伝的浮動（genetic drift）等を完全に回避することができないからである．しかし，胚の凍結保存は半永久的に可能であるので，継代に伴う変化を防ぐことができる．また，継代維持している系統に変化が起こった場合には，凍結保存胚から再び本来の遺伝形質や特性をもつものをもどして，生産コロニーを立て直すことも可能である．

b. 飼育管理上の事故の防止

継代の途中で誤って他系統と交雑してしまうことによる遺伝的コンタミネーションや，飼育途中での動物の死亡事故等から動物を守ることができる．また，凍結保存胚の保管場所を複数にしておくことにより，火事や地震等による災害を回避することも可能であろう．

c. 感染症による系統絶滅の防止

複数の実験者が出入りしたり，種々の処置を施すために動物を出し入れするような動物室では，感染事故を完全に防ぐことは困難なことである．感染事故の発生により，貴重な動物が死亡したり，他の動物への伝播を防止するために，感染個体を殺処分しなければならないこともある．このような場合にも，胚の凍結保存の応用により，系統の絶滅を防ぐことができる．

d. 飼育管理の省力化

マウスでは，これまでに多数の近交系やコンジェニック系，ミュータント系などが育成されてきた．また，近年は外来遺伝子を導入したトランスジェニック系統もつぎつぎと作成されている．これらの系統を個体のかたちで継代維持するには，場所や労力，経費の点からおのずと限度がある．また，研究が終了して，当面使用しなくなった系統は，貴重なものでも維持・保存しておくことが困難であることが多い．しかし，胚を凍結保存することにより，大幅な経費の節減と省力化が可能となる．同等の経費で，数十〜数百倍の系統を維持・保存できると考えられる．

e. 輸送の簡易化

近年は研究の多様化により，その材料としての実験動物を研究者間で交換して使用するような機会も増えてきた．この場合，微生物的にグレードの低い施設から高い施設へ動物を移動する場合は，病原菌のもち込みによる感染事故には細心の注意を払う必要がある．一方，センダイウイルス（HVJ）やマウス肝炎ウイルス（MHV）を感染させた個体，あるいはこれらのウイルスで汚染された施設の個体から得られた胚を，清浄レシピエントメスに移植することにより，清浄化できることも報告されている[24]．したがって，汚染施設の個体からも凍結する胚の採取や凍結操作を清浄環境下で行うことにより，感染事故等に気を使うことなしに，自由に凍結胚の輸送や交換もできるようになり，凍結保存胚の有効的な活用もなされると考えられる．

f. 計画的な動物生産への応用

マウスでは，体外受精によって，1 回の実験操作で遺伝的に同一の受精卵（胚）を 2000 個以上作成することが可能なことから[20]，得られた胚を凍結保存しておき，必要に応じて融解し，必要とする数の個体

を計画的に得ることができる．すでに，トランスジェニックマウスを作成し，ヒト疾患モデル動物を開発する研究にも応用され，成果をあげている[20]．

g. 実験材料としての受精卵および胚の供給

近年の発生工学手法を用いた研究の急速な進歩に伴い，その材料となる受精卵や初期胚を効率よく採取して利用することも大きな課題の一つとなっている．すでに，体外受精等によって得られた受精卵や各発生段階の初期胚を大量に凍結保存しておき，必要に応じて供給して実験に使用することもできるようになっている[25]．

（4）おわりに

以上，マウス初期胚の凍結保存技術について述べてきた．前述のごとく，マウスについては国内，国外のいくつかの研究機関においてエンブリオ・バンクが施置され，具体的な成果を挙げている．また，ラットについても，筆者らのところを含めた数カ所の研究機関にエンブリオ・バンクが設けられ，運用され始めている．

しかし，その他の小型実験動物（ハムスター類，モルモット，スナネズミ，ハタネズミ，マストミス，コットンラット，スンクスなど）については，ホルモン処理による過排卵誘起，胚の採取，培養および移植等の，胚の凍結保存を実施するうえで必須の基盤技術も，現在はまだ研究段階にあり，今後の進歩が期待される．

文献

1) Whittingham, D. G.: Embryo banks in the future of developmental genetics. *Genetics, Suppl.* **78**: 395-402 (1974).
2) Mühlbock, O. (ed.): Proceedings of the Workshop on Basic Aspects of Freeze Preservation of Mouse Strains. Gustav Fischer Verlag, Stuttgart (1976).
3) Zeilmaker, G. H. (ed.): Proceedings of the Workshop on Frozen Storage of Laboratory Animals. Gustav Fischer Verlag, Stuttgart. (1981).
4) Whittingham, D. G., Leibo, S. P. and Mazur, P.: Survival of mouse embryos frozen to $-196°C$ and $-269°C$. *Science*, **178**: 411-414 (1972).
5) Wilmut, I.: The effect of Cooling rate, warming rate, cryoprotective agent and stage of development on the survival of mouse embryos during freezing and thawing. *Life Sciences*, **11**: 1071-1079 (1972).
6) Whittingham, D. G., Wood, M. J., Farrant, J., Lee, H. and Halsey, J. A.: Survival of frozen mouse embryos after rapid thawing from $-196°C$. *J Reprod. Fert.*, **56**: 11-21 (1979).
7) Wood, M. J. and Farrant, J.: Preservation of mouse embryos by two-step freezing. *Cryobiology*, **17**: 178-180 (1980).
8) Rall, W. F. and Fahy, G. M.: Ice-fre cryopreservation of mouse embryos at $-196°C$ by vitrification. *Nature*, **313**: 573-574 (1985).
9) Scheffen, B., Van Der Zwalmen, P. and Massip, A.: A simple and efficient procedure for preservation of mouse embryos by vitrification. *Cryo-Letter* **7**: 260-269 (1986).
10) Kasai, M., Komi, J. H., Takakamo, A., Tsudera, H., Sakurai, T. and Machida, T.: A simple method for mouse embryo cryopreservation in a low toxicity vitrification solution, without appreciable loss of viability. *J. Reprod. Fert.*, **89**: 91-97 (1990)
11) 中潟直己：超急速凍結法を用いた体外受精由来マウス2細胞期胚の凍結保存について．日不妊誌，**34**: 470-473 (1989)．
12) Nakagata, N.: High survival rate of unfertilized mouse oocytes after vitrification. *J. Reprod. Fert.*, **87**: 479-483 (1989).
13) Graham, E. F., Schmehl, M. K. L., Evensen, B. K. and Nelson, D. S.: Semen preservation in non-domestic mammals. *In* Aritificial Breeding of Non-Domestic Animals, pp. 153-173. Symposia of the Zoological Society of London (Watoson, P. F. (ed.)), No. 43, Academic Press N. Y.
14) 横山峯介，秋葉久弥，勝木元也，野村達次：凍結保存マウス精子の体外受精による正常産仔の作成．実験動物，**39**: 125-128 (1990)．
15) 奥山　学，磯貝滋樹，佐賀正彦，浜田　宏，尾川昭三：マウス凍結精子の体外受精及び人工授精．日本受精着床学会誌，**7**: 116-119 (1990)
16) Tada, N., Sato, N., Yamanoi, Y., Mizorogi, T., Kasai, K. and Ogawa, S.: Cryopreservation of mouse spermatozoa in the presence of raffinose and glycerol. *J. Reprod. Fert.*, **89**: 511-516 (1990).
17) 横山峯介：実験小動物の卵子・胚の凍結保存による系統保存(胚バンク)，pp. 97-102，凍結保存-動物・植物・微生物-（酒井　昭編），朝倉書店，東京 (1987)．
18) 豊田　裕，横山峯介，星　冬四郎：マウスの体外受精に関する研究Ⅰ．精巣上体精子による受精成績．家畜繁殖誌，**16**: 147-151, (1972)．
19) 豊田　裕，横山峯介，星　冬四郎：マウスの体外受精に関する研究．Ⅱ．精子侵入時期に及ぼす精子体外培養の効果．家畜繁殖誌，**16**: 152-157, (1972)．
20) 横山峯介，長谷川孝徳，野村達次：トランスジェニックマウスの実験システム．細胞工学，**8**: 338-343, (1989)．
21) 竹島　勉，豊田　裕：マウスの人工授精，とくに受胎率および産仔数に及ぼす注入精子数の影響について．実験動物，**26**: 317-322, (1977)．
22) 勝木元也，横山峯介：哺乳類（マウス）胚を用いた発生学実験法．pp. 243-266，実験生物学講座11 発生生物学（金谷晴夫・山上健次郎編），丸善，東京, (1985)．
23) 勝木元也編：発生工学実験マニュアル――トランスジェニックマウスの作り方――，講談社サイエンティフィック，東京，(1987)．
24) 岡本正則，松下　悟，松本恒弥：胚移植法を用いたセンダイウイルス感染マウスの清浄化，実験動物，**39**: 601-603, (1990)．
25) Ishino, F., Kaneko-Ishino, T., Ito, M., Matsuhashi, M., Yokoyama, M. and Katsuki, M.: Developmental potentia of haploid-derived parthenogenetic cells in mouse chimeric embryos. *Develop. Growth & Differ.*, **32**: 139-144, (1990)．

3. 実験動物の環境コントロール

3.1 環境が生体におよぼす影響

(1) 実験動物をとりまく環境要因

　生体をとりまくすべての事象は「環境」と定義できるが，その構成要因は極めて多岐にわたっており，一般的な概念とされる気象，空気組成，水および土壌といったような分類ではすべてを表現することができない．これらはもっぱら，皮膚，被毛を境として動物体の外側にあり外部環境要因を構成している．これに対して，動物が生命活動を続けるかぎり，その体内においても多くの事象が認められ，たとえば，体内に常在する各種の微生物叢や，体内に侵入した病原微生物などは内部環境要因の一つとして位置づけられる．

　このように，生体をとりまく外部環境と内部環境は互いに独立して存在するものではない．生体は環境にとりかこまれながら，その内部にも環境を有し，それらの要因は互いに含み，含まれる関係（相互包含性）にあると考えなければならない．妊娠動物を例にとるならば，胎児にとって母体は外部環境要因として位置づけられ，母体にとっては胎児は内部環境要因の一つとしてとらえられる．そして，妊娠経過に伴って両者に現れてくる機能および形態上の変化は相互に密接な関係をもっており，それぞれの環境変化に対する適応現象が表現されたものと考えることができる[1]．

　さまざまに変化する環境の中にありながら，生体はその重要な機能をおおむね一定のレベルに維持する能力（生物学的恒常性 homeostasis）を備えており，環境の変化に弾力的に対処して生命を維持している．環境への適応とは，環境の変化や新たに設定された環境条件に対して，生体が，それによる影響をより少なくし，かつ，それに耐えていくことのできる状態になることをいう．したがって，環境に適応できない個体または個体群は機能障害を起こして病態となり，最終的には死滅することとなる[2]．

　生体をとりまく種々の環境要因をとりあげて分類してみると，たとえば家畜では，表3.1に示すように大きく6種類に区分される[1]．自然環境下で放牧飼養形態がとられることのある家畜の場合はとくに，気候的要因や地勢的要因が重要な意味をもってくる．これに対して，動物実験に使用することを目的として生産され，飼育管理が行われている実験動物の場合は実験に適した良質の個体を入手し，動物実験の精度をあげるための配慮がなされているから，もっぱら，人為的な閉鎖環境下におかれている．したがって，実験動物をとりまく環境要因は家畜とは異なり，以下のように分類される[3,4]．

1) 気候的要因―温度，湿度，気流，風速など
2) 物理・化学的要因―換気，粉塵，臭気，騒音，

表 3.1　家畜をとりまく環境要因の分類

区　分	構　成　要　因
1. 気候的要因	気温，気湿，気圧，気流（風），放射線（日射，放射熱），雨，雪，霜，季節変動など
2. 地勢的要因	地形，緯度，標高，方位，傾斜度，水利，排水，水質，土壌の性状，植生，樹林の状態など
3. 物理的要因	温度，湿度，風（風速，風量），光（波長，照度，明暗のリズム），音（強さ，高さ，音色），圧力，重力，慣性，色彩，畜舎の構造など
4. 化学的要因	空気組成（酸素，二酸化炭素），飲水，飼料，飼料添加物，糞尿，有害ガス（アンモニア他），有害化学物質（水銀，カドミウム，PCB他），塵埃，肥料，農薬など
5. 生物的要因	野生の動・植物，有害動・植物，内・外寄生虫，原虫，病原微生物，土壌微生物など
6. 社会的要因	同種間，異種間，個体間，個体群間，親子間，雌雄間の関係，管理者（人）との関わりなど

照明など
3) 住居的要因—建物，ケージ，床敷，給餌器，給水器など
4) 栄養的要因—飼料，水
5) 生物的要因—同種動物に関するもの：社会的順位，なわばり，闘争，収容密度など
異種動物に関するもの：微生物，寄生虫，ヒトを含む他種動物など

これらの要因はいずれも単独で実験動物に影響を及ぼすことは少なく，複数の要因が複合して総合的に影響を及ぼす，いわゆる環境複合 environmental complex のかたちをとるのが通常である．たとえば，熱環境要因として温度は重要な役割を果たすが，動物の体温調節にあたっては湿度や気流の複合作用も無視できない．また，動物室の臭気は温度，湿度のほか，換気や収容密度などと密接に関連をもち，床敷の有無やケージの構造，材質は動物の体温調節に微妙な影響を与えている．

本節では，上記の環境要因のうち主なものをとりあげ，それらが実験動物そのもの，あるいは動物実験成績に及ぼす影響について述べる．

（2）気候的要因

a. 温　度

i) 環境温度と恒温動物の体温　われわれが動物実験に使用する実験動物の大半は哺乳類または鳥類であって，これらは恒温動物として，極端な高温または低温を除けば，環境温度が変化しても常に一定の体温を維持できる生理的機能を備えている．恒温動物の体温と環境温度との関係は図3.1のように示される．

すなわち，熱産生が基礎代謝のみに依存して体温が維持されている環境温度の範囲を熱的中性圏または温度中性域 thermoneutral zone とよび，その温域には動物が最も快適に過せる快適温域が含まれている．熱的中性圏は動物種により異なり，イヌ：18〜25℃，ネコ：24〜28℃に対して，ラット：28〜30℃，マウス：30〜33℃と，一般に単位体重当たりの体表面積が大きくなる小型の動物ほど高い温度を示すようになる[4]．

環境温度が熱的中性圏を上下にはずれても，産熱

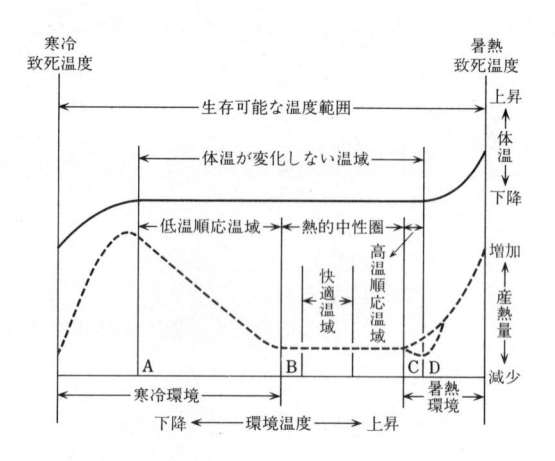

図3.1　環境温度と恒温動物の体温の変化
A：下適応限界温度　C：上臨界温度
B：下臨界温度　　　D：上適応限界温度

量を変化させることによって，上，下の適応限界温度の範囲内では体温を一定に維持することができる．一般に，どの動物でも高温順応域にくらべて低温順応域の幅の方が広い．暑熱環境下では熱産生を抑えて，積極的に熱放散をはかり高温に適応しようとするが，環境温度の変化が急激な場合には熱負荷の方が上まわり，見かけ上産熱量が増加するかたちとなる[1]．

要するに，上下の適応限界温度にはさまれる温域では熱産生と熱放散のバランスがうまく保たれているのであって，一般に恒温動物においては下記に示す体熱平衡式が成り立っている[5]．

$$M = E \pm R \pm C_1 \pm C_2 \pm S \pm W$$

M：産熱量—体内のエネルギー代謝による熱産生
E：蒸発量—水分蒸発時の潜熱喪失
R：放射量—電磁波による熱の移動
C_1：対流量—分子の流れに伴う熱の移動
C_2：伝導量—直接的な物理的接触による熱の移動
S：蓄熱量—体内の熱保有量の変化，熱平衡が維持されている時は0となる
W：仕事に伴う熱の移動

この式の右辺の項目のうち，E は常に熱放散に寄与するが，R, C_1 および C_2 は，熱放散だけでなく，条件によっては熱を獲得することにもなるので，±の符号がついている．

体熱放散経路のうち，放射，対流および伝導は感放熱とよばれ，環境温度が低い時は皮膚を介してさかんに行われるが，高温環境下では皮膚および呼吸

器からの蒸発が熱放散に重要な役割を果たすようになる．蒸発は体表面や呼吸器粘膜から絶えず水分が蒸発する不感蒸散と，発汗や浅速呼吸（熱性多呼吸，パンティング）のような感蒸散に大別される．

一方，体内における熱産生は骨格筋の不髄意的収縮によるふるえ産熱と，ふるえによらない非ふるえ産熱に大別することができる．前者は寒冷環境下で顕著となり，熱産生量は通常の2～5倍に増加するといわれる．後者は常に作動している産熱機構で外気温の変化に影響されるが，安静時には肝臓でもっとも活発に行われているものである．また，動物が餌を食べたあとにみられる熱発生量増加のことを特異動的作用または熱量増加（heat increment）とよび，タンパク質代謝時にもっとも顕著といわれる．反芻動物で飼料摂取後にあらわれる第一胃内発酵熱も体温に影響を及ぼす重要な要因である[6]．

以上述べたような熱産生および熱放散の機構は，体表面や体内の臓器，さらに中枢神経系にも存在する温度受容器からの刺激が視床下部の体温調節中枢に伝えられ，神経性あるいは体液性に巧みな制御を受けており，その概要は図3.2に示すごとくである[6]．体温調節の主役は視床下部前部に位置する放熱中枢であって，視床下部後部に存在し，常時興奮している熱産生・保持中枢を末梢ないし中枢からの情報にしたがって抑制的に制御しているものと考えられている．

この図には示していないが，体温調節機構を考えるとき，褐色脂肪*や対向流熱交換機構**の存在，寒冷または暑熱時に特徴的に観察される行動的あるいは形態的適応反応などについても忘れてはならない．

ii) **環境温度と生体反応**　環境温度の変化がストレスとして生体に加えられた場合，まず，神経系を介する急性的な反応が起こり，引き続いてホルモンによる体液性の調節反応が亜急性または慢性的に起こる．そして，最終的には各種器官の形態的，器質的変化をもたらすことになる．以下に，実験動物でみられた実例を示す．

図3.3は，25℃の環境下で飼育している成熟マウスを15℃の寒冷環境または35℃の暑熱環境に移し，そのとき見られる心拍数と呼吸数の経時的変化を調べたものである．常温から低温に暴露されることによって，熱産生の増大を示唆する心肺機能の亢進が，高温暴露後は逆に熱産生の抑制を意味する心肺機能減退が自律神経性調節の結果として速やかに現れていることがわかる[7]．

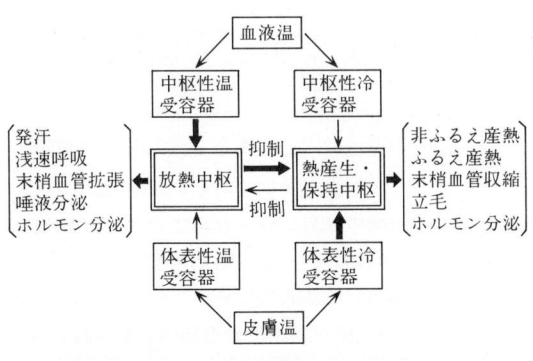

図3.2　体温調節中枢と温度受容器および適応反応の関係（津田）

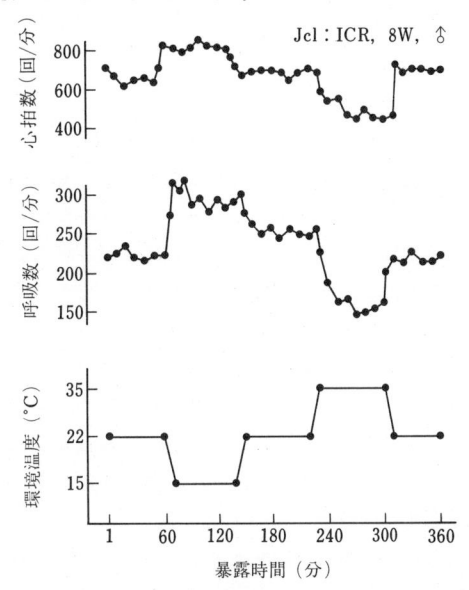

図3.3　環境温度の変化に伴うマウスの心拍数と呼吸数の変化

図3.4は12～15カ月齢の雄ビーグルを23℃環境から14～34℃の環境下に移して2時間にわたり呼吸数の経時変化を観察した成績である．28℃以上の

---

*　げっ歯類，霊長類を含むある種の哺乳動物の初生子に存在する効率のよい熱産生組織．冬眠動物の左右肩甲骨間に腺のような形で存在するので冬眠腺ともよばれる．
**体中心部からの暖かい動脈血と末梢からの冷たい静脈血とが，方向を逆にし，相接して流れることにより熱が交換されるしくみ．寒冷時には肢端から体熱がうばわれないように，また，暑熱時には容易に熱が放散されるように働く．

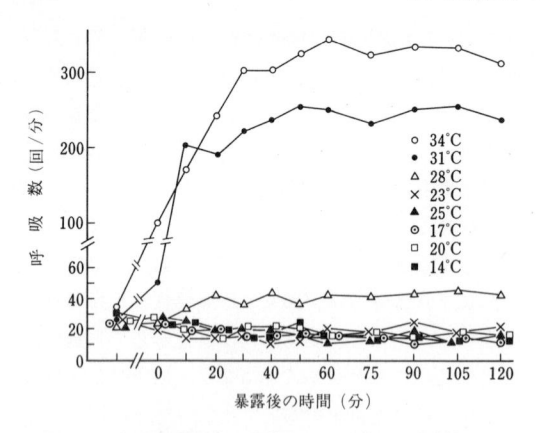

図 3.4 各種環境温度に暴露後のビーグルの呼吸数の経時的変化(藤田ら)

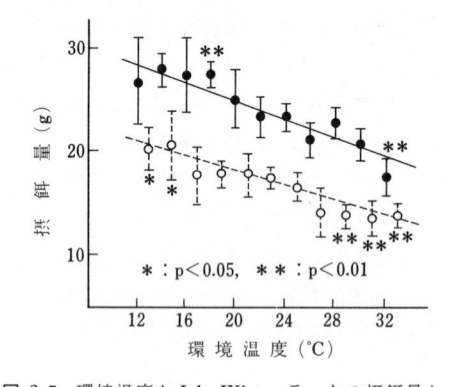

図 3.5 環境温度と Jcl: Wistar ラットの摂餌量との関係(山内ら)
($M \pm SD$, 10週齢, ●: ♂, ○: ♀, ＊印は 20, 22, 24 または 26°C のいずれかの温度との間に有意差のあることを示す)

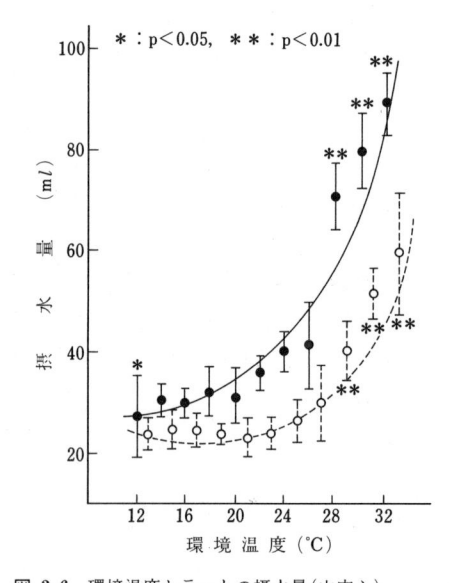

図 3.6 環境温度とラットの摂水量(山内ら)
(Wistar, 10週齢, ●: ♂, ○: ♀, 範囲は $M \pm SD$)

温度環境から呼吸数増加が認められ，20°Cにおける呼吸数とくらべると 28°C で約 2 倍，31°C で約 12 倍，34°C では約 16 倍と著しい呼吸促迫を示している[8]。これは，エクリン汗腺が発達していないイヌでは熱放散の手段として，もっぱら浅速呼吸による呼吸気道からの感蒸散に頼っていることを物語っている。

イヌと同様に，汗腺の発達が悪いマウス，ラットなどのげっ歯類では高温環境におかれると，流涎が起こり，これを顔面や体表に塗りつけて蒸発による放熱（唾液塗布現象）をはかることがよく知られている。また，高温環境下にあるハムスターが大の字になって寝るのは，少しでも自らの体表面積を拡大することによって，放射による熱放散をはかろうとしているのである。

ところで，図 3.4 に示した実験成績において，14°C 環境におかれたビーグルは身体をまるめ，ふるえを生じたことが報告されているが，これは体表面積の縮小による熱放散の減少とふるえ産熱による熱産生量の増加を意味している。

図 3.5 は各種環境温度下におけるラットの摂餌量を示している。ラットの摂餌量は低温で多く，高温では少なくなっており，環境温度と摂餌量の間には有意な負の相関が認められる。このことは低温では熱産生量を増加させ，高温ではそれを減少させる方向にあることを示している[9]。

図 3.6 は図 3.5 と同じ実験系において，環境温度と摂水量の関係をまとめたものであるが，28°C 以上の高温環境下では摂水量が著しく増加し，放熱のために蒸発した水分を補う反応が起こっていることがわかる[9]。

このような環境温度と摂餌量，摂水量との関係はマウスについても調べられており，摂餌量についてはラットと同様の成績が得られているが，マウスの摂水量は低温下においても摂餌量の増加に伴って増加するのが特徴的である[10]。また，有毛の ICR マウスでは 28°C 以上になると摂水量増加が見られるが，被毛のないヌードマウスでは 30°C 環境でもまだ摂水量は増加しないといわれる[4]。

以上，例示したように，恒温動物である以上，実験動物においても体温の恒常性を維持するために，環境温度の変化に対応したさまざまな生理的あるいは行動的生体反応が現れるのは当然といえる。

iii) **環境温度と繁殖,育成成績** 至適な温度域を越えた低温または高温環境下では,マウスやラットの繁殖,育成成績に明らかな影響の見られることが知られている.すなわち,低温環境下では雌マウスの腟開口や性周期発現の遅延が,高温環境下でも性周期発現の遅延,産子数の減少,死産率の上昇,泌乳量の減少および離乳率の低下などが報告されている[11,12].一方,雄マウスにおいても,高温環境下では精巣や精巣上体の萎縮,精子形成能力の低下が認められる[3,4].

表3.2は,Jcl:ICRマウスについて7週齢から12～32℃の各種温度環境下で飼育したのち,10週齢時から交配を始めて初産および2産目における出産率,平均産子数および離乳率を調べたものである[10].出産率は初産で各温度間に有意な差が認められなかったが,2産目になると30℃以上の環境では有意に低下した.平均産子数は初産,2産とも28℃以上で有意に減少し,離乳率は初産で32℃,2産では28℃以上で有意に低下し,とくに高温環境下における悪影響が明らかであった.また,出生した乳子の体重は1週齢以降になると,初産,2産とも28℃以上の環境では有意に少なく,3週齢では初産の12℃環境下でも有意な減少が認められた.

このように,とくに高温環境下では雌親の繁殖効率のみならず,生まれた子の成長にも抑制的な影響が現れるのであり,このことは母親の摂餌量減少に伴う泌乳量の減少や育成期の子の摂餌量減少が関係していると考えられる[12].

山内ら[9]は,ラットでも同様の実験を試みているが,高温環境が繁殖,育成に及ぼす悪影響はマウスより著しいとしている.藤田ら[13,14]は32℃以上の高温環境では妊娠ラットが妊娠末期の18～22日目にしばしば死亡することに注目し,血圧を中心とした生理値を調べた結果,妊娠末期に高血圧を維持する個体が死亡すること,降圧剤投与により血圧を正常にもどせば無事出産することなどを明らかにした.すなわち,高温環境は妊娠母体に妊娠中毒症のような病態を誘起する可能性が示唆される知見といえる.

低温環境で繁殖,育成されたマウスの尾の長さが短いことは古くから知られており,図3.7に示す山内らの実験成績もそれを実証している[4].尾の長短は体表面積の拡大,縮小と密接に関連するから,低温環境下における熱放散の抑制,高温環境下におけ

表 3.2 各種環境温度におけるマウスの繁殖成績(山内ら)

産次	環境温度	出産率	平均産子数	離乳率
初産	12℃	10/10 (100%)	13.3±1.3	90/100 (90%)
	14	9/10 (90)	11.3±2.1	88/100 (88)
	16	10/10 (100)	12.1±1.5	98/100 (98)
	18	10/10 (100)	11.8±1.8	99/100 (99)
	20	9/10 (90)	11.3±1.4	80/ 90 (89)
	22	9/10 (90)	12.7±1.9	89/100 (89)
	24	10/10 (100)	12.4±2.7	95/100 (95)
	26	9/10 (90)	12.6±1.7	90/ 90 (100)
	28	10/10 (100)	10.3±2.4*	89/100 (89)
	30	10/10 (100)	9.8±2.2**	80/ 86 (93)
	32	9/10 (90)	8.5±1.4**	25/ 68 (37)**
2産	12℃	10/10 (100)	15.1±1.5	94/100 (94%)
	14	9/10 (90)	15.1±1.3	89/ 90 (99)
	16	10/10 (100)	13.2±2.6	97/100 (97)
	18	10/10 (100)	14.9±3.2	99/100 (99)
	20	10/10 (100)	13.8±2.3	100/100 (100)
	22	9/10 (90)	15.0±1.7	100/100 (100)
	24	10/10 (100)	15.8±2.5	100/100 (100)
	26	10/10 (100)	13.0±2.0	97/100 (97)
	28	9/10 (90)	9.4±4.1**	76/ 90 (84)**
	30	7/ 9 (78)**	10.3±3.2**	44/ 53 (83)**
	32	5/ 9 (56)**	9.3±4.6**	3/ 28 (11)**

有意差は20～26℃群の結果と比較, *:$p<0.05$, **:$p<0.01$.

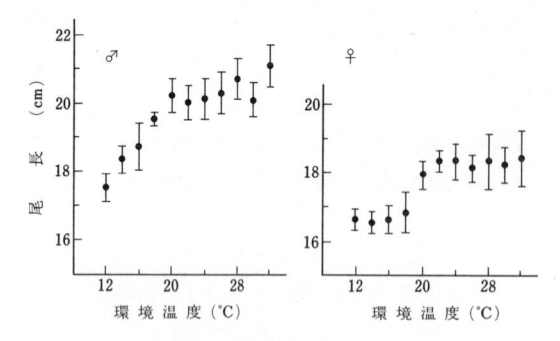

図 3.7 各種環境温度で飼育したラットの尾長(山内)
(Jcl：Wistar, 12週齢)

る熱放散の増大に結びついた形態的適応現象を示していると考えられる.

iv) 環境温度と動物実験成績　化学物質の安全性試験では血液性状や臓器重量に現れる変化が主要項目の一つとして問題にされるが，これらの項目が環境温度の影響を受けやすいこともよく知られた事実である. したがって, 環境温度が血液性状や臓器に及ぼす影響を正確に把握しておかなければ, 目的とする試験成績の評価を誤まるおそれがある.

表3.3はラットを各種の温度環境下で飼育した時の血液学的および血清生化学的測定値を示しているが，環境温度が18°C以下の低温あるいは30°C以上の高温になると，雌雄ともいずれかの項目において，標準となる20～26°Cの測定値とくらべて有意な差が認められている[9].

その他, 低温下ではラット脳のグルタミン酸濃度減少, マウス, ラットの肝および血中のエルゴチオニンやグルタチオン濃度の減少, セリン脱水素酵素やスレオニン脱水素酵素活性の低下が認められ[15〜18], 高温下ではアスコルビン酸, ビタミンAおよびB_2, アルカリ性ホスファターゼ活性の低下が見られる[19]といわれている.

一方, 主要臓器の中では, マウスやラットの心臓, 肝臓および腎臓の重量が低温環境下では重くなり, 高温環境下では軽くなることが観察されているが,

表3.3　各種環境温度で飼育したJcl：Wistarラットの血液性状(山内ら)

性	環境温度	例数	赤血球 ($10^4/mm^3$)	白血球 ($10^2/mm^3$)	ヘマトクリット値 (%)	血漿タンパク (g/dl)	尿素窒素 (mg/dl)	アルカリ性フォスファターゼ (KAU)	GOT (KU)	GPT (KU)
雄	12°C	10	914±40[a]	69±12*,[b]	49±2	6.7±0.3	25±3**	20±3*	112±21	38±7
	14	10	826±28*	59±11	50±3	6.6±0.5	19±3	10±3**	136±19	28±6
	16	10	809±51**	78±13**	48±1	6.9±0.5	22±3	14±4	115±21	35±10
	18	10	936±66	70±12*	50±3	7.0±0.6**	22±2	11±2**	129±30	27±6*
	20	10	927±26	62±14	51±2	6.8±0.4	20±2	13±2	112±14	29±10
	22	10	857±50	56±12	52±3	6.5±0.5	20±4	15±2	128±19	32±5
	24	10	887±89	52±13	49±2	6.3±0.6	23±2	15±2	129±24	37±7
	26	10	910±93	50±11	49±2	6.2±0.2	22±4	14±3	111±15	30±5
	28	10	859±51	45±9*	49±2	6.4±0.5	20±2	15±2	111±11	38±8
	30	10	952±94	45±8*	50±3	6.1±0.2*	18±3*	14±3	90±12**	31±3
	32	10	1053±92**	41±4**	48±1**	5.9±0.2**	20±4	15±3	114±16	30±5
	群間の差, [c]		**	**	**	**	**	**	**	**
雌	12°C	10	834±62**	62±12**	46±2**	6.4±0.8**	23±5	16±4**	105±13**	34±6**
	14	10	897±43	56±9**	48±1	6.3±0.3**	19±3	10±3	80±19	20±6**
	16	10	803±47**	58±8	46±2	5.8±0.3	23±3	9±4	113±15**	30±6*
	18	10	874±46*	58±8*	50±2**	6.6±0.4**	27±3**	10±3	75±13	25±5
	20	10	974±43	52±6	49±2	5.9±0.3	23±4	8±2	87±19	24±5
	22	10	948±46	49±6	49±1	5.9±0.3	22±3	9±2	86±17	24±4
	24	10	954±26	48±5	47±2	5.5±0.3	23±4	10±1	97±15	25±3
	26	10	947±104	49±6	47±2	5.7±0.2	21±2	9±1	94±14	25±4
	28	10	965±51	49±10	48±1	5.8±0.3	20±3	8±1	89±25	25±3
	30	10	952±62	42±8	47±1	5.8±0.2	19±2	10±3	88±9	27±4
	32	10	1161±93**	53±8	48±2	5.7±0.2	23±3	10±2	118±21	30±4*
	群間の差, [c]		**	**	**	**	**	**	**	**

a：平均値±標準偏差
b：20, 22, 24 または 26°C 群のいずれかの群との間に Tukey の q 検定で有意差のあることを示す
　＊：$p<0.05$, ＊＊：$p<0.01$
c：分散分析による全温度群間の有意差, ＊＊：$p<0.01$

これは環境温度により代謝量が変化することと密接に関係するものと考えられる[9,10]. また, 上田らのマウスを用いた亜急性暴露実験成績によれば, 22°C環境から12°Cまたは32°C環境に移して飼育すると, 14日後には胸腺や脾臓の重量が暴露群で軽くなり, その過程では免疫反応に関与する血中および脾臓中のB細胞とT細胞の比率が有意に変動したことが知られている[4]. この事実は, 実験動物の輸送や施設の空調関係のトラブルに伴う急激な環境温度変化が, 動物の免疫機能にも影響を及ぼし, 病気の発症に深く関わりをもつことを示唆している.

マウスやラットを用いた薬物の急性毒性試験において, その致死量（LD_{50}値）がその時の環境温度により著しく異なる場合のあることはよく知られた事実である[20]. 環境温度と薬物の毒性との関係は薬物の種類により異なるので, Fuhrmanらはそれを高温（30°C以上）または低温（15°C以下）で毒性が強く, 常温（20〜25°C）では弱くなるタイプ（adrenaline, atropine, acetylcholine, digoxinなど）, 低温で最も毒性が強く, 温度上昇に伴って弱くなるタイプ（pentobarbital, cortisone, chlorpromazineなど）および常温, 高温では毒性が変わらず, 低温で強い毒性を示すタイプ（caffeine, procaine, DDTなど）の3種に分類している[21]. さらに, 山内らによってマウス, ラットを対象に, 動物実験によく用いられるpentobarbitalやacetylcholineの毒性値と環境温度との関係が詳細に検討され, 先人の報告が追認されるとともに, LD_{50}値が変化しない温度範囲が明らかにされた[22].

一方, 薬物に限らず有機溶媒, 重金属および農薬の毒性が環境温度によって著しい影響をうけること[23〜25]や催奇性試験においてビタミンAの過剰投与によるマウスの口蓋裂の発生頻度が高温下で増大すること[26], 微生物の感染実験では, マウスに結核菌を接種した場合の肺, 脾臓における菌の増殖が低温環境で顕著となること[27], 小児麻痺ウイルスをマウスに接種した場合の死亡率が高温環境下で増大すること[28]など, 種々の動物実験成績において環境温度が影響を及ぼすことが明らかにされている.

v） 動物室の環境温度制御基準 前項までに述べたように, 環境温度は実験動物の繁殖, 育成成績や種々の動物実験成績に多大の影響を及ぼすので, 動物実験施設における温度制御は極めて重要な

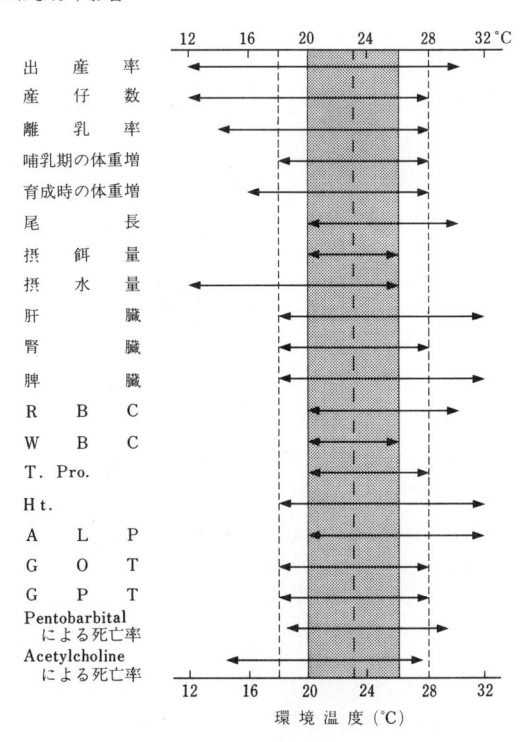

図3.8 Wistarラットの各種測定値に有意差の認められなかった温度範囲（山内ら）

条件となる. 温度制御の実際については次節で詳しく述べられるが, その根拠となる実験成績の一例を示すと, 図3.8のようである.

すなわち, 山内らは, 12°Cから32°Cの温度範囲で2°C間隔で飼育したJcl:Wistarラットの繁殖成績, 成長, 血液性状および薬物毒性などを指標に, それらに及ぼす温度の影響を調べた結果, いずれの項目にも共通して温度間の有意差が認められない温度範囲は20〜26°Cであった[9]. 彼らはJcl:ICRマウスについても同様の実験を行い, 温度の影響が現れない温度範囲はラットと同じ20〜26°Cであることを確かめている[10]. ただし, 被毛のないヌードマウスではその温度幅が22〜26°Cと多少狭くなることも明らかとなった[4].

これらの知見は, 動物室の温度制御の基準値を設定する上で貴重な根拠を与えるものである.

b. 湿　度

湿度が単独で生体にどのような影響を及ぼすかについては温度の場合とくらべて極めてデータに乏しいが, 古くから知られている一例として幼若ラットのRing tailが挙げられる. これは低湿環境下で飼育

された幼若ラットの尾にリング状の壊死が発生する病態のことであるが，Flynn[29]によれば環境温度が27℃の場合，湿度が20%では全例に，40%では25～30%の個体に発生したといわれる．

とくに金網ケージで飼育した場合に発生するが，ケージ内に床敷を入れたり，飼料中に脂肪分を添加すれば発症を抑えることができることから，おそらく，低湿度による尾からの水分蒸散や尾血管の収縮に伴う血行障害が原因と考えられる．

一方，高湿度環境下では動物室内の空中落下細菌数の増加やアンモニアガス濃度の上昇に伴って，マウスの鼻腔内の細菌数が増加することが知られており，マウスのHVJ発症率やポリオウイルス，アデノウイルスの局所増殖も高湿度ほど高い[4),20)]．また，卵白アルブミン感作によるマウスのアナフィラキシーショック死亡率も環境温度が30℃以上の場合，湿度が高いほど上昇するといわれている[4)]．

また，環境温度が一定の場合，ラットの摂餌量や活動量は湿度が低いほど増加することが知られているが，これは低湿環境下では体熱放散量が増えるために，それを補なう体熱産生の増加を表現しているものと考えられる[4)]．

表3.4は15～35℃における4段階の環境温度条件下で湿度を低湿，常湿および高湿の3条件に設定し，そこにマウスを暴露して60分経過した時の心拍数，呼吸数および体温を調べたものである[20)]．常温以下の温度環境下ではいずれの項目にも湿度の違いによる差異は認められなかったが，30℃以上では心拍数や体温に湿度間の有意差が見られるようになった．すなわち，生体に対する湿度の影響は温度が高いほど大きく現れるものといえる．

人の社会では気温と気湿を組み合せて不快指数なるものを算出しているが，畜産学においてもそれに対応するものとして，呼吸数や直腸温の変化を指標に家畜・家禽の体感温度を算出する試みがある[30)]．具体的には温度と湿度を乾球温度と湿球温度で示し，それぞれに係数をかけて動物ごとに体感温度が表示されている．それによると，乳牛や緬羊は湿度の影響を強く受け，育成中のブタや産卵中のニワトリは温度そのものの影響を大きく受けることがわかっている．

このように生体に見られる温・湿度の影響には動物種差のあることはもちろんであるが，それぞれが単独で作用するよりも複合して影響を及ぼすものである点に十分留意する必要があろう．

c．気流，風速および気圧

冬季の北風にあたると寒さを余計に感じ，夏の暑い時には扇風機の風が心地良いことはよく知られた事実であるが，気流の速さ（風速）や気流の方向は生体の体熱放散と密接な関わりをもっており，とくに自然環境下に放牧される家畜にとっては体温調節上，重要な気候的要因の一つに挙げられる．ウシを環境制御室に入れて種々の実験を試みた結果，夏季の直射日光による温熱作用は気温が5℃高いときと同等の作用に相当するが，それは3m/秒の風の作用により打ち消されることが明らかとなった[31)]．

山内ら[32)]は；温度，湿度および風速が異なる組合せ条件下（温度15, 25, 35℃，湿度40, 65, 90%，

表3.4 各種温・湿度環境に60分間暴露後のマウスの心拍数，呼吸数および体温の変化（山内ら）

環境温度 (℃)	相対湿度 (%)	実験例数	心拍数 (回/分)	呼吸数 (回/分)	体温 (℃)
15	40～50	10	563.3±78.0	207.1±31.5	30.0±1.4
	60～70	10	602.2±77.4	206.4±22.0	30.9±2.0
	85～95	10	590.6±62.0	222.0±16.1	30.2±1.5
25	40～50	9	731.4±53.4	180.8±31.3	35.7±1.0
	60～70	10	695.3±47.6	188.3±29.0	35.1±1.1
	85～95	10	697.5±42.6	195.6±18.7	35.4±0.9
30	40～50	10	701.4±41.3	171.0±21.3	36.9±0.7
	60～70	10	668.7±40.2 *	185.2±14.8	37.1±0.7
	85～95	10	646.3±48.2	187.3±22.5	37.5±0.7
35	40～50	8	650.6±49.0	205.3±30.4	38.6±0.7
	60～70	9	687.8±49.9 * **	189.8±32.0	38.5±0.5 ** **
	85～95	7	777.6±75.0	227.9±43.9	40.4±0.5

Jcl : ICR，雄，9～10週齢，平均値±標準偏差．＊：$p<0.05$，＊＊：$p<0.01$．

風速 0.2, 1.0, 2.0m/秒)に保定したマウスを60分間暴露し,直腸温の変化を調べたところ,環境温度が25℃以下では風速の増加とともに体温下降が著しく,また要因分析の結果,風速の影響は単一因子として,あるいは温度または湿度と複合しても有意に現れることが確かめられた.

また,被毛のないヘアレスマウスでは,22±1℃の温度環境下における摂餌量が,67cm/秒の風がある場合には無風条件とくらべて26%も増加し,床敷のない金網ケージ群ではさらに36%まで増加することが知られている[4].気流の動きが動物の体温調節に密接な関連をもっていることの一つの証拠といえよう.

気圧の変化が生体に及ぼす影響については古くから高山医学,航空医学および宇宙医学の分野において数々の研究がなされてきた.これらの分野では低圧が問題となるが,圧力変化そのものだけでなく,圧力減少に伴って生じるガス体の分圧,とくに酸素分圧の低下に注目する必要がある.さらに山地環境などの自然環境下では低圧低酸素に加えて気温の低下(標高100m上昇するごとに0.6℃下降)や日内較差の増大など複合する気象要因も考慮に入れなければならない.

一方,海底資源の開発,生活圏の拡大に伴う潜水作業や水中工事の増加に関連して,高圧の生体に対する影響も正しく把握することが大事である.

図3.9は生物環境制御装置を用いて標高4000m相当の高地環境下に成熟ラットを暴露した時の生理諸元におよぼされる変化を調べたものである[33].チャンバー内の温度は25℃,湿度は60%,換気流量は50l/分,照明は500luxとなるように一定に維持し,低圧または低酸素の生体に対する影響だけを単独に抽出できるような条件を設定している.その結果,気圧および酸素分圧を同時に低下させた時に見られた呼吸数および心拍数の著増,体温の下降は酸素分圧のみを低下させた場合にも現れるが,酸素分圧を常圧に維持することにより,低気圧の場合でもそれらの変化は消失することが明らかとなった.すなわち,高地環境においては低圧・低酸素環境要因の中でもとくに低酸素が,生体の心肺機能に重大な影響をおよぼすものと考えられる.

動物実験施設においては気流,風速および気圧が著しく変化することは通常見られない.SPF動物を飼育するバリア施設では動物室内を外部より若干陽圧にして,外部から病原微生物が侵入しないように配慮してあり,感染動物室やRI動物室では中の病原微生物やRI物質が外部に拡散しないように,気圧,気流が調整されているが,その度合は,収容されている動物にそれ自身の影響が及ぶほどではない.しかし,動物室内における微気象の面からみれば,動物室の吹出口附近で飼育されているマウスやラットの発育が悪く,風邪の発生率が高いことなども経験されているから,動物室の環境制御にあたって留意しなければならないところである.

(3) 物理,化学的要因

a. 換　気

動物室内に収容されている実験動物にとっては,新鮮な空気を供給され,かわりに動物室内に発生する悪臭物質,粉塵,空中微生物あるいは余計な熱を外に出してもらうという点で,換気は極めて重要な環境要因の一つである.

高地環境では低酸素が生体に著しい影響を及ぼすことを先に述べたが,換気不十分による酸素欠乏も時には動物にとって致命的な要因となる.近年,無菌動物やヌードマウスの飼育のためにビニールアイソレータが汎用されており,停電などが原因で送風停止による酸欠事故が時々発生している.山内らは実験的にビニールアイソレータへの強制送風を停止した時の,アイソレータ内の酸素および炭酸ガス濃度を測定しているが,当然のことながら,マウスの収容匹数に比例して顕著に酸素ガス濃度が低下し,

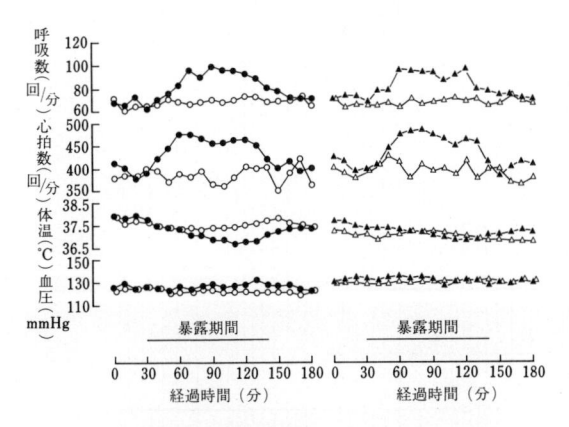

図3.9 低圧低酸素環境暴露時に見られるラット心拍数,呼吸数,体温および血圧の経時的変化
○常気圧・常酸素分圧　●低気圧・低酸素分圧
△低気圧・常酸素分圧　▲常気圧・低酸素分圧

炭酸ガス濃度が上昇することを認めている[4]．容積が79 lのビニールアイソレータにマウス5匹を収容し，送風を停止した場合でも17時間後には酸素と炭酸ガス濃度が逆転し，25時間後には半数が死亡した．

以上のように，換気不良の生体に及ぼす影響としては酸素欠乏が最も大きな原因といえるが，時には大気汚染ガスも問題となろう．大気汚染ガスの代表的なものに二酸化窒素とオゾンがあるが，これらに対する感受性には著しい動物種差が認められる．

図3.10は二酸化窒素(NO_2)20 ppmまたはオゾン(O_3)5 ppmを含むチャンバー内にウズラ，ハムスター，マウスおよびラットを4日間暴露して死亡率の推移を調べたものである[34]．二酸化窒素に対する感受性はウズラが最も高く，ついでハムスターであり，マウス，ラットでは4日たっても死亡例が見られなかった．ところが，オゾンに対しては全く逆にラット，マウスの感受性が極めて高く，ついでハムスター，ウズラの順であった．このように，大気汚染ガスに対する感受性には顕著な動物種差が認められたが，さらに，マウスではオゾンに二酸化窒素を加えた場合，オゾン単独にくらべて死亡率が減少するといった興味ある知見も得られている．

b. 粉　　塵

粉塵は空気中に浮遊する微粒子（エアロゾルと総称）の一種であり，その大きさは図3.11に示すように，0.001から10.000 μmの広範囲にわたる[4]．このうち，動物室で問題になるのは外部からもち込まれるものと，室内で発生する動物の被毛，フケ，排泄物および飼料屑，床敷屑などに由来する粉塵である．空気中に生存するウイルスや細菌類も物理的には粉塵として位置づけられるが，生物学的には空中微生物として重要な意味を有する．

動物に対する粉塵の影響はもっぱら呼吸器を介してあらわれる．直径が約10 μm以上の粒子は気道の自浄作用により排除されるが，5 μm以下の微粒子は肺胞まで達し沈着する可能性が高い[35]．また，これより大きい粉塵でも，体液に溶解するものは体内にと

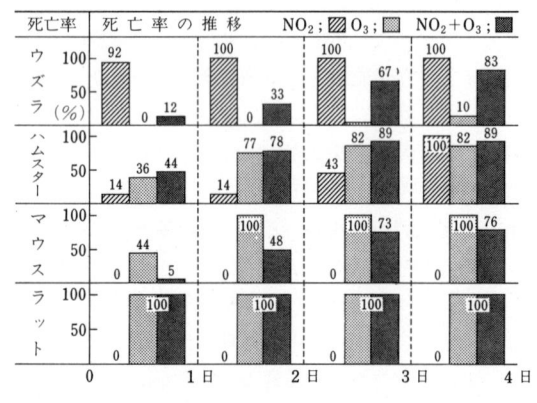

図3.10　NO_2(20 ppm)またはO_3(5 ppm)の4日間連続暴露でのウズラ，ハムスター，マウス，ラットの死亡率の推移（高橋）

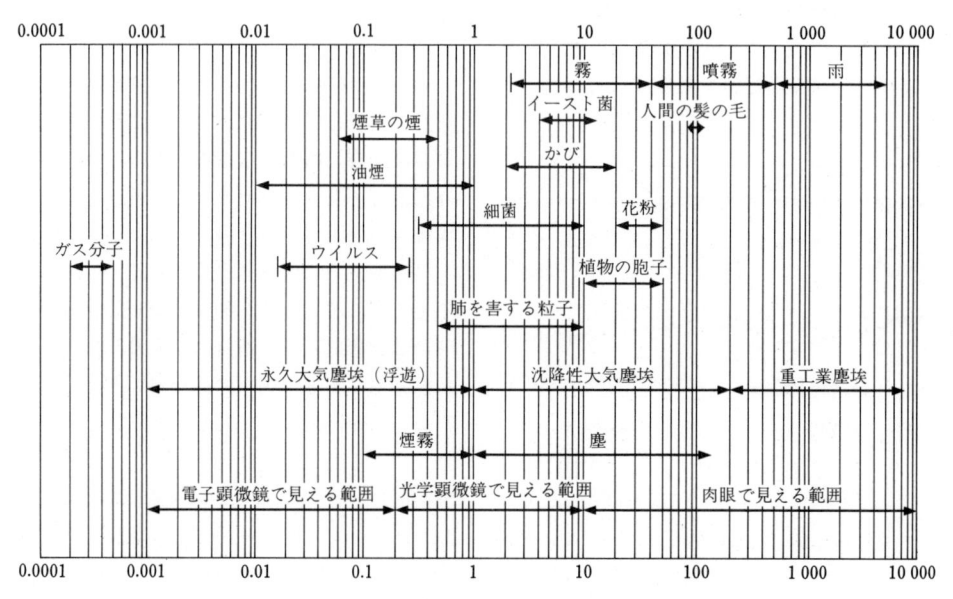

図3.11　各種粉塵粒子の大きさ（単位μm）（山内）

りこまれて影響を及ぼすことがある.

動物室における粉塵に関しては,実験動物そのものに対する影響についての報告はほとんど見あたらず,管理者であるヒトへの影響が問題とされている.近年,鼻炎,結膜炎,皮膚炎,喘息など主症状とする,いわゆる実験動物アレルギーが社会問題となっており,英国では実験動物取扱者の喘息が職業病として認定されるまでに至っている.アレルゲンとして,マウス,ラット,モルモット,ウサギなどの被毛,ふけ,糞尿,尿タンパク,血清などが同定されていることから,動物室の粉塵が原因であることに間違いはない.実験動物関係者にとっては人畜共通感染病と同様に十分な予防対策が必要とされる[36,37].

c. 臭　気

ヒトに不快感を与え,生活環境を損なう恐れのある物質として,悪臭防止法ではアンモニア,メチルメルカプタン,硫化水素,硫化メチル,トリメチルアミン,スチレン,アセトアルデヒドおよび二硫化メチルの計8物質が指定されているが,このうち,動物室において最も問題にされるのはアンモニアである.

動物室のアンモニアは主として,糞尿中の尿素が尿素分解細菌の働きにより分解されて発生するから,動物室のアンモニア濃度は動物の飼育管理状態と密接な関わりをもっている.

図3.12は,マウスをビニールアイソレータ内でケージ交換後1週間飼育し,その間のアンモニア濃度と温度,湿度,換気回数および収容密度との関係を実験的に調べた成績である[4].アンモニア濃度はケージ交換後2日目から上昇しはじめ,5～6日目にピークに達するが,その時の温度,湿度および収容密度が高いほど,また,換気回数は少ないほど,明らかに上昇することがわかる.

アンモニアの動物に対する影響としては,とくに魚類や両生類への毒性が強いことが知られているが[38,39],ラットでも,25～250ppmのアンモニアに4～6週間暴露すると,鼻炎,中耳炎,気管支炎,肺炎などを発症するといわれる[40].一方,マウス,ラットにおける *Mycoplasma pulmonis* の増殖がアンモニア50ないし100ppmの暴露により著しく増大したという報告も見られる[41].このように,動物室における高濃度のアンモニアの存在は管理者に不快感を

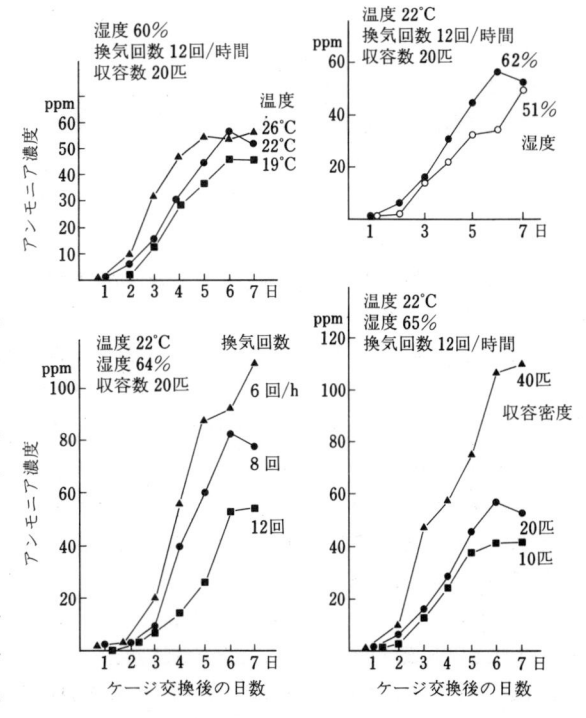

図3.12 ビニールアイソレータ内のアンモニア濃度と温度,湿度,換気回数,収容密度との関係(山内)

与えるばかりでなく,飼育されている動物そのものに対しても直接的,間接的に主として呼吸器性の疾病をひき起こす可能性が考えられる.

以上のような悪臭物質のほかにも,動物自身が発する臭気として,個体間の情報伝達物質とされるフェロモンがあるが,これはとくに,嗅覚がよく発達しているげっ歯類,ウサギ,イヌなどでは,悪臭物質の影響以外に同居の可否など飼育管理上の問題として留意しなければならない事項である.

d. 騒　音

音の性質を物理的側面から見ると,周波数(Hzまたはcps),音圧(dB)および音の成分(複合性)により表されるが,聴覚的側面から見た場合,それぞれが音の高低(pitch),大きさ(loudness: phon)および音色(tone)に相当する.また,音の種類としては,純音,複合音,楽音および騒音の4種に分類される.騒音とは楽音と異なり,聴くものに不快感を与え,生活活動に不必要で,しかもその妨げになる一切の音と定義されるが,実際には一定の規制規準を設けることができても,物理的面から規定することができない性格のものである.

一般に，聴覚機能は動物種により異なり，ヒトはサル類と同様に低い周波数の音（20〜20000 Hz）しか聴取できないが，マウス，ラット，ネコ，イヌなどの実験動物の可聴域は極めて広く，ヒトには聞こえない超音波域までも聞くことができる[42]。このことは，これらの動物で騒音の影響が大きく現れるという可能性を意味している．

現実に，騒音が実験動物の繁殖，育成成績に悪影響を及ぼすことが知られている．山内ら[4]は，SPF動物生産施設附近で発生した建築工事の杭打ち作業の騒音により，マウスの出産率が約7%，離乳率が約10%減少したことや，85ホンの機械室騒音下でマウスを繁殖させたところ，不妊個体が続出すると同時に，無事分娩しても哺乳中の食殺率が増加し，離乳子数が通常の場合の20%まで激減したことを観察している．また，d'Souzaら[43]は妊娠ツパイに，火災報知機のベルを30秒間聞かせたところ，母性行動の変化と泌乳量減少が起こり，生れた子の成長率が著減したことを，さらに，Shojiら[44]は，2.25MHzの超音波を妊娠マウスに負荷したところ，胎児の発育が著しく阻害されたことを報告している．

一方，騒音は動物実験成績に対しても種々の影響を及ぼす．マウスの聴原性痙攣はよく知られた事実であり，ある系統のマウスは音に極めて敏感で，製氷機や超音波洗浄機の騒音によっても，幼若期にショック死を起こすことが報告されている[4]．図3.13は，3系統のマウスに，10kHz，110dBの音を2分間負荷した時の心拍数，呼吸数および血圧の変化であるが，音刺激開始直後から心拍数，呼吸数の顕著な増加と血圧の著明な上昇が見られ，それはDBA/2マウスが最も著しいことが示されている[4]．また騒音刺激により，マウスの白血球数の変動や免疫機能の変化，ラットの血圧上昇，電解質変動や心肥大の出現，ウサギのコルチコステロン濃度の上昇などが現れることも知られている[20]．

以上のように，騒音は実験動物に対して，1種のストレスとして作用し，交感神経緊張から極端な場合にはショック死をもたらすこともあるが，繰返し負荷された場合には馴化しやすく，影響が減弱する特徴も有している．

e. 照　明

光は，生体に対して日射（太陽放射）あるいは人工照明のかたちで影響を及ぼすが，照射された光に対し，動物側はそのエネルギーを直接利用するか，情報源または情報媒体としての利用をはかる．自然環境下で太陽光に直接暴される機会の多いヒトや家畜では，赤外線の熱作用や紫外線の化学作用（ビタミンDの合成，殺菌，皮膚の着色，胆汁色素の分解など）が重要な意味をもってくるが，主として屋内の人工照明下で飼育される実験動物においては，光エネルギーそのものより，生体機能のリズム調節に対する同調因子としての光の働きが重要な要素となる[5]．

照明の動物に対する影響を見る場合，明暗の指標となる照度（lux），色に関係する波長および照明時間の三つの因子を考える必要がある．高等動物の眼の網膜には，明暗を感じる桿状体細胞と光の色を感じる錐状体細胞があり，まず，これらの細胞が光に接して興奮する結果，その情報が視神経を介して大脳まで伝達され，視覚としてとらえられるほか，さまざまな光の作用が現れるのである．桿状体細胞と錐状体細胞の数，密度および分布状態には動物種差

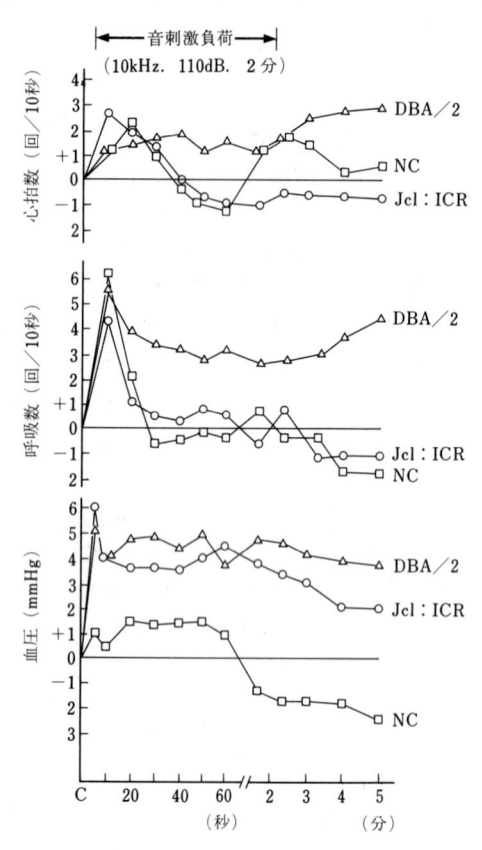

図3.13　音刺激によるDBA/2, Jcl : ICR, NCマウスの心拍数，呼吸数および血圧の変化(山内)

があり，一般に鳥類は錐状体細胞が優勢で明暗の区別をつけにくい(夜盲)．これに対して，げっ歯類は桿状体細胞が優勢なので，夜行性動物として薄暗い場所にもよく順応するが，その反面，強い照明による障害を受けやすく，色の識別能力が劣り，とくに赤色は識別できないといわれている[45]．

照度の影響について具体例を挙げると，アルビノのラットを20000 luxの照明下に暴した場合，数時間で網膜障害が現れ，8日間の連続暴露では不可逆性の重度障害に陥ること[45]や，マウス性周期は20 luxの照度下で最も規則正しく4日周期が維持されるが，暗すぎ(5 lux)ても，明るすぎ(200 lux)ても周期に乱れが生じること，500 luxの動物室では母マウスの営巣行動に影響が現れ，離乳率が減少すること[42]などが報告されている．

波長の影響については，マウスの自発行動が青，緑，昼光色下で最も低く，赤色照明下または暗黒下で最も活発となること，種々の色の蛍光灯照明下でマウスを30日間飼育したところ，青色および冷白色下の群の体重が少なく，雄の下垂体，副腎，腎，精嚢および雌の副腎，甲状腺，松果体などの重量に波長間の有意差が認められたこと[46]や，ラットの膣開口は赤色照明下より青色照明下の方が3日早く，成熟時の卵巣，子宮重量も大きいが，泌乳能力は赤色照明群の方が優れていたこと[47]などの成績が報告されている．

照明時間については，SDラットでの実験によると，発情は12時間照明(12L)：12時間暗黒(12D)の条件下で最も安定した4日周期を示すが，16L：8Dでは5日以上の周期を示すようになり，さらに22L：2Dでは性周期の長さが一定しなくなること[48]や，ラットを連続照明条件下で飼育すると，約15日後には連続発情を示すようになるが，これを12L：12Dの正常明暗条件にもどすと，約4日で正常の性周期を再び示し始めること[49]などが知られている．また，ゴールデンハムスターは，精巣の萎縮を防ぎ，正常な精子形成を維持するためには1日あたり少なくとも12.5時間の明期を必要とすることも報告されている[50]．

以上のように，光の供給源としての照明はさまざまなかたちで，主として実験動物の生殖生理に重要な影響を及ぼすから，繁殖生産の現場はもちろん，動物実験にあたっても照明条件の設定には十分な配慮が必要とされる．

〔菅野　茂〕

文　献

1) 菅野　茂：環境と動物，太陽エネルギー利用ハンドブック(太陽エネルギー利用ハンドブック編集委員会編), pp. 449-456, 日本太陽エネルギー学会 (1985).
2) 菅野　茂：比較生物学1．新実験動物学(前島一淑他著), pp. 159-193, 朝倉書店 (1986).
3) 山内忠平：実験動物飼養学．新実験動物学(前島一淑他著), pp. 90-117, 朝倉書店 (1986).
4) 山内忠平：実験動物の環境と管理．出版科学総合研究所, pp. 3-118 (1985).
5) 黒島晨汎：環境生理学．pp. 37-52, pp. 123-129, 理工学社 (1981).
6) 津田恒之：家畜生理学，養賢堂, 210-232 (1982).
7) Nomura, T. and Yamauchi, C.: Environments and physiological status of experimental animals. *Gann Monograph*, **5**: 17-32 (1968).
8) 藤田省吾，山内忠平：実験用イヌに適した環境温度について．実験動物, **29**: 157-164 (1980).
9) Yamauchi, C., Fujita, S., Obara, T. and Ueda, T.: Effects of room temperature on reproduction, body and organ weights, food and water intake, and hematology in rats. *Lab. Anim. Sci.*, **31**: 251-258 (1981).
10) Yamauchi, C., Fujita, S., Obara, T. and Ueda, T.: Effects of room temperature on reproduction, body and organ weights, food and water intake, and hematology in mice. *Exp. Anim.*, **32**: 1-11 (1983).
11) Barnett, S. A. and Coleman, E. M.: The effect of low environmental temperature on the reproductive cycle of female mice. *J. Endocrinol.*, **19**: 232-240 (1953).
12) 中西喜彦：マウスの乳腺および泌乳能力の発達に及ぼす環境温度の影響．鹿児島大学農学部学術報告, **21**: 171-203 (1971).
13) 藤田省吾，山内忠平：高温環境の妊娠ラットの体温，心拍数および血圧におよぼす影響．実験動物, **33**: 61-67 (1984).
14) 藤田省吾，山内忠平：高温環境下の妊娠ラットの出産に対する血圧制御の影響．実験動物, **33**: 283-289 (1984).
15) Bartlett, R. G. and Register, U. D.: Effect of cold and restraint on blood and liver nonprotein sulfhydryl compounds. *Proc. Soc. Exp. Biol. Med.*, **83**: 708-709 (1953).
16) Roberts, J. C., Hock, R. J. and Smith, R. E.: Seasonal metabolic responses of deer mice (Peromyscus) to temperature and altitude. *Fed. Proc.*, **25**: 1275-1283 (1966).
17) Smith, R. E. and Fairhurst, A. S.: Cellular mechanisms of cold adaptation in the rats. *Fed. Proc.*, **17**: 151 (1958).
18) Subba Rao, V. V. and Gupta, M. L.: Effect of heat and cold stress on brain glutamic acid. *Fed. Proc.*, **25**: 1185-1186 (1966).
19) Langley, L. L. and Kilgore, W. G.: Carbon dioxide as a protecting and stressing agent. *Am. J. Physiol.*, **180**: 277-278 (1955).
20) 山内忠平，野村達次：狭義の環境，実験動物学総論(田嶋嘉雄編), pp. 151-184, 朝倉書店 (1970).
21) Fuhman, G. J. and Fuhman, F. A.: Effects of temperature on the action of drugs. *Annual Review Pharmacol.*, **1**: 65-78 (1961).
22) 山内忠平，高橋　弘，安藤昭弘，今石廷子，野村達次：薬物の急性毒性における環境温度の影響．実験動物, **16**:

31-38 (1967).

23) Nomiyama, K., Matsui, K. and Nomiyama, H.: Environmental temperature, a factor modifying the acute toxicity of organic solvents, heavy metals and agricultural chemicals. *Toxicology Letters*, **6**: 67-70 (1980).

24) Nomiyama, K., Matsui, K. and Nomiyama, H.: Effects of temperature and other factors on the toxicity of methylmercury in mice. *Toxicol. Appl. Pharmacol.*, **56**: 392-398 (1980).

25) 野見山一生, 松井寛二, 野見山紘子: 環境温度のベリリウム急性毒性におよぼす影響. 産業医学, **20**: 384-385 (1978).

26) 江崎孝三郎, 谷岡功邦, 野村達次: 飼育環境温度の変化がVitamin A 過剰投与によるマウス胎仔の口蓋裂発現頻度におよぼす影響. 先天異常, **8**: 13-17 (1968).

27) Trapani, I. L.: Altitude, temperature and the immune response. *Fed. Proc.*, **25**: 1254-1259 (1966).

28) Rasmussen, A. F. Jr., Boring, W. D. and Byatt, P. J.: Influence of environmental temperature on type II poliomyelitis mine. *Fed. Proc.*, **14**: 475 (1955).

29) Flynn, R. J.: Note on ring tail in rats. Husbandry of laboratory animals. Conalty, M. L. (ed.), pp. 285-288, Academic Press (1967).

30) 山本慎紀: 暑熱と家畜. 畜産大事典(内藤元男監修), pp. 703-711, 養賢堂 (1978).

31) 照井信一: 牛の飼養環境と衛生対策. 日獣会誌, **39**: 551-557 (1986).

32) 山内忠平, 高橋 弘, 滝沢隆安: 保定マウスの体温におよぼす環境温度, 相対湿度および風速の複合影響. 実験動物, **24**: 143-150 (1975).

33) Takemura, Y., Sugano, S., Hirose, H. and Sawazaki, H.: Cardiopulmonary function of the rat during exposure to simulated high altitude. *Jpn. J. Zootech. Sci.*, **54**: 755-757 (1983).

34) 高橋慎司: 環境科学研究に適した実験動物――ウズラ及びハムスターの大気汚染ガス感受性. 国立公害研ニュース, **6**: 9-10 (1987).

35) 佐藤静夫, 古田賢治: 有害ガス・塵埃と家畜. 畜産大事典(内藤元男監修), pp. 727-730, 養賢堂 (1978).

36) 山内忠平: 実験動物アレルギーと予防対策. ラボラトリーアニマル, **4(1)**: 45-49 (1987).

37) 水上惟文, 山内忠平, 花田武浩: 動物飼育室の空中粉塵と粉塵蛋白. 実験動物, **36**: 431-434 (1987).

38) 大島康夫, 笠原 明: 実験動物室内における汚染アンモニアの簡易検出法について. 実験動物, **8**: 12-15 (1959).

39) 山形陽一, 丹羽 誠: 日本ウナギに対するアンモニアの急性および慢性毒性. *Bull. Jap. Soc. Sci. Fish.*, **48**: 171-176 (1982).

40) Broderson, J. R., Lindsey, J. R. and Crawford, J. E.: The role of environmental ammonia in respiratory mycoplasmosis of rats. *Am. J. Pathol.*, **85**: 115-130 (1976).

41) Saito, M., Nakayama, K., Muto, T. and Nakagawa, M.: Effect of gaseous ammonia on *Mycoplasma pulmonis* infection in mice and rats. *Exp. Anim.*, **31**: 203-206 (1982).

42) Clough, G.: Environmental effect on animals used in biomedical research. *Biol. Rev.*, **57**: 487-523 (1982).

43) d'Souza, F. and Martin, R.D.: Maternal behavior and the effects of stress in tree shrews. *Nature*, **251**: 309-311 (1974).

44) Shoji, R., Murakami, U. and Shimizu, T.: Influence of low intensity ultrasonic irradiation on prenatal development of two inbred mouse strain. *Teratology*, **12**: 227-232 (1957).

45) Weihe, W. H.: The effect of light on animals. Control of the animal house environment. McSheehy, T. (ed.), pp. 63-76, Laboratory Animal Ltd. (1976).

46) Saltarelli, C. G. and Coppola, C. P.: Influence of visible light on organ weights of mice. *Lab. Anim. Sci.*, **29**: 319-322 (1979).

47) Hautzinger, G. M. and Piacsek, B. E.: Influence of duration intensity and spectrum of light exposure on sexual maturation in female rats. *Fed. Proc.*, **32**: 213 (1973).

48) Hoffman, J. C.: The influence of photoperiods on reproductive function in female mammals. Endocrinology. II. Handbook of Physiology, section 7, pp. 57-77, American Physiological Society (1973).

49) 鈴木善祐, 高橋迪雄, 内藤博之: 性周期の人為的転換. 実験生殖生理学の展開――動物モデルの視点から. (鈴木善裕編), pp. 283-292, ソフトサイエンス社 (1982).

50) Gaston, S. and Menaker, N.: Photoperiodic control of hamster testis. *Science*, **158**: 925-928 (1967).

(4) 生物要因

実験動物の生物要因としては, 同一ケージ内に居住する同種動物間の関係, 同一環境内に居住する異種動物間の関係, 動物と飼育管理者, または動物実験を行う研究者との間に生ずる関係 (動物と人との関係), 動物と細菌, ウイルス, 寄生虫などの微生物との間に生ずる関係 (動物と微生物の関係) に大別することができる. ここでは, 動物間の関係として動物の社会的順位制 social dominance order, なわばり制 territoriality, 飼育密度 population density, さらにその生体に及ぼす影響, また, 異種動物間の関係, 動物と人との関係等について簡単に述べ, 微生物との関係については, 最近かなり研究が進展した腸内常在菌叢との関係についてややくわしく述べる. なお, 微生物による不顕性感染並びに顕性感染の詳細については, 総論4章を参照されたい.

a. 同種動物の社会的順位となわばり

動物が2匹以上同居すると, そこに動物の社会が構成され, 個体間の優劣関係ができてくる. 動物の社会的順位は, 図3.14に示すように, 直線型 linear type とデスポット型 despot type の二つに大別される. 直線型は優劣の関係が直線的に連なるもので, 群中第1位のものが首長となり, 第2位以下のもの

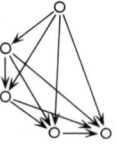

図 3.14　各種動物の社会的順位(山中)[1]

を抑え，第2位のものは第3位以下を，第3位はそれ以下を抑えるといった形式で，サル，ウサギ，イヌ，ニワトリ，ブタなどに見られる[1,2].

デスポット型は1位の首長が他のすべての優位に立ち，それ以下の動物の闘争は見られないといった形式で，マウス，ラット，ネコなどに見られる．

哺乳動物の順位制のうち，最もよく研究されているのはネズミの場合である．Uhrich[3]はアルビノマウスでは，大部分はデスポット型を示し，トップの個体がのこりの全個体を攻撃し，他の個体間には順位制ができない場合が多かったことを明らかにしている．

イヌの順位は一般に直線型であるが，ビーグルやフォックステリアなど品種によって型が異なり，前者は不完全な直線型，攻撃的なフォックステリアでは優位順位が完全な直線型を示すことが報告されている[4].

動物の社会機構の一種になわばり制もある．なわばり territory とは，ある1個体がある地域を防衛して他の個体の侵入を許さないときのその地域のことであり，なわばり制とは，なわばりをもつことによって，動物の通常の社会生活にある種の調整がたもたれている場合に，これを一つの社会制度と考えて用いられる．

とくに，野生環境の動物では，住居の設定場所，餌の摂取場所においてなわばりが確立される．なわばり制から観察される一つの現象として社会的順位の劣位の個体でも，自身のなわばり領域の防衛のためには，最強の個体に対しても防衛する習性のあることが注目される．これは，実験動物の場合にも見られる先住効果 effect of prior residence と呼ばれる現象であり，その場所に早くからいた方の個体が順位のいかんに関わらず後からきた個体より強いことである．

動物の闘争や社会的順位は内分泌系の機能にも影響し，劣位のものは優位のものにくらべて副腎重量が重く，劣位のマウスは動物的ならびに生理的にストレスを強く受けていることが明らかにされている．実験動物における群飼育における闘争の敗北，または，敗北に伴う社会的な低順位は，動物の社会的刺激に対する内分泌反応と理解される．一般に，環境ストレスに対する動物の内分泌反応系としては図3.15のような関係が成立するとされている．すなわち，社会的圧力，個体群の増大などが加わると，それが，動物に対するストレスとなって視床下部 hypothalamus に伝達され，次いで，神経分泌経路を経て下垂体前葉 anterior lobe of putuitary に作用する．下垂体前葉におけるホルモンの反応は，成長ホルモン growth hormone の低下，副腎皮質刺激ホルモン adrenocorticotropic hormone（ACTH）の上昇，性腺刺激ホルモンの低下をもたらす．

成長ホルモンの低下は成長・代謝障害を招き，副腎刺激ホルモンの上昇は副腎皮質肥大，皮質ホルモンの上昇，生殖器障害，血球障害を招く，なお，成長，代謝障害，皮質ホルモンの上昇は抗体の減少に関係し，抗体減少は病害，外刺激に対する抵抗力低下となり，死亡率を高める結果となる．

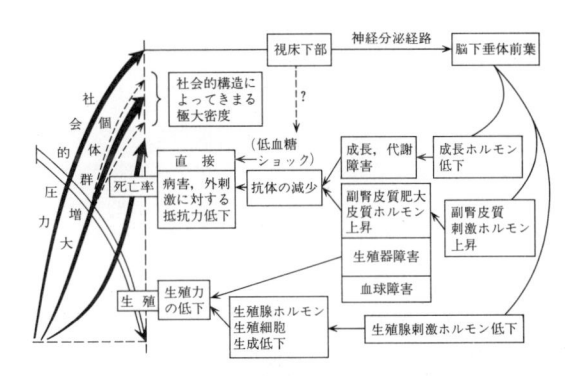

図 3.15 社会的圧力，個体群の増大による内分泌機構
（Chrisrian 1960，田中 享 1967 より）

一方，生殖腺刺激ホルモンの低下は，生殖腺ホルモン，生殖細胞の生成低下を招き，副腎皮質刺激ホルモンによる生殖器障害と関連して，生殖力を低下させる結果となる．ストレスを受けた動物でとくに顕著な変化として観察される副腎皮質の肥大に伴う副腎重量の増加と，胸腺，睾丸，包皮腺，精嚢などの重量の減少は，このようなメカニズムによって起こる．

なお，そのほか，性ホルモンが雄の闘争行動と関係のあることも知られており，雄で多く見られる闘争行動が去勢 castlation によって見られなくなることや，逆に testosteron や androgen の投与によって闘争行動が亢進されることから，男性ホルモンが影響しているものといわれる[6,7].

b. 飼育密度

一般に，動物が一定の環境条件（一定の空間，一定量の食物の供給など）で飼われた場合，個体群の増殖の仕方はS字型曲線 sigmoid curve をえがく

ことが知られている．これは，増殖によって個体群がある一定の密度に達すると，それ以後では増殖のスピードが抑えられるためで，密度の増大が動物の増殖に対して不利な条件を作り出すことによるためとみられる．

乳癌の多発系であるRⅢ系マウスで飼育密度と乳癌発生との関係を観察したAlbert[8]の実験では，1ケージ当たり25匹飼育群では13.5％，2匹飼育群では73.7％であったと述べ，25匹群で少ない理由として，群居による社会的ストレスの増加が卵巣機能を低下させ，卵巣除去の場合と同様な効果をもたらしたものであろうと述べている．

一方，マウスの闘争系統であるAKの白血病発生率は個別飼育群のほうが5～6匹の群飼育群より高く，また，動物間の社会的順位から見ると，優位の個体は劣位の個体よりも低い発生率を示し，その理由として，群居による動物間の社会的ストレスの増加はACTHの分泌を介してcortisoneの分泌を高め，cortisoneは白血病の発生を抑制する効果をもっているためと推察されている．他方，社会的順位の影響については，優位個体は劣位個体にくらべてtestosteroneの分泌量が多く，testosteroneは白血病の抵抗性に関係があるため，優位個体の白血病の発生が抑えられるとしている[9]．

感染病の発生率も飼育密度が大きくなると増加することが報告されている．その原因としては，高飼育密度における動物間の社会的ストレスの増加がcortisone分泌の増加をもたらし，cortisoneは抗炎症作用をもつために，不顕性感染病を顕性化したり，各種の微生物の病原性発揮を容易にさせる役割を果たし，その結果，動物の病気や感染を起こしたり，悪化させると考えられている[10]．

Alloxanによるラットの糖尿病の発生率やX線照射による死亡率も，個別飼育群より群飼育群のほうが高いことも報告されている[11]．

ケージ内における動物の飼育密度は飼育動物の成長にも影響し，マウスの4匹区と8匹区について成長を比較した成績では，4匹区が8匹区にくらべて著しく優れた成長を示し，しかも4匹区の成長はよくそろったが，8匹区の成長は不ぞろいであったと報告されている[12]．

動物の群居は繁殖能力にも影響を及ぼし，密度の増加はその群における産卵率，産子率の低下を起こし，死亡率を増大させることが明らかにされている[13]．

群居と発情周期oestrous cycleとの関係については，マウスが群居した場合，多くの個体において規則的な発情周期が起こらなくなり，それらを個別飼育すると急速に周期性が回復したという報告も見られる[14]．一方，雄の繁殖能力に及ぼす群居の影響については，雄を集団で飼育した場合，雄間で激しい闘争が行われ，その結果，睾丸や副性器において退行性変化を起こすことが明らかにされている[15]．

雄の臭いが雌の繁殖機能に影響を及ぼすことについても研究され，雌マウスだけをケージ内に長く飼っておくと，発情周期が不規則になり，ついには発情が抑制され，偽妊娠pseudopregnancyの自然発生率が高くなることが観察されている[16]．しかし，このような雌の集団の中に雄を直接導入した場合，あるいは，雄を金属性のバスケットにとじ込めて（雌との直接の接触をさける）雌と同居させた場合のいずれにおいても発情が急速に回復し，発情周期が規則的に繰り返されるようになることが明らかにされている[17,18]．

c. 異種動物間の関係

マウスとネコを同一の室で飼育すると，マウスの性周期が不規則になるといわれる．また，気管支敗血症菌は，モルモットでは気管支炎を起こすが，ウサギでは感染は成立するが，他の微生物との混合感染の状態がないと症状が発現せず，いわゆる不顕性感染の状態になるといわれる．もし，このような不顕性感染のいる室に新しく導入した本菌のいないモルモットを入れると，感染して発症することになる．実験動物には，このような種間に共通した感染病があるので，異種動物を同一室に収容することを避けるべきである．

また，飼育室の温度条件は，ウサギではマウス，ラットよりも低温でよいといわれるので，これらの動物を同一の室におくことは環境温度の面から見ても好ましくない．

そのほか，動物種，系統，性などの違いによる臭気の違いも精密な実験には影響する可能性がある．たとえば，BALB/cの雌では，同系あるいは異系の雄の近接に対して50％の妊娠阻止反応が起こることが知られており，とくに精密を要する実験には，系統ごとに分けて飼育する必要さえある．

d. ヒトとの関係

実験動物は飼育管理作業を通じ，また，実験処理あるいは実験手段を通じ，ヒトとの接触が行われている．

実験動物がヒトの接触を通じて，心理的・生理的にどのような反応を示すのかは明らかではないが，動物には飼育管理者の人柄が現れ，優しい取扱いをする者と，粗雑な取扱いをする者の間には，それぞれの動物間に違いがみられることも経験されている．たとえば，5か月にわたって全く死亡例のなかったモルモットのコロニーにおいて，飼育者の休暇のため別の飼育者が交替して2週間管理したところ，4匹の死亡（明確な死因は見出されなかった）が起こり，前飼育者が復役後には死亡は全くとまったこと[19]や，幼若期のラットや成熟期のラットにおいて，取扱いがよい場合にはそれが体重増加や骨の発達によい影響を与え，ストレスに対する抵抗性を高めたという報告[20]がある．

ラットの血液検査にあたって，ケージを飼育棚から実験台におろして1分以上も経過して採血した場合には，血糖値，焦性ブドウ酸，乳酸は有意に増加し，エーテル麻酔後採血した場合のこれらの測定値は，さらに著しく増加する．また，プロラクチン，甲状腺刺激ホルモン，黄体ホルモン，卵胞刺激ホルモン，コルチコステロイド，トリヨードサイロニン，サイロキシンは，ケージを実験台に移して100秒以後に採血した場合には，移動前の1.5〜5倍に増加することなどが明らかにされ，内分泌系，循環器系，あるいは代謝に関係した血液検査の場合には，ケージに接触してから100秒以内に採血すべきであるとしている[21]．

e. 消化管内菌叢との関係

ヒトや動物の皮膚や粘膜には極めて多数，多種の細菌が生息し，いわゆる菌叢（フローラ flora）を形成している．とくに腸内では細菌の数，種類とも多く，ヒトの糞便を例にとれば，その細菌数は100兆

表 3.5 腸内主要細菌群の鑑別

菌 群	グラム染色性	形 態	好気性発育	芽 胞	主要発酵産物
乳酸菌群					
Lactobacillus	+		+	−	乳酸
Bifidobacterium	+		−	−	酢酸＋乳酸
Streptococcus	+		+	−	乳酸
嫌気性菌群					
Bacteroidaceae	−		−	−	各種
嫌気性 curved rods	−		−	−	コハク酸，酪酸
Eubacterium	+		−	−	各種
Peptococcaceae	+		−	−	各種
Veillonella	−		−	−	酢酸＋プロピオン酸
Megasphaera	−		−	−	カプロン酸＋酪酸
Gemmiger	−		−	−	
Clostridium	+/−		−	+	各種
Treponema	−		−	−	
好気性菌群					
Enterobacteriaceae	−		+	−	
Staphylococcus	+		+	−	
Bacillus	+		+	+	
Corynebacterium	+		+	−	
Pseudomonas	−		+	−	
酵母	+		+	−	

個，種類にして100種にも及び，摂取した食物成分や消化管に分泌される内因性物質を利用して，常に増殖しては排泄されている．

腸内菌叢（腸内フローラ intestinal flora）の構成は，動物種，日齢などの生理的要因，飼料，飼育施設などの飼育環境によって変動し，それは当然，腸内菌による代謝生成物にも影響を及ぼすので，その結果，宿主の生理機能から病態にまで極めて大きな影響を及ぼすことになる．実験動物においては，保有する腸内菌叢が，毒性や薬効の成績を左右する重要な要因となっている．

i) 腸内菌叢の動物種差 腸内菌叢として検出される菌群は，*Lactobacillus*（乳酸桿菌），*Bifidobacterium*（ビフィズス菌），*Streptococcus*（レンサ球菌，最近，*S. faecalis*, *S. faecium* 等は，*Enterococcus* 属に分類されるようになった．）などの乳酸菌群と，*Bacteroidaceae*, 嫌気性湾曲状桿菌，*Eubacterium, Peptococcaceae, Veillonella, Megasphaera, Gemmiger, Clostridium, Treponema*（スピロヘータの一種）などの嫌気性菌群，*Enterobacteriaceae*（大腸菌を含む腸内細菌科），*Staphylococcus*（ブドウ球菌），*Bacillus*（枯草菌を含む有芽胞好気性菌），*Corynebacterium*（コリネバクテリウム），*Pseudomonas*（緑膿菌によって代表される

表 3.6 各種動物の糞便菌叢（光岡）[22,23]

菌 群	サル	ニワトリ(盲腸)	ブタ	イヌ	ネコ	ミンク
合 計	10.7±0.4(5)	10.9±0.2(5)	10.8±0.4(5)	10.8±0.2(5)	10.2±0.2(5)	9.8±0.2(5)
Bacteroidaceae	10.1±0.4(5)	10.6±0.2(5)	10.3±0.8(5)	10.3±0.3(5)	9.7±0.4(5)	7.6±1.5(5)
Eubacterium	10.0±0.6(5)	10.2±0.3(5)	9.2±1.0(5)	9.9±0.4(5)	9.4±0.5(5)	8.4±0.1(5)
Peptococcaceae	9.8±0.4(5)	9.9±0.1(5)	9.8±0.3(5)	9.6±0.5(5)	9.6±0.1(5)	0 (0)
嫌気性彎曲状桿菌	9.4±0.2(2)	0 (0)	9.4±0.3(5)	8.8±0.7(2)	9.0 (1)	0 (0)
Bifidobacterium	9.8±0.5(5)	9.1±0.9(5)	9.0±0.5(5)	9.2±0.8(5)	0 (0)	0 (0)
Lactobacillus	8.9±0.7(5)	9.5±0.5(5)	9.9±0.4(5)	9.6±0.6(5)	5.2±1.5(4)	6.1±0.1(5)
Veillonella	5.5±1.9(2)	0 (0)	0 (0)	0 (0)	0 (0)	0 (0)
Clostridium	0 (0)	0 (0)	6.9±1.0(4)	9.0±0.7(2)	9.2±0.4(5)	7.4±1.1(5)
紡錘菌	0 (0)	0 (0)	0 (0)	0 (0)	0 (0)	0 (0)
Spirochaetaceae	10.2 (1)	0 (0)	9.5±0.8(3)	0 (0)	7.3 (1)	0 (0)
Enterobacteriaceae	7.2±1.0(5)	7.0±0.4(5)	8.1±0.1(5)	8.1±1.0(5)	7.9±0.4(5)	9.6±0.1(5)
Streptococcus	7.3±1.4(5)	7.1±0.5(5)	7.9±1.0(5)	9.9±0.4(5)	8.5±0.4(5)	9.2±0.3(5)
Staphylococcus	4.2±0.5(5)	6.8±0.7(5)	3.5±1.1(3)	3.4±0.8(4)	6.8 (1)	5.7±0.8(4)
Corynebacterium	0 (0)	8.6 (2)	6.5±0.5(2)	0 (0)	0 (0)	0 (0)
Bacillus	6.6 (1)	6.4±1.2(5)	6.4±0.9(5)	0 (0)	0 (0)	0 (0)
酵 母	4.5±1.4(5)	4.2±1.1(5)	4.2±0.1(2)	3.4±0.7(4)	3.4±1.6(2)	5.7±0.4(5)

菌 群	マウス	ラット	ハムスター	モルモット	ウサギ	ウマ
合 計	10.7±0.3(5)	10.4±0.2(5)	10.3±0.2(5)	9.5±0.2(5)	9.7±0.2(5)	9.0±0.4(5)
Bacteroidaceae	10.5±0.3(5)	9.9±0.2(5)	9.9±0.4(5)	8.5±0.7(5)	9.6±0.2(5)	7.2±1.6(5)
Eubacterium	9.1±0.7(5)	9.5±0.3(5)	0 (0)	8.1±0.4(5)	5.6±1.0(2)	7.7±0.3(3)
Peptococcaceae	8.9±0.2(2)	9.3±0.3(5)	9.7±0.2(5)	9.1±0.3(5)	8.3±1.0(5)	6.8±2.4(5)
嫌気性彎曲状桿菌	8.9±0.5(3)	9.5±0.4(5)	9.2±0.5(5)	8.7 (1)	8.6±0.3(5)	8.3±0.4(5)
Bifidobacterium	7.1±1.2(4)	8.2±0.8(5)	9.0±0.3(5)	8.8±0.3(5)	7.8 (1)	8.5±0.8(5)
Lactobacillus	9.5±0.4(5)	9.6±0.3(5)	9.7±1.2(5)	8.2±0.7(5)	0 (0)	7.7±0.5(5)
Veillonella	0 (0)	4.5±0.3(5)	4.5±0.5(5)	2.6±0.3(3)	0 (0)	4.6±0.4(5)
Clostridium	8.6±0.5(4)	2.1 (1)	0 (0)	0 (0)	2.3 (2)	7.5±0.4(5)
紡錘菌	9.8±0.5(5)	9.2±0.5(5)	9.6±0.7(5)	0 (0)	0 (0)	0 (0)
Spirochaetaceae	7.5±0 (1)	0 (0)	0 (0)	0 (0)	0 (0)	7.6±0.5(5)
Enterobacteriaceae	4.7±1.2(5)	5.3±1.4(5)	6.3±0.7(5)	6.4±1.6(5)	3.5±1.3(4)	5.5±1.0(5)
Streptococcus	5.6±0.9(5)	8.2±0.6(5)	5.1±1.5(5)	6.9±1.8(5)	3.6±0.6(3)	8.5±0.8(5)
Staphylococcus	4.8±0.7(5)	5.8±1.3(5)	4.8±0.6(5)	7.3±0.7(2)	3.4 (1)	3.8±0.6(5)
Corynebacterium	0 (0)	0 (0)	0 (0)	8.3±0.2(4)	4.6±0.4(2)	3.9±0.4(2)
Bacillus	3.5±0.4(4)	0 (0)	4.4 (1)	7.9±0.4(5)	0 (0)	6.1±1.0(5)
酵 母	0 (0)	0 (0)	0 (0)	2.4 (1)	4.3 (1)	2.8±0.2(4)

糞便1g当たりの菌数の対数値の平均±標準偏差，( ) 内は検出個体数

兆発酵性グラム陰性桿菌), 酵母などの好気性菌群に大別される.

健康な通常成熟動物の腸内菌叢について糞便を材料として検索した成績は表3.6のように動物種によって特徴あるパターンをもっている[22,23].

一般に, 成熟した哺乳動物および鳥類の糞便菌叢で最優勢を構成するのは, *Bacteroidaceae, Eubacterium, Peptococcaceae*, 嫌気性湾曲状桿菌などの偏性嫌気性菌と *Lactobacillus* または *Bifidobacterium* などの乳酸菌であり, *Enterobacteriaceae, Streptococcus* は中等度の菌数しか出現しない. 乳酸菌として *Bifidobacterium* が最優勢菌を構成するのは, ヒト, サル, モルモット, ニワトリなどビフィズス動物で, ブタ, マウス, ラット, ハムスター, ウマ, イヌでは *Lactobacillus* が最優勢でビフィズス菌は少ないラクトバチルス動物である. なお, ウサギ, ウシ, ネコ, ミンクなどの動物は *Bifidobacterium* も *Lactobacillus* も極めて少数か全く検出されない. つぎに, 各動物種の糞便菌叢パターンの特徴を挙げておく.

サル: 成人に極めて似た菌叢を呈するが, 成人よりも *Bifidobacterium* と *Lactobacillus* の菌数が高い.

ニワトリ: ニワトリの盲腸便の菌叢パターンを菌群レベルで見るとサルの菌叢に似ているが, 菌種レベルではかなり違う. 直腸便の菌叢は単純で, *Lactobacillus* が最優勢で *Enterobacteriaceae* と *Streptococcus* が随伴する.

ブタ: *Bacteroidaceae, Peptococcaceae, Eubacterium* が最も優勢で, ついで *Bifidobacterium*, 嫌気性湾曲状桿菌, *Enterobacteriaceae* などが出現する.

イヌ: *Bacteroidaceae, Eubacterium, Peptococcaceae* が最優勢で, ついで *Clostridium, Streptococcus, Lactobacillus* が優勢菌群として出現し, *Enterobacteriaceae* は $10^6 \sim 10^7$/g 程度である.

ネコ: イヌに似ているが, *Clostridium* の菌数がさらに高く, *Lactobacillus* は減少し, *Bifidobacterium* は全く検出されない. しかし, 最近, 異なった環境で飼育されたネコの糞便を検索した成績では, *Lactobacillus* および *Bifidobacterium* が優勢菌群として検出されている[24].

ミンク: *Enterobacteriaceae* 最優勢という極めて特有な菌叢を呈し, ついで *Streptococcus, Eubacterium, Bacteroidaceae, Clostridium* が優勢菌群として検出される. また, *Staphylococcus*, 酵母の菌数もかなり高い.

マウス: *Bacteroidaceae* が最も優勢で, *Eubacterium*, *Lactobacillus* がこれにつぎ, *Enterobacteriaceae* は 10^4/g, *Streptococcus* は 10^6/g 程度しか出現しない. *Bifidobacterium* は個体によって検出されない. なお, *Bacteroidaceae* の中には, マウス, ラットなどげっ歯類に特有の *Fusiform bacteria* が含まれているが, この菌は芽胞をもつものが多く, 将来 *Clostridium* に分類すべきものと考えられる.

ラット: マウスに似ているが, *Eubacterium, Peptococcaceae*, 嫌気性彎曲状桿菌, *Lactobacillus* の菌数はさらに高くなって *Bacteroidaceae* とともに優勢菌叢を構成する. *Bifidobacterium, Streptococcus* の菌数もマウスより高く, かなり優勢に出現する. *Enterobacteriaceae* の菌数もマウスより高い.

ハムスター: *Bacteroidaceae, Peptococcaceae* が最も優勢で, ついで *Bifidobacterium*, 嫌気性湾曲状桿菌, *Lactobacillus* が優勢に出現する. *Streptococcus* および *Enterobacteriaceae* は $10^5 \sim 10^6$/g 程度出現する.

モルモット: *Peptococcaceae* が最も優勢で, ついで *Bifidobacterium, Bacteroidaceae, Enbacterium* が出現し, *Lactobacillus, Streptococcus* も $10^7 \sim 10^8$/g 程度出現する. また飼料に由来すると考えられる *Bacillus* および *Corynebacterium* も $10^7 \sim 10^8$/g 程度出現する.

ウサギ: *Bacteroidaceae* が圧倒的優勢で, ついで *Peptococcaceae* および嫌気性湾曲状桿菌が 10^8/g 程度出現するが, 他の菌の出現はこれよりはるかに少数である.

ウマ: 嫌気性湾曲状桿菌が最優勢で, ついで *Bacteroidaceae, Eubacterium, Peptococcaceae, Spirochaetes, Lactobacillus, Streptococcus, Clostridium* などが 10^7/g 程度, *Enterobacteriaceae, Bacillus* が $10^4 \sim 10^6$ 程度出現する.

以上は, いずれも通常成熟動物についての成績であるが, 最近, SPFマウス, ネコ等を検索したところ, 著しく異なった菌叢を保有するものもあることが明らかになった. それについては後述する.

また, ヒトの糞便菌叢の構成は他の動物とはかなり異なっている. 参考までにその成績を表3.7に示

す．すなわち糞便1g当たりの総菌数は，対数値として平均11.2/gを数え，他の動物よりかなり高い．菌叢構成を細菌群に分けてみると，最優勢菌叢を構成するのは *Bacteroidaceae, Eubacterium, Peptococcaceae, Bifidobacterium* などの嫌気性菌であり，これに対し，*Enterobacteriaceae, Streptococcus* は，常に検出されるが，総菌数の1/100以下にすぎない．また，*Lactobacillus, Veillonella, Clostridium, Megasphaera* は個体によって優勢に出現することがある．

さらに，健康成人10例の糞便から分離された菌株を菌種レベルで同定した成績では27菌属101菌種以上に及び，偏性嫌気性菌は，13菌属71菌種以上が検出され，そのうち，20％以上の検出率で分離された菌種を菌数の高い順であげると表3.8のようになる．実験動物についても腸内菌叢を菌種レベルで検索することができるが，菌種の同定不能のものが多

表 3.7 健康成人の腸内菌叢（Mitsuoka *et al.*）[25]

腸内フローラ	健康成人（42名）
Total counts	11.2±0.2
Bacteroidaceae	10.9±0.2 (100)
Eubacterium	10.4±0.4 (100)
Peptococcaceae	10.2±0.3 (100)
Bifidobacterium	10.0±0.8 (100)
Veillonella	7.4±1.2 (78.6)
Megasphaera	9.0±0.5 (33.3)
Curved rods	9.7±0.5 (23.8)
Clostridium perfringens	4.4±1.2 (45.5)
Clostridium-other	9.5±0.5 (66.7)
Lactobacillus	5.8±2.1 (90.5)
Enterobacteriaceae	7.8±0.8 (100)
Staptococcus	7.9±1.4 (100)
Staphylococcus	3.1±0.7 (78.6)
Corynebacterium	5.3±2.2 (35.7)
Yeasts	3.9±1.6 (42.9)

a）：糞便1g当りの菌数（対数値）の平均±標準偏差
b）：検出率（％）

表 3.8 健康成人10例の糞便から分離された菌種，菌型

菌　種	菌数の対数の平均値±標準偏差	検出率	菌　種	菌数の対数の平均値±標準偏差	検出率
Bacteroides unlgatus	10.5±0.6	100	*Fusobacterium russi*	8.5±0.2	20
Bifidobacterium adolescentis	10.3±0.5	100	*Clostridium ramosum*	8.3±0.5	40
Bacteroides uniformis	10.1±0.7	30	*Streptococcus intermedius*	8.0±1.2	40
Bacteroides duccae/oris group	10.0±0.3	60	*Clostridium* spp.	7.4±1.8	100
Bacteroides distasonis	9.9±0.4	90	*Clostridium tertium*	7.4±2.3	30
Bifidobacterium longum	9.9±0.4	70	*Escherichia coli*	7.2±1.3	100
Bacteroides fragilis	9.9±0.3	60	*Klebsiella pneumoniae*	6.8±0.6	50
Peplostreptococcus spp.	9.9±0.4	20	*Lactobacillus salivarius*	6.8±0.3	40
Bifidobacterium bifidum	9.7±0.4	60	*Lactobacillus gasseri*	6.7±1.2	70
Eubacterium aerofaciens	9.6±0.9	100	*Enterobacter aerogenes*	6.6±1.0	20
Peptostreptococcus productus	9.5±0.7	50	*Citrobacter freundii*	6.5±0.8	40
Bifidobacterium spp.	9.5±0.6	20	*Lactobacillus reuteri*	6.1±1.6	30
Bacteroides thetaiotaomicron	9.4±1.2	70	*Streptococcus* spp.	6.0±2.1	50
Bacteroides spp.	9.4±0.6	70	*Streptococcus bovis*	5.8±2.1	20
Clostridium clostridiiforme	9.4±1.3	40	*Streptococcus faecalis*	5.7±1.7	90
Eubacterium rectale	9.4±0.2	30	*Clostridium paraputrificum*	5.3±1.0	50
Bacteroides putredinis	9.4±0.1	20	*Clostridium cochlearium*	5.3±0.3	30
Bacteroides furcosus	9.4±0.1	20	*Corynebacterium* spp.	5.1±0.1	20
Eubacterium spp.	9.3±0.3	70	*Clostridium perfringens*	5.0±1.7	70
Fusobacterium mortiferum	9.3±0.7	50	*Clostridium beijerinckii*	4.9±1.8	50
Fusobacterium varium	9.3±0.3	40	*Streptococcus faecium*	4.8±1.8	70
Eubacterium lentum	9.2±0.7	50	*Clostridium butyricum*	4.7±1.7	30
Peptococcus spp.	9.2±0.7	40	*Streptococcus durans*	4.6±1.7	40
Peptostreptococcus micros	9.1±0.7	30	*Bacillus subtilis*	4.2±1.8	90
Ruminococcus gnavus	9.9±0.1	20	*Candida albicans*	4.1±1.0	50
Clostridium innocuum	8.7±0.4	70	*Pseudomonas aeruginosa*	4.0±1.2	40
Megasphaera elsdenii	8.7±0.8	50	*Candida* spp.	3.0±0.9	20
Ruminococcus spp.	8.7±0.8	30	Filamentous fungi	2.2±0.2	20
Mitsuokella multiacidus	8.6±0.6	40			

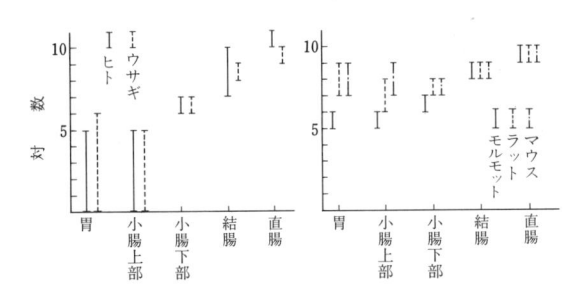

図 3.16 ヒト，ウサギ，モルモット，ラット，マウスの消化管各部位の内容 1 g 当たりの総菌数の比較（Drasar and Hill[27]より作図）

い．

ii）各種動物の消化管各部位の菌叢 消化管部位別に分けて菌叢を調べた成績は，内容 1 g 当たりの総菌数は動物種によってかなり異なり，ヒトおよびウサギの消化管上部の総菌数は極端に低いのに対し，モルモット，ラット，マウス，ブタでははるかに高いことが明らかにされている（図3.16）．ヒトおよびウサギでは小腸下部から菌叢の著しい変換が起こる．大腸ではいずれの動物種においても菌数・菌種ともに最も多い．

図 3.17 は 20 種類の動物について，消化管各部位における菌叢を検索した Smith[28]の成績をグラフ化したものである．しかし，この検索では対象とする腸内菌は *Enterobacteriaceae, Streptococcus, Lactobacillus, Bacteroides*, 酵母, *C. perfringens* の 6 菌群に限定しており，しかも，*Bacteroides* として計数されていても，比較的培養しやすい菌種だけを対象としているので，反芻獣物やウサギの消化管内に生息するような培養しにくい菌種は当然培養・計数されていない．また，*Lactobacillus* として挙げている菌群のなかには *Bifidobacterium* も含めて計数されているので，*Lactobacillus*＋*Bifidobacterium* 数と解すべきである．さらに，*Enbacterium, Peptococcaceae, Clostridium*, 嫌気性湾曲状桿菌等，多くの動物の腸内で優勢菌を構成する菌群については明らかにされていない．

Lactobacillus（*Lactobacillus*＋*Bifidobacterium*）は，哺乳類および鳥類，とくに穀類を摂取する動物の上部消化管，場合によっては大腸に最優勢菌叢として検出される．しかし，草食動物および肉食動物では少数しか検出されず，変温動物で検出されることは希である．

Streptococcus は草食動物および肉食動物以外の温血動物ではかなり少数しか検出されないが，変温動物にも検出される．

酵母は，サル・ブタ・ラット・マウスに多数検出されるが，鳥類，草食動物，肉食動物にはあまり検出されない．また，ウサギおよびスナネズミには検出されない．

C. perfringens は肉食動物以外では少数または全く検出されない．ネコではとくに多く検出される．これは，イヌにくらべて肉の摂取量が多いためと考えられる．

Escherichia coli（大腸菌）は消化管全般にわたって検出されるが，とくに大腸に多い．しかし，ヒツジを除き，大腸内で最優勢菌叢を構成することはない．また，ウサギ，モルモット，スナネズミでは希にしか検出されない．

Bacteroides は大腸内においてのみ検出され，この部位で最優勢菌叢を構成することが多い．しかし，ウサギの胃および小腸，反芻動物のルーメンにはかなり多く生息し，しかも，Smith の方法では培養できない菌種が多いので，実際には，これらの動物種の消化管内にはさらに多くの *Bacteroides* が生息している．

Veillonella は，ウサギを除き温血動物の消化管各部に検出されるが，最優勢菌叢を構成することはない．ブタにおいては常に検出されるが，冷血動物には全く検出されない．

ウサギやヒトの腸内菌叢の構成は，他の動物種とかなり異なるが，その原因の一部は，解剖学的構造，生理機能，食性などによって説明できる．たとえば，ウサギの胃内容の酸度が高いことは，胃・小腸部位の細菌数が少ないことの理由の一つであろうと考えられる．それに対して，モルモットの胃における胃酸の分泌は弱いため，殺菌力も低いと思われる．その上，食糞性も腸内菌数に関係するであろう．

iii）腸内菌叢の変動要因 腸内菌叢は宿主の年齢や生理，食餌，飼育環境，薬物などによって変動する．

宿主の生理：腸管の生理や宿主の防御機構は，腸内菌叢の構成に影響を及ぼす．胃酸の分泌や腸蠕動は腸内菌の分布を決定する重要な要因であり，宿主が外界からのストレスなどによって胃酸の分泌は腸蠕動が止まると，大腸部位にいた菌が小腸内で異常

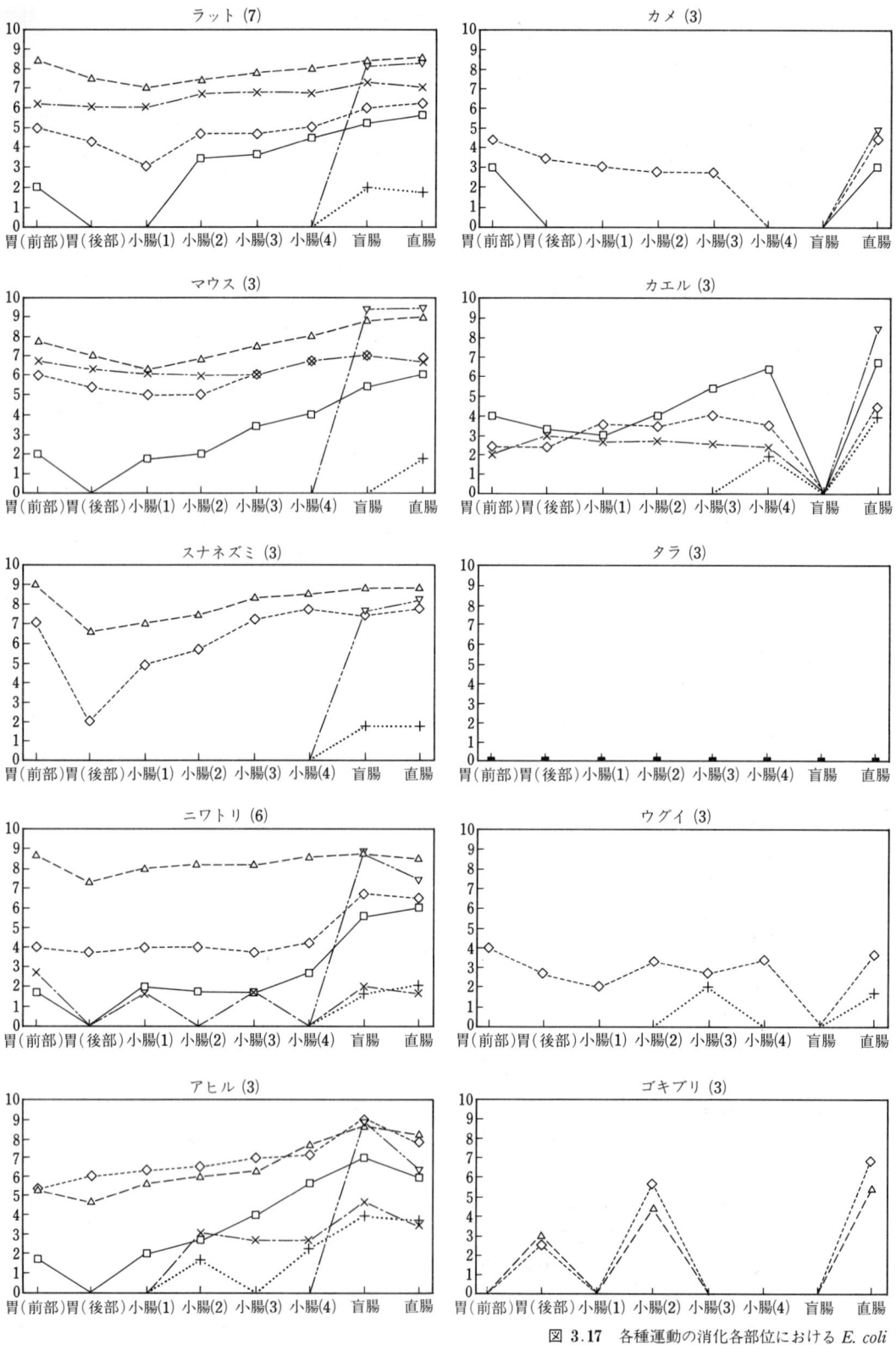

図 3.17 各種動物の消化各部位における *E. coli* 〇……〇, *Streptococcus* (◇……◇), *Lactobacillus* (△……△) の分布(縦軸は内容1g当りの生菌数の

3.1 環境が生体におよぼす影響

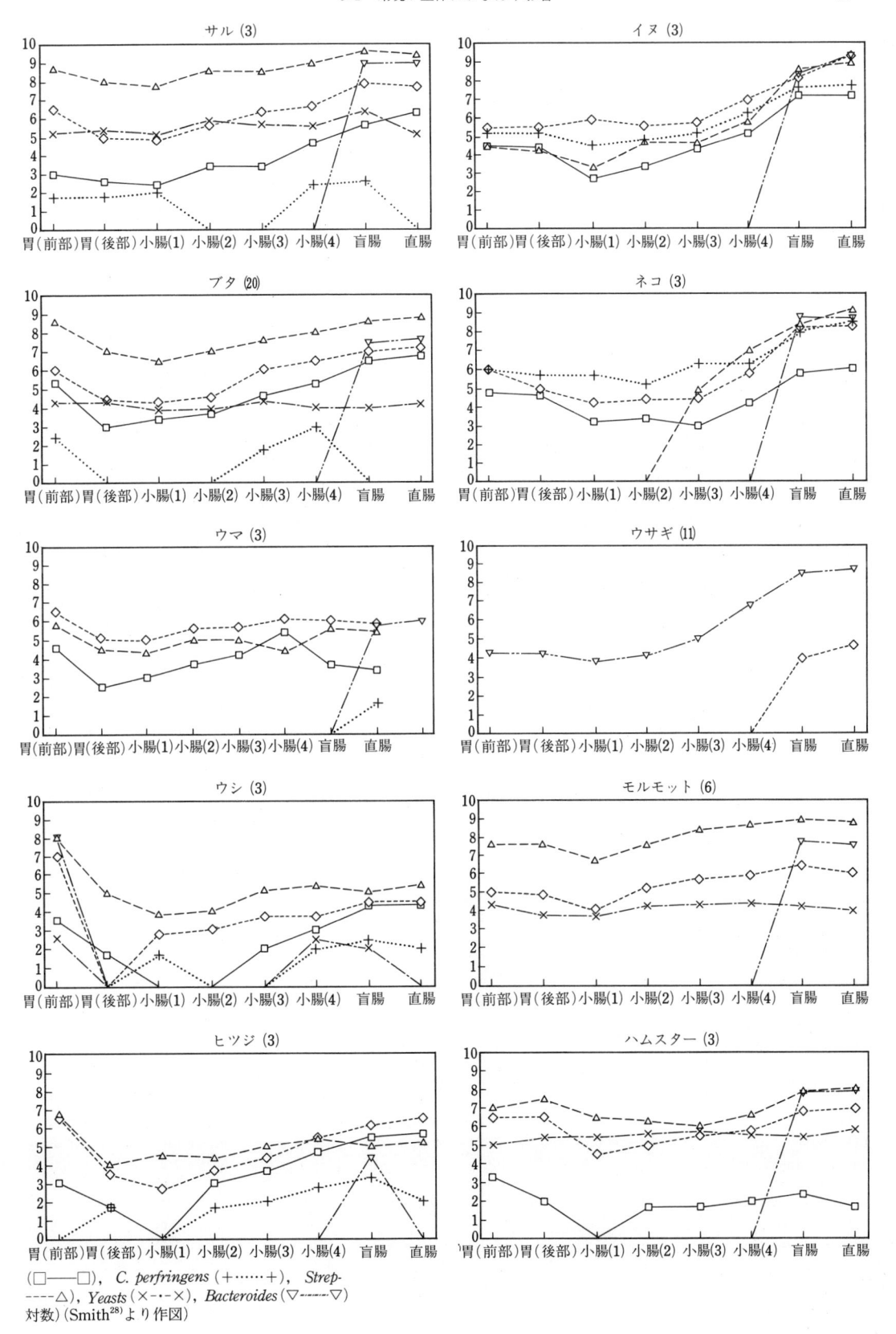

(□——□), *C. perfringens* (+……+), Strep-
-----△), *Yeasts* (×-·-×), *Bacteroides* (▽-----▽)
対数) (Smith[28]より作図)

増殖し，下痢などの症状が表れる．腸内菌叢に個体差や系統差がみられるのも，宿主の生理機能，あるいは体質と関係していると思われる．

食餌：腸内菌叢はかなり安定で，極端な食餌成分の変化がない限りあまり変動しない．しかし，食餌型の変化は，腸内代謝生成物に影響を及ぼすことが知られていることや，食餌パターンの全く異なるヒトの腸内菌叢が著しく異なったパターンを呈することから，腸内菌叢の構成は菌種レベルで見ればかなり変動すると推測される．

薬物：抗生物質など強い抗菌力をもった薬物を投与すると腸内菌叢のバランスは著しく撹乱される．

飼育環境：気温や湿度の急激な低下によって飼料摂取量は増加し，また，換気，採光，騒音などの要因も飼料の摂取量に影響するから，腸内菌叢の変動をもたらす．SPF動物は通常動物（コンベンショナル動物）とは異なった菌叢を呈するが，これについては後述する．

老化：老化によって生理機能が減退し，それによって腸内菌叢のバランスも変化する．老人では，*Bifidobacterium* が減少～消失し，若齢～壮年期に検出率・菌数とも少なかった *C. perfringens* が著しく増加し，*Enterobacteriaceae* や *Streptococcus* も増加してくる．イヌでも4歳以上の老犬では *Bifidobacterium* が検出されなくなる．

iv）**腸内菌叢の系統差・飼育環境差** 同一施設（A）で飼育されている異なった系統の通常マウスの腸内菌叢の構成には差異が認められている（表3.9）[29]，すなわち，NC系マウスではES培地に発育する *Enbacterium, Enterobacteriaceae, Bifidobacterium, Peptococcaceae* は全く検出されず，*Lactobacillus* の菌数は，他のいずれの系統よりも低い特徴的菌叢を呈する．C3HfおよびDBA/2マウスでは，*Bifidobacterium* および *Peptococcaceae* はまったく検出されない．また，C57BL/6マウスの *Bacteroidaceace* 菌数は他の系統より有意に高く，そのことはまた総菌数にも影響し，他の系統より高い．

一方，別の施設（B）で飼育されている通常マウスの腸内菌叢の構成では，DBA/2 Jms の *Streptococcus*，C57BL/6 Jms の *Bifidobacterium* は同一施設の他の系統より高く，C3H/He Jms の *Bifidobacterium* は1匹からしか検出されず，また，*Enterobacteriaceae* の菌数は系統差が著しい（表3.10）．また，*Acinetobacter* および *Corynebacterium* はB施

表3.9 A施設で飼育されている通常マウスの糞便菌叢(Itoh et al.)[29]

細菌群	マウス系統					
	ddOM-RW	C3Hf	C57BL/6	DBA/2	NC	CF#1
Enterobacteriaceae	5.0±0.5(7)[a]	5.2±0.7(7)	5.1±0.4(7)	4.0 (1)↓[c]	—[b] (0)↓	5.7±0.3(7)
Acinetobacters	4.7±0.6(7)	5.1±0.7(7)	5.7±0.4(7)	— (0)	3.1±0.2(4)	5.4±0.8(7)
Pseudomonas aeruginosa	— (0)	— (0)	— (0)	— (0)	— (0)	— (0)
Other gram negative aerobic rods	5.3 (1)	6.1±0.3(3)	4.5±1.1(5)	— (0)	4.9±1.3(4)	— (0)
Streptococcus	5.9±0.4(7)	5.6±0.3(7)	5.8±0.5(7)	6.3±1.1(7)	5.6±0.4(7)	7.9±0.3(0)↑
Staphylococcus	4.8±0.5(7)	3.3 (1)	3.6±0.6(4)	4.3±1.2(3)	3.8±0.7(4)	3.9±0.2(7)
Corynebacterium	— (0)	— (0)	4.4±1.3(2)	3.6 (0)	— (0)	— (0)
Bacillus	3.0 (1)	— (0)	3.0±0 (2)	3.5±0.6(6)	3.0±0 (1)	— (0)
Yeasts	— (0)	— (0)	— (0)	— (0)	— (0)	— (0)
Lactobacillus	9.5±0.4(7)	8.8±0.3(7)	9.1±0.4(7)	8.8±0.5(7)	7.8±0.9(7)	9.5±0.3(7)
Bifidobacterium	8.4±0.8(7)	— (0)↓	8.4±0.6(7)	— (0)↓	— (0)↓	8.8±0.6(7)
Eubacterium	8.4±1.2(7)	8.7±0.7(7)	9.1±0.4(7)	8.2±1.4(7)	8.7±0.8(5)	8.7±0.3(7)
Eubacterium on ES agar	7.8±1.1(7)	7.6±0.5(6)	8.7±0.2(7)	7.0±1.0(7)	— (0)↓	8.5±0.3(7)
Bacteroidaceae	10.4±0.2(7)	10.3±0.2(7)	10.7±0.2(7)↑	10.2±0.2(7)	10.4±0.3(7)	10.4±0.1(7)
Bacteroidaceae on EG agar	9.7±0.1(7)	9.9±0.3(7)	10.2±0.3(7)	9.7±0.2(7)	9.7±0.6(7)	9.3±0.3(7)
Peptococcaceae	9.1±1.3(7)	— (0)↓	9.8±0.2(7)	— (0)↓	— (0)↓	9.7±0.5(6)
Clostridium	8.9±0.6(4)	8.8±0.5(6)	9.0±0.5(6)	8.8±0.9(4)	9.2±0.6(6)	8.7±0.6(3)
Coiled form clostridia	— (0)	7.7±0.6(2)	7.7 (1)	— (0)	5.7±3.7(2)	9.0 (1)
C. perfringens	— (0)	— (0)	— (0)	— (0)	— (0)	— (0)
Anaerobic curved rods	9.0 (1)	9.0 (1)	9.2±0.2(2)	9.2±0.2(2)	9.0 (1)	9.0 (1)
Spirochaetaceae	— (0)	— (0)	— (0)	9.0 (1)	— (0)	— (0)
Fusiform bacteria	9.3±0.5(7)	9.3±0.3(7)	9.7±0.6(7)	9.9±0.3(7)	9.8±0.4(7)	9.7±0.3(7)
Total count	10.6±0.2	10.4±0.2	10.9±0.2↑	10.4±0.1	10.6±0.2	10.6±0.1

a）：糞便1g当りの菌数±標準偏差，カッコ内数値は該当する菌群を保有する個体数（検索個体数=7），b）：全例で検出されない，c）：他の系統または飼育コロニーと比較して統計的（菌数はt検定，検出率はχ^2検定）に5%以上の危険率で有意差：↓より低い，↑より高い

表 3.10 B施設で飼育されている通常マウスの糞便菌叢(Itoh et al.)[29]

細菌群	マウス系統					
	DDD/1	C3H/He Jms	C57BL/6 Jms	DBA/2 Jms	BALB/c	CF#1
Enterobacteriaceae	4.1±0.6(6)[a]	3.5±0.6(5)	4.8±0.8(6)	5.8±1.0(6)	3.3±0.3(6)	6.1±0.9(6)
Acinetobacters	—[b] (0)	— (0)	— (0)	— (0)	— (0)	— (0)
Pseudomonas aeruginosa	— (0)	— (0)	— (0)	— (0)	— (0)	— (0)
Other gram negative aerobic rods	4.8±1.3(3)	— (0)	3.2±0.2(2)	6.5±1.3(3)	— (0)	5.8±1.0(3)
Streptococcus	5.6±0.2(6)	5.3±0.7(6)	4.7±0.8(6)	6.8±0.4(6)↑	4.7±0.7(6)	5.9±0.6(6)
Staphylococcus	4.6±0.2(6)	4.0±0.7(4)	4.6±0.4(6)	4.7±0.5(6)	5.0±1.5(4)	5.1±0.5(6)
Corynebacterium	— (0)	— (0)	— (0)	— (0)	— (0)	— (0)
Bacillus	3.5±0.4(4)	3.2±0.4(4)	3.3±0.4(2)	3.3±0.4(2)	3.2±0.2(2)	4.3±1.8(2)
Yeasts	— (0)	— (0)	— (0)	— (0)	— (0)	— (0)
Lactobacillus	9.0±0.3(6)	9.4±0.4(6)	8.9±0.4(6)	9.7±0.1(6)	9.3±0.3(6)	9.2±0.3(6)
Bifidobacterium	7.3±0.5(5)	6.0 (1)	8.8±0.5(6)	6.5±0.8(5)	8.0±1.7(5)	6.9±1.7(5)
Eubacterium	7.1±2.2(6)	7.9±1.8(6)	8.9±0.4(6)	7.7±1.7(5)	8.5±0.5(5)	8.4±0.7(5)
Eubacterium on ES agar	6.2±1.9(4)	6.7±1.2(4)	7.4±1.7(6)	5.9±0.7(3)	6.1±0.8(4)	6.5±0.9(5)
Bacteroidaceae	10.5±0.1(6)	10.2±0.2(6)	10.5±0.2(6)	10.2±0.4(6)	10.4±0.3(6)	10.4±0.1(6)
Bacteroidaceae on EG agar	9.9±0.3(6)	9.7±0.2(6)	9.9±0.4(6)	9.6±0.4(6)	9.6±0.2(6)	10.0±0.2(6)
Peptococcaceae	9.0 (1)	8.0 (1)	9.1±0.5(6)	9.0 (1)	8.8±0.7(6)	9.1±0.2(5)
Clostridium	8.6±0.9(3)	8.7±0.5(5)	8.6±0.7(5)	7.7±1.6(6)	9.0±0 (5)	8.5±0.6(5)
Coiled form clostridia	— (0)	8.0 (1)	8.0±0 (2)	— (0)	— (0)	— (0)
C. perfringens	— (0)	— (0)	— (0)	— (0)	— (0)	— (0)
Anaerobic curved rods	— (0)	9.0 (1)	9.0±0.7(4)	8.8±0.9(5)	8.7±0.6(4)	8.0 (1)
Spirochaetaceae	— (0)	— (0)	9.0 (1)	— (0)	— (0)	— (0)
Fusiform bacteria	9.3±0.3(6)	9.7±0.6(6)	9.6±0.5(6)	9.8±0.7(6)	9.9±0.3(6)	8.7±0.6(6)
Total count	10.5±0.1	10.4±0.1	10.7±0.2	10.5±0.4	10.6±0.2	10.5±0.1

a),b):表3.9と同じ

設のマウスからはまったく検出されない.

　以上の成績は,同一施設で飼育されている通常マウスであっても系統によっては腸内菌叢の構成に差異がみられ,また,同一系統であっても,飼育施設が異なると腸内菌叢の構成に差異が認められることがあることを示している.

　近年,SPF動物が普及しているが,この動物は,無菌動物あるいは無菌動物に特定の微生物を定着させたノトバイオート動物をアイソレーターからバリア施設(SPF施設)に移し,常在菌叢を自然定着させて作出する.したがってSPF動物が保有する細菌の種類は,投与する細菌,あるいは飼育施設に存在する細菌によって異なるから,腸内菌叢の構成も生産施設によって異なることになる.

　B施設のSPFマウスの腸内菌叢を調べた成績によれば,同施設の通常マウスとはかなり異なっている(表3.11).たとえばCF#1マウスではBacteroidaceaeが検出されず,*Bifidobacterium*は他の系統より多く検出される.*Peptococcaceae*はDBA/2 Crのみに検出される.総菌数,*Bacteroidaceae*,*Bifidobacterium*はDBA/2 CrおよびBALB/c CrZで低く,逆に,C 3 H/HeJmsおよびC 57 BL/6 Jmsで高い.DBA/2 CrはBALB/c Crと同室で飼育され,C 3 H/He,C 57 BL/6 Jmsは別の室で飼育されていた.これらの成績は,SPFと通常マウスとでは,腸内菌叢の構成に著しい差異が認められ,一般にSPFマウスの腸内菌叢は単純で,通常マウスにくらべ菌の種類は少ない(表3.12)ことを示している.

　このような事実は,同一系統のマウスを使っても,異なった生産施設で飼育されているマウスでは,生理値や薬物の毒性・発がん性等が異なった結果が得られる可能性を示し,今後,SPF動物の腸内菌叢の標準化をはかる必要があると考えられる.

v) 腸内菌叢の代謝活性とその特徴　腸内菌叢を構成する細菌は数も種類も多く,したがって酵素の種類も多彩で,肝臓に存在する酵素の種類をはるかに上回り,活性も高いとされている.腸内菌叢による代謝としては,図3.18に示すように多岐にわたる.

　一般に,生体組織内,とくに肝臓における代謝が酸化と合成を主とし,グルクロン酸抱合や硫酸抱合などに見られるように,極性のある水溶性物質を生成するのに対し,腸内菌叢による代謝は還元と加水分解が主で,ニトロソアミンの合成や金属のアルキ

```
                    食餌・薬物
                   ストレス・外来菌
              ┌─────────┴─────────┐
         腸内菌叢の構成と代謝      宿主の機能と疾病
```

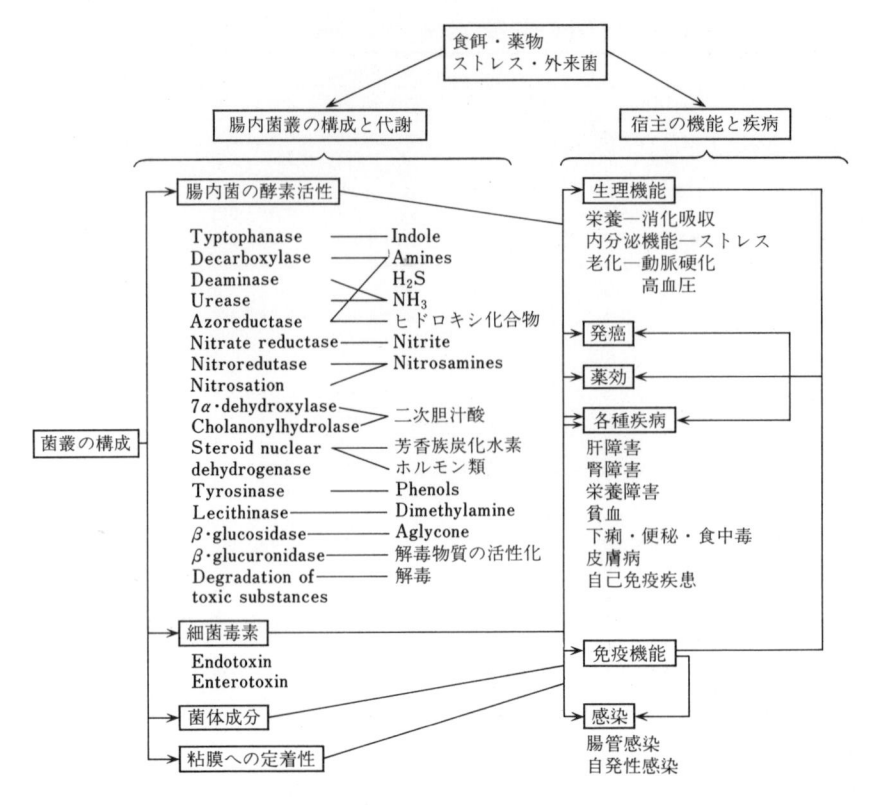

図 3.18 腸内菌の酵素活性と宿主

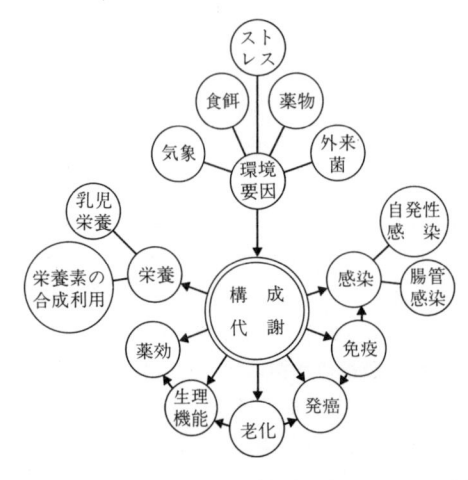

図 3.19 環境要因，腸内菌叢，宿主の関係

ル化の例を除けば合成はまれであって，非極性の脂溶性物質を生成する傾向が強く，このことが発がんや老化と関係深いことになる．

vi) 腸内菌叢の宿主に及ぼす影響　食餌，薬物，気象，外来菌，ストレスなど種々な環境要因や遺伝的素因によって腸内菌叢のバランスが変動するが，それとともに，腸内菌叢の代謝も影響をうけ，それがさらに宿主の健康にさまざまな影響を及ぼすことになる（図 3.19）．すなわち，腸内菌叢の代謝活性は宿主の栄養，薬効，生理機能，老化，発がん，免疫，感染に関係している．ある種の細菌によって作られる細菌毒素や菌体成分は宿主の免疫機能を修飾し，免疫能の促進にも抑制にも作用する．また，腸内菌によって発がん物質が作られたり，有毒物質が無毒化されたりして発がんに関係する．

　腸内常在菌の存在は，病原菌の腸管感染から宿主を守っていることは古くから知られている．しかし，一方，腸内常在菌のなかには病原性のあるものもあって宿主の老化，抗生物質，免疫抑制剤，制癌剤，副腎皮質ホルモンなどの投与，放射線治療などによって抵抗力が低下したとき，このような細菌が腸管から体内臓器に侵入して病原性を発揮し，いわゆる自発性感染を起こす．このようにして，腸内菌叢は宿主の健康維持から病気にまで関係している．

〔光岡知足〕

表 3.11 B施設で飼育されているSPFマウスの糞便菌叢(Itoh et al.)[29]

細菌群	マウス系統					
	DDD/1	C3H/Hc Jms	C57BL/6 Jms	DBA/2 Cr	BALB/c Cr	CF#1
Enterobacteriaceae	6.0±0.9(7)[a]	6.5±0.5(7)	6.1±0.4(7)	6.0±0.5(7)	5.9±0.4(7)	5.2±0.6(7)
Acinetobacters	—[b] (0)	— (0)	— (0)	— (0)	— (0)	5.0 (1)
Pseudomonas aeruginosa	4.8±0.5(4)	5.0 (1)	4.7±0.5(4)	4.4±0.9(5)	— (0)	4.1±0.5(4)
Other gram negative aerobic rods	— (0)	— (0)	— (0)	— (0)	— (0)	— (0)
Streptococcus	6.3±0.4(7)	5.6±1.1(7)	6.2±0.2(7)	6.2±0.6(7)	6.1±0.2(7)	5.8±0.2(7)
Staphylococcus	5.5±0.7(7)	5.4±0.3(7)	5.8±0.7(7)	6.0±0.8(7)	4.6±0.7(5)	4.9±0.7(7)
Corynebacterium	— (0)	— (0)	— (0)	— (0)	— (0)	— (0)
Bacillus	— (0)	— (0)	— (0)	— (0)	— (0)	— (0)
Yeasts	— (0)	— (0)	— (0)	— (0)	— (0)	— (0)
Lactobacillus	nuo±0.4(7)	9.2±0.4(7)	9.5±0.1(7)	8.7±0.4(7)	8.8±0.6(7)	9.1±0.5(7)
Bifidobacterium	8.1±0.7(4)	9.1±0.4(7)	9.7±0.3(7)	7.7±0 (2)	7.2±1.2(3)	10.3±0.2(7)
Eubacterium	8.1±1.0(3)	9.2±0.2(5)	8.9±0.6(5)	8.6±0.1(2)	8.7 (1)	8.0 (1)
Eubacterium on ES agar	— (0)	— (0)	— (0)	— (0)	— (0)	— (0)
Bacteroidaceae	9.9±0.2(7)	10.3±0.4(7)	10.3±0.2(7)	9.5±0.5(7)	9.7±0.6(7)	— (0)
Bacteroidaceae on EG agar	9.4±0.5(7)	10.1±0.2(7)	9.9±0.2(7)	9.1±0.7(7)	9.3±0.6(7)	— (0)
Peptococcaceae	— (0)	— (0)	— (0)	8.9±0.5(6)[c]	— (0)	— (0)
Clostridium	8.7±0.4(7)	9.2±0.2(7)	7.6±1.9(6)	8.7±0.5(7)	8.1±0.2(4)	7.1±2.4(7)
Coiled form clostridia	8.5±0.7(2)	9.0±0.1(7)	8.3 (1)	8.2±0.6(6)	8.3 (1)	8.4±0.9(5)
C. perfringens	— (0)	— (0)	— (0)	— (0)	— (0)	— (0)
Anaerobic curved rods	— (0)	— (0)	— (0)	— (0)	— (0)	— (0)
Spirochaetaceae	— (0)	— (0)	8.0 (1)	9.0 (1)	— (0)	— (0)
Fusiform bacteria	9.8±0.4(7)	9.7±0.2(7)	9.4±0.2(7)	9.6±0.2(7)	9.7±0.4(7)	9.3±0.4(7)
Total count	10.3±0.2	10.5±0.2	10.6±0.1	10.6±0.1	10.1±0.8	10.4±0.2

a), b), c): 表3.9と同じ

表 3.12 A施設通常コロニー，B施設通常コロニー，B施設SPFコロニーのマウスの糞便菌叢の比較(Itoh et al.)[29]

細菌群	A施設		B施設			
	CV colony (N=42)		CV colony (N=36)		SPF colony (N=42)	
Enterobacteriaceae	5.2±0.6	(29) ↓[a)c]	4.6±1.3	(35)	6.0±0.7 ↑	(42)
Acinetobacters	5.0±1.0	(32) ↑	—[b]	(0)	5.0	(1)
Pseudomonas aeruginosa	—	(0)	—	(0)	4.5±0.6	(18) ↑
Other gram negative aerobic rods	5.0±1.1	(13)	5.3±1.6	(11)	—	(0) ↓
Streptococcus	6.2±1.0	(42)	5.5±0.9 ↓	(36)	6.0±0.6	(42)
Staphylococcus	4.1±0.7 ↓	(26) ↓	4.7±0.7	(32)	5.4±0.8 ↑	(40)
Corynebacterium	4.1±1.0	(3)	—	(0)	—	(0)
Bacillus	3.2±0.5	(13)	3.4±0.6	(16)	—	(0) ↓
Yeasts	—	(0)	—	(0)	—	(0)
Lactobacillus	8.9±0.8	(42)	9.3±0.4	(36)	9.0±0.5	(42)
Bifidobacterium	8.5±0.7	(21)	7.5±1.3 ↓	(25)	9.1±1.1	(30)
Eubacterium	8.6±0.9	(40)	8.0±1.5	(33)	8.8±0.7	(17) ↓
Eubacterium ES agar	7.9±0.9 ↑	(34)	6.6±1.3	(26)	—	(0) ↓
Bacteroidaceae	10.4±0.3	(42)	10.4±0.3	(36)	9.9±0.5 ↓	(35)
Bacteroidaceae on EG agar	9.7±0.4	(42)	9.8±0.3	(36)	9.6±0.6	(35)
Peptococcaceae	9.5±0.9	(20)	9.0±0.5	(16)	8.9±0.5	(6) ↓
Clostridium	8.9±0.6	(29)	8.4±0.9	(26)	8.2±1.5	(38)
Coiled form clostridia	7.2±2.2	(6)	8.0±0	(3)	8.6±0.6	(22) ↑
C. perfringens	—	(0)	—	(0)	—	(0)
Anaerobic curved rods	9.0±0.1	(8)	8.8±0.7	(15)	—	(0) ↓
Spirochaetaceae	9.0±0	(1)	9.0±0	(1)	8.5±0.7	(2)
Fusiform bacteria	9.6±0.5	(42)	9.5±0.6	(36)	9.6±0.4	(42)
Total count	10.6±0.2		10.5±0.2		10.3±0.3 ↓	

a), b), c): 表3.9と同じ

文　献

1) 山中忠昭：マウスの社会的順位と成長. 実験動物, **2**, 44-45 (1953).
2) Winslow, C. N.: Observations of dominance-subordination in cats. *Pedogogical Seminary and J. Genetic Psychol.*, **52**, 425-428 (1938).
3) Uhrich, J.: The social hierarchy in albino mice. *J. Comp. Psychol.*, **25**, 373-413 (1938).
4) Scott, J. P.: Animal Behavior. Charles E. Tuttle Co., New York (1958) (永野為武訳, 法政大学出版局, 178 p.).
5) Christian, J. J.: Endocrine adaptative mechanisms and the physiologic regulation of population growth. Naval Medical Research Institute, Lecture and Review Series, No. 60-2, pp. 49-149 (1960).
6) Beeman, E. A.: The effect of male hormone on aggressive behavior in mice. *Physiol. Zool.*, **20**, 373-405 (1947).
7) Bevan, J. M., Bevan, W. and Williams, B. F.: Spontaneous aggressiveness in young castrate C3H male mice treated with three dose levels of testosterone. *Physiol. Zool.*, **31**, 284-288 (1958).
8) Albert, Z.: Effect of number of animals per cage on the development of spontaneous neoplasms. Husbandry of Laboratory Animals Conalty, M. L. (ed.), pp. 275-284, Academic Press, London & New York (1967).
9) Lemonde, P.: Influence of various environmental factors on meoplastic diseases. Husbandry of Laboratory Animals by Conalty, M. L. (ed.), pp. 255-274, Academic Press, London & New York (1967).
10) Christian, J. J. and Williamson, H. O.: Effects of crowding on experimental granuloma formation in mice. *Proc. Soc. Exp. Biol. Med.*, **99**, 385-387 (1958).
11) Ader, R.: The influence of psychological factors on disease susceptibility in animals. Husbandry of Laboratory Animals by Conalty, M. L. (ed.), pp. 219-238, Academic Press, London & New York (1967).
12) 武田　満：マウスの成長と繁殖に及ぼす飼育密度の影響. I. 同じ容積：異なる頭数(異なる密度). 実験動物, **8**, 101-104 (1959).
13) 宮地伝三郎, 加藤陸奥男, 森主一, 森下正明, 渋谷寿夫, 北沢右三：動物生態学, 536 p., 朝倉書店 (1961).
14) Andervont, H. B.: Influence of environment on mammary cancer in mice. *J. Nat. Cancer Inst.*, **4**, 579-581 (1944).
15) Christian, J. J.: Effect of population size on the weight of the reproductive organs of male mice in populations of fixed size. *Am. J. Physiol.*, **182**, 292-300 (1955).
16) Parkes, A. S. and Bruce, H. M.: Olfactory stimuli in mammalian reproduction. *Science*, **134**, 1049-1054 (1961).
17) Whitten, W. K.: The effect of removal of the olfactory bulbs on the gonads of mice. *J. Endocrinol.*, **14**, 160-163 (1956).
18) Whitten, W. K.: Effect of exteroceptive factors on the oestrous cycle of mice. *Nature*, **180**, 1436 (1957).
19) Lane-Petter, W: Some behavior problems in common Laboratory animals. *Brit. J. Anim. Behavior*, **1**, 124 (1953).
20) Weltman, A. S., Sackler, A. M. and Gennis, J.: Effects of handling on weight gains nd endocrine organs in mature male rats. *J. Appl. Physiol.*, **16**, 587-588 (1961).
21) Gärtner, K., Buttner, D., Döhler, K., Friedel, J., Lindena, J. and Trautschold, I.: Stress response of rats to handling and experimental procedures. *Lab. Animals*, **14**, 267-274 (1980).
22) 光岡知足：実験動物と腸内フローラ. 東京医学, **88**, 227-237 (1982).
23) 光岡知足：腸内菌の世界―嫌気性菌の分離と同定―, 叢文社 (1980).
24) Itoh, K., Mitsuoka, T., Maejima, K., Hiraga, C. and Nakano, K.: Comparison of faecal flora of cats based on different housing conditions with special reference to Bifidobacterium. *Lab. Animals*, **18**, 280-284 (1984).
25) Mitsuoka, T., Ohno, K., Benno, Y., Suzuki, K. and Namba, K.: Die Faekalflora bei Menschen. IV. Mitteilung: Vergleich des new entwickelten Verfahrens mit dem bisherigen üblichen Verfahrens zur Darmfcoraanalyse. *Zbl. Bakt. Hyg.*, *I. Orig.*, **A234**, 219-233 (1976).
26) 光岡知足：腸内フローラと生体. ビフィズス, **1**, 13-24 (1987).
27) Drasar, B. S. and Hill, M. J.: Human Intestinal Flora. Academic Press, New York, pp. 56-57 (1974).
28) Smith, H. W: Observation on the flora of the alimentary tract of animals and factors affecting its composition. *J. Pathol. Bacteriol.*, **89**, 95-122 (1965).
29) Itoh, K., Mitsuoka, T., Sudo, K. and Suzuki, K.: Comparison of faecal flora of mice based upon different strains and different housing conditions. *Z. Versuchstierk.*, **25**, 135-146 (1983).

3.2　環境要因のコントロール

現代の実験動物学領域においては，動物実験の精度を高め実験成績の信頼性を保証するために実験動物をとりまくさまざまな環境要因に注目し，これをコントロールすることが動物実験や動物生産の場で日常的に行われている．とくに医薬品の安全性試験実施基準(GLP)においては，チェックリストの中で表3.13のような環境条件の測定が要求されている[1,2]．実験動物の環境要因は物理，化学的要因と生物的要因に大別できる．それぞれの要因にはいくつかの環境因子が含まれており，それらは単独または複合して実験動物に影響を及ぼしている．一方これらをコントロールする側にもいくつもの要素が存在し，それらが複雑に絡んでいる．この両者の関係を明確に理解することが"環境要因のコントロール"を行う上で極めて重要であり，適切なコントロールの方法を生み出す原点になると考えられる．

コントロールの目標となる環境因子の基準値を見つけることは実験動物学領域における重要な研究課

表 3.13 GLP における環境条件の測定項目

	測 定 値	機器の有無
1. 温　度		
2. 湿　度		
3. 換気回数		
4. 照明度		
5. 騒　音		
6. 気　圧		
7. 空気清浄		
8. 振　動		

厚生省薬務局審査課監修：GLP 基準および毒性試験法ガイドライン解説，薬事日報社，p.79 (1984)

題であり，今日までに多くの研究者によって解明の努力がなされているが，実験動物の使用目的が多岐にわたっているため困難を極めている．厳密な考え方をすれば，動物実験を行う場合一つの研究テーマの中で，実験動物に特定の処置を施すことによって得られる情報が環境因子とどのような関わりをもち，どの程度の影響を受けているかを知るには，そのつど予備実験で確かめることが必要となる．しかし現実にはこのような方法を用いることは不可能であり，また研究の進展にも大きな障害となる．そこで基準値を定めそれに従って環境要因側の一定化を図り同一条件下で実験成績を評価する考え方がとられてきた．そのような状況の中でそれぞれの専門分野の研究者の努力によって環境因子ごとに研究成果が検討・整理され，わが国におけるガイドライン「実験動物施設の建築および設備・昭和58年度版」に環境条件の基準値（表 3.14）としてまとめられた[3]．

環境因子をコントロールする側の要素としては建物，設備，内部設備，施設の管理，運用が挙げられる．環境因子とそれをコントロールする側の要素との関係は表 3.15 に示す如くであり，物理・化学的要因の中で気候因子のコントロールには建物，設備，内部設備，管理，運用の広い範囲で多くの要素が直接関与している．住居因子，栄養因子では内部設備と管理，運用に関する部分が強く関わっている．生物的要因の中では微生物因子のコントロールには建物，設備，内部設備，管理，運用のすべての要素が直接関係している．異種生物因子，同種生物因子では管理，運用面のみの関与に限られている．このように両者の関係は環境因子ごとに極めて特徴的であり，その中でも気候因子と微生物因子をコントロールするためには実験動物施設の建設からその管理・運用に至る広い範囲で関連する多くの要素に注目し，何らかの手立てを講じる必要がある．それゆえにこの二つの因子が実験動物の環境要因のコントロールに関する要になると考えてよい．

表 3.14 実験動物施設における環境条件の基準値

環境要因 \ 動物種	マウス　ラット　ハムスター　モルモット	ウサギ　サル　ネコ　イヌ
温　度	20～26℃	18～28℃
湿　度	40～60%（30% 以下 70% 以上になってはならない）	
換気回転	10～15 回/時	
気流速度	13～18 cm/秒	
気　圧	静圧差で　5 mmH$_2$O　高くする（SPF バリアー区域） 静圧差で 15 mmH$_2$O　高くする（アイソレーター）	
塵　埃	クラス 10000*（動物を飼育していないバリアー区域）	
落下細菌	3 個以下**　（動物を飼育していないバリアー区域） 30 個以下　　（動物を飼育していない通常の区域）	
臭　気	アンモニア濃度で 20 ppm を越えない	
照　明	150～300 ルクス（床上 40～85 cm）	
騒　音	60 ホンを越えない	

注）　*：米国航空宇宙局の分類によるクラス分け．
　　**：9 cm 径シャーレ 30 分開放（血液寒天 48 時間培養）
実験動物施設基準研究会編：ガイドライン実験動物施設の建築および設備・昭和 58 年版，清至書院 p.53 (1983)

(1) 物理・化学的要因のコントロール

a. 気候因子

i) 温度, 湿度 実験動物の飼育環境としての温度, 湿度の基準値は, これまでの報告で動物種間に違いが見られる(表3.16, 3.17). わが国のガイドラインの基準値はマウス, ラット, ハムスター, モルモットでは20～26℃, ウサギ, サル, ネコ, イヌでは18～26℃とし, 湿度はすべての動物種で40～60%としている. 温度に関しては山内ら[4,5]はマウス・ラットの繁殖成績, 摂餌量, 摂水量, 臓器重量, 血液性状の測定と特定の薬物を用いた急性毒性試験を各種温度, 湿度条件下で実施し, マウス, ラットともに20～26℃の範囲ですべての測定項目で有意差のないことを報告している(図3.20). また毛のないヌードマウスでは22～26℃の範囲で有意差のない成績が得られている[6]. 動物飼育室の環境温度は, 上述の如く実験成績を参考に実験動物の使用目的に応じて設定すべきであり, 実際には省エネルギーや飼育室内でのヒトの作業環境も考慮して, わが国では一般に23～24℃に保たれている場合が多い. 欧州では室温が20℃前後に設定されている例もある[7].

表3.17にまとめられた湿度の基準値の中ではOECDの化学物質安全試験の基準値が30～70%と最も幅が広い. 1966年のわが国の基準案[8]では45～55%と幅は狭いが, 1983年のガイドラインでは40～60%に広がり30%以下, 70%以上になってはならないと注釈がつけられている. 要するに動物飼育室内では, 極端に片寄った湿度条件は実験動物の健康状態や生理的反応に種々の影響を及ぼすことが予測されるので極力避けるべきである. 動物飼育室内の温湿度基準値が世界各国で一致しないのは各国の気候風土の違いによることや, 基準値そのものが設計上の目標値である場合と, 上下限を示す許容範囲である場合の如く解釈上の相違によるためである. 重要なことは温湿度の設定値の振れ幅を小さくし, 変動周期をゆるやかにして動物への影響を軽減することである.

動物飼育室の温湿度は空調方式と自動制御方式の選択, 建物の断熱性, 外気の影響の軽減できる室配置等の効果的な組み合わせで変動範囲を小さくできる. 方法の詳細は専門書[9,10]を参照されたいが, その中で温湿度の制御精度の点で優れているのは露点制御方式である. しかしこの方法は年間を通して温冷熱源を必要とするため運転経費は高くなる. 経済性の面からは冬期に温熱源, 夏期には主として冷熱源を用い春, 秋の中間期のみ温冷熱源を補助的に併用する方式が推奨できる. いずれの場合も加湿用蒸気は必要となる.

飼育室内に設置された飼育装置や飼育棚は室内の温湿度分布を不均一にし[11,12], 飼育ケージの形状や材質, ケージ内の床敷交換の頻度, すなわち床敷の汚れがケージ内の温湿度条件を微妙に変化させることが考えられる[13]. 飼育室内へのヒトの頻繁な出入りも室内の温湿度を乱す原因となる.

動物飼育室内の温度, 湿度は日常的に監視, 記録し実験条件の一つとして把握すべきである. 外気の温度と湿度を記録することで空調システムの運転に有用な情報を得ることができる. 温湿度測定装置には原理的に異なるいくつかのものがあり[14], それぞれの装置で機構に違いが見られるので使用に当たって注意が必要である. これらの装置は定期的に保守点検を実施し感知する温度, 湿度の精度管理に努めることが大切である. また温度, 湿度が変動許容範囲

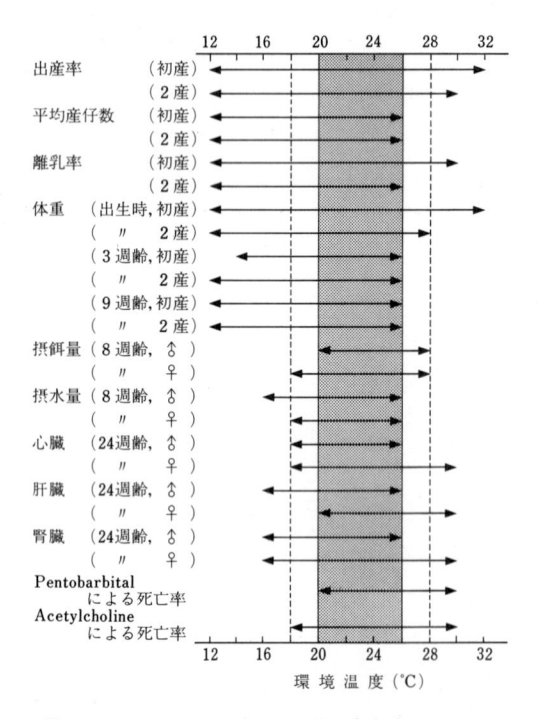

図3.20 ICRマウスの各種測定値に有意差の認められなかった温度範囲
(山内忠平: 実験動物の環境と管理, 出版科学総合研究所, p.49(1985))

表 3.15 環境要因のコントロールに関連する各種の要素とその度合（高橋）

環境		コントロールする側の要素	建物・設備		内部設備		管理・運用			
			基本計画	設計・施工	飼育設備	洗浄・滅菌設備	施設運営	動物管理	設備管理	エネルギー管理
物理・化学的要因	気候因子	温度・湿度	○	◎	○		△	△	◎	○
		風量・風速・気圧	○	◎	○		△		◎	○
		騒音・振動	○	◎	○		△	○	◎	
		照明	○	◎	○		△	△	◎	○
		臭気	○	◎	○		△	○	◎	○
		塵埃	○	◎	○		△	○	◎	○
	住居因子	飼育棚	△		◎	○	△	◎		
		ケージ・床敷	△		◎	○	△	◎		
		給餌器・給水器	△		◎	○	△	◎		
	栄養因子	飼料・水	△		◎	○	△	◎		
生物的要因	微生物因子	病原体	○	○	◎	◎	△	◎	○	○
		常在菌	○	○	◎	◎	△	◎	○	○
	異種動物因子	ヒト	△				○	◎		
		動物種	△				○	◎		
	同種動物因子	収容密度	△		△		△	◎		
		社会性	△				△	◎		
	被験物質		○	◎	○		△	○		

◎：直接的(強)　○：直接的(弱)　△：間接的

表 3.16 各種資料による温度の基準

動物種	ASHRAE[1]	ILAR[2]~[6]	日本の基準案[7] (1966 年)	GV-SOLAS[8]	OECD[9]	MRC[10]
マウス	23-25°C	21-27°C	21-25°C	20-24°C	19-25°C	17-21°C
ラット	23-25	21-27	21-25	20-24	19-25	17-21
ハムスター	—	21-23	21-23	20-24	19-25	17-21
モルモット	22-23	21-23	21-25	16-20	19-25	17-21
ウサギ	21-24	16-21	21-25	16-20	17-23	17-21
ネコ	24-25	18-29	21-27	20-24	—	17-21
イヌ	21-24	18-29	21-25	16-20	—	17-21
サル	24-26	25-26	21-27	20-24	—	—

実験動物施設基準研究会編：ガイドライン実験動物施設の建築および設備・昭和58年版, p.46, 清至書院(1983)

表 3.17 各種資料による湿度の基準

動物種	ASHRAE[1]	ILAR[2]~[6]	日本の基準案[7] (1966 年)	GV-SOLAS[8]	OECD[9]	MRC[10]
マウス	45-50%	40-70%	45-55%	50-60%	30-70%	40-70%
ラット	45-50	40-70	45-55	50-60	30-70	40-70
ハムスター	—	40-70	—	50-60	30-70	40-70
モルモット	45-50	40-70	45-50	50-60	30-70	40-70
ウサギ	45-50	40-60	—	50-60	30-70	40-70
ネコ	45-50	30-70	45-55	50-60	—	40-70
イヌ	45-50	30-70	45-55	50-60	—	40-70
サル	75	40-60	45-55	50-60	—	—

実験動物施設基準研究会編：ガイドライン実験動物施設の建築および設備・昭和58年版, p.46, 清至書院(1983)

を超えた場合上下限共に異常値をキャッチし，それが警報として設備管理技術者，動物管理技術者に迅速に伝達されるシステムが実験動物施設運用上で必要となる．温度，湿度コントロールに関与するその他の項目として設備管理とエネルギー管理が挙げられる．前者は空調設備機器の日常的な保守点検の内容，たとえば送風機能の停止につながる空調機のファンベルトのゆるみやベアリングの摩耗，エネルギーの供給停止の要因となる温冷水配管のストレーナの目詰まり等些細な現象を的確にとらえられるような点検を実施することが望まれる．後者は空調設備の運転に必要なエネルギーの安定供給の問題としてとらえられる．

ii) 風量，風速，気圧 動物飼育室内の風量，風速，気圧は相互に関連をもっており，コントロールにあたっては主として空調設備の設計とその管理・運用面で工夫を必要とする部分が多い．給気側の風量は室内の換気回数に応じて決められる．ガイドラインに示された1時間当たり10～15回の換気量では室内の容積に対して，1時間当たり10～15倍量の空気を送り込むことになる．空調機は運転開始後の経年変化による性能低下を見越して送風能力を決めるべきである．除菌フィルターが設置されている場合は使用中の目詰まりで送風量が減少するので，定風量装置を設け安定した風量を確保すべきである．空調設備運転中は定期的に風量測定ができるようダクトに測定穴を設けるとよい．風量の著しい低下は室内の温度，湿度分布をも悪くするので日常的な監視が望まれる．なお，山内[15]により動物飼育室の換気回数についての詳細な検討がなされており，今後より適正な基準値の設定が望まれている．

風速は飼育室内の各点において著しく異なる．吹出口や排気口周辺ではかなりの風速を感じるが動物が飼育されている空間ではゆるやかになる．室内の風速は吹出口の形状や大きさ，吹出口と排気口の配置を変えることによってコントロールできる．動物周辺の風速は飼育棚やケージの構造上の違いやヒトの動きによっても影響されるので，日常の動物飼育現場の状況を正確に測定することはかなり難しい．

気圧は室内への給気量と排気量のバランスの取り方によって決められる．実験動物施設では飼育室を中心とした気圧配置を設定して微生物コントロールに役立てている．飼育室は廊下よりも静圧を5 mmH$_2$O程度高くすることがガイドラインに示されている．飼育室の静圧を常時一定に保つためには空調設備の連続運転と室内の気密性保持が要求される．現実にはヒトの出入りが行われるため扉の開放時には一時的に静圧が低下するが前室等を設け直接外気が侵入しないような室配置を考えれば防げる．施設の管理・運用上で飼育室に隣接する各室では同時に2か所の扉を開けないことや開く回数を極力少なくするような手順を考えるべきである．

iii) 騒音，振動 動物飼育室の騒音，振動は実験動物施設の性能評価を目的とした測定値と動物飼育中のそれとに区別して考えるとよい．施設完成直後の性能としての騒音，振動は施設運転中のバックグラウンドとなり，さらには経年変化による増幅の恐れもあるため極力少なくするよう努力すべきである．この時点の騒音の目標値としては1966年の基準案[16]の最小値40ホンに近づけることが望ましい．環境騒音の評価手法は対象となる騒音源により異なっており[17]，室内騒音の評価には表3.18に示すNC値を参考にするとよい．動物収容時に飼育室内で発生する騒音は，動物自身が活動する際に発するものと飼育管理作業により発生するものがある[18]（図3.21）．前者はガイドラインに示された60ホンが目標値となるが，犬の鳴き声は大きいので逆に周囲の室に対する遮音にも注意を払うべきである．後者は施設の管理・運用上におけるヒトの作業の仕方によるところが大きく，日頃の教育で騒音発生の防止に

表3.18 各種室に対するNCの推奨許容量

室の種類	NC値
放送スタジオ	NC 15～20
音楽室	NC 15～20
劇場（500席，拡声装置なし）	NC 20～25
音楽室	NC 25
教室（拡声装置なし）	NC 25
テレビスタジオ	NC 25
アパート，ホテル	NC 25～30
会議場（拡声装置付）	NC 25～30
家庭（寝室）	NC 25～30
映画館	NC 30
病院	NC 30
教会	NC 30
裁判所	NC 30
図書館	NC 30
料理店	NC 45
運動競技場（拡声装置付）	NC 50

㈳日本音響材料協会編：騒音・振動対策ハンドブック，技報堂出版，p.46(1982)

心掛けることを徹底すべきである．

振動は実験動物施設の運転に起因し，連続的に発生するものを飼育室内で感じることがあってはならない．外因により突発的に発生する振動は，建物の構造上での手当を十分に行い断ち切るようにする．飼育管理作業上では，動物を収容した飼育棚の移動時や自動飼育装置稼動時に発生する騒音・振動を防止することが重要である．

iv) 照明 一般に，動物飼育室は無窓構造になっているため人工照明のところが多い．ガイドラインでは，照度が床上 40～85 cm で 150～300 ルクスとされている．飼育室内の照度は実験動物自身が感じる点での基準値が定められるべきであるが実際にはヒトの作業性の面から決められる場合が多い．室内の照度は飼育棚やケージの影響で動物周辺ではかなり減少する．照度のコントロールに関しては実験中の動物への影響を平均化することに努力し飼育棚の上段と下段の動物を入れ替えたり実験群ごとの動物を上下に配置する等動物の飼育管理上での配慮が必要である．照明時間については 12～14 時間の点灯が行われている．これらのコントロールは自動タイムスイッチによる場合が多いが，停電等により狂いを生じるため，この装置の電源を非常回路に組み入れるか日常的に監視しやすい場所に設置することが望ましい．

v) 臭気 山内[19]は動物種別に通常の飼育室における悪臭物質を測定し，表 3.19 の成績を得ている．この結果からも明らかなように，すべての動物種に共通して多い物質はアンモニアである．動物飼育室の臭気はアンモニア濃度で 20 ppm 以下とされている．飼育室全体のアンモニア濃度は，オールフレッシュの空調設備による換気回数とケージ，床敷交換の回数を増やすことにより減少し，空調設備のリターン量や収容動物数を多くすることで増加する．アンモニア濃度は，ヒトの感覚によってもある程度の判定ができる．動物飼育担当者が飼育室内の臭気が強いと訴えるときなどは換気回数が減少している場合が多く，空調設備のトラブルを発見することにもつながる．北川式アンモニアガス検知管を用いれば，日常簡単に空気中のアンモニア濃度を測定することができる．

vi) 塵埃 動物飼育室内の塵埃は，動物を収容しない状態すなわち施設のバックグラウンドとし

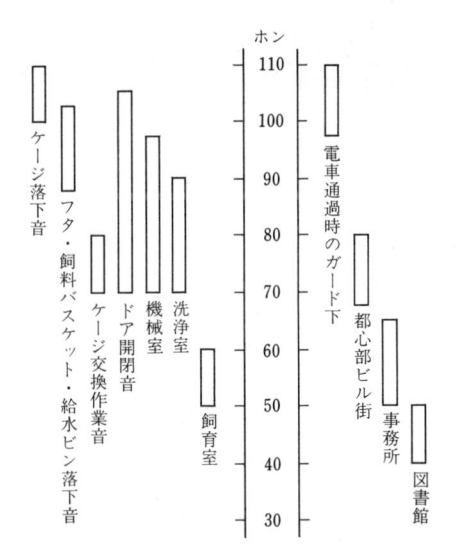

図 3.21 飼育管理作業により発生する騒音（山内忠平：実験動物の環境と管理，出版科学総合研究所，p. 97 (1985)）

表 3.19 動物種別飼育室と排気口における悪臭物質の測定例

	動物種	マウス	ラット	ウサギ	イヌ	ネコ	サル	総排気口
	面積 (m²)	9.6	21.6	86.4	21.6	12.6	14.4	$n=7$
	収容匹数	340	280	205	24	15	19	
悪臭物質	アンモニア (ppm)	19.0	1.8	26.7	24.7	15.0	23.7	2.5±0.7
	メチルメルカプタン (ppb)	0.1	0.1	0.1	2.6	1.7	0.8	0.07
	硫化水素 (ppb)	0.1	0.5	0.4	3.7	7.5	3.4	0.45±0.19
	硫化メチル (ppb)	0.2	0.2	0.6	1.6	0.8	0.3	0.06
	トリメチルアミン (ppb)	nd	nd	—	—	—	—	—
	スチレン (ppb)	nd	nd	—	—	—	—	—
	アセトアルデヒト (ppb)	nd	nd	nd	nd	nd	nd	nd
	二硫化メチル (ppb)	nd	nd	nd	0.6	0.4	nd	nd

月曜日，掃除前測定．各室とも 22±2°C，50±10%，換気回数 10 回/h
nd：検出できず　各数値は 3 回の平均値　—：測定せず
山内忠平：実験動物の環境と管理，出版科学総合研究所，p. 80 (1985)

て見た場合，その発生源は空調設備の運転に起因するものがものが多い．空調設備にプレフィルター，中性能フィルター，高性能フィルターを組み合わせて設置すると，外気からの粉塵はかなりの高率で除かれる．ガイドラインでは，動物飼育室の塵埃評価に米国航空宇宙局の分類を適用しクラス 10000 としている．外気由来の塵埃は動物実験施設の立地条件に左右されるので，必要に応じて設置するフィルターの選択が必要となる．動物飼育中に発生する塵埃は室内のあらゆる部分に付着し，さらに室外へ蔓延することが Sansone[20] らの蛍光物質を用いた実験から明らかになっている．動物飼育室内の塵埃をコントロールするには，空調システムに工夫を凝らして室内での乱気流の発生を防いだり風速を弱める努力をし，日常の管理・運用の中でケージ交換の頻度を高め動物の体毛や汚物の飛散を減らすとともに室内の壁，天井，床等の拭き取りによる掃除の徹底をはかることが必要となる．

図 3.22 地震による飼育棚の転倒防止方法

b．住居因子

i）飼育棚 動物飼育に用いられる棚には種種のものがある[21]．飼育棚は実験動物の環境要因としては間接的な関わり方をしているのでコントロールの対象となりにくい面もある．一般的には動物種や収容数に応じて棚の段数が決められている．構造的には上段と下段でなるべく温度差のつきにくいものや上段から下段へ汚物が落下しないものがよい．特に移動式の棚では高くしすぎると作業性が悪くなり移動時や地震により転倒の恐れがある．筆者らは地震に対して図 3.22 のような転倒防止策を講じている．飼育棚は材料の加工・仕上げ方法が悪いとヒトが作業中に怪我をしたり掃除・消毒が十分にできないことがある．固定式の自動飼育装置では裏側の掃除・消毒がしやすい配置を考えるべきである．バリアシステムではケージをセットした飼育棚ごとオートクレイブで滅菌する方法もとられている．

ii）ケージ，床敷 ケージ，床敷は動物にとっては専用個室でありベッドでもあるので最も身近な環境要因の一つに挙げられる．ケージの大きさと動物収容数について山内[22] はポリカーボネイトケージ（175×245×125mm）でマウスを 8～10 匹，ポリプロピレンケージ（310×360×175mm）でラットを 3～8 匹収容する，今日一般に行われている飼育方法が適正であると述べている．1 ケージ当たりの動物収容数が多くなると汚れも増えるのでケージ交換の間隔を短くすることも大切である．繁殖には出生直後の子の環境保持に適するとして平底ケージが使用される．金網ケージは汚物が溜まらないので動物をきれいに飼育できるが，長期間飼育すると足に傷がつきやすくなる．無菌動物は盲腸が肥大しているので狭いケージで飼育すると腸念転を起こしやすいという．どのタイプのケージが良いかは動物の使用目的に合わせて選ぶべきで，同一実験には同一仕様のケージを使用することが重要である．その他耐熱性や耐薬品性，耐久性，経済性などが，施設の管理・運用面からのケージ選定の条件になる．

床敷はカンナ屑を用いることが多いので，材質を吟味し実験に影響を及ぼさないものを選ぶべきである．最近では発売元で汚染物質の分析試験成績を明記している場合もある．床敷の使用にあたってはオートクレーブで滅菌を行うことが望ましい．床敷は塵埃の発生源にもなるので，常時床敷を取扱う器材準備室や汚物処理室では塵埃除去装置を設けるとよい．近年いろいろな面から床敷への関心が高まっている[23]．

iii）給餌器，給水器 給餌器は動物種や実験目的によって使用するタイプが異なる．ケージに装着するタイプとしてバスケット型や箱型がありケージ

内に置くタイプとして皿や容器のものがある．材質もアルミ，ステンレス，ガラス，プラスチックとさまざまである．給餌器は動物が飼料の摂取がしやすく，そのうえ動物の習性による飼料の掻き出しのしにくいものが良い．飼料の形状や実験目的に合わせて給餌器を改良することも大切である．

給水瓶にはガラス製とプラスチック製のものがあり，内容量はさまざまなものがある．ガラス製は破損の心配があるが，耐熱性のためオートクレーブによる滅菌が可能である．プラスチック製は熱に弱いが扱いやすいので一般には普及している．先管は金属またはガラス製のどちらかが使われている．先管内面は動物の口腔と直接接するので，汚れが溜まりやすい．ガラス製先管は汚れ具合が判断しやすい．先管の洗浄には超音波が有効である[24]．

自動給水装置は動物飼育管理上極めて便利なものであるが，取扱い上いくつかの点で注意が必要である．自動給水用ノズルは細かい部品が組み合わさって構成されており，動物の口から食物のカスが入り詰まりや漏れを生じやすいのでノズルの分解掃除やパッキングの交換を定期的に行うとよい．自動給水用配管は多くの動物が水を介して接触するので微生

表 3.20 実験動物用市販飼料の種類と組成

組成	動物種 飼料の種類	マウス・ラット・ハムスター					ウサギ・モルモット		イヌ	ネコ	サル
		飼育用	繁殖用	特殊繁殖用	長期飼育用	加熱減菌飼育用	飼育用	繁殖用	繁殖飼育用	繁殖飼育用	繁殖飼育用
一般成分	水　分(%)	7.0~8.3	7.0~8.2	7.0~8.4	7.0~8.2	7.0~8.4	7.0~7.4	7.0~8.3	7.0~9.0	6.0~9.0	7.0~7.9
	粗タンパク質(%)	20.8~25.3	21.3~28.9	27.4~29.2	18.0~20.1	24.0~24.3	17.6~21.9	20.7~24.6	21.0~27.9	31.2~32.9	20.4~28.2
	粗脂肪(%)	4.5~6.0	4.4~5.6	6.4~8.7	3.7~4.4	5.3~6.2	3.0~4.6	3.4~4.2	5.0~9.1	9.1~10.3	4.1~9.1
	粗繊維(%)	3.1~4.2	3.3~4.4	3.3~3.9	4.3~5.2	3.1~4.3	8.8~14.6	9.2~13.8	2.1~3.9	2.9~3.2	1.9~5.9
	粗灰分(%)	5.7~7.2	5.5~8.6	5.5~8.1	6.4~8.8	6.7~9.2	6.4~9.4	5.5~8.7	6.5~10.0	7.3~8.0	5.9~7.6
	可溶性無窒素物(%)	50.6~58.6	45.8~57.1	43.6~48.9	54.5~69.4	48.8~52.7	44.3~50.7	43.1~50.4	46.0~54.0	39.6~40.5	46.3~57.3
	カロリー(cal)	344.1~359.6	342.2~364.0	353.3~373.8	338.0~342.9	338.9~363.8	291.0~327.0	306.0~315.0	345.0~383.1	368.7~383.0	344.0~380.0
無機成分	カルシウム(g)	1.17~1.20	1.12~1.83	1.03~1.83	1.08~1.66	1.45~2.09	1.08~1.36	1.18~1.46	1.24~2.00	1.45~1.64	1.16~1.50
	リン(g)	0.75~1.13	0.77~1.41	0.85~1.27	1.03~1.20	1.11~1.44	0.54~0.71	0.54~0.61	0.95~1.60	1.18~1.25	0.81~1.12
	マグネシウム(g)	0.25~0.43	0.26~0.47	0.20~0.40	0.26~0.38	0.25~0.25	0.35~0.44	0.34~0.48	0.21~1.80	0.24~0.24	0.24~0.27
	カリウム(g)	0.52~1.09	0.52~1.01	0.61~1.08	0.48~0.81	0.63~0.71	1.10~1.82	1.50~1.70	0.74~0.84	0.71~0.85	0.82~0.97
	ナトリウム(g)	0.16~0.26	0.19~0.32	0.26~0.50	0.23~0.33	0.29~0.55	0.16~0.27	0.19~0.38	0.229~0.42	0.21~0.31	0.21~0.26
	マンガン(mg)	5.53~13.4	6.0~13.38	5.90~7.93	7.47~9.75	9.04~9.22	4.5~7.69	4.3~6.40	0.90~5.42	5.59~7.27	5.20~8.39
	鉄(mg)	12.2~35.4	16.7~38.9	21.9~40.0	14.0~20	14.0~30	21.2~50	22.2~40	15.1~90	22.4~46.0	15.4~38.0
	銅(mg)	0.5~0.79	0.5~0.87	0.60~1.11	0.83~1.0	0.50~1.34	0.3~1.01	0.3~0.95	0.3~1.20	1.00~1.38	0.4~2.07
	亜鉛(mg)	4.2~6.48	4.2~6.71	4.76~6.75	5.26~8.02	7.11~8.60	4.1~5.49	3.2~4.73	0.01~6.05	7.31~8.13	0.02~20.5
	コバルト(mg)	0.07~0.3	0.11~0.5	0.11~0.50	0.2~0.72	0.01~0.20	0.04~0.5	0.11~0.5	0.12~0.6	0.08~0.25	0.17~0.47
	ヨウ素(μg)	45.5	41.3	41.1	314.0	196.1	—	—	80~133.8	135.0	85.3
	Ca/P	1.05~1.47	1.22~1.45	1.21~1.62	1.05~1.33	1.30~1.45	1.56~2.52	2.09~2.39	1.20~1.53	1.23~1.31	1.21~1.43
	Ca/Mg	2.76~4.73	2.38~4.95	3.77~9.15	4.15~4.36	5.80~8.36	3.00~3.68	2.35~4.29	1.11~6.50	6.04~6.83	4.83~5.63
	K/Na	2.73~4.19	2.69~3.16	1.60~4.15	2.08~2.45	1.29~2.17	4.77~11.4	3.94~8.94	1.86~2.90	2.29~4.05	3.41~4.62

	成分	1	2	3	4	5	6	7	8	9	10
ビタミン	ビタミン A (IU)	880~1267	1200~1600	1180~1200	1000~1000	2000~2000	250~950	750~1200	610~1433	1510~2000	900~4000
	ビタミン D_3 (IU)	80~200	160~300	240~320	200~200	400~400	30~200	120~250	200~300	320~400	200~800
	ビタミン E (mg)	5.0~9.1	7.4~15	9.9~30	5~7.3	10~41.8	5~7.6	10.0~11.8	4~10.0	11.3~62.5	8.9~28
	ビタミン K_3 (mg)	0.04~1.0	0.08~1.0	0.16~1.0	0.5	2.5	0.02~0.5	0.1~1	0.10~1	0.16	0.1~1
	ビタミン B_1 (mg)	1~1.6	1.7~2.24	1.7~3.87	1~1.3	2~3.6	0.67~1	1.02~2	0.8~1.82	1.7~3.38	1.5~3
	ビタミン B_2 (mg)	0.93~1.3	1.4~2	1.9~3.0	1~1.4	1.8~2	0.78~1.08	1.68~2	0.5~2	0.8~2.65	1.3~3
	ビタミン B_6 (mg)	0.83~1.5	1.0~1.4	1.0~1.21	1~1.3	2~2.0	0.5~1.27	1.0~1.13	0.7~1	1.1~1.6	0.95~1.0
	ビタミン B_{12} (μg)	0.5~6.0	1~9.0	0.5~5.2	0.5~3.4	1~41.5	0.21~0.5	0.57~10	0.66~1	4.3~16.0	1~9.0
	ビタミン C (mg)	5.5~30	9.6~30	12~30	7	0	32.4~100	81.9~150	0~6.9	0~8.3	4.6~300
	パントテン酸 (mg)	1.6~3.8	2~8.5	4.3~10	1.6~3.7	3.2~3.5	3.0~3.46	4.52~8.5	1.4~8	1.9~5.44	4.0~10
	ナイアシン (mg)	5~19.4	5~20.0	12~14.4	5~11.3	10~13.1	9.75~14.6	10.2	8.35~10.2	10.6~11.4	7~11.9
	葉酸 (mg)	0.1~0.2	0.1~0.2	0.2~0.25	0.1~1.0	0.2~0.5	0.24~0.3	0.3~0.5	0.1~0.2	0.2~0.23	0.18~0.2
	コリン (mg)	100~240	100~320	150~390	100~169	200~311	150~210	150~280	100~255	294~410	150~310
	ビオチン (μg)	15.0~54.0	30~51.0	30~37.7	15~18.9	15.2~30	36.6~150	34.6~300	23.8~150	17.2~27.6	32.5~100
	イノシトール (mg)	10~65.3	10~55.5	80~183	10	20	80~219	80~218	50~120	30~156	80~388
アミノ酸	アルギニン (g)	1.29~1.70	1.35~1.87	1.78~2.27	1.38	1.66	1.09~1.29	1.33~1.53	1.00~1.82	2.04	1.76~1.98
	ヒスチジン (g)	0.52~0.62	0.57~0.84	0.71~1.18	0.52	0.57	0.43~0.48	0.53~0.64	0.50~0.72	0.68	0.62~0.69
	リジン (g)	0.99~1.44	1.31~1.83	1.68~2.47	1.06	1.36	0.89~0.90	1.19~1.22	0.90~1.96	1.83	1.59~1.95
	トリプトファン (g)	0.19~0.34	0.20~0.34	0.30~0.32	0.22	0.28	0.26~0.27	0.29	0.20~0.29	0.34	0.30~0.36
	フェニールアラニン (g)	0.88~1.09	0.87~1.33	1.34~1.58	0.80	1.02	0.81~0.85	0.94~1.05	0.80~1.19	1.36	1.15~1.16
	メチオニン (g)	0.30~0.52	0.56~0.69	0.19~0.54	0.28	0.70	0.29~0.32	0.39	0.3~0.94	0.66	0.51~0.71
	スレオニン (g)	0.68~0.98	0.68~1.18	1.17~1.38	0.67	0.79	0.65~0.76	0.74~0.94	0.70~1.11	1.27	1.03~1.08
	ロイシン (g)	1.46~1.86	1.46~2.29	2.30~2.86	1.40	1.74	1.26~1.34	1.35~1.70	1.60~2.12	2.40	1.92~2.09
	イソロイシン (g)	0.80~0.94	0.88~1.28	1.12~1.58	0.79	1.07	0.73~0.77	0.73~0.95	0.80~1.07	1.27	1.10~1.60
	バリン (g)	0.94~1.12	0.94~1.51	1.45~1.78	0.94	1.15	0.82~0.93	0.86~1.10	1.00~1.32	1.51	1.26~1.30
	セリン (g)	0.71~1.57	0.71~1.77	1.45	0.65	0.78	0.90	1.12	1.06~1.54	1.66	1.36
	プロリン (g)	1.33~1.53	1.57~1.77	1.83	—	—	1.08	1.27	1.79~2.04	1.98	2.00
	シスチン (g)	0.17~0.45	0.19~0.43	0.22~0.40	0.27	0.36	0.26~0.31	0.32	0.13~0.41	0.48	0.26~0.41
	チロシン (g)	0.51~0.84	0.61~0.99	0.87~0.89	0.80	0.75	0.54~0.55	0.61~0.67	0.63~0.90	0.92	0.71~0.88
	アスパラギン酸 (g)	2.28~2.36	2.41~2.79	2.95	—	—	2.16~2.32	2.61	2.10~2.55	3.10	2.83
	グルタミン酸 (g)	4.28~4.30	4.85~4.96	5.52	—	—	2.95	3.82	3.89~4.65	5.64	5.21
	アラニン (g)	1.30~1.39	1.50~1.66	1.46	—	—	0.95~1.02	1.17	1.57~1.74	1.86	1.53
	グリシン (g)	0.85~1.53	0.85~1.97	1.36~1.68	0.85	0.86	0.86~0.94	0.89~1.13	1.70~2.38	2.21	0.42~1.76

(飼料メーカー 3 社の 1991 年度カタログデータのまとめ)

物汚染の要因になりやすい．配管類は脱着しやすい構造にして部品の交換を定期的に行い，取り外したものは配管洗浄装置を用いて十分な洗浄を行うべきである．自動給水装置内の水はタイマーにより自動的に排水できるようにしておくと，水の滞留時間を短くしても汚染防止に役立つ．

動物住居因子として挙げられる飼育棚やケージ，給餌器，給水瓶は定期的に交換洗浄すべきである．洗浄にあたっては洗剤や洗浄方法を検討し効果が高く動物への害のないものを使用すべきである．滅菌はオートクレーブによる加熱滅菌が最も確実である．

c. 栄養因子

i) 飼料・飲水　実験動物にとって飼料は生命を維持するために必要な栄養源として不可欠なもののみならず使用者にとっても実験条件の一つとして重要な意味をもっている．飼料の条件の設定は実験動物の使用目的に合致して行われるべきものであり，それは実験動物の維持・繁殖や実験条件としての栄養補給および実験動物の栄養学的研究に分けて考えることができる．実際には市販飼料（表3.20）の中から実験目的に適したものを選んで使用されることが多い．現在の市販飼料は動物の生育には十分過ぎる栄養素を含んでおり長期飼育実験では太り過ぎが問題にされる場合もある．実験動物の自然発生病変との関係も重要視しなければならない．とくに安全性試験成績の信頼性保証を目的としたGLP基準においては飼料および水の管理（飼料の種類，飼料の輸送法，飼料の貯蔵法，飼料および飲水の分析—栄養成分，汚染物質（表3.21），微生物，試験責任者が必要と認めた分析項目等—）に関する記録が求められている[25]．微生物コントロールの面から飼料の滅菌を必要とする場合は，滅菌に適した飼料の選択と栄養素の破壊が少ない滅菌条件を選ぶべきである．

飲水は飼料と共に動物の体内に直接取り込まれるので水質のコントロールを十分に行わねばならない．水質基準に関する省令は昭和53年8月31日付け厚生省令第56号をもって表3.22の如く制定され，これに基づき上水試験方法[26]が決められている．検査は原水や浄水について毎年1回，毎月1回あるいは毎日行うものがある．採水場所は水道施設の構造，配管の状態を考慮して最も効果的な場所を選ぶように指摘されており，動物飼育室では自動給水ノズルのような配水管の末端がその対象となる．

（2）生物要因のコントロール

a. 微生物因子

実験動物と微生物の関係は医学・生物学の研究領域においては極めて重要な研究課題の一つである．これらの研究を進める上で共通して要求される手法として宿主をとりまく微生物環境のコントロールが挙げられる．これらの手法は研究の目的によって異なり，手法そのものが実験動物の微生物コントロールの証しを補うことにも使われる．そして実験動物の微生物コントロールを行うためには図3.23に示すような多くの要因が関与しているため，実験動物施設とその管理・運用システムの調和によって初めてより大きな効果が期待できる．

表 3.21　飼料中の汚染物質検査項目

総　水　銀	ヘプタクロール
カドミウム	パラチオン
鉛	マラチオン
総　ク　ロ　ム	アフラトキシンB_1
ヒ　　素	アフラトキシンB_2
B　H　C	アフラトキシンG_1
D　D　T	アフラトキシンG_2
アルドリン	P　C　B
ディルドリン	セ　レ　ン
エンドリン	亜硝酸根

（飼料メーカーの検査成績より），㈱船橋農場飼料分析試験成績書，㈱日本食品分析センター

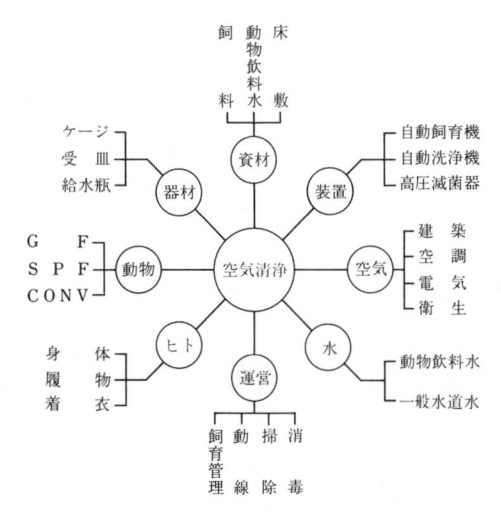

図 3.23　実験動物の微生物のコントロールに関わる要因（高橋原図）

表 3.22 上水道の水質基準

法第4条第1項第1号に掲げる要件	硝酸性窒素及び亜硝酸性窒素	10 mg/l 以下であること.
	塩素イオン	200 mg/l 以下であること.
	有機物等（過マンガン酸カリウム消費量）	10 mg/l 以下であること.
	一般細菌	1 ml の検水で形成される集落数が100以下であること.
	大腸菌群	検出されないこと.
法第4条第1項第2号に掲げる要件	シアンイオン	検出されないこと.
	水　銀	検出されないこと.
	有機リン	検出されないこと.
法第4条第1項第3号に掲げる要件	銅	1.0 mg/l 以下であること.
	鉄	0.3 mg/l 以下であること.
	マンガン	0.3 mg/l 以下であること.
	亜　鉛	1.0 mg/l 以下であること.
	鉛	0.1 mg/l 以下であること.
	六価クロム	0.05 mg/l 以下であること.
	カドミウム	0.01 mg/l 以下であること.
	ヒ　素	0.05 mg/l 以下であること.
	フッ素	0.8 mg/l 以下であること.
	カルシウム，マグネシウム等（硬度）	300 mg/l 以下であること.
	蒸発残留物	500 mg/l 以下であること.
	フェノール類	フェノールとして 0.005 mg/l 以下であること.
	陰イオン界面活性剤	0.5 mg/l 以下であること.
法第4条第1項第4号に掲げる要件	pH 値	5.8 以上 8.6 以下であること.
法第4条第1項第5号に掲げる要件	臭　気	異常でないこと.
	味	異常でないこと.
法第4条第1項第6号に掲げる要件	色　度	5 度以下であること.
	濁　度	2 度以下であること.

シアンイオン，水銀及び有機リンについての「検出されないこと.」とは，別表に定める方法により測定した場合において，その結果が当該方法の定量限界を下回ることをいう.
（厚生省環境衛生局水道環境部監修：上水試験方法，日本水道協会）

実験動物の微生物コントロールの方法は表3.23のように分類されている．コントロールの目的はオープンシステム（以下OSと略す），バリアシステム（以下BSと略す）では病原微生物による感染症の発生を防止することにあり，その考え方の根底に衛生管理[27]の思想が取り入れられている．アイソレータシステム（以下ISと略す）では実験動物を取りまく常在微生物のコントロールにそれが置かれている．

i） オープンシステム(OS) OSは実験動物を飼育するための最も単純な手法であり実験動物の微生物環境の積極的なコントロールには不適である．したがって研究機関ごとあるいは同一施設内の飼育室間においても，そこで飼育される動物の微生物環境に違いが見られるのは当然のことである．OSの特徴は実験動物の取扱い上での制約が少ないため多目的の研究に適しており，動物種別に管理がしやすいことである．反面常時病原微生物侵襲の危険性にさらされており長期の動物実験には適さない．しかしながらOSの飼育室でもSPF動物[28]を搬入し衛生管理に留意した飼育条件下では長期間にわたり健康な動物を維持することも不可能ではない[24]．動

表 3.23 実験動物の微生物コントロールの方法

飼育管理方式	実験動物の微生物学的グレード
Open System	通常動物
Barrier System	SPF動物
Isolator System	無菌動物　Gnotobiotes

高橋徳太郎

物の特性利用を優先し微生物コントロールのされていない通常動物を収容する場合は隔離，検疫，清浄化の手順を踏み微生物コントロールのレベルアップをはかるとよい．OS で飼育中の動物はいずれの場合も保有する病原微生物の種類を明確に把握し施設の管理・運用や実験成績の解析に役立てるべきである．

OS 飼育室は実験動物施設全体の中で微生物コントロールに関する位置づけを明確にし，病原微生物の侵入防止と封じ込めという二つの目的に関わる操作がしやすい設計とすべきである．室配置は動物の疾病発生防止を前提に全体配置を行い，その中に隔離性の高い飼育室を設置することが望まれる．飼育室の広さは動物種により異なるが，理想的には 1 飼育室・1 研究テーマの考えのもとに算出した動物数が収容でき，実験終了ごとに空室状態で掃除，消毒できるものがよい[29]．これらの考え方は施設の管理・運用面での衛生管理をやりやすくするために有用である．室内はシンプルな構造とし掃除・消毒の容易な材質で仕上げるべきである．空調設備は飼育室ごとに独立した系統とし，給気側には適切なフィルターを設置することで随時掃除・消毒がしやすくなり清浄空気の供給を容易になる．飲水は次亜塩素酸ナトリウムの添加や飼育室ごとに水フィルターを設けることで，水中の微生物の侵入や増殖を抑制することができる．内部設備としてはクリーンラックからフィルターキャップまで，飼育室内での微生物コントロールに効果的と思われる方法を採用すべきである．自動飼育機や自動給水装置は動物飼育管理上での省力化にはつながる反面，汚染源にもなりやすいので装置そのものの掃除，消毒が必要になる．OS 飼育室で使用する器材の洗浄・準備室にはいくつもの飼育室の器材が集合するためこれらの場所や設備が相互汚染の源になりやすい．器材準備室にオートクレーブを設置し OS 飼育室へ供給する器材の滅菌を行うとよい．

OS の管理・運用方法は微生物コントロールに強い関わりをもつため十分な検討を必要とする．実験動物施設全体の室配置の中で OS 飼育室の位置づけを明確にしヒト，動物，動物用品，被験物質の動線

表 3.24 オープンシステム飼育室の管理・運用方法

[1] ヒ ト
- 飼育室への微生物ランク別人員配置
- 施設内作業衣交換 1～2 回/日
- 飼育室入室時に施設内作業上衣の脱衣
- 飼育室前室で手指の洗浄，消毒
- 飼育室前室で専用の実験上衣，履物，帽子，マスク，手袋，靴下の装着
- 飼育室内手袋，履物の交換 1 回/週
- 飼育室内実験衣の交換 2 回/週
- 飼育室内帽子，マスク，靴下の交換毎日

[2] 動 物
- SPF 動物は輸送箱の外側を消毒後飼育室へもち込み開箱，動物をケージに分配
- CONV 動物はアイソレータ内に収容，健康観察と感染症検査で異常のないことを確認後飼育室へもち込む
- 飼育室でのケージ，床敷交換 2 回/週
- 飼育室での動物の健康観察 5 日/週
- 飼育室での飼料，給水瓶交換 2 回/週
- 飼育室外へもち出した動物の再もち込み禁止

[3] 動 物 用 品
- 飼料：保管庫に一定温度で保管→内袋のみ飼育室へもち込み前室で開封→専用容器に移し一時保管
- 床敷：保管庫で保管→オートクレーブによる加熱滅菌→器材準備室で開封→洗浄済ケージに分配→飼育室へもち込む
- ケージ類：洗浄室で汚物除去→水槽中で洗浄液に浸しバブリング→洗浄液除去→消毒液に浸す→ケージワッシャーで水洗→水切り→器材準備室に一時保管→使用時飼育室へもち込む
- 給水瓶：洗浄室で内容物除去→水槽中で洗浄液に浸す→ブラッシング→消毒液に浸す→ケージワッシャーで水洗→水切り→器材準備室で水を充塡→飼育室へもち込む
- 給水先管：洗浄室で洗浄液に浸す→超音波洗浄→消毒液に浸す→水洗→水切り→器材準備室
- 自動給水装置：配管内洗浄 1 回/日，給水ノズルの分解，洗浄，消毒 1 回/3 か月

[4] 掃 除・消 毒
- 飼育室：作業終了後床面，飼育棚，移動台等は消毒液によるふきとり，ホルマリン燻蒸は空室時に 1～2 回/年を目標に実施
- 器材準備室：作業終了後床面，机等は消毒液によるふきとり実施
- 廊下：午前中に床，壁は消毒液によるふきとり，夕方消毒液の噴霧，いずれも 5 日/週実施
- 洗浄室：作業終了時に床面，水槽等を消毒液で洗浄，消毒，夕方消毒液の噴霧，いずれも 5 日/週実施

と動線上での操作内容を確定し，それらが実行しやすい管理体制を作らねばならない．表3.24に筆者の施設におけるOS飼育室の管理・運用方法の実施例を示した．この中で特にOS飼育室の感染症検査成績のレベルに応じてヒトの作業分担範囲や実験者の利用範囲を限定し，動物用品の滅菌，飼育室・廊下の掃除・消毒の徹底，飼育室のホルマリン燻蒸，飼育ケージにフィルターキャップの装着等を実施することがOSの微生物コントロールには有用な手段であると考えられる．

ii) バリアシステム（BS） BSは外界と飼育室を結ぶいくつかの経路をあらゆる方法を駆使して遮断し病原微生物の侵入を防止することを前提に考案されたものである．BS飼育室では特定の病原体をもたないSPF動物を維持することが可能であり長期動物実験や実験動物の生産に最適な施設として使われている．BSは施設の建設や管理・運用面に膨大な経費を必要とするため設計の前提となる基本構想の立て方が重要なポイントになる．

BS飼育室を建設するにあたっては周辺の環境——特に病原微生物の発生源——に注意を払い，実験動物施設全体の中ではOS飼育室との間はできる限り離すようにし，別棟にするか同一建物内であれば階層別に配置する等の計画を立て病原微生物の侵入する機会を少しでも減らすように努力すべきである．BS飼育室の室配置は飼育室を中心に搬入側と搬出側のゾーンを設けヒト，動物，動物用品，被験物質の動線を考慮して決めるべきである（図3.24）．室配置のもつ意義は飼育室を中心とした清浄区域内での微生物コントロールをしやすくすることにあるが，管理・運用上では被験物質の種目別実験や室内の消毒操作を飼育室別に実施しやすくするという別の目的もあるので設計上での工夫を要する部分である．BSの代表的な室配置は図3.25に示すように2廊下方式のものが挙げられる．この場合各種動線は搬入側から搬出側への一方向に定めることが可能であり清浄区域と汚染区域を明確に区分できる．反面飼育室ごとに隔離性を高めることが難かしくホルマリン燻蒸による消毒操作は3室同時に実施しなければならない等の不便さがある．図3.26に示すような1廊下方式では搬入，搬出兼用廊下と飼育室の間をエアタイトドアで遮断することで飼育室は完全に隔離され飼育室ごとの掃除・消毒や修理が自在に実施

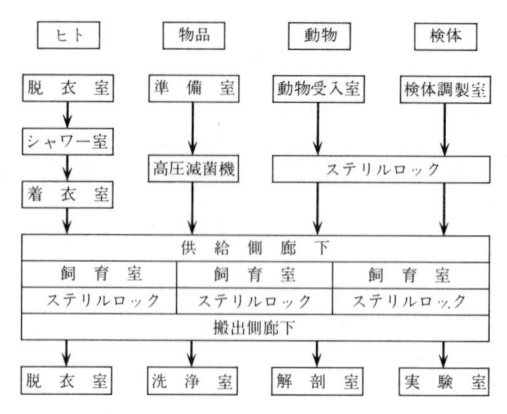

図3.24 BS飼育室の各種動線（高橋原図）

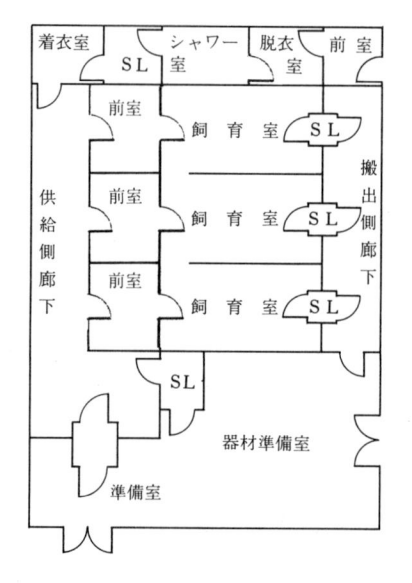

図3.25 BS飼育室の2廊下方式による室配置（高橋原図）

できる．しかし動線上で搬入側と搬出側の動線がクロスするため，清浄区域と外部の間に搬入用と搬出用のステリルロックを別々に設け，清浄廊下内での各種物質の時間差移動や密閉型運搬用具の使用等施設の管理・運用上での工夫が必要となる．一廊下方式に見られる搬入，搬出兼用廊下は従来からの考え方では清浄廊下，汚染廊下が混同するというイメージをもつが，元来BS飼育室内部は清浄区域内にあり，そこからの搬出物は微生物コントロールのレベルから見れば飼育室内と同等であるため搬出側の区域を汚染廊下と表現することは——後述の被験物質の場合とは矛盾するが——かならずしも適切と思わ

3.2 環境要因のコントロール

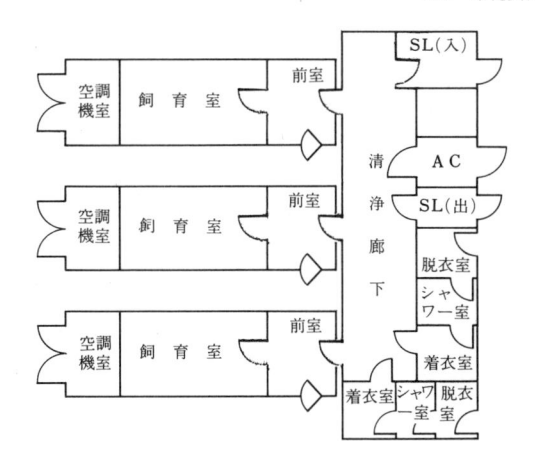

図 3.26 BS飼育室の2廊下方式による室配置(高橋原図)

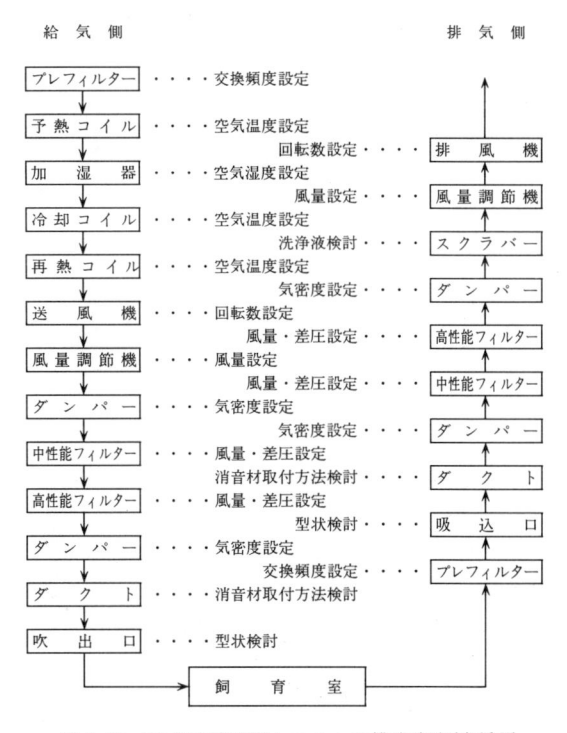

図 3.28 BS飼育室空調システムの構成内容(高橋原図)

れない.その点図3.27のような室配置にそれぞれ独立した空調設備を設けると飼育室ごとに極めて高い閉鎖性を保持することが可能となり管理・運用上での自由度も得られ微生物コントロールと省エネルギーの面では理想的なものとなる.BS飼育室での微生物コントロールを目的とした設計・施工上のポイントは以下のように考えられる.

建築:清浄区域内の各室は耐薬品性,断熱性,遮音性に優れ耐久性のある建築材料を用い,それらの特性を生かしきる施工技術を駆使することで気密性の保持や壁,天井,床の平らな仕上げが可能となる.また動物エリア全体の床を高くすることで野鼠の侵入防止がしやすくなる.

空調:BS飼育室空調設備の構成内容の一例を図3.28に示した.BSでは給気系統にプレフィルター,中性能フィルター,高性能フィルターを組み合わせて空気中の塵埃や微生物の除去が行われている.排気系統のフィルターは必要に応じて組み込めばよ

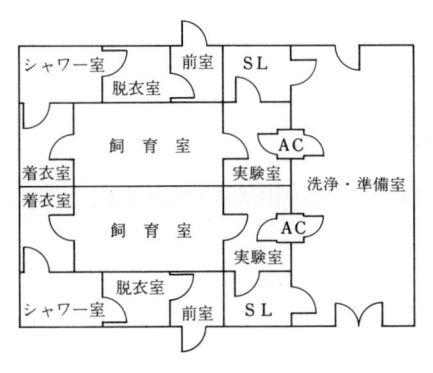

図 3.27 BS飼育室の独立型配置(高橋原図)

い.BSの基本的考え方は飼育室に対して給気側の部分の微生物コントロール,すなわち病原微生物の侵入防止に重点が置かれており,排気側の微生物コントロールについてはあまり配慮がなされていない.しかしながらなんらかの理由により空調設備の運転を停止せざるを得ないような場合には,排気系統にフィルターを設置しておけば空気の逆流による汚染を防ぐことができる.BSでは一般に飼育室や廊下等の広範囲の関連施設に対して1台の空調設備とダクトによる一括給気が行われている.この方式はイニシャルコストの低減にはなるが施設の管理・運用面では不都合な点が多い.BS飼育室は1室ごとに異なる実験が行われる場合が多いためそれぞれの飼育室でホルマリン燻蒸等の消毒を行う時期にずれが生じる.しかし上述の空調システムではそれらに対応した方策はとれず,結果的には施設全体を空室にして消毒をすることになる.また各飼育室は動物収容の有無にかかわらず空調設備の運転を余儀なくされ不経済な面も多い.この問題は1飼育室・1空調システムの採用で容易に解決できる.このシステムは飼育室間のつながりを完全に断ち切ることが可能で相互汚染の防止に極めて有効な手法であり,BS

のみならず OS でも採用するとよい．BS では清浄区域内各室の気圧配置を考え飼育室への病原微生物の侵入の機会を減らす努力が行われている．この場合も先に述べた中央制御方式ではフィルターの目詰まりや設備機器の老朽化による送風量の低下が気圧配置の乱れを引き起こしやすい．その点1飼育室・1空調システムでは飼育室ごとに一定の室圧を保てばよくたとえ乱れても局所的であり調整も容易である．

電気：BS では気密性を保てるような施工技術が要求される．照明器具やコンセント類の取付方法にも工夫し[30]，器具と建物の取り合い部分のシールを完全に行う等一般の施工方法と異なる点が多い．最近ではクリーンルーム仕様の配線ボックス器具も作られている．清浄区域内は消毒の機会が多いので金属性の電気器具は塗装の完全なものを使用する等耐薬品性の対策も必要となる．火災報知器に関しては清浄区域内の感知器の定期検査が自由にできないので清浄区域外にテスト用感知器を設ける等対応が求められる．BS では清浄区域と外部との境界を遮断するのにステリルロック等の2重扉構造の室を設けており，これらの扉が誤って同時に開かないよう標示ランプか電磁ロックの設置が必要である．

衛生：BS 飼育室内で自動給水装置を使用する場合には，BS 専用の給水系統を設け，飲水の消毒を強化するとよい．飲水の消毒方法は通常次亜塩素酸ナトリウムの添加によるが緑膿菌対策として松本ら[31]は塩酸を使用し効果を確認している．排水系統からの汚染防止には排水トラップの水枯れ防止装置の設置が望ましい．衛生器具も肘付水栓や汚れの溜まりにくい構造の手洗器を選ぶとよい．

BS 飼育室の管理・運用方法は微生物コントロールの効果を高める大きな要素となるので，その施設の設計内容を念頭におき飼育管理者，実験者が共に実行できるシステムにすべきである．

ヒト：BS 飼育室におけるヒトの作業手順を図3.29に示した．ヒトは日常生活の中で行動範囲も広くその間に自然界に生息する種々の微生物と接触し，自らも常在微生物との共存関係にある．それゆえヒトを経由して清浄区域にもち込まれる微生物を完全に阻止することは不可能である．一般に BS では微生物コントロールの目的が病原微生物の汚染防止にあるため，ヒトや実験動物にとって外来性の微生物を対象に除菌のシステムを考えればよい．具体

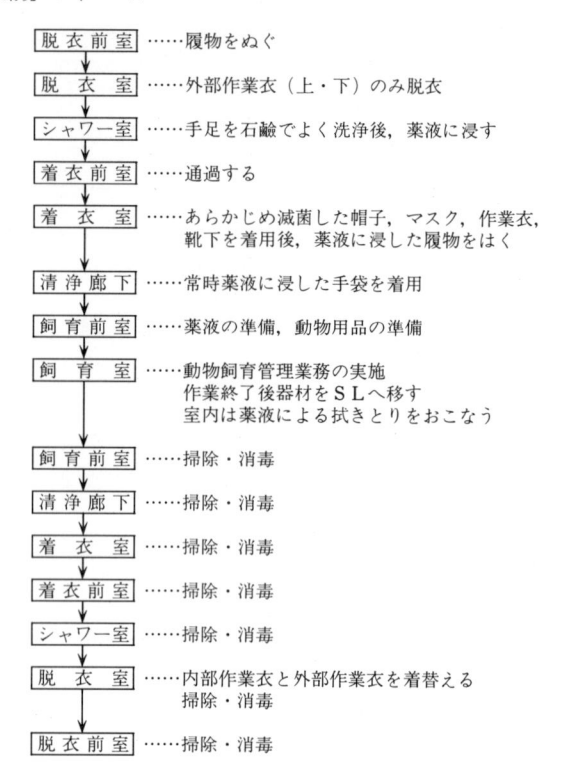

```
脱衣前室 ……履物をぬぐ
  ↓
脱 衣 室 ……外部作業衣（上・下）のみ脱衣
  ↓
シャワー室 ……手足を石鹸でよく洗浄後，薬液に浸す
  ↓
着衣前室 ……通過する
  ↓
着 衣 室 ……あらかじめ滅菌した帽子，マスク，作業衣，
          靴下を着用後，薬液に浸した履物をはく
  ↓
清浄廊下 ……常時薬液に浸した手袋を着用
  ↓
飼育前室 ……薬液の準備，動物用品の準備
  ↓
飼 育 室 ……動物飼育管理業務の実施
          作業終了後器材をSLへ移す
          室内は薬液による拭きとりをおこなう
  ↓
飼育前室 ……掃除・消毒
  ↓
清浄廊下 ……掃除・消毒
  ↓
着 衣 室 ……掃除・消毒
  ↓
着衣前室 ……掃除・消毒
  ↓
シャワー室 ……掃除・消毒
  ↓
脱 衣 室 ……内部作業衣と外部作業衣を着替える
          掃除・消毒
  ↓
脱衣前室 ……掃除・消毒
```

図3.29　バリア区域におけるヒトの作業手順

的には日常生活の中での動物との接触を少なくする，OS 飼育室担当者との間で分担業務を区別する，入室に先立っての手足の予備洗浄を行う等を実行するとよい．脱衣室では通常区域で着用している作業衣や履物等を脱ぎヒトの外面に付着する微生物を出来るかぎり清浄区域へもち込まないようにすべきである．シャワー室ではヒトの身体に付着する微生物の除去を目的とした操作が必要となる．シャワーによる全身洗浄は身体に付着した外来性の微生物の除去には効果的な方法と考えられるが，体表全体の細菌数を減少させるまでには至らないことが報告されている[32]．この方法はヒトの疲労度を増す等の弊害があり，その点を考慮して外来性微生物の付着しやすい顔，手足のみを洗浄し全身をほぼ完全に作業衣で覆い汚染を防止する方法も採用されている[33]．着衣室では滅菌済みの作業衣を着用する．作業衣は上下一体のものが望ましく帽子，マスク，靴下，手袋，履物と組み合わせて目以外の部分を完全に覆えるものがよい．BS の清浄区域はシャワー室と着衣室間の扉を境界としているので扉の開閉により着衣室が汚染される危険性は高い．この改善策としてシャワ

一室と着衣室間に着衣前室を設けステリルロック的な役割をもたせるとよい．清浄区域内でのヒトの作業内容は手洗用消毒液の調整，滅菌済動物用品の取扱い，動物管理，実験処置，掃除，消毒，微生物環境のチェック等定型的なものが多い．これらの作業には熟練した担当者が衛生管理に徹した手法を駆使してあたるのは当然である．実際の作業を行う場合飼育室または前室と搬入側廊下の間で往復の動線を採用すると作業性は極めてよくなる．清浄区域からの退出方法は搬出側廊下を経由する場合と搬入側廊下へもどり入室時と逆の経路を通る方法がある．理論的には前者が，使い勝手の点では後者が挙げられる．

動物用品：動物用品としてはケージ，床敷，飼料，給餌器，給水瓶，実験器具等がある．これらの物品を清浄区域内へ搬入する場合は主としてオートクレーブによる加熱滅菌が行われる．ここでは物品の種類，材質，使用目的によって適切な滅菌条件と方法を選択すべきである．清浄区域へ搬入後の滅菌済動物用品は汚染させないように取り扱わねばならない．使用済みの動物用品は汚れが付着しているので，その取り扱いには注意を要するが，飼育室内が病原微生物で汚染されていない限り微生物コントロールの面では特に心配をすることはない．

動物：BS飼育室へ搬入する動物はSPFグレード以上のものを対象とし，生産者側の感染症検査成績を参考に微生物コントロールのレベルを判断するとよい[34]．清浄区域への搬入手順は，動物受入室で輸送箱の外側を薬液で十分に消毒しステリルロックを経由して搬入側廊下へもち込み滅菌済ケージに移し替えてから飼育室へ搬入する．飼育中の動物は健康観察を十分に行い異常動物の早期発見につとめ定期的に微生物モニタリング[35]を実施する．実験の終了した動物は搬出側ステリルロックを経由して解剖室等目的の室まで専用台車で輸送する．使用済みの動物は安楽死させた後冷凍室に保管，焼却する．

被験物質：動物実験に用いる被験物質は微生物コントロールの面で取り扱い上注意すべき点が多い．被験物質を清浄区域内にもち込むにあたっては微生物学的清浄度のチェックが必要である．加熱滅菌が可能な物質はオートクレーブが使えるが，熱により変性する物質は濾過滅菌をした後滅菌容器に入れ，容器の外側を消毒してから清浄区域内へ搬入する．その場合被験物質そのものの微生物学的清浄度が問われることになり物質調製時から微生物コントロールが必要となる．

掃除・消毒：一般に実験動物施設の掃除・消毒の方法は二つに分けられる．その一つは新しい施設の完成直後や実験終了時の動物が収容されていない状況下で飼育室全体を対象に徹底した掃除・消毒を行うことである．掃除は水洗いや洗剤を用いた壁，天井，床，扉，照明器具の拭き取り等による方法で洗浄する．消毒は薬剤散布の他にホルマリン・過マンガン酸カリウム法によるホルマリン燻蒸が効果的である[36]．燻蒸に際しては室内の密閉，排気装置の取付け，作業手順の確認が必要である．ホルマリン燻蒸には図3.30のような装置を用いれば吹きこぼれがなく安全に実施できる．他の一つは動物収容時の消毒である．この場合は動物の飼育環境を乱さない方法を用いるべきで床，壁，飼育棚，机等は消毒薬に浸した雑巾やモップで拭きとり，動物を収容しない室は消毒薬の噴霧を行うとよい．

消毒薬の種類とその使い方や施設の消毒作業の手順の詳細については専門書[37,38]にまとめられているので参照されたい．

評価法：実験動物施設の微生物清浄度の評価方法は動物を収容しない時と動物収容時では異なる．動

図3.30 ホルマリン燻蒸装置

物を収容しないときの検査は実験動物施設そのものの性能検査に該当し，ガイドラインによれば空気中の微粒子数はクラス10000とされ落下細菌数ではBS清浄区域で9cm径シャーレ血液寒天培地30分の暴露で3個以下，OSでは30個以下のコロニー数となっている．筆者らが調べたBS施設各室のGAM平板培地60分暴露での成績は図3.31の如くであり，清浄区域内の落下細菌数は極めて少なかった．その他にピンホールサンプラーやスリットサンプラーを用いて強制的に吸引した一定量の空気中の細菌を平板培地上に捕集して細菌数を調べる方法もある．動物飼育中に行う検査は実験動物施設の性能に管理・運用システムが加わった総合的な状態での評価をすることになる．動物収容中の飼育室内は微生物の増殖しやすい環境になっているため微生物学的清浄度を厳密に評価することは難しい．日常的にはOS, BSを問わず定期的に感染症検査を実施し汚染状況の監視を続けるべきであり，その一例を表

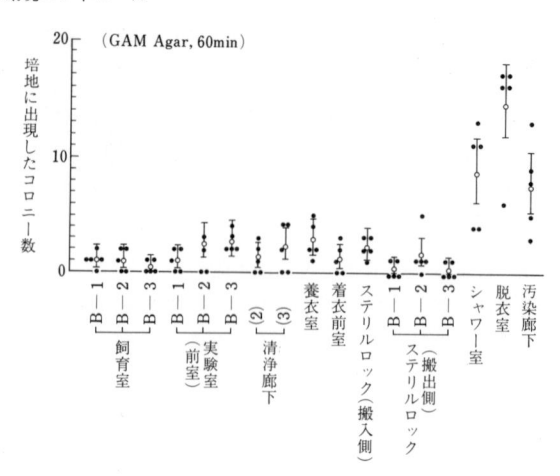

図 3.31 BS施設内各室の空中細菌数（動物を収容しない状態）

3.25に示した．これらの成績の積み重ねが実験動物施設の微生物コントロールの評価につながる．その他無菌動物を用いた微生物モニタリングの方法やノートバイオートラットの菌叢を指標にBS飼育室の

表 3.25 感染症検査成績の1例（オープンシステム飼育室）

検査年度		1980	1981		1982		1983			1984				1985	
検査月度		7	12	7	12	7	12	4	9	12	3	9	10	12	3	6
検査動物種		R		R	R	R	R		R	R		R		M	M	M
搬入時 Grade		SPF		SPF	SPF	SPF	SPF		SPF	SPF		SPF		SPF	SPF	SPF
検査動物数		1		2	2	3	3		2	2		2		3	3	3
病原体			×					×			×		×			
培養	Dermatophytes	−	−	−	−	−	−	−	−	−	−	−	−	−	−	−
	Bordetella bronchiseptica	−	−	−	−	−	−	−	−	−	−	−	−	−	−	−
	Corynebacterium kutscheri	−	−	−	−	−	−	−	−	−	−	−	−	−	−	−
	Escherichia coli 0115 a, c : K(B)	−	−	−	−	−	−	−	−	−	−	−	−	−	−	−
	Pasteurella pneumotropica	−	−	−	−	−	−	−	−	−	−	−	−	−	−	−
	Pseudomonas aeruginosa	−	−	−	−	+	+	−	−	−	−	−	−	−	−	+
	Salmonella spp.	−	−	−	−	−	−	−	−	−	−	−	−	−	−	−
	Staphylococcus aureus	−	−	−	+	−	−	−	−	−	−	−	−	−	−	−
	Streptococcus pneumoniae	−	−	−	−	−	−	−	−	−	−	−	−	−	−	−
	Mycoplasma pulmonis	−	−	−	−	−	−	−	−	−	−	−	−	−	−	−
血清反応	Corynebacterium kutscheri	−	−	−	−	−	−	−	−	−	−	−	−	−	−	−
	Salmonella typhimurium	−	−	−	−	−	−	−	−	−	−	−	−	−	−	−
	Tyzzer's organism	−	−	−	−	−	−	−	−	−	−	−	−	−	−	−
	Mycoplasma pulmonis	−	−	−	−	−	−	−	−	−	−	−	−	−	−	−
	Ectromelia virus	−	−	−	−	−	−	−	−	−	−	−	−	−	−	−
	Mouse adenovirus	−	−	−	−	−	−	−	−	−	−	−	−	−	−	−
	Mouse hepatitis virus	−	−	−	−	−	−	−	−	−	−	−	−	−	−	−
	Sendai virus	−	−	−	−	−	−	−	−	−	−	−	−	−	−	−
鏡検	Giardia muris	−	−	−	−	−	−	−	−	−	−	−	−	−	−	−
	Spironucleus muris	−	−	−	−	−	−	−	−	−	−	−	−	−	−	−
	Syphacia spp.	−	−	−	−	−	+	−	−	−	−	−	−	−	−	−
剖検所見	著変認めず（全個体の場合−表示）	−	−	−	−	−	2	−	−	−	−	−	2	−	−	−
	異常（個体数）						1						1			

M：マウス　R：ラット　×：ホルマリン燻蒸

微生物コントロールの程度を評価した報告もある[39]．

iii) **アイソレータシステム(IS)**　ISは無菌動物[40]の飼育を目的に開発されたものであり実験動物の微生物コントロールとに最も厳しい方法である．動物飼育には隔離装置（アイソレータ）を用い，操作は手袋を介して行うため，飼育室の構造そのものはOSと同じでよく室内の衛生管理はそれほど厳密さを要しない．アイソレータの構造や無菌操作技術については専門書[41]にくわしく述べられているのでそれを参照されたい．ISは動物の収容能力に制約があり操作に熟練を要するために利用範囲が限定されるが本来目的とする無菌動物の維持以外に通常動物の長期飼育や汚染動物の清浄化，検疫動物の飼育にも使用でき，使い方を工夫すればバイオハザード防止装置にも応用できる．

b. 異種動物因子・同種動物因子

実験動物にとって異種生物はヒトや他種類の動物が対象となるが両者の関わり方にはある程度の違いがある．

ヒトは実験動物に対して極めて大きな影響力をもつため，実験動物を取り巻く環境因子の一つに取り上げられている．動物実験そのものが実験動物に何等かの処置を加えてその反応を見ることにあるため動物は常にヒトに対して警戒心をもち続けている．その結果が動物にとってストレスとなり，それが原因で疾病が発現したり，生理値の変動を招いたり，繁殖成績に影響が現われたりする．これらは実験動物の飼育管理や動物実験の場における当事者の技能に帰する問題であり，それは常に動物の精神状態を意識しながら動物愛護の心構えをもって動物に接することが環境要因としてのヒトの問題を解決することになる．

動物種間の関係は飼育室内では自然界におけるような動物種間の闘争は起こらないが，同一飼育室に種類の異なる動物を収容した場合は繁殖への影響や感染病の伝播が心配になる．異種動物のコントロールは実験動物を取り扱うヒトの判断による部分が大きいので動物管理システムの確立とヒトに対する教育の徹底によってなし得るものである．

同種動物間ではケージ内収容密度が動物の成長や寿命に関係していることが報告されている[42]．実験動物の世界には社会的順位やなわばりがありそのための闘争が行われる[43]．動物実験や動物生産の場においては収容スペースや生産効率の面で一定面積あたり1匹でも多くの動物を収容することが望まれる．実験の目的によって個別飼育と群飼育の使い分けが必要となる．群飼育の場合，一つのケージに対する給餌器や給水瓶の数を一つにするか複数にするかのような動物管理手技上の配慮も必要である．実験動物における同種動物間の関係はあくまでもヒトによって作り出されるものであり，環境コントロールの面からはヒトの問題として取り上げるべきである．

(3) 被験物質のコントロール

動物実験に用いる被験物質は研究目的によってさまざまなものが使われその特性も千差万別である．被験物質のコントロールは物理・化学的要因あるいは生物的要因のコントロールに準ずる部分が多いが物質によってはヒトに対して危険性の高いものもあるので防御方法を考えねばならない．これらの物質は実験動物施設全体を汚染したり飼育室内では各実験群の間で汚染がおこり動物への被験物質の投与量を狂わすことが考えられるので，環境要因の一つとしてコントロールすべきである．

動物に投与前の被験物質の形状は液体，粉体，固体，ペースト状等さまざまのものがあり投与方法も注射，塗布，混餌が用いられる．これら投与前の被験物質は調製や取扱いを密封系の中で行えば施設内への汚染は防止できる．動物に対する被験物質の投与は飼育室で行われるが，注射や塗布による場合は投与時間や部位が限定されているため投与中の汚染は局所的なものにとどめることができる．混餌による被験物質の経口投与では，動物が常時飼料を摂取することでケージ内や動物が汚染され粉末飼料中に含まれている被験物質は飛散し飼育室全体を汚染する．これを防止するためにはケージ相互間が隔離でき，実験中は排気しながら使用する陰圧飼育装置[44]を用いるとよい．ケージ相互間の隔離はケージごとに行うのが理想的であるが，実際には実験群ごとに数個のケージをまとめて隔離するほうが便利である．その場合温度差等の影響を考慮して飼育棚を実験群ごとに上下に区切ってケージを配置する方がよい．飼育棚へのケージの出し入れやケージ交換時の操作にも細心の注意を払うのはもちろんである．動

物飼育室内から搬出されるすべての物質は被験物質に汚染されていると考えられるので，取り扱いには注意が必要である．汚染器材の搬出にあたってはBS飼育室のような2廊下方式の場合には搬出側廊下へ出せばよい．1廊下方式の場合には器材は専用コンテナに収納して移動させる等の工夫をすれば汚染防止に役立つ．被験物質がヒトに対して有害な作用をする場合は，完全密封型チャンバーの中で動物を飼育し糞尿や呼気のような体外への排泄物を完全に回収できるような条件下で実験を行うべきである．実験動物の環境要因として被験物質をコントロールするためには飼育室間の隔離性の高い室配置を行い1飼育室・1空調システムの建物を用いて1飼育室・1被験物質の管理・運用システムを徹底させることが望まれる．飼育室内を一方向気流方式[45]にすればより一層の効果が期待できる．安全性試験施設のように常時毒性の疑われる被験物質を取り扱う場所では一般実験室や居室も直接新鮮な外気が取り入れられる1室・1換気システムを採用しヒトの安全性を確保すべきである．

（4）エネルギーコントロール

実験動物施設は実験動物の環境要因をコントロールするために空調設備をはじめとする数々の設備機器を備えている．これらは動物飼育中は昼夜を問わず運転を続けなければならないためエネルギーの供給に依存する部分が極めて大きい．それゆえ実験動物施設を運営するためには膨大なエネルギーを必要とするので，運転経費は高くなる．この問題は実験動物の環境要因のコントロールに対する省エネルギー対策[46]としてエネルギーコントロールの重要な部分を占めているが，実験動物施設本来の目的と相反する部分も多くこれからの技術開発が待たれる．

温熱源は蒸気・温水発生用ボイラーを使用するが，温熱源を安定供給するためにボイラーは保守点検と省エネルギー運転を考慮して2台以上に分割設置し台数制御方式による運転を行うことが望ましい．一般にボイラーの運転時に清缶剤や脱酸素剤を使用することが多い．飼育中の動物は室内への加湿用蒸気やオートクレーブへ供給される蒸気を経由して，これらの薬剤の影響を受ける恐れもあるのでスチームコンバータを用いた清浄蒸気の供給も必要となる．蒸気ドレンの回収も省エネルギーにつながる．

冷熱源は蓄熱槽を中心に1次側に冷凍機，2次側に空調機が設置されたシステムが組まれている．1次側の冷凍機は蓄熱槽内の冷水の温度上昇に応じて運転される仕組みになっている．この場合蓄熱槽の容量と冷凍機の能力をバランスよく配置しないと冷熱源の温度が不安定になり飼育室の温湿度コントロールにも影響を及ぼす．冷凍機は型式や運転方式に違いがあるので設置にあたっては冷熱源の利用計画に適した機種の選定および2台以上の分割設置と台数制御方式の導入が望まれる．

温冷熱源用配管は動物飼育エリア別や階層あるいは供給時間帯別に系統分けすることで不要な温冷熱源の循環がなくなり省エネルギーに役立つ．空調設備の故障時における温冷熱源の局所的遮断を出来るようにすれば工事に伴う他の室へのエネルギーの供給停止を防ぐことができる．

電気は実験動物施設のすべての設備を動かすためのエネルギー源として不可欠なものである．そのために突発的な事故による停電対策として2カ所の変電所から電気の供給を受ける2回線受電システム[47]や自家発電装置の設置が必要となる．自家発電装置の設置に当たっては設備側の緊急電力必要箇所の絞り込みや時間差起動方式を採用することで発電容量を減らすことができる．空調用動力，照明，空調制御，監視，記録，警報，エネルギー，排水処理の各設備の電源は自家発電系統に含めることで環境要因のコントロールがしやすくなる．

省エネルギー対策としては動物飼育室の換気量が大きい点に着目し，廃熱を利用した全熱交換器が考えられている[48]．このシステムは排気側のエネルギーを給気側に移行させるもので熱伝導の方式には異なるいくつかの異なるものがあり，それぞれの方式によって熱回収率や臭気のもどり等に違いがみられる．廃熱利用に全熱交換器を使用する場合は特に飼育室間で空気の混合が起こらないような配慮が必要である．その点1飼育室・1空調システムでは排気の一部再利用はしやすい．　〔高橋徳太郎〕

文　献

1) 厚生省薬務局審査課監修：GLP基準および毒性試験法ガイドライン解説，p.79，薬事日報社（1984）．
2) 厚生省薬務局審査第一課監修：GLP解説，pp.30-31，薬事日報社（1989）
3) 実験動物施設基準研究会編：ガイドライン実験動物施設

文　　献

4) 山内忠平, 藤田省吾, 小原　徹, 上田智之: マウスの繁殖, 体重, 臓器重量, 摂餌量, 飲水量および血液性状におよぼす温度の影響, 実験動物, **32**, 1-11 (1983).
5) Yamauchi, C., Fujita, S., Obara, T. and Ueda, T.: Effects of room temperature on reproduction, body and organ weights, food and water intake, and hematology in rats, *Lab. Anim. Sci.* **31**, p. 251-258 (1981).
6) 山内忠平, 小原　徹, 福山伸隆: ヌードマウスに及ぼす環境温度の影響II血液性状及び臓器重量, 第18回日本実験動物学会講演要旨集, p. 103 (1983).
7) 報告書作成委員会編: 東西ヨーロッパにおける実験動物施設の建築・設備に関する調査報告書, p. 9, (1984).
8) 環境調節実験室委員会・小動物班(文部省綜合研究班): 実験動物飼育施設の建築および設備計画の基準案, 実験動物, **15**, 17-41 (1966).
9) 吉田　燦: 空気調和設備, 実験動物学・技術編(田嶋嘉雄編) pp. 40-49, 朝倉書店 (1977).
10) 日本建築学会編: 実験動物施設の設計, pp. 121-139, 彰国社 (1989)
11) 吉田　燦, 八町雅康, 松井秀男, 高橋徳太郎, 高畑謙三: 実験動物施設の環境制御について・第III報室温の分布・変動とケージ内の温度湿度環境, 日本建築学会昭和52年度秋季大会(中国)学術講演梗概集, pp. 435-436 (1977).
12) 高橋徳太郎, 吉田　燦, 八町雅康, 松井秀男; 実験動物施設の環境制御について・第V報室内温湿度変動とプラスチックケージ内温湿度変動, 日本建築学会昭和52年度秋季大会(中国)学術講演梗概集, pp. 439-440 (1977).
13) 一橋克美, 吉田　燦, 高橋徳太郎: 実験動物施設の環境制御について・XIII小動物用飼育ケージの熱特性, 日本建築学会昭和58年度大会(北陸)学術講演梗概集, pp. 803-804 (1983).
14) 山内忠平: 実験動物の環境と管理, 出版科学綜合研究所, pp. 35-39 (1985).
15) 山内忠平: 動物室の換気を考える, 鹿児島大学医学部附属動物実験施設年報, 第15号, pp. 5-10 (1990).
16) 環境調節実験室委員会・小動物班(文部省綜合研究班): 実験動物飼育施設の建築および設備計画の基準案, 実験動物, **15**, 17-41 (1966).
17) 日本音響材料協会編: 騒音の影響, 騒音振動対策ハンドブック, pp. 37-50, 技報堂出版 (1982).
18) 山内忠平: 実験動物の環境と管理, 出版科学綜合研究所, pp. 95-97 (1985).
19) 山内忠平: 実験動物の環境と管理, 出版科学綜合研究所, p. 80 (1985).
20) Sansone, E. B., Losikoff, A. M. and Pendleton, R. A.: Potential hazards from feeding test chemical in carcinogen bioassay research, *Toxicology and Applied Pharmacology*, **35**, 435-450 (1977).
21) 日本建築学会編: 実験動物施設の設計, pp. 156-169, 彰国社 (1989).
22) 山内忠平: 実験動物の環境と管理, 出版科学綜合研究所, pp. 115-116 (1985).
23) 日本実験動物協会編: 日動協会報, HO 36, pp. 1-6, (社)日本実験動物協会 (1991)
24) 高橋徳太郎, 岡部好男, 高山勝史, 渡部政彦, 鍵山直子: オープンシステム飼育室の微生物統御, 第32回実験動物学会総合講演要旨集, p. 138 (1991).
25) 厚生省薬務局審査第一課監修: GLP解説, **54**, 40-41, 薬事日報社 (1984).
26) 厚生省環境衛生局水道環境部監修: 水道水の水質基準の検査に適用する試験方法, 上水試験方法, pp. 48-49, 日本水道協会 (1978).
27) 前島一淑, 松本恒弥, 高垣善男, 加藤英一: 実験動物衛生管理のための消毒と滅菌, ソフトサイエンス社, pp. 1-4 (1980).
28) 前島一淑, 田嶋嘉雄, 野村達次: 実験動物と微生物, 実験動物学総論(田嶋嘉雄編), pp. 257-258, 朝倉書店 (1970).
29) 高橋徳太郎, 遠山　清: 実験動物施設, 続医薬品の開発第1巻・実験動物の飼育と利用(輿水　馨・前島一淑編), pp. 146-147, 廣川書店 (1991)
30) 高橋徳太郎, 遠山　清: 実験動物施設, 続医薬品の開発第1巻・実験動物の飼育と使用(輿水　馨・前島一淑編), pp. 151-152, 廣川書店 (1991)
31) 松本恒弥: 放射線医学総合研究所におけるバリア施設とその運用の具体例, 実験動物施設の微生物コントロールとその実際(中川雅郎・松本恒弥・鍵山直子編), pp. 16-18, 清至書院 (1984).
32) 松本恒弥: 放射線医学総合研究所におけるバリア施設とその運用の具体例, 実験動物施設の微生物コントロールとその実際(中川雅郎・松本恒弥・鍵山直子編), pp. 9-13, 清至書院 (1984).
33) 高橋徳太郎: ヤクルト研究所動物実験施設, 動物実験施設作品集――その設計と管理・運営(吉田あきら・高橋弘・佐藤善一), pp. 171-178, ソフトサイエンス社 (1978)
34) 堀内茂友, 児玉幸夫, 渡辺昌美: 国立衛生試験所安全性試験研究センターにおけるバリア施設とその運用の具体例, 実験動物施設の微生物コントロールとその実際(中川雅郎, 松本恒弥, 鍵山直子編), pp. 38-39, 清至書院 (1984).
35) 堀内茂友, 児玉幸夫, 渡辺昌美: 国立衛生試験所安全性試験研究センターにおけるバリア施設とその運用の具体例, 実験動物施設の微生物コントロールとその実際(中川雅郎・松本恒弥・鍵山直子編) pp. 51-53, 清至書院 (1984).
36) 松本恒弥: 放射線医学総合研究所におけるバリア施設とその運用の具体例, 実験動物施設の微生物コントロールとその実際(中川雅郎, 松本恒弥, 鍵山直子編), pp. 22-28, 清至書院 (1984).
37) 前島一淑, 松本恒弥, 高垣善男, 加藤英一: 実験動物衛生管理のための消毒と滅菌, ソフトサイエンス社, pp. 53-90 (1980).
38) 山内忠平: 実験動物の環境と管理, 出版科学綜合研究所, pp. 190-193 (1985)
39) 高橋徳太郎: 実験動物施設の微生物統御, 実験医学 **1**, pp. 173-174, 羊土社 (1983).
40) 前島一淑, 田嶋嘉雄, 野村達次: 実験動物と微生物, 実験動物学総論(田嶋嘉雄編), pp. 235-236, 朝倉書店 (1970).
41) 前島一淑, 柏崎　守, 上村文雄: 実験動物のための無菌動物技術, ソフトサイエンス社 (1978).
42) 松岡義博, 伊藤真喜子, 林　裕造: SD-JCL系ラットの成長に対する飼育密度の影響, 実験動物, **25**, 283-289 (1976).
43) 猪　貴義, 田嶋嘉雄: 実験動物の生態学, 実験動物学総論(田嶋嘉雄編) pp. 184-201, 朝倉書店 (1970).
44) 日本建築学会編: 実験動物施設の設計, pp. 163-165, 彰国社 (1989)
45) 山内忠平, 小原　徹, 福山伸隆, 上田智之, 榎田太輔, 柳本申二: 実験動物飼育室の一方向気流方式の給・排気システムについて, 実験動物, **35**, pp. 537-544, (1986)
46) 日本建築学会編: 実験動物施設の設計, pp. 139-140, 彰国社 (1989)
47) 日本建築学会編: 実験動物施設の設計, pp. 198-199, 彰国社 (1989)
48) 山内忠平: 実験動物の環境と管理, 出版科学綜合研究所, pp. 161-164 (1985).

4. 実験動物の感染病

4.1 感染病総論

(1) 動物実験における動物の品質管理と実験環境の管理

　動物実験の目的は，実験処置に対して動物が示す反応を通して，その処置がヒトや他の動物にどのような影響あるいは効果をもたらすかを類推することにある．化学実験において試薬の吟味が重要であるのと同じく，動物の品質により動物実験の成績が左右されるので，実験に用いる動物については厳しい品質管理が必要である．また，反応の場である実験環境のコントロールも，実験成績の再現性を確保する上で必須のことである．

　動物の品質は遺伝子を背景として発現するから，実験用の動物については両親由来の遺伝子型 (genotype) の吟味が行われるべきである．胚の発育過程および生活・老化過程では，雑多な要因が加わって表現型 (phenotype) が形成される．さらには実験処置の前後を通じて千差万別の要因 (図 4.1) が動物に作用する．たとえば，動物体外からとりこまれる栄養素は，構成要素あるいは活性要素として"実験成績に影響を与える"というより"実験を構成する"要因と考えるべきで，動物実験の精度，再現性を高めるためには最も重要な因子の一つである．

　いっぽう，温度，湿度，光，ガスなどの動物をとりまく物理・化学的環境要因のコントロールは，動物実験成績の再現性を期するために不可欠で，温度 (20～26℃)，湿度 (45～55%)，音 (40～50 ホン以下)，光 (150～300 ルックス) 気流速度 (13～18 cm/sec)，換気量 (10～20 回/時)，アンモニア (20 ppm 以下) などについての基準が設定されている．

　上記のような施設においても，生物学的要因のコントロールには大きな困難を経験することが多く，同居動物の社会的優劣関係，飼育密度などの，いわゆるストレス効果も実験成績に影響するし，飼育管理，実験を担当するヒトなどの影響も無視できない．加えて，重要でしかもコントロールしにくいのは，共生的に気道，消化管菌叢を構成する微生物あるいは病原微生物，寄生虫などを含む"感染因子"であって，微生物学的コントロールは上述の遺伝学的コントロールとならんで，動物実験の再現性を確保するための2本の柱である．

(2) 感染病と動物実験

　実験処置に対して動物が示す反応を正確に読みとるためには"健康な動物"を供用すべきであるという．"健康"とは，動物が構造的，機能的に"ほぼ正常範囲"にある状態であろうが，動物個体によって"正常範囲"にはかなりの幅がある．しかも内外要因に対応して動物のいわゆるホメオスタシスは成立っており，このバランス状態がくずれると，構造的・機能的な異常，すなわち病態が発現する．

　さまざまの要因が動物実験の場に参入して，単独で，あるいは複合して病態をもたらす可能性があ

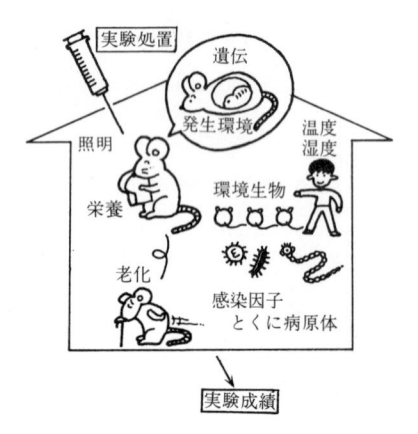

図 4.1　実験成績を修飾する諸因子

4.1 感染病総論

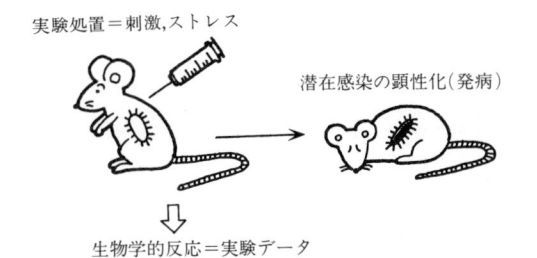

実験処置=刺激,ストレス → 潜在感染の顕性化(発病)
↓
生物学的反応=実験データ

図 4.2 動物実験過程における感染病の顕性化

が,とりわけ動物実験では,必然的に加えられる実験処置により潜在的な各病因の影響が増幅されることが多い(図4.2).すなわち,実験処置がひきがねとなって病態が顕性化することになる.したがって,汚染即発病はしないが,いずれは発病の可能性のある汚染状態,つまり日和見感染(opportunistic infection)を重視して病原因子のコントロールを考える必要がある.

病原因子の動物体内増殖,発病により,生産施設では生産効率および動物の品質の低下が起こり,重大な経済的損失を招き,いっぽう実験施設では実験に重大な支障をきたす(図4.3).さらに,いわゆる人畜共通感染病(zoonoses),すなわち動物とヒトとの間に共通の病原因子による病気も少なくないので,飼育管理者,実験者が実験動物から感染して発病する恐れもある.

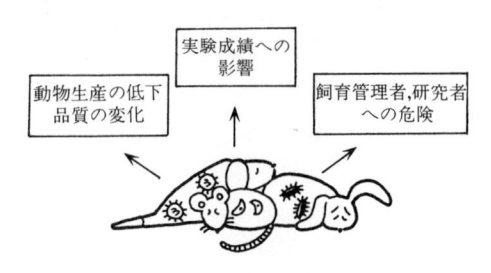

図 4.3 実験動物感染病と動物実験

a. 動物生産と感染病

週産数千~数万のレベルで計画生産が行われるマウス,ラットなどの大規模生産施設に不測の病原微生物の侵襲が起こると,感染防御機構の未熟な多数の乳子・幼子に大きな損失をこうむる.このような被害を防止すべく,大規模生産施設は,厳重な隔離方式,いわゆるバリアシステム(barrier system)[17]を採用しているが,汚染防止措置の隙間を縫って事故が発生した事例も少なくない.生産群あるいは系統保存用動物の汚染により,生産効率の低下とともに,動物品質の低下・異常が生ずるばかりか,潜在的汚染を見過した場合には,汚染動物を搬入した実験の場にも汚染が拡大し,実験成績判定の過誤を招く.

たとえば,マウス・ラットに頻発する呼吸器病の原因で,主として気管支上皮細胞で増殖するセンダイウイルスは,肺マイコプラズマあるいはネズミコリネ菌などとの混合感染で重症となるが[14],単独感染の場合には成熟動物での死亡率は低い.したがって,センダイウイルスが小規模の成熟動物のみからなる非生産群に侵入したときは,大部分の動物が速かに感染し,免疫の成立,抗体の産生とともにウイルスは消失して流行は短期間,一過性に終る[22].これに反して,大規模生産群の汚染の場合には,単独感染でも新生子,幼子の死亡率は高いので,ウイルス侵入直後に多数の新生子・幼子の発病・死亡が起こり,その後にようやく大部分の成熟動物が抗体陽性となる.さらには乳汁を介しての母仔免疫により新生子・幼子は保護されて発病せず,汚染群の生産効率は速かに回復する[12].しかしながら,新生子の母親由来抗体はしだいに低下して,4~5週齢でウイルスに感受性となる.離乳子ではウイルスの増殖が若干起こるが,発病することは少ない(表4.1).このように,大規模生産群には,感受性若齢個体が多数常在するから,ウイルスは動物群から消失することはない.すなわち,生産効率が見かけ上回復しても,生産される若齢動物はウイルス保持者(carrier)で

表 4.1 センダイウイルスに汚染した ICR マウス大規模生産群[*1)]での抗体,ウィルス保有状況[12]

週齢	抗体陽性数[*2)]/検査数(%)	抗体価	清浄マウス抗体陽転[*2)]数/同居数[*3)](%)
20<	45/49 (92%)	4.89[*3)]	—
10			0/32
8	50/50 (100%)	4.62	1/30 (3%)
6	32/50 (64%)	3.69	29/30 (97%)
4	1/50 (2%)	4.00	0/31
3	38/50 (76%)	3.76	
			0/62 [*5)]

- *1) 種親♀ 3600×♂ 600 →週産 6000.
- *2) 補体結合抗体に 1:8<.
- *3) 清浄群由来 ICR マウス(5週齢,20週齢)7~8匹を汚染由来各週齢マウスと19日間ケージ内同居.
- *4) —log₂ (平均).
- *5) 非汚染群由来マウスと同居させなかった対照清浄マウスのデータ.

ある可能性が高く（表4.1），その供給を受けた実験の場に汚染がもち込まれることになる．

唾液腺涙腺炎（sialodacryoadenitis（SDA））ウイルスの汚染があったラット生産群では，急性顎下腺炎のために成熟動物が摂餌不十分あるいは不能となり，体重が低下する．また，雌親の性周期が大きく乱れて生産効率は低下する[30]．

マウス肝炎ウイルス（MHV）による幼子下痢[2,16]は，ロタウイルスによる epizootic diarrhea of infant mice（EDIM）[19] とならんで，かつては lethal intestinal virus of infant mice（LIVIM）によるとされていた[19]．自然に分布するMHVは成熟マウスには病原性が低いが，新生仔に腸炎・肝炎を起こし，致死率が高く，生産群でしばしば被害をもたらす[16]．

実験用ビーグル犬の生産群では，イヌブルセラ菌（Brucella canis）[3] やイヌパルボウイルス[4] の汚染による被害が大きい．イヌブルセラ菌により妊娠雌では流産が，成熟雄では精巣炎・精巣上体炎が多発し，接触や交配によって容易に伝染する．菌は主として網内系細胞内に寄生し，高い血中凝集抗体価を示す動物でも同時に菌血症が見られ，他のブルセラ属菌同様に，ヒトも感染・発病の危険がある．

b. 動物実験と感染病

動物実験の過程では，動物にかなりの負担となる処置が必然的に加えられる．実験処置に基づく動物の抵抗力の低下は病原微生物の増殖を促し，しばしば潜在感染の顕性化をもたらす（図4.2）．予期しない動物の発病，重症化，死亡によって実験の続行が不可能になることもあるし，また，病態を見逃して実験が続けられた場合には，実験成績の判断に過誤が生ずる恐れがある（図4.3）．

とくに長期にわたる実験の場では，動物の供給源が多岐にわたり，複数の実験が平行して実施されることも多く，また，実験処置や観察のために，飼育管理，実験担当者の頻繁な出入があるので，生産の場のように厳重な隔離状態を保つことは極めて困難であり，そのために病原因子の侵入を許す機会が多い．

たとえば，げっ歯類や兎類などの実験動物・家畜に肝炎・腸炎を起こすTyzzer病[6,8]の多くは不顕性感染であるが，妊娠，実験処置などのストレスでしばしば顕性化する．ラットで副腎皮質刺激ホルモンの投与試験中に不顕性感染が顕性化して，肝炎による体重の低下，死亡を招き，毒性評価に支障を来した例もある[32]．Tyzzer病では，原因菌の培養が不可能で，組織のヘマトキシリン・エオジン染色標本では菌体を確認できないから，Tyzzer病の病変を供試薬物の毒性によると誤認する可能性もある．

マウス肝炎ウイルス（MHV）の汚染は広く認められ，すでに述べたようにマウス生産群で幼子下痢症の原因となるが，自然に分布するMHVのほとんどは弱毒株で，成熟有胸腺マウスには病原性を示さない[16]．しかしMHVに対する免疫はT細胞依存性である[11]ので，T細胞を欠くヌードマウスでは弱毒MHVの持続感染が成立し，亜急性ないしは慢性の活動性肝炎を伴う，いわゆる消耗症候群 wasting syndrome を呈して死亡する[7,9]．したがって，ヌードマウスを実験腫瘍学，免疫学領域で利用するうえでMHVの汚染防除は重要な課題である．さらにヌードマウスではMHV感染により，マクロファージの活性化[26,29]，リンパ球の表現型の変化[27]あるいは，免疫反応の変調[28]が見られるので，MHV汚染がないことを確認しておかないと，免疫学的実験データは信用できない．

Reo 3 ウイルス[15]やリンパ球性脈絡髄膜炎 lymphocytic choriomeningitis（LCM）ウイルス[23]はマウス・ラットの成熟動物群では不顕性感染が多く，乳子・幼子に肝炎，脳炎，ときに膵炎を起こす．また，脳内接種などによるウイルス継代中に迷入して発病を招くことがある．マウス乳子は多くのウイルスに対する感受性が高いので，それらの継代，病原性試験，ワクチン製造にひろく使用されるが，しばしば Reo 3 ウイルスや LCM ウイルスなど日和見感染因子の迷入の問題が起こる．

c. ヒトへの感染の危険

ヒトに病原性を示す実験動物由来の感染因子も少なくない（図4.4）．

実験用げっ歯類からヒトが感染・発病する例はそれほど多くはないが，リンパ球性脈絡髄膜炎（LCM）などは古くから知られており，実験に使用する動物種・動物数が増加するにつれて，新しい人畜共通感染病に出会う可能性もある．また，野生げっ歯類などの実験動物化の過程でも，未知の人畜共通感染病の危険にさらされる可能性がある．たとえば，Lassa熱[24]は，1969年マストミス由来の致死率の高い危険なウイルス病として注目を集め，原発地である中央

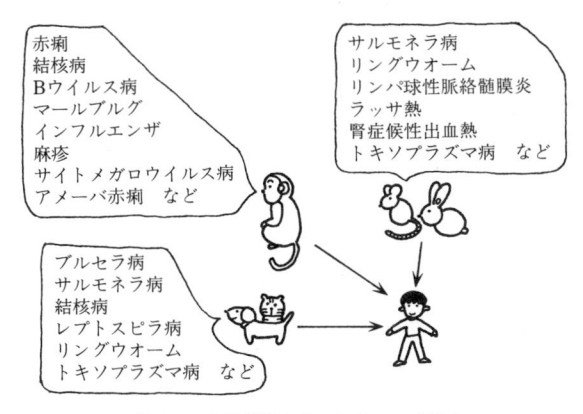

赤痢
結核病
Bウイルス病
マールブルグ
インフルエンザ
麻疹
サイトメガロウイルス病
アメーバ赤痢　など

サルモネラ病
リングウオーム
リンパ球性脈絡髄膜炎
ラッサ熱
腎症候性出血熱
トキソプラズマ病　など

ブルセラ病
サルモネラ病
結核病
レプトスピラ病
リングウオーム
トキソプラズマ病　など

図 4.4　実験動物からのヒトへの感染病

アフリカの Lassa 高原のみならず，治療のために輸送された患者の処置に当って米国でも犠牲者が出た．

さらに近年，わが国の医学系動物実験施設で，実験用ラットの飼育・実験担当者の間に，腎症候性出血熱 hemorrhagic fever with renal syndrome (HFRS)[18] (Korean hemorrhagic fever (KHF) ともいう) の発病があいつぎ，大きな問題となった．発病箇所，発生状況などから，飼育管理の失宜，あるいは実験処置その他による感染の増幅が問題とされる．

イヌについては，イヌブルセラ病が飼育，実験担当者に危険であり，レプトスピラ病，結核病などもイヌとヒトとの間に共通である．トキソプラズマ病，結核病などは，ネコとヒトとの間で共通である．

猿類とヒトとの間では，一般にほとんどの感染病が共通である．結核病やマールブルグ病のように，ヒトと動物の双方にとって重い症状をひき起こすものもあり，また，Bウイルス病などのように，猿類では不顕性感染あるいはごく軽症でありながら，ヒトには重症の致死感染をもたらすものもある．赤痢菌の自然感染は東南アジアの野生猿類にはないが，捕獲後にヒトとの接触により保菌動物となるとされ，動物から飼育・実験担当者に感染の可能性は大きい．

（3） 感染病のコントロール

動物生産の障害となり，あるいは動物実験の成績に影響する病原微生物汚染の予防，排除ができるかどうかによって，実験の成否は左右される．汚染を未然に防ぎ，あるいは日常的なモニタリング（監視）によって汚染を一刻も早く察知して蔓延を防止することは，信頼性の高いデータを得るために必須である．

動物の生産および動物実験の場を清浄に保つための感染病コントロールは，原則的には，① 感染源対策，② 感染経路対策，③ 感受性対策，からなる．予防医学的な面が強調される点では獣医学と相通ずるものがあるが，実験動物医学では，予防接種を含む③よりも，バリアシステムすなわち隔離手段を中心とする①および②がむしろ重視される．

a. 感染源対策

動物生産施設および動物実験施設で使用される器具，器材は，使用前後に消毒，滅菌される[21]．ケージ，床敷きなどは乾熱（160℃，2時間）により，飼料，飲水などは高圧蒸気（121℃，90分）によって加熱滅菌されたものを使用する．飲水，固型飼料の加熱消毒，滅菌の場合には対象物内部の温度上昇を図ることが必要で，とくに耐熱性の細菌芽胞の存在を考慮すべきである．固型飼料などでは，加熱による栄養素の変質・損失が大きいので，ガンマ線（^{60}Co, ^{137}Cs など）照射滅菌も広く行われる．動物室清浄化のために紫外線灯が設置され，落下細菌数は減少する．

器具あるいは動物室の床，壁の洗浄，ヒトの手指の消毒には逆性石鹸，70% アルコール，3～5% フェノール，5% クレゾール石鹸，塩素剤，ヨーソ剤などが用いられる．病原微生物汚染の起こった動物室については，密封のうえ，ホルマリン燻蒸などが行われる．

無菌動物や，ノトバイオート用のアイソレータなどの滅菌には 2～2.5% 過酢酸水溶液の噴霧が行われるが，実施にあたって，ヒトはガスマスク，ゴム手袋の着用が不可欠で，残留影響にも注意しなければならない．放射線照射実験などの障害となる緑膿菌汚染の防除のためには，飲水に塩素（約 5 ppm）を添加する．

汚染動物の陶汰，焼却，汚染器具，器材の処理を厳格に行うことは汚染の拡大防止に肝要である．

b. 感染経路対策

動物生産あるいは動物実験の場における病原微生物汚染の予防，あるいは伝播の防止のためには，伝播経路の遮断が最も重要である．そのために，さまざまな隔離方式が普及しているが，最も小規模かつ簡易な手段は，ケージ上面を通気性のアイソキャッ

プ(isocap)で覆う方法で，完全とはいえないが，かなりの効果がある．また，ラック単位で収容されたケージに向けて濾過空気を送るラミナフローベンチ(laminar flow bench)やアイソラック(isorack)も汚染防止に広く使われる．さらに軟質あるいは硬質ビニールや金属などの容器内に濾過空気を送り込むアイソレータ(isolator)[20]は，無菌動物，ノトバイオートを用いての実験には必須の飼育装置であり，装着されたゴム手袋などを介して飼育管理，処置を行い，収容動物は滅菌水，滅菌飼料で飼育する．

動物施設全体を厳重な隔離状態におき，その中で生産または実験を行うのが，いわゆるバリアシステム(barrier system)で，現在，大規模のマウス・ラット生産施設のほとんどはこの方式によって病原微生物汚染を防ぎ，いわゆる specific pathogen-free (SPF)動物を量産，供給している．飼料，飲水は滅菌したものが与えられる．このような施設では，飼育者・実験者は滅菌された衣服，帽子，マスクなどに更衣のうえで施設内に入る．いうまでもなく，このような隔離施設では日常のモニタリングによって清浄状態の確認が行われていなければならない．

病原微生物を含む微生物学的環境の差異によって，実験動物は，①特に微生物学的コントロールをしないコンベンショナル(conventional)動物，②特定病原微生物汚染のない SPF 動物，③特定微生物のみと共存するノトバイオート(gnotobiote)，④検出できる微生物・寄生虫と共存しない無菌(germ-free)動物，に分けられる．

c. 感受性対策

実験目的に従って，実験動物には遺伝学的コントロールが加えられるが，食用家畜などと異なり，いわゆる抗病性の育種は考えにくく，逆に実験目的に対応した特異な育種目的のために，むしろ感受性が高まる場合が多い．胸腺を欠くために T 細胞依存免疫反応が発現しないヌードマウスやヌードラットなどはその典型例であって，その生産，あるいはそれらを用いる実験には，厳重な感染病コントロールが必要である[9]．

予防接種は，食用家畜，あるいはヒトで広く応用され，感染病に対する有効な感受性対策として重視されるが，無処置の状態で実験処置に供することが基本である実験動物については，ほとんど用いられない．とくに実験過程では，副作用のために実験成績が影響を受ける恐れがあり，また大規模生産施設では，対象となる種親動物の多数が短期間で更新されるので，予防接種の効果はあまり期待できない．しかしながら，米国の一部ではセンダイウイルスのワクチンが市販実用化され，長期毒性試験などでは，場合によって予防接種による感染病のコントロール

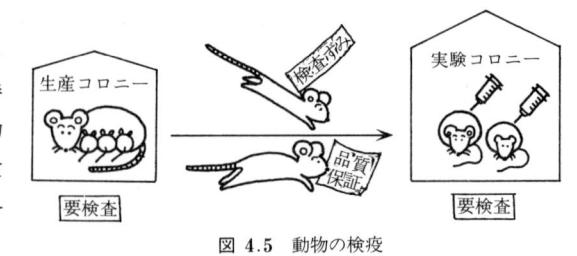

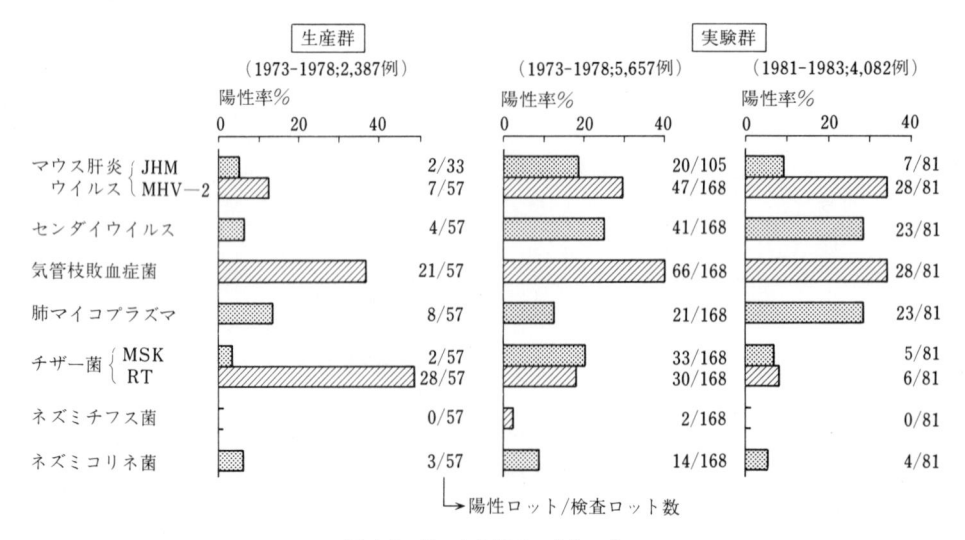

図 4.5 動物の検疫

図 4.6 ラット血清モニタリング

を考える余地もあろう．

d． モニタリング

すでに述べたように実験動物では，発病例のみならず，不顕性感染をも排除の対象としなければならず，定期的検査，すなわちモニタリングによって動物群の清浄度を確認する必要がある．速かで正確な診断方法の確立は感染病のコントロールに必須の前提となるが，このためには，主要感染病の特徴を熟知する必要がある[1]．

猿類など野生捕獲動物を実験に供する場合には，ヒトや食用家畜の場合と同様，当該動物個体について導入時に直接検査するしかない．しかしながら，大規模に計画生産されるげっ歯類などに関しては，生産施設のみならず，実験施設におけるモニタリングの結果をむしろ重視すべきであり，生産群汚染の早期発見に努め，汚染動物の実験施設への導入を未然に防がねばならない（図4.5,6）．モニタリングの方法としては，微生物学的，病理学的および免疫（血清）学的方法がある（図4.7）．

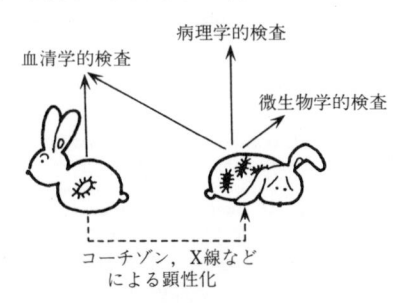

図 4.7 不顕性感染の検出方法

i） 微生物学的検査　病変部，排泄物のみならず，飼育環境の空気および飲水・飼料についても細菌・真菌学的検査が行われる．どのサンプルを調べるか，あるいはどの手法を採用するかは，対象微生物により異なり，各感染因子の微生物学的特徴をよく知ったうえできめる[1]．たとえばマウスの緑膿菌汚染については，給水瓶中の水あるいは口粘膜を選択培地で調べるのがよく，モルモットの連鎖球菌やラットの気管支敗血症菌，兎類のパスツレラ菌などについては眼結膜・気管粘膜・鼻粘膜などの拭いサンプルを検査するのがよいとされる．また，サルモネラ菌については，腸内容・糞便を必要に応じて増菌培養のうえ，選択培地により菌分離を行う．ウイルスの分離には培養細胞，鶏胚などを用い，あるいは動物接種を行う．

感染発病例の診断には，病原因子の分離，同定が必須であるが，不顕性感染の検出には，微生物学的検索は必ずしも有用ではない．日和見的に潜在する病原微生物は検出限界以下の量であることが多いので，感染因子を増幅させて顕性化すべく，コーチゾン投与や放射線照射などの処置を動物に加えたうえで検査する方法もある（図4.7）．しかしながら，後述するように，このような処置動物を厳重な環境管理のもとにおいて観察しないと，発現した病状・病変が，その動物が本来保有していた不顕性感染因子に基づくのか，あるいは環境に存在していたものによるのかを識別することができない．

ii） 病理学的検査　バリア施設の普及により動物群の清浄度が高まった最近では，たとえば顕著な脾腫とともに肝の壊死病変を見るサルモネラ病や，皮膚の発痘あるいは四肢や尾の壊疽・脱落を起こすエクトロメリアなどのように，特徴的な病変をそなえた劇症感染病に遭遇することは稀である．しかし生産施設では，陶汰対象動物や定期検査用の一定数動物を剖検して病変の有無を調べることは，動物集団の清浄度を確認するうえに重要である．

Tyzzer病やネズミコリネ菌病の検出には，前項で述べたようにコーチゾン投与などにより潜在感染を顕性化させたうえでの，病理学的ならびに微生物学的検査が有効であることも示されている[31]．しかし，このような感染因子の増幅に際しては，① 増幅により発現した病変から見いだされた病原微生物の同定と病理学的診断は必ずしも容易ではない，② 検査対象動物が清浄であっても処置環境が汚染していると処置後に感染・発病が起こる，③ 病原因子の増幅により汚染拡大の恐れがある，④ 免疫が成立していると汚染動物でも増幅処置の効果が現れない，などの理由から特別な場合を除いてあまり推奨できない．

iii） 免疫（血清）学的検査　多くの感染病では，発病の有無にかかわらず病原微生物体もしくはその代謝産物の刺激により感染動物の血清中に免疫抗体が出現し，あるいはアレルギー状態となる．このような感作状態は極めて特異性が高く，持続時間もかなり長いことが多いので，各種免疫（血清）学的反応あるいはアレルギー反応により，感染因子の汚染を検出して診断することができる（図4.6）．特異的に不顕性感染をも検出できる[10]ことに加えて，不活

化抗原を使用するかぎり汚染の危険がなく，しかも簡便で経済的なため，動物実験の領域では広く用いられる[14]．

自然感染における感作状態は低いことも多いので，血清抗体の検査は個体別に行うことが必要であり，マウスのような小型動物については，血清の簡便稀釈採取法も[13]推奨されている．また，感作程度がとくに低く，常法では抗体が検出しにくい感染病については，検査用動物に当該抗原を投与して惹起した二次反応を利用することもある[5]．

〔藤原公策〕

文　献

1) Allen, A. and Nomura, T. (ed.) : Manual of Microbiological Monitoring of Laboratory Animals. Nat. Inst. Health, Washington, D. C. (1986).
2) Broderson, J. R., Murphy, F. A. and Hierholzer, J. C. : Lethal enteritis in infant mice caused by mouse hepatitis virus. Lab. Anim. Sci., 26, 824 (1976).
3) Carmichael, L. E. and Kemy, R. M. : Canine brucellosis ; The clinical disease, pathogenesis, and immune response. J. Am. Vet. Med. Assoc., 156, 1726-1734 (1970).
4) Euguster, A. K., Bendele, R. A. and Jones, L. P. : Parvovirus infection in dogs. J. Am. Vet. Med. Assoc., 173, 1340-1341 (1978).
5) Fujiwara, K. : Problem in cheecking inapparent infections in laboratory mouse colonies : An attempt at serological checking by anamnestic response. In Defining of the Laboratory Animal-Proceedings of the IVth International Symposium on Laboratory Animals, pp. 77-92, National Academy of Sciences, Washington, D. C. (1971).
6) Fujiwara, K. : Tyzzer's Disease. Jpn. J. Exp. Med., 48, 467-480 (1978).
7) Fujiwara, K. : Spontaneous virus infection in nude mice. In The Nude Mouse in Experimental and Clinical Research. Vol 1.2, pp. 1-18 (Fogh. J. and Geovanella, B. C. (ed.)). Academic Press, New York. (1982).
8) 藤原公策：Tyzzer病．モダンメディア，30, 219-241 (1984).
9) Fujiwara, K. : Persistent mouse hepatitis virus infection in nude mice. Jpn. J. Exp. Med., 58, 115-121 (1988).
10) Fujiwara, K., Nakayama, M., and Takahashi, K. : Serologic detection of inapparent Tyzzer's disease in rats. Jap. J. Exp. Med., 51, 197-200 (1981).
11) Fujiwara, K., Ohno, E., Kadowaki, Y. et Nakayama, M. : Modification de la réponse de la souris nude contre le virus de l'hépatite murine par transfer des cellules spléniques heterozygotes. C. R. Soc. Biol., 172, 814-818 (1978).
12) Fujiwara, K., Takenaka, S. and Shumiya, S. : Carrier state of antibody and viruses in a mouse breeding colony persistently infected with Sendai and mouse hepatitis viruses. Lab. Anim. Sci., 26, 153-159 (1976).
13) 藤原公策・谷島百合子：血清学的検疫のためのマウス，ラットの個体別血清採取および送付の簡便法．実験動物，26, 331-334 (1977).
14) 藤原公策・谷島百合子・田中正志，：わが国におけるマウス・ラットの生産群・実験群の主要病原微生物に対する抗体保有状況．実験動物，28, 297-306 (1979).
15) Hartly. J. W., Row, W. P. and Hubner, R. J. : Recovery of reoviruses from wild and laboratory mice. Proc. Soc. Exp. Biol. Med., 108, 390-395 (1961).
16) Ishida, T., Taguchi, F., Lee, Y. S., Yamada, A., Tamura, T. and Fujiwara, K,: Isolation of mouse hepatitis virus from infant mice with fatal diarrhea. Lab. Anim. Sci., 28, 269-276 (1978).
17) 実験動物施設基準研究会編：ガイドライン-実験動物の建築および設備．清至書院 (1983).
18) 川俣順一編：腎症候性出血熱，医歯薬出版 (1987).
19) Kraft, L. M. : Studies on the etiology and transmission of epidemic diarrhea of infant mice. J. Exp. Med., 106, 743-755 (1957).
20) 前島一淑，柏崎　守，上村文雄：実験動物のための無菌動物技術．ソフトサイエンス (1978).
21) 前島一淑：実験動物衛生管理のための消毒と滅菌．ソフトサイエンス (1980).
22) 牧野　進，瀬古彰二，中尾博之，三日月勝見：ラットコロニーで観察されたセンダイウイルスの流行について．実験動物，22, 275-280 (1973).
23) Maurer, F. D. : Lymphocytic choriomeningitis. J. Nat. Cancer Inst., 20. 867-870 (1958).
24) Monath, T. P. : Lassa fever and Marburg virus disease. W. H. O. Chronicle, 28, 212-219 (1974).
25) Takasaka, M., Honjo, S. and Imaizumi, K. : Shigella infection in imported cynomolgus monkeys and drug sensitivity of the isolates. Exp. Anim. 22, Suppl. 377-387 (1973).
26) Tamura, T., Kai, C., Sakaguchi, A. and Fujiwara, K. : The role of macrophages in the early resistance to mouse hepatitis virus infection in nude mice. Microbiol. Immunol., 23, 965-974 (1979).
27) Tamura, T., Machii, K. and Fujiwara, K. : Modification of immune response in nude mice infected with mouse hepatitis virus. Microbiol. Immunol., 22, 557-564 (1978).
28) Tamura, T., Sakaguchi, A., Ishida, T. and Fujiwara, K. : Effect of mouse hepatitis virus infection on "natural killer cell" activity in nude mice. Microbiol. Immunol., 25. 1363-1368 (1981).
29) Tamura, T., Sakaguchi, A., Kai, C. and Fujiwara, K. : Enhanced phagocytic activity of macrophages in mouse hepatitis virus infected nude mice. Microbiol. Immunol., 24, 243-247 (1980).
30) Utsumi, K. Ishikawa, T., Maeda, T., Shimizu, S., Tatsumi, H. and Fujiwara, K. : Infectious sialoadenitis and rat breeding. Lab. Anim., 14. 303-307 (1980).
31) 内海健二郎，松井幸春，石川隆司，深川清二，辰巳　熙，藤本克郎，藤原公策：ラットのcorynebacterium潜在感染のcortisoneによる摘発について．実験動物，18, 59-67 (1969).
32) Yamada, A. Osada, Y., Takayama, S., Akimoto, T., Ogawa, H., Oshima, Y. and Fujiwara, K. : Tyzzer's disease syndrome in laboratory rats treated with adrenocorticotropic hormone. Jpn. J. Exp. Med., 39, 505-518 (1969).

4.2 無脊椎動物

　実験動物として使用される無脊椎動物の種数はかなり多いが，昆虫類を主とする節足動物，棘皮動物（ウニ，ヒトデ）および原索動物（ホヤ）がほとんどを占める．ここでは，主としてミツバチを除く昆虫類の感染病を概説し，甲殻類と軟体動物のそれについては表4.2に一括して示す．なお，ヒトデとホヤについては感染病の記載がなく，またウニについてはアメーバ症を疑う疾病の記載はあるが，飼育状態下での例はない．

(1) 昆　虫　類

a. ウイルス病

i) 核多角体病　バキュロウイルス亜群A（核多角体病ウイルス）が原因で，主に鱗翅目昆虫に起こる．膜翅目や双翅目昆虫なども感染する．カイコでは膿病ともいわれる．

　カイコの幼生は激しく徘徊し，環節間膜が膨張し，皮膚の崩壊と体液の汚濁を呈して急死する．死体は腐敗し軟化する．血球や真皮などの細胞の核内に多角体（封入体）が発現する．森に生息する昆虫は樹木の枝にぶらさがって死亡しているところから梢頭病の名がある．

ii) 細胞質多角体病　レオウイルスに属する細胞質多角体病ウイルスが原因で，カイコなどに起こり，カイコでは中腸核多角体病とも呼ばれる．下痢，矮小化また吐液などを呈し致死的である．腸管は白濁し，一般に中腸の円筒細胞の細胞質に多角体（封入体）が出現するが，カでは真皮などに封入体形成がある．

iii) 伝染性軟化病　伝染性軟化病ウイルス（ピコルナウイルスとみられる）が原因で，カイコに起こる．下痢，空頭（胸部が透明になる現象），矮小化を呈し，虫体は軟化して腐爛する．中腸の円筒細胞に細胞質封入体をみる．

iv) 濃核病　Densovirusに属す濃核病ウイルスが原因で，ミツバチで発見されたが，カイコなどが急死する．感染細胞の核は顕著に腫大し，Feulgen反応陽性の大型の集塊が現れ，ウイルスを含む．カイコではウイルスは中腸の円形細胞で増殖する．

v) イリドウイルス病　Iridovirusが原因で，感染組織の一部に赤紫色あるいは青紫色の斑紋が生ずることから，虹色ウイルス病の別名がある．宿主域は著しく広く，昆虫以外ではミジンコの一種，オカダンゴムシ，イソメの一種，カキ，タコなどにも感染する．

vi) 昆虫ポックス病　Entomopoxviridaeが原因で，鱗翅目，鞘翅目，直翅目を中心に40種を超える昆虫が罹患する．脂肪組織を主な標的とし，ときに血球や真皮細胞が標的となる．感染組織は泡状となり光輝性を示す．末期には体液は乳白色に変わる．2型の細胞質封入体が出現し，卵型封入体はウイルスを容れる．

vii) 顆粒病　バキュロウイルス亜群A（顆粒病ウイルス）が原因で，カイコなどに起こる．体色の異常，環節の腫大，体液の乳化や軟化を特徴とする．脂肪組織に細胞質封入体が発現し，真皮，中腸などにもときに認められる．

b. 細　菌　病

　主としてBacillus thuringiensis, Serratia marcescensやPseudomonas aeruginosaによって敗血症が起こる．感染細胞の種類によって，死体は多様な色彩を呈し，腐敗臭を放つ．感染経路は，外傷や腸管などである．

　Bacillus thuringiensisの内毒素を多量摂取すると，カイコは急性の卒倒症状を呈し"卒倒病"といわれる．毒素が少ないときは虫体が軟化する．

　乳化病は，Bacillus papilliaeあるいはB. lentimorbusによるコガネムシなど鞘翅目昆虫の病気で，体液の白濁が主徴で，病名はこれに由来する．

c. 真　菌　病

i) 硬化病　糸状菌が原因で，カイコなどに起こり，体表の分生子が発芽し，発芽管が虫体内に侵入する．死体は硬化し菌糸と分生子におおわれる．分生子の色調により，黒きょう（殭）病，赤きょう病，白きょう病などと呼ばれる．

ii) アスペルギルス症　Aspergillus flavasとその近縁菌により，カイコなどに起こる．幼若カイコは急死し，死体表面は菌糸でおおわれ，黄色ないし黄褐色を呈する．こうじかび病ともいう．

iii) さつまかび病　糸状菌の1種Hirsutella

satsumaensis が原因で，カイコなどに起こる．多数の分生子が虫体外にのびる．

iv) 昆虫糸状菌症 一般に昆虫疫病と称し，Entomophthora 属の糸状菌によるアブラムシ，イエバエ，バッタなど多種昆虫の病気で，虫種により感染菌種が異なる．イエバエは *E. muscae* に高い感受性を示す．

（2） 軟体動物および甲殻類

軟体動物と甲殻類に好発する微生物病を表 4.2 に示す．そのほとんどは人工養殖下で発生する．

〔伊沢久夫〕

表 4.2 甲殻類および軟体動物に好発する主な微生物病

病原体	宿主	
	甲殻類	軟体動物
ウイルス		
バキュロウイルス	エビ	
ヘルペスウイルス	カキ，ブルークラブ	タコ
イリドウイルス		カキ
レオ様ウイルス	ブルークラブ	二枚貝
ラブドウイルス	カニ	
Birnavirus		
（伝染性膵臓壊死症ウイルスなど）		カキ，ベニ貝
細菌		
Vibrio parahaemolyticus などのビブリオ	エビ，カニ	カキ，ハマグリ（桿菌性壊死症）タコ（細菌性皮膚潰瘍病）カキ（巣状壊死症）
グラム陽性桿菌（未同定）		
Aerococcus viridens（var）*homari*	アメリカロブスター（ガフキア病）	
キチン（chitin）分解菌	ブルークラブ，キングクラブ，ロブスター（殻病）	
Leucothrix mucor	ブルークラブの卵・幼生	
——— sp.	エビ	二枚貝
Beneckea sp., *Pseudomonas* sp., *Aeromonas* sp., *Vibrio* sp.	エビ（黒斑病，褐色斑病）	
真菌		
Dermocystidium marinum		二枚貝
Lagenidium callinectes	ブルークラブ，エビ	
Fusarium solani	エビ，カニ（フザリウム症）	
Sirolpidium zoophthorum		二枚貝
原虫		
Lagenophrys sp.	ブルークラブ	
Minchinia nelsoni		マガキ
——— *costalis*		マガキ（海岸病）
Nosema michaelis	ブルークラブ（ノゼマ病）	
アメーバ（*Paramoeba parniciosa*）	ブルークラブ	

4.3 魚 類

微生物病，魚類の微生物病に関する研究のほとんどは養殖魚種についてのもので，多くの知見が蓄積されているが，実験室の水槽で行う実験において，養魚場に発生する微生物病がそのまま再現される可能性は小さい．実験室環境下では，感染源との接触を制御することが容易であるため，微生物病の発生を抑止しやすい．導入する魚あるいは魚卵と，用水を含む飼育環境に十分留意すれば，微生物病の多くを防止できる．

以下，実験に用いる魚類に発生しやすい主な微生物病を表 4.3 に掲げ，その一部について概説する．

（1） ウイルス病

a. リンホシスチス病

病因はリンホシスチス病ウイルスで，海水魚，淡水魚の別なく 25 科 83 種以上の真骨魚で報告されて

表 4.3 実験用魚類に好発する微生物病

	サケ科(ニジマスなど)	コイ・キンギョ	アユ	ウナギ	室内水槽魚(熱帯魚など)
ウイルス病					
鯉痘		○			
リンホシスチス病					○
伝染性膵臓壊死症	○			○	
伝染性造血器壊死症	○				
細菌病					
ビブリオ病	○		○	○	
エロモナス病	○	○		○	
カラムナリス病	○	○	○		
シュードモナス病			○	○	○
マイコバクテリウム病			○		○
細菌性鰓病	○				
冷水病(尾柄病)	○				
真菌病					
水かび病	○	○	○	○	○
イクチオフォヌス病	○		○		○
ブランキオマイセス病			○	○	
原虫病					
オージニウム病					○
イクチオフチリウス病(白点病)	○	○	○		○
キロドネラ病	○	○	○	○	
トリコジナ病	○	○			○
グルゲア病			○		
エピスチリス病		○			
ミクソボルス病		○			

いる.

　発病魚の体表(皮膚,鰭および口部)に疣状,ときにカリフラワー状あるいは円形小石状の白~灰色新生物が発現する.これは著しく腫大した感染結合織細胞の集積で,長期間持続するが,やがて退縮する.腫大細胞は径 100~1000 μm に達し,細胞質封入体をもち,リンホシスチス細胞といわれる.

　主に接触により伝播し,皮膚の傷は感染門戸となる.

　新生物を電子顕微鏡で観察し,リンホシスチス細胞,ウイロプラズマおよび正 20 面体の巨大ウイルス粒子の検出により診断する.魚種によって異なるが,ウイルス粒子は径 130~330 nm である.

(2) 細　菌　病

a. ビブリオ病

　Vibrio anguillarum とその類縁菌が原因で,海水魚,淡水魚の別なく多種の魚類に起こる.わが国ではアユ,ニジマス,ウナギ,ブリ,マダイなど養殖魚に多発し,ウナギでは鰭赤病,ブリやマダイでは潰瘍病の名で知られる.環境水温が 10°C 以上になると多発する傾向がある.

　発病魚は黒変し,体表と鰭に発赤,口腔,眼窩,鰭に点状出血および潰瘍(膿瘍へ移行)が発現する.敗血症により急死することが多い.肝・膵・腎のうっ血と出血斑が見られ,腸炎をしばしば伴い,筋肉の出血が著明である.主な感染源は,発病魚,死魚および耐過魚で,主な感染経路は鰓で,創傷感染もある.環境水における原因菌の分布は広く,海生無脊椎動物や底生動物からも菌が分離される.

　診断は,皮膚病変,腎からの原因菌の分離による.

　高密度飼育をさけ,皮膚の創傷形成を防ぎ,創傷感染を防止することが大切で,一部では予防にホルマリン死菌ワクチンも用いられる.治療にはサルファ剤を経口投与するが,耐性菌などの問題から卓効は期待しえない.

b. エロモナス病

　Aeromonas salmonicida と *A. hydrophila* を原因とする感染病の総称である.前者によるものを狭義のエロモナス病,後者によるものを運動性エロモナス敗血症という.*A. salmonicida* はサケ科と多くの淡水魚を宿主として出血性潰瘍性敗血症を起こし,サケ科ではせっそう病,コイでは紅斑性皮膚炎ともいう.*A. hydrophila* は淡水魚と汽水魚のほとんどすべてを宿主として出血性敗血症を起こし,ウナギの鰭赤病,コイの赤斑病,コイ・キンギョの立鱗病などと呼ばれる.

　i) せっそう病　　*A. salmonicida* によるサケ科魚類の病気で,養殖場では環境水温が 10~15°C になると多発する.幼稚魚では典型的な敗血症で,無症状のまま甚急性に高率に死亡する.せっそう(癤瘡)と呼ばれる本病の特長病変は亜急性例で顕著に見られ,鰭基部に好発する.産卵親魚では慢性経過をとり,腸炎と鰭基部の出血を伴う.せっそう病変は体表・筋肉に好発し,血液を混じた水ぶくれに始まり,ついには崩壊に至る.せっそうとは本来,毛

包炎や毛包周囲炎を指す術語であるから，これを魚類の病変に用いることは適切ではないが，体表の出血斑，腹腔内の出血，脾腫，膿瘍および潰瘍も著明である．感染源は死亡魚とキャリアで，用水を介して伝播し，経鰓および経口的に感染し，創傷感染も起こる．養殖場では，用水源水系に住む野生キャリアが深く関与するという．病変，魚種および発生時期から推定的に診断できるが，確定診断は，血液，腎臓あるいは新鮮なせっそう病変からの原因菌の分離による．特別な防除法はないが，サルファ剤や抗生物質による治療はある程度有効である．

 ii) **コイ紅斑性皮膚炎** *A. salmonicida* により，養殖コイを主に数種の淡水魚に起こる．躯幹皮膚に赤斑が出現して浅い潰瘍に進行し，病名は病変周囲の強い発赤に由来する．致死例では全身の水腫が著明で，細菌の二次感染が関与するとみられる．わが国のキンギョ，コイあるいはフナの穴あき病は本病に類似する．

 iii) **ウナギ鰭赤病** *A. hydrophila* が原因で，養殖ニホンウナギに古くから知られ，早春～初夏にかけての水温上昇期に発生しやすい．体表とくに鰭基部，腹側皮膚および肛門の発赤や出血斑が顕著であり，肝のうっ血や脂肪変性，腎の腫大，胃の出血，腸カタルなどが認められる．本病の集団発生には環境水の水質変化や天候不順などが発病要因として関与するらしい．

 iv) **コイ赤斑病** *A. hydrophila* が原因でコイに起こるが，ドジョウの感染も疑われる．躯幹と鰭の出血斑が特徴で，立鱗，眼球突出また腹部膨満がみられ，腸には発赤が起こる．初夏～秋にかけての発生，あるいは水質が悪化したときの発生では致死率が高い．*A. hydrophila* を一次原因菌とすることに多少の論議がある．

 v) **立鱗病（まつかさ病）** *A. hydrophila* が原因で，養殖コイやキンギョに起こる．鱗囊に水がたまり，鱗が逆立つので，病魚は松かさのような外観を呈する．比較的低水温の早春に好発し，汚い環境水のもとでは広範囲に伝播する．立鱗は各種の理化学要因など他の原因でも起こるので注意が必要である．

 vi) **熱帯魚などのエロモナス病** 主因は *A. hydrophila* で，室内水槽で飼育する各種の観賞魚に起こる．他の多くの魚種に発生する各種エロモナス病と本質的には同じで，急性出血性敗血症である．主徴は皮膚，鰓，肛門周囲，側線および口腔の発赤で，鰭はすり切れ，眼球は混濁し，死に至る．治療には，フラン剤の水槽内添加，あるいはクロラムフェニコール，ゲンタマイシンなど抗生物質の薬浴が効を奏する．

 c. **カラムナリス病**

 病因は *Flexibacter columnaris* とその近縁菌で，サケ科を中心に多種の淡水魚に起こる．アユでは口ぐされ，またキンギョやコイでは鰓ぐされとも称される．環境水温約18℃で多発する．

 体表に灰白色斑点や領域が発現し，一部は潰瘍に進行する．好発部位は頭部，鰭および鰓である．潰瘍病巣は真菌や *Aeromonas* 属菌の二次感染を受け死亡することが多い．不顕性感染もある．

 診断は夏季における発生と特徴的な病変から可能であるが，病変部塗抹標本あるいは病変組織小片の鏡検により樹枝状の原因菌集落を検出することにより確度が高まり，皮膚病変部または腎からの菌分離により確定される．

 飼育水温上昇の阻止（換水率の上昇），密飼いの回避あるいは消毒により，予防する．治療にはサルファ剤を使用する．

 d. **シュードモナス敗血症**

 Pseudomonas fluorescence とその類縁菌によるブリ，タイ，コイ，キンギョなど温水魚に起こる敗血症である．一般に食欲低下，皮膚や鰓の発赤，また皮膚の潰瘍が起こる．熱帯魚など室内水槽魚では，体表各部の発赤（充出血）や，ときに鰭の欠損が見られるが，この所見は *Aeromonas* 属菌など他の細菌感染でもみられるので注意を要する．発病にはストレスなど発病要因が関与する．室内水槽魚の治療は，エロモナス病のそれに準ずる．

 長野県の養殖コイに発生した細菌性白雲症と呼ばれるシュードモナス敗血症では，体表全域を多量の分泌粘液がおおい，白雲に包まれたような外観を呈した．

 e. **マイコバクテリウム病**

 数種の *Mycobacterium* 属菌が原因で飼育熱帯魚などを主に多種の魚類に起こる．

 病性は魚種により異なり，一般に潜伏期は1年以上に及び，食欲低下，黒変，発育不良，削瘦，あるいは腹部膨満が起こる．特徴的な病変は，体表や体

内各所，とくに肝・腎・脾に生ずる類上皮細胞からなる白色小結節である．原因菌の一つである *M. marinum* は熱帯魚流通業者の職業病ともいわれ，手指に頑固な皮膚病を起こす．

有効な対策はない．

（3）真　菌　病

a.　水かび病

広義には水生真菌によって起こる病気の総称で，主にミズカビ科 (*Saprolegnia*, *Achlya* および *Aphanomyces* の3属を含む) の真菌による．狭義にはミズカビ (*Saprolegnia*) 属菌の感染症で，皮膚と鰓の外皮性真菌症である．一般に個体レベルで散発するが，養殖魚ではしばしば集団発生が問題となり，ウナギのわたかぶり病，マス類の水かび病はその例である．

i) ウナギわたかぶり病　*Saprolegnia parasitica* が原因で，わが国の養鰻場では古くから知られ，低水温で多発する．頭部，尾部，躯幹あるいは鰭などにミズカビが着生する結果，魚体は白色ないし白褐色の綿をかぶったような外観を呈し，一部は死亡する．ある条件下では集団発生する．原因菌はもともと腐生性で，魚体の外傷が感染の足場となる．一次原因菌として *Aeromonas* を重視する向きもある．養鰻場では，マラカイトグリーンの池中散布や卵の消毒により防除を図る．

ii) マス類の水かび病　*S. parasitica* ほか2, 3の *Saprolegnia* 属菌により，養鱒場のマス類に起こり，秋から春にかけて発生しやすい．発病魚の頭部，躯幹および鰭に原因菌菌糸が濃厚に繁殖し，体表は白色のビロード布地の外観を呈する．

iii) 熱帯魚などの水かび病　*Saprolegnia* 属真菌が原因で室内水槽魚に起こり，綿かぶりの状態となる．発生予防には，魚体の取扱いを丁寧にして外傷を作らないようにすること，また十分な栄養を与えることが大切である．治療には，局所病変をマラカイトグリーンを含む綿棒で処置し，これと並行しスフラン剤を投与する．

b.　イクチオフォヌス病

Ichthyophonus hoferi によるもので，淡水魚，海水魚の別なく70種を超える魚種に起こる．多くは症状を示さず，長い経過で衰弱死する．まれに，脳内感染による運動失調（側湾症による）や腹部膨満が発現し，肝・脾・腎・心などに白色顆粒状の慢性肉芽腫が見られる．有効な対策はない．

（4）原　虫　病

a.　オージニウム病

Oodinium 属など植物性鞭毛虫が原因で，水族館を中心に小型の室内水槽魚に起こるが，養殖魚での発生はないという．

原因虫は皮膚や鰓に寄生するため，魚体は灰褐色ないしは黄色の粉をまぶしたようになり，進行例では皮膚や鰓の失沢や崩壊が著しい．不顕性寄生もあるが，病勢は一般に急性で，食欲低下，呼吸速迫，また「鼻上げ」が発現し，2～3日で死亡する．高水温時の発生は一般に重篤である．治療には，硫酸銅，食塩，メチレンブルーなどを水槽内に投入する．

熱帯魚では，主原因は *O. limneticum* で，ベルベット病と称され，病性はイクチオフチリウス症に似る．一方，各種淡水魚では，主な原因は *O. pillularis* で，ベルベット病あるいは pillularis disease と呼ばれる．

b.　イクチオフチリウス病

Ichthyophthirius multifiliis が原因で，とくに淡水熱帯魚に好発する．原因原虫は皮膚・鰓の細胞内に寄生し，罹患魚には異常遊泳，鰓の退色（貧血）あるいは呼吸障害が発現し致死率は高い．原因原虫の局在部位が肉眼で白点にみえるため白点病の名がある．

水中の仔虫の殺滅を目的として，メチレンブルー，マラカイトグリーンあるいはホルマリンなどが水槽に投入されるが，寄生原虫には無効である．熱帯魚など室内水槽魚の治療に当り，飼育水温を30℃以上に上昇させることがあるが，魚体の耐熱性が必須の条件となる．

c.　キロドネラ病

Chilodonella 属原虫が原因で，淡水魚の鰓や皮膚の細胞に寄生する．重度の寄生例では，皮膚に灰色ないしは青白色の粘稠被膜が形成され，後期には皮膚は部分的に脱落する．鰓が侵された病魚は異常遊泳を呈する．ストレスや飢餓により明らかに増悪される．

わが国の養魚業者は，越冬あけのコイ，フナ，キンギョおよびウナギの体表に見いだされる葉状扁平繊毛虫を本病の原因とみなして投薬しているが，こ

れらがすべて *Chilodonella* 属か否かは疑わしい．

 d．トリコジナ病

多くの種類の *Trichodina* 属原虫による熱帯魚など淡水魚に起こる病気であるが，わが国では本症と同定された病例はない．

表在寄生により皮膚と鰓の上皮細胞が重度の障害を受け，体表には多量の粘液分泌により青白色のフィルムが発現する．鰓の重度寄生例では呼吸器症状を呈し，鰓のびらんは致死的で，放置すれば鰓が欠落する．

原因原虫の外界での抵抗性は弱く，飽和食塩溶液への浸漬により死滅する．

 e．アユのグルジア病

Glugea plecoglosis によるもので，罹患魚には，全身性に原因原虫と宿主細胞との複合体であるキセノマ（xenoma）が多数出現し，成長が阻害される．飼育水温を 18℃ 以下にすることにより，キセノマの進展を抑制できる． 〔伊沢久夫〕

4.4 両 生 類

（1） ウ イ ル ス 病

 a．腎 腺 癌

北米大陸の一部地方に生息するヒョウモンガエルにはヘルペスウイルス（Lucké tumor virus）による腎腺癌が見られる．乳白色結節性腫瘍が両側性に発現し，肺・肝をはじめ広範囲に転移する．雌よりも雄に，また夏よりも春と秋に多発する．

（2） 細 菌 病

 a．赤 肢 病

主として *Aeromonas hydrophila* によるカエルの細菌病で，体重減少，皮膚の汚れ，運動失調，皮膚の出血と潰瘍，喀血あるいは痙攣などが見られ，病名は肢の出血に由来する．貧血と白血球減少が著明で，全身性特に筋肉，喉腔，腹腔の充出血が認められ，敗血症となる．

汚染水との接触で伝播するが，原因菌は水環境（とくに淡水）や魚類の常在菌で，カエルもキャリアとなる．体力の消耗や環境悪化などのストレスが発病に関与するとみられる．

診断は血液からの原因菌の分離による．防除には飼育管理の徹底，特に飼育ケージの頻繁な洗浄が有効である．治療にはテトラサイクリンの経口投与が有効である．

 b．マイコバクテリウム病

各種の *Mycobacterium* 属菌が原因で，消耗性の慢性経過で死亡する．皮膚の肉芽腫性潰瘍あるいはびまん性の結核性皮膚炎を示し，ときに，粟粒性肉芽腫が内臓に出現する．

原因菌は飼育水槽に腐生性に存在し，発病には，創傷や栄養不良などの発病要因が関与する．ヒトにもまれに伝播する．

病変部に抗酸菌を認め，その病原性を確認して診断する．

集団からの感染動物の除去および環境の消毒により防除する．

（3） 真 菌 病

 a．水 か び 病

オタマジャクシとサンショウウオの皮膚病で，水生真菌とくに *Saprolegnia parasitica* が着生し，白色の菌糸が発育し，伝播力が強い．原因菌は水生冷血動物に広く分布し，環境悪化などの発病要因が関与する．マラカイトグリーン浸漬により治療する．

 b．色素酵母菌病

Dematiaceae 属真菌による主にカエルあるいはヒキガエルなどの病気で，皮膚の潰瘍性（丘疹性）あるいは肉芽腫性病変を特徴とする．病変はときに内臓にも発現するが，その外観や色調は多様で，トラフサンショウウオでは軟かい組織塊として出現する．特徴的な症状はなく，次第に削痩し 4～11 か月で死亡する．

診断には，病変部割面の押捺標本の鏡検により原因真菌を検出する．

（4） 原 虫 病

 a．皮膚原虫病

Cahrchesium polysinum はオタマジャクシの皮膚で増殖し，鰓をおおうため，致死的である．また，*Oodinium pillularis* は魚類と水生両生類の皮膚と鰓に付着し，集団発生もある．*Dermosporidium* 属と

Dermocystidium 属の原虫は，魚類と水生両生類の皮膚にシストを形成し，宿主を衰弱させる．

b. 深部組織の原虫病

Plistophora myotrophica はヒキガエルの骨格筋に侵入し，重度の削痩と高い致死率を伴う慢性病を起こす．
〔伊沢久夫〕

4.5 は 虫 類

(1) ウイルス病

a. 灰色斑病

原因はヘルペスウイルスと推察され，養殖アオウミガメの稚子が侵される．皮膚に，灰色で軟かく，辺縁が隆起する斑点状の特徴病変が発現する．病変は頸部と四肢に好発し，ときに甲板や眼にも波及，月余に及び持続し，致死率は2～25％である．病変部の表皮細胞核内に均一でハロウをもつ弱塩基好性封入体を見る．米国南部，中南米および南大西洋の島々の養殖場に限局して発生する．

疫学の詳細は不明であるが，高密度養殖と高温などのストレスが発病要因となるらしい．

(2) 細 菌 病

a. 細菌性肺炎

Aeromonas hydrophila, *Mycobacterium* spp. が原因で起こる．

元気と食欲の低下，鼻汁，開口呼吸，また異常呼吸音が著明で，集団飼育下では発病率および致死率が高い．*A. hydrophila* による場合は約2週で死亡し，ヘビの感受性が高い．

肺には充血，線維素性・化膿性炎とチーズ様滲出液を見る．

伝播は主にヘビダニにより媒介され，温度の急変，特に急冷，飢餓，衰弱などが発病要因として関与する．

飼育管理の適正化による発病要因の排除によって予防され，治療には *A. hydrophila* による例ではテトラサイクリンが効果を示す．

b. 敗血症

主な原因は *Aeromonas hydrophila* で，攣縮，痙攣あるいは昏睡を呈し，皮膚，粘膜また漿膜に出血を見る．潰瘍性口炎，皮膚病，肺炎などを併発することが多い．スッポンでは皮膚ぐされ，あるいは出血病と呼ばれる．各臓器・組織に広範な充・出血を見る．

汚染水との接触やヘビダニとの接触（ヘビとおそらくはトカゲの場合）により伝播する．体力の消耗や環境の悪化が発病要因となる．

ダニ類の除去は発生予防に効果があり，治療にはテトラサイクリンとクロラムフェニコールが有効である．

c. 敗血症性皮膚潰瘍病

カメに起こる敗血症性疾患で，原因は主として *Citrobacter freundii* であるが，本病と臨床的に区別できない病気が他種の *Citrobacter* あるいは *Serratia* 属菌でも起こる．

嗜眠，筋肉の衰弱，潰瘍と四肢の麻痺を示し，鵞口瘡あるいは口ぐされの別名がある．

趾や爪の欠落，皮膚における出血，潰瘍あるいは血管の拡張を見，諸臓器には多数の壊死巣と溶血像がある．赤血球はときに空胞化し，多数の細菌を容れる．

原因菌は土壌，水およびヒトや動物の腸内に広く分布し，汚染水の皮膚創傷への接触で伝播するとみられる．

治療にはクロラムフェニコールが有効である．

d. 潰瘍性甲板剝離症

Beneckea chitinivora (*Bacillus chitinivorus*) による数種の淡水カメの慢性病で，甲板の潰瘍，壊死巣および黄褐色の偽膜形成を主徴とする．甲板は痂状に黒変して緩み，背中も腹甲もついには脱落し，甲羅ぐされ，斑点病，錆病などの別名がある．ほとんどが自然に治癒するが，甲板に生じた凹みや斑痕は永久に残る．二次感染により死亡することもある．

原因菌は水環境の腐生菌で，養殖種を含む多種の水生甲殻類，特に海生種を侵す．

診断は病変部の偽膜からの原因菌の分離による．

導入するカメの検疫と密飼いの回避は防除に有効である．水生甲殻類は感染源となるので，カメとの同居や飼料としての利用をさける．

治療は局所病変の切除あるいはクロラムフェニコールなど抗生剤の病変部への投与による．

e. 潰瘍性口内炎

主として *Aeromonas hydrophila*，*Pseudomonas aeruginosa* によるもので，口粘膜の潰瘍とチーズ様滲出液を主徴とし，慢性経過をとり，敗血症や合併症により死亡することもある．ビタミンC欠乏などが発病要因となる．

衛生管理の向上によって予防しうる．治療は病変部（壊死組織）の除去あるいはサルファメタジンやテトラサイクリンの投与による．

f. マイコバクテリウム症

各種のマイコバクテリウムが原因で，カメでは主として *Mycobacterium chelonei* による．各種のは虫類に好発し，肉芽腫を主徴として慢性経過をとり，死の直前，進行性に衰弱する．皮膚型と全身型の2型があり，後者には泌尿器，消化器あるいは呼吸器の各型がある．皮膚型では多数の肉芽腫性潰瘍が生じ，結核性皮膚炎となる．全身型では，粟粒大の肉芽腫が諸臓器に発現し，大型のものは触知できる．病理組織学的には，び慢性ないし限局性肉芽腫で病巣中心部は壊死におちいることが多い．

原因菌は環境水に広く分布し，水槽や貯水槽にも見いだされて創傷感染を起こし，あるいは栄養不良や各種疾病などが発病要因となる．ヒトにも希ながら伝播する．

診断には病変部における原因菌の証明が必要である．

防除には感染動物の迅速な除去が大切で，治療法は確立されていない．

g. サルモネラ病

各種のサルモネラ属菌が原因で，カメ・ヘビ・トカゲなどほとんどのは虫類では一般には不顕性感染に終始する．淡水カメはヒト小児のサルモネラ症の重要な感染源である．発病動物は元気・食欲の低下，下痢，腸炎，肺炎，肝炎などを発現する．カメでは脱水などのストレスが発病要因となる．

診断は菌分離による．

防除には糞便の培養によりキャリアを摘発し，隔離または淘汰する．は虫類の抗生物質による治療に関する資料は少ないが，ネオマイシンとオキシテトラサイクリンがある程度有効との報告がある．

h. 水疱性皮膚炎

非溶血性の黄色ブドウ球菌が原因とみられる．

カメとくに陸生カメあるいはヘビの体表に水疱を形成し，ときに敗血症死する．

高湿度の飼育環境下で発生する．

飼育ケージの一隅に乾燥領域を設けることにより予防できる．

治療には病変部貯留液の外科的排除，抗生物質の投与，またビタミンAの投与などが有効である．

（3）真　菌　症

a. 水かび症

主として真菌 *Saprolegnia parasitica* により，水生カメに多い．体表に発育する白色菌糸が特徴で，頭部からしだいに体表各部にひろがり，伝播力は強大である．マラカイトグリーンに浸漬して治療する．

b. ムコール症

養殖スッポンに起こり，ムコール菌の着生が原因で，体表に白斑が生じ，病変部皮膚は剥離する．幼若動物では致死例もある．

（4）原　虫　病

a. アメーバ病

主な原因は *Entamoeba invadens* で，ヘビ・トカゲ（とくに肉食性のもの）に好発する．発病動物には潰瘍性胃炎と大腸炎を見，致死率は高い．診断は糞便中のシストやトロポゾイトの検出による．人体用の抗アメーバ剤が有効である．

b. コクシジウム病

宿主特異的なコクシジウム，特に *Eimeria* 属を原因とし，ヘビ・トカゲに出血性腸炎を起こす．*Cryprosporidium* 属はヘビに肥大性胃炎を発現し，致死率が高い．診断は糞便内のオオシストの検出による．サルファ剤やニワトリ用抗コクシジウム剤が試みられているが，成績は不定である．

〔伊沢久夫〕

4.6 鳥　　類

（1）ウイルス病

a．ニューカッスル病

病因は *Paramyxovirus* 属のニューカッスル病ウイルスで，病因ウイルスの病原性，鳥種や日齢などにより甚急性の顕性感染から不顕性感染まで病型は多岐にわたる．下痢，呼吸器症状，神経症状を主徴とし，ニワトリで最も重症で，シチメンチョウ，ウズラの順で軽症となる．オウム目も感受性を示す．アジア型あるいは強毒内臓型とも呼ばれる甚急性感染では4～5日の経過でほぼ全例が死亡する．胃腸炎が主であり，中等度のアメリカ型あるいは肺脳炎型では，呼吸器症状と神経症状が強く発現する．気管炎，気嚢混濁，前胃出血，腸潰瘍，卵巣出血，非化膿性脳炎などの病変が認められる．

感染鳥の糞便あるいは呼吸器からの排出物が感染源で，汚染されたヒトの衣服・履物なども伝播の上で重要である．野鳥では不顕性感染が多い．

ウイルスの分離，ウイルス抗原の検出，あるいは血球凝集阻止抗体の検出によって診断する．

ニワトリの予防にはワクチンが用いられる．

b．ニワトリ伝染性気管支炎

病因は *Coronavirus* 属のニワトリ伝染性気管支炎ウイルスで，呼吸器型では開口呼吸，異常呼吸音，奇声，くしゃみが，生殖器型では下痢，産卵の低下・停止，異常卵産出が見られ，幼雛期の感染により無産鶏となることが多い．若齢鶏ではときに腎炎が起こる．不顕性感染も多い．呼吸器型では，気管のカタル性炎，喉頭・気管壁の肥厚，生殖器型では卵管萎縮，卵胞軟化，卵墜，腎炎例では腎の腫大，尿酸塩沈着が見られる．無産鶏の卵管は瘢痕化あるいは欠損する．

直接接触あるいは空気伝播により感染し，細菌の混合感染によって重症となる．病鶏呼吸器由来材料の発育鶏胚接種によるウイルス分離，あるいは中和抗体上昇により診断する．

ワクチンにより予防できる．

c．ニワトリ伝染性喉頭気管炎

病因は Herpesviridae 科のニワトリ伝染性喉頭気管炎ウイルスで，重度の呼吸困難，咳，気泡音，血痰，喀血，顔面チアノーゼ，窒息死などの呼吸器症状が主徴で，経過は甚急性から慢性まで多岐にわたる．病変は上部気道に限局し，粘膜の充血と水腫性肥厚，多量の粘液の貯留がある．病変部粘膜上皮細胞は腫大し核内封入体を認める．

秋から春にかけて多発し，経気道あるいは経結膜によって伝播する．長期にわたるキャリアが感染源となる．ニワトリを主な自然宿主とするが，キジ・クジャクも感受性がある．

診断は特徴的な呼吸器症状，喉頭や気管粘膜における蛍光抗原の検出，病因の分離，中和抗体の上昇による．

ワクチンにより予防できる．

d．ウズラ気管支炎

病因は *Aviadenovirus* 属のウズラ気管支炎ウイルスで，くしゃみ，咳などの重度の呼吸器症状を主徴とし，流涙，結膜炎を伴うこともある．幼鳥の致死率は高い．中等度の気管支炎，気嚢炎また結膜炎が特徴病変である．

おそらく空気感染によって伝播し，コリンウズラの感受性が最も大きい．老鳥にはキャリアとなっているものが多い．

診断は多く臨床所見によるが発育鶏卵などを用いてのウイルス分離によるのが確実である．

防除対策は確立されていないが，老鳥キャリアからの若鳥の隔離は効果的である．

e．アヒル肝炎

病因はエンテロウイルスに属するウイルスとみなされ，元気消失，閉眼，横臥，痙攣などを示し短時間で死亡する．ひなの致死率は高い．肝・脾の腫大と出血，腎の腫大が見られる．

糞便が感染源で，経口的に極めて急速に伝播する．ドブネズミがレゼルボアとみられる．

防除にワクチンを用いる国もある．

f．マレック病

Gammaherpesviridae 亜科のキジ類ヘルペスウイルス1型（マレック病ヘルペスウイルス）が原因のニワトリの病気で，片側性の麻痺が脚と翼に好発し，2～3か月齢の若鶏が多く発病する（神経型）．また，虹彩の灰色化，瞳の収縮とわい曲（眼型），羽包

周囲皮膚の隆起や粗雑化（皮膚型）を主徴とすることもある．急性例では致死率30％以上であるが，慢性の古典的マレック病では致死率は10％前後である．主要病変は，リンパ腫形成と末梢および自律神経の腫大，あるいは結節性またはびまん性の灰色または白色のリンパ腫形成である．

感染鶏の羽包には成熟ウイルスが多数存在し，空中に漂う．感染性のふけの吸入によって感染する．不顕性感染が広くみられ，何らかの要因が関与して発病する．

症状と病理所見を中心に診断する．不顕性感染が多く，ウイルス分離や抗体検出の診断的価値は低い．ワクチンによって予防できる．

g. アヒルペスト（アヒルウイルス性腸炎）

病因はヘルペスウイルス属ウイルスとみなされ，衰弱，渇き，下痢を主徴とし致死率は高い．重度の腸炎が起こり，腸上皮細胞などに核内封入体を認める．心，膵，腸間膜に点状出血が見られる．

ウイルスキャリアが多く，少なくとも1年間はウイルスを間欠的に排出し伝播する．アヒルのほか野生水禽が感受性を示す．わが国での発生はないが，米国ではワクチンが使用される．

h. 鳥類の痘瘡（禽痘）

病因はAvipoxvirus属のウイルスで，発病鳥種によって鶏痘，シチメンチョウ痘，鳩痘，カナリア痘ウイルスなどと称される．各病因ウイルスの病原性は一般に由来宿主に対して強く，性状には若干の違いがあるが，共通抗原をもつ．

i) 鶏痘 小豆大以下の灰色丘疹が見られ，やがて自潰してジフテリー性偽膜あるいは暗赤色の痂皮となる．主な発痘部位は，肉冠などの無毛部（皮膚型），または口腔や気管などの粘膜（粘膜型）で，結膜炎など眼病変も生ずる．病変部の上皮細胞は増生して腫脹し，細胞質に好酸性封入体（Bollinger 小体）を見る．カナリア痘では全身に発痘して死亡する．

接触または吸血昆虫による媒介によって伝播する．

発痘病変によりある程度診断が可能であるが，病変部からのウイルス分離によって確定する．ワクチンによって予防できる．

ii) カナリア痘（Kikuth's disease）カナリアその他のアトリ科の小鳥に最も多発する．呼吸困難，あえぎ，小型の発痘が眼瞼，嘴辺縁，背部，口腔内に出現する．悪急性例では眼瞼炎や結膜炎が起こり，病鳥は眼・嘴を止り木にすりつけ，羽毛は不整となり，ときに下痢を呈する．いぼ状の結節性病変が総排泄孔，肢，趾に発現し，鳥はしだいに元気を消失して死亡する．幼鳥の致死率は高い．

内臓にはほとんど病変は形成されないが，ときに上部気道炎，肺炎，心外膜炎を認める．皮膚その他の病変部に細胞質封入体が出現する．

臨床所見の診断価値が大きく，剖検所見，細胞質封入体の検出，ウイルスの分離によって確かめる．カナリアにはワクチンが予防に用いられるが，有効な防除対策は確立されていない．

i. ニワトリ脳脊髄炎

病因は*Enterovirus*属のニワトリ脳脊髄炎ウイルスである．

垂直（介卵）感染を受けたひなは孵化後まもなく運動失調を呈して死亡する．発病は10日齢以下のニワトリにほぼ限定され，加齢とともに抵抗性が著明に高まる．産卵鶏では産卵率や孵化率の低下を見ることがある．病理組織学的に非化膿性脳脊髄炎を見る．

介卵伝播あるいは糞便を介する経口感染によって伝播する．ニワトリのほかシチメンチョウ・キジ・ウズラも発病する．

診断は中枢神経系の病理組織学的所見および病変部材料の発育鶏胚への接種によるウイルス分離による．

ニワトリでは種鶏にワクチンを投与し，介卵免疫によってひなの予防を図る．

j. 伝染性ファブリキウス嚢病

Reoviridae科に近縁と考えられるが未分類の伝染性ファブリキウス嚢病ウイルスが原因である．

3～10週齢のニワトリが発病し，佇立，羽毛逆立，下痢，急死を主徴とし，ファブリキウス嚢の著しい腫大・浮腫・黄変・出血・嚢内腔滲出物の貯留とともにリンパ球の壊死・崩壊が見られる．脾腫，腎の腫大，筋肉出血もある．

接触により伝播し，不顕性感染が広く認められる．

ファブリキウス嚢の病理所見，同嚢病変部材料のひなへの接種によるウイルス分離，ゲル拡散法，蛍光抗体法によるウイルス抗原の検出により診断する．

種鶏やひなへの生ワクチン投与により予防する．

k. ニワトリ白血病・肉腫

鳥C型 *Oncovirus* 亜属の鳥白血病・肉腫ウイルスが病因で，6～8か月齢を発病のピークとして肝・脾などのリンパ腫形成（きもばれと呼ばれる）を主徴とするリンパ性白血病，チアノーゼを呈して急死する．赤芽球症および骨髄性白血病，主として中足骨などの長骨が腫大する骨化石症などがある．

リンパ性白血病では，肝・脾の腫大，白色結節形成が著明である．赤芽球症では肝・脾・腎はび慢性に腫大して橙色に変色し，骨髄性白血病では，肝・脾・腎のび慢性腫大と肝の黄変および顆粒状化が見られる．骨化石症では骨皮質の硬化と肥大が著しい．

垂直感染または接触により伝播する．性成熟完了までに高率に感染するが，多くは不顕性感染に終始する．

診断は肉眼・病理組織学的所見による．有効な対策はない．

（2）細　菌　病

a. 家禽コレラ

病因は *Pasteurella multocida*，とくに血清型 5：Aおよび 8：A で，血便，下痢，閉眼，佇立，呼吸困難を発し，発病後数時間から 2～3 日で死亡する．急性死亡例では漿膜の点状出血，皮下の浮腫，胸水増量，肺炎などを認める．

菌は鼻汁に多量存在し，経口，経気道，経皮によって伝播する．野鳥が病因を散布することがあり，常在地では高温多湿などのストレスが発病要因となる．ニワトリのほかアヒル，ガチョウ，野生水禽なども発病する．

診断は，敗血症例では心血中の菌の検出により，病鳥の滲出液や組織乳剤からの菌分離による．

一部ではワクチンが予防に用いられる．

b. サルモネラ病

i）ひな白痢　病因は *Salmonella gallinarum* その他の *Salmonella* 属菌である．

菌の介卵伝播による孵化前後の死亡，30日齢までの灰白色下痢便，関節炎のほか急性例は神経症状を示す．成鶏は産卵停止，集団下痢など不定の症状を示し，多くはキャリアとなる．

10日齢以下のニワトリひなでは，急性敗血症死例を除くと，肝・脾の腫大，腸炎など多彩な病変を示す．保菌成鶏では卵巣病変をみ，発病死した成鶏では心嚢炎，腹膜炎などが見られる．

保菌鶏からの介卵伝播，孵化器内での経気道感染，汚染環境下での経口感染により伝播する．

診断は凝集反応による抗体の検出による．

防除は介卵伝播の防止，孵卵衛生の励行，投薬などによる．

ii）その他のサルモネラ症　ニワトリのパラチフスの病因は *S. gallinarum* 以外の *Salmonella* 属菌で主として亜属Ⅰまた時に亜属Ⅱによる．

症状・病変はひな白痢に似るが軽度である．卵殻汚染により鶏胚や孵化ひなが感染し，保菌鶏，汚染飼料，媒介動物を介して伝播する．病因菌の分離によって診断する．防除には種鶏および孵卵衛生の徹底が必要である．

アヒルでは *S. typhimurium* による腸炎が比較的多い．

c. ブドウ球菌病

Staphylococcus 属菌，主としてコアグラーゼ陽性の *S. aureus* による化膿性疾病で，病型は多様で，多くは慢性経過をとる．敗血症（性成熟直前のニワトリに好発），関節炎（ニワトリ・シチメンチョウ・アヒル），脊椎炎（ニワトリ），および趾瘤・胸部膿疱・浮腫性皮膚炎（バタリー病とも呼ばれ，翼とくに先端部の気腫）などを呈する．脚弱や起立不能を主徴とする化膿性骨髄炎（へたり病）にも本菌の関与が疑われる．

皮膚や鼻粘膜の常在菌であるので，発病には発病因子が必要と見られ，多くは皮膚の外傷や打撲傷からの病因の侵入によって発病する．

典型病変部からの菌分離により診断する．

防除には衛生管理の徹底を図り，抗生剤による治療を実施する．

d. 伝染性コリーザ

病因は *Haemophilus paragallinarum* で，鼻汁，開口呼吸，くしゃみ，流涙，奇声が主徴で産卵鶏では産卵異常が起こる．マイコプラズマなどとの混合感染により重篤となる．鼻腔や副鼻腔の粘膜の充血・肥厚，顔面腫脹部における滲出液貯留，上部気道粘膜の充血・上皮細胞の腫大および増生を見る．

鼻汁や涙を介しての接触により伝播し，秋から春にかけて多発する傾向がある．ニワトリ以外にキジとホロホロチョウがまれに感染する．

診断は臨床所見に基づくことが多いが，確定診断には病変部浮腫液の直接鏡検による菌の検出，分離が必要である．

不活化ワクチンによる予防，あるいは抗生剤による早期治療によって防除する．

e. 大腸菌病

病因は *Escherichia coli* で，O2，O4，O78 など特定の血清型が多い．

飼育条件の悪い若いブロイラーでは呼吸器症状を伴う敗血症が起こり，心外膜炎，線維素性肝周囲炎，気嚢炎が認められる．産卵鶏では卵管炎，産卵末期のニワトリには腸管と肝の肉芽腫が形成され，滑膜炎・関節炎，腸炎，骨髄炎も見られる．死ごもり卵が多発する．

他の病因による呼吸器病が一次的に先行することが多く，それが発病要因として疑われる．アヒルやシチメンチョウも発病する．

診断は原因菌の分離と血清型別による．

防除には衛生管理の徹底，抗生剤による治療も行われる．

f. *Yersini apseudotuberculosis* 感染病

カナリアに多発する．経過と症状はまちまちであるが，呼吸器症状と下痢が一般的である．肝・脾・肺などの腫脹と腸炎，白色微小壊死巣を見る．

g. ウズラ潰瘍性腸炎（ウズラ病）

病因は *Clostridium colinum* でニワトリなど多くの鳥種が感受性を示すが，コリンウズラがとくに重症で，無症状のまま急死することが多い．腸炎（急性例），腸粘膜の壊死性潰瘍（慢性例），肝臓の壊死巣が発現し，ときに腹膜炎，肝の斑状化や脾腫を見る．

糞便が感染源となり，汚染飼料・飲水・敷料などにより経口的に伝播する．回復鳥はキャリアとなり，汚染環境は芽胞の存在により長期にわたり持続する．

診断は剖検時の典型的な潰瘍の確認，および肝壊死巣スタンプ標本のグラム染色により菌を検出する．

防除にはキャリア鳥からの隔離，バシトラシンなどによる治療が実施される．

（3） クラミジア病

a. オウム病

Chlamydia psittaci を病因とし，流涙，鼻汁，結膜炎，削痩，死亡を主徴とする．脾腫，肺の充血，心外膜炎，腸炎，気嚢の混濁・肥厚がある．

シチメンチョウなどの家禽，ハトなどの野鳥や多種の鳥類が感染性をもつが，オウム目の最重要疾病で，人畜共通伝染病である．

糞便を感染源として経気道あるいは経口的に伝播する．キャリア鳥は間欠的に病因を排泄する．

診断は解剖所見，肝・脾のスタンプ標本で細胞質封入体，血清についてはCF反応による抗体検出による．広範囲抗生物質による治療が可能である．

スズメ目の小鳥は一般に *C. psittaci* に高い感受性を示すが，オウム目と異なり，急性経過で死亡することが多く，不顕性感染は少ない．

（4） マイコプラズマ病

病因は *Mycoplasma gallisepticum* (Mg), *M. synoviae* (Ms), *M. meleagridis* (Mm) などである．Mgによる呼吸器病はニワトリでは一般に慢性に経過し，咳，くしゃみ，開口呼吸を示し，シチメンチョウでは副鼻腔炎を呈する．病変は概して軽度であるが進行例ではは気嚢炎を見る．細菌やウイルスの混合感染で重篤となる．

Ms の感染では腱鞘炎による足関節の腫脹のためニワトリとシチメンチョウは跛行を呈し，若齢鳥に多発する．Mg 感染と同様の呼吸器病がニワトリとシチメンチョウに見られる．

Mm に感染したシチメンチョウひなでは介卵伝播による孵化率低下あるいはひなの発育不良が著しい．

接触，空気感染，介卵伝播により伝播し，感染は長期にわたって持続する．不顕性感染も広く見られる．

診断はマイコプラズマの分離と抗体検出により，種鶏については，MgとMsの凝集反応により汚染を排除する．

防除には種卵の薬浴，抗生剤による治療が行われる．

(5) 真菌病

a. アスペルギルス病

病因は *Aspergillus fumigatus* で，家禽，野鳥，小鳥が罹患する．3〜4週齢のニワトリでは，高率に急性死するが，成鶏では散発的に呼吸困難が見られる．

病変ひなでは肺に多数の黄色結節を見，成鶏では喉と気嚢に固い黄色の壊疽性病巣を生ずる．

敷料や飼料に常在するアスペルギルスが何らかの原因で増殖し，これを大量吸入することにより発病する．ひなでは卵の汚染が一因と見られる．

診断は症状と病変による．病変部の塗抹標本で菌を検出し，分離によって確認する．

治療法はなく，飼育環境の清浄化により防除する．

b. カンジダ病

病因は *Candida albicans* で，特徴的な症状を欠くが，急性感染では大量死，より慢性の感染では合併症を伴う傾向がある．特徴病変は嗉嚢のひだの肥厚と潰瘍で，潰瘍はときに口腔や食道に波及する．

消化管内に生息するカンジダが，他の要因によって粘膜に侵入して発病する．

診断は病変および組織切片上で真菌を検出することによる．

環境の浄化によって防除し，飲水に硫酸銅を添加して治療する．

(6) 原虫病

a. ロイコチトゾーン病

病因は *Leucocytozoon andrewsi*, *L. caulleryi*, *L. sabrazesi*（以上ニワトリ），*L. simondi*（アヒル）などで，喀血，貧血，緑便，発育の遅れ，産卵停止が見られ，剖検により肺・腎などをはじめ全身に点状出血を見る．

主としてブユ科の吸血昆虫，一般にはニワトリヌカカの媒介により伝播し，流行は環境や気象条件に依存する．

臨床所見，臓器内のシゾントの検出，血液塗沫標本上で原虫の検出により診断する．抗体の証明はゲル拡散法による．

ヌカカの防除対策が重要である．

b. コクシジウム病

病因は *Eimeria* 属原虫で，ニワトリのコクシジウムとしては9種類がある．

粘稠で出血性の下痢のほか，粗毛，脱水，貧血，衰弱，頭・頸部の収縮，傾眠，産卵低下が主徴である．シチメンチョウもニワトリ類似の症状を呈するが，下痢は出血性ではない．*Eimeria* の種類によって腸病変の程度と発現部位が異なる．

糞便中のオーシストの摂取による．感染動物の糞便に汚染されたヒトの衣服・履物などとの接触によっても伝播する．ニワトリでは各種 *Eimeria* の混合感染が多いが，優占種は *E. acervulina* である．

防除には薬剤による予防とオーシスト対策が肝要である．

〔伊沢久夫〕

4.7 食 肉 目

イヌおよびネコの感染病は数多く存在し[1,2,3]，それぞれに重要であるが，ここでは動物実験において検疫上重要視される感染病のみを記載する．

(1) イ ヌ

a. ウイルス病

i) **イヌパルボウイルス病**（canine parvovirus infection）　イヌコロナウイルス病とともに1978年以降に新たに確認された疾患[4]で，ネコ汎白血球減少症ウイルスと同じくパルボウイルスに属するウイルスが原因である[5,6]．心筋炎型と腸炎型とが区別される．

心筋炎型は8週齢未満の子イヌに見られ，突然に心不全を呈し，呼吸困難に陥って多くは死亡する．病理学的には心筋細胞の両染性核内封入体形成を伴う非化膿性心筋炎が特徴的である[7]．

腸炎型は年齢に関係なく見られるが，子イヌで死亡率が高い．発熱，下痢，嘔吐，脱水，白血球減少が見られる．イヌコロナウイルス感染症でも同様の症状が見られるが，白血球数の減少はない．削痩および脱水が目立ち，剖検で胸腺の萎縮，腸間膜リンパ節の腫大，腸炎および大腿骨骨髄の退色が観察さ

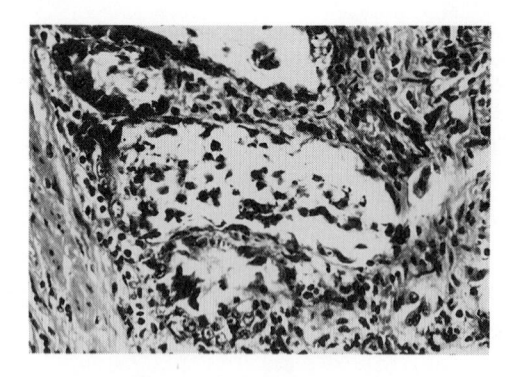

図 4.8 イヌパルボウイルス病
結腸の腸陰窩上皮細胞の壊死，脱落と腔の拡張が目立つ

れる．鏡検では両染性核内封入体形成を伴う Lieberkühn 陰窩上皮細胞の退行性変化（図4.8），骨髄およびリンパ系諸臓器実質の減形成と退行性変化が見られる[4,8]．

診断は臨床症状の観察，病理学的検査のほか，腸内容物や糞便のウイルスをネコ腎培養細胞を用いて分離することによる．血清学的検査は赤血球凝集抑制抗体やゲル内沈降抗体の検出[5]などによる．治療には補液と抗生物質の投与を行う．予防法としては，イヌパルボウイルスおよび抗原的に共通性のあるネコ汎白血球減少症ウイルスの不活化あるいは弱毒化ワクチンが応用される．

ii) **イヌジステンパー**（canine distemper） 最も重要な子イヌの感染病の一つで，パラミクソウイルス科モルビウイルス属ウイルスが原因である．1年未満の子イヌにのみ顕著な症状を現わし，平均死亡率は50％前後である．6〜9日の潜伏期を経て発病し，2相性の発熱，食欲不振，鼻汁および眼やにの流出，結膜炎，せき，呼吸困難が見られる．約半数例では中枢性の神経症状を伴う．嘔吐，下痢を呈し，腹部の皮膚には小水胞もしくは小膿胞が形成される．鼻端および足蹠の皮膚には角化亢進が見られることもある．

病理学的には肺病変が目立ち[9]，気管支肺炎や巨細胞性の間質性肺炎[10]が認められる．ときには，腸炎や水胞性あるいは小膿胞性の皮膚炎（腹部）が見られる．神経症状を呈する例では脱髄性脳脊髄炎が特徴的[11]で，小脳および第4脳室に接した脳幹に好発する．呼吸系，泌尿器系および消化器系の粘膜上皮細胞，肺胞中隔の巨細胞およびグリア細胞の細胞質内および核内に好酸性の封入体が認められる．

確実な診断は，免疫螢光抗体法による組織内のウイルスの検出，イヌ腎細胞によるウイルス分離あるいは中和抗体や補体結合抗体の検出による．二次感染防止の目的で抗生物質やサルファ剤の投与が行われ，予防には不活化あるいは弱毒化ワクチンが有効である．

iii) **イヌ伝染性肝炎**（Infectious canine hepatitis） アデノウイルス科マストアデノウイルス属のイヌアデノウイルス1型が原因で，肝細胞および血管内皮細胞に親和性を示す．通常不顕性に経過するが，離乳後1年以内の子イヌでは5〜9日の潜伏期を経て発病し，10〜25％が死亡する．典型例では食欲不振，発熱，全身浮腫，眼やに，嘔吐，下痢などを呈し，可視粘膜の貧血，点状出血，口蓋扁桃の充血・腫大，一過性の角膜混濁，結膜炎などが見られる．肝は腫大して脆弱となり，肝細胞の退行性変化と小巣状壊死が特徴的で[13]，光顕では両染性または好塩基性の核内封入体形成を伴う．胆嚢壁の水腫性肥厚，脾，口蓋扁桃およびリンパ節の腫大，皮下織の浮腫，諸臓器の出血なども見られる．

ウイルスは尿中に半年近くにわたって排泄されるので，感染源としてとくに重要である[12]．感染動物のウイルスを含む鼻汁，糞便，尿などを嚥下することによって伝播すると考えられる．

診断は一般に病理学的検査によるが，免疫螢光抗体法によるウイルスの検出，培養細胞を用いた感染組織や尿などからのウイルスの分離，血清抗体の検出（中和，補体結合，ゲル内沈降反応）なども有効である．治療法としては輸血，補液，広範囲抗生物質の投与などが行われる．予防には弱毒化生ワクチンの接種が有効である．

iv) **その他のウイルス病** イヌコロナウイルス病はイヌパルボウイルス病と非常によく似た症状を示すが，白血球数の減少は認められない．病理学的には腸絨毛の萎縮・融合が特徴的である．イヌヘルペスウイルス病は1〜3週齢の子イヌに致死的感染を起こし，肺，腎の皮質，副腎，肝および腸に出血を伴う巣状壊死が認められる．イヌアデノウイルス性喉頭気管炎はイヌアデノウイルス2型が原因で，発病例では軽度の発熱，せき，漿液性鼻漏などが見られる．

b. 細菌病

i) ブルセラ病（Brucellosis） *Brucella canis* が原因で，慢性の菌血症が見られ，流産（妊娠後期）および不妊症（雄）などの繁殖障害が特徴的である[14]。

病理学的には全身のリンパ節炎が見られ，子宮内に滲出液の貯留，陰嚢皮膚炎，精巣上体炎および精巣の腫大もしくは萎縮が認められる[15]。精巣では精細管の荒廃，精子の低形成，無形成などとともに，精細管内での精子の凝集および食細胞による食作用が特徴的である（図4.9）[16]。

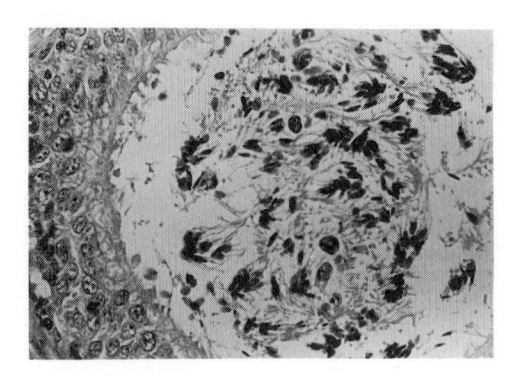

図 4.9 イヌブルセラ病
精細管内に精子を貪食した食細胞や精子の凝集像が目立つ

腟からの排泄物，流産胎子もしくは胎盤と接触することにより経口感染する．また，胎盤感染および性交感染も起こる．

診断は血中凝集抗体の検出もしくは菌の分離培養による．一部で予防ワクチンも試みられているが，定期的に血中凝集抗体を検査することによって保菌動物を摘発・隔離するのが最良である．

ii) レプトスピラ病（Leptospirosis） *Leptospira canicola* によることが多いが，*L. icterohemorrhagiae* による例もある．

急性型では菌血症とともに，発熱，黄疸，脱水，嘔吐，血様下痢便，アルブミン尿症などを呈し，ときに死の転帰をとる．多くの場合，菌が腎に局在するとともに慢性型に移行する[17]。腎障害が高度だと尿毒症を伴い，口臭が強く，舌および口粘膜に潰瘍が認められる．

ネズミの尿で汚染されたものを食べることによって感染し，とくに若い動物では感受性が高い．

病理学的には，急性型では黄疸，皮膚および粘膜の点状，斑状出血，肝・脾のうっ血，腫大，腎の退色，腫大などが見られる[18]。慢性型では病変は腎に限局し，非化膿性間質性腎炎[19]から最終的には萎縮腎となる．鍍銀染色（Levaditi法）により，菌が尿細管上皮細胞の管腔側に付着して，あるいは細胞質内に染出される．

診断は病理学的検査のほか，血清中の凝集溶菌抗体の検出もしくは新鮮尿の暗視野顕微鏡観察による菌の検出，などによる．治療には主要症状の軽快を目的としてペニシリン投与が行われるが，腎のレプトスピラを除去するためには，ストレプトマイシン（0.25mg/体重1kg，1日2回，3日連続投与）が有効である．ネズミの駆除が大切で，ワクチン接種による予防も有効である．

iii) 結核病 ヒトおよびヒトの食物から感染すると考えられ，人型菌によるものが多い．

c. 真菌病

i) 白癬（Ringworm） *Microsporum* によるものが多く，ついで *Trichophyton mentagrophytes* による．罹患動物と接触することによりヒトにも感染する．

病巣はおもに顔面と耳介にみられ，病例によっては全身皮膚にひろがり，脱毛，発赤および痂皮の形成を見る[20]。

microsporum 感染毛は蛍光を発するので wood lamp 照射による診断法が行われるが，*trichophyton* 感染毛は蛍光を発せず菌分離培養が必要である[21]。治療にはグリセオフルビンの経口投与と患部への抗真菌剤の塗布を併用する．

ii) その他の真菌病 *Histoplasma capsulatum* の感染（リンパ節，皮下織，肺），*coccidiomyces* 属の感染（皮膚）などがある．

d. 寄生虫病

i) 心臓糸状虫病（Heart worm infection） *Dirofilaria immitis* がおもに右心室および肺動脈に寄生する．まれに静脈，胸腔，気管，食道などにも寄生することがある．感染犬を吸血したカによって伝播され，子虫（microfilaria）は皮下織や筋肉内などで発育して，感染後5〜120日で静脈を経由して右心室に達する．まれにネコでも寄生が認められる．

診断は末梢血からの子虫の検出による．子虫および成虫ともに駆虫は困難である．

ii) その他の寄生虫病 回虫病（犬回虫，犬小

回虫），鉤虫病（犬鉤虫，狭頭鉤虫），条虫病（犬条虫，豆状条虫），毛嚢虫病（毛嚢虫），かいせん（*Octodectes cynotis*による耳かいせんと*Sarcoptes scabei*による皮膚かいせん）などがある．

（2）ネ　コ

a. ネコ汎白血球減少症（Feline panleukopenia）

最も重要な感染病のひとつで伝染性が強い．パルボウイルス属のfeline panleukopenia（FPL）ウイルス（径18〜22nm）が原因で，ウイルスは分裂，増殖の盛んな細胞に親和性を示す[22]．

排泄物を介して経口感染し，3〜6日の潜伏期を経て発病する．臨床および病理学的にはイヌパルボウイルス感染症の腸炎型のそれと同様の所見を呈する[23,24]．

胎生期もしくは出生直後に感染が起こると，小脳外顆粒層の細胞がFPLウイルスの侵襲を受けて壊死，脱落し，その結果として小脳形成不全症あるいは運動失調症が招来される[25]．

診断は主として食欲不振，元気消失，嘔吐，下痢などの臨床症状の観察，白血球数の測定および病理学的検査によるが，ネコ腎培養細胞を用いたウイルスの分離および血清学的検査も行われる．治療としては，補液（脱水症状の改善）と抗生物質の投与（二次感染防止）が行われる．予防にはFPLウイルスの不活化または弱毒化ワクチンが有効である．

b. ネコウイルス性鼻気管炎（Feline viral rhinotracheitis）

ネコ汎白血球減少症とともに最も普通に見られる感染症のひとつで，ヘルペスウイルス群に属するFeline viral rhinotracheitis（FVR）ウイルスが原因である．あらゆる年齢の動物が罹患するが，離乳直後の動物はとくに感受性が高い．

接触あるいは飛沫感染後2〜6日の潜伏期を経て発病する．臨床的には，くしゃみおよび鼻汁流出が特徴的で，眼やにの流出，舌や口粘膜の潰瘍，元気消失および食欲不振もしばしば観察される．発病初期には一過性の発熱が見られることがあり，通常約2週間の経過で回復に向かうが，なかには衰弱が著しく死亡する例もある．

病理学的変化は上部気道（図4.10），眼瞼および口粘膜に認められ，粘膜上皮の退行性変化および粘膜固有層における滲出性炎が見られ，粘膜上皮細胞には弱両染性または好酸性の核内封入体形成を伴う[26]．しばしば鼻甲介軟骨の変性および甲介骨の融解が認められる[26,27]．

ネコの上部気道疾患の鑑別は臨床症状のみでは困難で，ネコ腎培養細胞を用いて鼻咽頭ぬぐい液からの病原ウイルスの分離，中和抗体の検出あるいは病理学的検査が必要である．治療には二次感染防御の目的で抗生物質の投与が行われる．予防はFVRウイルスの弱毒化ワクチンによる．

ネコカリシウイルス病は症状のみではネコウイルス性鼻気管炎と区別し難いので，鑑別診断には感染動物の分泌液や口および肺深部の粘膜上皮などの病変部からのウイルスの分離が必要である．

c. ネコ伝染性腹膜炎（Feline infectious peritonitis）

慢性，進行性，全身性の感染病でコロナウイルス属のネコ伝染性腹膜炎ウイルスが原因である．ネコのみが感受性で経口感染の重要性が指摘されている[28]．症状は滲出型と非滲出型とに区別され，発病例では稽留熱，食欲不振，元気消失および体重の減少が認められ，ときに下痢が観察される．滲出型では腹水貯留により腹部がしだいに膨満してくる．一般に慢性の経過をたどり，死亡する[29]．

滲出型の特徴は線維素性腹膜炎と胸腹水の貯留であり，非滲出型では実質臓器内部の肉芽腫様病変が目立つ．滲出型の場合には症状からおおよその見当がつくが，確定診断には間接免疫螢光法，中和試験あるいはゲル内沈降法により抗体を検出する．現在のところ有効な治療および予防法はない．

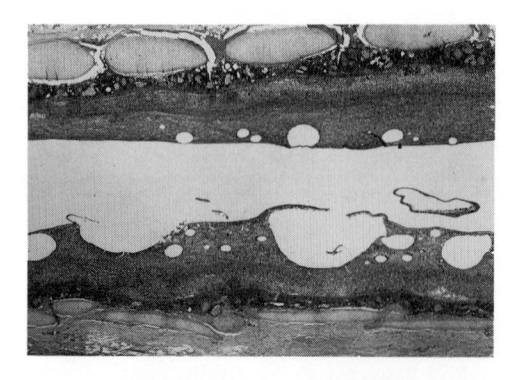

図4.10 ネコウィルス性鼻気管炎
気管粘膜は偽膜で厚く被われ腔は狭窄している

d. サルモネラ病 (Salmonellosis)

Salmonella typhimurium および *S. enteritidis* が原因である．感染動物の糞便や尿に汚染されたものがおもな感染源となる．通常不顕性感染が成立し，なんらかのストレスが加わった場合に顕性化することがある[30,31]．

臨床的にチフス型と腸炎型とが区別される．チフス型では敗血症を起こし，可視粘膜の貧血または黄疸が見られ，病理学的に肝の巣状壊死，脾およびリンパ節の腫大，粘膜の点状出血が認められる．腸炎型では発熱，嘔吐，下痢などがみられ，病理学的に腸粘膜の出血および壊死が認められる．

診断は血液，尿あるいは病巣からの菌の検出，分離によるが，補助的に血清凝集抗体の検出を行うこともある．治療には抗生物質やニトロフランの投与がよい．予防法としては，入手動物について血液，尿の細菌学的検査，血清学的検査などの検疫を強化し，不顕性感染動物の搬入を防止することが必要である．

e. トキソプラズマ病 (Toxoplasmosis)

Toxoplasma gondii が原因である．ネコは *T. gondii* の伝播者として重要で[32]，原虫はネコの小腸粘膜上皮細胞内で生活環を全うし，糞便中にオーシストを排泄する．

通常不顕性感染が成立するが，幼若動物やストレスを受けた動物では増殖型トロホゾイトによる急性の全身性感染が起こり，発熱，下痢，呼吸困難，中枢性の神経症状が見られる．病理学的には肺，リンパ節，脾，肝，心筋，脳（図 4.11）などに巣状壊死が見られ，壊死巣周辺にはトロホゾイトが認められる．成獣ではまれに慢性の中枢性神経症状を示すことがある[33]．

診断には色素試験法による血清抗体の検出が繁用されているが，原虫分離によることもある．治療法はない．重要な人畜共通感染病で，ヒトでは胎盤感染が成立するので，とくに妊婦はネコとの接触を避けるべきで，とくに糞便の処理には十分注意する必要がある[34]．

f. その他の感染症

ネコ肺炎は *Chlamydia psittaci* が原因でくしゃみ，咳，鼻汁排泄および結膜炎が見られ，一般に慢性に経過する．ネコ伝染性貧血はノミやシラミなどによって媒介される赤血球寄生性の *Haemobartonella felis* が原因で，動物に何らかのストレスが加わった場合などに発病する．ネコはイヌと異なり人型結核菌の感染には抵抗性で，ほとんどの場合牛型菌が原因である．気管支敗血症菌による気管支肺炎もみられる．イヌ同様白癬にも罹患する．また，クリプトコッカス病は *Cryptococcus neoformans* が原因で，通常不顕性に経過するが，宿主の抵抗性が低下した場合などに発症し，慢性の呼吸器症状を示すほか，まれに中枢神経症状を呈して死亡する．回虫病（犬小回虫，ネコ回虫），条虫病（ネコ条虫）などの寄生虫症も多い．

(3) フェレット

フェレットの感染病はおおむねイヌのそれに準ずる．

ジステンパー (distemper) はイヌの場合と同じウイルスが，イヌまたはイヌを扱うヒトによって伝播され，感染は致死的なことが多い．

種々の型のヒトのインフルエンザ (influenza) ウイルスに感受性が高く，鼻汁排出，粘液化膿性結膜炎等の症状を示し，抗体価（HI・CF・中和）は非常に高くなる．

特に雄の場合，闘争による頭部・顎部の創傷からブドウ球菌による膿瘍を生ずることがある (staphylococcosis)．

イヌと同様，人型および牛型結核菌による結核病が多い．飼料として与えられる汚染肉や臓物による経口感染が主で，病変は腸間膜リンパ節と消化管に存在することが多い．　　　　　　　　〔土井邦雄〕

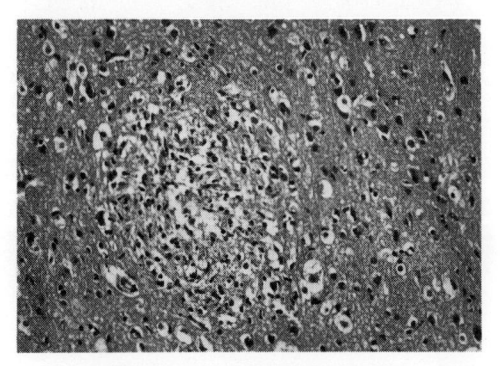

図 4.11　ネコのトキソプラズマ病
小脳の巣状壊死

文　献

1) 土井邦雄：イヌ，ネコの感染病，実験動物学ハンドブック（長澤 弘編），pp. 343-353，養賢堂（1983）．
2) 藤原公策編：実験動物感染病学，ソフトサイエンス社（1985）．
3) Jubb, K. V. F., Kennedy, P. C. and Palmer, N.: Pathology of Domestic Animals (3rd ed.), Academic Press (1985).
4) Eugster, A. K., Bendele, R. A. and Jones, L. P.: Parvovirus infection in dogs. *J. Am. Vet. Med. Assoc.*, **173**, 1340-1341 (1978).
5) Azetaka, M. *et al.*: Studies on canine parvovirus isolation, experimental infection and serologic survey. *Jpn. J. Vet. Sci.*, **43**, 243-255 (1981).
6) Hirasawa, T., Tsujimoto, N. and Konishi, S.: Multiplication of canine parvovirus in CRFK cells. *Jpn. J. Vet. Sci.*, **47**, 89-99 (1985).
7) Hayes, M. A., Russell, R. G. and Babiuk, L.: Sudden death in young dogs with myocarditis caused by parvovirus. *J. Am. Vet. Med. Assoc.*, **174**, 1197-1203 (1979).
8) Yasoshima, A. *et al.*: Electron microscopic findings on epithelial cells of Lieberkühn's crypts in canine parvovirus infection. *Jpn. J. Vet. Sci.*, **44**, 81-88 (1982).
9) Appel, M. J. G.: Pathogenesis of canine distemper. *Am. J. Vet. Res.*, **30**, 1167-1182 (1969).
10) Pinkerton, H., Smiley, W. L. and Anderson, W. A. D.: Giant cell pneumonia with inclusions. A lesion common to Hecht's disease, distemper and meales. *Am. J. Pathol.* **21**, 1-23 (1945).
11) Confer, A. W. *et al.*: Biological properties of a canine distemper virus isolate associated with demyelinating encephalomyelitis. *Infect. Immun.*, **11**, 835-844 (1975).
12) Poppensiek, G. C. and Baker, J. A.: Persistence of virus in urine as factor in spread of infectious hepatitis in dogs. *Proc. Soc. Exp. Biol. Med.*, **77**, 279-281 (1951).
13) Fujimoto, Y.: Studies on infectious canine hepatitis. I. Histopathological studies on spontaneous cases. *Jpn. J. Vet. Sci.*, **5**, 51-70 (1957).
14) Carmichael, L. E., and Kenney, R. M.: Canine abortion caused by *Brucella canis*. *J. Am. Vet. Med. Assoc.*, **152**, 605-616 (1968).
15) Gleiser, C. A., Sheldon, W. G., Van Hoosier, G. L. Jr. and Hill, W. A.: Pathologic changes in dogs infected with a brucella organism. *Lab. Anim. Sci.*, **21**, 540-545 (1971).
16) Serikawa, T. *et al.*: Head-to-head type auto-spermagglutination with IgA antibody to acrosome induced by *Brucella canis* infection. *Jpn. J. Vet. Sci.*, **46**, 41-48 (1984).
17) Monlux, W. S.: Clinical pathology of canine leptospirosis. *Cornell Vet.*, **38**, 109-121 (1948).
18) Bloom, F.: The histopathology of leptospirosis. *Cornell Vet.*, **31**, 266-288 (1941).
19) Morrison, W. I. and Wright, N. G.: Canine leptospirosis: an immunopathologic study of interstitial nephritis due to *Leptospira canicola*. *J. Pathol.*, **120**, 83-89 (1976).
20) Kristensen, S. and Krogh, H. V.: A study of skin diseases in dogs and cats. VII. Ringworm infection. *Nord. Vet. Med.*, **33**, 134-140 (1981).
21) Wright, A. I. and Allingham, R.: Diagnosing ringworm. *Vet. Rec.*, **98**, 411-412 (1976).
22) Goto, H. *et al.*: Comparative studies of physicochemical and biological properties between canine parvovirus and feline panleukopenia virus. *Jpn. J. Vet. Sci.* **46**, 519-526 (1984).
23) Doi, K. *et al.*: Histopathology of feline panleukopenia in domestic cats. *Natl. Inst. Anim. Health Quart.* **15**, 76-85 (1975).
24) Okaniwa, A. *et al.*: Fine structure of epithelial cells of Lieberkühn's crypts in feline panleukopenia. *Natl. Inst. Anim. Health Quart.* **16**, 167-175 (1976).
25) Kilham, L. and Margolis, G.: Viral etiology of spontaneous ataxia of cats. *Am. J. Pathol.* **48**. 991-1011 (1966).
26) Doi, K. *et al.*: Feline viral rhinotracheitis in Japan-isolation of herpes type virus and pathologic picture. *Jpn. J. Vet. Sci.* **37**, 281-292 (1975).
27) Hoover, E. A., and Griesemer, R. A.: Bone lesions produced, by feline herpesvirus. *Lab. Invest*, **25**, 457-464 (1971).
28) Hayashi, T. *et al.*: Enteritis due to feline infectious peritonitis virus. *Jpn. J. Vet. Sci.*, **44**, 97-106 (1982).
29) Wolfe, L. G. and Griesemer, R. A.: Feline infectious peritonitis. *Pathol. Vet.* **3**, 255-270 (1966).
30) Morse, E. V.: Canine salmonellosis. *J. Am. Vet. Med. Assoc.*, **167**, 817-820 (1975).
31) Timoney, J. F., Niebert, H. C. and Scott, F. W.: Feline salmonellosis: a nosocomial outbreak and experimental studies. *Cornell Vet.*, **68**, 211-219 (1978).
32) Hutchinson, W. M. *et al.*: The life cycle of the coccidian parasite, *Toxoplasma gondii*, in the domestic cat. *Trans. R. Soc. Trop. Med. Hyg.*, **65**, 380-399 (1971).
33) Hirth, R. S. and Nielsen, S. W.: Pathology of feline toxoplasmosis. *J. Small Anim. Pract.*, **10**, 213-221 (1969).
34) Frenkel, J. K. and Dubey, J. P.: Toxoplasmosis and its prevention in cats and man. *J. Infect. Dis.*, **126**, 664-673 (1972).

4.8 偶 蹄 目

（1） ブ タ

a. 豚コレラ

病因は *Pestivirus* 属の豚コレラウイルスでブタとイノシシが感受性がある．発熱，後肢（軀）衰弱，歩様蹣跚，嘔吐，眼やに，下痢，便秘，咳，神経症状，腹部・耳翼・鼻口部の赤紫斑，白血球減少などの症状を示す．強毒ウイルスによる罹病率，致死率は高く，弱毒ウイルスは成豚に慢性型の病気，妊娠豚に流・死産を，また初生豚の損耗をもたらす．典型的な病変として各種臓器とくに腎，膀胱，リンパ節，皮膚の出血，肺炎，腸回盲弁部のボタン状潰瘍，非化膿性脳炎を生ずる．

伝播は直接または間接接触に加えて昆虫による機械的媒介により，垂直伝播も起こる．

診断は白血球減少，症状，生検材料でのウイルス抗原の証明等による．

わが国では生ワクチンによる予防が行われる．治療法はない．

b. アフリカ豚コレラ

病因は *Iridoviridae* 属のアフリカ豚コレラウイルスで，症状・病変は豚コレラに酷似し発熱，衰弱，歩様蹣跚，チアノーゼ，咳，嘔吐，下痢，血便，白血球減少を示す．甚急性例が多く，致死率は高い．全身の出血，リンパ節腫大，脾腫が見られ，囲管性出血と水腫を認め，体腔には大量の滲出液が貯留する．

伝播は主として接触による．アフリカではイボイノシシとヒメダニ科ダニの間に不顕性感染環が成立し，ダニでは垂直伝播が起こる．

豚コレラの常在国では，疑わしい病豚の脾乳剤を豚コレラ免疫豚に接種することが最も信頼度の高い診断法である．その他，ブタ白血球またはブタ骨髄培養細胞への接種によるウイルス分離と血球吸着によるウイルス抗原の証明などによる．

本病の常在しない国では厳重な検疫が必要で，治療法はない．

c. ブタ水疱病

病因は *Enterovirus* 属のブタ水疱病ウイルスで，ブタのみが感受性を示す．主徴の水疱形成が口蹄疫などの水疱性疾病の病変と酷似し，鑑別を要する点で，重要な疾病である．高熱および水疱形成（鼻・口部，蹄冠，かかと，趾間腔，蹄部）が特徴的で，罹病率はほぼ100%に達するが致死率は低く，急速に回復する．水疱は径1～3cmでしばしば融合し，約2～3日で自潰し治癒する．

伝播様式は不明だが，感染豚の導入や生残飯の給与による発病が多い．感染源としては多量のウイルスを含有する病変部が最も重要で，接触によるほか経気道感染も起こる．

診断は病変部乳剤を抗原とするCF反応，同乳剤を接種した培養細胞における蛍光抗原の検出による．

本病汚染のない国では検疫と淘汰を励行し，生残飯による養豚を避ける．

d. ブタ伝染性胃腸炎

病因は *Coronavirus* 属のブタ伝染性胃腸炎ウイルスである．

嘔吐に続き重度の黄色下痢が突発する．加齢抵抗性が著明で，哺乳豚は脱水・削痩して急死し，致死率は高い．死亡豚の胃は膨満し未消化の凝乳がある．4週齢以上のブタでは死亡例はないが，ひね豚となる．妊娠豚は軽症であるが，授乳期には重症になる．

肉眼病変は小腸壁の菲薄化と空腸絨毛の著しい萎縮で，胃から直腸に至る滲出性カタル性炎と小腸上皮細胞の変性が特徴である．

経口・経鼻により伝播する．流行発生は主に感染豚の導入により，爆発的な経過をとる．回復豚はキャリアとなり，常在化を招く．ヒト・イヌなどによる媒介もある．

診断は中和テストによる．小腸粘膜におけるウイルス抗原の蛍光抗体法による証明も行われる．

ワクチンで妊娠豚を免疫し，乳汁を介しての母子免疫により初生豚の発病を防ぐ．

e. オーエスキー病（仮性狂犬病）

病因はAlphaherpesviridae亜科のブタヘルペスウイルスⅠ型である．

多く不顕性感染に終始し，幼豚やストレスを受けたブタが発病する．発病豚は高熱，沈うつ，咳，嘔吐，下痢のほか運動失調，てんかん様発作，痙れん，

昏睡などの神経症状を呈する．新生豚では72時間以内にほぼ全例が死亡するが，1か月齢ではやや軽症で約半数が死亡し，5～6か月齢以上ではごく一部が発病する．妊娠豚の50％に流産をみる．剖検では，皮下の出血性浮腫が著明で，肺・鼻粘膜のうっ血，非化膿性脳脊髄炎と神経炎が認められる．

ブタでは飛沫感染や経口感染によって伝播する．感染豚はウイルスゲノムをもちつづけウイルスを排出する．ストレスにより発病する．食用動物，イヌ・ネコのほか多くの種類の哺乳類が発病する．ブタ以外の動物は特徴的な掻痒症を発して急死する．

扁桃，脳・脊髄からウイルスを分離，あるいは血清抗体証明により診断する．

防除にワクチンが使用される．

f．ブタパルボウイルス感染症

病因は *Parvovirus* 属のブタパルボウイルスで，広く不顕性感染する．子ブタおよび成豚はほとんど発病しないが，妊娠豚では流・死産が起こる．母ブタは発病せず，妊娠初期の胎子感染によって産子数が減少し，子宮内で感染死した胎子は胎内に残留し，異常子（ミイラ化，黒子，白子）となる．流・死産胎子には脳脊髄炎を認める．

直接・間接接触によって伝播する．ウイルスは感染豚の脾・リンパ節に分布し，垂直伝播も起こる．

流・死産胎子の脳，その他の内臓，または胎盤からウイルスを分離し診断する．胎子がHI抗体陽性であれば子宮内感染を疑う．

春から夏にかけて種付けされた初産豚を主な対象に市販ワクチンを投与して防除する．

g．口蹄疫

病因は *Aphtovirus* 属の7種類のウイルスで，感染率・罹病率ともに大きい．ウシでは主として口部と蹄部の粘膜や皮膚に水疱を形成することで知られるが，ブタではとくに蹄冠部とかかとの水疱が主徴で跛行が多発する．心筋の変性，出血，灰色線状病巣をみることがある．

水疱内容，唾液，糞便，乳汁などの直接・間接接触により伝播する．風向と降雨が一致すると遠距離に拡散し，家畜や畜産物の移動によっても伝播する．渡り鳥による拡散もある．偶蹄目家畜と野性動物数10種が自然宿主となる．

水疱液を用いる抗原証明や病因の分離によって診断する．

わが国のような清浄国では，検疫・輸入制限により侵入を防止し，汚染国ではワクチンによる予防が行われる．

h．豚丹毒

グラム陽性桿菌 *Erysipelothrix rhusiopathiae* が原因である．

ブタの症状は極めて多岐にわたり，急性感染では敗血症型とじん麻疹型を，また慢性感染では心内膜炎型と関節炎型を発病する．敗血症型では一般に甚急性で死亡し，胃から十二指腸にかけての出血性炎が見られる．じん麻疹型では皮膚に赤色丘疹が発現する．心内膜炎は臨床的にはほとんど気づかれないが，二尖弁基部に腫瘤が認められる．関節炎は四肢を中心に多発性関節炎を呈する．

キャリア豚の排泄物によって伝播する．菌は土壌内に長く生存し，また海水魚の汚染が少なくない．ブタ以外にヒツジ・シチメンチョウ・ニワトリ・マウスなど多くの動物種が自然宿主となる．ヒトは手指の皮膚炎，心内膜炎（類丹毒症という）を主徴とする．

病変部などの直接鏡検，菌の分離，動物接種あるいは抗体検出により診断する．ワクチンによる予防が主体で，ペニシリン治療も行われる．

i．大腸菌症

病因は特定血清型の大腸菌 *Escherichia coli* で，病性は日齢と相関し，数日齢以下のブタの早発性大腸菌症，2～3週齢豚のブタ白痢，また6～15週齢豚の浮腫病がある．早発性大腸菌症では急死と下痢，ブタ白痢では嘔吐と白痢，また浮腫病では後軀麻痺，全身のむくみ，呼吸困難を呈する．

早発性大腸菌症およびブタ白痢では肉眼病変はほとんど認められないが，浮腫病では眼瞼および胃大湾部粘膜下織に重度の浮腫を見る．

若齢豚の発病には初乳の摂取不足，初乳中の抗体の欠如，あるいはストレスなどが関与する．浮腫病の発病機序は不明であるが，やはり何らかの誘因が必要とされる．

診断は症状や病変によるが，早発性大腸菌症において死亡豚諸臓器から菌がほぼ純粋に分離されたときは有力な診断根拠となる．

若齢豚では発生初期のサルファ剤などの投与と対症療法が行われる．浮腫病に対する有効な対策はない．

j. 萎縮性鼻炎

病因は *Bordetella bronchiseptica* である.

くしゃみ,鼻からの膿汁,アイパッチ,上顎骨の発育遅滞,鼻甲介萎縮を呈し,顔面変形による鼻まがりや狃面を招く.病理組織学的には急性鼻カタルに始まり骨組織を巻込む萎縮に終る.

菌は鼻汁内に長期間存在し,感染豚との直接接触あるいは飛沫感染によって伝播する.生後1週以内の感染で高率に発病するが,加齢とともに発病率は低下する.成豚の一部はキャリアとなり重要感染源となる.

上顎横断面における鼻甲介萎縮の程度の判定,鼻腔スワブを材料とする菌分離により診断する.

予防には市販ワクチンが使用され,サルファ剤投与による症状の軽減を図る.感染母豚の淘汰が必要である.

k. ヘモフィルス感染症

Haemophilus parasuis および *H. pleuropneumoniae* などのヘモフィルス属菌が原因である.

H. parasuis による Glässer 病は発熱,手根あるいは足根関節の腫脹と疼痛,髄膜脳炎症状を主徴とし,多発性漿膜炎や関節炎を呈し,線維素性あるいは漿液線維素性髄膜炎,胸膜炎,心膜炎,腹膜炎,関節炎を見る. *H. pleuropneumoniae* による胸膜肺炎は発熱と重度の呼吸器症状を発現し,肺炎,線維素性胸膜炎など呼吸器に局在する病変を見る.

感染豚の鼻汁その他の分泌物あるいは鼻端部との接触により伝播する.胸膜肺炎は輸送が原因となる日和見感染である.

菌の分離あるいはCF反応による抗体の検出によって診断する.ペニシリンなどの抗生剤による治療が行われる.

l. ブタ赤痢

病因は *Treponema hyodysenteriae* で,粘血下痢便を主徴とするが,症状不明瞭の例も少なくない.慢性化によって重度の削痩を見,ときに貧血する.発病と日齢との相関は強い.大腸とくに結腸の滲出性出血性カタルが主な病変である.

発病豚やキャリア豚の糞便を介して伝播する.体重30〜50kgのブタに好発し,感染豚導入と各種のストレス付加による発病が多い.

糞便の状態,剖検所見,ヘマトクリット値を参考に大腸粘膜における菌の証明により診断する.

非汚染豚の導入が防除には肝要である.バシトラシンなどの抗生剤,カルバドックスあるいはポリエーテル系物質による治療が行われる.

m. レンサ球菌症

病因は *Streptococcus* 属菌で,敗血症(とくに哺乳豚),多発性関節炎,髄膜炎(高熱と後弓反張などの神経症状),リンパ節炎,各部の膿瘍など多岐にわたる.哺乳豚の敗血症では黄疸,点状出血などが認められる.

原因菌は健康豚の上部気道や生殖器などに常在し,キャリア母豚から抵抗力の低下した子ブタが感染・発病することが多い.環境要因と発病との間に相関がある.

診断は菌の分離により,防除には哺乳豚の衛生管理を徹底することが大切である.発病初期には多くの薬剤による治療が効奏する.

n. マイコプラズマ肺炎

病因は *Mycoplasma hyopneumoniae* (*M. suipneumoniae*)で不顕性感染が広く認められる.

乾燥した咳を特徴とするが,ブタの日齢,飼育環境,他の病原体との混合感染などによって症状は多岐にわたり,混合感染で重度の呼吸器症状を示す.肉眼的には肺の尖葉と心葉前縁に見られる左右対称,限界明瞭で種々の色調を呈する病変が特徴的で,組織学的には気管・気管支上皮細胞の退行性変化,気管支・血管周囲組織のリンパ様細胞の浸潤が認められる.

咳またはくしゃみによる経気道感染により伝播し,同居感染が高頻度に成立する.密飼い,大きい温度差が発病要因となり,爆発的に集団発生する.

診断は肺病巣からの菌分離により,防除には病豚の摘発淘汰が必要である.治療にはテトラサイクリンが多用され,多少の予防効果はあるが根治は困難である.

o. トキソプラズマ病

病因は *Toxoplasma gondii* で,高熱,目やに,鼻汁,咳,呼吸困難,眼結膜の出血,下痢,体表発赤,チアノーゼ,削痩,神経症状を発現する.一般に子ブタは死亡し,成ブタは不顕性感染に終始する.妊娠豚は垂直伝播による流・死産,失明,あるいは運動失調を呈し,産子は急死する.急性感染例の剖検では,腹水増量,腹膜炎,各所リンパ節の充・出血と壊死,肝・脾の腫大,腎の混濁腫脹,肺水腫,肺

炎を認める．

ネコ糞便中のオーシストが感染源で，ネコの陽性率は高い．オーシストは外界で長期にわたり感染性を保ち，汚染土壌，あるいは飼料を介して経口的に伝播する．垂直伝播も起こる．哺乳類および鳥類が感染する．

診断は，急性例では臓器塗抹標本について蛍光抗体法による．

原虫抗原の検出，慢性例では脳などのスタンプ標本におけるシストの検出による．また，マウス継代による原虫の分離，市販間接HA反応キットによる抗体の検出も有用である．

防除手段としてはネコからの隔離に留意する．スピラマイシンやサルファ剤など治療効果を示す．

（2）ヒツジ，ヤギ

a. ヒツジ痘

病因は *Capripoxvirus* 属の羊痘ウイルスである．発熱，目やに，粘液性鼻汁に続いて無毛部に発疹が生じ水疱，膿疱を経て痂皮となり脱落する．眼，呼吸器および消化器の粘膜にも病変が発現する．上皮細胞細胞質に封入体をみる．

痂皮や膿疱，鼻汁，唾液との接触，咳などによる経気道感染に加えて，創傷感染や昆虫による機械的媒介により伝播する．メリノ種の感受性が高い．冬から夏にかけて多発し，冬期にはとくに重症となる．

診断は病変部の電子顕微鏡観察および培養細胞を用いるウイルスの分離によるほか，CF反応や蛍光抗体法によるウイルス抗原の検出，あるいはCF反応や中和テストによる抗体の証明による．

わが国など非常在地では輸入検疫，常在地ではワクチンを用いて予防する．

b. 伝染性膿疱性皮膚炎

病因は *Parapoxvirus* 属のオルフウイルスで，主として口唇に水疱，丘疹，膿疱が順次に発現して痂皮を形成する．鼻粘膜，眼，歯根部，四肢末端，生殖器，乳頭にも病巣が出現し，潰瘍形成もある．病変部では表皮の肥厚，上皮細胞の空胞化および細胞質封入体を見る．

直接あるいは間接接触，あるいは創傷感染により伝播し，主要感染源は痂皮や汚染土壌である．春から夏にかけて若いヒツジが罹患し，ヤギ・ニホンカモシカ・ヒトも感受性である．

診断は水疱や膿疱など病変部の電子顕微鏡観察により，あるいはヒツジ口唇への接種または，ヒツジ培養細胞への接種によるウイルス分離による．CF反応や中和テストによる抗体上昇によっても診断する．常在地ではワクチンによって予防する．

c. ヒツジのブルータング

病因は *Orbivirus* 属のブルータングウイルスで，病名はうっ血した舌（青い舌）に由来する．口唇，口腔，舌，鼻腔などの充・出血，うっ血およびチアノーゼに継発する口唇部の皮膚や粘膜の壊死と潰瘍を特徴とする．軀幹筋の硝子様変性による運動障害や子宮内感染による流産や大脳欠損症が起こる．肺の充血，筋肉結合織の水腫と出血もみられ，下痢例では重度のカタル性腸炎を伴う．

ウイルスはヌカカなどの昆虫体内で増殖し，媒介伝播される．反芻類は広く感受性をもつが，ヒツジが最も発病しやすく，レゼルボアとしてウシと野生動物が重要である．アフリカで多発するが，わが国では顕性感染例はまだ摘発されていない．

発病初期の血液を材料とし，培養細胞（ヒツジ腎，BHK細胞）あるいは乳のみハムスターやマウス（脳内接種）を用いてウイルスを分離，診断する．血清中和テストによっても診断される．常在地では生ワクチンによる予防が行われる．

d. スクラピー

未分類のウイルス，"スクラピー因子"によるいわゆるslowvirus感染症である．1～5年以上の潜伏期の後に，震え，搔痒，麻痺を伴う進行性運動失調を示して死亡する．死亡例は2～5年齢のヒツジに多発する．間脳や脳幹などのニューロンに両側対称性の進行性変性および灰白質の粗化が起こる．経口，経結膜，経皮によって伝播し，子宮内感染も起こる．ヒツジのほかヤギが感染する．

診断は脳幹・延髄・脊髄におけるニューロンの変性，空胞多発，およびアストログリア細胞の増殖を観察することによる．

有効な防除対策はない．摘発淘汰は過去3～4年前に接触した動物をも対象としなければならない．

e. マエディ・ビスナ

病因は属未定のLentiviridae亜科のマエディウイルスおよびビスナウイルスで，スクラピー同様，スローウイルス感染症である．

2～3年以上の潜伏期で発病し，数か月～数年の経

過をとる．一般に2歳以上のヒツジが発病する．マエディでは削痩，乾性の咳，呼吸困難を伴う慢性の進行性肺炎，高率の死亡が見られ肺の腫大，変色，スポンジ様化，間質性肺炎を呈する．ビスナでは口唇の震え，異常姿勢，後軀麻痺などの神経症状，徐々に進行する対称性麻痺，死亡が特徴的で，び慢性脳脊髄炎が認められる．

糞便を介する経口，経気道あるいは初乳を介して伝播する．有効な対策はなく，発病動物はすべて淘汰される．

f. クラミジア病

Chlamydia psittaci によるヒツジの感染症で，多くは細菌やウイルスとの混合感染である．

伝染性漿膜炎，発熱，頭部や耳翼の下垂，鼻汁，流涙および呼吸器症状を主徴とし，肺の浮腫と無気肺，肺表面の線維素付着を見る．気管支炎や胸膜炎も起こる．子ヒツジには多発性関節炎が多発し，発熱，結膜の充出血と濾胞形成，歩行困難，跛行，削痩を主徴とする．滑膜炎，関節炎，関節周囲の腱鞘炎が起こる．

流産は感染妊娠ヒツジに発現する胎盤炎に起因し，死・流産および虚弱子の出産を招く．死流産胎子には浮腫，充出血，ミイラ化，胎盤の絨毛膜の浮腫・充血をみる．

経口あるいは交尾によって伝播する．

診断は肺，胎膜，関節の塗抹標本における細胞質内の基本小体の証明，クラミジアの分離およびCF反応や中和試験による抗体の検出による．

g. ブルセラ病

病因は主として *Brucella melitensis* による流・死産および乳房炎であるが，他に *Br. ovis* による副睾丸炎がある．

Br. abortus 感染によるウシの病性によく類似し，流産や乳房炎が起こる．流産胎盤や胎子などから主として経口的に伝播する．重要な人畜伝染病であるが，わが国での病例はない．診断は流産材料や乳汁からの菌分離または血清反応による．常在地では生ワクチンが使用される．

h. リステリア症

病因は *Listeria monocytogenes* で，脳炎，敗血症および流産の3病型が見られる．

リステリア症の大半は脳炎で，ヒツジにも多発し，運動障害，旋回，起立不能，流涎，斜頚，麻痺を示して死亡する．脳幹部に限局して化膿巣が見られ，延髄に最も著明でる．

敗血症は子ウシ，子ブタ，子ヒツジに多発し，前兆なく突然死する例が多い．神経症状と血中単球増多症が特徴的で，肝・脾・リンパ節・肺の充血・腫大および脳膜の充血・水腫などを見る．

流産はウマ・ウサギに起こり，流産胎子肝に小壊死点が発現する．

多種類の動物に不顕性に広く分布し，主として直接接触によって伝播するが，垂直伝播もある．

菌は糞便や乳汁に排出される．発病には何らかの要因を要すると考えられている．人畜共通伝染病である．

診断は菌の分離による．脳炎型では脳乳剤を，敗血症型では肝・脾・腎を，また流産型では悪露と胎子の胃内容を培養材料として用いる．

テトラサイクリンによる治療がときに有効である．

〔伊沢久夫〕

4.9 ウ サ ギ 目

ウサギの感染病に関する知見は比較的乏しく，種々の下痢性疾患や粘液性腸炎のように，感染病が疑われながらも原因不明の病気がかなりある．とくに，ウイルス感染に関する知見は極めて乏しく，今後の研究課題である．

ここでは，原因の明らかな感染病のうち，比較的重要なものと，発生率は低いが古くから知られている感染病を選んで記述する．

(1) ウイルス病

a. 粘液腫病 (myxomatosis)

myxoma ウイルスは Poxvirus 科の *Leporipoxvirus* 属に分類される DNA ウイルスで，大きさは200～300nm，エーテルに感受性，56℃25分あるいは50℃1時間の加熱で不活化される．rabbit fibroma virus と抗原的には極めて近縁である[4,23]．ニワトリ胚漿尿膜でよく増殖し，ポックを形成する[25]．

ウサギ，ニワトリ，ラット，ハムスター，モルモット，ヒトなどの培養細胞でも増殖し，プラックを形成するが，最も鋭敏なウイルス分離法はカイウサギの皮膚に接種する方法である[25]．

本病は南米，北米，ヨーロッパおよびオーストラリアで，*Sylvilagus* 属のウサギやアナウサギ（*Oryctolagus cuniculus*）およびカイウサギ（*O. cuniculus* var. *domesticus*）に地域的な流行が見られるが[46,47]，わが国では発生はない．*Lepus* 属のウサギも自然感染する．

本ウイルスは主としてカ・ノミ・ブヨなどの節足動物の媒介によって伝播するが[2,11,36,48,49]，感染動物の眼やにや皮膚病巣滲出物との接触[48]，あるいは口粘膜にウイルスが付着するだけでも伝染する．

Sylvilagus 属のウサギでは媒介動物に刺された皮膚に良性の線維腫を形成するが[50]，死亡例はない．*Lepus* 属のウサギもかなり抵抗性で，全身症状を示すことはまれである．これに反して，アナウサギやカイウサギは感受性が極めて高く，強毒株では90〜100%，弱毒株でも50%前後の死亡率を示す[24]．甚急性感染では1週間以内に死亡する．急性例では感染5〜6日で全身が粘液水腫となり，眼，鼻，口，生殖器周囲の皮下，とくに粘膜と皮膚の境界部皮下にゼラチン様腫瘤を形成し[24,48]，膿性分泌物で眼が開かなくなる．通常は10日以内にけいれんを起こして死亡する．ウイルス株によっては，腫瘤が急速に盛り上り，紫〜黒色に変色したのち自潰して漿液性滲出液を排出することがある．

顕著な病変は未分化の間葉性細胞の増殖による皮膚腫瘤と粘液性物質の蓄積による自然孔周囲の皮膚および皮下の浮腫である[63]．病巣には，大きい核と豊富な細胞質を備えた星状の細胞が見られ，myxoma 細胞と呼ばれる[41]．腫瘤表面の上皮細胞は過形成または変性し，種々の細胞に細胞質内封入体が検出される[64]．網内系細胞がとくに侵され，脾・リンパ節・胸腺の細網細胞が myxoma 細胞に変る．毛細血管や細血管内皮が増殖し，さらに myxoma 細胞の突出によって管腔は狭窄するため，血行障害を起こし，粘液腫の中心部は壊死におちいる．肝・脾・腎・肺は充血以外，あまり変化はない．*Sylvilagus* 属や *Lepus* 属のウサギでは，媒介動物に刺された皮膚に限局性良性線維腫を形成する．

臨床・病理所見だけでも診断できる．ウイルス分離には，被検材料を感受性ウサギの皮内あるいは発育鶏胚や培養細胞に接種する．血中抗体の検出にはゲル内沈降反応が最良の方法である[23]．予防は，ウイルスを媒介する節足動物の防除による．

b. ウサギ線維腫（rabbit fibroma）

Poxvirus 科，*Leporipoxvirus* 属の rabbit（または Shope）fibroma virus による良性線維腫である．自然宿主は *Sylvilagus* 属のウサギであるが，カイウサギ（*Oryctolagus cuniculus* var. *domesticus*）にも感染する[68]．カ・ノミ・ナンキンムシなどの媒介で伝染する[19]．

線維腫は主に四肢の皮下織に発現し，数か月から1年間持続する．大きさは，最大直径が7cm，厚さは1〜2cmである[68]．組織学的には線維芽細胞の増殖と単核球や好中球の浸潤が見られる[68]．腫瘍細胞中にはポックスウイルス特有の細胞質内封入体が検出される．

診断には粘液腫病と Shope 乳頭腫との鑑別が必要であるが，これらとは臨床ならびに組織学的所見によって区別できる．確定診断には培養細胞や発育鶏胚によるウイルス分離が必要である．

c. ショープ乳頭腫（Shope papillomatosis）

Papovavirus 科，*Papillomavirus* 属の Shope 乳頭腫ウイルス[70]（ウサギ乳頭腫ウイルスともいう）によるウサギの伝染性腫瘍である．このウイルスに感受性のある培養細胞は見つかっていないが，ウサギの皮膚の培養細胞や器官培養で増殖する[14,20,35]．

自然宿主はワタオノウサギ（*Shlvilagus floridorus*）で，体表部各所に乳頭腫（いぼ）を形成する[3]．カイウサギ（*Oryctolagus cuniculus* var. *domesticus*）や jack rabbit（*Lepus californicus*）の自然感染も見られる[3,69]．ワタオノウサギでは，頭，肩，腹部，大腿部内側などに数〜10数個の灰白または黒色の乳頭状のいぼ（径0.5〜1cm，高さ1〜1.5cm）となって現われる．イエウサギでは眼瞼，耳翼，肛門など被毛の少ない部位に現われる．表層は乾燥して角化するが，内部は角化しない[70]．細胞は大きく，分裂が盛んで，封入体は見られない．表皮細胞以外の腫瘍を形成することはない．一般に良性であるが，悪性扁平上皮癌に発展することがある[65,73]．

節足動物やカの媒介によって伝染する[19]．

d. ウサギ痘（rabbit pox）

Poxvirus 科のウサギ痘ウイルスによる全身性の

病気である[32]．自然発生はまれで，カイウサギ（*Oryctolagus cuniculus* var. *domesticus*）で数件の発生報告をみるのみである[48]．

経鼻感染で伝染し，死亡率は高い．年齢を問わず感染するが，4～12週齢がとくに感受性が高い[33]．感染2～3日で多量の鼻汁を排出し，膝窩，鼠径，頸部のリンパ節が腫脹して発熱する．その後，皮膚，口腔・鼻腔粘膜に紅斑と乾性丘疹が現われ，顔面，口腔に浮腫がみられる．丘疹を形成せずに急死することもある[13]．雄では精巣炎，雌では流産・死産を起こす．角膜炎，眼球炎，化膿性結膜炎などの眼症状も高率に現れる．病理学的には，皮膚・粘膜・肺・肝・脾・リンパ節・骨髄に単核細胞層で囲まれた特徴的な壊死巣を形成し，肺・肝・脾では青白色の粟粒大結節として検出される．

診断は組織内ウイルス抗原の検出とウイルス分離による．ワクシニアウイルスを抗原とする血球凝集抑制試験や中和試験も利用できる．ワクシニアウイルスによる予防接種やリファンピシンによる治療も有効である．

e. ロタウイルス病（lapine rotavirus infection）

Reovirus 科，Rotavirus 属のウサギロタウイルスによる幼若ウサギの下痢症で，わが国でも広く蔓延している[43,66,74]．

本病は生後30～80日齢の幼若ウサギに発生し，水様性ないしは粘液性の下痢便を排出して，死亡率も高いが，剖検では腸管の充血，拡張を見る程度で，他の臓器には変化がない．起病性および疫学的特徴については十分明らかではない．

診断には，補体結合反応，間接蛍光抗体法，ELISA法などによる抗体検査が有用である．この場合，共通抗原をもつウシ，サルあるいはヒトロタウイルスを抗原として使用することができる．また，LLC-MK$_2$細胞やMA 104細胞を用いて腸内容物からウイルスを分離する[10,66]．

本病の発症日齢がコクシジウム症，粘液性腸炎（原因は不明である）あるいはクロストリジウム病などのそれとほぼ同じであるため，これらの病気との類症鑑別が必要である．

（2）細 菌 病

a. パストゥレラ病（pasteurellosis）

Pasteurella multocida が原因である．本菌はグラム陰性，両端濃染性の短桿菌で，運動性はない．4種の莢膜抗原と16種の菌体抗原の組合せによって多くの血清型に分かれるが[8,9,55]，ウサギ由来株はA：12型およびA：3型が主である[7,45]．

本菌による代表的な病気はスナッフル（snuffle）といわれる鼻炎で，激しいクシャミの連発と水様性鼻汁の排出で始まる．鼻汁は徐々に粘稠性を増し，鼻孔周囲に白色膿性鼻汁の付着を見る（図4.12）．鼻をこするため，前肢内側も著しく汚れる．しばしば中・内耳炎を併発し，なかには斜頸を呈するものや，脳に菌が侵入すると反転しながら急死するものもある．このほか，肺炎，子宮筋炎，子宮蓄膿症[26]，精巣炎，精巣上体炎[27]，結膜炎[56]，敗血症[78,80]，全身膿瘍形成などの病変もまれに見られる．

図 4.12 パラトゥレラ感染例の鼻汁排出

剖検では，鼻腔に多量の膿性分泌物が見られ，副鼻腔や中耳腔には乳白色クリーム状の膿汁が充満し，粘膜は発赤腫脹する．肺炎例では無気肺，肝変化病変，膿瘍などを形成する．胸腔内に膿性滲出物の貯留が見られることもある．これらの化膿性病変には偽好酸球，リンパ球，プラズマ細胞などの浸潤が著しい[53]．

通常は不顕性感染であるが，妊娠，他種疾患との重複，コーチゾン投与などの実験処置，天候不順などの要因が加わると発病する[40,48,77]．とくに雌の保菌率が高く[47]，妊娠が重要な発病要因になる．菌は飛沫あるいは接触感染によって広がる．感染動物から菌が自然に消滅することはまれであり，高年齢のウサギほど感染率が高い[47]（表4.4）．

P. multocida はイヌ，ネコ，サル類，ブタ，ヒツジ，ウシ，鳥類にも広く分布するが，これらの動物から分離される株にはウサギ由来株と血清型が異な

表 4.4 ウサギからの *P. multocida* 分離

月齢	陽性数/検査数	
	Aコロニー	Bコロニー
<1か月	6/140 (4.3%)	
1〜2か月	60/311 (19.3%)	38/340 (11.2%)
2〜3か月	110/222 (49.5%)	
3〜4か月	139/172 (80.8%)	108/160 (67.5%)
4〜5か月	148/166 (89.2%)	
>5か月	206/220 (95.6%)	10/ 10 (100.0%)

るものが多い[55]．これらの動物由来株に対してウサギは感受性がないという証拠はない．

診断には血液寒天を用いて菌を分離する．本菌はウサギの鼻腔，副鼻腔，気管，中・内耳から高率に分離される．結膜，脳，生殖器から検出されることもある[27]．間接蛍光抗体法で抗原，抗体の双方を検出する方法もあるが[81]，一般的ではない．最近は酵素抗体法 (ELISA) による血清診断が検討されている[44]．

治療にはペニシリン 40 万単位とストレプトマイシン 500 mg の筋肉注射[27]，あるいはサルファキノキサリン 225 g/ton やフラゾリドン 50 g/ton を飼料に添加して給与する方法[38,39]が試みられているが，菌を完全に消滅させるまでには至らない．加熱死菌ワクチンによる予防はあまり効果がない[1]が，ストレプトマイシン依存株の生菌ワクチンが有効であるといわれる[12]．

b. 気管支敗血症菌病 (bordetellosis)

Bordetella bronchiseptica が原因である．本菌はグラム陰性，無芽胞の短桿菌で，周毛性鞭毛を有し，糖分解能はなく，Simons クエン酸ソーダ培地に発育し，尿素を分解してアンモニアを産生する．偏性好気性である．

スナッフル (snuffle) の原因菌ともされているが，*Pasteurella multocida* にくらべると病原性は弱く，感染動物の一部に水様性あるいは多少粘稠性のある鼻汁の排出を認める程度である．しかし，肺炎の自然流行例が報告され[51]，幼若子のなかには肺病変を形成するものもあることから[83]，軽視はできない．発病例はいうまでもなく，不顕性感染例の多くでも血中抗体が検出される．

発病例の病変は化膿性気管支炎あるいは気管支肺炎[53]で，他の臓器や組織にはほとんど変化が見られない．

本菌は経鼻感染によってウサギ間で速かに伝播する．感染個体の多くは年余にわたって保菌状態を持続し，回復例は少ない[54]．発病要因についてはほとんど研究されていない．本菌は，ウサギ以外に，ラット・モルモット・フェレット・イヌ・ネコ・サル・ブタなどの呼吸器からも分離され[60,82,84]，異種動物間で互いに伝染する．

診断は，DHL 培地を用いて呼吸器からの菌分離による．鼻腔粘液の培養で感染ウサギの 80〜90% を検出できる．凝集反応による血中抗体の検出も診断の一助になるが，非感染個体でも，しばしば 1：20 程度の陽性反応を示すものがあるので注意しなければならない[84]．

モルモットやブタでは本病の予防に死菌ワクチンが有効であるが，ウサギではまだ有効性が確認されていない．帝王切開や子宮切断による SPF 化で本菌は除去できる．しかし，その後の維持過程で本菌の汚染を防ぐのは必ずしも容易ではなく，SPF コロニーでしばしば汚染事故が経験されている．薬剤治療に関して，Hagen[39]は，飼料にテトラサイクリン 100 g/ton を添加することによって離乳子からの本菌検出率は減少したが，サルファ剤は無効であったと述べている．

c. 緑膿菌感染 (pseudomonas infection)

Pseudomonas aeruginosa が原因である．本菌は自然界に広く分布するとともに種々の動物種から分離され，通常は不顕性感染である．ウサギにおいても，本菌の保有率は高いが，自然発症例はあまり知られていない．

ウサギで比較的多く見られる症例は皮膚病変である[53,67]．すなわち，皮膚に限局性の脱毛と湿疹が現われ，ときには潰瘍を形成する (図 4.13)．多くの場合，脱毛部周辺の被毛は緑色に変る．

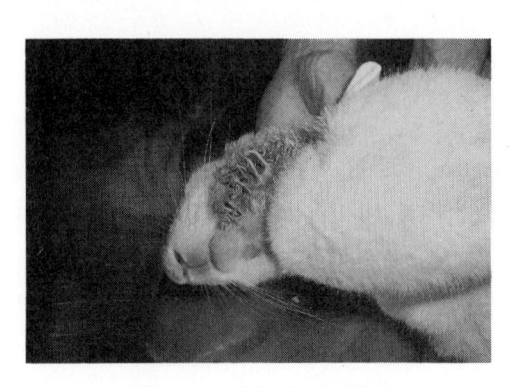

図 4.13 緑膿菌による皮膚病変

d. ブドウ球菌病 (staphylococcosis)

Staphylococcus aureus は健康なウサギの鼻腔,皮膚,腸内にしばしば生息し,何らかの要因が加わると発病すると考えられているが,よくわかってはいない.ヒトからの感染も疑われる[5,37].

ウサギの発病例では,全身膿瘍[37],皮膚・皮下の膿瘍[5,37],下顎骨,顔面あるいは会陰部の膿瘍,趾踵部潰瘍[53],化膿性結膜炎,乳房炎[5],リンパ節炎[72]が見られ,剖検では,化膿性気管支炎[5,62,72]や肺[53]・腎[53,62]・心の膿瘍,および心筋線維の壊死[37]が主病変である.

治療には抗生物質が使用されるが,あらかじめ薬剤耐性を調べておく必要がある.

e. Tyzzer 病 (Tyzzer's disease)

Bacillus piliformis による病気で,腸・肝・心に病変が見られる.本菌はグラム陰性,PAS 陽性,非抗酸性の細長い桿菌で,周毛性の鞭毛と芽胞を有する.人工培地では培養不能である.マウス・ラットをはじめ,多くの動物種から検出される[28,29]が,それらの抗原性は動物種特異的であると見られている[30].

幼若ウサギがよく罹患し,水様性の下痢を呈して急性経過で死亡する.異常を示さず急死する例もある.

盲腸や回腸部の漿膜および粘膜に充出血が見られ,肝には 1~2mm 大の灰白色病巣が多発し,心では広範囲に白色斑が形成される[53].盲腸では粘膜上皮の壊死,筋層の壊死と浮腫および好中球浸潤が見られ,漿膜下に限局性出血が現れる[53].肝の多発性巣状壊死,心筋の変性,壊死,間質における好中球浸潤が見られる[53].

本菌は培養不能であるので,鏡検により,病変部およびその周辺組織における菌の検出によって診断する.血清学的診断はウサギでは実用化されていない.

f. クロストリジウム病 (clostridial infections)

Clostridium perfringens[22,45,59] (別名ウエルシュ菌:*C. welchii*),*C. difficile*[18] あるいは *C. spiroforme*[6] が原因である.なかでも,*C. perfringens* によるエンテロトキセミア (enterotoxemia) が重要である.産生するたん白毒素によって本菌は A~F 型に分類されるが,ウサギでは A 型と E 型の感染が知られている.本病は,これらの菌が腸内で異常に増殖し,多量の毒素を産生するために起こる.

腸内における菌の異常増殖は腸内菌叢の構成と密接な関係を有すると考えられている[21,52].その理由は,抗生物質投与[6,61,75]や腸内菌叢定着時[18,22]に本病が多発するからである.発病はエンテロトキセミアによるもので,極めて急性である.突然,元気喪失・下痢などの症状を示し,発病から数時間で死亡する例も珍しくない.下痢をみずに急死する例もある.

剖検では,主に盲腸および結腸の漿膜や粘膜に充出血が見られる.腸管は拡張あるいは弛緩し,水様性内容物を含む.出血例ではタール状の血性内容物となる.まれに小腸にも充出血が見られる.肝・腎は軽度に混濁腫脹し,肝に壊死巣が形成されることもある[45].組織学的には,粘膜下織の充血,出血および水腫が顕著で,化膿性壊死性腸炎が見られることもある[45].漿膜下にも出血が見られる.

臨床ならびに病理所見によってエンテロトキセミアの診断はある程度可能であるが,原因菌の確定には嫌気培養による菌分離と毒素中和試験による同定が必要である.

g. ウサギ梅毒 (rabbit treponematosis, rabbit syphilis)

スピロヘータの 1 種である *Treponema cuniculi* によるウサギの生殖器病である.交尾あるいは直接接触によって伝染する.感染は生後間もなく起こり得るが[16],発病率は繁殖中の雌親で最も高く,雄親がこれにつぎ,繁殖中でないウサギでは低い.

雌雄とも外部生殖器や肛門周囲の発赤,浮腫,びらんおよび痂皮形成をみる[71].水疱形成は見られない.病変は顔・顎・鼻・唇・眼瞼・耳などに広がることもある[15].数週間で自然治癒するが,慢性に移行して,乾燥した鱗状の病変が長期間持続することもある.子宮内感染はない.組織学的には表皮のびらんや小潰瘍を伴う棘細胞症が見られ,また,角化症が皮膚深部にまで広がる[71].表皮にはリンパ球とプラズマ細胞が集簇する.鍍銀染色で表皮や真皮上層部に多数の *T. cuniculi* が見られる.

病変部材料の暗視野鏡検による *T. cuniculi* の検出で診断する[15,71].*T. cuniculi* を抗原とする血清反応も補助的に利用できる[76].治療にはペニシリンが有効である[17].

（3）原虫病

a. コクシジウム病（coccidiosis）

Eimeria stiedae, E. media, E. magna, E. intestinalis, E. perforans, E. irresidua など *Eimeria* 属の多くの種が感染する．これらのうち，*E. stiedae*（肝コクシジウム）は肝に，他（腸コクシジウム）は腸に寄生する．オーシストの形態は，多くの種で卵形から楕円型で，小さいもので平均 $15×21\mu m$（*E. perforans*），大きいものでは平均 $26×38\mu m$（*E. irresidua*）である[58]．

外界において適当な温度，湿度，酸素の下で胞子形成を終った成熟オーシストを経口摂取することによって感染が広がる．*E. stiedae* では胞子形成オオシストを摂取してから24時間後にスポロゾイトが腸間膜リンパ節に現れ，48時間で肝に達して胆管上皮細胞に侵入する[57]．通常は不顕性感染であるが，感染が重度になると体重が減少し，衰弱して死亡することもある．重症例では肝は著しく腫大し，黄白色の結節性胆管病変が見られ，胆管・胆囊は拡張する[53]．黄疸や肝機能障害が認められることもある[40]．慢性例では胆管周囲結合織の顕著な増殖が見られる．腸コクシジウムでは，腸管の感染部位はコクシジウムの種によって異なるが，多くの場合感染後数時間〜10数時間でスポロゾイトが腸粘膜上皮に侵入する．幼若ウサギの罹病率が高く，しばしば食欲不振と水様性下痢によって死亡する．重症例では腸管の著しい肥厚と充血が見られ，粘膜は蒼白で肥厚する[53]．成熟動物での発病は少ない．

診断は糞便中のオオシスト検査ならびに病理学的所見による．糞便中のオオシスト数は病変の程度とかなり相関する．

治療にはサルファジメトキシン 50〜100mg/kg の3日間連続注射あるいは経口投与を反復する[42]．飼料中に混合投与してもよい．

オーシストは外界環境における抵抗性が強く，通常の消毒薬はほとんど効果がない．オルソ・ジクロール・ベンゾールを主体とした製剤はある程度消毒効果があるが，オーシストの完全死滅には時間を要する[42]．

b. 耳かいせん（ear canker）

ウサギキュウセンヒゼンダニ（*Psoroptes cuniculi*）が主要な原因である．雄は体長 $370〜550\mu m$，雌は $400〜750\mu m$ である．卵は宿主体表で4日で孵化し，幼だに，前若だに，中若だに，後若だに期を経て成虫となり，21日で生活環を完結する[31]．

主として直接接触によって感染する．寄生部位は耳介に限局するが，まれに顔面，頸部などに広がることもある[85]．皮膚表層の脱落表皮と組織液を栄養として体表で生活し，組織内には穿孔しないが，寄生部位の皮膚は発赤，肥厚し，漿液の滲出によって褐色の痂皮を形成する（図4.14）．病変は最初耳根部内面から形成され，徐々に耳端部に向って広がる[53]．ウサギは頭部を振り，前・後肢で耳介患部を搔く動作を示す．病変が中耳におよぶと斜頸を呈するようになり，まれに髄膜炎による死亡も見られる[85]．若齢動物での発病はまれである．

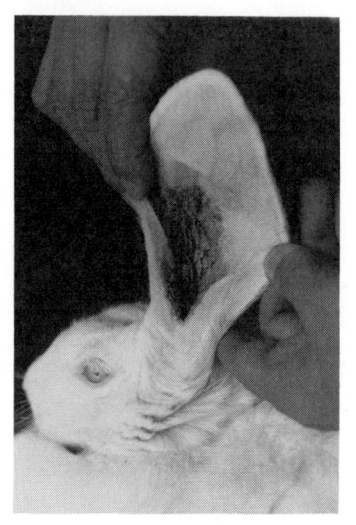

図4.14 耳かいせん

耳介部の病変をみるだけで診断できるが，痂皮を搔き取ってスライドガラス上で1滴の水を加えて混ぜ合せ，カバーガラスをかけて鏡検，虫体を確認する．

治療には，痂皮を十分搔き取ったのち，二次感染を防ぐために，刺激性の少ない消毒薬を塗布するが，1例として，ヨードホルム，アルコール，グリセリンの混合液を患部に塗り，痂皮を膨潤させたのち搔き取る方法がある．完全治癒にはこの方法を2〜3回繰り返す．

〔中川雅郎〕

文　献

1) Alexander, M. M., Sawin, P. B. and Roehm, D. A.: Respiratory infection in the rabbit; An enzootic

1) caused by *Pasteurella lepiseptica* and attempts to control it by vaccination. *J. Inf. Dis.*, **90**, 30-33 (1952).
2) Andrewes, C. H., Thompson, H. V. and Mansi, W.: Myxomatosis: Present position and future prospects in Great Britain. *Nature*, **184**, 1179-1180 (1959).
3) Beard, J. W. and Rous, P.: Effectiveness of the Shope papilloma virus in various American rabbits. *Proc. Soc. Exp. Biol. Med.*, **33**, 191-193 (1935).
4) Berry, G. P. and Dedrick, H. M.: A method for changing the virus of rabbit fibroma (Shope) into that of infectious myxomatosis (Sanarelli). *J. Bact.*, **31**, 50-51 (1936).
5) Blackmore, D. K. and Francis, R. A.: The apparent transmission of staphylococci of human origin to laboratory animals. *J. Comp. Path.*, **80**, 645-651 (1970).
6) Borriello, S. P. and Carman, R. J.: Association of iota-like toxin and *Clostridium spiroforme* with both spontaneous and antibiotic-associated diarrhea and colitis in rabbits. *J. Clin. Microbiol.*, **17**, 414-418 (1983).
7) Brogden, K. A.: Physiological and serological characteristics of 48 *Pasteurella multocida* cultures from rabbits. *J. Clin Microbiol.*, **11**, 646-649 (1980).
8) Brogden, K. A. and Packer, R. A.: Comparison of *Pasteurella multocida* serotyping systems. *Amer. J. Vet. Res.*, **40**, 1332-1335 (1979).
9) Brogden, K. A., Rhoades, K. R. and Heddleston, K. L.: Research note ——A new serotype of *Pasteurella multocida* associated with fowl cholera. *Avian Dis.*, **22**, 185-190 (1978).
10) Bryden, A. S., Thouless, M. E. and Flewett, T. H.: Rotavirus in rabbits. *Vet Rec.*, **99**, 323 (1976).
11) Chapple, P. J. and Lewis, N. D.: Myxomatosis and the rabbit flea. *Nature*, **207**, 388-389 (1965).
12) Chengappa, M. M., Meyers, R. C. and Carter, G. R.: A streptomycine dependent live *Pasteurella multocida* vaccine for the prevention of rabbit pasteurellosis. *Lab. Anim. Sci.*, **30**, 515-518 (1980).
13) Christensen, L. R., Bond, E. and Matanic, B.: Pockless rabbit pox. *Lab. Anim. Care*, **17**, 281-296 (1967).
14) Cowan, D. R.: Induction of neoplasia *in vitro* with a virus. Experiments with rabbit skin grown in tissue culture and treated with shope papilloma virus. *Cancer Res.*, **6**, 602-607 (1946).
15) Cunliffe-Beamer, T. L. and Fox, R. R.: Venereal spirochetosis of rabbits: Description and diagnosis. *Lab. Anim. Sci.*, **31**, 366-371 (1981).
16) Cunliffe-Beamer, T. L. and Fox, R. R.: Venereal spirochetosis of rabbits: Epizootiology. *Lad. Anim. Sci.*, **31**, 372-378 (1981).
17) Cunliffe-Beamer, T. L. and Fox, R. R.: Venereal spirochetosis of rabbits: Eradication. *Lab. Anim. Sci.*, **31**, 379-381 (1981).
18) Dabard, J., Dubos, F., Martinet, L. and Ducluzeau, R.: Experimental reproduction of neonatal diarrhea in young gnotobiotic hares simultaneously associated with *Clostridium difficile* and other *Clostridium* strains. *Infect. Immun.*, **24**, 7-11 (1979).
19) Daltmat, H. T.: Arthropod transmission of rabbit papillomatosis. *J. Exp. Med.*, **108**, 9-20 (1958).
20) DeMaeyer, E.: Organ cultures of newborn rabbit papilloma virus. *Science*, **136**, 985-986 (1962).
21) Dubos, F., Martinet, L., Dabard, J. and Ducluzeau, R.: Immediate postnatal inoculation of a microbial barrier to prevent neonatal diarrhea induced by *Clostridium difficile* in young conventional and gnotobiotic hares. *Amer. J. Vet. Res.*, **45**, 1242-1244 (1984).
22) Eaton, P. and Fernie, D. S.: Enterotoxemia involving *Clostridium perfringens* iota-toxin in a hysterectomy-derived rabbit colony. *Lab. Anim.*, **14**, 347-351 (1980).
23) Fenner, F.: Viruses of the myxoma-fibroma subgroup of poxviruses II. Comparison of soluble antigens by gel-diffusion tests and a general discussion of the subgroup. *Aust. J. Exp. Biol. Med. Sci.*, **43**, 143-156 (1965).
24) Fenner, F. and Marshall, I. D.: A comparison of the virulence for European rabbits (*Oryctolagus cuniculus*) of strains of myxoma virus recovered in the field in Australia, Europe and America. *J. Hyg.*, **55**, 149-191 (1957).
25) Fenner, F. and McIntyre, G. A.: Infectivity titrations of myxoma virus in the rabbit and the developing chick embryo. *J. Hyg.*, **54**, 246-257 (1956).
26) Flatt, R. E.: Pyometra and uterine adenocarcinoma in a rabbit. *Lab. Anim. Care*, **19**, 398-401 (1969).
27) Flatt, R. E.: Bacterial Disease. In The Biology of the Laboratory Rabbit, Weisbroth, S. H., Flatt, R. E. and Kraus, A. L. (ed.), pp. 193-236, Academic Press, New York, San Francisco and London (1974).
28) Fujiwara, K.: Tyzzer's disease. *Jpn. J. Exp. Med.*, **48**, 467-480 (1978).
29) 藤原公策: Tyzzer病. モダンメディア, **30**, 219-231 (1984).
30) Fujiwara, K., Nakayama, M., Nakayama, H., Toriumi, W., Oguihara, S., and Thunert, A.: Antigenic relatedness of "*Bacillus piliformis*" from Tyzzer's disease occurring in Japan and other regions. *Jpn. J. Vet. Sci.*, **40**, 9-16 (1985).
31) 福井正信: 節足動物. (藤原公策, 中川雅郎, 石井俊雄, 高垣善男編: 実験小動物の感染病), pp. 353-383, ソフトサイエンス社, 東京 (1977).
32) Greene, H. S. N.: A pandemic of rabbit pox. *Proc. Soc. Exp. Biol. Med.*, **30**, 892-894 (1933).
33) Greene, H. S. N.: Rabbit pox. I. Clinical manifestations and course of the disease. *J. Exp. Med.*, **60**, 427-440 (1934).
34) Greene, H. S. N.: Rabbit pox. II. Pathology of the epidemic disease. *J. Exp. Med.*, **60**, 441-457 (1934).
35) Greene, H. S. N.: The induction of Shope papilloma in transplants of embryonic rabbit skin. *Cancer Res.*, **13**, 58-63 (1953).
36) Grodhaus, G., Regnery, D. C. and Marshall, I. D.: Studies on the epidemiology of myxomatosis in California. II. The experimental transmission of myxomatosis in brush rabbits (*Sylvilagus bachmani*) by several species of mosquitoes. *Amer. J. Hyg.*, **77**, 205-212 (1963).
37) Hagen, K. W.: Disseminated staphylococci infection in young domestic rabbits. *J. Amer. Vet. Med. Ass.*, **142**, 1421-1424 (1963).
38) Hagen, K. W. Jr.: Enzootic pasteurellosis in domestic rabbits II. Strain types and methods of control. *Lab. Anim. Care*, **16**, 487-491 (1966).
39) Hagen, K. W. Jr.: Effect of antibiotic-sulfonamide therapy on certain microorganisms in the nasal turbinates of domestic rabbits. *Lab. Anim. Care*, **17**, 77-80 (1967).
40) Hoenig, V., Giardot, J. M. and Haegele, P.: *Eimeria stiedae* infection in rabbit: Effect on bile flow and

bromsulphthalein metabolism and elimination. *Lab. Anim. Sci.* **24**, 66-71 (1974).

41) Hurst, E. W.: Myxoma and Shope fibroma. I. The histology of myxoma. *Brit. J. Exp. Path.*, **18**, 1-15 (1937).

42) 石井俊雄: 胞子虫類(2), (藤原公策, 中川雅郎, 石井俊雄, 高垣善男編: 実験小動物の感染病, pp. 266-286), ソフトサイエンス社, 東京 (1977).

43) Iwai, H., Machii, K., Ohtsuka, Y., Ueda, K. Inoue, S., Matsumoto, T. and Sato, Z.: Prevalence of antibodies to Sendai virus and rotavirus in laboratory rabbits. *Exp. Anim.*, **35**, 491-494 (1986).

44) Klaassen, J. M., Bernard, B. L. and DiGiacomo, R. F.: Enzymelinked immunosorbent assay for immunoglobulin G antibody to *Pasteurella multocida* in rabbits. *J. Clin. Microbiol.*, **21**, 617-621 (1985).

45) Kunstýř, I., Matthiesen, I. and Matthiesen, T.: Acute enteritis in rabbits: Spontaneous infection by *Clostridium perfringens* type A. *Z. Versuchstierk.*, **17**, 57-63 (1975).

46) Lu, Y. S., Pakes, S. P., Rehg, J. E. and Ringler, D. H.: Pathogenicity of a serotypes 12: A *Pasteurella multocida* in hydrocortisone treated and nontreated rabbits. *Lab. Anim. Sci.*, **32**, 258-262 (1982).

47) Lu, Y. S., Ringler, D. H. and Park, J. S.: Characterization of *Pasteurella multocida* isolates from nares of healthy rabbits and rabbits with pneumonia. *Lab. Anim. Sci.*, **28**, 691-697 (1978).

48) Maré, C. J.: Viral Diseases. *In* the Biology of the Laboratory Rabbit; Weisbroth, S. H., Flatt, R. E. and kraus, A. L. (ed.), pp. 237-261: Academic Press, New York, San Francisco and London (1974).

49) Marshall, I. D. and Regnery, D. C.: Myxomatosis in a California brush rabbit (*Sylvilagus bachmani*), *Nature*, **188**, 73-74 (1960).

50) Marshall, I. D., and Regnery, D. C.: Studies on the epidemiology of myxomatosis in California III. The response of brush rabbits (*Sylvilagus bachmani*) to infection with exotic and enzootic strains of myxoma virus, and the relative infectivity of the tumors for mosquitoes. *Amer. J. Hyg.*, **77**, 213-219 (1963).

51) Mayer, V. H.: Bordetellainfektionen, ein Problem der Massentierhaltung bei Kaninchen. Berl. Münch. Tierärz. Wochenshrift, Nr. **14**, 273-274 (1971).

52) 光岡知足: 腸内細菌叢, 臨床検査, **23**, 320-334 (1978).

53) 武藤 健, 中川雅郎: 目でみる実験動物の病気. ソフトサイエンス社, 東京 (1982).

54) 中川雅郎: 実験動物における *Bordetella bronchiseptica* の感染・病理・疫学. 豚の萎縮性鼻炎――ボルデテラ感染症 (尾形 学監修) pp. 66～82, 文永堂, 東京 (1979).

55) Namioka, S.: *Pasteurella multocida*――Biochemical Characteristics and Serotypes. *In* Methods in Micro-biology, vol. 10, Bergan, T. and Norris, J. R. (ed.), pp. 271-292: Academic Press, London, New York and San Francisco (1978).

56) Ostler, D. C.: The disease of broiler rabbits. *Vet. Rec.*, **73**, 1237-1252 (1961).

57) Owen, D.: Life cycle of *Eimeria stiedae*. *Nature*, **227**, 304 (1970).

58) Pakes, S. P.: Protozoal Diseases. *In* The Biology of the Laboratory Rabbit, Weisbroth, S. H., Flatt, R. E., and Kraus, A. L. (ed.), pp. 263-286, Academic Press, New York, San Francisco and London (1974).

59) Patton, N. M., Holmes, H. T., Piggs, R. J. and Cheeke, P. R.: Enterotoxemia in rabbits. *Lab. Anim. Sci.*, **28**, 536-540 (1978).

60) Phillips, C. E.: *Alcaligenes* (*Brucella*) *bronchiseptica* as a factor in porcine pneumonias. *Canad. J. Comp. Med.*, **7**, 58-59 (1943).

61) Rehg, J. E. and Pakes, S. P.: Implication of *Clostridium difficile* and *Clostridium perfringens* iota toxins in experimental lincomycin-associated colitis of rabbits. *Lab. Anim. Sci.*, **32**, 253-257 (1982).

62) Renquist, D. and Soave, O.: Staphylococcal pneumonia in laboratory rabbit: an epidemiologic follow-up study. *J. Amer. Vet. Med. Ass.*, **155**, 1221-1223 (1969).

63) Rivers, T. M.: Infectious myxomatosis of rabbits. Observations on the pathological changes introduced by virus myxomatosum (Sanarelli). *J. Exp. Med.*, **51**, 965-976 (1930).

64) Rivers, T. M., and Ward, S. M.: Infectious myxomatosis of rabbits. *J. Exp. Med.*, **66**, 1-14 (1937).

65) Rous, P., and Beard, J. W.: The progression to carcinoma of virus-induced rabbit papillomas (Shope). *J. Exp. Med.*, **62**, 523-548 (1935).

66) Sato, K., Inaba, Y., Miura, Y., Tokuhisa, S. and Matsumoto, M.: Isolation of lapine rotavirus in cell cultures. *Arch. Virology*, **71**, 267-271 (1982).

67) Schoenbaum, M.: *Pseudomonas aeruginosa* in rabbit fur. *Lab. Anim. Sci.*, **15**, 5 (1981).

68) Shope, R. E: A transmissible tumor-like condition in rabbits. *J. Exp. Med.*, **56**, 793-802 (1932).

69) Shope, R. E.: Serial transmission of the virus of infectious papillomatosis in domestic rabbits. *Proc. Soc. Exp. Biol. Med.*, **32**, 830-832 (1935).

70) Shope, R. E. and Hurst, E. W.: Infectious papillomatosis of rabbits. *J. Exp. Med.*, **58**, 607-624 (1933).

71) Small, J. D. and Newman, B.: Venereal spirochetosis of rabbits (rabbit syphilis) due to *Treponema cuniculi*: A clinical, serological, and histopathological study. *Lab. Anim. Sci.*, **22**, 77-89 (1972).

72) Soave, O. A.: Diagnosis and control of common diseases of hamsters, rabbits, and monkeys. *J. Amer. Vet. Med. Ass.*, **142**, 285-290 (1963).

73) Syverton, J. T. and Berry, G. P.: Carcinoma in the cottontail rabbit following spontaneous virus papilloma (Shope). *Proc. Soc. Exp. Biol. Med.*, **33**, 399-400 (1935).

74) Takahashi, E., Inaba, Y., Sato, K., Kurogi, H., Akashi, H., Satoda, K. and Omori, T.: Antibody to rotavirus in various animal species. *Nat. Inst. Anim. Hlth. Quart.*, **19**, 72-73 (1979).

75) Thilsted, J. P., Newton, W. M., Crandell, R. A. and Bevill, R. F.: Fatal diarrhea in rabbits resulting from the feeding of antibiotic-contaminated feed. *J. Amer. Vet. Med. Assoc.*, **179**, 360-362 (1981).

76) Turner, T. B., McLeod, C. and Updyke, E.: Cross immunity in experimental syphilis, yaws and venereal spirochetosis of rabbits. *Amer. J. Hyg.*, **46**, 287-295 (1947).

77) Webster, L. T.: The epidemiology of a rabbit respiratory infection I. Introduction. *J. Exp. Med.*, **39**, 837-841 (1924).

78) Webster, L. T.: The epidemiology of a rabbit respiratory infection III. Nasal flora of laboratory rabbits. *J. Exp. Med.*, **39**, 857-877 (1924).

79) Webster, L. T.: The epidemiology of a rabbit respiratory infection IV. Susceptibility of rabbits to spontaneous snuffles. *J. Exp. Med.*, **40**, 109-116 (1924).

80) Webster, L. T.: Epidemiological studies on respira-

tory infections of the rabbit VII. Pneumonia associated with *Bacterium lepisepticum*. *J. Exp. Med.*, **43**, 555-572 (1925).
81) Weisbroth, S. H. and Scher, S.: The establishment of a specific-pathogen-free rabbit breeding colony II. Monitoring for disease and health statistics. *Lab. Anim. Care*, **19**, 795-799 (1969).
82) Winsser, J.: A study of *Bordetella bronchiseptica*. *Proc. Anim. Care Panel*, **10**, 87-104 (1960).
83) Yoda, H., Nakayama, K. and Nakagawa, M.: Experimental infection of *Bordetella bronchiseptica* to rabbits. *Exp. Anim.*, **31**, 113-118 (1982).
84) 依田八治,中山一栄,遊佐智栄,佐藤重男,福田三五郎,松本幸蔵,中川雅郎:各種動物の気管支敗血症菌検索成績.実験動物,**25**,7-11 (1976).
85) Yunker, C. E.: Mites. *In* Parasites of Laboratory Animals, Flynn, R. J. (ed.), pp. 425-492, Iowa State Univ. Press, Ames (1973).

4.10 げっ歯目

ここでは,マウス,ラット,ゴールデンハムスター,モルモットの主要感染病についてのみ概説するが,他については,別の成書[1~4]を参照されたい.また,最近のわが国におけるげっ歯類(主としてマウス,ラット)の感染症発生状況についても下記の文献[5~9]を参照されたい.

文献

1) Foster, H. L., Small, J. D. and Fox, J. G. (ed.): The Mouse in Biomedical Research. Vol. II. Diseases. Academic Press (1982).
2) Baker, H. J., Lindsey, J. R. and Weisbroth, S. H. (ed.): The Lavoratory Rat. Vol. I. Biology and Diseases. Academic Press (1979).
3) Wagner, J. E. and Manning, P. J. (ed.): The Biology of the Guinea Pig. Academic Press (1976).
4) 藤原公策(編):実験動物感染病学.ソフトサイエンス社 (1985).
5) 藤原公策,谷島百合子,田中正志:わが国におけるマウス,ラット生産群・実験群の主要病原微生物に対する抗体保有状況,実験動物,**28**, 297-306 (1979).
6) Iwai, H., *et al.*: Monitoring of murine infections in facilities for animal experimentation. Animal Quality and Models in Biomedical Reserch. (Spiegell, A., Erichsen, S. and Solleveld, H. A.) 219-222, Gustav Fischer Verlag (1980).
7) Nakagawa, M., *et al.*: Ten years-long survey on pathogen status of mouse and rat breeding colonies. *Exp. Anim.* **33**, 115-120 (1984).
8) Kagiyama, N., Takakura, A. and Itoh, T.: A serological survey on 15 murine pathogens in mice and rats. *Exp. Anim.*, **35**, 531-536 (1986).
9) Kagiyama, N., *et al.*: Microbiological monitoring in inbred mouse foundation stocks in Japan. *Exp. Anim.*, **36**, 135-142 (1987).

(1) ウイルス病

a. エクトロメリア (ectromelia)

エクトロメリアウイルス(別名:マウスポックスウイルス)による四肢末端の壊死脱落を主徴とするマウスの全身疾患である.

急性,亜急性あるいは慢性に経過する例,不顕性に終る例など,さまざまの病型が見られる.急性例では,不活発,立毛,丸背など,一般状態の悪化以外に特異な病状はなく,早ければ感染後数日で死亡し,死亡率は50~90%に達する.亜急性,慢性型では典型的なエクトロメリア(四肢欠損)症状が見られ,皮膚には発疹,壊死,潰瘍,痂皮などができ[1,2],耳翼,四肢末端,尾の壊死脱落が見られる.

剖検では,急性例で肝の腫大,腹水の増量,ときに肝,脾に出血等と壊死斑を見,十二指腸の浮腫,腸管全体にわたる充出血を見る.亜急性,慢性例では脾,リンパ節が腫大し,肝,脾に壊死斑を見ることもある.組織学的には病変部皮膚表皮細胞に好酸性の細胞質封入体が見られる[1].

感染動物あるいはそれ由来の生物試料(可移植性腫瘍,臓器など)との直接,間接の接触により皮膚の小さい傷や気道を経て感染する[3,4].皮膚創傷から侵入したウイルスは表皮細胞で増殖して,リンパ節に達して増殖した後,血流を介して全身諸臓器に運ばれて増殖,再び血流を介し表皮基底層に達して増殖し,皮膚の壊死,四肢の脱落を招く[5].ウイルスは皮膚病変部のみならず糞尿中にも排出される.急性期,亜急性期を耐過したマウスは長期間にわたりウイルスを排出する.マウス系統により感受性が異なる[6].

典型的な症状から診断はできるが,組織学的に封入体を確認する必要があろう.血清学的診断には,共通抗原を有するワクシニアウイルスを抗原とする血球凝集抑制試験が簡便である.蛍光抗体法により病変部にウイルス抗原を証明する方法も価値が高い.ウイルスの分離は病変部乳剤上清を10~13日齢鶏胚漿尿膜に接種して発痘の有無を見るか,鶏胚細胞,マウス由来初代培養細胞,L細胞などに接種し

CPEを見る方法による．

予防には，高度に衛生的な飼育管理とともに導入動物の厳重なチェックが必要である．可移植腫瘍などの生物試料については，ウイルス汚染の有無をしらべることも必要である．ワクシニアウイルスをワクチンとして使用することにより感染防御は可能である[7]．

文　献

1) Marchal, J.: Infections ectromelia, A hitherto undescribed virus disease of mice. *J. Pathol. Bacteriol.*, **33**. 713-718 (1930).
2) McGaughey, C. A. and Whitehead, R.: Outbreaks of infectious ectromelia in laboratory and wild mice. *J. Pathol. Bacteriol.*, **37**. 253-256 (1933).
3) Roberts, J. A.: Histopathogenesis of ectromelia. I. Respiratory infection. *Br. J. Exp. Pathol.*, **43**, 451-461 (1962).
4) Roberts, J. A.: Histopathogenesis of ectromelia. II. Cutaneous infection. *Br. J. Exp. Pathol.*, **43**, 462-468. (1962).
5) Fenner, F.: The pathogenesis of the acute exanthems. An interpretation based upon experimental investigation with mouse-pox (infections ectromelia of mice). Lancet ii, pp. 915-920 (1948).
6) Briody, B. A., Hauschka, T. S. and Mirand, E. A.: The role of genotype in resistance to an epizootic of mouse pox (ectromelia). *Am. J. Hyg.*, **63**, 59-68 (1956).
7) Briody, B. A.: Response of mice to ectromelia and vaccinia viruses. *Bacteriol. Rev.*, **23**, 61-95 (1959).

b. マウスポリオ (mouse poliomyelitis)

マウスポリオウイルス（別名：マウス脳脊髄炎ウイルス）の感染によるマウスの中枢神経系の疾病である．TO, FA, GD VIIなどのウイルス株が知られていて，抗原的に密接な関係にあるが，各株間でいくつかの性状が異なる[1]．GD VII株はヒト赤血球を凝集するが，他の2株は凝集しない．TO株はマウス実験感染においてヒトのポリオ類似の中枢神経病変を起こすが，他の2株はできない[2]．

マウスに自然感染するのは主としてTO株類似ウイルスである．通常マウス腸に不顕性感染を起こす[3]が，発症した場合は後肢の麻痺が特徴である．ウイルスの伝播は糞便を介して経口的に起こる[4]．幼若マウスの感染は親由来の移行抗体で防御されるが，移行抗体消失後に感染してウイルスキャリアーとなる．免疫獲得とともにウイルス保有率は低下するが，長期にわたり，ウイルス排泄をつづける個体もある[3,4]．わが国においても汚染コロニーの存在が最近報告されている．自然宿主はマウスであるがラットからGD VII類似のウイルス分離報告がある[5]．

TO株を乳子に脳内接種すると，感受性が非常に高いが，成熟マウスの多くは発症せず，接種後1～5か月で発症する一部の例では脱髄を伴う慢性経過をとる．FA株やGD VII株の実験感染では脳脊髄炎のほかに筋炎も見られる．

汚染の検査には，GD VII株を抗原とするヒトO型血球を用いた血球凝集抑制試験が一般的である．

文　献

1) Hemelt, I. E., Huxsoll, D, L., and Warner, A. J., Jr.: Comparison of MHG virus with mouse encephalomyelitis viruses. *Lab. Anim. Sci.*, **24**, 523-529 (1974).
2) Loarch, Y., et al.: Theiler's murine encephalyelitis virus group includes two distinct genetic subgroups that differ pathologically and biologically. *J. Virol.*, **40**, 560-567 (1981).
3) Olitsky, R. K.: A transmissible agent (Theiler's virus) in the intestine of normal mice. *J. Exp. Med.*, **115**, 362-367 (1940).
4) Theiler, M. and Gard, S.: Encephalomyelitis of mice. III. Epidemiology. *J. Exp. Med.*, **72**, 79-90 (1940).
5) McConnell, S. J., et al.: Isolation and characterization of a neurotropic agent (MHG virus) from adult rats. *Proc. Soc. Exp. Biol. Med.*, **115**, 362-127 (1964).

c. マウスロタウイルス腸炎 (mouse rotavirus enteritis)

従来，伝染性マウス幼子下痢(epizootic diarrhea of infant mice, EDIM)ウイルスと呼ばれてきたマウスロタウイルスによるマウス乳子の下痢症である．

7～17日齢の乳子に5～10日にわたる下痢が見られ[1,2,3]，その前後の日齢のものは感受性が低い．水様性黄色下痢が主徴で，下痢便が肛門周囲のみならず腹部，背面にまで付着し汚れる．マウスは削痩するが回復し死亡することはない．若齢マウスでは十二指腸から結腸にいたる絨毛上皮細胞でウイルスが増殖するが，離乳マウスでは空・回腸上皮細胞でわずかに増殖するにすぎない[4,5]．

剖検では結腸に黄色の内容物を見るほか著変はなく，組織学的にも空・回腸上皮細胞の脱落を見るのみである[6]．

伝播は経口的に成立し，垂直感染はない．

診断は症状，剖検所見から可能であるが，確定診断は抗体あるいは抗原（ウイルス）の証明による．

抗体の証明にはマウスロタウイルスのほか，共通抗原を有するヒトその他の動物のロタウイルスを抗原としたELISAや中和試験などがある．抗原の証明には蛍光抗体法，ELISA等が用いられる．ウイルス分離は感染マウス腸内容上清を猿腎初代培養細胞やMA-104細胞に接種し，トリプシン存在下で回転培養し，CPEの発現をしらべる[7]．

治療法はない．マウスを処分できない時は自然治癒をまつ．マウス集団からのウイルス排除には帝王切開，里子哺育法が確実である．予防法は衛生的飼育管理により，動物の導入にあたって検疫を怠ってはならない．

文献

1) Cheever, F. S. and Muller, J. H.: Epidemic diarrheal disease of suckling mice. I. Manifestations, epidemiology, and attempts to transmit the disease. *J. Exp. Med.*, **85**, 405-416 (1947).
2) Kraft, L. M.: Studies on the etiology and transmission of epidemic diarrhea of infant mice. *J. Exp. Med.*, **106**, 743-755 (1957).
3) 山本碩三他：マウス乳仔下痢症の疫学的観察. 実験動物, **23**, 31-35 (1974).
4) Little, L. N. and Shadduck, J. A.: Pathogenesis of rotavirus infection in mice. *Infect. Immun.*, **38**, 755-763 (1982).
5) Wolf, J. L., *et al.*: Susceptibility of mice to rotavirus infection: Effects of age and administration of corticosteroids. *Infect. Immun.*, **33**, 565-574 (1981).
6) Riepenhoff-Taltg, M., *et al.*: Age-dependent rotavirus-enterocyte interaction. *Proc. Soc. Exp. Biol. Med.*, **170**, 146-154 (1982).
7) Tajima, T., *et al.*: Isolation of murine rotavirus in cell cultures. *Arch. Virol.*, **82**, 119-123 (1984).

d. センダイウイルス病 (Sendai virus disease)

パラミクソウイルスに属するセンダイウイルス感染による呼吸疾患で，マウス，ラットで発生頻度が高く，シリアンハムスターやモルモットにも感染する．

感染マウスでは摂餌摂水量の低下，不活発，立毛，円背，異常呼吸音などが見られる．若齢あるいは老齢のものほど感受性が高い．乳子では死亡率，発育不良の割合が高いが，5週齢以上のマウスでは死亡する例はほとんどなく，体重減少が一過性に認められるにすぎない．繁殖群では妊娠率の低下，妊娠期間の延長，産子数の減少，食殺が見られる[1]．また，種々の免疫機能の変化が見られる[2～6]．ラットもマウスと同様の症状を示す[7]が，マウスに比し感受性は低い．シリアンハムスター，モルモットからもウイルスが分離されているが，多くの場合不顕性感染である．

肉眼的病変は肺の充血と硬化 (consolidation) で，通常は一肺葉全体あるいはその一部に限局するが，幼若動物では病変が肺全葉にわたることもある．組織学的には，感染初期においては肺の浮腫，充出血が見られ，ついで気管支細気管支上皮細胞の変性脱落，気管支周囲の好中球浸潤などが見られる．感染後1週以上経過した例では上皮細胞の過形成あるいは立方上皮化生，肺胞中隔の肥厚とともに気管支周囲にリンパ球浸潤が見られる[8,9]．ヌードマウスの慢性例では肺の腺腫症 (adenomatosis) が見られる[9]．

感受性は日齢や系統により異なるが，性差は知られていない．またウイルス株により病原性の相異が見られる[10]．

マウス，ラットの感染症中本病の発生頻度は最も高い．衛生管理のよくない施設ではよく発生を見るが，いわゆるバリアシステムを採用している生産コロニーでの本病の発生例は非常に少ない．伝播は急速で，ウイルス保有動物や汚染物体との直接間接の接触が主な伝播様式である[11]．

ウイルスは感染動物の鼻腔から気管支，細気管支にわたる粘膜上皮細胞で増殖し，感染後5～9日でウイルス価がピークに達した後約1週以内に血中抗体の上昇に伴いウイルスは消失する[11]．感染耐過マウスには強固な免疫が成立する．

世代交代のない実験コロニーや小規模の生産コロニーでは，更新補充される感受性マウスが極めて少数のため，ほとんどすべてのマウスが免疫を獲得することにより流行は終息し，ウイルスは消失する[7,11～13]．しかし大規模生産コロニーでは，多数の次世代種親候補マウスが絶えず補充され，移行抗体消失後に感受性となってウイルス増殖の場を提供することになり，コロニーにおけるウイルスの存続を招く[1,14]．このようなコロニー由来の5週齢前後のマウスは無症状でウイルスキャリアーとなっている．このようなマウスは寒冷刺激やブイヨンの経鼻投与により発病することがある[15]．

診断は症状や病変から可能であるが，血球凝集抑制試験，補体結合試験，ELISAなどによる抗体の証明，鶏胚や培養細胞を用いたウイルス分離，鼻粘膜，気管，気管支上皮細胞中のウイルス抗原の蛍光抗体あるいは酵素酵体法による証明が確実な方法であ

る.

　予防には衛生的な飼育管理とともに，動物（げっ歯類のみならずウサギも感受性を示す[16]）の導入に際しては検疫を怠ってはならない．本病が発生した場合，他への伝播を防ぐために全群淘汰が望ましい．混合感染がなければ幼若動物以外は速やかな自然治癒が期待される．汚染コロニーから抗体陽性動物を選択して繁殖集団を設け，ウイルス汚染のない環境で飼育することにより清浄動物を得ることができる[1]．

文　献

1) Iwai, H., Itoh, T. and Shumiya, S.: Persistence of Sendai virus in a mouse breeder colony and possibility to reestablish the virus free colonies. *Exp. Anim.*, **21**, 205-212 (1977).
2) Garlinghouse, L. E., Jr. and Van Hoosier, G. L., Jr.: Studies on adjuvant-induced arthritis, tumor tranplantability, and serologic response to bovine serum albumin in Sendai virus-infected rats. *Am. J. Vet. Res.*, **39**, 297-300 (1978).
3) Israel, E. and Wainberg, M. A.: Viral inhibition of lymphocyte mitogenesis: role of marophages as primary targets of virus-cell interaction. *J. Reticuloendt Soc.*, **29**, 105-116 (1981).
4) Jakab, G. J.: Interaction between Sendai virus and bacterial pathogens in murine lungs: a review. *Lab. Anim. Sci.*, **31**, 170-177 (1981).
5) Kay, M. M. B., *et al.*: Age-related changes in the immun system of mice of eight medium and long-lived strains and hybrids. II. Short and long-thrm effects of natural infection with parainfluenza type 1 virus (Sendai). *Mechan. Aging Develop.*, **11**, 347-362 (1979).
6) Streilein, J. W., Shadduck, J. A. and Pakes, S. P.: Effects of splenectomy and Sendai virus infection on rejection of male skin isografts by pathogen-free C57BL/6 female mice. *Transplantation*, **32**, 34-37 (1981).
7) 牧野　進他：ラットコロニーで観察されたセンダイウイルスの流行について．実験動物，**22**，275-280 (1973).
8) Appell, L. H., *et al.*: Pathogenesis of Sendai virus infection in mice. *Am. J. Vet. Res.*, **32**, 1835-1841 (1971).
9) Iwai, H., Goto, Y. and Ueda, K.: Response of athymic nude mice to Sendai virus. *Jpn. J. Exp. Med.*, **49**, 123-130 (1979).
10) Yamaguchi, R., Iwai, H., and Ueda, K: Variation of virulence and other propeerties amang Sendai virus strains. *Microbiol. Immunol.*, **32**, 235-240 (1988).
11) Parker, J. C., and Reynolds, R. K.: Natural history of Sendai virus infection in mice. *Am. J. Epidemiol.*, **88**, 112-125 (1968).
12) Fukumi, H., *et al.*: Studies on Sendai virus infection in laboratory mice. *Jpn. J. Med. Sci. Biol.*, **15**, 153-163 (1962).
13) Itoh, T., *et al.*: Sendai virus infection in a small mouse breeding colony. *Jpn. J. Vet. Sci.*, **40**, 615-618 (1978).
14) Fujiwara, K., Takenaka, S. and Shumiya, S.: Carrier State of antibody and viruses in a mouse breeding colony persistently infected with Sendai and mouse hepatitis viruses. *Lab. Anim. Sci.*, **26**, 153-159 (1976).
15) Fukumi, H., Nishikawa, F. and Kitayama, T.: A pneumotropic virus from mice causing hemagglutination. *Jpn. J. Med. Sci. Biol.*, **7**, 345-365 (1954).
16) Machii, K., *et al.*: An infection of rabbits with Sendai virus. *Lab. Anim. Sci.*, **39**, 334-337 (1989).

e.　マウス肝炎，マウスコロナウイルス病(mouse hepatitis, murine coronavirus fnfection)

　コロナウイルス(coronavirus)に属するマウス肝炎ウイルス(mouse hepatitis virus：MHV)による，主として腸および肝の疾患である．

　離乳あるいは成熟マウスでは無症状であるが，免疫抑制マウスでは肝炎を呈する[1]．軽度の場合は肝壊死斑の散在，重度の場合は肝全域に壊死がおよび黄白色を呈する．組織学的には巣状ないし，び慢性融合性の実質壊死巣でエオジン好性小体がしばしば出現し，好中球，単核球の浸潤が比較的顕著である．幼子では腸炎，肝炎が見られる[2]．

　10日齢以下の乳子が感染すると下痢，発育不良，チアノーゼを呈し発症後1～10日で50～100%が死亡する．肝炎は必発ではなく，下痢発症マウスの0～50%に見られる．組織学的には腸絨毛は萎縮減少し，上皮細胞の空胞形成が多く見られ，ときに風船細胞(balloon cell)として管腔内に見られる．上皮の合胞性巨細胞形成も特徴的所見である．陰窩には細胞浸潤を欠く．

　ヌードマウスは感染によりいわゆる消耗病(wasting disease)を呈する[1]．皮層が脱水症状を示して削痩し背をまるめ，末期にはチアノーゼのため全身が青味をおびる．潜伏期は個体によりばらつきが非常に大きく，発症後は1～3週で死亡する．経口あるいは経鼻感染したウイルスは腸粘膜上皮細胞で増殖した後肝に達するが，初期には肝に灰白色壊死斑，経過の長い例ではクレータ状の瘢痕を認める．それらの病変が散在性，び慢性，あるいは融合性に認められる．組織学的には出血を伴う肝細胞の多発性変性壊死，小型あるいは巨大肝細胞の出現，リンパ球，プラズマ細胞の集簇，好塩基性顆粒の集簇，結合織の増成などが見られる．その他，脳，脊髄，肺，脾，腎，骨髄，腸などにも壊死性変化が見られる[3]．

　本病はセンダイウイルス病についで発生頻度が高い．ウイルスは感染マウス糞便中に排泄されるので，

直接，間接の接触により経鼻，経口的に感染が成立する[4]．感染耐過マウスは強い免疫を獲得することから，MHV 汚染発病をみても，実験コロニーや小規模生産コロニーからはウイルスは自然に消退する．しかし大規模生産コロニーでは多数の種親候補若齢マウスが補充されるため，移行抗体消失後本ウイルス感染に対し感受性となり，これらのマウスで不顕性にウイルスが増殖するため，コロニーにウイルスの長期間にわたる存続を招くことになる[5]．このようなコロニーでは若齢マウスがウイルスキャリアーとなっている．

診断は CF 試験や ELISA による抗体の証明，蛍光抗体法による病変部組織中の抗原の証明，DBT 細胞によるウイルスの分離等による．

汚染コロニーの抗体陽性マウスからなる繁殖集団を設け，MHV フリー環境で繁殖することにより，清浄動物を得ることが可能である[5]．

文 献

1) Fujiwara, K., et al.: Wasting disease in nude mice infected with facultatively virulent mouse hepatitis virus. Proceeding of the Second International Workshop on Nude Mice. (Nomura, T., Osawa, N., Tamaoki, N. and Fujiwara, K) 53-60, University of Tokyo Press (1977).
2) Ishida, T. and Fujiwara, K.: Pathology of diarrhea due to mouse hepatitis virus in infant mouse, *Jpn. J. Exp. Med.*, **49**, 33-41 (1979).
3) Sebestery, A. and Hills, A. C.: Hepatitis and brain lesions due to mouse hepatitis virus acompanied by wasting in nude mice. *Lab. Anim.*, **8**, 317-326 (1974).
4) Hartley, J. W., Rowe, W. P. and Capps, W. I.: Mouse hepatitis virus infection as a highly contagious, prevalent, entevic infection of mice. *Proc. Soc. Exp. Biol. Med.*, **112**, 161-165 (1963).
5) 岩井 法他：マウス繁殖コロニーにおけるマウス肝炎ウイルスの血清疫学的観察．実験動物，**22**, 295-301 (1973).

f. 唾液腺涙腺炎 (sialodacryoadenitis: SDA)

コロナウイルスに属する SDA ウイルスによるラットの唾液腺，涙腺をおかす疾患である[1]．

主徴は唾液腺の腫大に伴う頸部の膨大と眼球突出，眼の周囲や鼻端の血液様物の付着である．顔は浮腫状で腫れぼったい様相を呈す．下顎部あるいは眼のどちらかに症状がかたよることもある．幼若ラットでは眼症状が主体の場合が多い．細菌の2次感染があると角膜が滲出物でおおわれることがある．このほかに摂餌，摂水量の減少，体重減少，性周期の乱れ，出産率の低下なども見られる[2]．通常死亡することなく回復する．

剖検では，唾液腺は腫脹し，周囲結合織の浮腫が強く，ゼラチン様物でおおわれ，下顎腺で最も変化が著しい．涙腺の変化は主にハーダー腺に見られ，充血浮腫で赤褐色を呈し，正常の約2倍にも腫脹する．眼や鼻端の血様物はポルフィリンと見られ，ハーダー腺の分泌亢進によると考えられる[1]．

組織学的には，下顎腺では初期にリンパ球や組織球などの細胞浸潤を伴う周囲結合織の浮腫と，腺房および顆粒膨大部上皮細胞の空胞が主で，ついで上皮細胞の壊死，崩壊物・分泌物・好中球などの管腔内蓄積が見られ，扁平上皮化生を経て修復する．ハーダー腺でも同様であるが修復に長時間を要する[1,3]．

ウイルスは，経鼻感染し，鼻咽頭粘膜上皮細胞で増殖した後，唾液腺・涙腺上皮細胞に達し上述の変化を起す[4]．潜伏期は4～10日，唾液腺の腫脹期間は1～9日である．涙腺でのウイルス増殖や病変の出現は唾液腺にくらべて1～2日遅れる．ラット感染症の中で発生頻度が高く，伝播力も強いが，疫学は不明な点が多い．

診断は特徴的な症状から可能である．ウイルスは MHV と共通抗原を有するので，MHV 抗原による株を選べば，SDA ウイルスを抗原として用いた場合に匹敵する感度で抗体の証明が可能である[5]．ウイルス分離は臓器乳剤遠心上清のマウス乳子脳内接種あるいはラット初代腎細胞培養への接種[6]による．予防は厳格な衛生的飼育管理による．

文 献

1) Innes, J. R. M. and Stanton, M. E.: Acute disease of the submaxillary and harderian glands (sialo-dacryoadenitis) of rats with cytomegaly and no inclusion bodies. *Am. J. Pathol.*, **38**, 455-468 (1961).
2) Utsumi, K., et al.: Some clinical and epizootiological observations of infectious sialodacryoadenitis in rats. *Exp. Anim.*, **27**, 283-287 (1978).
3) Doi, K., et al.: Pathological observations on natural case of sialodacryoadenitis. *Exp. Anim.*, **29**, 419-426 (1980).
4) Jacoby, R. O., Bhatt, P. N. and Jonas, A. M.: Pathogenesis of sialodacryoadenitis in gnotobiotic rats. *Vet. Pathol.*, **12**, 196-209 (1975).
5) Machii, K., et al.: Reactivities of 4 murine corona virus autigens with immunized or naturally infected rat sera by enzyme linked immunosorbent assay. *Exp. Anim.*, **37**, 251-255 (1988).
6) Kojima, A., et al.: Isolation and properties of sialodacryoadenitis virus of rats. *Exp. Anim.*, **29**, 409-

418 (1980).

g. リンパ球性脈絡髄膜炎(lymphocytic choriomeningitis：LCM)

リンパ球性脈絡髄膜炎(LCM)ウイルスによる主としてマウスとゴールデンハムスターおよびヒトで問題となる中枢神経系の疾患である．自然感染は他にオポッサム，モルモット，イヌ，サルで報告があり，実験的にはラット，ウサギ，チンパンジーにも感染する[1]．

自然感染では，ヒトを除きほとんど無症状とみられるが，成熟マウスでは神経症状を呈することがある．ヒトではインフルエンザ様症状を呈し，まれではあるが髄膜炎，髄膜脳炎などを起こして致死的な場合もある[2,3]．妊婦が感染すると胎盤感染により異常胎児を生ずることがある[4]．

マウスが子宮内あるいは生後間もない時期に感染すると，発病することなく持続感染が成立し，ウイルスは血液をはじめ全身臓器に終生分布する[5]．加齢に伴い糸球体腎炎の発生率が高くなり[6]，病変部に抗原抗体複合物の沈着が証明される[7]．脳内接種すると成熟マウスが発症するが，ヌードマウスや細胞性免疫抑制処置を受けたマウスでは発症せず，細胞性免疫反応が病理発生に深く関わっていると見られる[8]．回復マウスではウイルス血症もなくなり，抗体が検出されるが，抗リンパ球血清投与によりウイルス血症が再発する[9]．

ゴールデンハムスターでは胎盤感染により胎子にウイルスが伝達され，長期間ウイルス血症がみられるが，マウスにおけるような終生にわたる持続感染とはならない[10]．

感染動物はウイルスを糞尿に排泄するので，直接接触により経鼻，経口あるいは皮膚を介して感染が成立する[5]．マウスやゴールデンハムスターで継代された腫瘍株などの生物試料はしばしば本ウイルスに汚染されており，研究室間の伝播，研究者や実験動物技術者の発病も報告されている[2,3]．わが国のマウスやゴールデンハムスターにも抗体陽性例があることが報告されている[11]．

診断はCF試験，中和試験，蛍光抗体間接法等による抗体の証明，臓器乳剤のマウス脳内接種，足蹠内接種によるウイルスの証明等による．

予防は衛生的飼育管理の徹底により，特に野性げっ歯類との接触を断つ．導入動物の検疫，移植腫瘍等生物試料のウイルス汚染の有無のチェックも重要である．コロニーが汚染した場合，ヒトへの危険性も大きいので，全群淘汰する．

文　献

1) Olistsky, P. K. and Casals, J.: Viral encephalitis. *In* Viral and Rickettial Infection in Man (Rivers, T. M.), pp. 163-212, J. B. Liprincott Co. (1948).
2) Baum, S. G., *et al*.: Epidemic nonmeningitic lymphocytic choriomeningitis virus infection. An outbreak in a population of laboratory personels, *New. Eng. J. Med*., **274**, 934-936 (1966).
3) Brown, G. S., *et al*.: Laboratory studies of a lymphocytic choriomeningitis virus outbreak in man and laboratory animals. *Amer. J. Epidemial*., **102**, 233-240 (1975).
4) Scheinbergas, M. M.: Hydrocephalus due to prenatal infection with the lymphocytic choriomeningitis virus. *Infection*, **4**, 185-191 (1976).
5) Traub, E.: The epidemiology of lymphocytic choriomeningitis in white mice. *J. Exp. Med*., **64**, 183-200 (1936).
6) Hotchin, J. and Coliins, D.: Glomerulonephritis and late onset disease of mice following neonatal virus infection. *Nature*, **203**, 1357-1359 (1964).
7) Baker, F. and Hotchin, J.: Slow virus kidney disease of mice. *Science*, **158**, 502-504 (1967).
8) Doherty, P. C. and Zinkernagel, R. M.: T-cell-mediated immuno pathology in viral infections. *Transplant. Rev*., **19**, 89-120 (1974).
9) Volkert, M. and Lundstedt, C.: The provocation of latent lymphocytic choriomeningitis virus infections in mice by treatment with antilymphocytic serum. *J. Exp. Med*., **127**, 327-339 (1968).
10) Parker, J. C. *et al*.: Lymphocytic choriomeningitis virus infection in fatal, newborn, and young adult Syrian hamsters. *Infect. Immun*., **13**, 967-981 (1976).
11) Sato, H. and Miyata, H.: Detection of lymphocytic choriomeningitis virus antibody in colonies of laboratory animals in Japan. *Exp. Anim*., **35**, 189-192 (1986).

h. 腎症候性出血熱(hemorrhagic fever with renal syndrome：HFRS)

本病はハンタウイルスに汚染したげっ歯類を介してヒトに伝播する感染症で，発症した場合は重篤な疾患である．本病の流行は自然宿主の種類や流行像の相違から，田園型(rural type)，都市型(urban type)および実験室型(laboratory type)に大別される[1]．

田園型は山野に生息する野生げっ歯類がウイルスキャリアーとして流行巣を形成し，その地区に侵入したヒトが感染発病するものである．都市型の流行はドブネズミまたはクマネズミなど住家性のネズミがキャリアーとなるもので，1960年代の大阪市梅田

駅周辺での流行例[2]はこの型である．実験室型は実験動物を感染源とするもので，主としてラットがウイルスキャリアーとなる．感染ラットは通常無症状で，血中抗体出現後もウイルスを保持，排出する[3]．ラット間の伝播様式，キャリアー成立機序ともにほとんど不明である．肉眼，顕微鏡所見ともに異常を認めないが，ウイルス抗原が脳，肺，心，腎，脾，肝，唾液腺，リンパ節，腸などに検出される．

ヒトが発病する場合は，2～3週間の潜伏期を経て，悪心，嘔吐，発熱，脱力感，頭痛，顔面の紅潮，結膜充血，皮膚の点状出血が現われる．発病5日頃からタンパク尿が認められ，乏尿期を経て腎機能は回復に向い，その後3週間～3か月で完全に回復する．死亡する例では血圧低下やショック症状，尿毒症などが見られる[4]．不顕性感染も多く[5]．発病要因として肉体疲労などが考えられる．

ラットの感染の有無は主として抗体の検出による．予防には汚染のない動物を入手し，衛生的に飼育管理することが大切である．移植腫瘍等の生物試料の汚染にも注意を払う必要がある．

文 献

1) World Health Organization, Working Group on Haemorrhagic Fever with Renal Syndrome : Memorandum from a WHO meeting. *Bull. WHO*, **61**, 269-275 (1983).
2) Tamura, M. : Occurence of epidemic hemorrhagic fever in Osaka City : first cases found in Japan with characteristic feature of marked proteinuria. *Biken J.*, **7**, 79-94 (1964).
3) Lee, P. W., *et al.* : Propagation of Korean hemorrhagic fever virus in laboratory rats. *Infect. Immun.*, **31**, 334-338 (1981).
4) Lee, M., 山本祐夫訳 : Korean hemorrhagic fever—Hemorrhagic fever with renal syndrom. pp. 37-85, 近代出版 (1983).
5) 有川二郎他 : 一実験動物施設における腎症候性出血熱流行の血清疫学的考察．医学のあゆみ，**126**, 236-238 (1983).

（2） マイコプラズマ病

a. 肺マイコプラズマ病 (Pulmonary mycoplasmosis)

Mycoplasma pulmonis によるマウス，ラットの呼吸器病である．

単独感染の場合，マウス，ラットともに一過性の呼吸器症状，摂餌量の低下，体重減少などが見られる．肺病変はかなりの期間残存する．しかし症状が消えてからも菌は気道に常在する[1]．ここに他の菌やウイルスの感染が加わると増悪され，いわゆる慢性呼吸器病のかたちをとり，死亡することもある．また飼育環境のアンモニア濃度が高いと悪化する[2]．

肉眼的には，感染初期に気管～気管支粘液の増量，しばしば乳白色粘稠滲出物の貯留，肺にいわゆる肝変化病変，後期には膿瘍形成を見る．組織学的には気管支，肺胞内への炎性滲出物，細胞崩壊物の蓄積，好中球の浸潤が顕著で，その後血管，気管支周囲にリンパ球の浸潤を見る．マイコプラズマ菌体中にT細胞幼若化能を示す成分があり[3]，本病の病理発生には細胞免疫の関与が指摘されている．

本病の伝播は直接，間接の接触による経鼻感染による．また，本菌はしばしば生殖器からも分離されており，子宮内感染，産道感染や，交尾による感染もありうる．無菌ラットが本菌に汚染されていた例が報告されている[4]．

診断は菌の分離，抗体の証明による．菌分離には鼻腔洗浄液あるいは気管スワブを直接マイコプラズマ寒天に，あるいは液体培地で増菌後マイコプラズマ寒天培地に接種，37℃1週間培養する．疑わしい集落が発育したら継代後，発育阻止試験により同定する．集落の血球吸着試験によっても同定可能である[5]．抗体の検出はCF試験が広く行われてきたが感度が悪く，最近ではELISAによる抗体検出が非常に感度よく，感染初期を除き菌分離成績に匹敵することが報告されている[6]．

導入動物の検疫と衛生的飼育管理により予防する．

文 献

1) Atobe, H. and Ogata, M. : Pneumonitis in mice inoculated with Mycoplasma pulmonis : Production of pulmonary lesions and persistance of organisms and antibodies. *Jpn. J. Vet. Sci.*, **36**, 495-503 (1974).
2) Broderson, J. R., Lindsey, J. R. and Crawford, J. E. : The role of environmental ammonia in respiratory mycoplasmosis of rats. *Am. J. Pathol.*, **85**, 115-130 (1976).
3) Naot, Y., Tully, J. G. and Ginsburg, H. : Lymphocytie activation by various *Mycoplasma* strains and pecies. *Infect. Immun.*, **18**, 310-317 (1977).
4) Ganaway, J. R., *et al.* : Natural infection of germfree rats with *Mycoplasma pulmonis*. *J. Infect. Dis.*, **127**, 529-537 (1973).
5) Tamura, H., *et al.* : Efficacy of hemadsorption for rapid identification of *Mycoplasma pulmonis*. *Lab.*

Anim. Sci., **31**, 713-714 (1981).
6) Machii, K., et al.: Evaluation of euzyme-linked immunosorbant assay (ELISA) in diagnosis of Mycoplasma pulmonis infection in rats. Jpn. J. Vet. Sci., **47**, 845-848 (1985).

（3）細　菌　病

a. ティザー病（Tyzzer's disease）

1917年にTyzzer[1]により，出血性腸炎と肝の多発性巣状壊死を主徴とするマウスの伝染病として記載された．病因は長さ$2～20\mu m$，太さ$0.3～0.5\mu m$の芽胞形成能をもつ，周囲鞭毛性のグラム陰性桿菌で，偏性細胞内寄生性を示す．ペニシリンやテトラサイクリン系の抗生物質に感受性がある．今日まで人工培養されておらず，Tyzzer[1]によりBacillus piliformisと命名されたが，分類学上の位置は不明である．本病の自然発生はマウスのほかに，ラット，ハムスター，スナネズミ，モルモット，イエウサギ，ワタオノウサギ，ネコ，イヌ，コヨーテ，ウマ，アカゲザルで報告がある[2]．動物種により原因菌の抗原性は異なるとみられる[3]．

ハムスターで下痢が見られる[4]が，他のげっ歯類は無症状で経過し，実験処置等のストレスが動物に加えられると発病する[5]．主徴は，腸炎，肝炎，心筋変性などである．腸炎例では回盲部の出血，固有層，粘膜下織の水腫，壊死，好中球浸潤があり，主として粘膜上皮細胞，ときに平滑筋細胞内に菌体を認める．肝炎例では症例により数個の微小壊死巣から肝全域にわたる多発壊死巣形成が見られる．壊死巣周辺の肝細胞内に菌体を認め，好中球浸潤がある[6]．本病は主として芽胞により経口的に伝播するが，モルモットの自然例で垂直伝播も報告されている[7]．

診断は肝病変部周辺肝細胞内の桿菌体の証明，CF反応や蛍光抗体法による抗体の証明による．隔離を中心とする厳格な衛生的飼育管理により予防する．

文　献

1) Tyzzer, E. E.: A fatal disease of the Japanese waltzing mouse caused by a spore-bearing bacillus (Bacillus piliformis N. sp.). J. Med. Res., **37**, 307-338 (1917).
2) 藤原公策: Tyzzer病. モダンメディア, **30**, 219-231 (1984).
3) Fujiwara, K., et al.: Antigenic relatedness of "Bacillus pififormis" from Tyzzer's disease occuring in Japan and other regions. Jpn. J. Vet. Sci., **47**, 9-16 (1985).
4) Nakayama, M., et al.: Transmissible enterocalitis in hamsters caused by Tyzzer's organisms. Jpn. J. Exp. Med., **45**, 33-41 (1975).
5) Yamada, A., et al.: Tyzzer's disease syndrom in laboratory rats treated with adrenocorticotropic hormone. Jpn. J. Exp. Med., **39**, 505-518 (1969).
6) Fujiwara, K., et al.: Tyzzer's disease in mice. Pathologic studies on experimentally infected animals. Jpn. J. Exp. Med., **33**, 183-202 (1963).
7) Boot, R. and Walvoort, H. C.: Vertical transmission of Bacillus piliformis infection (Tyzzer's disease) in a guineapig: case report. Lab. Anim., **18**, 195-199 (1984).

b. ネズミコリネ菌病（murine corynebacteriosis）

グラム陽性無芽胞桿菌であるネズミコリネ菌（Corynebacterium kutscheri）によるマウス，ラットの化膿性疾患である．通常無症状に経過し，剖検あるいは血清抗体の検査によって気づくことが多く[1]，まれに急性敗血症となることもある．一般的な肉眼病変は肺，心，肝，腎，リンパ節などの針頭～大豆大の膿瘍で，ときに母指頭大に達する乾酪病巣を形成することもある．また，皮層潰瘍，化膿性関接炎，腹膜炎，壊死性出血性腸炎，潰瘍性大腸炎などを見ることもある．

経口，経鼻，あるいはまれに皮膚の傷を介して感染する．マウスでの実験的観察で，盲腸に菌が長期間にわたり証明されること[2]，大腸壁に侵入像が見られること[3]，またコーチゾン投与により内臓諸臓器の膿瘍ならびに腸管病変を形成することから[2,3]，経口摂取された菌は盲腸を拠点として，宿主の抵抗力低下などの機会に血流を介して肝・腎などに達し膿瘍をつくるとみられる．

輸送直後や免疫抑制剤投与実験に際しての発病が多い．マウスに比しラットで多く，衛生状態のよくない実験施設に頻発する．感染動物は糞便に菌を排出し，直接，間接の接触により伝播する．

発病例の診断は困難ではないが，通常は無症状なので，厳格な検疫体制によっても感染初期には本病の存在に気づかないことがある．膿瘍の塗抹標本中にグラム陽性桿菌が純粋に検出されればほぼ間違いないが，最終的には分離同定の必要がある．腸内容からの菌分離は選択培地がないのでほとんど不可能である．不顕性感染の摘発にはホルマリン死菌を用いた凝集抗体の検出が簡便である[4]が，最近ではELISAも応用されている[5]．コーチゾン投与による誘発試験も有効である[6,7]．

感染個体の摘発淘汰による本病の除去は不可能である．実験的にはワクチンによる予防が有効であるが実用化されていない．導入動物の検疫と衛生的飼育管理によって予防する．

文　献

1) Matsunuma, N. and Suzuki, Y.: Outbreak and control of corynebacterial infection in a rat colony. In Animal Quality and Models in Biomedical Research Spiegel, A., Erichsen, S. and Solleveld, H. A., pp. 239-242, Gustav Fischer Verlag (1980).
2) 横井山繁行他：ネズミコリネ菌 (Corynebacterium kutscheri) の経口接種による潜在感染とコーチゾン処置の影響．実験動物, 24, 103-110 (1975).
3) Miyamae, T.: Corynebacterium kutscheri invasiveness of the gastrointestinal tract in young mice. Exp. Anim., 31, 189-194 (1982).
4) Fujiwara, K.: Problems in checking inapparent infections in laboratory mouse colonies. In Defining the Laboratory Animal. International Commission on Laboratory Animals (ed.), pp. 77-92, National Academy of Science (1971).
5) Ackerman, J. J., Fox, J. G. and Murphy, J. C.: An enzyme linked immunosorbent assay for detection of antibodies to Corynebacterium kutscheri in experimentally infected rats. Lab. Anim. Sci., 34, 38-43 (1984).
6) 高垣善男他：マウスのCorynebacterium病およびTyzzer病汚染のコーチゾン投与による検出．実験動物, 16, 12-19 (1967).
7) 内海健二朗他：ラットのCorynebacterium潜在感染のCortison処置による摘発について．実験動物, 18, 59-67 (1969).

c. モルモットの溶血性レンサ球菌病 (Streptococcosis)

β溶血性グラム陽性球菌のStreptococcus zooepidemicsによるモルモットの感染病である．

急性と慢性の2型があり，急性型は集団的に発生することが多く[1]，一般状態の悪化のほか，膿性の眼やにや鼻汁を認め，数日以内に敗血症死する．慢性型は散発し，表在リンパ節，とくに頸部リンパ節の腫大が特徴的で，灰白色の膿を含み，しばしばクルミ大に達する[2]．結膜炎を呈する例もある．また内臓諸臓器に膿瘍を作り，関節炎，腹膜炎，胸膜炎，中耳炎などを見る．

疫学は不明な点が多い．発生はまれである[3]．

診断には触診によりリンパ節腫大の有無をしらべ，疑しい例はリンパ節から菌を分離する．眼結膜，鼻粘膜についても菌検査を行う．

発病した場合は全群淘汰が望ましい．

文　献

1) 今泉　清, 田中利男, 田嶋嘉雄：モルモットの溶連菌症 I．発生状況ならびに防過方策．日獣学誌, 17, 19-24 (1955).
2) 今泉　清他：モルモットの溶連菌症 II．自然感染モルモットの症状・病変ならびに分離菌の性状．日獣学誌, 18, 79-86 (1956).
3) 伊藤正博他：モルモットの溶連菌病3例について．実験動物, 27, 177-181 (1978).

d. 緑膿菌病 (pseudomoniasis)

グラム陰性好気性無芽胞桿菌である緑膿菌 (Pseudomonas aerginosa) によって起こる種々の型の疾患の総称である．

本菌は自然界に広く分布し，土壌からも分離され，健康動物の消化管にも常在することがある．げっ歯類における自然感染では，まれに中耳炎，肺炎，腎盂腎炎，敗血症などが見られる[1]が，放射線照射，免疫抑制剤投与などの実験処置により，上記のような諸症状が誘発される例が多い[2,3]．しかも本菌はコンベンショナル動物よりも，いわゆるSPF動物の腸管に濃厚に定着する傾向が強く[4]，実験動物の微生物病コントロールの上で重大な問題となっている．

糞便や飲水をNAC寒天培地に塗抹，37℃で48時間培養すれば緑色の集落を形成するので，菌の検出は容易である[5]．

厳格な衛生的飼育管理が徹底しているバリアシステムでも本菌の感染が見られ，予防にはアイソレータを用いる．

文　献

1) 小野寺節, 前島一淑：マウスの緑膿菌症の自然例．緑膿菌とその感染症(本間 進他), pp. 222-225, 文光堂 (1975).
2) Flynn, R. J.: Pseudomonas aeruginosa infection and radiobiological research at Argonne National Laboratory: Effects, diagnosis, epizootielog, control. Lab. Anim. Care., 13 (part II), 25-35 (1963).
3) Urano, T. and Maejima, K.: Provocation of pseudomoniasis with cyclophosphamide in mice. Lab. Anim., 12, 159-161 (1978).
4) 浦野　徹, 前島一淑：緑膿菌の体内分布．実験動物, 27, 263-269 (1978).
5) 前島一淑他：マウスコロニーから緑膿菌を検出・分離する方法．実験動物, 21, 13-18 (1972).

e. 腸粘膜肥厚症 (infections megaenteron)

主として若齢マウスの下痢と腸壁の肥厚を特徴とする疾病で，原因は運動性(−)，インドール(−)，ゼラチン液化(−)など特異の生物性状を有する大腸

菌（*Escherichia coli*）0115 ac：K（B）である[1]．

2～3週齢マウスの発病率が高く，黄色水様の下痢便が体毛に付着し汚い外観を呈し，マウスは削痩し，発病後2～5日で死亡する．成熟マウスでは下痢は見られない．特徴的な病変は小腸あるいは大腸壁の肥厚である．3週齢以下のマウスでは小腸のみ，あるいは小腸，大腸ともに病変があるが，4週齢以上では大腸のみに病変が認められる．組織学的変化は小腸，大腸とも基本的には同じで，陰窩細胞，絨毛の著しい増生，杯細胞の減少が見られる．粘膜下織に著変なく，炎性反応もない．大腸では輪走筋の肥厚が顕著である[2]．

発病機構は不明である．感染は一般に無症状で経過し，なんらかの付加的要因が引金となって発病すると考えられる．常在菌叢との関連も指摘されている[3]．マウス系統により本病に対する感受性が異なる[4]．

特有の腸病変により診断は可能であるが，最終的には菌の分離同定による．

文献

1) Nakagawa, M., *et al.*: Infectious megaenteron of mice. II. Detection of coliform organisms of unusual biotype as the primary cause. *Jpn. J. Med. Sci. Biol.*, **22**, 357-382 (1969).
2) Muto, T., *et al.*: Infectious megaenteron of mice. I., Manifestation and pathological observation. *Jpn. J. Med. Sci. Biol.*, **22**, 363-374 (1969).
3) Itoh, K., *et al.*: Difference in susceptibility of mice raised under barrier-sustained (SPF) or conventional conditions to infectious megaenteron. *Microbiol. Immunal.*, **23**, 909-913 (1979).
4) Itoh, K., Neda, K. and Fujiwara, K.: Susceptibility of germ-free mice to infectious megaenteron. *Microbiol. Immunal.*, **24**, 281-290 (1980).

f. サルモネラ病 (salmonellosis)

主としてネズミチフス菌（*Salmonella typhimurium*）と腸炎菌（*S. enteritidis*）による全身性疾患である．1960年以前には実験動物の感染病の中でも発生頻度が高い病気であったが今日では少なくなっている．しかしなお一部のコンベンショナルマウスやモルモットで散発し[1]，しばしばヒトの食中毒の原因ともなるので警戒すべき疾病である．

本菌は経口的に消化管に達し，付属リンパ装置や腸間膜リンパ節に入り増殖し，血流を介して肝，脾などに達し，網内系食細胞にとり込まれる．その後は，菌が急激に増殖して敗血症死する場合，あるいは発病回復後キャリアーになる場合，発病せずにキャリアーになる場合など，さまざまの経過をとる．菌の病原性，動物種，系統，性，週齢，栄養状態，腸内菌叢など種々要因により経過が左右されると考えられる[2,3,4]．

急性経過をとる場合，マウス，ラットでは下痢は必発ではなく，一般状態の悪化を見るだけで発病後一週間以内に多数が死亡する．モルモットでは無症状のまま死亡する例や流産も見られる．肉眼的には，脾腫，腸の腫大，肝，腸粘膜の充血などが見られるが，あまり特徴的ではない．ゴールデンハムスターの流行例では肺の静脈炎性血栓が報告されている[5]．

不顕性感染例では，動物は異常を示さず，糞便検査で菌が検出され，輸送や実験処置等のストレスにより発症する．このような例では肝，脾の著しい腫大と，大小さまざまな灰白色壊死巣，肉芽腫形成が見られる．発病あるいは保菌動物は糞便中に菌を排出し汚染源となる．

本病の診断あるいは不顕性感染動物の摘発は，病変部あるいは糞便からの菌分離による．凝集抗体の検査はそれほど効果的でなく補助手段である．

本病の発生を見た場合，速やかに全群淘汰，飼育器具器材の滅菌，施設の消毒を徹底する．

文献

1) Nakagawa, M., *et al.*: Ten years-long survey on pathogen status of mouse and rat breeding colonies. *Exp. Anim.*, **33**, 115-120 (1984).
2) Bohnhoff, M., Drake, B. L. and Miller, C. P.: Effect of streptomycin on susceptibility of intestinal tract to experimental salmonella infection. *Proc. Soc. Exp. Biol. Med.*, **86**, 132-137 (1954).
3) Schneider, H. A.: Nutritional and genetic factors in the natural resistance of mice to Salmonella infection. *Ann. N. Y. Acad. Sci.*, **66**, 337-347 (1956).
4) 牛場大蔵他：各種系統マウスの腸菌感染に対する感受性及びそれに対する免疫前処置効果の検討．実験動物，**8**, 110-117 (1959).
5) Innes, J. R. M., Wilson, C. and Ross, M. A.: Epizootic Salmonella enteritidis infection causing septic pulmonary phlebothrombosis in hamsters. *J. Inf. Dix.*, **98**, 133-141 (1956).

g. ボルデテラ病 (Bordetellosis)

グラム陰性の桿菌，気管支敗血症菌（*Bordetella bronchiseptica*）による呼吸器病で，モルモット肺炎の主要原因である．ラットからも本菌が分離される

が，二次感染菌とみられる．マウス，ゴールデンハムスターからは分離されない．

初期には感染モルモットの一部が立毛，体重減少，削痩，発咳，水様ないし膿性鼻汁を呈すが，その後70～80％は気管支肺炎になる．幼若動物では死亡例もあるが，多くは3～4週で回復する[1]．

鼻粘膜～気管支粘膜には充血，浮腫が見られ，上皮細胞線毛部の菌集塊形成，多核白血球浸潤などが認められる．肺は全葉がおかされる場合，一部に限局する場合があるが，病変部は暗赤色から褐色を呈し，膨隆してやや硬く，無気肺となる．細気管支腔，肺胞内に多核白血球や剥離上皮が見られる．感染後期には肺胞壁の肥厚，血管，気管支周囲性リンパ球浸潤，気管および気管支上皮の増生が見られる．

感染動物との直接，間接の接触により経鼻的に感染が成立し，病勢の極期は15～20日で，その後急速に回復し，肺，気管，鼻腔の順に菌は減少あるいは消失する[1]．血中凝集抗体は感染後約2週から検出され，5か月以内に菌は消失し，回復動物は強い免疫を獲得する[2]．

診断は鼻腔スワブの培養による菌の証明，あるいは血中凝集抗体の証明による．

不活化ワクチンによる予防が可能である[3]．また感染耐過動物により繁殖集団を構成し，衛生的飼育管理を徹底すれば，汚染コロニーの浄化も可能である[4]．

文　献

1) Nakagawa, M., et al.: Experimental *Bordetella bronchiseptica* infection in guinea pigs. Jpn. J. Vet. Sci., **33**, 53-60 (1971).
2) Yoda, H., et al.: Development of resistance to reinfection of *Bordetella bronchiseptica* in guinea pigs recovered from natural infection. Jpn. J. Vet. Sci., **34**, 191-196 (1972).
3) Nakagawa, M., et al.: Prophylaxis of *Bordetella bronchiseptica* infection in guinea pigs by vaccination. Jpn. J. Vet. Sci., **36**, 33-42 (1974).
4) 中川雅郎他：モルモットコロニーにおける *Bordetella bronchiseptica* の防除試験．実験動物，**22**，289-293 (1973).

(4) 真　菌　病

a. 皮膚系状菌症

皮膚糸状菌と呼ばれる一群の真菌が，ヒトや動物の毛，毛包，表皮角化層などに感染することによってひきおこされる皮膚病の総称である．げっ歯類の場合 *Trichophyton mentagrophyte* によるものが最も発生頻度が高い[1]．ヒトにも感染する．

病変は主として頭頸部あるいは背部の円形ないし不整形の脱毛，紅斑，丘疹，鱗屑として認められる．毛嚢破壊により真皮深部から皮下脂肪織の一部まで病変が波及することがあり，膿疱や痂疲形成が著明となる場合もある．ヒトが感染した場合には手や顔の白癬として認められる．ラットにおける *T. mentagrophyte* の感染では，皮膚病変発生率は7～40％で，雄で高い傾向がある[2]．繁殖成績や乳子の発育にはほとんど影響はないとみられる[2]．

診断は病巣から被毛や鱗屑を採取し，10％KOHで処理して，鏡検し，分節胞子の有無を調べる．分離にはサブローぶどう糖寒天培地などを用い，25℃で2～3週間培養する．

げっ歯類の場合は集団発生が多いので，全群淘汰がのぞましい．ヒトの"みずむし"が感染源と考えられるような例もあるので[2]，飼育者の皮膚病にも予防上注意が必要である．

文　献

1) 長谷川篤彦：皮膚糸状菌病．実験動物感染病学（藤原公策），pp. 118-121, ソフトサイエンス社 (1985).
2) 鍵山直子：*Trycophyton mentagrophyte* によるラットの皮膚糸状菌症．実験動物，**29**，241-244 (1980).

(5) 原　虫　病

a. ニューモシスティス症 (pneumocystosis)

免疫不全状態のヒトを含む多種の動物に見られる肺炎で，*Pneumocystis carinii* による．げっ歯類ではマウス，ラット，モルモットで報告がある．病因は分類学上の位置が不明であるが，原虫としてあつかわれる場合が多い．*P. carinii* は由来動物種により抗原性が異なることが示唆されている[4]．

通常不顕性感染であるが，コーチゾンを長期間投与すると発症する[1]．ヌードマウスでは自然発症するが，この場合6か月齢以上に限られ，幼若なものは無症状で，組織学的に病変を認めるのみである[2]．

同居感染が容易に成立する[2]．無菌ラットにも *P. carinii* が検出されており[3]，胎盤感染も成立すると考えられる．

発症マウスの剖検では，肺が収縮不良で赤褐色な

いし灰褐色を呈するのみで，他臓器に変化はない．組織学的にはエオジン淡染性蜂窩状構造物が肺胞壁に密着，あるいは肺胞を埋めつくしているのが特徴的である[2]．肺スタンプ標本のギムザ染色，グロコット染色あるいはトルイジンブルー染色でトロフォゾイト様小体8コを含有するシストを認める[2]．

不顕性感染の摘発法としてはコーチゾン誘発動物の肺に P. carinii シストを検出するのが一般的である．

〔岩井 浤〕

文　献

1) Yoshida, Y., et al.: Provocation experiment: Pneumocystis carinii in several kinds of animals. Zbl. Bakt. Hyg., I. Abt. Orig. A, 250, 206-212 (1981).
2) Ueda, K., et al.: Chronic fatal pneumocystosis in nude mice. Jpn. J. Exp. Med., 47, 475-482 (1977).
3) Pifer, L. L.: Pneumocystis carinii in germ-free rats. J. Inf. Dis., 150, 619 (1984).
4) Giglioti, F., et al.: Development of murine monoclonal antibodies to Pneumocystis carinii, J. Inf. Dis., 154, 315-322 (1986).

4.11　霊　長　目

サルの感染病はサル由来，サル以外の野生動物由来，およびヒト由来の病原体で起こる．とくにサルは系統発生的にヒトに近いことから，ヒト由来の多くの病原体に感受性がある．実験用サル類のほとんどは野生のもので，大部分は東南アジア，アフリカ，南米から輸入される．捕獲後，ヒトと接触することにより，その地域に存在する伝染病に感染し，さらにサル間で流行が広がることは珍しくない．また一方，逆にサル由来の病原体によるヒトの感染，すなわち人獣共通伝染病となることも多い．表4.5にサルでのウイルス汚染状況にまとめて示した．

以下代表的な病原体とくにウイルスに重点をおいて述べる．詳細については成書[1,2]を参照されたい．

（1）ウイルス感染

a．Bウイルス感染

herpesvirus 群に属するサルヘルペスウイルス (herpesvirus simiae) が原因ウイルスであるが，一般には古くからの呼名であるBウイルスの方が有名である．

Bウイルスはヒトの単純ヘルペスウイルスと近縁関係にあり，血清学的にも交差反応が見られる．

i）症状・病変　ウイルス感染様式，症状ともにヒトの単純ヘルペスによく似ている．ウイルスは通常，三叉神経節や腎臓に潜伏感染していて症状を示さないが，寒さやストレスなどで潜伏ウイルスが活性化され，口粘膜上皮細胞に出現し，口唇ヘルペス様の病変を形成する．病変は最初，小さな水疱に始まり，破れて潰瘍となり，痂皮ができて治癒する．ほとんどのサルでは口粘膜病変のみで全身状態は正常であるが，まれに全身感染を起こして死亡することがある．後で述べるようにサル・エイズに伴ってBウイルス感染が活性化して死亡した例もある．

ヒトの感染では多くの場合，1〜2日後に傷口に膿疱様の局所病変が現れ，局所リンパ節が腫脹することもある．また，結膜炎の起こることもある．発熱はほとんど見られない．1〜2週後に急性の上行性脊髄炎の症状が出現し急速に進行して，最後は呼吸麻ひで死亡する．約10年前までサルに接触していたウイルス研究者で，眼に帯状疱疹が生じ，ついで現れた躯幹の水疱からBウイルスが分離された1例がある．この例では長期間ウイルスが神経組織に潜伏していた疑いがもたれている．

ii）疫学　アジア産のマカカ属サルがBウイルスの自然宿主である．アカゲザルとカニクイザルについての抗体検査により野生状態で約10%位のサルに自然感染が見いだされている．輸入サルでは70%の陽性率が見られたこともあり，輸送中に感染が広がる可能性が指摘されている．ニホンザルにも抗体が見いだされているので感染があると考えられる．

Bウイルスはサルではほとんど病原性を示さないのに，ヒトには致命的な病気を起こす．サル飼育人が咬まれて脳炎で死亡した1932年の第1例から，1987年までに計22例のヒトの感染が確認されている[3]．この中，20例が脳炎となり15名が死亡した．とくに1987年にはFloridaの霊長類施設で3人の飼育人がBウイルスに感染し，その1人の妻に2次感染が起こった．これは夫の指の傷口の手当をしていた際に，たまたま妻の指輪の部分にあった皮膚炎から感染がおきたと考えられ[4]，ヒトからヒトへの2次感染の初めての例である．この場合には皮膚にで

4.11 霊長目

表 4.5 サルにおけるウイルス感染

推定自然宿主	ウイルス	分類	汚染の見出されたサル種	サルの汚染状況 自然感染の証明	サルの汚染状況 ウイルス分離	サルの汚染状況 抗体陽性	サルからヒトへの感染例
サル	サルヘルペスウイルス（Bウイルス）	ヘルペスウイルス科	アカゲザル, カニクイザル, ニホンザル, ミドリザル	+	+	+	+
	サル水痘ウイルス（デルタヘルペスウイルス）	〃	ミドリザル, パタス, ブタオザル	+	+	+	
	ヘルペスウイルス T	〃	リスザル, クモザル	+	+	+	
	サイトメガロウイルス	〃	アカゲザル, チンパンジー	+	+	+	
	ヘルペスウイルス・サイミリ	〃	リスザル	+	+	+	
	ヘルペスウイルス・アティーリス	〃	クモザル	+	+	+	
	SA 8 ウイルス	〃	ミドリザル	+	+	+	
	ヤバウイルス	ポックスウイルス科	アカゲザル	+	+	+	+
	タナポックスウイルス	〃	アカゲザル, ニホンザル	+	+	+	
	モンキーポックスウイルス	〃	アカゲザル, カニクイザル	+	+	+	
	レオウイルス（3種）	レオウイルス科	チンパンジー, アカゲザル, ミドリザル	+	+	+	
	サル出血熱ウイルス	トガウイルス科	ミドリザル, パタス	+	+	+	
	SV 40	パポーバウイルス科	ミドリザル		+		
	アデノウイルス（24種）	アデノウイルス科					
	シミアンピコルナウイルス 18種	ピコルナウイルス科					
	ギボン・リンパ肉腫ウイルス	レトロウイルス科	テナガザル				
	シミアン・サルコーマウイルス	〃	ウーリーモンキー				
	Mason Pfizer ウイルス	〃	アカゲザル				
	フォーミイウイルス	〃	アカゲザル, ミドリザル, カニクイザル	+	+	+	
	サル・エイズウイルス						
	D型レトロウイルス（SRV/D）	〃	アカゲザル, ベニガオザル, カニクイザル	+	+	+	
	サル免疫不全ウイルス（SIV）	〃	アカゲザル, ブタオザル, ベニガオザル, マンガベイ, ミドリザル	+	+	+	
	サルT細胞白血病ウイルス	〃	ニホンザル, カニクイザル, ミドリザルほか旧世界サル	+	+	+	
サル以外の動物	マールブルグウイルス	フィロウイルス科	ミドリザル	+	+	+	+
	狂犬病ウイルス	ラブドウイルス科	アカゲザル	+	+		
	黄熱ウイルス	トガウイルス科	南米産サル	+	+	+	+
	カサヌル森林病ウイルス		ボンネットザル		+		
	ウエスト・ナイルウイルス				+	+	
	チクングニアウイルス				+	+	
ヒト	ポリオウイルス	ピコルナウイルス科	ゴリラ, チンパンジー	+	+	+	
	コクサッキーウイルス					+	
	エコーウイルス					+	
	麻疹ウイルス	パラミクソウイルス科	アカゲザル, カニクイザル	+	+	+	
	パラインフルエンザウイルス		カニクイザル		+	+	
	RSウイルス				+		
	インフルエンザウイルス	オルソミクソウイルス科				+	
	風疹ウイルス	トガウイルス科				+	
	1型ヘルペスウイルス	ヘルペスウイルス科		+			
	2型ヘルペスウイルス			+			
	痘瘡ウイルス	ポックスウイルス科				+	
	肝炎ウイルス		チンパンジー	+			+

注：1989年に米国の霊長類施設にフィリピンから輸入されたカニクイザルでフィロウイルス科エボラウイルスの感染が見いだされた．分離ウイルスはアフリカで人に致命的感染を起こしたエボラウイルスとは抗原的および遺伝子構造面で若干異なるためエボラ様ウイルスまたはフィロウイルスと呼ばれている．本ウイルスに感染した人で発病した例は全くない．

きた潰瘍からBウイルスが分離されたため，有効な抗ヘルペスウイルス剤アシクロビルの投与が行われ，重症化せずに終った．

iii) 診断，予防・治療　診断は抗体の検出およびウイルスの分離による．Bウイルスは単純ヘルペスウイルスと共通抗原性を示すので，両ウイルスの区別が必要である．これらの試験にはP4施設が必要なため，現在わが国では行えない．米国 Texas 州 San Antonio の Southwest Foundation にある WHO の霊長類ウイルス・レファレンスセンターに依頼しなければならない．

かつて不活化ワクチン開発の試みもあったが，期待したような成績は得られず，現在ワクチンはない．

予防は野生サルでは自然感染の可能性があるという前提でサルを取り扱うことに頼らざるをえない．最も確実な方策は人工繁殖でBウイルス・フリーのサルを育成して実験に用いることである．

現実の対応策として米国では1987年のBウイルス感染事故を契機に感染防止のためのガイドラインがCDCにより作られた[5]が，基本的にはサル類を取り扱う際の一般的注意を再確認したものである．このガイドラインの中で特に注目されるのは，Bウイルス感染についての定期的ウイルス検査はむしろ感染の危険を増大させることが指摘されている点である．また，免疫抑制実験に際しての注意，確実な保定なども強調されている．

アシクロビルが治療法として有効とされている．

b. サル出血熱

i) 病因　サル出血熱（simian hemorrhagic fever）ウイルスによる．本ウイルスは togavirus 科に分類されているが，昆虫媒介の証拠は得られていない．

ii) 症状・病変　本病の発生はアカゲザル，カニクイザル，ベニガオザルなどマカカ属のサルに限られており，アフリカ産のサルは無症状のウイルスキャリアーとなる．

アカゲザルでは40℃以上の突然の高熱と軽い顔面の紅疹・浮腫に始まり，ついで食欲不振，元気消失，皮膚の出血がほぼ同時に起こる．タンパク尿の見られることもある[6,7]．

出血が腸管，肺，鼻粘膜，真皮，脾臓，腹膜，副腎，肝臓などに見られ，脾腫，皮膚の脱色，リンパ節のうっ血が見られる[8]．

iii) 疫学　本病はサルの飼育施設に大きな被害を与える．1964年のソ連の例が最初で，ついで米国で1964年以来数回，英国でも1967～1969年にかけて数回，発生した．最も大きな例は1972年米国NIHでの発生で，検疫中の1000頭以上のアカゲザルの20％以上が死亡した．感染源は同じ建物に飼われていた無症状キャリアーのパタスモンキーとみなされている[6]．

iv) 診断，予防・治療　CF試験またはウイルス中和試験で抗体検出を行って診断する．

マカカ属サルは発病後1か月以内にすべて死亡するので，2か月以上の検疫期間をおけば感染サルの検出は可能と考えられる．しかし，無症状キャリアーとなるアフリカ産サルについては抗体検査で過去の感染の有無を推定するほかに対策はない．いずれにせよアフリカ産サルとマカカ属サルを隔離しておくことが望ましい．

治療法はなく，インターフェロンで本病の広がりを抑える試みがなされたことがあるが，効果は明らかではない．

c. サル・エイズ（Simian AIDS : SAIDS）

i) 病因　サル・エイズは米国の霊長類センターで流行し，ウイルスが分離されている．原因ウイルスには，Retrovirus 科 *Oncovirus* 属のD型 Retrovirus（D type simian retrovirus : SRV/D）と，同じ科の *lentivirus* 属のサル免疫不全ウイルス（simian immunodeficiency virus : SIV）の2種がある．

サルのD型レトロウイルスにはアカゲザルから分離された Mason-Pfizer（M-P）ウイルスが古くから知られており，病原性はないが，抗原性の一部がSRV/Dと共通である．アジア産のラングールサルの一種，ダスキールトン（*Presbytis obscurus*）の内在性レトロウイルス（Po-1-Lu）と遺伝子構造が似ていることから，SRV/Dはラングールサルのウイルスから進化したものではないかと考えられている[9]．

表4.6に示すように，SIVはアジア産のマカカ属の3種類およびアフリカ産のミドリザルとマンガベイから分離されている．これらのうち自然感染でエイズ様症状が見られるのはSIV/MacとSIV/Stmであるが，実験感染では他の2種のアジア産マカカ属サル由来のウイルスも病原性を示す．アフリカ産サル由来ウイルスは自然感染，実験感染のいずれで

表 4.6 Simian immunodeficiency virus (SIV) の分離

分離株	サル種	分離場所	エイズ様発症 自然感染	実験感染
SIV/Mac	アカゲザル	New England霊長類センター	+	+
SIV/Smm	マンガベイ	Yerkes霊長類センター	−	+
		Delta霊長類センター		
		California霊長類センター		
SIV/Mn	ブタオザル	Washington霊長類センター	−	+
SIV/Stm	ベニガオザル	California霊長類センター	+	+
SIV/Agm	ミドリザル	東大医科研	−	−

も病原性は示さない．

米国で起きたサル・エイズのうち 99% は SRV/D によるもので，SIV によるものは 1% 以下である．SIV はエイズ研究のモデルとして貴重とみなされるが，実験動物の感染病としては SRV/D の方がはるかに重要である．

ii) 症状・病変・疫学

① D型レトロウイルス (SRV/D): 最初に発生が起きたのは California 霊長類センターで，これまでに 4 回の自然発生が明らかになっている．1 回目は 1969〜1975 年にかけてアカゲザルで発生し，悪性リンパ腫を主体とし，ほかに鳥型結核菌感染，B ウイルス発症なども起きている．2 回目は 1976 年ベニガオザルで起こり，高い死亡率 (76%) を示した．3 回目は 1974 年から 5 年間にわたって子を含むアカゲザルで，全身性のリンパ節腫脹，リンパ球減少，激しい貧血を伴う高い死亡率を示した．4 回目は 1981 年から主として幼若アカゲザルで発生し，この流行ではウイルスが分離された．また症状が当時問題になりはじめたヒトのエイズに似ていたことから，サル・エイズ SAIDS と名付けられ，一躍注目されることになった．1980 年代には米国の七つの霊長類センターのうち，カリフォルニアを含めて五つのセンターで SRV/D による SAIDS の発生が 8 種類のマカカ属サルで起きた．

SRV/D は血清学的に 2 群 (SRV/D-1, 2) に分けられている．SRV/D-1 は California と New England 霊長類センターで流行し，SRV/D-2 は Oregon と Washington 霊長類センターで流行し，Wisconsin 霊長類センターでも流行が疑われている．Oregon 霊長類センターでは SRV/D-1 の流行も同時に起きた．

臨床的にはヒトのエイズに非常に似ていて，免疫不全に伴って種々の日和見感染が起こる[10,11]．臨床像全体は表 4.7 に示すとおりである．カリフォルニアの例では死因の大半はブドウ球菌，Alcaligenes fecalis などの細菌敗血症であり，サイトメガロウイルス，クリプトスポルジア，カンジダなどの混合感染も見いだされた．ヒトのエイズと異なる点はカリニ肺炎が見られないこと，カポシ肉腫がまれであること，リンパ球の CD 4/CD 8 比の低下がないこと，などである．SRV/D-2 感染では後腹膜線維腫症の発生が特徴的であるが，これがヒトでのカポシ肉腫に相当するとも考えられている．

野生のアジア産サルに SRV/D が存在するかどうかは明らかでない．Washington 霊長類センターでインドネシアから輸入したカニクイザルとベニガオザルの約半数に抗体が検出され，ウイルスも分離されたことがある．しかし，捕獲直後の検査ではないので，野生状態でのウイルスの存在を示すかどうか

表 4.7 SAIDS の主な臨床症状[12]*1

a．リンパ腫症
b．脾 腫
c．白血球減少症 ($<1700/mm^3$)
d．リンパ球減少症 ($<1600/mm^3$)*2 または組織学的に見たリンパ系の消耗
e．体重減少 ($>10\%$)
f．貧血 (PCV$<30\%$)
g．末梢血中の異常な単球の出現*3
h．骨髄過形成
i．持続性下痢
j．治療抵抗性の慢性感染症 (皮膚，歯肉*3)
k．種々の日和見感染症(CMV, SV 40, カンジダ，クリプトコッカス，トキソプラズマなど)*4
l．腫瘍の発生 (リンパ腫，線維肉腫，カポシ類似肉腫，後腹膜線維腫症*3)
m．アミロイドーシス (脾，肝，腸)*3

(前駆症状) a, b, および発熱，悪感，食欲不振，下痢，体重減少
(診断基準) a とともに c〜l のうち少なくとも四つの症状が現われた場合

*1 ヒトにおけるエイズ脳炎に相当するものの記載はない．またヒトエイズ初期によくみられる非持異的抗体の増加などは SAIDS ではみられない．
*2 CD 4/CD 8 は変わらない．エイズ末期症状に似る．
*3 ヒトエイズではまれ．
*4 カリニ肺炎感染はまれ．

ははっきりしない．

② SIV： New England霊長類センターで起きたアカゲザルでのSIV感染での症状は，免疫不全，体重減少，日和見感染，CD4リンパ球の減少などを特徴とし，ヒトのエイズによく似ている[13]．実験的にはアカゲザルとブタオザルがウイルス接種後，66〜87週で死亡しており，リンパ組織の萎縮，骨髄過形成，脳炎，貧血，カンジダやクリプトスポルジアの感染が見いだされた[14,15]．

これまでの実験感染ではアジア産のマカカ属サルのみが発症し，ヒヒでの発症が見られていないため，アフリカ産のサルは抵抗性と考えられている．3箇所の霊長類センターでアフリカ産のスーテイマガベイからSIVが分離され，これが実験的にmacaca属サルを発病させることから，SIVの自然宿主はアフリカ産サルで，アジア産macaca属サルが感染を受けた可能性が推測される[16]．

iii） 診断・予防・治療　SRV/Dの血清学的診断は主としてELISAテストとウイルス中和試験で行われる．

SIVの血清学的診断は主として蛍光抗体法およびウエスタン・ブロット法で行われている．

SRV/D-1の予防に，ホルマリン不活化ワクチンがアカゲザルで効果的であることが実験的に示されたが，実用化の見通しはたっていない．また，SRV/D-1とSRV/D-2の間ではエンベロープタンパクのアミノ酸配列が40％以上も異なるので，それぞれのウイルスに対するワクチンの開発が必要である．

インドネシアでの米国による繁殖コロニー計画では，SRV/D抗体陰性のサルのみを収容する方式がとられている．

d．麻　　　疹

i） 病　因　paramyxovirus科morbillivirus亜科に属する麻疹ウイルスにより起こる．野生のサルには麻疹ウイルスは存在せず，捕獲後，麻疹にかかったヒトと接触することにより感染する．

ii） 症　状　旧世界サルではマカカ属の感染がもっとも多く見られるが，ほとんどが症状を示さず，まれに発症する[17]．発病例では発熱，皮膚の発疹，結膜炎，顔面の浮腫・紅疹，白血球減少などが見られる．ヒトの麻疹で最も特徴的な口粘膜疹（コプリク斑）はほとんど見られないが，これはサルでは検出しにくいためと考えられる．麻疹ウイルス感染が原因と考えられる流産も報告されている[18]．

新世界サルでは麻疹感染は致命的になりやすく，マーモセットでは自然感染で326頭の死亡が報告されている[19]．実験感染では，発疹，鼻炎，結膜炎などの症状を示さず，急に動作が鈍くなって2週間以内にほぼ100％が死亡した例がある[20]．下痢を見ることがあるが，下痢はもともとマーモセットでは珍しくないので見逃しやすい．リスザルでも発疹，呼吸器症状，下痢などを伴う重症感染が起こり，死亡率は約5％といわれている．コロブスザルでは死亡率が100％に達したことがある．

iii） 病　変　麻疹ウイルスは主にリンパ系組織と上皮組織をおかす[17]．リンパ系組織では脾臓，表在リンパ節，腸根リンパ節，扁桃をはじめ，全身にわたって，Warthin-Finkeldey型多核巨細胞が見られる．これは麻疹ウイルスの増殖によりリンパ球や細網細胞が融合して生じたもので，蛍光抗体法や酵素抗体法で調べると巨細胞に一致してウイルス抗原が検出される．気管や気管支の粘膜上皮にも多核巨細胞が見られ，表皮と毛嚢上皮細胞の融合による巨細胞が見られることもある．

マーモセットの病変はmacaca属サルの場合とはかなり異なる．マーモセットのコロニーでの自然感染死亡例では，巨細胞と核内封入体形成を伴った間質性肺炎が見られる[19]．また激しい消化器症状を示した例では，リンパ系組織・胚中心の巣状壊死が発現し，消化器粘膜上皮細胞に核内封入体を有する巨細胞が見られる．非特異的病変として軽度ないし中程度の気管支炎や胸腺，脾臓，リンパ節でのリンパ球脱落が見られ，とくに顕著な変化は胃炎と大腸炎である．腎臓，肝臓，膵臓，唾液腺でもときに実質細胞の壊死が見られる．麻疹に特徴的な多核巨細胞と封入体は，胃・腸，気管支，肺胞などの上皮細胞，肝細胞，膵管などでまれに見られるだけで，リンパ組織では見つかっていない．リスザルでは気管支上皮の過形成，巨細胞，核内封入体などが報告されている．

iv） 疫　学　サルの麻疹感染のすべてはヒトとの接触で起こり，ついで急激にサル間で広がる．捕獲後，輸送過程での麻疹感染児との接触の機会の差により，輸入野生サルでの麻疹感染率にはかなりのばらつきがある．

v） 診　断　サルの麻疹の場合，多くは不顕性

感染であるため，臨床的診断は困難である．血清学的に血球凝集抑制（HI）試験で抗体検出を行うのが最も便利で，過去の感染と区別するため，2〜4週間間隔で採取した血液で4倍以上の抗体価の上昇があった場合に陽性と判定する．

急性診断には鼻粘膜細胞または尿沈渣についてHE染色で巨細胞を検出するか，または蛍光抗体法でウイルス抗原を検出する．

ウイルス分離は効率が悪いので一般には利用されていない．分離材料には咽頭ぬぐい液または末梢血の白血球を用い，Vero細胞に接種する．

vi) 予防・治療 人体用の麻疹生ワクチンで予防できる．感染の機会にさらされたヒトでは，免疫グロブリンが一時的な感染予防に用いられることもあるが，投与時期が限られる．サルでも同様の試みはなされたが[21]，期待された効果はえられていない．治療法はない．

e. マールブルグ病

i) 病因 filovirus科に属するマールブルグウイルスによる．

ii) 症状・病変 ミドリザルおよびアカゲザルで致命的感染を起こす．実験感染ではすべてのサルが発病し5〜25日で死亡するが，発病後期に出血性の皮膚の発疹がときに見られる程度で特徴的な症状を認めない．

病変は肺，肝臓，脾臓などの出血が特徴的である．肝臓の腫大と脂肪変化，脾臓の腫大，ぜい弱化が見られる．組織学的には肝臓と網内系を中心としたほとんどすべての器官に巣状壊死が見られ，ときに封入体も見られる[22]．

iii) 疫学 1967年にドイツのMarburgとFrankfurt，およびユーゴスラビアのBeogradで本病が突然発生し，患者は全部で31名，そのうち7名が死亡した．1975年には南ア連邦で旅行者と看護婦の3名に，ついで1980年にケニアの病院で2名の患者が出た．1967年の発生時の感染経路はウガンダから輸入したミドリザルとの直接または間接的接触によるもので，ほかに夫から妻への2次感染例が1例ある．ミドリザルは航空機での輸送中に他の野生動物から感染をうけたもので，本ウイルスの自然宿主ではない．アフリカの野生動物が自然宿主と推測されている．

iv) 診断，予防，治療 ウイルス感染Vero細胞を抗原とした間接蛍光抗体法で抗体の検出を行う．通常，発病14日頃から抗体が検出される．

急性診断には，電子顕微鏡による血液中のウイルス粒子検出，または血液・肝臓・腎臓・脾臓の塗抹スライドでの蛍光抗体法により，ウイルス抗原の検出を行う．

これらの検査はP4実験室で行う．

実験感染サルはすべて発病・死亡するので，検疫を十分期間行うことで感染例の摘発が可能と考えられる．治療法はない．

（2）細菌感染

a. 細菌性赤痢

サルではごく普通に見られ，感染源はヒトで，東南アジアなどの捕獲地で感染し，輸入サルの約20％に感染がみられる．多くは下痢症状を示すが，外見上異常のないものもある．

検疫中のサルが下痢症状を呈し本菌分離陽性の場合には抗生物質を投与するが，菌の完全排除はなかなか困難で，保菌サルになることも多い．

b. サルモネラ症

サルではサルモネラ感染は珍しくないが，ほとんどは無症状である．しかし最近，東南アジアからの輸入サルでチフス菌感染により水様下痢を起こし約25％が死亡する例があった[23]．

c. 結核

サルはヒトと同様に結核菌に高い感受性をもつ．ほとんどが人型結核菌によるが，サル・エイズにともなって鳥型結核菌感染が起きた例もある．

症状は病気がかなり進んだ時点で初めて明らかになるのが普通である．最初はわずかな行動異常で動作が鈍くなったり，ケージの金網を登れなくなる．ついで，食欲不振となる．下痢，皮膚の潰瘍，リンパ節の化膿，脾臓や肝臓の腫脹がみられることもある．若いサルでは病勢が急速に進行して粟粒結核になりやすい．

d. 類鼻疽

グラム陰性短桿菌である類鼻疽菌（*Pseudomonas pseudomallei*）により起こるウマ，ブタ，ヒツジ，ヤギの伝染病であり，東南アジアに常在する．サル類の多くが本菌に感受性をもち，自然感染例がいくつか報告されている．特に輸入後，数年してから発病した例があり，本菌が長期間潜在感染していた可能

性が疑われている．

本病の診断は臨床症状だけでは困難で，菌の分離，同定，抗体の検出などが必要である．

（3）寄生虫感染

非常に多種の寄生虫感染が見られ，たとえば蠕虫では250種近くがサルで見つかっており，そのうち30種余りはサル固有のものである．東南アジア，アフリカ，南米などに常在するヒトの寄生虫がサルを介して入ってくる危険性もある．

サルが感染しやすい原虫と蠕虫を表4.8，4.9にまとめて示す．

表4.8 サルにおける主な原虫感染

病原体	ヒトにおける病気	備考
マラリア原虫 (Plasmodium spp)	マラリア	サルではほとんど無症状
赤痢アメーバ (Entamoeba histolytica)	アメーバ赤痢	サルではほとんど無症状
大腸バランチジウム (Balantidium coli)	激しい下痢	チンパンジーにとくに多い
アメリカトリパノゾーマ (Trypanosoma cruzi)	シャガス病	サルが自然宿主の一つ
アフリカトリパノゾーマ (Trypanosoma gambiensis)	睡眠病	サルの汚染の可能性あり

表4.9 サルにおける主な蠕虫感染

病原体	サルでの感染の特徴
マレー糸状虫 (Brugia malayi)	東南アジア産サルに多い
糞線虫 (Strongyloides 属)	すべての種類のサルに非常に多い．多くは不顕性感染，ときに下痢
腸結節虫 (Oesophagostomhm 属)	不顕性感染，ときに下痢
鞭虫 (Trichuris trichiura)	多くは軽症
肝毛線虫 (Capillaria hepatica)	致命的肝炎
ランブル鞭毛虫 (Giardia lambria)	腸炎

文献

1) Brack, M.: Agents transmissible from simians to man. Springer-Verlag, (1987).
2) Kalter, S. S.: Primate viruses-Their significance. In Viral and immunological diseases in nonhuman primates. Kalter, S. S. (ed.) pp. 67-89, Alan R. Liss, (1983).
3) Palmer, A. E.: B virus, herpesvirus simiae: historical perspective. J. Med. Primatol. 16, 99-130, (1987).
4) CDC: B-virus infection in humans-Pensacola, Florida. MMWR 36, 289-296, (1987).
5) CDC: Guidelines for prevention of herpesvirus simiae (B virus) infection in monkey handlers. MMWR 36, 680-689, (1987).
6) Palmer, A. E., et al.: Simian hemorrhagic fever. I. Clinical and epizootiologic aspect of an outbreak among quarantined monkeys. Amer. J. Trop. Med. Hyg., 17, 404-412, (1968).
7) Tauraso, N. M., et al.: Simian hemorrhagic fever. III. Isolation and characterization of a viral agent. Amer. J. Trop. Med. Hyg., 17, 422-431, (1968).
8) Allen, A. M., et al.: Simian hemorrhagic fever. II. Studies in pathology. Amer. J. Trop. Med. Hyg., 17, 413-421, (1968).
9) Benveniste, R. E. and Todaro, G. J.: Evolution of primate oncornaviruses: an endogenous virus from langurs (Presbytis sp.) with related virogene sequences in other Old World monkeys. Proc. Natl. Acad. Sci., 74, 4557-4561, (1977).
10) Henrickson, R. V., et al.: Clinical features of simian acquired immunodeficiency syndrome (SAIDS) in rhesus monkeys. Lab. Anim. Sci., 34, 140-145, (1984).
11) Osborn, K. G., et al.: The pathology of an epizootic of acquired immunodeficiency in rhesus macaques. Am. J. Pathol., 114, 94-103, (1984).
12) 速水正憲：サルにおけるAIDSとAIDS類似ウイルス．細胞工学5, 1126-1136, (1986).
13) Daniel, M. D., et al.: A new type D retrovirus isolated from macaques with an immunodeficiency syndrome. Science, 223, 602-605; (1984).
14) Daniel, M. D., et al.: Long-term persistent infection of macaque monkeys with the simian immunodeficiency virus. J. gen. Virol., 68, 3183-3189, (1987).
15) Benveniste, R. E., et al.: Inoculation of babbons and macaques with simian immunodeficiency virus/Mne, a primate lentivirus closely related to human immunodeficiency virus type 2. J. Virol., 62, 2091-2101, (1988).
16) Murphy-Corb, M., et al.: Isolation of an HTLV-III-related retrovirus from macaques with simian AIDS and its possible origin in asymptomatic magabeys. Nature, 321, 435-437, (1986).
17) Yamanouchi, K.: Comparative aspects of pathogenicity of measles, canine distemper, and rinderpest viruses. Jpn. J. Med. Sci. Biol., 33, 41-66, 1980.
18) Hertig, A. T., King, N. W. and Mackey, J.: Spontaneous abortion in wild-caught rhesus monkeys, macaca mulatta. Lab. Anim. Sci., 21, 510-519, 1971.
19) Levy, B. M. and Mirkovic, R. R.: An epizootic of measles in a marmoset colony. Lab. Anim. Sci., 21, 33-39, 1971.
20) Albrecht, P., et al.: Fatal measles infection in marmosets. pathogenesis and prophylaxis. Infect. Immun., 27, 969-978, 1980.
21) Barsky, D., et al.: Use of immune serum globulin (human) to reduce mortality in newly imported rhesus monkeys (Macaca mulatta). J. Med. Primatol., 5, 150-159, 1976.
22) Wulff, H. and Conrad, J. L.: Marburg virus disease. In Comparative diagnosis of viral disease. II. Kurstak, E. & Kurstak, C. (ed.) pp. 3-33, Academic Press Inc., N. Y., 1977.
23) Takasaka, M., et al.: An outbreak of salmonellosis in newly imported cynomolgus monkeys. Jpn. J. Med. Sci. Biol. 41, 1-13, 1988.

II. 各 論

1. 無脊椎動物

　一般に，無脊椎動物(Invertebrata)とは脊椎動物以外の動物を総称して呼ばれているが，脊椎動物(円口類，魚類，両生類，は虫類，鳥類，哺乳類)と比較してきわめて多元的な諸門を含む分類用語である．具体的には，図1.1に示したように，原生動物から節足動物や原索動物にいたる各種動物群を包含し，動物界の大半を占めている．これらの中で実験にしばしば用いられてきた種がある．その例を見ると，研究材料としてユニークなものがあり，研究目的を高度に識別するのに役立ってきた実績がある．以下には，いくつか代表的なものを選び実験動物学上の特徴や今後の研究動向などについてふれる．

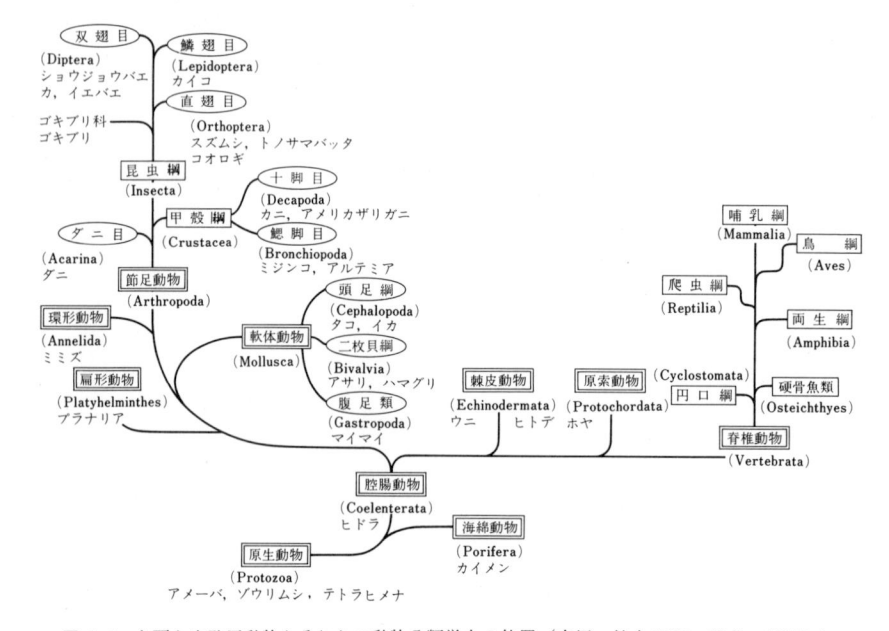

図 1.1　主要な実験用動物とそれらの動物分類学上の位置 (高垣，鈴木1984，著者一部追加)

1.1　ゾウリムシ

(1) 分類学的位置と二，三の形態的特徴

　ゾウリムシ Paramecium は原生動物の繊毛虫綱，毛口目に分類される．研究に広く使われているものはゾウリムシ Paramecium caudatum やヒメゾウリムシ P. aurelia complex である．80〜300 μmほどの単細胞動物で体表一面に繊毛を有している．繊毛をさざ波状に動かして遊泳しているので肉眼では動いている白い点状に見える．食物としてバクテリアなどを取込む食胞，細胞内には浸透圧調整に関与する収縮胞，そして大核（栄養核）と小核（生殖核）などを有している[1,2]．培養によって簡単に室内維持できる．実験法などに関しては多くの文献がある[3,4]．

(2) 研究の歴史

　ゾウリムシを用いた研究には，細胞遺伝，接合，そして繊毛運動に関する大きな流れがある．細胞遺伝と接合に関する研究はSonnebornが1937年に交配型の存在を発表してから急速な発展をとげた．繊毛運動については1950年ころより運動エネルギー

源としてのATPとの関連で活発な研究が起こり，いろいろな知見が蓄積された[5,6]．最近はこれまでの研究成果を背景に，細胞の性の分化，細胞間の相互認識，接合，遺伝子交換による細胞の活性化，繊毛運動，そして寿命の遺伝子支配などに関し，しだいに分子レベルでの解析が進んできている．

（3）特　性

a. life cycleとクローンの寿命

ゾウリムシは二分裂によって増殖するが，原始的な有性生殖と見られる接合を行って小核を交換しない限り一定回数の分裂後死滅することが知られている．一般に，クローン（1個体のゾウリムシから分裂によって増えた遺伝的に同一な集団）の寿命といわれ，多細胞動物における個体の寿命に対比される．ゾウリムシのクローンの寿命は系統によって異なり，短いものでは接合後80～100回の分裂で死滅するものもある．*P. caudatum*の寿命は最近の詳しい研究によれば500～750分裂とされ，約350～450分裂ころより老化の徴候が現れるという[7]．接合（受精に相当）を終えたゾウリムシ各個体を単離し1個体ずつそのつど別々にして分裂のみによって増殖させ維持してゆくと，はじめは接合能のない性的未熟期があり（*P. caudatum*では50～60分裂頃まで），ついで接合能のある成熟期が現れる．さらに分裂を続けていくと，しだいに接合能力は低下し，かりに相補的な交配型を加えて接合を起こさせても分裂能の回復はなくついに増殖が止まって死滅する．

b. 接　合

成熟期に入ったゾウリムシは，図1.2に示したように同胞種（sibling species）の相補的な交配型と性的接合を起こす．接着はまず繊毛先端部に始まり，しだいに2個体の接合へと進む．接合が起こると両個体の小核は減数分裂を行って最終的に2個ずつとなる．そのうち1個ずつは静止核として各個体中に残るが他は互いに移動して交換が行われる．静止核と相手の移動核が合体し接合完了となるが，それとともに両個体は分離する．合体によってできた受精核は分裂して後に大核と小核を生じる．旧大核は紐状化し消失する．

c. 繊毛運動

繊毛の基部にはATPを直接のエネルギー源とした振子状の運動が起こり，その屈曲性運動が繊毛の先端部まで伝わる．顕微鏡下で観察すると，さざ波状の運動として見られ，毎秒数回から数十回の頻度で繰り返されている．繊毛運動は外界条件，たとえば，温度，pH，イオン（K^+，Ca^{2+}，Ni^{2+}など），化学薬品類に敏感な反応を示し，運動速度の変化，運動方向の逆転などが起こる．

（4）研究動向など

接合と繊毛運動に関しては研究も進み，原理的機構がかなり明らかになってきた．一般に，接合現象は細胞間の相互認識に始まり，受精や細胞分化とも密接な関係を有している事象である．ゾウリムシの接合には繊毛膜質にあるタンパク質性の接合物質（mating substance）が重要な働きをしていることが知られている[8]．この物質のアミノ酸配列や合成にかかわる遺伝子支配などは今後さらに明らかにされるものと思われる．また，接合によって小核を交換したゾウリムシはふたたび分裂能を回復するが，遺伝子交換によって起こる細胞の活性化はどんな機構によるものであろうか．現在なお不明な点が多く，今後の研究の進展が待たれる．一方繊毛運動は哺乳動物にあっても，たとえば気管粘膜上皮細胞などに普通に見られる現象である．それらの原理的モデルとしてゾウリムシの利用法が考えられるが，そのためにはさらに比較研究データの蓄積が必要と思われる．

ゾウリムシのクローンの寿命は，老化現象を細胞レベルで研究するのに適するといわれている[9]．ゾウリムシの遺伝学が進展し，幾多の系統も得られている．少ない分裂回数で性成熟に達する，いわゆる短寿命の系統も得られている．また，性的に未熟期にある個体中には，成熟個体を未熟個体に逆もどりさせる未熟物質（immaturin）の存在も知られている[10,11]．寿命の遺伝解析，寿命に影響する物質的要因

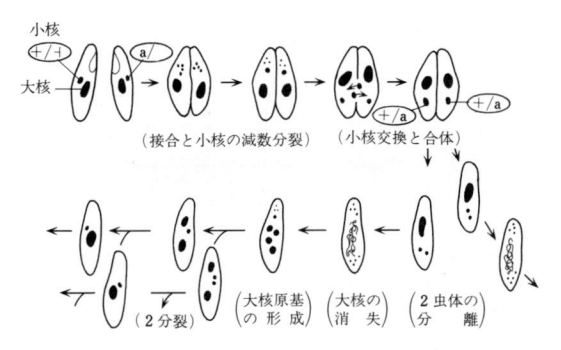

図1.2　ゾウリムシの接合と小核の交換

などに関し今後さらに分子レベルでの解析が進むものと考えられる．

1.2 プラナリア

（1） 分類学的位置と二，三の形態的特徴

プラナリア（ウズムシ）(planarian) は扁形動物の渦虫綱，三岐腸目に分類される．体長 15〜30 mm ほどの扁形な動物で，渓流や湖沼などの石，落葉などに付着して生息する．左右相称動物の中で最も体制の簡単な動物に入る[12]．研究にはナミウズムシ *Dugesia japonica*，ミヤマウズムシ *Phagocata vivida*，イズミオオウズムシ *Bdellocephala brunnea* などがしばしば用いられている．すべて雌雄同体で有性生殖により産卵するが，前2種は前後に分裂するという，無性生殖によっても繁殖する．いずれも，室内の一定環境下で維持できる．

（2） 研 究 の 歴 史

プラナリアは多細胞動物として結構発達した組織，器官をもちながら，種によっては前後に分裂することによっても増殖するという不思議な能力をもっている．このような性質から，たとえば刃物で虫体を前後に2分しても前片には尾が再生し，後片には頭が再生して2匹のプラナリアができあがる．胴体の中間部から輪切りの虫片（横切り虫片）を取出しこれを飼育すると，前方切断端には頭が，後方には尾が再生し，虫片部の内部構造も再編成されて小型ながら立派なプラナリアができあがる．プラナリアのこのような驚くべき再生能についてはすでに1770年代より知られており，その後多くの生物学者の興味をひくことになった．これまでの研究からプラナリアの再生の様子はかなり明らかにされてきている．プラナリアはまさに再生の研究材料なのである[13]．

（3） 特　　性

プラナリアの体軸には，頭部から尾部にかけて漸減するさまざまな生理勾配が知られている．たとえば，CO_2 排出量，O_2 消費量，酸化-還元能，タンパク合成能，神経細胞数などである．このような生理勾配と，横切り虫片の再生の極性，たとえば頭形成頻度などには相関があることが知られている．とくにChild (1929, 1941) のいう生理勾配説では代謝機能の量的勾配が重視され，代謝活性のより高い部分が主導的役割を演じ，低い部分の形態形成を支配するとされている．プラナリアの胴体から，場所，大きさ，角度などを変えて虫片を切り出しこれらの再生像を解析すると，そこには確かに一定の法則が存在している．例として横切り虫片の再生を見ると，横切り虫片の前方切断端に頭を再生する能力はその虫片がもとあった虫体位置に左右される．一般に虫体の前方域ほどその能力は高いといえるが，ナミウズムシやミヤマウズムシなど分裂によっても自然繁殖する種類では後方域にあっても頭形成頻度はかなり高い（図1.3）．分裂によって自然繁殖しないイズミオオウズムシでは咽頭部より前方で頭形成能が見られるが，後方域ではその能力は見られない．頭部の再生が起こらない部分からの横切り虫片はその虫片のもとあった位層以下の形態が復元される．つまり，どの部分もそれより後方の形態復元は可能であるが，もし，いったん頭部が形成されればすべての形態（頭以下の形態）を復元できるということになる．しかし，頭部に近い部分から切り取った小片ではしばしば両極に頭をもつ2極双頭が出現したりする．また尾部片を前咽頭域に移植して癒合後，宿主虫体の後方部を切り落とすと，本来なら尾になる後端から頭が再生するといった従来の説のみでは説明しにくい現象も見いだされている[14]．

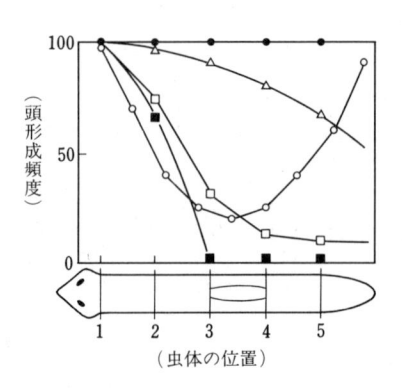

図 1.3　プラナリア数種の頭形成頻度曲線（手代木，1984）
●，ナミウズムシとミヤマウズムシ．△，カズメウズムシ．□，キタシロウズムシ．○，アメリカツノウズムシ，■，イズミオオウズムシとトウホクコガタウズムシ．

（4） 研究動向など

卵より始まる生物個体の発生過程における形態形成は，すべての多細胞動物で見られる基本的現象である．しかし，再生に見られる修復過程ではその復元度に大きな動物種差が存在している．プラナリアは個体を修復再生できるという点で大変ユニークな材料といえる．形態形成の起こる場には，何らかの極性（生理勾配など）が存在することは広く認められるところであるが，その本質，つまり遺伝子の発生生物学的制御に直接かかわる分子機構となると，その実態についてはまだ納得性ある説明はない．プラナリアでは極性と関連するいろいろな生理勾配がわかっているが，これらがどのような過程を経て遺伝子の発現制御と結びつくのだろうか．この辺はやはり今後の研究に待たねばならないと思われる[15]．

一方，プラナリアの再生は薬物処理で強く影響を受ける．たとえば，呼吸毒，細胞分裂毒，麻酔剤，ホルモンなどで処理すると，再生能の変化，極性の消失，あるいは異常再生などが誘発される[13]．奇形発生要因の解析モデルとして興味がもたれる．哺乳動物で問題になっている毒性代謝産物（たとえばarene oxide類）や他の催奇形性物質などはプラナリアの再生にどんな影響をもつものであろうか．再生の基礎研究と同時に，こういった応用面からの比較検討も期待されている．

1.3 ウニ，ヒトデ

（1） 分類学的位置とよく使われる種

ウニ（sea urchin）は棘皮動物のウニ綱に，ヒトデは同じ棘皮動物のヒトデ綱に分類される．体制的に放射相称構造をしている[16,17]．いずれも海水に生息する．研究には，バフンウニ Hemicentrotus pulcherrimus，ムラサキウニ Anthocidaris crassispina，サンショウウニ Temnopleurus toreumaticus，キタサンショウウニ Temnopleurus hardwickii，コシダカウニ Mespilia globulus，キタムラサキウニ Strongylocentrotus nudus，アカウニ Pseudocentrotus depressus，ヒトデ Asterias amurensis，イトマキヒトデ Asterina pectinifera などがしばしば用いられている．生息地と繁殖期を少しずつ異にする[18]．

（2） 研究の歴史

a. ウ ニ

発生の研究は，卵と精子の合体に始まり個体の老化で終わる．受精，卵割，細胞分化など，いわゆる初期発生における諸問題はウニを使った研究で著しく進展した．世界の発生学者が20世紀初頭よりこぞってこのウニ卵を材料とし，まさにウニ卵は発生学のために存在したかの印象すら受ける．この間，卵の細胞質の極性，卵の精子による賦活機構，卵割様式，細胞の分化，また，精子の構造などに関し膨大な知見が蓄積された．そして，現在もなお，発生学においてはウニ卵の使用が圧倒的に多いのである．

b. ヒ ト デ

ヒトデも研究材料としてしばしば用いられてきた．1969年に卵の成熟誘起因子として1-メチルアデニンが見いだされ[19,20]，それ以来多くの注目を集めることになった．

（3） 特 性

a. ウ ニ 卵

成熟期雌ウニからは多数の未受精卵を，雄ウニからは精子を容易に採取できる．卵の直径は90〜150 μm あり，球形かつ比較的透明である．シャーレの中で卵に精子を混入するとただちに受精が起こり，1時間もすると卵割が開始する．受精率が高く，その後の卵割速度もかなり早い．3時間もすると64細胞期となり，7時間では陥入が始まり，24時間には原腸胚まで発生が進む．これらの発生過程は，顕微鏡下低倍率でかなりの面まで観察できる．最初の2細胞期，4細胞期頃までは卵割によって生じた細胞には大きな分化はまだ生じておらず，たとえば，細胞を分離して別々に飼育するとそれぞれが1匹の個体に発生する．卵割が進むにつれ，しだいに細胞は異なった方向に分化してゆく（図1.4）．とくに第4卵割期（16細胞期）には不等卵割が起こり小割球が生じて分化が明確になる．第2卵割期（4細胞期）にNa-lauryl sulfate で処理すると不等分割が起こらず，同じサイズの16細胞期になるが，これを正常海水にもどして飼育すると骨片のない幼生に発生する

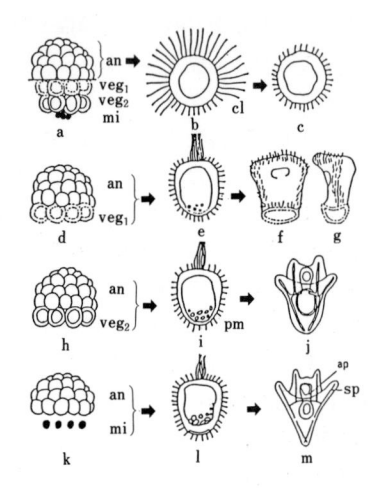

図 1.4 分離されたウニ卵割球の発生（Hörstradius, 1939 より改変）
a→b→c：動物半球（an）のみの発生
d→e→f,g：an＋植物半球の一部（veg₁）の発生
h→i→j：an＋植物半球（veg₂）の発生
k→l→m：an＋小割球（mi）の発生
cl：繊毛，pm：第一次間充織細胞，ap：口と腸管，sp：骨片，m：ほぼ正常なプルテウス幼生．

という[21]．分化の方向を決定づける要因としては未受精卵の細胞質に存在する極性が重要だとする考え方がある．未受精卵を動物半球と植物半球とに2等分し，おのおのに受精，それぞれを別個に発生させると前者は等割を繰り返して永久胞胚に，後者は小割球も形成して第一次間充織および原腸の形成を経て幼生プルテウス（pluteus）に発生するという．他方，ウニ卵は媒精によらず人工的手段（浸透圧変化，化学薬品処理など）で卵割を開始させることができる．受精における卵賦活機構の解析に役立ってきた．

b. ヒトデ卵の成熟

ヒトデの神経系に存在する支持細胞内にはペプチド性の生殖巣刺激ホルモン（GSS）が含まれる．GSSは，雌ヒトデにあっては卵巣の沪胞細胞に働いて1-メチルアデニンの生成を促し，これにより卵の成熟と放卵を誘起する．雄ヒトデにあっては，GSSは1-メチルアデニンの生成を促して放精を誘起する．

（4）研究動向など

1個の卵が受精によって卵割を開始し，ついに複雑な体制をもつ個体へと発生する．卵核内に組込まれた遺伝情報は発生を通じて実に精密に発現する．一部リンパ球を除けば，個体の発生で細胞が異なった方向に分化しても各細胞内DNAの遺伝情報量には基本的変化はないとする見方が有力であるから，細胞分化を誘導する真の素因はいったい何なのであろうか．発生学の永遠のテーマである．最近は，遺伝子工学や発生工学の新しい技法が応用され，細胞下レベルでの遺伝子の発現機序とこれをコントロールする細胞質・核質因子などが解析され始めた．ウニを用いた研究もしだいにこういった技法による解析が進みつつある．

1-メチルアデニン

ヒトデ卵の成熟誘起物質，1-メチルアデニンは核酸塩基である点で重要である．一般に生物体内には修飾されたさまざまな核酸塩基が見いだされている．しかしその生理的機能となると不明な点も多い．哺乳動物における卵の成熟過程や細胞分化誘導の過程にこういった核酸塩基が関係しているかどうかはわからないが，今後の比較研究は興味がもたれる．

ところで，細胞分裂時のDNAの倍加にはDNAポリメラーゼαが関与している．この酵素の阻害剤としてaphidicolinという物質が見いだされたが，ウニの卵割（DNA合成）とヒトデ卵の成熟（減数分裂）の特徴を利用して当酵素の機能解析が行われた例がある[22,23]．生化学実験ではこういった酵素レベルでの利用も見られる．ただ，ウニやヒトデは実験材料として大変ユニークな特徴をもちながら海産であることから利用がかなり制限されてしまう．ごく最近になりデパートが研究用にアカウニを販売する例も見られ，今後の流通機構の発展が期待される．

1.4 アルテミア，アメリカザリガニ

（1）分類学的位置と二，三の特徴

アルテミア（brine shrimp, *Artemia salina*）は，節足動物の甲殻綱，鰓脚亜綱，無甲目に，アメリカザリガニ（crayfish, *Procambarus clarkii*）は，節足動物，甲殻綱，十脚目に分類される．アルテミアは

現在わが国には生息していないが，これの乾燥冬卵が外国から輸入されている．主目的は熱帯魚などの餌としてである．アメリカザリガニは昭和の初め，養蛙業者が食用ガエルの餌にすべくアメリカからもち帰って養蛙池へ放ったのが最初とされる．以後，わが国に定着し，広い地域に分布するようになった．両種については，形態，実験法などに関し数種の文献がある[24〜29]．

（2）研究の歴史

a．アルテミア

アルテミア乾燥冬卵（耐久卵あるいは越冬卵ともいう）は乾燥状態で保存すると数年の間ふ化能力を保持している．長期乾燥に耐える生物学的機構の解析は興味ある研究テーマであった．低温に耐える特性も興味がもたれた．乾燥冬卵を海水に浸すと，それまで途中で停止していた胚が発生を再開するが，この時点におけるタンパク合成開始の機構には生化学的におもしろい問題を含んでいる[30]．また，同卵を海水に浸漬後再乾燥しその時間を変えてやると卵に含まれる水分量を変更できる．それらに放射線を照射して，含水量と放射線感受性の相関を見た研究もある[31]．このほか，殺虫剤検定など[32]さまざまな使用例が見られるが，この材料の取扱い上の簡便さが大きな理由になっている場合が多い．

b．アメリカザリガニ

アメリカザリガニは日本産ザリガニより大型で生存競争に強い面があり，いつのまにか，わが国のいたるところに分布するようになった．採取しやすさ，外科手術に強く手頃な大きさなどの理由から実験材料としてしばしば用いられるようになった．脱皮ホルモンに関する内分泌学的研究や，筋運動と神経支配，平衡神経，動眼神経，肛門開閉運動神経などに関する生理学的研究が行われている．

（3）特　　　性

a．アルテミア卵

アルテミアは俗にブラインシュリンプとも呼ばれている．塩湖に生息し，冬季が近づくと外殻に被われた越冬卵が生みつけられる．波うちぎわに多数の越冬卵が打ちよせられるが，これを乾燥したものが市販品である．国内の熱帯魚店で販売されているものの多くはアメリカのカリフォルニア州やユタ州の塩湖由来のもの（雌雄異体）といわれる．直径約200 μm前後の乾燥冬卵は外殻に被われているが，内部の胚は胞胚（blastula）のstageで停っている．普通，海水に浸すと発生が再開し，25℃では約20時間で浮遊幼生ノープリウス（nauplius）が誕生する（図1.5）．アルテミア卵はかなり広い塩濃度に適応する性質もある．

図1.5　ノープリュウスのふ化

b．アメリカザリガニ

幼若なアメリカザリガニの眼柄をつまみとると，以後の脱皮間隔は約1/3に短縮し，各回の脱皮に伴う甲長の増加率は結果的に2倍以上になる．眼柄内には脱皮抑制ホルモンを合成・分泌しているX器管-サイナス腺（神経分泌系）があるため眼柄を除去するとこの抑制ホルモンが不在となるからである．眼柄内ではこのほか色素胞ホルモン，卵巣成熟ホルモンなどが分泌されている．頭部触角基部にはY器官と呼ばれる分泌細胞があり，ここからは脱皮促進ホルモンが放出されている（図1.6）．

第1歩脚（鋏脚）は神経-筋標本としてよいモデル

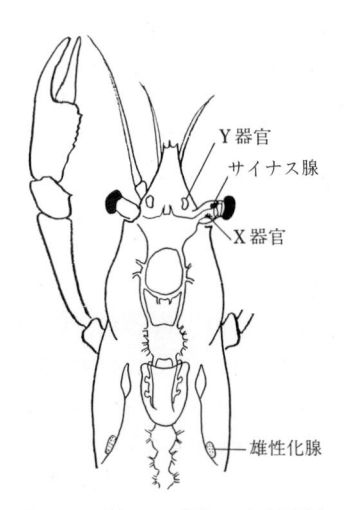

図1.6　ザリガニ（雌）の内分泌器官

になる[33]．一般に甲殻類の運動神経ニューロンは脊椎動物に比較するとかなり相違が見られている．1本の筋繊維は複数の神経繊維（速興奮性，遅興奮性または抑制性のニューロン）により支配されており，神経繊維は分枝し多数の神経-筋接合部を形成している．筋繊維の収縮も all or non 的ではなく段階的であることなどが特徴として挙げられている．最近，non-spiking interneurons の存在が知られ，その調節機構にも興味が集まっている[34]．一方 PD 器官（歩脚の前節（propodite）と指節（dactylopodite）の間にあるのでその頭文字をとってこう呼ばれる）は，振動を感知し鋏の開閉や方向を決定する筋肉動作の監視器として研究対象になる[35]．頭部触角基部にある平衡胞（statocyst）は高等動物の前庭器官に相同するもので[36]，それぞれ生理学的研究の対象にされる．

（4） 問 題 点

アルテミアは取扱い上の簡便さが大きな特徴となっている．今後も生化学研究などには利用がつづくであろう．ただ，目下のところ熱帯魚用餌からの流用である．この種は生息地によりかなりの変異が知られており，染色体数，形態，生殖方法などにも差異が観察されている．遺伝形質が問題になる実験系ではその素姓，由来などの記載はとくに重要である．

アメリカザリガニは室内繁殖も可能である．現在のところ，実験動物学的に見ればまだ野生動物の範疇に入るが，個体を対象とした実験が多いためか反応のばらつきが問題にされることは少ないようである．しかし，今後の方向としては遺伝学的統御などの検討を加える必要はあろう．

1.5　ショウジョウバエ，カイコ

（1） 分類学的位置とよく使われる種

ショウジョウバエ（fruit fly, vinegar fly）は節足動物の昆虫綱，双翅目に分類される．体長 3mm 前後の小型のハエである．研究にはキイロショウジョウバエ *Drosophila melanogaster*，キハダショウジョウバエ *D. lutea*，クロショウジョウバエ *D. virilis*，オオショウジョウバエ *D. immigrans* などが広く用いられてきた．形態，遺伝，突然変異種，実験法などに関し多くの文献がある[37~43]．

カイコ（silk worm, *Bombyx mori*，成体はカイコガ）は昆虫綱，鱗翅目に分類される．カイコは，古来，絹をとるため飼養されてきたものであるが，養蚕業の盛んなわが国ではいろいろな研究にも流用されてきた．形態，遺伝，突然変異種，実験法などに関し多くの文献がある[44~53]．

（2） 研究の歴史

a. ショウジョウバエ

今世紀初頭（1910年），コロンビア大学の Morgan が白眼の変り種を発見し，これが伴性遺伝することを発表して以来，ショウジョウバエは遺伝研究の材料として世界的に注目を集めることになった．そしてその後，染色体変異の解析，唾腺染色体の発見，染色体地図の作成，性の決定機構，X 線照射による突然変異の誘発など，遺伝学における重要な発見があいついだ．最近は，唾腺染色体を活用し，遺伝子の発現機構とその調節に関する分子生物学上の研究も活発である[54,55]．また，豊富なデータを背景に，環境汚染物質や発がん物質の突然変異原性試験などへの応用研究も目立つ[56,57]．

b. カイコ

カイコは品種育成など古くから活発な研究が行われ，わが国のカイコ学は大変高い水準にある．品種改良を主眼とした遺伝研究，カイコの一生に関する発生学研究，変態や脱皮に関する内分泌学的研究，カイコを病気から守るための病理学的研究など，数々の重要な発見がなされてきた．最近は人工飼料が一段と改良されたこと，人工ふ化法が開発されたことなどにより，これまで以上に広く研究に応用されるようになってきた．豊富な遺伝データを背景に突然変異原性試験[58,59]や農薬毒性試験[60,61]などへの応用も見られる．わが国には現在 458 品種が保存中といわれ，このうち約 4 品種が実際に使用されているという．

（3） 特 性

a. ショウジョウバエ

D. melanogaster, *D. lutea*, *D. immigrans* の染色体数は $2n=8$ と少ない（図1.7）．*D. virilis* のそれは

$2n=12$ である．いずれもその中に性染色体として XX(♀)，XY(♂) が含まれる．染色体地図はほぼ完成しているとみてよい．ショウジョウバエは遺伝の表現形質が豊富で観察に向いており，小型で飼育面積もあまりとらない．同腹仔は数 100 匹に及ぶ．産卵から 10 日程度で幼虫→蛹→成体となるので 1 世代が短い（表 1.1）．まさに遺伝研究に好適な特徴といえる．多くの双翅目に見られることであるが，唾腺の静止核には非常に大きな染色体（唾腺染色体）がある．一般体細胞の分裂中期の染色体に比較するとその大きさは 100 倍以上に達する．唾腺染色体の構造は，核分裂を行わずに染色糸が繰り返し複製され巨体化したもので，倍数性の特徴がある．好塩基性の横縞構造が見られるが，体染色体に部分的欠失，重複，反復，転座などが起こると，これに呼応して唾腺染色体横縞構造にも変化が現れる．染色体変異の解析のため好目標にされてきた．また，この横縞の 1 個ないし数個が外部にふくらみ出した所が観察される．一般にパフ（puff）と呼ばれるが，RNA 合成が活発で遺伝子が選択的に読みとられている部分と考えられている．3 齢幼虫の唾腺を 37℃ で 20 分処理すると唾腺染色体の特定箇所に新たなパフが形成される．特定遺伝子の人工賦活として注目されている．

b. カ イ コ

蚕卵からふ化した幼虫（1 齢幼虫，蟻蚕とも呼ばれる）は桑葉を食べはじめ 3 日もたつと眠（1 眠）に入る．約 1 日の眠で脱皮が起こり 2 齢幼虫となる．このような眠と脱皮を繰り返し，ふ化後 20～25 日目には 5 齢幼虫（壮蚕）になる．5 齢幼虫は 1 週間も桑葉を食べると糸を吐くようになり（熟蚕），いわゆる，まゆ（繭）を作ってその中で蛹休眠に入り成虫（蛾）への変態を行う．約 10～12 日の蛹期を終えると羽化し，カイコ蛾がまゆの一部を溶かして出てくる．カイコ蛾は交尾後 500～600 個の卵を生みつけ，数日後には死んでしまう．多くの昆虫で見られる脱皮と変態の過程には前胸腺から分泌されるエクジソン（ecdysone）が関係し，幼虫形質の維持にはアラタ体から分泌される幼若ホルモン（juvenile hormone）が関係している．幼虫期に幼若ホルモン作用下でエクジソンが働くと幼虫脱皮が起こり，幼若ホルモンが

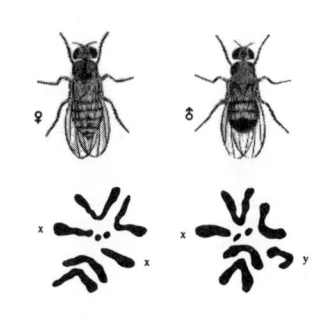

図 1.7 キイロショウジョウバエとその染色体

前胸線ホルモン（α-エクジソン）　アラタ体ホルモン（幼若ホルモン）

表 1.1 キイロショウジョウバエの発生基準（23～25℃）

産卵後の時間 (hr)	発　　生	産卵後の時間 (hr)	発　　生
1½	極細胞の芽出	14	筋肉の運動開始
2½	胚盤形成	18	幼虫の形態を完成(活動開始)
3⅓	腹溝および頭溝の形成	20	気管の活動開始
4	肛門窩と口窩の陥入	23	孵　化
4½	中胚葉の分化	48	第 1 回脱皮
5	神経原細胞の分化，腸の形成	63	第 2 回脱皮
7	気管系と唾腺の陥入	119	幼虫の表皮硬化
8	頭部と胴部の分離，筋肉形成	131	蛹　化
9	胚帯の収縮開始	168	複眼の着色
10	胚の短縮	188	剛毛の着色
12	上唇原基の形成，中腸の嚢状化	218	羽　化
13	表皮のキチン化		

Poulson, 1950 および Bodenstein, 1950 より．

減少している状態でエクジソンが働くと蛹へ変態する．幼若ホルモンがない状態でエクジソンが働くと羽化が起こる．カイコ卵には非休眠卵と休眠卵があるが，休眠卵も塩酸浸漬と低温処理を組合わせ人工ふ化させることが可能になっている．

（4） 研究動向など

ショウジョウバエ，カイコとも実験動物にふさわしい特徴と内容をもっている．これまでの遺伝学的，内分泌学的研究はさらに進展し，しだいに分子生物学的手法による解析が活発になりつつある．とくにショウジョウバエ唾腺染色体のRNAパフを材料とした遺伝子活性化の研究は今後，新知見をもたらしてくれるものであろう．また，動く遺伝子(movable genetic element)の研究材料としても有用である[62,63]．最近，homeosis（相同異質性とか転座現象と訳）に関係する遺伝子が見いだされ形態形成をコントロールする遺伝子群として発生生物学上大きな関心がもたれ，その遺伝子配列も明らかにされつつある[64]．一方，カイコは人工ふ化法の開発と人工飼料の改善に伴い近年利用率が増加してきた．わが国のカイコ学を土台として今後いろいろな発展が期待できる．両種とも，突然変異原性試験，農薬毒性などの検定にも応用が広がるものと思われる．ショウジョウバエは小型なため物質の定量投与にむずかしい面があると指摘されているが，他のすぐれた特徴を考えれば大きな障害となすべきでない．近年，環境生物学の重要性がいわれているが，こういった分野での利用性も高まるであろう．

1.6 カ，ハエ，ゴキブリ

アカイエカ Culex pipiens pallens，チカイエカ C. pipiens molestus，イエバエ Musca domestica，センチニクバエ Sarcophaga peregrina，ワモンゴキブリ Periplaneta americana，クロゴキブリ P. fuliginosa，ヤマトゴキブリ P. japonica，チャバネゴキブリ Blattella germanica など，いわゆる衛生昆虫の代表として殺虫剤の検定などに多く用いられている．製薬メーカーの研究所などでの使用が圧倒的に多い．いろいろな系統やミュータントも維持されている．質的には立派な実験動物といえる．飼育しやすさ，入手しやすさなどから，他の一般研究，たとえば遺伝学，感覚生理学，行動生物学，あるいは学習の研究などにも流用されている．

1.7 そ の 他

無脊椎動物の種類は豊富である．ここで取上げなかったものにも他にユニークな材料は多い．動物学分野を中心に過去5年間の使用状況を調査してみると結果は表1.2のごとくであった．細胞生物学の実験ではゾウリムシをはじめとする繊毛虫が圧倒的に多く用いられている．ゾウリムシについでは，テトラヒメナがしばしば用いられている．テトラヒメナはとくに細胞分裂の研究に適した材料である．バッタは神経原細胞に関する研究材料である．発生生物学分野ではやはりウニ，ヒトデが圧倒的に多い．ついでホヤがよく用いられている．ホヤは無脊椎動物と脊椎動物の間に位置する動物として系統発生学的に興味の多い材料である．生理学分野でのゾウリムシの使用は主として繊毛運動の研究であり，ウニは運動性タンパクやカルモジュリンの研究など，コオロギ，ゴキブリ，ザリガニなどは運動器官や感覚器官の神経支配に関する研究が多い．生化学分野では材料の多くが生体内物質の抽出材料としての利用面が多く，研究対象もさまざまである．入手しやすさ，飼育しやすさ，系統分類学的位置などの理由で選択されているケースも多い．遺伝研究ではショウジョウバエとゾウリムシが主体となっている．最近のゾウリムシ遺伝学は加齢（老化）の問題が中心テーマとなってきている．カブトガニはその系統分類学的特徴から二，三の興味がもたれ，またエンドトキシン測定用の血球材料(Limulus test)としての応用面もある．内分泌学の研究ではカイコとザリガニが代表的であるが，他の種としては脊椎動物のほうがむしろ利用度が高い．行動生物学ではハエとカがしばしば用いられている．主に circadian リズムなどが

表 1.2 実験によく用いられる無脊椎動物（日本動物学会　発表演題数，1980-1984）

細胞生物学		生化学	
ゾウリムシ	48（29.6）	カイコ	45（22.4）
その他の繊毛虫（テトラヒメナなど）	47（29.0）	ウニ	34（16.9）
バッタ	8（4.9）	テトラヒメナ	19（9.5）
他（脊椎動物も含めて）	59（36.4）	ホヤ	8（4.0）
計	162（100.0）	ショウジョウバエ	7（3.5）
発生生物学		トノサマバッタ	6（3.0）
ウニ	188（40.7）	他（脊椎動物も含めて）	82（40.8）
ヒトデ	68（14.7）	計	201（100.0）
ホヤ	43（9.3）	遺伝学	
ショウジョウバエ	25（5.4）	ショウジョウバエ	11（40.7）
プラナリア	19（4.1）	ゾウリムシ	10（37.0）
カイコ	13（2.8）	カブトガニ	3（11.1）
他（脊椎動物も含めて）	106（22.9）	他（脊椎動物も含めて）	3（11.1）
計	462（100.0）	計	27（100.0）
生理学		内分泌学	
ゾウリムシ	32（11.4）	カイコ	38（34.5）
ウニ	23（8.2）	ザリガニ	6（5.5）
コオロギ	23（8.2）	他（脊椎動物も含めて）	66（60.0）
ゴキブリ	20（7.1）	計	110（100.0）
ザリガニ	15（5.3）	行動生物学	
カイコ	13（4.6）	ショウジョウバエ	8（10.1）
ハエ	9（3.2）	その他のハエ	6（7.6）
他（脊椎動物も含めて）	146（52.0）	カ	6（7.6）
計	281（100.0）	他（脊椎動物も含めて）	59（74.7）
		計	79（100.0）

表中（　）は当該分野演題数に対する％を示す．

研究対象となっている．

　以上のような無脊椎動物に関して実験動物学的立場から検討を加える場合，やはり，遺伝的統御や微生物統御の問題は哺乳類と同じように大切である．系統分類学上の問題（たとえば反応の種差など）は，比較研究を通じてその相違点を明らかにし，直接ヒトへの外挿を問題にするのではなく，材料としてすぐれた特徴を主体的に応用し，原理性追求に主眼をおいてゆくことが大切と思われる．また，室内での一定環境下での繁殖維持を定着させ，より普遍的でより安定した反応系の作出を意図してゆかなければならないであろう．
〔佐藤徳光〕

文　献

1) 柳生亮三：ゾウリムシ．動物の解剖・組織・発生，I（内田享，岡田要編），pp. 1-30，中山書店（1960）
2) 広島大学生物学会：ゾウリムシ．日本動物解剖図説（池田嘉平，稲葉明彦編），pp. 112-113，森北出版（1971）
3) 小泉貞明：ゾウリムシ．実験動物の飼育管理と手技（今道友則，髙橋和明，信永利馬編），pp. 775-783，ソフトサイエンス社（1979）
4) 樋渡宏一，茗原宏爾：原生動物，実験生物学講座1（江上信雄，勝見允行編），pp. 159-179，丸善（1982）
5) 村上 彰：繊毛運動の機構 I. 繊毛打．動物学雑誌，75，191-196（1966）
6) 村上 彰：繊毛運動の機構 II. 繊毛波．動物学雑誌，75，219-226（1966）
7) Takagi, Y. and Kanazawa, N.: Age-associated changes in macronuclear DNA content in *Paramecium caudatum*. *J. Cell Sci*., **54**, 137-147 (1982)
8) Kitamura, A. and Hiwatashi, K.: Cell contact and the activation of conjugation in *Paramecium*. *Zool Sci*., **1**, 161-168 (1984)
9) 樋渡宏一：加令研究実験モデルとしてのゾウリムシ．医学のあゆみ，**97**，498-500（1976）
10) Miwa, I., Haga, N. and Hiwatashi, K.: Immaturity substances-material basis for immaturity in *Paramecium*. *J. Cell Sci*., **19**, 369-378 (1975)
11) Haga, N. and Hiwatashi, K.: A protein called immaturin controlling sexual immaturity in *Paramecium*. *Nature*, **289**, 177-179 (1981)
12) 広島大学生物学会編：ナミウズムシ．日本動物解剖図説（池田嘉平，稲葉明彦編），p. 105，森北出版（1971）
13) 手代木 渉：プラナリアの採集と飼育および実験動物としての利用(1)．ラボラトリーアニマル，**1**，52-57（1984）
14) 倉渕真悟：ナミウズムシ *Dugesia japonica* の再生に及ぼす移植尾部片の影響．動物学雑誌．**88**，8-16（1979）
15) 木戸哲仁，岸田嘉一：プラナリアの再生に関する諸問題．動物学雑誌，**77**，199-206（1968）

16) 時岡 隆：ムラサキウニ．動物の解剖・組織・発生．I (内田 享，岡田 要編) pp. 215-232, 中山書店 (1960)
17) 広島大学生物学会編：ムラサキウニ，イトマキヒトデ．日本動物解剖図説 (池田嘉平，稲葉明彦編), pp. 94-97, 森北出版 (1971)
18) 柳沢富雄：海産動物 (特にウニ)．実験生物学講座1．生物材料調整法 (江上信雄，勝見允行編), pp. 145-158, 丸善 (1982)
19) Kanatani, H., Shirai, H., Nakanishi, K. and Kurokawa, T.: Isolation and identification of meiosis-inducing substance in starfish *Asterias amurensis*. Nature, **221**, 273-274 (1969)
20) Kanatani, H. and Nagahama, Y.: Mediators of oocyte maturation. Biomedical Research, **1**, 273-291 (1980)
21) Dan, K.: The cause and consequence of unequal cleavage in sea urchin. Zool. Sci., **1**, 151-160 (1984)
22) Ikegami, S. et al.: Aphidicolin prevents mitotic cell devision by interfering with the activity of DNA polymerase α. Nature, **275**, 458-459 (1978)
23) Ikegami, S. et al.: A rapid and convenient procedure for the detection of inhibitors of DNA synthesis using starfish cocytes and sea urchin embryos. Agric. Biol. Chem., **43**, 161-166 (1979)
24) Heath, H.: The external development of certain phyllopods. J. Morph., **38**, 453-483 (1924)
25) Weisz, P. B.: The histological pattern of metameric development in *Artemia salina*. J. Morph., **81**, 45-95 (1946)
26) 須甲鉄也：アメリカザリガニ．動物の解剖・組織・発生，I (内田 享，岡田 要編), pp. 135-158, 中山書店 (1960)
27) 須甲鉄也：アメリカザリガニ．生物学実験法講座5 (平本幸男，竹中敏文編), pp. 27-69, 中山書店 (1968)
28) 佐藤徳光：アルテミアとザリガニ．実験動物学-技術編 (田嶋嘉雄編), pp. 430-432, 朝倉書店 (1977)
29) 永井伸一：アメリカザリガニ．実験動物の飼育管理と手技 (今道友則，高橋和男，信永利馬編), pp. 702-709, ソフトサイエンス社 (1979)
30) Filipowicz, W., Sierra, J. and Ochoa, S.: Polypeptide chain initiation in eukaryotes; Initiation factor MP in *Artemia salina* embryos. Proc. Nat. Acad. Sci. USA., **72**, 3947-3951 (1975)
31) 岩崎民子，中西 宥：浸漬後再乾燥処理を行なったアルテミア卵とその放射線感受性．動物学雑誌，**75**, 60-64 (1966)
32) Michael, A. S., Thompson, C. G. and Abramovitz, M.: *Artemia salina* as a test organism for bioassay of insectides. Science, **123**, 464 (1956)
33) 山口恒夫，岡田美徳：アメリカザリガニを用いた神経・筋標本の作り方．ラボラトリーアニマル，**1**, 33-37 (1984)
34) Hisada, M., Takahata, M. and Nagayama, T.: Structure and output connection of local non-spiking interneurons in crayfish. Zool. Sci., **1**, 41-49 (1984)
35) 村本敦子，村山公一：アメリカザリガニのPD器官の構造とその反射機構．動物学雑誌，**74**, 216-225 (1965)
36) 菅原 清：ザリガニ平衡感受器の電気的反応と神経中枢における伝達．動物学雑誌，**74**, 295-304 (1965)
37) Demerec, M. (ed.): Biology of Drosophila. John Wiley and Sons (1950)
38) 駒井 卓編：ショウジョウバエの遺伝と実験，培風館 (1952)

39) Lindsley, D. L. and Grell, E. H.: Genetic Variations of *Drosophila melanogaster*. Carnegie Inst. of Washington, Publication No. 627 (1979)
40) 森脇大五郎編：ショウジョウバエの遺伝実習——分類・形態・基礎的実験法——，培風館 (1979)
41) 黒川治男，森脇大五郎：ショウジョウバエ．遺伝学ハンドブック，篠遠編，技報堂 (1956)
42) 坂本義彦：ショウジョウバエ．実験動物の飼育管理と手技 (今道友則，高橋和明，信永利馬編), pp. 661-667 (1979)
43) 北川 修：ショウジョウバエ．実験生物学講座1 (江上信雄，勝見允行編), pp. 115-126, 丸善 (1982)
44) 田中義麿編：家蚕遺伝学，裳華房 (1952)
45) Yokoyama, T.: Silkworm Genetics Illustrated. Maruzen, Tokyo (1959)
46) Tazima, Y.: The Genetics of the Silkworm, Logos Press, London (1959)
47) 森 精編：カイコによる新生物実験．生物科学の展開，三省堂 (1970)
48) 有賀久雄：新養蚕学大要，養賢堂 (1970)
49) Chikushi, H.: Genes and Genetical Stocks of the Silkworm. Keigaku Publishing, Tokyo (1972)
50) Tajima, Y. (ed.): The Silkworm——An important laboratory tool——, Kodansha (1978)
51) 林屋慶三，花房 孝：カイコ．実験動物の飼育管理と手技 (今道友則，高橋和明，信永利馬編), pp. 671-677, ソフトサイエンス社 (1979)
52) 日本生化学会編：カイコの遺伝子地図と遺伝子記号．生化学データブックII, pp. 745-754 東京化学同人 (1980)
53) 坂口文吾：カイコ．実験生物学講座1 (江上信雄，勝見允行編), pp. 126-135, 丸善 (1982)
54) Ashburner, M. and Bonner, J. J.: The induction of gene activity in *Drosophila* by heat shock. Cell, **17**, 241-254 (1979)
55) Buzin, C. H.: A comparison of the multiple *Drosophila* heat shock proteins in cell lines and larval salivary glands by two-dimensional gel electrophoresis. J. Mol. Biol., **158**, 181-201 (1982)
56) 吉川 勲，綾木歳一，大嶋加代子，塩見敏男：窒素酸化物およびその反応生成物の遺伝的影響．環境と人体III, pp. 129-144, 東京大学出版会 (1984)
57) 吉川 勲，綾木歳一，大嶋加代子：化学物質の遺伝的影響を検索する系としてのショウジョウバエ生殖細胞．トキシコロジーフォーラム (サイエンスフォーラム刊), **7**, 409-420 (1984)
58) 村上昭雄：環境変異原の検出方法とその利用——昆虫について——．公害と対策, **12**, 393-396 (1976)
59) 村上昭雄：PCBの突然変異性——カイコの実験を中心として——．化学と生物, **14**, 782-785 (1976)
60) 鮎沢哲夫，藤吉宣男，浅川浩一：*Bacillus thuringiensis*の人畜・カイコおよびミツバチにおよぼす影響．農薬, **19**, 22-31 (1972)
61) 倉田 浩：突然変異原試験．化学と生物, **15**, 811-820 (1977)
62) Rubin, G. M.: Dispersed repetitive DNAs in *Drosophila*. Mobile Genetic Elements (Shapiro, J. A. ed.). pp. 329-410, Academic Press U. S. A. (1983)
63) 西郷 薫：真核細胞物のmovable genetic elementの構造と進化——*Drosophila*のコピア様因子を中心にして．生化学, **56**, 371-389 (1984)
64) Gehring, W. J.: Homeo boxes in the study of development. Science, **236**, 1245-1252 (1987)

2. 魚　　　類

2.1　実験動物としての魚類

　魚類は，淡水，海水の別を問わずに川，湖沼，海などの地上のあらゆる水系に生息しており，昆虫についで種類が多く，脊椎動物中では最大の種数をもつ綱である．形態的にも，生態的にも変化に富み，捜し求めれば多くの研究テーマに好適な材料を見いだしうる動物群であると思われる．ただし，ラットやマウスのような小型哺乳動物の場合は，現在では，どこの大学や研究所でも整備された環境で管理され，素姓の知れた系統が使用されているが，同じ実験動物といっても魚類となると，一部の例外を除きいまだそこに至らないのが実情である．実験，研究に使われる魚類は決して少なくない（具体例は数値を挙げて後述する）が，多くの研究室では，その都度購入したり，採集して使用している．小型の実験用哺乳動物と同様に，遺伝的には近交系が理想的であるが，せめてクローズドコロニーの確立，利用が望ましい．

　実験動物を採集して用いる場合は，採集時の野生環境を注意深く調べ，水質，水温，水深，水藻，底土，陽光などの状態がなるべく魚類の生息環境に近い状態（飼育条件）を飼育室内で再現してやることが望ましい．実験室内で与えられる条件が，魚類にとって最も快適な環境であるか否かの判定ははなはだ困難ではあるが，一般には，水温は年間を通じて一定に設定されている．しかし，魚類は変温動物なので水温の影響を直接に受けており，そしてもし魚類に四季の変化が必要だとしたら，この通年一定温度という実験室内の条件には疑念が生じる．また，ある生理的指標が最高値を示す条件が，必ずしも魚類に最適な環境とも思われない．むしろ，魚類が成長し繁殖できる状態こそ，魚類にとって快適な条件と考えてよいだろう．大切なことは，魚類を実験室に慣らすよりも，飼育する側が魚類の環境に順応することである．

　このことは，実験動物とは人工的動物であるという哲学を容認している多くの実験用哺乳類や鳥類の専門家には賛成してもらえないかもしれないが，現実には野生動物を扱って実験を進めている魚類や両生類研究者にとっては大切なことである．

　魚類を実験動物として使用する場合には，以下に述べるようにさまざまな立場がある．

　1）純粋に生物学的な立場から，研究対象動物そのものがもつ特定の生物現象を解明するための実験材料として使用する場合（基礎生物学）．

　2）同じく純粋な立場からではあるが，魚類もしくは脊椎動物の中で，ある現象の有無，異同について比較する場合（比較生物学）．

　3）医学，薬学その他の領域において，つまり生物学以外の研究目的で実験材料として魚類を利用する場合（医学）．

　4）薬物の毒性などを調べる場合の試験材料（指標生物）として使用する場合．（この場合は3）に非常に近い面をもつ）（毒性学）．

　5）水生動物の増殖などを目的として特定の魚種を取り上げ，その受精，発生，飼育などに関する生理条件などを解明しようとする立場（水産学）．

　ここで，実験動物としての魚類の特徴を考えてみる．魚類は，脊椎動物の中で最も簡単な体制をもっており，この形態，機能上の単純さは，脊椎動物の解剖学的，生理学的解析に極めて有利である．たとえば，哺乳類の四肢と魚類の胸鰭，腹鰭は形態的には非常に異なっているが，進化のうえからともに運動器官（相同器官）で，それを動かす筋肉生理の差は小さく，基本的には体制の単純な魚類の研究から哺乳類の知識を得ることができる．すなわち，ヒトを対象とする医学の研究において，つねに近縁の哺

乳類から実験材料を選ばなければならないとはいえず，むしろ，それぞれの研究テーマに適した材料を，種にこだわらずに魚類を含む幅広い動物種に求めるべきである．

なお，ある研究目的のためにたとえばメダカを研究材料とすることになり，その材料を自ら野外に出て採集することになったとする（哺乳類の実験とは異なり，魚類を研究対象とする場合は，しばしばこのような事態に遭遇する）．その採集規模が常識的な範囲であれば差し支えないが，それがあまりに広範囲にわたる場合，特に大きな河の両岸や分水嶺を越えた採集には気をつけなければならない．外見的には全く同じメダカでも，後述の例の如く，その2群間に差があることがある．専門の採取業者から購入する場合でも，産地が異なり差が生じることがあるので注意が必要である．

2.2 魚類の分類

脊椎動物門は9綱に分けられ，第Ⅰ綱から第Ⅴ綱までが広い意味での魚類に含まれる（第Ⅵ綱：両生類，第Ⅶ綱：は虫類，第Ⅷ綱：鳥類，第Ⅸ綱：哺乳類）．狭い意味での魚類は硬骨魚綱だけである．

脊椎動物門（Vertebrata）*
上綱1 魚類（Pisces）（いわゆる円口類，軟骨魚類，硬骨魚類を含み，広義の魚類で，これに対立する上綱は両生類〜哺乳類を含む4肢動物（Tetrapoda）である）
 Ⅰ綱 無顎類（Agnatha）（本綱に対して残りの脊椎動物のすべてを顎口類（Gnathostomata）としてまとめて呼ぶことがある）
  Ⅰ-1亜綱 頭甲類
   目3 ヤツメウナギ類：ヤツメウナギ *Petromyzon*，スナヤツメ *Lampetra*
  Ⅰ-2亜綱 翼甲類
   目2 メクラウナギ類：メクラウナギ *Myxine*（上記2亜綱にわたる2目を合わせて従来円口目（Cyclostomata）としていた）
 Ⅱ綱 板皮類（Placodermi）（化石動物のみ）
 Ⅲ綱 軟骨魚類（Chondrichthyes）
  Ⅲ-1亜綱 板鰓類（Elasmobranchii）（サメ，エイ類（Selachii））
   目6 ネコザメ類：ネコザメ *Heterodontus*
   目9 ヤモリザメ類：シュモクザメ *Sphyrna*，ホシザメ *Mustelus*
   目10 ツノザメ類：ノコギリザメ *Pristiophorus*
   目11 ガンギエイ類：アカエイ *Dasyatis*，シビレエイ *Narke*
  Ⅲ-2亜綱 全頭類（Holocephali）
   目1 ギンザメ類：ギンザメ *Chimaera*
 Ⅳ綱 棘鮫類（Acanthodii）（化石動物のみ）
 Ⅴ綱 硬骨魚類（Osteichthyes）
  Ⅴ-1亜綱 条鰭類（Actinopterygii）（真口類（Teleostomi））
   上目2 軟質類（Chondrostei）
    目9 チョウザメ類：チョウザメ *Acipenser*
   上目3 全骨類（Holostei）
    目11 アミア類：アミア *Amia*
   上目4 真骨類（Teleostei）（狭い意味でサカナといえば，普通はこの上目に属するものを指す）
    目15 ニシン類：ニシン *Clupea*，マイワシ *Sardinops*，アユ *Plecoglossus*，サケ *Salmo*，マス *Oncorhynchus*
    目22 コイ類：コイ *Cyprinus*，フナ（キンギョ）*Carassius*，電気ウナギ *Electrophorus*，ドジョウ *Misgurunus*
    目23 ウナギ類：ウナギ *Anguilla*，マアナゴ *Conger*，ウツボ *Muraena*
    目28 タラ類：タラ *Gadus*
    目29 トウゴロウイワシ類：メダカ *Oryzias*，フンドゥルス（海産メダカ）*Fundulus*，タップミノー *Gambusia*，スォードテール *Xiphophorus*
    目33 トゲウオ類：トゲウオ *Gasterosteus*，タツノオトシゴ *Hippocampus*

* 魚類の分類に関しては，岩波生物学辞典第3版の動物分類表から魚類の部分を借用し，現存しない類については，綱，亜綱，目ともに省略し，現存する目についても利用度の低いものはなるべく省いた．目の番号は1亜綱内で通し番号が付してある．

目36 スズキ類：スズキ *Lateolabrax*，テッポウウオ *Toxotes*，ウミタナゴ *Ditrema*，エンゼルフィッシュ *Pterophylum*

目40 カレイ類：ヒラメ *Paralichthys*

目41 フグ類：トラフグ *Fugu*，マンボウ *Tetraodon*

V-3亜綱　肺魚類（Dipneusti）

目4 ケラトドゥス類：ネオケラトドゥス *Neoceratodus*，プロトプテルス *Protopterus*

V-4亜綱　総鰭類（Crossopterygii）

目1 シーラカンサス類：シーラカンサス *Coelacanthus*

われわれが日常会話でサカナというときは，主にV綱の硬骨魚を指すことが多いし，実験動物として使用する場合も，1部の例外を除けばほぼこの仲間に限られているようである．ちなみに昭和61年の日本動物学会年次大会に例をとると，講演総数625題中硬骨魚を材料とした発表は65題（10.4％）で，その他円口類，軟骨魚類の演題が5題あった．なお，無脊椎動物を用いた研究演題が50％を越えていた．

2.3 メ ダ カ

メダカは，一般家庭の池や水槽で簡単に飼うことができ，少量の餌で長く生き続け，春には卵がかえって次世代の個体が生まれる．もしメダカのもつ形質が特定の研究目的に適しているならば，飼育が容易なだけに実験動物として大変に有利である．このサカナは，初めて扱う人にも楽に飼えるので，あえて飼育法などを紹介するまでもないと思われるが，筆者の経験をもとに，メダカについて記しておく．

（1）メダカの生物学

メダカ *Oryzias latipes* はメダカ目，メダカ科の硬骨魚類で，北海道を除くわが国全土に産するほか，朝鮮半島，台湾と中国大陸の1部にも産する．*Oryzias* 属にはメダカ以外に9種あり，すべて海南島，フィリピン，セレベス，チモール，ジャワなどのいわゆる東南アジア諸島からマレー，タイ，ミャンマー，インド，パキスタンなどの限られた地域に産する．多くは淡水産であるが，*O. iptipes* と *O. melastigma* は淡水と汽水に住む．*O. latipes* は耐塩性が非常に強く，朝鮮や九州ではタイド・プールに育つものもあるという．

O. latipes は体長約4cmで，わが国の淡水魚としては最小という．戦前は水田，池，用水路などにごくふつうに見られたが，現在では農薬の影響で，野生のいわゆるクロ（黒）メダカは極めて限られたところにしか見られなくなった．したがって，野生のクロメダカを特別に必要とする場合を除き，業者からヒ（緋）メダカを購入して使うとよい．数が減った野生のメダカをあちらで少し，こちらで少し採集して用いると，生息地によって形質が異なることがあるので（前述），研究材料としては不適当な場合がある．

メダカは水面に群れをなして生活し，雌雄はほぼ同じ大きさであるが，雌のほうがやや太く大きい．メダカは体外受精をする卵生のサカナである．最近，関東地方などでメダカに入れ代わって多く見られるようになった中米原産の同じ目のタップミノー（*Gambusia*）は胎生であること，雌タップミノーが5cmぐらいに成長するのに対して雄はその半分ぐらいまでにしかならないことと対照的である．

（2）実験動物としてのメダカ

メダカは実験動物として広く用いられ，特に発生学，遺伝学の実験資材として重用されてきた．

発生学研究材料として，メダカの卵は透明で，大きさも適当で（直径約1.2mm），必要な数も揃えられ，体外受精するので人工受精が可能である，など有利な点が多い．キンギョも，メダカとほぼ同じ大きさの卵を産み，10cmの親魚で1度の産卵数は1日数回に分けて合計5000個程度は産む．しかし，キンギョでは雌雄とも成熟に2～3年を要し，産卵は一般に年1度だけである．一方メダカは，自然状態では，4月から9月にかけての水温が20℃以上を保つ間連続した産卵期をもつので，発生の材料として誠に都合がよく，さらに後述の如く，人工的に保温すれば通年採卵も可能である．

また，遺伝学の研究領域においても，メダカは成熟が速く，早春に産まれた子メダカはその年の秋に

は産卵し，繁殖力も大きく好適な研究材料である．そのうえ，メダカには多くの突然変異が知られ，その系統は名古屋大学の淡水魚類系統保存実験施設に保存されている．

メダカは購入，飼育が容易で，学生実習用の材料としても多く使用されている．いくつかの学生実習指導書に記されている項目を挙げると，1) メダカの発生観察，2) 温度と呼吸数との関係，3) 心拍数に対するpHの影響，4) 心拍数に対するK^+，Na^+の影響，5) 走流性，6) 保留走性，7) 色素胞に対するK^+，Na^+の影響（ただし，ヒメダカを用いるとNa^+の伸展に対する作用が明確に出ないので，この際にはクロメダカを用いるほうがよい），8) 社会順位の観察など，じつに多彩で，1種の実験動物としては最も多い．

同じ種に属する動物であっても，地域的隔離によって生理的差異を生じることがある．このことは，異なる地域で採集した動物を同一視して実験に使用し，誤った判断を下しかねない．以下にメダカの薬物耐性を例に挙げ，その実例を示す．

表2.1は，各種濃度の4種類の薬液に弥富および郡山産の2群のメダカを48時間飼育し，それぞれの濃度における死亡率から50%死亡率を示す濃度TL_m (median tolerance limit) をDoudoroffの方法で求めたものである．外見的には差異を示さない両群のメダカの間の薬剤耐性には，顕著な差のあることがわかる．メダカを環境汚染の指標として使用する場合などにも，留意すべきことがらである．

最近，特定の酵素のアイソザイムを比較して，野生メダカの地理的変異に関する研究もある．すなわち，酒泉[6]は山，川，海に隔てられたメダカには変異群が存在し，青森から沖縄までに生存するメダカを東日本型，山陰型など9集団に区分している．

表 2.1 薬物耐性に関するメダカの地方差

薬　物	生息地 弥　富	郡　山
phosphate buffer	0.045 M*	0.038 M
$K_2Cr_2O_7$	450 ppm	277 ppm
Sod. pentachlorophenoxide (PCP-Na)	0.28 ppm	0.34 ppm
S-α-(ethoxycarbonyl)benzyl diemethyl phosphorothiolothionate(PAP)	0.18 ppm	0.42 ppm

* 50%死亡率を示す濃度

ラットやマウスでは近交系が確立されて久しく，研究に利用が常識となっているが，魚類についても，筆者と同姓の田口泰子[7,8]が1974年からメダカの近交系確立に着手し，1989年4月現在49代目を得ている．この近交系メダカは各種試験に対して斉一性を示し，同一近交系内の個体間では皮膚を含む鱗の移植に成功し，遺伝的に均一であることが示されている．

なお，本書で扱っているメダカは *Orizias latipes* のことである．Fish Physiology（全4巻）で見るかぎり，研究材料として用いられ，種名まで明記されている *Oryzias* 属のサカナは *O. latipes* だけである．そして *O. latipes* を用いた仕事の大部分 (90%) は日本人研究者によってなされている．*O. latipes* の産地が限られていることと，日本人研究者がこの材料を用いて多くのすぐれた業績を残していることのため，外国に行っても，相手が動物学者ならば，メダカは Medaka で通用する．

(3) 入手と飼育

a. 入　手

ごく少数の個体を用いて簡単な実験を行う程度の目的ならば，ペットショップなどで調達してもよいが，多数の個体を反復使用する研究のために購入する必要がある場合には，仕入れ先を確認して次回以後も同じ産地のものを購入するか，産地を指定して購入するように心掛け，実験時には産地を記録しておくことを奨めたい．

ヒメダカは，問屋でまとめて求めれば1匹10円程度のものであるが，小さな店で少量を求めると倍近い値段になる．東京近辺では，野生のクロメダカはふつうのペットショップにはあまり置いていないので，自分で採集する（もし売っていたら1匹数10円はするだろう）．

最近では，購入にあたっては，多くの場合ビニール袋に水とサカナを入れ，残りの空間を酸素で満たして運んでくれるが，メダカを自ら採集し，そこから研究室に運ぶ場合にも同じ手法が必要であろう．特に高温時に多数個体を運搬する際には，絶対に必要な措置である．また研究室では，あらかじめメダカを飼える状態の水槽を用意して置く必要がある．

水槽の水については，ヒトが飲める水ならば井戸水でも水道水でも使える．水道水には殺菌用に塩素

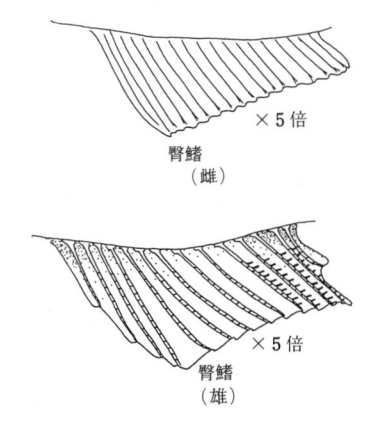

図 2.1 メダカの臀鰭の比較

が添加されているが，通常は，温度を平衡させるために1日ぐらいは屋外に汲みおくので，その間に塩素は飛んでしまい，問題とならない．筆者は，脱塩素用のハイポを使用したことはない．

メダカの雌雄鑑別法にはいく通りかあるが，肉眼で判別できて，簡単で確実な方法を一つだけ述べる．

メダカの第3次性徴のうち臀鰭の形と色の差は，泳いでいる個体をうえから観察してすぐにわかるもっとも顕著なものである．図2.1に示す如く，雌の臀鰭は尾部に向かって幅が狭くなる横向きの梯形をなし，色は黄色の部分が多く，下縁の白色の部分が少ない．雄では臀鰭の幅が広く，尾部に近づいてもほぼ同じ幅で，全体として矩形に近く，色は下縁の白色部が多く，臀鰭全体が白っぽく見える．

b. 飼　育

メダカの大きさは4cmを2～3mm超えるものはあっても，5cmは超えないようである．したがって，小さな容器に多数の個体を飼うことが可能である．

飼育容器にはガラス製，プラスチック製，陶磁器などさまざまなものが市販されているが，材質についてはなんでもよく，大きさも個体数に応じて選べばよい（なるべく大きめのものを奨める）．

研究用に飼うときにはいくつかのグループに分けて飼う必要があるので，池に放つわけにもいかず，容器の数をかなり揃えなければならないだろう．常時観察する必要のある場合は，四角いガラス張りの熱帯魚用の水槽が便利であるが，サカナをよい状態に保つためには水蓮鉢のほうがよい．経験的には，水鉢を日当たりのよい場所に置き，緑藻が増殖して緑色を呈する水で飼うのが最適である．水を透明に

保つためには，浮草や水藻を入れる．強制的に透明化する1つの方法は，フィルタ付きの循環装置を用いる．しかし，サカナの健康は，この順で悪くなる．

東京付近の経験では，夏でも冬でも水槽を屋外に放置したままで飼育可能である．容器の種類や大きさにもよるが，真夏の日中などでは水温が40℃を超すことがあるが，徐々の温度上昇ならば大丈夫である．冬の低温も，水面に氷が張る程度ならば問題はない．

このようにメダカは，0℃から40℃以上まで水温の適応範囲は非常に広いが，それは徐々に変化した場合であって，急激な温度変化には大変に弱い．したがって，メダカを移動させるときとか換水時には，水温の変化を極力少なくするように注意しなければならない．温度変化が大きすぎると，体力が低下し，それが引金となって真菌症を招来し，結局は死に至らせてしまう．一般に，急激な許容温度変化の幅は2℃以内とされている．温度差についての感覚について経験を積むまでは，寒暖計を使用することを奨める．

換水時の水温調整のためには，現在使用中の容器の隣に同型の容器に同量の水を入れて置き，1日以上放置したのちにメダカを移す．また，最近はサカナの移送によくビニール袋を使うが，このようにして送られてきたメダカでは，水を張った使用予定の容器の水のなかに，そのビニールごと1時間ほど浮かべたのち，水ごと容器に移す．

メダカやキンギョは，移送して新しい容器に移したときや，換水のために追い廻して捕らえて他の容器に移したときは，興奮するためか，その夜には非常に多数の個体が容器から飛び出して死ぬことがあるので，そのようなことを行った日の夜は，水面を極力低くするか，または適当な覆いを施す必要がある．

メダカは小さいサカナなので，1lの容器に数匹入れて2日は十分に飼えるが，不必要に密度を高くすることは好ましくない．普通の水蓮鉢で5匹から10匹が適当であろう．水草などを入れた状態で産卵させ，次世代が孵えって生育数にバランスがとれたときの匹数がその容器に適した飼育密度と考えてよい．メダカの健康をごく普通の状態に保って飼育するためには，筆者は，50lの四角いプラスチック製容器に20匹を標準としている．通気しながら，動物の

体が重なり合って，向う側が見えないくらいに密にする曲芸的な飼い方は，ときとしてペットショップなどで見かける光景だが，あれは一時的保存の方法で，奨められない．水面は広く，水深は浅く（15cm程度）がよい．また，購入したメダカでは，このような過密状態に置かれていたことも予想されるので，少なくも1週間は一定した実験室の条件下で馴化する必要がある．

かつては，メダカをふつうに飼うときでも，採卵を目的として飼うときでも，イトミミズがよく用いられた．特に採卵を目的とした場合は，生餌を与えないとだめだといわれていたが，最近は各種の優れた乾燥飼料が作られている．筆者は，テトラミン（Tetramin；ドイツ製）を使用している．この製品はたいていのペットショップで入手でき（イトミミズは入手しにくくなっている），これだけで十分産卵をする．また稚魚にも，テトラミンを乳鉢で粉末にして与えるとよい．

照明は，屋外飼育の場合にはまったく考慮する必要はないが，室内飼育時には，窓際からの距離に応じて不足分の光を補う必要がある．すべての照明を人工光に頼る場合は，飼育水面を40W蛍光灯で埋めつくすくらいの照明が必要である（換水，採卵などの作業のため，容器上部から蛍光灯までの距離を30～40cmとする）．

c. 産卵およびその採取

メダカは，自然の状態では春から秋にかけて産卵し，しかもその期間が非常に長いことが特徴の一つであり，そのうえ，卵膜も卵黄も透明で観察しやすいという利点もある．

筆者の観察では，水槽を屋外（東京）に置き自然状態で飼育したメダカで，最も早く産卵した例は4月12日であった．その日の午前9時の水温は10℃で，東京における桜の開花宣言の翌日であった．メダカの場合，同一個体が毎日産卵するものではないが，群としてみれば，9月に入って気温が下がるまで毎日卵を得ることができる．気温が下がったとき，ただちに水槽を室内に移して23～25℃程度に水温を保ち，長日照明（16時間）を行えば，12月いっぱいは卵を得ることができる．保温と長日照明を続ければ産卵期間をさらに延ばすことも可能であるが，1月に入ると産卵数は激減してしまう．

このような事態を解決するために，低気温になったときにメダカを2グループに分け，1群は保温，長日照明を施して12月まで採卵し（採卵期がすんだら自然状態にもどしておく），他の1群は10月中に低温（7～8℃），短日照明（8時間）の状態に移して約3か月（経験的数字）後に長日，保温状態にもどすと産卵を始める．筆者の経験によると，保温，長日状態に1月半ばにもどしたメダカは1週間目に産卵を始めた．この方法を採れば，メダカの通年採卵が可能である．

なお，1匹の雄メダカは，3～4匹の雌に同じ日に産卵をさせることが可能である．

もし，分裂期のごく初期の胚を必要とせず，blastura を少し過ぎた胚を使用するのであれば，水槽中に水草などを入れずにメダカを飼育し，昼過ぎになってから水底に産み落とした卵を細かい目の網ですくえばよい．

生化学的な研究で多量の卵を必要とするときには，需要に応じて親の数を増せばよく，一度に数千個の卵を用意することも容易である．

江上によると，1匹の雌が一度に産んだ卵の数の記録は68個だが，通常は，飼育条件がよくても個体の最盛期で35～36個が限度で，平均したら20個前後だろう．しかも同一個体が毎日産卵するとは限らないので，雌雄混ぜて100匹飼っていて，毎日の産卵数は数100個と見積もればよい．

メダカの卵は直径1.1～1.2mm程度の大きさで，透明である．卵膜表面の植物極側に付着糸と呼ばれる細長い毛があり，これで水草に絡めて産みつける．卵膜表面の他の部分には細糸と呼ばれる短い毛が生えている．メダカ卵は端黄卵で盤割をする．動物極には卵門があり，単精受精をする．発生の様子については多くの発生学教科書に出ているが，実験形態学[1]に詳細な記載と図が掲載されているので参照されたい．

少数の卵を必要とするときには，飼育水槽に水草を入れておき，これに産みつけた卵をピンセットで集めるが，水草に産みつけるのは午後になり，特に水温が高い夏期には，卵の発生がかなり進んでしまうので，発生初期の卵を必要とする場合は，雌が腹に付けている卵を直接採取する．この際，初期卵は卵膜が柔らかいので注意を要する．

採卵にあたっては，通常は，水草に産みつけられた卵を集めたり，親の腹に付いている卵を採ったり

するが，水槽の底に産み落している卵を約0.5mmの紗の網ですくうことも行われる．底から集めた卵はもちろんのこと，前者の方法で集めても，卵には緑藻やその他のゴミが付着しており，また互い同志の長い付着糸が絡まってダンゴ状になってしまう．放置すると，酸素不足によるか，水カビが生えて採取した卵全部が死んでしまう．

付着糸を切り，緑藻やゴミを取除くためには，集めた卵を小型シャーレに移して水道水で洗い，大きなゴミや緑藻をなるべく濯ぎ取る．つぎに，机上にきれいな大型の紙を敷き，そのうえに沪紙(No.2)を置き，卵の塊りを載せ，さらにそのうえにもう1枚沪紙を載せる．沪紙の上に指を2本当てがい，卵が潰れない程度に軽く抑えたまま指先で机上に円を描く．これを繰り返していると，付着糸が切れ，ゴミは沪紙に吸い取られて卵はきれいになり，個々の卵はバラバラになる．ときどき上面の沪紙を除いてきれいになった卵を拾い，水の入ったシャーレに集める．ピンセットの先に水をつけて卵に触れると，いちいちピンセットではさまなくても，卵を拾うことができる．

つぎに，先端を直径1mm以下に絞ったガラス管を水流ポンプにつなぎ，シャーレの中の水を吸いとりながら蒸留水を注いで卵を洗う．十分に洗った後，立体顕微鏡を使って希望する発生段階の卵を選び出して，別のシャーレに集める．このようにして集めた卵をさらにもう一度水洗して後，蓋を被せて発生を進ませるか，またはモノの震盪器に架けて23℃に保ち，1分間7～8回の割で震盪する．ふ化までに多少の遅速はあるが，23℃に保温するとほぼ10日目にふ化する．（松井の発生図[1]は23℃に保ったときの時間が記されている）．

卵を蒸留水中に保つことは，一見大変乱暴に見えるが，リンゲル液などを使用するとかえってカビが生えやすい．蒸留水を使うと確実にその害が減少させられ，悪影響は認められない．ふ化したものは，なるべく早く井水に移す（ふ化後も半日くらいは安全）．

室温に放置する場合も，モノの震盪器で震盪する場合も，採卵翌日には必ず，そしてその後も2～3日に1回は必ず検鏡し，死亡卵を取出して残りの卵を水洗する．死亡卵は内部に白濁を生じるので見分けられる．死亡率は第1日目が一番高い．

雌の腹に付いている卵を採れば，かなり早い時期の卵を得ることができるが，さらに早い時期の卵を必要とする場合は，つぎのようにするとよい．十分に成熟してすでに産卵を続けている群れの中から，前日の夕方，前述の雌雄鑑別法に従って雌雄を分けて別々の容器に入れ，両容器には暗幕を掛けておく．翌朝，覆いを取除き雌雄を一緒にすると数分ないし数10分で産卵を見る．雌雄を混合した後は人影で驚かせないように気をつけ，その場にしゃがんで待っていれば，産卵時の様子も観察でき，産卵直後の卵を得ることもできる．

d. 病気と異常

メダカやキンギョに見られる外部寄生虫には，チョウ（魚虱）とイカリムシが主なものである．ただし，研究室で長期間乾燥飼料で飼育した個体では，それらの心配はない．メダカを新たに購入したときや，イトミミズのような生餌を与えているときに，上記のような寄生虫に感染する．

魚虱は，大きさ約5mmの陣笠形をした透明な寄生虫で，体表のどこにでもピッタリと張り付いている．イカリムシも5～6mmの野球のバット状をした白色，不透明な寄生虫で，総排泄口の付近か鰓の辺りに寄生し，ぶら下がっている．サカナの体中に埋まっている部分がイカリのような形をしているので，このような名を付けられたのであろう．いずれも，泳いでいるメダカを肉眼で注意深く観察し，寄生虫を見つけたら網ですくい上げて，先端の細いピンセットで1匹ずつ注意深く取除く．寄生虫を取ったあとのメダカはそのまま水槽にもどしても大過な

チョウ（上）と，イカリムシ（下）

図 2.2 チョウ（上）と，イカリムシ（下）

い．寄生虫が小さく，少数のうちに発見して早目に処置することが肝要である．

キンギョなどの病気は成書にでているが，メダカの病気に関する記載はあまり見かけない．キンギョ，フナ，コイでは，原生動物の寄生による白点病や白雲病がよく知られている．臨床的には，サカナの体表に白い苔が生えたり，白い膜がついたりするものであるが，これらの病気はメダカではもともと少なく，特に乾燥飼料を使用するようになったこの15年ぐらいは全く経験していない．この点からも，乾燥飼料はサカナの健康管理上非常に優れた飼料であると思われる．

しかし，長期にわたる飼育あるいは実験の過程では，伝染性の病気が発生することがある．体表にはなんの変化が見られないにもかかわらず，同じ水槽の魚がつぎつぎに死ぬことがある．これらの原因についてはほとんど未検索であるが，体が弱って泳ぎ方がおかしい個体を見いだしたら，その個体を別の容器に隔離する．伝染性の病気に関しては，治療よりも隔離が第一と考える．

ふ化当初の子メダカを大きなメダカが追いかけて食べてしまうことは，よく見かける現象であるが，ふ化10数日以後の子メダカは食べられなくなる．この行動は個体密度の調節に役立つ行動とも考えられるが，それ以外にはメダカには闘争や共食いは見られず，その点でもメダカは飼育しやすい動物である．

2.4 その他の魚類

以上メダカについてやや詳しく述べたが，以下に実験室で比較的多く使われるいくつかの魚類について，要点のみを述べることにする．最近では，熱帯魚をはじめさまざまなサカナがペットとして販売されており，その中にはいろいろな生態，形質をもつものがあり，多方面にわたる研究に適した種が見いだせる．グッピーの如く，1回の交尾で数回の出産を行うような，特殊な性質をもつサカナもある．研究材料として自分の選んだサカナについては，各自で十分に検討しておくことが必要である．飼育にあたっては一般に水温を高めにしないこと，通気に配慮することが大切である．ただし，熱帯魚はその名のとおり熱帯が原産地で，低温に弱く，水温を24～28℃に保つ必要があるが，水槽，魚巣，繁殖に関しては熱帯魚の専門書を参照されたい．

ところで海産魚類に限らず，海産動物の実験利用が拡大されており，それに伴って最近は人工海水も開発され，大変に手軽に良質の人工海水がしかも安価に利用できるようになった．

たとえば，ウニの人工受精実験のように特に海水組成に厳しさが要求される場合でも，全く支障なく利用できる人工海水がある．数トン単位で購入する場合には天然海水のほうが安上りであるが，100リットル単位で使用するときには，人工海水の利用を奨める．

なお天然海水を自分で採集する場合は，少しでも沖に出てなるべく陸水の混入の少ないと思われる地点での採水が必要である．良質の天然海水は，容器に入れたままで年単位で保存してもpHなどが変化しない．

多数の水槽（容器）を使用する場合には，ラベルを貼り記号を付して区別しなければならない．一般にサカナは戸外で飼うほうが望ましいので，長い月日，陽光を受け，風雨にさらされるとラベルの文字は消え，ラベルははがれてしまう．

いろいろ試みた筆者の経験によると，まず，布製ガムテープ（紙製は不可）を適当な大きさに切り，まず容器の外表面に貼り付け，つぎに適宜な大きさのマイタックラベル（ニチバン）を選び，台紙に付けたまま熱転写のワープロで記号を書き入れ，上記ガムテープのうえにラベルを貼り，最後にラベルの大きさを十分にカバーするくらいのフィルムルックス609（フィルムルックス社）をそのうえに貼り付けるとよい．

容器は，ガラス水槽，ガラス鉢，かめなどさまざまであるが，かめのように表面が多少粗い材質の容器でも適用できる．

マジックインクはすぐに色が褪せるし，圧力で文字を転写するデカドライは退色しないが，糊がはがれて落ちてしまうのでフィルムルックス609を必要とする．これで覆えば，ラベルそのものもはがれにくくなる．

(1) キンギョ Carassius carassius

a. 飼育

キンギョは中国で1000年以上も前の宋時代から飼育され，わが国には足利時代に明より伝来し，徳川時代初期に再渡来して定着したという．最近はヒゴイや熱帯魚に押されて，キンギョの飼育はひところほどではないにしろ，いまだに根強いものがあり，われわれの日常生活に馴染み深い淡水魚である．

このサカナは高温に対してはメダカよりも弱く，低温に対してはメダカよりも丈夫である．飼育適温範囲は16～28°C，その極限は－2～35°Cとされていて，一般にいわれているほど飼育は困難ではない．ただ，キンギョの種類（品種）により，飼育に多少の難易がある．水質や給餌などについては，メダカの項で述べた注意に準じればよい．ただし，容器だけは，大きめのものがよい．大規模飼育の場合には，コンクリート製の池とする（コンクリート新造池の場合にはアク抜きが必要）．アク抜きの効果や水質の適否を調べるためには，雑魚を入れて数日間のテストをする．

餌については，メダカの項で述べたテトラミンは高価であるので，キンギョ用の製品を求めたほうがよい．日に2～3回に分けた投餌が望ましいが，午前中に1回でもよい．20～30分で食いつくす程度の量を目安とする．

キンギョはメダカに比して食餌量も排泄量も多いので，水質の悪化に留意する必要がある．頻回の全量の換水はサカナの健康に好ましくないので，1日かけて水槽の全量相当の水が流れ込むように給水口を調節すると，実際には4日で完全に換水されることになる．水質が悪化したと思われたときには，このような（自動）換水法を採るとよい．また，水槽にホテイソウを浮かせておくことは，水質保全に有効と思われる．

飼育密度は，水深を20cm，水槽底 $1m^2$，すなわち $200l$（リットル）当たり5～6cmのキンギョならば10～15匹，10cmのキンギョならば2～3匹が目安である．

産卵時期は，メダカよりも少々遅く，5月の上～中旬に水温が12°Cを上回るころ，ほんの数日間だけ産卵する．

卵を産みつけさせるために，水槽の中に用意してやるキンギョモのようなものを魚巣という．

キンギョやメダカに産卵させるためには，キンギョモ，フサモなどの水草やホテイソウを浮かせる．ホテイソウでは，根が魚巣となる．業者は昔からシュロの皮を束ねたものを用いていたが，ナイロン糸を束ねたものやナイロン糸で編んだ細かい目の網などを容器の底に沈めてもよい．なお熱帯魚の場合は，サカナの種類により魚巣にそれぞれの工夫が必要である．

飼育上の重要な注意として，冬季に水槽を保温する際に，保温水を共通に循環させることは，病気発生時の被害を大きくするので，絶対にしてはならない．その必要のある場合は，大きな水槽に個々の飼育水槽を浮かべて，大水槽の水を保温する．

キンギョには白点病，白雲病，松笠病その他の病気があり，外部寄生虫として魚虱，イカリムシなどがある．いずれも，放置すれば致命的である．

白点病，白雲病などは，少し水温が上りはじめてサカナがやや活発に動き始める早春に罹りやすく，魚虱などは水温の上がった夏期に寄生しやすい．

これらの原因，治療に関しては疾病の章で述べられている．

(2) グッピー (guppy) Poecilia reticulatus

もっともポピュラーな熱帯魚で，飼いやすく，実験動物としても多く用いられている．雄のヒレにはいろいろな突然変異があり，その色彩や斑紋の遺伝について詳しく研究されている．グッピーは卵胎生で出産数は多くないが，大きな仔ザカナを産むので成育率はよい．生後2～3か月で成魚になる．出産間隔は約30日である．1回の交尾で数回の出産が可能なので，遺伝学的研究に用いる場合には注意しなければならない．

水温25～28°Cが適温とされているが，適応範囲は18～33°Cとかなり広い．生存の最低温度は10°Cなので，冬季の屋外飼育は不可である．

雄は背鰭，尾鰭にいろいろな変形があり，色彩もまた鮮やかで，色や形によってさまざまな呼び名がある．雌は雄より大きく（雄：4cm，雌：6cm），体色は黄みを帯びた灰色で，腹鰭の上部，腹部の両面に黒色の大きな斑点をもつ．

雄は臀鰭の変形した交接器（gonopodium）をもち，これを振り回して雌を追いかける．交接して腹

が大きくなり，さらに腹部の黒みが増してきたら，雌を水草を多量に入れた別の水槽に移して出産させるか，水槽の1部に，仔ザカナは通れるが親ザカナは通さない目の大きさの網で作った小籠をつるし，その中に親魚を入れて出産させる．水草を多量に入れるのも，仔ザカナに逃げ場を与えて，親ザカナに食われるのを防ぐためである．

（3） タップミノー (tap minnow, カダヤシ) *Gambusia affinis*

北米原産でわが国にも移入され，関東南部その他の地域で野生化して，在来の野生メダカを駆逐してしまった．カの幼虫を捕食しその駆除に役立つのでこの名がある．卵胎生で，稚魚はメダカより大きく，汚染にも強く生存率が高い．したがって，丈夫で飼育も容易で，実験動物としても有利であるが，低温にはメダカよりも弱い．

（4） スォードテール (swordtail : *Xiphopholus hellarii*)

比較的大型の胎生魚類で，1回に出産する稚魚数も多く，観賞魚として以外に研究材料としても古くから使われ，改良による変種も多い．色彩，模様により，それぞれに変種としての名がある．自発的に性転換をするサカナとして知られている．観察される性転換は，雌の臀鰭が交接器に，尾鰭の下端が伸びて剣のように変わることであるが，雌として機能した個体が本当に雄として機能する個体に変わるのか疑問がもたれている．

水温は25～28°Cがよく，体が大きいので，水槽も大きめがよい．

（5） ウナギ *Anguilla japonica*

ウナギは海中で生れ河川で成長し，生殖期にはふたたび海にもどることで知られているが，われわれが通常入手できるウナギの形をしたものは，淡水に適応した状態のサカナである．ただし，淡水でも海水でも飼育は可能である．淡水に適応した個体を海水に移す場合は，1/3および1/2濃度の海水に2～3日ずつ慣らして行うとよい．なお，海水で飼育するほうが，健康状態が良好で，飼育は楽である．餌は食べないのでやらなくてよく，その状態で6か月は十分維持できる．水温は，実験条件に合わせてよいが，18°C程度が適当のようで，一般に低めのほうが無難である．塩化ビニール管をサカナの大きさに合わせて切り，水槽の底に沈めてやると，ウナギはそれを隠れ家として安心するらしい．水槽に循環装置を付けて通気を計ってやる必要がある．

（6） ヌタウナギ *Eptatretus burgeri*

海産の魚類で，最近はいろいろの面で注目されて実験動物としても多く使われはじめた．ウナギと同じく6か月くらいは十分に絶食に耐えるので，給餌の心配は無用である．水温は15°C程度がよく，20°Cは超えない注意が必要である．また，このサカナは光を好まないので，その点の配慮が必要である．ウナギと同様，飼育水槽には循環装置を付して通気を計る．底には砂を敷いてやるとよい．〔田口茂敏〕

文　献

1) 松井喜三：メダカの発生経過．実験形態学, **5**, 33 (1949)
2) 田口茂敏：メダカの諸系統における汚染物質感受性の比較．昭和50, 51, 52年度文部省科学研究費補助金　特定研究（1）　実験動物の純化と開発，下等脊椎動物の実験動物化に関する研究（実験動物としての両生類と魚類），p. 36 (1977)
3) 田口茂敏：薬剤耐性より見たメダカの地方差．生態化学, **3** (2) 4 (1980)
4) 田口茂敏：薬剤耐性より見たメダカの地方差 I．比較条件と1・2の薬物の結果について．日本動物学雑誌, **85** (4) 469 (1976)
5) 田口茂敏：薬剤耐性より見たメダカの地方差 II．日本動物学雑誌, **86** (4) 522 (1977)
6) 酒泉　満：遺伝学的手法によるメダカの生物地理．遺伝, **41** (12) 17 (1987)
7) 田口泰子：実験動物としてのメダカ：とくにメダカの系統について．昭和50, 51, 52年度　文部省科学研究費補助金　特定研究（1）　実験動物の純化と開発，下等脊椎動物の実験動物化に関する研究（実験動物としての両生類と魚類），p. 33 (1977)
8) 田口泰子：メダカ近交系の作出と組織移植性．日本動物学雑誌, **89** (4) 634 (1980)

3. 両生類

　両生類という名称は，一生のうちある時期を水中でおくり，また別の時期を陸上でおくる生物と解されるが，次節に見るとおり，一生水中生活をする種，反対に一生陸上生活をする種も少なくなく，必ずしも実情を表しているとは言いがたい．しかし，一部の例外を除けば多かれ少なかれ湿った環境に生息するものがほとんどである．

　分類学的には，頭骨に二つの後頭顆を有し，仙椎をもつ四足脊椎動物として定義される．他の四足動物と異なり，一般に表皮の特殊化したウロコや羽毛，体毛などをもたず，皮膚に他数の粘泌腺をそなえている．卵は殻をもたず，胚は胚膜を欠く．

　現生の両生綱は，無足類 (Gymnophiona, Caecilians)，有尾類 (Urodela, Caudata)，無尾類 (Anura, Salientia) の三つの目に分けられる．

　無足類は一見ミミズ状で，四肢と腰帯を欠き，目も小さく退化している．多くの場合真皮性のウロコにおおわれている．東南アジアからインド南部，南アメリカに分布するが，最も人目に触れることが少なく，研究例の少ない両生類である．6科，160余種からなる．

　イモリ，サンショウウオの類9科350余種が有尾類を構成する．長い尾部をもち，Sirenidae（後肢をもたない）を除けば四肢を有する．有尾目は古生代の両生類と共通した特徴を多く有する．交尾することなく精包を取込んで体内受精をする種も多く，この場合雄は肛門腺の発達が顕著である．

　無尾類は両生類最大の目であり，21科3000余種からなる．長く発達した後肢をもち，成体は尾部を欠く．全世界に広く分布する．

3.1　両生類の生活史

　日本産の両生類はどれもほぼ類似した生活史をおくるが，世界的にみると両生類の生活史はかなり多様性に富んでいる．水中生活から陸上生活への過渡的状況に身をおいた両生類は，胚や幼生を乾燥から守り体内の水分を保持するために，さまざまな方策を講じてきた．

　陸上生活への適応の度合には，いくつかの段階が認められる．無尾類は通常水の中で体外受精を行うが，多くの有尾類，すべての無足類は体内受精を行う．無足類には，卵生のもの，胎生のもの，直接発生をして陸生の成体となるもの，水中幼生を経て陸上生活に至るものがある．

　有尾類，無尾類の中には終生水中生活をおくるものがあり，これには二つの型がある．第一は水中で変態した後，成体となってもなお水中に残るものであり，コモリガエル科 Pipidae の *Xenopus*, *Pipa* などがこのグループに属する．他にヒキガエル科 Bufonidae の一部にも終生水中生活をするものがある．有尾類では第一の型に属する典型的な例を見ないが，ブチイモリ *Notophthalamus viridescens* は変態ののち成体形となって1～3年陸上生活をおくり，さらに第二の変態をして水中生活にもどる．水中生活者の第二の型は，幼形成熟 (neoteny) をするものである．中でもオオサンショウウオ *Megalobatrachus japonicus* などは常に幼生形質を保持する．

　メキシコ産の *Siredon pisciformis* は，その名のとおり自然状態では幼生形を保つが，人工的に変態を誘起することも可能である．一方，通常は幼形成熟をする種が自然状態においても時として変態をする例も知られている（トウホクサンショウウオ *Hynobius lichenatus* など）．

　卵や胚は乾燥に弱いのでそれに応じたさまざまな産卵や胚発生の様式が見られる．日本産の無尾類にみられるような最も典型的な種は，ゼリーに包まれた卵を池や沼などの水中に産み，ふ化した幼生は水中で育った後はじめて変態して陸上にあがる．西イ

ンドの *Hyla septertrionalis* も同様な生活史をおくるが，卵はごく少量の溜り水に産みつけられるので，胚発生を非常に迅速に行うことによって乾燥に対する適応をみせている．水の外に産卵する種として，アオガエルの類 *Rhacophorus* がある．彼らは，よく知られているように池水の上に張り出した木の枝などに泡状の卵塊を産む．胚は泡の中で発生し，幼生となってから水中に落ちる．卵塊の表面の泡は硬化して水分の蒸発を防ぐ．同様な卵塊を地中に埋めて乾燥を防ぐ種も知られている．さらに積極的に水生環境からの独立性を強めている例が *Eleutherodactylus* である．このカエルは変態を終えるまでゼリー状の膜に包まれてくらすので，いわゆる幼生期間をもたぬままはじめから陸上生活に適応したカエルとなって出現することになる．その他，胚を乾燥から守るために母親が卵を皮膚や胃の中におさめて育てる種，父親の鳴のうの中で変態する種など，極めて特殊化した例が報告されている．

3.2 両生類研究の歴史

　両生類は一般に卵が比較的大量に得られ，野外で採集できるばかりでなく，実験室でも産卵させることができるので，古くから発生学，特に実験発生学の分野で用いられ[1]，近年になっては発生の分子生物学的面からの研究材料になった[2]．成体も試験検定の材料や種々の生理学的研究の材料として用いられてきた．また，両生類は変態をして幼生から成体になることから，変態の内分泌調節に関する研究[3]や組織の退化や新生に関する細胞生物学的研究[4,5]がなされている．近年，下等脊椎動物の内分泌研究がもっぱら哺乳類由来のホルモンに依存していたことが反省され，両生類の分野でもそれ自身の内分泌腺からホルモンを単離し，その構造や生理作用を知ろうとする試みがなされるようになった．その結果，変態のホルモン調節に関する新しい知見やホルモンの分子進化に関する知見が得られつつある[6,7]．また，下等脊椎動物における免疫現象の解明という点でも両生類は研究対象となっている[23,24]．一方，カエルの皮膚（腺）が種々の活性ペプチドを含んでいることが知られるようになり，それらの抗体を用いた免疫学的な検索によって，他の動物における同一または類似物質の分布とその意義についての知見を生み出すに至った[8]．

　両生類は古くから多方面の研究に使用されてきたが，累代飼育の行われている種は限られている．

3.3 体の構造と機能

　すでに述べたように両生類は陸にあがった最古の脊椎動物であり，一般に体の構造と機能は変態を境にして陸上生活に適したものに変化する．ここでは最もその変化の度合が著しい無尾目（カエル）を中心に述べる．

　両生類の成体には魚類にはなかった首が出現する．両生類の首はそれよりも進化した動物の首ほどは可動性に富んでいるとはいえぬが，体を動かさずにある程度頭部（感覚器が集中している部分）だけを向けて捕食したり，外敵を察知することができる利点がある．口は大きくよく発達した舌をのばして食物を飲みこむ．口の前端真上に鼻孔があいており，その後に眼と鼓膜がある．体の後端には糞，尿，配偶子を排出する総排泄口が開く．無尾目では尾が退化し，後肢が異常に発達しているのが特徴で，有尾目よりも陸上での運動性という面ではすぐれている．

　体は柔かい湿った皮膚で覆われている．他の脊椎動物は鱗や羽毛・体毛で皮膚が保護されているが，両生類の場合は"裸"である．そのため体表から水分が失われやすく，それが湿気の多い環境を離れられない原因となっている．皮膚は水分保持のため，後葉ホルモン（アルギニンバソトシン）の働きにより水分を吸収したり[9]，種によっては表皮細胞を何層にも重ねた"まゆ"を作って乾燥に耐える[10]といった工夫が見られる．なお後葉ホルモンの効果は幼生や水生のアフリカツメガエルの皮膚では見られない．湿った裸の皮膚は外界とのガス（特にCO_2）交換の場となっている[11]．皮膚には粘液腺と顆粒腺が分布していて，前者は皮膚に湿り気を与え，後者は他

の動物にとって有害な物質を分泌し，捕食者の攻撃を逃れるのに役立っている．近年分泌物に含まれるいくつかの物質は脳や消化管にも存在し，それぞれ神経や消化管の活動の調節物質として働いていることがわかった[8]．皮膚におけるそれらの物質の生理的役割の解明がまたれている．表皮の下には光を反射させるイリドフォア，フィルターの役目をする黄色のザンソフォア，光を吸収する黒色のメラノフォアといった色素細胞が配置されている．これらの細胞の量と位置関係により体色が決まる．両生類では，メラノフォア内の顆粒が細胞の中心に集中したり，拡散したりすることによって背景の色に応じた体色を示すことが知られており，この反応は下垂体の中葉ホルモン（メラノフォア刺激ホルモン）の分泌の増減によって調節されている[13]．

カエルは体の長さが短く，脊椎骨の数も少ない．頭骨は脳をつつみ，感覚器を保護する．扁平でかなりの部分が軟骨質である．下顎は3個の骨からできている．前肢は肩甲骨や鎖骨・烏啄骨でつながれた肩帯に支えられる．後肢は腰帯によって支えられている．腰帯は大腿骨が付着する円状の構造（坐骨，恥骨および腸骨の一部）と前方に伸びる一対の長い突起（腸骨の一部）とでできている．前肢は上腕骨，橈-尺骨，掌骨，指骨よりなり，後肢は大腿骨，脛腓骨，跗骨（距骨と踵骨よりなり，長いことが特徴），蹠骨，趾骨よりなる[10]．

筋肉系で注目すべきところはその発達の度合に雌雄差が見られる場合があるという点で，これは生殖行動に関連しているためである．生殖時に雄は雌を前肢で背中から長時間かつ力強く抱く．ヒキガエルの場合，肉眼的にも雄の前肢は太く，生殖期には特に発達し，前肢筋のうち6種の筋で差が見られる．もう一つ雌雄差のある筋肉は喉頭筋で，これも雄にくらべて雌は未発達である．このことはヒキガエルでは雄が鳴き声を発し，雌が声を出さないことと関連がある[14]．

体の背部正中線に沿って脳・脊髄が位置し，それから脳神経，脊髄神経が枝を伸ばす．カエルの脳で特徴的なのは中脳域の視葉と脳前端部の嗅葉が発達していることである．

カエル（成体）は幼生と違って眼球を眼窩に引っ張り，下瞼についている瞬膜が眼を覆う．眼の裏側にはハーダー腺があり，分泌液を出して眼を乾燥から防ぐ．水生のツメガエルは瞬膜の発達が悪く，眼を閉じないが，ハーダー腺は変態とともに出現する[15]．この腺は硬骨魚類や両生類の幼生にはない．網膜には棒細胞と円錐細胞が散在しているが，棒細胞に含まれる感光色素は幼生時にはポルフィロプシンであるが成体になるとロドプシンがとってかわる．変態時にはレンズのクリスタリンもγ型が減ってαとβ型が増加する[5]．

カエルは哺乳類がもっているような外耳道をもたず，大きな鼓膜が露出している．鼓膜の内側は中耳腔で，そこを骨が1本よぎって頭蓋骨に埋れている内耳へ振動を伝える．内耳には三半規管があり，これは平衡器官として役立っている．口の前端の真上に鼻孔があいている．鼻孔は小さいがひだが発達して嗅嚢を作り匂いの情報を受けとっている．

口は幼生にくらべて大きくさけ，眼の後端まで達する．それとともにやすり状のキチン質の歯（幼生はこの歯で植物性のえさをこすり取る）を失い，そのかわり舌が発達する．舌はよく伸縮みし，飛んだり，這っている動物を離れたところから捕えることができる[10]．

口につづいて食道・胃・小腸・大腸が腹部を走り総排出口によって外部に開口している．幼生時には消化管は細長く，うすい管で腹部に渦を巻いて収まっているが変態時に短縮し，消化管の各部はより特徴のあるかたちに変化する．このような変化の起こる変態の最盛期は動物は絶食している．その前は植物性のもの，その後は動物性のものと，食性がかわる．それに伴い，消化液中のタンパク分解酵素の活性が上昇する．幼生時には主たる窒素排出物はアンモニアで，鰓から外界の水中に排出されるが，変態に伴って肝臓の尿素合成系の酵素活性が高まり，成体では尿素として尿から排出される．水生のツメガエルは水が十分にあるときは成体でも主としてアンモニアで排出している[5]．変態によって鰓が消失し，肺が呼吸器官となるが，その際肺は表面積を増すとともに肺上皮細胞はリン脂質を分泌するようになる[16]．この物質は哺乳類などにおけると同様に表面張力を減じて肺が空気でよくふくらむようにしている．心臓は二心房一心室である．肺からの酸素に富んだ血液は肺静脈を経て左心房に入り，ついで心室に入る．酸素を失った大静脈血は右心房に入りついで心室に入る．心室から血液は上方に運ばれ心臓球

に達する．それぞれの心房から心室への開口部の位置のずれと，心臓球にあるらせん弁のはたらきで，両方の血はあまり混じり合わず新鮮な血は主として大動脈に向けられ，身体各部にまわる．酸素の少ない血は主として肺-皮膚動脈に向かう．すでに述べたように皮膚もまた重要な呼吸器官で二酸化炭素の交換は主として皮膚で行われる．皮膚には皮膚動脈からの血と大動脈からの血が供給されるが，それらは大静脈を経て心臓にもどる[11]．

幼生型の赤血球は大型で，成体のは小型であるが，血球数と全ヘモグロビン量は成体の方が多い．ヘモグロビンそのものも，幼生のものと成体のものでは性質が異なる．幼生のものは酸素に対して親和性が高く，水中のような酸素分圧の低いところで酸素を取込むのに都合がよく，成体のものは親和性が低いが，酸素分圧の比較的高い空気から酸素を取込む一方，酸素はヘモグロビンと解離しやすいから，組織で比較的多量に酸素を放出することにより物質代謝を高く保つことを可能にしている[17]．

カエルではリンパ系がよく発達している．リンパ液の循環はリンパ心臓によって行われる．その1対は第3脊椎骨の横にあり，他の1対は尾骨の先端近くに位置する．カエルではリンパ腔が皮下に発達しているのが特徴で，そこに水分をためている．

腎臓は体腔の背壁に一対ある．他の動物と同じようにそこで血液から水と老廃物をこし取って尿として排泄するが，尿はウォルフ管を通って総排出腔に運ばれ，そこに付属する膀胱にたくわえられる．両生類は一般に膀胱から水を再吸収して利用する．後葉ホルモンは水の再吸収を促進する．乾燥地に生息する種ほど体重にくらべて膀胱の容量が大きい[9]．ウォルフ管は腎臓の腹側にある精巣から精子もはこぶ．雌の場合は腎臓の両側に一対の卵巣があり，成熟した卵はいったん体腔に出て，さらに卵管の先から取込まれ，卵管およびその末端部のふくらみ（子宮）を通って総排出腔から外に出る．卵は卵管を通る間に卵管上皮から分泌されるゼリーによって包まれる．卵管から分泌される物質は受精に重要な役割をもっている．ヒキガエルでの研究によると，ゼリーに含まれる2価イオン濃度はゼリーが体外に出て水分を吸うと適当な濃度に下がり，それが精子に運動能をもたらす．また卵管前端部から分泌される物質（したがって卵膜に接する）も受精に重要な役割をもつ．この物質はそれ自身が卵膜を部分分解する一方，精子に先体反応を起こさせ，卵膜ライシンを放出させて精子と卵との細胞膜の融合を促す[18]．

なお体の構造を示す解剖図については他の成書[10,33]や文献[38]を参照されたい．

3.4 繁殖行動

無足目の繁殖行動はあまり知られていない．雄は総排出腔部に交尾器をもち，それを雌の総排出腔に挿入し，精子を送り込み体内受精を行う[10]．

有尾目のイモリは特異的な求愛行動を示すことでよく知られている[19]．雄は雌に接して，あるいは離れた位置で尾を激しくふるわせる．ついで雄が雌の先に立って動くと雌は雄に追従する．雄は立ち止まって精包（spermatophore：精子を肛門腺の分泌物で包んだもの）を総排出腔より出す．そしてまた前進し，その際突出している雌の総排出腔が精包のある位置を通過するような進路をとるか，雌のからだを動かして，精包を雌の総排出腔より取込ませる．やや違った行動をするのはカリフォルニアイモリやブチイモリで，雄は雌の背に乗って総排出腔や顎を雌にこすりつけたあと雌からおりて精包を出して雌に取込ませる．トゲイモリの雄は雌の腹の下にもぐりこみ，雌の前肢を自分の前肢でかかえて背負い，精包を出したあとも背負ったまま精包に雌を近づけて取込ませる．体内に取込まれた精包は総排出腔の背壁にある入組んだ部分（spermatheca）に貯えられ卵管をおりてきた卵と遭遇して受精する．

サンショウウオ科の動物は上記のような求愛行動を示さない．たとえばカスミサンショウウオの場合は雌が雄のなわばりにやってきて卵を産みつけると，雄は雌にからみついて卵をからだからひきはなす．そのあとで卵に精子をかけて受精させる．

無足目の場合は一般に雄のほうが雌より先に繁殖地に現れ，そこで鳴声を発する．この声は mating call と呼ばれ，種によって特有の音程とリズムをもつので，同種の雌やおくれてくる雄はそれをたよりに移動する．雄は雌に抱接し，産み出された卵に精子をかける．雄は同種の雄や産卵準備のととのわな

い雌にも抱きつく．そのとき相手は体を振わせて release call と呼ばれる鳴声を発する．雄はその信号によって離れる．産卵準備のととのった雌は release call を出さないが，産卵を終えると release call を発する．release call を発しなくなるのは，排卵された卵が腹腔に充満し腹圧を上昇させるのが原因の一つと目されている．ヒキガエルのように種によっては雌が鳴声を出せないものもいる．これは喉頭の構造が原因で，体の振動だけによって解放の信号を雄に伝える[19]．

表 3.1 に代表的な種の繁殖に関するデータ[20]を示す．

表 3.1 両生類の繁殖に関するデータ（文献[20]の一部を改変）

動物名	繁殖期（産卵期）	産卵場所	卵の形	卵の色	卵の大きさ(mm)	卵数	成体の大きさ(cm) 成熟に要する年月	分布	寿命	特記事項
〔有尾目〕										
ヒダサンショウウオ Hynobius kimurai	2～5月	谷川の石の下	バナナ状の卵嚢中	黄金色	5	10～17/卵嚢, 2卵嚢	10～14	北陸，関東西，中部，近畿，鳥取の山地		
トウホクサンショウウオ H. lichenatus	12～5月	山間の細流の石の下，枯枝	短紐状の卵嚢中	黒褐	3～3.7	9～35/卵嚢	10～13	新潟，福島以北の本州		
カスミサンショウウオ H. nebulosus nebulosus	2～4月	山ぞいの池，溝などの静水	細長い紡錘状1～3回巻	褐	3	30～60/卵嚢	7～11	近畿以西の丘陵（九州南部を除く）		雌の産み出した卵嚢を抱き放精
トウキョウサンショウウオ H. nebulosus tokyoensis	2月下～3月下	水田，溝，池	紡錘形(C字状)	暗褐	2.5～3.0	20～70/卵嚢	7～10	関東，福島，愛知の海岸から丘陵		〃
クロサンショウウオ H. nigrescens	1～6月	水田，池，湧水	アケビ実状	淡褐	2.5～3.0	11～106/卵嚢	12～15	福井，長野以東の本州中部から東北		
エゾサンショウウオ H. retardatus	4～6月	池，沼，水たまり	細紐状（らせん巻）	暗褐	2.3～3.0	30～50/卵嚢	12～18	北海道		クッチャラ湖のネオテニー
ハコネサンショウウオ Onychodactylus japonicus	5～7月	谷川の巨岩のすきま，流水	円筒状の卵嚢1対	淡黄	4.5～5.5	5～7/卵嚢	♂14～18 ♀13～16 ふ化まで5か月(10℃)変態まで1年数か月以上	近畿以東の本州，四国の山地		雄が先着の生殖移動，卵嚢を抱き放精，産卵誘発はプベローゲン500U，またはアセトン乾燥脳下垂体による
オオサンショウウオ Megalobatrachus japonicus	8月下～9月	山地の上流に移動し川岸の穴の中	ジュズ状	黄	5.0	400～500	60～100 変態まで3年	岐阜以西，九州北部	>55	シナサンショウウオ M. davidianus は購入可能
メキシコサンショウウオ Ambystoma mexicanum	2月（原産地）				1.8～2.0	500～800	25 1年以内に成熟	メキシコ市付近		ネオテニー，温度ショックで年中産卵
イモリ Cynops pyrrhogaster	3～6月	池沼，水田の溝	1個ずつ	褐	2.0	48～285（1腹の成熟卵数）	♂8.0～9.5 ♀8.5～12.0	北海道を除く各地	>35	精包受渡しにより体内受精
シリケンイモリ C. pyrrhogaster ensicauda	3～8月	池沼，溝，水たまり	1個ずつ	褐	2.7～3.0		10～15	奄美，徳之島，沖縄		
クシイモリ Triturus cristatus	4月～夏	池沼など静水			2.0	15 4か月で変態 ♂15, ♀17 4年目に成熟		ヨーロッパ中部北部，イタリア，イギリス，小アジアなど		産卵期♂の背中にヒレ発達

3. 両生類

和名・学名	産卵期	産卵場所	卵塊	卵色	卵径(mm)	産卵数	変態・成熟	分布	染色体数	備考
ブチイモリ Notophthalamus viridescens viridescens	春	静水の水草		褐	1.5	200〜375	7〜10 2〜3か月で変態陸生 3年で成熟水中に戻る	アメリカ東部〜内陸		ネオテニー
カリフォルニアイモリ Taricha torosa	12〜3月	池沼，溝，ゆるい流れの水草，枯枝など	小塊	褐	2.0〜2.5	7〜29	11〜13 9月に変態 4年目に成熟	カリフォルニア沿岸	>21	フグ毒を含む
〔無尾目〕										
アフリカツメガエル Xenopus laevis	早春〜晩夏（原産地）	池，水たまり	バラバラまたは小塊		1.4	1000〜1500	♀10 2か月で変態完了	サハラ以南のアフリカ	>15	飼育は容易，市販の生殖腺刺激ホルモンで産卵誘発
スズガエル Bombina orientalis	3〜6月	山間の水たまりなどの静水の水草	1個ずつまたは小塊	黒褐	2.5	150〜200	4〜5 3年目に成熟	朝鮮，中国北東部	>13	飼育と産卵誘発は容易
ニホンアカガエル Rana japonica	2〜5月	山地に近い水田，水たまり	球塊	黒褐	1.4〜2.0	500〜2500	4〜7 80〜100日で変態 変態完了時18 mm	本州，四国，九州の平地丘陵		
ヤマアカガエル R. ornativentris	2〜5月	山間の水田，溝，水たまり	球塊	暗褐	1.5〜2.4	1000〜1600	成♂5〜7 ♀>8.5 3〜4か月で変態．2年目の秋に♂成熟	本州，四国，九州の山地		
タゴガエル R. tagoi	5〜6月	山間の小川の岸の穴，雪どけ水の潜流，日かげの水たまり		灰褐〜暗褐	2.7〜4.0	30〜150	3.6〜4.6 4〜5週で変態，3年目から生殖	本州，四国，九州の丘陵，山地		
アメリカアカガエル R. sylvatica	2〜4月	池，水たまり		暗褐	1.8〜2.4	2000〜3000	3.5〜7.0 ♂は2年目，♀は3年目に成熟	アメリカ東北部		
ヨーロッパアカガエル R. temporaria	2〜4月			黒	2.5	1000〜3000	7 4年目に成熟	イタリア，ブルガリアを除くヨーロッパ	>12	
トノサマガエル R. nigromaculata	4月中〜6月下	水田，水たまりの底	20 cmぐらいの卵塊	褐〜黒褐	1.3〜2.0	1000	♂6〜8 ♀7〜9 60〜70日で変態 ♂2年で成熟	関東，福島，宮城を除く本州，四国，九州	5	精巣卵多い，産卵期♂♀色彩差
ダルマガエル R. brevipoda brevipoda	5〜7月	水田，池の水草	小塊	暗灰	1.2〜1.6		♂4.5〜6.0 ♀5.0〜6.5 60〜70日で変態	中国，四国の瀬戸内海東沿岸から近畿，東海		
トウキョウダルマガエル（トノサマガエルとダルマガエルの自然雑種）R. brevipoda porosa	5月下〜7月					800〜1400	〜8	関東平野〜仙台平野，新潟，善光寺平		
ウシガエル（食用蛙）R. catesbeiana	5〜8月（日本）	池，沼	水面にうすく広がる卵塊	黒褐	1.2〜1.7	1万〜2万	〜20 その年に変態完了もしくは翌年変態，♂は3年♀は4年目に成熟	原産北アメリカロッキー山脈東，本州，四国，九州	>16	♂鼓膜が♀より大，間性多い
ヌマガエル R. limnocharis	5月中〜7月上	水田，池沼	水面にうすく広がる小卵塊	黄褐	1.2		3〜6 8月下旬に変態	本州中部以西，四国，九州，琉球列島，東南アジア		
カニクイガエル R. cancrivora	5〜6月	海辺の水たまり		黄褐	1.2		45日前後で変態	東南アジア		海水に耐える

種名	産卵期	産卵場所	卵塊形状	卵色	卵径	卵数	変態・成熟	分布	寿命	備考
ツチガエル R. rugosa	5～7月	水田,池沼,水たまり溝などの水草	数十個ずつの小塊	黄褐	1.2～1.5	800～1400	4.0～5.5 同年秋もしくは翌夏に変態	本州,四国,九州,平地～丘陵		精巣卵多い
ヨーロッパトノサマガエル R. esculenta	5～6月(イギリス)	池,溝	卵塊を数個	黄褐	1.5	1000/卵塊	6～9 8月中変態	ヨーロッパ西,中部,イギリス	>5	
ヒョウモンガエル R. pipiens	4～8月		ひらたい球状の卵塊	黒	1.6	3500～6500	60～80日で変態 3年目に成熟 5～10	カナダ南～パナマ	>6	
モリアオガエル Rhacophorus arboreus	5月下～8月上	水辺の樹上	泡状塊	黄白	2.5～3.0	250～600/卵塊	♂5～7 ♀6～9 40～60日で変態	本州,四国,九州の丘陵,山地		精巣が非常に大きい.ウォルフ管精子貯蔵部も大きい
シュレーゲルアオガエル Rh. schlegelii	4～7月	水田のあぜの穴,土塊の間	白色泡状塊,小さい	黄白	2.5	300～600/卵塊	♂3.5～4.5 ♀4.5～6.0 40～60日で変態	本州,四国,九州の平地,丘陵		
カジカガエル Buergeria buergeri	4月下～7月中	川のよどみの石の下	塊状	黒褐	1.5～2.5	220～500/卵塊	♂3～4 ♀5～7 45～65日で変態	本州,四国,九州の山間		美声,指だこの発達著しい
ニホンヒキガエル Bufo japonicus japonicus	2～5月,緯度により12月もある	池,水田	4cmくらいの紐状	黒	2.5～3.0	500～2000	10～24時間で産卵 40～60日で変態 3年目に♂一部成熟	本州,四国,九州の平地,山地	>11	産卵期には♂♀体色差,Bidder器官
アメリカヒキガエル B. americanus americanus	4～7月	池沼,水たまり	紐状	黒	1.0～1.4	4000～8000	50～60日で変態 5～9 ♂は3年目 ♀は4年目に成熟	アメリカ東岸から内陸	10～15	
オオヒキガエル B. marinus	1年に何回も	海岸近くの水たまり					♂10～15 ♀～25 1年で成体に近い大きさ 45日>で変態	テキサス南東～南米 日本では小笠原に棲息	>15年	耳腺(毒腺)大きい
ヘリグロヒキガエル B. melanostictus	通年,インド主として5～8月						～8 2年目に成熟	台湾～インド,日本では南大東島に移入	>4.3年	インドでよく実験材料
ニホンアマガエル Hyla arborea japonica	5～8月	水田,池の水草	小塊	暗黄褐	1.3～2.0	250～500	2.5～4 50～60日で変態	北海道～屋久島	>14年	

3.5 実験に用いられる主な動物

すでにこれまでの各節で必要に応じてふれたように，それぞれの種が研究の対象として取り上げられ，さまざまな実験が行われてきた．ここでは国内で比較的入手および飼育しやすい，したがって多くの人々によってよく使用されてきた種について簡単に述べることにする．

(1) ツメガエル

アフリカ原産の無尾両生類で，後肢の3本の指に爪がある．舌をもたず，鼓膜も明らかでなく前肢は小さい．体表に側線をもつ．両生類のなかでは最も実験動物化されている種で，容易に累代飼育ができる[21]．成体になっても生餌を与えなくても肉片や市販の飼料を自分で食べる．動物をストックしておくときは水温が低くても(10℃)耐えるが繁殖には水温を高め(23～25℃)，胎盤性生殖腺刺激ホルモン(500単位程度)や下垂体の粉末を注射したり，下垂体を皮下に植えこんでやると抱接,産卵,放精が起こり，受精卵が得られる．23℃では5日でふ化が始まる．ふ化後3日目から餌を食べる．植物性のものを主体とした餌(ラット・マウスの固形用飼料をすりつぶしたものなど)を与える．他の動物の場合にもいえることだが，食べ残した餌の腐敗や水道水で飼育する場合の塩素の混入に注意しなければならない．塩

素は水を汲み置いてポンプで空気を通しておけば除ける．

ツメガエルは1回の産卵で多量の卵が得られる．人工受精と温度制御で発生を同調させられることから発生学や分子生物学の面で材料として用いられてきた．同じ属の X. borealis の細胞核内にはキナクリンで強染する異質クロマチンが点状に存在している[22]．これがマーカーとなり得るので発生分化の研究に有用である．ツメガエルを用いた免疫学の研究[23]も盛んである．幼生は他の種のものに比較して透明なので胸腺の除去などが容易[24]で，この特徴を利用した免疫学的実験も行われている．ツメガエルの皮膚からは化膿を防ぐペプチド性の抗生物質（マガイニン）が得られている[12]．最近ツメガエルの視覚中枢に特異的に存在する物質が見出された[25]．これが視神経線維による標的（視覚中枢）認識に関わる細胞表面分子であると考えられている．

（2）ヒキガエル

成体は野外で捕獲したものを用いる．幼生は春先に産卵したものを採集して実験室内で発生させて用いればよいが，冬に入る前に雌雄を捕獲して低温下で保存しておき，必要に応じて常温にもどし生殖腺刺激ホルモンやヒキガエル自身の下垂体のホモジネートを注射して卵を得ることも可能である[26]．

卵は大きく，胚期に視床下部・下垂体や甲状腺の原基を除去しやすいので，変態の内分泌学的研究や下垂体細胞の分化に関する研究に用いられている[3]．すでに述べたようにこの種を用いてゼリーの性質や発生学上の重要性についての知見が得られている．

幼生はゆでたホウレンソウなどでよく育つ．前肢が出たら水を少なくし陸地を作ってやらないとおぼれ死ぬ．成体は捕獲したものにミツボシコオロギ（実験室でふやせる）などを与えて飼育できる．成体は生殖や摂餌に関する行動の研究，神経内分泌や神経解剖学的研究の対象として用いられている[27,28]．

（3）ウシガエル

ウシガエルは野外での繁殖力は強い．卵から発生させて亜成体にするのはむずかしいが，ある程度成長した幼生を野外で採集し，変態させて亜成体にするのは困難ではない．成体の後肢は食用として用いられるので，残りの頭部から得られる下垂体は両生類のホルモンの純化のために使用される[29〜32]．からだが大きいので内分泌器官も大きくこの種の研究材料として適している．同じ Rana 属のトノサマガエル，ダルマガエル，アカガエルはウシガエルより小型であるが，採集しやすく，扱いやすいので，発生学，生理学の実験によく用いられてきた[33]．

（4）イ　モ　リ

イモリは古くから器官形成や再生の実験によく用いられてきた[34]．成体は野外で採集する．幼生は成体に胎盤性ゴナドトロピンとプロラクチンを注射すると前節で述べた求愛行動が見られ産卵をする．場合によってはホルモン処理をすると雄なしでも受精卵を産む．これはすでに捕獲前に精包を取込んでいるためである．成体，幼生ともにイトミミズなどを与えて飼育できる．成体ははっきりした二次性徴（雄は尾幅が広く，総排泄腔部周辺にふくらみがある）が見られるので，これらの内分泌学的調節に関する研究がなされている[35]．両生類での腫瘍発生は比較的まれであるが，イモリの皮膚には上皮性パピローマが発生することが知られており[36]，ヒョウガエルの腎腫瘍と並んで研究材料となっている．

（5）メキシコサンショウウオ

累代飼育が可能な種で幼形成熟をする．小型のものにはイトミミズ，大型のものには肝臓片などを与えて飼育する．実験室内では温度ショックまたは生殖腺刺激ホルモンを与えて産卵を誘発する．卵は発生学の研究に用いられる．またこの種では幼形成熟の機構に関する研究も行われている[37]．

人工的飼育条件や突然変異体に関する情報が豊富であり，とりわけ発生学の分野で貴重な実験動物となっている．インディアナ大学のアホロートル・コロニーを中心として情報の収集と系統の維持が行われている[39]．　　〔菊山　栄・河村孝介〕

文　献

1) Hadorn, E.: Experimental Studies of Amphibian Development. Springer-Verlag (1974)
2) 塩川光一郎：ツメガエル卵の分子生物学．東京大学出版会（1985）
3) 菊山　栄，河村孝介，山本和俊：変態とホルモン．ヒキガエルの生物学（浦野明央，石原勝敏編），pp. 220-238 裳華房（1987）
4) Atkinson, B. G.: Biological basis of tissue regression

and synthesis. Metamorphosis (L. I. Gilbert and E. Frieden eds.), pp. 397-444, Plenum press (1981)
5) 吉里勝利：変態の細胞生物学．東京大学出版会 (1990)
6) Kikuyama, S. and Yamamoto, K.: Prolactin and amphibian metamorphosis, Prolactin Gene Family and its Receptors (K., Hoshino ed.), pp. 359-366, Elsevier (1988)
7) Yasuda, A., Kawauchi, H., Yamamoto, K., Kobayashi, T., Kikuyama, S and Papkoff, H.: The complete amino acid sequences of prolactins from bullfrog and sea turtle. Kyoto Prolactin Conference Monograph Vol. 4, 115-123
8) Crim, J. W. and Vigna, S. R.: Brain, gut and skin peptide in lower vertebrates. Amer. Zool., 23, 621-638 (1983)
9) Bentley, P. J.: Endocrines and Osmoregulation. Springer-Verlag (1971)
10) Duellman, W. E. and Trueb, L.: Biology of Amphibians, McGraw-Hill (1986)
11) Feder, M. E. and Burggren, W.: Cutaneous gas exchange in Vertebrates: Design, patterns, control and implications. Biol. Rev., 60, 1-45 (1985)
12) Zasloff, M.: Magainins, a class of antimicrobial peptides from Xenopus skin: Isolation, characterization of two active forms, and partial cDNA sequence of a precursor. Proc. Natl. Acad. Sci., 84, 5449-5453 (1987)
13) Bagnara, J. T. and Hadley, M. E.: Chromatophores and Colour Change. Prentice Hall (1973)
14) 岡 良隆, 佐藤真彦, 上田一夫：筋肉系．ヒキガエルの生物学（浦野明央・石原勝敏編），pp. 91-97, 裳華房(1982)
15) Shirama, K., Kikuyama, S., Takeo, Y., Shimizu, K. and Maekawa, K.: Development of Harderian gland during metamorphosis. Anat. Rec., 202, 371-378 (1982)
16) Ohkawa, M., Mita, M, Ueta, N. and Kikuyama, S.: Lung maturation in bullfrog tadpoles during metamorphosis, Zool. Sci., 5, 1313 (1988)
17) Broyles, R. H.: Changes in the blood during amphibian metamorphosis. Metamorphosis (L. I. Gilbert and E. Frieden eds.) pp. 461-490 (1981)
18) 片桐千明：受精．ヒキガエルの生物学（浦野明央・石原勝敏編），pp. 181-195, 裳華房，(1987)
19) 菊山 栄・浦野明央：両生類における生殖行動．行動とホルモン（日本比較内分泌学会編），学会出版センター, pp. 137-151 (1983)
20) 岩沢久彰：動物の繁殖に関するデータブック．両生類，ホルモンと生殖I（日本比較内分泌学会編），pp. 276-281, 学会出版センター (1978)
21) Deuchar, E: Xenopus: The South African Clawed Frog. John Wiley & Sons, London (1975)
22) Thiebaud, Ch. H.: A reliable new cell marker in Xenopus, Devel. Biol., 98, 245-249 (1983)
23) Ruben, L. N., Clothier, R. H., Jones, S. E. and Bonyhadi, M. L.: The effects of metamorphosis on the regulation of humoral immunity in Xenopus laevis, the South African clawed toad. Metamorphosis (M. Balls and M. Bownes eds.) Clarendon Press, pp. 360-387 (1985)
24) Tochinai, S. and Katagiri, C.: Complete abrogation of immune response to skin allografts and rabbit erythrocytes in the early thymectomized Xenopus. Devel. Growth Differ., 17, 383-394 (1975)
25) 高木 新・藤沢 肇：神経回路網形成．神経生化学上巻（蛋白核酸酵素臨時増刊），pp, 23-32, 共立出版，(1990)

26) 岩沢久彰：飼育法．ヒキガエルの生物学（浦野明央，石原勝敏編），pp. 266-272, 裳華房 (1987)
27) 佐藤真彦, 岡 良隆, 上田一夫：神経系．ヒキガエルの生物学（浦野明央・石原勝敏編）裳華房，pp. 53-90 (1987)
28) 石居 進, 浦野明央：生殖行動．ヒキガエルの生物学（浦野明央・石原勝敏編），pp. 149-180, 裳華房 (1987)
29) Yamamoto, K. and Kikuyama, S.: Purification and properties of bullfrog prolactin. Endocrinol. Japan, 28, 59-64 (1981)
30) Kobayashi, T., Kikuyama, S., Yasuda, A. Kawauchi, H., Yamaguchi, K. and Yokoo, Y.: Purification and characterization of bullfrog growth hormone, Gen. Comp. Endocrinol., 73, 417-424 (1989)
31) Hanaoka, Y., Hayashi, H. and Takahashi, H.: Isolation and characterization of bullfrog gonadotropin. Gunma Symp. Endocrinol., 21, 63-77 (1984)
32) Takada, K., and Ishii, S.: Purification of bullfrog gonadotropins: Presence of new subspecies of luteinizing hormone with high isoelectric points. Zool Sci., 1, 617-629 (1984)
33) 市川 衛：蛙学．裳華房 (1951)
34) 岡田 要編：実験発生学（上・下）裳華房 (1961)
35) Kikuyama, S.: Role of prolactin in reproduction in the newt. Kyoto Prolactin Conf. Monograph 3, pp. 17-21 (1988)
36) Asashima, M., Komazaki, S., Satou, C., and Oinuma, T.: Seasonal and geographical changes of spontaneous skin papillomas in the Japanese newt, Cynops pyrrhogaster. Cancer Res., 42, 3741-3746 (1982)
37) Larras-Regard, E.: Hormonal determination of neoteny in facultative neotenic urodeles. Metamorphosis (M. Balls and M. Bownes eds.) Clarendon Press pp. 294-331 (1985)
38) 岩沢久彰：解剖．ヒキガエルの生物学（浦野明央，石原勝敏編），pp. 239-255, 裳華房 (1987)
39) Armstrong, J. B. and Malacinski, G. M.: The developmental Biology of the Axolotl, Oxford University Press (1988)

文献　主な両生類の発生段階表

〈無尾目〉
Xenopus laevis
　Nieuwkoop, P. D. and J. Faber: Normal Table of *Xenopus laevis* (Daudin), 2nd ed., North-Holland Publishing Co., Amsterdam (1967)
Rana pipiens
　Shumway, W.: Stages in the Normal Development of *Rana pipiens. Anat. Rec.*, 78, 139-144 (1940)
　Taylor, A. C. and J. J. Kollros: Stages in the Normal Development of *Rana pipiens. Anat. Rec.*, 94, 7-24 (1946)
Bufo japonicus
　岩沢久彰：ヒキガエルの生物学（浦野明央・石原勝敏編），pp. 256-265, 裳華房 (1987)
Hyla regilla
　Eakin, R, M.: Stages in the Development of *Hyla regilla.*, *Uuiv. California Publ. Zool.*, 51, 245-257 (1947)
〈有尾目〉
Triturus pyrrhogaster = Cynops pyrrhogaster
　岡田 要, 市川 衛：イモリ *Triturus pyrrhogaster* (Boie) の発生段階規準改訂図表．実験形態学年報, 3, 1-6 (1947)
〈その他〉
　Rugh, R.: Experimental Embryology, 3rd ed., Burgess Publishing Co., Minneapolis (1962) に種々の発生段階が再録されている．

4. は 虫 類

4.1 分類学的位置

は虫綱（Class Reptilia）は脊椎動物門（Phylum Vertebrata）に属するが，綱内の分類は必ずしも統一した意見にまとまっているわけではない[1〜3]．以下にその代表的なシステムの例を示す（現生種を含む群のみ）．

は虫綱　Reptilia
　　無弓亜綱　Anapsida
　　　　カメ目　Testudinata（56/219）
　　有鱗亜綱　Lepidosauria
　　　　ムカシトカゲ目　Rhincocephalia
　　　　トカゲ目　Squamata
　　　　　トカゲ亜目　Lacertilia（360/2839）
　　　　　ヘビ亜目　Ophidia（416/2005）
　　ワニ亜綱　Archosauria
　　　　ワニ目　Crocodilia（8/21）

なお，括弧の中は現生の属/種の概数を表しており，現在ではトカゲ類とヘビ類が他の群に比べ種数が多いことが明らかである．また，本邦にはムカシトカゲ目とワニ目に属する種は生息せず，カメ類11種，トカゲ類27種，ヘビ類40種の生息が認められている（記録の取り方によって多少異なる）．

4.2 実験動物としてのは虫類

は虫類の部分または生産物を利用することは昔から知られており，採集の方法あるいは飼育については記録があり，また現在でも種々の試みがなされている．さらに，毒蛇の咬傷による障害の予防あるいは治療のために抗蛇毒血清を得る目的で，毒蛇を継続的に飼育する技術および蛇毒採取の方法は確立されてきた．また，展示，観察のために長期間にわたって飼育，繁殖を試みている施設も少なくない．

しかしながら，は虫類のある種が，確立された実験動物あるいは検定動物として用いられていることはない．その理由は多くあると思われるが，その中のいくつかを以下に示す．

（1）ヒトまたは家畜を対象とした病理，薬理または生理学の基礎的研究に，基本的に生理や体制の異なるは虫類を実験動物として用いることはできない．

（2）一般的に実験に適すると思われる種を，人為的に継代飼育する技術が確立されていない．また，そのため純系または比較的均一の個体群を得ることができない．

（3）特殊な種を除き，多数を同時に飼育する技術が確立されていない．

（4）個々の種そのものの解剖学的，生理学的研究が十分になされていないため，現在ではそれ自体の研究が十分に価値をもつレベルにある．

哺乳類または鳥類との比較が必要であるなど，何らかの理由のために，は虫類を用いた実験を行う場合に材料の入手が困難なことが多い．国内には実験用のは虫類を専門に扱う業者はない．必要なときには，薬種業者に蛇などを卸している問屋に頼むと，ヤマカガシ，シマヘビ，マムシあるいはエラブウミヘビなどのヘビ類，カナヘビなどのトカゲ類などは入手してくれることがある．カメの類はペットショップで探すか，依頼して取り寄せてもらう．また，スッポンは養殖業者より入手することが可能である．

4.3 体長・体重・生殖・寿命

外国産の種は高価であるがペットショップを通じて購入する。しかし、種の同定には注意を要する。正式の種名ではなく、業者が適当に付けた種名、あるいはアマチュアに使われている名で呼ばれていることが多い。

なお、飼育、麻酔、内分泌器官の除去・移植、採血などの簡単な説明は「実験生物学講座　第12巻，ホルモン生物学．丸善」のは虫類の項を参考にするとよい。

4.3　体長・体重・生殖・寿命

一般に、は虫類で本項目についての正確な報告は少なく、特に本邦産の種については不明な点が少なくない。以下に明らかになっている概要を紹介する。

（1）カナヘビ *Takydromus tachydromoides*

ふ化直後には頭胴長（吻端より総排泄孔までの長さ）は2.3cm、体重は0.2g前後であるが、翌年には、4cm、1.5gに達し、3～4年後に5～6cmに成長する。カナヘビは1年に数回（1～6回）産卵し、1回の産卵で3～5個の卵を草むらの根本に産み付ける。産卵された直後の卵は長径が7～11mmの楕円形で0.2g前後であるが、ふ化の直前には1.5～1.8gに達する。

カナヘビは実験条件下では7～8年生存するとされるが、野外で4～5年が限度と思われる。雄は尾が長いので全長は雄の方が大きい。ふ化の翌年には性成熟に達するが、実際の産卵に際しては2年目以降の個体の方が産卵数が多く、早い時期から産卵が可能である[4～9]。

（2）ヤマカガシ *Rhabdophis tigrinus tigrinus*

ふ化直後には全長は約20cm、体重3～4gであるが、翌年には35～38cmに達し、3年後には80cm以上に成長する。本種は雄より雌の方が大きい。ふ化の翌年には成熟して交尾を行う。しかし、本種では産卵の前年に交尾が行われ、精子は翌年初夏排卵が起こるまで輸卵管内に貯蔵される。産卵直後の卵は5g前後であるが、ふ化直前には約30%重くなる。

飼育条件下では10年生存した記録があるが、野外での寿命は4～5年と思われる[10～12]。

（3）シマヘビ *Elaphe quadrivirgata*

ふ化直後には全長約30cm、体重8g前後であるが、ふ化の3か月後には35～38cmに達し、冬眠に入る。第5回の冬眠の前には110cmを越える個体もまれではない。雌はふ化の2年後より産卵を始めるが、ヤマカガシと異なり、交尾は産卵の1～2か月前に行われる。産卵直後の卵は約10gで、1回の産卵で5～15個産み出される。ふ化までに約50日を要する。

飼育条件下で15年生存した記録があるが、野外での寿命は5～10年と思われる[5,12～14]。

（4）クサガメ *Geoclemys reevesii*

ふ化直後の個体の甲長は約3cmで、早くふ化した個体はその年の冬眠直前には5cmに達する。成熟には4～5年を必要とするが、その頃には甲長20cmを越える。

産卵は初夏に行われ、生息池（川）の岸の砂泥中に穴をほって一度に4～10個の卵が産み落される。少数はその年の秋にふ化して地上に出るが、多くの場合翌年の春（4～5月）に地上に現れる[5,15]。

飼育条件下の寿命は20年に達するとされる。

は虫類の卵殻は水に対して透過性があるので、乾燥すると脱水によって重さが減り、卵殻に皺が生じ、胚はやがて死ぬ。また、発生に伴って胚が成長すると吸水し、重量が増加するとともに、卵のサイズが大きくなる。

上記のいずれの種もふ化に際して、幼体の上吻部に卵歯を生じ、卵殻に切れ目をつけて、そこから卵の外に出る。卵歯はふ化の数時間から数日以内に脱落する。

本邦産で成長が比較的くわしく報告された例について、そのデータを表4.1～表4.3に示す[12,14]。

表 4.1 カナヘビ（1967 年にふ化した 2 個体の記録）[14]

		ふ化時	1 年後	2 年後	3 年後
雄	全長 (cm)	6.5	17.8	19.7	19.8
	頭胴長 (cm)	2.2	5.2	5.7	5.8
	体重 (g)	0.24	2.85	3.25	4.10
雌	全長 (cm)	6.0	13.1	16.8	16.7
	頭胴長 (cm)	2.2	4.4	5.4	5.6
	体重 (g)	0.22	1.66	2.95	2.45

表 4.3 アオダイショウ（多くの資料に基づく）[12]

		ふ化時	1 年後	2 年後	3 年後
雄	全長 (cm)	40	68	120	140
		4 年後	5 年後	6 年後	7 年後
		148	156	162	168
		8 年後	9 年後	10 年後	11 年後
		173	178	182	185

表 4.2 シマヘビ（1954 年にふ化した 2 個体の記録）[14]

		ふ化時	1 年後	2 年後	3 年後	4 年後
雄	全長 (cm)	32	75	78	109	126
	体重 (g)	8	72	65	205	285
雌	全長 (cm)	30		92		104
	体重 (g)	12		120		200

4.4 解 剖

　先にも述べたように，本邦産のは虫類の研究は少なく，解剖もその例外でない．ここにはカナヘビの解剖についてごく簡単に示す．なお，イシガメ，シマヘビについては「日本動物解剖図説，広島生物学会編，森北出版」，クサガメ，ヤマカガシについては「動物解剖図，日本動物学会編，丸善」に詳しい解剖図が載せられている．

　カナヘビはエーテルで軽く麻酔し，解剖台の上におき腹部を上にして，四肢をピンでとめる．総排泄孔のやや前方（頭方）をピンセットでつまみ，小さな傷を作る．そこから解剖鋏（鈍端）を腹腔にさしこみ，腹静脈が走る正中線を避けて肋骨も含めて胸の上部まで切り開く．その後，体壁を左右にひろげピンでとめて内部を露出する．さらに，小さな鋏で胸部より首の部分を顎の下まで切り開く．このとき鋏を深く入れると気管あるいはその付近にある甲状腺や血管を傷つけるので注意が必要である．

　このようにして開胸，開腹すると胸腔の上部に心嚢膜に包まれた心臓が見えるので，注意して心嚢膜を開き心臓（心室，心房）を露出する．腹部の前部より中部にかけて暗赤色の肝臓が存在するが，左右の肝葉の間に黄白色の胃が見えることが多い．また，産卵期の雌では輸卵管と卵巣が肥大していて，腹部の大部分を占めるように見えることがある．

　一般に，麻酔して開腹した状態では，肺の中に空気がないため，肺は縮んで胸腔の両側に押しつけら

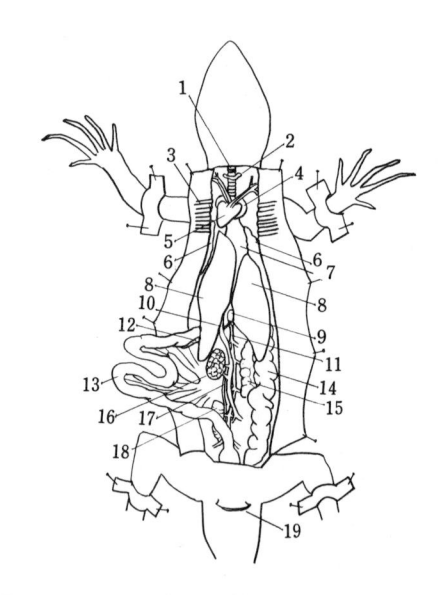

図 4.1 カナヘビの解剖図（腹面より開いた場合，半模式的に表してある．なお，便宜上生殖器系は右側に雄，左側に雌を示す．）
1. 気管 (Trachea), 2. 甲状腺 (Thyroid gland), 3. 肋骨 (Rib; Costa), 4. 心房 (Auricle), 5. 心嚢 (Ventricle), 6. 肺 (Lung), 7. 胃 (Stomach), 8. 肝臓 (Liver), 9. 胆嚢 (Gall bladder), 10. 下行大静脈 (Postcaval vein), 11. 下行大動脈 (Dorsal aorta), 12. 膵臓 (Pancreas), 13. 腸 (Intestine), 14. 輸卵管 (Oviduct), 15. 卵巣 (Ovary), 16. 精巣 (Testis), 17. 輸精管 (Sperm duct), 18. 腎臓 (Kidney), 19. 総排泄腔の開口 (Opening of cloaca)

れていることが多い．肝臓の後方には屈曲した消化管の後部が見られる．肝臓をもち上げると，腹腔には腹腔膜（腸間膜）に懸垂された屈曲した消化管（腸）が見られる．腹腔膜には下行大動脈から分かれた腹腸間膜動脈の分岐と，腹静脈と肝門脈に入る血管が網目状に存在する．腹腔の中央部の腸間膜に赤色の脾臓が付着している．肝臓の裏側には暗緑色，球形の胆嚢が存在する．また，胃に続く腸（十二指腸に相当する部分）に黄白色の膵臓が付着している．

腸と腸間膜を取除く（出血するので結紮してから切り取るか，切り取らずに強くわきに寄せるとよい）と，泌尿生殖器系が現れる．生殖期の雌については上に述べたが，非生殖期では輸卵管はごく細く，半透明白色の紐状を呈する．雄の精巣は黄白色でダイズ状を呈し，表面に細かい凹凸がある．輸精管は細く見にくいが，精巣より後方腎臓方向に向かう．腎臓は体腔の後方背側にあり灰白色を呈し，前方は楕円球形で後方に向かって長く伸びる．後方ではその表面に皺状の凹凸が見られる．

上に述べたようにして行った開腹図を図4.1に示す．

文　献

1) 中村健児，上野俊一：原色両生爬虫類図鑑，pp. 214，保育社（1963）
2) 日本動物学会編：学術用語集 動物学編，pp. 1122，丸善（1988）
3) 内田　亨：動物系統分類の基礎，pp. 325，北隆館（1980）
4) 石原重厚：カナヘビの産卵と孵化．京都学芸大学紀要，**B25**, 79-85 (1964)
5) Fukada, H.: Breeding habits of some Japanese reptiles. *Bull. Kyoto Gakugei Univ.*, **B27**, 65-82 (1965)
6) Takenaka, S.: Maturity and other reproductive traits of Kanahebi lizard *Takydromus tachydromoides* (Sauria, Lacertidae) in Mito. *Japn. J. Herpetol.*, **9**, 46-53 (1981)
7) Ishihara, S.: On the average span of life on the lizard, *Takydromus tachydromoides* (Schlegel). *Bull. Kyoto Univ. of Education*, **B39**, 7-12 (1971)
8) Takenaka, S.: Growth of the Japanese grass lizard *Takydromus tachydromoides* in relation to reproduction. *Herpetologica*, **36**, 305-310 (1980)
9) Telford, S. R., Jr.: The ovarian cycle, reproductive potential, and structure in a population of the Japanese lacertid *Takydromus tachydromoides*. *Copeia*, **1969**, 548-567 (1969)
10) Fukada, H.: Biological studies on the snakes. II. Observations on hatchling of the grass snake, *Natrix t. tigrina. Bull. Kyoto Gakugei Univ.*, **B6**, 15-20 (1955)
11) Fukada, H.: Biological studies on the snakes. VI. Growth and maturity of *Natrix t. tigrina. Bull. Kyoto Gakugei Univ.*, **B15**, 25-41 (1959)
12) 深田　祝：蛇類数種の生長と成熟．*The Snake*, **4**, 75-83 (1972)
13) Fukada, H.: Biological studies on the snakes. I. Observations on hatching of the striped snake, *Elaphe quadrivirgata. Bull. Kyoto Gakugei Univ.*, **B5**, 29-33 (1954)
14) Fukada, H.: Biological studies on the snakes. VII. Growth and maturity of *Elaphe quadrivirgata. Bull. Kyoto Gakugei Univ.*, **B16**, 6-21 (1960)
15) 深田　祝・石原重厚：クサガメの孵化時期．爬虫類両棲類学雑誌，**5**, 45-47 (1974)

5. 鳥　　類

5.1 ウ　ズ　ラ

　現在，実験動物として使用されているウズラはニホンウズラ Coturnix coturnix japonica の家禽化されたものである．わが国は家禽化ウズラとともに野生のウズラも存在するためウズラを実験動物として研究するうえで有利な状況にある数少ない国の一つである．

　ニホンウズラ（以下ウズラと略）の実験動物としての利点は以下の点と考えられる．

　1）　ふ化後6～7週で性成熟となるため，世代の交代が早く，年3～4世代更新可能である．

　2）　性成熟時体重が100～130gと扱いやすい大きさでしかも強健である．

　3）　年間産卵数が多く，簡単に受精卵が得られるため発育ステージが同一の検体を一度に多数使用する研究あるいは胚を扱う研究に便利である．

　4）　Germ free, SPF 動物の作出法がすでに確立されている．

　一方，これらの利点とはうらはらに家禽化の歴史が浅いためミュータントの数が少ないこと，および兄妹交配による近交系の作出が困難なためマウス，ラットのような近交系が存在しないという欠点もある．

(1) 生物分類学的位置

　ウズラの分類学上の位置は脊椎動物門，鳥類綱，キジ目，キジ科のウズラ属（Coturnix 属）に属する．染色体数はニワトリのそれと同じ $2n=78$ である．約174種が含まれるキジ科のなかではめずらしく渡りをする鳥である．ヨーロッパウズラ Coturnix coturnix coturnix とニホンウズラ Coturnix coturnix japonica の異同は問題であるが，現在は異種として分類されている．他の Coturnix 属のウズラとしてはアフリカに生息する C. c. africana，カナリア諸島に生息する C. c. confisa，アゾレス諸島に生息する C. c. conturbans，ケープベルデ諸島に生息する C. c. inopinata，オーストラリアに生息する C. c. pectoralis などがある．

(2) 実験動物になるまでの歴史

　ウズラはわが国で家禽化されたが，いちはやく実験動物としての有用性に着眼されたのは米国においてであった．このため実験動物になるまでの歴史は，① わが国における家禽化の歴史，② 米国における実験動物化の歴史，③ わが国における実験動物化の歴史について述べる．

a．わが国における家禽化の歴史

　ウズラはわが国で家禽化されたといわれている．家禽化の年代は不明であるが，慶安年間（1648～1651年）にウズラの解説書「鶉書」が刊行されていることから家禽化はこれ以前と思われる．ウズラ飼育の当初の目的は鳴声を楽しむためであったといわれている．ウズラが卵肉生産のために大量に飼育されはじめたのはニワトリ用ふ卵器ができたころからであろう．昭和初期には全国で80万羽飼育されていたという．その後，太平洋戦争のため壊滅状態となったが，昭和30年ころ戦争前の水準に回復し，昭和55年には全国で643万羽飼養されるまでになった．

b．米国における実験動物化の歴史

　ウズラが1870年代に米国へ輸入された最初の目的は猟鳥として使用するためであった．その後，1920年代および1950年代にもウズラが放鳥されたが，ウズラが渡り鳥であるため猟鳥とするのは失敗であった．しかし，上述の期間におけるウズラの繁殖あるいは飼育経験によりウズラが実験動物としてすぐれていることがPadgettとIveyにより認識され，1959年ウズラの実験動物としての有用性が報告さ

れた[1]．一方，Wilson らはニワトリの pilot animal としての有用性に着眼し，1959年に論文を発表した[2]．その後，Ivey はウズラに関する学術的報告を要約した *Quail Quarterly* を1964年から刊行し，ウズラ研究に便宜をはかった．このようにしてウズラは米国において実験動物としての地位を得た．

c. わが国における実験動物化の歴史

米国アラバマ大学の Ivey により *Quail Quarterly* が発刊された1964年，わが国では日本ウズラ研究グループが発足した．その後，1966年財団法人日本生物科学研究所を中心として農林水産省の特別試験研究費補助金による「ウズラの実験動物化に関する研究」をかわきりに文部省科学研究費，文部省特定研究などの補助金によりウズラの実験動物化に関する研究が行われ，わが国においてもウズラは実験動物としての地位を得るに至った．現在ウズラを研究している機関は少数ではあるが，それらの機関で維持されている系統は諸外国で維持されている系統と比較してもひけをとらないほどになっている[3]．また，近年性染色体以外の連鎖もわが国で見いだされる[4]など実験動物としてのウズラの研究は世界でもトップレベルに達している．

（3）一般的性状

ウズラの成鳥の大きさはスズメとイエバトの中間くらいの大きさで，体重は雄が100～115g，雌が120～140gである．

野生型の雄ウズラの羽装は，頭頂および頸部は黒褐色，頭央線および眉線は淡黄褐色であり，顔，あご，のどは赤褐色で背から尾までの羽は黒褐色で淡黄褐色の太い縦線と細い横斑が存在する．胸部は褐色，腹部は淡黄褐色である．翼は黒褐色で初列風切羽の外側および次列風切羽の外，内側には褐色の斑紋あるいは横斑がある．尾羽は短く黒色で黄褐色の横斑がある．雌はあご，のどが黄褐色で胸に黒褐色の斑点がある以外は雄と同様の羽装である（図5.1）．

ウズラの性成熟は6～7週齢である．

野生ウズラの寿命に関しては不明であるが，筆者らが WE 系を用い，昼夜点灯下，雌雄同居によるケージ飼育で行った寿命試験では1羽の雄が7年間生存した．一般に雄より雌が短命で死因はほとんどが卵づまりあるいは外傷による事故死であった．また，受精率，産卵率ともに9か月齢ころより低下し，18か月齢では産卵率，受精率ともに0％になった．これらの結果から繁殖のための寿命は約1年と思われる．

（4）形　　態

a. 解　剖

ウズラの解剖の詳細に関しては Fitzgerald[5] の成書を参考にされたい．臓器の位置は図5.2に示した．ウズラ特有の器官としては雄の総排出口背部に性成熟とともに発達するクロアカ腺がある．その役割は不明であるが，マウス，ラットにおける腟栓に相当するものと考えられている．クロアカ腺より分泌される泡沫液の組成は硫酸性および非硫酸性粘液多糖類の複合体である．

i）骨格系　椎骨は頸椎，胸椎，腰椎および尾椎からなる．頸椎は約14の椎骨からなり全椎骨の約1/2の長さを有する．頭部がよく動くよう極めて可動的になっている．また，ショックをやわらげるよう S 字型に湾曲している．

胸椎は6～8の椎骨からなり，2～5の椎骨はゆ合

図5.1　ニホンウズラ（右：雄，左：雌，水谷原図）

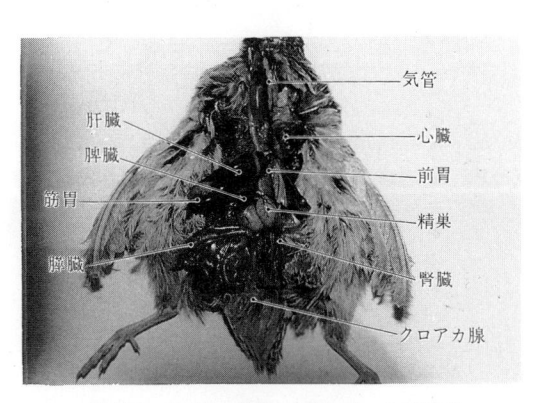

図5.2　ウズラの臓器の位置（雄，水谷原図）

し，最後の胸椎は腰椎にゆ合している．

腰椎は8～10の椎骨からなり，すべてゆ合している．また，腰椎の最後の椎骨は最初の尾椎とゆ合している．

尾椎は約7の椎骨からなり，2～6の椎骨はゆ合していない．

胸骨は大きな一つの舟型の扁平な骨となっている．肋骨は約7対ある．

ii) 神経系 ウズラの脳重量は体重の約0.8%で長さ約16mm，幅約14mmである．

脊髄は40の分節に分かれ，各分節ごとに神経が1対あり，頸神経，胸神経，腰仙骨神経，尾椎神経を形成している．そしてそれらの数は15対，7対，12対，6対である．

iii) 呼吸器系 鳥類特有の呼吸器官として気嚢（air sac）がある．気嚢は内面が粘膜，外面が体腔漿膜からなり，その間に少量の結合組織を含む薄膜で，嚢中に多量の空気を含む．ウズラの気嚢はニワトリのそれと同じく，頸気嚢（cervical air sac），鎖骨間気嚢（inter clavicular air sac），前胸気嚢（cranial thoracic air sac），後胸気嚢（caudal thoracic air sac），腹気嚢（abdominal air sac）の5種類存在し，鎖骨間気嚢を除き他はすべて1対存在する．

iv) 内臓系 臓器の位置はすでに示したので主要臓器の重量および消化管の長さを表5.1および表5.2に示した．

表 5.1 ウズラ成鳥（WE系，6週齢）の臓器重量（単位：g）（吉田ら[9]）

臓器	雄	雌
全 体	91.1±2.5	104.3±2.6
心 臓	1.09±0.08	1.07±0.04
肺	0.91±0.04	1.15±0.06
肝 臓	2.43±0.16	3.67±0.24
膵 臓	0.19±0.02	0.27±0.03
腎 臓	0.80±0.14	0.87±0.05
脾 臓	0.02±0.01	0.04±0.01
精 巣	1.82±0.17	
卵 巣		3.92±0.67
卵 管		4.34±0.52
素 嚢	0.88±0.09	1.29±0.14
筋 胃	2.28±0.11	2.77±0.10
小 腸	1.25±0.10	1.57±0.10
盲腸（両方）	0.35±0.02	0.46±0.04
大 腸	0.95±0.17	0.88±0.13

表 5.2 ウズラ成鳥（WE系，6週齢）の消化管の長さ（単位：cm）（吉田ら[9]）

臓器	雄	雌
素 嚢	4.4±0.2	4.3±0.2
筋 胃	1.9±0.1	2.1±0.1
小 腸	44.3±1.5	46.0±1.2
盲 腸	6.4±0.3	6.5±0.3
大 腸	5.9±0.3	7.8±0.7

素嚢は食道壁の一部が拡大してできたもので，主な役目は食物の貯蔵である．個体による差はあるが，8～9gの食物を貯蔵可能である．

胃は前胃と筋胃とに分かれている．前胃は長さ1.3～1.5cm，最大直径0.7～0.8cmで，主な役目は胃液および酵素の分泌である．食物は前胃では消化されず筋胃へ送られる．筋胃は哺乳類の幽門腺部にあたる．強力な筋肉により食物を砕き十二指腸へ送る．

小腸は十二指腸，空腸，回腸の3部分に分かれる．十二指腸は約8～9cmのU字型でその間に細長い膵臓を抱いている．空腸と回腸の境界は明瞭でない．小腸の径路の2/3ほどにメッケル憩室が存在する．成長期のウズラでは大きいが，性成熟とともに小さくなり，2か月齢ではほとんどわからないほどになる．

大腸は二つの盲腸と一つの結腸からなる．盲腸は長い袋状の腸で結腸へ開口している．結腸は小腸と接続しているが，小腸より太い．結腸は総排出腔に開口する．

腎臓は赤褐色の非常にもろい臓器で脊髄の両側に対で存在し，それぞれ前，中，後の3葉に分かれる．成鳥の腎臓は3.1～3.2cmで前葉が1.4cmと最も大きく，中葉が0.7～0.8cmと最も小さい．尿管は3.5cmの灰白色の管で1対存在する．

肝臓は最も大きな器官で，2葉に分かれている．右葉は左葉よりわずかに長い．成雄の右葉は約3.3cm，左葉は約2.7cmである．産卵雌の肝臓重量は雄の約1.5倍となる．

膵臓は細長い黄色みをおびた腺で，背葉と腹葉に分かれ，腹葉は左右両葉に分かれる．

脾臓は丸い暗赤褐色をした直径4～6mmの臓器で肝臓の左右両葉の中間にある．役目は哺乳類と同様である．

v) 生殖器系 雄の生殖器は1対の精巣，精

管，貯精嚢と一つの退化交尾器からなっている．鳥類の精巣は哺乳類のように精巣下降現象が起こらないため腹腔内の背側に存在する．貯精嚢は哺乳類のそれと異なり，単なる精子の貯留嚢にすぎない．

雌の生殖器は卵巣と卵管からなっており，いずれも左側のものだけが発達する．不活性な卵巣は約 0.1g であるが，産卵雌の卵巣は 5～7g と 50～70 倍大きくなる．卵管は漏斗部，卵白分泌部，峡部，子宮部，腟部の 5 部よりなり，その長さはそれぞれ 5±2cm，13±1cm，6±2cm，2±1cm，1cm となっている．ウズラではニワトリ，シチメンチョウより腟部と子宮部が短く，漏斗部，卵白分泌部が長い．

b．発　　生

ウズラのふ化日齢は 16 日であるが，同じふ卵日齢の胚でも発育の程度は異なる．特にふ卵 1 週間において差は著しい．この原因としては以下の 3 点が考えられている．

1. 胞胚期の胚（放卵された状態）が発育を開始するまでの時間が異なる（貯卵条件の差）
2. ふ卵環境の差
3. 胚そのものの差（遺伝的差）

6～12 日齢の胚における発育程度の差はわずかである．その後，卵黄量あるいは卵の大きさなどの違いにより胚の大きさが異なるのみで各種の器官の発育に差は見られない．胚の発生の stage の標準として Hamburger と Hamilton の chick stage[6] がウズラにおいても使用可能と思われる．なお，プラスチックラップを用い胚を培養すれば，胚の発育過程を直接観察可能である．しかし，平均生存日齢は 13 日間とふ卵直前[7]までで今後の改良がまたれている．正常胚のふ卵 5～16 日齢までの発育過程を図 5.3 に示した．

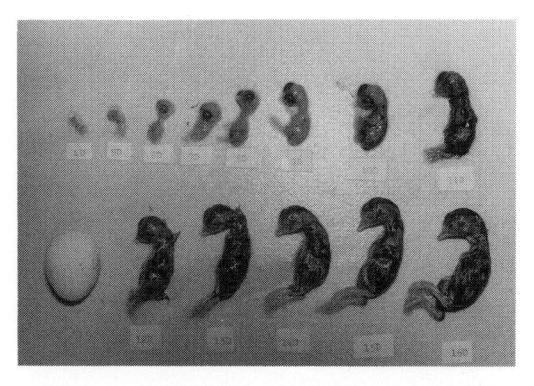

図 5.3　ウズラ正常胚のふ卵 5～16 日齢までの発育過程（水谷原図）

以下各ふ卵日齢における胚の発育について若干記載する[8]．

ふ卵 1 日齢の胚は 1～12 体節と幅広い変異を示すが，3～6 体節の個体が多い．2 日齢で心臓が拍動を開始し，眼胞が完成する．3 日齢で胚が屈曲するため 2 日齢の胚より胚の長さが短くなる．また，肢芽が目立つようになる．4 日齢で眼胞が大きくなり暗色を呈する．6 日齢で羽毛の原基が出現するとともに眼は大きくふくれ黒色を呈するようになる．7 日齢の胚は外部からの刺激により漿尿膜内を激しく動きまわる．また，羽域が増大する．8 日齢で綿羽が頸部から尾部にかけて出現しはじめる．9 日齢で頭と体の大きさの比が初生雛のそれと同程度になる．10 日齢でうろこが脚をおおい，破卵歯が目立つようになり，鼻孔がとじる．11 日齢からふ化までの期間翼および脚における変化は少なく，若干大きくなるのみである．12 日齢より卵黄が胚の体腔に吸収されはじめるとともに体の位置がふ化時のそれと同位置になる．13～15 日齢においては全体に変化は少なく体が大きくなる程度である．15 日齢において卵黄が完全に体腔に吸収され，16 日齢でふ化する．

表 5.3　ウズラのふ卵日齢に伴う胚，翼，脚の長さの変化およびそれらに対応するニワトリのふ卵日齢

ウズラふ卵日齢	胚の長さ (mm)	翼の長さ (mm)	脚の長さ (mm)	対応するニワトリのふ卵日齢
2	6.3～8.0			50～55*
3	5～5.5			3～3.5
4	6.0～9.0	2～2.5	2.5～3	4.5～5
5	9～10.5	3.0	3～4	6～6.5
6	12～14	4.0	6.0	7.5
7	↓	5～6	7～8	8
8	胚の動きが活発になるため計測不可能となる	8～9	10～12	10～11
9		11～12	15～17	12
10		12～13	20	12～13
11		14～15	24～26	13～14
12		15～16	27～29	15～16
13		15～16	30～33	17
14		15～18	28～36	17～18
15		16～18	37～43	18～20
16				21

* 時間．

表 5.4 WE系の発育(0〜10週齢)(単位: g)

性	週齢										
	0	1	2	3	4	5	6	7	8	9	10
雄	7.0±0.7	16.8±2.0	35.7±3.5	59.2±5.6	79.9±6.9	96.2±6.6	107.1±6.8	111.9±8.1	113.4±7.5	114.4±7.1	115.4±6.8
雌	7.3±0.6	16.6±2.5	35.0±4.7	58.0±6.0	78.3±8.5	97.3±11.1	121.3±15.4	130.7±14.1	136.2±13.7	138.9±13.7	141.2±8.8

c. 成　長

ウズラヒナの成長には育雛温度，照明条件，栄養，性および系統(遺伝的素質)などの要因が影響する．前述のWE系を終日点灯下で育雛温度に関しては0〜3週齢までは39℃，4〜10週齢までは18〜22℃とし，飼料はNQ-1(日生研製)を用いたときの成長を表5.4に示した．表からも明らかなようにふ化後0〜2週齢までに1週ごとに約2倍ずつ成長する．2週齢以後も順調に成長し，8週齢において雄は113.4g，雌は136.2gとなる．雌はその後も徐々に成長するが，雄は成長を停止する．

(5) 生　理

a. 一般生理

ウズラの生理学に関する成書は刊行されていない．生理値に関する報告はあるが，生理値そのものがウズラの系統，年齢，性，栄養環境など多くの要因により変動するものが多い．このため生理値は報告者により異なるものもある．これまでに報告された成鳥の生理値について表5.5に示した．また，WE系の血液性状および消化管菌叢を表5.6と表5.7に示した．

表 5.5 ウズラの一般生理値

	生理値	文献
代謝関係		
体温	42.2℃	Woodard and Mather(1964)[10]
〃	41.0〜42.0℃	佐藤(1983)[11]
呼吸数　保定無麻酔雄	56(40〜85)	McFarland and Lacy(1960)[12]
雌	71(45〜93)	
〃	40〜60	佐藤(1983)[11]
食物の消化管通過時間	1〜1.5時間	McFarland and Freedland(1965)[13]
皮膚温(環境温度21℃)	39.0℃	McFarland, et al.(1966)[14]
血液関係		
ヘマトクリット　雄	45%	Atwal, et al.(1964)[15]
雌	40%	
ヘマトクリット　雌・雄	43%(41〜44)	佐藤(1983)[11]
ヘモグロビン　雄	14.5 g%	Atwal et al.(1964)[15]
雌	12.9 g%	
ヘモグロビン　雌・雄	10(8〜12)g/dl	佐藤(1983)[11]
赤血球数　雄	$5.1 \times 10^6/mm^3$	Atwal et al.(1964)[15]
雌	$4.3 \times 10^6/mm^3$	
赤血球数　雌・雄	$3.2(2.4〜3.9) \times 10^6/mm^3$	佐藤(1983)[11]
栓球数　雄	$117 \times 10^3/mm^3$	Nirmalar et al.(1971)[16]
雌	$132 \times 10^3/mm^3$	
赤血球の大きさ	$13.0 \times 6.5\ \mu m$	佐藤(1983)[11]
総白血球数　雄	$24 \times 10^3/mm^3$	Atwal et al.(1964)[15]
雌	$25 \times 10^3/mm^3$	
総白血球数	$19〜21 \times 10^3/mm^3$	佐藤(1983)[11]
血漿浸透圧	320 mosm/kg of H_2O	Koike(1964)[17]*
血漿屈折率　雄	1.3423	McFarland and Lacy(1968)[17]*
雌	1.3468	
血液量	6.5%/体重	〃
血漿無機イオン　Na^+	180 meg/l	〃
〃　　　　　Na^+	113〜135 mEq/l	佐藤(1983)[11]

〃	K⁺	1.4 meq/l	McFarland(1968)[17]*
〃	Cl⁻	124 meq/l	〃
血糖		205(180〜280)mg/dl	佐藤(1983)[11]
総コレステロール		210〜260 mg/dl	〃
血清コレステロール		264±8 mg/dl	Morrissey and Donaldson(1977)[18]
血漿アルカリ性ホスファターゼ		3〜6 IU/l	〃
血漿コリンエステラーゼ	雄	1400〜1600 mu/ml	Hill(1979)[19]
	雌	1100〜1400 mu/ml	
血漿総タンパク質濃度	雄	3.4 g%	Atwal et al.(1964)[15]
	雌	3.6 g%	
〃	雌・雄	3.6〜3.9 g%	佐藤(1983)[11]
白血球百分比			
偽好酸球	雄	50%	Atwal et al.(1964)[15]
	雌	52%	
リンパ球	雄	46%	〃
	雌	40%	
単球	雄	2%	〃
	雌	1%	
好酸球	雄	1%	〃
	雌	4%	
好塩基球	雄	1%	〃
	雌	3%	
好中球		23〜27%	佐藤(1983)[11]
好酸球		3〜4%	〃
好塩基球		0〜1%	〃
リンパ球		66〜70%	〃
単球		2〜4%	〃
心臓血管関係			
心拍動数	保定無麻酔雄	369(249〜494)	McFarland and Lacy(1968)[17]*
	〃 雌	432(265〜531)	
〃	雌・雄	370(340〜390)	佐藤(1983)[11]
〃	雄	530.7±17.7	Ringer(1968)[20]
	雌	489.5±17.1	
収縮期血圧	雄	158.1±4.6 mmHg	〃
	雌	156.1±4.5 mmHg	
拡張期血圧	雄	151.8±4.7 mmHg	〃
	雌	146.9±4.2 mmHg	
圧脈拍	雄	6.3±0.6 mmHg	〃
	雌	9.1±1.1 mmHg	
平均血圧	雄	153.9±4.7 mmHg	〃
	雌	149.9±4.2 mmHg	
その他			
脳コリンエステラーゼ	雄	11〜13 mu/ml	Hill(1979)[19]
	雌	11〜13 mu/ml	
肝コレステロール		6±0.3 mg/dl	Morrissey and Donaldson(1977)[18]
脳下垂体		2.4±0.27 mg(101 g 体重)	佐藤ら(1981)[21]
甲状腺		6.1±0.50 mg(〃)	〃
副腎		10.4±1.11 mg(〃)	〃
甲状腺		5.2 mg/100 g 体重	McFarland et al.(1966)[14]
脳(ふ化時)		308 mg(体重の 4%)	McFarland and Wilson(1965)[22]
脳(6 週齢)		745 mg(体重の 0.65%)	〃
松果体		0.5 mg	McFarland and Wilson(1968)[17]*
卵殻の厚さ		0.35〜0.20 mm	本間(1970)[23]
卵殻膜の厚さ		0.06 mm	〃
卵殻の厚さ		0.197 mm	Mahmoud and Coleman(1967)[24]
卵殻膜の厚さ		0.067 mm	〃
卵殻重量		0.678〜0.800 g	Chang and Stokstad(1975)[25]

卵殻の厚さ	0.204～0.254 mm	〃
ファブリキウス嚢(5週齢)	112.8±8.2 mg	Morgan(1980)[26]
脾臓(〃)	51.4±6.3 mg	〃
脳中ノルエピネフリン(7週齢)	0.26 μg/g	Duchala et al.(1984)[27]
脳中ドーパミン(〃)	0.3 μg/g	〃
脳中セロトニン(〃)	0.21 μg/g	〃
血液中アンドロジェン量 (6～7か月齢)	4238±329 pg/ml	Ottinger and Mahlke(1984)[28]
血液中テストステロン量 (6～7か月齢)	3401±301 pg/ml	〃

* 17の文献のappendixesを参照.

表 5.6 ウズラ成鳥(WE系, 雌)の血液性状(細谷ら[29])

		範 囲
赤血球数(RBC)	4.106±1.06 $10^6/mm^3$	2.11～7.15
血色素量(Hb)	14.54±1.37 g/dl	12.00～18.00
赤血球容積(PCV)	42.78±7.88 %	34.0～55.0
平均血色素量(MCH)	37.33±9.37 μμg	
平均血球容積(MCV)	112.64±29.68 μ^3	82.96～142.32
平均血球ヘモグロビン濃度(MCHC)	33.41±2.55 %	
血清タンパク	5.962±2.05 %	3.30～10.80

表 5.7 成熟ウズラの消化管内細菌叢(神薗[30])

菌 種	小腸上部	小腸下部	盲 腸	直 腸
Bifidobacterium	5.8* (<2.0～7.0)	7.2 (<2.0～8.0)	9.4 (8.8～10.1)	7.6 (5.8～8.4)
Bacteroides	<2.0 (<2.0～2.8)	<2.0 (<2.0～5.1)	9.3 (4.3～10.0)	5.3 (<2.0～7.9)
Lactobacillus	6.5 (5.3～7.2)	7.3 (5.8～8.1)	8.3 (7.6～9.1)	7.3 (5.9～8.9)
Streptococcus	3.9 (<2.0～6.4)	4.3 (<2.0～6.9)	5.1 (4.3～8.6)	6.0 (4.3～8.3)
Enterobacteriacae	3.8 (<2.0～5.3)	5.1 (<2.0～7.3)	7.3 (5.3～7.9)	6.6 (4.3～8.0)
Staphylococcus	2.6 (<2.0～4.3)	4.3 (2.6～5.8)	4.1 (2.6～6.3)	4.1 (2.3～5.7)
mold	<2.0 (<2.0～2.3)	2.3 (<2.0～2.8)	<2.0 (<2.0～2.6)	<2.0 (<2.0～3.1)
yeast	<2.0 (<2.0～3.1)	<2.0 (<2.0～3.6)	<2.0 (<2.0～4.1)	<2.0 (<2.0～4.3)
Clostridium	<2.0 (<2.0～<2.0)	<2.0 (<2.0～4.0)	<2.0 (<2.0～6.9)	<2.0 (<2.0～5.0)
Veillonella	<2.0 (<2.0～<2.0)	<2.0 (<2.0～<2.0)	<2.0 (<2.0～6.9)	<2.0 (<2.0～<2.0)
others**	<2.0 (<2.0～6.4)	<2.0 (<2.0～7.3)	<2.0 (<2.0～<2.0)	<2.0 (<2.0～<2.0)
total	6.6 (6.4～7.3)	7.6 (6.4～8.4)	9.7 (9.4～10.4)	7.8 (6.7～9.1)

* 腸内容物1g当たりの生菌数の対数値. 上段：中央値, 下段( )内下限～上限.
** おもに未同定のグラム陰性好気性桿菌類.

b. 繁殖生理

繁殖生理に関係する生理値を表5.8に示した.

ウズラでは放卵後15～30分後につぎの排卵が起こる. これはニワトリ, シチメンチョウより若干早い. このためほぼ毎日産卵する. 卵管の漏斗部, 卵白分泌部, 峡部, 子宮部における卵の帯在時間はそれぞれ0.25～0.5時間, 2～2.5時間, 1.5～2時間, 19～20時間であり, ウズラではニワトリ, シチメンチョウにくらべ峡部で卵が長時間帯在する. このためウズラでは卵殻が厚くなると考えられている.

表 5.8 ウズラの繁殖生理値

	生理値	文献
初卵日齢	42 日	Wilson et al.(1961)[2]
排卵周期	24 時間	Woodard and Mather(1964)[31]
発育卵数(16 L8D)	3.17 個	Homma et al.(1965)[17]*
産卵時卵巣重量	6.2 g	Wilson et al.(1962)[17]
〃 卵管重量	4.9 g	〃
クロアカ腺(性成熟雌)	0.65 mm	McFarland and Lacy(1968)[12]
精巣において初めて精子の観察された日齢	26 日	Mather and Wilson(1964)[32]
精巣において初めて精子の観察された精巣重量	551 mg	〃
精子産生能力の完成日齢	36 日	〃
精子産生能力の完成時精巣重量	1000 mg	〃
精子濃度	$5.9 \times 10^6/mm^3$	Wentworth and Mellen(1963)[17]
精液量	10 μl/bird	〃
精子濃度	$1.1 \pm 0.10 \times 10^6/mm^3$	佐藤ら(1981)[21]
精液量	15.7 ± 2.06 μl	〃
クロアカ腺(性成熟雄)	2 mm	McFarland and Lacy(1968)[12]
細精管(直径) 1 day	19 μ	Mather and Wilson(1964)[32]
8	28 μ	〃
15	42 μ	〃
22	58 μ	〃
29	116 μ	〃
36	149 μ	〃
43	171 μ	〃
輸精管の長さ	40.83 m(120 日齢)	Purcell and Wilson(1975)[33]
セルトリー細胞容量	13.18 mm^3(120 日齢)	〃
クロアカ腺からの分泌物(泡沫液)の出現時の精巣重量	377 mg(29 日齢)	Siopes and Wilson(1975)[34]

* 17の文献のappendixesを参照.

ウズラ卵の組成は水分74.6%,タンパク質13.1%,脂肪11.2%,灰分1.1%である.また,微量成分としては,カルシウム0.5mg,リン2.2mg,鉄分3.8mg,ビタミンA 300 IU,ビタミンB_1 0.1mg,ビタミンB_2 0.8mg,ニコチン酸0.1mgが卵1個中に存在する[35].

生殖腺の発育は常時点灯条件が最もよく,明期を8~12時間にすると体の成長は変わらないが,生殖腺の発育は長期間抑制される.また,光の質によっても影響を受け,赤あるいは白色光下での飼育が緑あるいは青色光下での飼育より成長,性成熟ともに良好である[36].

(6) 実験動物としての生物学的特徴および使われ方

ウズラにおいては家禽化の歴史が浅いためニワトリのような品種の分類はない.また,近交退化現象が激しいため全兄妹交配による近交系の作出は非常に困難であり,これまで近交系は作出されていない.このため実験動物として用いられるものは系統(近交係数が20~25%以上の閉鎖集団)の段階のものがほとんどである.そして,これらの系統では少数のミュータント遺伝子に関してのみ固定されている.これらの点はウズラを実験動物として用いる時留意すべきである.

a. 近交系および系統

i) 近交系 全兄妹交配によるウズラの近交系作出を筆者も数回試みているが,9世代継代が最高記録であり,一般に2~3世代で継代不能となる.9世代継代時の繁殖成績を表5.9に示した.表からも明らかなように産卵率にあまり変化は見られないが,受精率,ふ化率が極端に低下し継代不能となる.また,継代中小卵(8gくらい)を産むようになったら注意信号である.最近,ウズラの近交退化現象の一つである胚死亡の原因究明に関する研究が発生生理学および発生生化学の面から検討され,胚死亡の原因は胚の発生,分化を誘導するポテンシャルエネルギーの不足ならびに代謝機能の低下によることが

表 5.9 全兄妹交配による近交系作用の試み (1964～1969 年)

世代数	産卵率(%)	受精率(%)	ふ化率(%)*
−1	100.0	89.3	86.6
0	92.9	96.2	68.0
1	88.3	35.3	54.2
2	91.1	73.9	50.7
3	94.3	72.7	37.5
4	75.7	78.9	35.6
5	81.4	30.4	33.3
6	89.6	35.9	42.8
7	74.7	35.9	36.0
8	84.9	54.7	34.6
9	64.3	27.7	0

* ふ化率＝ふ化羽数/受精卵数.

明らかにされた[37].

近年わが国において全兄妹交配20代に達した近交系が確立された[38]が,その遺伝的整一性については未検索である.

ii) 系統 ウズラの系統の定義は明確ではないが,近交係数が20～25%以上の閉鎖集団を系統と呼ぶことが提案されている.この基準に適合するには毎世代雄10雌10の交配で10世代経過すればよい.

現在わが国で維持されているウズラの系統のリストを表5.10に示した.現在のところこれらの系統は特定の形質に関してのみ固定されているものがほと

表 5.10 わが国で維持されているニホンウズラの系統

系統名	特徴	維持機関
SW	伴性不完全アルビノ,E_a-A, B, CおよびAmy-1による選抜	名古屋大学農学部
REB	伴性シナモン羽装, 〃	〃
B	伴性ブラウン羽装, 〃	〃
WP	野生型羽装, 〃	〃
DB	黒色羽装, 〃	〃
S	シルバー羽装, 〃	〃
Y	黄色羽装, 〃	〃
BH	黒色初毛羽装, 〃 （スターゲイジングが出現する）	〃
W	白色羽装, 〃	〃
ET	野生型羽装,耳口異常	〃
SQOHM	側弯症個体が出現	慶応大学医学部
LL	体重大に選抜した系統	佐賀大学農学部,鹿児島大学農学部
SS	体重小に選抜した系統	〃
*	放卵時刻により選抜した系統	佐賀大学農学部
NIG-WQ	野生ウズラを起原とした系統	鹿児島大学農学部
*	動脈硬化易発系(コレステロール添加食)	田辺製薬
WE	野生型羽装,白色卵殻	日本生物科学研究所
CWE	伴性シナモン羽装,白色卵殻,植物レクチン,E_a-A, Cによる選抜	〃
AMRP	パンダ羽装,植物レクチン,E_a-A, CおよびE_s-Dによる選抜(E_a-A, Ly-3に固定)	〃
SBPN	パンダ羽装,植物レクチンによる選抜.E_a-A, Ly-3に固定	〃
SBPP	パンダ羽装と野生型羽装分離,植物レクチンによる選抜,E_a-A, Ly-2に固定	〃
PSN	パンダ羽装,植物レクチン,E_s-Dによる選抜	〃
PNN	野生型羽装,植物レクチン,E_s-Dによる選抜,E_a-A, Ly-2に固定	〃
TKP	野生型羽装,植物レクチン,E_s-Dによる選抜,E_a-A, Ly-3に固定	〃
YWE	黄色羽装,白色卵殻	〃
AWE	伴性不完全アルビノ,白色卵殻	〃
MWE	黄色羽装,パンダ羽装,白色羽装,野生型羽装分離出現,白色卵殻	〃
CR	行動異常個体が出現,白色卵殻	〃
RW	野生型羽装,糖原病II型,E_a-A, Ly-1に固定	〃
CN	野生型羽装,側弯症固体が出現	〃
Shv	野生型羽装,ミエリン形成異常	〃
豊橋近交系	兄妹交配20世代	岡山大学農学部
豊橋閉鎖集団	1972年より80羽の閉鎖集団	〃
H_2	ニューカッスル病ウイルスに対して抗体応答のよい系	国立公害研究所
L_2	ニューカッスル病ウイルスに対して抗体応答の低い系	〃

* 系統名不明.

んどである．しかし，筆者らが育成した系統は分離育成されてからの期間が10年前後と短期間にもかかわらず，AEV（avian erythroblastosis virus）に対する感受性が系統により異なるとともにtypeの異なる腫瘍が発現するなど興味深い現象が観察されている[39]．このように今後既存の系統が種々の分野の研究に用いられれば各系統の特性が判明し，ますます系統の価値が高まることが期待される．また，近年疾患モデル系の開発も盛んに行われ，これまでに特発性側弯症ウズラ，糖原病Ⅱ型ウズラ，ミエリン形成異常ウズラ，動脈硬化易発症ウズラなどが確立され医学分野において使用されている．

b．突然変異形質

ウズラの実験動物化が開始されて以来，多くの研究機関で出現した形態学的突然変異形質はただちに遺伝様式の分析が行われ，保存された．しかし，その数はニワトリのそれらより少なく，とくに代謝異常，行動異常に関するものなどは2, 3報告されているのみである．また，血球抗原などの免疫学的遺伝子数は現在少数であるが，研究が進めば必ず遺伝子数のふえる分野であり今後の発展が期待される．突然変異形質および系統に関する文献としてはInternational Registry & Poultry Genetic Stocks[40]を参照されたい．

ⅰ）形態学的突然変異　羽装に関するものが多いが羽の構造異常，卵殻色異常，奇型などに関するものもある．

a．常染色体性優性遺伝子により支配されるもの

1）extended brown（brown，暗色，黒色，優性黒色），$E(B, +^D, DB)$：羽の黒色および暗褐色部分が多くなり全体的に暗黒色に見える．脚は黒色となる．雌雄による色の差は見られない．

2）yellow（gold），$Y(G)$：ホモ型は受精後早期に死亡する．ヘテロ型は羽毛の黄色部分が多くなるため全体的に黄色あるいは金色に見える（図5.4）．

3）black at hatch，Bh：ホモ型は受精後5〜9日で死亡する．ヘテロ型はふ化時のみ全身が黒っぽい．しかし，成熟すると野生型との区別は困難となる．

4）white，W：ホモ型の羽毛は白色であるが，皮膚が黒いため全体的に灰色に見える．また，ホモ型はふ化後5〜6日で大部分のものが死亡する．しかし，成熟するものもある．ヘテロ型は淡野生色のものから灰色がかったものまで種々の程度の個体が出現する．

図5.4　黄色羽装ウズラ（YWE系，水谷原図）

5）silver，$B(S)$：ホモ型は全身白色で，ふ化時眼底部網膜に円形の欠損が認められる．ヘテロ型は胸，腹，翼の先端が白色でその他の部位は灰白色を呈する[41]．

6）赤色卵，R：ホモ型の雌は濃赤から明るいピンク色の斑紋を有する濃いピンク色から灰白色の卵を放卵する[42]．

7）light down，Ld：ホモ型は全身淡黄色で，神経異常を伴い，ふ化後2日くらいまでに死亡する．ヘテロ型のヒナの羽装は前述のyellowのそれに似て野生色より淡色となる．しかし，成鳥では野生型との区別は困難となる[43]．

8）defective feathers，Df：初生雛の綿羽は短く粗な感じである．成鳥では羽枝，小羽枝ともに存在するが，小鉤がないため羽毛がうまくかみあわない．このため羽毛が全体に粗な感じとなる．この感じは雄より雌でひどい．この形質の発現には他の座位の常染色体性劣性遺伝子mdfがホモ型になる必要がある．なお，Df/Dfホモ型はふ化以前に死亡する．

b．常染色体性劣性遺伝子により支配されるもの

1）red head，e^{rh}：ヒナの羽色はyellowのそれに似るが少し赤っぽい．成鳥は全体的に白色でところどころに黒またはさび色の斑点を有する．雌の頭部は黒色，雄の頭部は褐色である．前述のE遺伝子と複対立関係にある．

2）recessive white，$wh(w)$：english whiteと呼ばれているミュータント系に存在する．後述のパ

ンダと類似の羽装を呈するが，有色部分の少ないのが特徴である．E遺伝子を有するWh/whヘテロ個体は胸，腹に白色羽毛が出現し，その他の部位は黒褐色となるタキシード羽装を呈する．

3) panda, s: ホモ型のヒナは白色レグホンのヒナに似て淡黄色であるが，頭，背などに野生型羽装を有する．成鳥は白色の羽毛となるが，目，耳，頭，背，尾部ならびに副翼部に散在的に野生型羽装を有する．成鳥の野生型羽装部位はヒナ時のそれと同一部位である．また，野生型羽装域の大小も遺伝性である．ヘテロ型は野性型羽装である．しかし，E遺伝子を有するヘテロ個体はタキシード羽装となる．前述のwhと類似の形質と思われる（図5.5）．

図5.5 パンダ羽装ウズラ（SBP系，水谷原図）

4) brown splashed white, p: 主翼部と胸部にも有色羽毛が存在する以外はpandaと類似の羽装を示す[44]．

5) cinnamon, cn: EE個体の黒褐色をヒナでは黄褐色に，成鳥ではシナモン色にする．眼色はヒナでは赤く，成鳥では暗赤色となる．色をうすくするミュータント遺伝子である．後述のbuff遺伝子との異同は明らかでない．

6) white breasted, wb: 背部の羽装は野生色であるが，顔，首の下，胸，腹および翼の各部の羽毛は白色となる．虹彩は灰色である．

7) white beared, bd^w: E遺伝子の存在下でのみ発現する形質で，あごの部分のみ白色となる．

8) white crescent, cr: bd^wと同様，E遺伝子の存在下でのみ発現する形質で，胸部に三日月状の白色部が出現する．

9) buff, pk: 眼色はピンクで羽装はバフ色となる．ホモ型は受精率，ふ化率，育成率が低い[45]．

10) dark feather nervous disorder, dn: 初生羽毛，成熟羽はこげ茶色で初列および次列風切羽がほつれている．また種々の程度の神経異常を示す．脳の組織学的観察から小脳の分子層，顆粒層が狭く，プルキンエ細胞の形成不全が明らかとなっている[46]．

11) 劣性シルバー：前述のシルバーのヘテロ型に似て全体的に灰色となる．雌は卵殻を欠く卵のみを放卵する．これは卵白合成能の異常ではなく，卵白分泌部における卵白放出の機能障害であることが示唆されている[47]．

12) 白色初毛, c: 眼色は正常であるが，初毛は黄白色となる．ふ卵12日齢からふ化後2日までにすべて死亡する[48]．

13) 完全アルビノ, a: 後述の不完全アルビノとは異なり，ghost barringもなく全身白色で，眼色はルビー色である．育雛は非常に困難である[49]．

14) 白色卵, we: ホモ型の雌は白色卵殻卵を放卵する．

15) celadon, ce: ホモ型の雌は青色卵殻卵を放卵する．

16) 首曲り：2～3の劣性遺伝子により支配されている．ふ化時頸部の弯曲はめだたないが，成長とともに頸部が右あるいは左へ弯曲しはじめる[50]．本異常はヒトの特発性側弯症のモデル動物として使われている（図5.6）．

図5.6 側弯症ウズラ（CN系，水谷原図）

17) clown less: ふ化時綿羽を欠損する形質で，欠損の程度はいろいろである．発育が悪い[51]．

18) porcupine, pc: 羽の構造異常で，羽軸は正常であるが羽枝に異常があるため羽毛がほぐれず羽はかさの骨のように棒状になる．産卵率，受精率が低く，胚期およびヒナの死亡率が高い．

19) rough textured, *rt*：綿羽がぬれているような感じがし, 手ざわりがあらい感じのためこの名がついた. 小羽枝に異常のあるため全体に羽毛が粗に見える. *rt/rt* 雌からの胚は死亡率が高い.

20) short barb, *sb*：羽枝の末端部が極端に短くなる異常である. 前述の *pc*, *rt* のような繁殖力の低下は見られない.

21) 耳口異常：耳房(耳口あるいは耳口周辺に生じた上皮性の突起に羽毛が生じたもの)の形状には変異があり, ふ化時容易に発見できるものから成鳥になってはじめてわかるものまで種々である. 耳房異常の個体は必ず耳口異常を伴う. ニワトリのアロカナ種に見られる異常と類似の異常である[52].

22) crooked neck dwarfs, *cn*：頸部が通常右にまがる. 脚は脛骨足根骨の関節で交差している. 体の大きさは正常胚より全体的に小さい. これらの異常のためふ化することができず, ふ卵14日からふ化までの間に死亡する[53].

23) chondrodystrophy, *ch*：頭, 頸, 眼は正常であるが, くちばし, 翼, 脚は極端に短く, 脛骨と附蹠骨はまがっている. ふ卵8～10日で死亡する[54].

24) micromelia, *m*：頭は丸く, 眼はふくらんでいる. くちばしはオウムのようになり, 翼, 脚は極端に短い. ふ卵11～16日で死亡する[55].

25) ミエリン形成異常, *myd*：ふ化時より種々の外的刺激により趾の屈曲を伴う全身の振戦を誘発する. 振戦はその程度に個体差がみられ, 軽症のものでは頸部および頭部がわずかに振戦するのみである.

c. 性染色体性劣性遺伝子により支配されるもの

以下に記述する3種の羽装の雄と野生型の雌を交配すれば, それらの仔の雌はすべてミュータント羽装となり(十字遺伝), ふ化時の羽装により雌雄鑑別が可能である (autosexing).

1) 不完全アルビノ, *al* (*sw*)：ヒナは淡黄色で, 眼はルビー色である. 成鳥では背部にうすい灰色の野生型羽装の紋様 (ghost barring) がある. 加齢に伴い眼球, 角膜, 水晶体に異常が出現する. ヒトの緑内障あるいは白内障のモデル動物として有望視されている. 育雛温度は野生型のものより高めがよい (図5.7).

2) sex-linked cinnamon, al^D (*c*, *reb*)：全身シナモン色で, 眼は暗赤色である. 不完全アルビノ

図5.7 伴性不完全アルビノウズラ (AWE系, 水谷原図)

図5.8 伴性シナモン羽装ウズラ (CWE系, 水谷原図)

と複対立の関係にあり, 野生型に対しては劣性であるが, 不完全アルビノに対しては優性である (図5.8).

3) brown, *b* (*e*)：全身褐色で眼色は野生型と同じである. *al* および al^D と *b* の交差率は約35%である (図5.9).

図5.9 伴性ブラウン羽装 (B系, 水谷原図)

図 5.10 糖原病II型ウズラ（RW系，水谷原図）

ii) 代謝異常

a. 糖原病II型ウズラ：リソゾーム中のグリコーゲン分解酵素である酸性マルターゼの欠損により，心臓，脳，筋肉，肝臓など種々の臓器にグリコーゲンが蓄積する．外見的異常としては筋ジストロフィー鶏のそれと似た翼の挙上不能である（図5.10）．常染色体性の単一劣性遺伝子により支配されている[56]．

b. 動脈硬化易発ウズラ：コレステロール添加飼料給与により，高コレステロール血症を易発する．嫌発ウズラも育成され，遺伝性と思われるが，詳細な分析はなされていない[57]．

iii) 行動異常

a. star gazing, sg：聴覚あるいは視覚刺激により，頭を背につけ星を見あげるような姿勢の発作を起こす．繁殖力は正常である．常染色体性の劣性遺伝子により支配されている[58]．

b. wry neck：頭部を腹側にまげ，前に転倒する発作を起こす．ふ化後4日以内にほとんどの個体が死亡する．常染色体性の二つの劣性遺伝子により支配されている[59]．

c. congenital loco, lo：外的刺激により頭および頸部を背側にまげ頭を振戦する発作を起こし，時にはバランスをくずして回転する．発作は休息時には見られない．ほとんどの個体はふ化後1週以内に死亡するが，少数のものは成鳥となる．常染色体性の劣性遺伝子により支配されている[60]．

iv) 生化学的遺伝子　卵白，卵黄，血液あるいは種々の臓器におけるタンパク質多型に関する遺伝子である．ウズラにおいてもニワトリと同じく系統

表 5.11 ウズラの生化学的遺伝子（木村[63]より改変）

タンパク質名	存在場所	座位名	対立遺伝子
プレアルブミン	卵白	Pa	A, B
プレアルブミン 1	血漿	Pa-1	A, B, C, D
プレアルブミン 2	血漿, 卵黄	Pa-2	A, B, C
プレアルブミン 3	血漿, 卵黄	Pa-3	A, B, C, D
プレアルブミン 4	卵黄	Pa-4	A, B
プレアルブミン 2	血清		F, S
ポストアルブミン	卵黄	Poa-1	A, B
ポストアルブミン	卵白		F, S
アルブミン	血清, 卵黄	Alb	Q_1, Q_2
アルブミン	血清		$(F, m, f)^*$
オボアルブミン	卵白		A, AB, B
オボアルブミン A_1	〃	Ov-1	A, B
オボアルブミン A_3	〃		(F, m, f)
コンアルブミン（トランスフェリン）	〃	Tf	A, B, C
オボグロブリン G_1（リゾチーム）	〃	G_1	F, S
オボグロブリン G_2	〃	G_2	**$\begin{cases} FS \\ A, B, C \end{cases}$
オボグロブリン G_3	〃	G_3	FS
オボマクログロブリン	〃		F, M, S
オボマクログロブリン	〃		(F, m, f)
プロテインX	〃		F, M, S
プロテインY（オボムコイド）	〃		F, M, S
オボムコイド	〃		S, G
リベチン主成分	卵黄		2遺伝子
リベチン副成分	〃		〃

5.1 ウ ズ ラ

プレトランスフェリン	〃	Ptf	A, B
プレトランスフェリン	血清		F, S
ヘモグロビン副成分鎖	赤血球	** { Hb-1	m_1, m_2 / A, B
スローアルファグロブリン	血清		F, S
筋肉タンパク質	骨格筋		
アルコールDH	肝臓	ADH	A, B, C
アルコールDH	血清		$1, 2$
α-グリセロリン酸DH	肝臓	αGPDH	A, B
ソルビトールDH	〃	SDH	A, B
乳酸DH	赤血球	LDH	F, S
リンゴ酸DH(NADP)	肝臓・浅胸筋	ME-1	A, B
イソクエン酸DH(NADP)	肝臓	ICDH-I	A, B
イソクエン酸DH(NADP)	〃	ICDH-II	A, B
ホスホグルコン酸DH	赤血球ほか	6 PGD	A, B, C, D / D', A'
グルコース-6-リン酸DH	赤血球	G6PD	** { F, S / $1, 2$
グルタミン酸DH	肝臓	GDH	A, B
カタラーゼ	〃	Ct	F, S
〃	卵白	Oct	H, L
ホスホグルコムターゼ	肝臓	PGM	A, B
エステラーゼ	卵黄		
〃	赤血球	I	F, S
〃	〃	II	F, S
〃	〃	III	F, S
〃	肝臓	Es	F, S
〃	大脳	Es-II	A, B
〃	大脳ほか	Es-III	$A>0$
〃	血清	II	$1, 2$
〃	〃	IV	F, S
〃	〃	V	F, S
〃	〃	Es-D	** { F, S / F_1, F_2, S
〃	肝臓	Es-2	A, B, C
〃	膵臓	Es-4	A, B
〃	血清	Es-5	$A>0$
〃	〃	Es-6	$A>0$
〃	〃	Es-7	$A>0$
〃	赤血球	Es-8	A, B
アルカリ性ホスファターゼ	血清	Akp	$90>89$
〃	〃	Akp-2	A, B, C
〃	〃		$1, 2$
酸性ホスファターゼ	膵臓ほか	Acp-2	A, B
アミラーゼ	血清	Amy-1	A, B
〃	膵臓	Amy-1	a, b
〃	卵白		A, B
マンノースホスフェートイソメラーゼ	浅胸筋ほか	MPI-I	A, B
〃	肝臓	MPI-I	C, D
グルコースホスフェートイソメラーゼ	赤血球ほか	PGI	** { F, S / F, S_1, S_2

* ( )内は表現型.
** 同一と考えられる変異に対して異なった記号を用いたり，あるいは対立遺伝子を追加したことを意味する．

の標識遺伝子として使用されている．また，染色体地図の作製にも使われ，性染色体以外の常染色体における連鎖が1，2見いだされている．一方，ニワトリと同様に量的形質の適応度指数（産卵率×入卵率×ふ化率×生存率）との関連性も調査され，HbのB型[61]および酸性ホスファターゼ[62]のヘテロ型がその他の型より適応度指数の低いことも報告されている．

表5.11に野生ウズラにおいて見いだされている変異も含めた生化学的遺伝子を示した．なお，異なる研究者により報告され，互いに関連不明のものも含めた．

v）免疫学的遺伝子　ウズラにおける免疫学的遺伝子は同種免疫抗血清，異種血清中の自然凝集素あるいは植物レクチンにより識別される赤血球抗原に関するものである．これまでに報告されたものはすべて常染色体性の遺伝子により支配されている．

a.　E_a-A システム

同種自然凝集素により見いだされたシステムである．現在，白血球の同種免疫抗血清により Ly-1，Ly-2，Ly-3，の複対立遺伝子（共優性）の存在が明らかとなっている．組織適合性遺伝子座の可能性のあるシステムである[64]．

b.　E_a-B システム

ウサギ血清中の自然凝集素により見いだされたシステムである．その後，同種免疫抗血清も作製されている．有形質が無形質に対して優性である[64]．

c.　E_a-C システム

ウシ（ホルスタイン種）血清中の自然凝集素により見いだされたシステムである．その後，同種免疫抗血清も作製されている．有形質が無形質に対して優性である[64]．

d.　P_n システム

ラッカセイレクチンにより見いだされたシステムである．凝集原の有無に性による差は見られない．有形質が無形質に対して優性である[65]．

e.　Sb システム

ダイズレクチンと反応する凝集原 Sb（すべてのウズラに存在する）の産卵雌個体における消失あるいは存続を支配するシステムである．すなわち，産卵雌においてのみ個体間差の識別可能な形質である．産卵時 Sb 消失形質が優性である[66]．

f.　N_s システム

クリタケレクチンにより見いだされたシステムである．産卵に伴い出現する凝集原で，ニワトリの Hi 凝集原と類似の凝集原である．産卵時凝集原の出現する形質が優性に遺伝する[67]．Sb システムとの関連は現在不明である．

以上のシステム以外にウズラの血液型に関してはこれまで2,3の報告例があるが，現在わが国において判別可能なシステムは上述の6システムのみである．

文　献

1) Padgett, C. A. and Ivey, W. D.: Coturnix quail as a laboratory research animal. *Science*, **129**, 267 (1959)
2) Wilson, W. O., Abbott, U. K. and Abplanalp, H.: Evaluation of coturnix (Japanese quail) as a pilot animal for poultry. *Poultry Sci.*, **40**, 651 (1961)
3) 水谷　誠：医学研究用実験動物としてのウズラ――その有用性を中心として――，実験医学，**3**，96-97 (1985)
4) Ito, S., Kimura, M. and Isogai, I.: Linkage between Panda plumage and albumin loci in japanese quail. *Jpn. J. Zootech. Sci.*, **59**, 822-824 (1988)
5) Fitzgerald, T. C.: The coturnix quail anatomy and histology. The Iowa State University Press (1969)
6) Hamburger, V. and Hamilton, H. L.: A series of normal stages in the development of the chick embryo. *J. Morph.*, **88**, 49-92 (1951)
7) Ono, T. and Wakasugi, N.: Development of cultured quail embryos. *Poultry Sci.*, **62**, 532-536 (1983)
8) Padgett, C. T., and Ivey, W. D.: The normal ambryology of the coturnix quail. *Anat. Rec.*, **137**, 1-11 (1960)
9) 吉田　勉，神薗　稔，倉益茂実：ウズラの臓器重量と消化管の長さについて．実験動物，**18**，187-194 (1969)
10) Woodard, A. E., and Mather, F. B.: Effect of photoperiod on cyclic patterns of body temperature in the quail. *Nature*, **203**, 422 (1964)
11) 佐藤孝二：実験動物の解剖と生理，実験動物ハンドブック（長沢　弘，藤原公策，前島一淑，松下　宏，山田淳三，横山　昭編），pp. 463-494, 養賢堂 (1983)
12) McFarland, L. Z. and Lacy, P. B.: Acute anticholinesterase toxicity in ducks and Japanese quail. *Toxicol. Appl. Pharm.*, **12**, 105-115 (1968)
13) MacFarland, L. Z. and Freedland, R. A.: Time required for ingesta to pass through the alimentary tract of coturnix. *Amer. Zool.*, **5**, 242 (1965)
14) MacFarland, L. Z., Yousef, M. K. and Wilson, W. O.: The influence of ambient temperature and hypothalamic lesions on the disapperance rates of thyroxine-I[131] in the Japanese quail. *Life Science*, **5**, 309-315 (1966)
15) Atwal, O. S., McFarland, L. Z. and Wilson. W. O.: Hematology of coturnix from birch to maturity. *Poultry Sci.*, **43**, 1392-1401 (1964)
16) Nirmalan, G. P. and Robinson, G. A.: Hematology of the Japanese quail (*Coturnix coturnix japonica*). *Br. Poultry Sci.*, **12**, 475-481 (1971)
17) Hinshaw, W. R., Burmester, B. P., Creamer, A. A., Hess, C. W., Howes, J. R., Insko, W. M. Jr. and Wilson, W. O.: Coturnix (*Coturnix coturnix japon-*

18) Morrissey, R. B. and Donaldson, W. E.: Rapid accumulation of cholesterol in serum, liver and aorta of Japanese quail. *Poultry Sci.*, **56**, 2003-2008 (1977)
19) Hill, E. F.: Cholinesterase activity in Japanese quail dusted with carbaryl. *Lab. Animal Sci.*, **29**, 349-352 (1979)
20) Ringer, R. K.: Blood pressure of Japanese and bobwhite quail. *Poultry Sci.*, **47**, 1602-1604 (1968)
21) 佐藤勝紀, 佐藤 進, 猪 貴義: きょうだい交配による日本ウズラの受精率と精巣重量ならびに精子濃度との関係について. 岡山大学農学報, **57**, 17-24 (1981)
22) McFarland, L. Z., and Wilson, W. O.: Brain growth in the Japanese quail. *Anat. Rec.*, **151**, 465 (1965)
23) 本間運隆: 生物学研究におけるウズラの利用. 家禽会誌, **7**, 157-165 (1970)
24) Mahmoud, T. H., and Coleman, T. H.: A comparison of the proportion of component parts of bobwhite and coturnix eggs. *Poultry Sci.*, **46**, 1168-1171 (1967)
25) Chang, E. S., and Stokstad, E. L. R.: Effect of chlorinated hydrocarbons on shell gland carbonic anhydrase and egg shell thickness in Japanese quail. *Poultry Sci.*, **54**, 3-10 (1975)
26) Morgan, G. W.: Physiological effects of exogenous adrenocorticotropin injections in Japanese quail. *Poultry Sci.*, **59**, 860-867 (1980)
27) Duchala, C. S., Ottinger, M. A. and Russek, E.: The developmental distribution of monoamines in the brain of male Japanese quail (*Coturnix coturnix japonica*). *Poultry Sci.*, **63**, 1052-1060 (1984)
28) Ottinger, M. A. and Mahlke, K.: Androgen concentrations in testicular and peripheral blood in the male Japanese quail. *Poultry Sci.*, **63**, 1851-1854 (1984)
29) 細谷英夫, 長尾壮七, 久郷 準, 及川陽三郎, 金盛隆志: うずら (*Coturnix coturnix japonica*) の血液性状について. 家畜衛生研究年報, **5**, 25-33 (1977)
30) 神薗 稔: 家畜の消化管内細菌叢に関する研究. I. 日本ウズラの消化管内細菌叢について. 日生研だより, **14**, 106-108 (1968)
31) Woodard, A. E. and Mather, F. B.: The timing of ovulation, movement of the ovum through the oviduct, pigmantation and shell deposition in Japanese quail. *Poultry Sci.*, **43**, 1427-1432 (1964)
32) Mather, F. B. and Wilson, W. O.: Post-natal testicular development in Japanese quail (*Coturnix coturnix japonica*). *Poultry Sci.*, **43**, 860-864 (1964)
33) Purcell, S. M. and Wilson, W. O.: Growth and maturation of testes in young Coturnix and modification by exogenous FSH, LH and testosteron——a stereologic evaluation: *Poultry Sci.*, **54**, 1115-1122 (1975)
34) Siopes, T. D., and Wilson, W. O.: The cloacal gland——an external indicator of testicular development in Coturnix. *Poultry Sci.*, **54**, 1225-1229 (1975)
35) Whiting, M. G.: The composition of eggs in Japanese quail. *The Quail Quarterly*, **3**, 75 (1966)
36) Woodard, A. E., Moore, J. A. and Wilson, W. O.: Effect of wave length of light on growth and reproduction in Japanese quail. *Poultry Sci.*, **48**, 118-123 (1969)
37) 猪 貴義, 河本泰生, 佐藤勝紀: 日本ウズラを用いた近交退化の原因追求に関する研究. 文部省科研費一般研究 (B) 研究報告書. pp. 23-89 (1985)
38) 佐藤勝紀: ニホンウズラの実験動物化並びに生物学的特性の検討. ライフサイエンス研究推進に必要とする実験動物の開発・利用, 岡山大学教育研究学内特別経費研究成果報告書, pp. 104-117 (1987)
39) Morikawa, S., Yoshikawa, Y., Mizutani, M., Taniguchi, H., Morita, M. and Yamanouchi, K.: Oncogenecity of an avian erythroblastosis virus in mutant strains of Japanese quail. *Japan J. Med. Sci. Biol.*, **37**, 105-116 (1984)
40) Somes, R. G. Jr.: International registry of poultry genetic stocks. 38-40, Storrs agricultural experiment station, the University of Connecticut, Storrs. (1984)
41) 本間運隆, 神野雅宏, 鬼頭純三: ウズラにおける新しい羽色の変異, シルバーに関する研究. 日畜会報, **40**, 129-130 (1969)
42) Hardiman, J. W., Collins, W. M. and Urban Jr, W. E.: Red egg-shell color: A dominant mutation in Japanese quail. *J. Hered.*, **66**, 141-143 (1975)
43) 伊藤慎一: 産業の場で見出される異常ウズラの調査——疾患モデル動物の素材としての検討——筋ジストロフィー症動物の生産・開発に関する研究. 昭和56年度研究報告書. pp. 53-66 (1982)
44) 島倉亨次郎: ウズラの遺伝研究 I. 羽装の単純メンデル式常染色体性劣性形質「斑入り白」. 遺伝学雑誌, **16**, 106-112 (1939)
45) Sittmann, K., Wilson, W. O. and McFarland, L. Z.: Buff and albino Japanese quail. *J. Hered.*, **57**, 119-124 (1966)
46) 河原孝忠: 家禽類, 特にウズラにおける神経異常突然変異. 実験動物, **29**, 93-98 (1980)
47) 渡辺 元, 本間運隆: 免疫電気泳動法とビオチニル酵素法による卵白分泌欠損ウズラ (劣性シルバー) の卵管機能の解析. 家禽会誌, **19**, 157-164 (1982)
48) Sittmann, K. and Abplanalp, H.: White feathered Japanese quail. *J. Hered.*, **56**, 220-223 (1965)
49) 本間運隆, 神野雅宏, 佐藤孝二, 安藤昭弘: ウズラにおけるアルビノ形質に関する研究. 日畜会報, **39**, 348-352 (1968)
50) Dodson, D. L. and Coleman, T. H.: Crooked neck: An inherited condition in Japanese quail. *Poultry Sci.*, **51**, 82-85 (1972)
51) Savage, T. F. and Collins, W. M.: Downless, a mutant of Japanese quail. *Poultry Sci.*, **50**, 1627 (1971)
52) Tsudzuki, M. and Wakasugi, N.: A genetic defect in hyomandibular furrow closure in the Japanese quail: The causes for ear-opening abnomality and formation of an ear tuft. *J. Hered.*, **79**, 160-164 (1988)
53) Sittmann, K. and Craig, R. M.: Crooked neck dwarfs in Japanese quail. *J. Hered.*, **58**, 44-46 (1967)
54) Collins, W. M., Abplanalp, H. and Yoshida, S.: Early embryonic chondrodystrophy in Japanese quail. *J. Hered.*, **59**, 248-250 (1968)
55) Hill, W. G., Lloyd, G. L. and Abplanalp, H.: Micromelia in Japanese quail. *J. Hered.*, **54**, 188-190 (1963)
56) 水谷 誠: 糖原病II型ウズラの育成. 実験動物の遺伝的コントロール (近藤恭司監修), pp. 210-219, ソフトサイエンス社 (1983)
57) Chapman, K. P., Stafford, W. W. and Day, C. E.: Produced by selective breeding of Japanese quail animal model for experimental atherasclerosis. *Adv Exp. Med. Biol.*, **67**, 347-356 (1976)
58) Savage, T. F. and Collins, W. M.: Inheritance of star-gazing in Japanese quail. *J. Hered.*, **63**, 87-90 (1972)
59) Savage, T. F. and Collins, W. M.: Wry neck, an

abnormality of Japanese quail. *Poultry Sci.*, **50**, 1627 (1971)
60) Sittmann, K., Richards, W. P. C. and Abplanalp, H.: Congenital loco in a third species of domestic fowl. *Can. J. Genet. Cytol.*, **7**, 636-640 (1965)
61) 前田芳実,橋口 勉,武富万治郎：ウズラのヘモグロビン型と経済形質との関連．日畜会報，**48**, 623-628 (1977)
62) 前田芳実,橋口 勉,武富万治郎：ウズラの酸性ホスファターゼ型と経済形質との関連．日畜会報，**48**, 617-622 (1977)
63) 木村正雄：ウズラの蛋白質多型．家畜会誌，**19**, 211-221 (1982)
64) Katoh, H. and Wakasugi, N.: Studies on blood groups in the Japanese quail: The common antigens possessed by red blood cells and leukocytes, and their inheritance. *Immunogenetics*, **13**, 109-114 (1981)
65) 水谷 誠,梅沢英彦,倉益茂実：ピーナツPHAにより見出されたニホンウズラ赤血球凝集原に関する研究．日畜会報，**48**, 463-467 (1977)
66) 水谷 誠,梅沢英彦,倉益茂実：ダイズPHAにより見出されたニホンウズラ赤血球凝集原に関する研究．日畜会報，**48**, 227-234 (1977)
66) 水谷 誠,斉藤 司,梅沢英彦,倉益茂実：クリタケPHAにより新たに見出されたニホンウズラ赤血球凝集原．*ABRI*, **9**, 43-45 (1981)

5.2 ニ ワ ト リ

ニワトリの研究から大きく発展した研究分野としては免疫学におけるB細胞，T細胞に関する研究およびラウス肉腫の研究にはじまるウイルス発がん，細胞内がん遺伝子に関する研究など現在の最先端研究分野である．また，筋ジストロフィー症，自己免疫性甲状腺炎などの難病の疾患モデル動物としても用いられるなど，ニワトリは実験動物の分野で古くから活躍している動物種の一つである．

ニワトリの実験動物としての利点は以下の点が考えられる．

1. 年間産卵数が多く，人工受精により簡単に多数の受精卵が得られ，胚の大きさも適当なため胚を扱う研究に便利である．
2. 種々のミュータントが存在する．
3. マウス,ラットなみの近交系ではないが，種々の特性の判明したSPFを含む近交系あるいは系統が確立されている．
4. 体の大きさが極端に大きくも小さくもなく，適当な量のサンプルの採取が容易である．
5. 遺伝学，生理学，病理学，形態学などの基礎的研究が詳細に行われている．

一方，以下のような不利な点も存在する．

1. 性成熟に5~6か月を必要とするため世代交代が遅い．
2. 全兄妹交配による近交系の作出が困難である．
3. 体が比較的大きいため維持管理に多くの労力と場所と費用がかかる．

実験動物としてのニワトリの研究は欧米諸国の方が進んでおり，わが国では今後の課題であるが，近年わが国においても特性の判明した近交系あるいは系統が確立されている．また，わが国はミュータントの宝庫である日本鶏を有している．この日本鶏を起原として種々の特性を有する系統の開発を行えば今後実験動物としてのニワトリはますます発展すると思われる．

(1) 生物分類学的位置

ニワトリの分類学上の位置は脊椎動物門,鳥類綱,キジ目，キジ科のヤケイ属（*Gallus* 属）に属する．ヤケイ属には，インド，ビルマ，タイ，マレー，南ベトナム，スマトラに生息している赤色野鶏 *Gallus gallus*, 西インド諸島に生息する灰色野鶏 *Gallus sonneratii*, セイロン島のみに生息するセイロン野鶏 *Gallus lafayettii* およびジャワ，ロンボク，バリ，フローレンス島に生息する緑襟野鶏 *Gallus varius* の4種が含まれる．現在のニワトリの祖先がどの野鶏であるかは不明であるが，現在はDarwinにより提唱された赤色野鶏一元説を支持するものが多い．その理由として，ニワトリは赤色野鶏と自由に交尾するが，他の野鶏とはまれにしかしない点と外見的に赤色野鶏と類似のニワトリが存在する点などである．しかし，赤色野鶏のみからどのようにして現在のような複雑多岐なニワトリが生まれたかは不明であり，この点が多元説の大きな論拠となっている．なお,赤色野鶏には四つの地域種がある．すなわち，インド北部，ビルマ，タイ西部，マレーシアに生息する耳朶の赤い *Gallus gallus spadiceus*, インドネシアに生息する *Gallus gallus bankiva*, タイ東部，カンボジアに生息する耳朶の白い *Gallus gallus gallus* およびベトナムに生息する *Gallus gallus jabonillei* である．

ニワトリ(♂)とウズラ(♀)およびニワトリ(♂)とシチメンチョウ(♀)のそれぞれの属間雑種を作出可能である．性別はいずれも雄で繁殖能力を欠いているが，ニワトリ，ウズラ間で属間雑種が作出可能であることはニワトリおよびウズラを実験動物として使用する際知っておくことは便利であろう．

ニワトリの染色体数はウズラのそれと同じく $2n=78$ である．

(2) 実験動物になるまでの歴史

ニワトリの実験動物になるまでの歴史を考えるとき，マウス，ラットのように実験動物として育成された動物とは異なる点がある．すなわち，ニワトリは実験動物として取り上げられる以前にすでに養鶏という産業に関連した研究のためニワトリ自体の遺伝学，栄養学，生理学，病理学，形態学などに関する研究が数多くなされている点である．しかもそれらの研究からヒトの医学の領域に影響を与えた多くの例が知られている．ニワトリのケージ飼育に関する研究に端を発するビタミンの研究，ニワトリコレラの研究からのワクチンに関する研究および前述のラウス肉腫の研究からのウイルス発がんに関する研究などがそのよい例であろう．これらの研究はニワトリに関する研究であるが，結果的にはニワトリを実験動物として使用したと考えられる．前述の筋ジストロフィー鶏および自己免疫性甲状腺炎発症鶏などは疾患モデル動物としてマウス，ラットなみの実験動物として使用されている例である．また，近年免疫学および腫瘍学研究用の実験動物として組織適合性遺伝子の固定したニワトリ近交系の要求が増大し，これまでニワトリの産業形質あるいは抗病性などとの関連において研究されていた組織適合性抗原でもある血球抗原のBシステムあるいはCシステムの固定した近交系が用いられ大きな成果を挙げている．このようにニワトリの実験動物になるまでの歴史を明解に記述することは不可能であり，養鶏産業と複雑にからみあいながら現在の実験動物としてのニワトリが成立してきたと考えられる．

最近，種々の実験にニワトリを使用する際，標識遺伝子のはっきりした近交系あるいは系統を使用する必要性が認められるようになったことはニワトリが実験動物としての地位を得た結果と考えられる．

(3) 一般的性状

ニワトリが他の鳥と異なる点は頭上部に種々の形の冠を有するとともに顔の下部に肉垂を有することである．同じ品種であれば雄は雌より体が大きく，大きな冠をもっている．また，雄は頸部および背中の後半から腰にかけて先端の細くなっている長い羽毛を有する．しかし，雌のこれらの羽毛は先端が丸みをおびている．雄は第1趾の上部にけづめがあるが，雌ではないものが多い．

ニワトリの体重は品種により著しく異なり，日本鶏のチャボの成雄は約 750 g，肉用種のコーニッシュの成雄は約 4500 g と 6 倍の違いがある．卵用種として最もよく用いられている白色レグホンの成雄は約 2500 g である．

羽装は品種により異なり，全身白色の白色レグホン，全身黒色のブラックミノルカをはじめ種々の羽装の品種が存在し，品種によりそれらの羽装は固定している．

性成熟は雌雄ともに 5～6 か月齢である．

寿命は Biology data book によると 30 年となっているが，繁殖能力などの点から実験動物として使用可能な年齢は 1～2 年と思われる．

(4) 形　態

a. 解　剖

ニワトリの解剖の詳細に関しては他の成書[1]を参

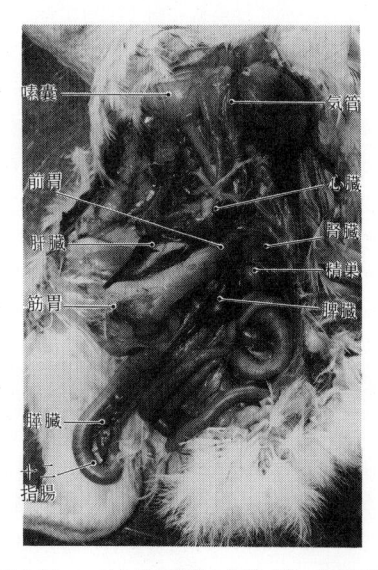

図 5.11　ニワトリの臓器の位置（雄，水谷原図）

考にされたい．臓器の位置および形態は図5.11に示したごとく，ウズラのそれとほとんど同じである．

 i) 骨格系　頭骨は下顎骨以外は固着して一塊となっている．また，骨は軽くする必要から骨質がうすく空洞に富む．肢骨は前肢骨と後肢骨よりなる．体重の支持および歩行がすべて後肢により行われるため後肢は強大に発達している．趾列は第1～4趾列まであり，第1～3趾列は前方へ，第4趾列は後方へ伸びている．

 ii) 神経系　ニワトリの脳および脊髄は原則的には哺乳動物のそれとかわりない．しかし，進化の程度が低いため種々の形態的差異が見られる．大脳には脳梁，海馬がなく，嗅球は長く突出している．また，大脳皮質の発達が悪い．しかし，小脳の発達はよい．

 iii) 呼吸器系　ニワトリでは哺乳類の横隔膜に相当するものがなく，斜隔膜が存在する．このため，肺をかこんで胸腔が存在しない．

 ニワトリの肺は哺乳類のそれと異なり，呼吸に際して著しく伸縮しない．そこで，肺における血液のガス交換のための空気の出入には気嚢の拡張および収縮が関与している．

 iv) 内臓系　ニワトリの素嚢は胸腔入口近くの正中線の右側に存在する．主な役目は食物の貯蔵であり，壁の構造は食道とほぼ同じである．

 前胃は紡錘形に似た形態をしており，筋胃の前に位置する．哺乳類の胃底腺に相当し，胃液および酵素を分泌する．筋胃は前胃に続く部分で哺乳類の幽門腺部に相当する．

 小腸は十二指腸，空腸，回腸よりなる．小腸のなかほどには胚時の卵黄腸管の名ごりのメッケル憩室が存在する．大腸は盲腸，結腸および直腸からなり，直腸は排出腔に開口する．

 排出腔は糞洞，尿洞，肛門洞に分かれる．糞洞は大腸との連絡部である．尿洞は糞洞の背位にあり，尿管のほかに雄では1対の精管，雌では一つの卵管が開口している．肛門洞は尿洞の後位にあり背壁にファブリシウス嚢が存在する．

 ファブリシウス嚢は鳥類特有の器官で，内部は抗体産生前駆細胞（B細胞）が満ちている．B細胞，T細胞の発見に寄与した器官である．哺乳類ではファブリシウス嚢に相当する器官あるいは組織は確定されていない．

 腎臓は左右1対からなる暗褐色で扁平なもろい臓器である．哺乳類より体に比較して大きい．腎臓を構成する前，中，後葉はそれぞれ多くの腎葉から構成されている．腎臓の血管分布では哺乳類には見られない腎門脈系が存在する．

 肝臓は最大の器官で左右両葉に分かれている．褐色で哺乳類のそれよりやわらかくもろい．

 膵臓は十二指腸系蹄にはさまれた形で存在する扁平な細長い黄色または黄赤色の腺である．通常4葉に分かれる．2葉はよく発達し，腹葉，背葉を形成する．ランゲルハンス島は第3葉に多く見いだされる．

 脾臓は赤褐色で楕円形の小さい器官である．構造および役目は哺乳類のそれと大差ない．

 v) 生殖器系　雄の生殖器は1対の精巣，精巣上体，精管および一つの退化交尾器からなっている．精巣は白色の卵形で身体に比較して大きく，腹腔内の背側に存在する．精巣上体は哺乳類のそれより著しく小さく，精巣の内側に隆起物として存在する．精管は精巣上体につづく白色の細管で，まがりくねりながら尿洞で尿管開口部の後位に開口する．精嚢は単なる精液の貯留嚢にすぎない．ニワトリでは陰茎が発達せず，退化交尾器により精液は雌の膣部へ流入される．

 雌の生殖器は卵巣と卵管からなり，いずれも左側のもののみが発達する．不発育な右側生殖器は痕跡程度に排出腔に残存する．成雌の卵巣は卵胞が多量の卵黄を含み大型であるため，各卵胞が表面にぶどうの房状に突出し，腹腔をみたしている．卵管は漏斗部，卵管膨大部，峡部，子宮部，膣部よりなり，その長さはそれぞれ，9～11cm，約30cm，約10cm，約10cm，約7cmとなっている．

 vi) 内分泌系　内分泌器官としては松果体，脳下垂体，胸腺，甲状腺，副甲状腺，副腎，卵巣，精巣，膵臓など哺乳類と同様である．ニワトリに特徴的なものとして副甲状腺の近位で頸動脈にそって左右2個ずつ存在するウルチモブランキアル体（鰓後小体）がある．ここから血中カルシウムを低下させるカルシトニンが分泌される．

b. 発　　　生

 ニワトリの発生に関してはすぐれた成書[2]が刊行されているのでそれらを参照されたい．

 ニワトリのふ化日齢は20～21日であるが，同じふ卵日齢でも発育に関して個体差は存在する．特に初

期の発生には差が大きく，ふ卵日数の進行とともに差は減少し 10 日齢をすぎると差は目立たなくなる．この初期発生の差はウズラにおいても述べたごとく，受精が母鶏の体内で行われた後，卵白，卵殻などを完成させるため約 1 日間体内にある．その間に細胞分裂が進行し，胞胚期となって放卵される．このため入卵前の環境条件により差が生じる．また，ふ卵条件および胚の遺伝的差なども影響する．

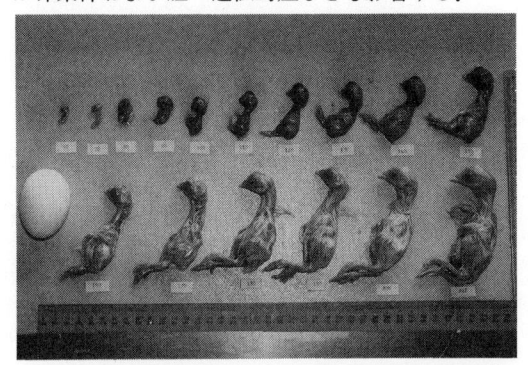

図 5.12 正常胚のふ卵 6～21 日齢における胚の発育（水谷原図）

胚の発生段階の標準として入卵からふ化までを 46 の stage に分ける Hamburger と Hamilton の chick stage[3] がよく使用される．表 5.12 にその chick stage とふ卵時間および各 stage の特徴を示した．また，図 5.12 に正常胚のふ卵 6～21 日齢までの発育過程を示した．

以下各ふ卵日齢における胚の発育について若干記載する．

1 日目（chick stage 1～6）：原条が完成するが，体節はまだ見られない．

2 日目（chick stage 7～12）：stage 7 では 1 対の体節，stage 8 では 4 対の体節となり，以下 3 対増すごとに 1 stage ずつ増える．stage 7 で神経皺襞（ゆ合して脊髄管をつくるもの）neurla fold が頭部に生じ，stage 8 で血島が生じ，赤血球の流れが観察される．stage 9 で眼胞が形成され始め，stage 11 で頭部が弯曲しはじめ，stage 12 で耳の原基が形成されはじめる．

3 日目（chick stage 13～19）：stage 13 で脳が著しく大きくなり，羊膜が頭部をおおう．stage 14 で眼胞が陥入しはじめ，レンズ板が形成されるが，色素の沈着は見られない．4 肢の発生が始まる．

stage 14 以後は体節がふえ，数えにくくなるため以後の stage の規準として 4 肢および内部諸器官の発育状態が用いられる．羊膜は stage が進むにつれ胚全体をつつむようになり，stage 18 で胚全体をおおう．

4 日目（chick stage 20～23）：stage 20 で眼に少し色素が沈着しはじめ灰色となる．stage 21 で眼は

表 5.12 chick stage とふ卵時間の関係および各 stage の特徴

chick stage	ふ卵時間	特徴					
		原条の長さ (mm)	体節数	L/W^*（翼）	L/W（脚）	第 3 趾の長さ (mm)	くちばしの長さ (mm)
1	0						
2	6～7 hr	0.3～0.5					
3	12～13						
4	18～19	1.88					
5	19～22						
6	23～25						
7	23～26		1				
8	26～29		4				
9	29～33		7				
10	33～38		10				
11	40～45		13				
12	45～49		16				
13	48～52		19				
14	50～53		22				
15	50～55		24～27				
16	51～56		26～28				
17	52～64		29～32				
18	65～69		30～36	≦6			
19	68～72		37～40	4～6			

20	70～72		40～43	3～3.9	3～2.3	
21	3.5 day		43～44	2.3～2.7	2.0～2.5	
22	3.5		↓	1.5～2	1.3～1.8	
23	3.5～4		以後計測不可能となる	1.0	1.0	
24	4			<1.0	<1.0	
25	4.5				⎫ 4肢および内臓弓の発育程度により区分	
26	4.5～5				⎬	
27	5				⎭ ⎫ くちばしの発育程度により区分	
28	5.5				⎭	
29	6			⎫		
30	6.5			⎬		
31	7	頸部の伸長により区分		⎬		
32	7.5			⎬		
33	7.5～8			⎭		
34	8			⎫ 羽毛の原基の数により区分		
35	8～9			⎬		
36	10	眼の発育程度により区分		⎬	5.4±0.3	
37	11			⎬	7.4±0.3	
38	12			⎭	8.4±0.3	3.1
39	13				9.8±0.3	3.5
40	14				12.7±0.5	4.0
41	15				14.9±0.8	4.5
42	16				16.7±0.8	4.8
43	17				18.6±0.8	5.0
44	18				20.4±0.8	5.7
45	19～20					
46	21		ふ化			

* L/W：右図に示した肢芽の厚さと長さの比．

灰色になる．stage 22 で尿膜が完成し，眼の色が黒色となる．また，尾部もでき，軀幹が完成する．

5日目（chick stage 24～27）：4肢の発育程度および内臓弓の発生の程度により chick stage が定められる．stage 27 でくちばしが形成されはじめる．

6日目（chick stage 28～29）：くちばしの形がととのうとともに発育が進み，頸部が伸張しはじめる．

7日目（chick stage 30～31）：破卵歯が明瞭になり，羽毛の原基が背線，後肢および尾部に現れる．

8日目（chick stage 32～33）：羽域が増大するとともに尾部の羽域が明瞭になる．4肢の伸張が盛んになる．

9日目（chick stage 34～35）：瞬膜が形成されはじめ眼瞼が発達する．

10日目（chick stage 36）：翼羽が明瞭となり，羽域はますます増大し，脚にも出現する．冠が形成されはじめ，鼻孔がせまくなる．

11日目（chick stage 37）：冠がますます明瞭となり，耳のまわりに羽毛の原基が出現するとともに眼瞼が発達する．

12日目（chick stage 38）：脚にうろこが出現しはじめる．

13日目（chick stage 39）：脚のうろこが明瞭となり，眼瞼が発達し，眼瞼の間がせまくなる．

14日目（chick stage 40）：stage 40～44 の規準はくちばしおよび第3趾の長さによる．stage 40 でのくちばしおよび第3趾の長さはそれぞれ 4.0 mm，12.7±0.5 mm となる．

15日目（chick stage 41）：くちばしおよび第3趾の長さはそれぞれ 4.5 mm，14.9±0.8 mm となる．

16日目（chick stage 42）：くちばしおよび第3趾の長さはそれぞれ 4.8 mm，16.7±0.8 mm となる．

17日目（chick stage 43）：くちばしおよび第3趾の長さはそれぞれ 5.0 mm，18.6±0.8 mm となる．

18日目（chick stage 44）：くちばしおよび第3趾の長さはそれぞれ 5.7 mm，20.4±0.8 mm となる．stage 44 でヒナの形はほとんど完了し，ふ化の準備がはじまる．

19～20日目（chick stage 45）：卵黄嚢が腹腔内に吸収され，ヒナは気室を用いての肺呼吸にかわる．

21日目（chick stage 46）：ヒナがふ化する．

c. 成　　長

ニワトリヒナの成長にはウズラと同じく，育雛温度，照明条件，栄養，性および品種（遺伝的素質）などの要因が影響する．特にニワトリでは品種による差が著しい．

実験動物として使用されているニワトリの近交系あるいは系統の成体重は畜産用あるいは愛玩用として飼育されている同一品種のそれらより小さい傾向にある．

財団法人日本生物科学研究所で 20 年間 SPF 環境下で閉鎖集団として維持されている白色レグホン種のラインMの成長曲線を図 5.13 に示した．

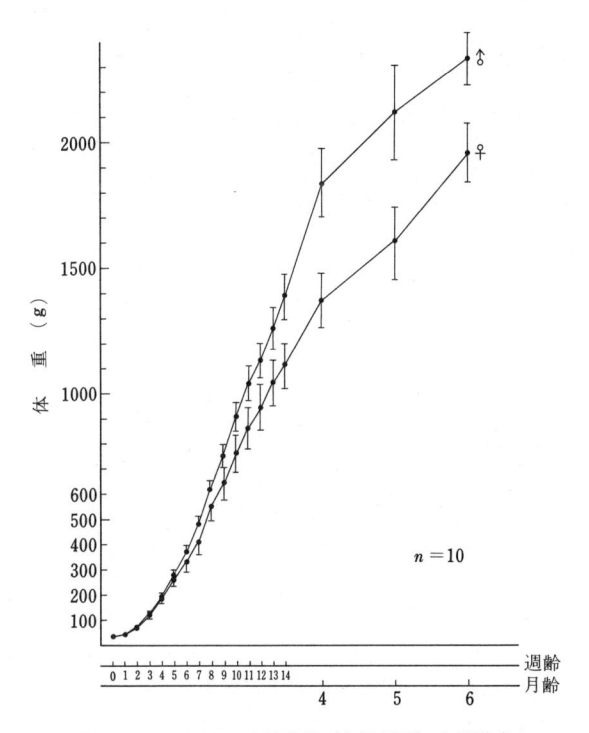

図 5.13 Line-M の成長曲線（唐沢原図）育雛温度：1～4 週齢 32°C，4 週齢以上 20°C，飼料：NF-1～NF-4（日生研製），昼夜点灯下

（5）生　　理

a. 一般生理

ニワトリの一般生理に関してはすぐれた成書[4]が刊行されているのでそれらを参照されたい．

成鶏の標準的な一般生理値を表 5.13 に示した．しかし，生理値はニワトリの品種（系統），性，年齢，産卵の有無，栄養，環境などの多数の要因により変

表 5.13　一般生理値

	生理値
代謝関係	
体温	41.0～41.5°C
呼吸数（♂）	12～21/min
〃　　（♀）	20～37/min
食物の消化管通過時間	8 時間
採飼量（産卵鶏）	110～120 g/日
飲水量（ 〃 ）	150～250 ml/日
血液関係	
ヘマトクリット値 ♂	40.0%
♀	30.8%
ヘモグロビン量	27～30 g/100 ml
赤血球数 ♂	3.2～3.8 million/mm^3
♀	2.7～3.0 million/mm^3
栓球数	3.5～4.0×10^4/mm^3
赤血球の大きさ	10×6 μm
総白血球数	1.6～3.6×10^4/mm^3
白血球百分比	
偽好酸球 ♂	25.8%
♀	13.3%
リンパ球 ♂	64.0%
♀	76.1%
単球 ♂	6.4%
♀	5.7%
好酸球 ♂	1.4%
♀	2.5%
好酸基球 ♂	2.4%
♀	2.4%
血漿浸透圧	300～320 mOsm/l
血液量	70～90 ml/kg
血漿無機イオン Na$^+$	160 mmol/l
K$^+$	4.7 mmol/l
Cl$^-$	115 mmol/l
Ca^{2+}	5 nmol/l
血糖	225～300 mg/100 ml
血漿コレステロール	80～130 mg/100 ml
血漿タンパク質 ♂	4 mg/100 ml
♀	5 mg/100 ml
心臓血管関係	
心拍動数	250～470/min
収縮期血圧 ♂	160～180 mmHg
♀	130～160 mmHg
拡張期血圧 ♂	150 mmHg
♀	130 mmHg
その他	
卵重	約 58 g
アルブミン	34 g
卵殻	5 g
卵黄	19 g
血漿チロキシン濃度（T$_4$）	10～15 ng/ml
〃　　　　（T$_3$）	3.5～5 ng/ml
血漿エストラジオール 17β（♀）	0.2～0.9 nmol/ml
血漿エストロン（♀）	0.6～1.3 pmol/ml
血漿プロジェステロン（♀）	2～15 pmol/ml
血漿テストステロン ♂	8～9 pmol/ml
♀	0.5～3 pmol/ml

動する．また，測定項目によっては日内変動，日間変動および季節により変動するものもあり注意を要する．

b. 繁殖生理

繁殖生理に関する生理値を表5.14に示した．

卵巣で成熟した卵胞は排卵され，卵管に入る．卵管はウズラと同じく漏斗部，膨大部，峡部，子宮部，膣部よりなっている．卵には膨大部で卵白が，峡部で卵殻膜が，子宮部で卵殻がそれぞれできる．排卵から放卵までに卵が各部を通過する時間はそれぞれ15分，2時間45分，1時間15分，20時間，10分であり，排卵から放卵までに約24時間を要する．

卵巣および卵管重量は初産1か月くらい前から急激に増加する．卵管は卵巣から分泌されるエストロゲンにより肥大する．

産卵中の雌の中の血中成分は雛や休産雌のそれにくらべ，カルシウム含量，脂質，タンパク質および酵素，ビタミン，ミネラルなどに変化が起こる．これらの変化は卵巣で生成されるエストロゲンにより起こされ，生成されたタンパク質，脂質などは卵胞における卵黄成分の蓄積および卵白，卵殻の形成などに使用される．

卵巣中の目に見える卵胞数は1000～3000であり，それらの卵の排卵，卵白形成，放卵には種々のホルモンの関与が明らかとなっている．

ふ化時の左右精巣重量は体重の0.02%であるが，成雄では体重の1.0%になる．精巣の発育と冠の発育は平行する．精巣の発育は日照時間，環境温度および脳下垂体からのFSHとLHなどにより支配されている．精巣の成熟過程は，5週齢で精細管ができ，精原細胞ができる．6週齢で精母細胞が出現し，12週齢で精子ができる．精子は哺乳類と同様精巣上体管，精管を通過する間に成熟し，授精能力を獲得する．ニワトリの精液は哺乳類のそれよりブドウ糖および果糖の含量が低く，クエン酸は含まれない．

受精は卵管漏斗部で行われ，精子は雌体内で2週間程度生きている．

(6) 実験動物としての生物学的特徴および使われ方

a. 品　種

品種という分類は実験動物にはない分類法であるが，家畜，家禽には人類が利用しようとする形質に関し長期間選抜育成した動物群がある．それらに対して命名された名が品種名である．そのため同一品種内のニワトリの遺伝的体質，特に外貌は相互に似ている．このため，実験動物としてのニワトリの系統を育種する際，特定の品種を起原とすることは非常に有利である．現在確立されている多くの近交系および系統は特定の品種を起原としているものが多い．

ニワトリの品種の分類には用途別と地域別の分類がある．用途別に分類すると，(1)卵用種（レグホン，ミノルカ，カリフォルニアグレイ，ファヨウミなど），(2)卵肉兼用種（プリマスロック，ロードアイランドレッド，ニューハンプシャー，ナゴヤなど），(3)肉用種（コーニッシュ，コーチンなど），(4)愛玩用種（チャボ，オナガドリ，シャモ，サツマドリ，コエヨシなどの日本鶏およびシブライトバンタムなど），などである．一方，地域別に分類すると，(1)地中海沿岸種（レグホン，ミノルカなど），(2)アメリカ種（プリマスロック，ロードアイランドレッド，ニューハンプシャー，カリフォルニアグレイなど），(3)アジア種（コーチン，オナガドリ，ナゴヤ，ウコッケイなど），などである．しかし，その他の種々の地域，国の別があり，複雑であるので用途別分類がよく用いられる．

ニワトリの品種のなかに内種という分類があるものもある．内種は一般に冠，羽装の違いなどにより分類されている．単冠白色レグホンはレグホンという品種の中の単冠で白色羽装のものということで他に単冠褐色レグホン，バラ冠白色レグホン，バラ冠褐色レグホンなどの内種がある．しかし，ニューハンプシャー，ナゴヤなどには内種は見られない．

表5.14 繁殖生理値

	生理値
初産日齢(50%産卵)	160～180日
排卵周期	25～29時間
卵子の大きさ	3～3.5 cm
卵巣重量(産卵時)	40～60 g
卵管重量(〃)	約47 g
卵管の長さ(〃)	70～80 cm
〃 （休産時）	10～15 cm
精液量(自然射精)	約0.1 ml
〃 （マッサージ法）	0.3～1.0 ml
精子濃度	15～55×10^8/ml
精液pH	6.3～7.8
精巣重量	14～60 g

以下に代表的な品種について概説する．

i) 卵用種

1) 単冠白色レグホン　イタリア原産であるが，英国および米国で改良された．卵用種の代表的なものである．成体重は雄約2500g，雌約1800gである．年間の産卵数は多く，年360卵産む個体も存在する．羽色は優性遺伝子 I により全身白色である．耳朶は白く，眼は赤栗色または暗赤色で白色卵を産む．皮膚および脚色は黄色である（図5.14）．

図 5.14　白色レグホン種（WL-15系，水谷原図）

2) 単冠ブラックミノルカ　スペインのミノルカ島原産であるが，英国で改良された．わが国には1888年ころアメリカおよびイギリスより輸入された．成体重は雄約4000g，雌約3000gである．羽色は全身黒色で，耳朶は白色，眼は暗褐色，脚色は黒色または暗石盤色である．白色卵を産む（図5.15）．

図 5.15　ブラックミノルカ種（BM-C系，水谷原図）

3) カリフォルニアグレイ　米国カリフォルニア州で作出された新しい品種である．白色レグホンと横斑プリマスロックの交雑から作出された．羽色は黒色と白色の性染色体性の横斑である．単冠で耳朶は白く，皮膚および脚色は黄色である．白色卵を産む．

4) ファヨウミ　エジプト原産である．羽色は黒色と白色の常染色体性の横斑である．成体重は雄約2500g，雌約1800gである．冠は単冠で，眼は暗褐色，耳朶は赤色で脚色は鉛色，皮膚は白色である．暑さに強く，耐病性もある．淡褐色卵を産む．羽性は常染色体性遅羽（$tardy$）遺伝子をホモにもつため3～5週齢時わずかに翼が発育するのみである（図5.16）．

図 5.16　ファヨウミ種（GSP系，水谷原図）

ii) 卵肉兼用種

1) 単冠ロードアイランドレッド　米国ロードアイランド地方の在来種とバフコーチン，マレー，褐色レグホン，ワイアンドットなどとの交雑により成立した品種である．羽色は全身濃褐色で翼と尾部のみ黒色である．成体重は雄約3800g，雌約2900gである．眼は赤栗色，耳朶は赤色で脚色および皮膚色は黄色である．褐色卵を産む．

2) 横斑プリマスロック　米国において闘鶏のドミニークとブラーマ，黒色コーチンなどとの交配から作出された．羽色は性染色体性の黒白の横斑である．この横斑遺伝子（B）を有するヒナは綿毛に横斑は現れないが，頭部に白斑を呈する．このためこの遺伝子は初生雛の自動雌雄鑑別（autosexing）に利用される．成体重は雄約4300g，雌約3500gで，眼は赤栗色，耳朶は赤色，脚および皮膚色は黄色である．褐色卵を産む．

3) 白色プリマスロック　白色プリマスロックは横斑プリマスロックから突然変異により出現したアルビノであった．しかし，その後優性白色ワイアンドットや優性白色コーニッシュから優性白色遺伝

子（I）が導入された．このため体重も重くなり，成体重は雄約5000g，雌約3600gである．その他の形質に関しては横斑プリマスロックと同じである．

4) ニューハンプシャー　米国においてロードアイランドレッドから速羽性および早期肥育性に関し選抜された新しい品種である．羽色はロードアイランドレッドより淡い褐色で翼と尾部は黒色である．成体重は雄約3800g，雌約2800gである．冠は単冠で，眼は赤栗色，耳朶は赤色，脚および皮膚色は黄色である．褐色卵を産む（図5.17）．

図5.17　ニューハンプシャー種（NH-412系，水谷原図）

5) ナゴヤ　名古屋地方の在来種とバフコーチンの交雑から作出された名古屋コーチンに褐色レグホーン，ロードアイランドレッドなどが交雑され，名古屋コーチンの脚毛をなくしたものをナゴヤと称した．羽色は尾部に黒い羽毛のあるほかは全身淡褐色である．成体重は雄約3000g，雌約2500gである．冠は単冠，眼は赤栗色，耳朶は赤色，脚は鉛色，皮膚は白色である．近年ブロイラーの原種鶏として利用されている．

iii) 肉用種

1) コーニッシュ　19世紀にイギリスでオールドイングリッシュゲームと赤色アシール，マレーなどを交雑して育成された．20世紀アメリカにおいて改良され，暗色コーニッシュ，赤色コーニッシュ，白色コーニッシュなど多くの内種がある．羽色はバフ色，赤色，白色など内種により異なるが，冠はマメ冠，眼は淡灰青色，耳朶は赤色，脚および皮膚色は黄色である．成体重は雄4800～5500g，雌3800～4000gである．褐色卵を産む．

2) コーチン　中国原産であるが主としてイギリスで改良された．ロードアイランドレッド，プリマスロック，ナゴヤなどの品種の作出に貢献した品種である．羽色はバフ色，白色，黒色など内種によりいろいろであるが，冠は単冠，眼は赤栗色，耳朶は赤色，脚および皮膚色は黄色であり，脚毛がある．成体重は雄4500～4900g，雌3800～4500gである．濃赤褐色卵を産む．

iv) 愛玩用種

愛玩用種は上記の卵用，肉用，卵肉兼用という分類のように1方向性をもった分類ではなくいろいろな方向性をもっている．日本での愛玩用種を考えると地鶏（ジドリ）群，闘鶏群，鳴声を楽しむ群および観賞用の鶏群などに分けられる．欧米の愛玩用種も同様に分類されるが，鳴声を楽しむ鶏群は見られないようである．

1) 地鶏群　地鶏はもともと実用鶏であったが現在は産業的意味を失っている．岐阜地鶏（岐阜県），土佐地鶏（高知県），猩々地鶏（三重県）などがある．いずれも単冠で赤色野鶏と同様の羽色である．

2) 闘鶏群　闘鶏にはけづめに剣をつけて闘わせる形式と何もつけないで闘わせる形式とがあり，それぞれ品種が異なる．前者に属するものとしてはサツマドリがあり，後者に属するものとしてはシャモがある．冠はいずれもマメ冠であるが羽色に関しては種々の色のものがある．

スポーツ医学あるいは筋肉生理などの実験動物としての利用が考えられる．

3) 鳴声を楽しむ鶏群　トウテンコウ，コエヨシ，トウマルの3品種がある．音色，音律など3種3様であり，体格，羽色など種々の点でも相違が見られる．ときの長さはいずれも15～20秒くらいである．他品種との呼吸器系の比較検討が待たれる．

4) 観賞用の鶏群　この鶏群には多くの品種が含まれ特徴的な形態を有するものが多い．代表的な日本鶏としてウコッケイ，オナガドリ，ウズラオ，チャボなどがある．欧米種としてはシブライトバンタムが有名である．

ウコッケイは純粋の日本鶏ではなく，原産地は中国あるいは東南アジアと考えられている．もともと薬用として用いられていたらしい．羽の小羽枝に異常があるのでふわふわの羽毛である．羽色としては白色と黒色が有名である．ウコッケイ（烏骨鶏）という名のごとく中胚葉系の組織（骨，肉，皮膚，冠）にメラニン色素が沈着し黒色を呈する．また，冠はバラ冠で毛冠を有し，多趾，脚毛を有している．メ

ラニン合成あるいは発生学に関する実験動物としての使用が考えられる.

オナガドリは世界的に有名な日本鶏で,土佐の原産である.小国に出現した特定の尾羽が換羽しないミュータントから育成された.この長尾性の遺伝には一つの優性遺伝子と一つの劣性遺伝子の関与が考えられている.

ウズラオは土佐地鶏から出現した尾骨のまったくないミュータントを固定したものと考えられている.発生学に関する実験動物としての利用が考えられる.

チャボの原産地は東南アジアと考えられている.わが国へは江戸時代初期に中国より入った.多くの内種が存在するがすべて小型である.小型である点と種々のミュータントを含む点で実験動物としての利用性に優れている.小型という形質とともに短脚遺伝子も有しているので発生学に関する実験動物としての利用が考えられる.

シブライトバンタムは雄も雌型の羽装を示す遺伝子を有する小型の品種である.近年,この雌性羽装に関しホルモン学的検索がなされ,皮膚におけるアンドロゲンからのエストロゲンの合成の亢進していることが判明し注目をあびている[5].

b. 近 交 系

ニワトリでは全兄妹交配を行うと近交退化が著しく4〜5世代で継代不能となることが多い.類似の現象がウズラおよびハトにおいても観察され,鳥類全般の特性かも知れない.この退化現象のためニワトリでは近交係数(F)が50%以上あるいは血縁係数(R)が80%以上の閉鎖集団を近交系としている.全兄妹交配20世代以上の近交系も存在するが少数例であり,ほとんどの近交系が全兄妹交配,半兄妹交配,従兄妹交配など種々の交配方法を用い長期間をかけて確立されたものである.

筆者は,近交係数が50%以上で血縁係数が80%以上の閉鎖集団であり少なくとも組織適合性遺伝子座である血球抗原のBシステムが固定しているものを近交系とするべきであると考えている.FおよびRをあげるための交配方法としては図5.18に示した以下の5方法がよいと考えている.

（1）全兄妹交配：図5.18 aのような交配を行う方法である.Fが50%,Rが80%以上になるには5世代を要する.

（2）1単位1ペアの2単位の組合せによるローテーションシステム：図5.18 bのように異なるペアからの子同士を交配する方法である.Fが50%,Rが80%以上になるのに12世代を要する.

（3）1単位1ペアの3単位の組合せによるローテーションシステム：図5.18 cのように交配する方法である.Fが50%,Rが80%以上になるのに21世代を要する.

（4）1ペアの親から出発した1単位1ペアの2単位の組合せによるローテーションシステム：図5.18 bと同じ交配方法であるが,親が1ペアから出

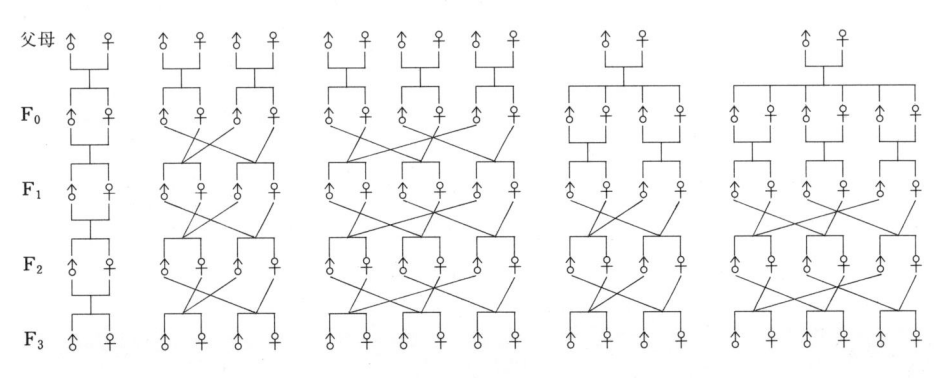

a. 全兄妹交配　b. 1単位1ペアの2単位によるローテーション　c. 1単位1ペアの3単位によるローテーション　d. 1ペアの親から出発し,その後1単位1ペアの2単位によるローテーション　e. 1ペアの親から出発し,その後,1単位1ペアの3単位によるローテーション

図 5.18　近交系作用のための交配方法（水谷原図）

表 5.15 わが国で維持されているニワトリの近交系および系統

近交系あるいは系統名	品種名	特徴	維持機関
WL-G	白色レグホン	近交系,各種血液型座位固定(Ea-Bを含む)	名古屋大学農学部
FA	ファヨウミ	〃 , 〃	〃
NH-H	ニューハンプシャー	〃 , 〃	〃
NG-N	ナゴヤ	〃 , 〃	〃
WL-F	白色レグホン	〃 , 〃 (Ea-B^{15}),白血病関連座位固定	日本生物科学研究所
WL-GM	〃	〃 , 〃 〃 , 〃	〃
PNP	ファヨウミ	〃 , 〃 (Ea-Bを含む), 〃	〃
GSN/1	〃	〃 , 〃 〃 , 〃	〃
GSN/2	〃	〃 , 〃 〃 , 〃	〃
GSP	〃	〃 , 〃 〃 , 〃	〃
Line-15	白色レグホン	〃 , 〃 〃 , 〃	日本獣医畜産大学
BM-C	ブラックミノルカ	〃 , 〃 (Ea-B^{15})	日本生物科学研究所
CB (Prague由来)	白色レグホン	〃 , 〃 (Ea-B^{12})	広島大学生物生産学部
WL-B	〃	オルニチントランスカルバミラーゼ高活性	神戸大学農学部
CB	コーチンバンタム	〃 〃	〃
CG	カリフォルニアグレイ	〃 低活性	〃
GVHR-H	白色レグホン	移植片対宿主反応高方向,Ea-B固定	広島大学生物生産学部
GVHR-L	〃	〃 低方向, 〃	〃
Ig-G-H	白色プリマスロック	血清Ig-G含量高方向	農水省畜産試験場
Ig-G-L	〃	〃 低方向	〃
G	ファヨウミ	痛風発症	〃
WL-O	白色レグホン	SPF,白血病関連座位固定	大阪大学微生物研究所
BL-E	褐色レグホン	比較解剖学的研究に使用	名古屋大学農学部
NG-Y	ナゴヤ	〃	〃
NG-K	〃	〃	〃
TJN	トカラ群島の地鶏	〃	〃
JS	小国	〃	〃
SB-G	シブライトバンタム	〃	〃
GB-P	赤色野鶏,フィリピン産	〃	〃
GOS	五色小国,地頭鶏,ナゴヤ,シブライトバンタム	各種血液型固定(Ea-Bを含む)	〃
C$_P$	五色小国,地頭鶏,ナゴヤ,白色レグホン,シブライトバンタム	短脚致死遺伝子(C_P)保有,発生学的研究に使用	〃
BPR-t	横斑プリマスロック	トレンブラ遺伝子保有,神経学的研究に使用	〃
WL-E-am	白色レグホン	筋ジストロフィー発症	〃
WL-E	〃	WL-E-amのコントロール系	〃
WL-Dw-am	白色レグホン	筋ジストロフィー発症,矮性鶏	国立精神神経センター
NH-413	ニューハンプシャー	筋ジストロフィー発症	日本生物科学研究所
NH-412	〃	NH-413のコントロール系	〃
GSN/2 am	ファヨウミ	NH-413の筋ジストロフィー遺伝子をGSN/2系に導入	〃
WL-GM/am	白色レグホン	〃 WL-GM系に導入	〃
YL	ファヨウミ	Delayed amelanosis発症,自己免疫性と思われる甲状腺炎を発症	〃
AN	〃	神経異常	〃
Line-M	白色レグホン	SPF	〃
Line-S	〃	〃	〃
WL-M/o	〃	〃 ,白血病関連座位固定	〃
WL-M/be	〃	〃 , 〃	〃

発している点が異なる．Fが50%，Rが80%以上になるのに11世代を要する．

（5）1ペアの親から出発した1単位1ペアの3単位の組合せによるローテーションシステム：図5.18cと同じ交配方法であるが，親が1ペアから出発している点が異なる．Fが50%，Rが80%以上になるのに16世代を要する．

現在，わが国で維持されている近交系および系統のリストを表5.15に示した．近交系の特性の詳細は他の文献[6]を参照されたいが，種々の形質に関して固定されているため，産卵率，受精率，ふ化率，育成率が市販のコマーシャル鶏と異なり著しく劣るため使用に際しては注意を要する．

c. 系　　統

系統とは"外部からの移入がなく数世代以上閉鎖集団として維持されている群"と定義されている．しかし，基準があいまいなため，ニワトリ，ウズラでは近交係数が20〜25%以上の閉鎖集団を系統と呼ぶことが提案されている．この基準をみたすには毎世代雄10，雌10のグループ交配あるいは10ペアのランダム交配あるいはローテーション交配により10世代を経過すればよい．また，前述の図5.18のa〜eの交配方法を用いれば1世代，5世代，8世代，3世代，3世代を経過すればよい．多くの公的機関あるいは民間の種鶏場，研究所，大学などで維持されている系統がこの分類に入ると思われる．しかし，同一の名称でも起原の異なるものがあるので注意を要する．

d. 突然変異形質

ニワトリは家禽としての歴史が古いため多くの突然変異形質が見いだされている．そのため異なる形質に類似の遺伝子記号が用いられるなど混乱が生じてきた．そこで，"突然変異および遺伝子記号命名法"に関する規約が米国の研究者により定められた．詳細は文献[7]を参照されたいが，遺伝子記号のABC順表示法は新しい突然変異形質を命名する際およびすでに命名された遺伝子記号を検索する際などに便利である．

これまでに報告された突然変異形質を形態学，筋神経学，生理学，免疫学，生化学および腫瘍学の各分野に分類し，それらの代表的な形質について略述する．詳細は他の文献[8]を参照されたい．

i）形態学的形質

a. 羽　色

1) 常染色体性横斑 (Ab, ab^+)：ファヨウミやカンピンに見られる横斑である．常染色体性の優性遺伝子により支配されている．

2) 伴性横斑 (B, b^+)：羽毛のメラニン色素を規則的に抑制するため黒白の横斑となる．わが国では横斑プリマスロックに見られる．性染色体性の優性遺伝子により支配されている．

3) 劣性白 (C^+, c, C^a)：常染色体性の劣性遺伝子により支配される．白色プリマスロック，白色ウコッケイなどに見られる．c/cのニワトリの羽色は白色で少し着色羽毛を有する個体もある．眼は赤目にならない．一方，c^a/c^aのニワトリの羽色は白色で赤目となる．cはc^aより優性である．着色羽毛を有する個体はC遺伝子を有している．

4) コロンビア斑 (Co, co^+)：常染色体性の優性遺伝子により支配される形質で，主として翼と尾にのみ黒色羽を生じる．他の遺伝子（e^y, e^{wh}）との関連により黒色の程度は異なる．ニューハンプシャー，ロードアイランドレッド，ファヨウミ，カツラチャボなどに見られる．

5) 黒色拡張 (E, E^R, e^{wh}, e^+, e^p, e^s, e^{bc}, e^y)：この遺伝子座には野生型（e^+）に対して優性あるいは劣性を示す多くの複対立遺伝子が存在する．異なる遺伝子の組合せによりヒナは種々の羽色を呈する．Eシリーズの遺伝子は他の遺伝子との関連により羽色が種々に変化するため現在のところ他遺伝子との相互関係に対する明解な解答はなされていないのが現状である．しかし，E遺伝子に関してはブラックミノルカのように全身を黒色にするため問題はないと思われる．

6) 優性白 (I, i^+)：常染色体性の優性遺伝子に支配される形質である．I/Iのニワトリは全身白色となるが，I/iのニワトリは白色に有色のさし毛の入るものから全体に茶色がかったものまで種々の程度の個体が出現するので正確には不完全優性である．なお，Eシリーズの遺伝子に対しては上位の関係にある．白色レグホン，白色コーニッシュなどに見られる．

7) 銀色 (S, s^+, s^{al})：銀色は性染色体性の優性遺伝子により支配される形質で羽毛の赤褐色や黄褐色の色素の沈着を抑制し白色とする．一方，s^+遺伝

子は赤褐色や黄褐色の色素が沈着するため金色と称されている．また，s^{al}遺伝子は全身を白色にし，眼をピンク色にする．しかし，e^+遺伝子に対しては劣性である．S遺伝子とE遺伝子ではE遺伝子が上位であるため，E遺伝子が存在すればS，s^+の存在にかかわらず羽色は黒色となる．

8) その他：遺伝様式が不明のもので興味深い形質に delayed amelanosis がある．この形質を有するニワトリはふ化後ある週齢まで有色の羽毛であるが，ある時期から白色の羽毛を生じ，最終的に全身白色となる．ヒトの白斑のモデル動物として有望視されている．また，近年自己免疫性の甲状腺炎を発症することが見いだされた（図 5.19）．

図 5.19 delayed amelanosis ニワトリ（YL 系），左の個体は全身白色化している（水谷原図）

b. 羽性

1) 逆毛（F, f^+）：常染色体性の不完全優性遺伝子により支配される形質で全身の羽毛がまくれあがっている．逆毛チャボなどに見られる．

2) non-limited growth（Gt, gt^+）：常染色体性の優性遺伝子により支配される形質で，雄のみに限り主尾羽2対および腰背部の羽毛が成長しつづける．後述の mt 遺伝子と共存するとオナガドリとなる．オナガドリはこれまでに尾羽が12mになる個体も出現している．

3) 絹糸羽（H^+, h）：常染色体性の劣性遺伝子により支配される形質で，全身の羽毛の小羽枝の小鉤（hooklet）が欠けているためふわふわの羽毛となる．ウコッケイやイトゲチャボなどに見られる．

4) 雌性羽装（Hf, hf^+）：常染色体性の不完全優性遺伝子により支配される形質で，雄の特徴である羽の先端が細く尖った形になる性質を雌型のように先の丸い形の羽にする．このためこの形質は雄のみに出現する．シブライトバンタムやゴイシチャボに見られる．前述のごとく，この形質に関しては近年詳細な内分泌学的検索がなされている．

5) 伴性遅羽（K^n, K^s, K, k^+）：性染色体性の優性遺伝子により支配される形質で羽毛，脂腺および冠などの発育速度の違いにより K^n, K^s, K, k^+ の複対立遺伝子が存在する．初生雛の自動雌雄鑑別に使われる．横斑プリマスロック，コーニッシュなどに見られる．しかし，近年速羽性がブロイラー鶏種の必要条件となったため遅羽性の鶏種は少なくなった．

6) non-molt（Mt^+, mt）：常染色体性の劣性遺伝子により支配される形質で，雄のみに限り主尾羽2対および腰背部の羽毛が換羽しない．

7) 裸（N^+, n）：性染色体性の劣性遺伝子により支配される形質で，初生雛の羽毛はほとんどないものから75％ぐらい羽毛のあるものまでいろいろである．しかし，4週齢では完全に羽毛がなくなり裸となる．原因は羽毛根にあることが判明している．類似のミュータントとして無鱗（Sc^+, sc）および無羽域（Ap, ap^+）がある．

8) 常染色体性遅羽（T^+, t^s, t）：常染色体性の劣性遺伝子により支配される．前述の k^+/k^+ 雄および $k^+/$―雌において識別が容易となる．t/t のニワトリは羽毛の発育が遅く8週齢まで尾羽は発育しない．t/t は t^s/t^s より発育が遅く，t^s に対して劣性である．ファヨウミ種に見られる．

9) その他：翼羽や尾羽など大きな羽の小羽枝における小鉤の異常で起こるほつれ羽（Fr^+, fr），頸部のみ羽毛のない裸頸（Na, na^+）などがある．

c. 皮膚色

1) 真皮性メラニン沈着抑制（Id, id^c, id^+）：性染色体性の優性遺伝子により支配される形質である．Id 遺伝子が存在すれば真皮にメラニン色素を沈着しないため黄色あるいは白色となる．前述の E シリーズおよび後述の W あるいは w 遺伝子との関連により種々の脚色となる．$Id/(Id)$，w/w は黄脚，$Id/(Id)$，W/W は白脚，$id/(id)$，w/w はヤナギ色の脚，$id/(id)$，W/W は鉛色の脚となる．しかし，脚色の判定は若齢のニワトリではむずかしい．なお，ファヨウミ種において黄脚であるが $id/(id)$ であるものおよび前述の delayed amelanosis を示すファヨウミのニワトリは羽毛の白色化に伴い脚色

が黄脚に変化することなどを筆者は経験しているので，まだまだ未解決な点は多いと思われる．

2) 皮膚色（W^+, w）：常染色体性の劣性遺伝子により支配される形質である．W^+のニワトリはキサントフィルの沈着が抑制されるため白色となり，wのニワトリはキサントフィルが沈着するため黄色となる．3〜4か月齢にならないと判定はむずかしい．

3) その他：赤色野鶏，ファヨウミ，ロードアイランドレッドなどの耳朶色は赤色であるが，ブラックミノルカ，ハンバーグなどのそれは白色である．このように耳朶色は品種により異なり標識遺伝子として優れているが，この耳朶色には多くの遺伝子が関与していると思われる．

d. 表皮の形態

1) 冠：単冠，バラ冠，マメ冠，クルミ冠などの種類に大別される．バラ冠およびマメ冠は常染色体性の優性遺伝子（R, r^+ および P, p^+）により支配され，RとP両遺伝子が共存した場合はクルミ冠に，r/r, p/pの場合には単冠になるとされている．一般の成書には明確に遺伝するように記述してあるが，交配実験を行うと種々の形の冠の個体が出現し，判定の困難な場合があることも事実である．その他無冠（Bd^+, bd）および毛冠（Cr, cr^+）などがある．毛冠は羽毛の性質の変化したものである．また，毛冠は脳ヘルニアを伴うので興味あるミュータントである．

2) 無鱗（Sc^+, sc）：常染色体性の劣性遺伝子により支配される形質である．sc/scのニワトリは脚の鱗がなくなるとともにほとんど羽毛がはえず裸となる．

3) 耳ひげ（Et, et^+）：常染色体性の優性ホモ致死遺伝子により支配される．両側あるいは片側の耳口の末端あるいは耳たぶの腹側より羽毛が突出する．耳孔の形の異常，外耳道の短縮化あるいは欠損などを併発する．アロカナ種に見られる．

e. 骨格

1) 短脚（Cp, cp^+）：常染色体性の優性ホモ致死遺伝子により支配される形質で脚の長骨，中足骨が短縮し，正常の2/3程度になる．Cp/Cpのニワトリは発生途中で死亡する．死亡時期は種々変異がある．

2) 多趾（Po^d, Po, po^+）：常染色体性の不完全優性遺伝子により支配される形質で趾が5本または

それ以上になる．これは第1趾の重複によると考えられている．近年，常染色体性の劣性遺伝子（po-2, Po-2^+）により支配される多趾も報告されている．

3) 優性無尾（Rp, rp^+）：常染色体性の優性遺伝子により支配される形質で無尾となる．日本鶏のウズラオもこれに属すると思われる．常染色体性の劣性遺伝子（Rp-2^+, rp-2）により支配される無尾も存在し，両遺伝子座は異なっている．

4) こびと病：ニワトリのdwarfは性染色体性の劣性遺伝子（dw, dw^M, dw^b, Dw^+）と常染色体性の劣性遺伝子（Adw^+, adw）により支配されるものがある．いずれも正常の1/2〜1/3程度の大きさになる．近年，畜産界では飼料効率の面から興味のもたれているミュータントである．

ii) 筋神経学的形質

a. 筋肉関係

1) 筋ジストロフィー症（Am^+, am）：常染色体性の劣性遺伝子により支配される．白筋に異常が生じるため，主として胸筋がおかされる．ふ化後4〜5週で発症する．近年わが国においても筋ジストロフィー鶏（NH-413系）を用い，詳細な研究がなされている．また，NH-413系のam遺伝子をファヨウミ種の近交系に導入した系統がわが国でも開発されている（図5.20）．

図5.20 GSN/2 am系（水谷原図）

b. 神経関係

1) てんかん（Epi^+, epi）：常染色体性の劣性遺伝子により支配される．走りまわった後，床にたおれ，脚および翼をバタつかせ，頭を内側にまげる発作を起こす．ふ化時すでに発作を起こし，成鶏になるまで発作を起こしつづける．発作は外的な視覚あるいは聴覚刺激により起こる．軽い発作は数秒，重

い発作は30分あるいはそれ以上つづくこともある．

2) 先天性ロコ (Lo^+, lo)：常染色体性の劣性遺伝子により支配される形質で頭を背側につけ，くちばしを上にむける発作を繰り返す．1週間以内に死亡する．

3) Pirouette (Pir^+, pir)：常染色体性の劣性遺伝子により支配される形質である．くるくる回転する発作を繰り返す．刺激源は不明である．ふ化時すでに発症している．

4) Paroxysm (Px^+, px)：性染色体性の劣性遺伝子により支配される．ふ化時は正常であるが，2週齢ころより視覚あるいは聴覚刺激により突然走りまわり，その後脚を伸展し翼をバタつかせ頭を背側にまげてたおれる発作を起こす．この状態が約10秒間つづいた後正常にもどる．14～15週齢で死亡する．

5) Trembler (Tr^+, tr)：わが国において見いだされたミュータントで常染色体性の劣性遺伝子により支配される．体を小きざみに震動させる行動異常が散発的に出現する．出現時期は不定であるが，5週齢までには発症する．異常個体は8～20週齢で死亡するが，まれに長期間生存するものも出現する[9]．

iii) 生理学的形質

a. 代謝異常

1) Riboflavinuria (Rd^+, rd)：常染色体性の劣性遺伝子により支配される形質で血清中のリボフラビン結合タンパクの欠損による異常である．rd/rdのニワトリは腸管から吸収されたリボフラビンを利用することができず，尿中に排出する．そのためこれらの雌からの卵の卵黄および卵白中にはリボフラビンが少なく，胚は10～14日齢で死亡する．しかし，ふ卵前の受精卵へのリボフラビン投与により胚はふ化可能となる．

2) 痛風：痛風発症には多数の遺伝子の関与が考えられている．関接型の痛風を発症する系統はこれまでに3系統が確立されている．白色レグホン種のHUA系では腎臓からの尿酸排出に障害があるためと考えられ，筋ジストロフィー症を発症するニューハンプシャー種の307系では尿酸の産生亢進が考えられている．また，わが国で確立されたファヨウミ種のG系では307系と同様，尿酸の産生亢進の可能性が示されている．

3) 尿崩症 (Di^+, di)：常染色体性の劣性遺伝子により支配される形質で，多飲水，多尿を特徴とする．ヒトの腎臓性の尿崩症と類似の疾患とされている．

b. その他の形質

1) 自己免疫性甲状腺炎：本症の発症には多くの遺伝子の関与が考えられているが，そのうちの一つは主要組織適合遺伝子と関連のあることが判明している．6～8週齢における肥満，絹糸状の長い羽毛，成長の遅延などを特徴とする．飼料中へのチロキシン投与により症状は軽くなり繁殖可能となる．橋本病のモデル動物として使用されている．

2) 右輸卵管の遺存 (double oviducts)：遺伝性と思われるが詳細な遺伝的分析はなされていない．右卵巣は退化しているが，右輸卵管も左輸卵管と同程度に発育する（図5.21）．

図5.21 double oviducts（PNP系，水谷原図）

iv) 免疫学的形質

a. 血液型

ニワトリの血液型は免疫抗血清により識別されるものと免疫抗血清以外の凝集素により識別されるものに大別される．前者には同種免疫抗血清，累種免疫抗血清，モノクローナル抗体およびウズラ赤血球免疫ニワトリ血清などにより識別される血液型が含まれる．しかし，大部分の血液型は同種免疫抗血清により識別可能なものである．後者には動物ウイルス性凝集素，動物組織の分解物（動物レクチンと考えてもよいと思われる）および植物レクチンなどにより識別される血液型が含まれる．

1) 同種免疫抗血清により識別される血液型：ニワトリでは同種免疫抗血清により表5.16に示したごとく12の血液型遺伝子座（システム）が明らかにされている．これらの血液型抗原はいずれも常染色体性の共優性遺伝子により支配されている．すなわち，対立遺伝子がホモ型であれば一つの抗原のみが

表 5.16 同種免疫抗血清により識別される血液型のシステム

システム名	対立遺伝子数	抗原の存在部位	連鎖
A	7	赤血球, 白血球	III
B	30	〃 , 〃	?
C	8	〃 , 〃	III
D	5	〃	?
E	11	〃	III
H	3	〃	III
I	8	〃	?
J	2	〃	III
K	4	〃	?
L	2	〃	?
P	10	〃	III
R	2	〃	?

表 5.17 免疫抗血清以外の凝集素により識別される血液型

凝集素の種類	システム名
ワクシニアウイルス	Vh
ブタパルボウイルス	P_p
ニワトリヘモフィルスウイルス 培養L細胞のトリプシン処理 (ワクシニアウイルス)	Th
エンドウ	Hi(Ph)
ラッカセイ	P_n
チューリップ	T_g
ジャガイモ	St_1, St_2
イリゴマ	Si
アメリカヤマゴボウ	Pw_1, Pw_2
アメリカハリグワ	MP_1, MP_2
ニラ	At
ヤドリギ	Va

発現するが, ヘテロ型の場合は二つの抗原が発現することになる. このため遺伝的モニタリングには有利な形質である.

12システムのうちBシステム (E_a-B) およびCシステム (E_a-C) は組織適合性遺伝子座である. 特にBシステムは主要組織適合遺伝子座で多数の複対立遺伝子が存在する. その命名に関しシステムの記号は同じであるが, 種々のハプロタイプの遺伝子記号はヒトやウシの血液型のように世界共通の標準化はなされていず, 欧米では数字が使われているが, わが国ではアルファベットが使われている. 近年欧米間ではBシステムのハプロタイプの比較試験が行われ, 各ハプロタイプを示すニワトリの標準系統が定められた[10]. しかし, わが国の系統はこの標準系統には含まれていないため今後の課題となっている.

近年Bシステムおよびその他のシステムの固定した数種の近交系を用いてBシステムに関する詳細な検討がなされた. その結果, ニワトリのBシステムはヒトの HLA, マウスの H-2 と類似の遺伝子構造を有することが明らかにされた. 現在Bシステムは B-G 領域, B-F 領域および B-L 領域の3領域からなっているとされている. B-G 領域はニワトリ固有の領域で血液型座位が存在し, 組織適合性に関する座位は存在しない. なお, B-G 抗原は赤血球のみに存在する. B-F 領域には血液型座位および組織適合性に関する座位が存在し, B-F 抗原は赤血球, リンパ球, 白血球, 脾臓細胞などに存在する. B-L 領域には血液型座位は存在せず, 免疫応答に関連する座位が存在する. 最近, B-F, B-L 間の recombinant も報告されている[11].

2) 免疫抗血清以外の凝集素により識別される血液型: これまでに報告された血液型でこの群に属するものを表5.17に示した. これらの血液型ではこれまでのところ複対立遺伝子の存在は観察されておらず, 凝集原の存否, すなわち凝集素と反応して凝集するかしないかで判定される.

動物ウイルス性凝集素 (VHA) でニワトリ血液型を識別するウイルスはワクシニアウイルス, ブタパルボウイルス, ニワトリヘモフィルスウイルスなどが知られている. いずれもウイルス性凝集素と反応する赤血球凝集原を有する性質が常染色体性の優性遺伝子により支配されている. また, 日本脳炎ウイルス, 東部馬脳炎ウイルスなどのように産卵雌赤血球は凝集しないが, 雄, 若齢および休産雌ニワトリの赤血球は凝集する性質を有するウイルスも存在する[12].

培養L細胞のトリプシンあるいはパパイン処理により得られる赤血球凝集素と反応するニワトリ赤血球凝集原は前述のワクシニアウイルスと反応する凝集原と同一の血液型システムに属する. 近年種々の動物レクチンの糖特異性が検索されているが, ニワトリの血液型分類用に使用される例は少ない.

ニワトリの血液型を識別可能な植物レクチンとしてこれまでにエンドウ, ラッカセイ, チューリップ, ジャガイモ, ゴマ (イリゴマ) およびアメリカヤマゴボウ[13]などが知られ, 今後もふえることが期待される. これらレクチンにより識別される赤血球凝集原はその出現が雌の産卵生理と密接に関連している

ものが多いのが特徴である．エンドウレクチンと反応する Hi (Ph)，ジャガイモレクチンと反応する St_2，アメリカヤマゴボウレクチンと反応する Pw_2 の各凝集原は特定の産卵雌のみに出現する．一方，ラッカセイレクチンおよびチューリップレクチンと反応する Pn および Tg 両凝集原は特定の雌において産卵開始とともに消失する．このような現象の意義は現在不明であるが，興味深い現象である．

3) 抗体のアロタイプ： 免疫グロブリンのアロタイプとしては 7S および 17S の免疫グロブリン H 鎖の特異性を支配する IgG-1 座位と IgM-1 座位が明らかにされ，それぞれ 14 および 4 の複対立遺伝子の存在が報告されている．また，これら両座位は連鎖関係にありハプロタイプを形成している．そして，血液型の E_a-B, E_a-D, E_a-E, E_a-P, E_a-I の各座位とは連鎖していないことが判明している[14]．

v) 生化学的形質　現在，実験動物としてのニワトリにおけるタンパク質多型などの生化学的形質は近交系あるいは系統の標識遺伝子としての利用が主である．しかし，これまで家禽学では家鶏の起原あるいは品種の成立の手がかりおよび品種間の近縁関係の研究手段として，また経済形質などを含む量的形質や抗病性との関連の研究などに用いられてきた[15]．

表 5.18　ニワトリの生化学的遺伝子

タンパク質名(酵素名)	存在場所	座位名	対立遺伝子*
酸性ホスファターゼ	肝臓	Acp-2	A, B
アデノシンデアミナーゼ	赤血球	Add	$1, 2, 3$
アルカリホスファターゼ	血漿	Akp	$F>S$
〃	〃	Akp-2	$O>A$
アルブミン	血清	Alb	C, C^1, F, S
アミラーゼ	血清	Amy-1	A, B, C
〃	すい臓	Amy-2	A, B, C
カタラーゼ	赤血球	Ct	A, B
エステラーゼ	血清	Es-1	A, B, C
〃	血漿	Es-2	$A>O$
〃	肝臓	Es-3	$A, B>O$
〃	〃	Es-4	$A, B>O$
〃	〃	Es-5	A, B
〃	〃	Es-6	A, B
〃	〃	Es-7	$A>O$
〃	赤血球	Es-8	A, B
〃	肝臓	Es-9	$A>O$
〃	心筋	Es-10	A, B
〃	〃	Es-11	A, B
〃	盲腸	Es-D	A, B
オボグロブリン G_1(リゾチーム)	卵白	G_1	F, S
オボグロブリン G_2	〃	G_2	A, B, L
オボグロブリン G_3	卵白	G_3	A, A^F, B, J, M
オボグロブリン G_4	〃	G_4	A, B
ヘモグロビン	赤血球	Hb	A, B
ハプトグロビン	血清	Hp	S, F
ロイシンアミノペプチダーゼ	〃	Lap	A, B
オルニチントランスカルバミラーゼ	腎臓	Oc	b, g
オボアルブミン	卵白	Ov	A, B
プレアルブミン	〃	Pa	A, B
プレアルブミン-2	〃	Pa-2	A, B
プレアルブミン-3	〃	Pa-3	A, B
ポストアルブミン	血漿	Pas	$A>a$
ホスホグルコン酸脱水素酵素	赤血球	6 Pgd	$1, 2, 3$
ホスホグルコムターゼ	心筋	Pgm	A, B
トランスフェリン	血清	Tf	A, B, BW, C

* 遺伝子記号のなかの＞の記号は優劣関係を示す．

表 5.19 連鎖群別の遺伝子座

連鎖群	遺伝子座
I	C_p(短脚), R(バラ冠), U(異常尾脂腺)
II	fr(ほつれ羽), Cr(毛冠), I(優性白色), F(逆毛)
III	w(黄色皮), Ea-H(血液型), se(sleepy eye), o(青色卵), P(マメ冠), ma(うぶ毛の斑), Ea-P(血液型), Na(裸頸), h(絹糸羽), Fl(翼羽欠除), pe(perosis), Mb(Muffsand beard), Ea-J(血液型), t(遅羽), Ab(常染色体性横斑), Db(dark brown columbian restriction), Ea-C(血液型), Ea-E(血液型), Ea-A(血液型)
IV	D(重複冠), M(重複距), Po(多趾)
V(Z)	ko(head streak), B(横斑), Id(メラニン沈着抑制), br(brown eye), Li(light down), lk(lady killer), S(シルバー), K(遅羽), pn(prenatal lethal), wl(無翼), dw(小人症), ln(liver necrosis), px(paroxysm), n(裸), sh(ふるえ), ro(restricted ovulation), j(jittery), xl(sex-linked lethal), cd(cerebellar), dp-4(diplopodia-4), ga(gasper), H-Z(Z chromosome antigen), pr(pestoporphyrin inhibitor), rg(recessive sex-linked dwarfism), sex(sex-linked lethal-Bernier), sln(sex-linked nervous disorder), Pw_1(血液型), St_h(血液型), y(白色皮膚), Z(dominant sex-linked dwarfism)

ニワトリの生化学的形質を表 5.18 に示した.

vi) 腫瘍学的形質 ニワトリの各種がんウイルスの細胞内在性がん遺伝子, 白血病ウイルスのサブグループに対する感受性, 正常ニワトリ細胞中における白血病ウイルスの group specific antigen (*gs* 抗原) の存否, 正常細胞に存在する非感染性の白血病ウイルスを感染性のウイルスにかえる chick helper factor (*chf* 活性) の存否などを支配する形質が含まれる[16].

これら種々の形質を支配する遺伝子座の連鎖群は表 5.19 に示したごとく, 5 群が判明しているのみで染色体地図は不完全である. 今後各種標識遺伝子間の連鎖の検索を行い染色体地図を完全なものにするのが重要である.

文献

1) 加藤嘉太郎: 家畜比較解剖図説(上, 下). 養賢堂(1966)
2) Romanoff, A. L.: The avian embryo. The macmillan company, New York (1960)
3) Hamburger, V. and Hamilton, H. L.: A series of normal stages in the development of the chick embryo. *J. Morphol.*, **88**, 49-92 (1951)
4) Freeman, M: Physiology and Biochemistry of the domestic fowl. Vol. 4 and 5. Academic Press (1984).
5) Leshin, M., Baron, J., George, F. W. and Wilson, J. D.: Increased estrogen formation and aromatase activity in fibroblasts cultured form the skin of chickens with the henny-feathering trait. *J. Biol. Chem.*, **256**, 4341-4344 (1981)
6) Somes, R. G. Jr.: International registry of poultry genetic stocks. 1-14 Storrs agricultural experiment station. The University of Connecticut, Storrs. (1988)
7) Somes, R. G. Jr.: Alphabetical list of the genes of domestic fowl. *J. Hered.*, **71**, 168-174 (1980)
8) Somes, R. G. Jr.: International registry of poultry genetic stocks. 20-35 Storrs agricultural experiment station, The University of Connecticut, Storrs. (1988)
9) Voravit, S., Watanabe, T. and Tomita, T.: Light and electron microscopic studies in the celebellum of "Trembler" mutant in chickens. *Exp. Anim.*, **37**, 285-296 (1988)
10) Simonsen, M., Crone, M., Koch, C. and Hála, K.: The MHC haplotypes of the chicken. *Immunogenetics*, **16**, 513-532 (1982)
11) Hála, K., Vilhelmová, M. and Hartmanová, J.: Probable crossing-over in the B blood group system of chickens. *Immunogenetics*, **3**, 97-103 (1976)
12) 藤尾芳久: ニワトリ血球に対する Hemagglutinin について. *SABCO Journal*, **1**, 21-27 (1965)
13) 水谷 誠, 梅沢英彦, 倉益茂実: アメリカヤマゴボウレクチン (PWA) と反応するニワトリ赤血球凝集原 "Pw₁" および "Pw₂" に関する研究. *ABRI*, **12**, 16-19 (1984)
14) Foppoli, J. M., Chng, L. K., Benedict, A. A., Ivanyi, J., Derka, J. and Wakeland, E. K.: Genetic nomenclature for chicken immunoglobulin allotypes: an extensive survey of inbred lines and antisera. *Immunogenetics*, **8**, 385-404 (1979)
15) 木村正雄: 家禽の蛋白質の多型について. 家禽会誌, **15**, 43-54 (1978)
16) Crittenden, L. B.: Exogenous and endogenous leukosis virus genes. *Avian Pathol.*, **10**, 101-112 (1981)

6. 食肉目

6.1 フェレット

（1） 生物分類学的位置

哺乳綱（Mammalia）
食肉目（Carnivora）
いたち科（Mustelide）
　学名　*Mustela putorius furo*
　英語　Ferret (-s)
　独語　Ferettchen (-) (n)
　仏語　Furet (-s) (m)

（2） 実験動物になるまでの歴史[1,3]

フェレットは欧米諸国で *Putorius vulgaris*, *P. foetidus* あるいは *Mustera putrius* と呼ばれ，野生のイタチ（polecat）から家畜化されたものといわれている．野生の polecat はヨーロッパ，アジア，アフリカおよびアメリカ西部に分布しているが，現在ヨーロッパに見られるフェレットは北アメリカから移入したもの，米国のものはヨーロッパから移入して馴化したものであろうといわれている．それらの地域でネズミやヘビの天敵として家畜化されるとともに，アルビノ系やさまざまな変異種が固定されたようである[5]．実験動物として使用されるようになったのは，1926年に Dunkin と Laidlaw[1] によって犬ジステンパーの実験に用いられたのが最初であり，ジステンパーウイルス，インフルエンザウイルスに対する感受性が高いので，それらの研究によく用いられている[2]．

わが国では1951年に武田薬品，光工場が米国の Marshall. G. から輸入し，飼育繁殖が行れてきた．現在数か所の施設で飼育繁殖されている．

（3） 一般的性状

a. 習　性

フェレットは温和で好奇心の強い動物であるが，危害を与えたり，空腹のときは鋭い歯で咬みつくことがある．ケージ内で固型飼料を与えて飼育していてもネズミを捕捉する敏捷性と肉食の習性は残っている．夜行性で昼は大半の時間を眠ってすごす．低温・湿度には強い．

b. 被　毛[5]

被毛は fitch と albino が大部分を占めている．fich の毛色は帯黄褐色に黒色が混じっている．この黒色

図 6.1　フェレット

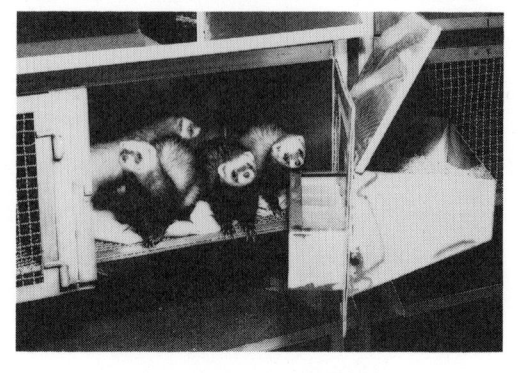

図 6.2　フェレット飼育の様子

被毛は顔，足，尾に多い．fitch の幼獣は白い被毛とピンクの目をしている．albino は雪のように白く生れるが，年を経ると毛沢のある灰色になる．albinoと他の毛色変種は fitch に対して劣性である．

c. 体型・体重

成体の体型はイタチに似て長いしなやかな胴体と短く力強い肢と長い尾が特徴である．成熟した雄の体長は約 60 cm（鼻の先から尾の元まで 43 cm, 尾 17 cm），同じく雌約 45 cm（鼻の先から尾の元まで 33 cm, 尾 12 cm）を示す．体重は 10 か月（4月出生→翌年2月）齢で最高値に達し，雄約 2 kg, 雌約 1 kg である．

d. 寿命

平均 1500 日（約4年），最長は 2200 日（雌）の記録がある．雌の経産回数と寿命の関係は認められない．

e. 染色体数[5]

40 対．

（4）形態

a. 成長

出生時平均 9 g±2 のフェレットは 1 か月後雄約 150 g, 雌 130 g, 3 か月後雄約 1000 g, 雌 700 g, 6 か月後雄約 1900 g, 雌 900 g, 10 か月後雄約 2000 g, 雌 1000 g に成長する．4月出生雄フェレットは翌年2月に体重が最高値となり繁殖期に入る．繁殖期のフェレットの体重は皮下脂肪を失い体重が減少し，7月末までに最高体重の 65～70％ になる．8月から体重が増加して次年の2月にふたたび最高値になる．この体重曲線の季節変動は生後3年間同じ経過を描く（図 6.3）．同様に3月に繁殖期に入り発情を示した雌フェレットは，交配しない場合体重が減少し続け，その体重は雄フェレットと同様に最高値の 65～70％ になり，交配しない場合 30％ も死亡することがある．交配した雌フェレットは妊娠・偽妊娠に関わらず体重は増加に向かう．

b. 臓器の重量など

体重が季節変動する動物なので，体重と臓器重量などの関係は各季節ごとに測定する必要がある．本項では6月と11月に著者が測定した雄・雌それぞれ各1例について記述する．雄 14 か月齢 体重 1.4 kg, 19 か月齢 体重 2.2 kg のフェレットは肺 11.4 g, 12.2 g, 心 8.3 g, 7.2 g, 脾 13.7 g, 11.5 g, 肝 50 g, 68.5 g, 両腎 8.6 g, 9.1 g であった．腸管は肉食獣の特徴で比較的短く，かつ細い．全長は成獣で約 2 m で盲腸と虫垂が欠除している．そして大腸は回

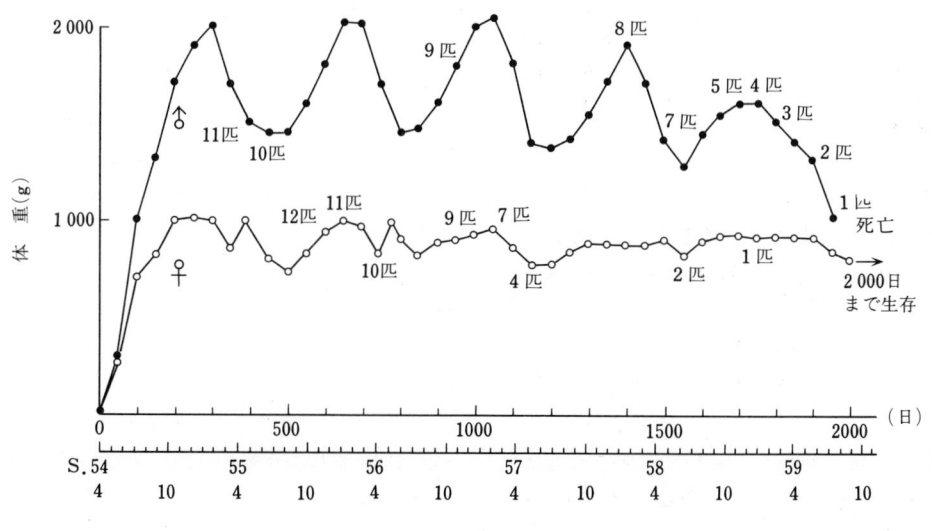

図 6.3 フェレットの体重曲線とその季節変動（S 54.4 出生雄 11 匹，雌 12 匹の各平均値）図中の匹数は生存匹数

腸と結腸間の区別が外見上できない．同様に雌14か月齢 体重0.7kg，19か月齢 体重1.2kgは肺7.8g，5.0g，心4.1g，5.1g，脾5.4g，7.0g，肝30g，30g，両腎5.0g，4.5g，腸管の全長は成獣で1.6mであった．そして，イタチやスカンクと同じように肛門部に二つの臭気袋がある．雌の乳頭は右側平均3.5個，左側平均3.9個である．

フェレットの呼吸器は穴に住む性質に適応しており，胸壁はしなやかで，全肺能力と吸気貯力は体の大きさにくらべ非常に大きい．長い気管と大きな空気道をもっている．

また発汗腺の発達が悪いため，暑さに弱い[5]．

（5）生　理

a. 一般生理

i）血液成分[4]　　フェレットの血液分析成績は表6.1に示したようである．

表6.1　正常フェレットの血液[4]

	アルビノフェレット		黒褐色フェレット	
	雄	雌	雄	雌
赤血球沈層容積(%)	55.4	49.2	43.4	48.4
ヘモグロビン(g/dl)	17.8	16.2	14.3	15.9
赤血球($\times 10^6/mm^3$)	10.23	8.11	—	—
血小板($\times 10^3/mm^3$)	453	545	—	—
網状赤血球(%)	4.0	5.3	—	—
白血球($\times 10^3/mm^3$)	9.7	10.5	11.3	5.9
好中球(%)	57.0	59.5	40.1	31.1
リンパ球(%)	35.6	33.4	49.7	58.0
単核球(%)	4.4	4.4	6.6	4.5
好酸球(%)	2.4	2.6	2.3	1.6
好塩球(%)	0.1	0.2	0.7	0.8

ii）呼吸数など[5]　　フェレットの心拍数は224～384/分，血圧は雄161，雌133と他の動物にくらべて高い値を示す．呼吸数は33～36/分，体温は38～40℃である．

iii）幼フェレットの発育[5,6]　　出生直後のフェレットは被毛はなく，眼を閉じ，首の後部に大きな脂肪の塊をもって生まれてくる．初生子は後肢より前肢が強い．14日後頃から飼料に興味をもちはじめ，21日後にはまだ眼は開いていないのに飼料を摂食しはじめる．眼は30±2日後に開く．耳は32±2日後に開く．歯は14日後に4本，20日後に10本，40日後に26本が見られ，80日齢に32本が揃う．

iv）排泄行動　　フェレットをウサギケージ型のケージを2個つなぎ合わせて通路を設けた形のケージで飼料を片方の区画だけに置いて飼育したとき，成獣は飼料の置いていない区画で飼料から最も距離の遠い一隅もしくは二隅に特定して排泄する．30日齢以前の幼フェレットの排泄は場所を定めないが，30～40日齢はケージの辺縁，40～50日は給餌器の置いていない区画の辺縁，50～80日は同じくその区画の四隅，80日齢以後は成獣と同じ行動をとる．

v）摂食量　　小麦全粒粉26g，トウモロコシ粉20g，魚粉15g，脱脂粉乳20g，肝末8g，黒糖5.3g，食塩0.2g，ビタミン，ミネラル類5.5gを混合して小さなペレット状に加工した固型飼料を成獣は1匹1日当たり雄約80g，雌約50gを摂食する．

幼フェレットの育成もこの固型飼料と水だけででき，離乳食などの補足を要しない．また市販のネコ用あるいはイヌ用飼料と水でも十分に飼育できる．

b. 繁殖生理

i）繁殖[3]　　繁殖季節は3～8月で翌2月までは発情期はない．南半球ではこの逆になる．

ii）発情期　　雌は繁殖季節になっても交尾が行われないとき，長期間発情期を継続するが，妊娠・偽妊娠により静止期に入る．雌の発情期の徴候は明らかで，初期は陰唇の粘膜がダイズ大に腫脹，しだいに膨隆，潮紅が顕著となり，粘液が多量に分泌される．初潮から約2週間で最盛期に達する．陰裂は拡大して未経産雌が10～15mm，経産雌は15～20mmになり，この時期の交配が妊娠率がよい．

雄では2日中旬に睾丸の腫脹がはじまり，それは2月下旬に顕著となる．なおフェレットの雄は前立腺と精嚢がなく，大きな陰茎骨をもっている．

iii）交尾　　初交尾月齢は雌・雄とも，5月出生フェレットが10か月齢，8月出生フェレットが7日齢で行う．この動物は発情期以外は交尾しない．強制交尾はできない．発情期の雄はにわかに雌を求めるようになり，雄は雌を抱きかかえるようにして首を咬むなどの愛情動作が見られる．交尾は10分～3時間と個体差が著しいが，平均1時間である．

iv）排　卵[1,3,5]　　ウサギと同様に交尾刺激による刺激排卵で，交尾後30～40時間後には輸卵管内に5～13個の卵子が見られる．

交尾後3～4日，遅くとも7日後には陰唇の腫脹は退潮しはじめ，10～14日で潮紅が消失する．妊娠

3～4週目に下腹部の触診で胎子を確認できる．交配後42（41～43）日で出産する．

3月に交配したフェレットの妊娠率は，著者の施設では10か月齢が95%，2歳90%，3歳64%，4歳25%を示した．5月に1度出産した後に6月交配を行ったフェレットの妊娠率は，1歳85%，2歳35%，3歳30%，4歳0%であった．

v) 産子数 4～14匹（平均8.3匹）で多産の場合は生後5日までに約40%が死亡する．

vi) 哺乳期間 7週後に離乳できる．

vii) 出産後の生殖 雌オヤの哺乳子数が2匹以下の場合，出産後約2週間で発情が見られる．哺乳子数が5匹以上の場合は離乳後約2週間で発情を示す．これらは5月出産の場合で，8月出産雌オヤの出産後および離乳後の発情は一部のものに見られるが，その徴候は微弱である．

viii) 出産年齢 ケージ内で固型飼料により飼育されている場合，4年間妊娠・出産する．

（6）使 用 目 的

フェレットはジステンパーウイルス（Canine distemper virus），インフルエンザウイルス（Influenza virus），結核菌 *Mycobacterium tuberculosis*，ブドウ球菌 *Staphylococcus pyogenes* などに対する感受性が高いので，それらの研究に用いられている[2]．

〔宿田幸男〕

文　献

1) Bissonnette, T. H.: The Ferret Management. The Care and Breeding of Laboratory Animals Farris, E. J. (ed.), pp. 234-255, John Wiley & Sons Inc., New York (1950)
2) Fredrick, K. A. and Babish, J. G.: Compendium of Recent Literature on the Ferret. *Lab. Anim. Sci.*, **35**, 298-318 (1985).
3) Hamond, J. Jr. and Chesterman, F. C.: The Ferret. The UFAW Handbook on the Care and Management of Laboratory Animals. 4th edit., pp. 354-363, London, Churchill Livingstone (1975)
4) Lee, E. L., Moor, W. E., Fryer, H. C. et al.: Haematological and Serum Chemistry Profile of Ferret (*Mustela putorius furo*). *Lab. Anim.*, **16**, 133-137 (1982)
5) Moody, K. D., Bowman, T. A. and Lang, C. M.: Laboratory Management of the Ferret for Biomedical Research. *Lab. Anim. Sci.*, **35**, 273-279 (1985).
6) 奥木 実：フェレット．実験動物各論（田嶋嘉雄編），120-132，朝倉書店（1972）

6.2　ネ　　　　コ

（1）生物分類学的位置[1～7]

綱　　哺乳類（mammalia）
亜綱　真獣類（theria）
下綱　正獣類（eutheria）
目　　食肉目（carnivora）
亜目　裂脚亜目（fissipedia）
科　　ネコ科（felidac）
属　　ネコ属（*Cutus*）
種　　ネコ（*domestica*）

実験動物としてのネコは，飼育繁殖施設で繁殖育成されて利用されるネコと愛玩動物（家畜）からの転用がなされる実験用動物である．在来種とされる短毛の日本ネコや長毛（アンゴラ，ペルシャ，ヒマラヤン，など）・短毛（シャム，アメリカンショートヘア，など）の輸入種が見られる．その家畜化の歴史は古く，古代エジプトの新王国時代（前1555～1350）あるいは中王国時代（前2000～1770）と考えられている．この時代に飼育された小型の古代エジプトネコ *Felis maniculata* と現在の飼ネコの骨学的な類似性および野生ネコとの比較から，現在の飼ネコは古代エジプトネコとされるリビアヤマネコ *Felis libyca*（small african bush cat, Kaffire cat, african wild cat）に由来し，さらに Linneus が *Felis catus* とした（当時のヨーロッパに多く見られ，飼ネコに良く似ている ordinary tabby の特徴をもつ forest cat すなわち，Schreber が *Felis catus* Linn, *ferus* として示した）ヨーロッパヤマネコ *Felis silvestris*（european wild cat, forest wild cat）などと交雑しながらヨーロッパに広がり，また他のアジアの野生ネコと交雑しながらアジアにも広がった．アメリカ大陸には16世紀になってから運ばれている．日本では奈良時代初期に飼育されていた．このように古くから広く世界中で飼育されており飼ネコとして多くの品種が作られている．学名は *Felis domestica* である．

（2） 実験用動物としてのネコ

a. 動物実験とネコ

　ネコを用いた動物実験は19世紀末から報告があり，今世紀に入ってからは主に脳神経系の実験にネコが多く用いられるようになった[13]．ネコを用いた各種の実験によって反射運動，シナプシス伝導，光，音の知覚実験，心臓血管動態，消化腺の分泌などの領域で重要な知見が得られたことはよく知られている[8),9)]．このような実験になぜネコが用いられるのであろうか．その理由として，(1) ネコは麻酔に強く，よい血圧を維持している．(2) 手術を行う場合，血圧，血流量，心拍数などの記録を必要とするが，ネコの身体はその装置をつけられるだけの適当な大きさをもっている．マウス，ラットではあまりにも小さすぎる欠点がある．

　医学研究の実験では，対象動物がヒトにできる限り類似していることが望ましい．この観点から見ると，ネコ，イヌの神経系，循環系および筋肉系などはげっ歯類にくらべて類似性がより高く，これらは用いた動物実験からはより満足すべき成績が得られる．疾患別にみたネコ使用の動物実験の文献数から見ても神経系，循環系が多いようである（表6.2）．

表 6.2　疾患区分別に見たネコ使用の文献数[14)]

疾患区分	ネコ
筋肉骨格系疾患	3
消化器	5
呼吸器	2
耳鼻科	0
神経系	74
眼科系	2
泌尿器系	2
産婦人科系	0
循環器系	24
血液リンパ系	4
新生児疾患奇形	11
皮膚	0
栄養	0
内分泌	0
合計	127

　脳神経科学領域の動物実験にネコは他動物種よりも頻用される傾向があるが，その理由としてはつぎのことが考えられている[9),10)]．すなわち，(1) 脳の発達はサルよりも劣るがウサギ，ラットにくらべれば

表 6.3　脳神経科学研究領域で用いられる実験用動物[11)]

動物種	1971年 パーセント	1971年 順位	1981年 パーセント	1981年 順位
ネコ	42.0	1	5.6	5
げっ歯類	22.0	2	59.3	1
サル類	10.0	3	5.6	5
両生類	8.0	4	1.9	8
有蹄類	6.0	5	1.9	8
無脊椎動物	4.0	6	7.4	3
ウサギ	4.0	6	5.6	5
魚類	2.0	8	1.9	8
ヒト	2.0	8	1.9	8
組織培養	0	10	9.3	2
イヌ	0	10	0	11

はるかに発達している．したがって動物の表情，行動を観察する場合ほぼ満足できる成績が得られる．(2) ネコでアトラス，脳解剖図譜にすぐれたものが作製されていること．現在主に使われるニホンネコ，シャムネコ，ペルシャネコのいずれであっても，ネコの脳の大きさはほぼ同じなので，既刊のアトラスに従って電極の植込みなどの処置が容易に行える．(3) 脳神経科学領域の動物実験にはネコを用いて行った豊富な実験データの蓄積がある．

　ところで脳神経科学領域の動物実験に占めるネコの位置について興味あるデータがある（表6.3）[11)]．この表で見られるように1971年の調査ではネコは全動物種中の42％を占め，第1位であったが，1981年の調査では5.6％となり，第5位に転落している．このデータからは10年間に種々の理由から神経科学領域の実験にもげっ歯類が優位を占めるようになったと読みとれるであろう．他方MEDLINE[12)]によるJ. Neurophysiol., J. Neurosurg., J. Neurol., Brain Res. の4種の雑誌掲載論文から動物実験に使われた動物種を6年ごとに整理してみた（表6.4）．すなわちネコを用いた論文数は1973～79が最も多く，

表 6.4　脳神経科学関係4誌に掲載された動物別論文数（MEDLINE，1985年4月調べから）

動物 \ 年代	1966～72	1973～79	1980～85
ネコ	1247	1903	1648
イヌ	135	164	146
ウサギ	168	347	288
サル	335	761	517
無脊椎動物	136	481	517
論文総数	4396	9335	10311
ネコの占める割合(％)	28.4	20.4	16.0

1980~85, 1966~72 の順になっている．全論文数に対する割合を見ると，ネコの使用は年々低下していることがわかる．しかし 1973~85 年では哺乳動物のなかでも，全動物種のなかでも，ネコの論文数に占める数は最高である．以上のデータから脳神経科学領域の動物実験には現在でもネコが多く使われている．

b. 病態モデル動物としてのネコ

ヒトの病態モデルとして知られているネコの疾病については表 6.5 に示した．このほかヒトの病態モデルとして活用の可能性のあるネコの疾病をまとめた沢崎[14]の報告がある（表 6.6）．ネコの先天性異常については Saperstein ら[16] が器官別に整理した報告がある（表 6.7）．表 6.7 でみられるように，収録されたネコの先天性異常のなかには病態が明らかにされ，すでにヒトの病態モデルとして利用されているものもあるが，多くの症例はまれであったり，病態が不明であったりして，ヒトの病態モデルとして利用できるまでに至っていない異常が多いようである．先天性心臓疾患については本邦でも宮川ら[17]の報告がある（表 6.8，表 6.9）．実験モデルといわれているもののうちネコを用いた機械的頭部傷害の実験モデルを 1 例として紹介する（表 6.10）．

表 6.5 病態モデル動物として知られているネコの疾病（*ILAR News*，改変）[15]

Atherosclerosis：アテローム硬化症
Mammary tumors：乳(腺腫)がん
Esophageal squamous-cell carcinoma：食道扁平上皮がん
Cutaneous squamous-cell carcinoma：皮膚扁平上皮がん
Burkitt's tumor：バーキットリンパ腫
Myxedema：粘液水腫
Porphyria：ポルフィリン症
Feline hereditary neuroaxonal dystrophy：ネコの遺伝的な神経軸索性ジストロフィー
Feline central retinal degeneration：中心性網膜変性
Autosomal dominant white in cat：常染色体性優性白（クーデンブルヒ症候群）
Feline GM, gangliosidosis：ネコの GM 1，ガングリオシドーシス
Klinefelter's syndrome：クラインフェルター症候群（三毛ネコの雄）
Autosomal chromosomal abnormalities：常染色体の異常
Miscellaneous：その他

表 6.6 ヒトの病態モデルとして活用の可能性のあるネコの疾病（感染症，腫瘍，奇形を除いた）〔沢崎ら(1976)による〕[14]

1)	糖尿病	10)	血尿症
2)	黄色脂肪症	11)	尿石症
3)	不整脈	12)	子宮内膜炎
4)	横隔膜ヘルニア	13)	乳房炎
5)	胃潰瘍	14)	てんかん
6)	脂肪肝	15)	白内障，角膜炎
7)	黄疸	16)	椎間板ヘルニア
8)	肝硬変	17)	関節炎
9)	腎炎		

表 6.7 ネコにおける先天的欠陥(Feline Practice, vol. 6, 22~43(1976) Congenital Defects in Domestic Cats から改変)[16],*

[中枢神経系]
小脳形成不全(10-C-I,H)，脳梁形成不全(1-R-G)，脳脱(1-1-E)，GM 1 ガングリオシドーシス(4-U-H)，水頭症(3-U-H)，髄膜ヘルニア(1-R-U)，小脳回(1-3-U)，神経軸索ジストロフィー(1-R-H)，二分脊椎(7-C-H)，振戦(1-R-H)

[眼と耳]
白内障(1-C-I,H)，コロボーム(1-U-U)，単眼症(1-R-U)，聴覚消失(4-H)，類皮腫(2-NR)，水晶体変位(2-R-Id)，眼球陥入(1-R-U)，眼瞼内反(1-R-U)，眼瞼無発育(2-Nu-U)，緑内障(2-R-Id)，虹彩白子症(1-C-U)，円錐角膜(1-R-U)，涙管狭窄(1-Nc)，兎眼(1-R)，角膜白斑(1-R)，巨大角膜(1-R-U)，小角膜(1-R-U)，小水晶体(1-R-U)，小眼球症(2-Uc)，眼振(1-C)，瞳孔残存(1-Nc)，網膜退化(3-H-C)，散在性網膜退化(2-H)，斜視(2-H-C)，眼瞼癒着(1-R-U)

[筋骨格系]
軟骨形成不全(3-U-H)，無肢症(1-R-U)，多発性軟骨性外骨腫(1-H-U)，欠指症(2-R-H)，四肢，長骨の発育停止(2-R-H)，股間節部形成異常(2-R-H)，下顎枝形成不全(1-R)，漏斗胸(1-R-U)，短頭症(1-U)，奇肢体(1-R-U)，多指症(1-R-C)，橈骨欠損(1-R-U)，合指症(1-R-U)，尾椎欠損(4-C)，尾椎の捻れ(1-H-C)，胸郭の異常(1-R-U)，大動脈右偏位(1-R-U)，大動脈弁狭窄(3-C-U)，総動脈幹(2-R-U)，動脈管開存(3-H-C)，心房中隔欠損(2-Uc-U)，心内膜線維弾性症(3-Uc-U)，合併(動脈管開存，心房中隔欠損，心室中隔欠損，三尖弁機能不全 1-U)，合併(動脈管開存，心房中隔欠損，心室中隔欠損，大動脈弁，肺動脈弁および大動脈，肺動脈の形成不全-1-R-U)，房室管遺存(1-R-U)，右方大動脈持続(6-Uc-U)，肺動脈幹形成不全(1-R-U)，肺動脈狭窄(3-Uc-U)，中隔膜動脈瘤(1-R-U)，タウシグ-ビング症候群(1-R-U)，ファロー氏四徴症(3-Uc-U)，右室形成不全を伴う三尖弁口狭窄(1-R-U)，心室中隔欠損(3-C-U)

[消化器系]
　無歯症(1-R-U)，口蓋裂(2-H)，食道弛緩不能症(3-U-H)，兎唇(2-R-U)，内鰓溝性フィステル(1-R-U)，巨大結腸(2-R-U)
[尿路系]
　馬蹄腎(3-G-U)，多発性囊胞腎(2-Nu-Ef)，片側性融合腎(1-U-Ef)，骨盤腎(2-U-Ab)，片側性腎形成不全(1-R)，潜在睾丸(1-C)，半陰陽(2-R)，小睾丸症(1-R-U)，単睾丸症(1-R-U)，卵巣形成不全(1-R-U)，過剰卵巣(1-R)，卵巣欠損(1-R-U)，多乳房(1-Uc-U)，多乳頭(1-Uc-U)，索条管異常(1-C-U)，異所性睾丸(1-R-U)，臍帯形成不全(1-R-Ea)，子宮角の子宮体離脱(1-R-U)，子宮角融合(2-UC-U)，子宮角の不等長(2-Uc-U)，単角子宮(3-Nu)，膣閉鎖(1-R)，外陰閉鎖(1-R-U)
[外皮系]
　皮膚無力症(1-R-U)，不完全な上皮発生(1-R-U)，無毛(4-R-H)，レックス突然変異(2-U-H)，横隔膜ヘルニア(8-C-H)，鼠径ヘルニア(1-Uc-U)，臍帯ヘルニア(3-C-H)
[代謝異常]
　ポルフィリン症(3-U-H)
[重複]
　臍帯周囲の皮膚による全同腹子の付着(1-R-U)，二顔体(3-R)，四耳(1-R-H)，後部二重体(4-R)，器官の逆転(1-R)
[異常な染色体]
　胎子での常染色体の三染色体性(1)，雄の三毛ネコ(1)，雄のシャム交雑のXY/XYY骨髄核型(1)，ヒマラヤンのXXY性染色体(1)

＊　(1-C-I, H)
　　① ② ③
　①文献数，②発生状況；C：Common, R：Rare, U：Uncommon, 数字：症例数, Nr：Not rare, Nu：Not uncommon, Nc：Not common, ③原因；I：Infection, H：Hereditary, G：Genetic, U：Unknown, Id：Incomplete development, Ef：Embryological failure, Am：Abnormal migration

表 6.8　16例のネコに見られる先天性心疾患[17](1977年から1981年までに東京女子医大心臓血研究所で収集した剖検例)

先天性心疾患	症例数
房室管奇形	6
心室中隔欠損症	3
僧帽弁奇形	2
大動脈弁下狭窄症	1
心房中隔二次孔欠損症	1
血管輪	1
両大血管右室起始症	1
大動脈縮窄症	1
計	16

表 6.9　5例のネコに見られた複合心奇型[17]

心奇型	同時に見られた心奇形
房室管奇型	心房中隔二次孔欠損
心室中隔欠損(膜様部)	左前大静脈遺残
大動脈弁下狭窄	心室中隔欠損(膜様部)
血管輪	右大動脈弓，心室中隔欠損(膜様部)，右室二腔，左前大静脈遺存
両大血管右室起始	心室中隔欠損(筋性部)

表 6.10　ネコを用いた機械的頭部傷害の実験モデル(Tornheinet et al. 改変)[18]

著者	麻酔	傷害方法	研究目的
Tornheinet et al.(1976)	ケタミン	頭蓋骨強打	脳浮腫，治療
Sullivan et al.(1976)	メトヘキシタール	硬膜の一過性加圧	一過性圧力に対する病態生理
Nelson et al.(1979)	メトヘキシタール	低酸素血症を伴う，あるいは伴わない，繰り返し頭部振動	治療実験

(3) 生物学的特性

a. 一般性状

ここでは解剖，発生，体重，成長，寿命など形態，成長を主体とする性状と毛色の遺伝を扱った．これらの領域は成書も多く刊行されているので，詳細は成書を参照願うとして，動物実験に際して特に参照されることが多いと考えられる計測値などに限り，必要に応じて脚注に短い解説を加えた．

表 6.11 骨格の計測値[1](S. E. Peters より改変[20])（単位：mm））

週齢	4週齢 (n=19)	6週齢	8週齢	12週齢 (n=14)	20週齢 (n=20)	成獣 (n=16)
頸椎骨	110.4±3.7	125.0±3.7	161.4±5.4	182.0±5.6	256.7±4.0	289.7±5.9
坐骨	33.0±1.3	37.9±1.3	49.6±2.2	52.3±3.2	70.6±1.0	81.2±1.9
大腿骨	37.0±2.3	43.5±2.4	58.3±4.2	60.2±4.9	91.5±2.5	102.0±1.1
大腿骨内顆（幅）	10.9±1.4	12.3±1.5	15.5±1.2	15.4±1.2	18.0±1.1	19.4±1.2
大転子	7.2±1.4	7.0±1.5	8.5±1.6	8.8±1.4	10.3±1.7	10.8±1.7
大腿骨頭						
前後径	6.1±0.6	6.8±1.4	8.6±1.4	8.8±1.3	10.0±1.4	10.6±1.1
Med-lat. 径	6.6±0.7	7.3±1.3	9.1±1.0	9.0±1.1	10.0±1.7	11.2±1.3
脛骨	36.2±2.3	41.8±1.4	57.2±3.4	58.6±5.6	93.8±4.0	106.6±8.8
内顆の幅	11.2±1.2	12.5±1.7	15.7±1.3	15.6±1.8	19.2±1.0	20.0±1.1
後足の長さ	46.4±3.1	52.2±3.2	67.8±2.6	65.8±4.9	94.0±4.7	97.6±3.7
後足の幅	17.0±1.9	16.9±1.8	20.4±1.9	19.2±1.9	21.5±1.8	23.6±1.5
腫骨	9.4±1.0	11.4±1.9	12.2±1.6	10.8±1.4	15.1±1.8	16.8±1.2
肩甲骨長さ	25.8±1.7	29.7±1.2	37.9±2.2	39.4±3.1	59.4±2.5	67.3±2.6
肩甲骨幅	18.2±1.4	19.2±1.9	24.5±1.6	25.3±1.1	36.0±1.0	41.8±1.1
上腕骨	37.8±3.0	43.7±3.2	56.7±4.1	59.9±2.5	83.4±3.8	93.0±6.1
大結節	6.9±1.0	7.0±1.0	8.6±1.0	9.0±1.0	9.9±1.1	11.0±1.3
外側上顆	11.7±1.4	12.5±1.8	15.2±1.1	14.5±1.0	17.9±1.1	17.9±1.9
尺骨	33.0±2.8	40.3±3.7	51.6±3.5	52.6±5.4	82.0±2.7	93.3±3.9
肘頭	8.0±1.0	7.5±1.1	9.4±1.1	9.8±1.6	12.2±1.3	13.9±1.8
橈骨	32.4±2.7	38.0±2.6	49.2±3.4	50.8±3.9	78.7±3.7	90.6±3.3
distal radius 幅	7.4±1.0	8.2±1.5	9.8±1.2	10.3±1.3	11.8±1.6	11.7±1.5
前足長さ	30.8±2.2	35.9±2.4	44.7±1.8	45.4±1.8	58.2±2.8	60.0±1.6
前足幅	16.9±1.0	17.0±2.4	18.6±1.8	19.7±1.4	24.8±2.8	26.5±1.0
全後肢長さ	119.6	137.5	183.3	184.6	279.3	306.2
全前肢長さ	101.6	119.9	153.0	157.9	223.6	246.3

表 6.12 健常ネコ骨髄の細胞組成[21]

	Lawrence et al. (1940)	Sawitsky & Meyer (1947)	Schryver (1963)	Gilmore et al. (1964)	Penny et al. (1970)
標本数	13	15	10	15	60
骨髄芽球	1.3	0.82	0.34	1.1	1.74
前顆粒球	7.6	—	1.11	2.8	0.88
好中球，骨髄球	4.6	5.22	6.13	5.9	9.76
好酸球骨髄球	—	1.10	—	0.3	1.47
好中球性後骨髄球	9.8	7.96	16.01	15.0	7.32
好酸球性後骨髄球	—	—	—	0.3	—
桿状核好中球	13.4	30.59	—	14.7	25.80
成熟好中球	5.3	22.52	32.51	14.0	9.24
好酸性	1.5	1.71	2.90	1.3	0.81
好塩基球	—	—	0.26	—	0.002
総顆粒球系細胞	43.5	69.9	59.32	55.6	58.53
原赤芽球	0.7	0.35	0.62	1.2	1.71
前赤芽球と正赤芽球	6.3	1.24	6.74	18.9	12.50
後赤芽球	8.3	18.52	33.34	18.2	11.68
総赤血球系細胞	15.3	20.1	40.70	38.4	25.88
リンパ球	7.8	9.05	3.51	5.1	7.63
血漿細胞	0.3	0.75	0.62	0.5	1.61
細網細胞 or RE核	—	0.02	—	0.3	0.13
単球	—	—	0.56	—	—
有系分裂細胞	—	—	0.48	—	0.61

分類不能細胞	6.2	—	—	—	1.62
崩壊細胞	26.3	—	—	—	4.60
空胞化骨髄性細胞	—	—	—	—	0.21
骨髄系/赤血球系	2.8：1.0	3.5：1.0	1.45：1.0	16：10	2.47：1.0

表 6.13 イエネコの永久歯萌出日齢[22]

歯芽		平均萌出日齢	幅
下顎	後臼歯	130	116〜158
	第3前臼歯	174	116〜199
	第2前臼歯	173	151〜193
	犬歯	149	137〜159
	第3切歯	132	116〜150
	第2切歯	119	109〜147
	第1切歯	113	95〜147
上顎	第1切歯	103	88〜121
	第2切歯	114	102〜158
	第3切歯	135	116〜158
	犬歯	153	137〜166
	第1前臼歯	150	124〜188
	第2前臼歯	168	151〜188
	第3前臼歯	151	137〜185
	後臼歯	162	144〜188

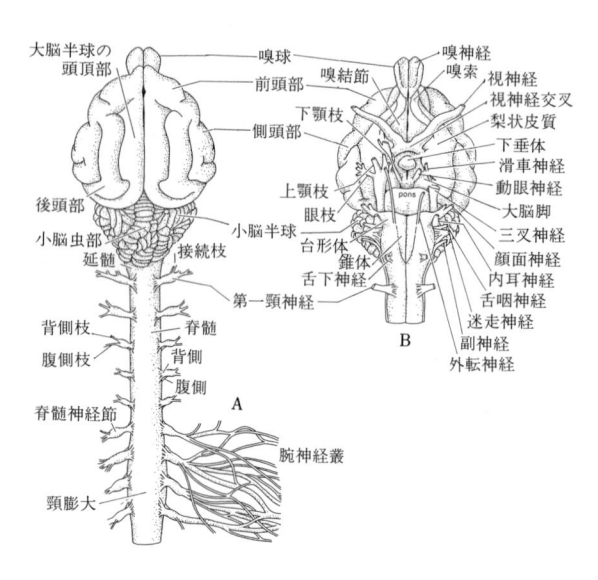

図 6.4 脳の解剖図[19] (Hyman's Comparative Vertbrate Anatomy より)

表 6.14 ニホンイエネコの器官重量[10]（信永）

a. 雄ニホンイエネコの器官重量（平均±標準偏差）

解剖日齢	0	10	20	30	60	90	120	150	180	210	300	500〜
例数	8	4	4	4	3	5	5	4	3	4	3	3
体重 (g)	80.8 ±18.3	215.0 ±31.1	318.0 ±21.4	367.5 ±103.1	746.7 ±95.1	960.0 ±100.0	1570.0 ±240.0	1820.0 ±220.0	2400.0 ±300.0	2780.0 ±500.0	3443.0 ±904.0	3416.0 ±372.0
精巣 (mg)	19.5 ±7.15	30.1 ±7.0	32.7 ±1.4	49.2 ±9.4	108.7 ±15.0	180.2 ±41.1	277.4 ±38.4	343.3 ±75.1	747.3 ±213.8	1202.8 ±506.0	1875.3 ±248.9	1955.3 ±490.4
精巣上体 (mg)	45.3 ±3.8	85.3 ±24.2	55.8 ±21.7	110.9 ±20.5	119.9 ±14.8	153.2 ±27.6	200.8 ±27.2	257.3 ±32.5	314.7 ±65.6	406.5 ±42.7	494.7 ±91.1	615.0 ±57.4
陰茎 (mg)	23.2 ±2.2		76.0 ±5.6		105.5 ±19.1	156.0 ±17.5	267.3 ±63.1	339.0 ±50.0	340.7 ±45.9	473.0 ±71.9	556.3 ±101.9	618.3 ±85.8
下垂体 (mg)	4.76 ±0.63	8.97 ±1.02	9.75 ±0.47	11.30 ±1.14	16.23 ±0.75	21.38 ±2.56	24.32 ±2.76	26.05 ±3.23	33.06 ±2.96	33.45 ±0.91	36.30 ±9.00	34.20 ±1.21

注）飼料：CFE（日本クレア）

b. 雌ニホンイエネコの器官重量（平均±標準偏差）

解剖日齢	0	10	20	30	60	90	120	150	210	300	400*〜
例数	6	3	2	4	2	2	3	3	3	3	14
体重 (g)	73.7 ±3.7	194.3 ±40.9	285.0 ±7.1	279.5 ±48.9	630.0 ±14.1	1090.0 ±140.0	1410.0 ±200.0	1680.0 ±200.0	2040.0 ±140.0	2800.0 ±346.6	2613.0 ±583.0
卵巣 (mg)	21.0 ±6.5	36.8 ±7.5	56.4 ±23.5	59.1 ±20.2	77.5 ±9.2	128.5 ±19.1	209.0 ±56.5	195.0 ±34.6	204.7 ±8.2	193.0 ±71.6	392.9 ±219.4
子宮 (mg)	86.3 ±14.0	255.0 ±87.3	463.0 ±15.6	391.8 ±102.8	283.0 ±56.6	429.0 ±35.4	728.3 ±173.0	748.0 ±310.1	806.5 ±140.8	1600.0 ±1126.0	4646.0 ±1379.0
下垂体 (mg)	4.20 ±0.39	7.20 ±1.25	10.25 ±1.06	9.75 ±1.25	17.40 ±0.42	20.35 ±2.33	22.56 ±1.33	20.33 ±4.35	23.76 ±3.10	30.73 ±6.67	31.61 ±5.96

注）飼料：CFE（日本クレア），使用ネコ：発情間期処女（ただし，＊は発情期経産）

6.2 ネコ

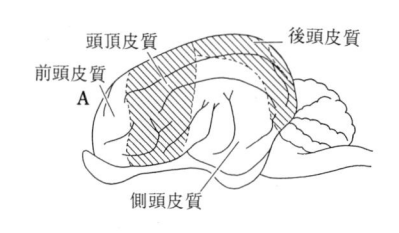

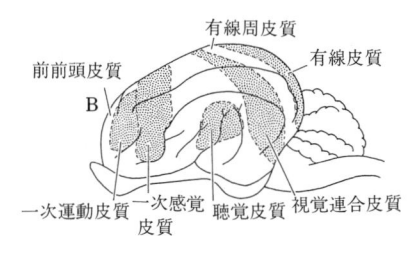

図 6.5 脳の解剖図[19]

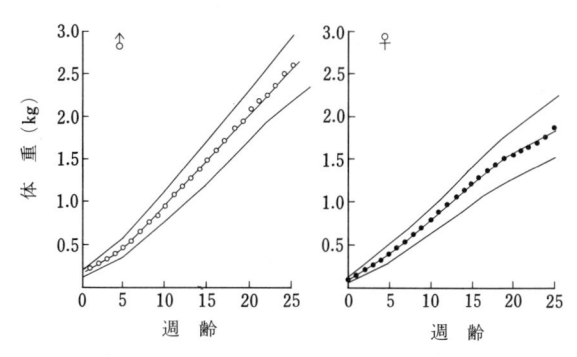

図 6.6 繁殖コロニー由来ネコの体重曲線（中野）[10]

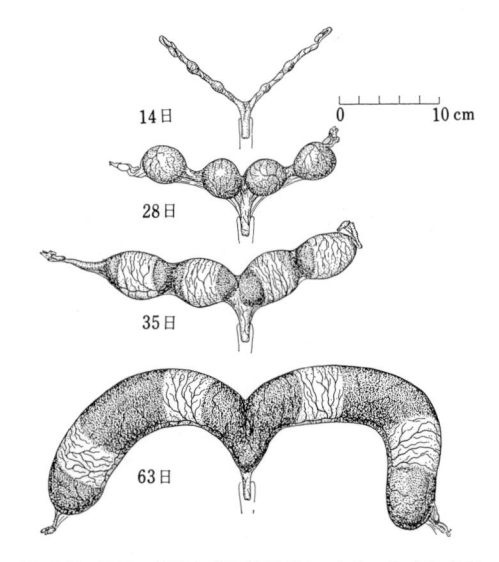

図 6.7 胎仔の子宮内発育経過（Lloyd-Jacob 未発表データ）[23]

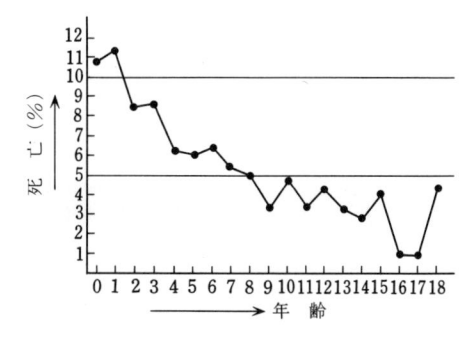

図 6.8 各年齢の死亡分布（磯部. (1985)）[26]

表 6.15 ネコの毛色の遺伝[24]

トラ斑 (tabby) (t)	優性白 (dominant white) (W)
劣性黒, non-agouti (a)	優性黒 (dominant black) (D^b)
アルビノ (c)	優性白斑 (piebald white spotting) (S)
maltese dilution (d)	
橙色 (orange) (o) 〔従来黄色 (y) と呼ばれた〕	
褐色 (brown) (b)	

トラ斑(t)：トラと呼ばれる淡色部と黒色部が横縞になっている普通に見られる雑種ネコの代表的な毛色である.

三毛ネコ：オレンジ(o)の遺伝子は X 染色体上にあって sex-linked することが知られている. 対立形質(O^+)は黒色である. ネコの毛色の遺伝子はつぎの通りである. 三毛ネコは橙色, 黒色, 白色の三毛色である. 毛色のかけ合わせを記す. 黒×黒＝黒, 茶×茶＝茶, 黒♀×橙♂＝三毛♀, 黒♂；橙♀×黒♂＝三毛♀, 橙♂；三毛♀×黒♂＝三毛♀, 黒♀, 橙♂, 黒♂；三毛♀×橙♂＝三毛♀, 橙♀, 橙♂, 黒♂.

三毛ネコは雌であることはよく知られている. 三毛ネコを毛色遺伝子記号で表すと o/o^+, b/b である. (o)の対立形質が(o^+)であるので, 三毛を表すためには o 遺伝子に関しては必ずヘテロ(o/o^+)でなければならない. そのためには性染色体に関して XX, すなわち雌でないとヘテロにならない. 雄は XY なので(o)に関してヘテロになり得ないので三毛ネコは雌ということになる. まれに雄の三毛ネコが現れる. この遺伝学的説明については成書を参照されたい.

表 6.16 ネコの各血液型と表現型出現頻度[25]

FFO システム (Holmes 1953)	E 型	0 %
	F 型	3.48
	EF 型	95.55
	O 型	0.97
A-B システム (Auer 1980)	A 型	73.30%
	B 型	26.30
	AB 型	0.40
Ca システム (池本 1981)	Ca 型	9.70%
	Ca 型	90.30

表 6.17 自家繁殖コロニー由来ニホンネコの血液性状(中野)[10]

		赤血球数 ($10^6/mm^3$)	白血球数 ($10^3/mm^3$)	ヘマトクリット (%)	ヘモグロビン (g/dl)	平均赤血球容積	平均赤血球血色素量	平均赤血球血色素濃度
検体数	成熟	10	10	10	10	10	10	10
	幼若	29	29	28	29	26	25	24
平均値	成熟	8.87	14.84	37.6	12.08	42.8	13.7	32.0
	幼若	6.92	13.75	29.38	9.36	43.0	13.6	30.8
SD(±)	成熟	1.24	6.7	3.62	1.81	1.37	0.82	2.32
	幼若	1.85	3.83	2.26	2.01	4.67	1.6	1.29
実測範囲	成熟	7.2〜10.95	6.5〜25	33〜44	10.2〜15.9	40.2〜46	11.5〜14.8	28.4〜36.1
	幼若	4.14〜10.79	7.1〜21	16〜42	5.9〜13.4	32.9〜52.7	9.9〜15.9	26.9〜35.4

表 6.18 自家繁殖コロニー由来ニホンネコの臨床血液生化学的検査(中野)[10]

		TP	BUN	ALP	GOT	GPT
検体数	成熟	9	10	6	10	8
	幼若	16	18	4	18	10
平均値	成熟	6.72	26.9	4.1	29.7	32.06
	幼若	6.6	23.2	8.83	40.1	35.1
SD(±)	成熟	0.88	4.61	0.73	11.34	9.2
	幼若	1.12	3.5	1.6	13.1	8.6
実測範囲	成熟	5.1〜8.2	19.3〜33.6	2.9〜5.0	16〜48	24.5〜53.0
	幼若	5.5〜9.2	13.1〜13.9	7.3〜10.4	23〜75.5	23〜45

表 6.19 成熟ネコの心拍出量,血圧,中心静脈圧*(丸山茂善ら(北里大学医学部)未発表データ)[29]

動物数	心拍出量 (ml/分)	血 圧 (mmHg)	中心静脈圧 (mmHg)
41	380(±40)	129(±13)	2.34(±0.61)

* 測定条件:脳血管攣縮に関する研究の過程で成熟ネコ41頭について測定した結果である.麻酔法は1%クロラロース,10%ウレタンの5ml/kgを腹腔注射.鼠径部を切開して股動脈に血圧モニター用のエラスターを,股静脈にSwan Ganzカテートルを挿入する.Swan Ganzカテートルは X 線透視下で肺動脈の左右の分岐部へ先端が位置するように挿入する.人工呼吸器に接続して調節呼吸下で測定された.

表 6.20 ネコの血液性状[21]

項 目	範 囲 (平均値)
赤血球	5.0〜1.0 (7.5)
ヘモグロビン	8.0〜15.0 (12.0)
ヘマトクリット	24.0〜45.0 (37.0)
平均赤血球容積(MCV)	39.0〜55.0 (45.0)
平均赤血球血色素量(MCH)	12.5〜17.5 (15.5)
平均赤血球血色素濃度(MCHC)	
Wintrobe	31.0〜35.0 (33.0)
Microhematocrit	30.0〜36.0 (33.2)
網状赤血球	0.2〜1.6 (0.6)
赤血球直径	5.5〜6.3 (5.8)
低張食塩水に対する抵抗性	
最低	0.66〜0.72 (0.69)
最高	0.46〜0.54 (0.50)
M:E	0.6〜3.9:10(1.6:1.0)
血小板 ($\times 10^5$)	3〜8 (4.5)
黄疸指数	2〜5 units
赤血球寿命	66〜78 日
血漿タンパク質	6.8〜8.0
線維素源	0.50〜3.0
白血球数	5500〜19500 (12500)
好中球	2500〜12500 (7500)
リンパ球	1500〜7000 (4000)
単 球	0〜850 (350)
好酸球	0〜1500 (650)
好塩基球	―

百分率:好中球0〜3(0.5);リンパ球20〜50(32.0),単球1〜4(3.0);好酸球2〜12(5.0,好塩基球―

表 6.21 ネコの心拍出量(Baxter et al.)[30]

報告者	動物数	方 法	平均体重(kg)	心拍出量(ml/min) 範囲	平均値
Kowlton & Starling (1912)	3		4.0	37〜138	100
Huggett (1923)	9	Fick	3.0	―	324
Baxter et al. (1952)	20	Flowmeter	3.3	210〜690	395

Flowmeter の方が値が高くなる.原因については不明である.

表 6.22 ネコの心拍数,血圧,心拍出量,P_{O_2},P_{CO_2}(Neumanら)[32]

項 目	数 値
心拍数	194±33
血 圧	
収縮期	140±14
拡張期	97±13
P_{O_2} (mmHg)	73.8±10.1
P_{CO_2} (mmHg)	31.7±10.1
Q/bod/wt (ml/min/kg)	83.2±38.8

b. 一般生理

ここでは動物実験に際して参照されることが多いと考えられる生理学的計測値を示した．

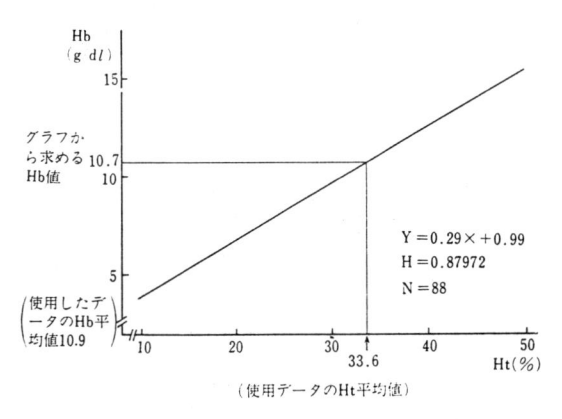

図 6.9 ネコ用 Ht → Hb 換算表（諸星原図）

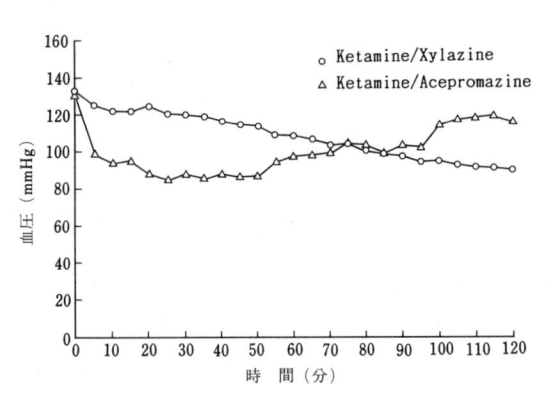

図 6.10 麻酔下におけるネコの血圧[27]

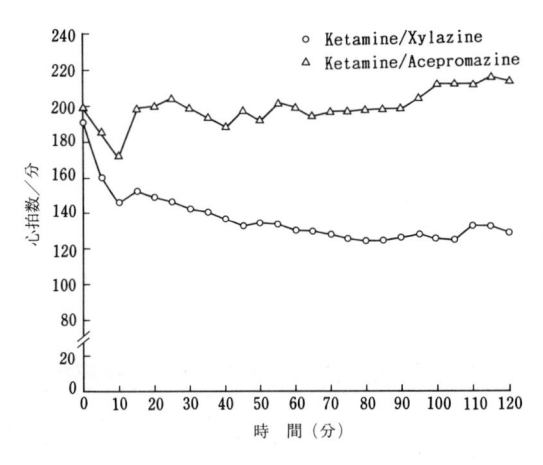

図 6.11 麻酔下におけるネコの心拍数[27]

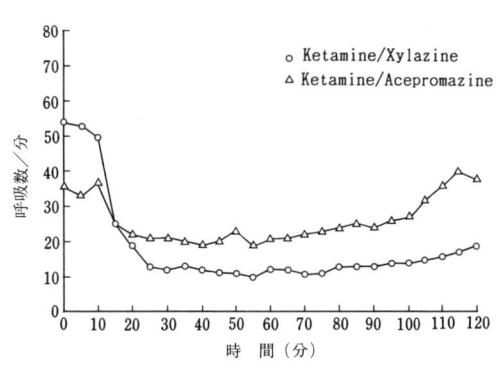

図 6.12 麻酔下におけるネコの呼吸数[27]

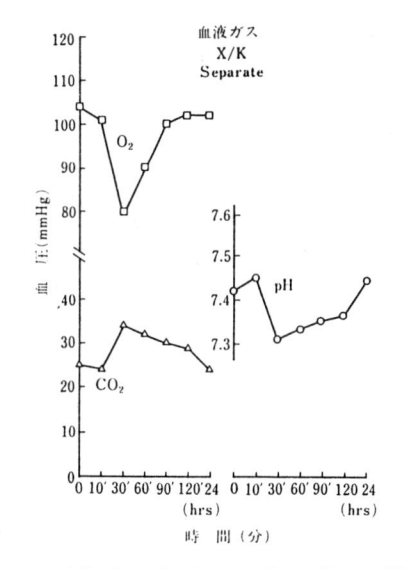

図 6.13 麻酔下におけるネコの血液ガス値とpH[28]（♀3匹，♂8匹，1.5年〜5年齢，ハローセン麻酔）

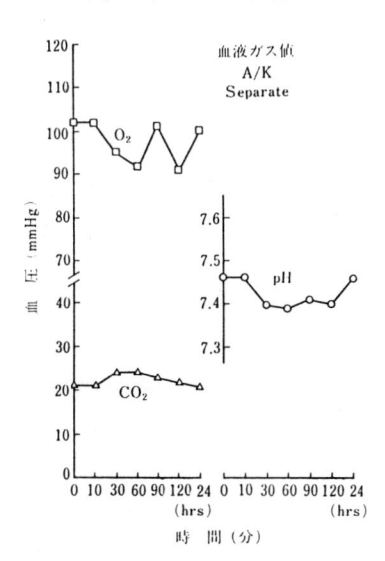

図 6.14 麻酔下におけるネコの血液ガス値とpH[28]

表 6.23 実験用ネコの生理値(Ronald ら)[33]

項目	平均値 (±SD)
平均血圧 (mmHg)	106 (±19.9)
心拍数 (数/分)	131 (±19.2)
P_{CO_2} (mmHg)	37.3 (± 3.0)
P_{O_2} (mmHg)	140.0 (±19.6)
食道温 (℃)	36 −(±0.99)

表 6.24 血液中の電解質[31]

Na (mEq/l)	151
K (mEq/l)	4.3
Mg (mEq/l)	2.3
Ca (mg/dl)	9〜12
無機リン (mg/dl)	5.2〜6.9
無機硫化物	—
Cl (mEq/l)	116
CO_2 (mEq/l)	17〜21
水 (g/dl)	—
タンパク質 (g/dl)	—

表 6.25 無麻酔ネコの第II誘導心電図[34),35)]

Lead II, Duration & Interval (sec)

	P	PR	QRS	QT	ST	T	RR	HR
*1)	0.03±0.005	0.08±0.012	0.03±0.09	0.170±0.028	—	—	0.38±0.06	156
2)	0.038	0.082	0.037	0.135	—	—	—	186(110〜260)
	(0.02〜0.06)	(0.04〜0.12)	(0.02〜0.06)	(0.08〜0.20)	—	—	—	—
3)	0.036±0.005	0.078±0.005	0.034±0.004	0.197±0.023	0.165±0.023	0.100±0.016	0.455±0.105	139±33
4)	0.036±0.005	0.076±0.007	0.033±0.004	0.197±0.024	0.168±0.028	0.098±0.016	0.451±0.138	144±40
5)	0.03 ±0.01	0.071±0.01	0.026±0.010	0.148±0.020	—	—	—	195(60〜240)
7)	0.034±0.005	0.079±0.008	0.026±0.005	0.184±0.023	—	0.104±0.02	0.420±0.084	142
8)	0.032±0.008	0.073±0.008	0.026±0.005	0.185±0.026	—	0.097±0.032	0.436±0.116	135

Lead II, Amplitude (mV)

	P	Q	R	S	T
1)	0.090±0.036		0.630±0.226		0.180±0.098
2)	0.141(0.05〜0.30)		0.460(0.20〜1.75)		
3)	0.07 ±0.02		0.59 ±0.19	0.213±0.180	0.195±0.085
4)	0.071±0.028	0.103±0.067	0.515±0.213	0.192±0.155	0.185±0.088
5)	0.16 ±0.07	0.27 ±0.18	0.50 ±0.25	0.23 ±0.17	0.19 ±0.07
6)	0.17 ±0.04	0.16 ±0.11	0.53 ±0.31	0.26 ±0.10	0.21 ±0.07
7)	0.088±0.024	0.058±0.034	0.165±0.191	0.131±0.106	0.188±0.103
8)	0.091±0.024	0.050±0.031	0.552±0.206	0.304±0.258	0.162±0.079

Mean Electrical Axis

$QT_c = QT/\sqrt{RR}$

	Axis		QT_c
1)	60.50°±18.75°	1)	0.275
2)	105°(46°〜150°)	2)	0.287
3)	67.3°±28.2°(24.0°〜119.4°)	3)	0.292±0.022
4)	89.8°±31.8°(45.3°〜137.5°)	4)	0.293±0.023
5)	79.6°(30°〜170°)	7)	0.284
7)	66.9°±26.05	8)	0.280
8)	41.8°±75.23		

* 1) Mitani(standing position), 2) Robertson(right lateral recumbency), 3) Morohoshi(sternal position), 4) Morohoshi(right lateral recumbency), 5) Tilley (right lateral recumbency), 6) Tilley(sternal position), 7) Nara(sternal position), 8) Nara(right lateral recunbency)
( )諸星康雄・中野健司:ネコの無麻酔状態における心電図誘導法. 家畜の心電図, No.15, 59-65(1982)改変.
( )奈良佳洋・諸星康雄・池田憲昭・中山茂信・中野健司:ネット保定による無麻酔ネコの心電図について. 実験動物投稿中(1985)改変.

ネコの心電図学的研究はスカラー心電図とベクトル心電図の両者が報告されている. 無麻酔状態での研究も見られるが, イヌと異なり訓練しにくい性質から, 麻酔下での研究が多い. スカラー心電図の報告から, 一般的な利用頻度の高いA-B(Apex-Base)誘導と第II誘導を抜粋して, 表6.25には無麻酔状態での各波の持続時間と間隔および振幅を示した. 表6.26にはネンブタール麻酔とケタラール麻酔下の値を示した.

表 6.26 麻酔下の心電図各波の持続時間[36),37)]

ネンブタール麻酔 Duration & Interval (sec)

Lead	P	PQ	QRS	QT	T	RR
A-B*	0.037±0.006	0.071±0.009	0.041±0.006	0,204±0.028	0.121±0.015	0.38 ±0.070
	(0.03~0.05)	(0.05~0.09)	(0.03~0.05)	(0.15~0.27)	(0.09~0.16)	(0.27~0.53)
II	0.035±0.007	0.07 ±0.013	0.043±0.008	0.199±0.023	0.106±0.021	0.377±0.055

Amplitude (mV)

	P	R	S	T
A-B**	0.085±0.037	1.051±0.379	0.105±0.146	0.246±0.128
	(0.03~0.2)	(0.41~1.84)	(0 ~0.2)	(0.05~0.86)

	P	Q	R	T
II	0.071±0.038	0.061±0.055	0.485±0.399	0.103±0.086

塩酸ケタミン麻酔 Duration & Interval (sec)***

	P	PQ	QRS	QT	T	RR
A-B	0.040±0.008	0.071±0.008	0.035±0.012	0.157±0.009	0.085±0.013	0.321±0.043
II	0.032±0.006	0.065±0.012	0.035±0.009	0.153±0.018	0.064±0.008	0.319±0.049

Amplitude (mV)

	P	R	S	T
A-B	0.126±0.02	0.781±0.21	0.221±0.124	0.242±0.067

	P	Q	R	S	T
II	0.125±0.022	0.174±0.117	0.362±0.209	0.168±0.064	0.156±0.076

* 片平清昭・角野 猛：ネコのA-B誘導および各種肢誘導心電図．家畜の心電図, No.9, 9-17(1976)から一部引用．
** ( )内は対数変換した値から平均値を求め95%（危険率5%）の棄却限界を算出し，その逆対数をとり正常範囲として求めている．
*** 諸星康雄・中野健司：麻酔下（塩酸ケタミン）における自家繁殖ネコの心電図について．家畜の心電図, No. 15, 34-37(1982)から引用．

ネコの心電図学的研究はスカラー心電図とベクトル心電図の両者が報告されている．無麻酔状態での研究も見られるが，イヌと異なり訓練しにくい性質から，麻酔下での研究が多い．スカラー心電図の報告から，一般的な利用頻度の高いA-B(Apex-Base)誘導と第II誘導を抜粋して，表6.25には無麻酔状態での各波の持続時間と間隔および振幅を示した．表6.26にはネンブタール麻酔とケタラール麻酔下の値を示した．

c. 繁殖生理

動物実験に際して参照されることが多いと考えられるいくつかの項目について表と図で示した．詳細は内外の成書[10),23)]を参照願いたい． 〔中野健司〕

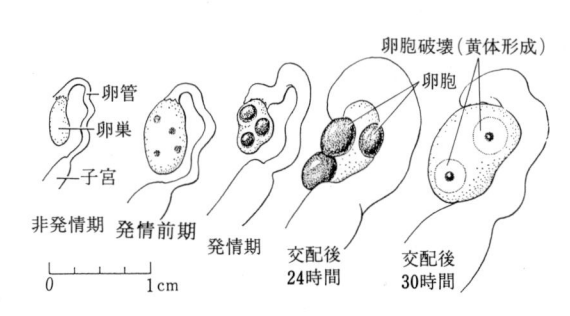

図 6.15 性周期各ステージにおける卵巣の変化 (Scott, P. P. 1970)[(23)]

ネコの発情周期：発情周期については信永[10)]の詳細な解説があるのでここでは概略を記す．ネコの発情周期は約14日間で，発情は3～6日間継続する．発情周期は，終止期 (anestrus), 発情前期 (proestrus), 発情期 (estrus) の三期に分けられる．各期はマウス，ラットのように腟垢スメアの細胞像でステージを判定する．スメアに現れる細胞像は Herron[38)] の分類に従えば有核小型円形の parabasal cell, 中型でやや不整形の有核細胞 intermediate cell （図6.17）と無核の角化細胞 cornified cell の三つの細胞型と白血球で構成されている．終止期は少量の parabasal cell と角化細胞，白血球が見られる．発情前期は，parabasal cell の代りに intermediate cell と角化細胞の一部が見られる．発情期の像は角化細胞が圧倒的に多く，2, 3の intermediate cell が混在している程度である．交配後2時間目のスメアでは角化細胞が主体で，intermediate cell も見られる．3日目には parabasal cell にもどり，白血球が多くなる．

文　献

1) Bonnile Beaver : Veterinary aspects of Feline Behavior, p. 1. The C. V. Mosby Company (1980)
2) Gugishberg, C. A. W. : Wild Cats of the world, pp. 23-24., Taplinger Publishing company, New York, (1975)
3) Crouch, J. E. : 岡野正臣，牧田登之，見上晋一，和栗秀一訳：猫の解剖学, p. 17, 学窓社 (1975)
4) 加茂儀一：家畜文化史, pp. 159-178, 法政大学出版局

表 6.27 自家繁殖コロニー由来ネコの繁殖成績（中野）[10]

	北里大学コロニー	予研コロニー	A	B	C
	ケージ飼	群飼	群飼	ケージ飼	—
雌親数	10	18	21	21	
総産数	25	48	72	41	973
平均初出産年齢	1.03	1.37	0.99	1.04	
平均出産間隔（年）	0.55	0.52	0.43	0.5	0.48
平均産子数	3.44	4.25	4.11	3.17	4.20
平均離乳子数	2.55(74.4%)	3.60(85%)	2.9(70.6%)	2.44(77%)	3.65
生産/雌親1匹/年					
出産回数	1.87(1.82)	1.56(1.9)	2.33(2.33)	(2.0)	(2.1)
出産子数	6.43(6.26)	6.61(8.2)	9.58(9.58)	(6.4)	(9.1)
離乳子数	4.78(4.64)	5.54(7.0)	6.77(6.77)	(4.9)	(7.7)

A：今溝ら(1976)，B：信永ら(1972)，C：Robinson and Cox(1970)．

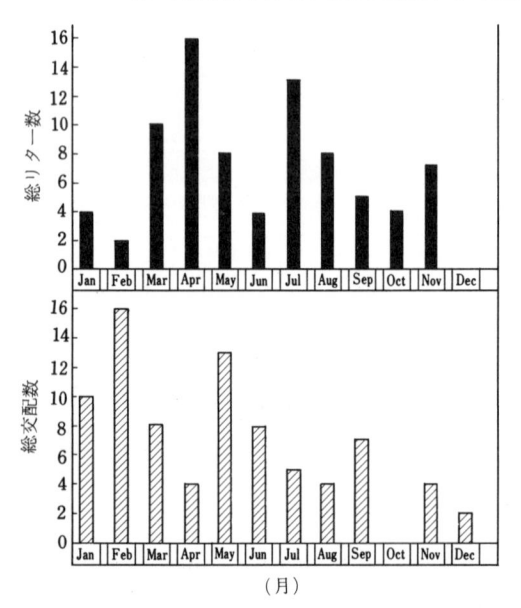

図 6.16 ネココロニーにおける月別リター数と交配数（3年間に生まれた80リターについて）(Lloyd-Jacob & Scott 1955)[8]

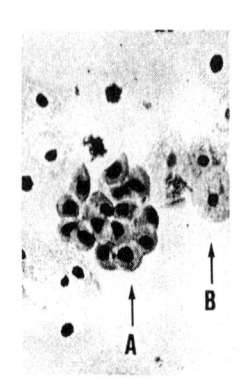

図 6.17 ネコのスメアー像（諸星，中野（北里大学）原図）（A：parabasal cell，B：intermediate cell，を示す）

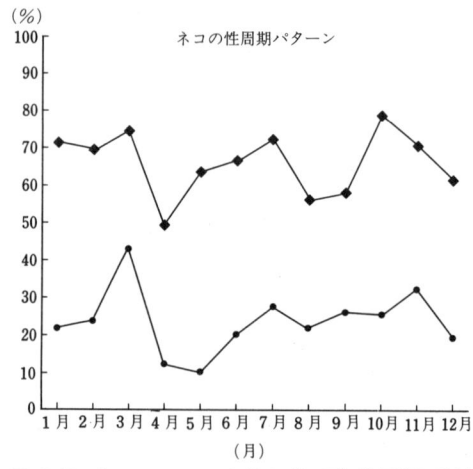

図 6.18 ネココロニーにおける（64頭）性周期と腟垢像[39]
■ 発情がみられる％
● 腟垢像が発情期を示す％

表 6.28 ニホンイエネコの繁殖成績（信永[10]）

	例数	平均±標準偏差	範囲
平均妊娠期間（正常）	74	64.9± 1.6 日	60～ 69 日
平均妊娠期間（正常＋早産）	77	64.6± 2.1 日	56～ 69 日
初交配成立雌の日齢	30	329.0±90.8 日齢	180～569 日齢
離乳から交配までの日数	46	48.1±37.2 日	4～160 日
出産(無哺乳)から交配までの日数	14	21.9±17.1 日	7～ 72 日
初交配(不妊)からつぎの交配までの日数	16	72.9±31.9 日	16～154 日
同腹子数	82	3.1± 1.0 匹	1～ 5 匹

	交配数	正常	早産	流産,不妊
妊娠期間(初産)	30匹	20匹(67%)	1匹(3%)	9匹(30%)
妊娠期間(経産)	73匹	54匹(74%)	2匹(3%)	17匹(23%)

表 6.29 ふつうネコと人工哺育 SPF ネコの繁殖成績（鈴木ら）[10]

世代＼項目	出産腹数	生出産子数	平均産子数	離乳子数	平均離乳子数	46週生存数	離乳率[*1]（％）	46週生存率[*2]（％）
人工哺育ネコ（6世代）	23	89	3.9	86	3.7	84	97	94（98）
1968～1976年ふつうネコ	163	632	3.9	445	2.7	258	70	41（58）[*3]

[*1] 離乳率（％）＝離乳子数/出産子数×100
[*2] 46週生存率（％）＝46週生存数/出産子数×100
[*3] 離乳から46週までの生存率（％）＝46週生存数/離乳数

表 6.30 ネコ繁殖コロニーにおける繁殖成績（北里大・医，1975～1988）*

産次	匹数	（平均妊娠日数）±SD（range）	（産仔数）平均±SD/n(r.)	（離乳数）平均±SD/n(r.)	W/L
1	46	66±2 (63～73)	(118) 2.8±1 /42(1～5)	(67) 2.2±1 /30(1～5)	0.57
2	33	66±3 (58～76)	(109) 3.3±1.6/33(1～7)	(80) 3.0±1.5/27(1～6)	0.73
3	26	67±1 (65～69)	(88) 3.1±1.3/26(1～5)	(65) 2.5±1.3/26(1～5)	0.73
4	21	67±2 (65～72)	(54) 2.8±1 /19(1～4)	(45) 2.5±1 /18(1～4)	0.83
5	15	67±2 (65～68)	(44) 2.9±1.3/15(1～4)	(39) 2.6±1.1/15(1～4)	0.88
6	9	67±2 (65～68)	(32) 3.6±1.7/ 9(1～6)	(23) 3.3±1.7/ 7(1～5)	0.72
7	7	66±2 (65～68)	(25) 3.6±1.4/ 7(1～5)	(12) 2.0±1.3/ 6(1～4)	0.48
8	6	67 (65～69)	(16) 2.7±1.5/ 6(1～5)	(16) 2.0±1.3/ 6(1～4)	0.75
9	6	68 (64～71)	(18) 3.6±1.1/ 5(1～4)	(6) 2.0±1.0/ 3(1～3)	0.33
10	5	69 (66～71)	(15) 3.0±1.6/ 5(2～5)	(10) 2.5±0.6/ 4(2～3)	0.67
11	4	(66～68)	(10) 2.5±1.0/ 4(2～4)	(9) 3.0±1.0/ 3(2～4)	0.9
12	3	(67～68)	(8) 2.7 / 3(2～3)	(6) 2.0 / 3(1～3)	0.75
13	3	(67～68)	(8) 4.0 / 2(4)	(7) 3.5 / 2(3～4)	0.88
14	1	(66)	(2) 2.0	(2)	1

* 6産次までの総産仔数　445匹，総離乳数　319，離乳率　0.72.
　　　　　　総産仔数　547匹，総離乳数　383，離乳率　0.7.

(1973)
5) 木村喜久弥：ネコ，法政大学出版局（1966）
6) 酒井傳六：古代エジプト動物記，文藝春秋（1984）
7) 田中義麿：動物育種遺伝学，p.174, 養賢堂（1943）
8) The UFAW Handbook on the Care and Management of Laboratory Animals. 4th Ed., The University Federation for Animal Welfare (1972)
9) Lane-Petter, W.: Animals for Research. Academic Press, London & New York (1963)
10) 中野健司，前島一淑編：医学・生物学研究のための"ネコ"，pp. 268-282, ソフトサイエンス社（1981）
11) Hodos, W.: Animal welfare considerations in neuroscience research. *Ann. New York Academy of Sci.*, **406**, 121 (1983)
12) Dialog 社：MEDLINE, 1985年4月現在
13) Sherrington, C. S.: Notes on the scratch-neflex of the cat. *Quart. Jour. Exp. Physiol.*, **3**, 213-220 (1910)
14) 田嶋嘉雄編：実験動物の開発，pp. 107-166, 医歯薬出版（1978）
15) Laboratory animal manegement-cats, *ILAR NEWS*, Vol. XXI, No. 3, C3-C19 (1978)
16) Saperstein, G., Harris, S. and Leipold, H. W.: Congenital defects in domestic cats. *Feline Practice*, **6**(4), 18-43 (1976)
17) 宮川幸子，小暮一雄，安藤正彦：家畜の心奇形，家畜の心電図．15巻，17-23（1982）
18) Tornheim, P. A., Liwnicz, B. H., Hirsh, C. B., Brown, D. L. and McLaurin, R. L.: Acute responses to blunt head trauma. Experimental model and gross pathology. *J. Neurosurg.*, **59**, 431-438 (1983)
19) Wake, M. H. (ed.): Hyman's Comparative Vertebrate Anatomy. 3rd Ed., pp. 691, 757, The University of Chicago Press, Chicago and London (1979)
20) Peters, S. E.: Postnatal development of gait behaviour and function allometry in the domestic cat (*Felis catus*). *J. Zool.*, **199**, 461-486 (1983)
21) Schalm, O. W., Jain, N. C. and Carroll, E. J.: Veterinary Hematology, 3rd Ed., Lea & Febiger, Philadelphia (1975)
22) Berman, E.: The time and pattern of eruption of the permanent teeth of the cat. *Lab. Anim. Sci.*, **24**, 929-931 (1974)
23) Scott, P. P.: Cats, Reproduction and breeding techniques for laboratory animals (Hafez, E. S. E. (ed.)). pp. 192-208, Lea & Febiger, Philadelphia (1970)
24) The committee on standerdized genetic nomenclature for cats standardized genetic nomenclature for the domestic cat. *J. Hered.*, **58**, 39-40 (1968)
25) 鈴木正三監修；池本卯典，向山明孝編：比較血液型学，p. 228, 裳華房（1985）
26) 磯部芳郎：加齢と寿命．東獣ジャーナル，**236**, 13-15（1985）
27) Colby, E. D. and Sanford, T. S.: Blood pressure and heart and respiratory rates of cats under ketamine/xylazine, ketamine/acepromazine anesthesia. *Feline Practice*, **11**, 19-24 (1981)

28) Colby, E. D. and Sanford, T. S.: Feline blood gas values during anesthesia induced by ketamine/acepromazine and ketamine/xylazine. *Feline Practice*, **12**, 23-25 (1982)
29) 丸山茂善：私信
30) Baxter, I. G., Cunningham, D. J. C. and Pearce, J. W.: Comparison of cardiac output determinations in the cat by direct Fick and flowmeter methods. *J. Physiol.*, **118**, 299-309 (1952)
31) 清水礼寿, 小川尚徳：生体計測シリーズ(3), 応用電子と生体工学, **16(3)**, 53-68 (1978)
32) Neuman, M. M., Kligerman, M. and Willcox, M.: Pulmonary hypertension, pulmonary edema, and decreased pulmonary compliance produced by increased ICP in cats. *J. Neurosurg.*, **60**, 1207-1213 (1984)
33) Ronald, W. J. Ford: A reproducible spinal cord injury model in the cat. spinal cord injury model. *J. Neurosurg.*, **59**, 268-275 (1983)
34) 諸星康雄, 中野健司：ネコの無麻酔状態における心電図誘導法, 家畜の心電図, **15**, 59-65, 1982
35) 奈良佳洋, 諸星康雄, 池田憲昭, 中山茂信, 中野健司：ネット保定による無麻酔ネコの心電図について, 実験動物, **35**, 21～28 (1986)
36) 片平清昭, 角野 猛：ネコのA-B誘導および各種肢誘導心電図, 家畜の心電図, **9**, 9～17 (1976)
37) 諸星康雄, 中野健司：麻酔下(塩酸ケタミン)における自家繁殖ネコの心電図について. 家畜の心電図, **15**, 34-37 (1982)
38) Herron, M. A.: Feline vaginal cytologic examination. *Feline Practice*, **7**, 36-39 (1977)
39) Cline, E. M., Jennings, L. L. and Sojka, N. J.: Analysis of the feline vaginal epithelial cycle. *Feline Practice*, **10**, 47-49 (1980)

6.3 イ ヌ

(1) 生物分類学的位置

イヌ (dog, hund, Canis dog) は牧羊犬, 番犬, 狩猟犬, 愛玩犬と分類されているように, ヒトとの関わり合いが深い動物の代表的なものである. 大きさのうえでは, 小は成時体重1～2kgのチワワから大は110kgにも達するセントバーナードまで幅があり, 耳・吻・尾の形態や毛色・毛質においても極めて変化に富む動物である.

また, 性質も種々雑多であり, 品種により狩猟・捜索・伝令・盲導などに適性を有し, それぞれ特性に応じた使われ方がされている.

生物学的には, 脊椎動物門・Phylium Chordata, 哺乳動物綱 Class Mammalia, 食肉目 Order Carnivora, イヌ科 Family Canidae, イヌ属 Genus *Canis* に属し, 種としては家犬 *Canis familiasis* として位置づけられている.

イヌの原種はニホンオオカミ *Canis hodophilax*, アメリカアカオオカミ *Canis rufus*, オオカミ *Canis lupus* のうちの一つあるいは二つであって, 家犬は原種にいくつかの遺伝子が混じてできた雑種と考えられている[1]. 血液タンパク質ならびに酵素の電気泳動法による比較検討でもオオカミとイヌの間には差が認められず, イヌ, ディンゴ, オオカミ, ジャッカルの3種は相互に極めて近縁であると考えられる成績が得られている[2,3].

イヌの品種は308種が数えられており, 国際畜犬連盟では表6.31のように4分類 (分類Ⅰ～Ⅳ), 10グループに分類・規定している[4].

(1) 実験動物になるまでの歴史

使役用としてだけでなく愛玩用としても人間社会に強い絆を有するイヌの中には, 性質温順な犬種が多く, 研究材料としては17世紀頃から実験に用いられ, 医学・薬学などの研究に大いに貢献してきた. それらのイヌの大部分は愛玩犬の流用・転用であり, ごく最近までは多くの研究機関で都道府県から捕獲犬の払い下げを受けたり, 一般家庭で飼われていた動物を譲り受けて実験に供されていたのが実情であり, いわゆる"実験用動物"としての時代が長くつづいた.

しかしながら, それらの動物は形態学的に不揃いであることはもちろんのこと, イヌとヒトとの間の人獣共通伝染病をはじめ, 疾病の点で問題があり, 多くの経費と労力を費やしても, 再現性のある実験

表 6.31

分類	グループ		品種数
Ⅰ	1	牧羊犬	36
	2	番犬, 護衛犬, 使役犬	43
Ⅱ	3	テリア	27
(狩猟犬)	4	ダックスフント	3
	5	大狩猟用の猟犬	26
	6	小狩猟用の猟犬	66
	7	セッター	34
	8	英国産狩猟犬	18
Ⅲ	9	愛玩犬	43
Ⅳ	10	グレイハウンド種	12

結果が得られないこともあって,特定の品種を実験動物として繁殖・生産する試みが,1950年代に米国において着手・推進された.

品種としては下記のような特性からビーグル種が選ばれ,実験用イヌとしての開発が進められた[5].

1) 性質温順
2) 扱いやすい大きさ
3) 短毛
4) 遺伝的に固定されていること
5) 反応の均一性

わが国においては,1960年代に入りビーグルの導入が進められた.現在では,感染率が高く病害の大きいため問題となる寄生虫フリーのコロニーも確立され,実験動物として必要な統御(遺伝・微生物・環境)がなされた動物が市販されるようになり,それらの購入・供試が可能となってきた.しかし,国内で供試されるビーグルの約半数は輸入犬でまかなわれているのが実情である.なお,わが国ではビーグル種のほかに,いわゆる雑犬のコロニー作出も試みられ,コロニーが存在する[6].さらに,近年ではイヌを供試する動物実験,特に循環器系の実験の多様化への対応として,大型犬種であるラブラドールリトリーバーを実験用イヌとして開発する試みも行われている.

(3) 一般的性状

イヌの外観的特徴は他の哺乳動物に見られないほど同一種内でも変化に富んでいる.すなわち,被毛の長短・毛質(ちぢれ,直),色彩をはじめ,吻・耳・尾などの形態も長吻・短吻,立耳・垂れ耳,巻き尾・垂れ尾と変異があり,品種ごとにそれぞれ標準型あるいは規格が定められている.実験動物としては反応性の均一性の問題はともかく,他の実験用小動物にくらべると外観的特徴による個体識別を比較的容易に確実に行うことができる.

近年,実験用イヌとして,特に薬物の長期安全性試験や循環器系の薬理実験などに多数使用されるようになったビーグルも,その体格にはかなりの幅があり,体重も10kg以下の小型のものから20kgに近い大型のものまである.

体重は種々の環境条件の影響を受けるが,その成長に伴う推移については,ビーグルについて詳細な検討がなされている[7〜9].イヌの場合,横軸に月齢をとると体重の増加はS字状曲線を描き,霊長類に見られる,いわゆるgrowth pointは認められず,雌の体重が雄の体重よりも有意に上まわることはない[7,9].また,新生子期にヒトと同様に生理的体重減少(生下時体重の1/15量)が見られる.

一方,体格の要素である体長・体高・尾長・頭長・頭幅・胸深・胸囲などの体各部の計測値についても成長に伴う推移が観察されている[9,10].その推移は体重と同様にシグモイド曲線を描き,計測部位によってその値の増加が特に著しい期間(齢)は少しずつ異なり,性差も認められる.また,各計測値とも,成長の最も急激な時期(第2相)の終了時に,すでに成長完了時の90%のところまで到達している(表6.32).

表 6.32 閉鎖環境下育成ビーグル成長各期の比較*

日齢[a] 計測部位	A (20日齢)	B (60日齢)	C (140〜200日齢)	D (180〜300日齢)
体 重	6.3[b]	15.0[b]	89.0[b]	100 (15.9)[c]
体 長	32.6	50.0	91.3	100 (3.1)
体 高	29.8	51.4	90.5	100 (3.4)
尾 長	33.3	54.3	95.9	100 (3.0)
胸 深	34.1	40.9	93.3	100 (2.9)
胸 囲	37.1	50.0	91.8	100 (2.7)
頭 長	42.1	57.9	92.2	100 (2.4)
頭 幅	45.4	59.1	90.9	100 (2.2)

a) A:離乳開始時,B:完全離乳以後,C:成長極期(第2相)終了時,D:成長完了時.
b) 数字はA〜C/D×100(%)を示す.
c) ( )内数字はD/Aを示す.
* 福井,安達[9].

イヌの成長完了時の月・年齢は品種により異なるようであるが,ビーグルのような小型犬では約1年で成犬となる.体重,体計測値[9],血液性状[11],血清酵素(特に,乳酸脱水素酵素のアイソザイムパターン[12])などの推移や初発情などの繁殖生理学的データから,ビーグルでは10か月が一応の目やすとなる.

寿命については,一般に10〜15年といわれているが,20年以上の生存もまれではない.ビーグルでは,10年をすぎると自然発生腫瘍の頻度の高まる[13,14]

ことや血液検査値・糖負荷試験値にも老年期の変化が見られる[15]ことから，イヌの寿命は10～15年が妥当といえよう．

また，イヌの年齢推定は歯端の磨耗状況により可能であるといわれている[16～18]．一定条件下飼育のビーグル群で，それらの基準がどのくらい合致するかについて対比がなされたが，その適合率は必ずしも高くなかった[19]．特定の条件下での成績であるが，表6.33に示したビーグルの永久切・犬歯の磨耗は年齢推定の一応の目やすとなろう．イヌの永久歯の歯式はI $\frac{3}{3}$ C $\frac{1}{1}$ PM $\frac{4}{4}$ M $\frac{2}{3}$ である．

表6.33 実験用ビーグル[a] 永久切・犬歯の磨耗

月 齢	切・犬歯磨耗状況
6～11	いずれの永久歯表面も美麗，磨耗を全くみない
12～17	上顎第1切歯原錐端磨耗はじまる
18～23	上顎第1切歯原錐1/3磨耗，上顎第2歯，下顎第1,2切歯端磨耗はじまる
24～29	下顎第1切歯端平坦となる個体もみる．下顎第3切歯磨耗はじまる．下顎犬歯端鈍となる
30～35	上顎第3切歯端磨耗はじまる．下顎第1切歯平坦となる
36～47	上顎第2切歯原錐1/3磨耗，下顎第2切歯端平坦となる
60～71	上顎第1切歯原錐1/2以上磨耗，下顎犬歯端明瞭に短くなる

a) 閉鎖環境下育成動物．
* 福井，赤池[19]．

（4）形　　態

a. 解　剖

イヌの外観は前述の通り品種によりかなり異なるが，解剖学的には品種を越えて共通した特徴を有している．

i) 骨　格　体構造を支持・保護し，筋運動の"てこ"となる骨格系は成犬では平均319個の骨からなる．すなわち，脊柱50，頭蓋と舌骨50，肋骨と胸骨34，前肢92，後肢92，陰茎骨1の計319である[20]．

脊椎は頸椎7，胸椎13，腰椎7，仙骨3，尾椎20～23で構成されており，この脊椎の数は全品種を通じて同じであり，形も同じである．しかしながら頭部，胸部，四肢などの骨は当然のことながら形も長さも品種により異なっている．

頭蓋骨はコリーのような長頭，ブルドッグのような短頭およびテリアのような中間型の3種に分類される．短頭型の品種では歯の欠損が見られる．

陰茎骨はイヌに特有の骨である．鎖骨を欠き，前肢は骨格筋によって躯幹に密着し，後肢は股関節によって骨盤と連結する．

ii) 筋　肉　筋肉は平滑筋，心筋および骨格筋に分けられる．平滑筋は不随意筋・白筋・内臓筋，骨格筋は随意筋・体性筋・横紋筋とも呼ばれる．

平滑筋は中空の器官壁や血管壁に存在し自律神経の支配を受ける．心筋は心臓壁のほとんどを形成しており，律動的に収縮する性質を有し，平滑筋と同様に自律神経の支配を受ける．

骨格筋は腱によって骨に付着し，体構造の保持と運動をつかさどる．骨格筋の制御は随意的であるが，不随意の収縮や反射運動も行われる．

iii) 循環器　心臓は心臓循環系の血液循環（肺循環，体循環，門脈循環）の要である，筋肉性のポンプであり，第3肋骨から第6肋骨の尾側縁におよぶ位置にある．心臓の位置は品種・個体間で差があり，同一個体でも年齢や姿勢などによっても異なる．心臓の重量は齢による変動が少なく体重1kgあたり約8gであり[7,9]，小型犬は大型犬よりも大きい体重比率を示す[20]．

血液循環には肺循環と体循環がある．肺循環では肺動脈が静脈血を運ぶ．また，一般に静脈には心臓の圧力がかからず陰圧になっているため，血液の逆流を防ぐための弁があるが，肺からの動脈血を運ぶ肺静脈には弁がない．

体循環系の静脈の壁は薄く，内腔は動脈にくらべて大きい．

動脈・静脈と併行して走り組織液を運ぶリンパ管は主として頸静脈あるいは大静脈以前に位置する静脈に注ぎ体循環に環流される．

リンパ組織としてはリンパ管と，それに沿って発生するリンパ節が中心であるが，脾臓・胸腺および骨髄にもリンパ組織が存在する．

脾臓は，胃の大彎とほぼ平行して左下腹部に位置する，灰褐色を呈する器官で形状と輪郭は不規則である．

胸腺は心臓の腹側にあたる縦隔の中に位置する，分葉構造を示す薄い灰色の器官である．胸腺は，生後15日齢より急激に増量し，2ないし7か月での重量が最も重く[9]，以後しだいに大きさが減じて脂肪で置きかえられていく．胸腺は生物体の免疫学的機能を維持するうえで，特に生命の早期において主要

な役割を担っている器官である．

iv) 消化器 消化器系は消化管とその付属器官からなっている．すなわち，口腔・咽頭・食道・胃・小腸（十二指腸・空腸・回腸）・大腸（盲腸・結腸・直腸）・肛門までを含む栄養管と，歯・舌・唾液腺（耳下腺・下顎腺・舌下腺・頬骨腺）・肝臓・胆嚢・膵臓の付属器官からなる．消化管の壁は多量の分泌性上皮と腺で補充され，口と肛門で外皮と連続する粘膜によって被蓋されている．

小腸の長さは体長の約3.5倍であり，大腸は短く分化していないが，イヌの大腸はネコと同様に他の動物にくらべてヒトによく似ている．

肝臓は体中最大の腺であり，その平均重量は体重の3.38％であり，他の動物にくらべて大きい．葉の区分は明らかで，外側左葉・内側左葉・方形葉・尾状葉・内側右葉・外側右葉の六葉と乳頭突起・尾状突起に分かれる．方形葉と内側右葉の間に梨形の胆嚢があり，胆汁は総胆管によって十二指腸に注ぐ．

膵臓は肝臓の後方で十二指腸に沿って位置する偏平な，生体位置ではV字型をしている腺であり，その平均重量は体重の0.227％である．膵液は別々に開口する2本の膵管により十二指腸に排出される．

v) 呼吸器 呼吸系は肺臓と肺臓内のガス交換の行われる部位に空気を導く通路，すなわち，気道よりなる．肺は左右に分かれ，さらに左3葉（尖葉・心葉・横隔葉），右4葉（尖葉・心葉・中間葉・横隔葉）の計7葉に分かれる．肺の重量は心臓とほぼ同じかやや重い値を示す．

気道は約35個のC字型をした気道軟骨が連結してできた空気の通路であり，その内面を被う細胞には線毛があり，内部からの分泌液や塵埃を外に運び出す働きをしている．

vi) 泌尿器 泌尿器系は腎臓・尿管・膀胱・尿道からなる．

腎臓は，腹膜後部の腰椎下部に位置し，大動脈と後大静脈の両側に一つずつあり，特徴的なソラマメ形をしており，重量は平均25～35gである．

尿細管は集合管に開口し，集合管は乳頭管として総腎乳頭の隆起上に開口する．

尿管は腎臓から膀胱へ尿を輸送する扁平な管であり，中型犬で平均12～16cmである．尿管は総腎乳頭から尿を受ける腎盂に始まり，膀胱の尿管口に開口する．

膀胱は形，大きさ，位置の変化する中空の筋粘膜の臓器である．

vii) 生殖器 雌の生殖器は卵巣・卵管・子宮・膣・陰門からなる．

卵巣は腎臓の尾方腹腔背側に位置し，卵管朶で包まれる卵円形の器官である．子宮は双角子宮と分裂子宮の中間型を示す（子宮体にはわずかながら中隔が認められる）．子宮頸は短く，頸管がないため，子宮体腔は直接外子宮口で膣に連絡する．

雄の生殖器は，陰嚢・精巣・精巣上体・精管・精嚢・前立腺・陰茎からなる．イヌには精嚢と尿道球腺がない．

精巣は左右の陰嚢内に位置しその形は卵円形である．イヌの精巣上体は比較的大きく精巣の精細管につづく細い管の集合体であり，精子を貯蔵する役割を担っている．

前立腺は膀胱の背部にある卵円形の筋腺体である．前立腺の大きさ・重量は品種・年齢・体重によって変化する．

viii) 内分泌器官 純粋に内分泌機能を有する下垂体・甲状腺，上皮小体・副腎のほか，腎臓・胎盤・肝臓・胃・十二指腸粘膜も内分泌機能を有する．

下垂体は生命維持に必須なものではないが，生体では最も重要な器官である．イヌの下垂体は扁平な卵形であり下垂体窩にあり，中空の漏斗により脳底と接続している．前葉・隆起部・中間部・神経葉に区分される．大きさや重量は品種や個体により差があり，大型犬では比較的大きく，小型犬では相対的に小さい．

甲状腺は第5～第8気管輪の側方にあり，2葉に分かれている左右両葉を結合する腺峡が狭いため，左右の葉は独立した1対の腺体のように見える．甲状腺は雄よりも雌で大きく品種間で差がある．

上皮小体は甲状腺に付着する卵形の小体で，数や大きさには変異がある．一般には両側に2個ずつある．

副腎は扁平な二葉に分かれた器官であり，右副腎は腎臓の前内側に位置するが，左副腎は腎臓から少し離れて位置する．大きさは約1gである．

ix) 脳神経 神経系は中枢・末梢の2系統に分けられる．中枢神経系は脳・脊髄であり，末梢神経系は脳神経・脊髄神経・自律神経の末梢部分を含

む．

中枢神経系はニューロンと呼ばれる多数の細胞からなり，脳髄は大脳，脳幹，小脳の3領域に分類される．

大脳は終脳から発達し，脳髄の吻側の大部分を占める．脳幹は間脳の全部，中脳，後脳の下部の全部を含む．小脳は脳幹の後背側に位置する．

脊髄は大孔の位置から第6・第7腰椎関節までの脊柱管の内部に存在する．イヌの脊髄は頸部6，胸部13，腰部7，仙骨部3および尾部5の34区域からなる．

脳神経は脳から出る神経で12対ありそれぞれ，嗅（Ⅰ），視（Ⅱ），動眼（Ⅲ），滑車（Ⅳ），三叉（Ⅴ），外転（Ⅳ），顔面（Ⅶ），内耳（Ⅷ），舌咽（Ⅸ），迷走（Ⅹ），副（Ⅺ），舌下（Ⅻ）神経と呼ばれる．

脊髄神経は通常35対あり，相対する背根系は求心性であり，腹根系は遠心性に刺激の伝達を行う．それぞれ，総括的に背根，腹根と呼ばれる．

自律神経系は平滑筋や心筋の運動，腺分泌に関与する神経系であり，機能上，交感神経と副交感神経に区分される．自律神経系は視床下部から直接支配され，視床下部は大脳皮質の特定の領域で調節され，逆に皮質をも調節している．

x) 感覚器・外皮 感覚器としては眼，耳，鼻，舌，皮膚があり，それらからの刺激は視覚，聴覚，嗅覚，味覚，触覚，圧覚，温覚，冷覚，痛覚として脳に送られる．

眼は眼窩内に存在し，眼瞼，結膜，涙腺などの副眼器が眼球に付着している．

標準的な眼底像は中央部に視神経乳頭が位置し，上部に半円形の光揮部（tapetum lucidum）があり，その他の部分には色素の沈着する色素部（tapetum nigrum）として明瞭に区別できる．乳頭の位置は両者の境界部に位置するものが多いが，かなり変異がある．

視神経乳頭内に見られる主要な網膜静脈数は3～6本を数え一定しないが4本の例が多く，乳頭内で分岐する形態は円形，馬蹄形，十字形，九の字形，単純な放射形など生理的陥凹を中心に種々の変異がみられる[21~24]．

耳は外耳・中耳・内耳に分けられ，イヌの外耳の大きさは品種により異なる．中耳は耳管を介して咽頭と連絡する．

嗅覚器は鼻腔にあり，嗅覚と空気の流通に関与する．

味覚器は舌の乳頭と近くの器官に存在する味蕾である．外皮は体全体を被って保護しており，皮膚には各種の腺，毛包，平滑筋，知覚神経終末などが存在する．

b. 発生，成長

イヌでは排卵後6～8日に卵管内で受精が行われ，交尾後20～21日に着床が成立する．交尾後27～58日の発育状態は，表6.34に示すように体重が体長よりも優位な関係にあり，交尾後58日では体重254.5g，体長171.0mm（いずれも平均）に達する[7]．

表 6.34 ビーグル胎子の体長，体重の推移*

交尾後日数	胎子数	体長[a]（mm）	体重[a]（g）
27	5	21.0	0.89
33	3	14.4	0.46
36	6	37.3	3.52
38	4	59.5	9.66
40	4	39.6	3.73
42	3	60.0	11.60
42	5	83.8	31.28
44	5	95.4	44.36
46	4	85.5	32.05
48	5	95.6	45.60
50	3	119.7	104.48
52	5	132.0	124.98
54	5	150.6	188.76
56	5	162.2	339.00
58	5	171.0	254.50

a) おのおの同腹胎子の平均値．
* Andersen[7]．

出生後も体重は体長にくらべて優位な増加をつづける．すなわち，出生後20日と成長完成時の値とをくらべると，体長は出生20日後の3.1倍にすぎないが体重は15.9倍の値に達する[9]．この著しい変化を見せる体重の生後15日齢から成体期までの推移を見ると，S字状曲線を描き生後90日齢から200日齢の時期の増加が著しく，300日齢以後その値がプラトーとなる．すなわち，体重の推移からみると成長期は3相に分けることが可能である（図6.19）．同様に体長その他の体計測値もパターンは多少異なるもののS字状曲線を描き成長の過程は3相に分かち得る．

出生直後の体重の変化を詳細に観察すると，ビーグルの場合，12時間後まで減少しつづけ，以後ゆる

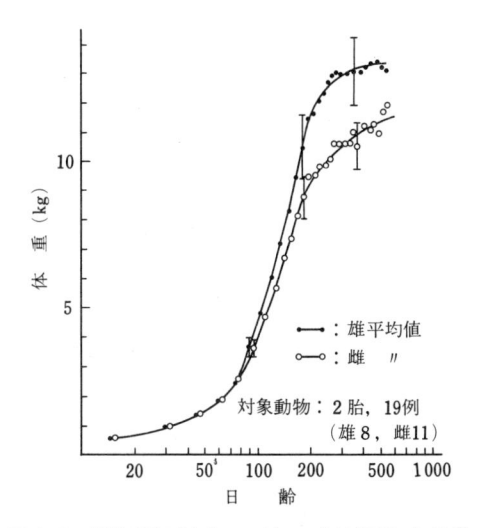

図 6.19 閉鎖環境下育成ビーグルの成長(福井,安達)[9]

やかに増加しはじめる．減少量は出生時体重の1/15に達する．この新生子期の体重減少はヒトでも知られており，生理的体重減少といわれ，体表面からの水分の蒸散，胎便・尿排泄，体脂肪の消耗，哺乳不十分あるいは不能などが原因といわれている[25]．

生後24時間以後は体重が増加しつづけ，やがて生下時体重の2倍の値に達する．それまでの必要時間(およそ10日前後)は体重倍加時間と呼ばれ，その時間の長短により，以後の成長の良否の予測が可能であるといわれている．

また，臓器重量の絶対値(表6.35)の推移においても，一部の臓器を除いてシグモイド曲線を描き，その成長期は3相に分かつことができ，生後15～21日齢から6～7か月齢にいたる第2相における増量が著しい[8]．

一方，精巣では4か月齢を過ぎる成長期の後半に増量が著しく，胸腺では他の臓器が増量の段階にある時期に減量期に入る．

しかし，臓器重量の安定する時期は体重の安定する時期にほぼ一致している．

また，新生子期から成体にいたるまでの期間の体温(直腸温)の推移を観察すると，出生後1時間に最低体温を記録し，以後上昇が見られ，24時間後には生下時とほぼ同じ水準にもどり生後2週齢まで直線的に上昇する．2週齢から70日齢までは図6.20のとおりゆるやかな上昇をみせ，以後は200日齢までゆるやかなカーブを描き，体重と類似したパターンが見られるものの200日齢以後ふたたび下降することから，体温を指標とすると成長期は5相に分かつことができる[26]．

この他，血液性状・血液生化学値[27]など各種の指標の生後日齢に伴う変化を総合するとイヌの成長期はつぎの各相に分けることができよう．

第1相：生下時直後の変動の激しい，いわゆる新生子期．

表 6.35 実験用ビーグル主要臓器の成長各期における重量(平均および標準偏差)*

(1) 雄

臓器	齢[a]	45日	60日	90日	5～7か月	9～10か月	11～20か月
		5	8	3	4	6	10
脳	(g)	57.13±2.53	66.53±3.66	65.36±4.63	83.31±7.36	84.96±7.99	87.94±4.30
心	(g)	18.57±3.08	28.31±1.87	36.23±5.96	74.47±10.72	99.43±5.13	101.65±9.19
肺	(g)	25.98±3.35	29.88±2.83	51.34±14.12	80.55±13.81	89.77±6.53	90.15±9.67
肝	(g)	126.34±14.40	175.00±35.19	231.67±19.15	360.50±48.40	331.83±21.63	384.80±78.93
腎	(g)	12.70±1.24	15.59±0.87	18.43±1.64	25.95±1.96	28.21±2.75	28.97±3.68
脾	(g)	6.64±1.87	8.09±1.39	10.10±1.13	19.59±2.28	25.11±5.94	22.01±6.55
膵	(g)	8.43±0.76	12.66±0.90	16.89±0.50	30.90±4.80	28.25±3.31	26.19±3.34
副腎	(mg)	139.95±23.60	186.73±26.93	242.58±46.11	450.75±66.14	464.42±45.16	458.50±116.54
眼球	(g)	2.321±0.15	3.082±0.16	3.371±0.13	5.163±0.42	5.612±0.39	6.236±0.17
扁桃	(mg)	266.63±35.01	299.67±53.68	482.48±78.64	826.79±147.66	892.37±124.27	632.78±146.00
下顎腺	(g)	1.93±0.20	2.03±0.27	3.01±0.24	5.57±0.76	5.31±0.44	6.14±0.70
甲状腺	(mg)	238.41±81.46	265.23±72.70	416.32±39.72	510.60±150.09	506.25±115.63	466.43±59.82
胸腺	(g)	9.34±2.97	7.41±2.41	10.59±2.27	11.67±2.36	8.12±3.69	4.34±2.25
腸間膜リンパ節	(g)	3.77±1.17	7.20±1.88		7.30±0.77	6.01±1.53	5.25±2.21
精巣	(g)	256.15±55.09[b]	386.30±41.12[b]	495.70±83.83[b]	1.31～7.66[c]	9.68±0.99	10.71±1.96
膀胱	(g)	1.566±0.28	2.320±0.20	3.340±0.16	6.075±1.00	5.818±1.02	6.907±1.11
胃	(g)	34.51±4.20	50.19±5.00	75.07±4.49	124.25±19.55	119.62±19.58	129.25±17.19

(2) 雌

臓器	齢 [a]	45 日	60 日	90 日	5~7 か月	9~10 か月	11~20 か月
		10	7	8	5	3	5
脳	(g)	53.91±3.43	59.03±2.68	68.43±3.66	82.84±3.72	78.35	80.55±5.56
心	(g)	14.70±3.46	20.49±1.85	36.97±5.45	70.80±12.64	75.40±3.35	91.19±11.55
肺	(g)	22.35±6.92	28.63±3.83	49.24±11.19	71.49±11.05	82.95±7.49	78.81±9.71
肝	(g)	118.81±22.27	143.12±18.94	286.37±31.53	334.00±30.37	319.00±35.93	369.40±91.51
腎	(g)	10.64±1.92	12.78±1.28	25.95±1.96	22.17±2.30	23.89±2.38	21.12±1.68
脾	(g)	7.36±2.18	6.78±0.97	12.19±2.77	20.52±4.90	17.54±4.83	26.36±5.14
膵	(g)	7.85±1.71	10.12±3.25	16.17±1.07	24.51±3.42	26.68±1.67	25.52±2.93
副腎	(mg)	128.95±26.14	161.53±17.57	274.87±64.73	386.69±75.00	374.65±62.65	620.00±86.28
眼球	(g)	2.161±0.14	2.737±0.13	3.493±0.23	4.952±0.33	5.625±0.14	5.763±0.15
扁桃	(mg)	242.27±60.07	283.07±84.24	481.79±83.26	613.03±67.20	645.67±30.54	493.33±93.95
下顎腺	(g)	1.55±0.34	1.73±0.18	3.10±0.58	4.16±1.12	4.47±0.12	5.26±0.21
甲状腺	(mg)	411.27±164.04	253.58±77.63	443.89±146.53	531.73±170.79	659.20±249.33	522.50±87.70
胸腺	(g)	7.26±2.08	7.26±0.94	11.39±3.54	9.28±1.21	4.79±2.20	3.62±0.38
腸間膜リンパ節	(g)	3.74±1.22	5.20±1.62	6.74±1.41	7.01±1.64	5.21±0.37	7.38±2.64
卵巣	(mg)	149.01±40.64	199.01±55.28	276.77±70.20	256.10±44.46	320.85±43.25	565.00±335.54
子宮	(mg)	275.69±58.58	225.71±33.75	352.41±74.28	1034.62±630.31	2320	7790±6880
膀胱	(g)	1.319±0.28	1.707±0.29	3.188±0.49	3.906±0.67	5.850	4.866±0.70
胃	(g)	30.86±4.96	41.30±5.70	67.93±9.69	103.60±20.63	82.85	118.67±0.67

a) 対象動物数.
b) 単位 mg.
c) 重量増加の著明な時期にあたるので最大，最少値を示す.
* 福井，安達[9)].

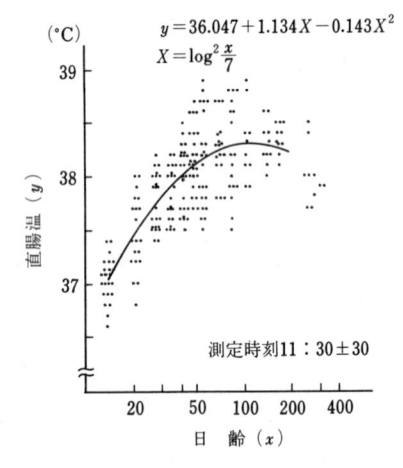

$y = 36.047 + 1.134X - 0.143X^2$
$X = \log^2 \frac{x}{7}$

測定時刻 11:30±30

図 6.20 閉鎖環境下育成ビーグル成長各期の体温（安達，福井）[(26)]

第 2 相：これにつづく直線的な変動の見られる時期．
第 3 相：直線的な変動が著しい時期．
第 4 相：ゆるやかな変動からプラトーに移行する時期．

(5) 生　理

a. 飼育管理条件

イヌの飼育環境条件に関する検討として 1960 年代に長期試験の実施にあたって各種の検討がなされているが[28)]，ケージの大きさがイヌの活動性に及ぼす影響を見るためにビーグルを 30×30×30 インチ（床面積 0.56 m²）と 90×30×30 インチのケージに収容して，体重増加量，活動あるいは姿勢（起立・睡眠）を比較観察した実験がなされ，30×30×30 インチの大きさで十分であることが報告されている[29)].

また，50 m² のケージと 0.85 m² の代謝ケージで飼育し，血液学的パラメータを比較したところ，白血球には差が見られ，代謝ケージでは 40% 減じたが，GOT, GPT, LDH, Al-Pase，総タンパク質，尿素，ビリルビン，カルシウム，ナトリウムには差が見られなかった[30)].

一方，イヌの飼育環境温度については，13, 23, 33℃，湿度 50~70% の環境で 10 日間飼育し，体重，体温，呼吸器，心拍数，血液性状を指標に適温を検討した結果を総合すると 17~28℃ の範囲が適当であると考えられる[31)].

b. 無麻酔無拘束条件下での生理値

近年，無麻酔条件下での動物の生理学的パラメータ[32]採取の手技が開発され，循環系や中枢神経系のデータも積み重ねられつつある[32,33]．

Radiotelemetry により得られた成績の一部を紹介すると，雑犬ではあるが，大動脈血流量，大動脈血圧，心拍数，呼吸数は午後6時に最大値を，午前6時に最小値を示し，拍出量と末梢抵抗は午前12時に最低値を示すことが報告されている．それぞれの24時間にわたる測定値の平均は次のとおりである[32]．

心拍数	:	77/min
呼吸数	:	11/min
拍出量	:	28 ml/beat
大動脈血流量	:	177 ml/min/kg Body wt
大動脈圧	:	102 Torr

体温についても体温用トランスミッターを頸背部に装着し，無拘束の状態で連続的な測定が行われ，体温変動には24時間周期のいわゆる概日リズムがあり，夜間に低く（37.5℃前後），昼間に高い（38.0～38.5℃）2相性のパターンを描くこと，午前6～8時に最低体温を，給餌直後の午前9～10時に最高体温を示すことが知られている[34]（図6.21）．この夜間低く，昼間高い日内変動は，サーミスター体温計による直腸温の経時的観察においてもすでに知られているが，それぞれ最高値を示す時刻は報告者により異なっている[26,35,36]．

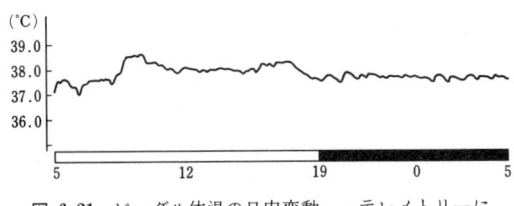

図 6.21 ビーグル体温の日内変動——テレメトリーによる記録——（斉藤, 赤池, 辻）[34]

なお，著者らがビーグルについて発育に伴う変化を観察した結果は前述のとおりであるが，新生子期と周産期雌の体温には特徴的な変動が見られる．すなわち，新生仔期には図6.22に示すように出生直後急激に体温は下降し1時間で最低値を記録し，ふたたび上昇して5時間以後はそのカーブがゆるやかとなり，24時間後には生下時とほぼ同じ水準に復する．最低値と上昇開始までの時間は新生子の発育の

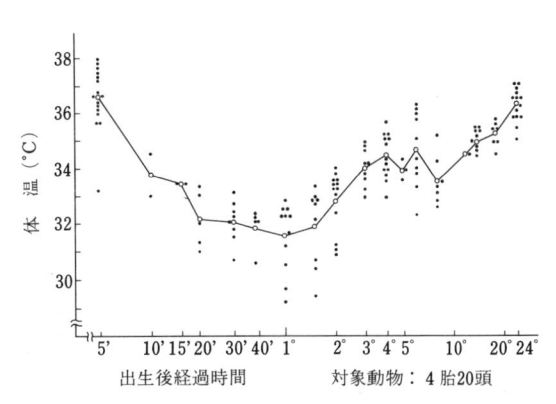

図 6.22 閉鎖環境下育成ビーグル新生子の体温の推移（安達, 福井）[26]

予後判定に有用な資料となる．また，周産期雌の体温には，発情期において，いわゆる交配適期の前後に一時的な体温下降が見られ，分娩の前日には体温の著明な下降（平均0.5℃，最大1.1℃）が見られる[26,37]．したがって．妊娠末期に連日一定時刻に検温することは，分娩日予測の確実性の高い資料として利用可能である．

消化管運動（胃の収縮運動）についても strain gage force transducer を胃の体部と前庭部などに縫着して，昼夜の区別なく連続観察することが可能である．1日1回給餌の場合のイヌの胃運動は，摂食後の連続的な収縮運動を示すパターンとつぎの食餌前の空腹期のパターンに二大別され，図6.23のような模式図で表されることが知られている[38,39]．胃の空腹時収縮は1日3回給餌すると見られなくなり1回給餌の場合 15.4±0.42 時間後にはじまり，その収縮力は摂食後の収縮力よりも大きい．この空腹時収縮は腸溶性錠剤の胃から小腸への移行に関与している．著者らの実験でも食後投与の場合，およそ16時間後にはじめて小腸への移行が観察されている．したがって，経口投与時の薬物，特に腸溶錠の体内動態を見る場合，イヌの場合は給餌条件への配慮が必須である．

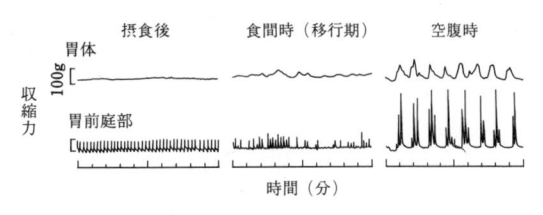

図 6.23 胃運動24時間の代表的収縮パターン

c. 血 液

イヌの血液性状・血液生化学値などに関する報告は多い[41~52].

それぞれイヌの品種・年齢・飼育条件（飼料その他）・生理的条件が同一でないため，その報告値は必ずしも一致を見ない．表には，国内の一繁殖場のビーグルの基礎データとして報告されている数値を示す[40]（表 6.36，表 6.37）．

i）血液性状 赤血球・白血球・血小板などの血液成分の値は種々の生理値要因や飼育条件によって影響を受け，発育・成長に伴っても変動する[41]．

著者らが，恒温恒湿の閉鎖環境下で繁殖育成した寄生虫フリーのビーグルの値でも赤血球は若齢期（40～80日齢）は平均 $471.7 \times 10^4/mm^3$ と少ないが

表 6.36 ビーグルの血液性状の月齢に伴う推移[40]

	性		1	2	3	4	5	月齢 6	7	8	9	10	11	12	成犬
RBC ($\times 10^6/\mu l$)	雄	数[a] 平均 S.D.[b]	15 4.53 0.28	*13* 5.50 0.20	43 5.70 0.35	16 6.10 0.31	27 6.44 0.53	46 7.18 0.51	37 7.77 0.51	*59* 7.43 0.51	50 7.42 0.51	*34* 7.24 0.48	19 7.43 0.45	11 7.53 0.68	34 7.72 0.56
	雌	数 平均 S.D.	14 4.49 0.29	*16* 5.04 0.28	25 5.46 0.43	14 6.30 0.31	24 6.48 0.36	47 7.34 0.67	44 8.01 0.56	*53* 7.73 0.48	60 7.67 0.58	*39* 7.61 0.58	20 7.64 0.44	12 7.40 0.73	35 7.62 0.51
Hb (g/dl)	雄	数 平均 S.D.	14 10.2 0.5	*12* 12.1 0.4	43 12.2 0.7	17 13.5 0.8	28 14.5 1.1	48 15.6 0.9	*37* 16.7 1.0	*59* 16.4 0.8	49 16.5 0.7	33 16.4 0.9	*17* 17.5 0.6	10 17.3 0.7	35 17.5 1.0
	雌	数 平均 S.D.	14 10.4 0.5	*16* 11.1 0.6	24 11.4 0.8	15 13.9 0.7	24 14.9 0.8	46 16.1 1.0	46 17.4 1.1	54 17.2 0.8	60 17.4 0.9	40 17.6 1.2	20 18.3 0.9	12 17.4 0.7	36 17.0 1.4
PCV (%)	雄	数 平均 S.D.	14 34.3 0.9	*12* 39.2 1.3	43 38.9 1.8	16 42.0 1.8	27 43.9 2.9	45 46.4 1.9	37 48.9 2.7	57 48.8 2.1	48 48.7 1.8	34 47.8 2.5	*18* 50.1 1.9	10 50.7 1.7	35 51.7 2.8
	雌	数 平均 S.D.	15 34.6 1.9	*16* 36.7 1.6	24 37.4 2.3	14 42.4 1.3	24 44.4 2.2	46 47.4 3.5	53 51.1 3.0	60 51.0 2.3	39 50.7 2.5	20 51.4 3.0	12 52.7 2.3	35 51.1 3.0	35 51.3 3.6
MCH (pg)	雄	数 平均 S.D.	14 22.5 1.1	*12* 22.1 0.5	43 21.4 0.7	16 22.1 0.6	27 22.3 1.0	46 22.0 0.9	37 21.6 0.7	59 22.0 1.0	49 22.2 1.0	34 22.6 1.1	19 23.3 1.1	10 22.5 1.3	36 22.4 0.9
	雌	数 平均 S.D.	15 23.2 0.8	*16* 22.2 0.8	24 21.1 0.7	15 21.9 0.5	25 23.1 0.7	45 21.8 0.9	45 21.7 0.6	54 22.1 1.1	60 22.6 1.1	40 23.1 1.2	21 23.6 0.9	11 23.3 1.4	33 22.5 0.6
MCV (fl)	雄	数 平均 S.D.	14 75.8 4.3	*12* 72.2 1.7	43 68.4 2.1	17 68.8 2.5	28 68.3 3.0	44 64.6 3.0	37 63.2 2.3	60 65.1 3.0	51 65.5 3.4	34 65.8 3.4	*18* 68.3 3.0	11 66.0 3.3	35 67.0 2.5
	雌	数 平均 S.D.	15 77.9 3.8	*16* 72.4 2.6	24 69.3 2.9	15 67.2 2.5	24 68.9 2.5	47 64.7 2.4	45 63.8 1.9	56 66.1 3.4	60 66.0 3.8	38 66.9 3.3	21 68.5 2.7	11 68.6 4.0	32 67.6 1.5
MCHC (%)	雄	数 平均 S.D.	14 29.5 0.5	*12* 30.8 0.4	43 31.4 0.8	16 32.4 0.6	26 32.7 0.8	44 33.7 0.6	35 34.1 0.4	60 33.8 0.6	51 34.1 0.6	34 34.3 0.5	*18* 34.2 0.5	11 34.1 0.8	35 33.6 0.6
	雌	数 平均 S.D.	14 29.9 0.7	*16* 30.3 0.5	23 30.4 0.6	14 32.5 0.8	24 33.3 0.9	46 33.6 0.4	44 34.0 0.6	55 33.7 0.6	60 34.3 0.6	38 34.4 0.4	22 34.3 0.3	11 34.1 0.7	34 33.3 0.7
WBC ($\times 10^3/\mu l$)	雄	数 平均 S.D.	14 12.0 2.2	13 12.4 1.9	42 14.0 2.9	16 15.1 2.8	28 13.1 2.2	47 12.9 2.5	37 13.7 1.8	58 13.2 2.9	47 13.0 2.0	34 13.9 2.0	*17* 13.3 1.4	11 15.1 2.9	36 11.1 2.5
	雌	数 平均 S.D.	15 11.3 1.2	*16* 12.2 2.2	24 15.2 3.8	14 13.5 2.9	24 11.9 1.5	46 12.8 2.2	44 13.0 2.2	54 13.2 2.0	61 12.6 2.3	39 13.5 1.7	20 13.1 1.8	12 13.7 2.2	34 10.2 2.4
PL ($\times 10^3/\mu l$)	雄	数 平均 S.D.	14 331 45	13 345 95	44 289 60	17 401 107	28 343 62	47 369 72	37 338 74	59 299 58	50 292 66	33 320 58	19 277 52	11 309 75	*36* 249 77
	雌	数 平均 S.D.	15 284 94	*16* 318 65	24 283 89	15 375 85	24 347 84	47 374 81	46 348 72	56 323 70	60 290 73	38 335 64	21 293 49	12 321 55	*33* 312 68

a) 数字でイタリック体は雄と雌の平均値に有意の差が見られる．$p < 0.01$．
b) S.D.：標準偏差．

成長に伴い増加し，10か月齢では $681.6 \times 10^4/mm^3$ に達し安定する[11]．この間の推移は時間の二次関数で表すことができる．

血色素量・ヘマトクリット値も同様の推移をとるが，白血球数は若齢期は $12,314/mm^3$ と高い値を示し，以後減少し10か月齢で $10,380/mm^3$ となり安定する．

しかし，赤血球・白血球数ともに，新生子期から30日齢の間にも著しい変動が見られる[41,53]．すなわち，生後間もなくは比較的高い値を示し，急速に低下，赤血球数は28日齢で最低値を示し，その後前述のような増加の経過をとる．

性差は軽度ながらもあり，一般に雄犬は雌犬にくらべて赤血球数が多く，白血球数が少ないといわれている[41]．

また，周産期における変動は発情期には一定の傾向が認められないが，妊娠期・哺育期には一定の傾向が認められる．すなわち，赤血球数・色素量およびヘマトクリット値が妊娠期（特に後期）から哺育初期に減少するのに対して，白血球数は増加する[41,54]．

血液性状の値には日内変動が認められ，著者らの

表 6.37 ビーグルの血清生化学値の月齢に伴う推移(その1)[40]

	性		月齢											成犬
			1	2	3	4	5	6	7	8	9	10	11	12	
ALP (IU/l)	雄	数[a]	*14*	13	41	*14*	28	46	38	59	50	33	18	10	36
		平均	436.5	390.3	320.5	294.0	233.9	180.0	169.7	149.2	135.1	130.2	107.7	110.5	69.0
		S.D.[b]	61.0	55.9	63.5	41.9	43.3	27.2	44.9	34.3	28.1	30.5	22.0	11.5	23.2
	雌	数	14	14	24	*16*	24	46	44	55	61	39	21	11	62
		平均	345.2	346.0	311.7	233.9	213.1	175.3	164.7	145.8	132.9	139.3	113.1	114.6	78.7
		S.D.	58.2	69.0	53.1	42.6	41.8	24.6	25.8	30.3	31.1	31.2	31.0	32.3	26.7
LAP (IU/l)	雄	数	14	13	42	15	28	48	37	61	50	33	19	11	37
		平均	31.00	27.90	25.00	21.40	22.79	20.82	20.44	19.57	17.67	17.95	16.76	17.14	13.79
		S.D.	3.95	2.55	3.90	4.81	3.25	3.89	3.57	3.87	2.88	2.64	3.40	2.99	2.85
	雌	数	14	15	24	16	24	45	47	55	61	39	22	11	61
		平均	27.57	25.21	26.74	20.47	21.28	21.74	19.55	19.34	17.36	17.93	16.78	16.57	14.08
		S.D.	3.47	4.97	4.28	3.02	4.13	3.37	3.53	2.96	2.76	3.17	2.77	2.19	2.26
CHE (ΔpH)	雄	数	15	13	43	14	26	48	38	59	50	34	17	10	35
		平均	0.62	0.57	0.67	0.53	0.51	0.42	0.44	0.46	0.44	0.43	0.46	0.39	0.48
		S.D.	0.06	0.08	0.08	0.09	0.06	0.06	0.07	0.06	0.05	0.07	0.05	0.05	0.07
	雌	数	14	15	24	17	25	47	45	56	59	39	21	11	61
		平均	0.58	0.57	0.66	0.55	0.56	0.44	0.46	0.46	0.44	0.45	0.48	0.43	0.47
		S.D.	0.04	0.04	0.10	0.09	0.10	0.07	0.07	0.07	0.06	0.06	0.08	0.06	0.07
LDH (IU/l)	雄	数	15	13	43	14	27	47	38	60	*49*	33	18	10	35
		平均	152.4	101.9	102.4	70.4	59.1	72.6	100.8	83.9	67.8	100.6	76.5	90.8	90.7
		S.D.	64.8	28.9	38.5	31.2	19.1	20.7	52.2	23.7	22.1	40.3	27.3	26.8	46.5
	雌	数	15	14	23	16	24	45	44	52	*59*	38	21	11	61
		平均	132.0	76.1	136.1	63.9	66.9	83.7	127.4	88.1	84.8	99.9	85.1	84.6	70.1
		S.D.	48.4	19.7	52.8	16.1	21.4	25.5	47.3	29.6	33.3	31.5	30.9	37.7	32.2
GOT (IU/l)	雄	数	15	13	*42*	15	*27*	48	*37*	59	51	33	18	11	*36*
		平均	17.55	19.46	18.95	21.62	19.09	19.53	19.89	20.05	18.91	20.63	17.74	22.09	21.74
		S.D.	1.63	1.47	1.95	2.97	1.08	2.23	2.28	2.33	2.33	1.90	2.61	2.69	3.42
	雌	数	13	14	*25*	17	*23*	46	*45*	55	60	38	22	12	*64*
		平均	17.91	17.42	22.31	19.52	20.41	19.83	22.48	20.20	20.37	20.55	18.31	20.58	19.13
		S.D.	0.86	2.26	2.14	2.37	1.50	2.63	2.49	2.33	2.01	2.29	2.46	3.21	3.20
GPT (IU/l)	雄	数	15	13	42	15	27	48	*38*	60	51	34	17	11	37
		平均	15.47	20.91	20.36	19.29	15.25	14.72	15.91	16.49	16.46	13.98	14.22	17.72	18.53
		S.D.	2.64	2.74	1.92	3.69	1.91	3.58	2.18	2.54	3.19	2.18	2.90	3.11	3.91
	雌	数	15	14	24	16	23	46	*43*	55	62	38	21	11	61
		平均	14.89	20.64	19.46	17.41	15.29	15.78	17.49	16.32	17.39	14.84	14.49	15.90	17.66
		S.D.	3.60	2.69	2.20	2.88	1.70	3.27	1.73	2.61	2.88	2.16	2.20	2.51	3.64
γ-GTP (IU/l)	雄	数	14	12	*36*	15	27	46	*35*	58	*49*	33	18	11	37
		平均	2.48	2.62	2.64	2.26	2.17	1.94	2.43	2.64	2.49	2.19	2.13	2.56	2.74
		S.D.	0.48	0.10	0.44	0.30	0.30	0.46	0.31	0.44	0.41	0.38	0.35	0.67	0.65
	雌	数	15	15	*24*	17	24	47	*45*	55	*60*	38	22	11	62
		平均	2.04	2.53	2.26	1.74	2.09	1.81	1.97	2.28	2.16	1.97	2.27	2.32	2.84
		S.D.	0.32	0.27	0.34	0.33	0.37	0.34	0.34	0.47	0.43	0.44	0.43	0.30	0.75

a) 数字でイタリック体は雄と雌の平均値に有意の差が見られる．$p < 0.01$．
b) S.D.: 標準偏差．

成績では白血球数は午前10時に他の時刻にくらべて高い日内変動パターンを描き,赤血球,血色素量,ヘマトクリット値においても日内変動がうかがわれた[55,56].

なお,赤血球の寿命は100〜120日といわれている.

ii) 血液像 白血球数は生下時,成体に比較して高値であり,その構成細胞化は生後発育に伴い変動する.すなわち,出生直後は好中球が主であるが,その後好中球の占める割合は18〜24日齢までゆるやかに減少して最小値に達し,ふたたびゆるやかに増加する.リンパ球の割合は生下時には成体に近い値であるが,生後40〜45日齢まで増加し,以後ふたたび減少する.単球と好酸球は絶対値も小さく,生後ほとんど変化が見られない[53,57].

なお,骨髄像についてもリンパ球,形質細胞・巨核球,前赤芽球などの各細胞の割合やM/E比(myeloid/erythroid ratio)なども発育に伴う変動が著明である[53].

iii) 血液化学成分 通常,血液化学成分は血清あるいは血漿を用いて分析・測定される.それらの値についての報告は多い.他の血液検査値と同様に,

表 6.38 ビーグルの血清生化学値の月齢に伴う推移(その2)[40]

	性		月齢												成犬
			1	2	3	4	5	6	7	8	9	10	11	12	
BUN (mg/dl)	雄	数[a]	14	*13*	43	15	27	47	37	59	48	34	18	10	37
		平均	6.15	8.83	10.37	14.87	12.37	11.94	13.50	12.83	14.59	14.95	14.48	15.06	14.30
		S.D.[b]	1.81	1.12	2.36	2.59	1.55	1.92	2.09	2.22	1.62	1.59	1.80	1.72	2.61
	雌	数	15	*14*	24	17	24	47	43	55	61	38	20	12	62
		平均	7.01	5.05	10.75	13.89	12.78	12.04	13.44	13.48	15.32	15.47	13.69	15.55	13.24
		S.D.	2.48	1.54	1.56	2.44	1.28	2.71	1.73	2.13	2.10	2.19	1.97	4.18	2.66
CRE (mg/dl)	雄	数	15	*14*	41	14	*26*	47	36	60	49	*34*	19	*10*	*36*
		平均	0.42	0.54	0.50	0.58	0.66	0.67	0.81	0.89	0.91	0.99	0.90	1.00	0.96
		S.D.	0.03	0.06	0.05	0.10	0.05	0.06	0.07	0.07	0.08	0.08	0.10	0.06	0.10
	雌	数	15	*15*	24	17	*23*	47	45	54	60	*39*	22	*11*	*61*
		平均	0.41	0.44	0.51	0.58	0.60	0.65	0.83	0.86	0.88	0.93	0.88	0.86	0.78
		S.D.	0.04	0.03	0.04	0.08	0.05	0.09	0.08	0.07	0.06	0.08	0.07	0.05	0.10
UA (mg/dl)	雄	数	14	14	42	14	23	36	23	31	20	33	18	11	37
		平均	0.48	0.36	0.68	0.68	0.84	0.57	0.51	0.66	0.71	0.52	0.74	0.68	0.73
		S.D.	0.10	0.07	0.10	0.16	0.19	0.21	0.10	0.14	0.12	0.23	0.20	0.25	0.18
	雌	数	15	14	24	16	22	32	31	26	32	39	22	10	62
		平均	0.48	0.31	0.67	0.67	0.84	0.49	0.50	0.72	0.72	0.59	0.65	0.59	0.67
		S.D.	0.10	0.06	0.12	0.14	0.15	0.20	0.11	0.19	0.15	0.24	0.22	0.15	0.16
CHOL (mg/dl)	雄	数	14	14	*43*	15	28	47	37	60	48	32	18	10	*35*
		平均	138.9	160.3	158.2	204.9	168.6	155.8	154.8	143.7	162.1	149.2	156.5	136.3	132.0
		S.D.	14.2	16.2	25.0	28.4	22.6	21.1	17.2	26.5	22.9	22.5	20.9	15.6	12.3
	雌	数	14	14	*22*	16	24	46	46	53	57	37	20	11	*62*
		平均	154.7	153.0	133.8	180.1	157.8	146.5	151.0	144.1	153.6	150.6	153.2	149.7	145.4
		S.D.	27.2	11.9	14.9	23.5	20.0	17.9	15.6	18.4	16.3	16.7	22.1	32.8	17.6
GLU (mg/dl)	雄	数	14	14	*41*	15	29	48	*36*	59	49	33	18	11	37
		平均	126.1	114.3	118.7	111.7	107.9	92.2	85.7	98.8	94.2	82.8	84.0	84.9	78.7
		S.D.	9.1	10.9	5.9	12.9	9.9	9.7	8.6	6.5	5.5	7.9	6.5	6.8	8.9
	雌	数	14	15	*23*	17	23	45	*44*	54	59	39	21	12	63
		平均	122.8	120.5	103.9	106.2	103.1	90.5	79.3	96.4	91.1	81.4	84.9	85.9	77.5
		S.D.	8.4	11.0	7.3	13.5	7.2	8.3	7.6	6.3	8.3	7.6	6.2	9.6	11.3
iP (mg/dl)	雄	数	14	12	42	*14*	29	47	38	58	*49*	35	*18*	10	36
		平均	8.22	8.10	7.94	8.18	7.78	6.78	6.26	5.29	5.37	5.14	5.11	4.76	4.20
		S.D.	0.62	0.36	0.41	0.55	0.65	0.51	0.41	0.33	0.35	0.41	0.39	0.47	0.61
	雌	数	14	14	24	*17*	24	46	44	53	*60*	39	*21*	11	61
		平均	8.54	7.86	7.84	7.39	7.81	6.58	6.05	5.15	5.04	4.90	4.59	4.39	4.01
		S.D.	0.29	0.68	0.46	0.72	0.65	0.34	0.41	0.41	0.41	0.51	0.36	0.50	0.52
Ca (mEq/l)	雄	数	14	14	40	*14*	27	45	37	*59*	51	33	18	10	37
		平均	5.79	5.88	5.79	5.91	5.62	5.65	5.37	5.34	5.36	5.37	5.25	5.38	5.16
		S.D.	0.15	0.20	0.21	0.17	0.24	0.12	0.13	0.21	0.18	0.14	0.28	0.22	0.28
	雌	数	15	14	24	*16*	24	45	44	*53*	58	38	21	11	62
		平均	5.79	5.84	5.74	5.66	5.62	5.65	5.41	5.44	5.37	5.34	5.12	5.30	5.15
		S.D.	0.15	0.13	0.17	0.20	0.20	0.23	0.19	0.11	0.12	0.15	0.20	0.22	0.25

a) 数字でイタリック体は雄と雌の平均値に有意の差が見られる. $p<0.01$.
b) S.D.: 標準偏差.

血液化学成分の多くは恒常性をもっているが，生理的要因や飼育条件などの影響を受けて変動し，かつ個体差も大きいため，血液化学成分値およびその変動の詳細は報告により若干異なる．

成長に伴う変動としては，総タンパク量・BUN (blood uric nitrogen)・GOT (glutamic-oxaloacetic transaminase) の増加とアルブミン・血糖・GPT (glutamic-pyruvic transaminase)・Al-P (alkaline phosphatase) の減少が報告されている[41]が，著者らの成績ではGPTには成長に伴う上昇が見られた[11]．

一方，成熟後の加齢に伴う変動としては，総タンパク量・コレステロール・GPTの上昇とアルブミン・鉄・GOT・Al-P・CPK (creatine phosphokinase) の下降[58]などやビリルビンの上昇とBUNの下降[59]が報告されている．加えて，γ-GTPの上昇，クレアチニンの下降も報告されている[15]．また，性差についてはBUN，コレステロール・鉄の値は雄よりも雌が，GPTは雌よりも雄が高く[58]，アルブミン・GPT・GOTの値は雌よりも雄が高いと報告されている[60]．さらに同一の品種でも総タンパクとアルブミンには家系により差が見られるという[58]．

なお，血清生化学値については日内変動も認められる[55]．すなわち，GOT・GPT・BUNは昼間に最高値を，血糖は昼間に最低値となる一峰性の変動パターンを描き，総タンパク・アルブミン・Al-Pも昼間に高値を示す，ゆるやかな変動が認められる．これらには給餌条件との密接な連動が見られ，給餌時刻の変更により最高値を示す時刻が前後する現象が見られる．

iv) **血清タンパク分画** 電気泳動法によるイヌの血清タンパク分画に関する報告は多い．セルロースアセテート膜を支持体とする電気泳動法によると，アルブミン，α_1, α_2, β_1, β_2, γ の6分画に分離される．

表6.39に示した値は健常なビーグルのデータである．それぞれの値は他の血液検査値と同様にさまざまな要因によって変動するが，年齢に伴う変動は顕著であり，一定の傾向が見られる．すなわち，γ分画が成長に伴い著増し，アルブミンも漸増する傾向にはあるが，A/G比は年齢が進むにつれて低値となる[12,15]．一般に幼若期における変動は大きいが，おおむね8～10か月齢以後は軽度となり，しだいに安定した値となる．

d. **尿**

尿は腎機能の異常の有無を推測するためのよき試

表6.39 セルロースアセテート電気泳動法(オキソイド膜)によるビーグル正常血清タンパク分画値[50]

年齢 日齢	例数	総タンパク量[a] (g/100 ml)	タンパク分画値 (%)							A/G比
			アルブミン	グロブリン						
				α			β		γ	
				0	1	2	1	2		
46～ 50	6	5.1	60.6	6.5	6.7	6.8	8.6	8.5	2.0	1.54
62	8	5.2	58.5	4.7	6.6	9.3	11.5	7.0	2.4	1.41
74	5	5.2	58.0	5.1	6.1	9.2	9.2	9.7	2.7	1.38
83	4	5.5	55.0	5.3	5.3	9.2	12.4	8.8	3.0	1.22
95～ 97	9	5.6	56.5	6.3	5.5	9.2	10.4	9.1	3.0	1.30
110	9	5.5	53.3	6.9	6.8	8.9	10.7	9.1	4.3	1.14
120～ 129	6	5.8	54.4	5.8	6.5	8.3	11.8	8.7	4.5	1.19
143～ 165	8	5.6	47.5	7.1	8.6	10.6	11.1	9.7	5.4	0.90
174～ 191	13	5.6	51.8	6.0	6.6	9.3	11.0	9.1	6.2	1.07
241～ 252	17	6.6	51.6	6.0	5.5	9.8	9.5	10.4	7.2	1.06
266～ 286	5	6.6	52.5	5.3	5.1	9.4	12.9	8.0	6.8	1.10
301～ 321	8	6.6	50.1	6.6	5.2	10.1	8.8	10.0	9.2	1.01
360～ 705	37	6.5	50.7	5.2	5.0	10.1	10.1	11.3	7.6	1.03
764～1100	20	6.5	53.3	4.0	4.7	8.7	10.4	11.2	7.7	1.14
1120～1280	8	6.7	53.0	5.5	5.1	9.3	9.4	10.1	7.6	1.13
1616～1750	4	6.3	51.1	4.8	4.0	9.4	9.5	12.3	8.9	1.04
1825～2230	6	6.6	53.8	4.0	4.2	8.2	11.4	10.8	7.6	1.16

a) 総タンパク量は屈折計法(日立蛋白計使用)により測定．

料であり，薬物の安定性試験や疾病の病性鑑定の際には，尿を対象として検査がしばしば行われる．

イヌの尿量も飼育条件をはじめ多くの要因により増減する．24時間の尿量は24〜41 ml/kg body weightであり，比重は1.018〜1.060，pHは5.0〜7.0である[61]．

腎機能検査として糸球体濾過率（Glomerular filtration rate: GFR）をクレアチニンクリアランス（24時間）値により測定すると，血漿クレアチニンとBUNには異常が見られなくてもGFRには変化が見られることから，GFRの測定は腎機能検査として有用であるといわれている[62]．健常なビーグルでのGFRは57.6 ± 9.3 ml/min/m² of body surfaceまたは3.7 ± 0.77 ml/min/kg of body weightである．

e. 乳　汁

イヌの乳汁成分についてはビーグルを用いて検討され，表のような組成と泌乳時期による変動が知られている[63]．表6.40に明らかなように，鉄・銅・カルシウム・タンパク・脂肪は泌乳時期により変動（増減）が見られるが，マンガン・マグネシウムと炭水化物は変動があるものの泌乳時期に連動した一定の傾向は見られず，それぞれ$0.14\mu g/ml$, $59\mu g/ml$および45%である．

（6）繁殖生理

a. 性成熟

一般に雌雄とも生後12か月齢で性成熟，すなわち，排卵を伴う発情が現れ，副生殖器官も発達して交尾・妊娠が可能な状態に達する．雌では11〜12か月齢で初回の発情が現れる[7,28,64,65]．発情間隔は7〜8か月であり，季節別の発現率には差がなく[7,28,64〜69]，発情は比較的均等に現れる．しかし，ラブラドールリトリーバー種と他犬種との交雑種との比較では，初発情日齢は遺伝的に支配されているようであり，純系では初発情日齢とその後の発情間隔では季節による差は見られないものの，交雑種では季節の影響がみられることも報告されている[70]．

b. 発　情

雄を許容し，交尾が可能な状態すなわち発情は陰部からの出血により確認できる．出血開始時の漏出液は暗赤色または赤褐色である．

発情周期は，発情前期（pro-estrus），発情期（estrus），発情後期（metestrus），休止期（anestrus），の4期に分けられ[71]，それぞれの期に応じて特徴的な漏出液の性状，外陰部の変化，膣垢像が見られる[72]．発情前期は3〜27日（平均$8.3\pm$標準偏差3.4日）であり，発情期は5〜20日（同10.9 ± 3.4日）であり，出血持続期間は11〜35（同20.5 ± 5.0日）との報告がある[69,71]．発情後期は約2か月，休止期は約5か月である[71]．

発情期には外陰部は腫脹するが，出血は淡く量的にも減り，雄犬を許容する，いわゆる交配適期が2〜3日間つづく．この雄犬の許容開始48〜60時間に排卵が見られ，卵の受精能保有時間は108時間であり，発情期の4〜7日が交配適期といえる[73〜76]．受精卵の着床は排卵後20.5〜23.0日に完了する．

c. 妊　娠

妊娠期間は平均63日である[71]．分娩にも季節性はなく，ビーグルでは55〜69日の範囲に分娩が見られる[64]．妊娠初期には行動の変化は認められないが，中

表6.40　泌乳各期のイヌ乳汁成分[63]

成　分	泌　乳　期　間									
	0〜10		11〜20		21〜30		31〜40		41〜50	
鉄（$\mu g/ml$）	13.09 ± 1.08	(16)	$10.52\pm0.61^{a)}$	(21)	$7.58\pm0.40^{b)}$	(26)	$6.07\pm0.28^{b)}$	(24)	6.77 ± 1.22	(6)
銅（$\mu g/ml$）	1.84 ± 0.16	(18)	1.62 ± 0.11	(21)	1.64 ± 0.12	(26)	1.57 ± 0.07	(25)	2.04 ± 0.34	(6)
亜鉛（$\mu g/ml$）	9.56 ± 0.57	(18)	8.34 ± 0.38	(21)	8.36 ± 0.49	(26)	7.55 ± 0.33	(25)	8.74 ± 1.32	(6)
マンガン（$\mu g/ml$）	0.16 ± 0.01	(18)	0.15 ± 0.01	(20)	0.14 ± 0.01	(25)	0.14 ± 0.01	(25)	0.15 ± 0.01	(6)
カルシウム（$\mu g/ml$）	1366 ± 94	(18)	$1757\pm82^{b)}$	(21)	1609 ± 48	(25)	1611 ± 73	(25)	1889 ± 212	(6)
マグネシウム（$\mu g/ml$）	59.2 ± 4.3	(18)	55.8 ± 1.58	(21)	59.2 ± 1.41	(25)	62.8 ± 1.2	(25)	58.9 ± 1.2	(6)
タンパク（%）	4.30 ± 0.16	(7)	4.45 ± 0.18	(19)	$5.31\pm0.17^{b)}$	(26)	5.62 ± 0.20	(26)	6.31 ± 0.40	(6)
炭水化物（%）	4.16 ± 0.13	(7)	4.50 ± 0.15	(17)	4.81 ± 0.10	(20)	$4.24\pm0.18^{b)}$	(25)	4.43 ± 0.38	(5)
脂肪（%）	2.39 ± 0.40	(9)	$4.54\pm0.34^{b)}$	(19)	4.66 ± 0.25	(26)	5.23 ± 0.33	(26)	$2.65\pm0.67^{b)}$	(6)

平均値±標準誤差（例数）
a), b)：前の期間との間に有意差有り．危険率おのおの5%，1%以下．

期になれば動作が緩慢となり，分娩が近づくと巣作りをするものがある．分娩前日には体温（直腸温）が約1.0℃下降することが知られており[26,37]，分娩予知の指標となる．

産子数は品種によって異なるが，ビーグルでは平均6.61頭と報告されている[64]．

なお，繁殖能力（平均産子数）は約3年がピークであり，以後は100日当たり約5％の割合で減ずるといわれている[77]．

（7） 実験動物としての有用性と今後の課題

一般に，実験に供される実験動物とヒトとの生物学的なへだたりを補い，動物実験成績のヒトへの外挿の精度を高めるため，種の異なる動物が複数組合せて実験に供されており，新薬の安全性試験ではマウス・ラット以外の非げっ歯類としてイヌが用いられることが多い．

イヌはヒトとの類似点に関してはサル類に及ばないものの，血液などの生体試料の経時的な採取が容易であること，外科的な処置がしやすい大きさであること，調教が可能なこと，behaviorの観察において比較的豊富な情報が得られることなど，実験動物としてすぐれた面を有することもあり，医学・薬学などの実験・研究に供されるイヌの数は年間84523頭（1988年度調査[78]）に達している．それらの大部分は捕獲犬または愛玩犬の転用であるが，純種であるビーグルも増加傾向にあり，最近では年間約17000頭が使用されている．

ビーグルは前述の特性に加えて，外科的処置（手術侵襲）に強いことなどの特性を備えているが，一部の研究分野ではビーグルより大型のイヌを必要とする実験もあり，その目的のためにラブラドールリトリーバー種の実験動物としての繁殖・育成も試みられている．

イヌも他の実験動物で系統差があるように，品種間でその生物学的特性を異にしており，ビーグルやラブラドールリトリーバーにとどまらず，他の品種についても有用と考えられる特性を有する品種を実験動物として試用・検討・評価を推し進めるべきであろう．

また，ビーグルについては年間約9000頭が輸入されており，これらにより国内に存在しない疾病がもち込まれる危険がある．実験用ビーグルの輸入以上に愛玩犬の輸入も大きく関与しているが，イヌパルボウイルスがまたたく間に蔓延した例もあり，肺虫 *Filaroides* spp. や糞線虫 *Strongyloides* spp. ももち込まれたものであり，今後とも万全な検疫体制を整えることが大切である．

近年，イヌでの疾患モデル動物研究の関心も高まり，自然発症疾患についての調査研究も行われ，糖尿病[79,80]，てんかん[81,82]，リウマチ性関節炎[83]，筋萎縮症[84,85]，橋本病[86]，アミロイドーシス[87]などについて多くの研究がなされている．今後，関心を有する研究者が，密な連絡・情報交換を積極的に続けることにより，有用性の高い疾患モデル動物の開発も可能となり，イヌの実験動物としての有用性はますます高まるものと考える．　　　　　〔安達二朗〕

文　　献

1) 今泉吉典：イヌの起源とイヌ科の動物たち．遺伝，**36**(5)，4-8 (1982)
2) 田名部雄一：イヌの品種とその成立．遺伝，**36**(5)，9-16 (1982)
3) Simonsen, V.: Electrophoretic studies on the blood protein of domestic dogs and other Canidae. *Heretitas*, **82**, 7-18 (1976)
4) 前川博司：エンサイクロペディア，犬(1)．p.447，みんと (1980)
5) Reinert, H. and Smith, G. K. A.: The Establishment of an Experimental Beagle Colony. *J. Anim. Tech. Assoc.*, **14**, 73-82 (1963)
6) 及川　弘：形態の概観，犬の生物学，pp.19-25，朝倉書店 (1962)
7) Andersen, A. C. and Goldman, M.: Growth and Development. *In* The Beagle as an Experimental Dog, pp. 43-105, Iowa State Univ. Press, Ames (1970)
8) Deavers, S., Huggins, R. A. and Smith, E. L.: Absolute and Relative Organ Weights of the Growing Beagle, *Growth*, **36**, 195-208 (1972)
9) 福井正信，安達二朗：成長各期の体各部の計測値の推移と臓器重量の推移．実験用ビーグルの研究（福井正信他編），pp. 95-102，ソフトサイエンス社 (1976)
10) Mackey, W. J., Vanghan, E. E. and Barman, J. E.: Summary of Canine Weight vs. Length and Height Mesurement. *Lab. Anim. Care*, **17**, 581-584 (1967)
11) 福井正信，安達二朗，赤池　勇，神崎俊男，大塚光男：実験用ビーグル犬の血液性状について．日本実験動物研究会第4回研究発表会講演要旨集 (1969)
12) 友田　勇，牧村　進，臼井和哉，福井正信，安達二朗，赤池　勇：実験用ビーグル犬の血清蛋白像．生物物理化学，**14**, 348-350 (1970)
13) 樽見千利，山下和男，増田　裕：老齢ビーグルの臨床生理学的研究，1.長期間観察．第98回日本獣医学会講演要旨集，229 (1984)
14) 杉本哲朗，大川広行，大石隆夫，二木力夫，高垣善男，富永　聡：実験用ビーグル犬の病理学的観察．6〜13歳齢について．第88回日本獣医学会講演要旨集，p.139 (1979)
15) 谷川　学，名倉政雄，佐藤毅司，小野田房代，和田　栄，平野武明，安達二朗：実験用ビーグルに関する研究——老齢犬の血液性状および血清生化学値について——．第

16回日本実験動物学会講演要旨集, p. 35 (1981)
16) Escuret, P. and Vaissaire, J. P.: Le Beagle et son élevage, I. Caracteristiques générales. *Exp. Ani.*, **2**, 25-42 (1969)
17) Lebeau, A.: Elevage et Médecine du Chien, pp. 239, Vigot Frères, Paris (1966)
18) Piéréard, J.: Note d'anatomie appliquée, Apprêciation de l'âque du chien. *Canad. Vet. J.*, **8**, 197-200 (1967)
19) 福井正信, 赤池 勇: 実験用ビーグルの歯牙萌出, 脱落およびその磨耗, 実験用ビーグルの研究(福井正信ら編), pp. 67-86, ソフトサイエンス社 (1976)
20) 和栗秀一, 醍醐正之他訳: 犬の解剖学(M. E. Miller 著), p.584, 学窓社 (1962)
21) 福井正信, 安達二朗, 赤池 勇: 実験用ビーグル犬の眼底について. 実験動物, **20**(4), 242-243 (1971)
22) 福井正信, 古川敏紀: 実験用ビーグルにみられる眼底所見について. 実験用ビーグルの研究(福井正信他編), pp. 255-286 (1976)
23) Magrane, W. G.: Canine Ophthalmology. 240 p. Lea & Febiger, Philadelphia (1965)
24) Rubin, L. F.: Atlas of Veterinary Opthalmology. 470 p. Lea & Febiger, Philadelphia (1974)
25) 佐野 保: 成長と発育, 小児科学テキスト改訂4版, pp. 1-12, 診断と治療社 (1960)
26) 安達二朗, 福井正信: ビーグルの体温について, 実験用ビーグルの研究(福井正信ら編), pp. 241-253, ソフトサイエンス社 (1976)
27) 神崎俊男, 大塚光男, 安藤宗八, 安達二朗, 赤池 勇, 福井正信: 実験用ビーグル犬のLDHアイソザイムについて. 生物物理化学, **14**, 339-340 (1970)
28) Andersen, A. C. and McKelvie, D. H.: Long-term experiments in relation to treatment effects, Radiobiological and Gerontological Problems. *Proceeding of the Animal Care Panel*, **12**, 169-181 (1962)
29) Hite, M., Hanson, H. M., Bohidar, N. R., Conti, P. A. and Mattis, P. A.: Effect of cage size on patterns of activity and health of Beagle dog. *Lab. Anim. Sci.*, **27**, 60-64 (1977)
30) Rheinwald. W.: The components of blood of beagles under different conditions of keeping. *Z. Versuchstierkunde.*, **19**, 335 (1977)
31) 藤田省吾, 山内忠平: 実験用イヌに適した環境温度について. 実験動物, **29**, 157-164(1980)
32) Ashkar, E.: Twenty-four-hour pattern of circulation by radiotelemetry in the unrestrained dog. *Amer. J. Physiol.*, **236** (3), R231-R236 (1979)
33) Ferrario, C. M., Averill, D. B., Nadzam, G. R., Porritt, D. S. and McCubbin, J. W.: Method for chronic recording of electroencephalographic activity in conscious dogs. *J. Appl. Physiol.*, **41**, 268-271 (1976)
34) 斉藤敬司, 赤池 勇, 辻紘一郎: 実験動物の体温について, テレメトリーシステムによるビーグル体温の日内変動の解析. 日本実験動物学会第29回談話会講演要旨集, 58(1982)
35) 及川 弘: 体温とその調節, 犬の生物学, pp. 80-86, 朝倉書店 (1969)
36) 菅野康則, 桑島正徳, 深野高正: 犬体温のRhythmに関する研究, II, 生後2か月齢. 日獣学誌, **33**, 110(1971)
37) Tsutsui, T. and Murata, Y.: Variations in Body Temperature in the Late Stage of Pregnancy and Parturition in Bitches. *Jap. J. Vet. Sci.*, **44**, 571-576 (1982)
38) Ehrlein, H. J.: A New Technique for Simultaneous Radiography and Recording of Gastrointestinal Motility in Unanesthetized Dogs. *Lab. Anim. Sci.*, **30**, 879-884 (1987)
39) 伊藤 漸: 消化管運動概説. 消化管の内分泌——基礎と応用——, pp.173-215, 南山堂 (1979)
40) 内山智晴, 常井和男, 出来俊昭: 実験用ビーグル犬の成長に伴う血液学的ならびに血清生化学的性状の変化. *Exp. Anim.*, **34**, 367-377 (1985)
41) Andersen, A. C. and Schalm, O. W.: Hematology. *In* The Beagle as an Experimental Dog Andersen, A. C. (ed.), Iowa State Univ. Press, Ames, Iowa (1970)
42) Berger, J.: Hematology reference values for dogs of Beagle stock. *Z. Versuchstierk*, **23**, 278-283 (1981)
43) Bulgin, M. S., Munn, S. L. and Gee, W.: Hematologic changes to 4½ years of age in clinically normal beagles. *J. Amer. Vet. Med. Assoc.*, **157**, 1064-1070 (1970)
44) Coulter, D. B., Reece, W. D., Small, L. L. and Snodgross, R. R.: Continuous recording of erythrocyte counts and hemoglobin concentrations in the dog. *Lab. Anim. Sci.*, **22**, 210-215 (1972)
45) 浜名克己, 黒田治門, 永田次雄: Beagle 種雄成犬の血液性状とその季節的変化. 宮大農報, **22**, 73-80(1975)
46) Jordan, J. E.: Normal Laboratory Values in Beagle Dogs of Twelve to Eighteen Months of Age. *Amer. J. Vet. Res.*, **38**, 509-513 (1977)
47) Lumsden, J. H., Mullen, K. and McSherry, B. J.: Canine Hematology and Biochemistry Reference Values. *Canad. J. Comp. Med.*, **43**, 125-131 (1979)
48) Schalm, O. W.: Veterinary Hematology. 664 p. Lea & Febiger, Philadelphia (1965)
49) Secord, D. C. and Russell, J. C.: A Clinical Laboratory Study of Conditioned Mongrel Dogs and Labrador Retrievers. *Lab. Anim. Sci.*, **23**, 567-571 (1973)
50) 友田 勇: 実験用ビーグルの血液学的・血液生化学的所見, 実験用ビーグルの研究(福井正信他編), pp. 195-240, ソフトサイエンス社 (1976)
51) 内海健二朗, 深川清二, 鶴田耕右, 大西久美雄, 辰己 熙, 野田周作: 自家繁殖Beagle犬の血液諸検査値. 実験動物, **22**, 221-222 (1973)
52) 渡辺信夫: 市販ビーグル犬について. 実験動物, **22**, 88-90 (1973)
53) Earl, F. L., Melvegar, B. E. and Wilson, R. L.: The hemogram and bone marrow profile of neonatal and weaning beagle dogs. *Lab. Anim. Sci.*, **23**, 690-695 (1973)
54) 林 正利: ビーグル犬の性周期中, 妊娠中および分娩後の血液, 血清生化学値の変動について. 家畜繁殖誌, **20**, 89-94 (1974)
55) 安達二朗, 赤池 勇, 谷川 学, 佐藤毅司, 富永 聰: 実験用Beagle の血液性状ならびに血清生化学値の日内変動について. 日本実験動物研究会第12回研究発表会講演要旨集, 86(1977)
56) 小林好作: イヌ, 実験動物の血液学(関 正利, 平島邦猛, 小林好作編), pp. 362-370, ソフトサイエンス社 (1981)
57) Shifrine, M., Munn, S. L., Rosenblatt, L. S., Bulgin, M. S. and Wilson, F. D.: Hematologic changes to 60 day of age in clinically normal Beagles. *Lab. Anim. Sci.*, **33**, 894-898 (1973)
58) Kaspar, L. V. and Norris, W. P.: Serum chemistry values of normal dogs (Beagles): Associations with age, sex, and family line. *Lab. Anim. Sci.*, **27**, 980-985 (1977)
59) McKelvie, D. H., Powers, S. and McKim, F.: Microanalytical Procedures for Blood Chemistry, Long-Term Study on Beagles. *Am. J. Vet. Res.*, **27**, 1405-

1412 (1966)
60) Cramer, M. B., Turbyfill, C. L. and Dewes, W. A.: Serum Chemistry Values for the Beagle. *Am. J. Vet. Res.*, **30**, 1183-1186 (1969)
61) Hime, J. M.: The Dog. The UFAW Handbook on the Care and Management of Laboratory Animals. (UFAW, Universities Federation for Animal Welfare (ed.)) pp. 311-329 (1976)
62) Bovée, K. C. and Joyce, T.: Clinical Evaluation of Glomerular Function, 24-Hour Creatinine Clearance in Dogs. *J. A. V. M. A.*, **174**, 488-491 (1979)
63) Lonnerdal, B., Keen, C. L., Hurley, L. S. and Fisher, G. L.: Developmental Changes in the Compostion of Beagle Dog Milk. *Amer. J. Vet. Res.*, **42**, 662-666 (1981)
64) 福井正信, 赤池 勇: 閉鎖清浄環境におけるビーグル, 小規模繁殖とその成績, 実験用ビーグルの研究(福井正信ら編), pp. 33-48, ソフトサイエンス社 (1976)
65) Smith, W. C., Reese, Jr. W. C.: Characteristics of Beagle Colony, I. Estrus Cycle. *Lab. Anim. Care*, **18**, 602-606 (1968)
66) Andersen, A. C.: Reproduction. *In* The Beagle as an Experimental Dog. pp. 31-39 Iowa State Univ. Press, Ames (1970)
67) Sokolowski, J. H., Stover, D. G., VanRavenswaay, F.: Seasonal Incidence of Estrus and Interestrous Interval for Bitches of Seven Breeds. *J. A. V. M. A.*, **171**, 271-273 (1977)
68) 辻紘一郎, 神津正光, 赤池 勇, 茨木弟介, 安達二朗: 雌犬の発情と体温の関係. 家畜繁殖誌, **28**(5), 12-17(1982)
69) 筒井敏彦, 清水敏光: 犬の繁殖生理に関する研究, I. 発情持続. 家畜繁殖誌, **18**, 132-136 (1973)
70) Rogers, A. L., Templeton, J. W. and Stewart, A. P.: Preliminary observations of estrous cycles in large colony raised laboratory dogs. *Lab. Anim. Care*, **20**, 1133-1136 (1970)
71) Harrop, A. E.: Reproduction in the Dog, p. 204, Baillire, Tindall & Cox, London, (1960)
72) 筒井敏彦: 犬の繁殖生理に関する研究, III. 性周期における vaginal smear 所見. 家畜繁殖誌, **21**, 37-42(1975)
73) 筒井敏彦: 犬の繁殖生理に関する研究, II. 排卵時期に関する観察. 家畜繁殖誌, **18**, 137-142 (1973)
74) 筒井敏彦, 清水敏光: 犬の繁殖生理に関する研究, IV. 卵の受精能保有時間. 家畜繁殖誌, **21**, 65-69 (1975)
75) 筒井敏彦: 犬の繁殖生理に関する研究, V. 受精卵の分割及び卵管下降. 家畜繁殖誌, **21**, 70-74 (1975)
76) 筒井敏彦: 犬の繁殖生理に関する研究, VI. 受精卵の着床について. 家畜繁殖誌, **22**, 44-49 (1976)
77) Andersen, A. C.: Reproductive ability of female Beagles in relation to advancing age. *Exp. Geront.*, **1**, 189-192 (1965)
78) 日本実験動物学会調査ワーキンググループ, 理化学研究所ライフサイエンス研究情報室: 1988 年度実験動物使用数調査. *Exp. Anim.*, **39**, 129-135 (1990)
79) Gershwin, L. J.: Familial Canine Diabetes Mellitus. *J. A. V. M. A.*, **167**, 479-480 (1975)
80) Atkins, C. E.: Diabetes Mellitus in the Juvenile Dog. A Report of Four Cases. *J. A. V. M. A.*, **175**, 362-368 (1979)
81) Edmonds, H. L. Jr., Hegreberg, G. A., van Gelder, N. M., Sylvester, D. M., Clemmons, R. M. and Chatburn, C. G.: Spontaneous convulsions in beagle dogs. *Fed. Proceedings*, **38**, 2425-2428 (1979)
82) Hegreberg, G. A. and Padgett, G. A.: Inherited progressive epilepsy of the dog with comparisons to Lafora's diseare of man. *Fed. Proceedings*, **35**, 1202-1205 (1976)
83) Newton, C. D., Lipowitz, A. J., Halliwell R. E., Allen, H. L., Biery, D. N. and Schumacher, H. P.: Rheumatoid Arthritis in Dogs. *J. A. V. M. A.*, **168**, 113-121 (1976)
84) Inada, S., Sakamoto, H., Haruta, K., Miyazono, Y., Sakai M., Yamauchi, C., Igata, A., Osame, M. and Fukunaga, H.: A Clinical Study on Hereditary Progressive Neurogenic Muscular Atrophy in Pointer Dogs, *Jap. J. Vet. Sci.*, **40**, 539-547 (1978)
85) Lorenz, M. D., Cork, L. C., Griffin, J. W., Adams, R. J. and Price, D. L.: Heriditary Spinal Muscular Atrophy in Brittany Spaniels. Clinical Manifestations. *J. A. V. M. A.*, **175**, 833-839 (1979)
86) Gosselin, S., Capen, C. C. and Martin, L. M.: Animal Model. Lymphocytic Thyroiditis in the Dog. *Amer. J. Patho.*, **90**, 285-288 (1978)
87) Gregory, R. S., Machado, E. A. and Jones, J. B.: Amyloidosis Associated With Canine Cyclic Hematopoiesis in the Gray Collie Dog. *Amer. J. Patho.*, **87**, 721-724 (1977)

7. 偶 蹄 目

7.1 ブ タ

学名 *Sus domesticus*（phylum. Chordata : class. Mammalia : order. Artiodactyla. family. Suidae），偶蹄目イノシシ科の雑食動物．

ブタは実験動物として好ましい条件を多くそなえている．体格が適度に大きいこと，飼育管理の技術が確立していること，成熟に達するのがはやいこと，長年にわたって飼えること，多量の血液をとれること，食性がヒトと類似していること，性格が温順であること，多産であること，など．実験動物として使用された歴史は古い．条件反射による胃液分泌反応を証明した Pavlov のイヌでの実験は，初めはブタで試みられた．体格が当時の実験室の規模に合っていなかったこと，性格的に実験者に協力的でないことなどから，長年にわたりあまり注目をひかれなかった．しかし近年，多種類の実験動物を使った biomedical research の社会的要求が高まり，ふたたび実験動物としての地位を得た．ヒトの疾患モデルとしての利用，産業動物ブタのための基礎，臨床研究，毒性試験，その他多くの研究に使われるようになった．将来実験動物として，主要な動物種の一つとなると考えられる．

ブタについての書物には，ブタはヒトと似た動物であるという記載を多く見るが，相違点も多い．本書では主に，ブタの他動物と異なる点，またはヒトと類似した点について記載した．その他の事項については適切な獣医・畜産領域の専門書を読んでいただきたい．参考文献の初めにある 6 冊[1]〜[6]は，本章を書くにあたって参考にした参考書である．

（1） 種 と 系 統

部族あるいは地域の特定範囲内で，家畜として人類と生活をともにし，長年にわたっての近交繁殖がつづいた結果として，自然発生的に系統が確立された．主なものだけで，87 種が確認されている．近代養豚はそれらの系統が固有に所有する形質のうち，人類に好まれる特徴的なものを，育種技術により固定し利用している．産業用肉豚は，これら原々々種を目的に応じて系統間交配してつくられた多品種雑種で，実験に供給されている産業用豚は，現在のところこの雑種である．系統としての性格を観察する時間が少ないため，時として副次的な予期できない形質が発現する場合がある（むれ肉，本章 p. 273）．

このような背景から，近年実験を目的としたミニブタの開発がすすんでいる．小型化と品種としての均一性を目的としている．現在，ゲッチンゲン種，ホーメル種，ピットマンムア種，オーミニ種などが開発され，しだいに使用がひろまりつつある．

（2） 一 般 的 性 状

a. 新 生 豚

家畜のうちで，ブタは最も未熟な状態で生まれる．出生後の発育は逆に最も早く，生後 1 週で体重が 2 倍，2 週で 3 倍，4 週で 6 倍にもなる．生まれた直後は，免疫学的にほとんど無防備である．飼育管理，栄養，生理などについて，成豚とは別の動物と考えて取扱ったほうがよい．

b. 寿 命

寿命についての定義が本来的にあいまいであること，ブタが経済動物であることから，はっきりした数値はわからない．平均 16 年，最年長 27 年という報告がある[1]．筆者らの研究室で飼育繁殖しているゲッチンゲンミニブタでは 8 年 10 か月が最長である．

c. 血 液 型

現在，ブタの血液型は，15 のシステムに属する，40 種以上の血液型因子によって分類されている．15

のシステムはアルファベット順にAからOで表示されている．

d. 体重・体長

一般豚の体重，体長などは品種，系統によって異なる．月齢によるゲッチンゲンミニブタの体型変化を表7.1に示した．

表7.1 ゲッチンゲンミニブタの各体部の測定値[2]
（メス10頭，平均±SD）

	2か月齢	4か月齢	6か月齢	9か月齢
体 長	35±2 cm	47±4 cm	59±4 cm	66±3 cm
体 高	22±2	25±2	30±1	30±1
胸 囲	35±2	43±3	53±3	66±3
胸 深	11±1	14±1	18±1	21±1
胸 幅	9±1	13±1	16±1	19±1
前 幅	10±0	14±2	16±2	19±1
後 幅	10±1	13±1	16±1	18±1
管 囲	—	8	9	—
体 重	4±1 kg	8±2 kg	14±2 kg	23±3 kg

e. 学習能力・性格

ブタはウサギやネズミより学習能力は高く，ショックからの回避，食物報酬を期待してのdoorの選択ではかなりの能力を発揮する[3]．学習能力は，生後の初期の低栄養飼育により，著しく低下する[4]．狂暴性はない．表情がわかりにくいので，ヒトに対する協調性に乏しい印象を受ける．飼い慣らしてみると，かなり個性的だが，人に慣れる動物であることがわかる．ストレスに感じやすい動物らしい．一般肉用豚では過密飼育によるいらだちのための産肉性の低下，弱いものいじめが，chainやタイヤ，ボーリングの球などによりかなり解消されるという．ストレスが副腎皮質ホルモンの分泌亢進をまねく．

f. 味覚，臭覚，聴覚，視覚

味覚はヒトによく似る．甘味，酸味を好み，苦味と塩味をきらう．薬物を飲水にとかし自由摂取させようとしても，苦味のため飲まない場合がある．臭覚，聴覚，視覚は発達していて，ブタ同士の交信に使われる．臭覚は食物採取，性行動に重要である．発情豚はヒトが腰部を上から押えつけても，後肢をふんばって動かず，この反応は発情の識別に使われる．Knightらによればこの方法によっての発情的中率は48％で（筆者らの経験では発情的中率70％を超える），雄ブタの唾液，尿から分泌されるフェロモンを発情雌ブタに噴霧して発情鑑別すると，的中率が90％になるとしている[5]．

聴覚は交信に最も重要である．雄ブタから雌ブタへ，授乳豚から哺乳豚へ，またはその逆，侵入者に対する威嚇と警戒警報など，かなり複雑な音信号をもっているらしい（参考書(1)，pp.75-76）．

ブタの光波長の識別，光視覚，暗黒順応視曲線はヒトのそれとほぼ一致する（参考書2)，pp.559-574）．

g. 体温調節

ブタは高温に弱い．汗腺がほとんど退化しているため高温環境下での発汗機構の働きが乏しい．また，皮膚血管の分布が乏しいため，血管拡張によって放散される熱量はきわめて少ない．熱放散はもっぱらpantingによるevaporative coolingにたよる．放牧したブタが夏期にドロあびをしたり，コンクリート豚房ではみずからの尿や糞をからだになすりつけたりするのは，高温環境下での熱放散のための行動である[6]．

逆に新生豚は寒さに弱い．低温への順応は代謝率の上昇と，ふるえによる熱産性である．さらには体をまげてちじこまったり，littermateと密集して団子状態になって外気にさらされる表面積を小さくし，熱発散を少なくする．順応反応を必要とする臨界温度は34℃で，極めて高い．

(3) 形態（解剖・発生）

a. 発　　生

受精から分娩までのうち，器官形成期の開始日と終了日がはっきりしていない．その記載は研究者によって異なる（Altman and Ditter 14～31日，Witschi 11～33日，Palludan 9～35日など[7]）．受精卵は相当期間各自子宮内を浮遊し，着床までの時間にかなりの差がある（10～22日）ためであろう．

b. 歯　　式

J3/3・C1/1・P4/4・M3/3で哺乳類の基本型である．犬歯（C）と乳隅歯（j3）は出生時にはえており，以後の歯の出現，乳歯の永久歯へのはえ替りは，2年齢までの月齢判断の目安になる．歯のぬけかわり時期についての一覧表は多くの書にある[8]．ブタは比較的長期にわたって歯のぬけかわる唯一の実験動物である．そのため歯学領域での研究に多く使われるようになった．

c. 皮　　膚

皮毛，表皮，真皮，弾力組織からなり，表皮は厚

く硬化している．構成タンパク質はヒトとほぼ同じである．厚い皮下脂肪をもつ．毛が少ないこと，色調など，外見上ヒトの皮膚と似ているようにみえるが，相違点も多い．皮膚血管が乏しい，アポクリン腺だけで，エクリン腺がないなど．皮膚知覚が麻酔薬（全身，局所麻酔）によって，容易に消失しないことをよく経験する．麻酔深度が十分でないのかもしれないし，局所麻酔薬が神経幹に浸透しにくいせいかもしれない．モルヒネ系統の鎮痛薬（モルヒネ，ペンタゾミン）はブタを興奮させるだけで，鎮痛効果は発揮しない．

d. 内臓諸器官

ブタの腎臓は皮質の占める割合が大きく，傍髄質ネフロンが全体のネフロンの3％しかない．

消化管の模式図を図7.1にのせた．胃は体格のわりに大きい．粘膜構造上から食道部，噴門腺部，胃底腺部，幽門腺部に分けられる．噴門腺部が大きいことが特徴である．その背左側の食道部との境界では，特有の胃憩室が突起している．腸は十二指腸，空腸，回腸の小腸と，盲腸，結腸，直腸の大腸からなる．体重150kgの肉豚（15時間絶食）で胃，小腸，大腸の容積はそれぞれ3.7*l*, 17.7*l*, 18.6*l*．同じ肉豚で小腸23.7m，盲腸を除く大腸は6.8mと記録されている（参考書(5), p.6）．結腸はブタ独特の円錐結腸である．

ブタの心臓・循環系はヒトとよく似ている．topographyでみると，左右心室の容積がほぼ等しいこと，心冠血管の走行，房室結節とHis束への血液供給をほとんど後中隔動脈から受けていること（イヌでは上中隔動脈），さらに心冠血管系に吻合枝ができにくいこと，などがヒトとの類似点である．ブタに実験的に心筋梗塞を起こさせ，心不全を発生させることは可能である．後中隔動脈の結紮により，房・室結節とHis束への血液供給を適度にしゃ断し，心筋梗塞に対する薬剤効果の検討がなされている（参考書2），pp.389-404）．

(4) 生理（一般生理・繁殖生理）

a. 循環系

心拍数，心拍出量，血圧，血液量，心臓重量などすべて体重（成長）に比例して変化する．生まれた直後と，体重100kgのときのそれぞれの値をのせた（表7.2）．ブタは心臓の体重比値が，他の家畜やヒトにくらべて小さい．血液量，ヘモグロビン量も体重比にすると少ない．これらは selective breeding の結果であろう．ブタでは循環系は，たえず過労働に近い状態にあると考えてよい．

表 7.2 新生豚と成豚(100 kg)の比較*

	新生豚	成豚
心拍数	200回/分 (180〜250)	100回/分 (90〜150)
心拍出量	167 m*l*/kg/分	72±5.1 m*l*/kg/分
血圧	50 mmHg	135 mmHg
血液量	9%/体重	7%/体重
心臓重量/体重	1%	0.3%

* 参考書4) pp.66〜70.

b. 血液

ブタの赤血球，白血球，ヘモグロビン量などのヘマトグラムは品種，年齢，測定者によってかなりのバラツキがある．参考書3)の40〜41ページに，過去に発表された膨大なデータの一覧があるが，ここではいろいろな年齢，品種についてのデータをそこから抜粋して表7.3に挙げた．表7.4には血清の生化学値を挙げた．

哺乳動物の血漿pHは7.4とされている．ブタについてもその例外でないが，若齢豚ではpH 7.5という値が報告されている．0.1の差は薬物などの生体膜移行（受動拡散）を考えるうえでは大きな意味をもつ[10]．

c. 代謝

硫酸抱合の能力が低いことを除けば，本質的にはヒトと大きく異なるところはない．サルファ剤の代謝をみると，アセチル化能力，脱アセチル化能力がともに極めて高いという興味ある特徴が発見されている[11]．

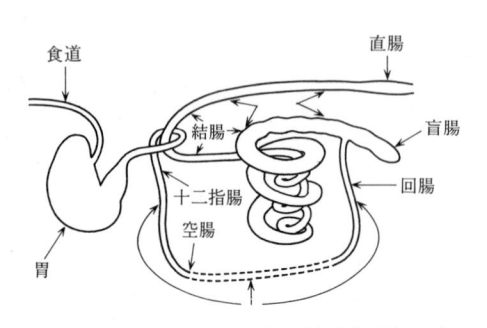

図 7.1 ブタの消化管の模式図（参考書(5) p.1）

表 7.3 ブタの血液像*

著者 (年次)	品種 年齢 (頭数)	ヘモグロビン g/100 ml	赤血球 100万/ml	白血球 1000/ml	好中球 %	リンパ球 %	単球 %	好酸球 %	好塩基球 %
Dukes (1970)	一般豚 1日齢(—) 6週齢(—)	13.0〜15.0 13.0〜15.0	6.0〜8.0 —	10.0〜12.0 15.0〜22.0	70.0 30.0〜35.0	20.0 55.0〜60.0	5.0〜6.0 5.0〜6.0	2.0〜5.0 2.0〜5.0	<1.0 <1.0
Osborne & Meredith (1971)	一般豚 6週齢(6) 7週齢(6) (ペントバルビ タール麻酔下)	11.0 9.8	— —	11.6 11.5	39.1 53.0	56.8 44.6	2.66 0.66	1.0 0	0 0
Rao & Rao (1972)	一般豚 分娩後の母豚	—	5.1〜6.5	12.6〜15.8	32.0〜45.0	48.0〜64.0	1.0〜4.0	2.0〜6.0	0〜2.0
Bustad et al. (1960)	ピット マン モア(3) 19か月齢 ホーメル(11) 26か月齢	14.7 13.1	7.5 7.0	10.6 15.8	40.8 54.1	57.0 42.7	1.0 1.2	0.2 1.2	1.0 0.6
Swenson et al. (1955)	一般豚 成豚(43)	11.2±1.6	—	5.1±1.13	7.4±1.8	—	—	—	—

* 参考書 3) p. 40, 41.

表 7.4 血清生化学値[9]

著者 (年次) 年齢	頭数	総タンパク質 (g/dl)	アルブミン (g/dl)	グロブ リン (g/dl)	アルカリ ホスファ ターゼ (K-AU)[a]	LDH (WU)[b]	GOT (KU)[c]	尿素態 窒素 (mg/dl)	グルコース (mg/dl)	コレステ ロール (mg/dl)
Tumbleson et al. (1970) 1週齢	25	6.75±0.75	1.95±0.70	4.80	179±85	380±80	56±25	20.4±8.0	114±2.0	85±31
Tumbleson & Kalish (1972) 1日齢 8週齢	 17 40	 2.98±0.49 5.66±0.41	 0.59±0.16 2.49±0.16	 2.39 3.17	 92±22 27±4	 140±15 320±4.6	 24±5 43±9	 16.3±4.9 16.9±3.8	 — 135±44	 — —
Osborne & Meredith (1971) 6週齢	6	—	—	—	—	—	—	19.3±6.3	120±10	140±35
Miller et al. (1961) 6か月齢	76	6.80±0.44	3.30±0.41	3.49	—	—	—	—	—	—

a) K-AU: King-Armstrong Unit.
b) WU: Waker Unit.
c) KU: Karmen Unit.

d. 腎の生理

表7.5と7.6にブタ,ヒト,イヌの腎の生理値をのせた.ブタの腎の生理的機能が,ヒトと似ているという記載を見る.両種ともに最大到達尿浸透圧値が低い動物である.ヒトでは1200 mOsm/kg・H₂O,ブタは1080 mOsm/kg・H₂Oの数値が記載されている.これは測定された陸上動物のうちビーバーのつぎに低い.新生豚は腎機能が未発達で濃縮能力はほとんどない.ヒトとの相違点は多い.糸球体沪過率(GFR),腎血流量(ERPF)がヒトの値と大きく異なることは,ブタとヒトの薬物動態に大きな差が生じることを予想させる.クレアチニンを再吸収できるから,腎機能の指標にクレアチニンクリアランス値は使えない.

e. 消化器

α-アミラーゼはヒトのそれと性状が似る.成豚の唾液分泌量は15〜18 l/day と推定される(参考書5), pp. 62-63).噴門腺部が大きく,胃の容積の約半

表 7.5 腎臓機能の特徴：ブタ，イヌ，ヒトの比較*

	ブタ	イヌ	ヒト
傍髄質ネフロン（%）	3	100	14
髄質の相対的厚さ[a]	1.6	4.3	3.0
尿浸透圧（mOsm/kg・H_2O）			
最高値	1080	2425	1160
最高値—最低値	847—45.5[12]	1760—70.6[13]	1100—60[14]
尿素負荷による尿濃縮効果	なし	あり	あり
近位尿細管におけるクレアチニンの動き	再吸収される	分泌なし 再吸収なし	分泌される
パラアミノ馬尿酸のアセチル化	アセチル化	アセチル化せず	アセチル化

a) 髄質の相対的厚さ：髄質の厚さ÷腎臓容積×100
* 参考書2) p.530.

表 7.6 腎血流量と糸球体沪過速度（平均±SD）：ブタ，ヒト，イヌの比較[14]

品種	ERPF (ml/kg/min)	GFR (ml/kg/min)	著者
ブタ	16.5±2.73	5.46±0.71	Mercer et al.
ヒト	8.0〜10.0	1.55〜2.14	Sigman et al.
イヌ	15.37±2.37	5.93±0.65	Powers et al.

分を占める．食物の貯蔵部位である．噴門腺部では$NaHCO_3$が分泌される．Heidenhain pouch をつけたブタを24時間絶食させると，カチオンは血漿と大差ないが，アニオンは重炭酸イオンが血漿の4倍，Cl イオンが1/2 になる．そのため胃液 pH が8を越える[15]．胃酸の分泌の液性および神経性支配については，イヌ，ネコ，ヒトなどと大きく異なる点は見つかっていない．胃酸分泌量は多い．しかし，生後約1週齢までは，胃酸分泌能力は低い．膵臓の外分泌は，イヌより迷走神経支配が強い[16]．小腸にはヒトのもつほとんどの消化酵素がある．ただし新生豚は，初期には刷子縁膜酵素を産生しない．それらが完備するのは，生後2週間以上たってからである．円錐結腸はブタ独特の大腸構造で，水の吸収の主役である．この部位へのバクテリアやウイルスの侵襲は重篤な下痢を起こす．

f. 繁　殖

妊娠期間は約114日（108〜120日）で，これは一般豚もミニブタも変わりない．胎盤は肉眼的には散在性胎盤，組織学的には上皮絨毛胎盤で，母体の抗体は胎子には移行しないから，生まれて直後の新生子は免疫学的に無防備である．生時体重は1kg前後，ゲッチンゲンミニブタでは 0.25〜0.4kg である．一腹産子数は普通豚で10頭以上，ゲッチンゲンミニブタでは5.8頭である．雌の発情周期は約21日で，発情期間は，発情前期（2.7日），発情期（2.4日），発情後期（1.8日）に分けられる．

排卵は発情開始後約31時間ではじまる．新生子は生後約36時間まで母乳中の免疫グロブリンを吸収できる．雄は4か月齢で精子を産生するが，繁殖に適切な時期は7〜8か月以降とされる．雌は4〜5月齢で初発情を見るが，交配適期は9か月以降がよい．

g. 栄養要求

ブタはヒトの食べるものならなんでも食べる．嗜好性も近い．ブタの栄養要求は，基本的にはヒトときわめて類似しているのであろう．産肉性を追求する要求が多いため，ブタの栄養要求についての基本的な研究に乏しい．アルコールものむから，ヒトのアルコール中毒の研究に使われている．また feeding energy を効率よく体脂肪に貯蔵することができ，ヒトとよく似て活動が不活発なため，肥満の病態モデルとして重視されている．

ブタに粥状硬化症（atherosclerosis）が自然発生する（参考書2），p.347）．摂取栄養を工夫することによって，本症を実験的に発症させることも可能である．ただし，脳循環の atherosclerosis は，若齢豚には実験的に発生させにくいとされている[17]．

新生豚はヒトの新生児の栄養で十分に育つし，成長が早い．そのため新生豚はヒトの新生児の栄養研究のモデルとして利用される．新生児に見られるタンパク質欠乏症 kwashiorkor に類似した兆候をブタに発症させ得る（参考書1），p.41）．

i）水　　飼育環境によって異なるが，家畜の中でブタは水の要求量の多い品種である．腎での尿濃縮能力が弱いこと，糞量が多いこともその原因であろう．生後最初の1週間は1日当たり1kg近く必要である．成長期は体重の10%，成豚（体重100kg前

後) で 5kg, 妊娠豚で 5～8kg, 授乳中の母豚で 15～20kg である.

ii) ミネラル　鉄欠乏性貧血は子ブタにとって特に要注意である. 子ブタの急激な成長に必要な鉄の供給は体内貯蔵分や, 乳汁を介しての供給だけでは不十分である. 対策として, 生後 2～3 日の鉄投与が行われる. 筋注製剤, 経口製剤がある.

(5) 実験動物としての利用性と問題点

a. 実験動物としての利用性

ブタが生物学・医学の研究に使われている領域は広い. 内科学(心機能と同疾患, 動脈硬化, リウマチ熱など), 眼科, 歯科, 放射線科, 皮膚科, 外科(臓器移植), 栄養学, 臨床繁殖学, 遺伝学, 免疫学, 毒性学, 催奇型学など. 参考書(1)の第Ⅰ章は The pig as a model in biomedical research と表題され, その小項目 "specific uses of the pig in biomedical research" にはヒトの疾患モデルとしてのブタの利用について記載している. そこには 12 ページにわたり 194 報の参考文献が掲載されている. 分野別の内訳は, 心・循環系についてが最も多く 42, 以下, 肥満 31, 栄養疾患 22, 消化器病 22, 奇型・毒性学 19, 免疫学 15, 放射線学 15, ストレス生理学 8, 皮膚科学 8, ポルフィリン症 4, アルコール中毒 3, 眼科学 2, その他心理学, 歯科学の順である.

米国の病理学会が 1972 年に, 過去に医学誌に掲載された実験動物の疾病モデルの研究論文を, ハンドブックとしてまとめた[19]. その中でブタについて下記の 9 の疾病についての論文が紹介されていて, ヒトの疾病のモデルとしての利用の可能性が検討されている.

　　Virus Glomerulonephritis
　　Rheumatoid Arthritis
　　Malignat Lymphoma
　　Osteoporosis
　　Ochratoxicosis
　　Malignant Hyperthermia
　　Von Willebrand Disease
　　GM2 Gangliosidosis
　　Chronic Bronchitis

b. 実験動物としての問題点

多くの書にブタを実験室に搬入するときの問題点として, 1) 病気, 2) 遺伝的形質が均一でない, 3) 実験室の規格にあわない, 4) 性格的に協調性がない, などが書かれている. このうち 1) と 4) についてはブタに限らず他の動物についても言えることである. むしろ病気については, 産業動物ブタについての過去の膨大な経験の蓄積が, 実験動物ブタに応用されることから, 有利な条件とも言える. SPF 豚, 無菌豚の作成も容易である. 3) についてはブタが実験動物として本格的に使用されるようになって歴史が浅いためであり, 大きな問題ではない. これに対して, 2) の遺伝的形質の不均一性は実験動物としての欠点である. 現在, 実験室に搬入されているブタの多くは, 産業用肉豚である. これらには, 高い産肉性など, 人間に都合のよい形質をもつようにと, 急速に遺伝的改良がなされた結果として, 先天異常形質が入り込むことがある. 1960 年代から 70 年にかけて多発した「むれ肉」, または「ブタストレス症候群」と呼ばれる先天異常は, そのよい例である. 以下にそのような遺伝的背景によって発現した, またはその可能性が考えられる異常反応, および奇型について記載した.

遺伝因子による機能異常とされているもの; むれ肉(malignant-hyperthemia, ブタストレス症候群). splay leg(生まれた直後に後肢の運動失調を呈する).

環境由来の奇型あるいは異常反応だが, 背景に遺伝的要因がないことを否定できないもの; 妊娠豚への豚コレラワクチン接種による皮下水腫, 腹水症, 四肢奇型. メタリブアによる頭蓋異常, 後肢異常. サリドマイドによる結腸形成不全. 高ビタミン A 投与による直腸形成不全. ビタミン A 無投与による小眼球症. metrifonate による振戦.

致死的な奇型; 水頭症, 肛門閉鎖, 口蓋裂, 口唇裂, 四肢欠損, 重度上皮形成不全. 致死的でない奇型; ヘルニア(陰囊, 鼠径, 臍), 間性, 陰コウ, 無毛, 軽度上皮形成不全, 多指.

このような問題点があるので, ブタを実験動物として用いる目的には実験専用のミニブタがすぐれている.
〔小久江栄一〕

参　考　書

1) Pond, W. G. and Houpt, K. A.: The biology of the pig. Cornell Univ. Press, U. S. A. (1978)

2) Bustad, L. K. and McClellan, R. O.: Swine in biomedical research. Battelle Memorial Institute, U. K. (1966)
3) Dunne. H. D. and Leman, A. D.: Diseases of Swine (4th ed.). Iowa State Univ. Press. Ames, Iowa. U. S. A. (1975)
4) Mount, L. F. and Ingram, D. L.: The pig as a laboratory Animal. Academic Press, London and New York, U. K. (1971)
5) Kidder, D. E. and Manners, M. J. eds.: Digestion in the pig. Scienchinica Bristol, U. K. (1978)
6) Fraser, A. F.: Neuro-Sensory Features, In Ethology of Favm Animals, Elsevier (1985)

文　献

1) Spector, W. S.: Handbook of Biological Data. pp. 182-183, W. B. Saunders Co., Philadelphia & London, U. S. A. (1961)
2) 谷岡巧邦：ミニブタの実験動物学的検討，ゲッチンゲンミニブタの実験動物化とバイオメディカル研究における有用性に関する研究(野村達次), p.5, 文部省科学研究費 (1981)
3) Liddelle, H. S., et al.: The comparative physiology of the conditional motor reflex based on experiments with the pigs, dog, sheep, goat, and rabbit. Comp. Psychol. Monographs, **11**, 1 (1934)
4) Barnes, R. H., et al.: Behavioral abnormalities in young adults pigs caused by malnutrition in early life. J. Nutri., **100**, 149 (1970)
5) Knight. T. W.: Pheromones in farm animals. Trends Pharmacol. Sciences, **6**, 171 (1985)
6) Ingram, D. L.: Evaporating cooling in the pig. Nature (London), **207**, 415 (1965)
7) Hayama, T. and Kokue, E.: Use of miniature pig for teratology. CRC Critical Review **14**, 403-421 (1985)
8) 阿部光雄：解剖, 豚病学(熊谷哲夫・波岡茂郎・丹羽太左衛門, 笹原二郎編), p.8, 近代出版 (1977)
9) Tumbleson, M. E. and Scholl, E.: Diseases of Swine (5th ed.) (Leman, A. D. et al., eds.), p. 36. The Iowa State University Press, Iowa, U. S. A. (1981)
10) Hannon, J. P.: Blood acid-base curve nomogram for immature domestic pig. Am. J. Vet. Res., **44**, 2385-2390 (1983)
11) Shimoda, M., et al.: Role of deacetylation in the nonlinear pharmacokinetics of sulfamonomethoxine in pigs. J. Pharmacobio-Dyn., **11**, 576-582 (1988)
12) Gans, J. H. and Mercer, P. F.: The kidney Duke's Physiology of Domestic Animal 9th ed. (Swenson, M. J. ed.), p. 467, Cornell University Press, U. S. A. (1977)
13) Vaamonde, C. A.: Maintenance of Body Fluid Tonicity Pathophysiology (3rd ed.) (Frohlish, E. D. ed.), p. 279, J. B. Lippincott Company, U. S. A. (1984)
14) Mercer, H. D., et al.,: Use of the double isotope single injection method. Am. J. Vet. Res., **40**, 567 (1979)
15) Fujita, S. et al,: Secretory kinetics of electrolytes in porcine gastric juice from Heidenhain pouch. Jpn. J. Vet. Sci., **45**, 401 (1980)
16) Hickson, J. C. D.: The secretory and vascular response to nervous and humoral stimulation in the pancreas of pig. J. Physiol. **206**, 299 (1970)
17) Luginbuhl, H. et al.,: The morphology and morphogenesis of atherosclerosis in aged swine. Ann. N. Y. Acad. Sci., **127**, 763 (1965)
18) Tones, J. C.: A handbook: Animal model of human disease. The registry of Comparative Pathology, Information Service Inc., Bethesda, Maryland, U. S. A. (1972)

7.2　ヤ　　　ギ

（1）　生物分類学的位置

ヤギの動物分類学上の位置はつぎのとおりで，ウシ，ヒツジとかなり近い類縁関係を有している．

綱	哺乳綱	(Mammalia)
目	偶蹄目	(Artiodactyla)
亜目	反芻亜目	(Ruminantia)
科	ウシ科	(Bovidae)
族	ヤギ族	(Caprini)
属	ヤギ属	(Capra)
種	ヤギ	(Capra hircus)

染色体数は，$2n=60$である．家畜として飼われているヤギ，家畜として飼われていたヤギがふたたび野生化したものを合計すると，地球上には4.5億頭のヤギがいる．ほとんどは，アジア，アフリカにおり，品種数は約220種である．他に，ベゾアール Capra aegagrus, マーコール C. falconeri, アイベックス C. ibex, ツール C. caucasica などの野生ヤギが，西アジアからヨーロッパ，アフリカに存在している．前3者が，家畜ヤギの野生原種とされており，特にベゾアールが最も大きく寄与したと考えられている．

（2）　実験動物になるまでの歴史

一般的にヤギといえば，わが国ではザーネン種を思い浮かべることが多いであろうが，家畜として飼養管理されていることが多く，実験動物というよりはむしろ，実験用動物とでもいうべきかも知れない．

ヤギは家畜として，ザーネン種などの乳用，また肉用，毛皮用などと生産に関わる一方で，ウシ，ウマなどにくらべて小型であり，性質もおとなしく，また飼養管理も容易であるなどの利点から，反芻獣のモデル家畜として，また，畜産学や医学の分野での研究用として，広く用いられてきた．実験動物として，ヤギとヒツジは同じような立場にあるが，実

図 7.2 シバヤギの親仔（澤﨑原図）

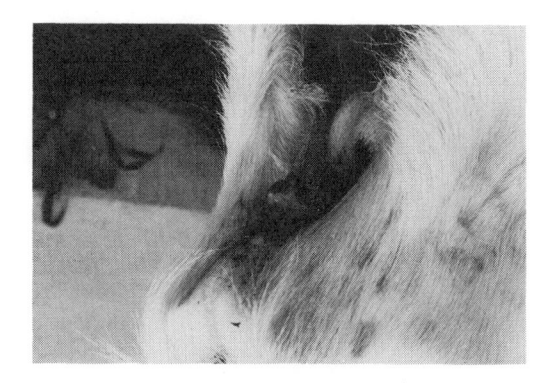

図 7.3 ザーネン種の間性の外陰部（澤﨑原図）

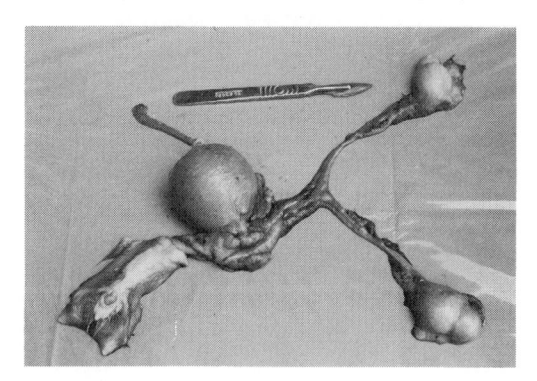

図 7.4 ザーネン種の間性の内部生殖器（澤﨑原図）

際の利用頭数は，世界的に見ればヒツジのほうがはるかに多い．これは前述したように，ヤギのほとんどが，アジア，アフリカに飼養されており，実験動物としての供給が不十分であったためである．日本では，逆にヤギを利用するほうがはるかに多い．ヤギの飼養頭数は5万頭強であって，ヒツジの2倍弱であり，より入手しやすいためだとも考えられる．

米国では，アフリカ原産の小型ヤギ，ピグミーゴートが，1960年代に実験動物化されている．体高40～50cm，体重20～30kgで，周年繁殖が可能であるという利点があるが，かなり凶暴であるという．

ザーネン種は，ピグミーゴートにくらべれば大型で，成時体重は雌50～60kg，雄70～90kg．体高は75～85cmである．毛色は白色で，角のないものが多いが，有角のものもある．乳用種として最も改良の進んだ品種であり，泌乳期間270～350日で，500kg～1000kg，特にすぐれたものは，1500kgを越すミルクを生産できる．繁殖季節があり，秋に発情する．交配後，妊娠すると春に分娩する．

無角のザーネン種が多いことは，無角遺伝子と強く関連している間性遺伝子の頻度も高いことを意味し，これがホモとなると，遺伝的には雌となるはずの個体が間性となり，生殖能力を失うことになる．もちろん泌乳能力もない．間性の出現率は5～11%である（図7.3, 7.4）．

この間性の出現と，季節繁殖性は，実験動物としての欠点の一つとも考えられ，また，湿潤な気候のもとでは，蚊によって媒介されるフィラリア症（腰麻痺は症状の一つ）に罹患しやすいことも欠点である．以上のような欠点がなく，さらに小型で取扱いも容易である小型ヤギの実験動物化を計られたのは，加納康彦博士（元東京大学教授，現明治大学教授）であり，対象動物としては，日本在来種であるシバヤギを選定された．この節のタイトルは「ヤギ」であるが，以下このシバヤギを中心に記述する．

シバヤギは，長崎西海岸一帯や五島列島において，肉用あるいは堆肥生産用として飼われていた日本在来種であるが，いつ，どこから伝来したかは不明である．沖縄や奄美群島の在来肉用小型ヤギ（トカラヤギ，屋久島ヤギなど）とは異なった来歴と考えられるが，東アジアの小型在来肉用ヤギの一系統であることは間違いない．ちなみに「シバ」は柴あるいは芝という字が当てられ，小さいという意味である．

加納博士が，シバヤギを東京大学農学部附属牧場に導入したのは1968年であり，頭数は雄2，雌3の計5頭であった．以後，他からは一滴の血も入れないクローズドコロニーとして飼養し，繁殖させて数の増加を計る一方，実験動物としての純化を目的として選抜・淘汰を行った．当初は，時に無角のもの，あるいは白色毛に茶色または黒色の刺毛が全身に見られるものが生まれた．そこでこれらの個体は淘汰し，有角で白色のもののみを選び残した．また，体

形，大きさも斉一になるよう選抜・淘汰した．さらにシバヤギの血液タンパクに関する27遺伝子座のうち，変異の見られた7座位，*Hb-β*, *Tf*, *LAP*, *Alp*, *PA3*, *Amy*, *Es-D* についてもホモ接合になるよう選抜・淘汰を行った[1]．

現在，東京大学農学部附属牧場に維持されているシバヤギのコロニーは，こうして作られたものであり，今までに5頭の種畜を源として，その子孫が20年間に生産した総頭数約1000頭のうちの100頭である．

（3） シバヤギの一般的性状

a．毛色と角

毛色は白色であり，雌雄ともにサーベル状の角をもつ．雄の角は雌よりも長く太い．生後1.5か月ころから角が生え始めるが，この時点で雄雌の太さは異なる．

b．体重と体高

シバヤギの体重を生時より12か月齢まで雄，雌別に図7.5に示した．生時体重は，平均値で雄1.8kg ($n=33$)，雌1.5kg ($n=31$) である．12か月齢では，雄22.4kg ($n=8$)，雌19.9kg ($n=13$) である．ただし雌の場合は妊娠末期であることも考慮しなければならない．体高は12か月齢で雄48cm，雌45cmである．これらの値は同腹腹子数によって影響を受け，1子の場合は大きく，3～4子の場合は小さい．

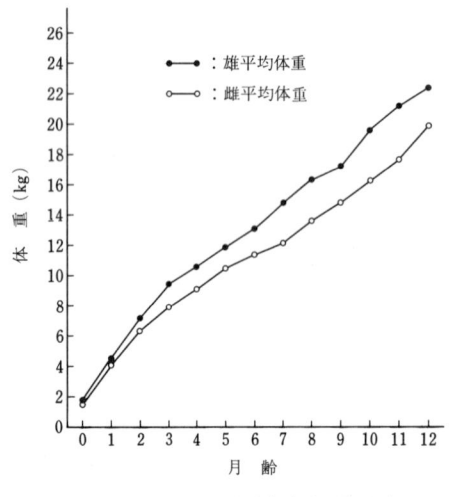

図7.5 シバヤギの体重曲線（澤崎原図）

c．成熟年齢と寿命

性成熟は4～5か月であるが，体の成熟は約2年を要する．寿命と繁殖可能年齢については，1例ながら生涯繁殖用として飼養したシバヤギの記録をまとめるとつぎのとおりである．

生年月日　1974年4月26日
死亡日　　1986年1月26日　11歳9か月
初　産　　1975年5月2日
　　　　　雌2頭分娩　371日齢
16産次（最終分娩）1985年9月30日
　　　　　雄1頭　11歳5か月

交配日の確認ができなかった場合には，分娩から分娩までに要した日数から，平均妊娠期間147日を引いて分娩から交配までの日数を求め，さらに哺乳期間を90日としてこれより差し引き離乳後交配までに要した日数を求めた．以上をまとめると224日齢（7.5か月齢）で妊娠し，以後，交配—(147日)→分娩—(90日)→離乳—(17日)→交配を繰返した．ただし，12産目以後，離乳から交配までの日数が長くなり，生後1週間以内に死亡するような子を生むことが多くなり，奇形子の分娩と老齢化が目立った．16回の妊娠で正常仔29頭，他に死産子4頭，生後1週間以内に死んだもの3頭，奇形子1頭を分娩した．

以上から判断すれば，繁殖用としての雌ヤギは8歳，11～12産が限度と考えられる．

（4） 形　　態

a．ヤギとヒツジの違い

ヤギとヒツジは動物分類学上比較的近い類縁関係にある．一般的な違いはヒツジの項に詳しく述べた．シバヤギも雄は顎ひげをもつが，他の品種に見られる頸部の肉垂（ワトル）はない．ヤギには特有の体臭があり，特に繁殖期の雄に著しい．ヒツジは体臭は少ない．

b．骨　格

脊椎骨は頸椎7，胸椎13，腰椎6，仙椎5，尾椎9，肋骨は真肋8，仮肋5，胸骨7である．

c．肢

ヒトでいえば中指と薬指が発達し，母指，示指は全く消失し，小指ははなはだしく退化している．

d．消化器

i) 歯　式　　ヤギの歯式は $\frac{0\cdot0\cdot3\cdot3}{3\cdot1\cdot3\cdot3}$ で示される．上顎には切歯がなく，この部の歯肉は硬く角化

した歯床板となっている．口唇は長く，運動自在で感覚は鋭敏である．上唇溝で縦に2分され交互に動かすことができる．

ii) 反芻胃 ヤギの胃は，ウシ，ヒツジなどと同じく4部からなり，複胃と称せられる．図7.6は，駐立姿勢でホルマリン硬化，凍結し，第13胸椎部で水平面にほぼ垂直に切断したシバヤギの軀幹断面[2]であり，頭側から見た図である．断面の3/4が第1胃であり，内容物がびっしりと詰まっている．下方黒く見える部分は液状部分である．このように第1胃は腹腔の半分以上を占め，最後端は骨盤腔にまで達する．上方中央に胸椎が見える．画面左（ヤギの右側）に楕円形の臓器が見えるが，これは左側の腎臓であり外側赤褐色部が腎皮質であり，中央白色部が腎髄質である．第1胃の容積拡大につれ，正中軸の脊柱線を越え右側に進出している．このように原位置から移動した腎を遊走腎という．

第1胃の粘膜面には小さな葉状，円錐状の乳頭が密生する．第2胃は内壁の襞が蜂巣状の模様を作るので蜂巣胃と呼ばれる．第3胃は多数の第3胃葉（襞）で占められる（重弁胃）．第4胃（皺胃）は発達したらせん状の襞が内部を占める腺胃である．この複胃の内部と相互関係を図7.7に示した．前述した軀幹断面図を作製したと同様に駐立姿勢でホルマリン固定し，左側より見た図である．第3〜4胃の左側に第1胃の前部があり，相互関係を明らかにするため大部分を切除し，図の左上部に第1胃の一部がある．第2胃の前部は横隔膜に接する．

食物は第2胃溝の上部にある噴門から第1，第2胃に入り第3，第4胃と図の矢印のように送られる．

第1,2胃内容物を口腔へ吐きもどし，再そしゃくし，唾液と混合してふたたびえん下することを反芻という．反芻時に食道内にもどる胃内容は半液状様で粗大な飼料片は含まれていない．反芻のための吐きもどしは，第1,2胃の収縮，食道内陰圧，噴門の弛緩，食道の逆蠕動などによって起こる．

iii) 第2胃溝反射 幼動物が母乳や水を飲むと第2胃溝の左右の粘膜襞（右，左唇）が強く収縮して短くなり，飲んだ液体は，第1,2胃に入らず直接第3胃に入る．これを第2胃溝反射といい，反射

図7.6 シバヤギの軀幹の断面，第13胸椎部で切断（頭側より）（澤﨑原図）

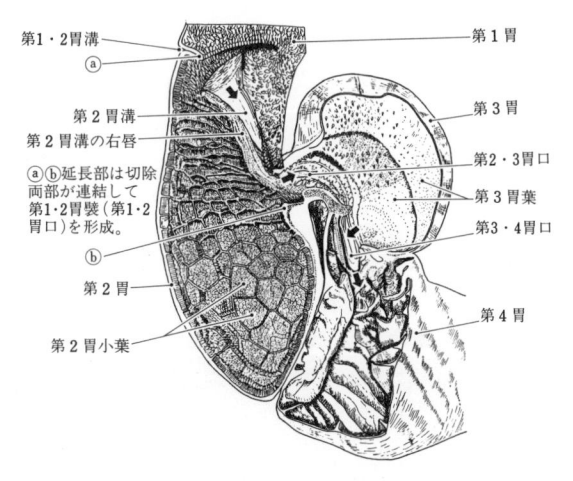

図7.7 シバヤギの複胃の内部（左側から）（澤﨑原図）
第1胃はほとんどが切除してあり，左上部に一部を残した．➡は食物の移動．ただし反芻の際の食道への戻りは示していない．

の受容器は口腔内や咽頭にある．この反射は日齢が進むにつれて消失し，離乳後は通常見られなくなるが，母乳が第1胃に入り，微生物による発酵を受けて栄養価が低下するのを防ぐのに有効であると考えられている．

反芻胃についてヒツジの項で詳しく述べたのであわせて参照されたい．

（5）行　　動

ヤギは世界的に見れば，ウシやウマが育成困難な山岳地帯，寒帯から熱帯の砂漠地帯まで広く飼養されている．これは，ヤギが体質強健で適応性に富み，粗食に耐え，樹葉嗜好性もあり，時に樹皮まで食べるなど頑丈な口唇をもち，飼料の範囲も広いことによる．ヤギは性質活発で挙動は敏捷であり，幼時より跳躍など種々の運動を好み，ヒツジほどではないが群居性がある．

（6）シバヤギの一般生理

成ヤギは1日約1kgの飼料を食べ，飲水量は1〜2 l である．心拍数は75〜80回/分，呼吸数は15〜20回/分，直腸温は38.5〜39.5℃である．

血液性状[3,4]の主なものは，赤血球数 $11.6±1.6$ $10^6/\mu l$，ヘモグロビン $12.2±1.5 g/dl$，PCV $20.2±2.6\%$，白血球数 $14.3±9.7\, 10^3/\mu l$ である．

（7）シバヤギの繁殖生理

a. 性成熟

育成中の栄養条件が満たされれば，4〜5か月齢で性成熟に達する．しかしこの時点では成長は十分でなく，仮に妊娠しても，流，死産，あるいは虚弱子の分娩が多く見られることになる．初産年齢が1年に満たないものの虚弱子，死産の発生率は26%であり，1年以降の15%にくらべ高い値となっている．

b. 性周期[5]

シバヤギの性周期は $20.4±0.2$ 日（平均値±標準誤差，$n=38$）であり，発情徴候は，陰部の紅潮，粘液の漏出，叫声をあげ，尾を振るなど，特徴的で明確な性行動を示す．精管結紮雄を用い，雌が乗駕を許容する時間から発情持続時間を判断すると $21.6±1.8$ 時間である．

c. 周年繁殖

図7.8に，1970年より1987年まで502回の分娩の月ごとの頻度を示した．1，4，7，10月にやや高い傾向を示すものの季節性は認められない．

d. 妊娠期間と腹子数

初産から6産までのうち，交配日の明らかな61例

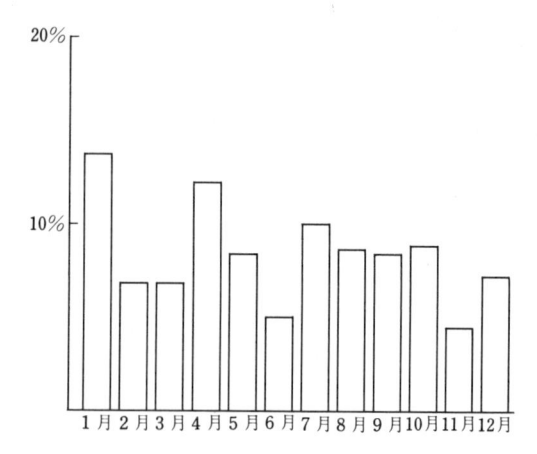

図7.8　シバヤギの月別分娩頻度
東京大学農学部附属牧場における分娩例（1970年〜1987年）（例数502）（澤﨑原図）

の妊娠期間は $147.3±3.1$ 日である．このうち3産までの49回の分娩例について，産子数，産次，妊娠期間の関係を示すと，

	初　産	2, 3産
単子	$148.2±2.7$ 日 ($n=11$)	$150.8±2.9$ 日 ($n=4$)
複子	$146.1±2.6$ 日 ($n=15$)	$146.6±3.7$ 日 ($n=19$)

となり，妊娠期間は産次よりも腹子数に影響を受け，単子よりも複子の際に，妊娠期間は短くなる傾向にあった．

e. 腹子数と産次

図7.9は，腹子数に対する産次の影響を示した．産次ごとの総分娩回数に対する腹子数別分娩回数を示した．初産では，126例中50%が腹子数1，45.2%が腹子数2，4.8%が腹子数3であり，腹子数2〜4は5産目まで上昇し以後減少することを示している．初産から8産までの腹子数の平均は，1産次：1.5頭，2産次：1.9頭，3産次：2.1頭，4産次：2.4頭，5産次：2.6頭，6産次：2.8頭，7産次：2.5頭，8産次：2.0頭，総平均1.9頭である．

（8）実験動物としてのシバヤギ

ヤギは，反芻獣のモデル動物として，畜産学，獣

学，内分泌学，泌乳生理学，栄養生理学などの研究，実験に，また各種免疫血清の製造，学生の解剖実習用などが挙げられる．

シバヤギを利用する上で参考となると思われる文献を以下に記す．生物学的特性[3]，軀幹の断面解剖[2]，遺伝子構成[1]，血液の化学成分正常値[4]，心電図[6]，繁殖生理[5]，実験用飼料による飼育試験[7]．〔澤崎 徹〕

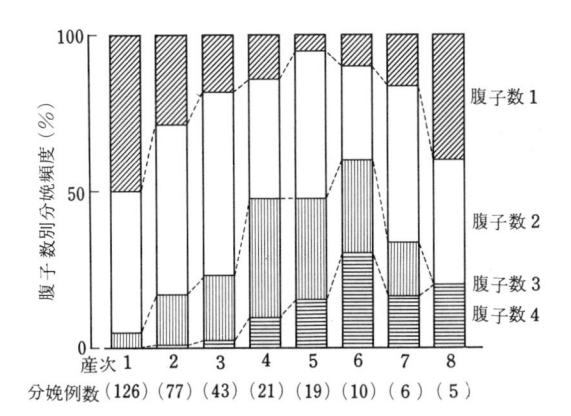

図7.9 腹仔数に対する産次の影響
（産次ごと，腹仔数ごとの分娩回数/産次ごとの総分娩回数）（澤崎原図）

文　献

1) 野澤　謙，加納康彦，沢崎　徹，西田隆雄，阿部恒夫，庄武孝義，松田洋一：小型ヤギいわゆるシバヤギの遺伝子構成．実験動物，**27**，413-422 (1978)
2) 沢崎　徹，森　裕司，加納康彦：小型ヤギ，いわゆるシバヤギの軀幹の断面解剖．実験動物，**28**，23-38 (1979)
3) 加納康彦，澤崎　徹，小山徳義：小型ヤギ，いわゆるシバヤギの生物学的特性――東大牧場コロニー6年間の記録――．実験動物，**26**，239-246 (1977)
4) 菅野　茂，須藤有二，澤崎　坦，澤崎　徹，加納康彦，松井寛二，森　裕司：シバヤギの臨床血液化学測定値．実験動物，**29**，433-439 (1988)
5) 加納康彦，森　裕司：生殖生理研究の新しい実験動物――シバヤギ――，実験生殖生理学の展開（鈴木善祐編），pp. 367-379，ソフトサイエンス社 (1982)
6) 須藤有二，菅野　茂，森　裕司，広瀬　昶，加納康彦，沢崎　徹，澤崎　坦：小型ヤギ，いわゆるシバヤギの心電図．実験動物，**28**，381-391 (1979)
7) 松井寛二，澤崎　徹，葉　哲宗，森　裕司，持丸　均，中尾健三，永井康豊，加納康彦：実験動物，**30**，35-39 (1981)

医学の分野で，あるいは医学の研究分野でも実験用動物として広く利用されてきた．特に乳用種であるザーネン種は泌乳生理学の研究用として利用されてきた．しかも，動物愛護，福祉などの面から，今後，イヌ，ネコの実験動物としての利用が制約されることになると，これら実験動物に代ってヤギの利用はさらに増大することも考えられる．

実験動物としてのシバヤギの歴史は浅いが，今までの実験動物としての利用目的を示すと，繁殖生理

7.3　ヒ　ツ　ジ

（1）生物分類学的位置

ヒツジの動物分類学上の位置はつぎのとおりで，ウシ・ヤギとかなり近い類縁関係を有している．

綱　　哺乳綱　（Mammalia）
目　　偶蹄目　（Artiodactyla）
亜目　反芻亜目（Ruminantia）
科　　ウシ科　（Bovidae）
族　　ヤギ族　（Caprini）
属　　ヒツジ属（Ovis）
種　　ヒツジ　（Ovis aries）

染色体数は $2n=54$ である．ヒツジ属には，世界各地で飼養されている数多くの品種をもつ家畜としてのヒツジの他にも，ムフロン O. musimon，ウリアル O. vignei，アルガリ O. ammon，オオツノヒツジ O. canadensis などの野生ヒツジも含まれる．ヒツジの祖先がどの野生ヒツジであったかは，不明な点が多い．多くの学者は，前3者が祖先であったろうとしている．

（2）実験動物としてのヒツジ[1]

現在，地球上には，11億頭以上のヒツジが家畜として使用されており，日本はともかく，世界的な規模でみれば，実験動物として入手することも容易である．実験動物としてのヒツジは，伝統的な実験動物であるマウス，ラットなどにくらべれば，体が大きいという利点があり，ウマ，ウシにくらべれば，飼養管理，取扱いが非常に容易であるという利点がある．ヒツジと同じような立場にあると考えられるのがヤギである．ところが科学文献数から見れば，ヒツジの実験動物としての利用は，ヤギの5～7倍になる．これは，地球上にヤギが4億5千万頭ほどいても，70%がアジア，アフリカにおり，実験動物と

しての入手が困難であるためである．

実験動物としてのヒツジの利用は，つぎの3点に大きく分けることができる．

a. 産業動物としてのヒツジ

ヒツジはいうまでもなく，重要な食肉生産動物であり，羊毛生産動物である．だから農業面からの実験動物としての利用が考えられる．ヒツジの病気，寄生虫，栄養，飼養，遺伝，育種，繁殖，成長，羊毛の特性などの研究は，産業動物としての生産性向上そのものを目的とした研究であり，そのための実験動物といえる．

b. 医学のためのヒツジ

2番目は，医学面での研究への利用である．人間の病気や，その処置法の研究に使用される．それは，体の大きさが人間に類似しているから，たとえば，外科手術のテクニックの開発，そして術後の長期にわたる実験的処置への利用に都合がよい．

c. 一般的な生物学的研究のためのヒツジ

3番目は，一般的な生物学的研究のための実験動物としての利用である．ヒツジは，手軽に利用できる草食獣の一つであり，反芻獣の一つであることなど，ヒツジ自体が一つの研究目的となる．また一般的な生物学的研究のために，純化されたヒツジのホルモンの利用があり，ヒツジの赤血球は，免疫学では，補体結合反応において抗体に対応する抗原として用いられる．また微生物学上，血液寒天培地への利用などがある．

このように数多くの利点をもち，広い範囲の研究に利用されているにもかかわらず，実験動物形成を目的として選抜・淘汰，純化はいまだ行われていないようである．また日本での利用も極めて限られており，頭数も3万頭弱が飼養されてはいても，食肉生産のための品種サフォーク種がほとんどである．

ヒツジの現在の地位を考えると，実験動物というよりはむしろ，実験用動物というべきかも知れない．

（3）一般的性状

前述したように，世界各地には，約11億頭のヒツジが飼養されており，しかも各国，各地方それぞれに固有の品種が存在するといわれているほど，ヒツジは多種多様である．産業動物としての用途から見れば，毛用種，肉用種，毛肉兼用種，乳用種，毛皮用種に大別されるし，毛の長さや粗さから，短毛種，長毛種，粗毛種に分けられる．また尾や臀部に，体脂肪のほとんどを蓄積する脂肪尾種や，脂臀種も存在する．このように飼う目的もさまざまで分布域も広いので品種・変種・グループ・タイプは1000以上もあるといわれている．品種ごとに大きさなど一般性状は異なるのは当然であり，多くの品種をここで紹介することはできない．用途，毛の性質，品種成立の歴史から，メリノー系種（毛専用種），イギリスダウン系種（肉用短毛種），イギリス低地系種（肉用長毛種），イギリス山岳系種（肉用粗毛種），クロスブレッド系種（兼用中毛種），乳用種，毛皮用種の7グループに分けられるが，イギリスダウン系種のうちのサフォーク種が，現在，日本に多く飼養されているので，これを中心に述べることとする．

a. サフォーク種の一般的性状（図7.10）

原産地はイギリス，サフォーク州で，サウスダウン種の雄と，ノフォーク種の雌との交雑によって作られた．頭部と四肢の膝，飛節以下は羊毛を欠き，黒色の短い粗毛が生えている．羊毛は中等長で白色，半光沢，長さ7.6〜12.7cm，直径25〜30μm，毛量は3.2〜4.1kgである．雄，雌ともに無角である．体重は，雄90〜130kg，雌85〜90kg，体高は，雄75〜80cm，雌60〜70cmである．

b. ヒツジの一般的性状

数多くの品種のヒツジを取りまとめると，体重は，雄で25〜150kg，雌で20〜105kg，体高は雄45〜85cm，雌40〜80cmであり，サフォーク種は大型の部類に入る．毛長はリンカン種のような長毛種の羊毛では，30〜40cmにもなり，羊毛の直径もメリノー種のように20μm以下と細いものもある．羊毛の色は，染色に都合のよいように改良された結果，白色

図7.10 サフォーク種（雌）（澤崎原図）

が最も普通であり，遺伝的にも，一般に優性である．

産業動物として飼養される場合は，生産力低下のため淘汰されるほど老齢まで生き残るものはめったになく，10歳になっても子供を生むことはできても，育てることはむずかしくなる．

（4） 形　　　態

a. ヤギとの違い

ヒツジとヤギは，動物分類学上，比較的近い類縁関係にあるが，両者にはつぎのような違いがある．

ⅰ）**被毛**　ヤギの体毛は，まっすぐで粗い毛(hair)であるが，ヒツジは毛髄を欠く，細く，波状にちぢれている繊毛(wool)で全身をおおわれている．皮脂腺からは多量の脂肪を含む脂汗が分泌され，羊毛は常にべとついている．

ⅱ）**皮膚**　皮膚は，ヤギよりも薄いが，改良の進んだものほど薄くなる．ただし，同じ品種でも，性，年齢，管理の仕方，風土の影響などにより，厚さは異なる．

ⅲ）**角**　ヤギは，サーベル状，コルク栓抜き形で，断面は左右に扁平でほぼ二稜形をなすのに対し，ヒツジの角は前後に扁平でほぼ三稜形の断面で，らせん状に回旋しているものが多い．またヤギでは雄雌ともに角をもつ品種が多いが，ヒツジは角のない品種が多く，あっても雄だけが角をもつ品種が多い．

ⅳ）**尾**　尾は，ヒツジは長く垂れ下るが，ヤギは短く，直立する．

ⅴ）**分泌腺**　ヒツジには，ヤギに見られない分泌腺が3か所にある．それは，眼の下にある眼下腺，後肢のつけねの鼠径部にある鼠径腺，前後肢の蹄のあいだにある蹄間腺である．このうち蹄間腺の分泌物には特有の臭気があって，ヒツジが群れで移動する際，互いの確認に役立っているといわれている．

ⅵ）**顎ひげ，肉垂**　雄ヤギの顎ひげ，雌ヤギの肉垂は普通はヒツジには見られない．

b. 角の遺伝[2]

ヒツジには，雌雄無角（サフォーク種），雌無角雄有角（メリノー種），雌雄有角（ドーセットホーン種）があるが，角は前頭骨の角突起を中軸にし，その表面を，皮膚の角質層が角質化してできた角表皮で包まれた洞角である．

角の遺伝は，複対立遺伝子によると考えられ，雌雄無角（H）＞雌雄有角（H'）＞雌無角雄有角（h）の順である．さらにメリノー型のように雌無角雄有角の場合は，遺伝子型は同様でも，雌雄によって表現型に差の出る従性遺伝で，雄では有角が優性となり，雌では無角が優性となる．これは，明らかに雄性ホルモンの影響を受けていることを示しており，また，雌雄有角でも，雄のほうが角は大きく，角の大きさに雄性ホルモンの影響が考えられる．ちなみにヤギの角の場合は，単純な1対の遺伝子によるもので無角が優性である．

c. 骨　格

脊椎骨は，頸椎7，胸椎13，腰椎6（まれに7），仙椎4，尾椎3〜24で，肋骨は真肋8，仮肋5，胸骨は7である．

d. 四　肢

ヒトでいえば，中指と薬指が発達し，他の指は，全く消失するか（母指，示指），はなはだしく退化している（小指）．偶蹄類の名が示すように，1肢に2蹄あり，これらがそれぞれ第三，第四指（趾）の先端を被う主蹄となり，さらにその後背位に退化して歩行の用をしない1対の副蹄がある．副蹄は骨格的基礎をもたない．

e. 消化器

ⅰ）**歯式**　ヒツジの乳歯は20本，永久歯32本であり，歯式は $\frac{0\cdot0\cdot3\cdot3}{3\cdot1\cdot3\cdot3}$ で示される．上顎には切歯がなく，この部の歯肉は硬く角化した歯床板となっている．これらはヤギ，ウシと共通である．口唇は長く，運動自在で感覚は鋭敏である．ことに上唇が著明で，上唇が麻痺すると，たちまち採食困難となる．さらに上唇は，上唇溝で縦に2分されており交互に動かすことができる．

ⅱ）**反芻胃**　ヒツジの胃は，ウシ，ヤギなどと同じく4部からなり，同じ草食動物のウマなどの単胃に対し，複胃と称せられる．第1胃（瘤胃）は胃全体の80%を占め，粘膜面には葉状，円錐状の乳頭が密生する．第2胃（蜂巣胃）は，胃全体の6%で，内壁の襞が蜂巣状の模様を作る．第3胃は全体の4%で，内腔は多数の第3胃葉（襞）で占められ，葉の大きさは3種類あるが，大葉は9〜10枚である（重弁胃）．第4胃（皺胃）は胃全体の10%で，発達したらせん状の襞が胃底部の前半に多い．第1胃，2胃を総称して反芻胃と称する．第1，2胃に入った食物は胃の収縮によって食塊が口にもどされ，再そしゃくされる．これを反芻（噛み返し）と言う．第1，2

胃は食道の変化したもの，第3胃は胃食道部の変化したものとされたことがあったが，これらは，胃の一部が拡張発達したものと現在は考えられている．ただし，第4胃のみが胃液を分泌して消化を行う腺胃である．第1胃は大きな発酵槽であって，無数の細菌や原生動物が共存しており，ヒツジ自体では消化できないセルロースのような植物繊維をもこの細菌や原生動物が分解発酵し，揮発性脂肪酸とし，またヒツジ自体が直接利用できない尿素のような非タンパク態窒素化合物を菌体タンパク質にかえてヒツジの栄養源としている．

採食や反芻時には多量のアルカリ性の唾液が分泌され，揮発性脂肪酸が多量に生成されるにもかかわらず，第1胃内のpHを一定に保っている．産生された揮発性脂肪酸は胃壁より吸収され，ヒツジのエネルギーとなる．

幼若動物では第1胃の発達は十分でなく，飲んだミルクは，第1, 2胃に貯留せず，第3胃に直接入る．これは第2胃溝反射という機能が中心となって行われる．日齢が進み，固形物の摂取ができるようになるとしだいに消失し，離乳後は通常見られなくなる．

ヒツジの胃は，腹腔の半分以上を占め，後方は骨盤腔にまで達する．体重70kgのヒツジで，内容物とも複胃の重さは約18kgである．またヒツジの腸は長く体長の20倍にも達し，これら胃腸の構造がヒツジの消化吸収力の強さを担っていることが理解できる．（複胃の構造についてはヤギの項参照）

（5）行　　動

ヒツジは極めて臆病で，追従性，群集性が強い．侵入者に対しては，強い警戒心を示し，たちまち群になってしまい，抵抗できない．ただ雄は頭をさげ向かって行って，侵入者に頭突を見舞う．

ヤギは木の葉を好んで食べるが，ヒツジは草のほうを好む．上唇を動かしながら下顎の切歯と上顎の歯ぐきの間に草をはさんで引きちぎり，地表の短い草を食べる．舎内では1度踏みつけた草はほとんど口にしない．

（6）一　般　生　理

ヒツジの生理値はつぎのようになる．

心拍数	75(60〜120)	回/分
呼吸数	19(15〜40)	回/分
血圧	最大135〜	最小90mmHg
直腸温	39.1(38.3〜39.9)°C	
尿量	0.5〜1.5 l/日	
糞量	1kg/日	
摂水量	1〜3 l/日（飲水および飼料水分）	

これらの値は一応の目安であって，環境やヒツジの状態（妊娠など）により変化するのは当然である．

（7）繁　殖　生　理[3]

ヒツジは，哺乳類の繁殖生理を理解するための貴重な実験動物である．家畜の生産性向上を研究する目的ばかりでなく，比較することにより，ヒトをも含めた哺乳類の生殖生理のより深い理解のために，ヒツジは用いられてきた．低緯度地帯を除けば，ヒツジは季節繁殖動物の一つであるが，季節繁殖という生理学的機構そのものが研究者の興味を引く一方，産業面から見れば繁殖季節がない方が，生産性は格段と向上することになり，この社会的要求が，ヒツジの繁殖生理の研究を進める力となってきた．

a．季節繁殖と性的活性

ヒツジの大多数の種では，季節を限って周期的な発情を示し，高緯度地帯では，秋から初冬が繁殖季節である．一方，メリノー種のように，熱帯地方では周年繁殖を示すものもある．一般には，低緯度地方に発する品種は繁殖季節が長く，高緯度地方に発するものは短いが，飼養場所の気候や栄養状態によって繁殖季節の長さは異なる．日本では，雌ヒツジは9月半ばから2月始めまで性周期を繰り返す．卵巣活性の季節性は，自然光下では明期と暗期の長さの比に依存し，日長が短くなっていくと繁殖季節を迎えるから，ヒツジは短日型の季節繁殖動物である．

光周期の消長と生殖腺機能の季節的変化を仲介するものとしてメラトニンを分泌する松果体の役割が研究されてきている．メラトニンを皮下に埋めることにより，非繁殖期でも，繁殖期のような卵巣の動きを作ることができる[4]．

雄の性欲の強さ，精子形成能力は，血中のテストステロン濃度の消長と密接に関係し，雌の繁殖季節に高く，非繁殖季節に低い．雄も雌と同じく性的活性は光周期に支配されている．

光周期とともに，気温も繁殖能力に影響を与え，25°C以上になると雄の性欲は減退する．雌では，35°C以上でも排卵するが，このような条件下では，初期

胚死は当然考えられる．

b. 春機発動

ヒツジの繁殖能力は，光周期性という季節的環境の変化に影響を受けるから，春機発動（性成熟に対した最初の排卵）も，いつ生まれたかによって時期が異なる．早熟な品種で，早春に生まれた子ヒツジは，その年の秋に春機発動を見せ，妊娠し，翌春に分娩することもある．晩春に生まれた子ヒツジは，翌年の秋に春機発動を見せるのが普通である．

c. 性周期

発情周期は 16.5～17.5 日であり，約 30 時間発情がつづく．排卵は自然排卵であり，発情開始から 24～27 時間後に起こる．排卵数は 1～2 であるが，排卵数のもっと多い品種もあり，栄養状態が良好なもの，また 4～6 歳齢の時期の排卵数は多い．排卵後，正常に黄体が形成されると，血中のプロゲステロン濃度は，発情開始より 4 日目から上昇し，7～15 日まで最高濃度を維持し，以後急激に減少し次回の発情を迎える．この黄体退行因子は，子宮内膜で作られるプロスタグランジン F_{2a} で，性周期 15～16 日に子宮静脈血中濃度が増加する．

d. 妊娠

受精卵は，排卵後 4 日（72 時間）に桑実胚期に，卵管より子宮へ移動する．子宮に着床する前に，胚は何らかの信号を発し，それによって正常性周期にみられる 15 日目ころの黄体退行を阻止し，妊娠の成立に必要な黄体ホルモンの分泌を維持する（母体の受胎認識）．

e. 着床

ヒツジもヤギやウシなど他の反芻獣と同様，子宮内膜には多数の子宮小丘（宮阜）と呼ばれるキノコ状の隆起をもち，ここが母体胎盤となる．胚の栄養膜には，子宮小丘に対応するところに絨毛が叢毛状に集まり，絨毛叢を形づくり，子宮小丘において子宮内膜壁に食い込んで着床する．胎盤の分類からは半胎盤であり，多胎盤である．着床痕が肉眼的に確認できるのは，妊娠 25～30 日である．

f. 妊娠の維持

妊娠 50～60 日までは黄体の存在は必須である．黄体の除去，下垂体の除去によって必ず流産が起こる．いずれの動物においても黄体ホルモンは，子宮内膜に働いて着床性増殖を促し，子宮乳の分泌を盛んにし，子宮筋のエストロゲンやオキシトシンに対する感受性を低下させ，子宮運動を抑制し，子宮頸管を緊張させ妊娠を維持するなど重要である．ところが妊娠 60 日以降は，卵巣を除去しても妊娠の継続が可能である．また下垂体を除去しても，卵巣の黄体機能は維持される．これは，受胎物が，下垂体に代って黄体刺激ホルモンを生産し，黄体機能を維持しているからである．この黄体刺激ホルモンは，ヒツジ胎盤性催乳ホルモンである．

g. 妊娠期間と産子数

妊娠期間は 144 日～152 日であり，繁殖季節が秋から冬にかけてであるから，分娩は冬から春である．図 7.11 は，サフォーク種の月別分娩回数を図示したものである．初産年齢が 2 歳の場合は，2 産目以降とほぼ分娩時期が一致するのに対し，初産年齢が 1 歳の場合は，分娩時期がこれより遅れることがわかる（春機発動の項参照）．この分娩例での平均産子数は，初産が 1 歳齢の場合は 1，初産が 2 歳齢の場合 1.6 頭，全平均は 1.2 頭であった．　　　〔澤崎　徹〕

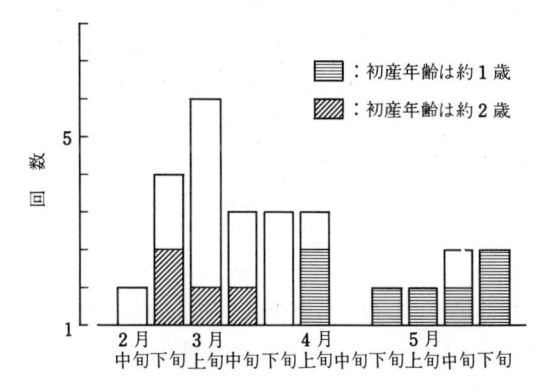

図 7.11　ヒツジの月別分娩回数（$n=26$）（澤崎原図）

文　献

1) Hecker, J. F.: The sheep as an experimental Animal, Academic Press (1983)
2) 内藤元男：家畜育種学, p.13, 養賢堂 (1970)
3) Robertson, H. A.: Reproduction in the ewe and the goat. Reproduction in domestic animals, 3rd ed. (Cole, H. H. & Cupps, P. T. (ed.)), pp. 477-494, Academic Press (1977)
4) 森　裕司，高橋迪雄：動物学における内分泌学——季節繁殖，生理的な性腺機能不全の内分泌機構——．ホルモンと臨床, 33 巻増刊 内分泌代謝学の進歩, 149-161 (1984)

8. ウサギ目

8.1 ウサギ

(1) 生物分類学的位置

実験動物としてのウサギはアナウサギを家畜化したカイウサギ *Oryctolagus cuniculus* var. *domesticus* である. カイウサギは図 8.1 に示すように生物分類学上, 脊椎動物門 (Vertebrata), 哺乳動物綱 (Mammalia), ウサギ目(重歯目) (Lagomorpha), ウサギ科 (Leporidae), ウサギ亜科 (Leporinae), カイウサギ属 (*Oryctolagus*), アナウサギ〔カイウサギ〕種 (*cuniculus* var. *domesticus*) に位置する. ウサギ目には, ウサギ科とナキウサギ科 (Ochotonidiae) の 2 科が含まれる. また, ウサギ科はウサギ亜科とムカシウサギ亜科 (Paleolaginae) に分類され, さらにウサギ亜科は, カイウサギ属とノウサギ属 (*Lepus*) に大別される. なお, 古くは, ウサギ類は, げっ歯目の亜目に分類されていたが, 切歯の本数の違い(げっ歯類は 1 対 2 本に対して, ウサギ類は 2 対下顎 2 本上顎 4 本) から, いまでは, 完全に別の目に分類されている. ウサギ目は, 現在のところ世界中で 2 科 9 属 66 種が知られている.

わが国には, 実験用ウサギの前身であるアナウサギは元来, 野生では生息していないが, 在来種としては, 2 科 3 属 4 種のウサギが知られている. すなわち, 北海道の山岳地帯にいるナキウサギ(エゾナキウサギ) *hyperborea yesoensis*, 奄美大島, 徳之島のみにいるアマミノクロウサギ *furnessi*, 北海道にいるユキウサギ(エゾユキウサギ) *timidus ainu*, 本州, 四国, 九州, 佐渡, 隠岐にいるノウサギ *prachyurus* である. これらのうち, エゾナキウサギはナキウサギ科, アマミノクロウサギはムカシウサギ亜科(1 属 1 種), エゾユキウサギとノウサギはノウサギ属にそれぞれ分類される. また, ノウサギは, 生息地域によってトウホクノウサギ, キュウシュウノウサギ, サドノウサギ, オキノウサギの 4 亜種に分けられる.

なお, カイウサギとノウサギは, 外観上明確に区別することは困難であるが, 染色体数は, カイウサギが $2n=44$ であるのに対し, ノウサギは $2n=48$, ナキウサギは $2n=60$ である. また, 新生子は, カイウサギでは赤裸で目を閉じているが, ノウサギでは, 毛が生えて目が開いており, 生後数日で草を食べはじめる. このように両者は意外と遠縁な関係にあり, 両者間の雑種は存在しない.

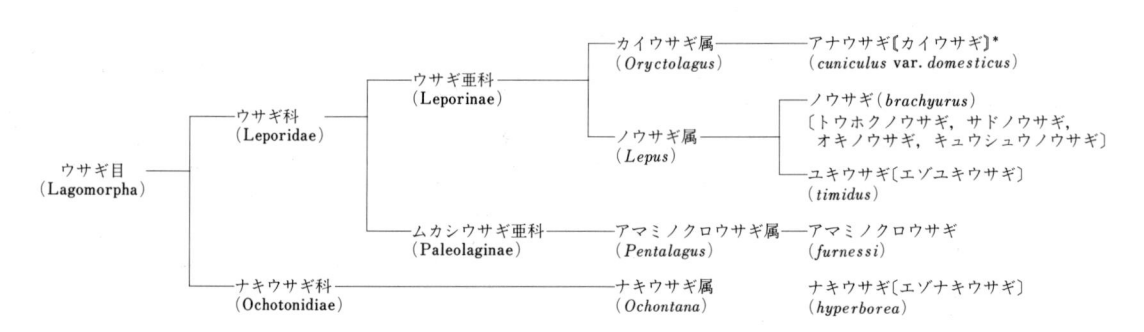

図 8.1 日本に生息するウサギ目動物の分類

（2） 実験動物になるまでの歴史

a. 家畜としてのウサギ

現在，一般に実験に使用されているウサギは，地中海沿岸地方に生息していた野生のアナウサギを家畜化したカイウサギである．家畜化された年代について明確な記録はないが，紀元前1100年頃のフェニキア人は，すでに野生のアナウサギを飼育していたといわれている．その後，ローマ時代（紀元前750年以降）には，家畜化されたウサギと野兎とがはっきりと区別され，庭先などで飼育されていたという．しかしながら，本格的な家畜化が始まったのは，11世紀頃，ヨーロッパ西南部のイベリア地方においてであり，15～16世紀にはヨーロッパ各地に広がり，その後全世界に広まったといわれている[1]．

家畜化されたウサギは，長年にわたって育種されていくうちに，使用目的に沿った多くの品種が作出されるに至った．現在では，本来の目的である食肉用，毛皮用，毛用，愛玩用およびそれらの兼用種を合わせると50～60品種が登録されている[2]（品種については後述する）．

わが国には，天文年間にオランダ人によって前述のウサギがもたらされたという説もあるが，確かなところでは，明治時代となっている．明治初期に中華民国，米国およびヨーロッパから相ついで輸入され，当初は主に愛玩用として飼育されていた[3]．その後，毛皮ならびに肉が軍用物資として利用されるようになったために，ウサギの増産奨励が出され，毛皮，肉兼用種の作出を目的に，種々の外国種の血を入れ，改良が行われた．一時は，660万匹にも達した飼育数も終戦とともに激減し，今日では，年間約30万匹の生産数にとどまっている[4]．

現在，わが国でふつうに見られるウサギは，ほとんどが"日本白色種"（以前は，地域によって体形や大きさに差異があり，大型をメリケン，中型をイタリアン，小型をナンキンと呼んでいたが，現在では，毛色は純白，体重は生後8か月で4.5kg前後，毛長は2.4cm内外で密生，耳長は18cm未満で直立であることが標準とされている）と呼ばれるものであって，これらは前述の過程を経て作られたものである．

b. 実験動物としてのウサギ

実験用ウサギには，こうした家畜としてのウサギが長い間流用されていたが，近年，実験動物として

図 8.2 実験動物としてのウサギ

のウサギの重要性が高まるにつれ，ウサギの実験動物化が進められるに至った．

ウサギは，品種によって大きさがかなり異なっていることや，それぞれ特性の違いをもつことから，実験目的に適した品種の中から系統を作出することが望ましい．そのためには，微生物学的統御が行われ，かつ，遺伝的均一性をもつウサギが実験に使用されなければならない．ただし，ウサギの近交化は，繁殖上多くの問題点があり，近交系作出には困難を伴うことが多い．図8.2には日本白色種のJWNL，JW-NIBSなどとともに，クローズドコロニーとして知られているJW-Cskを示した．しかしながら，米国のJackson Laboratoryには，約20の近交系が維持されており[5]，1976年には，それらの一つであるB/J系ウサギが日本へ導入されている[6]．一方，わが国においても，Du-NIBS/Y，JW-NIBS/Y，NW-NIBS/Y，CSKなどの近交系が確立されている．また，一部の機関においては，SPFウサギの作出も行われており，その系統数も徐々にふえつつある．さらに，高脂血症（JW/HLR），運動失調症（AX/J），侏儒症（Ⅲ/DWJ），動脈硬化症（WHHL）などのミュータント系も発見され，系統として維持されている[7]．この他に，実験的に誘発した疾患モデルウサギとして，糖尿病，糸球体腎炎，慢性関節リウマチおよび肝硬変などの発症ウサギが知られている[8]．

このように，家畜から流用されていたウサギも，しだいに実験動物化がなされてきてはいるが，いまだ多くの実験用ウサギは，農家の副業的産物としての色合いが濃く，疾病ならびに遺伝的な面において問題点が残されている．

（3） 一 般 的 性 状

ウサギには多くの品種が存在するため，形態および特性に関しては，品種間にかなりの違いがみられる．ここでは，現在実験用ウサギとして一般に使用されている品種について記述する．

表 8.1 実験用ウサギの主な品種

大きさ(性成熟)	品種	原産地	本来の用途	体重(kg) 雄	体重(kg) 雌	品種の沿革	毛色(内種)	被毛および体型の特徴・その他
小型種(4か月)	ダッチ	オランダ	愛玩用	2.0	2.0	在来種(ブラバソン)を改良	黒,青,チョコレート,べっ甲,鉄灰,黄,青灰,褐	白地に頭部,腰部が有色
	ポーリッシュ	オランダ(orヒマラヤ地方)	〃	1.1	1.1	ダッチorヒマラヤンから改良	白,黒	眼色はピンクと青
	ヒマラヤン	イギリス(orヒマラヤ地方)	〃	1.3~1.5			黒,青	白地に顔面,耳殻,尾,四肢端が有色,毛繊細で密生
中型種(4~8か月)	日本白色種	日本	毛皮,肉兼用	3.5~4.5		外来種から改良	白	毛繊細で綿毛密生
	ニュージーランドホワイト	アメリカ	〃	4.5	4.9	ニュージーランドレッドにアンゴラの血を導入	白	前躯の発育よく,角型の体型,毛繊細で綿毛密生
	カリフォルニア	アメリカ	肉用	4.0	4.2	ヒマラヤン×ニュージーランドホワイトの交配より作出	黒,チョコレート	白地に鼻,耳殻が有色
	ロップイヤー	?	愛玩,肉用	4.5	4.9			垂れ耳
大型種(9~12か月)	フレミッシュジャイアント	アメリカ	肉用	6.3	6.7		鉄灰,淡灰,淡褐,黒,青,白,鹿毛	腹部白,毛質粗
小,中,大型	チンチラ	フランス	毛皮	小 2.9 中 4.5 大 6.1	3.1 4.9 6.5	ベーフェレン・ヒマラヤン・野生兎との交配より作出	白,青,黒	野生のチンチラ色に似る

実験用ウサギは,小型種,中型種,大型種に大別される.小型種としては,ダッチ,ポーリッシュ,ヒマラヤン,中型種としては,日本白色種,ニュージーランドホワイト,ロップイヤー,カリフォルニア,大型種としては,フレミッシュジャイアントなどがあげられる.またチンチラには,小,中および大型種が存在する(表8.1).

a. 体　　重

成熟時の体重は,表8.1に示すようにポーリッシュの1kg程度のものからフレミッシュジャイアントのように7kgに達するものまでさまざまである.図8.3は日本白色種をもとにして作出されたJW-Csk系の体重曲線である.この系統は,12~16週齢で性成熟に達し,概して早熟である.体重曲線には性差がなく,4~12週齢までが,体重の最も増加する急成長期である.また,生時体重に対して2倍の体重に達する時期,いわゆるdoubling timeは生後約1週間である.

b. 性　成　熟

性成熟時期は,一般に小型種は早く,大型種になるほど遅い傾向にある.小型種は生後4か月,中型種は生後4~8か月,大型種は9~12か月である.なお,性成熟には性差が認められ,日本白色種の場合,雄では生後16週齢頃から精巣が下降し,精子形成は19週齢で行われるのに対し,雌では生後9週齢には卵巣内に卵胞(二次卵胞が存在し,排卵可能卵胞(graafian follicle)は15週齢で形成されることから,雌は雄に比較して早熟である.

c. 毛色・被毛

表8.1に示した品種は,毛色の変異によって,さらに多くの内種に分けられる.毛色の変異に関しては,現在多数の遺伝子が知られており,これらが複雑に組合わさることによって現存する多くの品種および内種が成立したのである.これまで知られてい

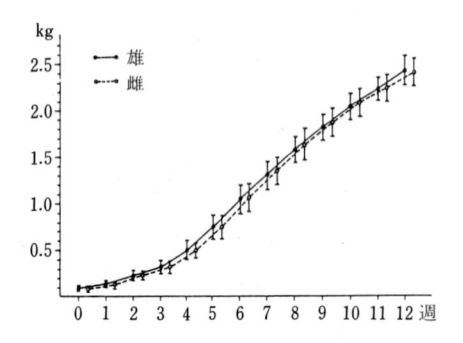

図 8.3 JW-Csk系ウサギの体重曲線(雄50匹,雌50匹)

表 8.2 毛色，被毛に関する遺伝子（ウサギ）

遺伝子記号	遺伝子（座）名	リンケージグループ	遺伝子効果
A	light bellied agouti	IV	灰色，腹側は白色
a^t	black and tan	IV	背は黒，腹は白
a	non-agouti	IV	単黒色
B	black	I	A-A-アグーチ（灰色），aaB-黒色
b	brown	I	A-bb シナモン，C とリンクあり
C	full color	I	有色
c^{chd}	dark chinchilla	I	
c^{chm}	medium chinchilla	I	｝真性メラニン量の違いで段階的に毛色，眼の色が薄くなる
c^{chl}	light chinchilla	I	
c^h	Himalayan	I	鼻，耳，四肢の先端のみが黒色，他は白
c	albino	I	完全な白色，目は赤色
d	dillution		毛色を薄くする
du^d	dark Dutch	II	鼻端，前頭，四肢の先端のみ白色
du^w	Dutch spotting	II	前軀に白いベルト
E^d	dominant black	IV	完全な黒色毛
E^s	steel	IV	E^d より色が薄くなる
E	normal extention	IV	正常
e^f	Japanese brindling	IV	黒，黄のまだら
e	yellow	IV	黄色
En	dominant white spotting	II	ヘテロは白斑の大きさに大きな変化がある
f	furless	V	無毛，ウール毛の欠損
l	angora	II	長毛
n	naked		無毛
ps-1	pelt loss-1		ウール毛の欠損，f よりゆるやか
ps-2	pelt loss-2		ウール毛の欠損
$r1$	rex-1	III	被毛，触毛の曲り
$r2$	rex-2	III	被毛，触毛の曲り
$r3$	rex-3		被毛，触毛の曲り
re	red eye	IV	ピンクの色の眼
sa	satin	VII	被毛が光沢あり絹状
si	silverling		被毛が灰白色を呈する
v	Vienna white		ホモは全身白，ヘテロは du^w とほとんど同じ，眼は青
wa	waved		rex のみに出現，被毛が波状を呈する
Wh	wirehair		ウール毛の欠損
wu	wuzzy		被毛が密生する

る毛色および被毛に関する遺伝子を表 8.2 に示す[9]．

毛色に関しては，基本的には六つの遺伝子座が関与している．すなわち，遺伝子 A (light bellied agouti), B (black), C (full color), d (dillution), E (normal extention), v (vienna white) である．そしてこれらにそれぞれ対立遺伝子が存在することにより，多種多様な毛色が発現する．さらに，被毛ならびに体色に関する多数の遺伝子がこれに関与するため，育種しだいでは，新しい品種を作出できる可能性もある．なお，体色に関する遺伝子としては，野鼠毛色帯状縞 (agouti band)，ダッチ斑 (dutch spotting)，イギリス斑 (english spotting) および銀色化 (silvering) などが知られている．

d. 寿　　命

品種および飼育環境によっても異なるが，一般には 7～8 年といわれている．最長寿命は 13 年という記録がある[10]．

（4）　形　　態

a. 解　　剖

i) 体各部の名称　ウサギの体の各部の名称は図 8.4 に示した．

頭部は鼻，口，眼，頬，耳介と頭蓋からなり，さらに鼻は鼻尖と鼻背，頭蓋は位置によって前頭，側頭，頭頂，後頭に分けられる．胴部は胸部，肩部，

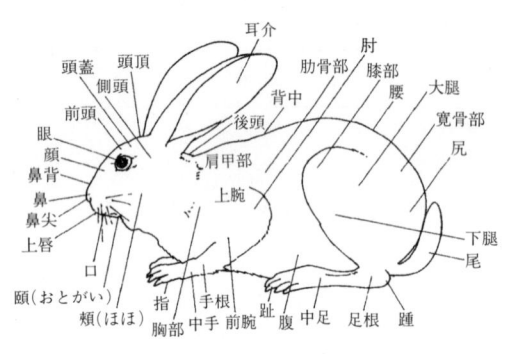

図 8.4 体の各部の名称

背部，腹部，腰部，尻部などに分けられ，細かくは骨格によって肩甲部，肋骨部，寛骨部に区別される．前肢は上から上腕，肘，前腕，手根，中手，指．後肢は大腿，膝，下腿，踵，足根，中足，趾にそれぞれ分けられる．

ii) **骨　格**　骨格は，頭蓋骨，軀幹骨，前肢骨，後肢骨からなっている（図8.5）．

1) 頭蓋骨：上顎骨，下顎骨，鼻骨，切歯，後頭骨，側頭骨などからなる．
2) 軀幹骨：頸椎7，胸椎12，腰椎7，仙椎4，尾椎15〜18，胸骨6（胸骨片の数），肋骨（通常12対）からなる．
3) 前肢骨：肩甲骨，上腕骨，橈骨，尺骨，手根骨，中手骨，指骨からなる．
4) 後肢骨：寛骨（腸骨，恥骨，坐骨によって構成），大腿骨，脛骨，腓骨，膝蓋骨，足根骨，踵骨，足根骨，中足骨，趾骨からなる．

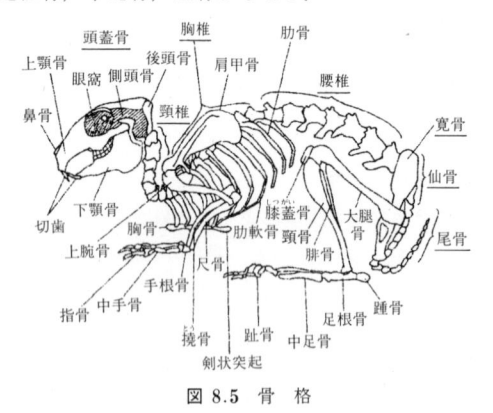

図 8.5 骨　格

iii) **歯**　歯式は，生後18日齢頃までの乳歯は，切歯 $\frac{2}{1}$，臼歯 $\frac{3}{2}$ で総数16本であるが，永久歯は，切歯 $\frac{2}{1}$，前臼歯 $\frac{3}{2}$，後臼歯 $\frac{3}{3}$ で総数28本である．なお，上顎切歯は前後に重なり合っており，しかも第2切歯（後方）は第1切歯より小さいために外見は1本のように見える．この歯の並び方は特異なもので分類学上，ウサギ目独特のものである[11]．

iv) **臓　器**　体内の主要臓器は図8.6に示した．以下各主要臓器について概略を述べる．

1) 胸部臓器

心臓：胸腔の中央やや左側の第1〜2肋骨間に位置し，心尖博動は第3肋骨間でふれる．不規則な鈍円錐形を呈し，暗赤色の親指大の大きさで，重量は5g程度である．

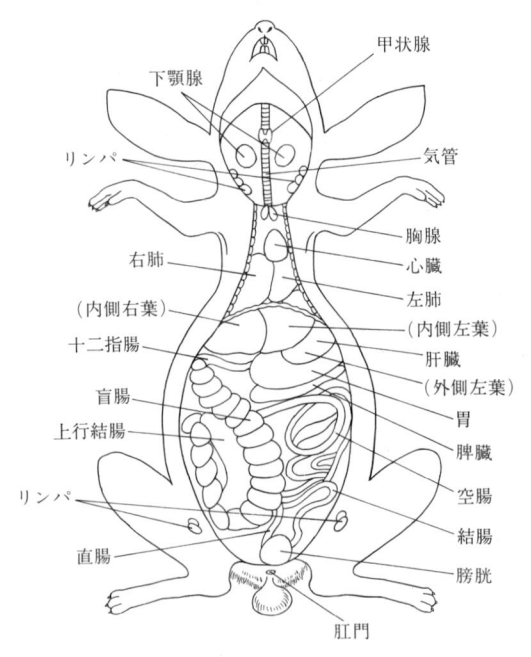

図 8.6 主要臓器の位置

肺（図8.7）：心臓をはさんで胸腔のほとんどを満たしている．心臓を抱いて彎入している部分（心切痕）は，左肺でだけ明らかに認められる．左肺は前葉前部，前葉後部，後葉の3葉，右肺は前葉，中葉，副葉，後葉の4葉に分かれている．したがって肺は左右対象ではなく，左肺は右肺の2/3程度の大きさである．

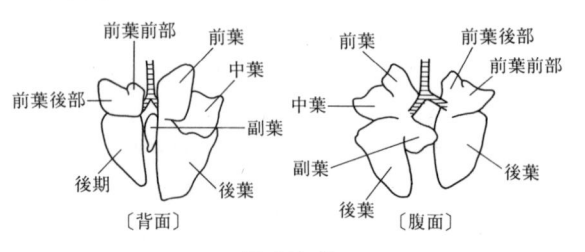

図 8.7 肺

胸腺：左胸腺と右胸腺に分かれていて灰赤色を呈し，一部は心臓の腹側にあって体前方に延び胸部入口に達する．

2) 腹部臓器

肝臓(図8.7)：左葉，右葉ともに切痕によって内，外側に分けられ，さらに尾状葉，方形葉を加えて計6葉からなる．大きさでは外側左葉が最大で，つぎが内側右葉である．胆嚢は内側左葉と右葉の間に位置する．

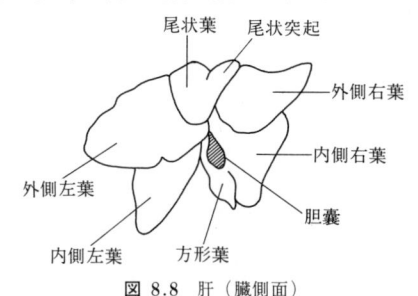

図 8.8 肝（臓側面）

膵臓：まとまった形はとらず，胃から十二指腸にかけての腸間膜に介在し，多数分葉して樹枝状を呈する．脂肪組織と見間違えやすいが，脂肪組織は白色であるのに対し，膵臓は淡い桃色である．

脾臓：胃のやや左下方に存在し，暗赤色で扁平な三日月状を呈する．長さは通常4～5cm程度である．

胃(図8.8)：体の正中軸からやや左方に位置し，食道側を噴門，十二指腸側を幽門と呼ぶ．他の動物種と比較して噴門と幽門が接近し，胃底腺部の占める割合が大きい．

腸管：小腸と大腸に大別され，さらに小腸は十二

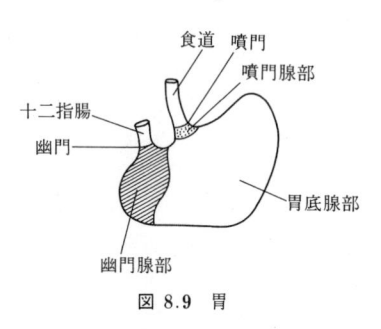

図 8.9 胃

指腸，空腸，回腸，大腸は盲腸，結腸，直腸に分けられる．盲腸は特に大きく，右腹腔の大部分を占め，長さは約40cmである．盲腸の先端より約10cmは他の部分より細く，虫垂と呼ばれる．虫垂はリンパ組織がよく発達している．

3) 泌尿，生殖器（図8.9）

腎臓：腹腔腰部の背側に付着し，右腎は左腎より

も上方に位置する（右腎は第2腰椎部，左腎は第4腰椎部）．色は暗褐色，形はソラマメに似た楕円形で表面は平滑である．副腎は腎臓から離れており，その前内側に位置する．

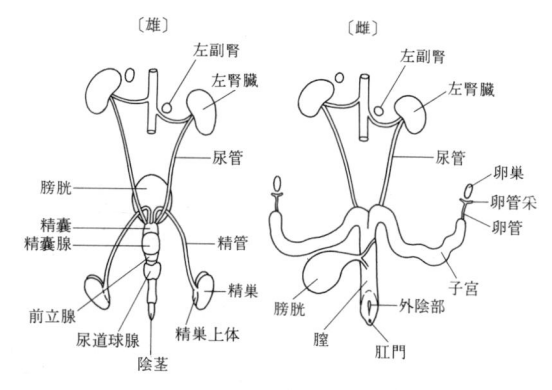

図 8.10 泌尿・生殖器

卵巣・子宮：卵巣は腹腔背壁の大腰筋中部に位置し，短い卵巣間膜で結ばれている．卵巣は卵管采から卵管（8～10cm）を経て子宮角につづく．子宮は左右が完全に独立している重複子宮である．

精巣：卵円形で陰囊内に縦位で位置する．精巣には精巣上体が束状に付着しており，尾端より精管がのび腹腔を経て精囊腺の腹側壁に開口する．

b. 発　　　生

i) 着床前胚の経時的変化（表8.3）　受精した卵子は，卵管を通過し子宮内膜に着床するまでに種々の形態的変化を示す．ウサギ胚の特徴は，卵管内で透明帯の周囲にムチン層が付着することと胚盤胞期に達した胚が子宮内で著しく膨大することであ

表 8.3 ウサギの着床前胚の経時的変化*

日	時間	部位	細胞期	卵細胞質のおおよその大きさ (μm)	ムチン層の厚さ (μm)
	0	—	交尾		
	12	卵管	1細胞期	100	—
1	24	〃	2～4 〃	〃	20
	36	〃	4～16 〃	〃	
2	48	〃	16～32 〃	〃	70
	60	〃	桑実期	〃	}180～200
3	72	子宮	〃	〃	
	84	〃	胚盤胞期	150	
4	96	〃	〃	300	60～100
6	144	〃	〃	2400	10～15
7	168	〃	着床	5000以上	

* 2,3の文献をもとに作表．

る．また，着床時には，一般に卵細胞（実）質が透明帯から抜け出す現象（ハッチング）が見られるが，ウサギでは認められていない．ムチン層はアルブミン層とも呼ばれ，交配後18時間頃から認められ，65時間で最高の厚さに達し，その後は非薄化する[12]．ムチン層の存在は胚の成長および生存性に密接に関係しているといわれている．

ii) 着床様式および胎盤形態[13]　着床は偏心着床と呼ばれるもので，胚が子宮腔のくぼみにはまり込み，子宮粘膜に囲まれて深く窩の底に落ち込む．

胎盤は真胎盤で胚側から絨毛膜，子宮側からは内膜機能層が胎盤形成に関与する．さらに真胎盤は絨毛域などから四つの型に分類され，ウサギは盤状胎盤を示す．盤状胎盤は初め胎包の全面に絨毛が現われるが，後に一部で円盤状に限定され，その部分の絨毛だけが発達する．一方，胎盤は絨毛膜絨毛と子宮内膜の結合の仕方によっても分類され，ウサギは血内皮胎盤である．

iii) 着床後の胎子発育　着床後の胎子発育過程を表8.4に示した．また，これら体の各器官や部位の形成とともに胎子重量が増加する．胎仔重量は妊娠20日目頃から急速に増加し，分娩時には60〜70gに達する．また，妊娠中にはある頻度で胚および胎子の吸収が起こるが，その吸収率は時期によって異なり，着床前9.7%，着床直後7%，妊娠7〜12日目12%，妊娠17〜23日目6%と妊娠中期に比較的多いとされている[14]．一方，胎子奇形の自然発生頻度は1.7%程度であり，外表および内臓異常（水頭症，短尾，無眼球症，屈曲手）や骨格異常が認められている[15]．

iv) 新生子の雌雄鑑別（図8.10）　雌雄の違いは肛門と尿道開口部の距離ならびに尿道開口部の形により見分けることができる．すなわち，距離は雄が雌の約1.5倍あり，大体の目安として1.2mm以上が雄，未満が雌である．また，尿道開口部の形は雄が円筒形であるのに対し，雌は切れ目状になっている．

（5）生　　理

a．一般生理

ウサギの一般的な生理値については表8.5〜8.8に示す．ここに示した数値は，標準的生理値であり，

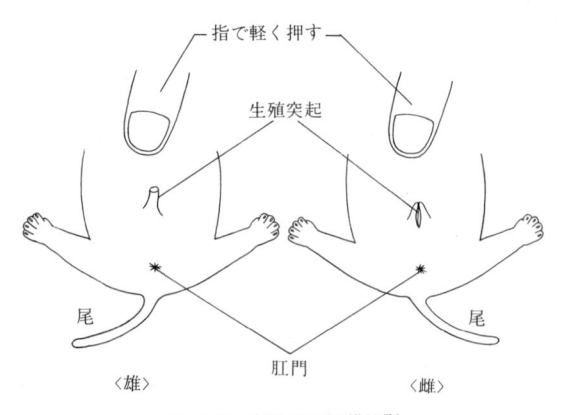

図8.11　新生子の雌雄鑑別

表8.4　ウサギの胎子の発育過程*

日	体節数	胎子体長(mm)	主な様相
7			（着床）
8	8〜9		体腔出現，神経系原基（髄管）出現，脳室形成
9	10〜16	3.2〜4.4	心臓原基出現，生殖腺原基出現，大・中・後脳の区別可能
10	25〜29		肺・肝・甲状腺原基出現，感覚器やや明瞭，口孔開通
11〜	36〜39	4.4〜6.3	鼻窩形成，輸尿管原基出現，胸腺出現，鼻・眼・耳の区別可能，排泄腔開口，前・後肢の筋肉・骨格発達
14		10.2	（14日でほとんどの器官が揃う）
15		12.5	眼に色素出現
17		21.3	前肢指分離の完成
18		25.0	精巣，卵巣の区別可能
21		29.0	歯の発生，爪の形成
31			（分娩）

表8.5　ウサギの生理的計測値

血液
 血液の一般性質と組成
  赤血球
   数　　　　　　　　500〜600万/mm³
   大きさ　　　　　　6.5〜7.5μm
  網状赤血球　　　　　1〜7%
  浸透性抵抗（NaCl）　最小0.5%，最大0.31%
  血球容積比（ヘマトクリット法）　31〜44%
  血色素量（ザーリ氏法）　10〜16g/dl
  血小板数　　　　　　20〜40万/mm³
  白血球
   数　　　　　　　　8000〜11000/mm³
   リンパ球　　　　　31.8〜65.8%
   偽好酸球（好中球）　32.4〜45.5%
   好酸球　　　　　　0.2〜1.24%
   好塩基球　　　　　0.8〜9.9%
   単核球　　　　　　1.2〜10.5%
  血液凝固時間　　　　開始1.15〜1.42分，終了5.30〜7.0分
  血液量　　　　　　　4.5〜5.5%
  赤血球沈降速度　　　1時間1〜3mm

水分	83.2 g/dl
pH	7.34〜7.9
血糖	68〜138 mg/dl
脂肪酸	0.15〜0.29 g/dl
コレステロール	40〜90 mg/dl
タンパク質	6.62〜7.05 g/dl
Na	319 mg/dl
K	16.3 mg/dl
Ca	11.2 mg/dl
Mg	3.02 mg/dl
Cl	376 mg/dl
血圧	82.7 mmHg
心拍数	205/分
呼吸	
呼吸数（安静位）	45〜55 回/分
呼吸量	441〜1199 ml/分
O_2 摂取量	15.2〜32.3 ml/分
CO_2 排出量	10.9〜26.3 ml/分
体温	
直腸温	38.0〜40.9°C

品種，系統，年齢，性別，飼育環境などの違いによりかなりの変動が見られる[16]．

i ）体　温　ウサギの体温は鳥類に近い 39°C 前後の高いレベルに維持されている．これは寒冷環境への適応の一つとして，進化の過程を見るものと推定され，発熱物質への高感受性などと関連するものと考えられる．

ii ）好中球　ウサギが他の動物と比較して，特に異なるところは好中球（偽好酸球：pseudoeosinophile）である．ウサギの好中球は，エオジン色素で染まる顆粒が大きいために，一見好酸球と見まちがえることがあり，偽好酸球ともいわれている．その大きさは，直径で好中球が 7〜10 μm に対し，好酸球は 10〜17 μm である．

なお，ここに示した数値は一応の生理値であり，

表 8.6　ウサギの血液学的数値*

		日本白色種		ニュージーランドホワイト種[c]	
		雄（10 例） 体重2.6±0.3kg	雌（20 例） 体重3.0±0.8kg	雄（23 例） 4〜5 か月齢	雌（40 例） 4〜5 か月齢
赤血球数	(10^6/mm^3)	6.21±0.78	5.65±0.83	6.34±0.39	6.32±0.43
血色素量	(g/dl)	14.1±0.8[a]	13.7±1.2[a]	13.9±1.1	13.5±0.9
MCV	(fl)	82±13.6[b]	77±9.0[b]	68.2±4.1	68.2±3.0
MCH	($\mu\mu$g)	22±4.3[b]	20±3.1[b]	21.9±1.5	21.4±1.2
MCHC	(g/dl)	32.6±0.9[a]	32.6±0.5[a]	32.0±1.2	31.4±1.1
ヘマトクリット値	(%)	43.2±3.4	39.3±5.4	43.3±2.6	43.0±2.3
血小板数	(10^3/mm^2)	—	—	291±91	347±93
白血球数	(10^3/mm^3)	8.04±2.84	7.43±2.00	7.71±1.08	7.68±1.60
偽好酸球	(%)	26.3±9.9	26.7±15.8	27.6±10.4	28.9±10.4
好酸球	(%)	0.7±0.7	0.6±0.6	0.8±0.8	1.5±0.9
好塩基球	(%)	0.8±0.7	1.5±0.9	1.4±1.3	2.5±1.8
リンパ球	(%)	70.6±10.6	68.9±15.4	68.5±11.1	63.9±10.4
単　球	(%)	1.5±0.8	1.3±1.3	1.7±1.4	2.7±2.3

[a]　8 か月齢・10 例．
[b]　12 日齢・6 例（鈴木正敏ほか（1978））．
[c]　Schalm, O. W. et al. (1975).
*　鈴木實ほか（1975），（1976）より作表．

表 8.7　ウサギの全血量*

全血量 (ml/kg体重)	血漿量 (ml/kg体重)	赤血球量 (ml/kg体重)	測定数	文　献
55.6	38.8	16.8	39	Armin, J. et al.
44.0〜70.0	27.8〜51.4	13.7〜25.5		
57.3		17.5	71	〃
48.8〜69.5		13.4〜22.8		
70	50		60	Courtice, F.C.
69	42.3		39	Aikawa, J.K.
50〜93	29〜58			
69.4	43.5		20	Von Porat, B.
57.6〜78.3	35.1〜49.8			

*　Altman, P.L., and Dittmer, D.S. (1966)より作表．

表 8.8 ウサギの白血球および白血球百分比（日本白色種）(10例の平均値±SD)*

	雄	雌	雄	雌	雄	雌
	2か月齢		3か月齢		5か月齢	
白血球数 ($10^3/mm^3$)	9.62±3.12	7.23±2.64	10.08±2.90	8.85±3.11	9.62±2.45	9.72±2.00
好酸球 (%)	0.3±0.4	0.1±0.2	0.1±0.2	0.2±0.3	0.1±0.1	0.1±0.1
偽好酸球幼若型 (%)	3.5±3.1	3.5±6.5	2.5±1.6	1.8±1.5	0.5±0.4	6.0±6.0
偽好酸球成熟型 (%)	42.5±21.0	32.1±14.0	33.8±14.8	45.7±6.7	12.3±7.7	14.6±5.2
好塩基球 (%)	1.6±1.9	0.6±0.4	0.6±0.6	0.8±0.7	0.9±0.6	1.3±1.0
リンパ球 (%)	47.8±21.4	59.5±17.6	61.7±16.0	46.6±7.6	84.3±8.7	81.5±5.7
単球 (%)	4.4±2.0	4.1±2.7	1.3±1.1	5.0±2.8	1.9±1.2	1.9±1.2

* 鈴木實ら (1980).

品種，系統，年齢，性別，飼育環境などでかなり変動することを念頭におかなければならない．

iii) 食糞 ウサギの生理学的特徴の一つに食糞 (coprophagy) 行動がある．食糞は，マウス，ラットなどのげっ歯類でも見られるが，ウサギ類は特に顕著である．ウサギの糞には2種類あり，一つは，昼間に排泄される丸く硬い糞 (hard feces) で，他の一つは，夜間，特に明け方に排泄される粘膜で覆われた軟い糞 (soft feces) で，前者にくらべやややチョコレートがかった色を呈している．食糞されるのは軟い糞のほうで，直接，口を肛門にあて食べる．また，食糞行動は，生後3週齢頃から行われる．軟い糞は，盲腸分泌物からなり，タンパク質，ビタミンB（特にB_{12}）および灰分の含量が著しく高いといわれている[17]．したがって，この食糞の意義としては，盲腸内で合成される細菌性タンパク質を再吸収することにより，窒素物の利用性を高めるためであると考えられている[18]．

b. 繁殖生理

i) 発情周期 (Estrous cycle) ウサギの卵巣では，絶えず卵胞の発育，退行が繰り返されているため，常に排卵可能な卵胞が存在する．したがって，明確な発情周期は見られないが，実際には，腟粘液中に出現する上皮細胞や腟前庭部の充血度（発情時には紫紅色になる）の観察からは不明瞭な周期性が見られている．その間隔は3～12日（平均7日）で繰り返されている．また，卵巣内の成熟卵胞 (Grafiam follicle) は，排卵されなければそのまま萎縮退行する．退行には2種類の型が見られ，普通はそのまま吸収されるが，時として血様卵胞 (blood follicle) になることがある．一般に成熟卵胞の寿命は10～13日とされている[19]．

ii) 交尾 (copulation) および排卵 (ovulation) ウサギは，交尾刺激によって初めて排卵が誘起されるいわゆる交尾排卵動物である．交尾は，雄が雌を追いまわした後，雌の背に乗り，雌の腹部両側を抱きかかえて十数回の急速な交尾運動を行う．この時発情している雌は尾と尻を持ちあげ雄許容姿勢をとる．雄の射精は一瞬であり，射精直後，横か後方にひっくり返り，時に奇声を発することがある．交尾後は床を後肢でたたく行動を示す．

射精液量は約1 ml で，精子数は1 ml 当たり約2億である．精子は3～4時間後に卵管膨大部に到達し，そこで受精が行われる（卵管膨大部に到達する精子は1000匹程度である）．排卵は交尾後10～11時間で起こる．一般に精子の受精能獲得 (capacitation) 時間は10～11時間，受精能力保持時間は30～32時間といわれている．これに対して卵子の受精能力保持時間は6～8時間で短い．なお，妊娠中は交尾したとしても排卵はされない．

iii) 着床 (implantation) および妊娠 (pregnancy) 受精した卵は，分割しながら卵管内を下降し，子宮に入って着床する．受精卵の分割進行程度は，交尾後12時間で1細胞期，24時間で2～4細胞期，36時間で4～16細胞期，60および72時間で桑実期，84時間以降は胚盤胞期である[20]．子宮には72時間で入り，7日目に着床する．なお，胚盤胞に達した胚は，着床が近づくにつれて急激に膨大し，着床時には5mm以上となる[21]．また，この頃の時期には胚自体から産生されるエネルギー系の中間代謝物の合成も盛んになり，母体血中濃度の値に近づくことが知られている[22]．

ウサギの妊娠期間は，日本白色種では約31日であるが品種によって多少差があり，大型種は長い傾向にある．妊娠期間は，胎子数によっても影響され，少ない場合に延長傾向が認められる．なお，ウサギ

は妊娠中の胎子吸収および流産の頻度が比較的高い動物とされており，特に妊娠中期（10～20日）が顕著である[23]．

iv） 偽 妊 娠（pseudopregnancy） 交尾しても受精が成立しなかった場合，偽妊娠になることがある．偽妊娠期間は16日前後で，その間卵巣には黄体が存在する．子宮は正常妊娠と同様に肥厚し，さらに乳頭を指圧すれば乳様液を分泌する．また，偽妊娠末期には胸部および腹部の毛を抜き，営巣行動を行う．LH，HCGなどにより人為的に偽妊娠を誘起することも可能である．

v） 分 娩（parturition）**および哺育**（lactation） 分娩2～3日前より胸部および腹部の毛を抜き，営巣行動を行う．分娩は比較的軽く，多くの場合，分娩所要時間は30分程度であるが，時として半日～1日にわたることもある．産子数が少ない場合（1～3匹程度）は，しばしば分娩遅延が起こり，胎子は過熟となり死産で生まれてくることが多い．

産子数は，品種，産次回数，母体重などによって左右されるが，日本白色種では平均7匹前後である．また，新生子死亡は，生後3～4日までが多く，その後徐々に減少する．生時体重は，産子数が多いと減少する傾向があるが，多くは70～90g程度である．哺育期間は，1～1.5カ月で，その時点での体重は600～800gに達する．離乳率は，環境条件（特に疾病統御の面）が大きく関与するが，通常70～80%である．なお，乳頭数は4対（8個）である．

vi） 繁殖寿命（breeding life） 雌では1年3～4回の分娩を行わせた場合，繁殖成績の良好な個体においては3年（10産）までは可能であるが，経済性を考慮した場合，1.5～2年（5～6産）が妥当である．一方，雄では3～4年供することができる．

vii） 繁殖成績（JW-Csk系） 表8.9，8.10，

表 8.9 近交系（Csk系）ウサギの繁殖成績

世代	交配数	分娩数（妊娠率）	産子数（平均）	離乳子数（平均）	繁殖効率
18	10	8 (80.0)	54 (6.8)	26 (3.3)	2.6
19	29	26 (89.7)	146 (5.6)	89 (3.4)	3.1
20	22	19 (86.4)	133 (7.0)	86 (4.5)	3.9
21	19	16 (84.2)	120 (7.5)	85 (5.3)	4.5
22	15	10 (66.7)	86 (8.6)	63 (6.3)	4.2

表 8.10 JW-Csk系ウサギの繁殖成績

交配例数	1317
妊娠例数（%）	1196 (90.8)
対象例数	1065
総産子数	8155
総離乳子数（%）	6071 (74.4)
総死産子数（%）	743 (9.1)
平均産子数	7.7

(1972～'82)

表 8.11 JW-Cskウサギの月別繁殖成績（1982～1984）

月	交配数	分娩数（妊娠率）	産子数（平均）	離乳子数（平均）	繁殖効率
1	33	33 (100)	204 (6.2)	163 (4.9)	4.9
2	30	29 (96.7)	169 (5.8)	118 (4.1)	3.9
3	30	30 (100)	198 (6.6)	149 (5.0)	5.0
4	34	31 (91.2)	194 (6.3)	163 (5.3)	4.8
5	30	26 (86.7)	141 (5.4)	120 (4.6)	4.0
6	30	27 (90.0)	176 (6.5)	133 (4.9)	4.4
7	34	32 (94.1)	219 (6.8)	167 (5.2)	4.9
8	30	27 (90.0)	173 (6.4)	122 (4.5)	4.1
9	31	29 (93.5)	179 (6.2)	141 (4.9)	4.5
10	31	29 (93.5)	196 (6.8)	154 (5.3)	5.0
11	34	31 (91.2)	153 (4.9)	117 (3.8)	3.4
12	33	32 (97.0)	226 (7.1)	173 (5.4)	5.2
合計	380	356 (93.7)	2228 (6.3)	1720 (4.8)	4.5

8.11には近文系とCskの繁殖成績とJW-Csk系（クローズドコロニー）のそれを示した．

（6） 実験動物としての生物学的特徴および使われ方（品種，系統，突然変異形質など）

冒頭に述べたようにウサギには多くの品種が存在し，おのおの異なった特性をもっている．しかしながら，実験に使用される品種はそれほど多くなく，また，実験動物として開発されたものも少ない．ここでは，現在実験用ウサギとして使用されている品種および系統を中心に生物学的特徴および使用目的について記述する．

ウサギは，他の実験動物と比較して有利な点がいくつかある．第一に，実験動物として手頃な大きさであるということである．このため外科的処置や実

験装置の装着が容易である．第二に，非常に温順な性質であるため，実験上，極めて取扱いやすい．第三に，耳の血管がよく発達しているため，投与および採血操作が容易であり，かつ反復して行うことができる．第四に，手頃な大きさであるがゆえに，組織および血液を比較的大量に集めることができる．第五に，交尾排卵動物であるため，排卵を正確にとらえることができ，発生学，内分泌学および繁殖生理学には欠かすことのできない動物である．第六に，薬物投与による催奇形試験や発熱試験などの検定用動物に適している．など実験動物としてすぐれた特徴を備えている．

1989年度，わが国におけるウサギの使用数は，年間約30万匹である[24]．しかしながら，実際にはこれ以上相当数のウサギが使われていると思われる．使用数はマウス，ラット，モルモットについで多く，全実験動物使用数の14.7%を占める．またウサギの中でもカイウサギが全体の99.7%を占め，他にノウサギ，ナキウサギ，メキシコウサギが若干使われている[25]．

使用目的は，研究用が56%，検定用が36%で，残りは原材料用や教育用に使用されている[26]．研究用として用いられたウサギは，分野別には免疫，薬理，病理，細菌，代謝，血液，内分泌など多方面にわたっている[27]．

実験に用いられるウサギの主な品種は，前述の表8.11に示してある．一般的な実験の他に，特に小型種であるダッチやポーリッシュは（体格が小さく）飼育管理が容易であることから，体を丸ごと使う各種の診断用に，ニュージーランドホワイトは，皮膚がなめらかなことから皮膚反応試験に，フレミッシュジャイアントは，大型であることから抗血清製造用に，チンチラは，猩紅熱毒素に鋭敏に反応することから，それらの研究に使用されている．

一方，最近では，新しい系統作出に努力がなされているとともに，疾患モデルウサギの発見ならびに人工的作出が行われている．現在，わが国で維持または作成が行われている疾患モデルウサギについて表8.12に示した[28]．しかしながらウサギにおいては，マウス，ラットにくらべて，はるかにその種類は少なく，自然発症を示す疾患モデルとして系統が確立されることが望まれている．

今後，実験動物としてのウサギは，広範な研究に対応できるだけの特徴ある品種ならびに系統の作出が必要であり，なおかつ遺伝的および微生物学的にも完全に制御されたウサギの開発，改良がなされていかなければならない．〔辻 紘一郎・富樫 守〕

表 8.12 わが国におけるウサギの疾患モデルリスト*

疾患名		品種および系統	発症形式[a]	作成法	維持または作成を行っている機関
循環器疾患	高血圧	—	II b, C	薬剤投与，外科的処置	奈良医大
	〃	—	II b, C	腎動脈狭窄術	朝日生命（成）
	動脈硬化症	WHHL	I a, A		神戸大医
	〃	日本白色種	I b, C		動脈硬化研
	実験的脂肪塞栓	日本白色種	II b, C	薬剤投与	岩手医大
	門脈圧亢進症	—	II b, C	組織障害性薬剤の門脈技内直接投与	久留米医大
呼吸器疾患，喘息，亜急性気管支炎		NZW	II b, C	SO_2暴露	熊本大医
脳神経疾患，アレルギー性脳脊髄炎			II b, C		兵庫医大
筋管疾患	脊性靱帯骨化	日本白色種	II b, C	ホルモン（Teslosteroneなど）投与	東邦大医
	脊椎前彎症		I b, C		田辺製薬
腎・泌尿器疾患，自己免疫性腎炎			II b, C	腎組織抗原免疫感作	昭和大医
眼疾患	乱視	日本白色種	II b, C	角膜切開	旭川医大
	ぶどう膜炎	日本白色種	II b, C	抗生物質，抗腫瘍剤投与	金沢医大
免疫アレルギー疾患，SLE，自己免疫疾患			II b, C		富山薬大医
皮膚疾患	全身性強皮症（PSS）	—	II b, C		群馬大医
	彎血	日本白色種	II b, C	卵巣摘出	富山薬大医

a) 発症形成：I：遺伝性　{ I a：主遺伝子が明らかな場合
　　　　　　　　　　　　{ I b：遺伝子記号を明示し得ないが，個有の形質を疾患モデルとして利用している場合
　　　　　　II：実験的誘発{ II a：動物の有する特性を利用して人工誘発させたもの
　　　　　　　　　　　　　{ II b：非特定の動物に人工誘発させたもの
　　　A：近交系，C：非近交系

* 宮嶋正康ほか（1984）のデータから作表, *Exp. Anim.*, 33(3), 369-397.

8.2 ナキウサギ

アフガンナキウサギ
学名 *Ochotona rufescens rufescens*
英名 Afghan Pika

(1) 生物分類学的位置

門(phylum)：脊椎動物門 (Vertebrata)
綱(class) ：哺乳綱 (Mammalia)
目(order) ：ウサギ目 (Lagomorpha)
科(family)：ナキウサギ科(Ochotonidae)
属(genus) ：ナキウサギ属(*Ochotona*)

ウサギ目には2科，ウサギ科(Leporidae)とナキウサギ科(Ochotonidae)が含まれ，前者はさらにメキシコウサギ，アマミノクロウサギ，アカウサギなどを含むムカシウサギ亜科(Paleolaginae)と，ノウサギ，カイウサギなどを含むウサギ亜科(Leporinae)に分けられる．

最も古いウサギ類は，始新世前期(約5000万年前)にアジアと北アメリカに出現し，ウサギ科は漸新世から中新世にかけて主に北アメリカで発展をとげたと考えられている．最初のナキウサギは漸新世中期(約3000万年前)にアジアに出現し，その後ヨーロッパに分布を広げた．ナキウサギ科の分布と多様化は中新世(700～2600万年前)がピークで，2500万年前にはアフリカや北アメリカに分布を広げるが，それ以降しだいに衰退し，現在に至っている．

ナキウサギ科にはナキウサギ属1属のみが含まれ，14種(正確な種数については17種とする説など異論がある)知られている．そのうち12種はユーラシア大陸に，2種は北アメリカに分布しており，わが国にも北海道の大雪山系を中心とした地域にエゾナキウサギ(*Ochotona hyperborea yesoensis*)が生息している．

(2) 実験動物になるまでの歴史

ナキウサギの飼育繁殖は，ミシガン大学のDiceによって1927年にはじめて試みられ，捕獲したColorado Pikaにアルファルファやエンバクを与えて出産させることに成功している[1]．わが国においても，北海道大学，東京大学伝染病研究所(現在の医科学研究所)および実験動物中央研究所の共同研究で，エゾナキウサギの飼育繁殖が1956, 57年に試みられたが成功しなかった[2]．1962年，カナダのUnberhillは*Ochotona princeps*のケージ内繁殖に成功し実験動物化の可能性を示した[3]．さらに1969年，フランスの国立毒性研究所のPugetは，アフガニスタンの高地(海抜1800～3600メートル)で捕獲したアフガンナキウサギ(*Ochotona rufescens rufescens*)雌12匹，雄9匹からケージ内飼育繁殖に成功し，実験動物化が行われた[4]～[6]．

現在わが国で実験動物として維持されているナキウサギはこのアフガニスタン由来のもので，1974年に実験動物中央研究所がPugetによって実験室内で5～7代継代されたアフガンナキウサギ(以下，ナキウサギと略記する)の雌・雄各3匹を導入し，実験動物化したものである(図8.12)[7]．

図8.12 アフガンナキウサギ

このように，実験動物としての歴史が浅く，その特性についても現在の時点では十分に検討されているとはいえない．今回ここにあげたデータも，未発表のものを含んでおり，詳細な研究が進むに従って変更されていくものと思われる．

(3) 一般的性状

体長は成獣で約20cm，体重は250g前後，耳は短く，目は黒色，体毛は茶褐色を呈し，名前のごとく特徴のある鳴き声を発する．温順な動物で，驚かさないように注意して取扱えば嚙まれることはない．ナキウサギは雌雄とも生後3か月で繁殖適齢に達するが，早いものでは生後2か月齢で繁殖能力を有す

るものもある．室内飼育下では1年で4～5回の経産が可能である．寿命については実験室内での正確な報告はないが，野外ではふつう4年くらいといわれている．

（4）形　態

a. 解　剖

外形はウサギとは全く異なり，むしろ齧歯類のモルモットに似ている．耳介は短く基部は円筒状，尾は短く一見しただけではないように見える．また，後肢もカイウサギとは異なり短い．

ナキウサギの歯式は $\frac{2\cdot0\cdot3\cdot2}{1\cdot0\cdot2\cdot3}$ でウサギ科と同様小型のクサビ状門歯があるが，上あごの大臼歯が左右とも1本少ない．

ナキウサギの生殖器官は独特で，特に雌雄とも外陰部の構造は特異的である（図8.13）[8]．卵管，子宮はカイウサギに類似し，子宮は重複子宮で二つの子宮頸管の開口部は腟腔に円盤状に突出し，子宮腟部を作っている（図8.13 A 2～4）．外陰部は独特で，腟と肛門が一体となって隆起した構造（図8.13 A 6～9，A-A）をもち，腟腔と肛門は粘膜によってのみ隔てられ接している．雄の精巣，精巣上体，精管は家兎とほぼ同様であるが，外陰部は他の動物にくらべ著しく後方に位置する印象を与え，ほとんど雌のそれと区別できない外観を示す（図8.13，B 9，12）．この部分を圧するとペニス先端が現れ，図8.13，B-Aのように引き出すことができる．

消化管の長さと重量を表8.13に示す[9]．消化管各部の形態をカイウサギと比較した場合，前胃部をも

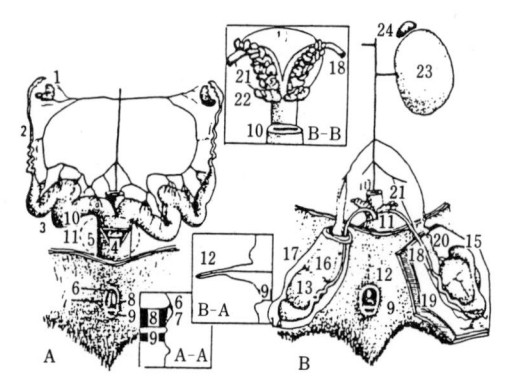

表8.13　ナキウサギの消化管の長さおよび重量[a]*

	平均±SD
体　重（g）	162.6±26.7
体　長（cm）	17.9±0.9
腸管の長さ（cm）	
小腸	82.3±7.9
結腸と直腸	53.1±5.1
小腸＋結腸と直腸	135.3±11.4
腸管の湿重量（内容物を含む）(g)	
胃	5.2±1.0
小腸	4.8±0.7
盲腸	12.0±1.9
結腸と直腸	4.1±0.8

a) 10週齢の雄のナキウサギ10匹使用．
* 山中聖敬，松崎哲也，斎藤宗雄：ナキウサギ，スンクス，ミラルディア，マウス，ラットの消化管の長さおよび重量．実験動物，**32**(1)，47-49(1983)より．

たない単胃であること，多数の膨起が連続した巨大な盲腸をもつこと，結腸膨大部をもつことなど外部形態上共通した特徴が多く認められる．しかし，ナキウサギでは回盲口付近に回盲口虫垂（ileocecal appendix）と呼ばれる特殊なリンパ装置が発達しており，結腸への移行部においても筋層が厚く発達した狭窄部（constricted portion）と呼ばれる特有の部位が存在する（図8.14）[10]．さらに，粘膜面においても差異が見られ，カイウサギの十二指腸粘膜がヒダ構造でおおわれているのに対し，ナキウサギでは葉状ないし円柱状の絨毛からなる[10]．また，カイウサギの盲腸粘膜にはラセン状に走る盲腸ラセン弁（spiral fold）が認められるのに対し，ナキウサギではラセン弁は存在せず，代わりに細長い小突起（盲腸指状突起（cecal digitation））が盲腸膨起間の溝の

図8.13　成熟ナキウサギの生殖器官の半模式図
鈴木善祐，友田仁，江崎孝三郎(1982)．ナキウサギ：特にその生理的な過剰排卵と過剰黄体形成について．実験生殖生理学の展開，ソフトサイエンス社，pp.380-392．

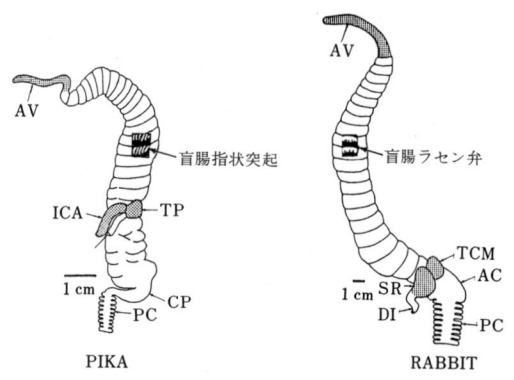

図8.14　ナキウサギとカイウサギの盲結腸
Kurohmaru, M., Hayakawa, T., Seki, M. and Zyo, K. (1984). Morphological characteristics of the Intestnal Mucosa in the Afghan Pika (*Ochotona rufescens rufescens*). 実験動物，**33**(4)，509-518

部分から輪状に突出している（図8.13)[11]．その他，肺と肝臓の外部形態[12),13]，下顎腺の微細構造[14]などについてもカイウサギとの差異が報告されている．初期発生については豊田・田谷（1986）の報告[15]を参照されたい．

b. 成　　長

新生子は背と頭部が黒色，他の部分は暗紅色を呈し，被毛はなく，目は閉じ，門歯が萌芽している．生後4日頃より全身に茶褐色の毛が生え，8日頃には目が開き，12日頃になると巣箱より出て飼料を摂取しはじめる．15日以降になると活発に動き回り，21日前後に離乳できる．出生時より15週齢までの体重の変化を図8.14に示す．出生時の体重は8～12g，平均10.1±1.2gで離乳時（3週齢）には雌雄とも80g前後と急速な増体が見られる．発育曲線が示すように，7週齢までは急速な体重増加が見られるが，それ以降はわずかな増加しか見られない．また，発育がほぼ止まった8週齢以降においても体重の標準偏差は大きく，このことは成熟個体においても体重の変動が大きいことを示している[7]．

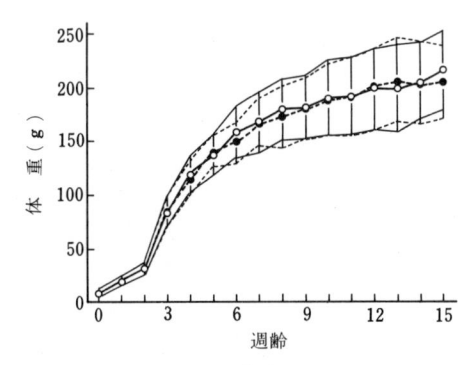

図 8.15　ナキウサギの成長曲線
松崎哲也，斎藤宗雄，山中聖敬，江崎孝三郎，野村達次（1980）．実験動物としてのナキウサギ（Ochotona rufescens rufescens）の室内飼育および繁殖．実験動物，29(2)，165-170

（5） 生　　理

a. 一般行動ならびに習性

ウサギ科の動物と同様，糞便には，小さな丸い糞と暗緑色の軟便の2種類がある．軟便は高い栄養価をもち（特にビタミンB群に富む），食糞が見られる．

ナキウサギは，通常は単独で行動しており各個体がナワバリをもっている．したがって，ケージ内で飼育する場合も1ケージごと，個別に飼育するのが望ましい．生後5～6週までは1ケージ数匹飼育でき

表 8.14　ナキウサギの体重，摂食・水量，尿・糞量の日内変動＊

	アフガンナキウサギ（n=9)	
	昼間[a]	夜間[b]
体　重（g）	243±6	243±7
摂食量（g）	10.3±1.1	8.2±0.6
摂水量（m*l*）	13.8±1.9	12.1±0.9
尿　量（m*l*）	4.1±0.7	3.0±0.6
糞塊数		
硬	227.4±29.2	193.3±19.0
軟	4.7±1.2	5.3±1.1[c]
糞重量（g)		
硬	3.9±0.5	3.7±0.4
軟	1.0±0.3	1.3±0.4

a) 午前5時
b) 午後9時
c) 昼間の時間当たりの数値には有意の差がみられる．$p<0.05$, Studentのt検定．
＊ Matsuzawa, T., Nakata, M. and Tsushima, M.: Feeding and Excretion in the Afghan Pika(*Ochotona rufescens rufescens*), a New Laboratory Animal. *Laboratory Animals*, 15, 319-322(1981)より．

表 8.15　ナキウサギの血液性状[a]＊

		平均±SD
赤血球数（10^6/mm^3）	♂	781±46.1
	♀	771±92.1
ヘモグロビン量（g/d*l*）	♂	13.1±13.7
	♀	12.8～13.5
ヘマトクリット値（％）	♂	39～42
	♀	38～42
赤血球容積（μ^3）	♂	50.5±1.28
	♀	51.6±2.55
赤血球ヘモグロビン量（$\mu\mu$g）	♂	16.8±0.58
	♀	17.4±0.70
網状赤血球（％）		1.5
血小板（10^4/mm^3）	♂	57±11.5
	♀	56±8.9
白血球数		4000～4900

a) 16週齢の雄・雌各20匹使用
＊ 谷本義文，服部康弘，工藤裕彦，鈴木修三，平田真理子：ナキウサギの血液学的，血清(漿)生化学的特性．文部省科学研究費補助金特定研究(1)　課題番号57123110〔小型ウサギ目の実験動物化に関する研究〕昭和58～60年度研究成果報告書，87-100(1983)より．

るが，群飼を長くつづけると噛み合って耳介を傷つけ死亡する個体も出るので，できるだけ早い時期に個別に飼育する．

飼育条件下での摂食・摂水量，尿・糞便量を表8.14に示す．照明は16時間照明とし，朝5時から夜9時までを昼間とした．体重は，昼間は朝5時，夜間は夜9時に測定した．ナキウサギは昼行性の動物であるが，1時間当たりの摂食・水量とも夜間にわずかの増加が見られる[16]．

b. 血液性状

ナキウサギの血液性状を表8.15に示す．これらのデータは16週齢の雄・雌各20匹を調べたものであるが，他の週齢や同一週齢内でも個体間でかなりの変動が見られ，真の意味での正常値を得るためには今後さらに例数を集めて検討する必要があろう．

カイウサギと比較した場合，赤血球は大小不同である．白血球百分比は，雄・雌ともにリンパ球と好中球の占める割合が全体の90％以上である．ナキウサギの好中球は家兎と同様に偽好酸球で，細胞質内に赤橙色ないし赤青色の微細顆粒をもつが，カイウサギにくらべ分葉化の傾向が強い．

c. 繁殖生理

ナキウサギは通常個別に飼育しているため，交配にあたっては雄のケージに雌を同居させる．雄を受け入れる状態にある雌は，身体をのばして静止した後，後身をもち上げ雄を許容する態度を示す．交尾成立は，乗駕の後雄の腰がはいって一時停止することで容易に判別できる．ただし，カイウサギで見られるような交尾後に雄が声を発したり，横転したりする動作は見られない．交尾は数分間隔で何回も行われる．このペアをさらに一夜同居させて，翌朝雌を別のケージに分離する．一方，雌雄を同居させたとき，どちらか一方または両方が攻撃的であったり逃げ回ったりする場合には，交尾が行われることはなく，放置すると外傷，死亡などの事故が発生するので直ちに雌雄を分離する．

受胎した雌親は，交配前の体重にくらべ交尾後10日で約40g，16日で約75g，24日で約140gの増体が見られる（図8.15）．妊娠期間は，交尾させたその日を0日とした場合，25～28日の間にあり，平均26.5±0.8（平均±SD）日である．一腹当りの産子数は1～14匹の幅があり，多くは3～6匹で，平均4.8±2.3（平均±SD）匹である．乳頭は5対であるが，哺乳数は5～6匹にするのが適当である[7]．

妊娠雌は，出産予定日の1週間前にカンナクズのはいった巣箱を入れた繁殖ケージに移す．雌は分娩に備えて営巣するが，カイウサギで見られるような営巣時に被毛を抜く行動は見られない．また，死・流産子を食べたり，乳児を食殺したりする習性も見られない．

雌のナキウサギは，日内の時刻に関係なく周年ほとんどいつでも交尾，受胎が成立し，連続発情，交尾排卵型の動物である．排卵は交尾後12時間頃から始まり，約8時間にわたって33.3±10.0（平均±SD）個の卵を排卵する．一方，妊娠黄体も平均で38個で排卵数にくらべて1～3割ほど多い．これらに対して，産子数は5前後であり，ナキウサギは生理的に過剰排卵，過剰黄体形成を示す[8]．

一般に，哺乳動物では，卵胞は性周期ごとに急速に発達するが，その大多数は発育途上で閉鎖し，種で定まった排卵数にあたる卵胞のみが選抜されて成熟する．LHサージ後，排卵し卵胞は黄体となるが，受精した場合は排卵数に近い数が受胎する．もし，FSH作用をもつホルモンを投与した場合は，正常には閉鎖すべき卵胞がそのまま成熟し，過剰排卵を起こすことが知られている．ナキウサギはこの過剰排卵の特徴を生理的に備えている．

(6) 系統

1976年に，実験動物中央研究所に移入された雄3匹，雌3匹を基に，クローズドコロニーとしてランダム交配で維持されている．また，兄妹交配による近交系も育成中であるが，その遺伝的特性については現在検討中である．

実験動物としての問題点は，(1) 発育に個体差が見られ，成体重にかなりの変動があること[7]，(2) 育成率が低いこと[8]が挙げられる．また，群飼できないことも研究にとり，大きな妨げとなる．

(7) 使用目的

実験動物としての歴史が浅く，いまのところ使用されている研究分野は限られているようである．

a. 催奇形成

小型で性成熟が早く，妊娠期間がカイウサギより

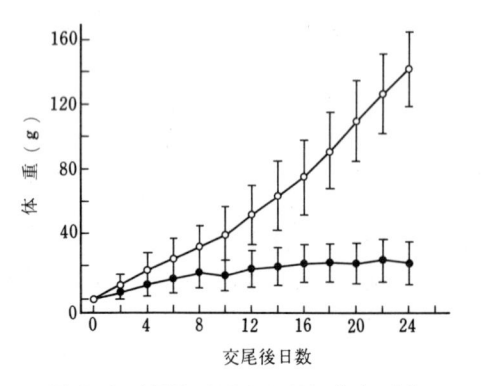

図8.16 交尾後の雌ナキウサギの体重の変化

短いこと，実験室条件で同年繁殖が可能なこと，さらにカイウサギ，ラット，マウスなどと異なり，流・死産子を食べたり，実験者が触れた乳児を食殺する習性が見られないことから，催奇形成実験に用いられている[18),19)]．

b. 過剰排卵

前述のごとく，ナキウサギは生理的に過剰排卵かつ過剰黄体形成を示す．生理的な過剰排卵が知られている動物としては，食虫目のイワハネネズミ（通常産子数は2であるが排卵後は100以上）とチンチラ科のビスカス（産子数は7前後だが排卵数は数百）が知られているが，これらは野生動物であり，実験的に解析することは不可能である．ナキウサギは生理的に過剰排卵・過剰黄体形成を示す初めての実験動物であり，排卵数の調節機構，卵胞閉鎖機序さらに妊娠維持機構の解析に極めて有用な実験動物といえる[8)]．

c. 自己免疫疾患

ナキウサギでは，2か月齢以降，自己赤血球抗体や抗核抗体などの自己抗体の産生が見られ，4か月齢以降，糸球体腎炎や溶血性貧血などの自己免疫疾患が見られる．これらの発症は齢依存であり，雄より雌のほうが高頻度に見られる[20),21)]．

d. 寄生虫

ナキウサギは，反芻獣の消化管内寄生線虫である *Haemonchus contortus, Ostertagia circumcincta, Trichostrongylus axei, T. colbriformis* に感受性をもち，このうち後2者の定着率は極めて高いことが報告されている[22)]．*H. contortus* や *O. circumcincta* の実験小動物への感染例はあまり知られておらず，ナキウサギは反芻獣消化管内線虫症のモデル動物になりうる．

〔神谷正男〕

文　献

1) Dice, L. R.: The colorado pika in captivity. *J. Mammals*, **8**, 3 (1927)
2) 芳賀良一：ナキウサギの実験動物化に関する生態学的研究．実験動物, **7**, 69-80 (1958)
3) Underhill, J. E.: Notes on pika in captivity. *Canad. Field-Naturalist*, **76**, 177-178 (1962)
4) Puget, A.: Etude anatomique, phydiologique et biochemique de l' ochotone Afghan (*Ochotona rufescens rufescens*) en une de son utilzasation comme animal de laboratoire. Centre de Recherches sur les Toxicites, Toulouse, France (1973)
5) Puget, A.: *Ochotona rufescens rufescens* in captivity: reproduction and behaviour. *J. Instit. Animal Tech.*, **24**(1), 17 (1973)
6) Puget, A.: The Afghan pika (*Ochotona rufescens rufescens*): A new laboratory animal. *Lab. Animal Sci.*, **23**(2), 248 (1973)
7) 松崎哲也・斎藤宗雄・山中聖敬・江崎孝三郎・野村達次：実験動物としてのナキウサギ（*Ochotona rufescens rufescens*）の室内飼育および繁殖．実験動物, **29**(2), 165-170 (1980)
8) 鈴木善祐，友田 仁，江崎孝三郎：ナキウサギ：特にその生理的な過剰排卵と過剰黄体形成について．実験生殖生理学の展開，pp. 380-392．ソフトサイエンス社 (1982)
9) 山中聖敬，松崎哲也，斎藤宗雄：ナキウサギ，スンクス，ミラルディア，マウス，ラットの消化管の長さおよび重量．実験動物, **32**(1), 47-49 (1983)
10) Kurohmaru, M., Hayakawa, T., Seki, M. and Zyo, K.: Morphological characteristics of the Intestinal Mucosa in the Afghan Pika (*Ochotona rufescens rufescens*). 実験動物, **33**(4), 509-518 (1984)
11) Kurohmaru, M. and Zyo, K.: Developmental changes in Cecal Mucosa of the Afghn Pika (*Ochotona rufescens rufescens*): A comparison with the Rabbit. *Okajima, Folia Anat. Jpn.*, **61**(5), 355-370 (1984)
12) 宮本孝昌・西田隆雄：ナキウサギの肺の外部形態について——メキシコウサギ，カイウサギと較べて——文部省科学研究費補助金特定研究 (1) 課題番号58870119〔小型ウサギ目の実験動物化に関する研究〕昭和58～60年度研究成果報告書, pp. 63-65 (1986)
13) 宮本孝昌，西田隆雄：ナキウサギの肝臓の形態学的特徴——メキシコウサギ，カイウサギと較べて——．文部省科学研究費補助金特定研究 (1) 課題番号58870119〔小型ウサギ目の実験動物化に関する研究〕昭和58～60年度研究成果報告書, pp. 81-89 (1986)
14) Suzuki, S., Ago, A., Nishinakagawa, H. and Otsuka, J.: Fine Structure of the Mandibular Gland in Pika (*Ochotona rufescens rufescens*).実験動物, **34**(3), 267-276 (1985)
15) 豊田 裕，田谷順子：ナキウサギにおける受精卵の初期発生に関する研究．文部省科学研究費補助金特定研究(1) 課題番号58870119〔小型ウサギ目の実験動物化に関する研究〕昭和58～60年度研究成果報告書. pp. 133-141 (1986)
16) Matsuzawa, T., Nakata, M. and Tsushima, M.: Feeding and Excretion in the Afghan Pika (*Ochotona rufescens rufescens*), a New Laboratory Animal. *Laboratory Animals*, **15**, 319-322 (1981)
17) 谷本義文，服部康弘，工藤裕彦，鈴木修三，平田真理子：ナキウサギの血液学的，血清（漿）生化学的特性．文部省科学研究費補助金特定研究 (1) 課題番号57123110〔小型ウサギ目の実験動物化に関する研究〕昭和58～60年度研究成果報告書, pp. 87-100 (1983)
18) 実験動物中央研究所：ナキウサギ談話会抄録集，昭和53～54，川崎 (1979)
19) 実験動物中央研究所：実中研・ナキウサギ催奇形性研究班研究成果要旨集，川崎 (1981)
20) 奥平博一，寺田英司．新しい自己免疫疾患モデル動物，アフガンナキウサギ．実験動物, **29**(4), 461-463(1980)
21) Okudaira, H., Terada, E., Ito, T., Yamamoto, K., Mizoguchi, Y., Ogita, T. and Nomura, T.: Autoimmune Glomerulonephritis and Hemolytic Anemia in a New Laboratory Animal, the Afghan Pika. 実験動物, **21**, 375-386 (1981)
22) Okamoto, O., Kamiya, M., Oku, Y., Ohbayashi, M. and Matsuzaki, T.: Susceptibility of Laboratory-Reared Afghan Pika, *Ochotona rufescens rufescens* (Lagomorphs: Ochotonidae), to Gastro-intestinal Nematodes of Ruminants. *Jpn. J. Vet. Sci.*, **50**(4), 913-917 (1988)

9. げっ歯目

9.1 マウス

(1) 生物分類学的位置

本節はげっ歯目が取扱われるが、げっ歯目は哺乳綱の約1/3の動物種を含んでいる最も繁栄している動物群である。そのため、げっ歯目は一般にリス亜目、ヤマアラシ亜目、ネズミ亜目の三亜目(suborder)に分類される。ネズミ亜目はハムスターなどの含まれるキヌゲネズミ科、ヤマネ科、ネズミ科など9科に分類され、ネズミ科にはクマネズミ属、ハツカネズミ属などがある。ハツカネズミ属にはいくつかの種があるが、実験動物のマウスはハツカネズミ種 Mus musculus に由来している。しかし、ハツカネズミ種はヨーロッパ、アジア、アメリカ大陸に広く分布しているので、いくつかの亜種に分化している。実験動物としてのマウスのうち、主としてアメリカで近交された系統は、中央ヨーロッパを中心に分布する亜種、M. musculus domesticus の遺伝子を多く受け継いでいるといわれているが、アジア産の亜種 M. m. bactrianus (wagneri)、M. m. molossinus に由来すると考えられる遺伝子も見つけられている[1]。日本産の M. m. molossinus そのものがヨーロッパ産のもう一つの亜種である M. m. musculus と東南アジアに分布する M. m. castaneus との交雑によって成立したと考えられる証拠がある[2]。したがって、現在広く実験動物として使用されているマウスはいくつかの亜種の交雑の結果成立したものと考えられている。また、新しく野生のハツカネズミからの実験動物化が行われており、ヨーロッパ産 M. m. domesticus、日本産 M. m. molossinus、東南アジア産 M. m. castaneus の各亜種の野生のものから直接に近交系化したマウスもある[3] (図9.1)。また、実験用マウスに日本産 M. m. molossinus の特定の遺伝子を導入した系統も育成されている。マウスの分類学上の位置をまとめるとつぎのようになる。

脊椎動物門　(Phylum Vertebratae)
哺乳動物綱　(Class Mammalia)
げっ歯目　(Order Rodentia)
ネズミ亜目　(Suborder Myomorpha)
ネズミ科　(Family Muridae)
ハツカネズミ属　(Genus Mus)
ハツカネズミ種　(Mus musculus)
亜種　M. m. domesticus, M. m. musculus, M. m. molossinus, M. m. castaneus

しかし、以上の分類は必ずしも絶対的なものではなく、分類学者には分割論者と総括論者があり、種をできるだけ分割しようとする立場とできるだけ広く定義しようとする立場がある。ハツカネズミの分類でも例外ではなく、上に書いた亜種をすべて独立の種とする学者もある。このような分類に従うとマウスと呼ばれている実験動物は分類学上いくつかの種を含んでいることになる。

実験動物学での種の定義は「互いに交配可能(成体となった場合)で、かつ繁殖力のある子孫を作り得る、同じ種類のすべてをいう。」となっている。上の

図9.1 亜種を異にする近交系マウス。MOA (M. m. molossinus (文献3)) (左) と AKR (M. m. domesticus) (右).

亜種間の交雑では繁殖力のある子供が得られるようなので，やはり亜種として分類するのが妥当と考えられる．しかし，たとえば *M. m. molossinus* 由来の近交系と欧米由来の近交系の交雑では，系統の組合わせによっては繁殖力のある子孫が得にくいこともある[4]．

（２）実験動物となるまでの歴史

人類が農耕文化を発達させたことはマウスにとっては大変よい環境を提供したと思われる．現在でも多数の野生マウスが世界各地に分布しているが，人とのかかわりが全くない完全な野生(aboriginal)な種は少なく，多くは人家や耕地に生息しており，いわゆる，人と共生的(commensal)な環境に適応している．人類がその目的はともかく，マウスを飼育するようになったのはいつごろのことかは不明であるが，トルコ中部アナトリア高原の古い農耕文化遺跡である Çatal Hüyük では多数の小げっ歯類の骨が見つかっており，その形態から *Mus musculus* のものと推定されている[5]．この遺跡は紀元前6000年頃のものとされているので，人とマウスのつながりはずいぶんと古いことになる．

歴史時代にはいってからの人とマウスとの関係はKeelerの著書[6]やMorse IIIの著述[7]に詳しいが，時代と国によってマウスの評価は異なり，ときには害獣として，またときには崇拝の対象と見られたようである．マウスが医学・生物学の実験に用いられたのは生物学が実証的な科学となった17世紀以降のことで，血液循環の発見者として有名なWilliam Harveyは脊椎動物と非脊椎動物の比較解剖学の実験にマウスを使ったといわれている．さらに時代が下るとフランス革命でギロチンの露と消えた高名な化学者Lavoisierが1774年に出版した動物の呼吸に関する実験には多数のマウスが使われているという．その後もヨーロッパではマウスを愛玩用動物として飼っており，いろいろな「変わり者」が発見され生物学の研究の対象となった．1900年のメンデルの法則の再発見は，これらの変わり者の遺伝様式の理論的な基礎を与え，これを実証しようとする実験が多数行われた．1900年代の始めにはCastleによる毛色の遺伝の研究からdilute, brown, non-agoutiの毛色の遺伝子をもつ，現在のDBAと名づけられている近交系の育成の契機となった．Castle以後Little, Strong, Snell, Bailey, Taylorとつながる人脈とJackson研究所を中心としたこれらの遺伝学者による近交系，コンジェニック系統，リコンビナント近交系の育成が実験動物としてのマウスを特徴づける，遺伝的にコントロールされた系統へと発展したわけである．最近十五年ほどの間に出版されたマウスについての成書(巻末参照)にはそれぞれの系統の起源が詳細に述べられている．アメリカを中心に進められたマウスの実験動物化についてはこれらの成書に譲り，ここでは日本でのマウスと人の関係，その実験動物化に果たした役割について述べることにする．ネズミについての日本での一番古い記録は，古事記の大国主命を助けたネズミの話のようであるが，続日本紀にはいくつもの白鼠，白鼠赤眼が献上されたと言う記事がある．ずっと下って，江戸時代にはネズミは愛玩用の動物として一般庶民に広く飼育されていたことが，江戸小咄や甲子夜話に見えるし[8]，ネズミを売る店もあったようである(図9.2)．もっともこのネズミがハツカネズミだけであるかどうかは疑問で，ラットと考えたほうが妥当な記載もある．また，ハツカネズミとは別種と考えられていた豆鼠と呼ばれるネズミも広く飼育されていたようである．このような愛玩用としてのネズミの飼育が盛んであった様子は，天明七年に珍翫鼠育草というネズミの育種繁殖についての本が出版されていることからも伺うことができる[9]．天明七年は西暦1786年で，Lavoisierがギロチンにかけられる10年近くも前のことであるが，この本にはネズミの雌雄の見分け方，離乳時期，飼料の良否，さらに興味のあることは現在でいう突然変異による珍しい毛色のネズミを育種するための交配方法まで書かれていて，その内容は現在のマウスの遺伝学の知識に

図 9.2 江戸時代のネズミを売る店（養鼠玉のかけはし，永年九年，浪華春帆堂主人著．国立国会図書館蔵）

照らしてそれほど矛盾のないものである．

　このような愛玩用として飼育されていたマウスの遺伝子はヨーロッパに渡り，ヨーロッパの愛玩用のマウスに変異を供給し，さらに，それが現在広く使用されている近交系の成立に一役買っていると思われる．明治時代以降は日本でもこれらが実験用に使われたと思われる．1920年に宗・今井によって発表された論文[10]は愛玩用マウスの南京または高麗と呼ばれている品種のなかのユキダルマという黒眼の白鼠と，カスリと呼ばれる白斑のマウスの遺伝分析を行ったものであるが，この論文によると，南京種は体が小さく，病気に弱いので，「フランス」と呼ばれている別の品種と交配してユキダルマやカスリを育成したことが書かれている．したがって，愛玩用マウスには少なくとも二品種あったものと思われる．この論文の遺伝分析の結果は，現在の遺伝子記号で書けばユキダルマは W/w, s/s で，カスリは W/w, $S/-$ ということになる．さらに，宗・今井は南京種には紅眼(pink-eyed dilution)が多いこと，その内にブドウ色の眼をもつものがあり，これは pink-eyed dilution と同座の遺伝子 Japanese ruby によることを報告している[11]．Hagedoorn によるとヨーロッパのマウスのもっている p (pink-eyed dilution) 遺伝子は日本から輸入されたものであるという[12]．ここで注目したいことは1910〜1920年頃に医学者によってヨーロッパから研究用のマウスが輸入されたといわれるが，1920年には前述のように愛玩用マウスには「フランス」と呼ばれる種類が南京種，高麗種と別にあったことである．江戸時代の絵画，彫刻に残されている，毛色の突然変異と思われるネズミに興味をもってこれを紹介した Keeler によると1935年頃の日本の愛玩用マウスには研究用マウスとして欧米からはいったマウスとの間の交雑があることを，当時の日本に来て実際に見聞したこととして報告している[13]．

　現在この愛玩用マウスに由来すると思われる系統に，近藤によって1945年頃から近交が開始された，NCマウスを代表とするニシキネズミ群[14]と呼ばれる系統群と東大医科研で近交されたFM[15]がある．NCマウスは日本産ハツカネズミ (M. m. molossinus) に広く分布し，欧米産の近交系マウスにない補体第3成分遺伝子座(C3)の a 遺伝子をもっており，一方，FMマウスは p 遺伝子をもっていてヨーロッパ産マウスとの違いを示唆している．しかし，日本産ハツカネズミには，この他にも欧米由来の近交系マウスにはほとんど見られない遺伝子がいくつか報告されているが[1,16〜20]，われわれが調べた結果ではNC, FMマウスとも，これらの日本産ハツカネズミに特有な遺伝子はもっていない．このことは日本の愛玩用マウスには Keeler の報告のように，明治以降にヨーロッパ産の研究用マウスとの交雑が広く行われた結果と思われる．

　そうであっても NC マウスはある種のタンパク抗原に対するアナフラキシー・ショックに感受性であること[21]や，自己抗体価が高いこと[22]，FMマウスは普通雄にしか発現しない Slp (sex-limited protein) 遺伝子が雌でも発現することなど[23]，それぞれ特徴があり欧米でも使用されている．このように日本に限って見てもマウスと人のかかわりは深く，実験動物としても長い歴史をもっている．

（3）一般的性状

　マウスの実験動物としての最大の特徴は遺伝的にコントロールされた，それぞれ特徴をもった系統(strain)が多数育成されていることである．このため実験に使われているマウスは系統による変異が大きく，画一的に特徴を述べることがむずかしい．ここでは比較的よく使われている近交系について，平均的な値について述べることにする．

a. 体重と体長

　成体重は系統はもちろん飼育条件によって異なるが，雌で 18〜40 g，雄で 20〜40 g 程度である．雌と雄の体重差は12週齢で 0〜5 g 程度であるが，雄の方が大きい．体長(頭胴長)は普通の近交系では10cm 前後で，ほぼ同じ長さの尾をもつが，亜種によって体長と尾長の比が異なり，亜種を区別する一つの指標になるといわれる[24]．

b. 毛　色

　毛色はアルビノ albino (白色赤眼)，黒色(black)，野生色(agouti), が多いがシナモン(cinamon, 肉桂色)，チョコレート(chocolate, brown)，あるいは d (dilute) 遺伝子や ln (leaden) 遺伝子によって，上記の色が淡色になったものや, s (pie bald) 遺伝子や, W (dominant spotting) 遺伝子による白斑をもつものなど変異が大きい[25]．

c. 性成熟と繁殖

性成熟に達するのは4週齢以降で，受精可能な交尾のできるのは6～10週齢である．繁殖可能な年齢は1年程度で，雄のほうが雌より長い．1日の内で交尾する時間は不定であるが，夜のほうが多いといわれる．性周期の長さ(duration of estrus cycle)は4～5日で，発情期(estrus)は暗くなってから4～6時間で始まり，12～14時間続く．排卵は発情期にはいって2～3時間で起こる．このような性周期は1年を通して起こり，繁殖季節(breeding season)はない．妊娠期間(gestation period)は19～21日で，分娩(parturition)は1日のうちでいつでも起こるが，午後4時から翌朝4時にかけてが多い．一腹の産仔数(litter size)は4～10匹が普通であるが，産次(birth order)によって異なり，初産よりは2産，3産が大きく，あまり産次がすすんでもかえって産仔数は減少する．出生時の体重は産子数によって大きく変わるが，1.5g程度である．生後3週で離乳(weaning)するが，このときの体重は雌で8.5～10g，雄で10～12g程度である．

d. 寿　命

寿命(life span)は特定の疾病が死因となることがあるので，系統によって大きく異なる．また，同じ系統でも飼育環境で異なり，SPF環境で飼育すれば，conventionalな状態で飼育された場合より長寿命となる．雌と雄との寿命の差は一定の傾向がなく，系統によって異なる．これは系統に特徴的な疾病の発症頻度や時期に雌雄差があることにもよる．SPF環境で飼育された15系統の平均寿命(mean life span)がFestingとBlackmoreによって発表されているが，それによると，雌の最短はAKRの312日，最長がCBAの825日，雄では最短がAKRの350日，最長がNZWの802日である[26]．

（4）形態（発生，成長，解剖）

a. 発　生

マウスの発生についてはRughのすでに古典といえる大著[27]を始めいくつかの成書があり，最近では胚操作技術の進歩に伴い，マウスの初期発生についての知見も豊富になってきている（巻末参照）．ここでは受精から出産にいたる過程をごく簡単に述べることにする．

ⅰ）受　精(fertilization) 排卵された卵は第2成熟分裂の中期(metaphase)にある．排卵された卵の受精可能期間は排卵後12時間程度であるが，交尾後2～3時間で排卵が起きるときにはすでに卵管に精子がある．受精は卵管の膨大部で起こり，卵の第2成熟分裂は精子が侵入した直後に完了する．受精によって雌性前核(female pronucleus)が形成され，侵入した精子は雄性前核(male pronucleus)となる．両前核は休止期(interphase)で合体するのではなく，それぞれが明瞭に区別できる隣り合った染色体が形成されて合体する．受精に引き続いて卵割(cleavage)が始まる．

ⅱ）卵　割　卵割は2細胞期(2 cell-stage)，4細胞期(4 cell-stage)，と進行し，8細胞期(8 cell-stage)になると割球(blastmere)が密に接触(compaction)するようになり，細胞の境界は新鮮な標本では見えなくなる．交尾後3日で受精卵は子宮に到達する．この時期に内側の割球の間に液に満ちた腔所ができ急速に大きくなり，この時期以後胚盤胞 blastcyst と呼ぶ．交尾後3.5日には明瞭な2種の細胞集団が存在する．一つは内部細胞塊(inner cell mass)，もう一つは栄養外胚葉(trophoectoderm)である．栄養外胚葉は一層で胚胞の腔所を囲む部分を壁栄養外胚葉(mural trophoectoderm)，内細胞塊に接する部分を，極栄養外胚葉(polar trophoectoderm)と呼ぶ．交尾後4.5日までに，この2種の栄養外胚葉は異なった細胞集団として別の発生の過程をとる．内細胞塊のごく一部の細胞が本来の胚(embryo)となると考えられ，残りの細胞は卵黄嚢(york sac)，羊膜(amnion)，尿膜(allantois)を形成する．

ⅲ）着　床(implantation) 交尾後4.5日で受精卵は子宮にはいり，着床する．着床は子宮間膜の反対側で子宮粘膜上皮と接触することによって始まる．最初の接触は壁栄養外胚葉との間で起こり，近くの栄養細胞(trophocyte)は巨大細胞となり，子宮上皮は崩壊する．着床した場所の近くに大型の脱落膜細胞(decidual cell)が出現する．1日後には脱落膜の成長によって子宮壁の隆起が起こり，子宮腔はいったん閉鎖され，8～9日後には閉鎖された子宮腔の反対側に新しい子宮腔がでる．閉鎖された側に将来胎盤(placenta)となる ectoplacental cone が形成される．着床までは胚盤胞の大きさはほとんど変わらない．したがって，1個の細胞(割球)はだんだん小

表 9.1 マウスの発生[28]

胎生日齢	特徴・状態
0～1	1 細胞
1	2 細胞
2	4～16 細胞，桑実胚
3	桑実胚～胚盤胞，栄養外胚葉形成
4	透明帯の消失
4½	着床，原始内胚葉の分化
5	卵筒の形成
6	前羊膜腔の出現，ライヘルト膜の形成
6½	胚軸の決定，中胚葉の分化開始
7	羊膜の形成
7½	前体節，尿膜出現，神経板形成，前腸の分化
8	1～7 体節，後腸の分化，始原生殖細胞の出現
8½	8～12 体節，胚の反転，神経管形成の開始
9	13～20 体節，心拍動の開始，口板開裂
9½	21～29 体節，前肢芽の出現，後神経孔閉鎖
10	30～34 体節，後肢芽の出現
10½	35～39 体節，尾の原基出現
11	40～44 体節，脾の原基，生殖隆起が明瞭になる
11½	体長 6～7 mm 前肢板の形成，心房分離
12	体長 7～9 mm 後肢板の形成，性腺の分化
13	体長 9～10 mm 大動脈と肺動脈の分離
14	体長 11～12 mm 心室の中隔閉鎖
15	体長 12～14 mm 冠状血管の出現，口蓋突起融合
16	体長 14～17 mm ライヘルト膜の崩壊，眼瞼閉鎖
17	体長 17～20 mm 肺胞管，毛様体の形成
18	体長 19.5～22.5 mm 膵のランゲルハンス島
19	体長 23～27 mm 出生

さくなってきているが，着床とともに増殖が早くなり，分化が始まる．以後の発生の進行の概略を表 9.1 にまとめて示してある．

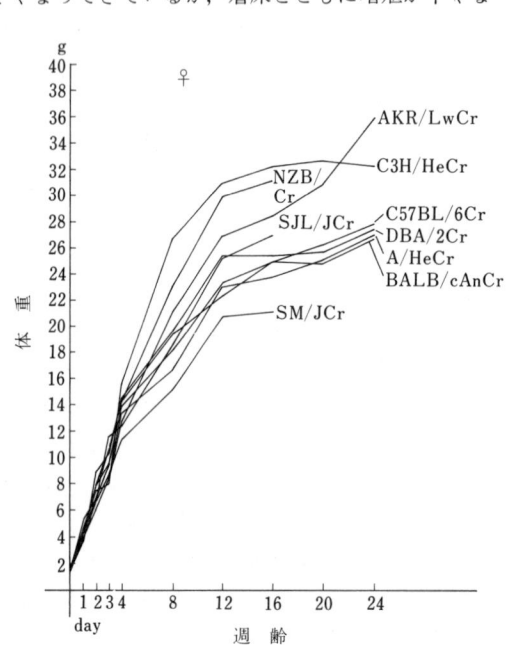

b. 成　長

19～20 日の妊娠期間を経て分娩が起こるが，生まれた仔は裸で体重は約 1.5g 程度である．生後 2～3 日で毛が生え始め，3～4 日で耳が開き，さらに 12～14 日で目が開く．離乳は 21～28 日で可能である．性成熟には 30～40 日齢で達するが，完全に成体に達するのは 60～90 日齢である．図 9.3 に代表的な系統の成長曲線が示してある．

c. 解　剖

マウスの解剖についてはいくつかの成書があり，マウスは哺乳類として特に特殊な形態をとっていないので，他の哺乳類についての解剖図説も参考になる．ここではおおまかな解剖について Hummel らの記載[30]に従って述べることにする．

i) 骨　格　骨格(skeleton)は，頭蓋骨(skull)，脊柱(vertebral columnn)，胸骨(sternum)，肋骨(ribs)からなる軸骨格(axial skeleton)と，前肢帯(肩帯, thoracic girdle)，後肢帯(腰帯, pelvic girdle)および四肢骨(limbs)からなる付属骨格(appendicular skeleton)から構成される．軸骨格は体軀を支え，頭蓋骨は頭蓋腔(cranial cavity)にある脳(brain)を，脊柱は脊髄(spinal cord)を，胸椎は胸骨，肋骨，とともに胸郭内の心臓(heart)，肺(lung)

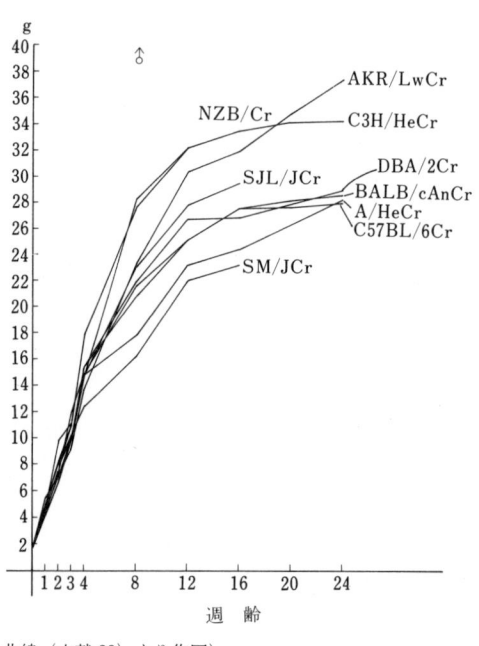

図 9.3　代表的な 9 近交系の成長曲線（文献 28）より作図）

を保護する役目をもっている．

1. 頭蓋骨　マウスの頭蓋骨はラットの頭蓋骨とよく似ているが，相対的に横に広く，丸みをおびた頭蓋(cranium)をもっている．後頭骨(occipital)は頭蓋腔の後壁となっており，1対の頭頂骨(parietals)と頭頂間骨(interparietals)が頭蓋腔の上壁と側壁となっている．鼻骨(nasals)と前頭骨(frontals)は脳の前部を覆っている．顎間骨(premaxillae)，上顎骨(maxillae)，頬骨(zygomatics)，側頭鱗(squamosals)が顔面と上顎部を形成する(図9.4)．下顎骨(mandibles)は下顎結合(mandibular symphysis)によって一つとなり下顎を形成する．顎には上下とも1対の切歯(incisors)と3対の臼歯(molars)があるが，下顎の第3臼歯を欠く系統もある[31,32]．

2. 脊柱　脊柱は前部で頭蓋骨の後頭骨と連

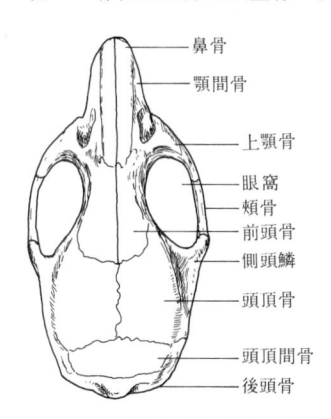

図 9.4　頭蓋骨（文献28）より改写

結し，胸腔，腹腔の支持骨となり尾につづく．脊椎は7個の頸椎(cervical vertebrae)，12～13個の胸椎(thoracic vertebrae)，5～6個の腰椎(lumbar vertebrae)，4個の仙椎(sacral vertebrae)および27～30個の尾椎(caudal vertebrae)からなる．第1，第2頸椎は特殊な形をとり，それぞれ環椎(atlas)，軸椎(axis)と呼ばれる．胸椎はそれぞれ1対の肋骨と連結する．仙椎のいくつかは後肢帯の寛骨(coxae)と連結する．胸椎と腰椎の数は系統，性，環境要因によって変異がある[33,34]．

3. 胸骨と肋骨　胸骨は6個の胸骨片(sternebrae)からなり，最前位のものは胸骨柄(manubrium)と呼ばれ鎖骨(clavicles)と第1肋骨に連結している．第6番目は剣状突起(xiphoid process)と呼ばれ，剣状軟骨(xiphoid cartilage)で終わってい

る．普通は肋骨は13対で，7対は背側で胸椎と腹側で胸骨と連絡しており，これを真肋(true ribs)と呼ぶ．残りの6対は仮肋(false ribs)と呼び，その前位3対は腹側で第6肋骨と連結しているが，後位の3対は連結がなく"浮遊"しており，浮遊弓肋(floating ribs)と呼ばれる．肋骨の背側部は硬骨であるが，腹側部は軟骨性で肋軟骨(costal cartilage)と呼ばれ，胸骨との連結は肋軟骨による．

4. 肢帯　前肢帯は背側の肩甲骨(scapula)と腹側の鎖骨(clavicle)からなる．肩甲骨は平らなたて長の台形の骨で，前下方に向いた先端にある関節窩(glenoid cavity)で上腕骨(humerus)で上腕骨(humerus)に，肩峰(acromion)で鎖骨に連結している．鎖骨は細い湾曲した骨で，内側で胸骨柄と，外側で肩甲骨の肩峰と連結している．後肢帯は背側で2,3個の仙椎と接し，腹側の恥骨結合(pubic symphysis)で一体になる左右の寛骨からなる．寛骨は腸骨(ilium)，坐骨(ischium)，恥骨(pubis)の3個の骨が癒合して形成されているが，坐骨と恥骨との癒合は系統によって遅れたり，不完全であったりする．成体の恥骨角(angle of pubis)は雌雄によって異なり，雌では広く，雄よりも尾腹側にある．

5. 四肢　前肢(fore limb)は上腕骨(humerus)，尺骨(radius)，橈骨(ulna)，8個の手根骨(carpals)，5個の中手骨(metacarpals)および指骨(phalanges)からなる．第2～5指はそれぞれ，基節骨(proximal phalanx)，中節骨(middle phalanx)および先に爪(claw)のある末節骨(distal phalanx)の3個の骨からなるが，第1指(digitl, pollex, thumb)は中節骨がなく，他の指より著しく短い．後肢(hind limb)は大腿骨(femoral bone)，脛骨(tibia)，腓骨(fibula)，7個の足根骨(tarsals)，5個の中足骨(metatarsals)と前肢と同じ数の指骨(趾骨)からなる．第1趾(first digit, hallux)は前肢の第1指と同様に中節骨を欠くが，外見的には他の趾と長さは変わらない．脛骨と腓骨は基部2/3は離れているが，末端の1/3は癒合しており，最末端で再び離れている．

ii)　循環系(circulatory system)

1. 心臓　心臓(heart)は胸腔の一部である心膜腔(pericardial cavity)にあって，左右の心室(ventricles)と左右の心房(atria)の，筋層に囲まれた四つの室からなる．末梢からの血液は左右の前大

静脈(left and right cravial venae cavae)および後大静脈(caudal venae cavae)に集まって右心房に運ばれ，右心室にはいり，肺動脈(pulmonary artery)によって肺に運ばれる．酸素と結合した血液は肺から左心房にはいり，左心室を通って大動脈(aorta)から体の各部へ送られる．

2. 動脈(arteries)　心臓からの血液の拍出は右室から肺動脈へと左室から大動脈への二つによって行われる．肺動脈は左右に分枝して左右の肺にはいる．大動脈は肺動脈の背側で左室から出て前方に少し延び(上行大動脈 ascending aorta)，左に湾曲し大動脈弓(aortic arch)をつくり，脊柱の腹側にそって後方へ胸腔，腹腔を通って尾にいたる(下行大動脈 descending aorta)．心臓に行く左右の冠状動脈(left and right coronary arteries)は上行大動脈から分枝し，大動脈弓からは腕頭動脈(brachiocephalic artery)，左総頸動脈(left common carold artery)および，左鎖骨下動脈(left subclavian artery)が分枝する．大動脈からのおおよその分枝は図9.5に示した．

3. 静脈(veins)　心臓にはいる静脈は肺か

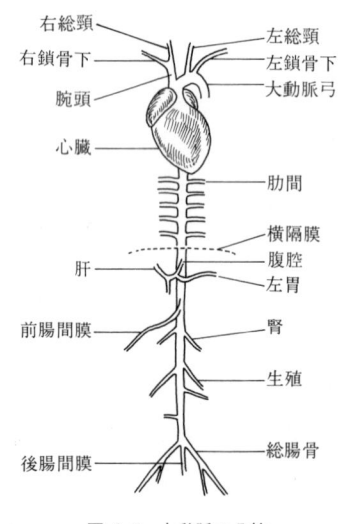

図 9.5　大動脈の分枝

らの肺静脈(pulmonary vein)と頭，頸，胸，前肢からの左右の前大静脈および横隔膜より後部からの後大静脈がある．肺葉からの細い静脈が集まった短い左右の肺静脈は左心房にはいる．右の肺静脈は右の前大静脈の，左の肺静脈は左の前大静脈のそれぞれ背側を通る．体の横隔膜より前の血液を運ぶ左右の前大静脈は右心房にはいる．右の前大静脈は短く心

房の前縁で直接心房にはいるが，左前大静脈はさらに後方に延び，心室の背側で後大静脈と合流して心房の後縁から心房にはいる．

後大静脈は骨盤と後肢からの左右の総腸骨静脈(common iliac veins)および正中尾静脈(middle caudal vein)が合したものから始まる．後大静脈には腹壁の皮膚と筋から腸腰静脈(iliolumbar vein)，生殖腺，副腎からの静脈と合流した腎静脈(renal vein)が合流する．胸壁の静脈は奇静脈(azygos vein)を作り脊柱の左腹側を上行して左前大静脈へ注ぐ．後大静脈は肝臓の外側右葉の基部で肝臓にはいり，肝臓からの多数の静脈(肝静脈 hepatic veins)を集めて，中葉の前部から横隔膜を貫通して胸腔を横切り，左の前大静脈と合して右心房にはいる．後大静脈の重要な支流に門脈(portal vein)がある．門脈は胃，腸，膵，脾の各臓器からの静脈が集まったもので，十二指腸の背側を通り胆嚢に接して肝門(hepatic porta)にはいる．肝臓内では再び細かく分岐し，洞様毛細血管に注いで肝臓の機能血管となっている．

iii)　リンパ系　リンパ系(lymphatic system)は組織から脈管系へリンパ液が運ばれるリンパ管(lymph vessels)，リンパ管の途中にあるリンパ節(lymph nodes)，それと腸管壁にある末梢リンパ小節(peripheral lymph nodules；これには小腸のパイエル板(Pyer's patch)も含まれる)からなる．口蓋・咽喉扁桃(palatine・pharyngeal tonsil)はマウスにはない．

1. リンパ節　リンパ節(lymph node)は豆状

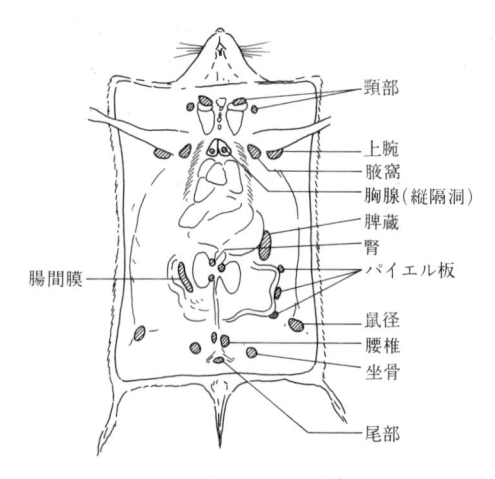

図 9.6　主要リンパ節の分布　(文献29)より改写

で大きさはいろいろあるが，皮下の結合組織や内臓の近くにあり，皮下のリンパ節は特に浅頸部，腋窩，鼠径部に多い．リンパ節の大きさや数は，個体差や系統差がある．普通にみられるリンパ節の位置を図9.6に示した．皮下のリンパ節は両側性であるが，内臓のものは間膜内に存在し，したがって不対性である．末梢リンパ小節の集合は小腸，結腸，盲腸，直腸だけに見られ，最も目立つものは小腸の外壁にあるパイエル板である．これもマウスの置かれた環境条件によって大きさが異なり，数には系統差がある[30]．

2．脾臓　脾臓(spleen)はリンパ液の通路でもなく，その開始点でもないのでリンパ節とはしないが，リンパ組織が大部分を占める器官であり，また，骨髄と共に造血機能も有している．脾臓は少し湾曲した長いヘラ状をした器官で腹腔の左上部に胃の大湾に沿って見られる．健康な脾臓は色は深紅で，滑らかな光沢のある表面をしている．腹側端は丸いが，背側端は丸いか，尖っているか，ときには浅く二つに分かれていることもある．一つ，まれにはそれ以上の副脾(accsessory spleen)が脾臓の近くにあることがある．副脾をもつ個体の比率は系統によって異なる[30]．

3．胸腺　胸腺(thymus)は2葉からなり，縦隔の前部で心底(base of heart)と大動脈弓の腹側にある．2葉は少し形が違っていて，右葉のほうがより卵形で，左葉は三角形に近い．右葉は左葉の上に少し重なっている．重量は性成熟に達するころが最大で，以後85日齢頃までに急速に減少する．免疫機能に関与する重要な器官である．

iv）内分泌腺(endocrine glands)　マクロな解剖で見られる内分泌腺についてだけ述べる．

1．甲状腺　甲状腺(thyroid gland)は橙赤色を帯びた左右1対の器官で，各葉は頸の筋の下の気管の両側にある．前部は喉頭の輪状軟骨から，後部は最初の3～4の気管輪まで達する．両側で重量は4～5mgである．

2．副腎　副腎(adrenal gland, suprarenal gland)は一対のそれぞれ1～3mg程度の小さな卵形の器官で腎臓の前極の近くの体軸の両側にある．色は少し茶色っぽい白色で容易に回りの脂肪組織や腎臓と区別できる．一般に左の副腎の方が右より重く，同じ日齢では雌の方が雄のより重い．

3．下垂体　下垂体(pituitary gland)は底蝶形骨(basisphenoid)の背側面にあり，重さ2mgほどの長卵形の器官である．腹側から見ると，脈管に富んで一様であるが，背側から見ると三つの明瞭に区別できる領域に分かれている．中央は後葉，神経性下垂体(neurohyposis)と呼ばれ，視床下部とつながる．神経性下垂体を縁どるようにしてあるのが中間部(腺性下垂体中間部，pars intermedia)，でその外側に腹側から前二者を覆うように見えるのが前葉，腺性下垂体(adenohypophysis)である．したがってマウスの下垂体は，いわゆる前葉と後葉が前後の位置関係で配列しているわけではない．

v）毛　毛(hair)は大きく体毛(pelage hair)と触毛(tactile hair)に分けられる．被毛(coat hairs)はその長さや，毛軸の狭窄の数，髄質に並ぶ細胞の列の数によって，monotrich, awls, auchens, の上毛(overhairs)と下毛(underfur, zigzag)に分類されるが，これらの日本語名はない．monotrichsはguard hairsとも呼ばれ，触毛として分類される．awlsはまっすぐな毛で髄質の細胞列は普通3列である．auchensは狭窄が1個(狭窄の部分で毛は曲がる)で細胞列は2列である．下毛は短い毛で，狭窄が多く，したがってジグザグに曲がっている．被毛の約80％はこれである．触毛は長くほとんど色素を含まない．その毛包(hair follicle)は大きく静脈洞と多数の神経末端がある．触毛には2種類あって一つはいわゆるヒゲ(vibrissae)で顔面だけにある．もう一つはguard hairsで体毛の間に散在するが，マウスにこれが存在するかどうか疑問視する研究者もある．

vi）消化器系(digestive system)

1．歯(teeth)　歯式(dental fomula)は切歯(incisor)1/1，犬歯(canine)0/0，前臼歯(premolars)0/0，臼歯(molars)3/3である．切歯は絶えず成長し，磨耗する．第3臼歯は発達が悪く，これを欠くこともある．一般に上顎の臼歯が影響されやすい．

2．唾液腺　唾液腺(salivary gland)は3対の腺，耳下腺(parotid gland)，顎下腺(submandibular gland)，舌下腺(sublinguinal)からなり，顔と頸の皮下にある．各腺は導腺により口腔に開口している．分泌細胞はそれぞれ1種類で，耳下腺と顎下腺の分泌細胞は漿液性であるが，舌下腺の細胞は粘液性である．耳下腺は散在性の分葉した腺で耳から鎖骨に

かけて分布する大型の腺である．顎下腺は対になって，頸部の腹側にあり前部は舌骨を覆い，後部は胸骨，鎖骨にいたり，正中で少し重なり合っている．舌下腺は耳下腺の前縁に接し，その腹外側にある．

3. 消化管　消化管(digestive canal)は食道(esophagus)，胃(stomach)，小腸(small intestine)と大腸(large intestine)からなり，小腸は機能的に十二指腸(duodenum)，空腸(jejunum)，回腸(ilium)に，大腸は盲腸(cecum)，結腸(colon)，直腸(rectum)に分けられる．

食道は咽頭から胃に至る短いまっすぐな管で，頸部では喉頭と気管の背側にある．縦隔の前部では気管のやや左側を走り，後部では肺葉の間を左へゆるく湾曲し噴門(cardua)で胃に連なる．

胃は腹腔の左前部にあり背腹にやや扁平で，臓側面の一部は肝臓の外側左葉でおおわれる．噴門の左側は大きく膨大して胃底を形成し，ここから外側さらに後縁へつづく大彎は大きく凸になっている．一方前縁の小彎は短く，切痕を形成する．胃底から胃体にかけての部分は肉眼的にも壁が薄いことが認められ，胃体から幽門(pylorus)にかけては肉質で厚い．薄く見える部分の粘膜は組織学的には角化した重層扁平上皮でおおわれ胃腺が存在しない．胃は幽門を経て十二指腸に連なる．

腸管は間膜(腸間膜，mesenterium)によって体壁から吊り下げられたようになっており，脈管や神経は間膜にいたる．またリンパ節も間膜の中に存在する．小腸は幽門から盲腸への開口までをいう．十二指腸では膵臓が間膜内に存在し，左方へ広く脾臓に達するほどにひろがる．小腸の反間膜側の外壁には肉眼的に不透明な小節が散在するのが見えるが，これがパイエル板である．盲腸(cecum)は腹腔の下部にある長い行き止まりの腸管で，その開口部は一つは回腸からのもので，もう一つは結腸へのものであるが，二つの開口部は近接している．行き止まりになった先のところの壁にリンパ組織の集合が見られる．マウスには虫垂(vermiform appendix)はない．結腸(colon)は盲腸の開口部から体腔の終わりまでの部分をいう．直腸(rectum)は体腔の外にあって結腸から肛門(anus)までの短い壁の厚い管である．

4. 肝臓　肝臓(liver)は腹腔の上部1/3を占める大きな器管で，前部の凸面(横隔面，diaphragmdtic face)は横隔膜に接し，後部の凹面(臓側面，viseral face)は胃と十二指腸にかぶさっており，他にも結腸，腎臓とも接して表面にこれらの臓器に圧痕を生じている．背側で合する六つの葉に分かれる．すなわち内側右葉，内側左葉，外側右葉，外側左葉，方形葉，尾状葉である．肝臓を左右に分ける目印は横隔面では肝鎌状間膜，臓側面では肝円索である．葉のうち外側左葉が最も大きく，内側右葉がこれにつぐ．方形葉は極めて小さく胆のうに接する部分として辛うじて識別される．尾状葉は大きく，左右に分葉し右は尾状突起である．尾状葉の左半はさらに切痕で乳頭突起を分け，残りの部分は胃の小彎をはさむようにして胃の背側にまで達する．しかし，この分葉のパターンにも性差や系統差があることが報告されている．マウスではラットと異なって内側右葉と内側左葉の間の深い裂の基部に胆嚢(gall bladder)がある．肝臓からの胆管(hepatic duct)と胆嚢からの胆嚢管(cystic duct)は合して総胆管(common bile duct)となり十二指腸に開口する．

5. 膵臓　膵臓(pancreas)は胃と十二指腸，結腸の間の間膜内に存在する薄いピンク色の器官で左方に大きく伸張し，脾からさらに左腎臓をおおっている．数個の分泌管があり，あるものは総胆管に合する．少なくとも1個は総胆管の開口部の近くで独立に十二指腸に開く．

vii) 呼吸器系(respiratory system)　呼吸器(respiratory tract)は鼻腔，喉頭，気管，気管支および，肺に区分できるが，消化器系と共通の腔所である咽頭がこれに加わる．

1. 鼻腔　鼻腔(nasal cavity)には複雑な形をした鼻甲介(nasal conchae)がはりだしていて，いくつかの気道に分けるとともに吸入する空気への接触面積を大きくしている．鼻甲介の一部は臭覚上皮でおおわれていて臭覚器となっている．

2. 喉頭　喉頭(larynx)は気管の入口にあって，甲状軟骨，披裂軟骨および輪状軟骨からなる，箱形の器官で，口腔から食道への道との交差しているところの底部になる．嚥下の際気管への道を閉じる喉頭蓋(epiglottis)，声門(glottis)，声帯(vocal cords)も含まれる．

3. 気管と気管支　気管(trachiea)は喉頭の末端から胸腔にのび，食道と心房の間で左右の気管支(bronchi)に分かれて，肺にはいる．気管支の壁は始めは軟骨で囲われているが，肺にはいってから分枝

した細気管支(bronchioles)には軟骨はない．

4． 肺　肺は普通は左1葉，右4葉の5葉に分葉している．右肺の最もうしろの葉は心尖，横隔膜，後大静脈に接している．肺にはその接する対象により，肋骨面，横隔面を区別する．内側面には心臓，食道，大動脈，大静脈等による圧痕が形成されている．

viii） 泌尿器系(urinary system)　泌尿器系は腎臓，尿管，膀胱および尿道からなる．

1． 腎　臓　腎臓(kidney)はそら豆形で一対あり，脊柱の両側にあって右腎の方が左腎よりすこし吻側にある．内側の腎門を除いて腹膜におおわれているが，背側には厚い脂肪組織が付着し，これによって腎臓の位置を保っている．脊柱に臨む内縁はくぼんで，ここから血管，尿管が腎にはいり，腎門(helux)と呼ばれる．

2． 尿　管　尿管(ureter)は腎臓から膀胱まで尿を運ぶ平滑筋層で包まれた管で，雌では子宮角雄では精管の背側を通る．左右尿管は膀胱頸の背壁で(雄では精管入口の外側で)別々に膀胱にはいる．

3． 膀　胱　膀胱(bladder)は洋梨形で腹腔の後部，結腸の腹側で体軸の中心にあり，腹側の体壁に靱帯でつながっている．

4． 尿　道　尿道(urethra)は雌では短く，膀胱から出て腟口のすぐ前部で陰核の近くの陰核窩で外部に開く．雄では長い管で膀胱から陰茎の先までつづき外部に開く．

x） 雄性生殖器系(male genital system)　雄の生殖器系は精巣，排出管，付属腺，尿道および陰茎よりなる．

1． 精　巣　精巣(testis)は対になり膀胱の両側の体腔かまたは陰嚢(scrotal sac)にある．陰嚢と体腔内とは鼠径管(inguinal canal)で通じており，精巣はこれを通って体腔にひきあげられたり，陰嚢中に下がったりする．精巣は卵円形で曲がりくねった曲精細管(convoluted seminiferous tubules)とそれを支える結合組織からなり，強い白膜(tunica albuginea)で包まれている．精細管の長さは，延ばせば2m近くにもなると推定されている．精細管内壁で精子細胞が成熟し精巣上体に送られる．間質組織中に散在する間質(内分泌)細胞は雄性ホルモン(androgen)を産生して血中に分泌する．

2． 排出管　排出管(excretory duct)には精巣網(rete)，精巣輸出管(efferent duct)，精巣上体(epididymis)および精管(ductus(vas) deferens)が含まれる．白膜内の精巣門の近くで精巣網に集まり2～3本の輸出管となる．輸出管は白膜を通り抜け，精巣上体の被膜に包まれ，そこで1本の管，精巣上体管となる．精巣上体は頭部(caput)，体部(corpus)，尾部(cauda)の3部分からなる．尾部から精管が尿道にのび，膀胱頸部の近くで尿道の背側に開口するが，その部分は広くなり膨大部を形成する．精管は血管，神経と共に結合組織に包まれ精索(spermatic cord)を作っている．

3． 付属腺　付属腺(acceessory gland)には精嚢(seminal vesicle)，凝固腺(coagulating gland)，前立腺(prostate)，球尿道腺(bulbourethral gland)，

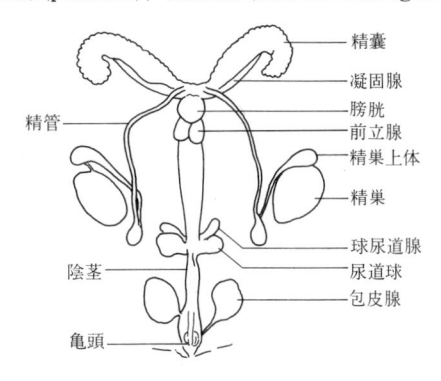

図 9.7　雄性生殖器の付属腺（文献29）より改写）

包皮腺(preputial gland)があるが，それらの位置は図9.7に示した．

x） 雌性性器系(female genital system)　雌の性器系は卵巣，卵管，子宮および腟の生殖器官と乳腺からなる．

1． 卵　巣　卵巣(ovary)は小さい一対の球体で腎臓の後外側に位置し，透明な，薄い，弾力のある被膜，卵巣嚢(ovarian bursa)に包まれている．卵巣と卵巣嚢の間の囲卵巣腔は卵巣嚢を通る細いトンネル状の導管によって，腹腔と交通している．卵巣表面は性成熟前は滑らかであるが，性成熟後は成熟した卵胞と黄体のため多数の隆起が見られるようになる．

2． 卵　管　卵管(oviduct)は卵巣嚢によってできる囲卵巣腔と子宮角をつなぐ複雑に屈曲した細い管で，約1.8cmの長さがある．卵管は卵巣嚢の近くの膨大部と，長く細いコイル状にまいた狭部(isthmus)および子宮壁内に突出した子宮部に分けられ

る．膨大部は卵管漏斗(infundibulum)を通して囲卵巣腔に開口している．開口部は房状の卵管采(fimbriae)となり囲卵巣腔にのびる．卵管の他端は子宮角の背側で子宮に連絡している．

3. 子宮 子宮(uterus)はY字形の管状の構造をもち，二つの子宮角(cornua, horn)と子宮体(corpus)に区分できる．子宮角は広い靱帯で背側の体壁からつり下げられている．子宮体は前部と後部に分けられ，前部は中隔によって分けられ二つの腔を作っているが，後部は中隔がなく子宮頸 cervix となって腟腔内に突出している．

4. 腟 腟は子宮体から肛門の近くで体外へ開口する器官で背側で直腸と，腹側で尿道と接している．腟口の腹側壁に小さな隆起した陰核(clitoris)がある．その近くの皮下の結合組織中に一対の陰核腺があり陰核窩の両側に開口している(図9.8)．

5. 乳腺 雌には5対の乳腺(mammary

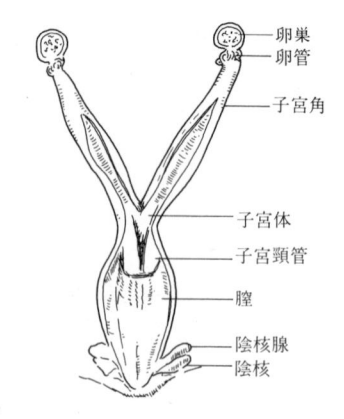

図 9.8 雌性生殖器（文献29）より改写）

gland)と乳頭(nipples)がある．3対は胸部にあり，2対は鼠径部にある．乳頭は10日齢頃の仔か，妊娠後期か，哺乳中でないと被毛のためにはっきり見えない．乳頭の並び方や，数には系統差がある．

xi) 臓器重量(organ weight) 以上述べてき

表 9.2 臓器重量とその比体重*

臓器重量[a]		BALB/C		C3H/He		C57BL/6	
臓器	単位	雄	雌	雄	雌	雄	雌
個体数		30	30	30	29	30	30
脳	(mg)	444.3±16.7[b]	444.3±14.4	465.6±11.9	473.3±22.2	456.7±24.9	461.4±16.9
	(mg%)	1717.0±122.9	2179.3±112.4	1874.7±75.0	2263.7±115.3	2170.9±150.0	2643.3±119.3
下垂体	(mg)	1.7±0.3	2.0±0.4	2.0±0.4	2.3±0.5	1.9±0.4	2.1±0.6
	(mg%)	6.6±1.0	9.6±2.0	7.8±1.3	10.8±2.3	9.1±1.8	12.2±3.2
胸腺	(mg)	44.8±6.8	54.8±5.4	30.3±4.4	40.1±4.2	38.0±6.4	55.4±7.5
	(mg%)	170.4±22.6	268.2±24.0	122.0±18.1	191.4±17.4	179.9±28.2	317.1±43.0
心臓	(mg)	144.3±16.4	115.4±11.3	120.1±10.4	104.3±8.2	116.4±15.9	102.6±10.4
	(mg%)	548.4±45.9	565.1±51.7	482.9±38.4	498.7±35.8	551.3±58.3	587.2±52.5
肺	(mg)	160.5±12.6	144.8±12.6	140.5±10.5	134.8±10.6	139.7±9.8	130.6±7.4
	(mg%)	611.2±41.8	709.7±63.0	565.1±37.7	644.3±48.6	662.9±36.6	747.9±44.7
肝臓	(g)	1.22±0.10	0.91±0.07	1.05±0.07	0.89±0.05	0.90±0.08	0.78±0.05
	(g%)	4.64±0.18	4.46±0.19	4.23±0.15	4.27±0.16	4.26±0.22	4.48±0.15
脾臓	(mg)	87.5±8.6	93.7±9.6	77.7±9.7	86.0±10.8	47.0±6.0	54.4±10.6
	(mg%)	333.3±32.7	458.3±34.1	311.9±31.8	410.2±43.4	222.8±25.6	311.6±60.8
腎臓 右側	(mg)	198.1±18.9	133.0±11.8	228.3±17.7	154.1±10.3	144.4±17.7	120.7±6.9
	(mg%)	752.8±40.6	650.9±46.3	917.1±42.5	736.4±43.7	684.2±71.5	691.3±42.3
左側	(mg)	201.2±19.8	132.8±12.7	215.2±18.1	143.7±8.7	142.1±14.7	116.0±9.6
	(mg%)	764.9±52.7	649.3±42.3	864.8±52.5	686.7±32.3	673.7±59.4	663.3±42.9
副腎 右側	(mg)	2.2±0.5	4.1±0.9	2.3±0.6	2.9±0.6	2.1±0.5	2.7±0.5
	(mg%)	8.4±1.8	20.2±4.8	9.1±2.5	13.7±2.8	10.1±2.6	15.4±2.7
左側	(mg)	2.3±0.5	4.1±1.0	2.3±0.5	3.1±0.5	2.2±0.4	2.8±0.5
	(mg%)	8.7±2.3	19.9±4.9	9.3±1.9	14.7±2.5	10.4±2.1	16.1±2.9
生殖巣 右側	(mg)	96.8±12.2	6.0±1.6	93.3±4.4	6.9±2.0	77.2±8.5	4.1±1.1
	(mg%)	368.4±44.0	29.2±7.7	375.8±19.7	32.8±9.7	366.4±39.9	23.8±6.8
左側	(mg)	94.0±11.6	5.6±1.6	90.5±4.9	6.0±1.4	75.1±8.4	4.2±1.2
	(mg%)	357.3±40.3	27.2±7.9	364.3±19.7	28.8±6.7	356.6±41.8	24.0±6.9

a) 10週齢放血後測定, b) 平均±SD
* 日本チャールズ・リバー社資料より作表．

たように形態的形質は系統，飼育条件などによって異なるが，非常によくコントロールされた環境下で飼育されたと思われる，3近交系の10週齢の臓器重量および，それらの比体重値がまとめて表9.2に示してある．

（5）一般生理

今まで繰り返し述べてきたように，マウスでは多数の系統があり，ほとんどすべての形質に系統差があり，また性差や環境要因による変異があるのでマウス一般について述べることはむずかしいが，生理的形質の正常値を述べるにはこれに加えて，その測定方法の相違も考慮しなければならない．それでも最近では臨床検査的に自動測定できるものも多く，生理的な正常値についてのデータブックや，比較動物学的な見地からの正常値を記載している成書が多い（節末参照）．ここではこれらを参考に概略について述べることにする．しかし，これらの成書の値も以上に述べた理由で絶対的なものではなく，実験処置の対照は，それぞれの研究室での条件下で検討すべきものである．

表9.3　19近交系の血圧[35]

系統	個体数	最大血圧[1] (mmHg)	系統	個体数	最大血圧 (mmHg)
C3HeB/FeJ	10	72±1.5[2]	C3H/HeJ	15	93±4.0
C57BL/10J	8	80±3.0	C57BL/6J	40	93±2.2
A/J	115	82±1.0	A/HeJ	15	93±3.9
C57BR/cdJ	14	83±3.4	RF/J	40	96±1.8
CE/J	40	86±1.8	SJL/J	68	97±1.7
C58/J	31	88±2.5	CBA/J	40	97±1.9
129/J	40	89±2.0	C57L/J	35	99±2.6
DBA/1J	10	89±3.1	BALB/cJ	151	103±1.3
DBA/2J	71	90±1.5	SWR/J	18	110±3.4
AKR/J	7	92±4.8			

1) 間接法による測定
2) mean±S.E.

表9.4　血液学的数値*

項目[1]		BALB/C		C3H/He		C57BL/6	
		雄	雌	雄	雌	雄	雌
赤血球数	($\times 10^6$/mm^3)	10.9±0.5[2]	10.3±0.2	8.5±0.5	9.2±0.4	10.3±0.6	10.6±0.5
ヘモグロビン	(g/dl)	15.9±0.7	15.5±0.7	13.1±0.6	14.3±0.4	14.3±0.7	14.9±0.5
ヘマトクリット値	(%)	48.6±2.0	46.0±1.4	42.5±1.0	43.5±2.1	45.7±1.4	45.0±1.3
MCV	(μ^3)	44.6±1.5	44.9±1.1	50.1±3.0	47.5±2.0	44.4±2.5	42.5±1.7
MCH	(pg)	14.6±0.5	15.1±0.2	15.4±0.4	15.6±0.4	13.9±0.4	14.0±0.4
MCHC	(%)	32.7±0.4	33.7±0.8	30.9±1.2	32.9±1.1	31.4±1.5	33.1±0.7
網赤血球	(‰)	14.8±3.8	17.2±3.0	12.9±3.0	21.5±5.3	16.8±2.8	23.3±9.8
血小板数	($\times 10^4$/mm^3)	94.8±4.6	87.3±5.9	88.5±6.1	83.9±10.2	116.7±19.1	112.2±11.7
白血球数	($\times 10^2$/mm^3)	32.8±8.8	36.4±12.2	31.8±7.5	33.1±11.7	22.1±9.2	16.4±6.9
白血球百分率							
リンパ球	(%)	81.6±3.6	84.4±5.2	73.2±7.2	76.7±5.9	82.4±8.2	91.7±2.9
桿状好中球	(%)	0.3±0.5	0.5±0.7	0.5±0.7	0.6±0.8	0.3±0.5	0.2±0.4
分葉様好中球	(%)	16.2±3.2	13.2±5.1	24.3±6.6	21.8±5.7	16.3±7.3	7.5±2.8
好酸球	(%)	1.0±1.3	0.8±1.1	0.6±0.8	0.2±0.4	0.3±0.7	0
好塩基球	(%)	0	0	0	0	0	0
単球	(%)	0.9±0.6	1.1±0.7	1.4±1.1	0.7±0.5	0.7±0.8	0.6±0.5

1) 測定法；血球数，白血球数，血小板数：電気抵抗法，ヘモグロビン：シアンメトヘモグロビン法，ヘマトクリット値：毛細管法，MCV, MCH, MCHC: Wintorobe法に基づいて算出，網赤血球率：Brecher法，白血球百分率：May-Giemsa染色，検鏡による．
　　測定日標品は10週齢，ヘパリン加動脈血
2) 平均±SD
* 日本チャールズ・リバー社の資料より作表

表 9.5 血液生化学数値*

項目[1])	(単位)	BALB/C				C3H/He				C57BL/6			
		n[2])	雄	n	雌	n	雄	n	雌	n	雄	n	雌
トランスアミナーゼ (GOT)	(U/l)	20	39.6 ± 7.9[3])	20	51.5 ± 12.7	19	30.1 ± 3.5	20	40.7 ± 13.0	20	34.1 ± 6.9	19	47.8 ± 19.3
トランスアミナーゼ (GPT)	(U/l)	20	19.5 ± 7.8	20	24.8 ± 8.7	19	10.8 ± 1.8	20	12.8 ± 4.5	20	15.1 ± 1.4	19	20.4 ± 9.9
乳酸脱水素酵素 (LDH)	(U/l)	20	199.6 ± 58.7	20	192.5 ± 39.6	19	195.0 ± 39.1	20	175.0 ± 40.1	20	180.3 ± 43.3	19	186.2 ± 40.7
クレアチンホスホキナーゼ (CPK)	(U/l)	20	65.1 ± 27.5	20	63.1 ± 17.1	19	60.1 ± 28.5	20	50.0 ± 16.6	20	133.0 ± 99.3	19	89.3 ± 22.0
アルカリ性ホスファターゼ (AlP)	(U/l)	20	166.9 ± 16.1	20	175.1 ± 10.1	19	182.5 ± 13.6	20	251.9 ± 13.8	20	135.7 ± 13.2	19	195.7 ± 14.2
ロイシンアミノペプチダーゼ (LAP)	(U/l)	20	12.0 ± 2.1	20	11.0 ± 1.2	19	10.6 ± 1.8	20	9.9 ± 1.0	20	12.5 ± 1.1	20	12.2 ± 1.2
コリンエステラーゼ (ChE)	(U/l)	20	4505 ± 298	20	6927 ± 362	19	3670 ± 277	20	5190 ± 275	20	3595 ± 268	20	5248 ± 260
アミラーゼ (AMY)	(U/l)	20	6906 ± 622	20	7881 ± 462	19	5281 ± 352	20	5106 ± 254	20	5849 ± 988	20	5874 ± 849
ヒドロキシ酪酸脱水素酵素 (HBD)	(U/l)	20	77.2 ± 21.9	20	74.3 ± 12.2	19	71.3 ± 10.5	20	63.8 ± 12.5	20	66.4 ± 15.6	19	66.4 ± 14.1
総タンパク	(g/dl)	20	4.6 ± 0.2	20	4.2 ± 0.1	19	4.8 ± 0.2	20	4.9 ± 0.2	20	4.7 ± 0.2	20	4.8 ± 0.1
アルブミン	(g/dl)	20	2.4 ± 0.1	20	2.4 ± 0.1	19	2.5 ± 0.1	20	2.8 ± 0.1	20	2.7 ± 0.2	20	3.1 ± 0.1
A/G比		20	1.09 ± 0.07	20	1.31 ± 0.09	19	1.12 ± 0.08	20	1.42 ± 0.09	20	1.38 ± 0.10	20	1.84 ± 0.13
コレステロール	(mg/dl)	20	120 ± 11	20	100 ± 7	19	142 ± 11	20	126 ± 9	20	87 ± 8	20	88 ± 7
中性脂肪	(mg/dl)	20	146 ± 44	20	96 ± 19	19	127 ± 21	20	107 ± 32	20	61 ± 12	20	54 ± 8
リン脂質	(mg/dl)	20	162 ± 15	20	127 ± 10	19	192 ± 10	20	164 ± 10	20	139 ± 14	20	131 ± 13
遊離脂肪酸 (NEFA)	(mEq/l)	20	1.69 ± 0.29	20	1.77 ± 0.33	19	1.53 ± 0.27	20	1.90 ± 0.38	20	1.17 ± 0.38	20	1.19 ± 0.17
グルコース	(mg/dl)	20	151 ± 18	20	131 ± 19	19	163 ± 13	20	163 ± 18	20	190 ± 26	20	169 ± 28
総ビリルビン	(mg/dl)	20	0.16 ± 0.04	20	0.16 ± 0.05	19	0.16 ± 0.03	20	0.16 ± 0.03	20	0.17 ± 0.03	20	0.15 ± 0.03
尿素窒素	(mg/dl)	20	20.7 ± 4.5	20	17.3 ± 1.9	19	21.2 ± 2.1	20	19.2 ± 1.9	20	32.2 ± 4.8	20	27.2 ± 3.9
クレアチニン	(mg/dl)	20	0.30 ± 0.05	20	0.25 ± 0.04	19	0.26 ± 0.04	20	0.22 ± 0.02	20	0.26 ± 0.03	20	0.21 ± 0.04
尿酸	(mg/dl)	20	1.67 ± 0.39	20	1.37 ± 0.51	19	1.72 ± 0.33	20	1.74 ± 0.54	20	1.99 ± 0.62	20	2.22 ± 0.67
カルシウム	(mg/dl)	20	7.9 ± 0.4	20	7.8 ± 0.3	19	8.2 ± 0.3	20	8.3 ± 0.2	20	7.8 ± 0.3	20	8.0 ± 0.4
無機リン	(mg/dl)	20	6.7 ± 0.9	20	6.5 ± 0.5	19	7.4 ± 0.8	20	6.8 ± 0.7	20	6.5 ± 0.6	20	7.0 ± 0.7
塩素	(mEq/l)	18	124 ± 3	16	126 ± 2	19	124 ± 2	15	124 ± 2	7	123 ± 3	7	125 ± 4

1) 測定方法；GOT：UV-rate法，GPT：UV-rate法，LDH：UV-rate法，CPK：UV-rate法，AlP：Bessey-Lowry法，LAP：L-leucyl-p-nitroanilide rate法，AMY：p-NP-G rate法，HBD：UV-rate法，CHE：DTNB法，総タンパク：Biuret法，アルブミン：BCG法，A/G：総タンパクおよびアルブミンより算出，グルコース：GOD-POD法，コレステロール：CEH-COD-POD法，中性脂肪：LPL-GK-GPO-POD法，リン脂質：PLD-COD-POD法，遊離脂肪酸：ACS-ACOD-POD法，尿素窒素：Urease-GLDH法，クレアチニン：Jaffe法，尿酸：Uricase-POD法，塩素：電位差測定法，カルシウム：OCPC法，無機リン：PNP-XOD-POD法，総ビリルビン：安定化ジアゾニウム塩法．

測定標品は10週齢マウスの動脈血よりのヘパリン血漿．

2) n=個体数

3) 平均±SD

* 日本チャールスリバー社資料より作表．

a. 血　　圧 (blood pressure)

マウスの血圧は，朝に比較して午後に高くなるという日内変動がある．系統差も大きく日齢に伴う変化にも系統によって差がある．表9.3に19系統の近交系マウスの血圧を示した[35]．

b. 心 拍 動 数 (heart beat)

マウスの心拍動数は非常に多く，電気的にしか測定できないが，系統，日齢，気温などのほか心理的な影響もあるので変動が大きく，310～840/分の変動を報告している例もある．系統差も大きく，一番多い系統と少ない系統では常に40～65/分の差があるという．一般には400～650/分で平均550/分である．

c. 心拍出量 (cardiac outpus)と血液量 (blood volume)

動物の心拍出量(ml/分)は動物の基礎代謝と左心室の容量に関連しており，マウスの心拍出量も$0.762\times(体重)^{0.776}$の一般式に従う．血液量は体重より基礎代謝により関連していて，実験動物としてのマウスの血液量は野生のマウスの血液量より少ないといわれるが，一般には体重の6～9％が血液量である．

d. 血 液 成 分 (hematological characteristics)

マウスの血液成分については血液学的性状や血液生化学的性状について多数の報告があり，すぐれた比較血液学の成書もあるが，表9.4と表9.5に市販の3近交系について調べられた血液学的数値と血液生化学的数値を示した．

e. 呼　　吸 (respiration)

マウスの呼吸数は，いろいろな研究者の報告の結果をまとめると平均100～160/分である．自然な状態で肺に出入りする空気の量，呼吸気量(tidal volume)は0.15～0.18mlであるが，呼吸量(respiratory volume)は18～28ml/分である．呼吸量はほぼ体重の0.75乗に比例し，小動物ほど体重あたりの酸素要求量が多く，マウスではゾウの25倍が必要とされる．

f. 代　　謝 (metabolism)

代謝は身体が行ったエネルギーと物質の変化の総和であるが，代謝率の表示方法として酸素消費量が最も一般的に用いられる．この場合，0°C，1気圧の乾燥した空気1 literの消費は4.70 kcalに換算される．表9.6にC 57 BL/6マウスのいろいろな日齢での酸素消費量が示してある．

表 9.6　C57BL/6の日齢と酸素消費量[36]

日齢	雄 体重	雄 酸素消費量[1]	雌 体重	雌 酸素消費量
10	6.29	0.091±0.005[2]	6.41	0.093±0.006
20	10.94	0.072±0.014	10.86	0.069±0.015
40	23.85	0.067±0.008	18.34	0.066±0.006
60	28.35	0.056±0.008	20.47	0.055±0.005
80	28.22	0.069±0.006	21.67	0.062±0.006
100	31.07	0.067±0.006	22.19	0.062±0.006
200	33.09	0.073±0.006	24.59	0.072±0.008
600	33.59	0.054±0.011	25.12	0.047±0.005

1) ml/mg/min
2) mean±S.D.

g. 体　　温 (body temperature)

成体では通常の環境温度(21～28°C)の直腸温は36～38°Cであるが，生後2～3週齢では34°Cと低い．環境温度が低いと基礎代謝率が高くなり，高温環境では体温上昇と基礎代謝率を下げることによって適応するが，マウスでは汗腺の発達が悪く，イヌのように気道からの蒸散をたかめるための浅速呼吸(panting)による体温調節も行わない．高温環境で飼育したマウスは耳介の脈管の発達がよくなり，尾が長くなるという．また尾のないマウス(tailless)は高温環境に置くと，正常なマウスより早く死ぬという報告がある．したがって，マウスではこれらの器官が体温調節にある役割を果たしていると思われる[37]．

h. 尿 (urine)

血液成分などの生体内部環境を一定に保つために尿中にはいろいろな成分が排泄される．したがって，尿の成分組成は調節の結果として大きく変動することになるが，マウスの尿の成分についての研究は少ない．一般的にマウスの尿は濃度が高く浸透圧が高い．また，正常な状態でも高いタンパク尿を示すが，ヒトの病理的なタンパク尿に見られるような血清タンパクが増加するのではなく，低分子量のタンパクがその大部分である．このタンパクの排泄(産生)には雌雄差があり，アンドロジェンに依存して増減する．このタンパクの電気泳動像は遺伝的多型を示し，Mup-1遺伝子によって支配される．その他の特徴としてはタウリンの排泄量が多く，調査された22種の動物中最高であったことが報告されている[38]．

i. 水 分 調 節 (water regulation)

体重20gのマウスが1日に利用する水は4.28ml

で，そのうち 2.12 ml が摂取した水で，残りは栄養素が体内で酸化してできる代謝水 (metabolic water) であるというが，水の摂取量には系統差があり，4.3～10 ml 程度の変異がある．1 ケージに複数のマウスを飼育した場合に，個体間に摂取する水の量に差があり，給水を介した投薬はケージ内の各マウスで均一にならない恐れがあるといわれるが，水の消費量は同一ケージ内で変異がないという報告もある[39]．

前に述べたようにマウスでは汗腺の発達が悪く，浅速呼吸による蒸散がないので，意識的な蒸泄 (sensible water loss) による水の排泄はほとんどなく，皮膚や呼吸器から失われる水分 (不感蒸泄の大部分) は肺から呼気とし排泄される．水分の大部分は，もちろん尿として排泄される．

(6) 繁殖生理

繁殖に関する現象は実験動物の生産の実際的な面でも重要であるが，ここでは Whitingham & Wood の記述[40]に従って現象を主に述べることにする．個々の現象の相互作用や機序は繁殖学や，性ホルモンを始めとする内分泌学の成書を参考されたい．

a. 性決定 (sex determination)

マウスでも多くの哺乳類と同様に一義的には性染色体が XX であれば雌，XY であれば雄となる．これは性の決定が Y 染色体の性決定領域にある遺伝子によって決定され，したがって，受精のときに Y 染色体をもつ精子と受精した卵はこの遺伝子の作用によって，生殖腺の分化の方向が雄に向かうことによると考えられている．生殖腺の分化につづいて起こる性分化は，生殖腺から分泌されるホルモンの支配をうける．

b. 精子形成 (spermatogenesis)

精巣は妊娠 13 日頃の胎仔で初めて認められる．生殖細胞は 15 日頃まで分裂をつづけ，前精祖細胞 (prespermatogonia) と呼ばれる．前精祖細胞は生後 1 週齢で分裂を再開するまで DNA 合成の G1 期で休止する．生後 9～10 日で最初の減数分裂 (meiosis) が起こり，以後精巣が機能をもっている限り，精祖細胞から精子形成に至る分裂成熟は繰り返される．そのため精祖細胞のうち type A と呼ばれるものは，分裂成熟するものと未分化のまま幹細胞として再生するものとに分かれる．分裂にはいった type A 精祖細胞は中間型 (intermediate) を経て type B の精祖細胞となり，分裂して第一精母細胞 (primary spermatocyte) となり減数分裂を行い半数体の第二精母細胞となり，第二分裂によって，精子細胞 (spermatide) となる．精子形成の最終段階ではセルトリ (Sertoli) 細胞との協調によって成熟した精子 (sperm) に変態する．この過程を精子完成 (spermiosis) と呼ぶ．type A の精祖細胞が分裂にはいってからの時間経過は一定で，精祖細胞の時期は 8 日，減数分裂の時期が 13 日，最終の精子形成 (spermiogenesis) が 13.5 日で合計 34.5 日の周期で精子形成が繰り返されている．精子形成は下垂体の支配下にあり，黄体形成ホルモン (lutenizing-hormone, LH)，卵胞刺激ホルモン (follicle stimulating hormone, FSH)，プロラクチン (prolactine) が関与している．テストステロン (testosterone) も重要で，特に減数分裂の時期に必要とされている．テストステロンの作用は生殖細胞に直接に働くのではなく，セルトリ細胞を介して作用すると考えられている．

c. 卵子形成 (oogenesis)

雌の生殖細胞は胎生期に卵祖細胞 (oogonia) の時期を経過して卵母細胞 (oocyte) になっている．生後 3～5 日までに卵母細胞は網状期 (dictyate) と呼ばれる休止期にはいり，排卵の 12 時間ほど前までつづく．したがって，長い場合には網状期は 1 年以上つづくことになる．胎生 18 日頃に原始卵胞の形成が始まり，各卵母細胞は一層の卵胞細胞 (follicle cell) によって取囲まれる．これ以後卵母細胞は成長期にはいり，大きさを増してゆく．卵胞細胞も増殖して卵母細胞をとりまく細胞層は幾層にもなる．この卵母細胞の成長と卵胞の成長は相互に依存している．原始卵胞の集落から一部の卵胞が成長を開始するが，その機構はよくわかっていない．一時に成長を開始する卵胞は 1000 個程度と推定されているが，その多くは成長の途中で退化してゆく．卵胞腔 (atrium) の形成が始まる前での成長には性腺刺激ホルモンの関与は少ないと考えられるが，卵胞腔が形成される成熟した卵胞，グラーフ卵胞 (Graffian follicle) になるには多量の FSH が必要である．成熟したグラーフ卵胞になる卵胞の数は血中の FSH 濃度に依存している．卵母細胞の成長は卵胞の成長期の最初の 2 週間で完成し，大きさは 300 倍にもなる．一過性の LH 放出によってグラーフ卵胞に排卵前

の変化が誘発されるが，それに伴って卵母細胞の減数分裂が再開され，前期は卵核胞（germinal vesicle）の崩壊で完了して，第1極体（primary polar body）を放出する．この極体はマウスを含めてげっ歯類で特徴的に大きい．第一分裂につづいて第二分裂が始まるが，この時期に排卵（ovulation）が起こる．排卵時の分裂の時期は紡錘体の形成の頃にあたり，第二分裂は受精した後で完了する．したがって第二分裂の時間は排卵から受精までの期間によって異なることになる．卵胞の成熟から排卵の過程は成熟した雌では4〜5日の周期で繰り返される．

d. 性成熟（sexual maturity）

下垂体前葉からの性腺刺激ホルモン（gonadotropin）の増加によって，性成熟が始まり，雌では発情（estrus），排卵が起こるようになり，雄では精子形成機能が活発になり，付属生殖器腺の分泌が盛んになる．性成熟に達する日齢はかなり系統差がある．雌ではその最初の兆候は腟の開口で，C57BL/6では24日齢で起こることが報告されている．しかし，最初の発情はこれより2〜10日ほど遅れて起こる．性成熟の時期は尿中のフェロモンによって影響され，成熟した雄と同居している雌は性成熟がはやくなり，逆に，成熟した雌との同居は性成熟をおくらせる．このような性成熟の促進や，遅延は，雄の尿や雌の尿に曝すことによっても起こる．雄の性成熟についての研究は少ないが，雌より2週間程度遅れる．成熟した雄と同居しているとさらに遅れるという．

e. 性周期（発情周期）（estrus cycle）

成熟した雌が妊娠しない場合には卵巣に起こる周期的な変化が発情周期といわれる生理的，解剖学的，行動的な変化として現れる．卵巣で起こる周期的な変化は卵胞の発育成熟，排卵，黄体（corpus luteum）の形成である．妊娠あるいは偽妊娠による発情休止（anestrus）にならない限り，マウスでは黄体は機能化せず，黄体ホルモンであるプロジェステロンの血中値が低レベルであるため，すぐに新しい卵胞の発育，成熟が開始されて，前記の変化が繰り返される．発情周期は普通，発情前期（proestrus），発情期（estrus），発情後期（metestrus），発情間期（diestrus）に分ける．卵巣のホルモン分泌の面から分ければ，発情前期から発情期，排卵に至る期間は卵胞ホルモン分泌優位相（follicle phase）であり，発情後期から発情間期（あるは妊娠，偽妊娠）の期間は黄体ホルモン分泌優位相（luteal phase）といえる．卵巣に起こる周期的な変化がエストロジェン依存性の腟の上皮の細胞の変化である，腟垢像（vaginal smear）から推定できることは古く1922年にAllenによって報告されている[41]．彼はこれを5期に分けている（表9.7）．マウスではこの周期は4〜6日であるといわれているが，周期の規則性は同居マウスの有無，同居マウスが雄であるか雌であるか，また環境の物理的要因などで変異し，系統差も報告されている．腟垢像が規則正しく変化するように育成された系統（IVCS）では50日齢頃より安定した規則正しい変化が見られるという[42]．

表9.7 性周期に伴う腟垢像と外部生殖器の変化[41]

Stage	周期	腟垢像	外部所見
D*	Dioestrum* 発情間期	細胞数が少なく，いろいろな程度の核の退化と細胞質の縮んだ上皮細胞と小数の多型核白血球がある	陰門は目立たず腟口はぴったり閉じている
P	Prooestrum 発情前期	有核の上皮細胞だけとなる	陰門はピンクまたは赤くふくらみ，腟の裂目が開く
O	Oestrum 発情期	角化した無核の細胞だけになる	陰門はいくらかふくれ，腟口は開き色は白くなる
M1	Meteoestrum 1 発情後期1	角化細胞が多数になり，集塊あるいは束になる	陰門はほとんどふくらみがなくなり，白く見える
M2	Meteoestrum 2 発情後期2	角化細胞に多型核白血球がまじる．前期は白血球が少なく，後期は角化細胞が減少する．白血球の減少と有核上皮細胞の出現によってStage Dに移行する	陰門は正常になり，腟は閉じる

* Allenの命名による．

f. 交　　尾 (copulation, mating)

雌は排卵前後の暗期に発情行動を示し，雄を受け入れ交尾が成立するのが普通である．しかし，発情前期から後期にかけてもしばしば交尾することがある．別居していた雌雄を一緒にすると最初の24時間は，系統にもよるが，発情周期や，明暗に関係なく交尾する．これは一種の「レイプ (rape)」で，このような交尾では妊娠の成立することは少なく，発情期以外の交尾の多いことを示している．交尾が行われたかどうかは精嚢，凝固腺，前立腺からの分泌物でできる白いかたまり，腟栓 (vaginal plug) が腟内に残るので確認できる．腟栓の大きさや，腟に留まる時間は変異が大きいが，大きさは米粒大で，10～24時間腟内に留まる．射精された精子は15分以内に卵管に到達し，排卵された卵が絨毛と筋の動きで卵管膨大部に降下するころそこに到着して受精する．

g. 処女生殖 (parthenogenesis)

卵が精子の存在しないのに減数分裂を完了し，初期発生に進む，いわゆる処女生殖が起こることはほとんどないとされてきたが，LT/Sv 系統では10%の卵が卵巣内や排卵後に発生に進むことが知られている．多くは発生5～6日で脱分化し，子宮内では卵筒の時期の直ぐ後で死亡するが，卵巣では卵巣性のテラトーマ (teratoma) となる．

h. 妊娠 (pregancy) と分娩 (parturition)

妊娠は19～20日間つづくのが普通であるが系統差があり，たとえばC 57 BL と DBA では妊娠期間について分布を取ってみるとどちらも20日の場合が最も多いが，C 57 BL ではつぎに多いのが19日であるのに対してDBAでは21日であったことが報告されている[43]．妊娠の維持には黄体からのプロジェステロンの分泌が重要である．雄との不妊交尾や，それと類似の刺激によって妊娠を伴わないで，プロジェステロンが分泌される黄体ホルモン分泌優位相にはいることがある．このような場合には発情周期の延長が起こるが，これを偽妊娠 (psudopregnancy) という．偽妊娠は最初は妊娠と区別がつかなく，プロジェステロンの分泌に伴う変化が子宮に起こる．しかし，胎仔のない状態では黄体は約2週間で退行する．偽妊娠は雌をグループで飼育しているとしばしば起こるといわれる．

分娩の開始は，マウスでは黄体の退化と急激なプロジェステロンの血中濃度の低下によって起こる．ヒツジのようなマウスと同様に黄体依存性の動物の研究によると，黄体の消失には子宮から放出されるプロスタグランジン (prostaglandin) が重要な役割を果たしているといわれている．ヒツジでプロスタグランジンにもオキシトシン同様に子宮筋を収縮させる作用があることが発見され，これも胎子の娩出に関与すると考えられている．

i. 後分娩発情 (postpartrium estrus)

分娩後の最初の発情を特に後分娩発情として区別している．発情期とそれに伴う最初の排卵は分娩後12～18時間で起こるとされているが，後分娩発情では腟の上皮の角化は不十分で普通の発情の場合の腟垢像と異なる．この時期に雄が同居していて交尾が起これば妊娠するが，妊娠の可能性は正常の発情期の交尾の場合より低い．また，妊娠した場合（追かけ妊娠）は前の出産の子が乳を吸う刺激によりゴナドトロピンの分泌が阻止され，着床がおくれ，したがって妊娠期間が長くなる．

j. 哺乳 (哺育) (lactation, nursing)

哺乳期間は3週間程度であるが，吸乳刺激が乳頭の受容器を刺激し脊髄から間脳を通して下垂体後葉からのオキシトシンの放出をうながし，これが乳腺の小葉から乳汁の排出をうながす．哺乳中の親の子をとりかえて吸乳を盛んにすると泌乳期間は長くなるし，逆に子を離すと吸乳刺激がなくなり，泌乳は停止する．分娩直後に仔を離すと24時間以内に停止するが，子を離す時期が出産10日後と遅れると2日以上は泌乳する．

k. 生殖寿命 (reproductive life span)

生殖可能な期間は寿命より短いが，特に雌では寿命の半分程度しか生殖機能を完全に維持できない．雄でははとんど寿命と等しい期間生殖機能を保つことができる．雌の生殖寿命を決める大きな要因は二つあり，一つは卵子がなくなることによる．CBA系統では300～400日齢で卵巣中の卵はなくなるが，さらに300日以上生存可能であったという報告がある．第二の要因は子宮が老化するために胎子の発育が阻害されることにあるという．生殖寿命の終わりに近づくと産子数が減少するのはこのためと考えられる．

(7) 遺　　伝

マウスは哺乳動物ではヒトとともに最もよく遺伝

的な形質がわかっている動物であり，実験動物としての特徴も後で述べるようにこの遺伝的な形質がよくわかっていることと，それによって遺伝的にいろいろにコントロールされた動物が利用できるところにある．ここで遺伝的なことについて簡単に述べておくことにする．

a. 細胞遺伝学的特徴（cytogenetics）

ⅰ）**染色体**（chromosome）　マウスの染色体は常染色体（autosomes）が19対とXとYの性染色体（sex chromosome）からなり，$2n=40$である．20対の染色体はどれも末端に動原体（centromere）のある端部型染色体（acrocentric chromosome, acrocentrics）である．普通の細胞分裂の中期（metaphase）の標本では染色分体は分かれているが，動原体はまだ分離していない状態なので，この型の染色体は動原体を頂点とした山形をしている．したがって，個々の染色体を形から区別することはむずかしいが，トリプシン処理などの分染法を使うと染色体ごとに特徴的な縞模様（banding pattern）が染め分けられる．これによって同定した染色体は大きさ（長さ）の順に番号がつけられている（図9.9）．またマウスでは動原体の近くにサテライトDNAがあり，形態的には構造的異質染色質（constitutive heterochromatin）として染め分けられる．これをC-bandというが，その染色体ごとの有無，大小をC-band pat-ternといい，系統や亜種間で異なることが知られている[44]．正常なマウスは上述のような染色体構成であるが，転座（translocation）などの染色体異常をもったマウスも多数育成され，実験に使われている．免疫学の実験などに使用され，よく知られているCBA/T 6は，第14染色体と第15染色体の転座に由来する標識になる小さな染色体断片をもっている．

なお，野生のハツカネズミには，2本の端部染色体が動原体の部分で融合（fusion）した，いわゆるRobertson型融合によるX形の中部型動原体（metacentrics）をもっているものがある．スイス，イタリアのアルプスで見つけられた *M. paschiavinus* では7対の中部型染色体があり，染色体数は $2n=26$ である．このほか融合する染色体のpairや数が異なるものがギリシヤ，インドなどでも見つけられている．

ⅱ）**ミトコンドリアDNA**（mitochondorial DNA）　ミトコンドリアのDNAをいろいろな制限酵素（restriction enzyme）で切断したときの断片のパターンが系統，特にハツカネズミの亜種によって違うことが知られ，それから亜種の分化や，いろいろの亜種の実験動物としてのマウスへの寄与が推定されている[45]．

b. 遺伝的変異（genetic variation）

マウスは前に述べたように昔から愛玩用に飼われていたため，毛色，毛質などの突然変異による「変り者」が保存蓄積されてきた．これが近代になり遺伝学の対象として研究されてきたので形態的な変異を中心に多くの変異が知られている．最近15年の間に，さらにこれに加えて，いろいろな酵素にalloenzymeといわれる，主に電気泳動的に検出できる遺伝的変異や，組織適合遺伝子をはじめとする細胞膜抗原など免疫学的に検出できる遺伝的変異があることがわかり，多数の遺伝子座（gene locus, loci 複）が同定された．これらの変異は突然変異遺伝子による変異とは異なり，いわゆる遺伝的多型（genetic polymorphism）を示すものが多い．遺伝的多型というのは，自然集団で突然変異によって生じたと考えられる，より高い頻度，通常一番頻度の低い対立遺伝子が1％以上で，二つ以上の対立遺伝子による変異が存在していることをいう．しかし，実験動物のマウスでは系統間で異なり，野生型といえるものが

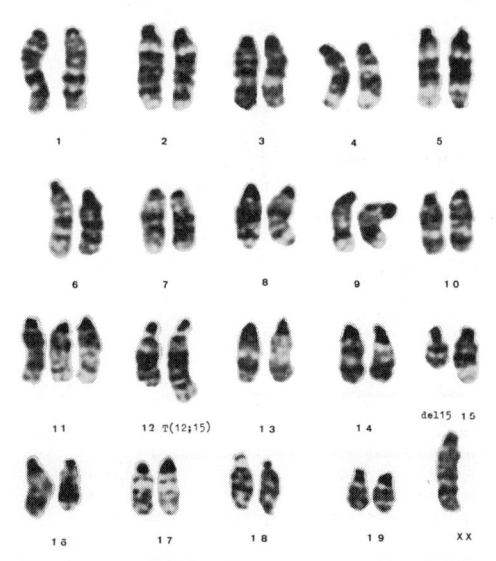

図 9.9　マウス染色体のGバンド．del.15：第15染色体の末端の欠失．この部分は第12染色体に転座している．第11染色体はトリソミー［3倍体］になっている．［金沢大がん研．大野真介博士の厚意による］．

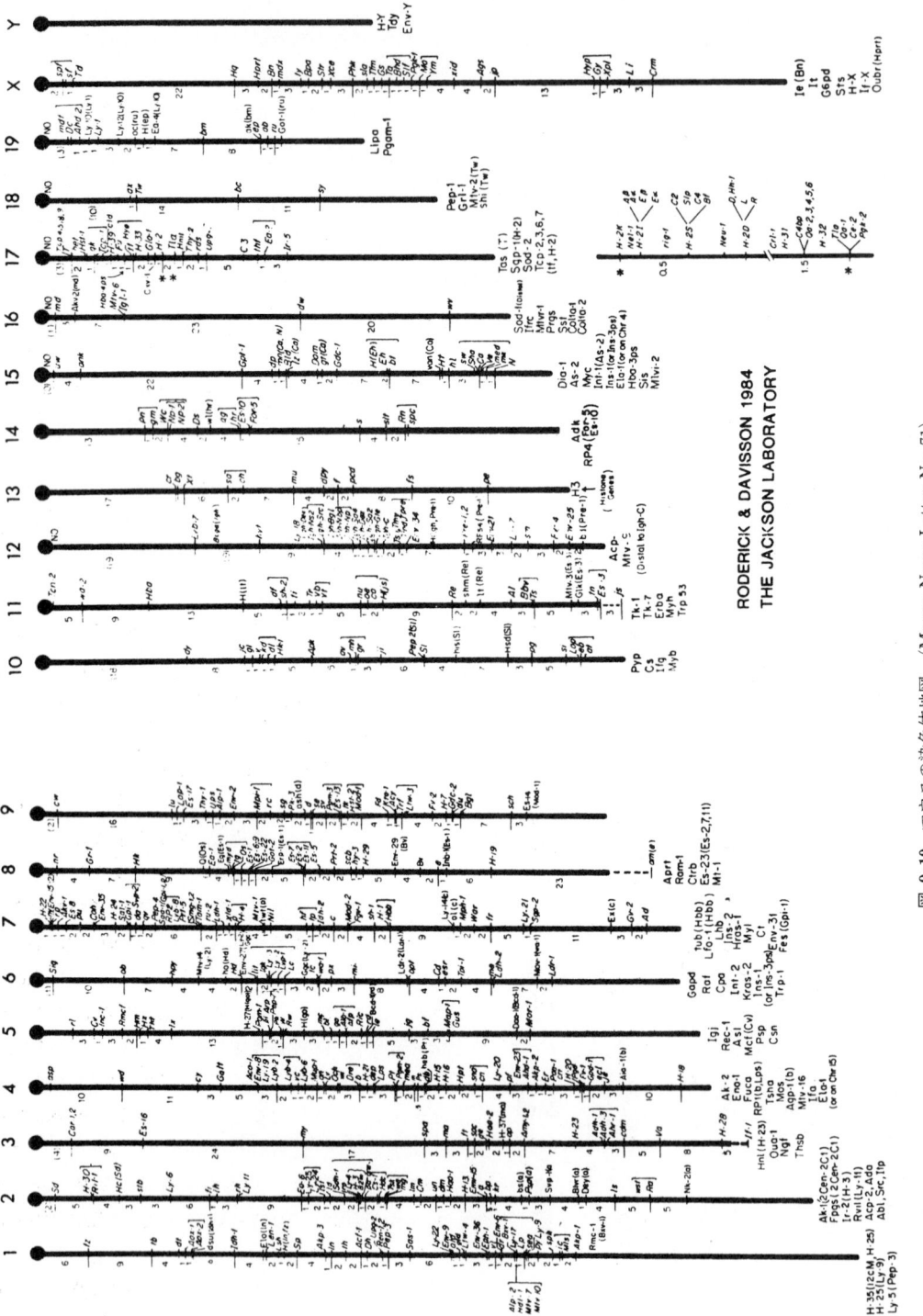

図 9.10 マウスの染色体地図．(Mouse News Letter No. 71)

ない対立遺伝子による変異がある場合をいうようである．Mouse Genome 誌（以前の Mouse News Letter 誌）には突然変異遺伝子やこれらの多型を示す遺伝子座が，毎年新しく見つけられたものを加えて発表されている．各遺伝子の作用の詳細は M. F. Lyon と A. G. Searle の編著書などに述べられている（節末参照）．最近では分子遺伝学の発展によって，マウスやヒトを含めた他の哺乳動物から遺伝子や DNA の断片のクローニングが可能になり，これをプローブとして相同性のある塩基配列の違いを制限酵素によって切断される断片の長さの違いで検出できるようになった．その結果 DNA のレベルでの多型が多数報告されている．この多型を restriction fragment length polymorphisms, RFLP といっている．1988年現在マウスでは約1500の遺伝子が知られており，その 2/3 は存在する染色体が同定されている．

c. 染色体地図 (chromosome map)

遺伝子座がどのように染色体上に位置しているかを示したものを染色体地図というが，マウスの染色体地図は哺乳類中最も詳細に作られている．Mouse Gonome 誌には毎年新しい染色体地図が発表されている．最近の図は染色体ごとに詳細に書かれて，数ページになるのでここには1984年の Mouse News Letter 誌に掲載されたものを示す（図9.10）．

この地図は黒丸が動原体の位置を示し，染色体の相対的長さに従って棒線で示してある．その上部の数字は染色体番号である．右側に記号が遺伝子座名 (gene symbol) で左側の数字は遺伝子座の間の距離をセンチモルガン (cM) で表してある．第17染色体の下の棒は *H-2* 複合体の部分には遺伝子座が多数知られているので，この部分を拡大して示してある．各染色体の下の遺伝子座名は有性生殖によらない，細胞雑種法などによって，その染色体にあることはわかっているが，他の遺伝子座との位置関係が決まっていないものである．

マウスとともにヒトの染色体地図も詳細なものが作られているが，酵素をコードする遺伝子などについてはヒトとマウスが進化の過程で分岐する以前の共通祖先に由来すると推定される，いわゆる相同な遺伝子が多数知られている．動物の X 染色体には種を越えて共通な相同遺伝子があり，X 染色体の保守性といわれているが，常染色体の遺伝子についてもマウスとヒトで相同遺伝子がそれぞれ同染色体 (synteny) を示す事実が年々蓄積されてきている．Dr. Nadeau (The Jackson Laboratory) は "Linkage and synteny homlogies between mouse and man" という database を構築しており，年2回ほど最新の情報を希望者に配布している．図9.11はマウスの第9から第12染色体にある遺伝子で，それらと

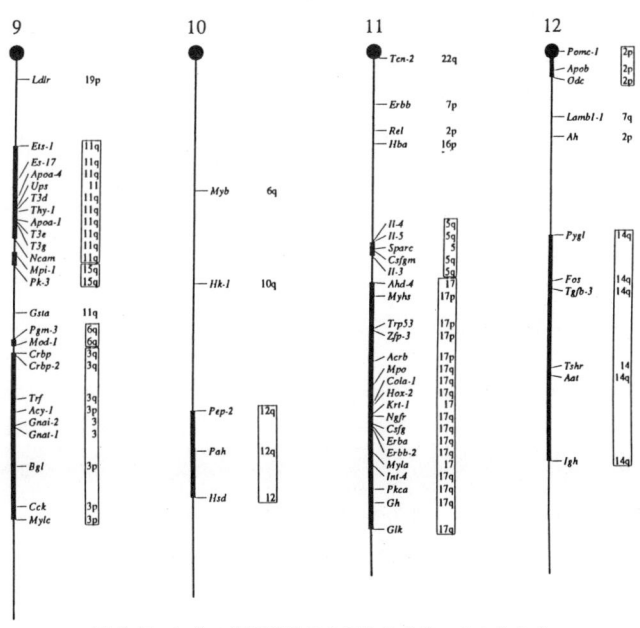

図 9.11 ヒトの相同遺伝子も同じ染色体にある染色体部分の分布．［文献38より改写］．

相同なヒト遺伝子がヒトのどの染色体にあるかを示したものである．図の左側はマウスの遺伝子記号，右側の数字はそれと相同なヒトの遺伝子座のある染色体番号で，p, q はそれぞれ染色体の短腕と長腕を示している．太く塗ってある部分の遺伝子は，ヒトでも同じ順序で染色体上に並んでおり，進化の過程でヒトとマウスが分化して以来，保存されていると考えられる．

なお，西地中海地方に生息する *M. spretus* と実験用マウスと間には上述の RFLP が多数あること，これらの種間雑種の雌には妊性があることがわかり，これを利用して詳細な染色体地図の作成，ヒトの染色体との相同部分についての研究が急速に進展している[48]．

（8）実験動物としての特徴と使い方

1986年度に日本で実験研究に使用されたマウスの数は510万と集計されている[47]．これは実験動物中で最多の使用数である．このようにマウスが多数いろいろな実験に使用される原因はマウスの生物学的な特徴である，小形であること，多産であること，一世代の長さが短いこと，飼育しやすいことなどが考えられるが，最大の原因は実験動物として完全に確立された，ほとんど唯一の動物種であるためと思われる．

実験動物は狭義には研究用に繁殖飼育された動物と定義され，研究目的に合った選択が便利なように人為的に遺伝的および，微生物学的に分類されることはすでに総論で述べられている通りである．マウスでは微生物学的分類，1. 無菌動物，2. ノトバイオート，3. SPF動物，4. ふつう動物（コンベンショナル動物，さらに最近ではクリーン・コンベンショナル動物という分類も使われるが）に従った動物がどれでも容易に手にはいり実験に使用できるが，それに加えて前に述べたように，その遺伝についての情報が突然変異遺伝子を含めて実に豊富であり，近交系をはじめ，いろいろな遺伝的コントロールをうけた動物が利用できる．日本では市販されているものはかぎられているが，大学や研究所では近交系をはじめ多数の系統が維持されている．これらの系統の所在の情報については，国立遺伝学研究所の遺伝実験生物センターでまとめている「国公私立大学・研究所で維持されている実験用マウス，1987年」が参考になる．

マウスの遺伝的コントロールの具体的な内容，定義，作出方法は総論に述べられているので，ここではそれがどのようなものであるかについて簡単にふれ，実験に使用する利点，留意点について述べることにする．

a. 近交系（inbred strain）

i) 近交系と系統（strain） 近交系は兄妹間，あるいはまれに親仔間の交配を20代以上継続した系統を言うが，系統とは何らかの遺伝的コントロールを受け，一般には特徴をもった一群の動物を言うと定義されている．ある遺伝子座の相同遺伝子が共通の祖先遺伝子に由来する確率として定義される近交係数は兄妹間の交配世代が進むとともに増加するが，20代で99％に近くなる．したがって，近交系のマウスではほとんどの遺伝子座でホモ（homozygous）になっている．一度ホモとなった遺伝子座は突然変異が起こらなければ，兄妹交配をつづける限り，それ以後の世代で遺伝子の分離による変異は生じない．このことは近交系として確立した系統内では遺伝的に均一であることを意味している．

近交系を実験に使用する第一の利点は，この個体間の遺伝的な差がないことである．したがって，理論的にはその他の条件を一定にすれば時間と場所を越えて再現性のある実験結果が得られることになる．第二の利点は，近交系はそれぞれになんらかの特徴をもっていて，それによって実験目的に合った近交系を選ぶことができることである．最新のマウスの近交系のリスト "Inbred strains of mice, 12th listing". Mouse Genome No. 88, 1990 には約320の近交系が記載されている．それぞれの近交系の特徴は Festing の著書などにまとめられているので，実験を始めるにあたって，これらを参考にしてどの系統を選ぶかを決めることが大切である（節末参照）．第三の利点は多数の近交系が利用できそれぞれ特徴があるためいくつかの近交系を並べて実験を行い，その実験処置に対する反応の系統差と近交系の特徴との相関からの解析が可能であることである．マウスの主要組織適合遺伝子複合体（major histocompatibility complex）である *H-2* といろいろな疾病に対する抵抗性などは，このような系統差と *H-2* のハプロタイプ（haplotype）との相関から見つけられたものが多い．

ii) **コンジェニック系統**（congenic strain）
ただ一つの遺伝子座の遺伝子だけが異なって，他の遺伝子が全く同じ二つの近交系（個体）を相互にコアイソジェニック（coisogenic）という．このcoisogenecityは近交系のある遺伝子座に突然変異が起き，その突然変異遺伝子が元の近交系と独立に固定した場合にだけ実現可能であり，それ以外にこれを人為的に特定の遺伝子座について作出することは困難である．しかし，これと近いものとしてある特定の遺伝子座を含む染色体の小部分だけで，異なる近交系を育成することは可能で，このような関係にある近交系をコアイソジェニックと同じような意味で相互にコンジェニックであるという．コンジェニック系統は歴史的に組織適合遺伝子の解析のためSnellによって作出されたので，H-2を初め組織適合遺伝子や，細胞膜抗原をコード（code）する遺伝子についてのものが多い．

この育成の方法の詳細は総論に述べられているが，通常は近交系（partner strain）と問題とする遺伝子座（differential locus）の遺伝子が異なる系統（donor strainというが，これは必ずしも近交系でなくてもよい）を交配し，以後その遺伝子について選抜してはpartner strainに繰り返し交配することによって作出する．

コンジェニック系統を実験に使う利点は，基本的にはコンジェニック系統の間の差はdifferential locusの遺伝子の違いにあると考えられるところにある．しかし，注意しなければならないことは，コンジェニック系統はコアイソジェニックではないことである．これは作出上の問題でdifferential locus以外の遺伝子座でもdonor strainの遺伝子がもち込まれていることである．differential loucs以外のこれらの遺伝子をpassenger genesというが，differential locusと連鎖している遺伝子座はpassenger genesとして導入される確率が高い．n世代（F1を$n=1$とする）の戻し交配（backcross）の後でdifferential locusと組換え頻度がCである遺伝子座の遺伝子がpassenger geneとしてもち込まれている確率は$P=(1-C)^{n-1}$である．連鎖のない場合つまり，passenger geneが別の染色体にある場合は$C=0.5$であるので，$n=12$とすると$P=0.005$であるが，$C=0.1$であれば同じ戻し交配を12代繰り返しても$P=0.31$となる．この確率を0.05までにしようとすれば，30代の戻し交配が必要となる．普通は$n=12$程度で一応コンジェニックになったものとしているが，$n=10\sim15$のときdifferential locusを含む12～20cMの染色体がdonor strainからもち込まれていると計算されている．コンジェニック系統を使用する実験ではこの点をよく理解した上で，得られた結果を評価しなければならない．この点に留意すれば実験によってはコンジェニック系統は極めて有効である．コンジェニック系統を使う目的は初めに述べたようにdifferential locusの遺伝子の効果を比較することであるが，これは逆に考えれば特定の遺伝子の効果や表現に対する，それ以外の遺伝子，いわゆる遺伝的背景（gene background）の影響を除こうということであるので，遺伝的背景の違いを積極的に解析することもできる．このように特定の遺伝子の効果と，それに対する遺伝的背景の影響を組織的に解析するにはカルテット（quartet）という方法がある．近交系，AとBがあり，differential locusがaとbとすると，A系統にb遺伝子をいれたA.bとB系統にa遺伝子をいれたB.aという，AとBとのコンジェニックな計4系統を実験に使う方法である．ここでAとA.bとの差は遺伝子aとbとの差であり，AとB.aとの差はa遺伝子の発現に対するAとBの遺伝的背景の違いによると考えられる．同様なことはBとB.a，BとA.bとの比較からも可能である．さらに，これらのF1が利用できればもっと解析を進めることができる．たとえばAとB.aとのF1はa遺伝子についてはホモとなるので，これとAやB.aと比較をとれば遺伝的背景のヘテロ性と遺伝子aとの関連を知ることができる．

ただし，このような実験ではすでに述べたコンジェニック系統についての注意に加えてつぎのことも考慮しなければならない．それはあるdifferential locusについて同じ世代数だけ戻し交配をしても，passenger genesを含む染色体断片はいつも同じ長さの，同じ部分にはなっていないことである．つまりA.b系統にあるbを含む染色体とB.aのaを含む染色体の長さや，切断されている位置は違うということである．つぎに述べるH-2リコンビナント系統にその例がある．

iii) **H-2リコンビナント系統**（H-2 recombinant strains）　H-2は染色体上0.3cM程度の

Glo-1 K Aα Aβ Eβ Eα S D L Qa-2 Tla Qa-1 Ce-2 Pgk-2

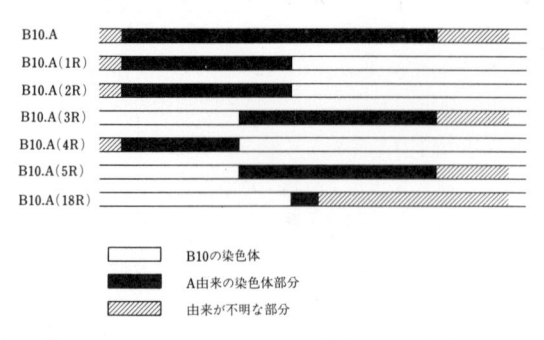

B10.A
B10.A(1R)
B10.A(2R)
B10.A(3R)
B10.A(4R)
B10.A(5R)
B10.A(18R)

□ B10の染色体
■ A由来の染色体部分
▨ 由来が不明な部分

図 9.12 B10.Aコンジェニック系統の H-2 領域の染色体構成（文献 41），42）より作図）

領域を占める複合体であるので，H-2のコンジェニック系統には複合体の内部で切断され，複合体領域内で組換えられたものがある．これを H-2 リコンビナント系統という．C 57 BL/10（B 10）系統を partner strain，A 系統を donor strain，H-2 を differential locus として育成したいくつかのコンジェニック系統 B 10.A の染色体構成を図 9.12 に示した．括弧内のRはリコンビナントのRで数字は育成された順番を示している．このように同じ partner strain と donor strain のコンジェニック系統でも，導入された donor strain の染色体部分は異なる．この現象から H-2 複合体の内部やその近辺の遺伝子配列が解析されている．

iv) 二系統間コンジェニック系統（bilineal congenic strains, BLC）

コンジェニック系統には特殊なものとして BLC がある．前に述べたようにコンジェニック系統の differential locus の遺伝子を提供する donor strain は近交系である必要はないが，BCL では二つの近交系を選び，どちらかを donor 系統として作られたコンジェニック系統で，それぞれ別の遺伝子座を differential locus としたいくつかの系統を1セットとしたものである．donor strain のある形質を問題とするとき，この1セットの BLC 内でこの形質をもつ系統があれば，その系統の differential locus の遺伝子か，あるいはそれと一緒にもちこまれた passenger genes によってこの形質が発現されているものと考えることができる．後者の場合は標識となる differential locus に近接して連鎖している遺伝子である可能性が高い．したがって BLC は連鎖や染色体上の位置の決定に利用できる．この原理や使用法は Bailey の論文[50]に詳しいが，Bailey 自身によって育成された系統群以外にはほとんど育成されていない．

v) リコンビナント近交系群，RI 系統（recombinant inbred strains, RI strains）

RI 系統は二つの近交系（祖先系統）の交雑から生まれた F 2 世代で多数のペアを作り，各ペアごとに兄妹交配を 20 代以上続けて作出した近交系群をいう．使用するときは原則として同じ祖先系統からの系統をセットとする．RI 系統はどれも祖先系統のどちらかに由来した遺伝子がホモになっている．つまりある遺伝子座をとれば祖先系統のどちらかと同じ遺伝子型になっている．しかし，系統によってどちらの祖先系統と同じ遺伝子型になるかはチャンスによって決まる．逆にある遺伝子座について RI 系統全部を調べてみると，祖先系統のどちらと同じであるかについての分布を得ることができる．この分布をその遺伝子座についての RI 系統間分布（strain distribution pattern, SDP）という．SDP は当然遺伝子座ごとに違う．しかし，祖先系統で連鎖していた遺伝子は，組換えられて別々に固定されない限り同じ SDP をとることになる．したがって祖先系統で異なる遺伝形質の連鎖分析に大変有効で，問題とする形質の SDP を調べ，それと同じか，似ている SDP があればこれと連鎖していることが推定できる．RI 系統が多数利用できれば，連鎖していた遺伝子が近交の過程で組換えられ固定する確率をもとにして，次の式からその連鎖の程度である組換え頻度（recombination frequency, r）を計算できる．

$$r = R/4 - 6R$$

ここで R は RI 系統のうち祖先系統と違う組合わせの遺伝子型をもつ系統の比率である．RI 系統数 n が大きければその分散 V_r は

$$V_r = r(1+2r)(1+6r)^2/4n$$

である．RI 系統を使っての連鎖の検出効率と戻し交配による場合の効率についての考察は，Taylor の論文[51]に述べられている．RI 系統では標識となる遺伝子座の SDP のデータがだんだん蓄積されてくるので，問題とする形質の SDP だけを決めれば上記の計算から組換え率が推定できるが，使用できる系統数が少ないと，当然その推定値の信頼度は低くなる．いろいろな場合の推定値の信頼限界の計算方法は Silver によって報告されている[52]．当然のことであ

表 9.8 系統群とその祖先系統[53]

祖　先　系　統		略　号	系統数
BALB/cBy	C57BL/6By	CXB	7
AKR/J	C57L/J	AKXL	18
C57BL/6J	DBA/2J	BXD	24
C57BL/6J	C3H/HeJ	BXH	13
SWR/J	C57L/J	SEXL	7
C57BL/6J	SJL/J	BXJ	2
C57L/J	C57BL/6J	LXB	3
C57BR/cdJ	B10.D2(58N)/Sn	BRX58N	11
B10.D2(58N)/Sn	C57L/J	58NXL	5
C57L/J	PL/J	LXPL	5
NZB/B1NJ	129/J	NX129	8
NZB/B1NJ	SM/J	NXSM	19
LT/Sv	C57BL/6J	LTXB	4
AKR/J	DBA/2J	AKXD	30
C57L/J	HRS/J	LXHR	17
NZB/Icr	C58/J	NX8	13
C57BL/6N	AKR/N	BNXAKN	12
C57BL/6N	C3H/HeN	BNXHN	12
129/SvPas-S1/+	C57BL/6Jpas	129XB	15
BALB/cJPas	DBA/2JPas	CXD	10
BALB/cSt	SJL/J	CXJ	12
A/J	C57BL/6J	AXB	40
C57BL/10J	LG/J	BXLG	7
SWR/J	NZB/B1NJ	SWXN	12
SZB/NBom	BALB/cJ	NXC	28

るが，RI 系統の祖先系統で問題とする形質が違っていなければこの方法は使えない．しかし，現在では多数の祖先系統の異なる RI 系統が育成されているので適当な RI 系統を選べる可能性が大きくなっている．表 9.8 に Taylor[53] の挙げているいろいろな祖先系統からの RI 系統を示してある．

RI 系統は祖先系統の間の交雑の F2 から近交が始まっているので，RI 系統の 1 系統を F2 の分離世代の 1 個体と考えてよく，同一個体で繰り返して測定できない形質や，死亡率などの率や頻度でしか表現できない形質の遺伝分析にも有効である．

b. 近交系間交雑第1代，F1ハイブリッド (F1 hybrid)

近交系間の F1 では，親の近交系の間で対立遺伝子が違っていればその遺伝子座はヘテロとなるが，同じ F1 の個体間ではヘテロであっても，遺伝子型は同じであるので近交系と同様に遺伝的な均一性が得られる．近交系では環境要因の個体ごとの微小な差が影響して実験結果の変異を大きくする傾向があるが，F1 ではヘテロ性が高いため雑種強勢(hybrid vigor)的な環境の変化に対する緩衝作用があって，環境要因による個体間の変異が小さく，近交系よりも均一な実験結果が得られることがある．したがって実験に使用する利点は近交系と同じく遺伝的均一性があることである．第二は雑種強勢を利用して生存力や繁殖力が弱くて維持が困難であったり，実験に使いにくい形質を F1 の遺伝背景にもち込み改善できる点である．優性白斑(dominant spotting W, viable dominant spotting W^v) は W/W^v の遺伝子型になると黒眼で白色の表現型をとるが，非常に重い貧血症を示し，実験血液学の分野でよく使用される．これらの遺伝子はホモで致死あるいは不妊であるので別の系統，WB/-W，C57BL/6-W^v に導入して維持されていて，実験にはこの系統の間の F1 の W/W^v の遺伝子型のものを使用する．第三は F1 では両親の系統の遺伝子が複合され，親の近交系と違う性質を示す特徴的な系統を作出できることである．近交系 NZB と NZW の F1 は親系統のどちらとも違うヒトの自己免疫疾患 SLE (systemic lupus erythematosis) に似た症状を示すので，疾患モデルとして利用される．特殊な F1 の使用法としては同種抗原 (alloantigen) の作製への利用がある．一般に近交系の間ではいくつもの抗原が違うことが多いので，近交系間で免疫すると複数の抗原に対して抗体が産生される．このような場合適切な系統間の F1 を作り，これを第三の系統の抗原で免疫する方法が使われる．H-2 の移植抗原に対する特異抗体の多くはこのようにして作られている．

c. 突然変異系統 (mutant strain)

遺伝子記号をもって示しうるような遺伝子型を特性としている系統，および遺伝子記号を明示できなくても，淘汰選抜によって特定の遺伝形質を維持することのできる系統と定義されているが，一般には特徴的な形質を示す突然変異遺伝子をもつ系統をいう．ミュータント系統を実験に使う利点の一つはそれが示す特徴，これはしばしば疾患や奇形を現すことが多いので，その疾患自身を研究対象とする，いわゆる遺伝的疾患モデルとして使うことができることである．この例は大変多く，疾患モデル動物について書かれた成書には必ず取り上げられているので詳細は省略する．

もう一つの使用法はミュータント特性を実験系に組込むことである．例としてベージュ(bg, beige) 遺伝子を取り上げると，この突然変異は第 13 染色体

に起こったもので，放射線照射誘発によるものと自然のものが知られている．最初はこの遺伝子の効果は毛色を薄くし beige 色になることとして知られ，そう名づけられたものと思われるが，後にベージュ遺伝子をホモでもつ個体は，すべての顆粒をもつ細胞のライソゾーム顆粒が巨大になり，数が少なくなることが知られてきた．この顆粒細胞の巨大顆粒は細胞の標識として利用でき，骨髄移植実験で移植した細胞の由来を知る手段とされる．肥満細胞（mast cell）の起源を研究する実験に使用された[54]．ベージュ遺伝子はまた，腫瘍細胞に対する自然の傷害作用をもつ NK 細胞（natural killer cell）に欠陥のあることも知られている[55]．細胞性免疫に欠陥のあることでよく知られている無胸腺のヌードマウスは異種の移植組織を免疫的に拒絶できないが，この NK 細胞活性が高く，ヒトのある種の腫瘍が活着しない原因と考えられている．そこでベージュとヌードの二つの突然変異遺伝子をもつミュータント系統が育成されており，ヒトをはじめ異種の腫瘍細胞の移植を必要とする実験系での有用性が期待されている．このように突然変異遺伝子がもつ特徴をよく知ることによって，有効な実験系を組むことができる．なお，ベージュ遺伝子をもつマウスはヒトのまれな病気である，Chediak-Higashi 病の疾患モデルでもある．

一般にミュータント系統は近交系として維持されることが多く，移植実験のように組織適合遺伝子が一致していることが必須である場合には，近交系のコンジェニック系統，あるいはその遺伝子だけをヘテロにした近交系で維持したほうがよいことになる．

d. クローズドコロニー (closed colony)

クローズドコロニーは，閉鎖集団内で繁殖された動物群で近交系を多数繁殖生産するためのものと，遺伝的な変異をもった動物を閉鎖集団として維持して，一定の遺伝的変異をもった動物群を作出しようとする場合がある．前者の場合は突然変異した遺伝子が蓄積，固定しないように数世代以上維持することがなければ，近交系とみなして実験に使うことができる．

後者は遺伝的変異をもった動物群が必要なときに使用される．たとえば薬物の毒性を検定するようなときに，一つの近交系を使うとその結果はその近交系のもつ特殊な遺伝子組成をもったマウスでの結果となり，いろいろな遺伝子型のマウスについての結果ではない恐れがある．しかし，その遺伝的変異は実験群ごとに違っていては結果の再現性がなくなるので，変異が一定に保たれなければならない．したがって，クローズドコロニーは閉鎖集団としある世代が経過していること，集団内に隔離が起き集団の分化が起きないような交配方法をとること，集団の有効な大きさが常時50以上にたもつこと，特別な淘汰選抜を行わないことが必要とされる[56]．この要求の意味の詳細は総論に述べられているが，これらを満たすためにはお互いに交雑可能な，かなり多数のマウスの繁殖集団をもたなければならない．これは感染が起こったときは非常に危険な繁殖構造である．また，一度その集団に事故が起こり，集団が廃棄された場合はもちろん，一時的に個体数が減少しても元の集団と同じ遺伝的変異をもった集団を再生することは困難である．したがって現実に上の要求を厳密に守って生産された動物が供給されているかどうかは疑わしい．また，生育場が違えば同じ名前で呼ばれているクローズドコロニーの間で遺伝的に非常に違っていたことが報告されているので，使用には十分な注意が必要である．

e. 多元交雑からの交雑群 (hybrids from multi-crosses)

「実験動物の表示法の取決め」によると前に述べたF1を含めて交雑群として分類されているが，多元交雑からの交雑群は，実験に使う上でF1とは全く異なると考えられるので別に取上げた．多元交雑とはいくつかの異なる系統を組合わせて交雑することをいうが，実際には三元交雑，四元交雑までで，これらはそれぞれ3，4系統の動物を図9.13のように交雑した結果のいわゆる分離世代の動物をいう．これらの動物を実験に使う目的は，選抜実験のための遺伝的な変異の大きい基礎集団を得るためであるが，クローズドコロニーに替わる遺伝的変異をもつ動物群を得るためにも使われている．これは近交系からの交雑群で，クローズドコロニーと異なり，実際の実験に使う動物の親はその代限りで，そのさら

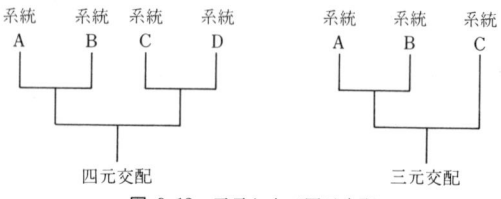

図 9.13　三元および四元交配

に親は近交系であるので，これの維持が完全であれば，同じ変異をもった集団をいつでも再現できる点ですぐれている．

f. キメラ (chimera) とトランスジェニック (transgenic)

マウスの胚操作技術の確立と分子遺伝学の発展によって，複数個体の胚由来の細胞を合体したキメラマウスや単離された他の生物の遺伝子をゲノムに組込まれたトランスジェニックマウスの作出はそれほど特殊な手技ではなく，かなり広く利用できる実験手技となっている．しかし，現在のところはこれらのマウスは，それ自身が実験目的を達成する重要な手技になっているので，普遍的な利用方法を述べることはできないが，このような動物を実験系として利用できるのは，現在のところマウスとラットだけであり，ここにもマウスの実験動物としての使用上の利点がある．　　　　　　　　　　〔早川純一郎〕

文 献

1) 森脇和郎：実験用マウスの起原と免疫遺伝学における意義，岩波講座免疫科学 6，免疫の遺伝 (多田・笹月)，pp. 47-92，岩波書店 (1984)
2) Yonekawa, H., Moriwaki, K., Gotoh, O., Miyashita, N., Matsushima, Y., Liming Shi, Wang Su Cho, Xiao-Lan Zhen and Tagashira, Y.: Hybrid origin of Japanese mice "*Mus musculus molossinus*": Evidence from restriction analysis of mitochondrial DNA. *Mol. Biol. Evol.* **5**, 63-78, (1988)
3) Bonhomme, F. and Guenet, J-F.: The wild house mouse and its relatives. *In* Genetic Variants and Strains of the Laboratory Mouse, 2nd Edition, M. F. Lyon and A. G. Searle (eds.), pp. 649-662, Oxford University Press, Oxford (1989)
4) Hayakawa, J., Nikaido, H. and Kosizumi, T.: Assignment of the gene locus for the sixth component (C6) of complement in mice to chromosome 15. *Immunogenetics* **22**, 637-642 (1985)
5) Brothwell, D.: The pleistocene and holocene archaeology of the house mouse and related species. *In* Biology of the House Mouse, R. J. Berry (ed.), pp. 1-11, Academic Press, London (1981)
6) Keeler, C. E.: The Laboratory Mouse. Its Origins, Heredity and Culture. Harverd Univ. Press, Cambridge, Massachusetts (1931)
7) Morse III, H. C.: The laboratory mouse-A historical perspective. *In* The Mouse in Biomedical Research, Vol. 1. H. L. Foster, J. D. Small and J. G. Fox (eds.), p. 16, Academic Press, New York (1981)
8) 長谷川恩：ネズミと日本文学．時事通信社 (1979)
9) 早川純一郎：「珍翫鼠育艸」考—江戸時代に出版された愛玩用ネズミの本．ラボラトリーアニマル，**4**, 33-36, 1987
10) So, M. and Imai, Y.: The types of spotting in mice and their genetic behaviour. *J. Genet.*, **9**, 319-333 (1920)
11) 宗 正雄，今井喜孝：ハツカネズミの葡萄色眼の遺伝に就いて．遺伝学雑誌，**4**, 1-9 (1922)
12) Hagedoorn, A. L.: The genetic factors in the development of the house mouse which influence the coat colour, with notes on such genetic factors in the development of the other rodents. *Zeitschrift für Inductive Abstammungsund Vererbungslehre*, **6**, 97-136 (1912)
13) Keeler, C. E. and Fuji, S.: The antiquity of mouse variations in the orient. *J. Hered.*, **28**, 92-96 (1937)
14) 近藤恭司，姫野健太郎，生駒博雄，葛城俊松：マウスの育種について．農技研報告 **G7**, 9-27 (1953)
15) 田嶋嘉雄：わが国の実験動物——各機関・研究者が維持している動物種ならびに系統．実験動物，**12**, 145-168 (1963)
16) Watanabe, T., Ito, T. and Ogasawara, N.: Biochemical markers of three strains derived from Japanese wild mouse (*Mus musculus molossinus*). *Biochem. Genet.*, **20**, 385-393 (1982)
17) Nikaido, H. and Hayakawa, J.: A new allele at the *Mup-1* locus controlling an electrophoretic variant of major urinary proteins in mice. *J. Hered.*, **75**, 59-61 (1984)
18) Takahashi, S., Fukuoka, Y., Moriwaki, K., Okuda, T., Tachibana, T., Natuume-Sakai, S. and Takahashi, M.: Structural polymorphism of mouse complement C2 detected by microscale peptide mapping: Linkage to *H-2*. *Immunogenetics*, **19**, 493-501 (1984)
19) Hayakawa, J., Nikaido, H. and Koizumi, T.: Genetic polymorphism of the sixth component of complement (C6) in mice. *Immunogenetics*, **20**, 633-638 (1984)
20) Natsuume-Sakai, S., Sudoh, K., Kaidoh, T., Hayakawa, J. and Takahashi, M.: Structural polymorphism of murine complement factor H controlled by a locus located between the Hc and the $\beta 2m$ loci on the second chromosome of the mouse. *J. Immunol.*, **134**, 2600-2606 (1985)
21) 谷岡功邦，江崎孝三郎：マウスの Anaphylactic shock による死亡率の系統差．実験動物．**17**, 1-5, (1968)
22) Eisenberg, R. A., Theofilopoulos, A. N., Andrews, B. S., Peters, C. J., Thor, L. and Dixon, F. J.: Natural thymocytotoxic autoantibodies in autoimmune and normal mice. *J. Immunol.* **122**, 2272-2278, (1979)
23) Brown, L. J. and Shreffler, D. C.: Female expression of th H-2-linked sex-limited protein (*Slp*) due to non-H-2 genes. *Immunogenetics*, **10** 19-29 (1980)
24) 森脇和郎：実験用マウスの起原をさぐる．環境と人体 I (中馬・近藤・武部編)，pp. 131-153, 東京大学出版会 (1980)
25) Silver, W. K.: The Coat Colors of Mice. A Model for Mammalian Gene Action and Interaction. Springer Verlag, Berlin, New York (1979)
26) Festing, M. and Blackmore, D.: Life span of specified-pathogen-free (MRC category 4) mice and rats. *Laboratory Animals*, **5**, 179-192 (1971)
27) Rugh, R.: The Mouse. Its Reproduction and Development. Burgess Publ. Co., Minneapolis, Minnesota (1967)
28) Theiler, K.: Mouse embryo characteristics: Mouse. *In* Inbred and Genetically Defined Strains of Laboratory Animals. Part 1. Mouse and Rat. P. L. Altman and D. D. Katz (eds.), pp. 50-52, Federation of American Societies for Experimental Biology, Bethesda, Maryland (1979)
29) Poiley, S. M.: Growth tables for 66 strains and stocks of laboratory animals. *Laboratory Animal Sci.*, **22**,

757-779 (1972)

30) Humml, K. P., Richardson, F. L. and Feketa, E.: Anatomy. In Biology of the Laboratory Mouse, 2nd edition. E. L. Green (ed.), pp. 247-308, McGrow-Hill, New York (1966)
31) Grüneberg, H.: The genetics of tooth defect in the mouse. *Proc. R. Soe. London, Ser.*, **B138**, 437-452, (1951)
32) Searle, A. G.: Genetical studies on the skeleton of the mouse. Xl. Cause of skeletal variation in pure lines. *J. Gnen.*, **52**, 68, (1954)
33) Grüneberg, H.: The Genetics of the Mouse, 2nd Edition. Martinus Nijhoff. The Hague, (1952)
34) Green, E. L.: Quantitative genetics of skeletal variations in the mouse. 11, Crosses between four inbred strains, *Genetics*, **47**, 1085-1096, (1962)
35) Schlager, G. and Weibust, R. S.: Genetic control of blood pressure in mice. *Genetics*, **55**, 497-506 (1967)
36) Pettegrew, R. K. and Ewing, K. L.: Life history study of oxgen utilization in the C57BL/6 mice. *J. Gerontol.*, **26**, 381-385 (1971)
37) Harrison, G. A.: The adaptabillty of mice to high environmental temperature. *J. Exp. Biol.*, **35**, 892-901, 1958. **26**, 381-385 (1971)
38) Kaplan, H. M., Brewer, N. R. and Blair, W. H.: Physiology. In The Mouse in Biomedical Research, Vol. 3. H. J. Foster, J. D. Small and J. G. Fox (eds.), pp. 267, Academic Press, New York (1983)
39) Toya, R. E. and Clapp, N. K.: Estimation of water comsumption by individual mice caged in groups. *Laboratory Animal Sci.*, **22**, 709-711 (1972)
40) Whittingham, D. G. and Wood M. J.: Reproductive Physiology. In The Mouse in Biomedical Research H. J. Foster, J. D. Small and J. G. Fox (eds.), pp. 138-158.
41) Allen, E.: The oestrous cycle in the mouse. *Am. J. Anat.*, **30**, 297-348 (1922)
42) Nobunaga, T., Takahashi, K. W. and Okamoto, M. T.: Establishment of the IVCS strain mouse, showing a regular four-day estrous cycle. *Exp. Animals*, **22** (Suppl.), 277-287 (1973) (Proc. ICLA Asian Pacific Meeting on Laboratory Animals. 1971)
43) Bronson, F. G., Dagg, C. P. and Snell, G. D.: Reproduction. In Biology of the Laboratoty Mouse, 2nd edition, E. L. Green (ed.), pp. 187-204, McGraw-Hill, New York (1966)
44) Moriwaki, R., Miyashita, N., Suzuki, H., Kurihara, V. and Yonekawa, H.: Genetic features of major geographical isolates of Mus musculus. *Current Topics in Microbiol. Immunol.*, **127**, 55-61 (1986)
45) Yonekawa, H. Moriwaki, K., Gotoh, O., Miyasita, N., Migita, S., Bohomme, F., Hjorth, J. P., Petras, M. L. and Tagasira, Y.: Origins of laboratory mice deduced from restriction patterns of mitochondrial DNA. *Differentiation.*, **22**, 222-226 (1982)
46) Guénet, J-L.: The use of interspecific mouse crosses for gene localization: Present status and future perspectives. *Current Topics in Microbilo. Immunol.*, **137**, 13-17 (1988)
47) 日本実験動物学会調査ワーキンググループ, 理化学研究所ライフサイエンス研究情報室：1986 年度実験動物使用数. 実験動物, **37**, 105-111 (1988)
48) Klein, D., Tewarson, S., Figueroa, F. and Klein, J.: The minimal length of the differential segment in H-2 congenic lines. *Immunogenetics*, **16**, 319-328 (1982)
49) Klein, J., Figueroa, F. and David, C. S.: H-2 haplotypes, genes and antigens: Second Listing. II. The H-2 complex. *Immunogenetics*, **17**, 553-596 (1983)
50) Bailey, D. W.: Recombinant inbred strains and bilineal congenic strains. In The Mouse in Biomedical Research, Vol. 1, H. L. Foster (eds.), J. D. Small and J. G. Fox, 223-239, Academic Press, New York (1981)
51) Taylor, B. A.: Recombinant inbred strains: Use in gene mapping. In Origins of Inbred Mice. H. C. Morse III (ed.), pp. 423-440, Academic Press, New York (1978)
52) Silver, J.: Confidence limits for estimates of gene linkage based on analysis of reocmbinant inbred strains. *J. Hered.*, **76**, 436-440, 1985
53) Taylor, B. A.: Recombinant inbred strains. In Genetic Variant and Strains of the Laboratory Mouse, 2nd Edition. M. F. Lyon and A. G. Searle (eds.), pp. 773-796. Oxford University Press, Oxford (1989)
54) 北村幸彦：組織肥満細胞の起原. 臨床科学, **14**, 1116-1119 (1978)
55) Roder. J. C.: The beige mutation in the mouse. I. A stem cell predetermined impairment in natural killer cell function. *J. Immunol*. **123**, 2168-2173, 1979
56) 山田淳三：実験動物の定義と種. 実験動物ハンドブック. (長沢　弘, 藤原公策, 前島一淑, 松下　宏, 山田淳三, 横山　昭編), pp. 1-32, 養賢堂 (1983)

参考書 マウスを中心としたもの
1) Crispens, Jr., C. G.: Handbook on the Laboratory Mouse. Charles C. Thomas, Springfield Ill. (1975)
2) Green, M. C. (ed.): Genetic Variants and Strains of Laboratory Mouse. Gustav and Fischer Verlag, Stuttgart, New York (1981)
3) Rugh, R.: The Mouse. Its Reproduction and Develpment. Burgess Publishing Co., Mineapolis, Minn (1967)
4) Festing, M. F. W.: Inbred Strains in Biomedical Research. The MacMillan Press. London (1979)
5) Altman, P. L. and Katz, D. D. (ed.): Inbred and Genetically Defined Strains of Laboratory Animals. Part 1, Mouse and Rat. Fed. Am. Soc. Exper. Biology (1979)
6) Foster, H. L., Small, J. D. and Fox, J. G. (ed.): The Mouse in Biomedical Research, Vol. 1, History, Genetics, and Wild Mice. Academic Press, New York (1981)
7) Foster, H. L., Small, J. D. and Fox, J. G. (ed.): The Mouse in Biomedical Research, Vol. 3 Normative Biology, Immunology, and Husbandry. Academic Press, New York (1983)
8) Foster, H. L., Small, J. D. and Fox, J. G. (ed.): The Mouse in Biomedical Research, Vol. 4 Experimental Biology and Oncology. Academic Press, New York (1982)
9) Morse III, H. C. (ed.): Origins of Inbred Mice. Academic Press, New York (1978)
10) Silver, W. K.: The Coat Colors of Mice. A Model for Mammalian Gene Action and Interaction. Springer Verlag, Berlin, New York (1979)
11) Theiler, K.: The House Mouse. Development and Normal Stages from Fertilization to 4 Weeks of Age. Springer Verlag, Berlin, New York (1972)
12) Cook, M. J.: The Anatomy of the Laboratory Mouse. Academic Press, London (1965)

13) Klein, J.: Biology of the Mouse Histocompatibility-2 Complex. Springer-Verlag, New York (1975)
14) Berry, R. J. (ed.): Biology of the House Mouse. Academic Press, London, New York (1981)
15) Green, E. L. (ed.): Biology of the Laboratory Mouse, 2nd Edition. McGraw-Hill, New York (1966)
16) Lyon, M. F. and Searle, A. G. (eds.): Genetic Variants and Strains of the Laboratory Mouse, 2nd Edition. Oxford University Press, Oxford (1989)
17) 森脇和郎, D. W. Bailey 編集：マウス免疫遺伝学―技法と展開―. ソフトサイエンス (1988)
18) Hogan, B., Constatini, F. and Lacy, E.: Manuplating the Mouse Embryo. Cold Spring Harbor Laboratory, (1986)

比較動物学

関 正利, 平嶋邦猛, 小林好作編：実験動物の血液学, ソフトサイエンス社 (1981)

石井・吐山・坂口監訳：Mituruka & Rawnsley. 実験動物とヒトの血液・臨床生化学検査値集, 清至書院 (1983)

Archer, R. K. & Jeffcott, L. B. ed.: Comparative Clinical Haematology. Blackwell Sci. Pub., Oxford (1977)

松岡 理編著：実験動物からヒトへの外挿―その考察と資料―, ソフトサイエンス社 (1978)

9.2　ラット

（1）生物分類学的位置

実験動物として一般に用いられているラット (Laboratory rat) はドブネズミ (*Rattus norvegicus*, 染色体 $2n=42$) を飼い馴らし, 動物実験に使いやすいように改良を加えたものであり, シロネズミ, ダイコクネズミなどとも呼ばれている. このドブネズミはつぎのような生物分類学的位置に属する動物である.

脊椎動物門　（phylum Vertebrata）
哺乳綱　　　（class Mammalia）
げっ歯目　　（order Rodentia）
ネズミ亜目　（suborder Myomorpha）
ネズミ科　　（family Muridae）
クマネズミ属（genus *Rattus*）
ドブネズミ種（species *norvegicus*）

（2）実験動物になるまでの歴史

ドブネズミはもともとはアジアに起源をもつネズミ科の動物であるが, これが 18 世紀に入ってからヨーロッパに急速に広まっていった. その頃, ヨーロッパには 12 世紀以降にインドから西シルクロードを通って移行してきたクマネズミ (*Rattus rattus*, 染色体　アジア型：$2n=42$, セイロン型：$2n=40$, オセアニア型：$2n=38$) が棲息しておりドブネズミはいなかった. しかし, 18 世紀初頭にアジアとの船による交易が活発化したのと同時にアジアからのドブネズミの侵入が始まり, 先住者であるクマネズミは急速に駆逐され, 現在ヨーロッパでは孤立した小集団がわずかに存在するにすぎなくなっている. ドブネズミの方がクマネズミよりも優勢であったのは, ドブネズミの身体が大きく闘争力が強かったためと考えられる. ドブネズミはクマネズミのアジア型亜種に由来すると考えられ, 両者は遺伝的に非常に近い関係にあるが, この両者を交配しても決して雑種はできない.

ドブネズミおよびクマネズミ（これらのネズミはハツカネズミ *Mus musculus* と共に人家周辺を生活圏とすることからイエネズミとも呼ばれる）は人家を荒らしたり, 14 世紀に大流行したペストをはじめとする伝染性疾患の媒介をするなど, 有害動物として駆除のための努力がつづけられているが, 一方, 人間の娯楽（ネズミ殺しゲーム, rat-bating contest：地面に掘った溝にドブネズミを入れ, そこに猟犬を放ち全部のネズミを殺すまでの時間を競う賭けゲーム）のため, あるいはペットとして大量に飼育繁殖された経歴が見られる. 多数のネズミが飼育されるうちに, 突然変異でチロシナーゼを欠如し, メラニン合成のできないアルビノや, 斑をもつものが出現した. アルビノのネズミは有色ネズミにくらべてチロシナーゼ欠如に伴うアドレナリン合成が少ないことから, 性質がおとなしく飼育や実験が行いやすいという特長が見られる. また, クマネズミとドブネズミをくらべた場合, 後者の方が身体が大きく, 敏捷性に乏しいため扱いが容易である. このような理由から, アルビノのドブネズミが医学・生物学等の実験に盛んに用いられるようになり, これを単にラットあるいはラボラトリーラットと呼ぶようになった.

アルビノラットを実験動物として使用した初期の文献としては, フランスの Philipeaux による副腎摘出実験 (1856 年), イギリスの Savory による栄養学

の実験(1863年)，ドイツのCrampeによる繁殖学の実験（1877—1885年）などが知られている．アメリカでは1893年にDonaldsonらが，また1894年にはStewartがラットを用いて実験を行っているが，これらの起源はあいまいで，ヨーロッパの研究機関に由来するものか，あるいは北米で捕獲した野生ネズミに由来するものとされる．日本における実験動物としてのラットの使用がいつごろであったのかは不明であるが，1903年に五島清太郎の著した「実験動物学」のなかに"しろねずみ"の項があり，これが実験動物としてのラットに関する日本での最も古い記述とされる．したがって，この時までには，日本でもかなり広くラットが実験に使用されていたものと考えられる．

なお，1900年にヨーロッパのアルビノラットがアメリカ合衆国シカゴ大学に分与され，さらに，これに由来するラットが1907年にフィラデルフィアのWistar研究所にもち込まれた．このラットを用いてDr. Helen Dean Kingが1909年より兄妹交配を開始し，近交系としてのWistarラット，PA（King albino）を確立した．その後，これをもとにWKA（Wistar King A）やLEW（Wistar Lewis）という亜系が作られた．さらに，これらが世界各地に広がり種々の系統が作出され，直系，亜系を含めるとWistar系の流れを汲む非常に多数のラットが現存しており，Wistarラットが"ラット"の代名詞のようになっている．実験に多用されるWistarラット由来の系統には，J. A. LongとH. M. Evansによって作出されたLE（Long Evans)ラット，R. W. Dawleyによって作出されたSD（Sprague-Dawley)ラット，E. V. McCullumによって作出されたMC（McCollum)ラットなどがある．

Wistarラット以外の系統としてはM. R. CurtisによるF 344, Z 61, M 520およびACI, ACPなどの系統，T. S. OsborneおよびL. B. MendelのOMラット，乳癌自然発症率の高いALB（Albany）ラット，無胸腺無毛突然変異のNudeラットなどが知られている．

なお，ラットにはマウスほど多くの系は確立されていないが，それでも100を越える近交系ラットが作出されており，遺伝的背景もマウスについで解析が進んでいる．このようにラットは現在，実験動物としての立場を確固たるものにしている．

（3）一般的性状

a. 一般生物学的特徴

ラットは非常に環境適応能力の高い動物であり，その棲息地は寒冷地方から亜熱帯地方まで，かなり広範囲に及んでいる．ラットは単独生活をすることもあり，あるいは群を作って社会生活を営むこともある．ラットは雑食性動物であり，自然状態ではヒトと食料に関して競いあう．ラットの数が増加し，過密に伴う食糧不足の状態になった場合，彼らの攻撃本能が出現し，強者は弱者を犠牲にする．このようなカニバリズムは飼料が自由に十分与えられている実験室では抑制されている．

ラットの嗅覚および聴覚は非常に発達している．ヒトの聴覚の最高感受性は約20 kHzといわれるが，これに対してラットの聴覚は約80 kHzに至る超音波域の音を聞き取ることができるという．Wistarラットのあるものは，強烈な音により聴原性発作を起こす．一方，ラットの視覚能力は低く，網膜はほとんど棒細胞だけから構成されているためプルキンエ現象（暗所において赤色より青色の方が明るくみえる）は見られない．また，ラットは長波長の光（赤色）に対しては感受性がないとされる．網膜に円錐細胞がないため色覚はないが，棒細胞が発達しているのでわずかな光に対しても鋭い感覚を示す．頭部，ヒゲの周囲，手足，および尾では触覚がよく発達している．ラットは長く力強い尾を有しており，床上では定位のために，また空中ではバランスを保つ目的で用いられている．さらに尾は身体と外部環境との間の熱の交換を行うことにより体温調節の役にも立っている．

ラットは探険本能をもっているが，その行動は慎重であり，用心深く，危険を避ける．ラットは繰り返される刺激に対し速やかに慣れるため，注射などのような不快な操作に耐えるための訓練をすることができる．

ラットは過剰な飼料が与えられた場合，手を付けずにその消費をコントロールすることができる．そのため通常は肥満にはならないが，運動が制限されるような不適当な装置で飼育した場合のみ肥満状態になる．自然状態において，あるいは飼料摂取や飼育スペースが制限されたりした場合に，ラットは金属も含めてほとんどのものをかじる．破損箇所があ

るケージや輸送のためのコンテナ等はかじられやすく，そこからラットが逃走することもある．ラットは餌を捜すとき，あるいは危険を避けるときなどにこのような行動を示す．

ラットはしばしばゴミの中や下水の中で生活しているが，衛生的な習慣をもち，身繕いを行い，唾液で濡らした手で身体を洗う．また条件が許せば，ラットは泳いで身体を洗う．

ラットは典型的な夜行性動物特有の日周リズムを呈し，ほとんど暗期に活動し，飼料を摂取する．そして明期に消化吸収や休息，睡眠をとる．ケージ内環境における飼料摂取はふつう暗期の間に3～5回の等しい間隔に制限される．特に消化が明期の早いうちに行われた日中では，ケージ飼育されているラットは抵抗なく容易にハンドリングすることができる．繰り返しハンドリングされているうちにラットは研究者に慣れ，動転することなく穏やかに，友好的になるものである．

b. 体 格

ラットの身体の各サイズは，ラットが完全にリラックスして腹位に横たわった状態で測定する．体長は鼻端から肛門の中央部までの距離を測り，尾長は肛門中央部より尾の先端までの距離を測定する．若いラットでは尾長に対し相対的に体長が長い．成熟ラットでは体長と尾長の比率がほぼ一定している．活動性が少ない場合，あるいは運動が制限されている場合などには肥満状態になる．雄ラットの場合，雌にくらべて肥満になりやすい傾向にある．成熟ラットの鼻端から尾の先端までの長さは大体40～46cmである．尾長は体長よりも個体差が激しいが，一般に体長よりもわずかに短い．ラットを高温環境下（たとえば30℃）で飼育すると細く長い尾となり，低温環境下（たとえば10℃）で飼育すればラットは太く短い尾をもつようになる．このような形態的変化は成長期間において起こるものであり，成熟してからではいくら飼育温度を変化させても尾の長さは変化しない．また，高温環境下で飼育されたラットでは大きな耳翼，長い手足，細い軀幹が見られ，下毛（under coat）が減少している．系統により相違が見られるが，雄ラットの体重は最大800g，雌ラットでは400g程度まで達し，その後加齢にしたがって減少する．

c. 平均寿命

平均寿命は系統によっても差異が認められるが，一般に雄ラットで平均1000日であるのに対し，雌ラットでは平均1300日と長寿になっている．なお，制限給餌を行うと雌雄とも数か月寿命が延びるが，逆に，飼料を過給すると寿命が短縮する．

d. 行 動

ラットの行動はケージの型や大きさ，あるいは飼育環境条件により大きく異なる．ラットは走り，後肢で立ち上がり，そして飛び上がるが，経験がない状態ではあまり物には登らない．雄ラットは雌ラットにくらべてより攻撃的であり，嚙みつくことが多い．ラットは警告なしに嚙みつくが，ふつう一度だけであり，繰り返し嚙むことはない．

ラットは同性のものどうしを容易に群飼育することができる．ラットはデスポット型の社会順位を形成するため，特に雄ラットを群飼育した場合，最初にボスを決定する闘争がみられる．雄は雌と同居させればいつでも交配可能であるが，雌は発情前期から発情期にかけての真の発情状態にあるときでなければ雄を許容しない．雌は交尾の間じっとしており明瞭なロードーシスを示す．雄は後ろから雌に乗駕し，交尾は数秒持続する．そして精射される前に3～44回の挿入が行われる．雄と雌は繁殖用のケージに一緒に飼育することができるが，分娩の前および哺乳時期には雄を離しておくほうがよい．分娩の前になると雌は営巣行動を示すようになる．これは特に寒い環境下では著明に認められる．雌は巣の材料になるもの（床敷等）をケージの片側に移動させたり，あるいは巣を作るために紙を引き裂く行動を示す．新生子は巣の中におかれ，床敷などで完全に覆われ，暖かく保護される．しかし，環境が非常に暖かい場合には，新生子はケージ内にばらばらにおかれる．このように母性行動およびケージの状態は環境温度によって差が見られる．

個別飼育ラットは身体を丸めて体温を保持するが，群飼育の場合はラット同士が集まって熱の放散を防いでいる．しかし，老齢のラットの場合には群から離れたケージの隅で休息することを好むようになる．

食殺はまれにしか見られないが，もしそれが見られた場合には動物の飼育・管理に不備があることを示している．

暗期に入るとラットの行動性は急激に変化する．照明が消えると同時に彼らは行動的になり，ケージ内を走り回り，遊び，そして餌を探す．実験者はラットが暗期の活動期間中に実験をする場合，ハンドリングはより困難になるので特に注意して行わなければならない．人為的に明暗の照明条件を12時間移行させると，ラットは2週間以内に新たな照明条件に同調するため，ラットの活動期を研究者の活動期と一致させることができる．

e. ラットの毛色

ラットの毛色は毛色遺伝子によって支配されている．ラットの毛色を決定する遺伝子座として多くのものが判明しているが，主要な毛色を決定しているのは A, B および C の三つの遺伝子座である．主な毛色遺伝子を表9.9に示した．A 遺伝子座は毛の中の色素分布を支配し，B 遺伝子座はメラニン色素合成に関係し，C 遺伝子座は c に対して完全優勢であり，C の存在により有色となる．C を欠く，c/c となった場合にはアルビノと呼ばれ，色素細胞中にチロシナーゼ (tyrosinase) を欠くため，皮膚および被毛は白くなり，また眼球では網膜色素細胞が無色のため網膜の血管が透けて赤く見える．さらに，D 遺伝子座は色の濃淡を，P 遺伝子座は毛色と眼の色に関係する．

以上のほかにも多数の毛色遺伝子が認められている．

（4） 形態（解剖，発生，成長）

基本的にはヒトを含めた他の哺乳動物の形態と一致するので，特徴的なものについてのみ記述する．

a. 解　剖

i）外　形　ラットの身体は頭部，頸部，胸部，腹部，および尾部よりなり，胸部には前肢が，そして腹部には後肢が付着している．頭部は細長く，顔面先端は吻を形成し，その周囲には長い触毛が存在する．ラットは嗅覚が鋭く，鼻孔を頻繁に動かして臭いをかぐ．上唇は中央部は裂けて兎口になっている．眼瞼が発達していて瞬きをするが，瞬膜は存在しない．短く小さい肉厚の耳介が見られ，音に反応してよく動く．

太短い頸部が頭部と胸部を結んでいる．雌ラットの胸部から腹部にかけては6対の乳頭が見られるが，そのうち3対が胸部に，そして残りの3対が腹部に存在する．その位置は前胸部から，鼠径部に至る．雄には乳頭は見られない．

下腹部には雌では陰核，雄では陰茎があり，外尿道口が開口している．また，雄では陰嚢が見られ，精巣を収納している．精巣は身体にくらべて大きく，

表9.9　ラットの毛色遺伝子

遺伝子記号	遺伝子(座)名	毛色の表現型
A	Light-bellied Agouti	野鼠色
a^m	Agouti-melanic	黄斑，腹側は淡色
a	Non-agouti	単黒色
at	Atrichis	脱毛を繰り返して，無毛となる
B	Black	$A-B-$：野鼠色，$aaB-$：黒色
b	Brown	$A-bb$：シナモン色，$aabb$ 濃いチョコレート色
C	Full color	有色
c^d	Ruby eyed dilute	淡いセピア色，目はルビー色
c^h	Himalayan	日齢が進むと鼻，耳，足の先端が黒く他は白色
c	Albino	全身白色，目は赤色
Cu-1	Curly-1	毛が縮れ，触毛が曲がる
Cu-2	Curly-2	毛が縮れ，触毛が曲がる
d	Dilute	毛色を淡くする
H	Non-hooded	正常
H^{re}	Restricted	ホモは致死，ヘテロは白斑，雄性は不妊
hr	Hairless	徐々に脱毛し無毛となり，皮膚は肥厚する
n	Naked	徐々に脱毛し無毛となるが，皮膚はしなやか
$nznu$	New Zealand nude	無毛，無胸腺
p	Pink eyed dilute	毛色を淡くする，目はピンク色
rnu	Rowett nude athymic	無毛，無胸腺

春機発動期には精巣が急激に発達するため，ラットは陰囊を引きずって歩行する．ラットの場合，鼠径管が太いため，陰囊中の精巣は容易に腹腔側にもどることができる．

尾部の皮膚は鱗状で厚く，毛が粗に生えている．わずかに皮下の血管が透けてみえる．

体長に対し手足は短く，特に前肢は短い．前肢の母指は発達が悪く短いが，後肢の趾では5本全部見られる．

全身のほとんどは毛で覆われているが，手掌・足底部，乳頭，ならびに眼瞼・口唇・陰肛部など粘膜への移行部には毛が存在しない．体表を覆う毛には，ケラチンを多く含む長くて固い上毛と，短く細い下毛がある．毛の存在する部位には同時に脂腺が分布している．脂腺の導管は毛包内部に開口しており，皮脂は毛包および毛孔を通って体表面に分泌される．皮脂は毛や皮膚の水分の蒸発を防ぎ，毛に光沢を与え，さらにその中の脂肪酸によって細菌感染から皮膚を守る働きをしている．また雌の陰核腺や雄の包皮腺は脂腺が分化し，発達したものである．

ヒトではよく発達している小汗腺は，ラットではほとんど発達せず，わずかに手掌・足底部に見られる程度である．このため体温調節能力は高くない．

ii) 骨格系 ラットの骨格系は表9.10のとおりである．

表 9.10 ラットの骨格系

中軸性骨格	頭蓋骨	脳頭蓋	後頭骨，蝶形骨，側頭骨，頭頂骨，前頭骨，頭頂間骨
		顔面頭蓋	篩骨，鼻甲介，口蓋骨，翼状骨，涙骨，鼻骨，切歯骨，下顎骨鋤骨，上顎骨，頰骨，舌骨
	脊柱	頸椎	7個
		胸椎	12〜14個 頸椎以外は，系統により差が見られる
		腰椎	5〜6個
		仙椎	4個
		尾椎	27〜32個
	肋骨		12〜14対
	胸骨		6対の骨片が癒合，最後位のもの：剣状突起
付属骨	前肢骨	前肢帯	鎖骨，肩甲骨
		自由前肢	上腕骨，前腕骨（橈骨，尺骨），手根骨，中手骨，指骨（母指は著しく短く，指骨の中節骨を欠く）
	後肢骨	後肢帯	寛骨（腸骨，坐骨，恥骨）
		自由後肢	大腿骨，下腿骨（脛骨，腓骨），膝蓋骨，足根骨，中足骨，趾骨
特異骨			陰茎骨

表 9.11 ラットの内臓系

心臓血管系	心臓	胸腔縦隔の中部にあり，心膜に覆われる．ラットの乳頭筋は心室中隔のみに存在する．体重に対する心臓重量の割合は大体0.3%程度で，系統差による相違はほとんどない．
消化器系	歯	歯式：2 (I1/1, C0/0, P0/0, M3/3) 計16本 切歯は生涯にわたって成長を続け，固形物をかじって摩耗させなければ伸び過ぎて弓状に曲がってくる．
	胃	無腺胃部：胃壁は薄く，食道粘膜の延長で，重層扁平上皮からなる．胃の前半約1/3を占める． 腺胃部：単層円柱上皮からなり，噴門腺部，胃底腺部，幽門腺部の3部に区分される．
	小腸	十二指腸，空腸，回腸からなり，小腸の全長は約81 cm程度である．
	大腸	盲腸，結腸，直腸からなる．盲腸の長さは約2.8 cmであり大腸全体では約16.5 cm程度である．ラットの盲腸には虫垂はない．
	肝臓	外側左葉，内側左葉，外側右葉，内側右葉，尾状葉の5葉からなる．ラットには胆囊はない．50日齢までは直線的に重量増加を示すが，80日齢以降は重量増加は緩慢になる．体重に対する肝臓重量の割合は成熟ラットで大体3〜4%程度である．
	膵臓	ラットの膵臓は脂肪に類似した淡赤色の臓器で，胃の大彎・脾臓付近から，十二指腸まで達する．
呼吸器系	肺	ラットの肺は，1葉の左肺，および前葉，中葉，後葉，副葉の4葉からなる右肺で構成される（計5葉）． 体重に対する肺重量の割合は約0.62〜0.8%である．
リンパ系	脾臓	細長い暗赤色をした脾臓は，胃の大彎に沿って存在する．50日齢まで急激な重量増加を示した後，安定する．体重に対する脾臓重量は大体0.12〜0.3%程度である．

泌尿器系	腎　臓	第1～3腰椎付近に左右1対存在するソラマメ形の臓器で右腎は左腎よりも前位に存在する．60日齢までは急激な重量増加が見られる．栄養状態のよいラットの腎臓は脂肪組織の中に埋まる．腎髄質には腎錐体が見られ，その先端の腎乳頭が腎盤（腎盂）に突出している．腎臓重量は成熟ラットの体重の約0.7～0.9%を占める．
	尿　管	腎盤から膀胱に至る管で，ラットでは脂肪組織中に埋まることが多い．
	尿　道	雌の尿道は短く，陰核窩に外尿道口として開口． 雄の尿道は長く，陰茎先端に外尿道口として開口．
生殖器系 （雌）	卵　巣	球形～楕円形を呈し，腎臓の下方に左右1対存在する．ラットは周年繁殖動物であり，さらに多排卵を示すため，卵巣表面には常に多くの卵胞や黄体が突出して見られる．ラットの卵巣は卵巣嚢によりほぼ完全に包まれている．ラットの卵子は70～75 µmである．卵巣重量がプラトーに達する時期と雌ラットの性成熟期とはほぼ一致する．卵巣重量は体重の0.033～0.036%を占め，発情期に最大となり，発情後期に最低となる性周期に伴う変動を示す．
	卵　管	卵巣嚢に続く細管で，ラットでは蛇行が強い． 卵管漏斗部，卵管膨大部，卵管峡部に分けられる．
	子　宮	左右の子宮角からなる重複子宮をもち，各子宮角はそれぞれ独立して腟に開口するので，子宮体は存在しない．子宮腟部から子宮頸管部にかけて子宮頸管神経節が存在しており，交尾刺激が加わった場合，これを視床下部に伝えて黄体刺激ホルモン（プロラクチン）の分泌を惹起させるなど内分泌環境の変化を起こす．
	腟	ラットは腟前庭を欠くため，腟と腟前庭の境目を形成する腟弁（処女膜）は見られない．性成熟に達するまでは腟開口部は腟板で塞がれているが，春機発動期に急増する卵胞ホルモンの作用により腟板は消失し，腟開口が起こる．ラットの腟粘膜は重層扁平上皮からなり，卵胞ホルモンに鋭敏に反応し，角質化するので腟垢検査法に用いられる．
	陰　核	腟開口部の前方に見られる突出部で，陰核包皮で覆われており，先端には外尿道口が開口する．
	乳　腺	胸部から腹部にかけて6対の乳腺が存在する．3対が胸部に，残りの3対が腹部に分布する．
生殖器系 （雄）	精　巣	身体に対して大きな精巣が見られる．70日齢までは急激な重量増加が見られる．精巣は陰嚢内に収納されているが，ラットの鼠径管は太いため容易に腹腔側にもどることができる．精細管での精子形成には約9週間を要するという．ラットの精子は全長約180 µmであり，約12 µmの頭部は鉤状に曲がっている．ラットの精巣重量は体重の約1.04～1.26%を占める．
	精巣上体	精巣上体頭部，同体部，同尾部からなり，精子は尾部に到達するまでに成熟し，運動性を獲得する．ラットの人工受精の場合には精巣上体尾部から精子を採取する．体重に対する精巣上体重量の割合は約0.3%である．
	精嚢腺	精管膨大部の両側に位置する乳白色の1対の大きな分泌腺で，精丘部に開口する．高濃度のタンパク質，カリウム，クエン酸，果糖および数種の酵素を含み，精液の液状成分となり，精子に活力を与える．また，凝固腺の分泌液と共に腟栓を形成する．体重の約0.21～0.33%を占める．
	凝固腺	精嚢腺の内側に存在する1対の分泌腺で，精丘部付近に開口する．交尾後，精嚢腺分泌液と共に腟栓を形成する．体重の約0.03%を占める．
	前立腺	ラットにはよく発達した前立腺が認められる．前立腺は背葉と腹葉に分けられ，各葉からの導管は精丘部付近の尿道に開口する．30～80日齢にかけて急激な重量増加を示す．前立腺腹葉重量は体重の約0.082～0.105%を占める．
	尿道球腺	左右1対の3 mm前後の白色球状の外分泌腺で，精丘後方の尿道背壁に開口する．射精に先立ってアルカリ性の分泌液が排出され，酸性の尿道を中和する働きがあるという．体重の約0.02%を占める．
	包皮腺	包皮の先端付近の皮下にある扁平な外分泌腺で脂腺が変化したものである．
	陰　茎	外尿道口および交尾器として機能する．ラットの陰茎先端の亀頭の形状は，性成熟程度によりV型，W型，U型と変化する．陰茎は陰茎海綿体と尿道海綿体からなるが，このほか陰茎骨や勃起筋が付属する．
内分泌系	下垂体	蝶形骨背面のトルコ鞍に納まる内分泌腺．ラットの下垂体は扁平，楕円形であり，中央の白色をした後葉，その周辺の狭い範囲の中間葉，および赤色をした外側の前葉の3葉が肉眼で判別できる．ラットの下垂体重量には性差が認められており，雄よりも雌の方が重く，また，性周期によっても変動が見られ，発情前期～発情後期にかけて重い．雌で体重の0.0041～0.0057%，雄で体重の0.0025～0.0029%を占める．

内分泌系	松果体	ラットでは頭蓋骨を切除すると，大脳と小脳の間に見られる約 1 mm の球状の器官．照明条件に同調してメラトニンを分泌し，性成熟や日周リズムの発現に関係する．
	甲状腺	気管上部の第 1〜3 気管輪付近に見られる，挟部で結ばれた 1 対の楕円形の内分泌腺．代謝異常により重量が変動する．体重に対する甲状腺重量の割合は大体 0.0045〜0.01% である．
	胸腺	免疫機能と深い関係をもつ細網組織で，T リンパ球の分化の場所となる．50 日齢頃までは急激な重量増加がみられるが，70 日齢以後は次第に重量が減少し脂肪組織におきかえられる．6 か月齢以降は 50 日齢の 50% 以下になる．体重の 0.077〜0.105% を占める．
	副腎	腎臓上方で脂肪に囲まれて存在する白桃色をした臓器．副腎重量は 90 日齢頃まで増加し，その後の増加は少ない．ストレスが加わると肥大する．副腎重量は一般に右側より左側の方が，また，雄より雌の方が重い．雌の副腎重量は体重の約 0.025%，雄の副腎重量は体重の約 0.013% である．
神経系	脳	表面は平滑で，大脳溝，大脳回からなる脳のシワは見られない．脳重量は 50 日齢頃まで増加が見られ，成熟ラットの脳重量に達する．脳重量は，一般に体重の 0.6〜0.7% 程度である．

iii) **内臓系** ラットの内臓系についても基本的には他の哺乳動物と共通するので，特記すべき点についてのみ表 9.11 に記した．

b. **ラットの発生学**

胚が発生する前段階としてまず，受精が成立しなければならない．排卵された卵は卵管膨大部にて精子と会合する．ラットの場合，排卵の数時間前より雄を許容する体勢に入っているので，一般に交尾が先に行われる．交尾の 15〜30 分後には，精子は卵管膨大部に達しており，ここで卵子の到来を待つことになる．卵子は精子と合体する前に第 2 成熟分裂を行い第 2 極体を放出する．卵子の中に進入した精子は中片部で切れ，頭部の核膜が崩壊し，核内容物は膨大化して雄性前核となる．ついでこの雄性前核と卵の核である雌性前核が合体してラット特有の染色体数をもつ細胞（接合体）となり受精が成立する．その後，卵割が起こり（交尾後約 24 時間）胚の発生が始まる．卵割は卵管内で速やかに進行して受精後約 60 時間目には桑実胚（16〜32 細胞期）となり，次第に卵管を下降し，妊娠の 5 日目には子宮に達する．子宮内ではさらに分割が進み，胚内部に腔洞が形成され胞胚期に至る．この胚は子宮内で一定の間隔を保って着床を起こす．これは胚と子宮の相互作用によるもので，スペーシングという．発生の初期には同腹子であっても，発生の程度に差異が現れることがあるが，妊娠の進行に従って徐々に均一化してくる．

以下に，各器官の発生段階について記述する．なお，ここでは，精子確認日を妊娠日齢（胎齢）0 日として表現してある．

i) **神経，感覚器の発生** 妊娠 9 日目に背側の外胚葉が肥厚して神経板が出現する．その後，神経溝が形成され，さらに神経管が作られ始め，妊娠 12 日目頃その管状構造が完成する．妊娠 10 日目頃に頭部神経管に前脳胞，中脳胞，および菱脳胞が区別されるようになる．さらに，妊娠 11 日目になると，前脳胞は終脳胞と間脳胞に別れ，また菱脳胞も後脳胞と髄脳胞に区別されるようになる．妊娠 14 日目には小脳が識別できるようになる．

感覚器では，妊娠 11 日目頃水晶体板が形成され，ついで眼胞が陥入し始め，眼杯および水晶体胞が形成される．妊娠 14 日目までには水晶体胞が閉鎖され，眼杯茎中に視神経が形成される．網膜棒細胞は出生後 5 日目頃になって出現する．

妊娠 10 日目頃，菱脳両側に耳板が形成され，11.5 日目には耳胞を形成する．妊娠 12.5 日目には蝸牛形成が見られる．さらに，妊娠 13 日目以降には半規管の原基が形成されはじめる．

ii) **消化器系の発生** 妊娠 9 日目に前腸（咽頭，食道，胃，十二指腸の一部になるもの）が形成され，妊娠 10 日目には肝原基である肝臓憩室が前腸より発生する．小腸の原形である中腸は妊娠中期には腹腔に納まりきらず，その一部が臍帯部に突出して中腸ヘルニアを形成しているが，妊娠 18 日頃には腹腔内に完納される．大腸の原形である後腸は妊娠 10 日目頃形成され始め，後方の拡張部（排泄腔）は尿生殖洞と直腸に分けられる．妊娠 11〜12 日目に出現する前腸由来の腹側および背側膵臓芽が妊娠 13 日目に癒合して膵臓を形成する．妊娠 15 日目頃，直腸の出口を遮断していた肛門膜が除かれ，消化管は口腔から肛門まで連続して外部と連絡するようになる．

iii) **呼吸器系** 妊娠 11 日目頃，前腸部に呼吸

器系の原形である喉頭気管溝が出現し，その一部は喉頭気管憩室を形成する．これはさらに分化して2本の肺芽を形成し，妊娠13日目には肺芽から左2本，右3本の肺気管支芽が分かれる．妊娠15日目には横隔膜も形成される．

　iv）　**心臓血管系**　　妊娠8日目頃に心筒が形成され，妊娠10日目にはこれが単一心筒，さらにS字心筒となり，妊娠11日目頃には心房と心室が区別できるようになる．この頃から，心房および心室の内腔に中隔が形成され始める．心臓発生の進行に伴って，6対の鰓弓動脈が次々に発生するが，そのうちの第1，第2および第5鰓弓動脈はやがて消失し，妊娠15日目には成体と同様の大動脈の形態が完成する．

　v）　**泌尿器系**　　妊娠9日目より約2日間かけて，中間中胚葉を原基とする前腎，中腎および後腎が連続して発生してくる．前腎は機能しないまま消失し，中腎は後腎が発達するまで排泄器官として機能する．後腎は永久腎として残存する．後腎は尿管芽と中胚葉細胞の塊から形成されるもので，尿管芽は将来尿管，腎盂および集合管になり，中胚葉細胞群はその後腎単位を形成する．

　vi）　**生殖器系**　　原始生殖細胞は妊娠9日目にはすでに卵黄嚢上皮中に見られる．その後，妊娠11日目に，生殖器の原基となる部分が左右の中腎内側に1対の生殖隆起として出現してくる．原始生殖細胞は卵黄嚢上皮より移動を開始し，後腸背側腸間膜に沿って生殖隆起部に達し，ここに生殖腺を形成する．妊娠14日目頃より性分化が始まり，妊娠15日目には卵巣，精巣の区別ができるようになる．胎子の生殖腺の影響で，雌では中腎管が退化し，中腎傍管（ミューラー管）から卵管，子宮および腟が形成される．一方，雄胎子においては中腎管（ウオルフ管）から精巣上体，精管などが作られ，中腎傍管は精巣が分泌するミューラー管抑制因子の作用により退行する．

　vii）　**内分泌系**　　甲状腺は前腸内胚葉に由来するもので，妊娠10日目に咽頭嚢床部に出現する．妊娠12日目には同じく前腸内胚葉に由来する胸腺および上皮小体が咽頭嚢から発生する．

　妊娠11日目には，原始口腔蓋部からラトケ嚢が発生し，腺性下垂体が形成される．ラトケ嚢の発育と共に，間脳から神経性下垂体芽も発育してきて漏斗を形成し，これが神経性下垂体となる．

　副腎は，妊娠12日目頃に後腸背側腸間膜と生殖腺原基の間に形成される中胚葉由来の副腎皮質と，妊娠14日目頃，神経外胚葉に由来する交感神経節の細胞が皮質原基の内側に侵入してクロム親性細胞に分化してゆく副腎髄質とからなる．

　viii）　**骨格系**　　妊娠11日目に前肢芽が，それより半日遅れて後肢芽が出現する．妊娠14日目には前肢芽に指放線が形成され，妊娠16日目に指が完全に分離する．後肢ではこれが妊娠17日目に見られる．骨格系は中胚葉由来の間葉細胞より形成され，これが軟骨化して骨格の輪郭を形成し，妊娠15日頃より軟骨組織内に骨化点が現われ，ここから骨化が進んでゆく．

表 9.12　妊娠日齢(胎齢)と胚の発生段階の関係

妊娠日齢(胎齢)		発 生 段 階	
着床前期	0	受精　単細胞期	卵管内
	1	2細胞期	
	2	4細胞期～桑実期(16～32細胞期)	卵管内～子宮上部
	3	胞胚初期	子宮内
	4	胞胚期	
	5	着床開始，内外胚葉分化	
	6	着床完了	
	7	中胚葉および原条出現	
重要器官形成期	8	心筒形成，頭突起，尿生殖器原基出現	
	9	神経板・神経溝形成，前腸形成，卵黄嚢上皮中に原始生殖細胞出現	
	10	眼胞形成，肝臓憩室出現，後腸形成，前腎出現，中腎管出現，甲状腺出現，ラトケ嚢出現，S字単一心筒完成，筋板形成	
	11	後神経管閉鎖，水晶体板形成，耳胞閉鎖，喉頭気管溝出現，前肢芽出現	
	12	大脳半球明瞭，中腸ヘルニア形成，喉頭気管憩室・肺芽出現，心房中隔・心室中隔出現，中腎出現，神経下垂体・胸腺・上皮小体・副腎皮質形成，後肢芽出現	
	13	蝸牛形成，半規管原基出現，臍癒合，肺気管支芽形成，大動脈弓形成，卵円孔形成，尿管芽形成，後腎出現	
	14	小脳原基肥厚，視神経線維出現，中腎傍管出現，生殖突起形成，副腎髄質形成，指放線出現	
	15	肛門膜消失，横隔膜形成，大動脈・肺動脈中隔形成，精巣間質細胞出現，化骨開始	
胎子成長期	16	心室中隔閉鎖	
	17	腎糸球体・尿細管発達	
	18	中腸ヘルニア還元	
	19	外部生殖器分化	
	20		
	21	出産	
	22		
	23		

各器官の発生段階の概略を表9.12に示した．

c. 成　　長

i) 新生子の初期発達　　ラット新生子の体重はリッターサイズにより異なるが，大体4.5～6.0gである．産子数が多ければ各新生子の体重は低値を示し，逆に産子数が少なければ新生子の体重は高値を示す．新生子は出産初日より研究者により取り扱われることも多いが，観察終了後は取り出した新生子を巣の中の他の同腹子の中に注意深くもどすことが必要である．

新生子の発育を促し，均一化させるための育子数の調整は，乳産生の増加する分娩後数日のうちに行うべきである．たとえば，12匹の新生子を6匹に減少させることにより，新生子の成長および発達は非常に加速されるものである．

出生直後の新生子ラットには毛がまだ生えておらず，眼も閉じており歯も生えていない．5日以内に体重は倍になる．身体を覆う繊細な毳毛は生後5日頃から見られるようになる．外界から身体を隔離する皮毛は体温を調節する上に非常に効果的であり，新生子は母親の体温に依存しなくなってくる．9日目には新生子には全身薄い皮毛で被われるようになり，その時には新生子はケージの中を動き回り，また彼らの門歯はものを嚙むのに十分な程大きく成長してくる．11～12日齢には固型飼料が食べられるようになり，その後間もなく開眼する．このとき母親は最高の乳産生を示す．子ラットは未だに乳汁を吸飲するが，次第に固型飼料の摂取量が増加する結果，遂には3週齢の終わりには母乳の供給に依存しなくなる．同腹子のラットであっても，その体重には大きなバラツキがみられる．たとえば平均体重が45gの同腹子のラットにおいても，最も軽いラットと最も重いラットの間には10gの差が見られることがある．非近交系の子ラットは近交系の子ラットよりも体重が重く，その成長も優勢である．これは近交系の雌ラットは一般に乳汁分泌が不十分なことによる．

新生子ラットの雌雄鑑別を正確に行うにはいくらかの経験が必要である．最も確実で簡便な方法は，外尿道口と肛門との距離を測ることによる．雄ではこの距離が長く，雌では短い，また尿道の突起部が雄では著明であるのに対し，雌では目立たないことからも判定できる．さらに，雌では乳頭が明瞭であ

るが，一方雄では乳頭がないことも雌雄鑑別の有力な材料となる．

性成熟前の雌ラットでは腟が閉鎖している．離乳後，腟開口前の腟部は青紫色を呈しているが，腟部の膜は春機発動期に卵巣から分泌される卵胞ホルモンの作用により破れ，腟開口に至る．このように腟開口は春機発動期の到来を示すものであり，その後短期間のうちに完全な性周期の回帰が観察されるようになる．

ii) 体重の増加パターン　　ラットの発育には大きな系統差が見られるうえ，同一系統のものでも飼育環境（温度，湿度，照明条件，飼料の質や量，自由給餌あるいは制限給餌などの飼料給与方法，飼育密度，飼育管理状態，その他）などにより変動することを念頭に置かなければならない．特にタンパク質不足，栄養素のバランス不良など栄養条件が悪い場合には，発育は強く抑制される．このような理由から，すべてのラットに適合する体重増加曲線を描くことはできないが，基本的な体重増加パターンはほぼ共通している．

ラットは離乳時期より急激な体重増加を示し，雌ラットの場合には70～80日齢頃，また雄ラットの場合は90～100日齢の成熟期頃までそれが持続し，体重増加はプラトーに達する．その後もわずかながら体重の増加が見られるが，1.5～2年目には加齢に伴う体重の減少が生じる．飼育面積が狭いなど，運動が制限されている場合には肥満による体重増加が認められる．

(5) 生理（一般生理，繁殖生理）

a. 一般生理

i) ラットの生理学的諸性状　　ラットの生理学的諸性状の一般的な値を表9.13に記した．これらの値はラットの年齢，性別，系統，飼育条件（温度，湿度，照明，飼料の種類や給与方法など），測定方法などにより，かなりの幅で変動が見られるものであるため，実験を行う場合には使用するラットについて各々の研究室の飼育条件下での正常値を十分把握しておく必要がある．体温については，ラットが小型で代謝が旺盛なため，38～39℃と高めである．なお，雌ラットでは性周期に伴う体温の変動が見られ，発情期には体温が0.5℃前後上昇する．

ii) ラットの血液性状　　血液の成分や性状に

表 9.13 ラットの基礎生理データ

体重	雌 成体	200〜400 g
	雄 成体	300〜800 g
寿命 (最長記録)		2〜3年 (4年8カ月)
体温（直腸温）		38〜39°C
環境温度耐性範囲		5〜32°C
1日摂餌量		10 g (/100 g 体重)
1日摂水量		8〜11 ml (/100 g 体重)
心拍数		260〜480 回/分
血圧	拡張期	60〜 90 mmHg
	収縮期	75〜120 mmHg
呼吸回数		66〜114 回/分
1回の呼吸量		0.60〜1.25 ml
1分間の呼吸量		60〜114 ml/分
酸素消費量 (28°C, 絶食)		0.66〜0.75 ml/g/時

表 9.14 ラットの血液性状

総血液量	6.41(5.75-6.99) ml/100 g 体重
赤血球数	$7.2\text{-}9.6\times10^6/mm^3$
赤血球寿命	50-60 日
赤血球直径	5.9 μm
赤血球容積	52-58 mm^3
網状赤血球%	2%
ヘマトクリット値	39-53%
赤血球沈降速度	0.9 mm/時
ヘモグロビン	14.9-16 g/dl
白血球数	$5\text{-}25\times10^3/mm^3$
好中球	9-34%
直径	10-12 μm
好酸球	0-6.0%
直径	10-14 μm
好塩基球	0-1.5%
直径	13 μm
リンパ球	65-84%
直径	小 5-7 μm / 大 10 μm
単球	0-5.0%
直径	12-16 μm
血小板数	$110\text{-}138\times10^4/mm^3$
直径	1 μm 前後
血漿 pH	7.4±0.06
血漿 CO_2	22.5±4.5 mM/l
血漿 CO_2 圧	40±5.4 mmHg

関しても，ラットの系統，日齢，性別，飼育環境条件や飼料，試料採取方法，測定方法などが影響するため，各研究室におけるラットの血液の正常値を把握しておくことが必要である．

ラットの血液についての一般的な値を表9.14に示した．

体重あたりの総血液量は加齢に伴い減少する傾向が見られる．

ラットの赤血球の平均寿命は50日から60日で，マウス（20〜45日）よりは長いがヒト（120日）のものより短い．赤血球の直径はラットの系統および日齢によって差異が見られるという．赤血球数や赤血球容積（PCV）には，系統差，日齢差ならびに性差が認められる．

末梢血液中の白血球数も系統差，飼育条件の差，採血方法の差により変動すること注意しなければならない．総白血球の約20％前後を占める好中球の核は，他の動物では分葉状を呈しているが，ラットではリング型が基本形で，これがねじれたり，分節したりして変形を示す．幼若ラットにおいては末梢血中に見られる好中球の数は少ないが，日齢が進むにつれて増加し，生後1年〜1年半のラットでは全白血球中に占める好中球の割合がリンパ球比を越えるという．

好酸球の出現率は低く，幼若ラットではさらに低い．好塩基球は稀にしか観察されない．

ラットの血小板数はイヌ，ネコ，サルの値（20-50×$10^4/mm^3$）よりかなり多い．

iii) **ラットの血液生化学値**　ラットにおける血液生化学値の一例を表9.15に記した．

血液生化学値はラットの系統，性別，日齢，給与飼料，照明，温度，湿度，季節，試料採取時刻，試料採取方法などによりその値は大きく変動する．たとえば，血糖値などは採血する前のストレス（ケージからの取出し操作，採血までの待ち時間，採血中の保定など）によりその値が急増する現象が見られる．

血液生化学値においても，各研究室において，一定の方式で試料採取し，一定の測定法で得られた結果としてkラットの正常値を把握しておく必要がある．

iv) **ラットの尿性状**　ラットの一般的な尿性

表 9.15 ラットの血液生化学値

項　目	測定値
総タンパク	4.7–8.15 g/dl
アルブミン	2.7–5.1 g/dl
α_1 グロブリン	0.39–1.60 g/dl
α_2 グロブリン	0.20–2.10 g/dl
β グロブリン	0.35–2.00 g/dl
γ グロブリン	0.62–1.60 g/dl
A/G比	0.72–1.21
ヘモグロビン	13.1±0.8 g/dl
血糖値	50–152 mg/dl
尿素窒素	21.0±3.6 mg/dl
総コレステロール	64.4±12.9 mg/dl
GOT	45.7～ 80.8 IU/l
GPT	17.5～ 30.2 IU/l
ALP	56.8～128.0 IU/l

状について表9.16に示した．

尿成分およびその性状は，ラットの系統，日齢，性別に加えて，摂餌，摂水，運動量，温度，湿度，飼育密度その他種々の要因の影響を受けて大きく変動することに注意しなければならない．

尿性状を調べるときには採尿ケージ（代謝ケージ）を用いて24時間尿を採取する．このとき用いる防腐剤により尿成分に変化が生じないように注意する必要がある．

ラットでは正常でも尿タンパクが検出されるといわれる．ラットの尿酸排泄量は他の実験動物よりも多い．

表 9.16 ラットの尿性状

尿量	150～350 ml/kg 体重/日
比重	1.040–1.076
pH	7.30–8.50
総タンパク	1.20–6.20 mg/kg 体重/日
尿素窒素	1.00–1.60 g/kg 体重/日
尿酸	8.00–12.0 mg/kg 体重/日
クレアチニン	24.0–40.0 mg/kg 体重/日
カルシウム	3.0–9.0 mg/kg 体重/日
塩素	50.0–75.0 mg/kg 体重/日
カリウム	50.0–60.0 mg/kg 体重/日
マグネシウム	0.20–1.90 mg/kg 体重/日
無機リン	20.0–40.0 mg/kg 体重/日
ナトリウム	90.4–110.0 mg/kg 体重/日

b. 繁　殖　生　理

i) 生殖器系　　生殖器系の形態的特徴については前述した．

ii) 性成熟　　生殖器が形態的，機能的に成熟し，生殖可能な状態になってゆく過程を性成熟過程といい，その開始時期を春機発動期，その完了時期を性成熟期という．性成熟期は身体の成熟期よりも一般に早い．春機発動期に達すると，両性とも第2次性徴がみられはじめる．性成熟は視床下部-下垂体-性腺軸の相互作用により調節されるが，雄の精子形成機能の開始時期だけは内在的な因子より決定されている．

ラットをはじめ，多くの実験動物において，雄よりも雌のほうが早く性成熟期に到達する．また，近交系ラットにおいては非近交系ラットよりも性成熟到達時期が1カ月以上遅いといわれる．

雌ラットにおける春機発動期は，腟の開口，卵巣の急激な発育，排卵可能な大卵胞の出現を目安とする．そして，それにつづく規則正しい性周期の回帰，さらに妊娠・分娩・哺育が完全に行える状態に至る時期を性成熟期とする．ラットでは系統の違いにより多少の差異が見られるが，雌の春機発動期は約30～40日齢頃であり，また，性成熟期は50～80日齢頃である．

一方，雄においては，40～50日齢頃，精巣の急激な発育と精子形成能の確立が見られ，精巣上体尾部に活動性の精子が観察され始める．この時期が春機発動期である．その後，60～80日齢頃には受精可能な精子を射出する性成熟期に到達する．

iii) 生殖周期　　性成熟期に達した雌ラットは後述するように，4～5日の周期で卵胞の発育および排卵を繰り返す．卵胞の発育に伴い雌ラットには発情が誘起され，この時期にのみ雄を許容する．この交尾により受精および受精卵の着床が起これば妊娠が成立する．その後，約21～24日の妊娠期間を経て分娩が起こり，約3週間の哺乳期が終ると離乳に至る．離乳後に再び雄と同居させれば次の妊娠が成立する．このように，雌の生殖機能（卵胞発育，排卵，妊娠，分娩，哺乳）をすべて用いた周期を完全生殖周期という．一方，妊娠の成立しないときに見られる雌の生殖周期を不完全生殖周期（不妊生殖周期）という．この中には雄と同居し交尾があったにもかかわらず妊娠しなかった場合と，雄不在のための不

妊の場合とがあり，両者の内分泌環境は異なる．後者の場合，すなわち雌ラットを雄から隔離しておくと，ラットでは自然状態において黄体が機能をもたないため，卵胞発育→排卵→卵胞発育→・・・という4～5日の短い周期を描く．このような雄不在の時に見られる不完全生殖周期を性周期という．これに対して，前者の場合のように，交尾刺激が雌ラットの腟および子宮頸管部に加えられると，これが神経経路により視床下部に伝えられ，下垂体前葉から黄体刺激ホルモン（ラットの場合にはプロラクチン）が分泌されるようになる．黄体刺激ホルモンの作用により黄体が機能化し，黄体ホルモンの分泌が持続的に起こり卵胞発育→排卵→黄体形成→黄体退行→卵胞発育→・・・という約12～14日間にわたる比較的長い周期を描くようになる．このような状態をラットの偽妊娠という．これはヒトやサル類などでみられる完全性周期に相当する．

iv) 性周期　前述したように，雄不在のもとで雌ラットが示す不完全生殖周期を性周期という．ラットは卵胞の発育，成熟に伴いピークに達した血中卵胞ホルモンが下垂体からのLHサージを惹起し，これにより自動的に排卵が生じる自然排卵動物である．しかし，ラットの下垂体からは黄体刺激ホルモン（プロラクチン）が自然状態で分泌されないため，その性周期には黄体が機能化する時期（黄体相）が欠けている．このように，ラットの性周期は卵胞が発育して卵胞ホルモンを分泌し排卵に至る期間（卵胞相）のみからなる不完全性周期で，4～5日の短い周期で排卵を繰り返している．これに対して，卵胞相と黄体相を備えた性周期を完全性周期という．また，ラットは周年繁殖動物に属しており，その生殖機能は季節的な影響を受けず，1年中排卵を繰り返している．

なお，ラットを連続照明条件下で飼育すると，約2週間程で連続発情状態が成立する．このとき，連続照明の影響で視床下部視索前野（POA）に機能変化が生じており，ラットの下垂体からは排卵を起こすための周期的なLHサージが起こらなくなっている．そのため卵巣には成熟卵胞が常在し，高レベルの卵胞ホルモンが維持されることにより腟上皮は連続的角化を呈し，また雌ラットは常に雄を許容するようになる．そして，この状態で交尾刺激が腟あるいは子宮頸管部に加えられると，神経経路を介して視床下部の興奮が起こりLHサージが惹起され，排卵が見られる．この状態はウサギ，ネコ，フェレット等の交尾排卵動物の排卵様式と等しい．（なお，ラットの連続腟角化は新生雌ラットに雄性ホルモンあるいは卵胞ホルモンを皮下注射することによっても惹起できるが，この場合，雌ラットは不妊となる）．

このように，環境の照明条件を操作することなどによって本来，自然排卵を示すラットに交尾排卵動物のような排卵様式をとらせることができる．さらに，前述したように不妊交尾刺激を与えれば，不完全性周期を示すラットに完全性周期動物と等しい性周期をとらせることもできる．このような性質をもつことから，ラットは種々の状態における卵巣機能を調べる上で便利なモデル実験動物となる．

ラットの性周期相は，発情前期，発情期，発情後期および発情休止期の4期に分類される．ラットの性周期は4～5日周期であるが，これは飼育環境の照明条件によって変化することがあるので，性周期の観察を行う場合，あるいは性周期によって変動する指標を観察する場合などは照明条件の乱れがないように留意しなければならない．ふつう，ラットの飼育には12時間明，12時間暗（あるいは14時間明，10時間暗）の照明条件が用いられている．このほか，感染症その他の疾病，あるいは老化によっても性周期の乱れが生じてくる．

発情前期は卵巣に卵胞が発育してくる時期で，卵胞の発育に伴い，卵胞ホルモンを始めとして，LH，FSH，プロラクチン，黄体ホルモンが急激な増加をみせる時期である．卵胞ホルモンの血中濃度の高まりが排卵のためのLHサージを惹起する．発情前期の午後2時頃起こるLHサージにより約12時間後（翌日午前2時～4時頃）に排卵が起こる．発情前期の夜間から翌発情期の早朝までがラットの真の発情期であり，この時期のみ雄の交尾を許容し独特のロードシスを呈する．

v) 腟垢検査法　ラットの性周期を調べる上で，簡便で正確な方法として腟垢検査法が挙げられる．腟垢とは雌の生殖道の内腔壁に由来する落屑細胞片および分泌物などの腟内貯留物のことであるが，主として腟壁の上皮細胞，白血球，粘液からなる．ラットの腟垢は，卵巣の機能と強い相関性を示し，特にエストロジェンの分泌状態に特異的かつ鋭敏に反応する．この性質を利用して腟垢を採取し，固定，

染色して鏡検することにより性周期の観察や発情期の判定が容易に行える．腟垢の採取にはスポイト，白金耳，綿棒，スパーテルなどを用いる方法がある．

以下に各性周期の特徴的な腟垢像について記述する．発情前期の腟垢像には明瞭な有核細胞の集合が多数見られ，他の腟垢成分は少数の角化細胞を除いてほとんど見られないのが特徴である（図9.14）．発情期の腟垢像は発情前期に最高濃度に達した卵胞ホルモンの作用により，腟上皮細胞はすべて角化するため，無核の角化上皮細胞のみが顕著となる．（図9.15）．発情後期の腟垢像は角化上皮細胞の出現が減り，有核変性皮上細胞および白血球が大部分を占める．発情後期は速やかに発情休止期に移行する（図9.16）．発情休止期は発情後期から次の発情前期までの期間すべてを含み，この時期の腟垢には白血球や粘液がみられ，これに角化細胞や有核変性細胞がわずかに混在する状態が見られる（図9.17）．

vi) 交配，妊娠 発情前期のラットを雄と同居させれば交尾が見られる．ラットの場合，雄が雌に乗駕しても，必ずしもそれが射精を伴うものではな

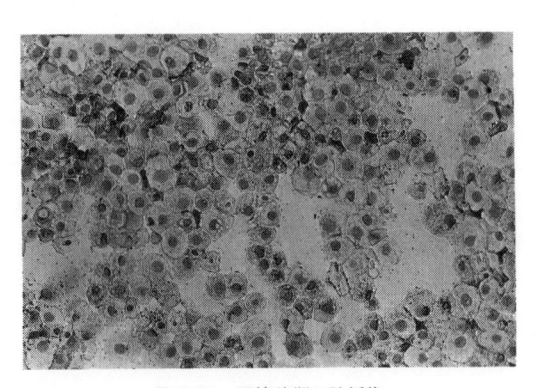

図 9.14 発情前期の腟垢像

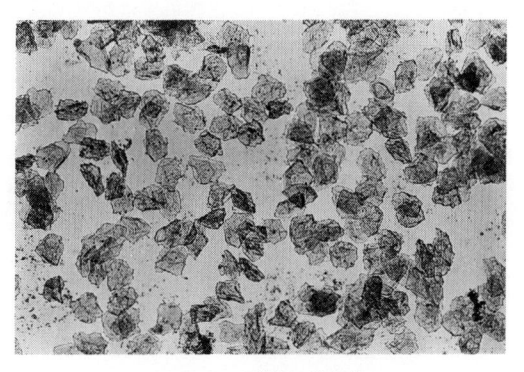

図 9.15 発情期の腟垢像

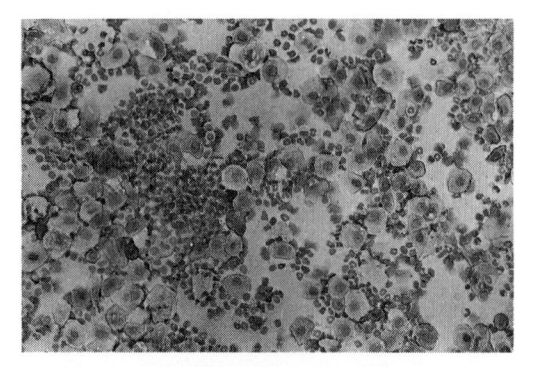

図 9.16 発情後期の腟垢像

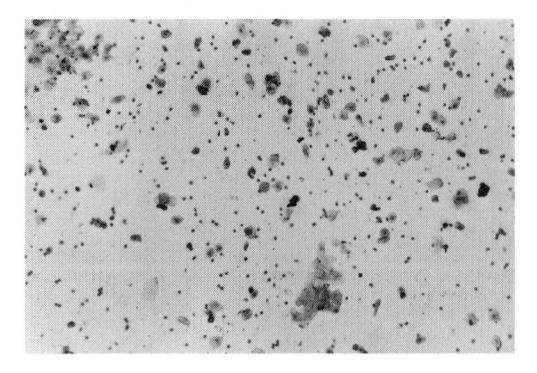

図 9.17 発情休止期の腟垢像

いことを注意しなければならない．交尾後（同居翌日）に雌の腟洗浄液を採取し，その中に精子を検出できれば射精があったことが確認できる．また，ラットでは射精後雌の腟内で腟栓が形成されるので，腟内あるいは床に落ちた腟栓を見つければ射精のあったことを確認することができる．ラットの射精部位は子宮角であり，射出される $0.1\text{m}l$ の精液中には約 6×10^7 個の精子が含まれ，これらは14時間受精能力を保持している．一方，排卵された卵の方も約12〜14時間，受精能を保持しており，この時間内に精子と卵が出会えば受精が成立する．ラットの受精卵は交尾後3日目に子宮内に進入し，5日目に着床する．交配後のラットの妊娠診断法としては，妊娠11〜13日頃に見られる胎盤徴候の確認や触診による胎子の触知による．胎盤徴候とは，胎盤形成に伴う子宮内の出血が腟に現われたもので，妊娠の確徴となる．ラットの妊娠期間は約21〜24日であり，ほぼ70〜80％が22日前後に集中している．胎子数が極端に少ない場合，妊娠期間は延長する．また，後分娩排卵により分娩直後に再び妊娠が成立した場

合，泌乳のために子宮の胚受入の準備が遅れ，胚は胚盤胞の状態で一時的に発生が止まる着床遅延現象が見られる．着床遅延現象は哺乳子数が4匹以上で見られるようになり，着床の遅延期間は哺乳子数の増加に比例して延長する．この時は着床が遅れた分だけ，妊娠期間が延長する．妊娠終期に至り，分娩が近づくに伴い，妊娠ラットは母性行動の一つの表現として営巣行動（床敷などを集めて巣作りをすること）を示すようになる．

viii) 分娩 妊娠期間が満了すれば，分娩に至り，胎子およびその付属物が母体外に娩出される．分娩遂行の機序には，母体側の内分泌環境の変化や胎子側の内分泌機能，ならびに成長した胎子の子宮に対する物理的刺激などが関与する．妊娠末期に胎子は胎盤を刺激してエストロジェンの分泌を促すと共に，プロスタグランディンF2αの分泌を増進させる．プロスタグランディンF2αの作用により黄体の退行が起こるため母体中のエストロジェン／プロジェステロンの比率が急激に増加する．エストロジェンは子宮の運動性を高めオキシトシンに対する感受性を高める．このような状態のもとで胎子が生殖道を刺激する神経内分泌反射によりオキシトシンが放出され，子宮の収縮，陣痛，そして分娩が招来される．陣痛はオキシトシンの作用により分娩時に見られる周期的な子宮の収縮で，子宮角前端から頸管部に向かって進み，疼痛を伴うものである．分娩は開口期，産出期，および後産期の3期に分類される．

分娩は生体リズムと関係があり，これに基づき分娩時刻には一定の傾向が見られ，妊娠ラットの7割以上が明期に分娩する．ラットの分娩所要時間は産子数にあまり関わりなく1〜5時間（平均2.5時間程度）の範囲である．分娩後，胎子の付属物（胎盤，胎膜）は母ラットが食べてしまう．

ラットでは分娩後12〜20時間目に排卵を伴う発情（後分娩発情）が見られる．雄を同居されておけばこの発情ですぐ次の妊娠を成立させることができる．これを追いかけ妊娠という．

viii) 産子数 ラットの産子数は系統，あるいは産次の違いによる差異が大きいが，平均10〜12匹程度である．近交系ラットでは産子数が少ない．初産のラットの産子数は一般に少なく，妊娠を繰り返すにつれて産子数が増加する．産子数は4産から5産以降低下する傾向が認められる．

ix) 哺乳，離乳 産子数の違いによりバラツキが大きいが，新生子の体重は平均5〜6gである．出生後1〜2時間のうちに本能的に母親の乳を求める行動を起こし，母乳を吸飲し始める．哺乳子数が少なければ個々のラットは母乳を十分に飲むことができ発育は良好となるが，逆に哺乳子数が多ければ個々の発育は抑制される．一定の体型のラットを生産するためには，哺乳子数や哺乳期間を調整する必要がある．哺乳子数を調整する場合には母子関係が明確になる以前に行う必要がある．

泌乳は泌乳黄体から分泌される黄体ホルモンに依存している．この泌乳黄体は後分娩発情に伴って見られる排卵につづいて形成されるものである．新生子による吸乳刺激が視床下部を興奮させる結果，下垂体からのプロラクチン（催乳ホルモン）およびLHの分泌が促され，これらが泌乳黄体を刺激することにより大量の黄体ホルモンが分泌されることになる．このように，乳腺機能は新生子による吸乳刺激に依存しているので，子ラットが成長し母乳をあまり摂取しなくなれば次第に吸乳刺激は少なくなり，乳腺も退行してゆくことになる．

15日齢頃になると子ラットはケージ内を活発に動き回り，自分で飼料を捜し摂取するようになる．独力で飼料・飲水の摂取ができ，かつその後の正常な発育ができることが離乳の条件となる．通常，離乳は21日齢（3週間哺育）とされ，体重が40〜60g程度まで成長していれば母親から離しても問題はない．母ラットは離乳後，1週間程度は休養させてから，次の交配に用いることが望ましい．

なお，哺乳当初の哺育子数（産子数，あるいは乳子数調整をした場合には調整後の子数）に対する離乳子数の割合を離乳率という．離乳率は飼育環境の条件（栄養，温度，衛生状態等）によっても変動するが，遺伝的な支配も強く，ラットの泌乳および哺育能力等の繁殖能力を判定する上の重要な指標の一つとなるものである．

ラットの繁殖に関する基礎データを表9.17に記した．

表 9.17 ラットの繁殖に関する基礎データ

春機発動期	腟開口日齢	28～60 日
	腟開口時体重	80～100 g
	性周期初発日齢	40～65 日
	精巣下降日齢	15～50 日
	雄春機発動期日齢	40～50 日齢
	雄春機発動期体重	100～140 g
性周期の型		不完全性周期,多発情
性周期の長さ		4～5 日
発情期の体温		38.5～39.5°C
排卵時刻		発情期早朝 3 時頃
排卵数		14.7±2.6
初回交配日齢		50～100 日
雌最終交配月齢		12～18 カ月
雄最終交配月齢		9～24 カ月
産子数		10～12 匹
新生子体重		4.0～6.0 g
性周期廃絶日齢		450～550 日
妊娠期間		21～24 日
偽妊娠期間		12～14 日
最大乳量産生日		哺乳 12～14 日
哺乳期間		20～24 日
離乳時体重		40～60 g

(6) 実験動物としての生物学的特徴および使われ方

a. 実験動物としてのラットの生物学的特徴

ラットは非常に環境適応能力が高く頑健であること,それに伴い飼育が容易で飼育経費が安価であること,繁殖能力が高いこと,さらに実験に適した手頃な体形をしており,種々の実験に適した特性が認められることなど,実験動物としての条件を十分備えた動物である.このことからラットは多方面の実験,研究の都合のよいモデルとして古くから使用されている.たとえば内分泌学や栄養学の基礎はラットによって築かれてきた.現在ラットは生化学,薬理学,毒性学,生理学,神経生理学,繁殖生理学,心理学,外科学,腫瘍学その他の多くの分野における研究に多数用いられ,さらに医薬,農薬,食品添加物,化粧品などの安全性試験などにも欠くことのできない実験動物となっている.

従来ラットを多数使用してきた研究分野では,一般にラットの遺伝特性が関与することが少なく,そのためラットの遺伝学はあまり発展せず,系統についての関心も薄かった.ところが近年にいたって臓器移植や腫瘍組織の移植実験にラットが盛んに使用され始めると,当然ラットの主要組織適合遺伝子が問題になり,遺伝的に明確な系統が要求されるようになってきた.さらに,遺伝性の素因によって惹起される病気(多くの難治性疾患など)がヒトの医療における重要な問題としてクローズアップされるとともに,この疾患モデルとなり得る遺伝的特性をもったラットが求められるようになってきた.このような背景から,現在ラットの遺伝的解析ならびに育種が強力に推進されており,従来の研究分野に加え,遺伝的に明確な動物でなければ使用し得ない新しい分野にもラットの利用価値が広がりつつある.

b. 実験に多用されるラットの系統および問題点

ラットの系統については先にも触れた.この中で,実験に多用される系統としては Wistar ラットに由来するものが非常に多い.Wistar 研究所で作出された PA (King Albino),その亜系としての WKA (Wistar King A) および LEW (Wistar Lewis) の3系統が最初に Wistar 研究所に導入されたラットの直系の子孫であるが,これらのラットが世界各地の研究機関等に移され,亜系が作られたりあるいは他のラットとの交雑が行われ現在に至っている.たとえば,日本に導入された Wistar 研究所由来のラットとしては KYN, SHR, SHRSP, W, W-I, WKY, WKY/N, WM など,また Wistar 市販ラットの直系子孫としては AS, B, BUF, Gum, K, MR, WA, WAB, WAG, WF, WN など,さらにこれらのラットと他の有色ラットの交雑により作られた系統としては BDE, BDI～BDX, BS, GHA, HOL, HS, IS, LE, MC, SD などがある.

なお,現状では Wistar 系, SD (Sprague Dawley) 系などのクローズドコロニーのラットが実験使用の主体となっているが,近交系として確立されたラットも 100 系統を越え,遺伝的な特性が明確になってきている.現在,近交系ラットを実験に使用する割合はマウスのそれよりもはるかに少ないが,今後はマウスと同様,近交系の使用率が増加するものと思われる.ところで,近交系ラットとして同じ名称をもつラット同士でも遺伝的に異なるもの(同名異系統)が数多く見られる.特に Wistar 系, SD

(Sprague-Dawley)系などにこの傾向が強く見られ、混乱が生じているため、遺伝的なモニタリングや近交系の命名を慎重に行う必要が叫ばれている.

実験動物としてのラットをさらに有用なものにするためには、現存のラットを利用するだけでなく、未知の特性をもった新たな野生ラットの開発を行うことも必要であり、現在クマネズミの *Rattus rattus* や *Rattus exsulans* なども実験動物化が進められている. さらに、アルビノラットの場合には、体内にチロシナーゼを欠くため、メラニンや、チロシン、アドレナリンなどに関しては、ヒトと根本的に違っており、このようなラットを前臨床試験に用いることは誤りであるということもいわれている. この意味で、繁殖効率がよく温順で実験特性の優れた有色ラットの開発も急がなければならない.

c. 自然発症疾患モデルとしてのラット

1983年に調査された"わが国で維持、利用されている疾患動物モデル"のうち、遺伝性の疾患モデルとして用いられているラットのみを表9.18に示した. ここに示したものは病態が遺伝性のもので、それがヒトの疾患に類似点をもつことから自然発症疾患モデルと呼ばれるものである. ヒトにおける多くの遺伝性疾患(難治性疾患等)の研究が急がれているが、この研究には実験的処置を加えることにより疾病を発症されたモデル(実験的発症モデル)では本来の病態と異なり利用できないため、遺伝性の自然発症疾患モデル動物が是非必要となる. しかし自然発症疾患モデルといえどもその病態は必ずしも完全にヒトと一致するというわけではないので、ヒトの病態とモデルラットの病態を比較して一般的性質を導き出すということにより研究が進められている.

ここでは実験的発症モデルラットの紹介は割愛した.

〔篠田元扶〕

表 9.18 現在わが国で維持、利用されている遺伝性の疾患モデルラット

```
＊発症様式の略号
 ┌ Ia：主遺伝子の明らかな場合
 ├ Ib：遺伝子記号を明示し得ないが固有の形質を疾患モデルとして利用している場合
 ├ A：近交系
 ├ B：導入系（近交系に主遺伝子を導入したもの）
 └ C：非近交系
```

疾 患 名	ラットの系統および遺伝子名	発症形式	その他の特性
代謝疾患			
肥　　満	Fatty rat	Ia, C	脊柱靱帯骨化
	SHR-fa	Iab, B	
糖 尿 病	BB	Ib, A	
無アルブミン血症	NAR	Ia, A	高脂血症, 動脈硬化症
高 脂 血 症	HLR	Ib, A	
	SHC	Ib, A	
	THLR/1	Ib, A	
	THLR/2	Ib, A	
小 人 症	Spontaneous dwarf	Ib, A	
胸腺腫, 筋萎縮, ネフローゼ	BUF/Mna	Ib, A	
尿 崩 症	Brattleboro	Ia, A	高血圧症
AnGT不全症	Wistar系	Ia, C	
全身性多発性骨折	OD	Ia, A	脂質代謝異常
高ビリルビン血症	Gunns Rat	Ia, A	核黄疸
循環器疾患			
高 血 圧	SHR	Ia, A	
	SHRSP	Ia, A	
	Aoki-SHR	Ia, A	
	MSH	Ia, A	
	SHR-B2	Ia, A	
高血圧, 脳率中	SHRSP	Ib, A	
	M-SHRSP	Ib, A	

9.2 ラット

疾 患 名	ラットの系統および遺伝子名	発症形式	その他の特性
消化器疾患			
aganglionosis	aganglionosis	Ia, A	
腎, 泌尿器疾患			
水 腎 症	SD (c-line)	Ib, A	
脳神経疾患			
水 頭 症	LEW/Jms	Ib, A	
脳血栓症	STR	Ib, A	
脳 卒 中	SHRSP	Ib, A	高血圧症
意図振戦	Kyo：Wistar-Tremor	Ib, A	
	Zitter Rat	Ib, A	
運動失調	Long-Evans	Ia, A	
筋・骨疾患			
脊椎後側彎症	IS	Ib, A	
	BN IS	Ib, B	
骨軟骨形成異常	—	Ia, B	
内 反 足	WCF/Idr	Ib, A	
皮膚疾患			
多発性毛包嚢腫	Atrichosis	Ia, A	
優性無毛症	Hypotrichosis	Ia, C	
眼 疾 患			
白 内 障	先天性白内障ラット	Ib, C	
小眼白内障	CWS/Idr	Ia, A	
	先天性小眼白内障ラット	Ib, C	
小 眼 症	Dr	Ib, A	
網膜変性症	F344/N	Ib, A	
歯 疾 患			
歯 周 炎	ODU	Ib, A	
免疫疾患			
T細胞異常症	SHR	Ib, A	自己抗体, 動脈周囲炎
免疫不全症	RUN-run	Ia, A	
奇形染色体異常			
多 指 症	PD (polydactyly)	Ia, C	
欠 指 症	OD (oligodactyly)	Ia, C	
発生異常	BDIX/Nem-Tal/+	Ia, A	
偽性半陰陽	偽性半陰陽ラット	Ib, C	
肺分葉異常	FPL	Ia, A	
癌			
甲状腺髄様癌	WAG/Rij	Ib, A	
甲状腺c細胞腫瘍	F344/DuCrj	Ib, A	
精巣間質細胞腫	F344/N	Ib, A	
精巣奇形腫	129/Sv-Sl/+	Ib, A	
白 血 球	BUF/Mna	Ib, A	
	Wistar/Furth	Ib, A	
リンパ腫瘍	LOU/Wsl	Ib, A	
大 腸 癌	WF	Ib, A	
胸 腺 腫	SD	Ib, A	
発 癌	BTK/Osb	Ib, A	
	BDIX	Ib, A	
生殖, その他			
精子減少症	低産子雄ラット	Ib, B	
自発性連続発情の早期発症	Wistar/Tw	Ib, A	
先天性尿生殖器異常	ACI/N	Ib, A	
精巣水種	—	Ib, A	
精巣発育不全	—		
乳頭欠損症	乳頭欠損ラット	Ib, C	

文献

1) 石橋雅彦, 高橋寿太郎, 菅原七郎, 安田泰久編：実験動物学ラット, 講談社サイエンティフィク (1984).
2) 前島一淑, 江崎孝三郎, 篠田元扶, 山内忠平, 光岡知足, 菅野 茂, 辻 繁勝, 土井邦雄：新実験動物学, 朝倉書店 (1986).
3) 内藤元男監修：畜産大事典, 養賢堂 (1978).
4) 中野健司, 前島一淑, 城 勝哉, 鈴木 武, 輿水 馨, 志村圭四郎, 斎藤 洋, 半田純雄, 橋本一男, 江崎孝三郎, 須賀哲弥, 山本一郎：実験動物入門, 川島書店 (1988).
5) 妹尾左知丸, 加藤淑裕, 入谷 明, 鈴木秋悦, 館 鄰編：哺乳動物の初期発生基礎理論と実験法, 理工学社 (1981).
6) 田嶋嘉雄編：実験動物学総論, 朝倉書店 (1970).
7) 田嶋嘉雄監修：実験動物の生物学的特性データ, ソフトサイエンス社 (1989).
8) Trevor B. Poole (ed.): The UFAW handbook on the care & management of laboratory animals (6th. ed.). Longman Scientific & Technical, UK (1987).

9.3 コットンラット

学 名 *Sigmodon hispidus*
英 名 Cotton rat

(1) 生物分類学的位置

脊椎動物門 (Vertebrata), 哺乳綱 (Mammalia), げっ歯目 (Rodentia), キヌゲネズミ科 (Cricetidae), コットンラット属 (*Sigmodon*)

げっ歯目の分類は, いまだに統一されておらず, 大別すると二つの考え方がある. ここでは, Honackiらの分類法[1]に従った. 一方, Corbet らの分類法[2]は, 科レベルでは統合化されており, コットンラットは, ネズミ亜目 (Myomorpha), ネズミ科 (Muridae), アメリカネズミ亜科 (Hesperomyinae) に分類される. かつてコットンラットは, キヌゲネズミ科 (Cricetidae) のハタネズミ亜科 (Microtinae) に分類されていたことがある[3]. しかし, 現在の分類ではハタネズミの類は Honacki らの分類法では一つの独立したハタネズミ科 (Alvicoridae) に, Corbet らの分類法ではネズミ科 (Muridae) のハタネズミ亜科 (Microtinae) に分類されており, コットンラットは, 以前考えられていたようなハタネズミなどとの類縁関係はないようである (図 9.18).

(2) 実験動物になるまでの歴史

野生のコットンラット属は北米南部から中米, 南米北部にかけて生息している. コットンラットの飼育繁殖は[18], 1930 年代にアメリカの Michigan Dept. of Health (U.S.A) ではじめて試みられ, 10 数年にわたって繁殖飼育に成功している[4]. 実験動物としての最初の使用の試みは, Armstrong (1939) のポリオウイルスの感染実験であり[5], 以後リケッチア, ウイルス, 糸状虫や包虫の感染実験に多く用いられるようになった. 特に, コットンラット糸状虫 *Litomosoides carinii* は, コットンラットを終宿主とし, ヒトの糸状虫症のモデル動物として注目を集めた[6]. わが国には 1951 年に Marshall Farms (U.S.A.) から武田薬品工業株式会社光工場に輸入された[7]. その後, 多くの研究機関に分与されたがそのほとんどは絶え, 一時は東京大学医科学研究所寄生虫研究部と田辺製薬研究所, 北海道大学獣医学部で維持されているだけとなった. しかし, 近年ウイルスや寄生虫の分野で再び注目を集めている. 国内では寄生虫感染実験に多く用いられていて, 田中 (1988) によって文献集が刊行されている[10]. 海外では呼吸器系ウイルス感染や概日リズムとの関連で生理, 解剖学への応用など用途が広くなっている.

(3) 一般的性状

染色体数は $2n=52$ である[8].
淡褐色ないし, 濃褐色の剛毛を有しており, 眼は黒色である. 体型はラットに似るが, やや小さい. 自然界では雑食性で, 餌には野菜や昆虫なども含ま

図 9.18 コットンラット

れる．昼夜を通じて行動し，周年繁殖をする．神経質で，特に金属音に対して敏感である．驚くと床敷にかくれるか，ジャンプする．現在，実験動物化されている個体は温順な動物になっているとはいえ，取扱いが悪いと強く嚙むことがあるので注意を要する．また，尾の外皮は容易に脱落するので，尾をつかむことは極力避けた方がよい．

寿命は，田中らの成績[11]によると雄の平均生存日数は 224 日（最高 507 日），雌の平均生存日数は 167.5 日（最高 365 日）で，雌は雄より短い．図 9.19 にコットンラットの生存期間の分布を示す[11]．ただし，これは雄 1：雌 1 追いかけ妊娠方式をとって繁殖している場での成績であって，普通は 2 年くらい生きるといわれている．

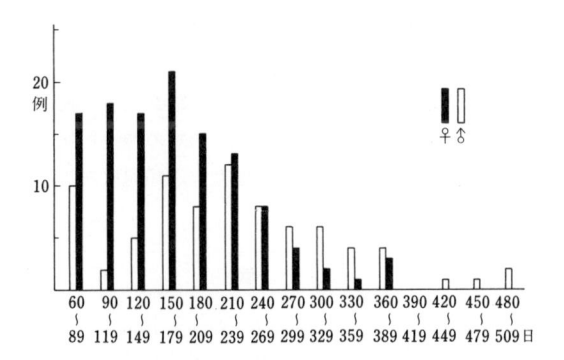

図 9.19 コットンラットの生存期間（田中ら）[11]

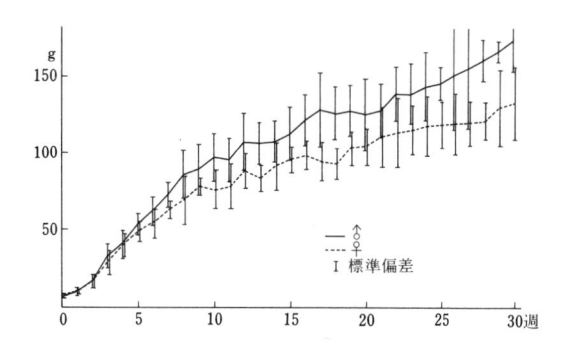

図 9.20 コットンラットの生長曲線（田中ら）[11]

（4）形　　態

体長は成獣で 25～28 cm，尾長は 10～12 cm．体重は 15 週齢の雄で平均 110 g（最大 218 g, 58 週齢），雌で平均 95 g（最大 176 g, 36 週齢）である[3]．

図 9.20 にコットンラットの成長曲線を示す[11]．出生時の体重は 6～8 g[11],[12]，20 日齢で 25～40 g となり，5～6 週齢以後，しだいに雄・雌の差が開き 10 週齢には明らかに雄が雌より大きくなる．体長・尾長は生後急速に伸び，8～10 週齢でほぼ安定する．被毛は 4 日齢より発生し，眼は生後 14～15 日に開く．耳殻は 3～4 日齢より体表に突出する．

（5）生　　理

a. 血液性状

コットンラットの血液性状を表 9.19 に示す[13]．赤血球数 570 万個/μl は，ラット（Wistar 系，590 万個/μl）に類似し，モルモット（540 万個/μl）よりも高く，マウス（860 万個/μl）よりも低い．血色素量 12.99 g/dl は，モルモット（13.4 g/dl），マウス（14.2 g/dl），ラット（13.0～15.2 g/dl）より低い．ヘマトクリット値 39.9% は，その他のどのげっ歯類よりも低い[13]．

血液凝固因子については，他のげっ歯類についての報告が少なく比較は困難だが，ヒトと較べた場合，各数値とも高く，血小板数も多いことから，より凝固しやすい血液といえる[13]．

表 9.19　コットンラットの血液学的数値（Dotson, et al[13]）

	$N^{a)}$	平均値±SD[b)]	範　囲
赤血球数($10^6/\mu l$)	36	5.7±0.42	4.6～6.4
血色素量(g/dl)	36	12.99±0.96	10.3～14.5
ヘマトクリット値(%)	36	39.93±3.18	32.2～45.5
MCV (femtoliters/RBC)	36	69.54±1.92	66.4～73.9
MCH (pg/RBC)	36	22.65±0.52	21.6～23.8
MCHC(%)	36	32.57±0.55	31.6～34.0
赤血球の大きさ(μm)	35	9.3±0.75	8.0～11.1
白血球数($10^3/\mu l$)	35	7.8±2.32	1.4～11.4
血小板数($10^3/\mu l$)	35	536.6±95.62	402.0～788.0

a)　検体数
b)　標準偏差

b. 呼吸数および呼吸量

コットンラットの平均呼吸数は 94.5 回/min，呼吸量は 39.6 ml/min と報告されている（27 匹，平均体重 76.8 g のデータ）[14]．

c. 飼料および水の摂取量

8 週齢，体重 70～80 g に対し，固形飼料（市販のラット，マウス用），野菜，水を与えた場合，1 日あたりの摂取量は，固形飼料 5.44 g，野菜 13.7 g，水

10.12 ml, また, 固形飼料, 水を与えた場合は, 固形飼料 6.35g, 水 15.32 ml との報告がある[11]~[15].

d. 繁殖生理

生後 6~7 週で性的に成熟し[12], 繁殖適齢期は 10 週齢である[16]. 性周期は 7 日, 妊娠期間は 27 日である. 産子数は報告により差があり, 5~6[12], 4~5[16], 4~8[17], あるいは 1~12, 平均 5.7 匹[11] などがある.

(6) 使 用 目 的

実験動物としての利用は, Armstrong (1939)[5] によるポリオウイルスの感受性を調べたのを最初とする. 初期の使用は, 米国を中心にジフテリアの毒素の感受性 (Jungblut, 1940)[19], リケッチア (Fosdick, 1941)[20] や原虫: ウマの媾疫トリパノソーマ *Trypanosoma equiperdum* (Culbertson, 1941) の感染モデルなどに使用された[21]. 第二次大戦後, コットンラットを本来の終宿主とするフィラリアの 1 種, コットンラット糸状虫 *Litomosoides carinii* の生活環が明らかにされ, フィラリア研究には必須の動物となった[22]. わが国においても, テキサス大学 J. A. Scott 教授から東京大学佐々 学教授の研究グループに分与されたコットンラット糸状虫感染イエダニ *Ornithonyssus bacoti* をもとに多くの報告がある (田中, 1988)[9],[10]. 近年, 近交系コットンラットを用いて T リンパ球の関与などの解析がされている[23]. その他の蠕虫類の感染ではエキノコックスの 1 種, 多包条虫の幼虫型 (包虫) に高い感受性を示すことから, 二次包虫症による実験室内継代に有用であることが明らかにされ (山下, 1978)[24], 以後, 研究面で多用され, 現在に至っている (Kroeze and Tanner, 1985)[25]. また, コットンラットを使用すると包液が比較的多量に採用されることから, ヒト包虫症の診断用抗原作製の面から利用されている (熊谷ら, 1974)[26]. Morera (1973)[27] によって, コットンラットは中米を中心に分布する小児の腹部肉芽腫の原因となるコスタリカ住血線虫 *Angiostrongylus costaricensis* の主要な終宿主であることが明らかにされ, 本症の解明に (Ubelaker et al., 1981)[28], また, 同じく腸間膜動物寄生の近縁のタイ住血線虫 *A. Siamensis* の感染実験に用いられた (Kamiya, et al., 1980)[29].

微生物病の分野では, 呼吸器系ウイルス感染のモデルとしての有用性が認められ (Dreizen, et al., 1971)[30], 以来, パラインフルエンザウイルス 3 型 (Murphy, et al., 1981)[31], RS ウイルス感染の免疫療法のモデルとして用いられていて (Prince, et al., 1987)[32], この分野への利用が注目されている. その他, ライム病の病原体, スピロヘータ *Borrelia burgdorferi* の感染が成立し, 回帰熱スピロヘータ様の血症を示すことから, ボレリアの抗原変異の面から検討している (Burgdorfer and Gage, 1987)[33]. また, コットンラットにメンゴウイルス 2T を感染させることにより, 糖尿病モデルが作出されている (Yoon et al., 1987)[34].

感染症以外への利用としては概日リズムとの関連で上毛体や松果体細胞のコットンラットに特有の細胞質封入体の研究がされているが, Matthews ら (1982)[35] の研究を除いて主に形態学的な解析が行われている (Karasek, et al., 1983[36], Matsushima, et al., 1984[37]).

以上, 感染症のモデル, 特に寄生虫感染に多く使用されているが, コットンラットの未知の特性が解明されるに従って利用の範囲は拡大する傾向にある.

〔神谷正男〕

文　献

1) Honacki, J. H., Kinman K. E. and Koppl J. W.: Mammal Species of the World. Allen Press, 694 p. (1982)
2) Corbet G. B. and Hill J. E.: A World list of Mammalian Species. 226p., British Museum (Nat. Hist) and Cornell University Press (1980)
3) 田中英文: コットンラット, 実験動物叢書 2; 実験動物の飼育管理と手技 (今道友則監修, 高橋和明・信永利馬編) pp. 322-328, ソフトサイエンス社 (1979)
4) Meyer, D. B. and Marsh M. S.: Development and management of a cotton rat colony. Amer. J. Publ. Hlth., 33, 697-700 (1943)
5) Armstrong, C.: The experimental transmission of poliomyelitis to Eastern Cotton Rats. Sigmodon hispidus hispidus. Publ. Hlth. Rep., Wash., 54, 1719-1721 (1939)
6) Otto, G. F. and Maren T. H.: Studies on the chemotherapy of filariasis. Amer. J. Hyg. 50, 92-141 (1949)
7) 田嶋嘉雄: わが国の実験動物——各機関・研究者が維持している動物種, ならびに系統. 実験動物, 12, 145-186 (1963)
8) 奥木 実: コットンラット. 実験動物学各論 (田嶋嘉雄編), pp. 133-137, 朝倉書店 (1972)
9) 若杉幹太郎: Cotton rat 糸状虫 L. carinii に関する研究. 第1報: 実験室内に於ける累代感染について. 寄生虫誌, 4, 375-379 (1955)
10) 田中英文: 我が国における Cotton Rat 及び Cotton Rat 糸状虫 (*Litomosoides carinii*) に関する文献集. 熱帯, 21, 156-165 (1988)
11) 田中英文, 新井和文: コットンラットの繁殖に関する研

究. 実験動物, **16**, 121-126 (1967)
12) Meyer, D. B. and Meyer, R. K.: Growth reproduction of the cotton rat, *Sigmodon hispidus hispidus*, under laboratory condition. *J. Mammal.*, **25**, 107-129 (1944)
13) Dotson, R. L., Leveson, J. E., Marengo-Rowe, A. J. and Ubelaker, J. E.: Hematologic and coagulation studies on cotton rats, *Sigmodon hispidus*. *Comp. Biochem. Physiol.*, **88A**, 553-556 (1987)
14) 安東洪次, 田嶋嘉雄: 医学研究・動物実験法, 754 p., 朝倉書店 (1956)
15) 田中英文: フィラリア実験動物としての Cotton rat に関する研究; I.飼育繁殖成績について. 実験動物, **14**, 80-86 (1965)
16) Rowlands, I. W. and Shepherd, M. A.: Tyburn Report Wellcome Foundation (1945). (cit. in UFAW Handbook, 1957, p. 389)
17) Peplow, A. M. and Hafez, E. S. E.: Parameters of reproduction. *In* Handbook of Laboratory Animal Science Vol. 1. Melby, E. C. and Altman, N. H. (ed.), pp. 107-116, CRC Press (1974)
18) Short, D. J.: The cotton rat. *In* The UFAW Handbook on the Care and Management of Laboratory Animals Worden, A. N. and Lane-Petter, W. (ed.), 2nd Ed., 385-392 (1957)
19) Jungblut, C. W.: Susceptibility of the eastern cotton rat, *Sigmodon hispidus hispidus*, to diphtheric toxin. *Proc. Soc. Exp. Biol. Med.*, **43**, 479-486 (1940)
20) Fosdick R. B.: A Review for 1941. The Rockefeller Foundation (1941)
21) Culbertson, J. T.: Trypanosomiasis in the Florida cotton rat, *Sigmodon hispidus littoralis*. *J. Parasitol.*, **27**, 45-52 (1941)
22) Scott, J. A. and Macdonald, E. M.: Experimental filarial infections in cotton rats. *Exp. Parasitol.*, **2**, 129-140 (1953)
23) Muller-Kehrmann, H. and Wenk, P.: T-cell dependent and T-cell independent immune response in normal and in with Litomosoides carinii infected cotton rats. *Trop. Med. Parasitol.*, **37**, 364-368 (1986)
24) 山下次郎: エキノコックス——その正体と対策. 北海道大学図書刊行会, p. 246 (1978)
25) Kroeze, W. K. and Tanner, C. E.: *Echinococcus multilocularis*: responses to infection in cotton rats (*Sigmodon hispidus*). *Int. J. Parasitol.*, **15**, 233-238 (1985)
26) 熊谷 満, 上田正義, 中村律子, 葛西洋一, 西代博之: 多包虫症の免疫学的研究, 免疫血清学的方法による早期診断について. 北海道立衛生研究所報, **24**, 15-22 (1974)
27) Morera, P.: Life history and redescription of *Angiostrongylus costaricensis* Morera and Cespedes, (1971) *Am. J. Trop. Med. Hyg.*, **22**, 613-621 (1973)
28) Ubelaker, J. E., Caruso, J. and Peña, A.: Experimental infections of *Sigmodon hispidus* with third-stage larvae of *Angiostrongylus costaricensis*. *J. Parasitol.*, **67**, 219-221 (1981)
29) Kamiya, M., Oku, Y., Katakura, K., Kamiya, H., Ohbayashi, M., Abe, H., Suzuki, H. and Bhaibulaya, M.: Report on prevalence and experimental infections of *Angiostrongylus Siamensis* OHBAYASHI, KAMIYA et BHAIBULAYA, 1979, parasitic in the mesenteric arteries of rodents in Thailand. *Jpn. J. Vet. Res.*, **28**, 129-136 (1980)
30) Dreizen, R. S., Vyshnevetskaia, L. O. and Bagdamian, E. E.: Experimental RS virus infection of cotton rats: a viral and immunofluorescent study. *Vopr. Virusol.*, **16**, 670-676 (1971)
31) Murphy, T. F., Dubovi, E. J. and Clyde, W. A. Jr.: The cotton rat as an experimental model of human parainfluenza virus type 3 disease. *Exp. Lung. Res.*, **2**, 97-109 (1981)
32) Prince, G. A., Hemming, V. G., Horswood, R. L., Baron, P. A. and Chanock, R. M.: Effectiveness of topically administered neutralizing antibodies in experimental immunotherapy of respiratory syncytial virus infections in cotton rats. *J. Viol.*, **61**, 1851-1854 (1987)
33) Burgdorfer, W. and Gage, K. L.: Susceptibility of the hispid cotton rat (*Sigmodon hispidus*) to the Lyme disease spirochete (*Borrelia burgdorferi*). *Am. J. Trop. Med. Hyg.*, **37**, 624-628 (1987)
34) Yoon, J. W., Kim, C. J., Pak, C. Y. and McArthur, R. G.: Effects of environmental factors on the development of insulin-dependent diabetes mellitus. *Clin. Invest. Med.*, **10**, 457-469 (1987)
35) Matthews, S. A., Evans, K. L., Morgan, W. W., Petterborg, L. J. and Reiter, R. J.: Pineal indoleamine metabolism in the cotton rat, *Sigmodon hispidus*: studies on norepinephrine, Serotonin, N-acetyltransferase activity and melatonin. *Prog. Clin. Biol. Res.*, **92**, 35-44 (1982)
36) Karasek, M., Smith, N. K., King, T. S., Petterborg, L. J., Hansen, J. T. and Reiter, R. J.: Inclusion bodies in pinealocytes of the cotton rat (*Sigmodon hispidus*). An ultrastructural study and X-ray microanalysis. *Cell Tissue Res.*, **232**, 413-420 (1983)
37) Matsushima, S., Sakai, Y., Aida, I and Reiter, R. J.: Nuclear and cytoplasmic inclusion bodies in pinealocytes of the cotton rat, *Sigmodon hispidus*: an electron microscopic study. *J. Pineal. Res.*, **1**, 293-304 (1984)

9.4 ハタネズミ

(1) 生物分類学的位置

ハタネズミ属は, 脊椎動物門―哺乳綱―げっ歯目―ネズミ上科―キヌゲネズミ科―ハタネズミ亜科に位置づけられている[1]. 本属には文献的に 50 以上の種が数えられ, それぞれヨーロッパ, 北・中央アジア, アフリカ(リビア), 北アメリカ, メキシコなどに広く分布している. わが国に棲息しているのは本邦産ハタネズミ (Japanese field vole, *Microtus montebelli* (Milne-Edwards))一種のみであるが, 北海道と四国には分布していない. ハタネズミ属の動物はいずれも草食性で, 草原, 田畑, 堤防, 造林地などで地中孔道生活を営んでいる. 染色体数は *M. montebelli* が $2n=30$[2], ハンガリー産 *M. arvalis*

が $2n=46$[3] である．

（2） 実験動物になるまでの歴史

ハタネズミは草食性であるがゆえに，森林および牧野保護上の害獣として有名であり，したがってこの動物の野外における集団の繁殖機構など生態学的な研究は古くから行われている．*M. montebelli* についてはその室内繁殖が1952年，野村によって試みられ，実中研―予研獣疫部―東大医科研のルートで実験動物化がはかられたが途上で挫折している[4]．ついで，1963年，Elliot[5] が家畜の粗飼料の品質評価に，ハタネズミ *M. pennsylvanicus* が有用であると報告して以来，ハタネズミを，草食家畜のための実験動物として開発しようとする気運が生じ，*M. ochrogaster*[6]，*M. pennsylvanicus*[7,8]，*M. oeconomus*[9] の実験動物化が試みられている．わが国でも，*M. montebelli*[10~12] および *M. arvalis*[12] が実験動物化されつつある．

（3） 一般的性状

a. 外　観

体重は，成獣では雄40~50g，雌30~40gで頭胴長（10~11cm）に比し尾が短い（4.5~5cm）．ただし，室内で飼育，繁殖された場合は体重が雄で60g，

表 9.20　ハタネズミ属における毛色変異

毛　色	遺伝様式	種　名	文　献
albino		*M. pennsylvanicus*	Owen & Shackelford (1942)[14]
	劣　性	*M. pennsylvanicus*	Sillman & Wellwood (1956)[15]
		M. pennsylvanicus	Barrett (1975)[16]
	劣　性	*M. arvalis*(pall)	Frank & Zimmermann (1957)[17]
	劣性(?)	*M. montebelli*	渡辺 (1972)[18]
	劣　性	*M. montanus*	Jannett, Jr. F.J. (1981)[19]
white		*M. pennsylvanicus*	Owen & Shackelford (1942)[14]
	劣　性	*M. montebelli*	斉藤 (1982)[20]
creamywhite	劣　性	*M. pennsylvanicus*	Clark (1938)[22]
yellow		*M. pennsylvanicus*	Owen & Shackelford (1942)[14]
		M. ochrogaster	Owen & Shackelford (1942)[14]
		M. pennsylvanicus	Clark (1938)[22]
		M. pennsylvanicus	Owen & Shackelford (1942)[14]
yellow (pink-eyed dilute)	劣　性	*M. arvalis*	Frank & Zimmermann (1957)[17]
	劣　性	*M. montanus*	Pinter & Negus (1971)[23]
	劣　性	*M. montebelli*	Fukuta (1991)[21]
dilute		*M. arvalis*	Semeonoff (1972)[24]
very dilute		*M. pennsylvanicus*	Owen & Shackelford (1942)[14]
extreme dilute[a]		*M. pennsylvanicus*	Barrett (1976)[16]
ivory	劣　性	*M. arvalis*	Frank & Zimmermann (1957)[17]
silver	劣　性	*M. arvalis*	Frank & Zimmermann (1957)[17]
silver agouti		*M. schermans*	Owen & Shackelford (1942)[14]
pale cinnamon	劣性(?)	*M. pennsylvanicus*	Kutz & Smith (1945)[25]
black (melanism)		*M. pennsylvanicus*	Owen & Shackelford (1942)[14]
		M. drummondi	Owen & Shackelford (1942)[14]
	劣　性	*M. arvalis*	Frank & Zimmermann (1957)[17]
	劣　性	*M. arvalis*	Semeonoff (1972)[24]
chinchilla	劣　性	*M. arvalis*	Frank & Zimmerman (1957)[17]
piebald	優　性	*M. pennsylvanicus*	Clark (1938)[22]
	優　性	*M. montanus*	Pinter (1979)[26]
domirat spotting	優　性	*M. pennsylvanicus*	Pinter (1979)[26]
	優　性	*M. arvalis*	菅原ら (1987)[27]
recessive spotting	劣　性	*M. arvalis*	Frank & Zimmermann (1957)[17]
white spotting	劣　性	*M. ochrogaster*	Hartke et al. (1974)[28]

* Pinter(1979)[26] により，dominant spotting と訂正された．

雌で 50g を超える個体も見られる．耳は比較的小で平たくその大部は毛中に埋没している．四指（趾）はともに 5 本ずつであるが前肢の母指は痕跡的である．乳頭は胸部 2 対，腹鼠蹊部 2 対，計 4 対 8 個からなり，各乳頭は乳腺領域の正中線側に位置している[13]．毛色は脊部では褐色を基調とするが，かなりの変異が認められセピアから暗褐・オリーヴ褐色まであり，腹部は黄軟色から青灰色まで変化する．以上のごとき外観はエゾヤチネズミ，ミカドネズミ，ヤチネズミ，スミスネズミなどのヤチネズミ属（*Clethrionomys*）と類似しているが，両属は頭骨腹面の口蓋骨後端部の形態で鑑別できる．すなわちヤチネズミ属では左右の臼歯の間がうすい棚状であるに対し，ハタネズミ属ではその間の正中線上に隆起があり，その左右部と臼歯の間に側部窩をもっている[1]．

表 9.20 にハタネズミ属の毛色変異一覧を示す．表のように本属にはアルビノを始めとし，白など多くの毛色が見られるがその多くは遺伝的に劣性である．*M. montebelli* ではアルビノ[13]および白が検出されているが現在飼育されているのは白色のみである[20]．最近，農水省森林総合研究所で飼育されている本種から pink eye をもった dilute と思われる個体

図 9.21　ハタネズミ（*Microtus montebelli*）
——野生色——

図 9.22　ハタネズミ（*Microtus montebelli*）
——白色——

図 9.23　ハタネズミ（*Microtus montebelli*）
——dilute（ピンク眼）——

が検出されている[21]．野生色，白色および pink eye の個体を図 9.23〜9.25 に示す．

b. 寿　　命

ハタネズミの特性である草食性を考慮して飼育管理すれば特に重大な疾病は見られず 2〜3 年の寿命をもつ．著者らの経験によれば，死因の主なものは闘争（雄間のみならず雄雌間でもしばしば認められる）と上切歯の徒長による例が多い．

（4）形　　態

a. 椎　骨　数

椎骨は脊椎動物の基本的な形態であるにもかかわらず，その数にかなりの変異が認められる．*M. montebelli* では，頸椎はすべて 7 であるが胸椎 12〜14，腰椎 5〜6，仙椎 3〜5 であって，この三者の組合せによって計 12 型が見られる．このうち，胸椎 13—腰椎 6—仙椎 4 の型が最も多く（雄 53.3％，雌 59.3％），ついで 13—6—3（雄 11.7％，雌 22.0％），14—5—4（雄 18.7％，雌 10.2％）の順である．尾椎骨数は 17〜20 であるが，18 と 19 が多く，両者で 90％ を占める[29]．

b. 消化器官

ハタネズミ属は草食性であるがゆえに，他種ネズミ類と比し特徴ある消化器官を有している．

i) 臼　歯　臼歯は無根である．その歯紋は複雑で変異に富み，たとえば m^3 で単純型（1.2〜2.3％），中間型（67.4〜69.7％），複雑型（30.2〜30.3％）であるといわれる[30]．臼歯の大きさの比率も他種ネズミ類に比して大きく[31]，下顎骨ならびに咬筋の相対的な大きさも同様に大きい[32]．

ii) 胃　胃の形態を図 9.26 に示す．図のごとく，胃は U 字型をした複胃で外部的，内部的にも峡

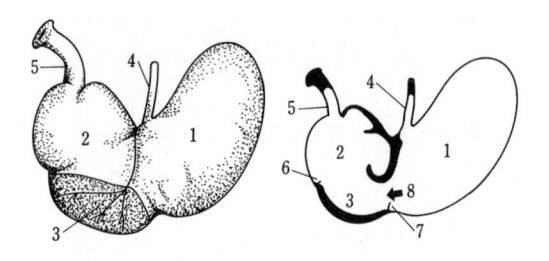

図 9.24 ハタネズミ(*Microtus montebelli*) の胃の構造 (梶ケ谷, 後藤)[34]
1. 前胃 (食道嚢), 2. 後胃 (幽門胃), 3. 腺部, 4. 食道, 5. 十二指腸, 6. 隆起, 7. fimbria, 8. 峡部.

部を境に前胃 (食道嚢) と後胃 (幽門胃) に二分され, 後胃にはさらに大彎側に限界明瞭な赤褐色の腺部がある. 前胃はその内容量によって形に著しい変異が見られるが, 腺部は前胃の膨満程度による大きさおよび形の変化が見られない. 噴門から幽門胃内腔に向かって食道溝様の粘膜ヒダで形成された溝がある. 腺部と峡部の間には氷柱状に一列に並ぶ内腔に突出した乳白色の円錐状突起 fimbria が認められる. fimbria は, 高さ1mm前後で約20本見られる. この fimbria は, *M. pennsylvanicus*[33], *M. abbreviatus*[34], *M. arvalis*[35] など他種ハタネズミでも見られることから, この属特有のものと考えられる. 幽門胃は前胃と同様に胃の収縮度によって著しく形状を異にする. 前胃, 峡部, fimbria の粘膜は数層の重層扁平上皮と角質層からなっているが, 腺部の粘膜は単層円柱上皮からなり, 表面では浅い胃小窩を形成している. 腺部には副細胞, 壁細胞, 主細胞からなる腺組織が発達している. 幽門胃の粘膜は大部分が前胃と同じ重層扁平上皮で覆われているが, 幽門の開口部に限局して単層円柱上皮からなる腺組織が発達している. 以上の胃の形態ならびに組織は Golley[32], Rausch & Rausch[33], 梶ケ谷・後藤[34],[35], および Kuromaru ら[36] が研究しているので詳細はそれらを参照されたい.

iii) **大腸・盲腸** 表9.21は, 各種ネズミにおける小腸長に対する大腸および盲腸の長さの比率を示したものである[37]. 住家性のダイコクネズミ, ハツカネズミなど雑食性のものはこれらの比率が小さいのに対し, ハタネズミ亜科, 特にハタネズミの比率は極めて大きい. これは, ハタネズミが小腸内で分解, 吸収不可能なセルロース類を大腸, 盲腸内の細菌叢によって分解し吸収するからであろう. 盲腸粘膜は他種ネズミに比して高度に褶襞化してはいるが組織学的には大差ない. 盲腸の形態については Snipes[39] の論文に詳しい.

c. **卵の初期発生**

表9.22に *M. montebelli* 卵子の各時期における

表 9.21 各種ネズミ類の小腸長に対する大腸長と盲腸の比率(平均値)*

亜科		種	大腸長	盲腸長
ネズミ	ハツカネズミ	*Mus musculus*	0.22	0.031
	ドブネズミ	*Rattus norvegicus*	0.16±0.021[a]	0.036
	クマネズミ	*Rattus rattus*	0.23±0.035	0.051
	アカネズミ	*Apodemus speciosus*	0.37±0.068	0.096
	ヒメネズミ	*Apodemus argenteus*	0.28±0.051	0.084
ハタネズミ	ヤチネズミ	*Clethrionomys andersoni*	0.58	0.267
	スミスネズミ	*Anteliomys smithii*	0.56	0.304
	ハタネズミ	*Microtus montebelli*	0.85±0.111	0.388

a) 標準偏差
* 宮尾 (1960)[38] より

表 9.22 ハタネズミ卵の初期発育(*M. montebelli*)*

同居後時間	卵数	初期発育段階						
		1細胞期	2細胞期	4細胞期	8〜12細胞期	桑実期	初期胚盤胞	後期胚盤胞
21〜30.5	15	9	6	—	—	—	—	—
34〜47	26	—	9	17	—	—	—	—
60〜84	13	—	—	1	12	—	—	—
92〜95	13	—	—	—	—	6	7	—
124	5	—	—	—	—	—	—	5

* 後藤・今村 (未発表).

発育段階を示す．本種はふつう雌雄を同居すると約30分以内に交尾する．本種の排卵時刻は不明なので表では同居後の時間数で分類してある．表のごとく，受精卵は同居後21～30.5時間位で1細胞期，34～47時間で2～4細胞期，92～95時間で桑実期～初期胚盤胞，124時間で後期胚盤胞となる．これら初期胚を組織化学的に検討した結果，本種卵子は，グリコーゲン顆粒が極めて限られた時期（グラーフ卵胞）にしか存在しないこと，卵子細胞質に酸性多糖類が検出されること，透明帯に酸性多糖類の代わりに中性多糖類と結合したタンパク質が含有されるなど，他種実験動物の卵子と異なっている点が明らかにされた[40]．

d. 成　　長

出生時は体毛がなく暗赤色の体色を示す．4～5日齢で発毛し，ついで切歯萌出（下5日，上7日齢），耳孔開（7日齢），開眼（10～11日齢），開膣（29～43日齢）の順の形態的な変化をたどる[41]．著者らの記録[10]では，出生時の平均体重は雄 2.80 ± 0.45 g（50腹92匹），雌 2.75 ± 0.42 g（44腹71匹）である．離乳日齢は15～18日で，17日齢の体重は平均雄 14.42 ± 2.38 g（74匹），雌 13.96 ± 2.21 g（67匹）である．図9.27に M. montebelli 雄9，雌13匹の体重を80日間毎日計測したデータをもとにした平均成長曲線（Gompertz 曲線）を示す[11),29)]．図のように成長のパターンには明らかな性差が見られる．変曲点（図中○印）時の日齢は最も成長速度が大きい時期で生後13～15日にあたる．この時期には幼仔はすでに切歯萌出，耳孔開，開眼を完了し，哺乳しながらも親と同じ飼料を摂取し始める時期にあたり，それが成長に好影響を与えると考えられる．また，変曲点日齢の遅速は性成熟のそれとも密接な関連があるといわれる[42),43)]．本種では変曲点日齢は雌が雄より早いが統計的に性差がない．

（5）生　　理

a. 栄　養　生　理

哺乳動物においては生体の維持に利用されるエネルギーは主として糖によってまかなわれるが，反芻動物では第一胃で産生される揮発性脂肪酸 VFA によってまかなわれる．ハタネズミは血糖値がマウスの約 $1/2$（61.6 ± 16.5 mg/dl）であって後者の動物に属す．

i）消化管内微生物叢　　ハタネズミの複雑な胃と大きな盲腸には多数のプロトゾアと嫌気性菌が存在している．扇元ら[44)]，今井ら[45)]によれば，プロトゾアは前胃内に 1 ml 中 10^4～10^5，盲腸内に 10^6，直腸に 10^4 個確認されており，いずれも鞭毛虫 Trichomonas である．嫌気性菌は前胃，盲腸とも 1 ml 中 10^6～10^7 個存在し，両部位において嫌気的発酵が行われていることを示唆する．前胃における細菌叢の構成は飼料の質によって異なるが，線維質の多い飼料を給与した時は嫌気性菌の割合が高く（59～90%），そのなかでも Bacteroides（46.9～66.1%）が最優先種である[46)～48)]．盲腸内の嫌気性菌の構成はまだ調べられていない．

ii）消化管内における揮発性脂肪酸の産生と利用　　前胃と盲腸では嫌気性菌によって VFA が産生されている．すなわち，前胃内容物の総 VFA 濃度は 42.4 mM，盲腸内のそれは 62.2 mM でウシ，ヒツジ，ヤギの第一胃内の濃度とほぼ同じである．腺部と幽門胃では 10.1 および 8.8 mM で低い濃度を示す．VFA 組成は，前胃では酢酸，プロピオン酸，酪酸，バレリアン酸，乳酸からなり[49),50)]，給与飼料によってかなり異なるものの[45)] 概して酢酸優勢である．反芻家畜のルーメン内 VFA は酢酸，プロピオン酸，酪酸からなるが乳酸は見られず，また酢酸優勢になることはない．盲腸内 VFA 組成は酢酸7，プロピオン酸1，酪酸2の割合で[49)]，Lee ら[51)] の M. pennsylvanicus のモル比とほぼ同じである．この組成はまた給与飼料の影響をほとんど受けない．

これら VFA はハタネズミ消化管組織で有効に利

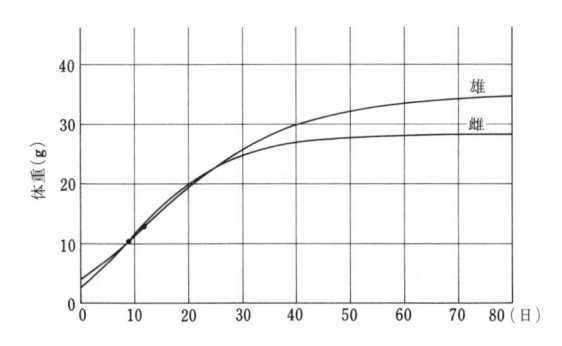

図 9.25　ハタネズミの平均成長曲線（後藤原図）
　　　　○，変曲点
　　　　成長曲線：Gompertz 曲線
　　　　雄：$y = 35.00 \cdot 0.1148^{0.9368^t}$
　　　　雌：$y = 28.25 \cdot 0.0994^{0.9097^t}$

用されている．前胃粘膜，盲腸粘膜および肝組織はVFAの消費量が多い[49]．また，直接VFAを経口投与してもハタネズミはよく利用することもわかっている[51]．これらは，ハタネズミではそのエネルギー源を主としてVFAに依存していることを示す．血糖値が低いこともその裏づけとなる．

iii) 非タンパク態窒素の利用 非反芻動物ではタンパク質代謝の最終産物である尿素は尿中に排泄されるが，反芻家畜では血液尿素を消化管（主として第一胃）に移行させ，微生物の作用でアンモニアに分解し，さらに微生物タンパクに合成して再利用している．ハタネズミにおいても前胃と盲腸内にかなり高いアンモニア濃度が検出されており，また，^{15}N 尿素投与後の ^{15}N の体内蓄積度，消化管への移行，体内タンパク質への変換などが見られること[53]から反芻家畜と同様な尿素再循環機構が働いていると思われる．

b. 繁　殖

ハタネズミ属のうち，M. agrestis 雌の組織学および内分泌学的研究がBreed[54]らによって広範に進められ，また，数種ハタネズミの交尾行動がDewsburyら[55]によって調べられているが，M. montebelli についてはよく検討されていない．

i) 排卵様式 表9.23のごとく，本属における排卵様式は交尾刺激排卵型に属す種が多く自然排卵型は2種にすぎない．M. montebelli では，雄と交尾しない場合29頭中2頭（6.9％）が排卵したのに対し，交尾した場合は15頭中11頭（73.3％）が排卵し，本種は交尾刺激排卵型とみてよいが，M. agrestis [54),66)~68)] と M. pennsylvanicus [61),69),70)] は単独，同居飼育など社会的環境によって両型いずれかを示すので，本種もこの型に属する可能性もある．

ii) 腟垢像 M. montebelli の腟垢像には単独，同居などの条件に関わりなく有核，角化および白血球（好中球）の3種の細胞と粘液が見られる．腟垢像の挙動は有核と白血球優位の像がつづくもの，不規則ながら角化が周期的に出現するもの，連続角化像を示すものなどいろいろな個体があり，一定のパターンを認めることができない[71]．交尾（精子確認）時には稀薄な粘液と少量の角化が見られる．M. arvalis では，30匹のうち23匹に6~18日周期の角化の出現が見られる[12]．

iii) 産子数 種によって差異があり，最大 M. oeconomus の平均7.5（胎仔）[65]から最小 M. montanus[72] および M. oregoni の平均 $2.8^{67)}$~$3.0^{73)}$ である．M. montebelli の産子数は室内飼育下では $4.65±1.39^{12)}$，$4.4±1.0^{11)}$ である．本種の妊娠期間は19~21日で後分娩発情があり連産可能である．自然条件下（野外）では厳寒期と酷暑期に繁殖が見られないが，室内（20~25℃）では周年繁殖が可能である[70]．

（6）特性と利用

上述のごとく，ハタネズミは草食性で消化器官および栄養生理に関して反芻家畜と比較的類似しているので，そのための実験モデルとして利用されつつある．しかし，この動物の室内繁殖の歴史はまだ浅く，用いられている動物はすべてクローズドコロニーである．著者らは M. montebelli を野外から採集し近交をつづけたが10世代で繁殖能力の低下[10),11)]

表9.23 ハタネズミ属の排卵様式

排卵の型	種　名	文　献
交尾排卵	M. californicus	Greenwald (1956)[56]
	M. guentheri	Bodenheimer et al. (1946)[57]
	M. montanus	Cross[58] (1972), Davis et al. (1974)[59], Gray et al. (1974)[60]
	M. montebelli	後藤ら (1978)[61]
	M. ochrogaster	Richmond et al. (1969)[6]
	M. pinetorum	Kirkpatric et al. (1970)[61]
自然排卵	M. arvalis	Delost (1955)[63], Lecyk (1962)[64]
	M. oeconomus	Hoyte (1955)[65]
その他[a]	M. agrestis	Austin (1957)[66]
		Chitty et al. (1957)[67], Breed (1967)[54], Milligan (1974)[68]
	M. pennsylvanicus	Asdell (1964)[69], Lee et al. (1969)[51], Clulow et al. (1970)[70]

a) 交尾排卵，自然排卵両型を示す．

と食滞の多発[74]のため近交を断念した．現在，わが国で維持されているハタネズミは日獣大の *M. montebelli*（埼玉県荒川河川敷）と *M. arvalis*（ハンガリー産），埼玉県立松山高校（荒川河川敷），農水省森林総研（千葉県利根川河川敷）および同省家畜衛試（長野県菅平高原，荒川河川敷，利根川河川敷）の *M. montebelli* である．いずれもクローズドコロニーとして維持されている．突然変異としては白色[20]と pink-eye をもった dilute と思われるもの，および白の dominant spotting（*M. arvalis*）[27]が維持されている．

a. 粗飼料の品質評価

ハタネズミは小型なので家畜の粗飼料を極めて少量のサンプルで生物学的に評価できる[75]~[77]ばかりでなく，有毒成分の検索や嗜好性などをテストできる（たとえば Kendall ら[78]）．このような粗飼料の総合的な評価がハタネズミによってできれば労力，費用の点から有益である．

b. 無菌および SPF 動物作出

ハタネズミの無菌動物は反芻家畜第一胃内微生物叢研究のモデルとなる可能性があるばかりでなく，この動物の SPF 動物作出の基礎となるものである．このような観点から著者らは子宮切断術による無菌動物の作出を試みたが，離乳まで生育したのは8腹中1腹の4匹のみであった．しかも，全頭が離乳（20日齢）後1日目より盲腸が著しく膨満し23日齢で死亡した[11]．一般に無菌動物の盲腸は膨大することが知られているが，ハタネズミの場合，これが極端に現れ死に至ったものと思われる．そこで，里親として無菌マウスの代わりにバリヤー内の SPF マウスを用い，上と同じ方式で里子させたところ，13腹分80匹の胎仔のうち71匹（88.8%）が蘇生し，そのうち里親が哺育したのが22匹（31.0%），離乳に成功したのが21匹（29.6%）という成績を得た．この21匹はそのままバリヤー内で飼育され，その中から3腹分10匹の子が生産され，現在（1985年6月）体重24～37g になっている．

c. 実験的誘発糖尿病——ケトン尿症

i）食餌性糖尿病——ケトン尿症　菅原・大木[79],[80]および Kudo ら[81]はハタネズミを絶食させることによって飢餓ケトーシスを生じること，また酪酸を1週間経口投与することにより血中，尿中ケトン体の著増を認めた．糖尿病は新生子ハタネズミをマウスにもらい乳させ，離乳後低線維のマウス用ペレット給与という飼育法により高率（50%）に起こすことができる[82]．この例では前胃の pH が低く発酵能が低下したので，正常ハタネズミに希塩酸（0.02 N, pH 1.7）を2週間経口投与したところ，同様に約50%の個体に高血糖（平均209mg/dl）と尿糖が出現し[83]，これらの膵島 B 細胞に免疫組織学的，電顕的に異常を認めた[84]．

ii）薬剤による実験的糖尿病——ケトン尿症

ハタネズミの糖尿病——ケトン尿症は，また薬剤によっても誘発することができる．Kudo ら[85]によれば，alloxan と phloridzin 投与では血中の糖とケトン体の増加は見られなかったが，streptozotocin 投与（100mg/kg）はハタネズミに対して最も感受性が高く，血中の糖（300mg/dl），FFA（49.9mg/dl），ケトン体（51.3mg/dl），尿中アセトン（92.2mg/dl）に高値を示す個体を得ている．

d. 細菌・ウイルス・寄生虫感染実験

ハタネズミを用いて細菌，ウイルス感染実験を行った例は少ない．細菌については文献的に *M. agrestis* の *Corynebacterium kutscheri*[86]，*M. montanus* の *Bordetella bronchiseptica*[87]感染実験があげられる．ほかに，町島・伊佐山（未発表）が *Brucella neotoma* 5 K 33 を *M. montebelli* に接種した実験によれば本種の感染経過は自然感染例と酷似しているという．ウイルスについては本種は日脳ウイルスに対して抵抗性を示す[88]．

ハタネズミを用いた内部寄生虫，特に住血性寄生虫感染実験は比較的多い（表9.24）．*M. montebelli* についてはヒトの睡眠病を起こす *Trypanosoma gambiense* 接種経過が興味深く，長期間（30～50日）にわたって血中で原虫の増減が繰り返し生じることから本原虫の継代[89],[90]および抗原性の変化の機構を調べるのに有益なモデルとなる可能性がある（伊藤，未発表）．

近年，アメリカで "Biology of New World *Microtus*" と題する大著[110]が刊行されたが，実験動物学的見地からの記述はあまりなされていない．それは，おそらくハタネズミを実験動物として確立するためにまだいくつかの問題点が残されているからであろう．その一つとして遺伝的統御がある．著者らは *M. montebelli* の近交化を試みたが繁殖能力の低下のために10世代で断念した．現在，由来を異に

表 9.24 ハタネズミを用いた寄生虫感染実験

寄 生 虫	種 名	文 献
Trypanosoma brucei gambiense	M. montanus	Seed et al. (1970)[91], 1978[92], 1980a[93], 1980b[94], 1982[95])
		Ackerman et al. (1976)[96], Healing (1981)[97], Shertzer et al. (1982)[98]
	M. montebelli	堀尾ら[89]
	M. montebelli	塚本ら[90]
T. evansi	M. montebelli	梅田ら[99]
Leishmania mexicana mexicana	M. agrestis	Molyneax et al. (1979)[100]
L. brasiliensis brasiliensis	M. agrestis	Molyneax et al. (1979)[100]
L. donovani infantum	M. guentheri	Adler et al. (1931)[101]
Babesia	M. agrestis	Healing (1981)[97]
Piroplasma (Man)	M. ochrogaster	Van Peenen (1970)[102]
Schstosomatium douthitti	M. pennsylvanicus	Zajac et al. (1980[103], 1981[104])
Sarcocystis cernae	M. arvalis	Tadros (1980)[105]
Mesocestoides	M. arvalis	Loos-Frank (1980)[106]
Taenia-taeniaeformis strobilocerci	M. pinetorum	Lochmiller et al. (1982a)[107]
Nematoda capillaria gastrica	M. pinetorum	Lochmiller et al. (1982b)[108]
Frenkelia-microti	M. agrestis	Geisel et al. (1979)[109]

する群が大学,研究機関でそれぞれ閉鎖的に維持されており,それらの中から近交系を育成するとともに遺伝的モニタリング技術を開発しなければならない.第二に微生物的統御に関してである.この動物は,草食性で前胃および盲腸内での微生物叢の存在が必須であるために,無菌動物からのノトバイオート,SPF動物の作出は困難である.しかし,SPFマウスに里子させることによって,バリヤー内に導入した子宮切断術由来のハタネズミが繁殖しつつあり,近い将来SPFコロニーが確立する可能性がある.以上の問題点が解決されたならば,ハタネズミの利用面はさらに広がり,反芻家畜のためばかりでなくヒトの実験動物として有用なものとなろう.

〔後藤信男〕

文 献

1) 金子之史:日本の哺乳類(12) げっ歯目,ハタネズミ属.哺乳類科学,30, 3 (1975)
2) Utakoji, T.: The karyotype of Microtus montebelli. Mammalian Chromosome Newsletter, 8, 283 (1967)
3) Kudo, H. and Oki, Y.: Microtus species as new herbivorus laboratory animals. Vet. Res. Communication, 8, 77 (1984)
4) 奥木 実:ハタネズミ.実験動物学各論(田嶋嘉雄編), p.140, 朝倉書店 (1973)
5) Elliot, F. C.: The meadow vole (Microtus pennsylvanicus) as a bioassay test organism for individual forage plants. Quart. Bull. Mich. Agr. Exp. Sta., 46, 58 (1963)
6) Richmond, M. and Conaway, C. H.: Management, breeding, and reproductive performance of the vole (Microtus ochrogaster) in a laboratory colony. Lab. Anim. Care, 19, 80 (1969)
7) Dietrich, R. A. and Preston, D. J.: The meadow vole (Microtus pennsylvanicus) as a laboratory animal. Lab. Anim. Sci., 27, 494 (1977a)
8) Shenk, J. S.: The meadow vole as an experimental animal. Lab. Anim. Sci., 26, 664 (1976)
9) Dietrich, R. A. and Preston, D. J.: The tundra vole (Microtus oeconomus) as a laboratory animal. Lab. Anim. Sci., 27, 500 (1977b)
10) 後藤信男:ハタネズミの系統生物化.系統生物, 3, 34 (1978)
11) 後藤信男:ハタネズミ.開発途上の実験動物(高垣善男・鈴木 潔編), p.33, 清至書院 (1984)
12) 工藤 博,大木与志雄:草食性実験動物としての本邦産ハタネズミ(Microtus montebelli Milne-Edwards)とハンガリー産ハタネズミ(Microtus arvalis Pallas)の育成および繁殖について.実験動物, 31, 175 (1982)
13) 西中川駿,御船弘治,松元光春,大塚閏一:家畜および実験動物の乳頭に関する比較解剖学的研究 VI.ハタネズミ(Microtus montebelli)の乳頭について.第95回日獣学会講要, p.12 (1983)
14) Owen, R. D. and Shackelford, R. M.: Color aberrations in Microtus and Pitymys. J. Mammal., 23, 306 (1942)
15) Sillman, E. I. and Wellwood, A. A.: Albino Microtus reared in the laboratory. J. Mammal., 37, 298 (1956)
16) Barrett, G. W.: Occurrence of an albino Microtus pennsylvanicus in Ohio. Ohio J. Sci., 75, 102 (1975)
17) Frank, Von F. and Zimmermann, K.: Färbungs-Mutationen der Feldmaus〔Microtus arvalis (Pall.)〕. Z. Säugetierk., 22, 87 (1957)
18) 渡辺菊治:作物保護学的見地より見た鼠の分類および生態に関する研究.宮城県農試報告, 31, 1 (1962)
19) Jannett, Jr. F. J.: Albinism and its inheritance in populations of the montane vole. J. Hered., 72, 144 (1981)
20) 斉藤 貴:室内飼育下における白色ハタネズミ(Microtus montebelli)の出現.実験動物, 31, 287 (1982)
21) Fukuta, K., Imamura, K. and Goto, N. Pink-eyed dilution, a cat color mutation in the Japanese field

vole (Microtus montebellic). *Exp. Anim.*, **40**, 375 (1991)
22) Clark, F. H.: Coat color in the meadow-vole. *J. Hered.*, **29**, 265 (1938)
23) Pinter, A. J. and Negus, N. C.: Coat color mutations in two species of voles (*Microtus montanus* and *Microtus ochrogaster*) in the laboratory. *J. Mammal.*, **52**, 196 (1971)
24) Semeonoff, R.: Two coat color variants in the prairie vole. *J. Hered.*, **63**, 48 (1972)
25) Kutz, H. L. and Smith, R. H.: Breeding of abnormally colored meadow vole. *J. Mammal.*, **26**, 307 (1945)
26) Pinter, A. J.: Erroneous report of extreme dilution in *Microtus pennsylvanicus*. *J. Hered.*, **70**, 213 (1979)
27) 菅原盛幸, 桐谷礼子, 大木与志雄：草食性ハタネズミ (*Microtus arvalis* Pallas) の生物学的並びに血液生化学的特性. 実験動物, **36**, 1 (1987)
28) Hartke, G. T., Leipold, H. W., Huston, K., Cook, J. E. and Saperstein, G.: Three mutations and the karyotype of the prairie vole. *J. Hered.*, **65**, 301 (1974)
29) 後藤信男：ハタネズミの形態と成長. 家畜衛試年報, **XVI**, 192 (1975)
30) 宮尾嶽雄：ハタネズミ類 (*Microtinae*) の上あご第3臼歯における歯型の変異. 応動昆, **5**, 212 (1961)
31) 宮尾嶽雄：ハタネズミ亜科のネズミ類における臼歯の大きさの比率および変異. 動物学雑誌, **73**, 251 (1964)
32) 宮尾嶽雄・両角徹郎・両角源美：数種ネズミ類における下顎骨および咬筋の相対的大きさ. 医学と生物学, **64**, 50 (1962)
33) Golley, F. B.: Anatomy of the digestive tract of *Microtus*. *J. Mammal.*, **41**, 89 (1960)
34) Rausch, R. L. and Rausch, V. R.: On the biology and systematic position of *Microtus abbreviatus* Miller, a vole endemic to the St. Matthew island, Bering sea. *Z. Säugetierk.*, **33**, 65 (1967)
35) 梶ケ谷博, 後藤信男：ハタネズミ (*Microtus montebelli*) の胃の構造. 哺乳動雑, **8**, 171 (1980)
36) 梶ケ谷博, 後藤信男：ハタネズミ (*Microtus montebelli*) の胃の成長にともなう形態的変化. 哺乳動雑, **9**, 308 (1983)
37) Kuromaru, M., Nishida, T. and Mochizuki, K.: Morphological and histological studies on the gastric mucosa of the Japanese field vole. *Microtus montebelli*. *Jpn. J. Vet. Sci.*, **43**, 887 (1981)
38) 宮尾嶽雄：ネズミ類における腸の長さの比率. 動物学雑誌, **69**, 19 (1960)
39) Snipes, R. L.: Anatomy of the cecum of the vole, *Microtus agrestis*. *Anat. Embryol.*, **157**, 181 (1979)
40) 新村末雄, 今村憲吉, 後藤信男・石田一夫：ハタネズミ (*Microtus montebelli*) の卵胞卵と発生初期胚におけるタンパク質, 多糖類および脂質の組織化学的観察. 家畜繁殖誌, **33**, 6 (1987)
41) 白石哲：ハタネズミの成長. 第80回日本林学会大会講要, 259 (1969)
42) Monteiro, L. S. and Falconer, D. S.: Compensalory growth and sexual maturity. *Anim. Prod.*, **8**, 179 (1966)
43) 後藤信男, 三浦克洋, 今村憲吉, 坂本賢一朗：マウスの成長にともなう形態的変化の遅速と成長との関係. 成長, **19**, 39 (1980)
44) 扇元敬司, 中村政幸, 今井壮一, 後藤信男：野生ハタネズミの胃内微生物そうについて. 第84回日獣学会講要, 117 (1977)
45) 今井壮一, 扇元敬司：小型草食獣ハムスター *Mesocricetus auratus* およびハタネズミ *Microtus montebelli* の前胃に寄生する鞭毛虫 *Mastigophora* について. 日本寄生虫学雑, **25** (Suppl.) 83 (1976)
46) Kudo, H., Oki, Y. and Minato, H.: *Microtus* species as laboratory animals. I. Bacterial flora of the esophageal sac of *Microtus montebelli* fed on different rations and its relationship to the cellulolytic bacteria. *Bull. Nippon Vet. Zootech. Coll.*, **28**, 13 (1979)
47) 工藤博：草食性ハタネズミにおける発酵生産物の産生, 利用および実験的糖尿病――ケトン尿症に関する研究. 栄養生理研究会報, **24**, 17 (1980)
48) Kudo, H., Oki, Y. and Minato, H.: *Microtus* species as laboratory animals. II. Cellulase activities and characteristics of cellulolytic bacteria isolated from the esophageal sac of *Microtus montebelli*. *Bull. Nippon Vet. Zootech. Coll.*, **29**, 45 (1980)
49) 小原嘉昭, 後藤信男：ハタネズミ Japanese field vole (*Microtus montebelli*) 消化管における揮発性脂肪酸産生と消化管および肝組織におけるその消費. 日畜会報, **51**, 393 (1980)
50) 菅原盛幸, 大木与志雄：ハタネズミの消化管内発酵生産物と体内代謝産物におよぼす飼料給与と絶食の影響. 日畜会報, **53**, 400 (1982)
51) Lee, C. and Horvath, D. J.: Management of meadow vole (*Microtus pennsylvanicus*). *Lab. Anim. Care*, **19** 88 (1969)
52) 菅原盛幸, 田中哲夫, 大木与志雄：ハタネズミにおける直接吸飲によるVFAsの栄養価値の検定. 第99回日獣学会講要, p. 46 (1985)
53) Obara, Y. and Goto, N.: Utilization of endogenous nitrogen in Japanese field vole (*Microtus montebelli*). *Jpn. J. Zootech. Sci.*, **59**, 733 (1988)
54) Breed, W. G.: Ovulation in the genus *Microtus*. *Nature*, **214**, 826 (1967)
55) Dewsbury, D. A.: Diversity and adaptation in rodent copulatory behavior. *Science*, **190**, 947 (1975)
56) Greenwald, G. S.: The reproductive cycle of the field mouse, *Microtus californicus*. *J. Mammal.*, **37**, 213 (1956)
57) Bodenheimer, F. S. and Sulman, F.: The estrous cycle of *Microtus guentheri* D. and A. and its ecological implications. *Ecol.*, **27**, 255 (1946)
58) Cross, P. C.: Observations on the induction of ovulation in *Microtus montanus*. *J. Mammal.*, **53**, 210 (1972)
59) Davis, H. N., Gray, G. D. and Dewsbury, D. A.: Ovulation and implantation in montane vole (*Microtus montanus*) as a function of varying amounts of copulatory stimulation. *Hor. Behav.*, **5**, 383 (1974)
60) Gray, G. D., Zerylnick, M., Davis, H. N. and Dewsbury, D. A.: Oestrus and induced ovulation in montane voles. *J. Reprod. Fert.*, **38**, 193 (1974)
61) 後藤信男, 橋詰良一：ハタネズミ (*Microtus montebelli*) の排卵様式. 哺乳動物, **7**, 181 (1978)
62) Kirkpatrick, R. L. and Valentine, G. L.: Reproduction in captive pine voles, *Microtus pinetorum*. *J. Mammal.*, **51**, 779 (1970)
63) Delost, P.: Asdell, S. A. (1964) より引用
64) Lecyk, M.: The effect of the length of daylight on reproduction in the field vole (*Microtus arvalis* PALL). *Zoologica Polomiae*, **12**, 189 (1962)
65) Hoyte, H. M. D.: Observations on reproduction in some small mammals of arctic Norway. *J. Anim. Ecol.*, **24**, 412 (1955)
66) Austin, C. R.: Oestrus and ovulation in the field vole (*Microtus agrestis*). *J. Endocrinol.*, **15**, 4 (1957)
67) Chitty, H. and Austin, C. R.: Environmental modifica-

68) Milligan, S. R.: Social environment and ovulation in the vole, *Microtus agrestis.* **41**, 35 (1974)
69) Asdell, S. A.: Patterns of Mammalian Reproduction. 2nd ed. Cornell Univ. Press. Ithica, New York, 298-307 (1964)
70) Clullow, F. V. and Mallory, F. F.: Oestrus and induced ovulation in the meadow vole, *Microtus pennsylvanicus. J. Reprod. Fert.,* **23**, 341 (1970)
71) 後藤信男, 橋詰良一, 崔　郁虎：ハタネズミの産子数と腟垢年について. 哺乳動雑, **7**, 75 (1977)
72) Pinter, A. J. and Negus, N. C.: Effects of nutrition and photoperiod on reproductive physiology of *Microtus montanus. Am. J. Physiol.,* **208**, 633 (1964)
73) Colvin, M. A. and Colvin, D. V.: Breeding and fecundity of six species of voles (*Microtus*). *J. Mammal.,* **51**, 417 (1970)
74) Nakajima, Y., Onodera, T., Imamura, K., Shoya, S. and Goto, N.: Spontaneous intestinal conspitation of the Japanese field vole (*Microtus montebelli*) in a laboratory colony, *Natl. Inst. Anim. Health Q.,* **20**, 167 (1980)
75) Cowan, R. L., Long, T. A. and Jarrett, M: Digestive capacity of the meadow vole (*Microtus pennsylvanicus*). *J. Anim. Sci.,* **27** (Abstr.) 1517 (1968)
76) Keys, J. E. and Van Soest, P. J.: Digestibility of forages by the meadow vole (*Microtus pennsylvanicus*). *J. Dairy Sci.,* **53**, 1502 (1970)
77) 萬田富治, 後藤信男：牧草消化能力に関するハムスターとハタネズミの比較研究. 日草誌, **22**, 52 (1976)
78) Kendall, W. A. and Sherwood, R. T.: Palatability of leaves of tall fescue and reed canarygrass and of some of their alkaloids to meadow voles. *Agron. J.,* **67**, 667 (1975)
79) 菅原盛幸, 工藤　博, 大木与志雄：ハタネズミにおけるVFAの産生と体内代謝産物に及ぼす絶食の影響. 日畜学会第71回大会講要, 91 (1980)
80) 菅原盛幸, 大木与志雄：ハタネズミにおける実験的ケトーシスの誘発と体内代謝産物の変化. 第93回日獣学会講要, 53 (1982)
81) Kudo, H. and Oki, Y.: *Microtus* species as laboratory animals. III. Experimentally induced dietetic diabetes in *Microtus. Bull. Nippon Vet. Zootech. Coll.,* **30**, 56 (1981)
82) 新井敏郎, 大木与志雄：ハタネズミにおける食餌性糖尿病の誘発とその消化管内発酵生産物の変化. 第93回日獣学会講要, 54 (1982)
83) 新井敏郎, 佐々木稔, 大木与志雄：草食性ハタネズミにおける食餌性糖尿病の誘発とその発生機序. I. 第一胃内発酵能, 耐糖能の低下および血中インシュリン濃度の変化. 第95回日獣学会講要, 51 (1983)
84) 佐々木稔, 新井敏郎, 大木与志雄, 米田嘉重郎：食餌性糖尿病ハタネズミにおける膵島B細胞の免疫組織化学的変化および電顕的観察. 日獣畜大研報, **32**, 52 (1983)
85) Kudo, H. and Oki, Y.: *Microtus* species as laboratory animals. IV. Experimentally induced diabetes by the administration of various drugs (Alloxan, Streptozotocin and Phloridzin). *Bull. Nippon Vet. Zootech. Coll.,* **30**, 61 (1981)
86) Barrow, P. A.: *Corynevacterium Kutcheri* infection in wild voles (*Microtus agrestis*). *Br. Vet. J.,* **137**, 67 (1981)
87) Jensen, W. I. and Duncan, R. M.: *Bordetella bronchiseptica* associated with pulmonary disease in mountain voles (*Microtus montanus*). *J. Wildlife Dis.,* **16**, 11 (1980)
88) 三浦克洋, 勝屋茂美, 谷口念明, 後藤信男：本邦産ハタネズミへの日本脳炎ウイルスの末梢および脳内感染. 草動研, **7**, 14 (1980)
89) 塚本増久, 堀尾政博：住血性原虫の新宿主としてのハタネズミ. 1. マラリヤとトリパノゾーマに対する感受性. 第36回寄生虫学会西日本支部大会講要, p. 45 (1980)
90) 堀尾政博, 塚本増久：住血性原虫の新宿主としてのハタネズミ. 2. *Trypanosoma gambiense*の感染性と系統維持. 第36回寄生虫学会西日本支部大会講要, 44 (1980)
91) Seed. J. R. and Negus, N. C.: Susceptibility of *Microtus montanus* to infection by *Trypanosoma gambiense. Lab. Anim. Care,* **20**, 657 (1970)
92) Seed. J. R., Pinter, A. J. Ashman, P. V., Ackerman, S. and King, L.: Comparison of organ weights of wild and laboratory *Microtus montanus* infected with *Trypanosoma bruceigambiense. Amer. Mid. Naturalist,* **100**, 126 (1978)
93) Seed, J. R. and Seed, T. M.: Colonization of *Trypanosoma brucei gambiense* within transplanted Ehrlich's tumors of *Mircrotus montanus. Acta Tropica,* **37**, 17 (1980a)
94) Seed, J. R. and Hall, J. E.: A review on the use of *Microtus montanus* as an applicable experimental-model for the study of African trypanosomiasis. *Annals de la societe Belge de Medicine Tropicale,* **60**, 341 (1980b)
95) Seed, J. R. and Sechelsky, J. E.: Phenylalanine metabolism in *Microtus montanus* chronically infected with *Trypanosama brucei gambiense. Comp. Biochem. Physiol. B.,* **71**, 209 (1982)
96) Ackerman, S. B. and Seed, J. R.: Effects of *Trypanosoma brucei gambiense* infections in *Microtus montanus* on susceptibility to Ehrlich's tumors. *Infect. Imunity.,* **13**, 388 (1970)
97) Healing, T. D.: Infections with blood parasites in the small British rodents *Apodemus sylvaticus, Clethrionomys glareolus* and *Microtus agrestis. Parasitol.,* **83**, 179 (1981)
98) Shertzer, H. G., Hall, J. E. and Seed, J. R.: Hepatic microsomal alterations during chronic *Trypanosoma* in the field vole, *Microtus montanus. Molec. Biochem. Parasitol.,* **6**, 23 (1982)
99) 梅田昌樹, 会田裕子, 宮川慎二, 杉山公宏, 磯田政恵：ハタネズミの*Trypanosoma evansi*に対する感受性および病理学的変化. 第95回日獣学会講要, p. 57 (1983)
100) Molyneux, D. H.: *Microtus agrestis* and *Clethrionomys glareolus* as experimental hosts of new wild leishmania. *Ann Trop. Med. Parasitol.,* **73**, 83 (1979)
101) Adler, S. and Theodor, O.: Investigation on Mediterranean kala Azar. II. Leishmania infection. *Proc. Roy. Soc. B (London),* **108**, 453 (1931)
102) Van Peenen, P. F. D.: Infection of *Microtus ochrogaster* with Piroplasms isolated from man, *J. Parasitol.,* **56**, 1029 (1970)
103) Zajac, A. M. and Williams, J. F.: Infection with *Schistosomatium douthitti* (*Schistosomatidae*) in the meadow vole (*Microtus pennsylvanicus*) in Michigan. *J. Parasitol.,* **66**, 366 (1980)
104) Zajac, A. M. and Williams, J. F.: The pathology of infection with *Schistosomatium douthitti* in the laboratory mouse and the meadow vole, *Microtus pennsylvanicus. J. Comp. Pathol.,* **91**, 1 (1981)
105) Tadros, W. and Laarman, J. J.: On the developmental cycle of *Sarcocystis cermae* Levine, 1977 of

106) Loos-Frank, B.: The common vole, *Microtus arvalis* Pall as intermediated host of *Mesocestoides* (*cestoda*) in Germany. *Z. Parasitenkd.,* **63**, 129 (1980)
107) Lochmiller, R. L., Robinson, R. M. and Kirkpatrick, R. L.: Infection of *Microtus pinetorum* with the *Nematode capilloria gastrica* (Baylis, 1926) Baylis, 1931. *Proc. Helminthol., Soc. Washington,* **49**, 321 (1982a)
108) Lochmiller, R. L., Jones, E. J., Whelan, J. B. and Kirkpatrik, R. L.: The occurrence of *Taenea taeniaeformis strobilocerci* in *Microtus pinetorum. J. Parasitol.,* **68**, 975 (1982b)
109) Geisel. O., Kaiser, E., Vogel, O. and Krampitz, H. E.: Pathomorphologic findings in short-tailed voles (*Microtus agrestis*) experimentally-infected with *Frenkelia microti. J. Wildlife Dis.,* **15**, 267 (1979)
110) Tamarin, R. H. (ed.): Biology of New World *Microtus.* pp. 1-183. *Amer. Soc. Mammalogist.* (1985)

9.5 スナネズミ

(1) 分類学的位置

スナネズミの英語名は Mongolian gerbil で，その学名は *Meriones Unguiculatus* である．

スナネズミの分類学的位置づけはつぎのとおりである．

脊椎動物門（Vertebrata），哺乳綱（Mammalia），げっ歯目（Rodentia），真鼠亜目（Myomorpha），キヌゲネズミ科（Cricetidae），ジャービル亜科（Gerbillinae），スナネズミ属（*Meriones*），スナネズミ種（*Unguiculatus*）．

通常英語で gerbil といえばスナネズミ *Meriones unguiculatus* のことであるが，*Meriones libycus*，*Tatera afra*，*Tatera branstii*，*Tatera indica* なども gerbil と称せられることがあるので注意が必要である．

(2) 実験動物になるまでの歴史

Gerbil はアジア，アフリカおよび東欧の砂漠あるいは乾燥した平原に生息している．このうち，最も広く使用されているスナネズミ（Mongolian gerbil）は中国東北部に生息している．1935年にアムール河流域で春日によって捕獲されたスナネズミの子孫がわが国で用いられている．このスナネズミは北里研究所に送られ，そこでクローズドコロニーで維持されていた．1949年に北里研究所から実験動物中央研究所に渡された．その後1954年に，Schwentker, V がこれに由来する 4 pairs を米国にもち帰り，繁殖，維持を行い，これを基にスナネズミに関する基礎的知見を集めた．1964年に Schwentker は *Ill. Vet.* 誌にスナネズミの紹介を行った．このことが契機となりスナネズミが実験動物として広く使用されるようになった．このように，スナネズミはわが国で実験動物化が行われた数少ない動物のうちの一つであるが，わが国で広く使用されるようになったのは，その知見が，アメリカからフィードバックされてからであり，わが国において実験動物化が完了したといいがたいのは残念である．

(3) 一般的性状

スナネズミの染色体数は $2n=44$ である．

スナネズミはマウスより大きく，またラットよりは明らかに小さい．性成熟に達した雄スナネズミの体重は 75～100g，雌のそれは 65～100g となる．また成熟したスナネズミの体長と尾長の合計は 19～24.5cm ある．分娩直後の尾長は体長のおおよそ25%ぐらいであるが，成熟したスナネズミのそれは体長のほぼ90%になる．

被毛は突然変異種を除き agouti 色の毛色で全身が覆われており，尾にも被毛は密生している．尾端は比較的長い被毛で房状になっている．頭部および背部のそれぞれの被毛の基部は白色，中央部は黄色，そして先端部は黒色である．腹部のそれぞれの被毛は白色である．

腹部正中線上には雌雄ともに皮脂線（Sebaceous gland）があり，茶褐色の比較的硬い毛で覆われている．皮脂線からべとべとしたじゃ香の匂いのする分泌物が分泌される．この分泌物は，スナネズミ間の化学的信号として利用されている．たとえば，雄スナネズミが雌スナネズミの交配適期を知ったり，哺育中の雌スナネズミが皮脂腺よりの分泌物を子に付けてその嗅により自分の子であることを確認している．

このような化学的信号は唾液にも含まれており，互いになめあうことで兄妹の認識に役立っている．

10～12 週齢で雄雌ともに性成熟に達する．寿命についての信頼できるデータはまだ発表されていな

い．しかしながら，雌雄ともに24か月以上生存するものと思われる．

（4） スナネズミの形態学的性状

スナネズミの歯式は 1/1, 0/0, 0/0, 3/3, である．前肢の指は5本あり，後肢には4本の指がある．

さきに述べたように，雌雄ともに腹部正中線上に皮脂線がある．雌の皮脂線は，成熟後もその大きさに変化はないが，雄のそれは性成熟後に大きくなり色も褐色に変化する．

スナネズミの解剖学的特徴の一つは脳内血管系にある．すなわち，Willis環が不完全なことである．

各種臓器重量は表9.25に奥木らの成績をまとめた．

スナネズミの分娩後の成長を表9.26に示した．分娩直後のスナネズミは2.5～3.5gであり，その形態的性状はマウスあるいはラットの分娩直後とほぼ同じ状態である．しかしながら，その後の成長はマウス，ラットのそれよりいくらか遅いようである．すなわち，生後およそ5日齢で耳殻が開展し，被毛も生え始める．ついで，おおよそ12日齢で下切歯が萌出する．その後，20日齢くらいで開眼する．

（5） 生 理

a． 一般生理

スナネズミは，本来，乾燥した地方に棲息していた動物ということもあって，1日当たりの飲水量を体重100g当たり2mlに制限しても体重への影響（体重の減少）は見られない．このことは，スナネズミには飼料に含まれる水，代謝により生じる水を効率よく利用するとともに，水の排出をできるだけ少なくするような機構が備わっているものと考えられる．たとえば，砂漠に棲息している小動物がそうであるように浸透圧比の高い，すなわち高張の尿を排出するような機構——オーストラリアにいるカンガルーネズミはラットとくらべて3倍も浸透圧比の高い尿を排出している——が備わっているのかもしれない．しかしながら，実験室などで自由に飲水させると，多量の水を飲み尿量も増加する．

スナネズミの体温は平均37.6℃，1分間の呼吸数

表9.25 スナネズミの臓器重量

臓器		重量（比体重）	
		雄(3ヶ月齢)	雌(3ヶ月齢)
肝臓	(g)	3.859±0.316	4.569±0.864
脾臓	(mg)	0.076±0.010	0.079±0.016
腎臓	(mg)		
右		0.407±0.049	0.403±0.048
左		0.395±0.039	0.416±0.062
肺	(mg)	0.541±0.126	0.480±0.090
心臓	(mg)	0.329±0.038	0.353±0.033
精巣	(mg)		
右		0.601±0.043	
左		0.605±0.027	
精嚢腺	(mg)	0.371±0.085	

比体重値：（臓器重量/体重×100）%
奥木他：実験動物学各論, p.121, 朝倉書店(1961).

表9.26 スナネズミの成長

	雄	雌
0日齢	2.9g	
3週齢	16.1g	15.8g
4週齢	24.2g	22.9g
5週齢	35.4g	32.4g
10週齢	65.1g	65.8g
6カ月齢	(75～105g)	(65～105g)
耳の開口	3～7日齢	
被毛の出現	5～7日齢	
切歯の出現	10～16日齢	
開眼	16～20日齢	
精巣下降	30～60日齢	
腟の開口	40～60日齢	
性成熟	63～80日齢	

開発途上の実験動物, p.108, 清至書院(1984)より．

表9.27 スナネズミ血液の細胞成分

	性	平均±S.D.	範囲
RBC(×10⁶mm³)		8.849± 0.509	(7.87～ 9.97)
PCV (%)	雄	49.25 ± 2.03	(46 ～52)
	雌	46.80 ± 1.4	(44 ～48)
Hgb (g/100ml)	雄	15.88 ± 0.57	(15.2 ～16.8)
	雌	15.00 ± 0.39	(14.4 ～15.6)
MCH (μμg)		17.49 ± 1.089	(16.13～19.40)
MCV (μ³)		54.46 ± 3.72	(46.64～60.04)
MCHC (%)		32.14 ± 0.71	(30.64～33.33)
WBC(×10³mm³)	雄	13.532± 5.85	(6.51～21.60)
	雌	8.696± 0.415	(7.51～10.90)
好中球 (%)	雄	13.9 ± 6.75	(2 ～23)
	雌	23.4 ±12.13	(7 ～41)
リンパ球 (%)	雄	84.8 ± 7.90	(73 ～97)
	雌	74.8 ±12.36	(58 ～92)
単球 (%)		0.3	(0 ～ 3)
好塩球 (%)		1.2	(0 ～ 4)
好酸球 (%)		0.05	(0 ～ 1)

表 9.28 スナネズミ血液の生化学値

	性	平均±S.D.	範囲
リン (mg/100ml)	雄	5.94± 2.21	(4.7～ 7.0)
	雌	4.88± 0.94	(3.7～ 6.5)
ナトリウム(mEq/l)		150.90± 7.04	(144.0～171.5)
カリウム (mEq/l)		4.54± 0.69	(3.3～ 6.3)
BUN (mg/100ml)		20.88± 3.28	(16.3～ 31.3)
クレアチニン(mg/100ml)		0.88± 0.24	(0.5～ 1.4)
尿酸 (mg/100ml)	雄	1.91± 0.58	(1.4～ 2.8)
	雌	1.36± 0.32	(1.4～ 2.0)
総タンパク (g/100ml)		7.90± 3.58	(4.8～ 16.8)
アルブミン(g/100ml)		3.08± 0.80	(1.8～ 5.8)
グロブリン(g/100ml)		4.83± 3.66	(0.6～ 14.3)
グルコース(mg/100ml)		93.78±25.06	(40 ～140.7)

は70～120回,また1分間の心拍数は260～600回である.

成熟したマストミスの血液の細胞成分および生化学値を表9.27と9.28に示した.

b. 繁殖生理

スナネズミは通年繁殖動物でありかつ自然排卵動物である.

性成熟に達するのは10～12週齢である.しかしながら,腟の開口は33～53日齢で平均41日齢,雄における精巣下降は平均35日齢である.また,中村らの観察によると精巣上体尾部のすべての上体管に精子が観察されるのは生後12週齢である[5]).

性成熟に達した雌スナネズミは4～6日の発情周期を回帰する.しかしながら,マウスやラットと異なり腟垢像の変化が明確でないことから,発情周期中の生理学的および内分泌学的変化の詳細な研究はまだなされていない.鈴木らの作出した近交系スナネズミでは,その発情周期は平均2.6日(2～3日)と極めて短く今後スナネズミの発情周期に関しては詳細な研究が必要であろう.

交尾は明期の終わりから暗期の初期に行われることが多い.腟栓は形成されるが,小さくてかつ形成部位が深いため注意が必要である.交尾の確認には腟垢を採取し腟垢像中の精子を確認するのが最善である.交尾後7～8時間後には大部分の雌スナネズミは排卵を完了している.排卵後3時間以内に受精は完了する.受精した卵の初期卵割の速度はマウスやラットと比較して遅いようである.そして,排卵後4～5日で受精卵は子宮に下降してくる.着床は排卵後おおよそ6日目に起こる.

妊娠期間は24～26日間である.妊娠中も腟垢の観察を続けていると,妊娠後半(12～13日以降)になると腟垢像中に血液が混在してくる.このことから,マウス・ラットで妊娠中期に見られるプラセンタルサインがスナネズミにも出現していることが推測される.

分娩は通常暗期(夜間)に認められる.

後分娩発情(排卵)は認められ,このとき交尾すれば妊娠にいたる.しかしながら,このときの妊娠では普通着床遅延が起こり,妊娠期間は長くなる.

離乳は分娩後21日で行う.2週齢以降になると,固形飼料を食べ始める.

表9.29にスナネズミの繁殖上の数値を示す.

表 9.29 スナネズミの繁殖生理

成熟体重	雄46～131g,雌53～133g
生時体重	2.5～3.5g
性成熟時期	70～84日
繁殖季節	周年
性周期の長さ	4～6日
発情持続時間	12～18時間
排卵時期	発情開始後6～10時間
偽妊娠期間	14～16日
妊娠期間	24～26日
産仔数	4.5(1～12)
離乳時期	3週
後分娩の初回発情	分娩直後
繁殖年限	2年

スナネズミの繁殖で注意するべきこととしては,この動物は強固な一夫一婦性(monogamous)であり,一度雄雌の組合わせをつくること(これも性成熟前に行う),そののち組合わせを変えたり,雄雌を分離してはいけない.もし性成熟後に新たな雄雌の組合せをつくったり,しばらく分離していた雄雌を再度同居させると,非常に激しいけんかをし,多くの場合どちらか一方は死にいたる.スナネズミのこのような性質は,この動物の生産効率を下げている原因の一つである.

(6) 実験動物としての生物学的特徴および使われ方

現在使われている多くのスナネズミは非近交系のいわゆるクローズドコロニー由来の動物である.

近交系として確立している系は一系統,近交化途中にある系が3系統記載されている(International Index of Laboratory Animals, 4th ed.).近交系が少ないのは,実験動物としての歴史がマウスやラ

ットと比較して浅いからであろうが、別の原因として「スナネズミは近交化を避ける機構をもっている。」(G. Agren) ということも考えられる。しかしながら、この機構の詳細は不明である。

突然変異種としては、毛色の突然変異として non-agouti, acromelanic albino, pink-eyed white spot および hairless のスナネズミが知られている。このうち、hairless スナネズミは、ヌードマウスと同様に胸腺の機能不全を伴っていると報告されている (H. H. Swanson)。

a. スナネズミの特性

i) てんかん様発作　スナネズミを特殊環境下におくと、てんかん様発作が誘発される。この非特異的ストレスに対する発作の感受性は生後2か月齢くらいから出現する。雌雄で感受性や発現頻度には差は見られない。まれに致死的経過をとる例が見られるが多くは回復する。しかし、その後3〜5日間ぐらいは発作に対する感受性を消失する。

鈴木によると、スナネズミの発作のパターンはE1マウスのそれとよく似ている。

W. J. Loskota らは発作感受性系統 WJL/UC および発作抵抗性系統 STR/UC を作出している。また、鈴木らも近交系の作出を試み現在世代数 $F=18$ に至っている[6]。

ii) 脳梗塞　Levine and Rayan はスナネズミの片側総頸動脈を結紮して脳梗塞を誘起させるのに成功した。これは先に述べたようにスナネズミの脳内血管系が他の動物のそれと異なる——Willis 環が不完全——ことに着目して行われた実験で、上記処置をほどこすことで処置動物の 20〜60% に脳梗塞が生じ、その大部分は数時間から3日以内に死亡する。この処置により誘起されたスナネズミの脳梗塞は、ヒトのそれとくらべて多少の違いがあるといわれているが、脳梗塞の実験モデルとして注目されている。

iii) 鉛中毒　スナネズミは急性あるいは慢性の鉛中毒のモデル動物として使われている。ラットと比較して 4〜6 倍の鉛を腎臓に蓄積するといわれており、短期あるいは長期の鉛投与により腎臓に病理学的変化が現れるからである。

iv) コレステロール代謝　スナネズミの血清中に含まれるコレステロールのレベルは、飼料に含有されているコレステロールの量に影響されやすい。この血清中コレステロールの大部分はコレステロールエステルである。また、ヒトと違い高コレステロール血症でのリポタンパクは、大部分が low density lipoprotein で占められている。

コレステロールの連続投与は、スナネズミにとり有害でときに死亡するものもある。

コレステロールエステルの蓄積と関連した肝臓の類脂症 (lipoidosis) は全例に認められ、肝臓は正常の数倍にも腫張する。

しかしながら、ふつう高脂血症で見られる動脈血管壁の粥腫性変性 (atheromatous) あるいはアテローム性動脈硬化症 (atherosclerosis) はスナネズミには見られない。

このようにスナネズミはコレステロールによるアテローム性動脈硬化症のモデルとしては適していないが、コレステロールの吸収あるいは食餌性脂質のコレステロール代謝に及ぼす影響を調べるような研究に対しては、モデル動物として利用できる。

v) 副腎皮質ステロイドホルモン分泌亢進　繁殖に用いられているスナネズミでは雌雄ともに副腎皮質ステロイドホルモン（主に glucocorticoids）の分泌亢進が認められる。これに伴って高血糖、動脈硬化症 (arterioscelosis) などを引き起こす。

この副腎皮質ステロイドホルモンの自発的分泌亢進は、繁殖に用いられていないスナネズミの雌雄では認められない。

vi) 糖尿病および肥満　マウス・ラット用の市販固形飼料でスナネズミを飼育すると、約 10% の動物に肥満が見られる。このような肥満スナネズミでは耐糖力の低下、血中インスリンレベルの上昇および膵臓の病理学的変化が観察される。

vii) う歯および歯周炎　市販の固形飼料で飼育されているスナネズミは、約六カ月齢以降になると歯周炎を起こす。このスナネズミの歯周炎の組織学的特徴あるいは病気の進行状況はヒトの歯周炎とよく似ている。

一方、う歯は糖を多く含んだ飼料で飼育することで、発症させることができる。

viii) 放射線に対する感受性　スナネズミのX線あるいはγ線照射に対する LD_{50} の線量はおおよそ 1200 R である。この線量は、他の多くの実験動物で見られる LD_{50} の平均的線量 600 R と比較すると2倍である (M. C. Chang)。

ix) 自然発生腫瘍 おおよそ24か月齢以上になったスナネズミの10~20%で自然発生腫瘍が見られる．おもな発生臓器は副腎（皮質），卵巣および皮膚である．

x) その他 ストレプトマイシンによる中毒：50mgのdihydrostreptomycineを成熟スナネズミに投与すると，その80~100%は死亡する．

そのほかスタフィロコッカス感染，チザー病，トリクロロエチレン中毒，メチルセルロース中毒などが報告されている．
〔浅野敏彦〕

文　献

A：スナネズミが記載されている書籍
1) The UFAW Handbook on the Care and Management of Laboratory Animals, 5th edition, Churchill Livingstone (1976)
2) Williams, C. S. F.: Practical Guide to Laboratory Animals. Mosby (1976)
3) Harkness, J. F. and Wagner, J. E.: The Biology and Medicine of Rabbits and Rodents. Lee and Febiger (1977)
4) Hafez, E. S. E.: Reproduction and Breeding for Laboratory Animals. Lee and Febiger (1970)
5) 田嶋嘉雄編：実験動物学各論，朝倉書店（1972）．
6) 今道友則編：実験動物の飼育管理と手技，ソフトサイエンス社（1979）．

B：本文の参考にした文献（Aの書籍は除く）
1) Kramer, A. A.: Anatomical Records. Vol. 150, 343 (1964)
2) Agren, G.: *Behav. Processes*, **6**, 291 (1981)
3) Swanson, H. H.: *Lab. Animals*, **14**, 143 (1980)
4) Vincent, A. L.: *Lab. Animal Science*, **29**, 645 (1979)
5) Ninomiya, H. and Nakamura, T.: *Exp. Anim.*, **36**, 65 (1987)
6) Matuoka, K. and Suzuki, J.: *Exp. Anim.*, **36**, 83 (1987)

9.6　シリアンハムスター

学　名　*Mesocricetus auratus*
英　名　Syrian hamster または golden hamster

図 9.26　シリアンハムスター：雄（上），雌（下）

（1）生物分類学的位置

シリアンハムスターの生物分類学的位置はつぎのようになる[1],[2]．

脊椎動物門（Vertebrata），哺乳綱（Mammalia），げっ歯目（Rodentia），ネズミ科（Muridae），キヌゲネズミ亜科（Cricetinae），*Mesocricetus*属，*auratus*種（*Mesoricetus auratus*）

シリアンハムスターの染色体数は $2n=44$ である．

実験動物として使用されているハムスター類には，シリアンハムスター，チャイニーズハムスター（Chinese hamster），ジャンガリアンハムスター（Dzungarian hamster）およびヨーロピアンハムスター（European hamster）などがある．それらはハムスターと呼ばれているが，生物分類学的な属を異にし，染色体数もそれぞれに異なっているものが多く，成熟時体重も差が大きい．しかし，大きな頬袋を有していること，体型がずんぐりしていることなどハムスター類の外貌的特徴は類似している．

（2）実験動物になるまでの歴史

実験動物としての歴史については，いくつかの総説[1]~[4]が出されているので，ここではその概略を記述する．

Hebrew 大学の Aharoni 教授が学術調査の折りにシリアからもち帰った3匹(雄1,雌2)から実験室内での繁殖が開始された[5]. ついで, Adler の実験により, シリアンハムスターが, チャイニーズハムスターと同様に kala-azar の研究に使えることが明らかにされた. この実験がシリアンハムスターを用いた最初のものと言われている. 後に欧州各国, 米国に送られ, やがて世界各国に広がった. このコロニーとは別に, 1970年と1978年にシリアで捕獲されたシリアンハムスターからもコロニーが確立されている[6].

わが国へは1954年に Dr. Snell から神奈川県大磯の野村氏へ, 1954年に米軍406部隊から(財)実験動物中央研究所へ, 1966年にイギリスの Laboratory Animals Centre から(財)日本生物科学研究所へと3回にわたって導入された[7].

(3) 一般的特徴

a. 外貌

成熟個体の全身に軟らかい長毛と短毛が密生している. オリジナルの眼と毛色は, 眼が黒色で, 毛色が頭部から背部が茶褐色(ゴールデン), 頬から頸の側部と腹部は淡クリーム色. 成熟時の体重は, 雄85〜140g, 雌95〜150gで, 一般的には雌が雄よりも重い. 体長は2か月齢で125〜150mm, 尾は17〜22mm. マウスやラットにくらべ, 尾が短くずんぐりした体型である. 左右に大きな頬袋を有しているのが特徴である. さらに, 雄シリアンハムスターの横腹部にはテストステロン支配下の脇腹腺(皮脂腺)が認められる[8].

b. 習性

夜行性の動物で, 活発な行動が認められるのは消灯時間中であり, 照明時間中は睡眠している場合が多い. 熟睡すると全身の筋肉が弛緩し, 容易に覚醒しない. 性質は温順でヒトに慣れやすいが, その反面では警戒心が強い. 興奮すると激しい声を発し, 攻撃姿勢をとったり咬みついたりする. 雌は雄に対して攻撃的な行動を示す.

(4) 解剖, 組織

ここでは特徴的なことのみについて述べる. 詳細についてはすでに成書[9,10]が出されているのでそれらを参照されたい.

a. 骨格系

マウスと同様, 頭蓋骨, 脊柱, 肋骨および胸骨, 前肢骨, 後肢骨よりなっている. 脊柱は頸椎7, 胸椎13, 腰椎6, 仙椎4および尾椎13〜14個の椎骨よりなる.

歯列式は 2 (I 1/1, C 0/0, P 0/0, M 3/3) で, 総数が16本である.

b. 頬袋

頬袋(cheek pouch, buccal pouch)は左右の口粘膜から肩甲部後方にかけて突出伸展している. その大きさは, 長さ35〜40mm, 幅が4〜8mm(内容物が詰まった状態では約20mm)と大きい. 頬袋へのものの出し入れが容易であることから, 飼料や水などの輸送にとって重要な器官である. 後述のように頬袋は実験にとって重要な器官であり, その粘膜は厚さが0.5mmと薄く, 光の透過性がよい. 粘膜は重層偏平上皮からなる.

c. 唾液腺

唾液腺は下顎腺, 耳下腺, 舌下腺, 下顎腺に接した舌後腺からなる.

d. 内臓系

i) 肺　　左右の葉に分かれ, 左葉は1葉であるが, 右葉は前葉, 中葉, 後葉, 副葉, 内側葉からなる.

ii) 肝臓　　外側左葉, 内側左葉, 方形葉, 外側右葉, 内側右葉と尾状葉からなる.

iii) 消化管　　胃は前胃と腺胃の二つからなり, 両者の間には明瞭なくびれが認められる(図9.27). このくびれの部分は括約筋様の筋肉で構成され, 胃内容物の移動を調節している. 腺胃は組織学的に単胃動物の胃に相当する. 前胃は組織学, 細胞学的に

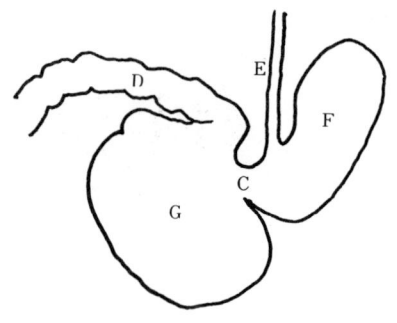

図9.27　シリアンハムスターの胃(Magathaes (1968)[10] より改変)
E: 食道, F: 前胃, G: 腺胃, C: 噴門, D: 十二指腸.

反芻獣の前胃と類似している．前胃を摘出しても代謝エネルギーや成長が変わらず，その存在意義は不明である[9]．

腸管の長さは，小腸が体長の約3〜4倍，盲腸が約0.6倍，大腸が2.5倍で，マウスと比較して小腸は小さく盲腸と大腸が大きい．

e. リンパ系

i) 胸腺 胸腺の発達は特徴的で思春期まで遅れ，特に雄で著しい．この現象は妊娠期間が短いことによる発達の遅れと考えられている．成熟時の重量は（体重gあたり）雌が雄よりも重い[11]．

3週齢で胸腺を摘出すると，雌雄ともに成熟時の性腺が著明な萎縮を起こす．一方，成熟時に性腺を摘出すると，雌雄ともに胸腺が退縮する[11]．これらのことはシリアンハムスターの場合，胸腺-性腺系の相互依存が成熟時にも存在することを示している．

ii) 脾臓 10から20週齢の脾臓重量（体重gあたり）は雌が雄よりも重い．成熟時に性腺を摘出すると雌の脾臓重量は軽くなる．3週齢時に胸腺を摘出すると，成熟時には脾臓の重量が増加する[11]．

f. 泌尿, 生殖器系

雄の泌尿，生殖器を図9.28に，雌のそれを図9.29に示す．膣嚢（vaginal pouch）が膣の先端部の左右に存在し，膣口に達している．この嚢に，黄褐色で刺激臭のある分泌物の貯留が認められる．

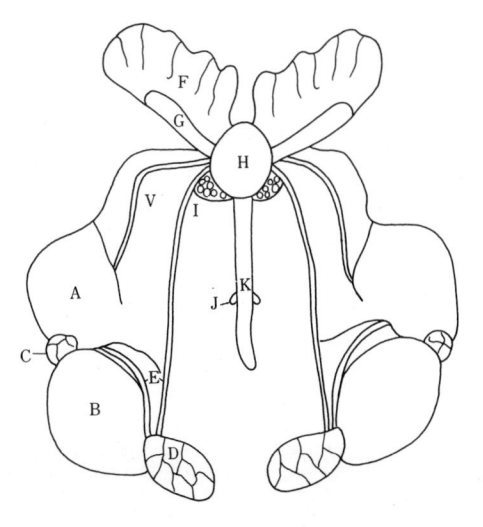

図9.28 雄シリアンハムスターの泌尿・生殖器
A：脂肪，B：精巣，C：精巣上体頭部，D：精管
E：精巣上体尾部，F：精嚢腺，G：凝固腺，H：膀胱，
I：前立腺，J：尿道球腺，K：陰茎，V：血管．

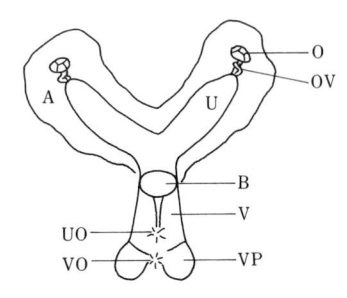

図9.29 雌シリアンハムスターの泌尿，生殖器
A：脂肪，B：膀胱，O：卵巣，OV：卵管，U：子宮角
V：膣，UO：尿道開口，VP：膣嚢，VO：膣口

g. 内分泌腺

i) 副腎 副腎の位置はマウスやラットとほぼ同様である．成熟時の重量（体重gあたり）はほとんどのげっ歯類では雌が同日齢の雄より重いのに対して，シリアンハムスターでは逆に雄が雌より重い[12]．さらに，この性差は雄が雌に比べ厚い網状層を有していることによる．ちなみにシリアンハムスターの副腎皮質3層の比率は，雄で1（球状層）：3（束状層）：5（網状層）であるが，雌では性差のないヒトの場合と同様1：3：2である．成熟時に性腺を摘出されたシリアンハムスターでは，副腎が過形成を示す[11]．

ii) 松果体 ラットの松果体は組織学的に皮質と髄質との区分がつかないとされているが，シリアンハムスターでは間質細胞の細いバンドで区分されている[13]．

シリアンハムスターのメラトニン生合成は，消灯時間中に照明時間中の3〜4倍にも増加するという顕著な日周リズムを示す[14]．シリアンハムスターを短日環境（照明時間が12.5時間かまたはそれ以下）に暴露すると，性腺機能が低下する[15]．この反応は松果体摘出により，完全に消失する．

iii) その他の内分泌腺 脳下垂体，甲状腺，上皮小体および膵島は，マウスやラットとほぼ同じ位置に存在する．

それぞれの大きさと形状はマウスやラットと少し異なるが，組織学的構築はほぼ同様である．

h. 脳

Knigge and Joseph (1968)[16]により，連続横断面と水平面の一部について，解剖学的地図が作成されている．

(5) 発　生

　発生に関しては Boyer (1968)[17], Ferm (1967)[18] の報告があるので，詳細はそれらを参照されたい．ここでは特徴的なことにとどめる．後述するように，妊娠期間がマウス，ラットにくらべ短い (15～17 日) ので，発生と分化も早い．特に，妊娠 8 日目から 9 日目初期までの 36 時間に胚の分化が急激である．

　受精後 48～60 時間：3～4 細胞に分裂, 5 日目：着床が始まる, 6 日目：胎楯期, 7 日目：体節 5, 原始線条期, 8 日目：体節 8～20, 羊膜腔と胚外腹腔, 筋原節, 神経陵突起を形成する．尾芽形成, 口から肛門に向かって腸管の形成, 循環器系の分化が始まる．胚のねじれ, 屈曲開始．初期に U 字型を呈していた胚全体が, 後期には背側を外にして C 型を示す, 9 日目：頭部の右側に尾芽をまきこんで螺旋状に渦巻く．眼茎, 神経経が発生する, 10 日目：頸屈曲およそ 90° であるが, 背側は前脚芽と後脚芽の間がまっすぐとなる．体壁は厚みを増し不透明となる, 11 日目：背側は頸屈曲からでん部にかけてまっすぐになる．耳介形成開始, 生殖結節が大きくなる, 12 日目：大きくなり, 特に丸みを帯びてくる．毛嚢原基が認められる, 13 日目：皮膚にしわがより, たるみができる．頸が明瞭となる, 15 日目：毛嚢が表面に多数認められる．生殖壁融合, 会陰の形成．

(6) 成　長

　出生時のシリアンハムスターは体重が 1.4～4.5 g, 無毛で, 眼と耳は閉じたままであるが, 切歯をすでに有している．被毛は 4 日齢より生えはじめ, 耳殻はおよそ 5 日齢で体表より開口し, 眼はおよそ 15 日齢で開く．離乳仔 (21 日齢) は体重が 35～40 g に達する．成長に関する数値を表 9.30 に示す．体重増加は系統 (コロニー), 飼育条件などの違いによって, かなりのバラツキがある．体重増加の代表例を表 9.31 に示す[19]．成長に伴う諸臓器重量の変化についてはいくつかの報告がある[11),20)]．

表 9.30　一般的生理数値[9]

被毛の生えはじめ	4 日齢より
耳殻の開口	5 日齢
開　眼	およそ 15 日齢
離乳時体重 (g)	35～40
成熟時体重 (g)	
雄	85～140
雌	95～150
固型飼料の摂取量 (g)	10～15/日
水の摂取量 (cc)	10～30/日
尿量 (cc)	5.1～8.4/日
体温 (直腸)	36.2～37.5°C
寿命 (年)	
平均	1～2[a]
最長	3

a) 性差があり，通常は雄より雌が長い．

表 9.31　近交系シリアンハムスターの体重増加

系統	週齢	例数	雄	例数	雌
ALAC / Lac[19]	4	16	43.4 (18.7～68.1)*	23	42.9 (18.4～67.4)*
	6	23	64.6 (45.0～84.2)	29	64.2 (53.0～75.4)
	8	17	75.2 (57.5～92.9)	26	75.3 (57.7～92.9)
	10	18	83.7 (68.5～98.9)	15	85.7 (67.0～104.0)
	12	26	84.5 (70.3～98.7)	34	88.6 (68.5～108.7)
	14	24	85.1 (66.2～104.0)	33	90.2 (65.9～114.5)
	16	25	89.9 (74.6～105.2)	18	102.3 (82.4～122.2)
	>18	10	91.9 (62.9～120.9)	28	124.2 (97.9～150.0)
APG	4	9	58.1 (54.0～65.0)	10	51.9 (37.0～59.0)
	6	9	88.6 (81.0～100.0)	10	83.0 (72.0～91.0)
	8	9	109.0 (97.0～121.0)	10	97.9 (86.0～106.0)
	10	9	124.3 (121.0～137.0)	10	111.0 (103.0～115.0)
	12	9	131.8 (121.0～139.5)	10	123.4 (113.0～136.0)
	14	9	136.4 (127.0～153.0)	10	135.9 (127.0～145.0)
	16	9	137.9 (128.0～155.0)	10	144.7 (130.5～159.0)
	20	9	136.6 (128.0～158.0)	10	144.6 (128.0～160.0)

*：平均体重 (範囲) (g)

（7）生　理

a. 冬　眠

シリアンハムスターを低温環境（5℃（±2°））に暴露すると，しばしば冬眠することが以前から観察されていた．しかし，現在の実験室で維持されている系統（コロニー）は，低温に暴露してもほとんどの個体が冬眠しない．ただし，新たに捕獲した野生のシリアンハムスターを用いれば，冬眠させることができる．冬眠や寒冷暴露時に白色脂肪組織の不飽和化が起こる．また，精巣の萎縮が起こる[21]．

b. 水および飼料の摂取

げっ歯類では飼料摂取の直前か直後に水を摂取する．この飼料摂取に関連した水の摂取は，多くの動物では絶食すると認められなくなり，1日の水の摂取量は低下する．しかし，シリアンハムスターでは絶食状態の間，水の摂取量は逆に増加する[22]．シリアンハムスターの摂餌行動は自由に飼料を摂取できる状態で，約2時間おきに認められ，サーカディアンリズムを示さない[23]．マウスやラットでは絶食後に，飼料摂取量が代償的に増えるのに対し，シリアンハムスターでは通常の摂取量と変わらない[24]．さらに，毎日ある時間だけか，あるいは隔日に飼料を与えると，その時間に通常摂取するだけの量しか摂取せず，飼料摂取量が絶対的に不足し，体重は減少する．

ラットではグルコース同族体とインスリンの両方とも飼料摂取量と体重の増加に効果的であるが，シリアンハムスターではインスリンには反応するものの，グルコース同族体（2-deoxy-D-glucose, 5-thio-glucose）には反応しない[25]．

c. 食塩，アルコールの摂取

ラットが嗜好性を示すよりも薄い濃度の食塩水でも，シリアンハムスターは嗜好性を示さない[26,27]．ラットなどで，副腎摘出後に，1％食塩水投与で長期に生存させることができるが，シリアンハムスターにはこの方法が適用できない．

シリアンハムスターは，いろいろのアルコール濃度のものを自由に選択できる状態では，最高70％（w/v）のアルコールを摂取する[28]．ちなみに，ラットではごく薄いアルコールしか摂取せず，12～20％を越えると摂取しないとされている．20または40％（w/v）のアルコールを強制投与（20～25g/kg/日）すると，ラットでは臓器に障害が誘起されるのに対し，シリアンハムスターでは長時間続けてもアルコール中毒症や臓器の障害は認められない[29]．肝のアルコールデヒドロゲナーゼ活性が，シリアンハムスターではラットの2～3倍も高いことと関連がある[30]．

d. 栄養要求

シリアンハムスターの栄養要求を表9.32に示す[31]．

表 9.32 栄養要求[31]

	飼料中の含量
タンパク質	15%
脂肪	5%
可消化エネルギー	4.2 kcal/gm
アミノ酸	
アルギニン	0.75%
ヒスチジン	0.40%
イソロイシン	1.39%
ロイシン	1.20%
メチオニン	0.32%
フェニールアラニン	0.83%
スレオニン	0.70%
トリプトファン	0.34%
チロシン	0.57%
バリン	0.91%
ミネラル	
Ca	0.59%
Mg	0.06%
P	0.30%
K	0.61%
Na	0.15%
Co	1.1 mg/kg
Cu	1.6 mg/kg
F	0.024 mg/kg
I	1.6 mg/kg
Fe	140.0 mg/kg
Mn	3.65 mg/kg
Se	0.1 mg/kg
Z	9.2 mg/kg
ビタミン	
A	2.0 mg/kg
D	2484 IU/kg
E	3.0 mg/kg
K_1	4.0 mg/kg
ビオチン	0.6 mg/kg
コリン	2000 mg/kg
葉酸	2.0 mg/kg
イノシトール	100.0 mg/kg
ナイアシン	90.0 mg/kg
パントテン酸	40.0 mg/kg
リボフラビン	15.0 mg/kg
チアミン	20.0 mg/kg
B_6	6.0 mg/kg
B_{12}	10.0 mg/kg

e. 生 理 値

i) 血液生化学　シリアンハムスターの血液性状を表9.33[32]に，血液生化学値を表9.34に示す[33]．マウスおよびラットにくらべ，トリグリセリド，コレステロールの血中レベルが高い．シリアンハムスターの血中コレステロールの主要な結合タンパクは，ヒトと同様に低比重リポタンパク（LDL）である[34]．さらに，シリアンハムスターのLDLは，ヒトLDL抗体と交差反応を示す．

表 9.33　血液性状[32]

血液量（ml/100g体重）	6～9
赤血球数（10^6/Ul）	7.5
ヘマトクリット値（％）	52.5±2.3
ヘモグロビン量（mg/dl）	16.8
白血球数（10^3/Ul）	7.62
リンパ球（％）	73.5
好中球（％）	21.9
単球（％）	2.5
好酸球（％）	1.1
好塩基球（％）	1.1

表 9.34　シリアンハムスターの血液生化学値[33]

	雄			雄		
	平均	偏差	例数	平均	偏差	例数
Glucose (mg/dl)	120	33.7	31	135.4	37.8	32
BUN (mg/dl)	19	4.2	30	18.4	2.3	32
Total bilirubin (mg/dl)	0.4	0.18	31	0.3	0.16	31
Albumin (gm/dl)	4.3	0.22	31	4.1	0.27	31
Total protein (gm/dl)	6.3	0.32	31	5.9	0.34	32
Calcium (mg/dl)	11.1	0.75	30	11.0	0.60	29
Phosphorus (mg/dl)	8.1	1.09	31	6.1	1.57	32
Uric acid (mg/dl)	2.8	0.83	31	5.1	0.89	31
Creatinine (mg/dl)	0.56	0.08	30	0.59	0.15	32
Cholesterol (mg/dl)	94.0	23.0	31	136	20.4	32
Triglycerides (mg/dl)	123	42.7	30	129	27.0	32
Alkaline phosphatase (IU/liter)	121	16.7	18	143	22.2	24
SGOT (aspartate) (IU/liter)	47	38.3	18	43	22.5	15
SGPT (alanine) (IU/liter)	38	26.1	19	49	18.3	21
LDH (IU/liter)	211	52.7	18	217	74.4	15
CPK (IU/liter)	469	17.4	18	520	184	15
a-HBD (IU/liter)	307	108	19	282	111	14

ii) 雌特異タンパク質　成熟シリアンハムスターの血中には雌で0.5～3.0mg/mlと，雄の0.004～0.02mg/mlにくらべ100～1000倍も高い雌特異タンパク質（female protein：FP）が存在する[35]．このFPは分類上pentraxin群に属し，その濃度が性ホルモン（テストステロンによって抑制）と刺激（組織の障害や炎症）とによって調節されている[36,37]．最近，FPに対応するDNAがクローニングされ，その塩基配列とアミノ酸残基が決定された[38]．それによると，FPのアミノ酸残基はヒトの血中アミロイドP成分のそれと69％，ヒトのC-reactive proteinのそれと50％一致しているという．

（8）繁　殖　生　理

a. 性　周　期

性成熟に達したシリアンハムスターの卵巣では，卵胞の発育，排卵と黄体形成，黄体の退化が4日周期で繰り返されている（図9.30）[9),39]．この周期は性周期と呼ばれ，妊娠が成立しない限り続く．シリアンハムスターの性周期は自発的に排卵が起こり，寿命は短いが黄体も形成され，マウス・ラットタイプである．性周期中の諸形質の変化は図9.30に示す通りである．これらの変化は血中ホルモンの動態に顕著に反映し，それらは腟垢の構成細胞および腟現象（vaginal phenomenon）から推定される．特徴的なのは排卵後の腟分泌物（postovulatory vaginal discharge）が周期的に認められる．この現象は交配適期を推定する場合に利用される．

排卵は通常の14時間照明（6：00～20：00）では第1日の1：00～5：00ころに起こる（図9.30）．シリアンハムスターの排卵数は通常3～17個，黄体は発情間期―Ⅰから発情間期―Ⅱにかけて形成されて

9.6 シリアンハムスター

図 9.30 シリアンハムスターの性周期に伴う諸形質の変化

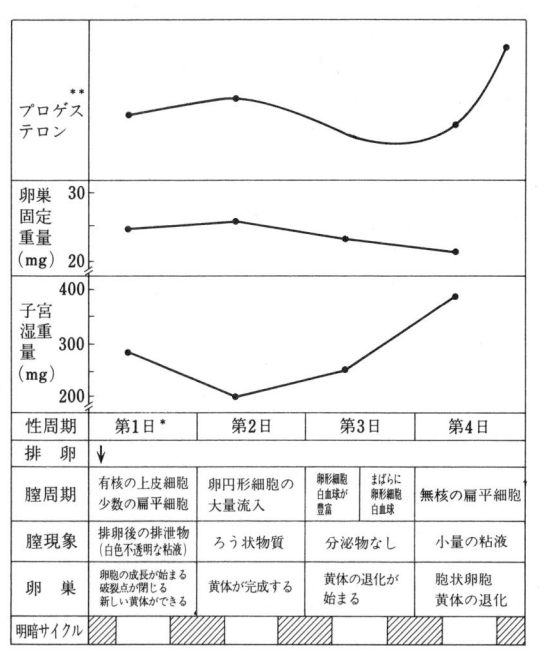

*：排卵が確認される日を第1日とし腟周期および腟現象の発情期に相当する．
**：ホルモンレベルは相対的な変化を示す．

表 9.35 繁殖生理数値[9]

腟開口	10日齢
春期発来（日齢）	
雄	30～40日齢
雌	36～86日齢
繁殖開始日齢	
雄	60～90
雌	56～90
性周期（日）	4
発情時間	20
排卵	発情開始から8～12時間後
排卵数	3～17
着床	妊娠5日目
妊娠期間（日）	15～17
産仔数（匹）	4～12
出生時体重（g）	2～3
離乳（日）	21
乳頭数	14
繁殖寿命（月齢）	
雄	9～12
雌	6～12

いるが，発情前期では完全に消失する．このことはマウス・ラットと異なり，黄体の観察が容易であることを示している．

b. 交配法

交配適齢期は雄，雌ともに6～8週齢，一般的によく用いられているのは hand-mating 法で，交配適期の雌1を雄1のケージに入れて交尾を確認した後，雌を分離する．交配適期は発情前期から発情期の初期にかけてである．なお，発情持続時間は12～20時間とされている[9]．この時期の雌は雄に対して，足をつっぱり背中をそらし尾を垂直に上げ，いわゆるロ

表 9.36 シリアンハムスターの主な突然変異形質

遺伝子記号	遺伝子名	遺伝様式	連鎖群
A	Ashen	semidominant	
b	Brown		
Ba	White band		III
bt	Black tremor		
c^d	Acromelanic white		I
cm	Cardiomyopath		V
dg	Dark gray		
Ds	Dominant spot		
e	Non-extension of eumelanin (cream)		II
f	Frost		
fd	Fur-deficiency		
fs	Furloss		
hr	Hairless		
hy	Hydrocephalus		II
J	Jute		IV
ig	Juvenile gray		
l	Long hair		III
Lg	Lethal gray		V
Mo	Mottled white		X chromosome (sex-linked)
N	Naked	semidominant	
P	Pink-eyed dilution (cinnamon, amber)		I
pa	Hindleg paralysis		X chromosome (sex-linked)
Pi	Pinto		
q	Quaking		
r	Rust		
ru	Ruby eye		
rx	Rex		
s	Piebald white spotting	semidominant	
Sa	Satin	semidominant	
sz	Spontaneous seizure		IV
T	Tawny	incompletely dominant	X chromosome (sex-linked)
tau	circadianperiod		
To	Tortoiseshell	semidominant	X chromosome (sex-linked)
U	Umbrous		
Wh	Anophthalmic white		

文献 40)～48) をもとに作成

ードシスと呼ばれる交尾行動をとる．

なお，この方法以外に monogamous pairs, harem system などが知られている[39]．繁殖生理に関係した数値を表9.35に示した．

（9） 実験動物としての生物学的特徴および使われ方

a． 遺伝的特性

ⅰ） 遺伝子と連鎖群　シリアンハムスターでは約30の突然変異遺伝子が発見されている（表9.36）[40~48]．それらのほとんどは毛色あるいは被毛の状態に関するものであるが，運動性発作（spontaneous seizure; sz），心筋症（cardiomyopathy; cm），水頭症（hydrocephalus; hy）を呈する突然変異遺伝子なども報告されている．

シリアンハムスターでは22の連鎖群が存在するのに対し，現在のところ明らかにされているのは6つである（表9.36）．

ⅱ） 系　統　シリアンハムスターの系統の分類については，マウスの系統のように定義と表示法に関して国際的な取り決めがない．現状ではマウスに準じて近交系，ミュータント系およびクローズドコロニーに分類されている（Festing, 1980）[49]．

最近のリストによると，近交系がおよそ50系統である[49]．代表的な近交系について，それらの主な特徴を表9.37に示す．ミュータント系の主なものに，BIO 14.6，BIO 40.54，BIO 35.97系統などがある（表9.37）[51~52]．

ⅲ） 遺伝性疾患モデル　最近になって，遺伝性の疾患モデルがかなり発見された．主なものに突然変異遺伝子として発見された cardiomyopath (cm), quaking (q), spontaneous seizure (sz) が，それぞれ筋萎縮症，パーキンソン病，てんかんのモデルとして利用されている（表9.37）．なかでも，cm 遺伝子をホモに固定された BIO 14.6系統は，心筋症が原因で6～12か月齢で死亡し，常に骨格筋の萎縮も伴っていることから注目されている．

一方，系統の特徴として発生する血栓症[53]，アミロイドーシス[54]，肥満症[55] なども知られている．

b． 未受精卵

シリアンハムスターの未受精卵を，0.1%トリプシンで処理すると，透明帯が除去される．この卵は興味あることに多くの哺乳動物の精子を受け入れる[56]．卵子内に侵入した精子は前核を形成することから，これを培養することにより精子染色体の核型分析が可能で，ヒト染色体異常の研究に有用とされ

表9.37　代表的な近交系シリアンハムスターの毛色と主な特徴

系統	毛色	主な特徴
ACN	茶	
APA	アルビノ(?)	腎の萎縮
APG	アグーチ	
BIO 1.5	白（Acromelanic white）	20-Methycholanthrene, 3,4-Benzpyrene に対して抵抗性，2-Naphthylamine に対して雌は感受性で雄は抵抗性，サリドマイドに対して感受性．平均寿命が長い
BIO 4.22	アグーチ	20-Methylcholanthrene に対し小腸では感受性で大腸および乳腺では抵抗性，サリドマイドに対して抵抗性
BIO 4.24	アグーチ	副腎腫瘍が雌に高率（50%），雌に肥満，サリドマイドに対して感受性
BIO 7.88	クリーム	3,4-Benzpyreneと20-Methylcholanthreneに対して感受性，2-Naphthylamine に対して感受性
BIO 14.6	白（Acromelanic white）	cm 遺伝子の遺伝的背景
BIO 15.16	渋	3,4-Benzpyrene, 20-Methylcholanthrene に対して感受性，2-Naphthylamine に対しては抵抗性．喫煙に対して感受性，サリドマイドに対して感受性
BIO 82.73	薄紫	3,4-Benzpyrene, 20-Methylcholamine に対して抵抗性
BIO 86.93	アルビノ	3,4-Benzpyrene, 20-Methylcholamine, 2-Naphthylamine に対して抵抗性，sz 遺伝子の遺伝的背景
BIO 87.20	錆	3,4-Benzpyrene, 20-Methylcholanthrene, 2-Naphthylamine に対して感受性，サリドマイドに対して抵抗性．平均寿命が長い
MHA/Ss	白	Dental caries が多発
LSH/Ss	アグーチ	性質温順

20-Methylcholamine, 3,4-Benzpyrene, 2-Naphthylamine, Diethylnitrosamineは発がん性化学物質，喫煙は発がん性を示す．
文献49），51），52）をもとに作成

ている[57]. さらに, この手法は精子侵入試験（sperm penetration assay）あるいはハムスターテストとも呼ばれ, 精子侵入率が男性不妊と高い相関を示すことから男性不妊診断にも応用されている[58].

c. 生殖生理

前述のように生殖活動に影響を与える因子の一つである光環境に対する反応性がマウス, ラットと異なっていること, 特徴的な生殖行動をとることなど, さらにFSH, LHをはじめ各種ホルモンの変動などが明らかにされつつあり, 松果体と視床下部ー下垂体ー性腺系を中心とした生殖生理学の研究におけるハムスターの利用価値は高い[21].

d. 運動活性リズム

シリアンハムスターは, 車回し運動活性にサーカディアンリズムを示すことからリズムの研究に広く用いられてきた. この運動活性のリズムは, 視交叉上核（SCN）の傷害によって消失することから, SCNの機能と役割を明らかにする上で注目されている[21]. 最近, 20時間の車回し運動活性リズムを示すミュータントが発見された[48]. この種のミュータントはこれまでに全く報告がなく, リズムの遺伝的解析には最適とされている.

e. 毒性学での利用

この動物の薬物に対する特徴的な反応が1950年代に注目されていたが, いろいろの薬物や化学物質について催奇形性, 毒性および発がん性などの検索に利用されるようになったのは1970年以降のことである[21,59,60].

シリアンハムスターでは呼吸器系の感染症に対して抵抗性を示すこと, 呼吸に関係した発がん因子に対して感受性が高いこと, 肺腫瘍の自然発生頻度が低いこと, 気管支の組織像がヒトのそれと類似していること, 発がん物質により誘起される気管支原性腫瘍の病理組織学的特徴が, ヒトで一般に認められる初期の肺腫瘍である気管支がんと類似していることなどから, 喫煙, 環境汚染物質などの吸入毒性には欠くことのできないモデル動物とされている[21].

シリアンハムスターはDDT, およびその中間代謝産物であるDDDとDDEの急性毒性に対して, マウスやラットに比較して抵抗性を示す[61]. しかし, 他の有機塩素系の化合物に対してはマウスやラットとほぼ同様の毒性を示す. N,N-dimethylformamide（aflatoxinの溶媒）はシリアンハムスターに対して肝の壊死を誘発する. 2, 3, 7, 8-tetrachorodibenzo-p-dioxin（TCDD）はシリアンハムスターに対して他の動物ほど致死作用を示さない[62].

f. 催奇形性試験での利用

シリアンハムスターの胚は, 妊娠8日目から36時間の間に急激な発達が認められ, この時期が奇形発生因子の投与に適しているとされている[18]. また, シリアンハムスターにおける自然発生奇形の頻度は低いことが明らかにされ, 奇形発生因子の解析にはマウス, ラットよりも有用性が高い動物と考えられている[21]. いままでに, ビタミンA, サリドマイド, 各種の薬物, 化学物質, 重金属化合物, 除草剤ならびに殺虫剤などが催奇形性物質として確認されている. したがって今後この分野でシリアンハムスターがますます利用されると思われる. その場合に, サリドマイドに対する反応が系統間で異なっているので（表9.37）[63], 用いる系統を考慮する必要があろう.

g. がんの移植, 発がん性, 制がんなどに関する利用

i）化学物質による頬袋のがん　シリアンハムスターの頬袋は, Salley（1954年）[64]により類表皮がんの研究に適することが報告されて以来, 口腔粘膜の発がん性の研究に最も優れた実験系としてよく知られている[21]. その理由は, 正常なシリアンハムスターの頬袋では自然発生の腫瘍が認められないこと[65], 頬袋の粘膜および血管分布の観察が容易であること[66], 頬袋に実験的に発生させた腫瘍の数と大きさを測定できることなどである. さらに, シリアンハムスターの化学物質による頬袋がんについて, ヒト口腔がんと類似あるいは一致する次のような知見が集積されている. 1. 腫瘍の発生がゆるやかで, ヒトの前がん状態の白斑と組織学的に類似している[67]. 2. c-erb B 1 腫瘍遺伝子を発現している[68]. 3. がん細胞の初期マーカーであるgamma glutamyl transpeptidase（GGT）活性が認められる[69]. 4. 正常組織では発現しない腫瘍増殖因子 α（transforming growth factor alfa ; TGFα）が発現している[70]. これらのことから, シリアンハムスターの頬袋がんが, 発がん性や制がん, ウイルス感染と口腔がんなどの研究に多用されている.

ii）頬袋以外での利用　すでに305におよぶ化学物質の発がん性が検討され, そのうち130の化

学物質に発がん性が確認されている[55,71]. なお, シリアンハムスターでは使用する発がん性物質によって標的器官がマウス, ラットの場合とかなり異なることから, 発がん性の評価にこの動物での成績が重要であるとの指摘がなされている. また, 長期の発がん性試験には最適の動物であるとの見解も示されている[72]. 最近, 発がん性化学物質に対する近交系シリアンハムスターの反応についての情報が蓄積されつつある. 主な近交系について表9.37に示した.

h. アテローム性動脈硬化症

最近, シリアンハムスターに高脂肪食を給与することにより, 高コレステロール血症ならびにコレステロール結晶やカルシウムの沈着を伴ったヒトのアテローム板と類似の病態が作出された[34]. シリアンハムスターと高脂肪食の組合わせは, アテローム性動脈硬化症の実験モデルとしてすでに用いられているウサギ, イヌ, ブタおよび霊長類にくらべ, 多くの利点を有しているので, 今後の進展が注目される.

i. 感染実験

シリアンハムスターが最初に使用されたのはkala-azarの感染実験であったが, その後は細菌やウイルスを用いた感染実験に使用されている[51,73]. 細菌についてはブドウ球菌, 結核菌, 馬流産菌などの感染実験が挙げられる. ウイルスに対する感受性が高く, 狂犬病, ジステンパー, 日本脳炎, インフルエンザ, コクサッキーB-3, ニューカッスル, SV 40 (simian virus 40), ヘルペス (HSV-1)[74] などのウイルス感染症研究での利用が多い. 最近, 成熟および幼若シリアンハムスターにヒトアデノウイルスタイプ5 (Ad 5) を経鼻投与することにより, 感染の成立が報告された[75]. 従来, Ad 5の実験モデルとしてコットンラットとブタが用いられてきたが, シリアンハムスターには入手が容易でかつ取扱いやすいという利点があり, ワクチンの研究に欠くことのできない動物となりつつある.

以上のほかに歯疾患[76], ビタミンAおよびビタミンE欠乏症, 栄養生理ならびに老化の研究にもシリアンハムスターが利用されている. 〔米田嘉重郎〕

文 献

1) Fulton, G. P.: The Golden Hamster in Biomedical Research. *In* The Golden Hamster its biology and use in medical research, pp. 3~14, Iowa State Univ. Press (1968)
2) Clark, J. D.: Historical Perspectives and Taxonomy. *In* Laboratory Hamster, pp. 3-7, Academic Press (1987)
3) Chang, A., Diani, A. and Connell, M.: Biology and Care, *In* Laboratory Hamster. (Van Hoosier, G. L. Jr and McPherson, W. (eds.)), pp. 305~319, Academic Press (1987)
4) Murphy, M.: Natural History of the Syrian golden hamster—a reconnaissance expedition. *Am. Zool.*, **11**, 632-632 (1971)
5) Adler, S.: Origin of the Golden Hamster *Cricetus auratus* as a Laboratory Animal. *Nature*, **162**, 256-257 (1948)
6) Streilein, J. W.: Experimental Biology; Use in Immunology, *In* Laboratory hamster, pp. 215-223, Academic press (1987)
7) 奥木 実: ハムスター類, 実験動物学―各論―(田嶋嘉雄編), pp. 92-117, 朝倉書店 (1972)
8) Frost, P. *et al.*: Biodynamic studies of hamster flank organ: hormonal influences. *J. Invest. Dermatol.*, **61**, 159-167 (1973)
9) Bivin, W. S., Olsen, G. H. and Murray, K. A.: Morphophysiology. *In* Laboratory Hamster. pp. 9-41 Academic press (1987)
10) Magalhaes, H.: Gross Anatomy. *In* The Golden Hamster. its Biology and use in Medical Research, pp. 91-110, Iowa state Univ. Press (1968)
11) Ohtaki, S.: Quantitative interactions in weight of lymphoid organs and steroid hormonal organs in hamsters under several experimental conditions. *Br. J. exp. Path.*, **69**, 1-16 (1988)
12) Ohtaki, S.: Conspicuous Sex Difference in Zona Reticularis of the Adrenal Cortex of Syrian Hamsters. *Lab. Anim. Sci.*, **29**, 764-769 (1979)
13) Heidbuchel, U. and Vollrath, L.: Morphological findings relating to the problem of cortex and medulla in the pineal glands of rat and hamster. *J. Anat.*, **136**, 723-734 (1983)
14) Reiter, R. J.: Neuroendocrine effects of the pineal gland and of melatonin. *Front. Neuroendocrinol.*, **7**, 287-317 (1982)
15) Reiter, R. J.: The pineal and its hormones in the control of reproduction in mammals. *Endocr. Rev.*, **1**, 109 (1980)
16) Knigge, K. M. and Joseph, S. A.: A stereotaxic atlas of the brain. *In* The Golden Hamster its biology and use in medical research. pp. 285-321, The Iowa State Univ. Press (1968)
17) Boyer, C. C.: Embryology. *In* The Golden Hamster its biology and medical research, pp. 73-90, Iowa State University Press (1968)
18) Ferm, V. H.: The Use of the Golden Hamster in Experimental Teratology. *Lab. Anim. Care,* **17**, 452-462 (1967)
19) Shaw, D. C. and Turton, J. A.: Body and organ weights: Hamster. *In* Inbred and Genetically Defined Strains of Laboratory Animals. p. 449 (1979)
20) Shaw, D. C. and Turton, J. A.: Body and Organ weights: Hamster. *In* Inbred and Genetically Defined Strains of Laboratory Animals. partz pp. 448-450. Federation of American Societies for Experimental Biology (1979)
21) Newcomer, C. E. *et al.*: Experimental Biology; Other Research Uses of Syrian Hamster. *In* Laboratory hamsters. pp. 264-299. Academic press (1987)

22) Kutscher, C. L.: Species differences in the interaction of feeding and drinking. *Ann. N. Y. Acad. Sci.*, **157**, 539-552 (1969)
23) Borer, K. T., Rowland, N. M., Borer, R. C. and Kelch, R. P.: Physiological and behavioral responses to starvation in the golden hamster. *Am. J. Physiol.*, **236**, 105-112 (1979)
24) Silverman, H. J. and Irving Zucker: Absence of Post-Fast Food Compensation in the Golden Hamster (*Mesocricetus auratus*). *Physiol. Behav.*, **17**, 271-285 (1976)
25) Silverman, H. J.: Failure of 2-deoxy-D-glucose to increase feeding in the golden hamster. *Physiol. Behav.*, **21**, 859-864 (1978)
26) Carpenter, J. A.: Species differences in taste preferences. *J. Comp. Physiol. Psychol.*, **49**, 139-143 (1956)
27) Fitts, D. A., Yang, O. O., Corp, E. and Simpson. J. B.: Sodium retention and salt appetite following deoxycorticosterone in hamsters. *Am. J. Physiol.*, **244**, R78-R83 (1983)
28) Kulkosky, P. J., and Cornell, N. W.: Free-choice ethanol intake and ethanol metabolism in the hamster and rat. *Pharmacol. Biochem. Behav.*, **11**, 439-444 (1979)
29) McMillan, D. E. *et al*: Failure of signs of physical dependence to develop in hamsters after prolonged consumption of large doses of ethanol. *Prarmacol. Biochem, Behav.*, **7**, 55-57 (1977)
30) Thurman, R. G., *et al*.: Rapid blood ethanol elimination and withdrawal resistance in the Syrian golden hamster. *Pharmacologist*, **20**, 160 (1978)
31) Committe on Animal Nutrition: Nutrient requirements of the hamster. *In* Nutrient Requirements of Laboratory Animals. pp. 70-79, N. R. C., Natl. Acad. Sci. Washington, D. C. (1978)
32) Tompson, F. N. and Wardrop, K. J.: Clinical Chemistry and Hematology. *In* Laboratory Hamsters. pp. 43-58, Academic Press (1987)
33) Maxwell, K. O., Wash, C., Murphy, J. C. and Fox, J. G.: Serum Chemistry Reference Values in Two Strains of Syrian Hamsters. *Lab. Anim. Sci.*, **35**, 67-70 (1985)
34) Nistor, A. *et al*.: The hyperlipidemic hamster as a model of experimental atherosclerosis. *Atherosclerosis*, **68**, 159-173 (1987)
35) Coe, J. E.: A sex-limited serum protein of Syrian hamsters: Definition of female protein and regulation by testosterone. *Proc. Natl. Acad. Sct. USA.*, **74**, 730-733 (1973)
36) Coe, J. E. *et al*.: Hamster female protein; A new pentraxin structurally and functionally similar to C-reactive protein and amiloid component. *J. Exp. Med.*, **153**, 977-991 (1981)
37) Coe, J. E. and Mary Jane Ross: Hamster Female Protein; A Divergent Acute Phase Protein in Male and Female Syrian Hamsters. *J. Exp. Med.*, **157**, 1421-1433 (1983)
38) Dowton, S. B. *et al*.: Syrian hamster Female protein. *Science*, **228**, 1206-1208 (1985)
39) 米田嘉重郎：実験動物の生産—ハムスター．実験動物ハンドブック，(長沢　弘他編), pp. 206-214, 養賢堂(1983)
40) Yoon, C. H.: Recent advances in Syrian hamster Genetics. *J. Hered.*, **64**, 305-307 (1973)
41) Yoon, C. H. and J. S. Peterson: Recent Advances in Hamster Genetics. *Prog. Exp. Tumor. Res.*, **24**, 157-161 (1979)
42) Peterson, J. S., deGroot, C. T. and Yoon, C. H.: Five new mutations in the Syrian hamster: furloss, fur-deficiency, juvenile gray, ashen, and quaking. *J. Hered.*, **72**, 445-446 (1981)
43) Mizutani, M., Katsuie, Y., Umezawa, H. and Kuramasu, S.: Genetical Analysis and Characterization of a New Mutant, Black Tremor Appearing in the Syrian hamster. *Exp. Anim.*, **35**, 175-179 (1986)
44) Yoon, C. H., Degroot, C. T. and Peterson J. S.: Linkage group V in the Syrian hamster: cardiomyopathy and lethal gray. *J. Hered.*, **71**, 287-288 (1980)
45) Yoon, C. H. and Peterson, J. S.: Linkage group IV in the Syrian hamster: spontaneous seizure and jute. *J. Hered.*, **70**, 279-280 (1979)
46) Yoon, C. H., deGroot, C. T. and Peterson, J. S.: Linkage relationship of cardiomyopathy in the Syrian hamster. *J. Hered.*, **71**, 61-62 (1980)
47) Nixon, C. W. and Maureen E. Connelly: Pinto—a new coat patterning factor in Syrian hamsters. *J. Hered.*, **68**, 399-402 (1977)
48) Ralph, M. R. and Menaker, M.: A Mutation of the Circadian System in Golden Hamsters. *Science*, **241**, 1225-1227 (1988)
49) Festing, F. W.: Chinese hamster, *Cricetulus griseus* and Syrian hamster, *Mesocricetus auratus*. *In* International Index of Laboratory Animals. pp. 77-79 (1980)
50) Yoon, C. H. and Peterson, J.: Origin of Inbred Strains: Hamster. *In* Inbred and Genetically Defined Strains of Laboratory Animals Part2, pp. 433-435. Federation of American Societies for Experimental Biology (1979)
51) 倉益茂実：ゴールデンハムスター．実験動物の飼育管理と手技(今道友則監修), pp. 290-301, ソフトサイエンス社 (1979)
52) Homburger, F. *et al*.: Susceptibility and Resistance to Chemical Carcinogens in Inbred Syrian Hamsters. *Prog. Exp. Tumor Res.*, **24**, 215-221 (1979)
53) McMartin, D. N. and Dodds, W. J.: Animal Model of Human Disease. Atrial Thrombosis in Aged Syrian Hamsters. *Am. J. Pathology*, **107**, 277-279 (1982)
54) Pour, P., *et al*.: Spontaneous tumors and common diseases in two colonies of Syrian hamsters I. Incidence and sites. *J. Natl. Cancer Inst.*, **56**, 931-967 (1976)
55) Homburger, F. and Russfield, A. B.: An inbred Line of Syrian hamsters with frequent sponyaneous abrenal tumors. *Cancer Res.*, **30**, 305-308 (1970)
56) Yanagimachi, R.: Zona-free hamster eggs: their use in assessing fertilization capacity and examing chromosomes of human spermatozoa. *Gamete Res.*, **10**, 187-232 (1984)
57) Kamiguchi, Y. and Mikamo, K.: An improved, efficient method for analyzing human sperm chromosomes using zona-free hamster ova. *J. Reprod. Fert.*, **80**, 619-622 (1986)
58) Yanagimachi, R. *et al*.: The use of zona-free ova as a test-system for the assessment of the fertilizing capacities of human spermatoza. *Biol. Reprod.*, **15**, 471-476 (1986)
59) 米田嘉重郎：ハムスター類．毒性試験に用いられる実験動物(藤原公策, 掘内茂友責任編集), pp. 37-51, 地人書館 (1990)

60) Gak, J. C., Claude Graillot, and Truhaut, R.: Use of the Golden Hamster in Toxicology. *Lab. Anim. Sci.*, 274-280 (1976)
61) Shubik, P.: The Use of the Syrian Hamster in Chronic Toxicity Testing. *Progr. Exp. Tumor Res.*, **16**, 176-184 (1984)
62) Olson, J. R., Holscher, M. A. and Neal, R. A.: Toxicity of 2, 3, 7, 8-Tetrachlorodibenzo-p-dioxin in the Golden Syrian Hamster. *Toxic. Appl. Pharma.*, **55**, 67-78 (1980)
63) Homburger, F., Chaube, S. Eppenberger, M. Bogdonoff, P. D. and Nixon, C. W.: Susceptibility of Certain Inbred Strains of Hamsters to Teratogenic Effects of Thalidomide. *Toxic. Appl. Pharma.*, **7**, 686-693 (1965)
64) Salley, J. J.: Experimental carcinogenesis in the cheek pouch of the Syrian hamster. *J. Dent. Res.*, **33**, 253-262 (1954)
65) Yoon, C. H., and Peterson, J.: Origin of Inbred Strains: Hamster. *In* Inbred and Genetically Defined Strains of Laboratory Animals Part2 (P. L. Altman and D. D. Katz (eds.)), pp. 433-434, Fed. Am. Soc. Exp. Biol. (1979)
66) Shklar, G.: Oral Mucosal Carcinogenesis in Hamsters: Inhibition by Vitamin E. *JNCI*, **68**, 791-797 (1982)
67) Santis, H., Shklar, G. and Chanucey, H. H.: Histochemistry of experimentally induced leukoplakia and carcinoma of the hamster buccal pouch. *Oral. Surg.*, **17**, 207-218 (1964)
68) Wong, D. T. W. and Biswas, D. K.: Expression of cerB proto-oncogene during dimethylbenzanthraceneinduced tumorigenesis in hamster cheek pouch. *Oncogene*, **2**, 67-72 (1987)
69) Solt, D. B.: Localization of Gamma-Glutamyl Transpeptidase in Hamster Buccal Pouch Epithelium Treated with 7, 12-Dimethylbenz(a)anthracene. *JNCI*, **67**, 193-200 (1981)
70) Wong, D. T. W. *et al.*: Transforming Growth Factor α in Chemically Transformed Hamster Oral Keratinocytes. *Cancer Res.*, **48**, 3130-3134 (1988)
71) Trentin, J. J.: Experimental Biology: Use in Oncologic Research. *In* Laboratory hamsters (Van Hoosier, G. L. and McPherson, C. W. (eds.)) pp. 201-214, Academic Press (1987)
72) Bernfeld, P.: Longevity of the Syrian Hamster. *Prog. Exp. Tumor Res.*, **24**, 118-126 (1979)
73) Frenkel, J. K.: Experimental Biology: Use in infecutious Disease Research. *In* Laboratory hamster, pp. 228-243, Academic Press (1987)
74) Park, N. -H., Herbosa, E. G. and Shklar, G.: Experimental development of herpes simplex virus infection in hamster buccal pouch. *Oral. Surg. Oral Med. Oral Pathol.*, **59**, 159-166 (1985)
75) Hjorth, R. N. *et al.*: A new hamster model for adenoviral vaccination. *Arch. Virol.*, **100**, 279-283 (1988)
76) Keyes, P. H.: Odontopathic Infections. *In* The Golden Hamster its biology and use in medical research, pp. 253-284, The Iowa State University Press (1968)

9.7 チャイニーズハムスター

学 名　*Cricetulus Griseus*
英 名　Chinese hamster

(1) 生物分類学的位置

チャイニーズハムスターの生物分類学的位置はつぎのようになる[1]．
脊椎動物門(Vertebrata)，哺乳綱(Mammalia)，げっ歯目(Rodentia)，ネズミ科(Muridae)，キヌゲネズミ亜科(Cricetinae)，*Cricetulus* 属，*Griseus* 種．

Cricetulus 属にはチャイニーズハムスター以外に，種を異にする *Cricetulus migratorius* Pallus (Grey or Armenian hamster)，亜種の *Cricetulus barabensis* Pallasや亜属の *Tscherkia* Trion DeWintonなど十数種の動物が知られている．

(2) 実験動物になるまでの歴史

チャイニーズハムスターを用いた最初の報告は，Hsieh (1919)[2]による肺炎球菌の実験とされている[3]．当時，マウスの入手が困難でかつ高価であったことから，彼はマウスの代用として北京の街頭で入手したものを実験に供した．以来，中国人と英国人の研究者によって，主に細菌，ウイルスおよび原虫の実験に使用されていたが，実験室内で繁殖ができなかったため野生の動物を捕獲して使用するという状態であったらしい．

1950年代になって，チャイニーズハムスターに関する三つの大きな発見がなされた．第一に，染色体数は $2n=22$ と少ないことが明らかにされた[4,5]．第二に，頬袋に腫瘍の移植が可能であることが明らかにされた．第三に，従来，げっ歯類としては全く知られていなかった自然発症糖尿病が発見された[6]．これらの発見を境に，実験動物としての有用性が注目されだした．しかし，実験室内での繁殖は困難を伴うという問題点があった．このことが利用匹数を限定的なものとし，かつ，新たな特性の発見を遅らせてきたといっても過言ではない．

実験動物として世界的に使用されるに至ったの

は，Yerganian が Schwentker（Tumblebrook Farm, Brant, N. Y.）より購入したコロニーを確立したことに始まる[3]．彼はアメリカ国内を始め1954年には英国へも分与した．わが国へは1959年にBoston から国立遺伝学研究所へ，1966年にイギリスの Lab. Anim. Centre から（財）日本生物化学研究所へ，1969年に Boston から癌研究会癌研究所へと3回にわたって導入された[7]．その後，国立遺伝学研究所と（財）癌研究会癌研究所のコロニーから国内各地の研究機関に分与された．

（3）一般的特徴

a. 一般的特徴

成熟チャイニーズハムスターの体長は，雄10.3～11.5cm，雌9.0～10.5cm，体重は雄30～41g，雌25～34gで，マウスとほぼ同じ大きさの動物である．オリジナル毛色は背部が灰色をおびた黒色の柔らかい被毛で覆われ，中央部に黒い帯状の線がある（別名 striped-back hamster と呼ばれる所以である）[3]．腹部は灰白色．なお，成熟した雄の腹部にはテストステロン支配の黒色斑が認められる[8]．オリジナル以外の毛色として被毛が白色となる優性突然変異遺伝子（Ws）が報告されている[9]．大きさはマウスとほぼ同じであるが，尾は短く，左右に頬袋があり，眼が大きいなど，シリアンハムスターと類似点も認められる．精巣が体重に比し著しく大きいのが特徴である（図9.31）．

b. 習　性

チャイニーズハムスターは夜行性の動物で，照明時間中は活発な運動が認められず睡眠している場合が多い．頬袋に飼料を貯めたり，木毛や稲ワラを巣材として入れると巧みに巣をつくる習性がある．糞尿はほぼ決まった場所に排泄する習性もある．

チャイニーズハムスターには攻撃行動が見られ，特に複数の成熟雌を同居させた場合，最初にお互いが激しく攻撃しあう．しかし，成熟雄の場合には雌のような攻撃行動はあまり見られない．雌には規則的な性周期の出現に伴い，雄を激しく攻撃する行動が見られる．攻撃を受ける場所は尾根部から精巣の周囲に集中し，激しい攻撃が続くと尾が咬みきられる．なお，雌の攻撃を受けた雄は死亡する場合もある．

c. 寿　命

Kohn and Guttman[10] により，生存日数は雄で887～1170日，雌で820～1003日．最長生存日数は雄で1437日，雌で1567日とマウス，ラットにくらべやや長いことが明らかにされた．生存曲線を見ると，最初の死亡例が見られてから全例が死亡するまでの期間の短いことが特徴的である[11,12]．

（4）解　剖

a. 骨格系

マウスと同様，頭蓋骨，脊柱，肋骨および胸骨，前肢骨，後肢骨よりなっている．脊柱は頸椎7，胸椎12，腰椎6，仙椎5および尾椎15～16個の椎骨よりなるのが基本型と考えられる．歯式は 2 (I 1/1 C 0/0 P 0/0 M 3/3) で，総数16本である．

b. 頬袋（cheek pouch）

頬袋は左右両側の粘膜から肩甲部後方にかけて突出伸展している．頬袋の膜は厚さが0.07mmで，シリアンハムスターのそれが0.50mmであるのに対し薄く，光の透過性に優れている．頬袋を反転して広げてみると，発達した血管が認められ顕微鏡下で赤血球の循環が観察できる[13]．

c. 内臓系

i）胸部および腹部　雌では表皮の胸部に2対，腰部に2対，計4対の乳頭が観察される．胸腔には心臓がほぼ中央部に，その下側に4～5葉の右肺と1葉の左肺が認められる[14]．横隔膜の直下に5（4～6）葉の肝臓，その下側に胃が認められる．胃は前胃と腺胃に分かれていて，両者の間にくびれがある[15]．胃の左側に脾臓があり，脾臓と腺胃の大湾さらに十二指腸から空腸に接して桃白色を呈した薄い膜状の膵臓が観察される．小腸は十二指腸，空腸および回腸よりなり，長さは約200～250mmで腹腔内を蛇行している[16]．大腸は盲腸，結腸および直腸よりなり，肛門より外部に開口している．背部の左右にソラマメ型をした腎臓が，右側が左側よりもやや上部に位置している．左右の腎臓の上側に密接して桃白色を呈した副腎が認められる．各臓器の重量を表9.38

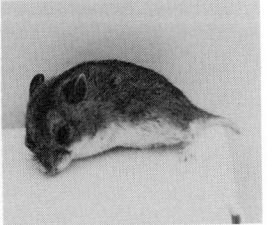

図9.31　チャイニーズハムスター：雄(右)，雌(左)

に示した．頭部，脾臓および精巣重量は体重100g当たりでみるとシリアンハムスターに比べ重い．

ii) 泌尿，生殖器 各臓器の位置を図9.32，9.33に示した．

(5) 受精，発生，精子形成

a. 受　精

交尾が成立していれば，受精は排卵後2～3時間ではじまり，4～5時間で完了する．排卵後4日で胚盤胞に達し，子宮に到達する[18]．

b. 着床より体節形成まで

Donkelaarら[20]による詳細な報告がある．ここではその概略を述べる．

交尾後5～6日目に着床が起こる[18]．交尾後10日目で神経の形成が認められ，体節(somites)が現れる．

c. 体節形成以降

交尾後10.5～11日目で神経の融合が始まり，胚の変化が起こる．体節は4～20．頭部神経孔の形成と閉鎖が認められる．11日目を過ぎると体節が21～29となり，前肢芽が出現する．11.5～12日目にはいると水晶体囊が形成される．12.5～13日目には後肢芽が出現する．13.5日目で前肢の手板の分化が始まる．14日目で指の初期形成が認められ，耳介の形成が始まる．15 3/4～16日目には毛包が認められる（この時期以降は胎仔と呼ばれる）．なお，中枢神経系の発生についてはDonkelaarら[20,21]の報告がある．

d. 精子形成

精子形成過程の形態学的変化はOud and Rooij[22]により，詳細に調べられている．A型精原細胞，中間型精原細胞，B型精原細胞，精母細胞，精娘細胞から精子細胞へと分化する．精子細胞はゴルジ期，先体期，成熟期へと変態する．精細管上皮周期は17日である．

表 9.38 臓器の相対重量および大きさ

		雄	雌
頭蓋（長さ）		33.13±5.59	30.57±1.96
気　管		0.01±0.004	0.03±0.01
肺		0.51±0.19	0.77±0.15
心　臓		0.45±0.07	0.49±0.07
肝		4.98±0.59	5.12±1.07
腎	右	0.54±0.09	0.57±0.06
	左	0.55±0.1	0.58±0.08
副腎	右	0.01±0.002	0.008±0.001
	左	0.01±0.002	0.01±0.003
脾　臓		0.32±0.15	0.19±0.06
胃（内容物を除く）		0.87±0.07	1.09±0.15
小腸（内容物を含む）		8.58±1.05	9.09±1.43
精巣	右	1.64±0.56	
	左	1.72±0.51	
卵巣	右		0.01±0.003
	左		0.01±0.003
子宮（長さ）	右		16.43±4.72
	左		15.06±3.72
体重（g）		34.36±4.26	29.28±4.47
体長（mm）		91.21±12.48	90.53±3.08

12カ月齢の雌雄10匹，文献16）の改変

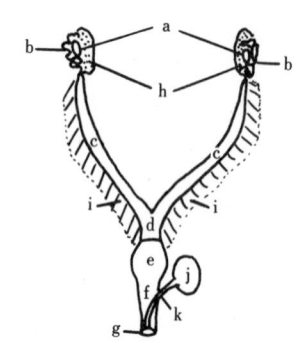

図 9.32 雌チャイニーズハムスターの生殖器
a. 卵巣，b. 卵管，c. 子宮角，d. 子宮体，e. 子宮頸部，f. 腟，g. 腟口，h. 脂肪組織，i. 子宮間膜，j. 膀胱，k. 尿道

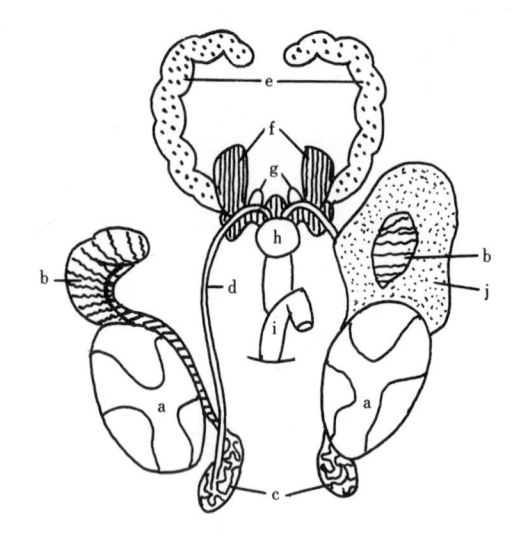

図 9.33 雄チャイニーズハムスターの生殖器
a. 精巣，b. 精巣上体頭部，c. 精巣上体尾部，d. 精管，e. 精嚢，f. 前立腺，g. 瓶状腺，h. 膀胱，i. 陰茎，j. 脂肪組織

(6) 成　　長

出生時は体重が1.2～2.5gで，すでに切歯をそなえている．被毛は生後3～4日に生えはじめ，生後7日にはほぼ全身をおおう．開耳と開眼は生後10～14日で起こる．離乳は生後18～25日頃とされているが，哺乳仔数が4～6匹の場合でも生後14日で可能である．離乳時（21日齢）の体重は11～15gである．体重増加は離乳後から10～12週齢ごろまで著しく，その後の増加はゆるやかである．精巣下降はおよそ1か月齢．腟開口は1.0～1.5か月齢．性成熟に達するのは雄で3.5～4か月齢，雌で3か月齢である[23,24]．

(7) 生　　理

a. 飼料，水の摂取

摂餌行動は主に午後8時から翌日の午前8時の間に認められる．固型飼料の摂取量は飼料のカロリー含量によっても異なるが，1日当たり7～10g/100g体重である．麻酔剤の拮抗物質やペプチド（コレシストキニン，ソマトスタチン）の満腹中枢に対する影響は，ラットでは認められるがこの動物では認められない[25]．水の摂取量は1日当たり12ml/100g体重．なお，10%のアルコールには嗜好性を示す[26]．

b. 脂肪代謝

血清中の遊離脂肪酸のレベルは2.0～5.11mEq/lで，ラットやヒトのそのレベルにくらべ5～9倍も高い[27]．血漿コレステロールのレベルは130～140mg/dl[28]．

c. 金属イオンの代謝

新生子の肝には高濃度のチオナイン（thionein）が含まれている．ハフニウム（Hf）を投与すると鉄の輸送タンパクであるトランスフェリンと結合し，7日後には筋肉中で最も高く肝では最も低い[29]．インスリンの貯蔵や放出に重要な役割を担っている亜鉛（Zn）の肝における含量は遊離，結合とも生後9日目にピークがある[30]．

d. 酵素活性

いくつかの酵素について，分離，精製され性質が明らかにされている[31,32]．

e. ホルモン

インスリン，グルカゴン，ソマトスタチンについては，糖尿病との関係から詳細な解析がなされている[33]．

f. 血液性状

血液性状を表9.39に示した．

表9.39　チャイニーズハムスターの血液性状[34]

	平均±標準偏差
赤血球数（$10^6/\mu l$）	7.1±0.01
ヘマトクリット値（%）	42.1±5.6
ヘモグロビン量（gm/dl）	12.4
白血球数（$10^3/\mu l$）	5.5
好中球（%）	19.3±2.2
単球（%）	76.1±7.8
好酸球（%）	1.7±0.7
好塩基球（%）	0.15±0.04
沈降速度（mm/hr）	3.5±1.7

(8) 繁殖生理

a. 環境条件

飼育室の温度20～26℃，湿度40～60%，14時間照明の条件下であれば年中繁殖が可能である．

b. 性周期，黄体の完成と退化

性成熟に達した雌チャイニーズハムスターの卵巣では，卵胞が周期的に成熟し，自然的に排卵が起こり黄体が形成され，性周期が繰り返される．腟垢を連続して観察してみると，角質化上皮細胞が正しく4日周期で繰り返し認められる．この周期は腟周期と呼ばれ，性周期の内分泌状態をよく反映していることから，性周期のステージを判定するために利用できる．性周期中の諸形質の変化は図9.34に示す通りである．排卵が認められる性周期第1日は発情期と呼ばれる．排卵は通常の14時間照明（6：00～20：00）では第1日の1：00～5：00ころに起こる（図9.34）．角質化上皮細胞は，妊娠期間中には認められないが，哺乳期間中には乳子が4匹（平均産仔数は5～6匹）以上の場合でもしばしば認められる．黄体は発情間期-Iから発情間期-IIにかけて形成されるが，発情前期では完全に消失する[35]．排卵数は6～8個と少なく黄体の観察が容易である．性周期における血中プロゲステロンの分泌パターンは2相性を呈し，短い黄体相と排卵前のサージ（急激な大量分泌）が認められ[35]，マウス，ラット，シリアンハムスターとほぼ同じである．

妊娠後期には卵胞の発達が認められるが，排卵に至らず閉鎖に向かう．妊娠により発達した黄体は分

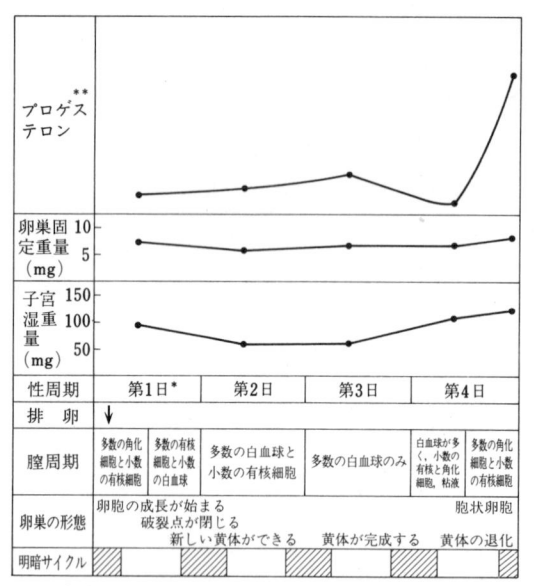

プロゲス テロン**				
卵巣固 定重量 (mg)	10 5			
子宮 湿重 量 (mg)	150 100 50			
性周期	第1日*	第2日	第3日	第4日
排卵	↓			
膣周期	多数の角化 細胞と小数 の有核細胞	多数の有核 細胞と小数 の血球	多数の白血球と 小数の有核細胞	多数の白血球のみ	白血球が多 く,小数の 有核と角化 細胞,粘液	多数の角化 細胞と小数 の有核細胞
卵巣の形態	卵胞の成長が始まる 破裂点が閉じる				胞状卵胞
		新しい黄体ができる	黄体が完成する	黄体の退化	
明暗サイクル					

＊：排卵が確認される日を第1日とし膣周期の発情期に相当する．
＊＊：ホルモンレベルは相対的な変化を示す．

図9.34 チャイニーズハムスターの性周期に伴う諸形質の変化

娩直後に消失し，哺乳黄体は認められない．これらの変化は血中プロゲステロンレベルによく反映している[35]．すなわち，妊娠7日目以降上昇し妊娠後期には高レベルを維持していたが，分娩直前から急激に減少して分娩日には性周期の最低値とほぼ同レベルとなり，哺乳中も低値のままである．

すでに述べたように，チャイニーズハムスターの雌には規則的な性周期の出現に伴い雄を激しく攻撃する行動が見られ，特に発情前期の午後から翌朝までの間以外はことさら激しい．このような雌の雄に対する攻撃行動は，他の一般の実験動物には認められない特性と考えられる．この攻撃行動がどのような生物学的意義をもつのかは現在のところ不明であるが，配偶行動という観点から注目されている[36]．

c．交配法

前述のような雌の雄に対する攻撃行動が実験室内での繁殖を困難なものとしてきた大きな要因とされている．したがって，繁殖に際しいくつかの方法が考案されている[23,24]．

i) **Hand-mating** 交配適期の雌1を雄1のケージに入れて交尾を確認した後，雌を分離する．交配適期は発情前期から発情期の初期にかけてである．なお，発情持続時間は6〜8時間とされている．

この時期の雌は雄に対して，足をつっぱり背中をそらし尾を垂直に上げ，いわゆるロードシスと呼ばれる交尾行動をとる．なお，この方法を実施するには昼夜を逆転させた照明が行われる．

ii) **Monogamous pairs** 雄1雌1のペアを組み，常時同居させる方法である．兄妹の雄1雌1を選ぶことによって近交系の維持，生産にしばしば用いられる．この場合，雌の攻撃を受けやすいので，それを避けるため離乳時にペアを組まれることが多い．この方法により繁殖が可能な近交系が育成されている．

iii) **Harem system** 複数の雌と雄1，あるいは複数の雌と複数の雄を同一のケージで交配させ，妊娠を確認した後に雌を分離し，分娩させる方法である．おもに生産場で行われている方法である．

iv) **Collar method** 雌の雄に対する攻撃行動を考慮して考案された方法で，特別な交配用のケージを用意する．すなわち，二つのケージを接続し，雄は自由に通り抜けられるよう通路を設ける．雌には通路を通り抜けられない程度の首輪（内径16 mm，外径25 mm程度のcollar）をはめ同居させる．妊娠が確認できれば別のケージへ移し，他の雌を交配させる．特別なケージを用意しなければならない，雌に首輪をつけなければならないなど，不利な点もあるが確実な方法として推奨されている．

d．妊娠診断

腟栓および精子の存在を確認し，妊娠日を起算する．ただし，これらは交尾を確認したことであって，必ずしも妊娠を示すものではない．

妊娠診断は赤褐色の溶血性粘液の出現（胎盤徴候），母体重の観察などによって行われる[37]．腟内に精子が確認された日を妊娠1日目とした場合，腟に赤褐色の溶血性粘液が認められるのは13〜17日目である．また，母体重は妊娠13日目ころから急激に増加する．着床は妊娠5〜6日目に認められる．妊娠期間は20〜21（ほとんどが20日）である．分娩はほとんどの場合に，夜半から早朝にかけて起こる．後分娩排卵は起こらないので，マウスにみられるような追いかけ妊娠はない．なお，哺乳仔数が少ない場合，離乳前の発情回帰が見られる．

e．産仔数・離乳率

産仔数は系統（コロニー），栄養，照明時間などの違いにより多少異なるが，3〜8匹で平均5匹であ

る．出生時体重は 1.2～2.5g である．雌雄の鑑別は肛門から生殖突起までの距離の長いほうが雄，短いほうが雌である．離乳は生後 18～20 日頃とされているが，哺乳仔数が 4～6 匹の場合でも，生後 14 日で可能である．哺乳期に食殺されることはまれで，離乳率は，85～90％ と高い．

（9） 実験動物としての生物学的特徴および使われ方

a. 遺伝子と連鎖群

高等哺乳動物では連鎖群の数と染色体数が一致するので，チャイニーズハムスターの連鎖群は 11 である．すでに明らかにされている主な遺伝子を表 9.40 に示した．これら以外に，毛線維異常（brittle-bristle），耳翼欠如（pinnaless），小耳（small ear），糖尿病（diabetes mellitus）発症に関与する劣性遺伝子（最低四つ）が突然変異として知られている[7]．

b. 系統

チャイニーズハムスターの系統の分類については，マウスの系統のように定義と表示法に関して国際的な取決めがない．現状ではマウスに準じて行われている．最近のリスト[45]によると，チャイニーズハムスターの近交系は，およそ 10 系統である．Upjohn コロニーからケトーシスを伴う重症糖尿病，ケトーシスを伴わない糖尿病，非糖尿病など 8 系統がすでに近交系として確立されている[33]．国内でも Upjohn コロニーの糖尿病系統とは病型タイプの異なる 2 系統が近交系として確立されている[46]．

c. 細胞遺伝学，放射線遺伝学

この動物の染色体数は最初 $2n=14$ と報告されたが[47]，その後に追試がなされ $2n=22$ であることが明らかにされた[4,5]．このことは，げっ歯目の中で，最も少ない染色体数をもつ動物の一つとして，大きな特徴といえる．さらに，染色体の形態的特徴が明瞭で染色体分析が容易である．また，卵母細胞や受精卵における染色体異常の頻度が 8％ と低い[48]．これらのことから，生殖細胞や体細胞の細胞遺伝学的研究に使用されている．

d. がん研究，血液循環

すでに述べたように頬袋の膜は薄く光の透過性に優れている．また，腫瘍の移植が可能で，特に血管の新生などその増殖に関して観察が容易である[13]．これらのことから，チャイニーズハムスターの頬袋は末梢血管の循環に関する研究や腫瘍の移植実験に有用とされている．

寿命の解析と平行して，加齢に伴い未経産雌の子宮実質膜における腫瘍発生率が増加し，そのほとんどが子宮内膜の carcinoma であることが明らかに

表 9.40 主な遺伝子と連鎖群

遺伝子名	タンパク質または遺伝子産物	対立遺伝子	染色体
ACP 1	Acid phosphatase 1		7
ADA	Adenosine deaminase	a, a^m	6
ADK	Adenosine kinase		1
AK 1	Adenylate kinase 1		6
AK 2	Adenylate kinase 2		2
AMA-1	RNA polymerase II		7
APRT	Adenine phosphoribosyl transferase		3 p
CHR	Chromate resistance		2 q
DTS	Diphtheria toxin sensitivity		2 q
ENO 1	Enolase 1		2 q
ESD	Esterase D		1 p
GAA	α-glucosidase		3 q
GALK	Galactokinase		7 q
GALT	Galactose-1-phosphate urinyltransferase		2 q
GLO	Glyoxalase		1
G6PD	Glucose-6-phosphate dehydrogenase		X
GPI	Glucose phosphate isomerase		9
GSR	Glutathione reductase		1
HK 1	Hexokinase		1
IDH 2	Isocitrate dehydrogenase		3
ITPA	Inosine triosephosphatase		6
LDHA	Lactate dehydrogenase A	b, b'	3
ME 1	Malic enzyme 1		4 q
MPI	Mannose phosphate isomerase		4 q
MP 51	Muscle proteins 5	a, a'	?
MP 61	Muscle proteins 6	a, a'	?
NP	Neucleoside phosphorylase		1
PEPB	Peptidase B		1
PEPC	Peptidase C		5
PEPD	Peptidase D		9
PEPS	Peptidase S		1
6PGD	Phosphogluconate dehydrogenase		2 q
PGM 2	Phosphoglucomutase 2		1
SORD	Sorbitol dehydrogenase		6
TK	Thymidine kinase		7 q
TPI	Triosephosphate isomerase		8

文献 38)～44) をもとに作成

された[11]．実験動物に見られる子宮の腫瘍はウサギ以外散発的にしか発生しないと言われているので，チャイニーズハムスターの子宮膜 carcinoma は，がん研究に有用性が高いといえる．

e. 糖尿病研究

i） 自然発生症糖尿病 チャイニーズハムスターの自然発症糖尿病は1959年に Meier and Yerganian[6] により初めて報告された．当時，動物の自然発症糖尿病は，ウシ，ウマ，イヌ，ネコなどで知られていたが，げっ歯目では全く知られていなかったので，まさに画期的な発見だったといえよう．この糖尿病は特定の家系から発症し，ケトーシスを伴う重症の糖尿病を作出できること，肥満を伴わないことが知られ，大きな関心がもたれてきた．しかし，糖尿病を発生する家系の維持には困難があり，最初に発見された重症糖尿病の家系は近交8～10世代にまで達していたがほとんど絶えたらしい．その後，Upjohn 研究所において，糖尿病系統の育成，病態の検索が組織的かつ大規模に開始され，飛躍的な発展をとげた．

Upjohn 研究所の系統を中心に膨大なデータが蓄積されている[33]．ケトーシスを伴う重症糖尿病，ケトーシスを伴わない糖尿病，膵島炎を伴う糖尿病[49]および発症に雌雄差の認められる系統[46]などが知られ，前糖尿病状態，糖尿病の発症に導く環境要因の解析あるいは糖尿病発症機構の解明などの研究にとって有用なモデル動物として注目が寄せられている．

ii） 実験的誘発糖尿病

a． alloxan, streptozotocin

マウス・ラットなどで糖尿病誘発剤として用いられている alloxan, streptozotocin を投与することにより糖尿病を誘発できる[50,51]．

b． monosodium L-gultamate

過剰の monosodium L-glutamate (MSG) を新生仔マウスに皮下投与すると，脳の視床下部弓状核を中心に神経細胞の壊死が起こり，成熟すると肥満になることがよく知られている．これとほぼ同様の処置を新生子チャイニーズハムスターに施すと視床下部領域に障害が起こり，肥満を伴わない糖尿病を誘発できる[52]．チャイニーズハムスターと MSG との組合わせは視床下部と糖尿病の関連を研究するうえでよい材料であると考えられる．

c． その他

cortisone 投与による高血糖状態や Zn 欠乏飼料の給与による耐糖能異常状態の誘発が知られている[53]．

f． 微生物学，寄生虫学

チイザー病の自然発生例やマイコプラズマ菌 M. cricetula の分離などの報告[54]はあるものの，感染症の自然発生例は少ない．しかし，肺炎球菌，ジフテリア，カラアザールなどの感染実験に代表されるように，細菌，ウイルスの接種に対して高い感受性を示す[54]．さらに，マラリア，日本住血吸虫，横川吸虫，トキソプラズマ，マンソン住血吸虫などに対しても高い感受性を示すことが明らかにされている[54]．

g． 生殖生理学

性周期が規則的であること，黄体の観察が容易であること，光環境に対して他の実験動物に見られない反応性を示すことなどから生殖生理学の分野で有利性が認められている．

h． 毒 性 学

前述のように，寿命が3～4年と比較的長いこと，成熟時体重が25～41gと小型で取扱いやすい動物であること，染色体の数が $2n=22$ と少なくその形態的特徴が明瞭であることなどから，放射線，環境汚染物質，化学物質などの一般毒性あるいは染色体異常の研究における有用性に注目されている[55]．

〔米田嘉重郎〕

文　献

1) Fulton, G. P.: The Golden Hamster in Biomedical Research. *In* The Golden Hamster its biology and use in medical research, (Hoffman, R. A., Rovinson, P. F., and Magalhaes. H.(eds.)), pp. 3-13, Iowa State Univ. Press (1968)
2) Hsieh, E. T.: A New Laboratory Animal *Cricetulus Griseus* (倉鼠) (Striped Hamster). *Nat. Med. J. China*, **5**, 21-24 (1919)
3) Yerganian, G.: The Striped-Back or Chinese Hamster, *Cricetulus griseus*. *J. Nat. Cancer Inst.*, **20**, 705-727 (1958)
4) Sachs, L.: Polyploid evolution and mammalian chromosomes. *Heredity*, **6**, 357-363 (1951)
5) Matthey, R.: Chromosomes de Muridæ. *Experientia*, **7**, 340-341 (1951)
6) Meier. H. and Yerganian. G. A.: Spontaneous hereditary diabetes mellitus in Chinese hamster (*Cricetulus griseus*). I. Pathological findings. *Proc. Soc. Exp Biol. Med.*, **100**. 810-815 (1959)
7) 奥木 実：ハムスター類．実験動物学各論（田嶋嘉雄編），pp. 92-117. 朝倉書店 (1972)
8) Belcic Von I.: Ein hormonal gesteuerter Geschlechtsdimorphimus in Felimuster des Chinesischen Hamsters. *Z. Versuchstierk*. **13**, 193-196 (1971)

9) Geyer. Von H. et al.: Erbliche Unfruchtbarkeit bei mannlichen weiβen Chinesenhamstern (Cricetulus griseus Milne Edwards 1867). Z. Versuchstierk. **17**, 78-99 (1975)

10) Kohn. H. I. and Guttman. P. H.: Life span, tumor incidence, and intercapillary glomerulosclerosis in the Chinese hamster (Cricetulus griseus) after whole-body and partial-body expusure to X-rays. Radiat. Res., **21**, 622-643 (1964)

11) Brownstein, D. G. and Brooks, A. L.: Spontaneous Endomyometrial Neoplasms in Aging Chinese Hamsters. JNCI. **64**, 1209-1214 (1980)

12) Benjamin, S. A. and Brooks, A. L.: Spontaneous Lesions in Chinese Hamsters. Vet. Pathol., **14**, 449-462 (1977)

13) Fulton, G. P. Lutz, D. I., and Yerganian, G.: The cheek pouch of the Chinese hamster (Cricetulus griseus) for cinephotomicroscory of blood circulation and tumor growth. J. Lab. & Clin. Med., **44**, 145-148 (1954)

14) Geyer, Von H.: Zur toporgaphischen Anatomie der Brusthöhle und des Halses beim Chinesischen Zwerghamster (Cricerulus griseus Milne Edwards 1867). Z. Versuchstierk, **15**. 34-39 (1973)

15) Geyer, Von H., Havermehl, K. H., Wissdorf, H. and Belcic, I.: Die Topographic der Bauchorgane des Chinesischen Zwerghamsters (Criletulus griseus Milne Edwards 1867). Z. Versuchstierk, **14**, 50 - 64 (1972)

16) Reznik, By G., Reznik-Schuller, H. and Mohr, U.: Comparative studies of organs in the European hamster (Cricetulus cricetus L.), the Syrian golden hamster (Mesocricetus auratus W.) and the Chinese hamster (Cricetulus griseus M.). Z. Versuchstierk, **15**, 272-282 (1973)

17) Geyer, Von H.: Anatomische Untersuchungen am Harn-und Geschlechtsapparat des Chinesischen Zweghamsters (Cricetulus griseus). Z. Verschstierk, **14**, 107-123 (1972)

18) Pickworth, S., Yerganian, G. and Chang, M. C.: Fertilization and eary development in the Chinese hamster, Cricetulus griseus. Anat. Rec., **162**, 197-208 (1968)

19) Donkelaar, H. J. ten, Geysberts. L. G. M. and Dederen, P. J. W.: Stages in the Prenatal Development of the Chinese Hamster (Cricetulus griseus). Anat. Embryol., **156**, 1-28 (1979)

20) Donkelaar, H. J. ten and Dederen, P. J. W.: Neurogenesis in the Basal Forebrain of the Chiness Hamster (Cricetulus griseus) I. Time of Neuron Origin. Anat. Embryol., **156**, 331-348 (1979)

21) Lammers, G. J., Gribnau, A. A. M. and Donkelaar, H. J. ten.: Neurogenesis in the Basal forebraln In the Chinese Hamster (Cricetulus griseus) II. Site of Neuron Origin: Morphogenesis of the Ventricular Ridges. Anat. Embryol., **158**, 193-211 (1980)

22) Oud, J. L. and Rooij, D. G. de.: Spermatogenesis in the Chinese hamster. Anat. Rec. **187**, 113-124 (1977)

23) 米田嘉重郎：実験動物の生産―ハムスター―実験動物ハンドブック(長沢 弘他編), pp. 206-214, 養賢堂(1983)

24) Hobbs, K. R.: Hamsters. In The UFAW Handbook ont the Care and Management of Laboratory Animals, 6th ed., pp. 377-392, Longman Scientific & Technical (1987)

25) Billington, C. J. et al.: Feeding systems in Chinese hamsters. Am. J. Physiol., **247**, R406-R411 (1984)

26) Goas, J. A., Pelham, R. W. and Lippa, A. S.: Endocrine factors contributing to the ethanol preferences of rodents. Pharmacol. Biochem. Behav., **10**, 557-560 (1979)

27) Campbell, J. and Green, G. R.: Free fatty acid metabolism in Chinese hamsters. Can. J. Physiol. Pharmacol., **44**, 47-57 (1964)

28) Chobanian, A. V. et al.: Cholesterol metabolism in the diabetic Chinese hamster. Diabetplogia, **10**, 505-600 (1974)

29) Bakka, A. and Webb, M.: Metabolism of zic and copper in the neonate: Changes in the concentrations and contents of thinein-bound Zn and Cu with age in the livers of the newborn of various mammalian species. Biochem. Pharmacol., **30**, 721-725 (1981)

30) Havu, N., Lundgre, G. and Falkmer, S.: Zic and maganese contents of microdissected pancreatic islets of some rodents. Acta Endocrinol., **86**, 570-577 (1977)

31) Talbot, B. G. et al.: Purification and Properties of Two Distinct Groups of ADH Isozymes from Chinese Hamster Liver. Biochem. Genetics, **19**, 813-829 (1981)

32) Talbot, B. and Thirion, J. -P.: Isolation, Purification and Partial Characterization of Galacokinase from Chinese Hamster Liber. Int. J. Biochem., **14**, 719-726 (1982)

33) Gerritsen, G. C.: The Chinese Hamster as a Model for the Study of Diabetes Mellitus. Diabetes, **31**, 14-21 (1982)

34) Moore, W.: Hemogram of the Chinese Hamster. Am. J. Vet. Res., **27**, 608-610 (1966)

35) Sato. T., Komeda, K. and Shirama, K.: Plasma Progesterone Concentrations during the Estrous Cycle, Pregnancy, and Lactation in the Chinese Hamster, Cricetulus griceus. Exp. Anim., **33**, 501-508 (1984)

36) 矢沢ひで子, 片岡 泰：チャイニーズハムスターの配偶行動について. 実験動物, **30**, 348-349 (1981)

37) 北 徳, 西川 哲, 猪 貴義, 山下 貢司：妊娠チャイニーズハムスターにおける腟粘液分泌と腟垢像の変化. 実験動物, **28**, 365-372 (1979)

38) Roberts, M. and Ruddle, F. H.: The Chinese hamster Gene Map; Assignment of Four Genes (DTS, PGM2, 6PGD, ENOI) to Chromosome 2. Exp. Cell Res., **127**, 47-54 (1980)

39) Stallings, R. L. and Siciliano. M. J.: Confirmational. Provisional, and/or Regional Assignment of 15 Enzyme Loci onto Chinese Hamster Autosomes 1, 2, and 7. Somatic Cell Genetics, **7**, 683-698 (1981)

40) Stallings, R. L. and Siciliano, M. J.: Assignment of ADA, ITPA, ARI, and AK2 to Chinese hamster chromosomes. J. Heredity, **73**, 399-404 (1982)

41) Siciliano, M. J. et al.: Provisional assignment of TPI, GPI. and PEPD to Chinese hamster autosomes 8 and 9; a cytogenetic basis for functional haploidy of an autosomal linkage group in CHO cells. Cytogenet. Cell Genet., **35**, 15-20 (1983)

42) Roberts, M. et al.: Genetic Control of Drug Resistance; Assignment of ama-1 to Chinese Hamster Chromosome 7, Confirmation of assignment of Genes Coding for TK. GALK. and ACP to Chromosome 7, and Tentative Assignment of TPI to Chromosome 8. Somatic Cell Genetics, **9**, 235-248 (1983)

43) Aair, G. M. et al.: Gene Mapping and Linkage Analysis in Chinese Hamster: Assignment of the Genes for APRT, LDHA, IDH 2, and GAA to Cromosome 3.

44) Satoh, H. and Yoshida, M. C.: Gene mapping in the Chinese hamster and conservation of syntenic groups and Q-band homologies between Chinese hamster and mouse chromosomes. Cytogenet. *Cell Genet.*, **39**, 285-291 (1985)
45) Festing, F. W.: Chinese hamster, *Critetulus griseus* and Syrian hamster, *Mesocricetus auratus*. In International Index of Lavoratory Animals, 4th ed. by M. F. W Festing, p. 77, Medical Research Council, UK (1980)
46) 米田嘉重郎：チャイニーズハムスター．開発途上の実験動物(高垣善男，鈴木潔編著)，pp. 9-32, 清至書院 (1984)
47) Pontecorvo, G.: Meiosis in the striped hamster. *Proc. Roy. Soc.*, **62**, 340-341 (1943)
48) Mikamo, K. and Kamiguchi, Y.: Primary incidences of spontaneous chromosomal anomalies and their origins and causal mechanisms in the Chinese hamster. *Mutat. Res.*, **108**, 265-278 (1983)
49) Watanabe, K. *et al*.: Characterization of diabetic Chiness hamsters in the Asahikawa colony. In Lessons from Animal Diabetes (Shafrir, E., and Renold, A. E., (eds.)), pp. 99-105, John Libbey (1984)
50) Boquist, L.: Alloxan administration in the Chinese hamster. *Virch. Arch. Abt. B. Zellpath.*, **1**, 157-168 (1968)
51) Wilander, E. and Boquist, L.: Streptozotocin-diabetes in the Chinese hamster; Blood glucose and structural changes during the first 24 hours. *Horm. Metab. Res.*, **4**, 426-433 (1972)
52) Komeda, K., Yokote, M. and Oki, Y.: Diabetic syndrome in the Chinese hamster induced with monosodium glutamate. *Experientia*, **36**, 232-235 (1980)
53) Boquist, L. and Lernmark, A.: Effects on the endocine pancreas in Chinese hamsters fed zinc-deficient diets. *Acta Pathol. Microhiol Scand.*, **76**, 215-228 (1969)
54) Ladiges, W. C.: Diseases. In Laboratory Hamster (Van Hoosier, G. L. Jr. and McPherson, C. W., (eds.)): pp. 321-328, Academic press (1987)
55) Diani, A., and Gerritsen, G.: Use in Research. In Laboratory Hamster (Van Hoosier, G. L. Jr. and McPherson, C. W., (eds.)): pp. 329-347, Academic press (1987)

9.8 モルモット

(1) 生物分類学的位置

モルモットの生物分類学的位置はつぎのとおりである．

げっ歯目 (Rodentia)，ヤマアラシ亜目 (Hystricomorpha)，テンジクネズミ科 (Cavidae)，テンジクネズミ属 (*Cavia*)，テンジクネズミ (*Cavia porcellus*)．D. Graur らは，タンパク質のアミノ酸組成のホモロジーを比較して，モルモットをげっ歯目よりはずした方がいいと提案している．

生物分類学のうえからはテンジクネズミ（天竺鼠）が正式名であるが，実験動物の分野を含めて，一般にはモルモットという呼び名が使用されている．これはオランダ語のマーモットが転化したもので，オランダ人がこの動物をアルプス山地に生息するリス科の動物マーモット (marmot) と誤認したためであろうといわれる．英語では guinea pig，ドイツ語では Mearschweichen，フランス語では cobaye，ラテン語では cavia cobaya という．原産地は南米である．

テンジクネズミ科の特徴は，尾がなく（痕跡的に残っているものもある），乳腺は1対で，前肢に4趾，後肢に3趾を有する．この科には，同じく南米に生息するケロドン *Kerodon rupestris* やマーラ *Dolichotis patagona* が含まれる．前者はロックケビィあるいはモコともいわれ，大きさや姿はモルモットに似ているが，四肢がもっと長い．後者は，四肢が細くて長く，特に後肢が長いのでウサギのような座り方をする．大きさは75cmくらいである．

モルモットの染色数は $2n=64$ である．

(2) 歴 史

古くから南米に生息する野生の *Cavia aperea*, *C. cutleri*, *C. rufescens* のいずれかをアンデスインディアンが愛玩用あるいは食用に飼いならしたものがモルモットの起原であるといわれる．現在も南米には野生種が生存する．16世紀にオランダの水夫（スペイン人という説もある）がヨーロッパにもち帰ったモルモットがもとになって，世界各国に分布した．わが国には江戸時代にオランダ人によってもち込まれ，18世紀ころまでは愛玩動物として飼われていた．

実験動物としては，1780年に Lavoiser が発熱実験にモルモットを使用したのが最初といわれる．性質が温順で扱いやすく，飼育が容易であることから，医学，生物学の分野で古くから実験に使用されてきた．そのため，わが国のみならず諸外国でもモルモットあるいは guinea pig といえば実験動物の代名

詞のようになっている．

現在，実験用に広く使用されている白色，紅眼のアルビノモルモットは，1926年に英国のNational Institute of Medical ResearchでDunkinおよびHartleyによって確立された1系統から出発しており，Hartley系（あるいはDunkin-Hartley系）として有名である．この系統は，最初雄12匹と雌20匹のコロニーがもとになった非近交系モルモットである．過敏性の皮膚反応がよく現れるため免疫学の研究に好んで用いられた．これが世界に広く枝分かれし，標準的な実験用モルモットとして無数のsublineができている．わが国では，1954年に米国のTunblebrook Farmから国立予防衛生研究所が分与を受け，同研究所からさらにいくつかの生産場に分与されて広く使用されるようになった．

一方，Rommedは米国の農務省で維持されていたモルモットをもとにして1906年から兄妹交配を開始し，その後，1915年にWrightがこれを受け継いで遺伝学的研究を進める過程で多くの近交系を作出した．このうち，結核菌に対して抵抗性のStrain 2（No.2とも呼ぶ）と比較的抵抗性が低いStrain 13（No.13）が現在もなお維持されている．この両系統は1933年ですでにF 33代に達したが，その後しばらく兄妹交配が中止された．しかし，1940年にHestonが兄妹交配を再開し，1950年に米国のNational Institutes of Health（NIH）に移されて各国に普及した．近交系としては世界で最も多く使われている．毛色は白，黒，褐色の三毛色である．

（3）一般的性状

モルモットは，体長約25cm，体重800〜1000gの小型の動物で，円い小さな耳をもち，尾はない（ただし，尾椎はある）．四肢は体の割に短く，前肢に4趾，後肢に3趾を有する（図9.35）．

草食性で，鳴声を発し，飛び跳ねたり，登ったりすることはできない．野生の状態では草の根本に穴を掘って生活し，普通は5〜10匹の小さな群を作る．憶病な動物で，臭や音には敏感である．

モルモットには被毛の性質が異なる三つの品種があり，それらはアビシニアン（Abyssinian）種，ペルビアン（Peruvian）種およびイングリッシュ（English）種といわれる．アビシニアン種は英国において愛玩用モルモットから現れた品種で，毛は粗剛で比較的短く，体表全面に巻毛（渦巻状またはロゼット状）がある．同様に，ペルビアン種もフランスのパリにおいて愛玩用モルモットから作出されたもので，軟かい光沢のある長毛（12cm以上）を有し，巻毛も見られる（図9.35）．一方，イングリッシュ種は短毛種ともいわれ，毛は滑らかで短く（3〜4cm），直毛である．これらは被毛の性質を除いては，品種別の特徴は特になく，大きさもほぼ変わらない．当然のことながら，異なる品種間での交雑も容易である．これらの品種のうち，実験動物としてはもっぱらイングリッシュ種が使われている．

いずれの品種も毛色には白，黒，褐色，野生色，チョコレート色，クリーム色などを基調とした単毛色とこれらが組合わさった2毛色や3毛色がある．毛色を支配する遺伝子についてはWrightらのグループによって精力的に研究が行われ，主な遺伝子についてはほぼ解明されている．それらの概略は以下の通りである．

A, a（agouti locus）

1本の毛の黒色（または褐色）色素と赤色（または黄色）色素の分布を支配する遺伝子である．

$A-$：モルモットの背部は，先端部に赤色（黄色）のバンドをもつ黒色被毛で覆われ，腹部は赤色（黄色）の被毛で覆われる．Aはaに対して優性である．

aa：原則として，全身の被毛は黒色になる．

B, b（brown locus）

黒色色素を褐色に変える作用をもつ．

$B-$：野生型で，Bはbに対して優性である．

bb：黒色色素が褐色になる．したがって，$A-bb$の遺伝子をもつモルモットはシナモンアグーチ色になり，$aabb$のモルモットは褐色の被毛になる．

図9.35 モルモット
左：ペルビアン種，中右：イングリッシュ種
中：パトレイ系，右：三毛色

C, c^k, c^d, c^r, c^a (color: albino locus)

被毛の色素の量を減少させる作用をもつ．黒色色素よりも赤色（黄色）色素の方がより影響される．

$C-$：野生型で，色素の減少はない．この遺伝子をもつモルモットの目は黒色である．Cは他の四つのalleleに対して優性である．

$c^d c^d$：被毛の黒色をセピアブラウンに変え，赤色をクリーム色に変える．目の色は黒のままである．

$c^k c^k$：$c^d c^d$と極めてよく似ているが，$c^d c^d$より黒色色素をさらに薄くする．

$c^r c^r$：被毛の黒色はセピア色になり，赤色の部分は白くなる．目の色は赤に変わる．

$c^a c^a$：被毛は白，目はピンクに変わり，いわゆるアルビノになる．後述のextension locusが$e^p e^p$の場合は，四肢の先端，鼻の先，耳の先が黒っぽくなる．

E, e^p, e (extension locus)

この遺伝子は被毛の黒色色素を減少させる作用をもつ．このlocusはagouti locusに対して上位にある．

$E-$：野生型で，agouti locusの遺伝子型がそのまま発現する．e^pやeに対して優性である．

$e^p e^p$：被毛は黒色と赤色（黄色）が混った2毛色になる．

ee：agouti locusの遺伝子型に関係なく全身の被毛は赤色（黄色）になる．

S, s (white spotting locus)

白斑の範囲を調整する遺伝子である．Sは白斑を小さくし，sは大きくするように働く．SSの場合は白斑は認められない．Sはsに対して不完全優性である．

ちなみに，代表的な近交系モルモットStrain 2とStrain 13の毛色遺伝子の型は$aaCCe^p e^p ss$で，JY-1のそれは$aac^a c^a eess$である．

モルモットの出生時の体重は産仔数や母体の栄養状態によって50～150gの幅があるが，多くの場合60～120gの範囲にある．産子数が多いほど体重は小さく，50g以下の子はほとんど生き残らない．妊娠期間が長いので，子は出生時すでに被毛で覆われ，眼は開いており，永久歯を備えている．若いうちは体重が1日に5～7gずつ増加する．生後15か月ぐらいまで成長をつづけ，雌は800～900g，雄は900～1000g以上になる（図9.36）．寿命は6～7年である．

成熟個体1匹1日あたりの飼料消費量は20～30g，摂水量は80～150mlである．

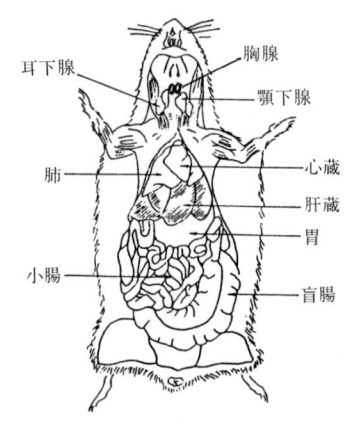

図 9.37 モルモットの胸部および腹部臓器（鈴木潔原図）

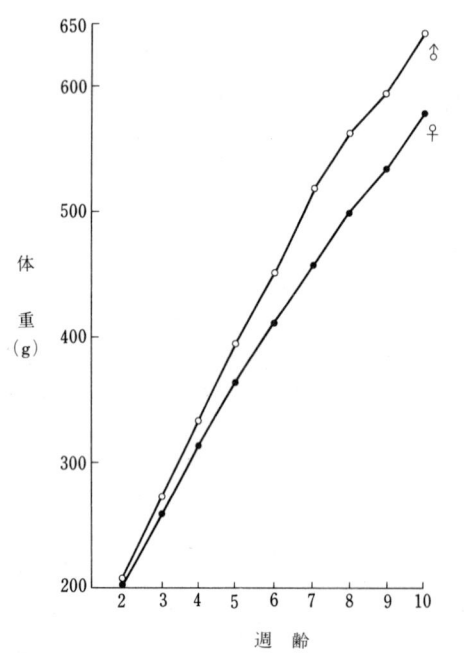

図 9.36 ハートレイ系モルモットの体重曲線
（静岡県実験動物農業協同組合提供）

（4） 形　　態

モルモットは大きな顔と短い耳および肢をもち，尾は痕跡的である．前肢には4趾，後肢には3趾を有し，それぞれに短く鋭どい爪をもつ．全身は毛で覆われている．雌では下腹部に左右1対の乳頭がある．

a. 骨格系

骨の数は年齢によって異なり，幼若動物では分離

していた骨が成熟すると癒合するなどの変化があるが，成熟モルモットにおける脊椎数および歯式はつぎの通りである．

脊椎：頸椎7，胸椎13〜14，腰椎6，仙椎3〜4，尾椎4〜7である．

歯式：切歯 $\frac{1}{1}$，犬歯 $\frac{0}{0}$，小臼歯 $\frac{1}{1}$，大臼歯 $\frac{3}{3}$ である．

b. 内臓系

胸部および腹部臓器の位置や形は図9.37〜9.40に示す通りである．

心臓：胸腔のほぼ中央にあり，大きさは2〜3gである．

肺：左葉は上・中・下葉の3葉に分かれ，右葉は上・中・下・副葉の4葉に分かれる（図9.38）．左葉に中葉のあるのが特徴的である．重量はおおよそ4〜7gである．モルモットの肺は，胸腔を開いてもあまり退縮せず，肺気腫を起こしていると誤認しやすいので注意が必要である．

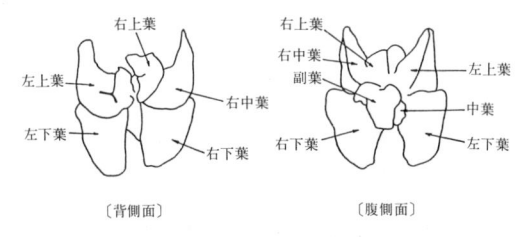

図9.38 モルモットの肺（鈴木潔原図）

肝臓：左葉，内側左葉，方形葉，外側右葉，内側右葉および尾状葉に分かれ，尾状葉には尾状突起と乳頭突起がある．乳頭突起の下縁に胆嚢があり，輸胆管の長さは約10〜15mmである．重量はおおよそ30〜40gである．

胃・腸管：胃壁は非常に薄い．盲腸は大きく，腹腔の1/3を占め，3本の縦紐が見られる．結腸は比較的長い．全腸管の長さは約99〜103cmで，小腸は58.5〜59.5cm，盲腸は4.5〜5cm，大腸は36〜37cmである．

膵臓：十二指腸に付着している．

脾臓：胃の大湾部の左側に付着し，扁平で長卵円形をしており，マウスやラットのそれよりやや幅が広い．重量は0.5〜1g程度である．

腎臓：右腎は左腎よりやや頭側に位置している（図9.39）．腎臓の頭側には豆形の扁平な副腎があ

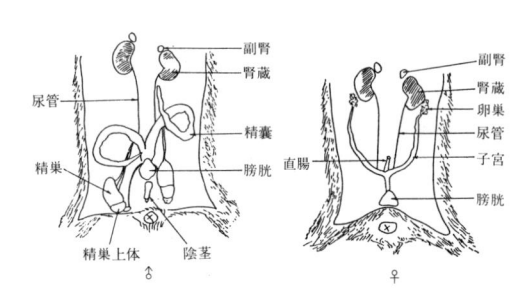

図9.39 モルモットの泌尿・生殖器（鈴木潔原図）

り，右側は腎に近く，左側はやや離れている．腎臓の大きさは2〜3.5g程度である．

卵巣・子宮：卵巣は小さな卵形体で，腎臓の尾側に位置し，卵管によって左右の子宮角につながっている．子宮の型は両分子宮で，左右の子宮角は合し一つの外子宮口となって膣に開口する．

精巣：卵形で血管に富み，迂曲集合した精細管の塊りである精巣上体が付着している．左右の精巣上体から出た輸精管は腹腔内で合して尿道基部に開口する．精巣の重量は1.5〜2.5g程度である．

精嚢：左右の輸精管が互いに接近した部位の背部にある細長い紡錘状のもので，左右に分かれている．内部には透明な粘液が入っている．

リンパ節：全身の主要リンパ節の位置を図9.40に示した．なお，モルモットの胸腺は頸部の浅い部分で皮下脂肪に埋もれて存在し，気管を中心に左右に分かれている（図9.8.3）．

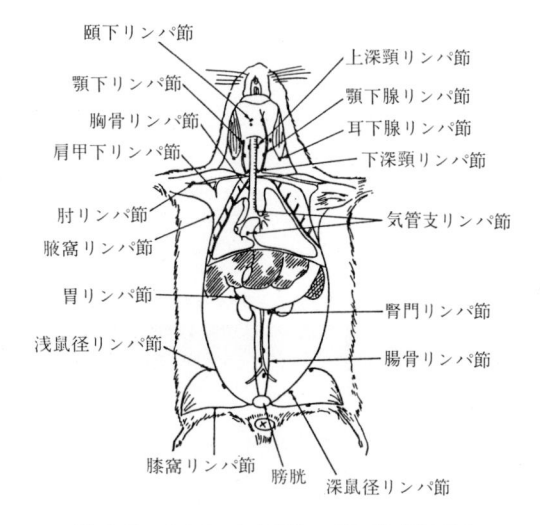

図9.40 モルモット主要リンパ節（鈴木潔原図）

（5）生　理

a．一般生理

　モルモットの生理は，下記に述べる2～3の特徴を除いては，他の草食動物のそれと大差がない．表9.41に血液，呼吸，体温に関する生理的計測値を示すが，これらの値は飼育環境や測定方法，あるいは動物の年齢や系統によっても変化するので，おおよその目安である．

　モルモットはビタミンCを体内合成できない数少ない動物種の一つで，これが欠乏すると流産，関節腫脹，後躯麻痺，皮下出血，歯根炎など，いわゆる壊血病の症状を示し，2～3週間で死亡する．また，ビタミンCの不足は種々の感染病に対する発病誘因にもなる．したがって，飼料のなかにこのビタミンが必ず含まれていなければならない．必要量は体重100g当たり1日に1mgである．

　また，ペニシリン，テトラサイクリン，エリスロマイシンなどの抗生物質に対して感受性が高く，他の動物種と同様な体重換算で投与するとしばしば死亡する．その原因は抗生物質の投与によって腸内菌叢が変わるためであろうと考えられている．したがって，無菌モルモットにペニシリン投与を行っても死亡することはないといわれる．

　このほか，モルモットではアレルギー状態ができやすいこと，補体系がヒトのそれに類似し，補体価も高いこと，胸腺の生理もヒトによく似ていること，などの特徴があるが，これらについては後で述べる．

b．繁殖生理

1）性成熟と繁殖期間　モルモットは性成熟の早い動物で，雌では生後30～45日，雄では約70日で性成熟に達する．しかし，この時期の発情周期はきわめて不規則であり，これが安定するのは3か月齢ぐらいである．したがって，実際の繁殖は雌雄ともに3か月齢で開始する．繁殖に使用する期間は雌雄ともに約2年間である．それ以降では産子数が減少したり，出産間隔が不規則になるが，長いものでは3～4年，産次数にして16～17産ぐらいまで仔を生むことができる．

　なお，モルモットは高温に弱い動物であるため，30℃を越す温度が続くと，妊娠末期のものでは流産や死産を起こして死亡する例が多い．15℃以下では雌の発情が不規則になり，繁殖率が低下する．

2）発情周期と交配　発情周期は平均16日であるが，13～20日の幅があり，必ずしも規則的ではない．他のげっ歯類のように，光の照明時間を一定に調節することによって発情周期を規則的にすることができないが，排卵時刻を一定にすることはできる．各周期は，マウスやラットと同様に，発情前期，発情期，発情後期，発情休止期の4期に分けられ，各期の腟垢は上皮細胞，角化細胞，好中球の出現によって特有の像を示すが，それぞれの期における腟垢像の特徴はマウスやラットほど明瞭ではないので，実際の繁殖にはあまり利用されない．最も確実に発情を判定するには腟が開口している雌モルモットのロードシス反応を見る方法である．すなわち，雌の背を手の掌で軽く押してやると，発情しておれば背を反らせ弓状の姿勢をとり，腟口部を後方へ突き出す特有の交尾姿勢をとる（これをロードシス反応という）．

　非発情期の腟口は腟閉塞膜によって閉されているが，発情前日にこの膜が破れて開口する．排卵と腟開口の関係はモルモットの系統や個体によって一定ではないが，腟が完全に開口して1日目以降に排卵

表 9.41　モルモットの生理的計測値

血液（血液の一般性状と組成）	
赤血球	
数	450～600万/mm³
大きさ	7～7.5 μ
網状赤血球	1～2%
滲透性抵抗（NaCl）	0.44% 開始，0.34% 溶血
血球容積比（ヘマトクリット法）	37～47%
血色素量(ザーリ氏法)	13～15 g/100 ml
血小板数	35～100万/mm³
白血球	
数	4000～15000/mm³
リンパ球	40～65%
好中球	30～50%
好酸球	0.5～2%
好塩基球	0～0.5%
単核球	1～5%
血液凝固時間	4～5½ 分
血液量	6～7.5 ml/100 g 体重
赤血球沈降速度	1時間 1.06～1.20 mm
血圧	75～90 mmHg
心拍数	240～300/分
呼　吸	
呼吸数	85/分
呼吸量	140 ml/分
体　温	
直腸温	38.5～40.0℃

する例が多い．腟の開口は大略3日間持続し，排卵終了後に閉鎖する．発情は平均8時間(1～18時間の幅がある)つづき，その後1.5時間（つまり発情後平均9.5時間）で排卵が起こる．1回の排卵数は1～8個の幅があり，平均3.4個である．排出された卵は3～4時間後に輸卵管膨大部に達し，そこで約30時間もの長時間滞まる．その後50時間かかって輸卵管を通過し，受精卵は8～12細胞期に子宮へ入る．卵が受精できる時間は排卵後8～20時間で，受精が遅れると未受精卵が多くなり，子数が減少し，流産が増える．なお，モルモットでは薬物投与による過排卵誘発はまだ成功していない．

雄を受け入れる期間は約15時間で，多くの場合，午後5～6時から翌朝の5～6時までの間に交尾する．交尾後腟口には精囊と前立腺の分泌物が混合したゼラチン状の腟栓ができるが，早い時期に脱落したり観察しにくくなるものもあるので，交尾の判定にはあまり利用されない．通常は腟粘液中の精子の鏡検によって確認し，交尾を知る．精子は雌の生殖器内で30時間活性を保つが，実際に授精できるのは15時間ぐらいまでである．

一方，発情周期とは関係なく，分娩後2～3時間にも排卵する（後分娩発情）．この時交尾すると妊娠率が高い．モルモットは発情周期があまり規則的ではなく，しかもその間隔が長いので，実際の繁殖には後分娩発情を利用する目的で雌雄の常時同居交配法が一般に採用されている．

人工採精も一部の研究者によって行われ，かなり良好な成績が得られているが，実用化はされていない．

3）妊娠と分娩 卵巣から排出された卵は卵管膨大部で受精し，その後卵管を下降して子宮壁に着床する．排卵から着床までに要する時間はおおよそ6～7.5日である．

他のげっ歯類にくらべて妊娠期間が著しく長く，60～70日（平均68日）である．一般に，産子数が多いと妊娠期間は短く，少ないと長い．胎子は，妊娠30日前後で耳が識別でき，35日でひげが生え，40日で被毛と爪が発育し，50日で出歯し始め，60日で眼が開く（図9.41）．胎子の体重増加は妊娠の前半で早く，妊娠45日ごろからは比較的ゆるやかになる（図9.42）．触診によって妊娠が判定できるのは，熟練した人で妊娠25日頃，一般には30日前後からである．

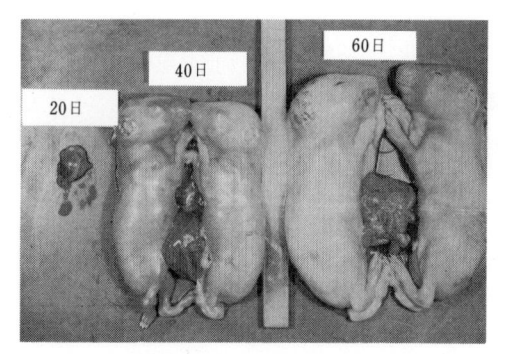

図9.41 モルモットの胎子

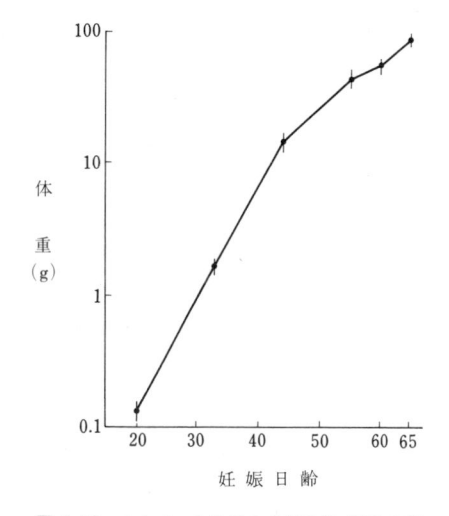

図9.42 モルモット胎子の成長曲線（JY-1系）

40日以降になると母体の腹部は膨満し，外見で妊娠がわかるようになる．出産が近づくにつれて母体の恥骨縫合部が徐々に開き，分娩1～2日前になれば人の親指が入るくらいの広さにまで開く．モルモットでは妊娠末期から分娩後の周産期にかけて妊娠中毒症による母体の死亡が比較的多く見られる．分娩間近かになっても巣づくりはしない．

子は3～4分間隔で1匹ずつ生まれる．母親は生まれた子の羊漿膜を喰い破り，子をきれいにする．群飼育の場合は同居している他の雌がこの作業を手伝うこともある．産子数は1～6匹，平均3～4匹である．7匹以上の子を生むこともあるが，多くは育たない．一般に，初産および高齢出産では産子数が少ない．

妊娠期間が長いので，子はかなり成長した状態で生まれる．生後1時間以内に歩き始め，生まれた日

から軟かい飼料を食べ始める．しかし，数日間は母乳を主体にして生活する．集団繁殖の場合は親子の関係が一定ではなく，泌乳中であれば他のモルモットの子にも授乳する．泌乳量は分娩5〜8日で最高となり，1日に60〜70gの乳汁を2つの乳頭から排出する．

離乳は生後2週で行うが，出生時体重の小さいものは3〜4日延ばしたほうがよい．哺乳期間が長すぎると母体の乳頭をいためたり，母体を消耗させるので注意する．性成熟が早いから，離乳時に雌雄を分けておくことが大切である．

（6） 実験動物としての生物学的特徴および使われ方

a. 系　統

1）非近交系　非近交系のモルモットで最も広く実験動物として使われているものはハートレイ系である．この系統の由来についてはすでに「歴史」の項で述べたとおりである．

このほか，米国の National Instites of Health (NIH) で種々の毛色を示すモルモットがクローズドコロニー（NIH系）として維持されており，ミュータントの項で述べる補体成分C4欠損動物はこのコロニーで見つかった．また，スイスの Roche 社ではヒマラヤン毛色（出生時はアルビノであるが，成長するにつれて鼻，耳，四肢が黒褐色に変わる）の非近交系コロニーを保有し，このコロニーから2〜3の近交系モルモットが作出されている．

2）近交系　モルモットは，他のげっ歯類に比べて発情周期や妊娠期間が非常に長く，しかも産仔数が少ないため，これまでに作出された近交系は少なく，作出過程にあるものも含めてわずかに20系統程度である．

このうち，世界的に広く使用されているものは先に述べた Strain 2 と Strain 13 の 2 系統である（歴史の項参照）．前者は結核菌の感染に対して比較的抵抗性，後者は感受性であるとして選ばれた．この両系統は主に免疫学の分野で使用されているため，この方面の情報は比較的豊富である．また，Strain 2 は自然発生白血病L2Cや化学発がん性肝がんline 10 の宿主としても有名である．Strain 2 と 13 の主要組織適合抗原（GPLA）は表9.42に示すとおりで，両者はB抗原，S抗原が共通であるが，Ia 抗原の一部が異なる．

表 9.42 近交系モルモットの白血球抗原複合体

系統	白血球抗原複合体		
	B	S	I
strain 2	B.1	S.1	Ia.2,4,5,6
strain 13	B.1	S.1	Ia.1,3,5,6,7
IMM/R	B.3		Ia.2,4
IMM/S	B.3		Ia.1,3
B10AC	B.2		Ia.1,3,5,6,7
B10B	B.1	S.1	Ia.1,6
JY-1	B.3		Ia.1,6,7,8
JY-2	B.2	S.1	Ia.1,(4),6,7,8

(Chiba, J. and Sugimoto, M.: *Surv. Immunol. Res.*, **2**, 321-326(1983))

このほか，卵白アルブミンで誘導される呼吸器アナフィラキシーに対して抵抗性のIMM/R系と感受性のIMM/S系，前記非近交系のヒマラヤン毛色モルモットから作出されたB 10 AC，B 10 B など，あるいは毛色を淡黄色に固定したWM (Weiser Maples)系などが近交系として知られている．一方，わが国では国立予防衛生研究所が米国の Rockland Farm から入手した有色モルモットを元にしてJY-1（アルビノ），JY-2（クリーム色），JY-4（黒色）などの近交系を作出している．

これら近交系モルモットの主要組織適合抗原を一括して表9.42に示した．また，近交系動物の遺伝学的特性検査に利用される生化学的標識遺伝子については，L-glycerol-3-phosphate dehydrogenase (L-Gpdh), glucose dehydrogenase (Gdh), alcohol dehydrogenase (Adh), indophenol oxidase (Io), glucose 6-phosphate dehydrogenase (G 6 pd), phosphoglucomutase (Pgm), kidney esterase (K-Es), adenosine deamease (Ada), nucleoside phospholyrase (Np), glucose phosphate isomerase (Gpi), lactate dehydrogenase (Ldh), seminal vesicle protein (SV), prealbumine (PA) などが多形性を示すことも知られている．

iii）ミュータント系　これまでにいくつかのミュータント系が知られているが，その多くは珍らしい毛色を示すもので，愛玩動物としてのモルモット愛好者の間で維持されている．

実験動物としては，補体の第4成分を欠くC4D系が比較的多く使われている．かつては補体の第3成分欠損モルモットも維持されていたが，現在は途

断えてしまった．また，免疫不全ヌードモルモットの報告もあるが，現存しているかどうか不明である．さらに，免疫不全ではないが，hairless モルモットがカナダで発見され，わが国にも導入されて，その特性ならびに遺伝学的検討が現在進められている．

b. モルモットの主な使用分野

モルモットが実験動物として使用されたのは1780年 Lavoisier による発熱実験が最初である．その後，種々の感染病（結核，破傷風，ジフテリア，ペスト，炭疽，レプトスピラ病，など）の診断に使われるようになったが，特に結核菌に対して感受性が高いことから，この分野では欠かせない実験動物である．また，ヒトと同様にビタミン C を体内合成できない動物であるため，アスコルビン酸が化学的に測定できなかった時代にはビタミン C 含量の測定にモルモットが用いられたこともある．

モルモットは過敏症を起こしやすい動物であるため，免疫学領域での需要が高く，特に遅延型アレルギーやアナフィラキシーの研究には有用な動物である．しかも，細胞性と体液性免疫のバランスやリンパ系器官の発達がヒトのそれに類似していることが免疫学領域での有用性を高めている．さらに，皮膚の生理機構もヒトに似ているため皮膚を用いる研究に好適で，接触アレルギーによる皮膚炎などの研究には欠かせない．このような特性を生かして，医薬品類の抗原性否定試験にもモルモットは多く使われている．

一方，モルモットは補体の力価が高く，しかも個体差が少ないため古くから血清反応用補体の採取動物として使われてきたが，それとともに生体における補体系が詳しく調べられた代表的な動物である．その結果，補体の生物学的機能や反応の機構，あるいは補体タンパクの物理化学的性質がヒトのそれに極めて類似することが明らかにされ，近年ではヒトにおける補体系研究のモデルとして有用性が高まっている．

モルモットは完全性周期を回帰する動物で，これは基本的にヒトのそれと同じであり，性ホルモンのバランスもヒトと類似するため，周産期生理のモデル動物として今後この分野での使用が期待される．

聴覚の研究や医薬品の聴覚障害試験にも，ネコとともにモルモットが好んで用いられる．その理由には，音に敏感であること，耳介後部を切開して中耳に達するまでに太い血管や筋肉がなく，錐体骨が取除きやすいので手術が容易であること，などが挙げられる．

以上述べた有用性とは逆に，モルモットには実験動物として不利な点もある．それらは，産子数が少ないこと，妊娠期間が長く，出生時にはすでに生理学的発育がかなり進んでいること，餌の嗜好性が高いこと，多くの感染病に対して比較的高い感受性をもつこと，近交系やミュータント系が少ないこと，自然発生腫瘍が少なく，化学発がんもできにくいこと，体表に太い血管がないため採血や血管注射が困難であること，などである．しかし，実験の目的によってはこれらの欠点は逆に利点にもなり得る．

〔中川雅郎・浅野敏彦〕

文　献

1) Altman, P. L. and Katz, D. D. (ed.): Inbred and genetically defined strains of laboratory animals, Part 2 Hamster, Guinea pig, Rabbit, and Chicken. p. 511-563, Fed. of Amer. Soc. for Exp. Biol., Bethesda, Maryland (1979)
2) Chiba, J. and Sugimoto, M.: Differential characteristics of new inbred strains of guinea pigs. In Survey of Immunologic Research, Jackson, J. M. (ed.) C., 2, p. 321-326, S. Karger AG., Basel (1983)
3) Graur, D., Hide, W. A. and Li, W-H: Nature, 351, 649 (1991)
4) Festing, M. F. W.: Inbred Strains in Biomedical Research. pp. 308-312, Unovin Brothers, Surrey (1979)
5) Hafez, E. S. E. (ed.): Reproduction and Breeding Techniques for Laboratory Animals, Lea and Febiger, Philadelphia (1970)
6) 今泉吉典：テンジクネズミ．アニマルライフ，6巻10号，pp. 2496-2498，日本メール・オーダー社 (1972)
7) 中川雅郎：モルモット．実験動物学技術編（田嶋嘉雄編），pp. 187-203，朝倉書店 (1977)
8) 日本実験動物学会編：実験動物テキスト初級，pp. 197-214，日本実験動物学会 (1981)
9) O'Donoghue, J. L. and Reed, C.: The hairless immune-deficient guinea pig. In Immunologic Defects in Laboratory Animals 1, Gershwin, M. E. and Merchant, B. (ed.), pp. 285-296, Plenum Press, New York and London (1981)
10) Sutherland, S. D. and Festing, M. F. W.: The guinea-pig. In The UFAW Handbook on the Care and Management of Laboratory Animals, 6th edit., pp. 393-410, edited by Poole, T. B., Longman Scientific and Technical, UK (1987)
11) 鈴木 潔：モルモット．実験動物学各論（田嶋嘉雄編），pp. 66-76，朝倉書店 (1972)
12) Wagner, J. E. and Manning, P. J. (ed.): The Biology of the Guinea Pig, Academic Press, New York, San Francisco and Lodon (1976)

10. 霊 長 目

10.1 マーモセットおよびタマリン

(1) 生物分類学的位置

マーモセット，タマリンと名づけられる動物群は，霊長目 (Primates)，真猿亜目 (Simiae)，広鼻類 (Platyrrhini)，オマキザル上科 (Ceboidea)，マーモセット科 (Callithricidae) に属するマーモセット属 (*Callithrix*) ならびにタマリン属 (*Saguinus*) の動物である．およそ35種が存在している．この中で，実験に使われる主な種類を表10.1に示した．

代表種はコモンマーモセット *Callithrix jacchus* (図10.1) であり，広範囲の研究領域で多数用いられる．その他，A型肝炎に感受性の高いことから肝炎研究に使用されるクチヒゲタマリン *Saguinus mystax* (図10.2)，アカハラタマリン *S. labiatus*，Epstein-Barr ウイルスの研究などによく使いられるワタボウシタマリン *S. oedipus* (図10.3) などの種類がある．

マーモセット属，タマリン属の動物はすべて南米

図 10.1 コモンマーモセット

表 10.1 実験に使われるマーモセット科動物の主な種類

和 名	英 名	学 名
マーモセット属		
クロミミマーモセット	black-eared marmoset	*C. penicillata*
コモンマーモセット	commom marmoset	*C. jacchus*
シルバーマーモセット	silver marmoset	*C. argentata*
（クロオマーモセット）	(black-tailed marmoset)	(〃)
タマリン属		
アカハラタマリン	red-bellied tamarin	*S. labiatus*
（シロクチタマリン）	(white-lipped tamarin)	(〃)
キイロアタマタマリン	brown-headed tamarin	*S. fuscicollis*
（セマダラタマリン）	(saddle-back tamarin)	(〃)
クチヒゲタマリン	moustached tamarin	*S. mystax*
クロクビタマリン	black-necked tamarin	*S. nigricollis*
（クロアカタマリン）	(black and red tamarin)	(〃)
ワタボウシタマリン	cotton-topped tamarin	*S. oedipus*
（ワタボウシパンシェ）	(cotton-topped pinché)	(〃)

図 10.2 クチヒゲタマリン

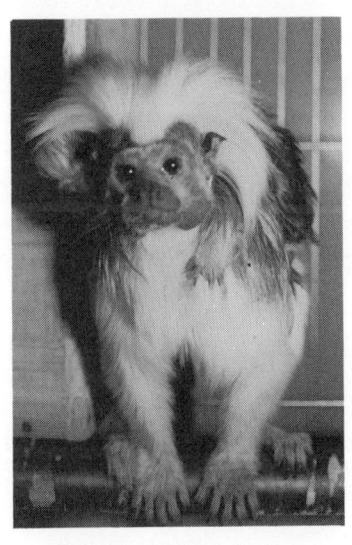

図 10.3 ワタボウシタマリン

に分布しており，新世界ザル(new world monkeys)の仲間である．いずれも体重 400g 前後の小型のもので，毛色は種により異なるものの形態的にはほとんど類似しているため，これらの動物を総称して「マーモセット類」と呼ぶ（外国の文献などでは marmoset monkeys という言葉がよく使われており，これにはタマリンも含まれる）．これはマーモセット科全体を指す広義の呼び方であるが，単に「マーモセット，タマリン」という場合には「マーモセット属，タマリン属」を示す[1]．ただし，前者の場合は広義の意味で使われたり，コモンマーモセット種のことを指していることもある．なお，アカゲザル，カニクイザルなどと並列して呼ぶことのできるのはコモンマーモセット，ワタボウシタマリンなどの種のレベ

ルのものである．また，わが国では古くからこの科の動物を「キヌザル」と呼んでいるが，実験動物学分野ではこの言葉はほとんど使われない．

(2) 実験動物になるまでの歴史

1927 年に Lucas らが初めて実験室内飼育および繁殖を成功させたが，その成功のカギとなったのは紫外線を照射することであった．後になってこれらマーモセット類ではビタミン D_3 の要求量が他の動物とくらべ非常に高いことがわかった[2]．

マーモセット類において，もうひとつの特徴的なことが Wislocki によって 1939 年に知られた[3]．それはこれらの動物は多くが二卵性双生子を生むが，それらは胎生初期に胎盤が互いに fusion を起こし，その結果，placental anastomosis が生じて血液が交換されているという事実であった．その後，この動物の多くの細胞にキメラが認められること，2 子間での長期間 skingraft がリジェクトされず，完全に免疫学的寛容の状態にあることなどが見つけられた[4]．

マーモセットが研究用の動物として本格的に知られ始めたのは 1960 年代に入ってからである．実験動物としてのマーモセット類の開発は，マカカ属サル類のそれとくらべおよそ 10～15 年遅れてスタートしている．ヒトの種々のウイルス感染に対し感受性の高いことがわかり，1970 年代には肝炎ウイルスを感染させたマーモセットを用いてヒトの血清中の A 抗体を検出する実験や，Epstein-Barr ウイルスによる悪性リンパ腫の発生，その他のウイルスによる発がん実験などが報告された[4]．また，サリドマイドの投与によって，ヒトとまったく同じタイプの奇形が発現することがわかり，薬物安全性試験分野での応用性が注目された[5]．さらに，繁殖，生殖生理，免疫，内分泌，歯学，薬学その他の分野における特性などが報告されだした．

(3) 一般的特徴

a. 種類と特徴

いずれの種も体長 150～300 mm，体重 200～600 g の小型のサルであり，長い有毛の尾を有している．体毛の色は種によりそれぞれ異なり，これらの模様や装飾の違いにより区別される．主な種類の特徴を表 10.2 に示した．

表 10.2 主な種類の形態的特徴

種類	主な特徴
コモンマーモセット	耳に白い毛ブサがある．身体と尾はシマ模様
シルバーマーモセット	体毛は茶クリーム色，耳はピンク色．毛は短い
クチヒゲタマリン	体毛と尾は黒色で，口の周囲のみ白色，体格大
クロクビタマリン	上半身が黒く，下肢，尻は暗赤色．口の周囲白色
ワタボウシタマリン	頭に純白のカンムリ状の毛ブサがある．顔は黒色

これらはいずれも昼行性，樹上性の動物で，アマゾン河流域を中心とした熱帯降雨林に生息し，家族単位で生活している．食性は雑食で，昆虫，鳥卵，果実，種子などを好んで食べる．実験に使われる動物は，コモンマーモセットなど一部のものは室内繁殖されたものであるが，多くは未だ野生のものが用いられている．

この動物は常に立体的で活発かつ迅速なる動きを示し，小鳥のさえずりのような鳴き声を発する．特異的な行動として，下腹部を止まり木などに擦りつける"臭い付け行為"が雌雄ともによく観察される．また，この動物は雄親が主として子守行動を行う習性をもっている．このため，実験室内で繁殖を行う場合雌雄のペアーで飼育される．

b. 成熟と寿命

雌は生後 1～1.5 年，雄は 1.5～2 年で成熟に達する．

動物園などにおける最長飼育記録をみると，コモンマーモセットで 11 年 6 か月または 12 年，ゴールデンライオンタマリンで 10 年 4 か月，ワタボウシタマリンで 7 年 6 か月と記載されており[6,7]，これから推測してマーモセット類の寿命はおよそ 10～15 年と考えられる．

（4）形　態

a. 形態・解剖学的特徴

脊椎数は，頸椎 7，胸椎 12～13，腰椎 6～7，仙椎 3 である[7]．尾椎数は 23～34 と種により違いがある．頭蓋骨の冠状・矢状縫合の結合においても種による若干の違いが認められる[8]．いずれの種も眼窩は側頭部と骨の壁で完全に仕切られている．

鼻孔は左右離れていて，鼻の孔は外側を向いている．マカカ属サル類に見られるような頬袋はない．歯式は，上下とも 2・1・3・2 で合計 32 本であり[7]，マカカ属やヒトと同数である．しかし，マカカ属とは小臼歯と大臼歯の数が逆になっている．マーモセット属は犬歯と同じくらいの長さの切歯（下顎）をもつが，タマリン属は下顎の犬歯が切歯よりもずっと長い．

手の第 I 指と他の指との対向性は弱い．足の第 I 指は平爪であるが，その他の手足のすべての爪はカギ爪に近く，この点マカカ属サル類とは異なる．

乳房は 1 対である．尻ダコはない．雌雄の生殖器の解剖図を図 10.4 に示した．

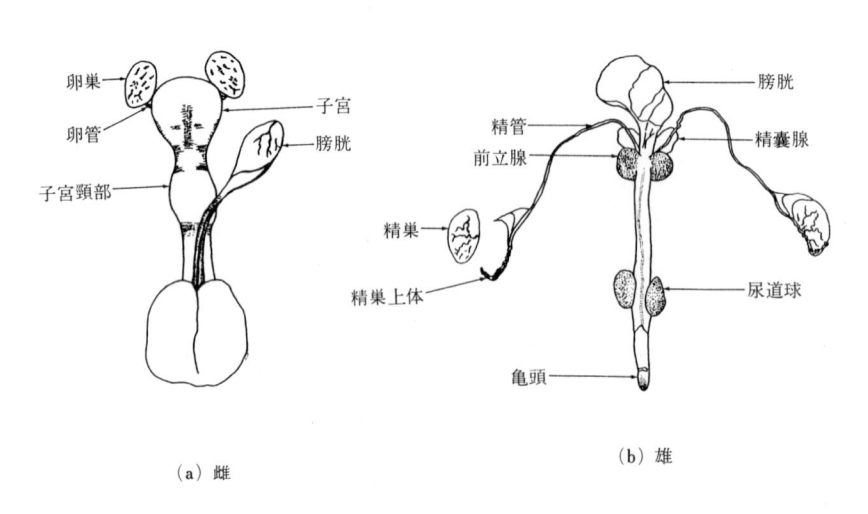

図 10.4 コモンマーモセットの生殖器の解剖図（小坂原図）
（a）雌　（b）雄

b. 体重と身体各部の大きさ

マーモセット類の成熟体重を表10.3に，また体長，尾長および頭部，胸部，前後肢指の長さを表10.4に示した．

体格は，マーモセット属よりもタマリン属のほうが一般に大きい．尾は体長よりも長い．後肢は前肢よりも長く，後肢の発達していることがこの動物の特徴といえる．コモンマーモセットの臓器重量[9]を表10.5に示した．体重比で見ると，肝臓の大きさがマカカ属サル類やヒトのそれよりも大である．

表10.3 マーモセット類の体重

種名	性	(例数)	平均±SD	範囲
コモンマーモセット	雌	(20)	340±40 g	275～425 g
	雄	(20)	354±52	280～455
シルバーマーモセット	雌	(7)	339±55	280～420
	雄	(5)	356±50	310～425
クチヒゲタマリン	雌	(20)	461±83	315～655
	雄	(18)	466±65	350～600
ワタボウシタマリン	雌	(31)	416±47	320～500
	雄	(20)	435±44	350～510

表10.4 マーモセット類の体格各部の計測値（平均値，単位 mm）

種類	コモンマーモセット[a]	クチヒゲタマリン[b]	アカハラタマリン[b]	ワタボウシタマリン[b]
(例数)	(10)	(21)	(20)	(13)
体長	199	250	254	248
尾長	248	375	354	330
頭部				
頭長	43	55	61	55
頭幅	32	47	41	39
胸部				
胸囲	142	150	157	153
胸幅	35	—	55	57
胸深	37	—	62	60
前肢				
上腕	48	38	43	40
前腕	53	53	60	56
手長	41	40	48	49
後肢				
大腿	65	59	63	58
下腿	68	69	76	75
足長	59	67	72	73

a) 谷岡ら（未発表）．b) 島岡ら（1983）．

表10.5 コモンマーモセットの臓器重量

	雌			雄		
	平均	（範囲）	例数	平均	（範囲）	例数
脾臓	0.423	(0.150～ 1.211)	80	0.395	(0.146～ 1.003)	65
副腎（左右）	0.1013	(0.069～ 0.156)	74	0.0776	(0.039～ 0.129)	59
心臓	1.754	(0.966～ 2.702)	80	1.714	(0.825～ 2.671)	65
肝臓	15.118	(9.582～29.552)	80	13.557	(8.126～24.042)	77
甲状腺（左右）	0.0666	(0.045～ 0.094)	16	0.0502	(0.046～ 0.058)	5
腎臓（左右）	1.7552	(1.106～ 2.636)	80	1.648	(0.794～ 2.381)	65
脳	8.139	(7.136～ 9.427)	63	8.153	(6.539～ 9.544)	71
下垂体	0.0085	(0.003～ 0.012)	12	0.0085	(0.006～ 0.016)	13
卵巣（左右）	0.121	(0.010～ 1.211)	74	—	—	—
子宮	0.1680	(0.052～ 0.240)	5	—	—	—
精巣（左右）	—	—	—	0.777	(0.144～ 1.562)	59
前立腺	—	—	—	0.1274	(0.064～ 0.187)	5
体重	307.7	(162 ～ 420)	85	295.8	(148 ～ 400)	82

Wadsworthら（1981）[10]

c. 発生と成長

コモンマーモセットの発生についてはPhillips[10]により報告されている．妊娠日齢についてのアカゲザルならびにヒトとの対比を表10.6に示した．また，各発生ステージごとの胎子頂臀長の比較を表10.7に示した．

コモンマーモセットの成長曲線を図10.5に示した．出生時体重は30 g前後であり，70日齢頃に100 gに達する．200日齢で200 gを越え，300日齢頃か

表10.6 妊娠日齢に関するコモンマーモセット，アカゲザルおよびヒトの対比（Phillips（1976））

ステージ	動物種		
	コモンマーモセット	アカゲザル	ヒト
VII	25～28	17±1	19±1
XI	60	24±1	29±1
XVII	75	39±1	44±1
XXIII	83*	47±1	52±1

* 推定値

表 10.7 胎児の発育に伴う頂臀長の変化
——コモンマーモセットとヒトとの比較——

ステージ	頂臀長 (mm)	
	マーモセット 平均（範囲）	ヒト 平均（範囲）
XI	1.76 (1.3 ~ 2.2)	3.1 (2.0 ~ 5.0)
XII	—	3.8 (3.0 ~ 5.8)
XIII	3.4 (2.4 ~ 4.8)	4.7 (3.0 ~ 6.0)
XIV	4.6 (4.1 ~ 5.0)	6.5 (4.9 ~ 8.2)
XV	7.6 (6.8 ~ 8.3)	7.8 (6.0 ~ 11.0)
XVI	8.8 (8.3 ~ 9.2)	9.4 (7.0 ~ 12.2)
XVII	12.0 (—)	12.3 (8.6 ~ 14.5)
XVIII	—	15.3 (11.7 ~ 17.2)
XIX	12.3 (12.1 ~ 12.4)	18.2 (15.5 ~ 21.5)
XX	—	21.4 (19.0 ~ 25.0)
XXI	15.1 (14.4 ~ 15.9)	22.8 (19.0 ~ 26.4)

Phillips (1976)

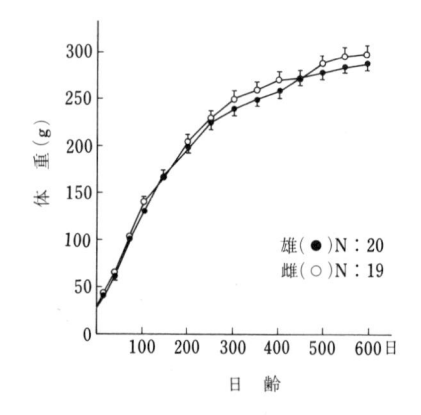

図 10.5 コモンマーモセットの成長曲線（Addot ら，1978）

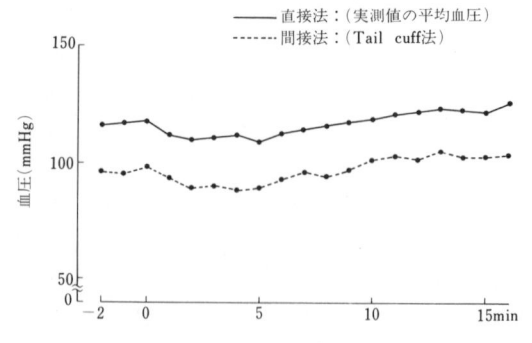

図 10.6 Tail cuff 法による血圧変化と観血的方法による実測値の平均血圧との比較［同一動物で無麻酔下で測定］（久保田原図）

ら体重増加の程度が鈍くなってくる．なお，雄は雌よりも体重が上まわっている．

（5）一 般 生 理

a．血　圧

久保田らは，コモンマーモセットにおいて，大腿動脈への直接カニュレーションによる方法により，生体位無麻酔下（例数6）で最高血圧 149.7±4.7（範囲 131~165）mmHg，最低血圧 88.8±4.2（範囲 73~101）mmHg，平均血圧 109.2±3.9（範囲 92~119）mmHg の値を，ペントバルビタール麻酔下（例数19）で，最高血圧 121.4±4.8（範囲 88~162）mmHg，最低血圧 79.5±3.0（範囲 52~104）mmHg，平均血圧 93.5±3.5（範囲 64~123）の値を出している．また，ラット用尾動脈血心拍数記録装置を用いたテイルカフ法による間接的方法（例数14）により，100.6±3.2（範囲 83~128）mmHg の値をだしている．直接法と間接法の間には 10~20 mmHg の差が認められ，間接法の値が低い（図 10.6）．これは，テイルカフ法で測定する機器のパルスの認識の遅れによる誤差と考えられる．

血圧は麻酔（塩酸ケタミン 15 mg/kg，筋注）処置10分後の測定で非麻酔時の30%程度低下する．また，無麻酔下で血圧の測定を行う場合，動物を保定後，安定した値を得るまでに 10~15 分を要する．

なお，近年ヨーロッパを中心に，血圧，循環器系に関連する研究において盛んにコモンマーモセットが用いられるようになってきた．この動物の血圧値やその変化，関連する種々の機構などがヒトのそれとよく似ていて，特にレニン・アンジオテンシン系において類似性が高い．このため，従来ラットやウサギでこれらの研究が行われていたものが，より反応がヒトに近く，扱いも比較的容易であるということからマーモセット類が選択されたものと思われる．この分野での本動物の応用は，今後さらに拡大することが予想される．

b．心拍数，心電図

心拍数は，久保田らにより，コモンマーモセット17匹において，間接法安静時で平均 268±10（範囲 211~370）回/分，ペントバルビタール麻酔下で 240±17（範囲 179~348）回/分の値が出されている．この値は報告されているマカカ属サル類やイヌなど体格の大きな動物とくらべ高い傾向にある．塩酸ケタミン麻酔により 50~80 回/分の心拍数の低下が認められる．

マーモセット類の心電図に関しては，澤崎ら[11]がコモンマーモセット，シルバーマーモセット，クロ

クビタマリン，ワタボウシタマリンの4種について報告している．肢誘導心電図で，ワタボウシタマリンにおいてP波が肺性P波を示し，R棘のノッチ，ST部分の下降など異常所見を示す例のあったことが記載されている．

c. 体温, 尿量

体温は，コモンマーモセットで雌39.7±0.7(38.7～40.9)°C，雄39.4±0.6(38.3～40.9)°Cおよび38.9～39.3°C，クロクビタマリンで39.9(39.1～40.6)°Cと報告されている[6,7,12]．なお，夜間の体温は昼間のそれよりも2～3°C低い．

マーモセット類の尿量については，雌で28～36 ml/日，雄で19～20ml/日という値がでている[7]．

d. 血液性状

i) 血液学的測定値 1個体より採取できた最大血液量はコモンマーモセットにおいて10～17 ml，平均13ml(雄10匹，体重平均320g)であり，これは体重の1/25に当たっていた．マーモセット類の全血量に関する正確な値は見当たらないが，上の値から推察すると体重の1/15～1/20とみられる．なお，1回の採血量は1ml/100g体重程度，また，血液値に影響の少ない採血適量は0.5ml/100g体重である．

血液学的測定値に関しては，コモンマーモセットについてMcIntoshら[13]，Hawkeyら[14]，ワタボウシタマリン，クロクビタマリンについてAnderson[7]ら，その他いくつかの報告がある．なお，Andersonらの成績に関しては実験動物学―各論―(朝倉書店刊)に数値が示されている．ここではコモンマーモセットにおいて得られた著者らの成績を示す．

1歳以上の成熟個体81匹(雌41，雄40)のヘモグロビン(Hb)，ヘマトクリット(Ht)，赤血球数(RBC)，平均血球容積(MCV)，平均血球ヘモグロビン濃度(MCHC)，網状赤血球数(Ret)，白血球数(WBC)，赤芽球(EB)および血小板数(Plat)の値を表10.8および10.9に示す．また一部特徴あるものについては，この動物と比較するため過去に同じ方法で測定したアカゲザル，イヌ，ラットの値，ならびにヒトにおける正常範囲内の値とそれぞれ対比させて図10.7および10.8に示す．

全体的に見ると，コモンマーモセットの血液学的性状値はヒトやアカゲザルに近いと判断される．Hb，Htに関しては，アカゲザルよりいくぶん高く，ヒトやイヌの値に類似している．RBCはアカゲザルやヒトよりも高い．図10.8より明らかなように，コモンマーモセットのRetはヒトおよび他の動物と比べ高い傾向が認められる．なお，この動物ではハインツ小体数の多い個体がときおり認められる．

表 10.8 コモンマーモセットの血液生理値(1)

		Hb[a] (g/dl)	Ht[b] (%)	RBC[c] ($\times 10^4$/mm³)	MCV (μ^3)	MCHC (%)
雌 (N:41)	平均±S.D	14.6±1.3	45.9±4.2	623±74	74.0±4.5	31.9±1.2
	(範囲)	(8.9～16.6)	(28～52)	(373～717)	(65.6～80.7)	(30.2～35.1)
雄 (N:40)	平均±S.D	15.3±1.4	47.9±4.5	656±69	73.3±4.5	31.9±1.0
	(範囲)	(11.5～17.2)	(38～55)	(484～764)	(66.0～82.4)	(29.4～33.6)
計 (N:81)	平均±S.D	14.9±1.4	46.9±4.4	639±73	73.7±4.5	31.9±1.1
	(範囲)	(8.9～17.2)	(38～55)	(373～764)	(65.6～82.4)	(29.4～35.1)

a) Cyanmethemoglobin method, b) Micro-capillary centrifuge method, c) Coulter counter ZBI.

表 10.9 コモンマーモセットの血液生理値(2)

		Ret[a] (%)	WBC[b] (/mm³)	EB (/100 Leuco)	Plat ($\times 10^4$/mm³)
雌 (N:41)	平均±S.D	3.4±1.9	9700±3200	0.6±1.3	65.0±17.0
	(範囲)	(0.6～10.7)	(3300～17400)	(0～5)	(40.5～111.2)
雄 (N:40)	平均±S.D	3.1±1.5	9800±2800	0.2±0.4	61.0±14.1
	(範囲)	(0.6～9.8)	(3200～16900)	(0～1)	(31.5～87.8)
計 (N:81)	平均±S.D	3.3±1.7	9710±2990	0.4±1.0	63.1±15.7
	(範囲)	(0.6～10.7)	(3200～17400)	(0～5)	(31.5～111.2)

a) Brecher method, b) Coulter counter ZBI.

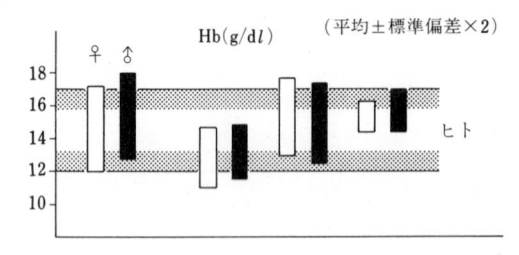

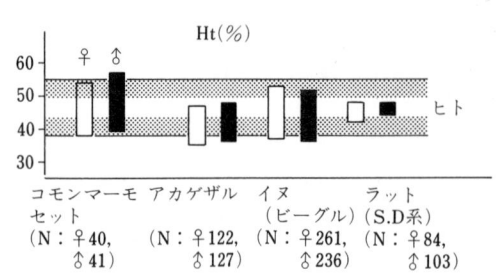

図 10.7 コモンマーモセットの血液生理値のヒトならびに他種動物との比較(1)

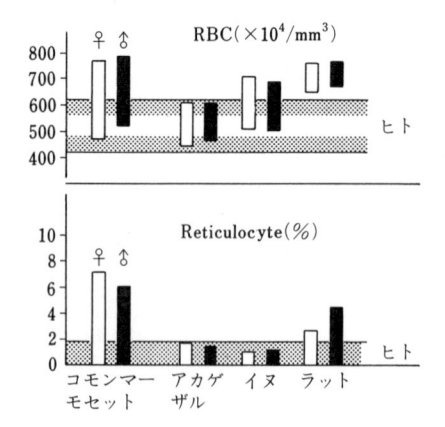

図 10.8 コモンマーモセットの血液生理値のヒトならびに他種動物との比較(2)

ii) 血清生化学的測定値　マーモセット類の血清生化学値に関しては，コモンマーモセットについて Davy ら[15]，Yarbrough ら[16]，アカハラタマリンについて Wadsworth ら[17]，ワタボウシタマリン，シロクチタマリンについて Holmes ら[7]，その他いくつかの報告がある．このうちワタボウシタマリンとシロクチタマリンの値については実験動物学―各論―(前掲)に表として掲げられている．以下に，著者らが得たコモンマーモセットの血清生化学的測定値を示す．

1歳以上の健康な成熟個体60匹(雌29，雄31)におけるグルタミン酸オキサロ酢酸トランスアミナーゼ(GOT)，グルタミン酸ピルビン酸トランスアミナーゼ(GPT)，乳酸脱水素酵素(LDH)，アルカリホスファターゼ(ALP)，ロイシンアミノペプチダーゼ(LAP)，コリンエステラーゼ(ChE)，グルコース(Glu)，総コレステロール(TC)，総グリセリド(TG)，リン脂質(PL)，ナトリウム(Na)，カリウム(K)，塩素(Cl)，カルシウム(Ca)，無機リン(P)，血清尿素窒素(BUN)，クレアチニン(Creat)，尿酸(UA)，総タンパク(TP)およびA/G比の値を表 10.10～10.13 ならびに図 10.9 および 10.10 に示した．

GOT の値は他の動物とくらべ高値であり，そのバラツキも大きい．LDH も個体間でのバラツキが比較的大きい．ALP 活性値においては他の動物に認められるような性差は見られない．LAP の値は平均4458 IU であり，他の動物の 200 IU 前後の値とくらべて著しく高く，これは明らかにこの動物固有の特徴といえる．その他の項目においては，ヒトおよび他の動物種とくらべて特に大きな差異は見られない．

表 10.10　コモンマーモセットの血清生化学値(1)

			GPT[1] (IU/30°C)	GOT[2] (IU/30°C)	LDH[1] (IU/30°C)	ALP[3] (IU/30°C)	LAP[4] (IU)
雌 (N:29)	平均±S.D (範囲)		6±2 (3～14)	90±40 (50～234)	296±91 (183～482)	474±235 (142～1338)	3894±982 (2472～5544)
雄 (N:31)	平均±S.D (範囲)		8±3 (5～16)	84±20 (56～62)	330±132 (151～630)	438±164 (219～888)	4986±1336 (1617～8253)
計 (N:60)	平均±S.D (範囲)		7±3 (3～16)	87±31 (50～234)	314±114 (151～630)	455±200 (142～1338)	4458±1292 (1617～8253)

1) Wróblewski method, 2) Karmen method, 3) Bessey-Lowry method, 4) L-CHA Substrate method.

表 10.11 コモンマーモセットの血清生化学値(2)

		ChE[1] (×10 IU)	Glucose[2] (mg/dl)	TC[3] (mg/dl)	TG[4] (mg/dl)	PL[5] (mg/dl)
雌 (N：29)	平均±S.D (範囲)	214±77 (97〜388)	94±21 (64〜148)	147±45 (75〜299)	138±72 (60〜324)	214±37 (137〜305)
雄 (N：31)	平均±S.D (範囲)	221±72 (90〜382)	92±24 (50〜140)	164±31 (115〜228)	150±89 (54〜396)	231±43 (149〜324)
計 (N：60)	平均±S.D (範囲)	218±74 (90〜388)	93±22 (50〜148)	156±39 (75〜299)	144±81 (54〜396)	223±40 (137〜324)

1) Ellman method, 2) Glucose-Oxidase method, 3) Roeschlau method, 4) Wahlefeld modified method, 5) Oxidase method.

表 10.12 コモンマーモセットの血清生化学値(3)

		Na[1] (mEq/l)	K[1] (mEq/l)	Cl[2] (mEq/l)	Ca[3] (mg/dl)	p[4] (mg/dl)
雌 (N：29)	平均±S.D (範囲)	160±4 (151〜165)	4.6±0.8 (3.6〜7.1)	111±3 (105〜117)	10.3±0.7 (9.2〜11.7)	5.3±0.8 (3.9〜7.3)
雄 (N：31)	平均±S.D (範囲)	160±5 (142〜169)	4.5±0.6 (3.4〜5.9)	110±4 (97〜117)	10.8±0.7 (9.1〜12.0)	5.3±1.0 (3.5〜7.6)
計 (N：60)	平均±S.D (範囲)	160±5 (142〜169)	4.5±0.7 (3.4〜7.1)	111±3 (97〜117)	10.6±0.7 (9.1〜12.0)	5.3±0.9 (3.5〜7.6)

1) Flamephotometric method, 2) Chloridimetric method, 3) O.C.P.C. method, 4) Phosphomolybdate chromogenic method.

表 10.13 コモンマーモセットの血清生化学値(4)

		BUN[1] (mg/dl)	Creat[2] (mg/dl)	UA[3] (mg/dl)	TP[4] (g/dl)	A/G
雌 (N：29)	平均±S.D (範囲)	22.5±9.1 (10.3〜41.7)	0.75±0.11 (0.54〜1.1)	0.5±0.2 (0.2〜1.0)	6.9±0.7 (4.6〜8.0)	1.7±0.3 (0.7〜2.2)
雄 (N：31)	平均±S.D (範囲)	25.0±5.6 (17.6〜36.4)	0.69±0.09 (0.5〜0.88)	0.6±0.4 (0〜1.7)	7.1±0.7 (5.0〜7.9)	1.9±0.3 (1.1〜2.6)
計 (N：60)	平均±S.D (範囲)	23.8±7.6 (10.3〜41.7)	0.72±0.1 (0.5〜1.1)	0.6±0.3 (0〜1.7)	7.0±0.7 (4.6〜8.0)	1.8±0.3 (0.7〜2.6)

1) Hallet method, 2) Jaffe modified method, 3) Uricase-Peroxidase method, 4) Refractometric method.

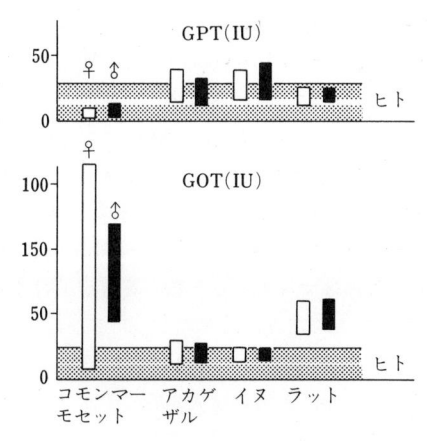

図 10.9 コモンマーモセットの血清生化学値のヒトならびに他種動との比較(1)

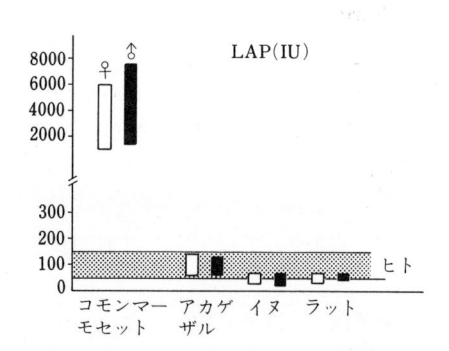

図 10.10 コモンマーモセットの血清生化学値のヒトならびに他動物との比較(2)

（6）繁 殖 生 理

a. 一般繁殖生理値

i）性成熟　マーモセット類の性成熟は14か月という報告が多く，10～12か月，14～16か月，18～29か月という報告もある[6,7,18]．コモンマーモセットの雌で卵巣周期の認められる月齢は13か月であり，雄で精巣活動の安定する時期はこれよりも数か月あとである．室内繁殖において雌雄の同居開始適期は18か月齢ころである．

ii）性周期　雌に月経は認められず，発情期の性皮の腫脹も見られない．性周期（卵巣周期）の長さについては，以前は14～16日とされていたが，Hearn[19]はホルモン的な裏付けのもとに $28.6±1.0$ 日（卵胞期 $8.3±0.3$ 日，黄体期 $19.2±0.6$ 日）と報告している．

iii）繁殖季節　マーモセット類には特定の繁殖季節はなく，室内繁殖において1年中出産が認められる．コモンマーモセットの月別出産数の1例を図10.11に示す．

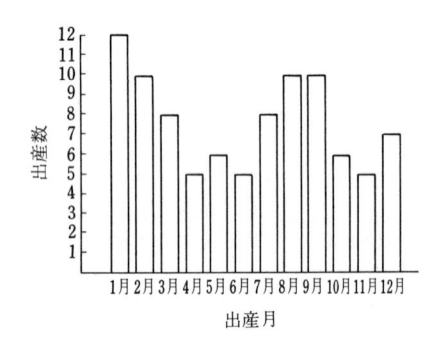

図10.11　コモンマーモセットの月別出産数の分布（Phillps, 1976）

iv）妊娠期間　コモンマーモセットでは平均 $144±2$ 日（範囲141～146）である[19]．ほかに，143（117～156），146（140～156），132～134，140～145，140～150，141～146，142～150日などの報告がある[6,20]．また，ワタボウシタマリンは140～145日，クロクビタマリンは140～145日，クチヒゲタマリンは140～150日と報告されており[7]，いずれの種も大差はない．

v）分娩間隔　コモンマーモセットでは平均6.6か月（範囲5～11か月）で，最短の5か月が最も多い[12]．マーモセット類の妊娠期間は約5か月であるので，分娩間隔が5か月ということは分娩後すぐに妊娠が成立していることを意味している．したがって，この動物では多くの個体が分娩後の泌乳と新たな妊娠を同時に進行させていることになり，マウスなどで見られる追いかけ妊娠と同様の現象がうかがえる．

vi）産子数　マーモセット類はジャングルでは1子ないし2子が多いとされているが，室内飼育では2子と3子が多く，たまに4子も認められる．わが国での二つのコロニーにおけるコモンマーモセットの産子数を表10.14に示す．その他産子数についてはクロクビタマリンで1子20%で，2子75%，3子5%，ワタボウシタマリンでそれぞれ19%，69%，10%などの報告がある[18,19]．

表 10.14　コモンマーモセットの産子数

産子数	Aコロニー	Bコロニー
1子	1（ 4%）	3（ 7%）
2子	20（71%）	18（44%）
3子	6（21%）	19（46%）
4子	1（ 4%）	1（ 2%）

vii）妊娠に伴う子宮サイズの変化　マーモセット類では発情期の判定がむずかしく，正確な妊娠日の把握が困難である．そこで，通常，妊娠の有無やその時期の判定は，腹壁を通しての子宮サイズの触診により行う．妊娠6週ころより妊娠判定が可能である．

viii）繁殖成績　室内繁殖の成績に関してはすでに多くの報告がある[18,19,21～25]．一般に，マーモセット属のほうがタマリン属よりも成績がよい．妊娠率は30～100%と種，コロニーによって大きな違いがみられるが，ふつう70～90%である．他の動物とくらべ，妊娠初中期における流産が比較的多い．流産率は数%～30%台（10%台が多い）である．移動や騒音などの環境変化，感染症の発生等により流産が増加する．育成率は1子または2子の場合には75～95%と高率であるが，3子以上のときには50%を割る．これはマーモセット類の乳房が1対であるため，3子以上の哺乳には無理が生じるからである．3子の場合には，あらかじめ1子を取除き2子のみを育てさせるか，あるいは人為的にミルクの補給を施して育てさせるとよい．

生まれた子供は1か月頃より自分で採食し始め，

2，3か月で離乳できる．雄のペニスの確認などにより雌雄の鑑別ができる．出生日およびその後1週間以内の子の死亡が比較的多いため，離乳率は50～75％と一般に低めである．

b. 内分泌学的測定値

マーモセット類では性周期に伴いその血中エストロゲン（主としてエストラジオール）およびプロゲステロンに変動が見られるが，その値はヒトやアカゲザルよりもかなり高い．性周期中の血中プロゲステロンの変化を図10.12に示した．

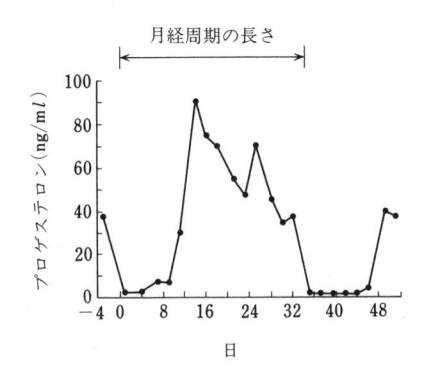

図10.12 コモンマーモセットの月経周期中における血中プロゲステロンの動態（Harding, 1982）

他方，妊娠中に胎盤より分泌される繊毛性ゴナドトロピンは，妊娠2週目より分娩の2～3週間前までのほぼ全経過においてその活性を検出できる．また，妊娠中のプロゲステロンやエストロゲンの動態は比較的ヒトに近い[4,26]．コモンマーモセットの妊娠中のホルモン動態を図10.13に示す．

なお，マーモセット類の雌雄成熟個体における各種ホルモン値，性周期中のホルモン変化，生殖ホルモンと排卵の関連，妊娠中のホルモン動態，その他生殖ホルモンに関しては多くの報告がだされている．

（7） 実験用動物としての利点と使用領域

マーモセット類は，系統発生学上最もヒトに近縁な霊長類の仲間で，しかも，それほど下等な部類ではない真猿類に属しており，実験動物として研究や試験に用いる場合ヒトとの共通性，予見性の点において従来の小型実験動物とくらべ有利である．この種の動物は，年2産，1産2～3子，成熟約1.5年と，繁殖効率がマカカ属サル類（年1産，1産1子，成熟約4年）と比べかなりよい．また，小型であることから，サルといってもそれほど特殊な取扱い技術を必要とせず，施設にしてもラットやウサギなみのスペースや設備で飼育できるなど，実験用動物としての条件も比較的有利である[27,28]．さらに，遺伝的，微生物学的統御も中・大型サル類とくらべ容易であり，SPF動物の作出も試みられている．

マーモセット類の使用領域に関しては，従来よりA型肝炎をはじめウイルス感染症，腫瘍研究分野で多く用いられていたが，今日においてもこの領域での使用は最も多い．近年においてはさらに使用領域に拡大が見られ，特に脳神経系研究領域，血圧・循環器系研究領域，代謝・薬理・毒性研究領域，疾病・病理研究領域，生理・血液・内分泌研究領域での研究利用が増大している[28]．　　　〔谷岡　功邦〕

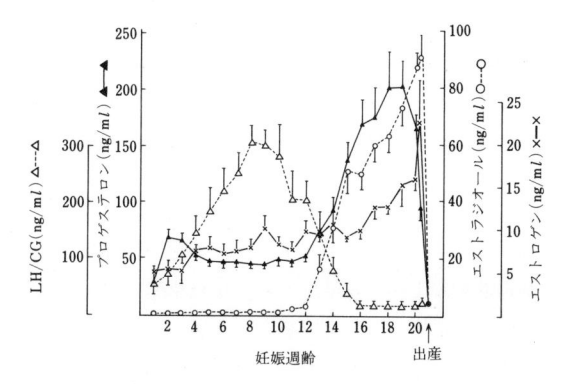

図10.13 コモンマーモセットの妊娠中の生殖ホルモン動態 (Chambers, 1979)

文　献

1) 谷岡功邦：マーモセット・タマリン，実験動物の飼育管理と手技（今道友則監修），pp. 434-444, ソフトサイエンス社（1979）
2) Deinhardt, F.: Nutritional requirements of marmosets. *In* Feeding and Nutrition of Nonhuman Primates., (Harris, R. S. (ed.)) pp. 175-182, Academic Press (1970)
3) Wislocki, G. B.: Observation on twinning in marmosets. *Am. J. Anat.*, **64**, 445-483 (1939)
4) 山本　慧，谷岡功邦：バイオメディカルサイエンス領域におけるマーモセットの有用性．実験動物, **26**, 169～181(1977)
5) Poswillo, D. E., Hamilton, W. J. and Sopher, D.: The marmoset as an animal model for teratological research. *Nature*, **239**, 460-462 (1972)
6) 日本動物園水族館協会：飼育ハンドブック—資料編—(1980)
7) 田中利男：霊長類．実験動物学—各論—(田嶋嘉雄編)，pp. 198-266, 朝倉書店 (1972)

8) 島岡達郎・池元朷典：実験動物としてのマーモセットにおける形態学と遺伝標識．ABRI, **11**, 1-2 (1983)
9) Wadsworth, P. F., Budgett, D. A. and Forster, M. L.: Organ weight data in juvenile and adult marmosets (Callithrix jacchus). Lab. Anim., **15**, 385-388 (1981)
10) Phillips, I. R.: The embryology of the common marmoset (Callithrix jacchus). Adv. Anatomy Embryol. Cell Biol., **52**, 7-45 (1976)
11) 澤崎 担：比較心臓学．pp. 106-125, 朝倉書店 (1980)
12) 谷岡功邦：マーモセット，開発途上の実験動物（高垣善男他編），116-140 (1984)
13) McIntosh, G. H., Lawson, C. A., Rodger, S. E. and Lloyd, J. V.: Hematological characteristics of the common marmoset (Callithrix jacchus jacchus). Res. Vet. Sci., **38**, 109-114 (1985)
14) Hawkey, C. M., Hart, M. G. and Jones, D. M.: Clinical hematology of the common marmoset, Callithrix jacchus. Am. J. Primatology, **3**, 179-186 (1982)
15) Davy, C. W., Jackson, M. R. and Walker, J.: Reference intervals for some clinical chemical parameters in the marmoset (Callithrix jacchus); Effect of age and sex. Lab. Anims., **18**, 135-142 (1984)
16) Yarbrough, L. W., Tollett, J. L., Montrey, R. D. and Beattie, R. J.: Serum biochemical, hematological and body measurement data for common marmosets (Callithrix jacchus jacchus). Lab. Anim. Sci., **34**, 276-280 (1984)
17) Wadsworth, P. F., Hiddleston, W. A., Jones, D. V. and Fowler, J. S.: Haematological, coagulation and blood chemistry data in red-bellied tamarins Saguinus labiatus. Lab. Anim., **16**, 327-330 (1982)
18) Gengozian, N. and Deinhardt, F.: Marmosets in experimental medicine. Primates in medicine. (Goldsmith, E. L., S. Karger (ed.)), Basel (1978)
19) Hearn, J. P.: Reproduction in new world primates, pp. 183-215, MTP Press (1983)
20) Altman, P. L. and Dittmer, D. S.: Biology data book. Federation of American Societies for Experimental Biology, Bethesda (1972)
21) Tanioka, Y. and Izawa, M.: Reproductive performance of marmosets. Japan J. Med. Sci. Biol., **34**, 255-259 (1981)
22) Tardif, S. D., Richter, C. B. and Carson, R. L.: Reproductive performance of three species of Callichdae. Lab. Anim. Sci., **34**, 272-275 (1984)
23) Box, H. O. and Hubrecht, R. C.: Long-term data on the reproduction and maintenance of a colony of common marmosets (Callithrix jacchus jacchus) 1972-1983. Lab. Anim., **21**, 249-260 (1987)
24) Ogden, J.: Reproduction of wild-caught tamarins (Saguinus mystax mystax) under laboratory conditions. J. Med. Primatol., **12**, 343-345 (1983)
25) Ogden, J.: Reproduction of wild-caught marmosets (Saguinus labiatus labiatus) under laboratory conditions. Lab. Anim. Sci., **29**, 545-546 (1979)
26) 谷岡功邦：小型ザル．実験生殖生理学の展開（鈴木善祐編）pp. 358〜366, ソフトサイエンス社 (1982)
27) 谷岡功邦，松林清明，島田彰夫：小型霊長類の実験動物化．実験動物，**28**, 217-224 (1979)
28) 野村達次監修，谷岡功邦編集：コモンマーモセットの特性と実験利用．ソフトサイエンス社 (1989).

10.2 リ ス ザ ル

（1） リスザルの分類学的位置および自然生息地域

リスザル (Saimiri sciureus, Squirrel monkey) は，真猿類（亜目）の広鼻猿類（下目），オマキザル科に属する．オマキザル科は，リスザル亜科を含む7〜11亜科[1〜3]に分類される．

リスザルは主として南アメリカ大陸の北部，すなわちベネズエラ，コロンビア，ペルー，ボリビア，そして，ブラジルの広大な地域にわたって生息している．この地域は，いわゆる熱帯降雨林地帯である．リスザルは，高さ数10m〜100mに達する樹林の比較的上層（樹冠部）の日射のある部分に生息するか，ときには林縁部を生活の場としている．また前述の生息域とは地理的にやや離れた西部パナマや東部コスタリカにも生息している．自然界でリスザルは，10匹くらいから，時には300匹以上の群[4]を作っている．

（2） 実験動物になるまで

1950年代から1960年代にかけて，米国では脳や行動科学に関する研究にリスザルが繁用された．1958年に，初めて宇宙へ飛んだ動物として，リスザルは広く一般の人々に知れわたった．1964年には「実験動物としてのリスザル」と題する論文[5]が発表されている．その内容は飼育管理，繁殖，成長，臓器重量，血液，血清生化学値，諸生理値と広範囲にわたっている．

すでに述べたようにリスザルの生息地は南米であるため，それを北米で入手することは，旧世界ザルを入手するよりも容易である．また小型であるため飼育室の面積や，飼育経費などの観点からも，旧世界サルより有利であるとして北米での利用は多い．

1965年に北米，ヨーロッパから集まった25名の研究者が，ボーマングレイ医科大学において，リスザルに関する討論会を行った．これは，リスザルにつ

いての知識，資料，情報の提供を望む研究者が多くなってきつつあったことに対応した集りであった．この結果は1968年に"The Squirrel Monkey"[6]として出版された．1978年には，その前年に米国で医学生物学などに利用されたサル類の使用数が報告されている[7]．それによると，使用数の最も多いのはアカゲザル（14000匹）であり，ついでカニクイザル（6000匹），3番目はリスザル（4500匹）となっている．使用数の増加傾向に比例して，リスザルの繁殖コロニーの設置が進み，そこで得られた成績の発表が，1970年以降次第に多くなっている．リスザルの利用分野の拡大に伴った研究の成果は，"Handbook of Squirrel Monkey Research"[8]として，1985年に出版された．

（3）外観的特性

国立予防衛生研究所，筑波医学実験用霊長類センター（以下，予研霊長類センターと略記）に輸入後3～5年を経過し，現在繁殖用種ザルとして使用されているリスザルの胴長は雄で28～29 cm，雌で24～28 cmである．尾長は，胴長の約1.5倍の長さがある．体重は雄670～1170 g，雌450～750 gである．予研・霊長類センターで生まれたリスザルの体重変化を図10.14に示す．

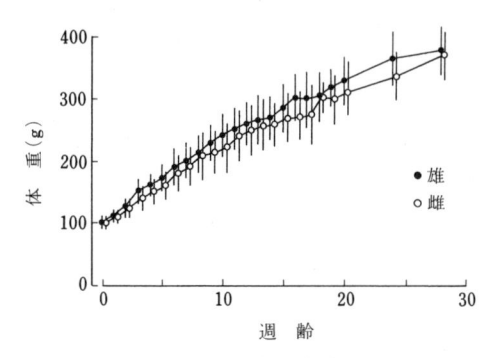

図10.14 リスザルの体重成長

リスザルの被毛の色調は，頭部，口周囲と尾端部が黒色で，体軀部は淡黄色である．四肢の末端，すなわち前腕部，下腿部は体軀部より黄色が濃い．

リスザルの永久歯の歯式は他のオマキザル科のサルと同じく，上下顎共に門歯，犬歯，小臼歯，大臼歯の順に2，1，3，3本である．

（4）リスザルの繁殖

リスザルは，自然生息地で季節繁殖性を有することが知られている．ここでは，野生リスザルを実験室環境下で飼育，繁殖する場合の繁殖の概要を述べる．

繁殖用種ザルの選別：入手後，検疫期間およびその後しばらくの馴化期間を経たものでは，雄ザルは両肩から首そして上腕部にかけて盛上り，たくましく，かつ精巣が大きく，体重は600 g以上であること，雌ザルは膣が開孔していること，体重は500 g以上であることなどを基準に，繁殖用種ザルを選別する．

繁殖方式：雄1匹に対して数匹の雌を同居させる群，2～3匹の複数雄に対して15～20匹の雌を同居させる繁殖群まで報告されている[9~14]．

発情周期：発情周期の長さについては，7日から25日とかなり隔りのある数値が報告されていた[15~18]．その後，飼育環境条件，たとえばケージの大きさ，同居個体の多寡，成熟雄の同居の有無などにより周期の長さは違ってくることが指摘され，追試の結果，現在では発情周期の長さは8～10日と結論されている[19~21]．

妊娠診断[22]：下腹部を両側腹から軽く圧迫して，子宮を触知する方法が一般的である．小指頭大の子宮を触知し得たとき陽性と判定する．最近になって超音波診断装置を利用した早期妊娠診断法が著者らにより報告されている[23]．

妊娠率：自然環境から実験室環境への導入後，年次的に妊娠率の上昇する傾向がある．入荷後5～3年を経た予研霊長類センターでの妊娠状況を表10.15に示す．規模の大きい繁殖群での長年にわたる妊娠率は，妊娠可能と思われる成熟雌の50～70％である[13,25]．

妊娠期間：雌雄を長期間同居する方式によっては，妊娠成立の時点を正確に判定することは困難である．しかし，実験的方法により妊娠期間を調査した報告[20~28]によれば，それらの平均値は146～162日である．

正常分娩率と分娩期：正常分娩率[13,20]は，おおよそ75～85％である．すなわち，流産，死産は15～25％で予研霊長類センターのカニクイザルにおける流産，死産率（12.8％）[29]に比し高率である．また，予研霊長類センターでの輸入当初の分娩は7，8月で

表 10.15 リスザル年度別繁殖状況

		'81	'82	'83	'84	'85	'86	'87	'88
繁殖雌頭数	野生	6	26	42	41	41	41	40	30
	育成	—	—	—	1	3	5	11	19
	計	6	26	42	42	44	46	51	49
妊娠数	野生	4	12	11	23	30	26	25	25
	育成	—	—	—	0	2	2	5	7
	計	4	12	11	23	32	28	30	32
出産状態 流産	野生	0	2	0	3	1	2	3	0
	育成	—	—	—	0	2	0	0	1
	計	0	2	0	3	3	2	3	1
死産	野生	0	3	4	2	2	2	2	3
	育成	—	—	—	0	0	0	0	1
	計	0	3	4	2	2	2	2	4
正常分娩	野生	4	7	7	18	27	22	19	22
	育成	—	—	—	0	0	2	5	5
	計	4	7	7	18	27	24	24	27
哺乳中死亡	♂	0	0	0	0	1	2	1	2
	♀	—	1	0	0	1	3	0	3
	計	0	1	0	0	2	5	1	5

あった．しかし，その後の分娩期は年とともに漸次推移している（表10.16）[24]．分娩期が推移することは従来の報告でも指摘されている[12,30]．さらに，入荷後5〜8年ぐらい経過した屋内環境下の繁殖コロニーでは，年間を通じて毎月出産の見られることが記録されている[31]．

哺育期間：ほぼ生後4か月で，人為的に離乳が可能である．

性成熟：雌ザルは，満3歳時に妊娠可能である．雄は満5歳ごろから交配用種ザルとして使用可能である．

（5）おわりに

世界的にみれば，リスザルは多くの実験分野で利用されているが，わが国でのリスザルの入手は現在では決して容易ではない．もし入手する機会があれば，それら入荷群のうち何匹かを種ザルとして維持，増殖し，その育成個体を実験用として利用するように計画すべきである．そうすることによって，入手

表 10.16 出産期の推移

合計 | 4月 (4) | 5月 (51) | 6月 (48) | 7月 (31) | 8月 (15) | 9月 (4) | 10月 (4) | 計 157

1981年: 4
1982年: 10
1983年: 11
1984年: 20
1985年: 29
1986年: 26
1987年: 26
1988年: 31

○：野生ザル正産　●：野生ザル死産　□：育成ザル正産　■：育成ザル死産

のむずかしさが回避され，かつ良質なリスザルを実験に利用できるようになると期待できる．

〔長　文昭〕

文　献

1) 河合雅雄・岩本光雄・吉場健二：世界のサル，pp. 84-103，毎日新聞社（1968）
2) Napier, J. R. and Napier, P. H.: A Handbook of Living Primates, pp. 309-313 Academic Press (1967)
3) Wolfeim, J. H.: Primates of the World, pp. 327-337, University of Washington Press, (1983)
4) Baldwin, J. D. and Baldwin, J. I.: Squirrel Monkey (Saimiri) in Natural Habitats in Panama, Colombia, Brazil, and Peru. Primates, 12(1), 45-61 (1971)
5) Beischer, D. E. and Furry, D. E.: Saimiri sciureus as an Experimental Animal. Anat. Rec., 148, 615-624 (1964)
6) Rosenblum, L. A. and Cooper, R. W.: The Squirrel Monkey, Academic Press (1968)
7) U. S. Department of Health, Education and Welfare: National Primate Plan, DHEW Publication No. (NIH) 80-1520 (1978)
8) Rosenblum, L. A. and Coe, C. L.: Handbook of Squirrel Monkey Research, Plenum Press (1985)
9) Bantin, G. C.: Reproduction in the Squirrel Monkey (Saimiri sciureus). J. Inst. Anim. Tech., 20(3), 83-90 (1969)
10) Hupp, E. W.: Husbandry Procedures in an Indoor Breeding Squirrel Monkey Colony, In Medical Primatology (Goldsmith, E. I. and Moor-Jankowski, J. (eds.)), Karger, Part I . pp. 100-104 (1972)
11) Kaplan, J. N.: Breeding and Rearing Squirrel Monkeys (Saimiri sciureus) in Captivity. Lab. Anim. Sci., 27, 557-567 (1977)
12) Taub. D. M., Adams, M. R. and Auerbach, K. G.: Reproductive performance in a Breeding Colony of Brazilian Squirrel Monkeys (Saimiri sciureus). Lab. Anim. Sci., 28, 562-566 (1978)
13) Rasmussen K. M., Ausman, L. M. and Hayes, K. C.: Vital Statistics from a Laboratory Breeding Colony of Squirrel Monkeys (Saimiri sciureus). Lab. Anim. Sci., 30, 99-106 (1980)
14) Tsuji, K. and Tatsumi, T.: Some Experiences of Captive Breeding of Squirrel Monkeys (Saimiri sciureus). Jap. J. Med. Sci. Biol., 34, 259-261 (1981)
15) Denniston, R. H.: Notes on the Vaginal Cornification Cycle of Captive Squirrel Monkeys. J. Mammal., 45, 471 (1963)
16) Lang. C. M.: The Estrous Cycles of the Squirrel Monkey (Saimiri sciureus). Lab. Anim. Care, 17, 442-451 (1967)
17) Srivastava, P. K., Cavazos, F. and Lucas, F. V.: Biology of Reproduction in the Squirrel Monkey (Saimiri sciureus): I. The Estrus Cycle. Primates, 11, 125-134 (1970)
18) Richer, C. P.: Artificial Seven-day Cycles in Spontaneous Activity in Wild Rodents and Squirrel Monkeys. J. Comp. Physiol. Psychol., 90, 572-582 (1976)
19) Butler, H.: Evolutionary Trends in Primate Sex Cycles, in Contributions to Primatology, Vol. 3 (H. Kuhn, ed) S. Karger, 2-35 (1974)
20) Wolf, R. H., Harrison, R. M. and Martin, T. W.: A Review of Reproductive Patterns in New World Monkeys. Lab. Anim. Sci., 25, 814-821 (1975)
21) Dukelow, W. R.: Reproduction in the Squirrel Monkey (Saimiri sciureus). Rec. Adv. Primatol., 2, 195-200 (1978)
22) Dukelow, W. R.: The Squirrel Monkey, in Reproduction in New World Primates, pp. 149-179, MTP Press (1983)
23) 成田勇人，浜野政章，長　文昭：超音波診断装置によるリスザルの妊娠診断と胎仔の発育観察．実験動物，37, 393-397(1988)
24) 浜野政章，鈴木通弘，長　文昭，本庄重男：リスザルの実験室内繁殖について．第32回日本実験動物学会口演，奈良，1985年9月（一部加筆）．
25) Dukelow, W. R.: Reproductive Cyclicity and Breeding in the Squirrel Monkey, in Handbook of Squirrel Monkey Research (Rosenblum, L. A. and Coe, L. C. (eds.)), 169-190, Plenum Press (1985)
26) Lorenz, R., Anderson, C. O. and Masom, W. A.: Note on Reproduction in Captive Squirrel Monkeys (Saimiri sciureus). Folia primat., 19, 286-292 (1973)
27) Kerber, W. T., Conaway, C. H. and Smith, D. M.: The Duration of Gestation in the Squirrel Monkey (Saimiri sciureus). Lab. Anim. Sci., 27, 700-702 (1977)
28) Stolzenberg, S. J., Jones, D. C. L., Kaplan, J. N., Barth, R. A., Hodgen, G. D. and Madan, S. M.: Studies with Timed-pregnant Squirrel Monkeys (Saimiri sciureus). J. med. Primatol., 8, 29-38 (1979)
29) Honjo, S., Cho, F. and Terao, K.: Establishing the Cynomolgus Monkey as a Laboratory Animal, in Advances in Veterinary Science and Comparative Medicine, vol. 28. (Hendrickx, A. G. (ed.)), pp. 51-80, Academic Press (1984)
30) Dumond, F. V.: The Squirrel Monkey in a Seminatural Environment, in The Squirrel Monkey (Rosenblum, L. A. and Cooper, R. W. (eds.)), pp. 88-145 (1968)
31) 鈴木照雄：私信（1984）

10.3　ミドリザル（サバンナモンキー）

　ミドリザル（オナガザル属）は，カニクイザルやアカゲザル（いずれもマカカ属）と同様に，狭鼻猿類（旧世界ザル）下目に属するサルである．樹上生活者の多いオナガザル属で，ただ1種，草原（サバンナ）に進出したサルであり，サバンナモンキー（savannah monkey）とも呼ばれる．狭義には，西アフリカ地域に分布するものだけをグリーンモンキー（green m.）と呼ぶ．この場合，南アフリカ産のものをベルベットモンキー（vervet m.），北部のものをグリベットモンキー（grivet m.）と呼び分ける[1]．ここでは，それらの総称として，ミドリザル Cercopithecus aethiops という名称を用いることに

表 10.17 最近発表されたミドリザル関連の論文数

発表年 分野	1980	'81	'82	'83	'84	'85	'86	'87	計 (%)
生理学	44	48	72	64	51	39	52	55	425(22.5)
解剖学	55	65	83	60	79	69	81	77	569(30.0)
行動・生態学	25	31	35	30	35	44	56	37	293(15.4)
疾病関係	27	40	39	45	52	48	60	75	386(20.3)
薬理学	17	18	27	19	17	9	17	14	138(7.2)
その他	7	11	14	8	11	11	12	12	86(4.5)
計	175	213	270	226	245	220	278	270	1897

する．

ミドリザルを対象とする研究は最近増えてきている（表10.17参照）．研究分野は，繁殖生理を含む生理学的研究から放射線生物学，分子生物学などと多岐にわたっている．しかし，原産地での生態学的調査，および野生由来の動物を用いての医学・生物学的研究などは別にして，厳密な意味での実験動物として，統御された飼育環境下で繁殖・育成された動物を用い，その特性を研究した例は，まだほとんどない．野生ミドリザルでは，がん原性ウイルスであるSV 40による汚染がほとんど認められないため，その腎組織は，マカカ属サルの腎組織にくらべて，より安全に経口生ポリオワクチン製造の材料として用いられることが，1960年代初頭に判明して以来，この分野でのミドリザルの有用性は，ゆるぎないものになった．しかし，他方で，1967年に突発したマールブルグ病との関係で，野生由来ミドリザルを実験に用いるときは，バイオハザード防止の見地を厳格に保つことが重要である[2]．

ミドリザルの原産地であるウガンダ地方で捕獲・飼育されている動物での調査では，大部分の出産が1月から6月までの半年間に限られていたので，ミドリザルは季節繁殖性を示す可能性があるといわれた[3]．しかし，これはわずか13例の出産に基づくものであった．もっと完全な調査が必要である．一方，人工的飼育環境下にあるわれわれの繁殖コロニーでの出産状況は，図10.15のとおりである．これは，当センターで得られた140例の出産について，月別に整理したものである．月ごとに多い少ないはあるものの出産数において季節性があるとはいえない．本節ではこのような筑波霊長類センターで飼育されているミドリザルを中心として，その実験動物化の過程を述べる．

(1) 生物学的特性

a. 一般的性状

比較的ほっそりとした体型で，成獣では頭胴長は約50 cmほどであり，それよりも長い尾（60～70 cm）をもつ．被毛の色調は，頭部から体幹部背面，四肢にかけて灰色がかった地の色に緑，黄色，茶色が混ざった感じである．必ずしも外観が緑色を呈しているわけではない．腹面は灰白色である．成獣の雄の陰嚢表面は鮮かな青色を呈する．包皮および亀頭は鮮紅色である．永久歯は，他の旧世界ザルと同じ $\frac{I_1I_2CP_1P_2M_1M_2M_3}{I_1I_2CP_1P_2M_1M_2M_3}$ の歯式である．当センターに移入されてきた野生由来成熟ミドリザル（歯式による推定年齢，5歳もしくはそれ以上）の体重は，雄 3.49 ± 0.50 kg（平均値±標準偏差，以下同じ，$n=8$），雌 2.84 ± 0.52 kg（$n=43$）であった．他の報告から判断して，野生ミドリザルの標準体重は，上記の値よりやや重いものと思われる．Johnsonらは，繁殖に用いているミドリザルの平均体重を，雄5.1 kg，雌3.0 kgと報告している[4]．

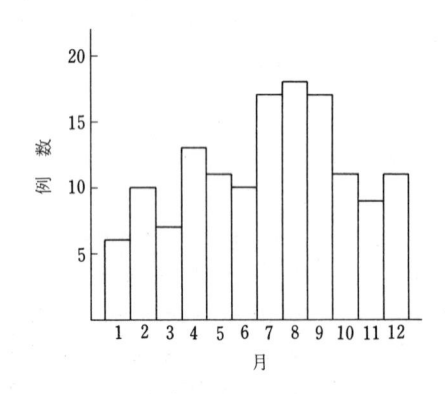

図 10.15 人工的飼育環境下にある繁殖コロニーでの出産状況

b. 血液・血清生化学値

すでに報告されている成獣ミドリザルの血液学的，血清生化学的諸性状は，マカカ属のアカゲザルやカニクイザルでの値とほとんど同じであり，ミドリザルに特徴的なことはない[5,6]．幼若個体では成獣にくらべて，血中アルカリホスファターゼ活性が高いが[7]，この点も，マカカ属の他のサル種と同じである．後述するように，これらの血液，血清生化学値は，動物の飼育条件，採材の条件などによって当然影響を受ける．

c. 繁殖生理

雌の性周期は，毎朝，ケージの下の汚物受け架台面の出血痕（月経出血）を観察することにより確認する．カニクイザルの場合，この方法によりほぼ100%の個体で，規則的な月経出血が確認できる．しかし，当センターのミドリザルの場合，この方法では，規則的な月経出血はわずかに約30%の個体でしか確認できない．しかし，この方法によっては規則的な月経出血を確認できなかった個体であっても，腟スワブを採取し，その潜血反応検査を実施することにより，ほとんどの個体で周期的な出血を確認することができる[8]．そのようにして確認される月経出血の継続期間は 6 ± 2 日であり，性周期の長さは 33 ± 8 であった．ミドリザルでは，不規則な月経周期が，全周期の19%を占めるとの報告もある[4]．カニクイザルにくらべて，ミドリザルの月経出血量は少ないため，上述の検査方法によっても見落してしまう個体がある．

排卵は，性周期の第11日目から第19日目頃に起こるとされているが，これは腟スワブに含まれる細胞像による推定である[3]．排卵を推定する方法としては，この方法以外にも，基礎体温の変化による方法や，頸管粘液の羊歯状結晶形成を見る方法などが知られているが，より一層的確に推定する方法として，血中ホルモン濃度を測定する方法を挙げることができる．下垂体から分泌される黄体形成ホルモン（LH）は，排卵を誘発するホルモンとして知られている．ミドリザルのLHを，ラジオレセプターアッセイ（RRA）法により測定した筆者らの調査では，血中のLHの増加は，性周期の第10日目頃から第16日目頃に観察された．その典型的な例を図に示す（図10.16）[9,10]．この例では，血中LH濃度は，性周期の第10日目に顕著な増加を示している．カニクイザルの場合から推定して，このミドリザルでは，LHの増加した翌日，第11日目に排卵したものと考えられる[11]．性周期における血中のLH，エストロゲン，プロゲステロン濃度の変動，および妊娠中のそれらステロイドホルモン濃度の変動は，Hessら（1979）によって報告されている．それによると，ミドリザルの場合も，マカカ属のアカゲザルの場合とほとんど同じである[12]．すなわち，性周期および妊娠期間を通じてのホルモン分泌の動態は，マカカ属のサルも，オナガザル属のサルも同じといえよう．

妊娠期間は，当センターの調査では 165 ± 6 日であり，カニクイザルのそれと同じである．

d. 成長

ミドリザルの新生子の体重は，雄 334 ± 47 g，雌 311 ± 43 g であり，雄のほうがわずかに重い．出生後の体重の推移は，図10.17に示すとおりである．出生時に見られた体重の雌雄差は，その後の全成長期間を通じて維持される．雌では体重が2kgを越える2.5歳齢ごろまで増加が続き，そのころ初潮を迎え，性成熟に達する（図10.18）．その後は，体重の増加率は減少する[13]．雄では，体重が2kgに達する2歳齢頃までは，雌とほぼ同様の体重増加を示す．しかし，この頃に体重の増加率が減少する時期がある．この時期を経て，再び急激な体重増加が観察される（図10.19）．このように，当センターの雄では，雌の場合と異なり，その体重成長は二相性を示すようである．同時に，それまで低値を示していた血中テストステロン濃度も，急激に増加し，4歳齢ごろにはほ

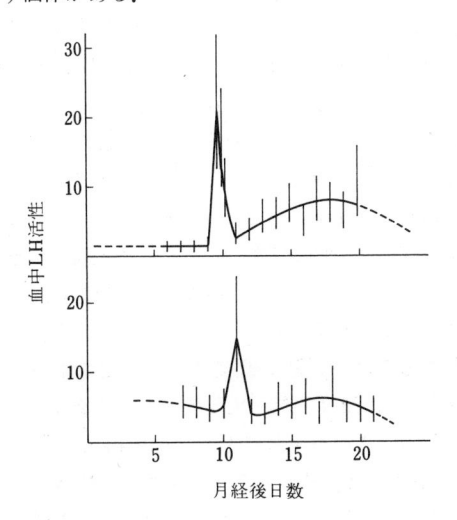

図10.16 RRA法により測定したミドリザルの血中LH濃度

ぼ成獣と同じ値となる（図10.20）．このことから，雄の性成熟は，4歳齢頃にあると判断される[14]．とはいえ，成獣であっても血中テストステロン濃度の個体差は大きい．血中テストステロン濃度の増加に対応して，精巣の大きさも，3歳齢を境にして顕著に増大する．また同時に，陰嚢表皮も成獣と同じように鮮やかな青色を呈するようになる．

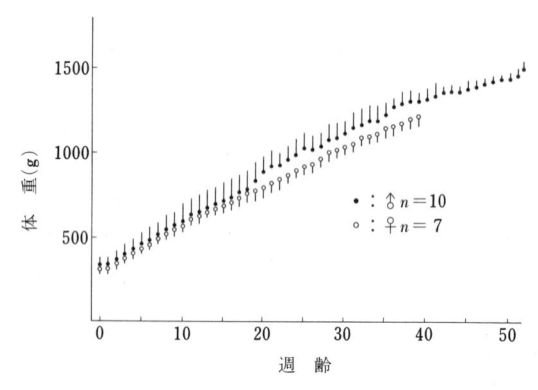

図10.17 ミドリザルの出生後の体重の推移

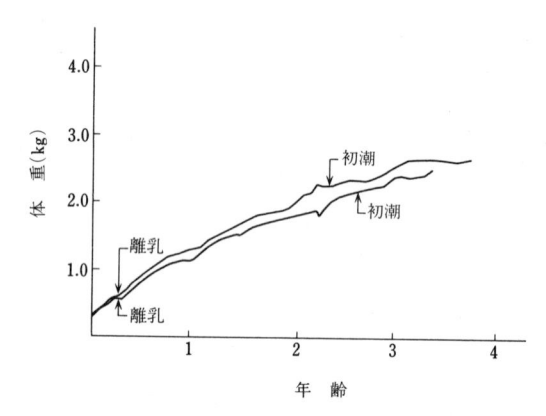

図10.18 ミドリザル雌の体重の推移

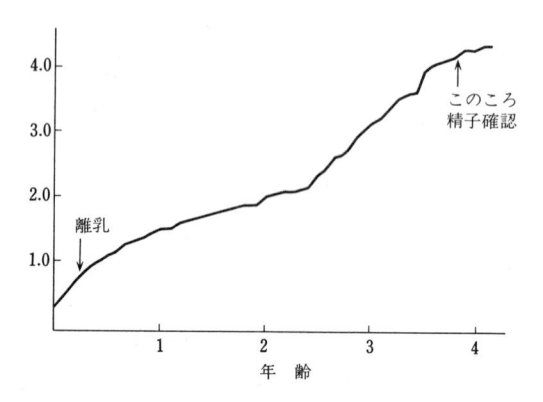

図10.19 ミドリザル雄の体重の推移

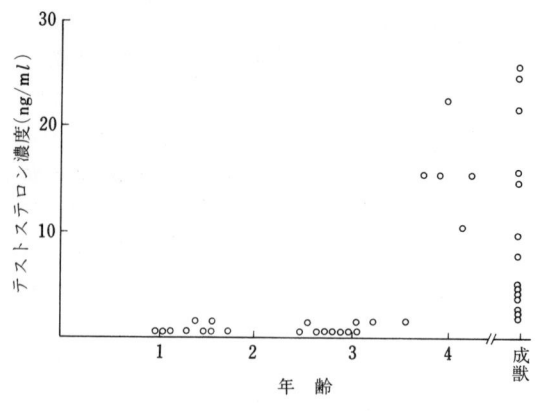

図10.20 血中テストステロン濃度

（2） ミドリザルの実験動物化

完全に統御された飼育環境下で，ミドリザルを継代繁殖し，実験動物化する試みは，まだ世界でもほとんどなされていない．当センターでは，1979年から3年間に野生由来成熟ミドリザルを52匹導入し，その実験動物化を開始した．これらを母体とし，1985年6月現在，72匹の育成ザルを得ている．しかし，オナガザル属のサル種の寿命（推定25歳以上）[15]にくらべれば，当センターの経験は極めてわずかなものでしかなく，まだ実験動物化の途上にあるにすぎない．ともあれ，その過程で得られた経験を以下に記す．なお，筆者らはミドリザルの実験動物化の概念については，カニクイザルのそれと同じでよいと考えている[16]．

当センターのミドリザルの飼育管理は，カニクイザルの方式に準じて行われている．しかし，カニクイザルではほとんど見られない所見が，センターでの飼育2年目あたりから散発的に見られるようになった[17]．それらの所見とは，1）尾部関節の運動不全，2）妊娠母体の歯齦粘膜および眼瞼の腫脹，3）育成仔ザルの四肢の骨形成異常，および4）低体重仔の出生などである．これらの発生の要因を追究するなかで見出されたことは，まず，当センターのミドリザルの血清総タンパク量が低値であることである（図10.21）[18]．1982年当時，血清総タンパク量は，およそ$6.5g/dl$の値を示しており，Altshulerらの調査での下限値$5.9g/dl$[6]をさらに下まわる個体は2例しか認められなかった．しかし，それが1年後の調査では7例に増加し，さらに1年後の調査では過半

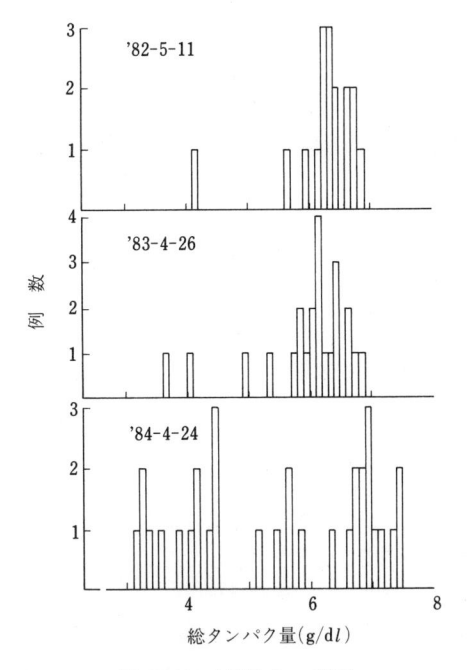

図 10.21 血清総タンパク量

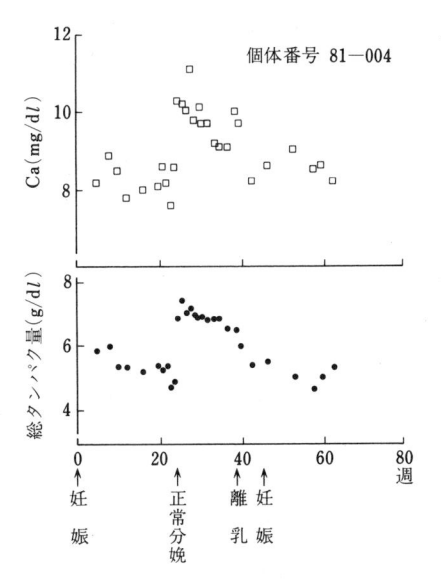

図 10.22 妊娠前後の総タンパク量

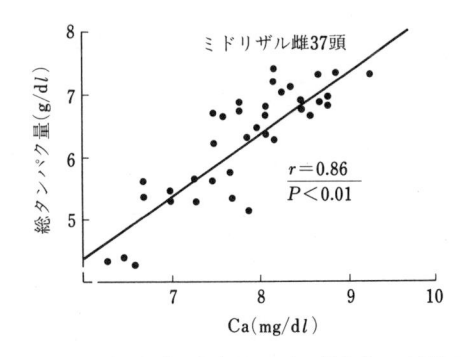

図 10.23 非妊娠時の血中カルシウム量とタンパク量の関連

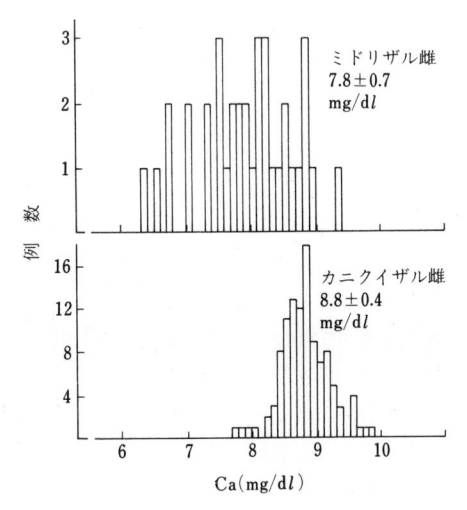

図 10.24 血中カルシウム濃度

数に達した．この図では，調査当時，妊娠中あるいは哺育中の個体は省いている．一般にマカカ属のサルでは妊娠中低タンパク状態を呈するが，それは分娩直後に回復することが知られている．ミドリザルの場合はどうか，その典型例を示す（図10.22）．図には初回の妊娠以前の値は示されていないが，妊娠以前は7g/dl前後の値を呈していた．妊娠とともにすみやかに減少し，分娩とともにただちに回復するが，哺乳期間中，若干の低タンパク状態を呈し，二度目の妊娠で再び低タンパク状態を呈した．このとき注目すべきことは，血中総カルシウム量も，血中タンパクと全く同じ傾向の変化を示していることである．この例では，血中タンパク量とカルシウム量との間には高度に有意な相関が認められた（相関係数 $r=0.85$, $P<0.01$）．そこで，血中タンパク量とカルシウム量との関連を別の非妊娠時の37匹の雌ザルで調べたところ，やはり，高度に有意な相関が観察された（図10.23）．低タンパク状態と低カルシウム状態との強い関連から，他の血中無機イオン濃度を調べた結果，当センターのミドリザルは，低カルシウムのみならず低ナトリウム，高カリウムの状態にあることが判明した（図10.24～10.26）．当センターのミドリザルに見られる血中無機イオン濃度の状態，および低タンパク状態に反映される代謝異常が，

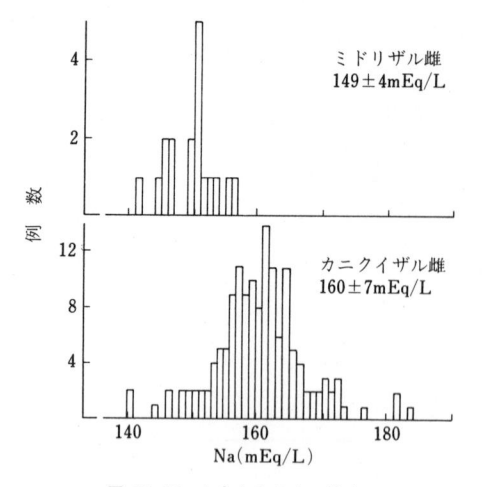

図 10.25 血中ナトリウム濃度

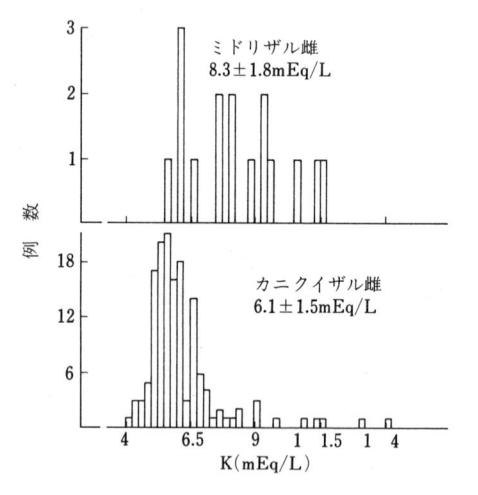

図 10.26 血中カリウム濃度

何らかの栄養障害性の異常，特にビタミンD欠乏による代謝障害の可能性を考えて検討をすすめている．なぜなら，他所の多くの施設では，ミドリザルの飼育は，屋外もしくは半屋外方式でなされており，それらの施設からは，このような異常が報告されていない[5,6]．他方，当センターの飼育方式は完全な人工照明下の室内方式であるからである．仮にミドリザルではビタミンDに対する要求性がマカカ属のサルなどよりも高い，ということであると，その分野の研究での実験モデルとしての有用性が浮び上がってくる．

（3）おわりに

当センターの屋内飼育方式によるミドリザルの継代繁殖の現場の状況を主にして述べた．既述のように，ミドリザルの実験動物化はいま途上にある．したがって本章で引用したデータには未発表のものも多く含まれており，それらは研究の進展とともに修正される可能性もあるものと考えられる．将来，ミドリザルを実験動物として確立し，その特性をさらに明確に把握したい． 〔吉田高志・本庄重男〕

先きに述べた骨・関節の異常，歯齦粘膜・眼瞼の腫脹，低体重子の出生などの発生をもたらしている可能性が強く示唆されている．

ところで，当センターのミドリザルは，カニクイザルとほぼ同じ飼育形態で飼われている．しかし，カニクイザルの場合には，当センターでの飼育期間がもっと長いにもかかわらず，上述したようなことは問題として出てきていない．このことは，オナガザル属のミドリザルは，マカカ属のサルと同一の飼育管理方式には必ずしもよく適応できないことを示唆するものと解される．また，当センターに導入後，二年以上経てから発生したこと，雄よりも雌に多いこと，妊娠あるいは分娩を繰り返すことにより顕著になることが判明しつつある．そして，現段階では

文 献

1) 河合雅雄，岩本光雄，吉場健二：世界のサル，pp. 113-130，毎日新聞社（1968）
2) 本庄重男：実験用サルの安全な供給と使用に伴う問題点，科学，**41**，155-161（1971）
3) Rowell, T. E.: Reproductive Cycles of Two Cercopithecus Monkeys. *J. Reprod. Fert.*, **22**, 321-338 (1970)
4) Johnson, P. T., Valerio, D. A. and Thompson, G. E.: Breeding the African Green Monkey, Cercopithecus aethiops, in a Laboratory Environment. *Lab. Anim. Sci.*, **23**, 355-359 (1973)
5) Pridgen, W. A.: Values for Blood Constants of the African Green Monkey (Cercopithecus aethiops). *Lab. Anim. Care*, **17**, 463-467 (1967)
6) Altshuler, H. L. and Stowell, R. E.: Normal Serum Biochemical Values of Cercopithecus aethiops, Cercocebus atys, and Presbytis entellus. *Lab. Anim. Care*, **22**, 692-704 (1972)
7) LaCroix, J. T., Judge, D. M. and Saxton, L. D.: Biological Values for Juvenile Grivets (Cercopithecus aethiops matschiei) of Highland Ethiopia. *Lab. Anim. Sci.*, **24**, 111-113 (1974)
8) 冷岡昭雄，鈴木通弘，長 文昭，本庄重男：ミドリザルの実験室内繁殖について．日本実験動物学会第30回談話会講演要旨集，p. 74（1983）
9) Yoshida, T., Yokota, K., Cho, F. and Honjo, S.: Radioreceptor Assay for Cynomolgus Monkey Serum Luteinizing Hormone. *Endocrinol. Japon*, **31**, 665-673 (1984)
10) 冷岡昭雄，吉田高志，長 文昭，後藤信男：メスミドリザ

ルの個成長の解析—性成熟と体重との関係,実験動物,**38**, 239-244 (1989)
12) 吉田高志,本庄重男:猿の性周期,家畜繁殖学全書(望月公子編), pp.194-206, 朝倉書店 (1984)
11) 吉田高志,中島雅子,冷岡昭雄,鈴木通弘,長 文昭,本庄重男:カニクイザルの月経周期と排卵時期,実験動物,**31**, 165-174(1982)
13) 冷岡昭雄,吉田高志,長 文昭,後藤信男:オスミドリザルの体重成長の特性と性成熟,実験動物,**39**, 345-352 (1990)
14) Hess, D. L., Hendrickx, A. G. and Stabenfeldt, G. H.: Reproductive and Hormonal Patterns in the African Green Monkey (*Cercopithecus aethiops*). *J. med. Primatol*., 8, 273-281 (1979)
15) Napier, J. R. and Napier, P. H.: A Handbook of Living Primates, pp. 100-111, Academic Press (1967)
16) Honjo, S., Cho, F. and Terao, K.: Establishing the Cynomolgus Monkey as a Laboratory Animal, Advances in Veterinary Science and Comparative Medicine, Vol. 28, Research on Non Human Primates (A. G. Hendrickx (ed.)), pp. 51-80, Academic Press (1984)
17) 冷岡昭雄,横田絹江,吉田高志,長 文昭,本庄重雄:ミドリザルにみられた低蛋白・低カルシウム血症I.臨床所見.日本実験動物学会第31回談話会講演要旨集, p. 128(1984)
18) 横田絹江,冷岡昭雄,勝田晨陸,吉田高志,長 文昭,本庄重男:ミドリザルにみられる低蛋白・低カルシウム血症II.血清生化学検査,日本実験動物学会第31回談話会講演要旨集, p.128(1984)

10.4 ニホンザル

(1) 生物分類学的位置

霊長目,真猿亜目,狭鼻下目,オナガザル科の中のマカカ (*Macaca*) 属サル12種(クロザルを含めて13種とする分類もある)の中の1種であり,英名はJapanese macaqueといわれることも多い.

ニホンザル (Japanese monkey, *Macaca fuscata*) は,日本にしか生息せず,また日本に生息するヒト以外の唯一の霊長類である.北は青森県の下北半島から南は鹿児島県の屋久島まで分布する.2亜種に分けられ,屋久島に生息するヤクニホンザル(単にヤクザルともいう) *Macaca fuscata yakui* は,その他の地域に生息するニホンザル *Macaca fuscata fuscata* と,亜種のレベルで区別される(図10.27, 10.28).

一般に熱帯から亜熱帯にかけて生息する世界のサル類の中では,四季のはっきりした温帯に生息するニホンザルは,かなり特異的な存在である.特に,

図10.27 ヤクニホンザル

図10.28 ニホンザル

積雪地帯に生息するニホンザルは, snow monkey と呼ばれることもある.下北半島のサルは,世界のサル類の分布の北限として有名である.

日本列島全体の生息数は, 3~4万匹とも5~6万匹とも,あるいは10万匹以上ともいわれるが,正確にはわかっていない.かつては,日本列島にかなり連続して生息していたと思われるが,現在では,その生息は断続的になり数も減少していると思われる."開発"による生息環境の破壊や"害獣"としての捕殺が大きく影響しているようである.

複雄複雌の群れをつくって生活する.群れの大きさはふつう20~100匹程度であるが,餌づけをするとpopulationは著しく増大する.一般に,雌は生まれた群れで一生を過ごすが,雄は,性成熟に達するころ生まれた群れを離れて別の群れに移る.雄は,その後も4~5年で群れを移ることが多く,結果的に,近親交配をさけ遺伝子を拡散するしくみが働いているといえる.

食性は，植物食が主体であるが，昆虫なども食べるし海岸ベリに生息するものは貝類も食べるなど，雑食傾向がある．食性の幅は広く，飼育下の餌づけは比較的容易である．また，耐寒性が強く，屋外のケージでも十分飼育できる．

（2） 実験動物としての歴史

1953年，東京大学を中心とする実験動物研究グループと京都大学を中心とする生態，社会学の霊長類研究グループが協力しあい，京都大学構内に第一次実験用サル供給センターが設立されたのが，ニホンザルの実験動物化の試みの最初の組織的な動きである．ここでは，小規模ながら，ニホンザルの捕獲・収集と供給が開始された．この供給センターを経由したニホンザルの大部分はヤクニホンザルであり，それは，屋久島における生息数が他の地域より多いと思われたことと，屋久島にはサルを生け捕る技術が伝わっていたことによる．

その後，この事業は1955年に設立された財団法人日本モンキーセンターに受け継がれ，毎年100頭前後のヤクニホンザルが屋久島で捕獲され，日本モンキーセンターで健康管理を受けた後，さまざまな研究機関に供給された．しかし，屋久島のサルの生態学的な調査は十分なされておらず，捕獲圧による生息数の減少も危惧されたため，1969年をもって屋久島での捕獲は中止された．

一方，1952年の高崎山（大分）および幸島（宮崎）での餌づけを皮切りに，全国各地に餌づけしたニホンザルを一般公開する野猿公苑が続々と誕生し，ここでは，餌づけによる個体数増加の対策として，"間引き"による供給源の確保が検討された．また，奥山の伐採などによって生息地を奪われ人里近くに現れたニホンザルの農作物に対する"猿害"の対策として，これらのサルを捕獲して実験用に供給することも検討された．しかし，いずれも，自然保護との矛盾を解決できないまま，進展を見せていない．

さらに，日本モンキーセンターでは，島への放飼形式による繁殖コロニーの確立を計画したこともあったが，さまざまな理由により，この計画も中断された．

以上に見るように，ニホンザルは，世界のサル類の中で，その生態，社会，行動などが最もよく研究されている種であり，しかも国内に生息するにもかかわらず，繁殖・供給のルートすら確立されておらず，実験動物化のための積極的な研究も，ほとんど行われていない．

しかしながら，生殖生理学的研究や疾病に関する研究など，実験動物化への応用可能な基礎的な知見はかなり蓄積されてきており，需要の増大などの客観的条件があれば，実験動物化が促進される可能性がある．

（3） 一般的性状

a. 大 き さ

体格はがっしりしており，尾は短い（10cm程度）．四肢は軀幹に比してやや短く，ずんぐりした印象を受ける．このような体型は寒冷地適応の結果ともいわれ，*Macaca* 属のサルの中では大型である．

体重は，成熟雄13～15kg，成熟雌7～10kg程度が普通であるが，群れによって多少の差がある．一般に，寒い地方のサルほど大きい傾向があり，志賀A群（長野県）のサルは，これまで調査された中で最も大きい．ここでは，雄は17～18kg，雌でも10kgを越えるのが普通であり，妊娠末期の雌は15kgを越えることもある．

飼育下では，24kgに達した雄の例がある[1]．

体重は，季節によっても変化し，一般的には，秋に最大になる．

体重の性差は，群れによって多少異なるが，一般的にいえば，雌は雄の70～80%程度である．

ヤクニホンザルはやや小柄で，特にずんぐりした印象が強い．

b. 体 毛

灰色がかった褐色を基調にした地味な毛色である．地域によって毛色は異なり，緑がかったり茶色がかったりする．一般に，北方のサルの毛色は白っぽい．

"毛がわり"は，群れによって多少異なるが，一般に，初夏に見られる．ニホンザルの毛の寿命は1年であり，はえかわった"夏毛"は，徐々にのびて"冬毛"になり，翌年の初夏に脱落する．妊娠中の雌や老齢個体は，毛がわりがおくれる傾向がある[1]．

毛の密度は，積雪地のものが，温暖な地方のものより高い傾向が認められている[2]．

ヤクニホンザルの毛は暗色をおび，長く粗い印象を受ける．

c. 成熟年齢

雄で精子形成が認められる年齢は，一般的には，4歳の交尾期（約4.5歳）である[1,3,4]．4歳の出産期（満4歳）の頃までは，精巣は小さく，精細管の中には，多くのセルトリ細胞と少数のA型精原細胞が見られるだけであるが，交尾期に向けて急激な性細胞の分化が起こり，わずか3〜4か月の間に，精子まで形成されるようになる．このような変化に伴って，精巣の大きさは急激に増加し（図11.29），精巣が陰嚢内に下降する[1,3,4]．

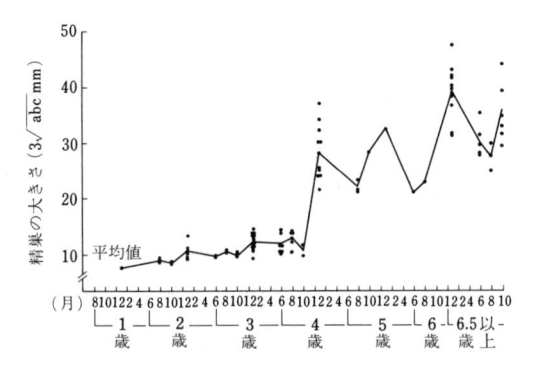

図10.29 精巣の大きさの年齢および季節による変化
a：縦　b：横　c：厚さ

ここでも群れ差があり，3歳から3.5歳の間で，大部分の雄に上記のような変化が見られる群れも，少数ながらある[1,5]．

雌の初産年齢は，最も早い個体で4歳前後の場合もあるが，最も多いのは5歳前後である．腟スメア，卵巣の組織所見，初潮の観察などから見ても，満3歳までは排卵は認められず，早くても3.5歳（3歳の交尾期）になってはじめて排卵が認められる[1]．

以上のような性成熟は，雄においても雌においても，環境要因，特に栄養条件によって変わる可能性がある．幸島（宮崎県）や高崎山（大分県）の群れでは，給餌量の減少によって，体重減少など一般的な成長の遅れとともに，性成熟の年齢が遅くなっている．一方，実験室内では，性成熟は早くなる傾向がある．

以上性成熟の開始年齢について述べたが，雄・雌とも，以後2〜3年の成熟過程を経て，雄は7歳前後，雌は5〜6歳で成熟のレベルに達する．実際には，生殖器官は，10歳前後まで成長し続けるようである．

d. 寿　命

正確な平均寿命は不明であるが，一般的には20〜25年程度と思われる．しかし，30年以上生きた個体があることも確認されている[1]．老化は，20歳を越えるころから顕著になる．

（4）形　　態

a. 二亜種の差異

細長い日本列島に生息するニホンザルの大きさや毛色などは，地域によって少しずつ異なっている．ニホンザル *Macaca fuscata fuscata* とヤクニホンザル *M. f. yakui* の差異も，そのような地域差の範囲に含まれると主張する人もあるほど，両亜種の差異は顕著なものではなく，亜種として分けるべきか疑問の残るところである．しかし，少しなれれば，ヤクニホンザルが，①小柄でずんぐりした体型をしていること，②毛が長く粗いこと，③毛色が濃いこと（特に新生仔は黒に近い），④雄の頭部の毛が中央から左右に別れてモモ割れ状になる個体が多いこと，などによって，一見して区別することができる．また，グループとして比較した場合，掌紋のパターンや血液性状[1,6]でも両者に差が見られる．

b. 発生・成長

胎子に関する研究はほとんどなく，初期発生に関する詳細は不明である．胎齢100日目の胎仔については，体重は147±21gであり，体毛はわずかに眼窩上隆起のあたりと口の周囲にはえているのみであることがわかっている[1]．

出生時の体重は，400〜600g程度がふつうであるが，群れ差があり，志賀A群（長野県）の新生子は，700gを越すこともある．一方，ヤクニホンザルの新生子は小さめで，350g程度のこともある．

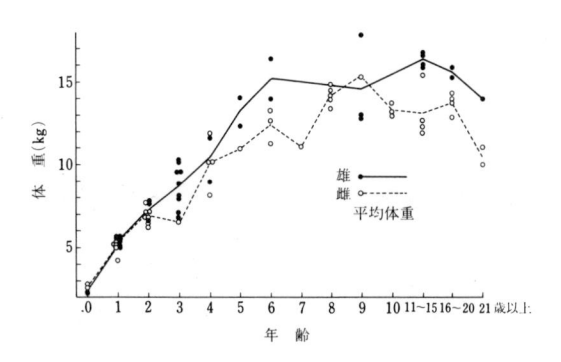

図10.30 志賀A群のサルの体重曲線

生後の体重の増加曲線の1例として，志賀A群の例を図10.30[1]に示す．この調査は，この群れの交尾期と出産期の間で行われたため，グラフの0歳は生後7〜10か月，1歳は1年7〜10か月（以下同様）を意味する．性差は，5歳（実際には5年7〜10か月）頃から，雌の体重増加率が減るために，明らかになっている．図では明らかでないが，オスにおいては，このころ adolescent spurt によって急激に体重が増加することも知られている．一般に，雄は7歳前後，雌は5〜6歳で，体重が成熟のレベルに達し，10歳前後まで増加し続ける．

c. 歯 の 萌 出

歯式は $\frac{2\cdot1\cdot2\cdot3}{2\cdot1\cdot2\cdot3}=32$．乳歯は前から順に萌出し，最初の切歯は生後3〜5日程度で萌出する．乳歯列の最後の乳臼歯が萌出するのは，ふつう生後6か月頃である．永久歯の萌出の順序および時期は，図10.31[1]に示す通りであるが，群れ差や個体差があるため，絶対的なものではない．

（5）生　理

a. 一 般 生 理

i) **染色体数**　　$2n=42$．

ii) **血液性状**　　ニホンザルの血液性状を，表10.18に示す．血液性状は，多少の群れ差がある．また，ヤクニホンザルの赤血球系のすべての数値は，他の群れよりも低い．

永久歯の萌出順序および萌出時期

第一大臼歯
　　　↓
1.5歳前後
切歯（原則として前から）2.5歳前後
　　　↓
第二大臼歯
3.5歳前後
　　　↓
小臼歯および犬歯
（一般に雄は小臼歯，雌は犬歯が早い）
　　　↓
3.5〜4.5歳
　　　↓
第三大臼歯
6.5歳前後

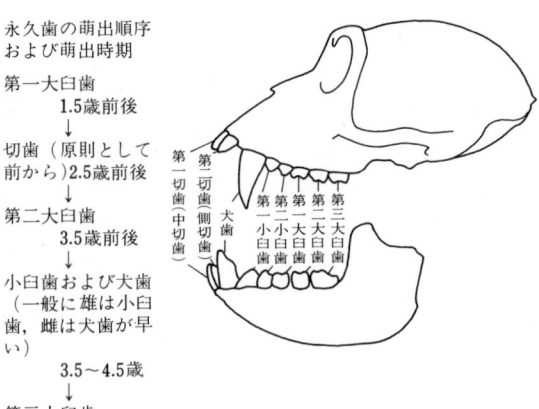

図 10.31　歯の萌出順序および萌出時期

赤血球系の数値は，いずれも雄が雌より高い傾向を示し，ヒト同様の性差があることが示唆されている[1,6]．

iii) **基礎代謝量**　　基礎代謝量は，$985\,\text{kcal/m}^2$（体表）/day の報告[7]がある．

野外のサルの活動に必要な熱量は正確にはわからないが，飼育下では $50\sim70\,\text{kcal/kg/day}$ を基準に，成長期や妊娠中の個体などには多目に，成熟した個体には少なめに給与すれば無難である．

iv) **心電図**　　心電図の各値を表10.19[8]に示す．麻酔の有無にかかわらず，保定下で測定した場合の心拍数は，ヒトの約2〜3倍であるが，通常はも

表 10.18　ニホンザルの血液性状[1,6]

	成熟雄	成熟雌	若　雄	若　雌	子　供
赤血球数（10^4）	484±57	456±71	485±63	435±91	487±73
ヘモグロビン量（g/100 ml）	14.5±1.2	13.8±1.5	14.2±0.9	14.0±2.3	14.1±1.2
ヘマトクリット（%）	43±4	42±5	42±4	40±6	41±5
血液比重	1.053±4	1.053±4	1.053±4	1.052±4	1.052±3
血漿タンパク量（g/100 ml）	7.9±0.7	7.8±0.9	7.9±0.6	7.5±0.7	7.1±1.3
血漿比重	1.029±2	1.028±2	1.029±2	1.027±2	1.027±4
SGOT（Reitman-Frankel unit）	25±10	27±17	32±12	29±15	33±17
SGPT（　〃　）	18±5	17±9	19±8	14±5	17±8
A/G 比	1.3±0.5	1.2±0.3	1.5±0.5	1.2±0.2	1.5±0.4
	オス		メス		
白血球数（10^3）	22.4±14.1		15.6±3.6		
百分比　好中球　桿状核	0.8±0.8		0.3±0.4		
百分比　好中球　分葉核	40.4±24.3		37.7±17.0		
百分比　好酸球	0.1±0.2		0.5±0.7		
百分比　好塩基球	0.6±0.6		0.8±0.6		
百分比　単球	2.9±2.3		3.9±1.9		
百分比　リンパ球	55.2±23.1		55.7±17.1		

表 10.19 ニホンザルの心電図各値[8]

Lead	性別	No. of animals	Heart rate	Interval and duration (seconds)				
				RR	P	PQ	QRS	QT
I	雌	10	112.3 (78～158)	0.554 (0.370～0.770)	0.046 (0.038～0.070)	0.091 (0.082～0.110)	0.046 (0.038～0.060)	0.249 (0.166～0.316)
	雄	5	123.6 (80～167)	0.512 (0.360～0.750)	0.051 (0.040～0.070)	0.099 (0.086～0.124)	0.050 (0.035～0.060)	0.277 (0.207～0.370)
	平均	15	116.0±39.0	0.540±0.154	0.048±0.012	0.094±0.017	0.047±0.002	0.258±0.071
II	雌	10	116.8 (83～158)	0.533 (0.370～0.725)	0.057 (0.052～0.066)	0.096 (0.082～0.118)	0.047 (0.046～0.060)	0.259 (0.216～0.290)
	雄	5	120.4 (80～167)	0.518 (0.360～0.750)	0.059 (0.054～0.074)	0.098 (0.080～0.112)	0.049 (0.050～0.060)	0.310 (0.206～0.430)
	平均	15	118.0±47.8	0.527±0.126	0.058±0.008	0.096±0.024	0.048±0.003	0.287±0.070
III	雌	10	114.2 (88～154)	0.541 (0.390～0.680)	0.055 (0.044～0.060)	0.099 (0.096～0.110)	0.040 (0.042～0.060)	0.272 (0.226～0.310)
	雄	5	123.4 (81～164)	0.513 (0.366～0.740)	0.058 (0.044～0.064)	0.101 (0.078～0.130)	0.048 (0.042～0.060)	0.314 (0.220～0.420)
	平均	15	117.0±48.0	0.532±0.126	0.056±0.090	0.100±0.040	0.047±0.008	0.286±0.072
AB	平均	10	111.2±36.0	0.554±0.128	0.059±0.007	0.102±0.002	0.048±0.003	0.291±0.074

う少し低いであろうと想像される．したがって，無保定の場合，表10.19の間隔や持続時間は，もう少し大きな値をとることになろう．

v) 肝機能 BSPテストによれば，ニホンザルの色素排泄機能は，ヒトの約2倍である[9]．BSPテストをニホンザルの臨床検査に応用する場合，ヒトの倍量の10mg/kgのBSPを静注し，30分後に判定すると敏感なテストになる．この場合，30分後の血漿BSP濃度の正常範囲は，1.5mg/100ml以下である．

vi) その他 呼吸数は，保定下では変動が著しく，正常範囲を決めにくいが，無保定では20～30/分程度である．体温も個体差があるが，38℃前後から38℃台が多い．

循環血液量は，成熟雄83±13ml/kg，成熟雌85±12ml/kgで性差は認められないが，年齢差は認められ，若齢(5歳以下)雄77±5ml/kg，若齢雌78±4ml/kgである[10]．

b. 生殖生理

i) 性成熟 既述のため略．

ii) 生殖現象の季節変動 ニホンザルは，群れによって多少のずれはあるものの，一般的には，秋から冬にかけての交尾期と春から夏にかけての出産期が明確にわかれる季節繁殖動物である．

雄では，造精機能は，交尾期には活発であるが，出産期には退行し，これに伴って，精巣の大きさや血中テストステロン濃度も増減する[4]．これらの変化は，特に性成熟の過程にある個体(4.5歳～6.5歳)で顕著であり，成熟個体では季節変化はやや少なくなる．

雌の月経周期は，交尾期には規則的であるが，出産期は全くないか，あっても不規則である．また，血中，尿中のestrogens濃度は，出産期には全体として非常に低くpre-ovulatory peakも認められなくなり，この季節の卵巣機能の低下が示唆される[11,12]．これらの変化は，単に卵巣機能の低下だけではなく，間脳，下垂体など中枢系に由来するものであることも示唆されている．

ニホンザルを恒温，人工照明の実験室条件で飼育した場合，雄の造精機能の"季節変化"はやや目立たなくなり，"夏季"の退行性変化が少なくなることがある．しかし，雌では，野外のリズムは長期間維持され，中には，逆に生理的な乱れが年間を通じて見られるようになる個体もある．「室温・照明一定」という一般的な意味の実験室条件は，ニホンザルという種には適さないのかも知れない．

iii) 妊娠期間 48時間交配から算出された妊娠期間は，173±6.9(161～186)日である[13]．ニホンザルでは，妊娠後も約半数の個体が，発情・交尾などの性行動を示すし，大部分の雌において受精後の月経様の性器出血が認められる[13,14]．

産子数は，原則として一産一子であるが，まれに双子が見られる．現在までのところ，一産三子の例は，確認されていない．

iv) **出産間隔** 野外の場合,隔年出産が最も多いが,新生子が次の交尾期までに死亡した場合,翌年も連続して出産する例が多い[1,13]. なお,餌づけの歴史の長い群れでは,新生子が死亡しなくても連続出産する雌が増加する傾向がある.

v) **月経周期** 多少の個体差はあるが,交尾期における月経周期の長さは,27~29日が最も多い[1,14,15,16]. 排卵日を確認した例での卵胞期および黄体期の長さは,それぞれ13.2±1.4(10.5~16.5)日,14.0±1.1(13~16)日である[14,16]. なお,短いなりに安定した黄体期をもつ個体もあるが,10日以内の短い黄体期を示すものは,黄体機能不全の可能性がある[14].

vi) **排卵徴候** 性皮(顔面および外陰部周辺)の潮紅(成熟雌では性皮の腫脹は見られない),腟スメア,頸管粘液などの周期的な変化は,約半数の個体において認められるが,一般に,これらの指標から排卵日を推定することは困難である[15].

vii) **卵巣ステロイドホルモンおよびLHの変化**
血中estradiolのpre-ovulatory peakから排卵までの時間は,最も短いもので10時間,最も長いもので48時間である[14]. また,E_2-17β peakからLH peakまでの時間は0~30時間,LH peakから排卵までの時間は0~48時間である[17].

排卵後の黄体の発達は,はじめの2日ほどは肉眼的にも組織的にも著明でないが,排卵後47時間頃から急速に加速される[16,18,19]. 血中progesterone濃度も,排卵後48時間までは増加はゆるやかであるが,その後急速に増加し,排卵後4~7日で最高値に達する[14].

(6) 実験動物としての生物学的特徴

ニホンザルは,実験用動物としては,現在もあまり多くは使われていない. それは,以下のような,一般的な欠点をもっているためと思われる.

① 体格が大きく力が強いため,取扱いにかなりの熟練を要する,② 大きいため,経済的に不利である(飼育スペース,ケージの構造,飼料費,投与試薬など),③ 明確な季節繁殖動物であるため,通年の一定条件での実験計画が組みにくい,④ 入手ルートが明らかでない.

しかしながら,ニホンザルは,生態学,社会学,行動学的な面はもちろん,遺伝学,形態学的な面などからも,世界のサル類の中でも最も情報量の多い種の一つであり,また実験室と野外の比較が容易に行えるなど,実験動物化への有利な点も多い.

生殖現象の季節変動は,一般的には大きな欠陥であるといえるが,夏季の生殖機能の低下は,ヒトの不妊症や人口調節のモデルとして使える面でもある. また,非交尾期の誘起排卵の技術[1]や電気射精の技術[20]はほぼ完成されており,飼育下の雄の造精機能の退行現象の少い個体との組合わせによって,非交尾期の人工授精,通年繁殖の道も開かれつつある.

以上のように,ニホンザルは長短あわせもつ動物であり,また,その野生の生息数からいって,大量の使用には耐えられない種である. しかしながら,世界的な規模での野生動物の減少と動物の輸出入規制の強化が顕著になっている現在,外国産サル類の代替可能な動物として,人工繁殖体制や入手ルートの確立を含めた,ニホンザルの実験動物化は,重要な課題の一つになっている.　　　〔和　秀雄〕

文　献

1) 和　秀雄：ニホンザル・性の生理,どうぶつ社（1982）
2) Inagaki, H. and Hamada, Y.: Differences in hair density of Japanese monkeys (*Macaca fuscata fuscata*) with locality and age. *Primates*, **26**, 85-90 (1985)
3) 和　秀雄：志賀A群ニホンザル・オスの性成熟. 生理生態, **16**, 47-53(1975)
4) Nigi, H., Tiba, T., Yamamoto, S., Floescheim, Y. and Ohsawa, N.: Sexual maturation and seasonal changes in reproductive phenomena of male Japanese monkeys (*Macaca fuscata*) at Takasakiyama. *Primates*, **21**, 230-240 (1980)
5) Tiba, T. and Nigi, H.: Jahreszeitliche Schwankung in der Spermatogenese beim "free-ranging" Japanischen Makak (*Macaca fuscata*). *Zool. Anz.*, **204**, 371-387 (1980)
6) Nigi, H., Tanaka, T. and Noguchi, Y.: Hematological analyses of the Japanese monkey (*Macaca fuscata*). *Primates*, **8**, 107-120 (1967)
7) Tokura, H., Hara, F., Okada, M., Mekata, F. and Ohsawa, W.: A comparison of thermoregulatory responses in the Japanese macaque(*Macaca fuscata*) and the crab-eating macaque(*Macaca irus*)during cold exposure. *Jap. J. Physiol.*, **25**, 147-152(1975)
8) 内野富弥,中野正和,和　秀雄,西田牧子,中村良一：サルの心電図に関する研究. I. ニホンザル(*Macaca fuscata yakui*)の標準肢誘導,単極肢誘導,および胸部双極誘導（AB誘導）による心電図. 日本獣医畜産大学紀要, **19**, 33-45(1971)
9) Nigi, H. and Noguchi, Y.: The hepatic function test in the Japanese monkey using Bromsulphalein. *Primates*, **10**, 245-301 (1969)
10) Nigi, H. and Noguchi, Y.: Circulating blood volume of the Japanese monkey (*Macaca fuscata*) by means of

11) Ando, A., Nigi, H. and Ohsawa, N.: Urinary estrogens as an index for estimating the time of ovulation. *Exp. Anim.*, Suppl. to Vol. 22, 479-487 (1973)
12) Oshima, K., Hayashi, M. and Matsubayashi, K.: Progesterone levels in the Japanese monkey (*Macaca fuscata fuscata*) during the breeding and nonbreeding season, and pregnancy. *J. Med. Primatol.*, 5, 127-145 (1977)
13) Nigi, H.: Some aspects related to conception of the Japanese monkey (*Macaca fuscata*). *Primates*, 17, 81-81 (1976)
14) Nigi, H. and Torii, R.: Periovulatory time courses of plasma estradiol and progesterone in the Japanese monkey (*Macaca fuscata*). *Primates*, 24, 410-418 (1983)
15) Nigi, H.: Menstrual cycle and some other related aspects of Japanese monkeys (*Macaca fuscata*). *Primates*, 16, 207-216 (1975)
16) Nigi, H.: Laparoscopic observations of ovaries before and after ovulation in the Japanese monkey (*Macaca fuscata*). *Primates*, 18, 243-259 (1977)
17) 和 秀雄, 鳥居隆三：ニホンザル(*Macaca fuscacata*)の排卵前後の血清LH動態. *Exp. Amim.*, 40, 401-405(1991)
18) Nigi, H.: Laparoscopic observations of follicular rupture in the Japanese macaque (*Macaca fuscata*). *J. Reprod. Fert.*, 50, 387-388 (1977)
19) Nigi, H.: Histological ovarian changes before and after ovulation in *Macaca fuscata*. *Jap. J. vet. Sci.*, 40, 297-307 (1978)
20) Matsubayashi, K.: Comparison of the two methods of electroejaculation in the Japanese monkey (*Macaca fuscata*). *Exp. Anim.*, 31, 1-6 (1982)

10.5 カニクイザル

　カニクイザルは, 北緯20°から南緯11°, 東経94°から125°までの範囲の東南アジア各地（ビルマ, ラオス, カンボジア, ベトナム, タイ, マレーシア, インドネシア, フィリピン）に広く分布している[1]. その生息地の環境は, 内陸原生林から海岸ぞいのマングローブ林まで, 多様である. その意味で, 環境適応性の高いサル種である. 分類学的には, 霊長類目 (Primates), 真猿類亜目 (Simiae), 狭鼻類下目 (Catarrhini), オナガザル科 (Cercopithecidae), マカカ属 (*Macaca*) に位置づけられ, 21の亜種が報告されている[2].

　大きさはサル類の中では中等であるが, 12種に分類されているマカカ属サルの中では, 最も小型である[2]. 成体の体重は雄で3.5～8.5kg, 雌で2.5～5.5kg, 体長は雄で40～65cm, 雌で40～50cm程度である. 体長よりもやや長い尾 (雄: 45～65cm, 雌: 40～55cm) を有するのが特徴である. 被毛の色調は黄褐色または灰褐色ないし黒褐色である.

　生きたカニクイザルを実験動物として使用した報告は, 19世紀末にすでに認められる[3]が, 医学, 生物学のさまざまな分野で広範に使われ始めたのは1960年以降のことである. 特に, 1950年代のポリオワクチンの開発に代表されるように, ヒト以外ではサル類でのみ感染性を示す病原微生物の感染実験や, ワクチンの製造および安全性試験において, 他の実験動物では代替できない重要な役割を果たしてきた[4].

　カニクイザルは, アカゲザルに比肩し得るほどにその解剖, 生理, 代謝などの特性に関する知見の集積が多く, 各種研究分野で多目的に使用されている. たとえば, 1980年から5年間に医学, 生物学領域で報告された科学論文の中で, カニクイザルを供試した報告は3100報にのぼり, 特に歯科, 眼科, 神経系および毒性学の領域での使用頻度が高い[5]. わが国では最も多く使われているサル種で, ポリオ, 麻疹, 風疹などのワクチンの検定や, 新薬の薬効, 安全性試験に使われることが多い.

　ところで, 従来実験用に供されたカニクイザルは, 生息地で捕獲された野生由来の個体が大部分であったため, 実験の精度を保障するうえで必要な質的条件をほとんどみたしていないという欠陥があった. さらに, 最近では, 野生資源保護の立場から原産国での捕獲の禁止や国外への輸出禁止の気運が高まり, サル資源の確保もむずかしくなってきた. そして, これらの諸問題に対応する具体策として, 室内継代繁殖を基本とした実験動物化の必要性が強調されるに至った[6].

　わが国においては, 1960年代初頭に室内繁殖に関する技術的検討が開始され, これまでに, 疾病統御や環境統御の具体策を含め, 室内継代繁殖に関わる幾多の技術的問題が解決されてきた[7]. 主として技術的観点から見て, 実験用サル類のなかでカニクイザルは今日, 実験動物化の最終段階にある唯一のサル種であるといえよう.

（1）解　剖

カニクイザルの解剖全般に関する成書はないが，アカゲザルの解剖書(Hartman and Straus (1961)[8]，Szebenyi (1969)[9])，および，ヒト，チンパンジー，ヒヒの比較解剖図説（Swindler and Wood (1982)[10]）が参考になる．カニクイザルの脳の連続断面図譜（Shantha, et al. (1968)[11]）もある．

a. 歯

永久歯は $\frac{I_1I_2CP_1P_2M_1M_2M_3}{I_1I_2CP_1P_2M_1M_2M_3}=32$，乳歯は $\frac{i_1i_2cm_1m_2}{i_1i_2cm_1m_2}=20$ で，永久歯が M_3 まですべて生えそろうのは雌雄ともに，4歳6か月～6歳6か月頃である．成長に伴う歯芽崩出と歯式による年齢推定については，Bowen and Koch の詳細な報告[12]および本庄，長の簡単な記述[13]がある．

b. 主要臓器重量

100日齢の胎子[14]と野生由来成体[15,16]で報告されている主要臓器重量を表10.20に示す．実質臓器重量の体重比はいずれもヒトのそれに近似しており，特に脳重量の比率は他の動物よりもヒトに近い．なお，雄の副腎重量は集団内の社会的順位の低いものほど大であること[17]や，精巣容積には季節的変化が見られ，7月～9月期は1月～3月期にくらべ有意に大きいこと[18]が知られている．

（2）生　理

カニクイザルの一般生理的数値に関する報告はアカゲザルにくらべ少ないが，報告されている値はアカゲザルでの値とよく似ている．この種の生理的数値の多くは，動物の生理的状態，年齢，測定時間，測定法，保定法などの違いにより大きく変動することが知られている．そのうち，日内変動（circadian variation）は重要で，図10.32[19]および表10.21に示すように，臨床生理的測定値のみならず，血中ホルモンレベル[20,21]でも一定の日周リズムが認められる．

以下に示す数値の多くは，野生由来の個体について測定した報告をまとめたものであり，供試動物の年齢や経歴が不明であることに加え，測定時における人工環境への適応度もさまざまである．それゆえ，これらの数値はあくまでも参考値にすぎず，実際には，それぞれの実験で各個体のベースラインデータをとることが肝要である．

a. 臨床生理値

ⅰ）体温，呼吸数，脈拍数，血圧など　体温[22]，呼吸数[23]，脈拍数[23]，心拍数[19]，血圧[24]，総水分量[25]，肺機能[16]，心電図[26]に関し報告されている数値を表10.21，表10.22，表10.23に示す．Berendit and Williams[27]は肺の換気量および呼吸数を4種の保定法で比較し，動物の保定体位（立位と横位）による影響よりも，保定器具（椅子とV字盤）による影響が大きいこと，さらに，保定時間を長くすると換気量，呼吸数ともに減少することを報告している．

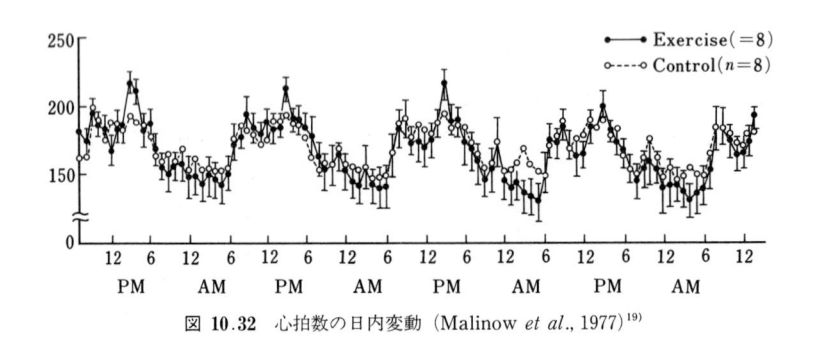

表 10.20　主要臓器重量

	100日齢胎子[14] (10例の平均)	野生由来成体[15]	
		雄	雌
体重 (kg)	0.106	3.51～4.00	2.01～2.50
脳 (g)	13.249	64.6±6.4	66.7±5.8
心臓 (g)	0.583	15.0±2.6	9.5±1.9
肺臓 (g) 左肺	2.247	10.9±2.7	7.2±2.3
右肺		12.2±2.5	9.0±2.4
肝臓 (g)	3.513	98.7±25.0	77.6±19.7
脾臓 (g)	0.351	7.3±3.3	6.1±2.9
腎臓 (g)	0.724	17.1[16]	13.8[16]
副腎 (g) 左	0.078	0.41±0.16	0.39±0.09
右		0.38±0.11	0.31±0.14

14) Allen et al, 1982, 15) 本庄ら, 1964, 16) Beach et al 1981

図 10.32　心拍数の日内変動（Malinow et al., 1977）[19]

10.5 カニクイザル

表 10.21 一般生理値

項　目	測定値 平均±SD	性	測定時間	報告者
体温（℃）	38.32±0.40		10 am	Honjo, et al., 1963[22]
（直腸温）	38.84±0.47		4 pm	
	37.87±0.52		10 pm	
	37.42±0.56		4 am	
呼吸数（回/分）	76.58±7.46	雄	6～8 am	Escudero & Budy, 1969[23]
	71.99±9.94	雄	4～6 pm	
	78.17±7.86	雌	6～8 am	
	76.55±7.27	雌	4～6 pm	
脈拍数（回/分）	84.37±8.74	雄	6～8 am	Escudero & Budy, 1969[23]
	89.19±8.01	雄	4～6 pm	
	87.03±10.17	雌	6～8 am	
	90.85±10.24	雌	4～6 pm	
心拍数（回/分）	135±35	雌	5 am	Malinow et al., 1977[19]
	192±22	雌	3 pm	
血圧（mmHg）	73±5 （上腕動脈内挿入法）			Heistad, et al., 1978[24]
総水分量（体重比％）	64.18±2.02	雌		Agar & Shaw, 1975[25]

表 10.22 肺機能（Beach, et al., 1981）[16]

	平均±SD
1回換気量（ml）	53.2±10.1
分時換気量（l）	1.19±0.26
累積換気量（窒素置換法）（l）	1.54±0.46
CO 摂取量（ml/min）	0.27±0.06
CO 拡散能（cl/min/mmHg）	0.88±0.21
吸気時の全肺抵抗（cmH$_2$O/ml/sec）	0.048±0.004
排気時の全肺抵抗（cmH$_2$O/ml/sec）	0.036±0.003
Dynamic compliance（ml/cmH$_2$O）	6.83±1.49
気流抵抗（cmH$_2$O/ml/sec）	0.018±0.005
動脈血の酸素分圧（mmHg）	81
動脈血の CO_2 分圧（mmHg）	48
標準化 CO_2（Standard CO_2）（meq/l）	18.5
血漿 CO_2（meq/l）	17.7

表 10.23 心電図（野生由来成体雄, Kapeghian et al., 1984[26]）

		平均±SD	範　囲
P wave (amplitude)	(mV)	0.069±0.021	0.03～0.12
P wave (duration)	(msec)	32.3±5.8	22～46
P-R interval	(msec)	83.8±9.4	62～106
QRS wave (amplitude)	(mV)	0.317±0.21	−0.145～0.910
QRS wave (duration)	(msec)	39.8±8.7	30～77
QT interval	(msec)	222±21.7	180～310
Axis deviation	(°)		
right		51.5±22.2	2.4～111
left		−37.5±24.7	−8～−68

Kapeghian ら[26] は，心電図に関する彼らの測定値が他の報告[28,29]と異なる理由として，用いた麻酔薬の違いを挙げている．

ii）摂餌量，飲水量，尿量，糞量　野生由来成体については，表 10.24 に示すような数値が報告されている[30]．最近，予研霊長類センターでは人工環境下での長期飼育に伴う肥満，高脂血症，糖尿病などの発生が問題となっているが，これらの動物では過食，多飲，多尿が観察されている[31]．

iii）血液性状値　主な血液性状値を表 10.25～表 10.29 に示す[16,32～35]．

予研霊長類センターの新生子の末梢白血球像に関する調査によると，ヒトおよび他のサル種と同様に，0日齢のカニクイザルでは血中の好中球の比率がリンパ球の比率を上まわるが，生後2日から3日の間に両者の百分比が逆転する[35]．

これら血液性状値に影響を与える要因として，麻酔，年齢および人工環境下に導入後の期間などを考慮する必要がある．たとえば，吉田ら[36]は血液性状値に関わる 14 の項目について塩酸ケタミン麻酔後経時的に測定し，血清タンパク量およびアルブミン量の有意な減少，グルコース量の一過性の増加と減少，また白血球数の著明な増加を認めている．一方，

表 10.24 摂餌量，飲水量，尿量，糞量（鈴木，浜野ら，1989[30]）

		野生由来成体雄	野生由来成体雌
摂飼量			
市販サル用固型飼料	(g)	46.0±23.1	30.9±17.9
リンゴ	(g)	96.2±11.3	95.9±12.9
柑橘類	(g)	86.9±19.3	87.4±16.6
飲水量	(ml)	310.8±187.2	162.2±153.5
尿　量	(ml)	158.7±216.5	89.2±59.3
糞　量	(g)	19.3±8.3	13.1±7.2

表 10.25 血液性状値(1)

	調査個体		報告者
体重　(kg)	3.98±0.26	野生由来成体雄	Kamis and Noor, 1981[32]
全血量　(ml)	318±10	〃	〃
血漿量　(ml)	210±10	〃	〃
血球量　(ml)	108±6	〃	〃
pH（動脈血）	7.34	野生由来成体	Beach, et al., 1981[16]
全血比重	1.053±0.02	3～5歳育成雄	寺尾（未発表）
	1.053±0.02	3～5歳育成雌	

表 10.26 血液性状値(2)（野生由来成体）

		雄	雌
		平均（95%信頼区間）	平均（95%信頼区間）
赤血球数*	×10^4/mm^3	650 (536～789)	638 (493～826)
ヘモグロビン*	g/dl	11.6 (9.4～14.2)	11.4 (8.9～14.7)
ヘマトクリット*	％	40.9 (32.1～52.2)	40.9 (35.3～47.4)
MCV**	μm^3	63.1 (56.1～70.1)	62.7 (55.9～69.5)
血小板数**	×10^3/mm^3	369 (143～595)	343 (135～551)
白血球数*	×10^3/mm^3	9.5 (5.1～17.6)	8.9　4.9～16.1)

(* Yoshida, 1981[33], ** Matsumoto et al., 1980[34] より一部改変)

表 10.27 白血球百分比（育成個体）（Sugimoto et al., 1986[35]）

年齢	性	好中球（%）		好塩球（%）	好酸球（%）	リンパ球（%）	単球（%）
		桿状核球	分葉核球				
1カ月齢	―	0.5±0.6	13.5± 6.7	0.7±0.5	1.0±0.9	78.2± 7.4	1.3±1.5
1歳齢	雌	0.1±0.3	36.9± 9.7	0.3±0.7	0.7±1.0	59.7±10.2	2.2±1.3
	雄	0.1±0.4	36.0±15.2	0.2±0.4	0.7±1.0	59.4±14.5	3.6±2.1
3～4歳齢	雌	0	45.7±14.3	0.3±0.4	1.8±2.2	50.3±14.0	1.7±1.3
	雄	0	40.6±12.2	0.1±0.2	1.8±1.6	54.7±12.4	2.6±2.1
5～7歳齢	雌	0.04±0.2	51.1±16.0	0.2±0.4	1.3±1.9	44.3±15.1	3.0±2.7
	雄	0.2 ±0.7	47.9±22.2	0.1±0.2	1.5±1.9	46.2±20.8	3.7±1.9
10歳齢以上	雌	0.03±0.2	36.1± 9.6	0.1±0.3	1.9±1.9	58.3±10.3	3.4±2.3
	雄	0.1 ±0.3	42.2±14.8	0.2±0.4	1.8±1.4	51.9±13.8	3.8±2.5

表 10.28 血清生化学検査値（入荷後6か月，野生由来成体）（Yoshida, 1982[33]）

	単位	雄	雌
		平均（95%信頼区間）	平均（95%信頼区間）
GOT	Karmen Unit	26　(16～44)	50　(23～110)
GPT	Karmen Unit	17　(7～45)	39　(13～119)
総タンパク量	g/dl	6.6　(5.9～7.9)	7.0　(6.2～8.0)
アルブミン量	g/dl	3.9　(3.7～4.3)	4.0　(3.6～4.4)
A/G 比		1.02 (0.82～1.27)	0.97 (0.77～1.21)
血糖	mg/dl	43　(26～71)	39　(14～109)
尿素態窒素（BUN）	mg/dl	11.7　(8.0～17.6)	16.1　(9.8～26.5)
総コレステロール	mg/dl	117　(84～162)	114　(80～162)
遊離コレステロール	mg/dl	19　(12～28)	19　(12～30)
中性脂肪	mg/dl	46　(24～86)	59　(22～156)
TTT	Kunkel Unit	0.1　(0.0～1.6)	0.1　(0.0～2.5)
ZTT	Kunkel Unit	0.3　(0.1～0.8)	0.5　(0.1～3.1)
アルカリフォスファターゼ	King-Armstrong Unit	35.7　(163～78.0)	15.3　(5.9～39.5)

表 10.29 血液中の電解質(野生由来成体)
(Matsumoto et al., 1980[34])

		雄	雌
Ca	mg/dl	9.2±0.5	9.2±0.8
Mg	mg/dl	2.1±0.3	2.1±0.3
Na	mEq/dl	154 ±5.6	153 ±5.5
K	mEq/dl	5.6±0.8	5.7±0.8
Cl	mEq/dl	118 ±4.9	118 ±4.9
無機P	mg/dl	6.0±0.8	6.1±1.1

1歳齢から10歳齢以上の育成個体延1086匹(雌531匹,雄555匹)についての調査結果では,雌雄ともに,赤血球数,ヘモグロビン量,平均血球容積(MCV),GOTおよびGPT活性,A/G比,中性脂肪量,アルカリホスファターゼ活性などに年齢との有意な相関が認められる[37,38]。また,アルカリホスファターゼと尿素窒素量の測定値に関しては,野生由来の若齢個体と成体との間で有意な差が認められたという報告もある[26]。

一方,野生由来カニクイザルについて,8項目の血液性状値を入荷直後,入荷後3か月および4か月目の時点で比較したところ,大部分の項目で入荷直後の測定値には個体間の著しいバラツキが認められるが,人工環境下での飼育期間が長くなるにつれて,それら測定値の変動幅は小さくなることが報告されている[33]。この調査結果に基づき,血液性状に関連する多項目の測定値を統計処理し,野生由来集団の人工環境への適応の程度すなわち生理的馴化の程度を把握する指標とする試みもある。

b. 繁殖生理
i) 性成熟 屋内人工環境下で育成された雌の初潮発現年齢は,2歳6か月±8か月 (N=14) である。血中のプロジェステロン濃度を1歳齢から5歳齢までの育成雌71匹で調査した結果では,3歳齢未満の個体では低値を示すが,3歳齢以後高値を示す個体が出現する[37]。最若齢の出産例として,3歳8か月齢での正常分娩例が観察されている[39]。

雄の性成熟に関して,図10.33に示すような精巣容積と年齢および体重との関係が報告されている[40]。Choら[41]は生検による精巣組織検査で,精子形成 (spermatogenesis) と精子完成 (spermiogenesis) が開始される年齢を調べ,精子形成は2歳1か月齢,精子完成は3歳7か月齢頃に始まるが,成体と同程度の造精活動が認められるのは5歳齢以降であるとしている。血中のテストステロン濃度と年齢との関係では,4.5歳齢以降に成体と同レベルの血中濃度を示すようになり[38],この時期は,電気刺激により成体と同程度の射精量が認められる年齢と一致する[41]。なお,予研霊長類センターには,3歳6か月齢の育成雄が群飼育で同居中の育成雌を受胎させたという記録がある[39]。

上述のデータから,カニクイザルの性成熟年齢は雌が3歳,雄が4.5歳前後とみられる。実際に繁殖用として使い始める年齢としては,雌で3.5歳,雄で5歳が妥当である。

ii) 月経周期と排卵時期 60匹の野生由来成体で連続4回確認された計240回の月経周期の長さのヒストグラムは図10.34の如くである[42]。それによると周期の平均は29.4±4.3日である。従来,月経周期の長さは,交配適期すなわち排卵時期推定の指標として用いられてきた。しかし,同一個体で,

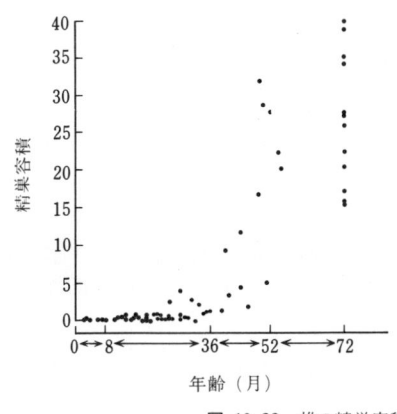

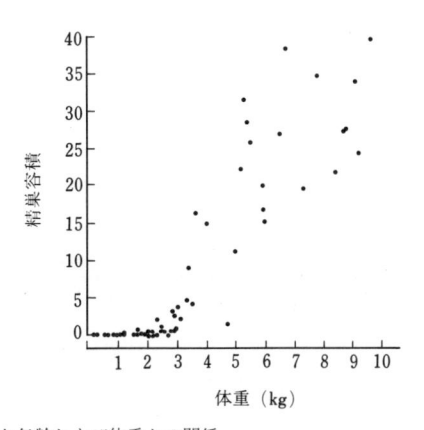

図 10.33 雄の精巣容積と年齢および体重との関係
(Steiner and Bremner, 1981)[40]

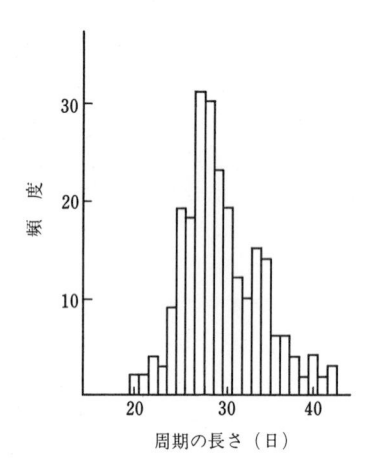

図 10.34 月経周期の長さのヒストグラム（吉田ら，1982）[42]

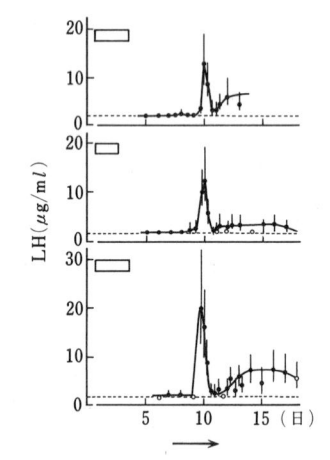

図 10.35 月経周期における血中 LH 活性の経日的変化（Yoshida, et al., 1984）[43]

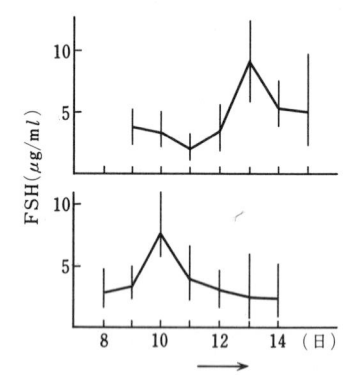

図 10.36 月経周期における血中 FSH 活性の経日的変化（吉田ら，1982）[42]

月経周期の長さとの間には明らかに有意な正の相関が認められる[42]．

血中黄体形成ホルモン（LH）および卵胞刺激ホルモン（FSH）は図 10.35 および図 10.36 に示すように，月経周期の 10～12 日目に一過性の上昇を示す[42,43]．吉田ら[42]は，開腹し，肉眼により直接確認した排卵日と血中 FSH 動態との関係を調査し，FSH は排卵の 1～2 日前に増加すること，さらに，被検 25 匹の過半数で月経周期の 10 日目（10 匹）と 11 日目（6 匹）に FSH の増加が認められたことから，カニクイザルの排卵時期は，月経周期の第 11 日目から第 13 日前後にあるものと推測している．

排卵に伴う子宮頸管粘液の性状に関しては，粘液の量および濁度が増加し，粘調度が高まることが知られている．また，排卵前後の頸管粘液を塗抹したスライドでは，この時期特有のシダ状結晶が観察されるので，排卵日の推定に利用できる[44]．

iii）精液性状　自然交配により腟内から回収した精液の性状について，表 10.30 に示す数値が報告されている[45]．電気採精，精子の凍結保存法および人工授精に関する技術的検討もなされている．それによると，グリセリン 5% 含有保存液を用いて液体窒素中で凍結保存した場合の精子は 20 週後にも 60.5% の生存率を示し，人工授精により 13 匹中 2 匹を受胎させた[46]．一方，精巣上体（epididymis）内での精子成熟に関し，Fain-Maurel ら[47]は，精子細胞膜上の荷電（surface charge）およびレクチン結合レセプターの分布が，精巣上体遠位部（distal corpus epididymis）で著明に変化することから，精子が授精能（fertilizing ability）を獲得するのは，精巣上体尾部通過前であるとしている．

表 10.30　精液性状（Cho and Honjo, 1973[45]）

精液量(ml)（交配雌腟内より回収）	精子数 (10^6/ml)	精子生存率(%)（5% グリセリン含有稀釈液中）
0.53±0.04 (0.3～0.8)	275±89.8 (120～870)	82.4±1.0

連続する各周期の長さの相関性についてみると，前回周期の長さと次回周期の長さとの間の相関係数はわずか 0.26 にすぎず[42]，前回周期の長さから次回周期の長さを推定することは一概にはできない．一方，前回月経初発日から排卵日までの日数と，その時の

iv）妊娠　妊娠期間の平均は 163±5.7 日である．同一個体で血中 LH 活性を妊娠 12 週まで継時的に調査した結果[48]（図 10.35）では，LH 活性は妊娠 3 週目に顕著な増加を示したが，以後急速に減少した．妊娠初期に増加する LH 活性は，胎盤で産生される絨毛性性腺刺激ホルモン（CG）に由来するも

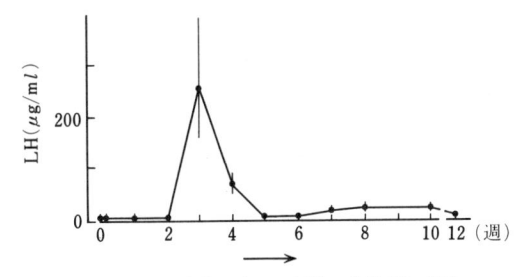

図 10.37 妊娠に伴う血中 LH 活性の変化（Yoshida, et al., 1984）[48]

のと考えられる．カニクイザルの血中 CG 量は，ヒトの妊娠過程における血中 hCG 量の推移と異なり，妊娠初期の一時期を除き低値で推移する[48]（図10.37）．また，血中 FSH 活性は全妊娠期間を通じ低い状態にある[48]．しかし，妊娠中の中期から末期にかけての胎盤中には，微量ながら LH 活性および FSH 活性が検出される．

一方，血中プロラクチン濃度は妊娠後期に急激に高まる[48]（図 10.38）．

早期妊娠診断に関しては，手指による直腸からの子宮触診法および血中 CG 量の増加を検出する方法が有用である．また，最近，超音波診断装置を用いる妊娠子宮の断層撮影法が確立され，常用できるようになった．それによれば，妊娠 4 週目で妊娠腔（gestational sac）および胎芽心拍動が検出でき

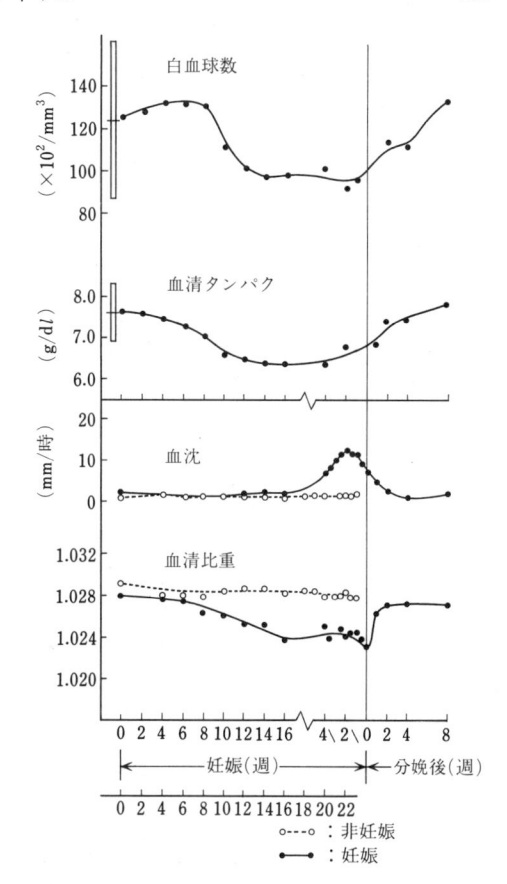

図 10.39 妊娠に伴なう血中性状値の変化（Fujiwara, et al. 1974）[50]

る[49]．本法は単に妊娠診断だけでなく，胎子の成長管理や早期流産の確認にも応用可能である．

妊娠中には，図 10.39 に示すような白血球数，血清タンパク量，血沈，血清比重の変動が認められる[50]ことも知っておく必要がある．

v) 胎子成長と胎盤 胎子成長の一つの指標として，胎子頭部大横径（biparietal distance）を超音波診断装置により測定することは有用である．各妊娠週齢別の大横径測定値は表 10.31 の如くである[49]．子宮および胎盤の大きさの変化についても表 10.32 のような計測値が報告されている[51,52]．

胎盤の形状は，脱落膜性の盤状胎盤である．過半数の妊娠例は主胎盤と副胎盤とからなるいわゆる重複胎盤（placenta duplex）を有する．組織学的には

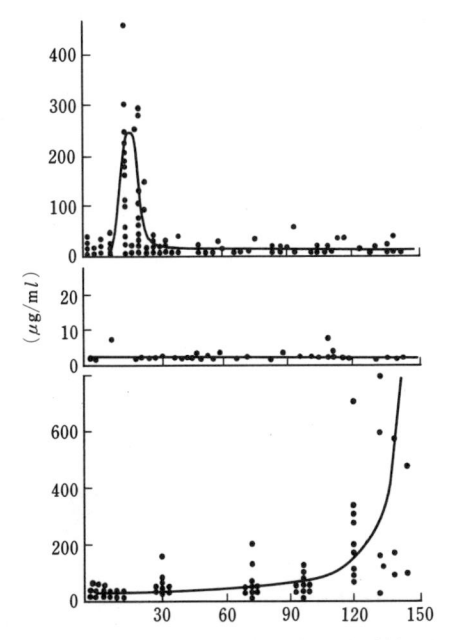

図 10.38 妊娠に伴なう血中 LH（上），FSH（中）およびプロラクチン（下）濃度の変化（Yoshida et al., 1984）[48]

表 10.31 各週齢での胎仔頭部大横径の長さ（長ら，1983[49]）

週 齢	8 週	12 週	16 週	20 週	出生時
頭部大横径 (mm)	14.8 ±1.1	27.3 ±2.3	36.2 ±2.9	43.0 ±2.0	48.6 ±1.8

表 10.32 各妊娠週齢での子宮および胎盤の大きさ
(藤原ら, 1977[51] Fujiwara, et al., 1977[52])

妊娠週齢	子宮容積(cm³)	子宮の大きさ(cm)			胎盤重量(g)
		横	厚さ	縦	
非妊娠	5.5±0.3	1.9±0.2	1.5±0.2	3.6±0.4	—
4 週	12.4±2.5	2.6±0.1	2.5±0.1	3.4±0.6	0.68±0.17
7 週	45.1±11.2	3.8±0.2	4.2±0.5	5.1±0.2	6.68±1.84
10 週	88.9±24.2	4.6±0.4	5.1±0.8	7.0±0.5	17.40±4.30
15 週	276.6±32.8	7.3±1.3	6.7±0.2	10.3±0.4	36.00±7.25
20 週	508.1±116.9	8.5±0.6	8.7±1.3	12.0±0.6	64.10±6.08

血絨毛胎盤 (hemochorial placenta) で,胎子の血行は栄養膜を介して母体の血行と密に接する.この種の胎盤では,母体血中の免疫グロブリン (IgG) が胎盤を介して胎子に移行する.IgG の移行時期および移行の程度は,胎盤の機能的発達の一つの面を知る目安となる.カニクイザルでは,母体 IgG の移行は妊娠末期に急激に増加し,出生時には母体血中の90% 前後のレベルに達する[53](図 10.40).

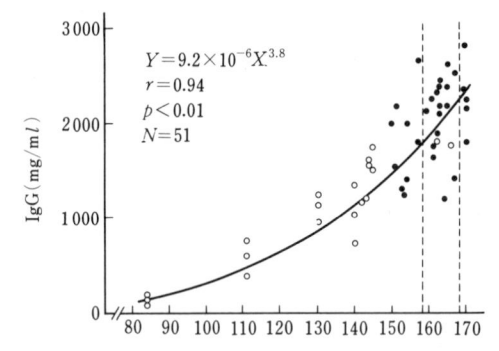

図 10.40 胎子血中の移行抗体量 (Fujimoto et al., 1983)[53]

$Y = 9.2 \times 10^{-6} X^{3.8}$
$r = 0.94$
$p < 0.01$
$N = 51$

vi) 出産 大半の出産は夜間に起こり,通常は一産一子である.双胎の発現率は,予研・霊長類センターの統計では 3/2110 (0.14%) とヒトにくらべ著しく低い.

大部分の胎子は妊娠末期に子宮頸部に頭部を接した胎位,つまり頭位 (cephalic position) となり娩出される.妊娠末期の胎位と死産との関係についての最近の調査によると,およそ11% (38/340) の妊娠例で分娩前日に骨盤位 (breech position) などの異常胎位が観察され,骨盤位胎子の死産率は 65.6% に達した.一方,分娩前日に頭位を示す妊娠例では,自然分娩での死産率がわずか 0.4% であった.すなわち,カニクイザルの室内繁殖における死産例の大半が,異常胎位に起因する娩出時の死亡であることがわかった[54].なお,妊娠末期に骨盤位を示す例については,人為的な胎位矯正や帝王切開により死産数を減少させることができる.

vii) 哺育 乳汁組成を表 10.33 に示す.表示の一般組成以外に,タンパク態窒素分布,アミノ酸組成,脂肪酸組成,灰分組成についての分析値も報告されている[55].なお,分娩後24時間以内に採取した初乳中には免疫グロブリンが高濃度で検出されるが,その大部分は分泌型の IgA である[56].

哺育中の母ザルが死亡した場合や,母ザルの哺育行動に問題がある場合は,人工哺育[57]または里子哺育[58]ができる.里子哺育には,実子を離乳した母ザルで継続哺育させる場合と,里子と同週齢の実子を哺育中の母ザルで2匹哺育させる場合とがあるが,いずれも,里親は哺育経験が深く,哺育行動のすぐれた個体を選ぶ必要がある.

新生子は4～5週齢から母乳以外の餌を少しずつ摂り始め,130～150日頃には,体重が出生時の2倍以上となり ((3)-a.参照),乳歯の第1臼歯が萌出してくる.この頃,強制離乳が可能となる.

viii) 室内繁殖成績 野生由来および育成第一世代のそれぞれについて,予研霊長類センターでの室内繁殖の成績を表 10.34 にまとめて示した.室内

表 10.33 乳汁組成 (* Nishikawa, et al., 1976[55], ** Fujimoto et al., 1983[56])

全固型分*	12.17±2.24	g/100 ml
脂 肪*	5.22±2.13	〃
乳 糖*	4.81±2.28	〃
灰 分*	0.40±0.12	〃
粗タンパク*	1.74±0.34	〃
カゼイン	40.3±11.9	%
乳清タンパク	48.7±11.3	%
乳精中の免疫グロブリン量** (成体血中濃度に対する比)		
IgG	0.9±0.2	%
IgA	44.0±24.5	%
IgM	7.2±4.0	%

での継代繁殖の技術を確立することは，野生動物の実験動物化の基本条件であるが，その前提は，実験室内で生産，育成された個体が正常な繁殖能力を示すことである．表に示すように，カニクイザルの育成第一世代の繁殖成績は，いずれも野生由来個体とほとんど変わらない．このことから，カニクイザルの室内継代繁殖は，技術的にはほぼ確立されたと判断できる[7]．

カニクイザルはアカゲザルやニホンザルと異なり繁殖季節をもたないサル種である．すなわち，自然環境のみならず室内環境下でも，雌の月経血の出現や，妊娠数，出産数には季節によるかたよりは認められない[7]．一方，雄では精巣容積や精子数の季節変化が観察されているが，繁殖機能の面では季節性が認められないとする報告がある[18]．

季節性の有無と実験動物としての有用性については議論の分かれるところであるが，一般的には年間を通じて一定の繁殖生理的状態が維持されるという意味で，繁殖季節をもたない動物種のほうが有用といえる．Matsudaら[59]は，カニクイザルでγ線の精巣照射により誘発される染色体の転座の発生率を調べ，アカゲザルでの報告値よりも高いことを認めた．しかし，同時にカニクイザルでは転座の発生率に季節間，個体間の差が少ないことも判明した．したがって，この種間差は照射時の精原細胞の状態，すなわち，精巣での造精活動の季節変化と関連して生じた可能性があると考察している．

表 10.34 室内繁殖成績(Honjo, *et al.*, 1984)[7]

	野生由来雌	育成雌
妊娠率(妊娠数/交配数)	57.9%	36.8%
妊娠期間	163±5.7 日	167.5±5.8 日
正産率	87.3%	77.7%
離乳率	97.2%	89.2%
分娩後の月経の回帰	152±45 日	150±45 日
分娩間隔	407±74 日	385±56 日

（3）成長と加齢

カニクイザルに限らず，サル類の成長，加齢，老化に関する報告は少ない．それは，これまで研究対象とされた個体の大部分が野生由来のため，年齢推定が困難であったこと，他の実験動物にくらべ寿命が長く，各年齢で必要な数の動物を供試するのが無理なうえ，老齢動物の作出に数十年の期間がかかるなどの理由による．ここでは主として，予研霊長類センターの年齢の明らかな育成ザルで，今まで得られているデータの一部を紹介する．

なお，世界的にみても今後ヒトの老化のモデルとしてサル類を使用する研究がふえるものと予想されるが，それらの研究を円滑に進めてゆくためには，サル類を飼育している諸機関が協力し，できるだけ多くの老齢動物を保持するとともに，これらの動物を多面的，総合的に調査研究するための組織造りが必要であろう．現に米国においては，いくつかの霊長類センターで保持していた老齢ザルをとりまとめ，加齢に関する多面的な研究を行い，大きな実績をあげた例[60]がある．

a. 体重成長

12週までの新生子の体重を連続的に測定して得た体重増加曲線を図10.41に示す．出生時体重は雄が344±49g，雌が324±39gで，雌雄ともに体重は12週齢までほぼ直線的に増加する．吉田ら[61]は，乳子期の体重成長が $Y=ae^{bx}$ の指数曲線で近似できることを示すとともに，成長率のパラメータである

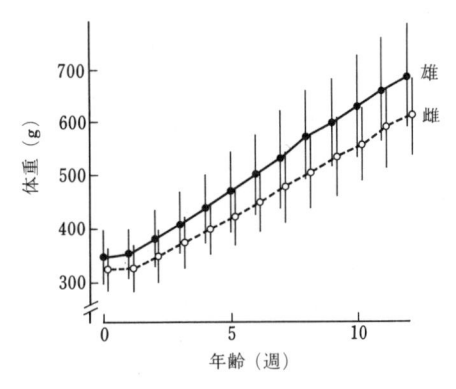

図 10.41　乳子期の体重成長（吉田ら，1982）[61]

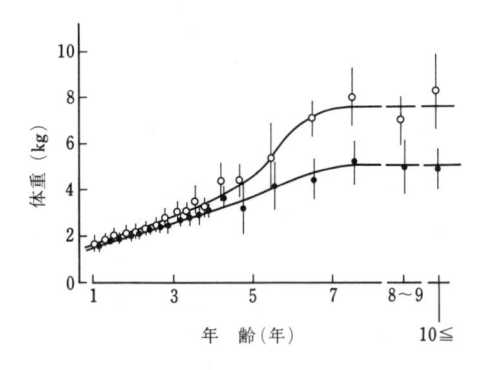

図 10.42　体重増加曲線（横田ら，1985）[38]

b値を基に許容体重の下限を各週齢ごとに設定し，体重増加状況による乳子期の個体管理の具体的方法を提案している．

つぎに，1歳齢から10歳齢以上の育成ザルを横断的に調査した体重増加曲線は図10.42のとおりである[38]．雌雄ともに性成熟前後（4〜5歳）から体重の急激な増加が認められ，特に雄でその傾向が著しく，この時期に雌雄間の体重差が広がる．

b． 成長に伴う生理的変化

血中免疫グロブリン濃度を指標にして，新生子期の免疫機能の発達について調べたFujimotoら[56]の成績によると，血中IgM濃度は生後急激に増加し，2〜3週齢で成体の30〜40%に達した後，6週齢頃まで減少の傾向を示す（図10.43）．また，ABO型血液型にかかわる抗A, 抗B抗体は，生後2〜3か月齢ごろから検出されはじめ，その後，抗体価は加齢に伴い上昇する[62]．母体からの移行抗体が20週齢前後で検出限界以下になる知見[56]とあわせて，新生子の免疫応答が活発となるのは，20週齢すなわち離乳時期の前後と考えられる．

鈴木らは，0日齢から90日齢までの新生子の眼底像の変化を記載している[63]．また，観察対象とした0日齢の新生子45匹の全例で，硝子体動脈遺残像が認められたが，その像は21〜45日齢で全例消失したことから，硝子体動脈遺残は新生子カニクイザルにおける生理的現象と見られる[64]．

若齢から老齢までの個体で，自然抗体としての抗A, 抗B抗体価の加齢変化を見ると図10.44のようである[62]．ここで，4〜5歳齢までの抗体価の上昇は免疫能の発達に伴うもの，後半の下降は加齢に伴う免疫能の低下によるものと解されるが，この結果はヒトで報告されている加齢変化と一致する．周知のように抗A, 抗B抗体の大半はIgM抗体であるが，血中の全IgM含量は加齢に伴い18歳齢まで上昇してゆく．自然抗体としての血中免疫グロブリンを構成している各特異抗体の活性は，本来加齢に伴いそれぞれ種々な変化を示すものであるが，それらの総和としての免疫グロブリン含量は，IgG, IgA, IgMのいずれも加齢とともに上昇してゆく[65]．

さらに，加齢に伴う血液性状の変化では，アルカリホスファターゼ（ALP）活性の変化が注目に値する（図10.45）．すなわち，ALP活性は若齢個体では高値を示し，2〜3歳あたりから減少を始め，7歳齢ごろには低値を示すに至る．そして，雌雄ともに同様な傾向を示すが，雌での活性低下は雄のそれよりも早期に起こる[37,38]．一方，骨端核の発育を指標に，四肢長骨の成長を見ると，0.5歳までに大半の骨に骨端核が出現し，6歳6か月齢（雄）または5歳9

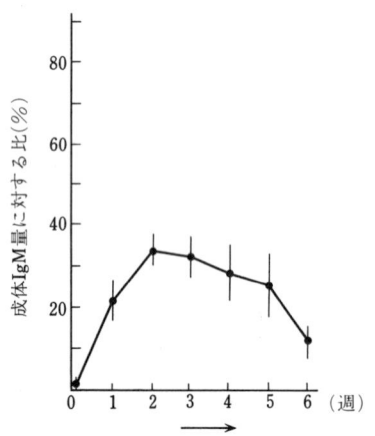

図10.43 新生子血中IgM濃度の経日的変化 (Fujimoto et al., 1983)[56]

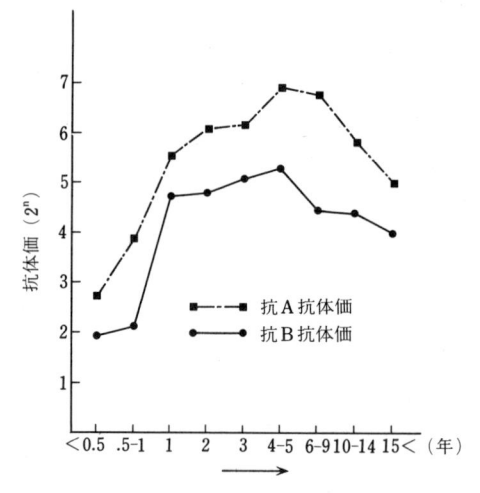

図10.44 加齢に伴う抗A, 抗B, 抗体価の変化 (Terao et al., 1983)[62]

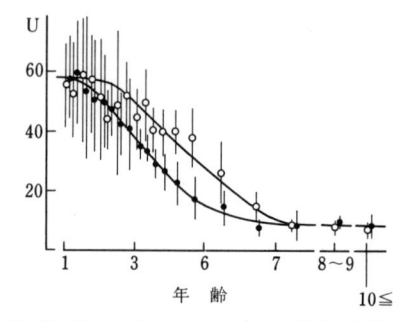

図10.45 アルカリフォスファターゼ活性の加齢に伴う変化（横田ら，1985）[38]

か月齢(雌)までにすべての骨端核は融合する[66]．この骨端核の発育過程と先述の ALP 活性の加齢変化とがほぼ平行することから，ALP 活性の加齢変化は主として骨成長に関連する生理的変化と考えるのが妥当であろう．

（4） 遺伝的コントロールと今後の課題

カニクイザルの生息地が主として東南アジアの島しょ地域であるため，野生ザル集団における遺伝的変異性と地理的隔離との関係を検討するモデルとして，産地の異なる野生集団を対象とした集団遺伝学的調査が行われてきた．その結果，カニクイザルはマカカ属サル種のなかでは，遺伝的種内分化の程度が比較的高い種であると報告されている．すなわち，産地の異なる集団間で，遺伝子構成にかなりの差異が認められる．このことは，カニクイザルの実験動物化の一つの目標として，それぞれ遺伝子構成の異なる複数の集団を確立し得る可能性を示唆している．

一般に，実験動物の特性の多くは，程度の差こそあれ，遺伝的背景の影響を受ける．その意味で，遺伝子構成の異なる複数の集団を確立するならば，種々の特性の比較検索に基づいて，それぞれの研究目的に適した集団を供試できるようになるであろう．

種としてのカニクイザルが野生環境で保持している遺伝的変異を，人工繁殖条件下でもいかに維持させるかとか，さらには実験の場でそれをいかに利用してゆくかといったことは，今後に残された課題である．

a. 産地間の遺伝的差異と遺伝的コントロール

わが国で今日使用されている野生由来カニクイザルは，フィリピン，マレーシア，インドネシアの三国から輸入されたものが大部分を占めている．これら産地の異なる三集団については，形態学的形質[67,68]，血球および血清タンパク多型[69〜71]，血液型[72]およびリンパ球抗原[73,74]の発現などを支配する各遺伝子の頻度に，集団間で差が認められる．そして，大陸産の集団では，多くの形質で多様な変異が検出されるのに対し，フィリピンの集団では単一の表現型を示す形質が多い[69,70,75]．つまり，フィリピン集団の遺伝的構成は比較的均一であると推測できる．

最近，予研霊長類センターでは，野生由来カニクイザルの遺伝的な産地間差異を重視し，産地別の各集団が保有する遺伝的変異を世代を通じ可及的に維持してゆくための繁殖方式が開発された[75,76]．産地別ラインローテーション方式（the rotation line breeding system by different countries of origin, RLBS）と称するこの方式は，近交を回避しつつ，産地別にそれぞれの閉鎖集団内で，種親の交配機会を均一化してゆく方式である．今日までのところ，5種の血液型を指標とした調査では，RLBS の適用により，いずれの産地群の F_1 集団においても，それぞれの親集団とほぼ同一な遺伝子構成が，適正に維持されていることが実証されている[76,77]（図 10.46）．これにより，繁殖集団の遺伝的構成の保持を目的とした実験用カニクイザルの遺伝的コントロールが可能になったといえる[77]．

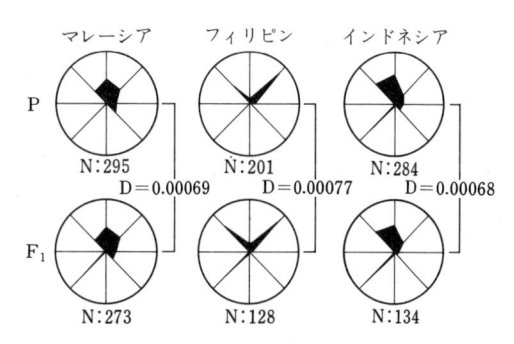

図 10.46 RLBS で繁殖された F_1 集団と親集団(P) での血液型遺伝子の頻度（Terao, 1985）[77]

b. 今後の課題

RLBS により，それぞれ遺伝的背景の異なる複数の集団が確立されることが示されたが，実験用カニクイザルの遺伝的コントロールに付随する今後の問題として，つぎの2点を挙げることができる．一つは，閉鎖集団内での近交係数の上昇であり，他の一つは，確立された複数の集団で，遺伝的背景の差異に由来する特性を比較検討することである．前者は室内継代繁殖の継続にとって不可避な問題として，後者は，実験用カニクイザルの有用性を拡大する手段として重要なものといえる．

カニクイザルで，近交係数の上昇に伴う遺伝的負荷を推定した例としては，平均近交係数が 0.238 ± 0.038 の新生子 31 匹と，非交近の新生子 206 匹について，生後 6 か月齢までの死亡率を比較した結果，差が認められなかったという報告[78]が唯一のものである．種全体が保有している遺伝的変異性が比較的低いカニクイザルでは，近交係数の上昇に伴う近

交弱勢(inbreeding depression)が生じにくいとも推測されるが,閉鎖集団による継代繁殖と並行して,近交弱勢についての具体的な知見を集積しておく必要がある.

実験用サル類で種々な生物学的特性の種内差を検討したものは少ないが,産地の異なる野生由来の雄カニクイザルで,脂肪含有食を給餌した結果,マレーシア群はフィリピン群に比較し,高コレステロール血症を生じにくい反面[79],心筋梗塞を生じやすい[79]という結果が報告されている.

これらの報告のように種内差に着目し,遺伝的特性の異なる複数の集団について種々の特性の比較がなされるならば,実験動物としてのカニクイザルの有用性は確実に高まるであろう.しかし,この面での検討はまだようやく緒についたばかりといえる.

〔寺尾恵治・本庄重男〕

文 献

1) Wolfheim, J. H.: Primate of the World, pp. 475-483, University of Washington Press (1983)
2) Napier, J. R. and Napier, P. H.: A Handbook of Living Primates, pp. 400-415, Academic Press (1967)
3) Ruch, T. C.: Bibliographia Primatologica. 29-33, Charles C. Thomas (1941)
4) 本庄重男: 実験動物としてのサル類の適切な使い方. 順天堂医学, **24**, 361-369(1975)
5) Current Primate References, Primate Information Center, University of Washington (1980-1984)
6) 本庄重男, 実験用サルの安全な供給と使用に伴なう問題点. 科学, **41**, 155-161(1971)
7) Honjo, S., Cho, F. and Terao, K.: Establishing the cynomolgus monkey as a labotatory animal. In Advances in Veterinary Science and Comparative Medicine., Vol. 28, Research on Non human Primates (A. G. Hendrickx, (ed.)) pp. 51-80, Academic Press (1984)
8) Hartman, C. G. and Straus, Jr., W. L.: The Anatomy of The Rhesus Monkey (*Macaca mulatta*). Hafner Publishing Co., Inc. (1961)
9) Szebenyi, E. S.: Atlas of Macaca Mulatta., Associated University Presses, Inc. (1969)
10) Swindler, D. R. and Wood, C. D.: An Atlas of Primate Gross Anatomy, Baboon, Chimpanzee and Man, Robert E. Krieger Publishing Company (1982)
11) Shantha, T. R., Manocha, S. L. and Bourn, G. H.: A Stereotaxic Atlas of the Java Monkey Brain. S. Karger (1968)
12) Bowen, W. H. and Koch, G.: Determination of age in monkeys (*Macaca irus*) on the basis of dental development. *Lab. Anim.*, **4**, 113-123 (1970)
13) 本庄重男, 長 文昭: マカカ属サル. 実験動物学技術編(田嶋嘉雄編), pp. 312-346, 朝倉書店 (1977)
14) Allen, D. G., Clark, R., Palmer, A. K. and Heywood, R.: An embryotoxicity study in *Macaca fascicularis* with cefotetan disodium (a cephamycin antibiotic). *Toxicology Let.*, **11**, 43-47 (1982)
15) 本庄重男, 武藤 健, 藤原 徹, 鈴木泰子, 今泉 清: カニクイザル (*Macaca irus*) の臓器重量について. 実験動物, **13**, 161-162(1964)
16) Beach, J. E., Blair, A. M. J. N., Clarke, A. J. and Bonfield, C. T.: Cromolyn sodium toxicity studies in primates. *Toxicol. Appl. Pharmacol.*, **57**, 367-400 (1981)
17) Shively, C. and Kaplan, J.: Effects of social factors on adrenal weight and related physiology of *Macaca fascicularis*. *Physiology & Behavior*, **33**, 777-782 (1984)
18) Mahone, J. P. and Dukelow, W. R.: Seasonal variation of reproductive parameters in the laboratory-housed male cynomolgus macaque (*Macaca fascicularis*). *J. Med. Primatol.*, **8**, 179-183 (1979)
19) Malinow, M. R., Hill, J. D. and Ochsner, III, A. J.: Heart rate in caged *Macaca fascicularis*, effects of short-term physical exercise. *J. Med. Primatol.*, **6**, 69-75 (1977)
20) Mori, J. and Hafez, E. S. E.: Serum luteinizing hormone concentrations in male monkeys (*Macaca fascicularis*). *Am. J. Vet. Res.*, **34**, 1073-1076 (1973)
21) Steiner, R. A., Peterson, A. P., Yu, J. Y. L., Conner, H., Gilbert, M., Penning, B. and Bremner, W. J.: Ultradian luteinizing hormone and testosterone rhythms in the adult male monkey, *Macaca fascicularis*. *Endocrinology*, **107**, 1489-1493 (1980)
22) Honjo, S., Fujiwara, T., Takasaka, M., Suzuki, Y. and Imaizumi, K.: Observation on the diurnal temperature variation of cynomolgus monkeys (*Macaca irus*) and on the effect of changes in the routine lighting upon this variation. *Jpn. J. Med. Sci. Biol.*, **16**, 189-198 (1963)
23) Escudero III, S. H. and Budy, N. M.: A study on the pulse and respiration rates and body temperature of Philippine monkeys. *Philip. J. Vet. Med.*, **8**, 62-70 (1969)
24) Heistad, D. D., Marcus, M. L. and Gross, P. M.: Effects of sympathetic nerves on cerebral vessels in dog, cat and monkey. *Am. J. Physiol.*, **235**, H544-552 (1978)
25) Azar, E. and Shaw, Jr., S. T.: Effective body water half-life and total body water in rhesus and cynomolgus monkeys. *Can. J. Physiol. Pharmacol.*, **53**, 935-939 (1975)
26) Kapeghian, J. C., Bush, M. J. and Verlangieri, A. J.: Changes in selected serum biochemical and EKG values with age in cynomolgus macaques. *J. med. Primatol.*, **13**, 283-288 (1984)
27) Berendt, R. F. and Williams, T. D.: The effect of restraint and position upon selected respiratory parameters of two species of *Macaca*. *Lab. Anim. Sci.*, **21**, 502-509 (1971)
28) Toback, J. M., Clark, J. C. and Moorman, W. J.: The electrocardiogram of *Macaca fascicularis*. *Lab. Anim. Sci.*, **28**, 182-185 (1978)
29) Gonder, J. C., Gard, E. A. and Lott III, N. E.: Electrocardiograms of nine species of nonhuman primates sedated with ketamine. *Am. J. Vet. Res.*, **41**, 972-975 (1980)
30) 鈴木通弘, 浜野政章, 長 文昭, 本庄重男: 野生由来成熟カニクイザルの飼料摂取量, 飲水量, 糞量および尿の一般性状について. 実験動物, **38**, 71-74 (1989)
31) 田中吉春, 大藤浩美, 鴻野 操, 長 文昭, 本庄重男: カニクイザルにおける自然発症糖尿病. 実験動物, **35**, 11-19, (1986)

32) Kamis, A. B. and Noor, N. M.: Blood volume in *Macaca fascicularis*. *Primates*, **22**, 281-282 (1981)

33) Yoshida, T.: The changes of hematological and biochemical properties in cynomolgus monkeys (*Macaca fascicularis*) after importation. *Japan. J. Med. Sci. Biol.*, **34**, 239-242 (1981)

34) Matsumoto, K., Akagi, H., Ochiai, T., Hagino, K., Sekita, K., Kawasaki, Y., Matin, M. A. and Furuya, T.: Comparative blood values of *Macaca mulatta* and *Macaca fascicularis*. *Exp. Anim.*, **29**, 335-340 (1980)

35) Sugimoto, Y., Ohkubo, Y., Ohtoh, H. and Honjo, S.: Changes of hematologic values for 11 months after birth in cynomolgus monkeys. *Exp. Anim.*, **35**, 449-454 (1986)

36) 吉田高志, 鈴木絹江, 清水利行, 長 文昭, 本庄重男: メスカニクイザル (*Macaca fascicularis*) の血液性状におよぼすケタミン麻酔の影響. 実験動物, **35**: 455-461 (1986)

37) 吉田高志, 横田絹江, 長 文昭: 成長期カニクイザルの血液諸性状および性ステロイド・ホルモン濃度の変化. 2. メスの場合. 成長, **24**, 93-94 (1985)

38) 横田絹江, 吉田高志, 長 文昭: 成長期カニクイザルの血液諸性状および性ステロイド・ホルモン濃度の変化. 1. オスの場合. 成長, **24**, 91-93 (1985)

39) 本庄重男, 長 文昭: カニクイザル, 一繁殖に関する基礎データー 実験生殖生理学の展開 (鈴木善祐編), pp. 348-357. ソフトサイエンス (1982)

40) Steiner, R. A. and Bremner, W. J.: Endocrine correlates of sexual development in the male monkey, *Macaca fascicularis*. *Endocrinology*, **109**, 914-919 (1981)

41) Cho, F., Fujiwara, T., Honjo, S. and Imaizumi, K.: Sexual maturation of laboratory-bred male cynomolgus monkeys (*Macaca fascicularis*). *Exp. Anim.*, **22**, suppl., 403-409 (1973)

42) 吉田高志, 中島雅子, 冷岡昭雄, 鈴木通弘, 長 文昭, 本庄重男: カニクイザルの月経周期と排卵時期: 交配計画立案のための基礎的検討. 実験動物, **31**, 165-174 (1982)

43) Yoshida, T., Yokota, K., Cho, F. and Honjo, S.: Radioreceptor assay for cynomolgus monkey serum luteinizing hormone. *Endocrinol. Japon.*, **31**, 665-673 (1984)

44) Fujiwara, T., Cho, F., Honjo, S. and Imaizumi, K.: An index for the judgment of optimal mating time in female cynomolgus monkeys (*Macaca fascicularis*). *Exp. Anim.*, **22**, suppl., 395-402 (1973)

45) Cho, F. and Honjo, S.: A simplified method for collecting and preserving cynomolgus macaque semen. *Jpn. J. Med. Sci. Biol.*, **26**, 261-268 (1973)

46) Cho, F., Honjo, S. and Makita, T.: Fertility of frozen-preserved spermatozoa of cynomolgus monkeys. Contemporary Primatology (S. Kondo, et al., (ed.)) pp. 125-133, S. Karger (1975)

47) Fain-Maurel, M. A., Dadoune, J. P. and Reger, J. F.: A cytochemical study on surface changes and lectin-binding sites in epididymal and ejaculated spermatozoa of *Macaca fascicularis*. *Anat. Rec.*, **208**, 375-382 (1984)

48) Yoshida, T., Yokota, K., Cho, F. and Honjo, S.: Circulating levels of gonadotropins and ovarian luteinizing hormone-receptor in female cynomolgus monkeys. *Gunma Symposia on Endocrinology*, **21**, 107-125 (1984)

49) 長 文昭, 成田勇人, 小野孝浩, 本庄重男: 超音波診断装置によるカニクイザルの早期妊娠診断と胎仔の発育観察. 実験動物, **36**, 223-228, (1987)

50) Fujiwara, T., Suzaki, Y., Yoshioka, Y. and Honjo, S.: Hematological changes during pregnancy and postpartum period in cynomolgus monkeys (*Macaca fascicularis*). *Exp. Anim.*, **23**, 137-146 (1974)

51) 藤原 徹, 須崎百合子, 本庄重男: カニクイザルの子宮の大きさの変化. 実験動物, **26**, 29-34 (1977)

52) Fujiwara, T., Suzaki, Y. and Honjo, S.: Weight and size of the placenta in cynomolgus monkeys (*Macaca fascicularis*). *Jpn. J. Med. Sci. Biol.*, **31**, 365-369 (1978)

53) Fujimoto, K., Terao, K., Cho, F. and Honjo, S.: The placental transfer of IgG in the cynomolgus monkey. *Japan. J. Med. Sci. Biol.*, **36**, 171-176 (1983)

54) Cho, F., Hanari, K., Suzuki, M. T. and Honjo, S.: Retrospective analyses of the relationship between fetal position and stillbirth in the cynomolgus monkeys (*Macaca fascicularis*). *J. Med. Primatol.*, **14**, 169-174 (1985)

55) Nishikawa, I., Kawanishi, G., Cho, F., Honjo, S., Hatakeyama, T. and Wako, H.: Chemical composition of cynomolgus monkey milk. *Exp. Anim.*, **25**, 253-264 (1976)

56) Fujimoto, K., Terao, K., Cho, F. and Honjo, S.: Immunoglobulins and measles antibody in sera of newborn cynomolgus monkeys and in milk of their mothers. *Jpn. J. Med. Sci. Biol.*, **36**, 209-214 (1983)

57) 長 文昭, 吉岡幸雄, 増子賢二, 菅沼敏子, 矢部美機子, 本庄重男: カニクイザル新生仔の人工哺育. 実験動物, **25**, 77-84 (1976)

58) Cho, F., Suzuki, M. and Honjo, S.: Adoption success under single-cage conditions by cynomolgus macaque mothers. *Am. J. Primatol.*, **10**, 119-124 (1986)

59) Matsuda, Y., Tobari, I., Yamagiwa, J., Utsugi, T., Kitazume, M. and Nakai, S.: γ-ray-induced reciprocal translocations in spermatogonia of the crab-eating monkey (*Macaca fascicularis*). *Mutation Res.*, **129**, 373-380 (1984)

60) Bowden, D. M., Blake, P. H., Teets, C. and Knitter, G. H.: The macaca nemestrina project '77: design and procedures. Aging in Nonhuman Primates (D. M. Bowden (ed.)), pp. 38-47, Van Nostrand Reinhold Company (1979)

61) 吉田高志, 後藤幸江, 羽成光二, 清水利行, 中島雅子, 長 文昭, 本庄重男: 乳仔期カニクイザル (*Macaca fascicularis*) の個成長の管理. 成長, **21**, 12-19 (1982)

62) Terao, K., Fujimoto, K., Cho, F. and Honjo, S.: Anti-A and anti-B blood group antibody levels in relation to age in cynomolgus monkeys. *Jpn. J. Med. Sci. Biol.*, **36**, 289-293 (1983)

63) 鈴木通弘, 成田勇人, 長 文昭, 本庄重男: 実験用カニクイザルの眼底像, 0日齢より19歳齢にいたる各齢での所見. 比較眼科, **2**, 21-26 (1983)

64) 鈴木通弘, 成田勇人, 長 文昭, 福井正信: カニクイザル新生仔における硝子体動脈遺残とその消退時期. 実験動物, **33**, 233-235 (1984)

65) Fujimoto, K., Terao, K., Cho, F., Nakamura, F., Honjo, S.: Age-related immunoglobulin levels in cynomolgus monkeys. *Jpn. J. Med. Sci. Biol.*, **35**, 17-23 (1982)

66) Fukuda, S., Cho, F. and Honjo, S.: Bone growth and development of secondary ossification centers of extremities in the cynomolgus monkey (*Macaca fascicularis*). *Exp. Anim.*, **27**, 387-397 (1978)

67) Alberecht, G. H.: Geographic variation in the skull of the crab-eating macaque *Macaca fascicularis* (Primate cercopithecidae). -abstract-. *Am. J. Phys. Anth-*

68) 鈴木樹理, 西田隆雄, 望月公子, 清水利行, 本庄重男: 生体計測によるカニクイザルの地理的変異の研究. 第96回日本獣医学会講演要旨集, 3 (1983)
69) 石本剛一: マカク属サルの血液蛋白変異に関する研究. 1. 血清蛋白とヘモグロビン. 人類誌, **80**, 250-274 (1972)
70) 石本剛一: マカク属サルの血液蛋白変異に関する研究. 2. 赤血球酵素. 人類誌, **80**, 337-350 (1972)
71) Nozawa, K., Shotake, T., Ohkura, Y. and Tanabe, Y.: Genetic variations within and between species of Asian macaques. Japan. J. Genetics., **52**, 15-30 (1977)
72) Terao, K., Fujimoto, K., Cho, F. and Honjo, S.: Inheritance and distribution of human-type A-B-O blood groups in cynomolgus monkeys. J. Med. Primatol., **10**, 72-80 (1981)
73) 森田千春: カニクイザルのリンパ球抗原 (CyLA) の地域差およびアカゲザルの Rh-L-A との比較. 日本免疫学会総会記録, **11**, 207-208 (1981)
74) Hashiba, K., Terao, K. and Noguchi, A.: Major histcompatibility antigens of the cynomolgus monkey (Macaca fascicularis). Primatology Today (Ehara, A. et al. (ed.)) pp. 647-650, Elsevier Sci. Publ. (1991)
75) Harihara, S., Saitou, N., Hirai, M., Aoto, N., Terao, K., Cho, F., Honjo, S. and Omoto, K.: Differentiation of mitochondrial DNA types in Macaca fasciaris. PRIMATES. **29**: 117-127 (1986)
75) Terao, K.: Use of blood groups as a genetic marker for genetic control of the cynomolgus monkey breeding colony. Japn. J. Med. Sci. Biol., **38**, 49-52 (1985)
76) 寺尾恵治, 本庄重男: 実験用サル類の遺伝子保存 ―継代繁殖による実験用サル類の遺伝的統御― 凍結及び乾燥研究会会誌, **35**: 113-117 (1989)
77) Ralls, K. and Ballou, J.: Effect of inbreeding on infant mortality in captive primates. Inter. J. Primatol., **3**, 491-505 (1982)
78) Taub. D. M. and Bond. M. G.: Differences among Malayan and Philippine M. fascicularis in serum lipid responses., -abstract-. Inter. J. Primatol., **3**, 339 (1982)
79) Bond. M. G., Bullock, B. C., Bellinger, D. A. and Hamm. T. E.: Myocardial infarction in a large colony of nonhuman primates with coronary artery atherosclerosis. Am. J. Pathol., **101**, 675-691 (1980)

10.6 アカゲザル

(1) 生物分類学的位置

アカゲザル (rhesus monkey) (学名 Macaca mulatta, 図10.47) は霊長目 (Primates), 真猿亜目 (Simiae), 狭鼻下目 (Catarrhini), オナガザル上科 (Cercopithecoidea) のオナガザル科 (Cercopithecidae) に属し, マカカ (Macaca) 属の一種である. 生息地はアジア地域 (アフガニスタン, インド北中部, バングラデシュ, パキスタン, ミャンマー, ベトナム, ラオス, カンボジアおよび中国南部など) である. 生息地の違いにより四つの亜種があるが, 実験動物として用いるときにはそれらの区別はほとんど問題にされず, すべてアカゲザル種として扱われる. ただし, この種と形態的に非常に類似したアッサムモンキー Macaca assamensis という他種があり, ときおりアカゲザルと混合して実験に用いられていることがあるので注意を要する.

なお, 古い文献や他動物との比較記述などにおいて, 単にサル (monkey) とだけ書かれていて種名のないものを見かけるが, これらはアカゲザルを指していることが多い[1].

(2) 実験動物としての歴史

医学研究の分野でアカゲザルが使われだしたのはかなり古く, すでに1800年代には実験に用いられている. 1894年に Heape は月経周期に伴う子宮粘膜の変化について報告している. 1909年には Landsteiner らがポリオウイルスの感染実験にアカゲザルを使って成功をおさめており, 1900年代後半からは, ポリオワクチン製造の原材料として多数のアカゲザルが使われるようになった[2]. わが国においても1958年に始めて多数のアカゲザルがポリオワクチン用として輸入されている. 1950～60年代にはア

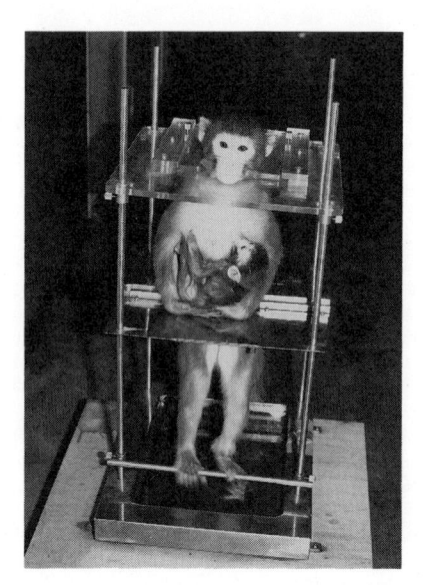

図10.47 アカゲザル (モンキーチェアー保定)

カゲザルに関する飼育，取扱い，実験手技ならびに解剖，生理学的数値など基本的事項の報告が多く見られる．また室内繁殖に関しては，1954年にWagenenらが紹介的な報告を出しているが，本格的な繁殖報告は1960～70年代に多い．1969年，1975年にはアカゲザルのみに関して詳しく記載した成書が出版されている[3,4]．

このように，ワクチン関連ならびに医学研究などにおけるアカゲザルの使用数が増加の一途をたどるなかで，原産国であるインド，バングラデシュ，タイなどの国々は1970年より相ついでアカゲザルの輸出禁止または制限策を打ち出した．これにより供給数は次第に少なくなり，使用国は自家繁殖の実施に向かうようになった．米国では1979年にアカゲザルを中心とするサル類生産の国家プランを作り，野生捕獲ザルの使用から生産ザル使用の方向を打ち出した．わが国では，1970年代にすでにアカゲザルの室内繁殖の報告が出されているが大規模な繁殖コロニーはまだ作られておらず，依然外国産のサル（最近は人工繁殖のものも多い）の輸入に頼っている面が多い．

（3）一般的特徴

アカゲザルは熱帯樹林地帯を生息地としており，乾燥地を好む．行動域は1～16 km^2，群の大きさは10～15匹，成熟雄と雌の比は1：2といわれる．順位関係の明確な社会構造を作り，攻撃性が強い[5]．食性は雑食（果実，樹葉，種子，昆虫など）である．

体毛の色は頭から背から尾にかけて赤褐色で，上半身は灰色がかり，下半身，特に腰，尾のつけ根，大腿部は赤みを帯びている．胸腹部はやや淡色で毛が少ない．顔は無毛で肌色をしている．高地に生息するものは被毛が長く，酷暑地に生息するものは毛質が粗く細かい．

両頬の内側に頬袋を有し，食物を一度に口の中に入れてここに溜めておき，少しずつ嚙みくだいて胃内へ送り込む習性をもっている．乳頭は1対である．雌雄ともに尻ダコを有する．

体格はニホンザルよりもやや小さく，中程度の長さの尾を有する．成熟個体の体重は4～11 kg（雌4.37～10.66 kg，雄5.56～10.90 kg）[6]，体長47～53 cm（雌47～53 cm，雄48～64 cm），尾長19～31 cm（雌19～28 cm，雄20～31 cm）[2]である．

成熟年齢は3～4歳である．

寿命は野生のもので20年くらいと考えられているが，動物園の最長飼育記録によると24年5か月，25年7か月，27年3か月などの報告があり[7]，飼育下では25～30歳くらいと判断される．アカゲザルの1歳はヒトの約3.5歳に相当する．

染色体数は$2n=42$である．

（4）形　　態

a.　解剖学的特徴

アカゲザルの解剖に関してはHartmanら[8]の詳しい報告がある．

脊椎数は，頸椎7，胸椎12，腰椎7，仙椎3である．尾椎数は二十数個であり，個体により違いがある．肋骨は12対である．頭部ならびに腰部の骨格を図10.48，10.49に示す．

永久歯の数は上下とも2・1・2・3，切歯8，犬歯4，前臼歯8，後臼歯12の合計32本である．なお，歯牙の萌出状況を観察することによりおよその年齢を推定できる（表10.34参照）．

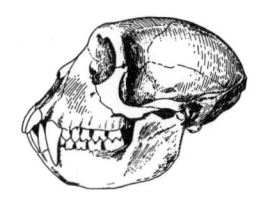

図 **10.48**　アカゲザル頭部の骨格（Hartman 1933より転写）

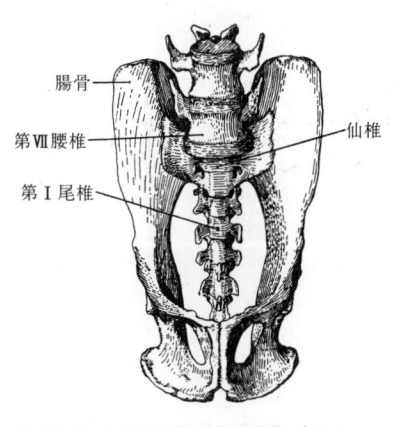

図 **10.49**　アカゲザル腰部の骨格（Hartman 1933より転写）

内臓の形態ならびにその位置関係について図10.50に示す．位置や形はヒトと比較的よく似ており，大きさなどに関してはヒト幼児の値が参考となる．

　肺は左右に分かれており，左肺は前葉(尖葉)，中葉(心葉)および後葉(横隔膜葉)の3部分に，右肺はこの3葉と中間葉がある．図10.51に肺の解剖図を示す．

　肝臓および腎臓の形態を図10.52および10.53に示す．胆管の開口部は十二指腸である．左腎は右腎よりも大きく，下方に位置している．

　胃はヒトと類似した形をしている．腸管は十二指腸，空腸，回腸，盲腸，結腸，直腸よりなる．盲腸に虫垂（虫様突起）はない．図10.54に腸管の解剖

表 10.35　アカゲザル永久歯の萌出順序と年齢

順序	1	2	3	4	5	6	7	8
歯名	第1後臼歯	第1切歯	第2切歯	第2後臼歯	第1前臼歯	第2前臼歯	犬歯	第3後臼歯
年齢(満)	1年～1年10か月	2年～3年	2年2か月～3年5か月	2年8か月～4年	2年10か月～4年6か月	2年10か月～4年6か月	3年～5年	4年5か月～9年6か月

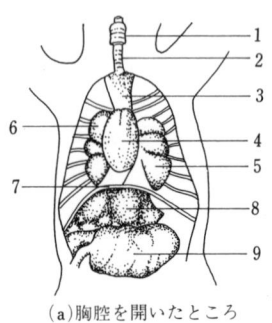

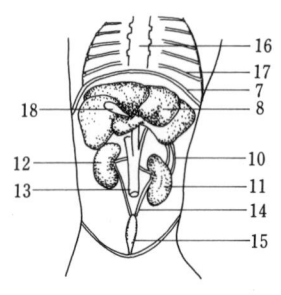

(a) 胸腔を開いたところ
(b) 腹腔を開き消化管を取り除いたところ

1. 甲状腺　　7. 横隔膜　　10. 脾　臓　　16. 胸　骨
2. 気　管　　8. 肝　臓　　11. 腎臓(左)　17. 肋　骨
3. 縦隔膜　　9. 胃　　　　12. 腎臓(右)　18. 胆　嚢
4. 心　臓　　　　　　　　 13. 後大静脈
5. 左肺(後葉)　　　　　　14. 輸尿管
6. 右肺(前葉)　　　　　　15. 膀胱

図 10.50　内臓の形とその位置関係（実験動物テキストより転写）

図 10.52　アカゲザルの肝臓（Hartman 1933 より転写）

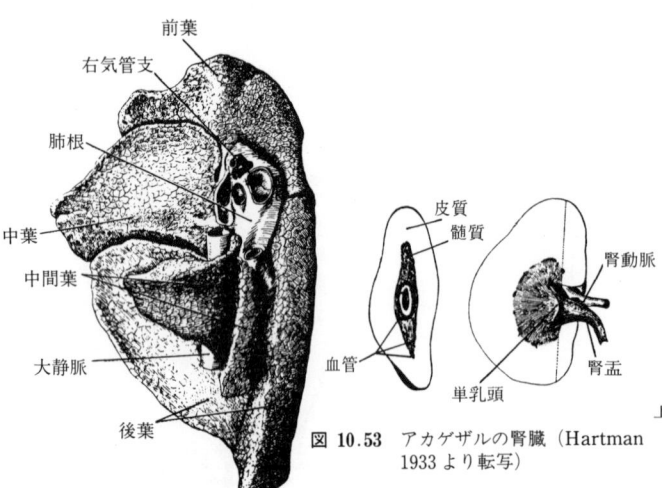

図 10.51　アカゲザルの肺（Hartman 1933 より転写）

図 10.53　アカゲザルの腎臓（Hartman 1933 より転写）

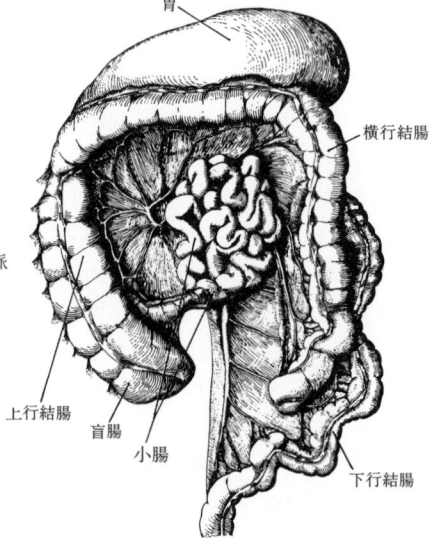

図 10.54　アカゲザルの腸管（Hartman 1933 より転写）

図を示す．

心臓の形はヒトによく似ている（図10.58参照）．

雌雄の外部生殖器の形態を図10.55に示す．子宮は単子宮でヒトと同様である．

脳の外観を図10.56に示す．脳図譜についての報告もある．

アカゲザルの各臓器の重量を表10.35に示す．

b. 発生と成長

アカゲザルの発育ステージをヒトと対比して表10.36に示す[9]．発生過程は他の動物とくらべると比較的ヒトに似ている．胎子の発育に伴う体重ならびに頭胴長の変化を図10.57に示す[10]．

出生後の成長に伴う体重ならびに頭胴長の値を表10.37に示す[4]．子ザルは生後1か月を過ぎると自分で餌に手を出し始める．

通常，実験には2～4歳齢，体重3～5kg程度のものがよく用いられる．

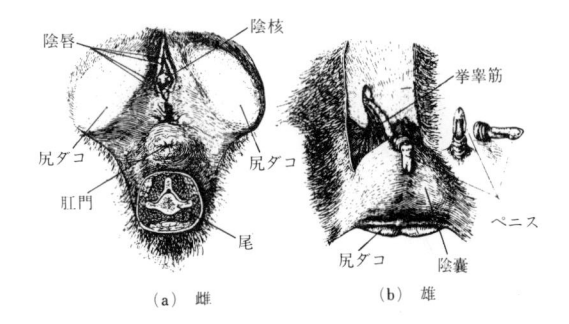

図10.55 アカゲザルの外部生殖器 (Hartman 1933より転写)

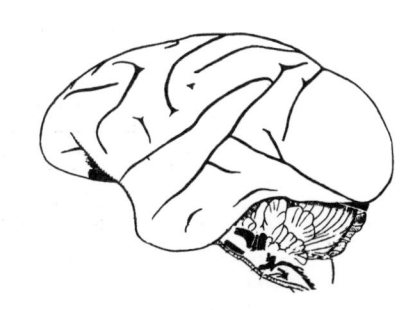

図10.56 アカゲザルの脳の外観 (Hartman 1933より転写)

表10.36 成熟アカゲザルの臓器重量

	雄 (N：27)*		雌 (N：15)*	
	臓器重量 g (±S.D)	体重比%	臓器重量 g (±S.D)	体重比%
脳	87.14 (±12.46)	1.38	82.19 (±15.19)	1.61
心臓	27.42 (± 9.70)	0.45	22.13 (± 8.22)	0.39
肺	51.85 (±15.59)	0.92	51.92 (±14.28)	1.00
脾臓	4.62 (± 2.33)	0.08	4.11 (± 1.18)	0.08
肝臓	144.89 (±48.63)	2.39	138.16 (±46.29)	2.56
副腎（左右）	1.48 (± 0.56)	0.03	2.14 (± 1.19)	0.04
腎臓（左右）	24.14 (± 6.44)	0.40	25.45 (±11.19)	0.48
甲状腺（左右）	1.25 (± 0.42)	0.02	1.51 (± 1.70)	0.02

* 体重 雄 6.186±1.775 kg
　　　 雌 5.590±1.760 kg
Kerr (1969)

表10.37 アカゲザル発生ステージのヒトとの対比

発生ステージ		発生の内容	アカゲザル	ヒト
着床前	2	2細胞期（卵管内）	1日	1.5日
	3	4　〃　　〃	1.5	2
	4	8～12細胞期（卵管内）	2	3
	7	胞胚期～着床開始	9	6.5
器官形成	12	原条完成，羊膜・繊毛膜の出現，中胚葉の発生	19	19
	16	体節13～20（胸椎前部），第Ⅰ，Ⅱ内臓弓，尿生殖ひだ形成	25	27
	18	体節24～28，第Ⅱ，Ⅲ大動脈弓形成，臭板出現	26	29
	25	前後肢芽発育，肝臓出現，網膜に色素出現開始	28	35～37
胎子成長	34	耳介閉鎖，臍ヘルニア消退，外性器に性差発現，胎盤の発育	40	56～70
	35	上下眼瞼融合，毛皮発生，肛門破開，骨格筋の発育，骨化進行	48	70～140
出　生			164	267

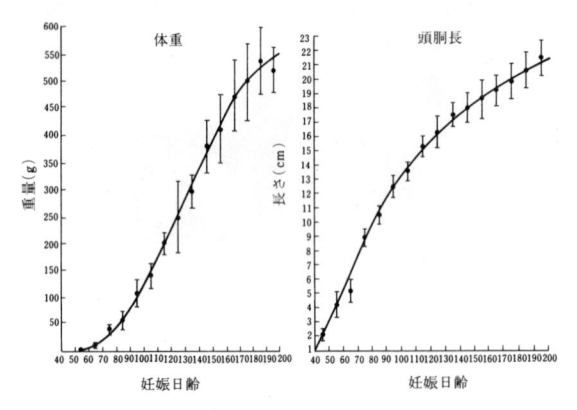

図 10.57 胎子と新生子の発育に伴なう体重と頭胴長の変化（Wagenen, 1965）

表 10.38 アカゲザルの成長に伴う体重と頭胴長の変化

年齢		体重 (g) 雌	体重 (g) 雄	頭胴長 (cm) 雌	頭胴長 (cm) 雄
0	平均	465	490	19.4	19.6
	S.D.	70	60	1.0	1.2
0.5		1415	1450	29.8	29.9
		225	235	2.0	1.7
1		2185	2195	34.9	35.0
		315	375	2.3	2.1
1.5		2830	2880	38.6	38.8
		380	445	2.4	1.7
2		3405	3450	41.2	41.3
		425	525	2.1	1.8
2.5	平均	4165	4225	43.3	43.6
	S.D.	470	700	2.1	2.6
3		4820	5270	45.8	46.4
		520	920	1.7	2.1
3.5		5395	6315	47.3	49.0
		560	1025	1.4	2.1
4		5950	7520	48.5	51.5
		685	1295	1.5	2.4
4.5		6360	8490	49.3	53.0
		835	1500	1.5	2.6
5	平均	6660	8705	49.9	54.1
	S.D.	965	940	1.5	2.1
5.5		7075	9525	50.3	55.2
		1125	700	1.5	2.2
6		7290	9970	50.7	56.0
		1215	855	1.4	1.8
6.5		7690	10630	50.9	56.8
		1330	965	1.4	1.4
7		8005	10970	51.2	57.0
		1465	1090	1.3	1.3

（5）生 理

a. 一般生理

i) 呼吸数 無麻酔下で30～31回/分，麻酔下で36～49回/分である[11]．他に，鎮静下で42±7，鎮静下Respirographyによる測定で39～60（平均53.5）などの報告もある[2]．

ii) 血圧 オシロメトリック法による塩酸ケタミン麻酔下での値は，最高血圧146±12mmHg，範囲126～167mmHg，最低血圧84±9mmHg，範囲73～105mmHg（体重7.8±1.2kg）であり，ヒトの値に比較的近い．また，大動脈カテーテル法によるペントバルビタール麻酔下では，最高血圧120±26mmHg，最低血圧84±12mmHg，大腿動脈カテーテル法によるphencyclidine投与下では最高血圧158±18mmHg，最低血圧110±10mmHg（体重9.4～14.5kg）と報告されている[2]．

iii) 心拍数 無麻酔下では257±31.2 (226～288)回/分と比較的高いが，モンキーチェアーに馴らしてから測定すると無麻酔でも100回/分くらい低くなる[2]．また，麻酔下での心拍数は，塩酸ケタミン投与で149±25回/分[12]，ペントバルビタール投与で168±30回/分，160～333回/分と報告されている[2,11]．以上のように，アカゲザルの心拍数は種々の条件により鋭敏に反応し，そのバラツキの範囲も大きい．さらに，アカゲザルの心拍数には明らかな日内変動があり，夜間はかなり低くなる[13]．

iv) 心電図 誘導法は大部分が肢誘導であり，

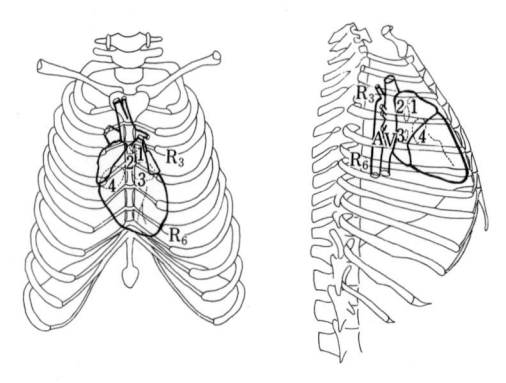

図 10.58 アカゲザルの心臓の位置（平山ら 1973）
P₃: 第Ⅲ肋骨，R₆: 第Ⅵ肋骨
1: 肺動脈弁，2: 大動脈弁，3: 左房室弁（僧帽弁），4: 右房室弁（三尖弁）
A: 大動脈，V: 大静脈

表 10.39 アカゲザルの心拍数と心電図に関する値

性別	頭数	体重(kg)	心拍数	心電図 Intervals (sec)		
				P-R	QRS	Q-T
雌	281	5.2±1.5	258±28	0.07±0.01	0.03±0.008	0.15±0.01
雄	70	3.3±1.7	252±42	0.07±0.01	0.03±0.005	0.14±0.01
合計	351	4.9±1.7	257±31	0.07±0.01	0.03±0.007	0.14±0.01

Malinow (1966)

胸部単極誘導 V_1〜V_6 も使用される．アカゲザルの胸腔内における心臓の位置を図10.58に示す．剣状軟骨を通り胸骨に立てた垂線と，左鎖骨中点を通り正中線に平行な直線との交点をAとし，右鎖骨中点をBとした場合，A—B誘導となる[13]．

アカゲザルの心電図に関する値を表10.38に示す．性別，体重による差異は認められない．QRS群の平均電気軸は+70°〜100°の範囲内にある．異常としては洞性不整脈がよく観察される．心室性期外収縮の報告もある[13]．

v) 体温，その他 アカゲザルの体温は 36〜40℃, 38.8(37.2〜40.2)℃, 37.7〜38.8℃ と報告されており[2,7,11]，ヒトよりも若干高めである．日内変動があり，午後に高く，夜間と早朝は低い．

エネルギー産生量は，体重3.2 kg（体表面積0.26 m^2）の動物において 48.4 cal/kg/日，610 cal/m^2/日である[2]．他に 49.3 cal/kg/日，653 cal/m^2/日の記載もある[2]．

アカゲザルの1日の尿量は 262(105〜504) ml，糞便量は 110〜300 mg/kg である[2,14]．

b. 血液生理
i) 血液学的性状 アカゲザルの血液量は，54.1(44.3〜66.6) ml/kg, 体重の5〜9%の値である．プラズマ量は 36.4(30.0〜48.4) ml/kg, 赤血球量は 17.7(14.3〜20.0) ml/kg, 総水分量は 695(628〜721) ml/kg である．血液pHは動脈血 7.432±0.072, 静脈血 7.436±0.048 である[2]．

血液学的性状値に関しては多くの報告があるが，検査項目と例数の比較的高いものについて表10.39と10.40に示す．なお，Krise (1960), Schermer (1967), Melville (1967), King (1967), Robinson (1968) の報告については，実験動物学—各論—（朝倉書店刊）に数値が掲載されているのでここでは省略する．アカゲザルの血液学的性状値は，一般に測定時期による変動および個体による変動が大きい[15]．また，飼育環境の違いによりその値も若干異なる．入荷直後の動物では値のバラツキが大きいが，環境順化に伴い漸次安定してくる．

性差はいくつかの項目において認められる．雄で赤血球数，ヘマトクリット，ヘモグロビン値が高く，

表 10.40 アカゲザルの血液学的性状値(1)基準値の範囲

項目	単位	雌			雄		
		例数	平均	範囲	例数	平均	範囲
赤血球数	(10^4/mm^3)	122	526	442〜610	126	533	454〜612
ヘマトクリット	(%)	122	41	35〜47	127	42	36〜48
ヘモグロビン	(g/dl)	122	12.9	11.1〜14.7	127	13.2	11.5〜14.9
平均赤血球容積	(μ^3)	122	78.0	69.9〜86.1	126	78.7	68.4〜88.9
平均赤血球血色素量	($\gamma\gamma$)	122	24.6	20.2〜27.2	126	24.9	21.4〜28.3
網赤血球数	(%)	83	0.6	0.2〜2.4	89	0.6	0.2〜2.0
白血球数	(10^3/mm^3)	122	12.1	6.7〜22.0	127	10.4	6.0〜18.0
好中球	(%)	83	40	12〜70	89	32	4〜62
好酸球	(%)	83	3	0〜9	89	3	0〜8
好塩基球	(%)	83	0.5	0〜3	89	0.6	0〜3
単球	(%)	83	1	0〜4	89	1	0〜4
リンパ球	(%)	83	56	36〜87	89	63	36〜90
血小板数	(10^4/mm^3)	55	38.2	23.1〜53.3	55	35.4	22.1〜48.7
血沈	(mm/時)	122	0.7	0.3〜1.3	127	0.6	0.2〜2.1

谷本 (1982)

表 10.41 アカゲザルの血液学的性状(2)平均値の報告例

項目と単位		Harold (1975)	Vondruska (1974)		Vogin (1971)	Huser (1970)	Stanley (1968)	
			雌	雄			雌	雄
赤血球数	(10^4/mm^3)	502	567	564	515	560	510	554
ヘマトクリット	(%)	39.6	39.6	39.3	41.5	42.1	38.7	41.3
ヘモグロビン	(g/dl)	12.9	13.3	13.3	12.8	12.3	12.3	13.2
平均赤血球容積	(μ^3)	79.5	70.2	69.9	—	76.0	76.3	74.8
平均赤血球血色素量	($\gamma\gamma$)	25.9	23.7	23.7	—	22.0	24.3	23.7
平均赤血球血色素容積	(%)	32.6	34.2	34.4	—	29.1	31.9	32.0
網赤血球数	(%)	0.9	—	—	0.5	—	0.9	0.9
白血球数	(10^3/mm^3)	8.2	12.2	11.5	12.4	10.1	8.9	8.2
好中球	(%)	37	41	36	37	40	37	38
好酸球	(%)	3	2	2	2	3	—	—
好塩基球	(%)	0	0	0	0	0	—	—
単球	(%)	2	2	2	1	1	—	—
リンパ球	(%)	59	55	60	61	55	58	56
血小板数	(10^4/mm^3)	35.9	—	—	—	41.7	53.5	49.6

雌で好中球数が高い．

発育に伴う血液値の変化についても知られており，生後間もないときには赤血球容積が高値を示し，白血球中の好中球の割合が高くリンパ球は低いが，これらは成長に伴い変化する．白血球数やその他の項目には変化は見られない．

妊娠に伴う血液性状の変化については多くの報告がある[2,15]．妊娠中は赤血球数には変化が見られないが，ヘモグロビン濃度，赤血球血色素量，赤血球血色素濃度，血清鉄などが有意の低下を示す．また，血沈の亢進も認められる．一方，好中球，血漿フィブリノーゲン量，グロブリンなどは増加する．なお，出産直後には赤血球容積の急激な低下，網赤血球，好中球の増加，リンパ球，好酸球の減少など大きな変化が認められる．

野外飼育ザルではヘマトクリット値，ヘモグロビン濃度，白血球数などが室内飼育ザルよりもやや高いという報告もある[15]．

アカゲザルの血液凝固系の諸数値，凝固因子などはヒトのそれと類似している．血液凝固に関しては，プロトロンビン時間が雌で11.4(8.1～14.7)秒，雄で11.4(8.9～13.9)秒，活性化部分トロンボプラスチン時間が雌で39.1(29.5～65.0)秒，雄で39.1(27.3～50.9)秒と報告されている[15]．

ii) **血清生化学的性状** アカゲザルの血清生化学的測定値に関しては多くの報告があるが，ここでは検査項目と例数の比較的多いものについて示す．なお，Robinson(1968)とPetery(1967)の値は実験動物学―各論―に記載されているので割愛した．

グルタミン酸ピルビン酸トランスアミナーゼ(GPT)，グルタミン酸オキサロ酢酸トランスアミナーゼ(GOT)，乳酸脱水素酵素(LDH)，アルカリホスファターゼ(AlP)，ロイシンアミノペプチダーゼ(LAP)，グルコース(Glu)，総脂質(TL)，総グリセリド(TG)，総コレステロール(TC)，リン脂質(PL)，血清尿素窒素(BUN)，クレアチニン(Creat)，ナトリウム(Na)，カリウム(K)，塩素(Cl)，カルシウム(Ca)，無機リン(P)，総タンパク(TP)，アルブミン(Alb)およびグロブリン(Glo)のそれぞれの値に関し，表10.41に谷本らによる基準値の範囲を，表10.42に平均値の報告例を示す．

アカゲザルの血清生化学的正常値は多くの項目において正規分布型を示すが，GPTのみは対数正規分布型を示す．また，LDHとAlPは中心の山が明確でない分布を示す[16]．

アカゲザルの総コレステロールはヒトの正常範囲とほぼ近似した値である．なお，総脂質もヒトと同程度の値であるが，リン脂質はやや高めである．

グルコースはほぼヒトに似た値を示す．

血清総タンパク値は，一般にヒト以外の動物では低値を示すが，アカゲザルは雌雄ともにヒトの値よりもやや高値である．A/G比はヒトの値(1.1～2.0)よりもやや低めである．

GPT活性値は，アカゲザルにおいて大きな変動を示し，ときたま異常に高い値の個体が出現する．ま

表 10.42 アカゲザルの血清生化学的性状値(1)基準値の範囲

項目	単位	雌 例数	雌 平均	雌 範囲	雄 例数	雄 平均	雄 範囲
GPT	(IU/30°C)	235	35.8	12～114	152	15.6	8～60
GOT	(〃)	222	20.5	12～34	157	20.0	11～37
LDH	(〃)	232	316.7	184～540	171	352.0	207～599
LAP	(IU)	127	95.3	48～189	141	91.0	57～145
Glu	(mg/dl)	241	87.6	49～127	175	87.3	53～122
TL	(〃)	173	454.4	350～590	155	493.1	370～659
TG	(〃)	180	38.0	23～63	160	39.2	19～80
TC	(〃)	134	154.4	86～223	136	156.3	86～227
PL	(〃)	183	233	176～308	158	243.3	192～312
BUN	(〃)	131	21.81	14.2～29.4	142	24.51	16.8～32.2
Creat	(〃)	191	0.916	0.66～1.17	141	0.982	0.71～1.25
Na	(mEq/l)	134	156.4	147～166	138	157.2	147～168
K	(〃)	136	5.24	4.0～6.5	144	5.40	4.4～6.6
Cl	(〃)	204	112.5	106～119	162	117.1	104～120
Ca	(mg/dl)	169	10.41	9.1～11.8	126	10.43	9.1～11.8
TP	(g/dl)	247	7.78	6.5～9.1	174	7.87	6.4～9.3

表 10.43 アカゲザルの血清生化学的性状(2)平均値の報告例

項目と単位		報告者 Harold (1975)	Vondruska (1974) 雌	Vondruska (1974) 雄	Vogin (1971)	Turbyfill (1970) 雌	Turbyfill (1970) 雄	Anderson (1966)
GPT	(S.F. units)	24.6	46.3[a]	46.6[a]	24.2	31.4	22.2	13.1
GOT	(〃)	43.3	23.6[a]	23.3[a]	30.1	41.4	37.6	27.0
AlP	(K.A. units)	57.8	44.4	41.0	12.1[b]	10.0[c]	12.5[c]	9.5[b]
Glu	(mg/dl)	95.1	96.5	95.0	78.7	101.2	102.0	91.0
TC	(〃)	165.5	—	—	129.3	182.5	175.5	128.0
BUN	(〃)	17.0	22.9	22.2	19.8	12.8	10.1	25.3
Creat	(〃)	1.12	0.81	0.79	—	1.28	1.50	0.76
Na	(mEq/l)	139.1	156.1	157.3	147.7	154.0	155.1	158.0
K	(〃)	4.3	5.1	5.2	3.4	5.1	5.1	4.7
Cl	(〃)	101.3	114.8	114.9	115.1	114.2	112.4	114.0
P	(mg/dl)	5.0	—	—	—	5.8	5.8	6.4
TP	(g/dl)	7.5	—	—	7.5	7.4	7.1	7.8
Alb	(〃)	3.6	—	—	—	4.4	4.2	4.9
Glo	(〃)	4.0	—	—	—	3.0	2.9	2.9

a) Dade units, b) Bessey-Lowry units, c) Sigma units.

た,ヒトではある種の肝機能異常を示唆するGOT＜GPTの例がアカゲザルでしばしば見られるが,これらが全部異常であるとは限らず,正常なものにおいても認められる[17].GOTの値は採血の方法によって変動すること,闘争,運動,保定,実験処置などのストレスにより上昇することが知られている[2].

AlPおよびLDHの活性値は一般にヒトよりも高値,かつ個体間変異が大きい[16].特に,LDHは著しく高値を示す個体があり,アイソザイムパターンもまちまちであるという[17].

BUNは一般にヒトならびに他の動物に比しやや高値である.クレアチニンは逆にヒトよりやや低値であり,雄が雌よりも若干高い傾向にある.

Naは個体間の変動が比較的大きく,正常値もヒトよりやや高い.Clも同じく高い.K,Ca,P値はヒトの正常範囲内のそれと近似している.

ここに示した以外の項目をも含め,アカゲザルの血清生化学的な各種の値は,他の実験動物とくらべると全体的には比較的ヒトに近似しているといえる.たとえば,コリンエステラーゼ活性値はラット,ウサギ,イヌ,ブタなどいずれもヒトより低値であ

るが、アカゲザルはヒトの正常値とほぼ一致する[16]。また、LAPも一般にヒトの値と近似している。なお、アカゲザルのリン脂質の値には性差が認められ、雄の値が雌のそれに比し高い[17]。

c. 繁殖生理

i) 性成熟 アカゲザルの性成熟の時期については、2.2年(800日)、2.5±1.5年、3年、雌3.5年・雄4.5年などの報告がある[14]。雌の初潮発来は野生由来のもので2.8年、3年(1033±100日)、室内生産コロニーにおいて約2年(722, 733±100日)と報告されている[2,4]。雌は3歳以前においても妊娠する個体がある。しかし、正常な繁殖、哺育行為が営めるようになるのは3歳を過ぎてからである。雄では3歳過ぎてから血中にテストステロンが検出されるようになる[2]。交配の開始適期は雌3.5歳、雄4.5歳からと思われる。

ii) 繁殖季節 アカゲザルには繁殖季節が存在する。しかし、それはニホンザルのような短い時期に限定されたものではなく、むしろ年中繁殖に近いものであり、一定期間だけ非繁殖期となる。北インドにおいては、交尾期が3月を除く年中で、11, 12月にそのピークがあり、出産は3～5月、9～11月に多いという[7]。わが国においては、夏季が非繁殖期に当たる。10～1月が交尾の多い時期であり、出産期は3～6月になる。なお、恒温、恒湿の室内条件下で数年間飼育を続けると繁殖の季節性は次第に薄れ、年中繁殖可能となってくる。

iii) 性周期（月経周期） アカゲザルにはヒトと同様の月経があり、非妊娠状態において一定の月経周期（menstrual cycle）を示す。成熟した多くの雌個体で月一度規則正しい月経が認められる（図10.59参照）。出血期間（月経日数）は通常4～5日（範囲2～12日）である。月経周期の長さ、すなわち月経発現から次回月経発現の前日までの日数は、図10.60に見られるように28日と29日が多く、大部分は25～33日の範囲内にある。

卵胞期の長さは約12日で8～16日と幅があり、周期の長さが長いほど大きいが、黄体期は周期の長さに関係なく17±1日とほぼ一定の長さである。排卵は月経周期のほぼ中間期、すなわち、月経開始日より11～15日目（多くは12, 13日目）に起こる。

iv) 発情徴候 規則正しい月経周期を示す雌個体の多くにおいて、つぎのような周期的変化が観察される。

a. 性皮 (sexual skin)：尻、尾根部の皮膚が、排卵が近づくにつれ潮紅（発赤）、腫脹する。発情の最高期の2～3日間が最も強く、排卵後は急激に減退する。ただし、個体によりその腫脹度合等に違いがあ

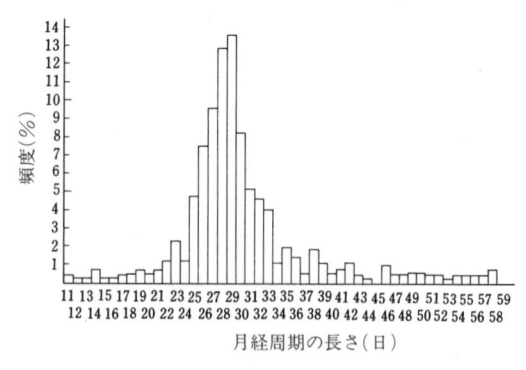

図10.60 アカゲザルの月経発周期の長さの分布

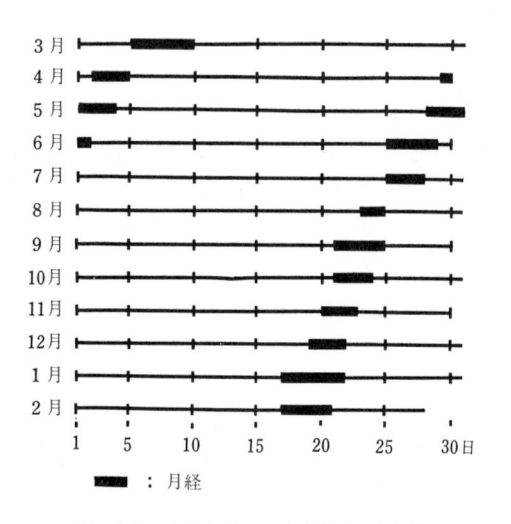

図10.59 アカゲザルの月経発現の代表例

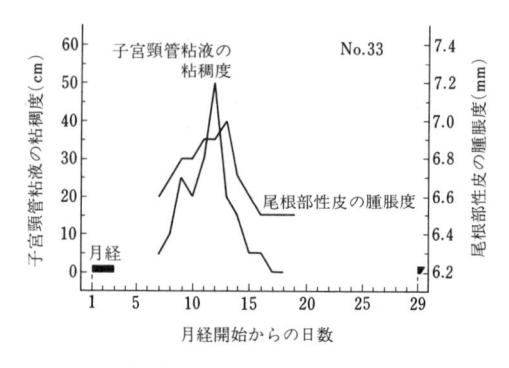

図10.61 尾根部性皮の腫脹度と子宮頸管粘液の粘稠度の月経周期中の変化

り，変化のわずかのものから，紅色を帯び水腫状の著しい腫脹を呈するものまでさまざまである．月経周期中における尾根部性皮の腫脹度の変化の1例を図10.61に示す．

b. 子宮頸管粘液 (uterus cervical mucus)：子宮頸管粘液を採取し，その粘稠度（牽引長）を計測すると，発情期の排卵直前に著しく粘稠する現象が認められる．これはどの個体にも一様に観察される．排卵前は徐々に粘稠性が高まるが，排卵とともに急速に弱まる．月経周期中における変化の1例を図10.61に示す．

c. 腟スメア (vaginal smear)：腟スメアの細胞成分の割合，特に角化細胞と白血球に大きな変化が認められる．排卵前期には角化細胞が70%であり白血球の増加が見られ，排卵期には大部分が角化細胞となるが，排卵後および黄体期にはこれが急激に減少し白血球が再び増加する．ただし，このような変化を著明に示す個体はあまり多くはない．

d. 好中球アルカリホスファターゼ：血液塗抹標本を作成して細胞組織学的方法によって好中球アルカリホスファターゼの活性度を測定すると，排卵またはその直後の時期に一過性の著しい高値を示す日が認められる．

v) 生殖ホルモン動態 月経周期中における尿中エストロゲンならびに血中プロゲステロンの変動を図10.62に示す．なお，先に述べた発情徴候の変化との関連をあわせて示す．両生殖ホルモンの分泌パターンはヒトのそれらによく似ている．月経周期中の諸ホルモンの変動に関してはKnobilら[18]により詳しく述べられているが，LHサージの4〜5日前より血中エストロゲンの分泌亢進があり，これがLHサージをひき起こし，排卵に至るという．FSHはLHと似た変化を示す．排卵後，エストロゲンは急減し，代わってプロゲステロンの亢進が始まる．図10.61に見られるように，プロゲステロンは黄体期に分泌の亢進が最大となる．エストロゲンの増加も黄体期に認められる．なお，アカゲザルの血中エストロゲン3分画の主体をなしているものはエストラジオールであり，ヒトのそれと同じである．

vi) 妊 娠 アカゲザルの妊娠期間は約5.5か月である．詳しくは164(146〜180)日，158〜180日，164(155〜180)日などの報告がある[7]．妊娠個体の94%において，最終月経より29±3日頃，すなわち非妊娠個体の場合ちょうど次回月経に当たる時期に，やや長い期間（通常10日以上）にわたる外陰部出血（妊娠出血，偽月経）が観察される．

妊娠の判定は，交配後20日頃，血中または尿中の胎盤性性腺刺激ホルモン (MCG) を検出することにより行える．また，腹壁から子宮を触診しその大きさを知ることにより，妊娠1か月目より判定が可能

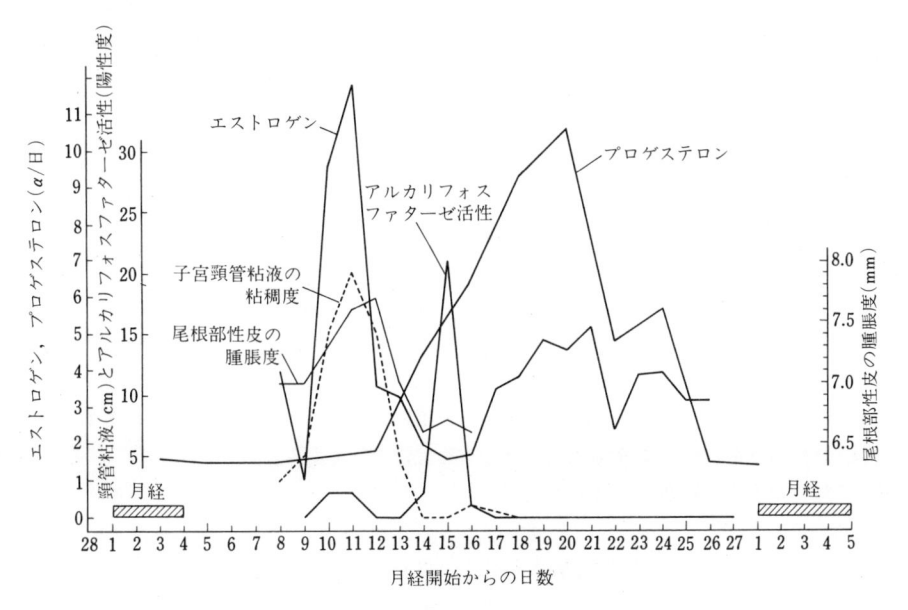

図 10.62 アカゲザル月経周期中における生殖ホルモン変動ならびに発情徴候の変化

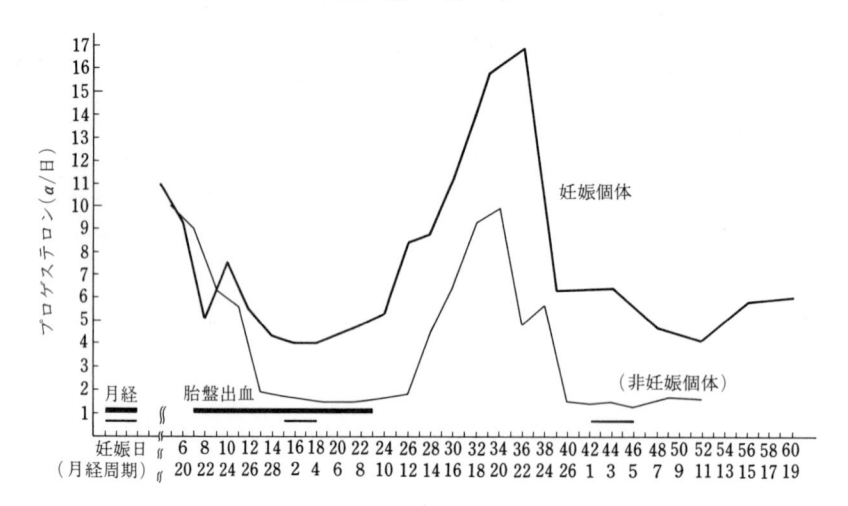

図 10.63 アカゲザル妊娠個体におけるプロゲステロンの変動

である．

妊娠維持に必要な胎盤ホルモンは，ヒトと同じゲスターゲンとエストロゲンである．ただし，アカゲザル妊娠中のプロゲステロンの変動はヒトのそれと異なる．すなわち，ヒトでは妊娠すると高値となり妊娠中はそのまま高値を維持するが，アカゲザルでは図 10.63 に示すように妊娠に伴って上昇するものの妊娠1か月過ぎに下降し，非妊娠個体よりも若干高めの値で妊娠後期まで推移する．なお，アカゲザルで妊娠中に卵巣の存在を必要とする期間は全妊娠期間のおよそ 1/7 である[14]．

流産は妊娠初期に多く，その割合は数％から数十％とコロニーによって違いがある．

アカゲザルの胎盤構造は，脱落膜性の盤状胎盤で，主胎盤と副胎盤の二つから形成されている（ただし，単胎盤のこともある）．臍帯は主胎盤のほぼ中央部にあり，主-副胎盤は血管橋で結合している．胎盤組織は血絨毛型である[2]．

vii) 分娩, 哺育, 離乳　妊娠中, 胎子は骨盤位で発育するが，出産の 4～80 日前に反転して頭位（胎子頭部が子宮頸部側に位置する）となる．しかし，この反転が出産日までに起こらないものが 12～16 ％ に認められ，これら骨盤位のまま分娩に至ったものでは，子供の死亡が多い（約 90％）という[2]．

分娩時には通常二十数回の陣痛を伴い，初回陣痛発現後 35～75 分くらいで胎盤排出に至る．破水から胎子排出までの時間は 1 分以内である[19]．分娩時，出生子の顔は母体の腹側を向いており，この点ヒトとは逆である．母親は前かがみの状態で排出した子を両手で取り上げ，臍帯を処理する．胎子排出から胎盤排出までの時間は数分から数十分と個体差がある[19]．胎盤は母親が食べて処理する．

分娩後の母親の血性悪露は 1 週間以内に消失する．母体の再潮は分娩後 3～5 か月目頃より認められる．

産子数は大部分 1 子である．双生子の確立は 1/90～100 の割合で，ヒトと同じくらいである[2]．

新生子は被毛で覆われており，体重は約 300 g である．生後 3 日以内に臍帯が脱落する．生後 1 週間くらいの間一時的に体重減少がある．

離乳は第 1 臼歯が生えて親と同じ餌が食べられるようになる 3 か月齢以降で可能である．4～6 か月齢で行うことが多い．人工哺育もよく行われる．なお，アカゲザルの乳成分は水分 87.8％，タンパク 2.1％，脂肪 3.9％，炭水化物 5.9％，灰分 0.3％ である[2]．

(6) 実験動物としての動向とその使われ方

アカゲザルは実験用の代表的なサル種として世界的に有名なものであり，医科学研究に古くから多数用いられていたため，バックグラウンドデータも非常に豊富である．

輸入に大きな制限を受けている現在においてさえも，世界的に一番多く使用されているサル種はこのアカゲザルである．これは，ワクチン検定をはじめ種々の研究において，アメリカがいまだアカゲザルを中心に据えているためと考えられる．なお，アメ

リカはアカゲザルの入手減を人工生産による補充ならびに同一個体の再利用とによっておぎなっている．したがって，世界的視野から見ると研究用動物としてのアカゲザルの存在は今後も大きいと判断される．

わが国は，ワクチン関係でカニクイザルを中心に使用していること，サル資源をほとんど輸入に頼っていることなどにより，アカゲザルの利用は減少の傾向にある．しかし，カニクイザルにくらべ体格が大きく複雑な実験処置や繰り返し採血などによく耐えること，知能の高さや情動行動の表現の面などで他のサル種とくらべより有利であることなどの理由から，依然アカゲザル使用の要望は大きい．

一般に，アカゲザルは，広範囲な研究領域において使用されるが，なかでも脳神経生理，精神薬理，生殖生理，行動，免疫，感染症などの研究によく用いられる．たとえば，精神薬理の研究として麻薬や中枢神経薬の研究，薬物依存性試験などに，また，行動薬理試験，タバコ・アルコールの習慣性研究などに利用される．生殖生理研究としては，生殖機構の解明，避妊，ホルモン動態，不妊の治療の研究などに用いられる．さらに，ハリ麻酔やイタイイタイ病解明など特殊な種々の研究に使用されている．なお，使用数から見ると，ワクチン関係以外では薬剤の安全性試験における使用が最も多く，脳神経系実験，繁殖生理研究などの使用が比較的多い．

近年，ヒトのAIDS（エイズ：後天性免疫不全症候群）に大変よく類似したものがアカゲザルでも発見され，その後，アカゲザルでの感染実験により本症の発生の確認，さらにその再現に成功したことが報告された[20]．これはSimian AIDS（SAIDS：セイズ）と呼ばれるようになり，ヒトAIDS解明の重要な動物モデルと考えられている． 〔谷岡 功邦〕

文　献

1) 谷岡功邦：アカゲザル，実験動物の飼育管理と手技（今道友則監修），pp. 400-414，ソフトサイエンス社（1979）
2) 田中利男：霊長類；実験動物学—各論—（田嶋嘉雄編），pp. 198-266，朝倉書店（1972）
3) Valerio, D. A.: *Macaca mulatta*; Management of a laboratoly breeding colony. Academic Press (1969)
4) Bourne, G. H.: The rhesus monkey; Vol. 1. Anatomy and physiology, Vol. 2. Management, Reproduction and pathology. Academic Press (1975)
5) 日本実験動物協同組合：医学実験用サル調査報告書（1978）
6) Napier, J. R. and Napier, P. H.: A Handbook of living primatets, Academic Press (1967)
7) 日本動物園水族館協会：飼育ハンドブック—資料編—（1980）
8) Hartman, C. G. and Straus, W. L.: The anatomy of the rhesus monkey. Hafner Publishing Co. (1933)
9) Altman, P. L. and Dittmer, D. S.: Biology data book. Federation of American Societies for Experimental Biology, Bethesda (1972)
10) Wagenen, G. and Catchpole, H. R.: Growth of the fetus and placenta of the monkey (*Macaca mulatta*). *Am. J. Phys, Anthrop.*, **23**, 23-34 (1965)
11) UFAW: The UFAW Handbook on the Care and Management of Laboratory Animals. Churchill Livingstone (1972)
12) 平山三船，今井都泰，澤崎 担：アカゲザルの心電図，家畜の心電図，**7**，43-50（1974）
13) 澤崎 担：比較心臓学，pp. 106-125，朝倉書店（1980）
14) 松岡 理：実験動物からヒトへの外挿，ソフトサイエンス社（1980）
15) 谷本義文：血液学—ヒトと動物の接点—，清至書院（1982）
16) 谷本義文：実験動物の臨床化学，清至書院（1981）
17) 長瀬すみ，田中寿子：実験動物の臨床生化学データ，ソフトサイエンス社（1976）
18) Knobil, E.: On the control of gonadotropin secretion in the rhesus monkey. *Recent Prog. Horm. Res.*, **30**, 1 (1974)
19) Adachi, M., Saito, R. and Tanioka, Y.: Observation of delivery behavior in the rhesus monkey. *Primates*, **23**, 583-586 (1982)
20) Marx, P. A., Maul, D. H., Osborn, K. G., Lerche, N. W., Moody, P., Lowenstine, L., Henrickson, R. V., Arthur, L. O., Gilden, R. V., Gravell, M., London, W. T., Sever, J. L., Levy, J. A., Munn, R. J. and Gardner, M. B.: Simian AIDS: Isolation of a type D retrovirus and transmission of the disease. *Science*, **223**, 1083-1086 (1984)

10.7　ヒ　ヒ　類

（1）生物分類学的位置

a. 分　類

霊長目真猿亜目狭鼻下目オナガザル科のうち，アフリカ大陸に生息する，鼻口部がイヌのように突出した，一群の大型のサル類の総称である．

ヒヒ類（Baboons）の分類は，学者によって異なっていて，学名の使い方にも混乱が見られるが，こ

こでは，Napier and Napier (1967)[1] の分類に従って，以下の3属8種に細分しておく．

	英名	学名
i) オリーブヒヒ	Olive baboon	*Papio anubis*
ii) ギニアヒヒ	Guinea baboon	*P. papio*
iii) キイロヒヒ	Yellow baboon	*P. cynocephalus*
iv) チャクマヒヒ	Chacma baboon	*P. ursinus*
v) マントヒヒ	Sacred baboon	*P. hamadryas*
vi) マンドリル	Mandrill	*Mandrillus sphinx*
vii) ドリル	Drill	*M. leucophaeus*
viii) ゲラダヒヒ	Gelada baboon	*Theropithecus gelada*

しかしながら，上記の分類の他に，①ヒヒ類すべてを統合して *Papio* 1属にする，② *Mandrillus* 属を *Papio* 属に統合して *Papio* 属と *Theropithecus* 属の2属にする，③マントヒヒを *Comopithecus* 属として *Papio* 属から独立させ全部で4属にするなどの分類法があり，最も大分類をする学者は1属4種に，最も細分する学者は4属8種に分けている．

これらの分類法は，それぞれ一理あると思われるが，ここでは，細分した8種の特徴について，以下，簡潔に述べる．

i) オリーブヒヒ (Olive baboon, *Papio anubis*) 毛色がやや黒みがかったオリーブ色のため，この名があるが，ドグエラヒヒ (Doguera baboon) とかアヌビスヒヒ (Anubis baboon) という別名も比較的広く用いられている．学名も *Papio anubis* の他に *P. doguera* がしばしば用いられるので注意を要する．体型は，全体としてずんぐりした印象を受け，全身ほぼ一様に，濃いオリーブ色の毛で覆われている．頬部に頭部と同色の長い毛があるため，正面から見た顔は丸味をおびて見える（図10.64）．

ii) ギニアヒヒ (Guinea baboon, *P. papio*) 西アフリカのギニア地方に生息するのでこの名がついた．ずんぐりした体型はオリーブヒヒとよく似ているが，毛色が赤みがかっているため，区別は可能である．英名では Red baboon と呼ばれることもある．

iii) キイロヒヒ (Yellow baboon, *P. cynocephalus*) ややほっそりした体型で，毛色は黄色がかった明るいオリーブ色である．胸腹部は背部よりさらに淡い．頬の毛も頭部よりやや淡く，あまり長くないため，顔つきは細長く見える（図10.65）．

iv) チャクマヒヒ (Chacma baboon, *P. ursinus*) 学名は *P. comatus* として使われていることもある．ずんぐりした体型は，オリーブヒヒやギニアヒヒと

図 10.65 キイロヒヒ

図 10.64 オリーブヒヒ

図 10.66 マントヒヒ

非常によく似ているが，毛色がやや黄色みがかっていること，胸腹部の毛色が背部より淡いこと，頬の毛があまり長くないこと，などによって区別している．

v) マントヒヒ (Sacred baboon, *P. hamadryas*) 英名では hamadryas baboon とか Mantled baboon という名称も，しばしば用いられている．また，既述のように，*Comopithecus* という属名を与えて，*Papio* 属から独立させる分類もある．雄には，頭部から背部にかけてマントのような白っぽい長い毛があり，体格が小さいことと合わせて，*Papio* 属の他の4種とは区別がつけやすい（図 10.66）．

vi) マンドリル (Mandrill, *Mandrillus sphinx*) *Papio* 属に比較すると，四肢が長く全体にほっそりした印象を受ける．雄は，成熟するにしたがって，鼻筋は赤くその両側の頬部は隆起して青くなる．この色彩は，未成熟個体および雌では不鮮明である（図 10.67）．

図 10.67 マンドリル

vii) ドリル (Drill, *M. leucophaeus*) 体型はマンドリルとよく似ているが，成熟した時の顔面は漆黒になる．

viii) ゲラダヒヒ (Gelada baboon, *Theropithecus gelada*) 成熟した雄には，頭部から背部にかけて褐色の長いマント状の毛がある．他のヒヒ類では，鼻孔が突出した鼻口部の先端に開口しているため，顔面がイヌのようにとがった印象を受けるが，ゲラダヒヒの鼻孔は後退して上方で開口しており，顔面の先端部は口部が丸味をおびてふくらんでいる（図 10.68）．

以上の8種のうち，i)〜iv)は，なれれば区別する

図 10.68 ゲラダヒヒ

ことは可能ではあるが，実際上の差は微々たるものである．また，いずれの種間でも，生殖能力のある交雑種ができる．実験室のみならず，ある種間では，種の分布の境界域に，自然状態の交雑種群が存在することも知られている[2,3]．すべてのヒヒ類を *Papio* 属に一括し，外見上の類似の強い i)〜iv)および vi), vii)をそれぞれ1種として，全体を4種にする大分類が一理あると思われる所以である．

ヒヒ類の分類に関する定説がない現在，さしあたって細分した種の記述を行ったが，将来，これらの差は亜種のレベルになる可能性も強い．

b. 分布，生活様式

ヒヒ類は，アフリカ全土に広く分布しているが，大まかな種によるすみ分けが見られる（図 10.69）．

マントヒヒを除く *Papio* 属は，その外見と同様，生活様式にも類似の点が多い．10〜100匹程度の，複雄複雌の群れをつくり，サバンナ，疎開林，河辺林を主な生息域として，一定の行動域（2〜15 km²）を採食しながら遊動する．ほとんどは地上生活であるが，夜は河辺林などを泊り場に利用することが多い．

マンドリルとドリルの生活様式は，まだ不明の点が多いが，カメルーンのマンドリルの群れは15〜95匹で，複雄群と単雄群の両方が観察されている[4]．両種の生息域は熱帯降雨林であるが，昼間は林床を利用していることが多い．

マントヒヒは，エチオピアとアラビア半島の，木のない半砂漠状の荒地や岩山に生息する．二千数百mの高地に生息することも知られており，寒さには比較的強い．群れは重層構造を示し，昼間は2〜数頭の1雄複雌の one male unit で採食するが，夜は，いくつかの one male unit が集まって band を形成

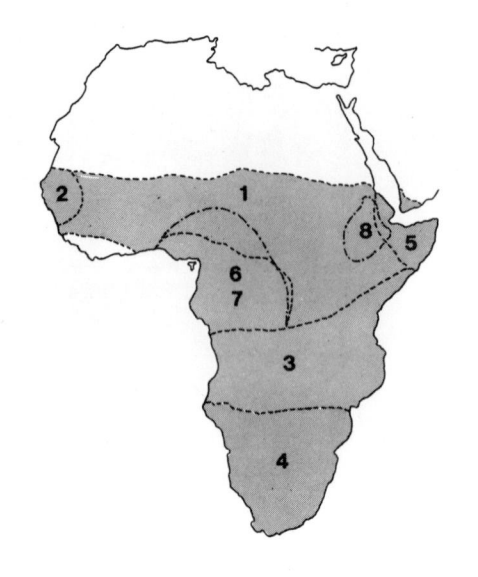

図 10.69 ヒヒ類の分布

し，垂直の岩場などで泊る．この band は，通常100匹前後であるが，時に数百匹になることもある．

ゲラダヒヒも，マントヒヒ同様，高原（2000～5000 m）の荒地に生息する．one male unit が集まって band を作ることも，マントヒヒと類似する．

ヒヒ類は，果実，葉，草，根など植物性のものをよく食べるが，昆虫，トカゲ，鳥，ときに小哺乳動物を捕食することもあり，雑食傾向はかなり強い．

（2） 実験用動物としての歴史

ソ連では，古くからマントヒヒがさまざまの医学，生物学分野で使われており，近年は，アメリカでも広い分野で使われている．すでに，1965年に，ヒヒ類の実験動物としての利用に関する第1回シンポジウムの成果が "The Baboon in Medical Research I "[5] として刊行され，ついで1967年には，第2回シンポジウムの成果が "II"[6] として刊行されている．ここで取上げられている分野は，広範囲に及んでおり，研究者層の厚さとヒヒ類に関する知識の蓄積がうかがわれる．

しかし，日本においては，サル類に関する研究者の層がうすいこと，特にヒヒ類に関しては，その体格が大きく取扱いが容易でないことなどのために，実験動物学的観点からの研究は非常に少ない．近年，生殖生理学的研究や臓器移植に関する研究などの分野で，興味をもたれはじめてはいるが，収容施設の不備や飼育技術者の養成の遅れなどのため，日本におけるヒヒ類の実験動物化には，まだ困難な点が多い．

（3） 一般的性状

a．大 き さ

参考までに，各種について報告されている頭胴長・体重の数値を表10.44に示す．しかし，これらの数値は小さすぎるように思われる．筆者の経験では，オリーブヒヒ，ギニアヒヒ，チャクマヒヒ，キイロヒヒなどの雄の体重は40kgを越えるのは珍しくなく，ときに50kgを越すこともある．ヒヒ類の中では，上記4種はほぼ同等で最も大きく，マンドリル・ドリルがこれにつぐ．ついでゲラダヒヒが続き，マントヒヒは最も小さい．

b．性 的 二 型

同種内での性的二型が顕著なことは，ヒヒ類の大きな特徴の一つである．一般に，雌の体重は，雄の1/3～1/2程度である．また，マントヒヒとゲラダヒヒのマント状の背部の長い毛は雄にしかなく雄と雌が著しく異なった外観を有すること，マンドリルの赤と青の顔面の色彩は雌では不鮮明であることなど，同じ種とは思えないほどの性差が見られることが多い．

c．成 熟 年 齢

それぞれの種の成熟年齢についての詳細なデータは少ないが，精巣の陰嚢内への下降が，オリーブヒヒ[7]，キイロヒヒ[8]，マントヒヒ[9]では4～6年程度で起こることが観察されている．精巣の陰嚢内への下

表 10.44 頭胴長および体重[1]

	Papio 属		マンドリル		ドリル		ゲラダヒヒ	
	雄	雌	雄	雌	雄	雌	雄	雌
頭胴長 (mm)	735～785	562～660	810		700		690～740	500～650
尾 長 (mm)	520～600	415～530	70		120		460～500	325～410
体 重 (kg)	22～30	11～15	19.5				20.5	13.6

降は，精子形成開始の時期と一致すると推定され，他の種においても，おおむね4～6年で精子形成が開始されると思われる．

雌の初潮は4～5年，初産は平均約6年で見られることが，オリーブヒヒ，キイロヒヒ，マントヒヒなどで報告されている[7~9]．

d. 寿　命

正確にはわからないが，一般に25年前後は生きると思われる．飼育下の最長生存記録としては，キイロヒヒ28年8か月，マントヒヒ29年10か月，マンドリル27年3か月，ドリル28年6か月などの記録がある．

（4）形　態

a. 体型的特徴

鼻口部がイヌのように長く突出していることは，ヒヒ類の最大の特徴である．ヒヒ類は全体として大型のサル類であるが，四肢は，そのずんぐりした躯幹の割りには細い印象を受ける．躯幹のうち，上半身の発達は特に顕著で，地上に四肢で立った通常の姿勢では，腰部より肩部が高く，背部の線は肩から腰に傾斜する．しかし，マンドリルとドリルはやや体型が異なっていて，背部の線は水平に近くなる．尾は一般に頭胴長の7～8割程度であるが，マンドリルとドリルでは著しく短く1割以下である．

b. 歯

歯式は$\frac{2 \cdot 1 \cdot 2 \cdot 3}{2 \cdot 1 \cdot 2 \cdot 3}=32$．犬歯，特にオスのそれは，他のサル類に比し，著しく大きく鋭い．

それぞれの種の歯牙の萌出についての詳細な報告はないが，Hummer (1967)[10] は，一般的な目安として，表11.45のような報告をしている．

表 10.45　ヒヒ類の永久歯の萌出の順序および時期（平均）[10]

歯	下顎	上顎
第1大臼歯	21.5月	22月
中切歯	35	36
側切歯	36.5	41.5
第2大臼歯	46	47
犬歯	48.5	56
第1小臼歯	49	53
第2小臼歯	53	56
第3大臼歯	72	

表 10.46　ヒヒ類の血液・血清性状

	オリーブヒヒ[11]	オリーブヒヒ[12]	キイロヒヒ[13]	マントヒヒ[14] 雄	マントヒヒ[14] 雌	ヒヒ（種不明）[15] 雄	ヒヒ（種不明）[15] 雌
赤血球数 ($10^6/mm^3$)	4.85±1.13	4.45±0.5		5.18±0.22	5.23±0.42	4.45±0.5	
ヘモグロビン (g/100 ml)	14.0±2.09	11.8±1.6	13.6±1.35	13.02±0.72	13.09±0.72	11.8±1.16	
ヘマトクリット (%)	48.5±5.81	35.8±8.7	44.1±3.5	40.28±1.96	41.56±3.16	35.8±8.7	
白血球数 ($10^3/mm^3$)	10.2±4.38	14.1±2.3	13.0±3.6	7.38±1.92	7.80±2.56	10.0±4.17	
百分比　桿状核好中球 (%)	22.8±18.5	}60.5±17.0	}31	0.94±2.33	2.17±2.68	}56±19.5	
百分比　分葉核好中球 (%)	43.6±17.9			44.35±12.02	42.05±13.09		
百分比　好酸球 (%)	0.986±1.12	1.5±2.0	1	5.18±3.3	6.97±4.50	1.7±1.9	
百分比　好塩基球 (%)	0.208±0.439	0.4±0.7	0.25	0.26±0.65	0.27±0.63	0.02±0.13	
百分比　単球 (%)	0.653±0.96	1.5±1.5	2.75	3.35±2.78	2.74±2.74	2.4±2.7	
百分比　リンパ球 (%)	31.1±15.5	36.0±15.5	65	45.88±11.88	45.69±13.17	32±16.7	
Blood glucose (mg %)				82.13±4.97	83.72±18.70	89.1±16.7	92.6±22.0
Uric Acid (mg %)				1.08±0.94	1.28±0.56	0.8±0.20	0.7±0.24
BUN (mg %)				15.83±3.09	16.17±4.15	11.6±2.36	11.2±3.43
Creatinine (mg %)				0.90±0.19	0.88±0.19		
Cholesterol (mg %)				90.67±13.00	99.44±16.79	81.0±11.4	88.2±26.4
Sodium (mEq/l)						144±2.8	143±2.2
Potassium (mEq/l)						3.6±0.41	3.6±0.32
Calcium (mg %)						9.6±0.45	9.4±0.45
Chloride (mEq/l)						108±2.3	110±2.2
Bilirubin (mg %)				0.10±0.10	0.12±0.07	0.24±0.17	0.24±0.14
Alkaline Phosphatase (IU)				61.13±7.21	34.16±15.95	32.0±20.2	22.0±14.3
GOT (U)				19.39±7.08	25.02±9.98	37.4±6.9	33.5±7.4
GPT (U)				25.72±9.31	38.01±20.23	17.7±5.9	22.8±9.3

表 10.47 血液凝固に関する数値

	オリーブヒヒ[16]	マントヒヒ[17]	ヒヒ(種不明)[18]
Prothrombin (%)		95	
Fibrinogen (mg %)	344	363	336.53±69.39
Quick Test (sec)	15.5		15.86±1.13
Recalcification time (sec)		145	
Platelets ($10^3/mm^3$)	330	217	319±62
Index of adhesiveness	48%	1.24	38±10.9%
Tolerance to heparin (min)		4'50"	
Fibrinolytic activity (min)		385	

c. 成　長

どの種においても，新生子の出生時の顔面の色は肌色であるが，生後2～4か月ころから黒ずみ始める．その後，第二次性徴が発現する5～6年ころから，それぞれの成獣の色に近づく．成獣の顔面の色は，*Papio* 属は全体がくすんだ黒ずんだ灰色（マントヒヒだけは赤みをおびた肌色の部分が多く残る），マンドリルは鼻筋の赤と両側頬部の青，ドリルは漆黒，ゲラダヒヒは *Papio* 属よりもやや淡い暗灰色が特徴である．毛色は，一般に，出生時は黒っぽいが，生後1年ほどで，それぞれの親の毛色（既述）と同様になる．

体重は6～8年で成獣のレベルに達するが，その後も10年くらいまでは成長し続ける．

表 10.48 マントヒヒの血清総タンパク量およびタンパク分画[19]

	雄	雌
Total Protein (g/100 ml)	7.40±0.10	7.54±0.06
Albumin (%)	58.9±1.04	53.6±0.62
α_1	5.3±0.16	4.6±0.08
α_2	6.5±0.12	7.4±0.17
α_3	5.6	—
β_1	5.7±0.40	7.2±0.50
β_2	9.4±0.37	12.3±0.35
γ_1	6.2±0.29	7.8±0.14
γ_2	11.7±0.45	13.8±0.20

表 10.49 ヒヒ類の呼吸数，体温，基礎代謝量，血圧，脈数

〔呼吸数〕		
オリーブヒヒ[11]	24.8±7.34/分	Sernylan 麻酔下
キイロヒヒ[20]	18～22	Pentobarbital 麻酔下
マントヒヒ[21]	29	無麻酔
〔体　温〕		
オリーブヒヒ[11]	37.4±2.26°C	
マントヒヒ[21]	max. 39.0°C (12:00～16:00) min. 36.0°C (2:00～ 6:00) 日差 2.5～3.0°C	無麻酔
マントヒヒ[22]	38.1 (37.3～38.7)°C	
〔基礎代謝〕		
マントヒヒ[23]	82.54 cal/kg/24 h 847 cal/m²/24 h	
ヒヒ(種不明)[22]	48 cal/kg/24 h	
ヒヒ(種不明)[24]	46.5 cal/kg/24 h 748 cal/m²/24 h	
〔血　圧〕		
マントヒヒ[25]	135～80	indirect
〔脈　数〕		
オリーブヒヒ[11]	115±26.7分	Sernylan 麻酔下
オリーブヒヒ[26]	74～138	〃
チャクマヒヒ[27]	100～140	Pentobarbital 麻酔下
マントヒヒ[28,29]	1170 (140～200)	無麻酔
マントヒヒ[30]	160～180	〃
マントヒヒ[31]	85～90	無麻酔，テレメトリーによる測定
ヒヒ(種不明)[32]	125	Sernylan 麻酔下

表 10.50 ヒヒ類の心電図

	P-R(sec)	QRS(sec)	Q-T(sec)	
オリーブヒヒ[33]	0.12〜0.16	0.06〜0.08	0.24	Pentobarbital 麻酔下
チャクマヒヒ[27]	0.05〜0.15	0.04(0.01〜0.07)	0.27(0.2〜0.3)	〃
マントヒヒ[29]	0.11(0.09〜0.14)	0.04(0.03〜0.05)	0.22(0.18〜0.25)	無麻酔
ヒヒ(種不明)[31]	0.118±0.068	0.061±0.008	0.26±0.17	Sernylan or Pentobarbital 麻酔下

(5) 生　理

a. 一般生理

i) 染色体数　いずれの種も $2n=42$ である．

ii) 血液・血清　血液性状および血清生化学性状に関して報告されている数値を表10.46に示す．しかし，これらの値は，飼育環境や測定方法によって異なると思われ，絶対的な数値としてではなく，参考程度にとどめておくほうがよい（以下にあげる数値は，いずれも同様の注意が必要である）．

全血量および血漿量については，オリーブヒヒで，それぞれ $55.7±10.1$ (ml/kg), $35.1±6.7$ (ml/kg) の報告がある[15]．

血液生産量は，平常時はヘモグロビン 0.13 g/kg/day, 血液 0.17 ml/kg/day であるが，大量失血などの代償時には，それぞれ 0.09 g/kg/day, 0.8 ml/kg/day が追加される[15]．

血液凝固は表10.47，血清タンパク分画は表10.48，呼吸数，体温，基礎代謝量，血圧については一括して表10.49，脈数，心電図については表10.50に示す．

b. 生殖生理

i) 性成熟　既述．

ii) 季節変動　一般に，生殖現象の季節変動はなく年中出産するといわれ，事実飼育下では，そのような傾向が見られる．しかし，生息現地での観察によれば，季節変動がある種も報告され，たとえば，ケニヤの *Papio* 属の出産期のピークは10月〜12月，エチオピアのゲラダヒヒの出産期は2月〜4月である[1]．マントヒヒは，種としての季節変動はないが，それぞれの one male unit ごとに発情期が決まっているともいわれる[34]．

iii) 月経周期　環境差や個体差があると思われるが，いくつかの種で *Macaca* 属よりやや長い 30〜35 日程度の数値が報告されている[35〜40]．

iv) 性皮　雌の性皮は，いずれの種でも，著明に腫脹する．特に *Papio* 属の性皮の腫脹は顕著で，性皮の腫脹が最高に達してから縮小しはじめる前後，すなわち，縮小開始前2日から縮小開始1日目のころ，ほとんどの排卵が見られる[35〜38,40]．ゲラダヒヒの性皮は特異的で，外陰部の他に，胸部のネックレス状に連なった無毛の裸出した皮膚も腫脹する．なお，ゲラダヒヒの雄には，胸部に逆ハート型の無毛部があり，発情期には，この部分が潮紅する．

v) 妊娠期間　それぞれの種の正確な妊娠期間に関する報告は少ないが，全体として 180 日弱であると推定される．

vi) 出産間隔　キイロヒヒで 21か月[8]，マントヒヒで 22か月[9]，マンドリルで 450 日[38] などの報告がある．これらは，新生子がつぎの出産まで生存した場合の記録であり，流産，死産や途中で死亡した場合には，出産間隔は短くなる．

vii) 性ホルモン　月経周期に伴う性ホルモンの変動について，Estradiol の pre-ovulatory peak は，月経周期の平均15日前後に見られ，それは性皮の腫脹が最高に達する直前か最高腫脹時にほぼ一致すること，E_2-peak および LH-peak から排卵までの時間は，それぞれ $41.4±2.3(12〜64)$ hr, $18.4±2.0(0〜40)$ hr であること，progesterone は LH の増加とともに増加しはじめること，などが報告されている[38,40]．

(6) 実験用動物としての生物学的特徴および使われ方

月経があることや周期に伴う性ホルモンの変動が基本的にはヒトに似ていること，体格が大きいため頻回の採血にも耐えられること，など生殖生理学的分野での利用価値は大きい．ただし，*Macaca* 同様，妊娠中のホルモンの変動は，ヒトとやや異なる点がある．

体格が大きいために，経済性や取扱いなどにおいて不利な面があるが，"大きくてヒトに近い動物"が求められる分野では逆に有利である．そのような意味では，心臓移植など臓器移植の実験に使われる機

会は増加すると思われる． 〔和　秀雄〕

文　献

1) Napier, J. R. and Napier, P. H.: A Handbook of Living Primates. Academic Press (1967)
2) Sugawara, K.: Sociological Study of a Wild Group of Hybrid Baboons between *Papio anubis* and *P. hamadryas* in the Awash Valley, Ethiopia. *Primates*, **20**(1), 21-56 (1979)
3) Shotake, T.: Population Genetical Study of Natural Hybridization Between *Papio anubis* and *P. hamadryas*. *Primates*, **22**(3), 285-308 (1981)
4) Hoshino, J., Mori, A., Kudo, H. and Kawai M.: Preliminary Report on the Grouping of Mandrills (*Mandrillus sphinx*) in Cameroon. *Primates*, **25**(3), 295-307 (1984)
5) Vagtborg, H. (ed.): The Baboon in Medical Research. Univ. Texas Press (1965)
6) Vagtborg, H. (ed): The Baboon in Medical Research II. Univ. Texas Press (1967)
7) Packer, C.: Inter-troop transfer and inbreeding avoidance in *Papio anubis*. *Anim. Behav.*, **27**, 1-36 (1979)
8) Altmann, J., Altman, S. A., Hausfater, G. and McCuskey S. A.: Life history of Yellow Baboons: physical development, reproductive parameters and infant mortality. *Primates*, **18**, 315-330 (1977)
9) Sig, H., Stolba, A., Abegglen, J.-J. and Dasser V.: Life history of Hamadryas baboons: physical development, infant mortality, reproductive parameters and family relationships. *Primates*, **23**, 473-487 (1982)
10) Hummer, R. L.: Preventive Medicine practices in Baboon colony management. *In* The Baboon in Medical Research (Vagtborg (ed.))[5], pp. 51-68 (1967)
11) Vice, T. E. and Rodriguez, A. R.: Clinical and physiological observations in the baboon. *In* The Baboon in Medical Research (Vagtborg (ed.))[5], pp. 141-150 (1965)
12) Huser, H-J.: Atlas of Comparative Primate Hematology. Academic Press (1970)
13) Moor-Jankowski, J., Huser, H. J., Wiener, A. S., Kalter, S. S. Pallotta, A. J. and Guthrie, C. B.: Hematology, blood groups, serum isoantigens, and preservation of blood of the Baboon. *In* The Baboon in Medical Research (Vagtborg (ed.)), pp. 363-405, (1965)
14) Renquist, D. M., Montrey, R. D. and Hooks, J. E.: Hematologic, biochemical, and physiologic indices of the sacred baboon (*Papio hamadryas*), *Lab. anim. Sci.*, **27**, 271-275 (1977)
15) Peña, A. de la and Goldzieher, J. W.: Clinical parameters of the normal Baboon. *In* The Baboon in Medical Research II. (Vagtborg (ed.)), pp. 379-389 (1967)
16) Hawkey, Ch. and Symons, C.: Preliminary report of studies on platelet aggregation, blood coagulation and fibrinolysis in non-human primates. Some Recent Development in Compar. Med., pp. 213-222 (1966)
17) Chernigovskaya, Unpublished data. Cited from Lapin, B. A. and Cherkovich, G. M. (1972): Biological Normals. Pathology of Simian Primates part I (T-W-Fiennes (ed.) Karger, Basel 1972), pp. 78-156 (1969)
18) Hampton, J. W. and Mathews, C.: Similarities between baboon and human blood clotting. *J. Appl. Physiol.*, **21**, 1713-1716 (1966)
19) Annenkov, G. A.: Serum protein spectra of certain monkeys and man. Dissert., Sukhumi (1967)
20) Guenter, C. A., McCaffree, D. R., Davis, L. J. and Smith, V. S.: Hemodynamic characteristics and blood gas exchange in the normal baboon. *J. Appl. Physiol.*, **25**, 507-510 (1968)
21) Shcherbakova, O. P.: Diurnal rhythm of physiological functions in certain orders of mammals; The experience of the investigation of periodic changes in the physiological functions of the organism, pp. 15-41 (Moscow, 1949)
22) Spector, W. S. (ed.): Handbook of Biological Data. p. 584, W. B. Saunders (1956)
23) Slonim, A. D. and Shcherbakova, O. P.: Basal metabolism in monkeys. I. Respiratory gaseous exchange and basal metabolism in *P. hamadryas*. Proceed. of the Sukhumi biological station, pp. 5-17 (1949)
24) Bruhn, J. M.: The respiratory metabolism of infra-human primates. *Amer. J. Physiol.*, **110**, 477-484 (1935)
25) Magakyan, G. O.: Studies on arterial pressure in monkeys. Proceed. of the Second Scientific Session of the Institute of Clinical and Experimental Cardiology, pp. 107-111. Acad. Sci. Georg. SSR (Tbilisi) (1953)
26) Groover, M. E., Seljeskog, E. L., Haglin, J. J. and Hitchcock, C. R.: The relationship of coronary disease to myocardial infarction in the baboon. Ist Int. Symp. on the Baboon and Its Use as an Exp. Anim. (Univ. Press. San Antonio) (1965)
27) Kaminer, B.: ECG of the baboon *Papio ursinus* with a note on the anatomy of the heart. *S. Afr. J. Med. Sci.*, **23**, 231-240 (1958)
28) Kokaya, G. I.: The ECG of monkeys in normal and pathologic states. *Biul. exp. Biol.: Med.*, Moscow, **12**, 23-26 (1954)
29) Kokaya, G. I.: The ECG of healthy monkeys of different species and age. *Dissert.* (Sukhumi) (1958)
30) Fufacheva, A. A.: On the neural regulation of heart activity in monkeys. *Dissert.* (Leningrad) (1965)
31) Tatoyan, S. H.: Normal ECG picture (in the front Nehb lead) in baboons and macaques according to the data of the telemetric investigation. *Dissert.* (Moscow) (1969)
32) Herrmann, G. R. and Herrmann, A. H.: The ECG patterns in 170 baboons in the domestic and Aflican colonies at the Primate Center of the Southwest Foundation for Research and Education. *In* The Baboon in Medical Research (Vagtborg (ed.)) pp. 251-264 (1965)
33) Van Citters, R. L. and Lasry, J. E.: Cardiovascular function in adult baboons as indicated by standard diagnostic test. *Folia primat.*, **3**, 13-21 (1965)
34) 河合雅雄, 岩本光雄, 吉場健二：世界のサル．毎日新聞社 (1968)
35) Zuckerman, S.: The menstrual cycle of the primates. I. *Proc. Zool. Soc. Lond.*, **100**, 691-754 (1930)
36) Zuckerman, S.: The duration and phases of the menstrual cycle in primates. *Proc. Zool. Soc. Lond.*, **107**, 315-346 (1937)
37) Hendrickx, A. G. and Kraemer, D.: Observations on the menstrual cycle, optimal mating time and pre-implantation embryos of the baboon, *Papio anubis*

and *Papio cynocephalus*. *J. Reprod. Fert.*, Suppl., **6**, 119-128 (1969)
38) Wildt, D. E., Doyle, L. L., Stone, S. and Harrison, R. M.: Correlation of perineal swelling with serum ovarian hormone levels, vaginal cytology, and ovarian follicular development during the baboon reproductive cycle. *Primates*, **18**, 261-270 (1977)
39) Hadidian, J. and Bernstein, S.: Female reproductive cycles and birth data from an Old World Monkey colony. *Primates*, **20**, 429-442 (1979)
40) Shaikh, A. A., Cornelio, L. C., Gomez, I. and Shaikh, S. A.: Temporal relationship of hormonal peaks to ovulation and sex skin deturgescene in the Baboon. *Primates*, **23**, 444-452 (1982)

10.8 チンパンジー

チンパンジーは，アフリカ大陸の西はシェラレオネ (Sierra Leone)，ギニア (Guinea) から，赤道を斜断し，東はウガンダ (Uganda)，タンザニア (Tanzania) の西部に至る東西約 6000 km にわたる広大な地域に生息している[1]．チンパンジーとヒトとの間には，永年にわたるつきあいの歴史があるが[2]，この動物が実験用として研究の対象になってからはまだ日が浅い．いうまでもなく，ヒトにもっとも近縁な動物として，かけがえのない実験動物であるが，生息地域の環境破壊と野生の乱獲が進み，その生息数は近年著しく減少しているといわれる[3]．そのため輸出入の厳しい規制，すなわち「絶滅のおそれのある野生動植物の種の国際取引に関する条約」（いわゆるワシントン条約）[4]がわが国でも批准され，施行されるようになった．米国を始めいくつかの文明国では，チンパンジーの繁殖施設を設け，この動物の生産・供給を図り，自然保護や動物愛護の問題にも真剣に取組んでいる．わが国においても，このような問題に対処することなしには，チンパンジーを実験動物として安易に使用すべきではない．

（1） 生物分類学的位置[5]

チンパンジーは霊長目 (Order Primate)，真猿亜目 (Suborder Simiae)，狭鼻下目 (Infraorder Catarrhini)，ヒト上科 (Superfamily Hominoidae)，オランウータン科 (Family Pongidae)，チンパンジー属 (Genus Pan) に属し，2種 (Species) すなわち，*Pan troglodytes* および *P. paniscus* を含む．このうち *P. troglodytes* は，つぎのように3亜種 (Subspecies) からなる．

P. troglodytes verus (common or masked chimpanzee)
頭部はドーム形で高く，耳は大きく淡色である．顔面に黒い色素が蝶形にくまどり，加齢とともに顔全体が黒くなる．西アフリカのシェラレオネおよびギニアからニジェール (Niger) 川に至る森林地域に生息し，一部サバンナ地域にも進出している．

P. troglodytes troglodytes (tschego)
頭頂部は平らで広く，耳は小さく黒い．幼獣の顔は淡褐色であるが，加齢とともに泥色になり多くの斑点ができる．中央アフリカのニジェール川からコンゴ (Congo) 川の西岸に至る地域に住む．

P. troglodytes schweinfurthii (eastern or long haired chimpanzee)
頭部は狭く長い．耳は中等度の大きさでブロンズ色をしている．淡褐色の顔が加齢とともに黒くなる．中央アフリカのルアラバ (Lualaba) 川とウバンギ (Ubangi) 川に囲まれたコンゴ地区から，東はウガンダとタンザニアの西部に至る地域に住む．

上記3亜種からなるいわゆるコモンチンパンジー

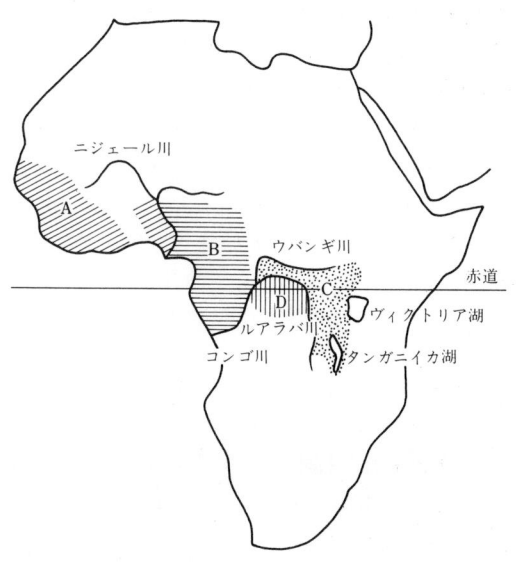

A *Pan troglodytes verus* B *P. troglodytes troglodytes*
C *P. troglodytes schweinfurthii* D *P. paniscus*

図 10.70 チンパンジーの生息域 (Hill, W. C. O., 1969)

に対し，もう1種はピグミーチンパンジーと呼ばれる．

P. paniscus（pygmy chimpanzee）

顔面は黒色で，体格は小さく1mを越すことはない．肩幅も狭い．コンゴ川の本流とルアラバ川に囲まれた森林地域に住む（図10.70）．

（2） 実験動物になるまでの歴史[6]

チンパンジーが初めてヒトの目に触れたのはいつの時代かよくわかっていないが，少なくとも東アフリカのチンパンジーは古代エジプト人に知られていたといわれる．

19世紀になると，多くのチンパンジーがヨーロッパ各国の動物園に導入されるようになり，その数は少なくとも200匹に達したといわれる．これらのチンパンジーの一部は死後 T. H. Huxley らの学者によって解剖され，ゴリラやヒトと生物学的に比較研究された．

20世紀に入ると，チンパンジーの飼料や取扱いについての研究が開始され，人工環境下における繁殖が可能となった．チンパンジーが人工環境下で最初に誕生したのは，1915年4月27日，キューバのハバナであった．

この時代に，類人猿の心理生物学（psychobiology）に関し最も卓越した業績を残したのは R. M. Yerkes で，彼は1930年フロリダ州オレンジ・パーク（Orange Park）に，Yale Laboratories of Primate Biology を設立し，精力的な研究を行った．彼はさらにチンパンジーの性周期や繁殖についても研究し，人工環境下における繁殖の基礎を築いた．Yerkes の仕事は，1961年ジョージア州アトランタ（Atlanta）に設立された Yerkes Regional Primate Research Center（米国国立霊長類センターの一つ）[7]に引継がれ，実験動物としてのチンパンジーの研究が本格的に行われるようになった．

わが国に初めてチンパンジーが運ばれてきた年代は明らかでないが，上野動物園には1938年（昭和13年），2匹が初めて来園したという記録が残されている[8]．1967年（昭和42年）に設立された京都大学霊長類研究所には，1968年（昭和43年）に1匹が導入された[9]．その後10匹のチンパンジーが同研究所において行動・心理学的研究用として飼育され，現在では後述するように，人工授精による繁殖にも成功

図 10.71 肝炎研究用に使用されたチンパンジー（*P. troglodytes verus*）

している[10]．医学研究用としては，厚生省のB型肝炎研究班によって，1975年（昭和50年）から多数のチンパンジーがアフリカから輸入され研究に用いられた[11]（図10.71）．

（3） 形　態[12,13]

頭蓋冠は丸く，眼窩の上縁に眼窩上隆起（superorbital torus）が著しく発達している．頭蓋容積は290〜500ml（成獣94匹の測定値）である．大後頭孔（foramen magnum）は頭蓋底に位置し，頭蓋は脊柱の真上にある．歯式は 2/2・1/1・2/2・3/3 = 32で，切歯は特に大型化し，切縁が長い．犬歯は他の霊長類ほどには発達していないが，上顎の第2切歯と犬歯の間には歯隙がある．脊椎は頸椎7，胸椎12〜14，

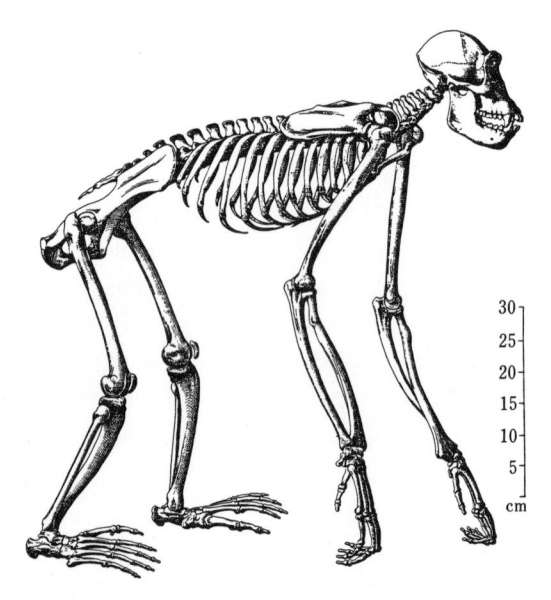

図 10.72 雄チンパンジーの骨格（A. H. Schultz, The skelton of the chimpanzee, The Chimpanzee, vol. 1）

腰椎3～5，仙椎4～8，尾椎2～5，合計30～35である．チンパンジーは，腕わたり（brachiation）型の移動様式に適応した形態から，二次的に指背歩行型への傾向を示してはいるが，構造的には腕わたり型であって，長い上肢と相対的に短い手の第一指をもっている．胸部は背腹に薄く，左右に広くて，肩甲骨は胸郭の背面に位置している．上肢は下肢に比較して長く，（上腕骨+橈骨の長さ）×100/（大腿骨+脛骨の長さ）で示される指数（intermembral index）は107（102～114）を示す（図10.72）．

胃は単純で大きい．盲腸にはヒト同様な虫垂突起がある．肝は基本的には単純な2葉構造で，ヒトと同様に横隔膜に保定される．

チンパンジーの成長に伴う諸形態の変化について，ここでは京都大学霊長類研究所附属サル類保健飼育管理施設において観察された人工授精子の体重，歯の萌出の経時的変化を紹介する[10]．このチンパンジーは1982年に出産した「ポポ」および「レオ」の2匹で，その後，同施設の人工的環境下で飼育されているものである．図10.73は「ポポ」の歯の萌出順序と日齢を示す．2か月過ぎの生後68日に，門歯の右上の一番目が萌出し，その後つぎつぎと乳歯が出て，332日目に最後の犬歯が萌出した．出生時の体重は，「ポポ」が1.9kg，「レオ」が1.48kgで大きな差はなかったが，人工哺育した「ポポ」は，母乳哺育の「レオ」にくらべ急激な体重増加を示した．しかし本格的に離乳が始まった8か月以後，「ポポ」と「レオ」の体重差は縮まった（図10.74）．

（4） 一 般 的 性 状

チンパンジーの成獣の体重は5歳で約20kg，10歳で35～38kg，15歳で42～47kgとされ，雌のほうが約1割ぐらい軽い[14]．頭胴長770～925mm（雄）および700～850mm（雌）である．毛色は全身黒いが，皮膚そのものは淡褐色である．幼獣のうちは顔の色が一般に淡色であるが，加齢につれて黒くなる．亜種によっては前述したように顔の上半がより黒く，仮装に使うマスクをかけているように見えるもの（P. troglodytes verus）や，また顔面に色素の斑点ができるもの（P. troglodytes troglodytes）もある．性成熟は雄で7～10年，雌で6～10年である．寿命は一般に30～38年であるが，可能性としては60歳ぐらいまで生きると推定されている．フィラデルフィア動物園に飼育されていたP. troglodytes troglodytesの41歳[15]，また最近の報告[16]ではシカゴリンカンパークで死亡した推定50歳が長寿記録として残されている．

染色体は$2n=48$で，オランウータンおよびゴリラと一致するが，ヒトの$2n=46$より一対多い[17]．チンパンジーの遺伝学的形質については，最近著しい研究の進展があり，ヒトを含めた系統分類の指標とされている．血清タンパクグロブリンの一種であるトランスフェリンについては，5種の対立遺伝子を想定した10種の表現型が観察され，動物が捕獲された西アフリカ，コンゴ，東コンゴの3地域別に遺伝子分布の著しい地域差があることが明らかにされている[18]．

チンパンジーのヘモグロビンには，ゴリラおよびヒトのヘモグロビンAと同じ泳動度を示す成分が見られる．チンパンジーのヘモグロビンの一次構造はヒトのそれに等しく，ゴリラとはα鎖，β鎖とも1アミノ酸置換が生じているにすぎない[19～21]．免疫拡散法による血清タンパクの比較では，チンパンジーはヒトおよびゴリラと抗原性が非常によく一致し，同じ類人猿でもオランウータンやテナガザルとは区別される[22]．このような抗原性から系統分類を試みると，ヒト上科は，ヒト科（ヒト，チンパンジー，ゴリラ），オランウータン科（オランウータン），

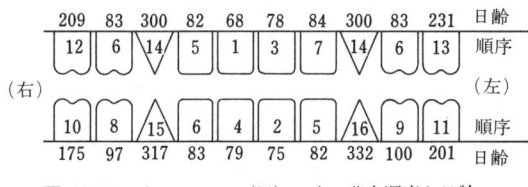

図 10.73 チンパンジー（雌）の歯の萌出順序と日齢

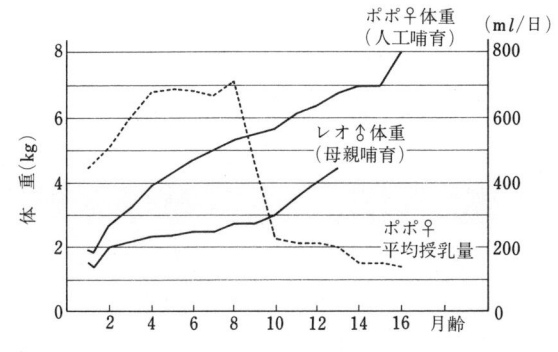

図 10.74 チンパンジー（ポポ雌とレオ雄）の体重とポポ（雌）の平均授乳量（熊崎，1984）

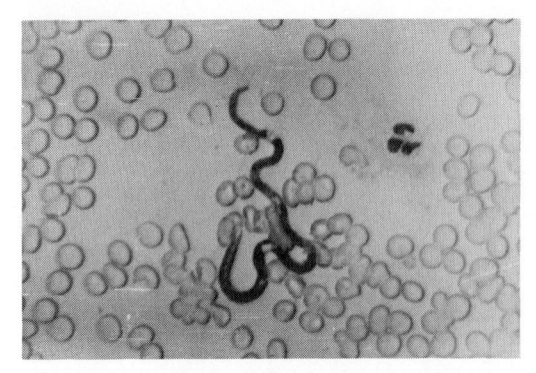

図 10.75 アフリカからの輸入チンパンジーに見出された血中ミクロフィラリア（*Dipetalonema* sp.）（著者原図）

およびテナガザル科（テナガザル，シャーマン）の3科に分けるのが妥当と考えられている[23]．

チンパンジーの微生物に対する感受性について見ると，ポリオウィルスの経口投与によって少量でもヒトと同様に感染が成立し，発症，麻痺を起こすものもある．しかし，カニクイザルやサバンナモンキーではウイルスを大量に投与しなければ感染は起こらないし，アカゲザルでは一段と感受性が低い[24]．B型肝炎ウイルスに感受性を示すのは，ヒト以外ではチンパンジーのみであるが，ヒトとは異なり，激症肝炎やウイルスのキャリアへ移行することはないといわれる[25]．チンパンジーは，ヒトと共通するその他多くの細菌，ウイルスおよび寄生虫などに対して感受性があることが報告されている[26]（図10.75）．

（5）生　理

a．一般生理

チンパンジーの一般的な生理形質については，体温 37.2（36.3～37.8）℃[27]，基礎代謝値 2.221 cal/kg/時[28]，心臓拍出量 3.07±0.36 l/分[29]，21±4 ml/回[29]，心拍数 148±24 回/分[29]，平均血圧 134±24 mmHg[29]，尿量 855（507～1153）ml/日（雌雄，体重：9.3～14.2 kg）[30]，1700 ml/日（雄，体重：42.9 kg）[31]，1900 ml/日（雌，体重：53.6 kg）[31] などが知られている．チンパンジーの血液性状[32]については，細胞学的性状を表 10.50[33] に，生化学的性状を表 10.51[33] に示す．

b．繁殖生理[34]

雄チンパンジーの思春期は7歳頃から始まるが，性成熟にとって重要なことは，精子が生産されることのみならず，性行為ができるようになることである．一般に雄の性成熟は外見的に顕著な特徴は認め

表 10.51 チンパンジーの細胞学的血液性状値

		頭数	検査回数	平均	標準偏差	限　界
赤血球数	(10^6)	98	211	5.02	0.48	3.05～6.23
白血球数	(10^3)	98	211	12.7	6.2	4.8～50.3
ヘマトクリット	(%)	98	211	43.9	3.68	29～58
ヘモグロビン	(g%)	98	211	13.9	1.16	7.9～18.9
血小板	(10^3)	98	211	268.1	113.12	60～975
網状赤血球	(%)	98	211	0.21	0.28	0～1.7
血沈	(mm/h)	98	211	21.7	15.1	0～53
MCV	(μm^3)	98	211	87.8	8.0	64.9～109.1
MCH	(pg)	98	211	27.8	2.2	20.3～35.0
MCHC	(%)	98	211	31.8	0.1	27.0～36.0
分葉好中球	(%)	98	211	64.48	18.29	13～94
	10^3	98	211	8.72	6.01	1～44.3
桿状好中球	(%)	98	211	0.58	1.09	0～7
	10^3	98	211	0.08	0.21	0～2
リンパ球	(%)	98	211	30.32	17.33	4～69
	10^3	98	211	3.40	2.0	0.7～20.7
単球	(%)	98	211	2.01	1.65	0～10
	10^3	98	211	0.24	0.23	0～1.5
好酸球	(%)	98	211	2.12	2.66	0～17
	10^3	98	211	0.24	0.31	0～1.7
好塩球	(%)	98	211	0.22	0.50	0～3
	10^3	98	211	0.02	0.06	0～0.5

検査チンパンジーは雄・雌を含み，1歳未満から40歳以上までの年齢層からなる
(H.M. McClure *et al.* 1973)

10.8 チンパンジー

表 10.52 チンパンジーの生化学的血液性状値

		頭数	検査回数	平均	標準偏差	限界
コレステロール	(mg %)	86	224	209.2	48.0	104～390
尿酸	(mg %)	86	224	3.6	1.1	1.7～9.8
総タンパク量	(g %)	86	224	7.4	0.7	5.1～9.0
アルブミン	(g %)	86	224	3.7	0.4	2.6～5.3
グロブリン	(g %)	86	224	3.7	0.7	1.7～5.6
SGPT (Sigma-Frankel units)		86	224	11.9	9.0	1～111
SGOT (Sigma-Frankel units)		86	224	18.1	9.9	2～95
アルカリホスファターゼ		86	223	14.1	11.5	1.7～63
総ビリルビン	(mg %)	86	224	0.17	0.11	0.1～0.7
ビリルビン(直接)	(mg %)	86	224	0.08	0.06	0～0.35
ビリルビン(間接)	(mg %)	86	224	0.09	0.09	0～0.6
グルコース	(mg %)	86	224	77.9	16.3	36～134
アミラーゼ(Somogyi units)		86	224	68.5	39.5	14～220
尿素窒素	(mg %)	86	224	14.2	4.8	4～31
クレアチニン	(mg %)	86	224	0.9	0.3	0.5～1.7
カルシウム	(mg %)	86	224	9.3	0.9	6.4～12.0
リン	(mg %)	86	223	4.8	1.2	2.1～8.0
ナトリウム	(Meq/l)	86	224	139.1	3.6	125～150
カリウム	(Meq/l)	86	224	3.7	0.5	2.2～5.9
CO_2	(Meq/l)	86	224	23.2	4.0	15.0～33.5

検査したチンパンジーは雄，雌を含み，1歳未満から40歳以上までの年齢層からなる．
(H.M. McClure et al., 1973)

られないが，体重が一つの指標であり，40～50kgといわれる．雌の性成熟は6歳頃から始まるが，個体によって変動が大きく平均8.8歳といわれている．雌では，外見的にはっきりしたいくつかの指標が認められ，これらは性周期の各時期において発現される．すなわち，血中エストロジェンおよびプロジェゲストロンの動態と関連し，性皮の腫脹，排卵，性皮の退縮，月経といった一連の現象が引起こされる．この性周期は約37日間であり，図10.76に示すように4期に大別される．すなわち，①腫脹前期 (preswelling phase) 約7日間，②腫脹期 (swelling phase) 約18日間，③腫脹減退期 (detumescence phase) 約10日間，④月経期 (menstrual phase) 約3日間であるが，これらは個体によってかなりの変動がある．腫脹前期は月経の停止とともに始まるが，エストロジェンの産生は低く，沪胞の成長はない．腫脹期には沪胞が成長して，血中エストロジェンのレベルが上昇するにしたがい，性器および肛門周囲の皮膚が紅色味を帯びた水腫状に腫脹し，約15～20日目に最高に達し，約5～6日間続く．排卵は通常この腫脹最高の時期に起こる．腫脹減退期は約10日間続くが，最初の数日間が特に激しく減退し，48時間以内にはほとんど完全に退縮する．月経期は性周期の終末であり，性皮の腫脹はなく，子宮からの出血を認める．

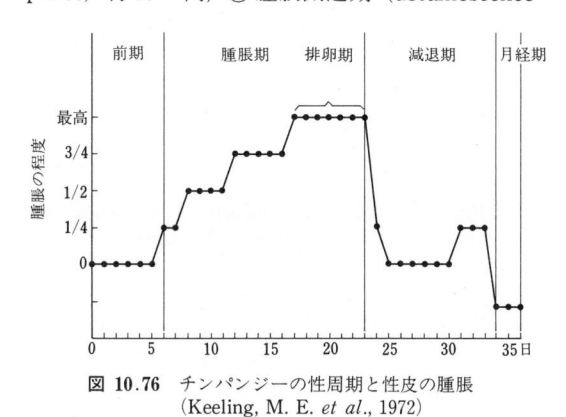

膣スメアにおける細胞の形態学的特徴によって性周期の決定と排卵時期を予測する研究も行われているが[35]，この方法は膣スメアを採取するとき，チンパンジーを保定しなくてはならないという困難な問題があるため実際的ではない．

チンパンジーの性周期における尿中総エストロジェン量は，通常10μg/日以下の値であるが，発情開始頃より徐々に増加し，周期のほぼ中間期に30μg/日という著しい高値を示す．その後急激に下降するが，性皮の腫脹減退期にもう一つ弱い高まりが認められ

図 10.76 チンパンジーの性周期と性皮の腫脹
(Keeling, M. E. et al., 1972)

る．このパターンは，ヒトおよびアカゲザルと極めて類似しているという[36]．

妊娠が成立すると，最初の数か月は通常の性皮腫脹を示すが，3か月を経過すると不規則となる．この変化は個体によって著しい変動があり，ある個体ではまったく退縮してしまうが，ある個体では妊娠中最高の腫脹を示すものさえある．妊娠診断は直腸および腹部の触診によって行うこともできるが，最も簡便で確実な方法は，尿中ゴナドトロピンの免疫学的診断キットによる定性反応である[37]．レントゲン写真による妊娠診断も有用であり，100日齢の胎子では骨格の構造が確認できる[34]．

妊娠した雌は最初つわりがある．食欲が不規則となり元気がなくなる．周囲の動物に対し極端に注意深くなる．妊娠期間は通常7か月半〜8か月であるが，もっと正確には227±10〜12日である．初産の平均年齢は13歳，出産間隔は平均5.7年である[38]．

チンパンジーの胎盤はヒトと同じく脱落膜性の盤状胎盤で，組織学的には壺状型血絨毛胎盤である．多産はめったにないが，双生子の産れる割合はヒトより大きいといわれる．出生時の体重は1.5〜2kgである．出産後1時間以内に胎盤が出る．食胎盤（placentophagia）が通常認められるが例外はある．幼獣は体温調節機構が未熟なため，保温には十分留意すべきである．子育てに全く無関心な母獣もいるので，その場合には人工哺育に切替える必要がある．授乳期間は約2年である．

最近松林ら[39]は，電気刺激によって採取した精液を，雌の性皮の腫脹と尿中黄体ホルモンの上昇を排卵の指標として子宮内に注入し，人工授精，妊娠，出産の成功例を3例報告した（図10.77）．

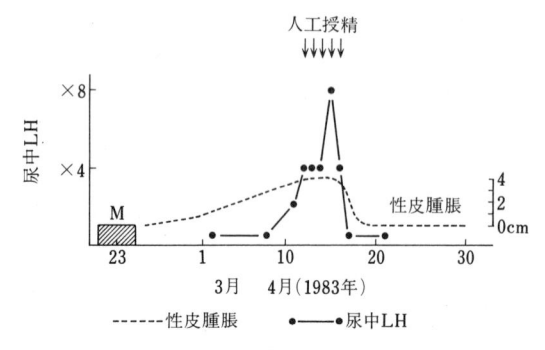

図 10.77 性皮腫脹，尿中LHの経時的変化と人工授精（松林ら，1985）

（6） 実験動物としての使われ方

チンパンジーには前述のように P. troglodytes と P. paniscus の2種が含まれる．両者は生息地域や体型が異なるが，生理的形質においてどの程度差異があるのかは不明なため，実験動物としての使われ方の差も明らかではない．しかし，P. paniscus が小型なことを考えれば，将来実験動物化の可能性という点では興味がもたれる．

チンパンジーを実験動物としてとらえる場合二つの立場が考えられる．その第一はこの動物の行動，心理，遺伝を研究することにより，同じ霊長類であるヒトみずからの姿を見きわめようとする立場であり，その第二はバイオメディカル・リサーチにおけるヒトの代替としてこの動物を利用する立場である．いずれにしても，チンパンジーがあらゆる点でヒトにもっとも近縁であるため，この動物を使った実験は，最も信頼性のあるヒトへの外挿ができるものと考えられる．

しかし，実験用チンパンジーの使用にあたって，その背後に横たわる重要な問題があることを忘れてはならない．それは前に言及したように，野生チンパンジーの減少と，それに伴う厳しい輸出入制限といった問題があるにもかかわらず，この動物を実験動物として使用するための繁殖，供給施設が，わが国では一部民間企業のそれを除いてまったく欠如しているということである．早急に，でき得れば国家的規模でこの問題が解決されることが望まれる．

〔輿水 馨〕

文 献

1) Napier. J. R. and Napier, R. H.: A Handbook of Living Primates. 456 p. Academic Press, London・New York (1967)
2) 伊谷純一郎：チンパンジー記序説．チンパンジー記（伊谷純一郎編）．pp. 1-253．講談社（1977）
3) 杉山幸丸：チンパンジーの輸入と動物実験研究．科学, 55, 127-130 (1985)
4) 内閣総理大臣官房管理室：動物六法・昭和57年版（環境庁自然保護局鳥獣保護課編）．2009 p. ぎょうせい (1982)
5) Hill, W. C. O.: The nomenclature, taxonomy and distribution of chimpanzee. In The Chimpanzee, Vol. 1 (Bourn, H. G.(ed.)), pp. 22-49, Karger, Basel・New York (1969)
6) Hill, W. C. O.: The discovery of the chimpanzee. In The Chimpanzee, Vol.1 (Bourne, H. G. (ed.)), pp. 1-21, Karger, Basel・New York (1969)
7) NIH Primate Research Centers: A Major Scientific Resource (U. S. Department of Health, Education,

and Welfare Public Health Service, NIH (ed.)) pp. 39-45, Division of Research Resources, NIH (1971)
8) 恩賜上野動物園：上野動物園百年史—資料編, p. 852, 東京都 (1983)
9) 松林清明：施設の足どり．京都大学霊長類研究所附属サル類保健飼育管理施設15周年記念誌（松林清明, 三輪宣勝, 伴野芳枝編）, pp. 38-40 (1984)
10) 熊崎清則：チンパンジー『ポポ』の成長の記録, モンキー, **191・192**, 35-39 (1983)
11) 興水 馨, 曲淵輝夫, 伊藤正博, 内薗耕二, 志方俊夫：B型肝炎ウイルス感染実験のためのチンパンジーの飼育管理．実験動物, **26**, 51-64 (1977)
12) 茂原信生：霊長類の形態．人類学講座2, 霊長類（伊谷純一郎）, pp. 105-145, 雄山閣 (1977)
13) Schultz, A. H.: The skelton of the chimpanzee. The Chimpanzee Vol. 1 (Bourne, G. H. (ed.)), pp. 50-103, Karger, Basel・New York (1969)
14) Gavan, J. A.: Longitudinal, postnatal growth in chimpanzee. The Chimpanzee Vol. 4 (Bourne, G. H. (ed.)), pp. 46-102, Karger, Basel・New York (1971)
15) 河合雅雄, 岩本光雄, 吉場健二：世界のサル, 253 p, 毎日新聞社 (1968)
16) 小寺重孝：大型類人猿その飼育と飼育下での繁殖．動物と動物園, **24**, 11-15 (1972)
17) Chiarelli, B.: The chromosomes of the chimpanzee, Vol. 2 (Bourne, G. H.) pp. 254-264, Karger, Basel・New York (1970)
18) 石本剛一：霊長類の遺伝性, 人類講座2, 霊長類（伊谷純一郎編）, pp. 43-108, 雄山閣 (1977)
19) Sullivan, B.: Comparison of the haemoglobins in non-human primates and their importance in the study of human haemoglobin. In Comparative Genetics in Monkey, Apes and Man (Chaiarelli, A. B. (ed.)), pp. 213-256, Academic Press, New York & London (1971)
20) Goodman, M., Moore, G. W. and Matsuda, G.: Darwinian evolution in the genealogy of haemoglobin. Nature, **253**, 603-608 (1975)
21) 松田源治：ヘモグロビンの分子進化, 生化学, **47**, 133-150 (1975)
22) Goodman, M., Moore, G. W.: Immunodiffusion systematics of the primates. I. The catarrhini. Syst. Zool., **20**, 19-62 (1971)
23) Goodman, M., Barnabas, J. and Moore, G. W.: Man, the conservative and revolutionary mammal. Molecular findings on this paradox. J. Human Evol., **1**, 663-686 (1972)
24) Husiung, G. D., Black, F. L. and Henderson, J. R.: Susceptibility of primates to viruses in relation to taxonomic classification. In Evolutionary and Genetic Biology of Primates (Buettner-Janusch, J. (ed.)), pp. 1-23, Academic Press, New York & London (1964)
25) 阿部賢治：ウイルス性肝炎—チンパンジー, 肝, 胆, 膵（疾患モデル特集号）, **5**, 763-766 (1982)

26) McClure, H. M. and Guilloud, N. B.: Comparative pathology of the chimpanzee. In The Chimpanzee, Vol. 4 (Bourne, G. H. (ed.)), pp. 103-272, Karger, Basel (1971)
27) Spector, W. S.: Handbook of Biological Data (Spector, W. S. (ed.)), 584 p. W. B. Saunders Co., Philadelphia & London (1956)
28) Dale, H. E., Shanklin, M. D., Johnson, H. D. and Brown W. H.: Energy metabolism of the chimpanzee. In The Chimpanzee Vol. 2 (Bourne, G. H. (ed.)), pp. 100-122. Karger, Basel・New York (1970)
29) Stone, H. L., Sandler, H. and Fryer, T. B.: Cardiovascular function in the chimpanzee studied by chronic instrumentation. In The Chimpanzee, Vol. 6 (Bourne, G. H. (ed.)), pp. 215-247. Karger, Basel (1973)
30) Morrow, A. C. and Terry, M. W.: Urine volume in non-human primates: A tabulation from the literature. A publication of the Primate Information Center, Reg. Prim. Res. Cent., Washington (1968)
31) 信永利馬, 松崎祥昭, 佐久間是行：チンパンジー, 実験動物の飼育管理と手技（今道友則監修, 高橋和明, 信永利馬編集）, pp. 368-380, ソフトサイエンス社 (1979)
32) Huser, H. J. and Olberding, B. A.: The hematology of the chimpanzee. In The Chimpanzee, Vol. 5 (Bourne, G. H. (ed.)) pp. 193-225, Karger, Basel (1972)
33) McClure, H. M. and Guilloud, N. B. and Keeling, M. E.: Clinical pathology data for the chimpanzee and other anthropoid apes. In The Chimpanzee, Vol. 6 (Bourne, G. H. (ed.)), pp. 121-181, Karger, Basel (1973)
34) Keeling, M. E. and Roberts, J. R.: Breeding and reproduction of chimpanzees, In The Chimpanzee, Vol. 5 (Bourne, G. H. (ed.)), pp. 127-152, Karger, Basel (1972)
35) Graham, C. E.: Reproductive physiology of the chimpanzee. In The Chimpanzee, Vol. 3 (Bourne, G. H. (ed.)) pp. 183-220, Karger, Basel (1970)
36) 谷岡功邦, 小島博子, 信永利馬：チンパンジーおよびアカゲザルの月経周期中におけるホルモン動態, チンパンジーからツパイに至る各種実験用サル類の生理・生化学的比較研究, 昭和56年度科学研究費補助金一般研究（B）研究成果報告書, pp. 75-78, 財団法人実験動物中央研究所 (1982)
37) Hendrickx, A. G., Thompson, R. S., Hess, D. L., and Prahalada, S.: Artificial insemination and a note on pregnancy detection in the non-human primate. Symp. Zool. Soc. Lond., **43**, 219-240 (1978)
38) Short. R. V.: The Great Apes of Africa. J. Reprod. Fert. Suppl. 28 (Short, R. V. and Weir, B. J. (ed.)), pp. 3-11, Journal of Reproduction & Fertility Ltd. (1980)
39) 松林清明, 熊崎清則, 釜中慶朗：チンパンジーの人工授精成功例3例．実験動物, **34**, 203-206 (1985)

11. ヒ　ト

　研究のための実験動物は研究課題，目的，実験系の構成などによって選択され，下等動物から哺乳動物霊長目まで多くの種類が用いられるが，その使用数の最も多い科学領域は医学と薬学である．ヒトの健康を目指し，ヒトの疾病の解明，治療法ならびに予防法の開発にあずかる医学全般と薬理作用，薬効あるいは安全性の確認など薬学の分野，その他広範な医療技術に関する領域すなわち生命科学を含むBiomedicineにおいて動物実験は必要不可欠の課程といえよう．ヒトを対象としヒトについての知識を得る目的の研究であるためヒトの生物学的性状が基盤となる．この項は実験素材としての動物の性状ではなく，研究目的の真の対象としてのヒトの比較生物学的性状について述べる．

（1）分類上の位置

　ヒトの生物分類学的位置は，哺乳動物綱（Mammalia），霊長目（Primates）に属し，哺乳動物綱の特性としての恒温，汗腺・脂腺・乳腺など皮腺および毛髪を有すること，胎盤を形成し子を子宮内で育て産出する，出生後乳腺により母乳で子を育成する，二次口蓋を形成し吸飲能力を有する，また2心房2心室の心臓と左方に彎曲する大動脈弓を有し，血管を流れる赤血球は無核であるなどの共通点をもつほか，霊長目としての下記の特徴を有する．

（1）鎖骨が発達している．
（2）手，足に5本の指をもち，第1指が他の4指と対立して物を握ることができ，各指には平爪を有する．
（3）左右の眼が正面を向き，両眼立体視ができる．眼球は眼窩に収納されている．
（4）通常1対の乳房を持ち，原則として1子を産む．
（5）大脳特に新皮質がよく発達している．

　霊長目は原猿亜目（Prosimiae，ニセザル類）と真猿亜目（Simiae，サル類）に分けられ，サル類はクモザル，マーモセットなど南米の新世界ザルが属する広鼻下目（Platyrrhini）と，旧大陸に生息するマカカ，ヒヒなどが属するオナガザル科（Cercopithecidae）とヒト上科（Hominoidea）を含む狭鼻下目（Catarrhini）に分類される（表11.1）．

　ヒト上科にはテナガザル科（Hylobatidae），ヒトニザル科（Pongidae，オランウータン，チンパンジー，ゴリラ）とヒト科（Hominidae）があり，他のサル類と異なり尾，坐りダコ，頬袋がなく，特に大脳がよく発達して高度の知能をもつ．この中で直立歩行をするヒトは，ヒト属 *Homo*，ヒト種 *Sapiens* の一属一種のみが現存し，他は全て絶滅している．

　ヒトは元来森林に適応生息したサルの仲間から進化した．すなわち新世代第三紀の末期，鮮新世（1200万年～200万年前）に地球上の気温の降下，季節的変動，熱帯性常緑樹の後退と落葉樹の拡大，乾燥化の進展といった変化の中で生み出されたという．約200万年前の第四紀に大腿骨と骨盤の形がその直立姿勢を示しているオーストラロピテクスが出現し，更新世（洪積世）の後期（約20万年～3.5万年前）には旧人と呼ばれるネアンデルタール人 *Homo sapiens neanderthalensis* が活躍し，下って更新世末期から完新世（沖積世）（約5万年前以後）に新人 *Homo sapiens sapiens* が現れ現在に至る．すなわち直立二足歩行による上肢の解放，脳の発達，食生活および攻撃，防御生活の変化，歯の退化などが進んだものである．人類にはさらに，身長，体型，体の大きさ，皮膚や毛髪の色，毛髪の性状，眼の色および形，鼻，唇，顔貌および頭部の形などの相違や共通点など，生息地域分布を示す遺伝的な生物学的特徴によって他の集団から区別される集団，すなわち人種（Race）を分けることができる．これらの種内の変異についてはネアンデルタール人から単元的に生じたという意見と，もっと以前より原人の諸形質から多元的に生じて人種の変異を生んだという説があるが，いずれにしても，地理的，文化的に多少と

表 11.1 Primates の分類

原猿亜目(Prosimiae)
  メガネザル下目(Tarsiformes)—メガネザル科(Tarsidae)—メガネザル属(*Tarsius*)
  ノロマザル下目(Lorisiformes)—ロリス科(Lorisidae)—ロリス属(*Nycticebus*)
                          ガラゴ科(Galagidae)—ガラゴ属(*Galago*)
  キツネザル下目(Lemuriformes)—キツネザル科(Lemuridae)—キツネザル属(*Lemur*)
                          インドリ科(Indridae)—インドリ属(*Indri*)
                          アイアイ科(Daubentonidae)—アイアイ属(*Daubentonia*)
  ツパイ下目(Tupaiformes)—ツパイ科(Tupaidae)—ツパイ属(*Tupaia*)

真猿亜目(Simiae)
  広鼻下目(Platyrrhini)—オマキザル科(Cebidae)—クモザル属(*Ateles*), リスザル属(*Saimiri*), ヨザル属(*Aotus*), オマキザル属(*Cebus*), ティティ属(*Callicebus*)
                    マーモセット科(Callithricidae)—マーモセット属(*Callithrix*), タマリン属(*Saguinus*)
  狭鼻下目(Catarrhini)—オナガザル科(Cercopithecidae)—ヒヒ属(*Papio*), マカカ属(*Macaca*), オナガザル属(*Cercopithecus*), パタス属(*Erythricebus*)
  ヒト上科(Hominoidea)
    テナガザル科(Hylobatidae)—テナガザル属(*Hylobates*), シャーマン属(*Symphalangus*)
    ヒトニザル科(Pongidae)—オランウータン属(*Pongo*), チンパンジー属(*Pan*), ゴリラ属(*Gorilla*)
    ヒト科(Hominidae)
      ┌ アウストラロピテクス属(*Australopithecus*) ┬ *A. afarensis* +
      │   ├ *A. africanus* +
      │   └ *A. robustus* +
      └ ヒト属(*Homo*) ┬ *H. habilis* +
                     ├ *H. erectus* +
                     └ *H. sapiens* ┬ *H. s. neanderthalensis* +
                                     └ *H. s. sapiens*

+：化石

も隔離された人類集団としてモンゴロイド (Mongoloid)，ネグロイド (Negroid)，コーカソイド (Caucasoid) およびオーストラロイド (Australoid) の4大系株に大別し，さらにこれらが細分されて27～30人種に分けられている[1]．どのような動物種でも，異なる地域に生息する集団間には形質的な違いが見られるもので，地球上ほぼ全域に分布する動物である人類に地理的変異が多く認められるのは当然であろう．これらの変異は集団として把握するもので，同一人種内でも個体間の変異もかなり認められる．これらの人種としての形態的特徴で区別しているのみで，個々の人種にはヒトとしての本質的差異はない．

ヒトは生物中最もすぐれた生存能力を獲得した動物で，道具を作り技術を応用して周囲のものを高度に利用して生活する．なかでも環境を人為的に作り変える能力を有し，それを最大限に活用している．その結果地球上に最も広く分布している最も多数の哺乳動物で，人口は50億を超えるに至っている．霊長目共通の特性のほかヒトには，

（1）脳の発育は脳幹部に比して大脳皮質が特に発達し，中でも連合野の占める比率が大きく，高度の精神機能が営なまれる．
（2）脳の発育に伴い，性行動の支配と言語による情報伝達の高度化が進んでいる．
（3）視覚の発達と嗅覚の退化が著しい．
（4）社会生活と個体相互の関連に特徴がある．
などの特性が挙げられる．

（2）形態的特徴

ヒトは身長140～185cm，平均体重男子60kg，女子51kgで哺乳類中では大きい部類に属する．

形態的特徴としては頭部の発育（脳頭蓋の発育），顔面の扁平化，上・下顎骨の退化，尾の消失，歯の退化，直立による骨盤部の変化と下肢の形態，広い自由度をもつ上肢の形態と手の特徴的発達が挙げられる．四足獣が水平方向に走る梁の役目をする脊柱から胸，腹部の内臓を腹方にぶら下げている状態であるのに対して，ヒトの場合は直立歩行のため垂直方向に立つ脊柱の前面に内臓をつり下げ，浅く広い

骨盤が腹部内臓を下から受けるように支えている．

ヒトの脊柱は胸部内臓を収容する胸郭の形成に与った胸椎が後彎し，上半身の負荷に対応した腰椎と発達した重い頭部を支える頸椎がそれぞれ前彎して全体として S 状の彎曲を呈する．仙骨は腰椎部の前彎によって岬角が強く突出し，仙骨そのものも後彎している．ヒトの胸郭は四足獣に比して前後径が短く左右に位置する肩甲骨がヒトでは背方に移動し，発達した鎖骨とともに上肢を支えていて肩幅が広い．これに上腕骨の捻転が加わって上肢の左右運動，外転および水平外転ないし水平伸展の運動が可能で運動範囲も広い．仙骨は寛骨とともに広く浅い盃状の骨盤を作って，腸骨が主体となる大骨盤は腹部内臓を支え，恥骨，坐骨および仙骨からなる小骨盤は筒状をなして骨盤内臓を収める．類人猿の骨盤は幅が狭く高さと前後径が大きく，腰椎の前彎は弱い．ヒトの腰仙骨傾斜角度は胎児で 3°，新生児で 20° であるが，成長するにしたがって強くなり，成人男子 64°，女子 60° を示す．チンパンジーの新生子 8°，成体雄 35°，雌 29° とくらべて極めて大きい[2]．類人猿の骨盤は幅が狭く前後径が大きく，上下に長い．前彎の弱い腰椎数はゴリラ 3，チンパンジー 4，オランウータン 4 で腰部の運動が制限されているのに比し，ヒトの腰椎は 5 個で腰部の自由度が大きく，立位の姿勢とこの形態的特徴がヒトに特有な腰痛を招くものと考えられている（表 11.2）．

表 11.2 霊長目動物の椎骨の数

	ヒト	ゴリラ	チンパンジー	オランウータン	オナガザル	原猿類
頸椎	7	7	7	7	7	7
胸椎	12	13	13	12	14	17
腰椎	5	3	4	4	4〜7	6〜9
仙椎	5	5.7	5.7	5.4	3.0	—
尾骨	4.2	3.0	3.3	—	20	30

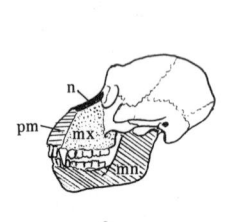

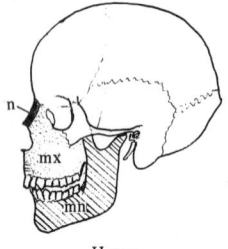

図 11.1 チンパンジー (Pan) とヒト (Homo) の頭蓋の比較
mn：下顎骨，mx：上顎骨，n：鼻骨，pm：顎前骨または切歯骨，ヒトでは上顎骨に癒合される．

著しい差違を示す頭蓋骨の形態では，脳頭蓋（神経頭蓋）と顔面頭蓋（内臓頭蓋）の比率が特徴を示す（図 11.1）．大脳の発達により脳頭蓋が発達し，顎骨が形成する顔面頭蓋は相対的に小さい．狭鼻下目の歯式は $I_2C_1P_2M_3$ で共通であるが，ヒトでは犬歯の退化，切歯と犬歯の間の歯隙（distema）の消失，歯牙全般の退化を特徴とする．サル類では大脳の生長は比較的早く終了し，顎骨は歯牙の萌出が持続している間ずっと生長を続ける．特に犬歯の萌出はかなり長期であり，強大となるが，その間顎骨も大きくなり咀嚼筋群およびそれらが付着する部分も大きくなる．ヒトの場合は逆に犬歯，顎骨ともに小さく，大脳はかなりおそくまで生長増大する．また直立姿勢のため，脳が全体として脊髄に対して直角の位置をとることになり，ヒトの大後頭孔は下方に向かい垂直方向に立った頸椎上端部に頭蓋骨が安定よく位置する．したがって脊柱が水平位をとり，大後頭孔が後下方を向いて，その先端に頭部を支えている四足獣に比して後頸筋群も退化している．

身長などの連続した量的形質と血液型のような不連続な形質については，人類遺伝学の研究対象として個体間の差違が問題となる．正常，異常の判断は極めて問題が多く，すべての形質について正常なヒトは存在しないため，ある場合無意味とすらいえる．また，単に正常を集団の中での多数とする考え方も正しくはない．異常と規定するためには，機能的に不都合で，生存能が低下し自然淘汰が働くことにより数が少ないということが結果的に言えることである．一般に哺乳動物の種内の変異について，寒地の亜種ほど大型となり体熱保持のための適応の結果，身体突出部分の少ない丸い体型となる（Bergmann の法則，Allen の法則）．環境の影響の例として，ヒトの汗腺数には人種差はほとんどないが，高温環境に居住する個体群ほど能動汗腺の数が多いという例がある．環境への個体の馴化（acclimatization）といえよう．このような個体的変動の範囲は形態にとどまらず，機能的な表示ともなる生理値にも現れる．

（3）生理学的数値

人体を構成する成分および組成は他の哺乳動物と基本的に差異はない．表 11.3 に示す元素で構成される化合物中最も多いのは水であり全体の 60% を占める．若くかつあまり肥満していない成人男子では

表 11.3 人体主要元素とその組成(%)

	%	体重 100 kg 中のモル数		%	体重 100 kg 中のモル数
O	62.43	3900	S	0.16	20
C	21.15	1620	Na	3.10	11.3
H	9.86	9200	Cl	0.08	5
N	3.10	370	Mg	0.027	1.65
Ca	1.90	34.4	I	0.014	
P	0.95	20.3	F	0.009	
K	0.23	5.6	Fe	0.005	0.09

水 67.9%, 無機質 14.4%, 脂肪 12.5%, 炭水化物 0.4%, 無機質 4.8% である. 新生児(生後1日)では全体量の 79.0% を水が占める. 生体の水分の大部分は細胞内液(40%)で, 細胞外液(20%)のうち血管, リンパ管など脈管内体液は一部(4%)にすぎず, 大部分は組織間液(16%)である.

ヒトの血液量(BV)は身体全体積の男子 0.075, 女子 0.070 といわれ, その 70% は静脈に, 20% が動脈に, 5% が毛細血管に容れられている. 血液量は液体成分の血漿量(PV)と細胞成分からなる. 後者はその 95% が赤血球であるため, 実用的には赤血球容積(EV)で代弁させることができる. 血中赤血球容積比の百分率であるヘマトクリット値(Hc)により $PV = EV \times (1-Hc)/Hc$, $BV = PV + EV$ であるから $BV = EV \times (1/Hc)$ で示され, BV は男子 4490 ml, 女子 3680 ml (24 歳男子平均 5548±601 ml, 41 歳男子平均 5505±612 ml) である[3].

成人の心拍数は平均毎分 72 で, 安静時 1 回の心収縮で 50～80 cc の血液を拍出し, 1 分間拍出量は 3～6 リットルという. 血圧は収縮期血圧 126 mmHg (106～146), 拡張期血圧 81 mmHg (69～93) であるが, 心送血液量, 血管の弾性, 血液の粘度, 血管系の構造と性状, 心拍動数, 被験者の状態(緊張, 自律神経の状態など)が血圧に影響する. WHO の高血圧診断基準(1962)によると最大血圧 160 mmHg 以上, 最小血圧 95 mmHg 以上の両条件を有するものを高血圧とし, 正常血圧は最大血圧 139 mmHg 以下, 最小血圧 89 mmHg 以下の両条件を定めている. 表 11.4 にカテーテルまたは留置針(indwelling needle)による直接法および血圧計(sphygmomanometer)による間接法での動脈圧を示した. これらの血圧の年齢別平均値は, 表 11.5 に示すように最大血圧, 最小血圧ともに増大する.

体温もまた日差, 時間差, 摂取食物, 運動負荷を

表 11.4 正常動脈圧 mmHg

部位	方法	対象	収縮期圧	拡張期圧
大動脈	直接	成人	126(106～146)	81(69～93)
上腕動脈	直接	3～15歳	105(71～139)	57(33～81)
		成人	114(74～154)	63(47～79)
	間接	1歳	90(67～113)	61(36～86)
		5歳	94(80～108)	55(47～63)
		10歳	109(93～125)	58(48～68)
		15歳	121(103～139)	61(51～71)
		成人	118(86～150)	65(47～83)

Harrison et al.[4], Park and Guntheroth[5]

表 11.5 年齢別血圧平均値

年齢	男		女	
	最大血圧	最小血圧	最大血圧	最小血圧
20～24	128	74	119	71
25～29	127	76	119	71
30～34	128	77	121	73
35～39	132	80	127	77
40～44	134	83	131	79
45～49	137	83	136	81
50～54	142	85	143	84
55～59	147	87	149	86
60～64	153	88	154	87
65～69	160	90	160	87
70～	161	87	165	87

日本人標準値, 昭和 45 年厚生省[6]

含む身体状況により変動し, 測定部位により異なる. また女子の性周期による2相性の変動や, 年齢による変化が認められる. 体温測定に実用としている腋窩温と口腔温はほぼ等しく, 安静時室温下では 36.6～37.4°C を正常範囲とする. 日内変動としては 1.0～1.5°C の幅がある. 臨床的処置を必要とする範囲は 36.5°C 以下 37.5°C 以上といわれる[7].

ヒトの血液はすべての脊椎動物と同じく, 液(血漿)と細胞の2成分からなり, その割合は血管の部位, 採取方法によっても異なるが, 姿勢, 運動, 興奮, 水分の摂取状況, 環境の温度, 生活圏の気圧な

どに影響される．血液および血液の細胞成分（表11.6）[8]と血液と赤血球組成（表11.7）を示した．新生児（表11.8）[9]では，出生第1日には赤血球数平均600万，血色素量平均22g/dlを示す．生後3日頃より胎内呼吸より肺呼吸への移行で過剰な赤血球の破壊が進み，数が減少してくる．この際の過ビリルビン血症が，新生児黄疸である．

個体の内部環境としての血液成分，血漿または血清成分について，日本生化学会編生化学データブック[10,11]より引用し，Geigy Scientific Table[3,9]を参照した．これらの正常値には当然幅が存在するが，その範囲はかなり狭いものである．

リンパ液はリンパ管内の体液で血漿を主成分とする．リンパ管は血管のない上皮組織，歯，角膜および軟骨には分布していないし，血管があっても中枢および末梢神経組織，眼球，内耳，骨組織，脾臓，胎盤などにも認められない．ヒトのリンパ流量は1.0～1.6ml/kg/h[12]といわれる．リンパ液は毛細血管から浸出した血漿であるが，酸素分圧は血漿の1/2～2/3と著しい低値を示すほか，生理学的性状はまったく等しい（表11.18）．タンパク質および他の含有量，あるいは濃度は体の部位によって異なるもので，窒素化合物の血漿との比較を表11.19に示した．

乳汁の組成（表11.20），髄液の量ならびに物理化学的性質（表11.21），胆汁の物理化学的性質および肝胆汁と胆囊胆汁の比較（表11.22），尿の物理化学的性質（表11.23）と成分（表11.24）を表示した．

表11.6 血液および血液の細胞成分（金井[8]を改変）

	男	女
全血比重	1.055～1.063	1.052～1.060
赤血球沈降速度 (mm/h)	1～7	3～11
赤血球総容積 (l/kg)	0.072～0.1	
赤血球数 ($10^4/\mu l$)	431～565	378～497
ヘマトクリット値 (%)	40.2～51.52	33.6～44.6
ヘモグロビン量 (g/dl)	13.7～17.4	11.3～14.9
赤血球平均恒数		
平均赤血球容積 MCV (μm^3)	83～101	79～99
平均赤血球色素量 MCH (pg)	28.1～34.5	26.3～33.6
平均赤血球色素濃度 MCHC (%)	31.8～36.4	31.1～36.2
赤血球抵抗 (%)	最小0.44～0.42	最大0.34～0.32
赤血球半寿命 (日)	25～32	
網赤血球 (%)	0.14～2.5	0.16～2.53
白血球数 (/μl)	5100±1000	5100±1200
白血球百分比		
好中球桿状核 (%)	5.0±3.9	3.7±2.8
好中球分葉核 (%)	52.0±7.9	57.5±8.7
好酸球 (%)	0～10	0～5
好塩基球 (%)	0～5	0～3
リンパ球 (%)	35.3±8.5	31.7±7.2
単球 (%)	5.3±2.6	5.2±3.5
血小板数 ($\times 10^4/\mu l$)	13.1～36.5	12.5～37.5

ヘマトクリット値はWintrobe法のほか，全血比重G_Bと血漿比重G_Pより算出できる．

$$H_t(\%) = 100 \times \frac{G_B - G_P}{1.0964 - G_P} \quad 1.0964 = 正常赤血球の平均比重$$

$$MCV(\mu m^3) = \frac{H_t(\%)}{R(10^6/\mu l)} \times 10,$$

$$MCH(pg) = \frac{H_b(g/dl)}{R(10^6/\mu l)} \times 10, \quad MCHC(\%) = \frac{H_g(g/dl)}{H_t(\%)}$$

H_b=ヘモグロビン量，R=赤血球数

表11.7 全血，血漿および赤血球の組成（%）

成分	全血	血漿	赤血球	成分	全血	血漿	赤血球
水	78	90.7	64	ピルビン酸	0.08		
総固形分	22.0	9.3	35.6	全脂酸	0.36	0.38	0.35
無機物	0.75	0.8	0.7	脂肪	0.10	0.14	0.07
血清アルブミン	2.8	4.6	—	レシチン	0.3	0.2	0.4
血清グロブリン	0.95	2.1	—	コレステリン	0.21	0.22	0.19
繊維素原	0.25	0.4	—	アセトン体	0.001	—	—
血色素	15.6	—	34.00	Na^+	0.20	0.38	0.065
非タンパク窒素	0.032	0.025	0.044	K^+	0.20	0.02	0.38
尿素窒素	0.012	0.012	0.011	Ca^{2+}	0.006	0.01	0.001
アミノ酸窒素	0.006	0.005	0.008	Mg^{2+}	0.0035	0.0035	0.0035
クレアチニン	0.002	—	—	Fe^{2+}	0.052	0.0001	0.10
クレアチン	0.005	—	—	Cl^-	0.29	0.36	0.20
尿酸	0.003	—	—	HPO_4^{2-}	0.045	0.010	0.079
ブドウ糖	0.07	0.08	0.08	SO_4^{2-}	0.0005	0.001	
乳酸	0.020	0.025	0.014	HCO_3^-	—	0.17	

乳汁は初乳から授乳後期まで哺育の過程で変動があり，動物種による成分の違いは栄養学上でも問題となる．同一動物種でもその環境，食餌内容によって変化し，同一母親でも栄養状況の影響を受ける．

表 11.8 血液ガス

血　　液		CO_2 圧 (mmHg)	O_2 圧 (mmHg)
臍動脈血		35～60	7～23
臍静脈血		26～52	15～40
動脈血	新生児	28～45	38～83
	小児（90～360 日）	27.0～39.8	
	成人	29.4～43.6	68.0～93.2
静脈血	成人	46.1～53.7	

	CO_2 濃度	O_2 濃度
動脈血	20.4～22.8 (m mol/l) 45.5～50.7 (vol %)	7.68～9.70 (m mol/l) 17.2～22.0 (vol %)
静脈血	23.2～26.0 (m mol/l) 51.6～58.0 (vol %)	4.60～6.92 (m mol/l) 10.3～15.5 (vol %)

Lentner[9]

表 11.9 血清(漿)の生化学的特性（金井[8]）

項　目　（単位）	
比　重	1.024～1.026
屈折率	1.349～1.354
粘　度	1.7～2.0
浸透圧　（mOsm/kg）	275～285
水分量　（％）	90.8～91
総固形分　（g/dl）	8.5～10

表 11.10 血清中の無機成分（山川[10]を改変）

無機成分（単位）	含　量
Na　（mEq/l）	138～146
K　（mEq/l）	3.6～4.7
Cl　（mEq/l）	99～109
Ca　（mg/100 ml）	9.0～11.0
HCO_3　（mEq/l）	21～29
Fe　雄（μg/100 ml）	80～200
雌（μg/100 ml）	70～180
Cu　雄（μg/100 ml）	80～130
雌（μg/100 ml）	100～150

表 11.11 血漿タンパク質[11]

血漿タンパク質	正常値(mg/100 ml)	血漿タンパク質	正常値(mg/100 ml)
prealbumin	10～40	β-globulin	
albumin	3500～5500	β_2-glycoprotein I	15～30
α-globulin		β_2-glycoprotein II	12～30
α_1-acid glycoprotein	55～140	β_2-glycoprotein III	5～15
α_1-lipoprotein	290～770	hemopexin	50～115
α_1-antitrypsin	200～400	β-lipoprotein	190～740
α_1B-glycoprotein	15～20	β_2-microglobulin	0.1～0.2
transcortin	～7	γ-globulin	
thyroxine-binding globulin	1～2	c-reactive protein	0.002～1.35
α_1-T-glycoprotein	5～12	immunoglobulin	
α_1-antichymotrypsin	30～60	IgA	90～450
9.5 S α_1-glycoprotein	3～8	IgD	0.3～30
Ge-globulin	20～55	IgE	0.025～0.07
antithrombin III	20～40	IgG	800～1800
Zn-α_2-glycoprotein	2～15	IgM	37～280
α_2-HS-glycoprotein	40～85	lysozyme	0.07～0.2
hepatoglobin			
type 1-1	100～200		
type 2-1	160～300		
type 2-2	120～260		
α_2-lipoprotein	150～240		
α_2-macroglobulin	170～420		
serum cholinesterase	0.5～1.5		

表 11.12 血清中の含窒素成分(タンパク質を除く)[11]

含窒素化合物 (単位)		含 量
アセチルコリン (μg/100 ml)		0~3.7
総窒素 (g/100 ml)		1.20~1.43
尿 酸 (mg/100 ml)	男	3.5~7.9
	女	2.6~6.0
尿素窒素 (mg/100 ml)		9~20
クレアチニン (mg/100 ml)	男	0.64~1.12
	女	0.54~0.97
クレアチン (mg/100 ml)	男	0.3~0.8
	女	0.3~1.2
アミノ酸 (μmol/l)		2000~3570
総アンモニア (μg/100 ml)		13~141
ビリルビン		
総ビリルビン (mg/100 ml)		0.3~1.1
遊離型ビリルビン (mg/100 ml)		0.48~0.60

表 11.13 血清中の糖とその関連物質[11]

糖およびその関連物質 (単位)	含 量
グルコース 成人静脈血 (mg/100 ml)	45~95
成人毛細管血 (〃)	50~90
アセチルグルコサミン (〃)	80~100
アセトアルデヒド, 全血 (〃)	0.05~0.4
グリコーゲン, 全血 (μg/gHb)	26~105
グリセロール (mg/100 ml)	0.1~1.2
グルクロン酸 (〃)	2.0~4.4
グルコサミン (〃)	61~78
ケトン体, 総・全血 (〃)	0.3~2.0
糖タンパク質, 総量 (〃)	273
乳 酸 (〃)	4.2~7.6 (安静時)
	6.8~11.2
ピルビン酸, 全血・安静時 (〃)	0.12~1.0

表 11.14 血清中の脂質成分[11]

脂質成分 (単位)		含 量
総脂質 (mg/100 ml)		364~758
脂肪酸, 遊離 (μEq/l)		129~769
コレステロール, 総 (mg/100 ml)		122~244
遊離	男	35~72
	女	36~67
胆汁酸, 総 (μM)		0.5~9.0
リポタンパク質		
α_1-リポタンパク質 (mg/100 ml)		20~231 (10~56%)
β-リポタンパク質 (mg/100 ml)		197~231 (35~76%)
過酸化脂質 (n mol/ml)		8.23±0.86
リン脂質 (mg/100 ml)		145~257

表 11.15 血清中のビタミン[11]

ビタミン (単位)		量
ビタミンC (L-アスコルビン酸) (μg/100 ml)	男	200~900
	女	600~1400
ビタミンB_1 (チアミン) (〃)		2~8
トコフェロール (ビタミンE) (〃)		500~1600
ニコチン酸 (ナイアシン)		1.6~5
D-パントテン酸 (〃)		20~165
D-ビオチン (ビタミンH) (〃)		0.021~0.040
ビタミンA (〃)		20~50
ビタミンB_6 (ピリドキサールリン酸) (〃)		3~8
ビタミンB_{12} (シアノコバラミン) (〃)		0.028~0.095
ビタミンD (カルシフェロール) (IU/l)		700~3100
葉 酸 (μg/100 ml)		0.2~1.0
リボフラビン (ビタミンB_2) (〃)		2.6~3.7

表 11.16 血清酵素[11]

酵 素 (単位)		活性値
アデニル酸キナーゼ (ミオキナーゼ) (U/l)		2.5~14.9
アデノシンデアミナーゼ (〃)		1.5~3.7
α-アミラーゼ (UI/100 ml Somogyi)		42~127
アリルエステラーゼ (U/l)		12000±6000
アルカリホスファターゼ		
(King-Armstrong)		2.6~10
(Bessey-Lowry-Brock)		0.3~2.3
アルギナーゼ (U/l (37℃))		0~12
アルギニンエステラーゼ (μmol/hr/ml)		30~81
アルコールデヒドロゲナーゼ (U/l)		1.8
カタラーゼ (mg/0.1 ml)		0.20~0.48
クレアチン(ホスホ)キナーゼ(CPK, CK) (U/l Roralki)	男	48~176
	女	38~109
コリンエステラーゼ (ChE) (ΔpH)	男	0.8~1.7
	女	0.7~1.4
トランスアミナーゼ (GOT) (Karmen) (アスパラギン酸アミノトランスフェラーゼ, AST)	男	8~27
	女	7~21
トランスアミナーゼ (GPT) (Karmen) (アラニンアミノトランスフェラーゼ, ALT)	男	4~31
	女	3~16
乳酸デヒドロゲナーゼ (LDH) (Wacker)		80~120
(Wroblewski)		150~450
(U/l)		71~207
乳酸デヒドロゲナーゼアイソザイム (LDH_1) (%)		18~32
(LDH_2)		27~41
(LDH_3)		18~25
(LDH_4)		4~14
(LDH_5)		3~16
ロイシンアミノペプチターゼ (LAP) (Goldbarg)	男	75~230
(竹中-高橋)		20~50
(Goldbarg)	女	80~210
(竹中-高橋)		18~33
γ-グルタミルトランスペプチターゼ (γ-GTP) (U/l (37℃))		4~54

表 11.17 血液中のホルモン[11]

ホルモン （単位）	含量	ホルモン （単位）	含量
アドレナリン (ng/ml)	0～0.11	コルチゾン(compound E) 早期空腹時 男 (ng/ml)	21～31
アルドステロン(ALD)早朝空腹時臥位 (pg/ml)	30～220	女	14～25
アンギオテンシンII動脈血漿 (pg/ml)	18～106	成長ホルモン(HGH) 早期空腹時 (ng/ml)	5 以下
アンドロゲン総 男 (μg/ml)	0.4～13	セクレチン (pg/ml)	0～80
女	0.2～10	セロトニン (μg/ml)	0.1～0.3
アンドロステロン (μg/ml)	0.3～0.8	チロキシン(T_4) (ng/ml)	45～115
インシュリン 空腹時 (μU/ml)	5～30	テストステロン 男 (ng/ml)	2.5～11
エストロゲン		女	0.1～0.8
エストラジオール(E_2) 男 (pg/ml)	18.1±1.8	ノルアドレナリン 早期安静空腹時 (ng/ml)	0.1～0.7
女 卵胞期	21.4±2.6		
黄体期	68.5±4.7	パラトルモン（副甲状腺ホルモン） (ng/ml)	0.1～2.0
エストリオール(E_3) 男 (pg/ml)	10.7±4.4	副腎皮質刺激ホルモン(ACTH) (pg/ml)	5～95
女 卵胞期	29.1±2.7	プロゲステロン 男 (ng/ml)	0.15～0.48
黄体期	9.2±3.8	女 卵胞期	0～5
エストロン(E_1) 男 (kg/ml)	41.3±2.0	黄体期	6～21
女 卵胞期	52.9±4.1	臍帯静脈血	372
黄体期	78.6±4.3	臍帯動脈血	140
エンテログルカゴン (ng/ml)	0.35±0.05	プロスタグランジン A 男 (ng/ml)	1.0±0.2
オキシトシン (pg/ml)	1.5 以下	女	0.9±0.2
黄体形成ホルモン(LH) 男 (mIU/ml)	4±23	プロスタグランジン E 男 (ng/ml)	0.4±0.1
女 卵胞期	12±6(SD)	女	0.3±0.04
排卵期	93±47	プロラクチン 男 (ng/ml)	2～31
黄体期	8±5	女	3～50
閉経期後	99±43	メラニン色素胞刺激ホルモン(MSH) (ng/ml)	0.09 以下
ガストリン (pg/ml)	13～100		
グルカゴン (ng/ml)	0.3～2.0	卵胞刺激ホルモン 男 (μU/ml)	3.4±2.7
甲状腺刺激ホルモン(TSH) (μU/ml)	1～11	女 卵胞期	5.6±4.5
抗利尿ホルモン(ADH) 安静時臥位 (pg/ml)	1.0～4.3	排卵期	13.6±11.9
		黄体期	3.0±2.0
コルチコステロン(compound B) (ng/ml)	5～20	閉経期後	60±22
コルチゾール(compound F) (ng/ml)	20～250	レニン (ng/ml/hr)	1.7±0.3

表 11.18 リンパ液の一般性質[12]

項目 （単位）	リンパ液	血漿または血清
酸素分圧 (mmHg)	20～41	62～68
二酸化炭素分圧	24～32	26～29
pH	7.46～7.48	7.46～7.50
浸透圧 (mOsm/kg)	270～302	265～355

表 11.19 リンパ液の窒素化合物[11]

窒素化合物 （単位）	リンパ液	血漿または血清	窒素化合物 （単位）	リンパ液	血漿または血清
総タンパク質 (g/100 ml)	2.25～5.20	5.80～7.60	プロトロンビン(因子II) (%)	42～86	72～100
アルブミン	1.10～3.24	1.97～4.27	因子 V (%)	8～76	44～110
総グロブリン	1.15～2.14	2.12～4.23	因子VII複合体 (%)	15～76	72～104
α_1-グロブリン	0.15～0.32	0.18～0.47	因子VIII (U/ml)	4～16	56～334
α_2-グロブリン	0.15～0.26	0.75～1.13	因子 X (%)	18～78	62～115
β-グロブリン	0.39～0.58	0.68～1.54	抗トロンビングロブリン (U/ml)	77～116	116～191
γ-グロブリン	0.46～0.98	0.93～1.73			
ビリルビン	0.1～3.5	0.1～4.2	クレアチニン (mg/100 ml)	0.46～1.92	0.50～1.82
凝固因子			ハプトグロビン	35～91	166～306
トロンボプラスチン (%)	10～74	45～104	尿酸	1.1～7.2	0.9～6.5
フィブリノーゲン(因子I) (g/100 ml)	0.050～0.300	0.125～0.600	非タンパク性窒素	21～54	20～50

表 11.20 乳汁組成[11]

成分（単位）	初乳 (1〜5日)	移行乳 (6〜10日)	成乳 日本	成乳 USA	成分（単位）	初乳 (1〜5日)	移行乳 (6〜10日)	成乳 日本	成乳 USA
水分 (g/100ml)	87.2	86.4	88.6	87.6	糖質	6.3	7.7	7.1	
全固形分	12.8	13.6		12.4	乳糖	5.3	6.6		7.0
総タンパク質	3.3	2.0	1.4	12	灰分	0.33	0.24	0.2	0.21
カゼイン	1.2	0.7		0.4	カルシウム	31	34	35	33
ラクトアルブミン		0.8		0.3	リン	14	17	25	16
ラクトグロブリン		0.5		0.2					
脂質	2.9	3.6	3.1	3.8	鉄	0.09	0.04	0.2	0.15

表 11.21 髄液[3,11]

総液量	新生児	40〜60	ml	総タンパク	10〜40	mg/dl
	幼児	60〜100				
	小児	80〜120		A/G比	1.5〜2.3	
	成人	100〜160		IgG	1〜3	
	脳室内	20〜40		IgA	0.1〜0.5	
	クモ膜下腔 胸部	30				
	脊髄部	80		非タンパク窒素	12〜30	
液圧（臥位）		60〜150	mmH₂O	尿素窒素	6〜15	
比重		1.005〜1.007		グルコース	50〜75	
氷点降下		0.540〜0.603	℃	塩素	120〜130	mEq/dl
浸透圧		292〜306	m mol/kg	ナトリウム	130〜150	
		290〜324	m osm/kg	カリウム	2.5〜3.5	
細胞数		0〜5	/μl	カルシウム	2.2〜2.5	
生産率		0.35	ml/min	LDH	8〜50	IU/l

表 11.22 胆汁の性質[3,11]

	肝胆汁	胆嚢胆汁
比重	1.009〜1.013	1.026〜1.032
氷点降下 (℃)	0.56〜0.61	
浸透圧 (m mol/kg)	260〜322	265〜299
pH	7.15(6.5〜8.6)	5.5〜7.7
水分	975	859
固形分 (mg/ml)	10〜35	40〜170

表 11.23 尿の物理化学的性質[8,11]

尿量 (ml/day)	600〜1600	
比重	1.016〜1.022	
pH	4.8〜7.5	
新生児	5.5〜7.3	
小児・成人	4.8〜8.2	
滴定酸度 (mEq/day)	20〜50	
氷点降下度 (℃)	0.9〜2.3	
浸透圧 (mOsm/kg)	50〜1300	
水分	90〜95	
固形成分	30〜70	
表面張力 (dyn cm⁻¹)	64〜67	

表 11.24 尿中成分[8,11]

有機成分		含量	有機成分		含量
総窒素	(g/d)	10〜15	カリウム	((g/d))	0.8〜1.6
尿素	(〃)	15〜30	カルシウム	(〃)	0.1〜0.3
尿酸	(〃)	0.4〜1.2	マグネシウム	(〃)	0.1〜0.2
アンモニア	(〃)	0.3〜1.2	塩素	(〃)	10〜15
クレアチン	(mg/d)	10〜50	総硫酸	(〃)	1.5〜3.0
クレアチニン	(g/d)	1〜1.5	エーテル硫酸	(〃)	0.1〜0.3
アミノ酸	(〃)	0.2〜0.7	リン	(〃)	0.5〜2.0
馬尿酸	(〃)	0.2〜0.6	鉄	(mg/d)	0.1〜0.2
インジカン	(〃)	5〜20	ビタミン		
アセトン	(〃)	10〜20	ビタミン B_1	(μg/d)	108〜390
ウロビリノーゲン	(〃)	0.5〜2.0	ビタミン B_2	(〃)	819〜1250
タンパク質	(〃)	20〜60	ビタミン B_6	(〃)	1.0
グルコース	(〃)	40〜85	葉酸	(〃)	3.8〜238
食塩	(g/d)	10〜15	アスコルビン酸	(mg/d)	15〜50
ナトリウム	〃	4〜6			

（4） 主要な臓器

ヒトの卵子が受精して出生するまで38週間を要する．通常卵管膨大部で受精した接合子が分割を繰り返しながら卵管を下り，桑実胚の時期に子宮内腔に達し受精後第4～5日，胚盤胞となって子宮内膜に着床する．この間に細胞の役割分担の方向づけがなされ，胞内の内細胞塊は胚の形成に，胞壁を作る栄養膜が胎盤の形成にあづかる．この時期の原腸胚に胚葉の形成が行われ，胎生第3週の初め（胎長約1.5mm）に外胚葉から中枢神経系の原基である神経管が形成される（神経胚）．頸部に鰓弓および鰓嚢が現れ，神経管の外側に中胚葉から体節，腹側の内胚葉から原始腸管が生じて脊椎動物の原形ができる．発生の詳細は成書にゆずるが第8週までに胚の基本的組織や器官の形成が起こり，およその器官の原基が出そろうことになる．この時期までを胚子（embryo）と名づける．第9週以降はすでに形成された組織や器官が発育，成長してヒトを特徴づける形ができてゆく．これ以後出生までを胎児（fetus）と呼ぶ．

主要臓器の生後発育を重量増加で見ると（表11.25），肝臓，肺などは新生児の13～18倍に増大し，その成長は直線に近いシグモイド曲線を示すが，脳は胎生期30週にほぼ脳溝，脳回を作り外形を完成させ，その重量は生下時に350～370gになる．脳は出生後数年で急速に発育し，1年間の増加率は175％，1～2歳から5～6歳の間の増加率は8.08％，10～11歳から15～16歳で生下時の4倍程度になり成人とほぼ等しい．ヒトの生下時の脳重と体重比は1：8.91で，ゴリラの生下時脳重130g，体重1800gで脳

表 11.25　人体臓器の重量 (g)[10]

臓器		新生児	幼児		小児		成人
			1～2歳	5～6歳	10～11歳	15～16歳	
肺	男	51.7	170.3	260.6	474.5	691.7	953.0
	女	50.9	175.3	319.9	571.2	708.8	792.8
脳	男	353	971	1275	1378	1407	
	女	347	894	1206	1247	1271	
心臓	男	19	54	95	144	258	322
	女	20	48	90	154	239	252
腎臓	男	24	72	106	150	229	290
	女	24	65	102	163	230	248
肝臓	男	124	400	595	880	1315	1630
	女	125	390	590	880	1330	1415
脾臓	男	8	35	58	82	135	162
	女	8	34	57	85	127	155
副腎		9.04	3.56	5.19	7.00		
脳下垂体		0.10	0.148	0.257	0.380		0.526
胸腺		10.9	23.0	28.5	29.5		18.6
膵臓		2.77	13.54	22.4	29.25		27
甲状腺		2.09	2.53	5.24	8.69		

表 11.26　体循環における各臓器の血流量，酸素消費量および循環抵抗[13,14]

器官	重量 (kg)	血流量			動・静脈間の酸素含有量 (ml/l)	酸素消費量			循環抵抗 (血圧/血流量) mmHg/(ml/sec)
		全量		組織100g当たり (ml/nin)		全量		組織100g当たり (ml/nin)	
		(ml/min)	(％)			(ml/min)	(％)		
肝臓	2.6	1500	27.8	57.7	34	51	20.4	2.0	3.6
腎臓	0.3	1260	23.8	420.0	14	18	7.2	6.0	4.3
脳	1.4	750	13.9	54.0	62	46	18.4	3.3	7.2
心臓	0.3	250	4.7	84.0	114	29	11.6	9.7	21.4
骨格筋	31.0	840	15.6	2.7	60	50	20.0	0.2	6.4
全身	63.0	5400	100	8.6	46	250	100	0.4	1.0

表 11.27 主要臓器における組織呼吸[14]

臓器	重量(kg)	酸素消費量(l/day)	炭素ガス産生量(l/day)	R.Q.	血流(l/day)
脳	1.4	67	67	1.00	1080
心臓	0.3	42	36	0.85	324
腎臓	0.3	25	20	0.80	1814
肝臓	2.6	73	51	0.70	2160
骨格筋	31.0	71	57	0.85	1205
皮膚	3.6	17	14	0.85	663
その他	24.0	72	58	0.85	547
全身	63.2	367	303	0.83	7793

重と体重比は1:13.85, 成体ではヒト1:41, ゴリラ1:200である.

主要な臓器の代謝に関係する血液量を見ると単位組織当たりの血流量は血液よりの沪過, 尿細管より血中への水の再吸収により尿の生成を行う腎臓が最大で, 激しい運動を休みなく行う心臓では単位当たりの酸素消費量が最大を示す（表11.26）. このいずれも脳と肝臓はほぼ同値である. また脳の呼吸商をみるとグリコーゲンを主とする糖質消費を主としている（表11.27）.

(5) ヒトの脳の特性

霊長類の脳の発育は皮質化（corticalization）あるいは終脳化（telencephalization）が進み, 大脳皮質の機能に対する依存度が高くなり, 外形の上でも他の脊椎動物と明らかな差が認められる. 中でもヒトにおいて脳は最高度に発育したとみなすことができ進化の表示のために数量的な表出の試みがなされている. 脳は体の大きさに関連して大きくなり脳重も増すがヒトの脳はクジラやゾウの脳重よりは小さいがウマやゴリラよりは重い（表11.28）.

ヒトの脳重1350～1250gの値は成熟した脳では長く一定値を保つものではなく40歳に入ると脳重量の減少が始まる（表11.29）[15,16]. 脳が大きくなることは動物の生活様式（生態）に示される行動を反映する脳の部分が特殊化した発達を進めることであり, ニューロンの数の増加によるが同時に神経細胞も系統進化に従って大きくなり, 樹状突起がneuropile（ニューロピル, 神経網）における広がりを複雑にしてシナプスが増加することによる. ヒトの脳の進化について頭蓋腔容積およびその頭蓋内鋳型（endocranial cast）の形状の比較が行われる. ヒトの頭蓋腔容積1450～1500ccに対しゴリラ534cc, オランウータン434.4cc, チンパンジー398.5ccであ

表 11.28 脳重と体重比

	脳重(g)	体重比
コイ	0.93	1:860
カエル	0.095	1:398
アオウミガメ	7.5	1:10280
ハト	1.795	1:116
スズメ	0.795	1:26
ネズミ	0.376	1:36
セミクジラ	2490	1:250
ウマ	448	1:534
ゾウ	4660	1:439
ネコ	32	1:128
サル	85	1:88
ゴリラ	450	1:200
ヒト	1375	1:41
		1:38(日本人)平均

表 11.29 脳重の生後変化（Chernyshev）[15]

年齢	男		女	
	例数	脳重(g)	例数	脳重(g)
12～19	128	1375	25	1255
20～29	203	1383	98	1244
30～39	243	1378	118	1226
40～49	301	1371	124	1241
50～59	222	1341	128	1209
60～69	160	1325	107	1184
70～79	41	1308	59	1175
80～89	10	1281	8	1116
90	2	1270	2	1185

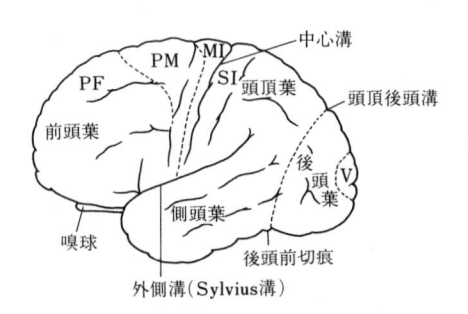

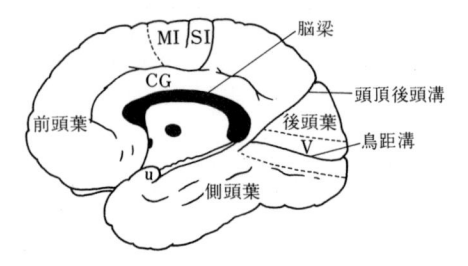

図 11.2 ヒトの大脳皮質内の脳領域

る[17]．オーストラロピテクスはゴリラとほぼ同容積を示すが，その後50万年以内の間のヒトへ向かっての脳の進化は容積の増加すなわち脳の増大を示すとともに著明な形の変化を示す．ヒトの脳の前進的な進化は環境からの情報の収集と処理機構を発達させ，知覚区を増大させそれを複雑化する．すなわち大脳半球で前頭葉，頭頂葉，側頭葉の増大，言語中枢，視覚領の発育が顕著である．

ヒトの脳の進化ないし他の動物との差を示す試みとして脳重・体重比（表11.28），中枢神経中の脊髄重量の百分率（ニワトリ55％，ウサギ45％，ネコ32％，ゴリラ6％，ヒト2％）などがある．Jerison[18]は脳重 Br(g) と体重 BW(kg) との関係を $\log Br = \alpha + (2/3)\log BW$, $Br = \kappa [BW]^{2/3}$ で示した．恒数の α および κ は高等な動物ほど大きい値を示す．κ はトリ=0.007, 哺乳動物=0.07, マウス=0.06, ヒツジ=0.08, チンパンジー=0.30, オーストラロピテクス=0.41, 直立猿人=0.70, ヒト=0.95 という．

このような試みは高等動物の脳の質的な優性を数量化して示そうということにも通じ，他の臓器のように均質な組織とは異なり，脳は局所的に特異な発達をとげるものであるため，単純な量的比較は困難である．ヒトの脳が大きいことは上述のように新皮質の発達によるもので新皮質の容積，細胞の平均サイズ，単位皮質内の細胞数，皮質の容積，細胞の平均サイズ，単位皮質内の細胞数，皮質総細胞数などが比較される[19,20]．ゴリラ，チンパンジーなど大型霊長類と比較してヒトでは有線領皮質容積の体重比は小さく全新皮質に対する連合領皮質容積の割合は大きい．また連合領皮質では後頭葉皮質に対する有線前野，全新皮質に対する前頭前野の割合がともにヒトで最大である．ヒトの新皮質容積はヒトの体の大きさから期待される大きさの3倍にもなる．このように脳の相対成長を新皮質容積の増加を各種の体重を同等にして下等食虫目を1とした指数で表すと，ヒトは異常な高値を示し，ヒトとチンパンジーの隔たりはチンパンジーと下等食虫目との隔たりを大きく上まわる[21]．ヒトの大脳皮質内に占める脳領域の割合は前頭葉32.8％，頭頂葉21.5％，後頭葉12.0％，側頭葉23.5％，大脳辺縁系4％，その他6.2％である．これらの中で連合性感覚野および連合野が広い面積を占めるのである．Brodmannの測った脳領域の面積について，前頭前野の面積が新皮質の中で

表 11.30 前頭葉野の霊長目での比較（Passingham）[22]

	新皮質(mm²)	前頭葉野(mm²)	(％)
ヒ ト	135,470	39,289	29.0
チンパンジー	39,520	6,719	16.9
テナガザル	16,302	1,839	11.3
マンドリルヒヒ	21,321	2,168	10.1
ゲラダヒヒ	20,594	1,467	7.1
キイロヒヒ	20,376	2,111	10.3
マ カ ク	15,308	1,733	11.3
オナガザル	14,641	1,625	11.1
オマキザル	13,682	1,260	9.2
キ ヌ ザ ル	1,649	148	8.9
キツネザル	4,054	337	8.3
コビトキツネザル	921	70	7.6

表 11.31 脳幹断面積に対する面積比（Tilney）[23]

	ヒト	チンパンジー	マカク	レムール
錐 体	0.183	0.172	0.147	0.110
橋 核	0.550	0.400	0.150	0.055
大 脳 脚	0.321	0.223	0.169	0.086
下オリーブ核	0.226	0.174	0.128	0.060
歯 状 核	0.176	0.136	0.155	0.110
赤 核	0.128	0.086	0.057	0.012
上 小 脳 脚	0.088	0.047	0.046	0.033
下 丘	0.070	0.132	0.175	0.223
上 丘	0.104	0.125	0.158	0.140
楔 状 束 核	0.100	0.073	0.086	0.049

占める割合から見ると，ヒト29.0％，チンパンジー16.9％，マカク11.3％，キツネザル8.3％であり，ヒトの前頭前野は霊長目で予想される面積の2倍である（表11.30）[22]．

脳幹の断面積に対する部位の面積比（表11.31）を見ると，新しい領域すなわち錐体，橋核，大脳脚などの数値はヒトで最高でヒトとの近縁性の強さによってその値が近づくが，相関中枢をなす中脳蓋，上丘と下丘はヒトでの値が小さい[23]．二足歩行を示す運動などの生態は筋や関節からの固有受容性感覚に関係する領域の発達を示し楔状束核，オリーブ核の値は大きい．また小脳から上小脳脚を介して結合する歯状核と赤核はこれらとともに高値を示している．また橋底部容積と体重の対数をとった回帰直線より，原猿の平均値を100とした場合の霊長目各種の橋底部容積指数が動物の生態行動を示すという[24]．

ヒトの脳は形態の面からも霊長目の中でも特異な位置を占めていることが明らかであり，機能的には

脳幹の形態的特性が大脳皮質特に新皮質の発育に関連して特徴づけられる点からヒト特有のものを考えなければならないが，一方ヒトが他の動物と本質的に同じ生物であるから条件を整理することで一般の臓器の場合と同じく脳に関する情報を実験動物によって得られることには変わりはない．〔城　勝哉〕

文　献

1) Coon, C. S., Garn, S. M. and Birdsell, J. B.: Race. A study of the problems of race formation in man. Springfield, Thomas (1950)
2) Schultz, H. von G.: Menschliche Abstammungslehre. Fortschritte der Anthropology, pp. 1863-1964, Gustav Fischer, Stuttgart (1965)
3) Lentner, C.: Units of mesurement, body fluids, composition of the body and nutrition. Geigy Scientific Tables, vol. 1. (8th ed.), Ciba-Geigy, Basle (1984)
4) Harrison, Jr., E. G., Roth, G. M. and Heines, E. A.: Bilateral indirect and direct arterial pressures. *Circulation*, **22**, 419-436 (1960)
5) Park, M. K. and Guntheroth, W. G.: Direct blood pressure mesurements in brachial and femoral arteries in children. *Circulation*, **41**, 231-237 (1970)
6) 東京都立大学身体適性研究室：日本人の体力標準値，第3版，不昧堂出版，東京 (1982)
7) 小酒井　望，阿部正和：正常値，第2版（編），医学書院 (1973)
8) 金井　泉：臨床検査法提要（金井正光編），金原出版 (1985)
9) Lentner, C.: Physical chemistry, Composition of blood. hematology and somatometric data. Geigy Scientific Tables, vol. 3, (8th ed). Ciba-Geigy, Basle (1984)
10) 日本生化学会編：生体の組成，生化学データブックI，東京化学同人 (1979)
11) 日本生化学会編：体液の成分，生化学データブックI，東京化学同人 (1979)
12) Couritice, F. C., Simonds, W. J. and Steinbeck, A. W.: Some investigation on lymph flow from a thoracic duct fistula in man. *Am. J. exp. Biol. Med. Sci.*, **29**, 201-210 (1951)
13) Wade, O. L. and Bishop, J. M.: Cardiac output and regional blood flow. Blackwell Scientific Publication, Oxford (1962)
14) Mountcastle, V. B.: Medical physiology vol. II. (14th ed) by Mountcastle, pp. 1033-1044, 1721-1722, Mosby Comp., St. Louis-Toronto-London (1980)
15) Chernyshev, S. P.: Über das Hirngewicht des Menschen. (russ.) Petersberg (1911)；岡本道雄編，脳の解剖学，朝倉書店 (1971)
16) Brizzee, K. R.: Gross morphometric analysis and quantitative histology of the aging brain. *In* Neurology of aging. (Ordy J. M. and Brizzee (ed.)), K. B., pp. 401-423, Plenum Press, New York (1975)
17) Tobias, P. V.: The brain in hominid evolution, Columbia Univ. Press, New York (1971)
18) Jerison, H. J.: Brain to body ratios and the evolution of intelligence. *Science*, **121**, 447-449 (1955)
19) Schariff, G. A.: Cell counts in the primate cerebral cortex. *J. Comp. Neurol.*, **98**, 381-400 (1953)
20) Haugh, H.: Remarks on the determination and significance of the gray cell coefficient. *J. Comp. Neurol.*, **104**, 473-492 (1956)
21) Stephan, H. and Andy, O. J.: Quantitative comparative neuroanatomy of primates: An attempt at a phylogenetic interpretation. *Ann. N. Y. Acad. Sci.*, **167**, 370-387 (1969)
22) Passingham, R. E.: Anatomical differences between the neocortex of man and other primates. *Brain, Behav. Evol.*, **7**, 337-359 (1973)
23) Tilney, F.: The brain from ape to man. Hoeber, New York. Holloway, Jr., R. L. (1968)；The evolution of the primate brain: Some aspects of quantitative relations. *Brain Res.*, **7**, 119-120 (1928) より
24) 俣野彰三，大田裕彦：霊長類における橋底部の系統発達．科研費総合A「ロコモーションの個体発達と系統発達に関する総合的研究」成果報告書 (1984)

付　　表

付表 1　1989年使用数調査に対する回答機関数

機関分類	1989年度	1988年度	1986年度
大学（医・歯・薬）	132	138	115
大学（農・獣医）	40	38	32
大学（理・水産）	45	36	22
大学（文・教・家政）	66	70	47
大学（付置研）	28	23	22
医療・看護短期大学	19	17	—
国立研究所	36	32	24
公立研究所	67	64	48
病院・療養所	—	—	9
企業	141	129	114
計	574	547	433

付表 2　マウスの使用数

機関種別 動物種別	大　学（含短大）					研究所		企業	合　計
	医・歯・薬	農・獣医	理・文理・水産	文教・家政	付属研	国　立	公　立		
Closed colony									
ICR系	162406	28688	4638	2377	14870	21033	59929	1045032	1338973
dd系	257739	20596	3395	768	9533	47551	29322	817731	1186635
その他	3557	2600			1	270	180	70292	76900
計	423702	51884	8033	3145	24404	68854	89431	1933055	2602508
近交系									
A系	10981	175	500	72	411	1387	83	6688	20297
AKR系	5148	260			251	314	1638	1047	8658
BALB/c系	120693	10603	1942	1536	16251	23036	8395	298455	480911
C3H系	69296	4447	3003	230	13702	17169	2744	69003	179594
C57BL/6	68260	4151	786	168	21379	12236	25369	105914	238263
C57BL/10	2625	210			165	4731	1066	1025	9822
C57BL系	7444	805	420		691	25	12952	5098	27435
CBA	4554	205			3434	800	691	8442	18126
DBA/2	5926	1030	260	100	556	1622	2413	36814	48721
DDD	756	500			5454	40	195		6945
DDY	35800	12689	1138	400	2534	698	35765	30662	119686
DS	2870							50000	52870
IVCS	233	650			25		30	12	950
KK	643	260			10	100	201	2326	3540
MRL	2370				395	110	106	3520	6501
NC	342	60			1		60	203	666
NOD	7744	55			200	75	538	5089	13701
NON	1610							2200	3810
NZB	1549				35	212	276	786	2858
NZW	2937				62		30	32	3061
SAM	6321	510		1300	13150	435	400	6915	29031
SJL	644		62		200	761	174	1200	3041
SM系	470	60				243	4	862	1639
129系	341		1118	70	680	196	24		2429
その他	11731	3570	1963	187	2535	5656	4408	24821	54871
計	371288	40240	11192	4063	82121	69846	97562	661114	1337426
交雑									
B6D2F1	11583	180			1450	4838	8539	126165	152755
B6C3F1	5603	624			894	4491	4564	12708	28884
CDF1	10835	2475	2020		1196	1128	284	137714	155652
その他	11744	4845	100	100	805	380	20971	7683	46628
計	39765	8124	2120	100	4345	10837	34358	284270	383919

付　表

機関種別 動物種別	大　学（含短大） 医・歯・薬	農・獣医	理・文理・水産	文教・家政	付属研	研究所 国　立	公　立	企業	合　計
コンジェニック									
B10・A	768	30			184	2898	45	240	4165
B10・BR	2585	20			186	1284	13	315	4403
B10・D2	3217				92	466	96	240	4111
B10・S	309					387			696
B10・129	100					133			233
B10・AKM	350					121			471
B10・AQR					5	145			150
B10・CAS		50				198			248
B10・DA	150				25	120			295
B10・G	31					178			209
B10・GD	150					51			201
B10・HTG	7					124			131
B10・HTT						117			117
B10・M	50					209			259
B10・MBR	300								300
B10・MOL						1973			1973
B10・PL	234					187			421
B10・QBR	300								300
B10・RIII	50				40	158			248
B10・SM						165			165
B10・Thy	392				100	435			927
B10・WB						97			97
B10・Y						187			187
その他	498		35		126	340	110	40	1149
A・SW	80				37	140			257
A・TH	350				18	163	20		551
A・TL	470				30	180	20		700
A・BY	910	10				183			1103
その他	23					348			371
BALB・B	711					198			909
C3H・SW	404					208			612
BALB・K	753					133			886
D1・DA						129			129
その他	1897	103	600			1761	2310	10	6681
計	15089	213	635		843	13416	2614	845	33655
ミュータント系									
・ヌードマウス									
nu (C3H)	938	150	50					10	1148
nu (C57BL)	2622	10			86	49	30		2797
・その他									
nu (ICR)	3320	30	3		1830	261	127	488	6059
nu (KSN)	3738	250			20		397	406	4811
nu (MCH)	165					50		330	545
nu (BALB/c)	34443	1390			6843	6688	10710	44424	104498
その他	2045	400			1020		142	530	4137
bg	1288	60				137	320	300	2105
ob	3096						20	1206	4322
dy	21		14				200		235
jp	6				640				646
Ay	10	60	600				6	2879	3555
rl	250				360	226	16		852
lpr	92				1245		336	1827	3500
その他	18836	420	520	100	3991	6883	4363	6888	42001
計	70870	2770	1187	100	16035	14294	16677	59278	181211
リコンビナント									
CxB	44					871	150		1065
その他	7980	400	800		5100	1932	610	70	16892
計	8024	400	800		5100	2803	760	70	17957
染色体変異									
Rb		50				650			700
その他	10				860	349	50		1269
計	10	50			860	999	50		1969
野生由来									
Mol系	720	30				1096	9		1855
その他	312	593				3224	162		4291
計	1032	623				4320	171		6146
その他	1933	200	286		380	11613	465		14877
計	1933	200	286		380	11613	465		14877

付表3 ラットの使用数

機関種別 動物種別	大　学（含短大）					研究所		企業	合　計
	医・歯・薬	農・獣医	理・文理・水産	文教・家政	付属研	国　立	公　立		
クローズド コロニー									
Donryu	32275	776	8	474	5515	302	603	29133	69086
Long-Evans(LE)	988	10		438	50	262	420	122	2290
SD(Sprague-Dawley)	139783	11039	321	2541	914	5001	19748	677818	857165
Wistar	362350	19654	1927	6706	6670	19721	24729	661770	1103527
Wistar-Imamichi	8047	5770	60		454	1487	3073	38388	57279
その他	2133	274		5	634	50	980	47162	51238
計	545576	37523	2316	10164	14237	26823	49553	1454393	2140585
近交系									
ACI	3371	105	11		20	459	251	482	4699
BDIX	393			160				553	
BN	1902	15	14		100		202	230	2463
BUF	1872	5			2000		32		3909
DA	7497				10		12	408	7927
F344	20306	357	80	51	1981	5407	8026	93422	129630
LEW	11315				154	134	412	25887	37902
PVG	2107				25		48	70	2250
W	250	5	1						256
WF	5091						132	280	5503
WKAH	17726	35	329		162	282	268	2632	21434
WKY	10967	53		246	50	211	152	8687	20366
WM	4980	5				1094	59	246	6384
その他	4577		128		180	326	331	445	5987
計	92354	580	563	297	4842	7913	9925	132789	249263
ミュータント系									
F344r-un	5165	35			30	230	455	488	6403
Gunn	243						1460	1179	2882
SHR	10170	70			19	508	862	19387	31016
SHRSP	2393	123		25	79	50	1	10113	12784
QDS	326								326
WBN/Kon	1729	32						428	2189
Zucker	1091							142	1233
その他	9156	1720	866		696		1135	3325	16898
計	30273	1980	866	25	824	788	3913	35062	73731
野生ドブネズミ	1614	105	252	10				19	2000
合　計	669817	40188	3997	10496	19903	35524	63391	1622263	2465579

付表4 モルモット，ハムスター類およびその他のげっ歯類の使用数

機関種別 動物種別	大　学（含短大）					研究所		企業	合　計
	医・歯・薬	農・獣医	理・文理・水産	文教・家政	付属研	国　立	公　立		
モルモット									
Strain2	629		2			22		656	1309
Strain13	43					12		77	132
ハートレー	53991	1532	11	41	1716	9664	3917	165577	236449
JY1					11	20	80	188	299
JY2						4			4
その他	734	31	6	1	129	145	64	240	1350
計	55397	1563	19	42	1856	9867	4061	166738	239543
シリアン（ゴールデン） ハムスター									
近交系	9186	1188	2	50	559	629	1258	7418	20290
ミュータント系	7252					300		84	7636
その他	8490	780		71	877	809	187	8227	19441
チャイニーズハムスター									
近交系	185	100	6			300	609	30	1230
その他	2909	40					808		3757
その他	581							79	660
計	28603	2108	8	121	1436	2038	2862	15838	53014
上記以外のげっ歯類									
スナネズミ	7631	2560		10	721	792	502	21039	33255
ヒメネズミ	127	12	80	4		58			281
カヤネズミ	78			50	25				153
マストミス	177	200			200		2500		3077
チンチラ	138	115						5	258
クマネズミ	48	20				5		21	94
アカネズミ	489	380	38	14		45	368		1334
ハタネズミ	70	474	70			224	25		863
コットンラット	1656	22					2006		3684
ウッドチャック	6					10	2		18
ミラルディア	120	60				77	30		287
その他	1135	308	85	24	1000	243	34	10	2839
計	11675	4151	273	102	1946	1454	5467	21075	46143

付表5 ウサギ類の使用数

機関種別 動物種別	大学（含短大）					研究所		企業	合計
	医・歯・薬	農・獣医	理・文理・水産	文教・家政	付属研	国立	公立		
WHHL	719		6		16				741
JW-NIBS	353	75			60		318	3937	4743
JW-Csk	110							430	540
日本白色種	38701	1723	322	19	1591	5767	5075	64420	117618
ニュージーランドホワイト(NZW)	6780	420	63	54	185	127	848	14647	23124
ダッチ	343	55						83	481
その他	550	48	55	10	258	465	98	1532	3016
合計	47556	2321	446	83	2110	6359	6339	85049	150263

付表6 サル類の使用数

	医・歯・薬	農・獣医	理・文理・水産	文教・家政	付属研	国立	公立	企業	合計
原猿	137				18	49		17	221
新世界サル	552	18		3	57	213	48	245	1136
旧世界サル	965	10			17	172	1	26	1191
マカカ属サル	1400	61	6	17	792	2241	225	1643	6385
類人猿					14				14
その他					2				2
合計	3054	89	6	20	900	2675	274	1931	8949

付表7 その他の哺乳動物の使用数

	医・歯・薬	農・獣医	理・文理・水産	文教・家政	付属研	国立	公立	企業	合計
ビーグル	1569	539		2	81	296	728	14830	18045
雑種・犬種不明	2219	15				6	29	289	2558
その他の犬種	37196	3114	14	4	1726	796	461	10803	54114
計（イヌ）	40984	3668	14	6	1807	1098	1218	25922	74717
ネコ	8895	1259	23		255	514	144	3450	14540
ミンク		20						10	30
フェレット	229	2				15	32	1154	1432
イタチ	14		5						19
マングース	5	10							15
タヌキ	9	30	3						42
スンクス	2027	1023		203	570	15	270	603	4711
ミニブタ	357	100	3			24	7	49	540
その他のブタ	1212	245	5			1051	393	1420	4326
計（ブタ）	1569	345	8			1075	400	1469	4866
ウシ	3	1318	75	1		510	218	85	2210
ウマ	3	138						11	152
ヒツジ	128	414	8	28	13	130	5	12	738
ヤギ	70	520	5	1	31	302	8	143	1080
シカ		1							1
その他の哺乳類	72	34	108		20	27	18		279
合計	54008	8782	249	239	2696	3686	2313	32859	104832

付表8 鳥類とタマゴの使用数

	医・歯・薬	農・獣医	理・文理・水産	文教・家政	付属研	国立	公立	企業	合計
ニワトリ	12816	23069	2625	912	672	10759	14373	45812	111038
ウズラ	424	6354	604	230		1494	600	30	9736
アヒル	368	51	15	7	90	77		476	1084
ガチョウ	4	40					85	3	132
ハト	30	211		79		14	13	30	377
その他の鳥類	872	440	10	19		3	35	80	1459
計	14514	30165	3254	1247	762	12347	15106	46431	123826
タマゴ									
ニワトリ	33226	79000	18757	1033	15690	33978	35859	1014330	1231873
ウズラ	9850	20770	5140			2950		867600	906310
アヒル		452	1205			10			1667
その他のタマゴ	350	200	100			3760		17400	21810
計	43426	100422	25202	1033	15690	40698	35859	1899330	2161660

付表9 は虫類，両生類および魚類の使用数

	医・歯・薬	農・獣医	理・文理・水産	文教・家政	付属研	国立	公立	企業	合計
カメ類	778	1	40	300		14			1133
ヘビ	205	83	54	3			559		904
イモリ	241	15	5360	520		200			6336
アフリカツメガエル	1834	90	3710	709	71	167	10	170	6761
その他のカエル類	18232	2317	2950	11153	143	13	60	116	34984
サンショウウオ	120		510	56					686
魚類	6352	177135	89368	16067	5703	4162	9495	35842	344124

付表10 その他の動物を使用した機関の数

	医・歯・薬	農・獣医	理・文理・水産	文教・家政	付属研	国立	公立	企業	合計
軟体動物	14	5	20	6	2	1	0	1	49
節足・甲殻類	10	5	23	10	1	3	2	1	55
カイコ	0	9	11	3	1	6	0	1	31
蛛形・昆虫	8	12	15	10	2	3	3	2	55
ショウジョウバエ	7	5	15	8	0	4	3	1	43
原生動物	2	3	10	4	0	0	0	0	19
海綿動物	0	0	3	1	0	0	0	0	4
腔腸動物	0	1	8	3	1	1	0	0	14
扁形動物	1	2	7	4	0	0	0	0	14
紐形動物	1	0	2	1	0	0	0	0	4
袋形動物	1	2	2	0	0	0	1	0	6
環形動物	1	1	10	2	0	1	0	0	15
棘皮動物	6	0	20	5	2	0	1	0	34
原索動物	2	0	8	1	0	0	1	0	12
その他	1	1	4	1	0	2	0	1	10

索引

ア 行

AALAS 4
IMM/R 386
IMM/S 系 386
アカイエカ 176
アカウニ 171
アカゲザル 426-435
アカハラタマリン 388
悪臭物質 73,75
亜系 33
アシクロビル 162
亜種間交雑 38
アスペルギルス病 119,131
アナウサギ 284
アナフィラキシーショック死亡率 72
アビシニアン種 381
アヒル肝炎 127
アフガンナキウサギ 295
アフリカツメガエル 194
アフリカブタコレラ 137
アマミノクロウサギ 295
アメーバ病 126
アメリカザリガニ 173
アメリカネズミ亜科 344
アラタ体 176
R 211
RI 系 32, 38
RI 系統間分布 322
RS ウイルス感染 346
RFLP 319
アルビノ 328
アルテミア 173
アロキサン 378
アンチセンス 55, 57
アンモニア 75

erb 58
$Ea\text{-}A$ システム 216
$Ea\text{-}C$ システム 216
ES 細胞 53, 54, 55
イエバエ 176
$Ea\text{-}B$ システム 216
yellow 211
イカリムシ 185, 187
イギリス斑 287
育種 27
育種開発 43
育種計画 42
育種素材 42
育種目標 42
イクチオフォヌス病 121,123
イクチオフチリウス病 121,123

ICLA 6
ICLAS 6, 18
萎縮性鼻炎 139
異種動物因子 108
異種動物間の関係 80
イズミオオウズムシ 170
一般毒性 378
遺伝形質 23
遺伝子記号 33
遺伝子工学 59
遺伝子座 32
遺伝子操作 54
遺伝子組成 32, 40
遺伝子導入 42
遺伝的距離 40
遺伝的コンタミネーション 47
遺伝的相似度 34
遺伝的多型 317
遺伝的統御法 29
遺伝的背景 31, 43
遺伝的複合 43
遺伝的プロファイル 51
遺伝分析 33
遺伝要因 11
遺伝様式 32, 37
遺伝率 42
イトマキヒトデ 171
イ ヌ 5, 252-265
　――の腸内菌叢 83
　――の乳汁分泌 264
　――の年齢推定 254
　――の発情周期 264
イヌコロナウイルス病 132
イヌジステンパー 132, 236
イヌ伝染性肝炎 132
イヌパルボウイルス病 131
イヌブルセラ菌 114
イヌヘルペスウイルス病 132
イモリ 189, 192, 193, 196
　――の求愛行動 196
　――の総排出腔 192
イリドフォア 191
イングリッシュ種 381
in situ 分子交雑法 37
インタークロス 30
インフルエンザ 370

ウサギ 5-293
　――の腸内菌叢 83
ウサギキュウセンヒゼンダニ 146
ウサギ線維腫 142
ウサギ痘 143
ウサギ梅毒 145

ウサギ目 141, 284
ウシガエル 194, 196
ウズムシ 170
ウズラ潰瘍性腸炎 130
ウズラ気管支炎 127
ウズラ病 130
腕わたり 446
ウナギ 188
ウナギ鰭赤病 122
ウナギわたかぶり病 123
ウ ニ 171
ウニ卵 171

エアロゾル 74
エイズ 143
HSV-1 370
HVJ 発症率 72
栄養因子 99
栄養外胚葉 303
栄養核 169
A 型肝炎 397
液体窒素 59
エクジリン 176
エクトロメリア 149
エクリン汗腺 67
SIV 162
SRV/D 162
SFEA 5
SLE 40, 323
Slp 遺伝子 302
SCN 369
sz 368
SDA 114, 153
SDP 32, 322
SPF 116
Sb システム 216
SV40 370, 402
エゾナキウサギ 295
X 器官 173
X 染色体 32
越冬卵 173
EDIM 114
Ns システム 216
エピスチリス病 121
F_1 34
F_2 34
FM マウス 302
NK 細胞 324
NC マウス 302
m 213
MHV 114, 152
MSG 379
MOA 系 30

470　　　　　　　　　　　　　　　　索　　引

M-Pウイルス　162
*Mup-1*遺伝子　313
myc　57
LCM　114, 154
Ld　212
LD$_{50}$値　71
エロモナス病　121
猿　害　408
演出型　10
円錐細胞　191
エンブリオ・バンク　59

追いかけ妊娠　341
黄色致死遺伝子A^y　41
黄体機能不全　412
オウム病　130
王立動物虐待防止協会　4
オーエスキー病　137
オオサンショウウオ　193
オーシスト　146
オオショウジョウバエ　174
尾柄病　121
オージニウム病　121, 123
オゾン　74
オナガザル属　401
auchens　307
オマキザル科　398
オリーブヒヒ　437
オールタナティブ　17
親子交配　29
温　度　65, 66
温度制御　71
　——の基準値　72
温度中性域　66

カ　行

カイウサギ　284
開　眼　375
回帰熱　346
カイコ　174
開　耳　375
外　挿　12
快適温度　66
概日リズム　346
外部環境要因　65
回盲口虫垂　296
潰瘍性甲板剥離症　125
カエル　190-192
化学物質　378
家禽コレラ　129
楽　音　76
隔年出産　411
核移植　54, 59
核多角体病　119
家　犬　252
仮性狂犬病　137
褐色脂肪　67
活性ペプチド　190
カナヘビ　199
カナリア痘　128
カニクイザル　413-419

カニバリズム　329
カブトガニ　179
下　毛　307
カラアザール　378
CALAS　6
ガラス化法　61
カラムナリス病　121, 122
collar method　376
カリフォルニアレッキス　285
顆粒病　119
carcinoma　378
カルテット　321
がん遺伝子　58
換　気　65, 73
換気回数　75
乾球温度　72
環境汚染物質　378
環境温度　66
環境複合　66
環境要因　11
GANC　55
肝コクシジウム　146
ガンシクロビン　54
カンジダ病　131
感受性対策　116
杆状体細胞　77
完全アルビノ　212
乾燥冬卵　173
感染経路対策　115
感染源対策　115
感染病　112
感染病コントロール　115
感放熱　66
緩慢凍結・緩慢融解法　60
寒冷環境　67
寒冷地適応　408

気　圧　72, 73
キイロショウジョウバエ　174
キイロヒヒ　438
気管支敗血症菌病　144, 158
気候因子　94
気候的要因　65
季節繁殖動物　411
季節変動　443
寄生虫　185
寄生虫感染　166, 353
基礎集団　43, 324
擬対立性　36
キタサンショウウニ　171
キタムラサキウニ　171
ギニアヒヒ　438
偽妊娠　52
キヌゲネズミ亜科　372
キヌゲネズミ科　344
キハダショウジョウバエ　174
揮発性脂肪酸 VFA　351
キメラマウス　55, 59
急性毒性試験　71
旧世界ザル　401
嗅　葉　191

狂犬病　370
共　生　301
兄妹交配　29
狭鼻猿類　401
狭鼻下目　452
棘皮動物　171
魚　巣　187
魚　類　120
気　流　65, 72
キロドネラ症　121, 123
キンギョ　187
　——の産卵時期　187
　——の飼育密度　187
近交系　28, 29
近交系数　29
近交退化現象　35, 209

空中微生物　73, 75
空中落下細菌数　72
偶蹄目　137
空腹時収縮　259
quaking　368
クサガメ　199
クチヒゲタマリン　388
グッピー　186, 187
首曲り　212
クマネズミ　328
組み換え型　39
組み換え頻度　39, 322
クラミジア病　141
crown less　212
クリスタリン　191
Criseus　372
Cricetulus　372
クリティカルサブセット　52
グリベットモンキー　401
グリーンモンキー　401
グルゲア病　121
グルジア病　124
車回し運動　369
クロアカ腺　203
クロゴキブリ　176
クロショウジョウバエ　174
クローズドコロニー　28
クロストリジウム病　145
crooked neck dwarf　213
クロ(黒)メダカ　181, 182
クローン　169

形質転換　58
形態的適応現象　70
形態的適応反応　67
鶏　痘　128
系統間分布パターン　39
系統差　32
毛色遺伝子　331
毛がわり　408
血　圧　69
血縁係数　29
結　核　165
げっ歯目　300, 344

ゲラダヒヒ 438	——の腸内菌叢 83	質的な遺伝形質 23
嫌気性菌 351	サル・エイズ 161	湿 度 65, 72
原生動物 168	サル出血熱 161, 162	cinnamon 212
	サル水痘ウイルス 161	ジフテリア 378
コアイソジェニック系 30, 320	サル蟯虫感染 166	sibling species 38, 169
コイ紅斑性皮膚炎 122	サルT細胞白血病ウイルス 161	シマヘビ 199
コイ赤斑病 122	サルヘルペスウイルス 161	縞模様 317
媾疫トリパノソーマ 346	サル免疫不全ウイルス 161, 162	simian virus 41 370
広鼻猿類（下目） 398	サルモネラ病 126, 129, 135, 158, 165	ジメチルスルホキシド 60
高温順応域 66	三元交雑 34, 324	社会的順位 66
恒温動物 66	産子数 68, 303	Japanese macaque 407
口蓋裂 71	サンショウウオ 189	Japanese monkey 407
甲殻綱 173	——の求愛行動 192	germfree 動物 116
硬化病 119	——の卵 192	Dyungrian hamster 361
光揮部 256	サンショウウニ 171	主遺伝子 40, 43
攻撃行動 373, 376	酸素消費量 313	臭 気 65, 75
交雑群 28, 34	ザンソフォア 191	住居因子 98
交雑第1代 34	酸素分圧 73	住居要因 66
高地環境下 73	三点実験 37, 40	集合キメラ 54
構造的異質染色質 317		収縮胞 169
口蹄疫 138	飼育密度 78, 80	集団検診システム 41
広鼻下目 452	CM 368	修正緩慢法 61
交尾刺激排卵 352	C57BC/10 系 31	pseudoallele 36
肛門腺 189, 192	C4D 系 387	シュードモナス病 121, 122
コオロギ 177	GSS 172	周年繁殖動物 339
コクサッキーB-3 370	GGT 369	収容密度 66, 75
コクシジウム病 131, 146	GPLA 387	種間交雑 38
黒色斑 373	GV 6	出産率 69
コシダカウニ 171	JY-1 387	腫瘍増殖因子 369
コスタリカ住血線虫 346	JY-4 387	主要組織適合遺伝子複合体 320
個体発生 53, 57	JY-2 387	主要織適合抗原 387
コットンラット 344	紫外線 76	純 音 76
コットンラット糸状虫 346	耳下腺 307	視 葉 191
コモンマーモセット 388	色素酵母菌病 124	消化管内菌叢 82
congenital locus 214	色素部（イヌの） 256	小 核 169
コンジェニック系 30, 31	軸骨格 304	松果体細胞 346
昆虫綱 174	耳口異常 219	小 耳 377
昆虫ボックス病 119	死産率 68	ショウジョウバエ 174
昆虫類 116	歯疾患 370	常染色体 317
chondrodystrophy 213	視床下部 67	照 度 76
コンベンショナル動物 116	ジステンパー 370	short barb 213
	自然交配法 61	蒸発量 66
サ 行	自然排卵型 352	上皮性パピローマ 196
細気管支 308	自然排卵動物 339	Shope 乳頭腫 142
催奇性 71	自然発症疾患 265	照 明 66, 76
細菌性鰓病 121	自然発症疾患モデル 343	照明時間 77
細菌性赤痢 165	自然発症疾患モデル動物 7	上 毛 307
細菌性肺炎 125	疾患モデル 268	上毛体 346
細 糸 184	疾患モデル動物 33, 36	消耗病 152
再 生 170	湿球温度 72	初期胚 53, 60
サイナス腺 173	実験動物 7, 9, 14, 17, 60	耳翼欠如 377
細胞質多角体病 119	——の基本単位 15	食殺率 76
サーカディアンリズム 369	——の飼養及び管理等に関する基準 17	食道嚢 349
雑 犬 253	実験動物アレルギー 75	植物レクチン 232
雑種強勢 34	実験動物学 2, 7, 18	食 糞 291
雑食傾向 407	実験動物研究会 6	触 毛 307
さつまかび病 119	実験動物使用数 15	シリアンハムスター 362-370
座熱量 66	実験発症疾患モデル動物 7	silver 212
サバンナモンキー 401	実験用動物 14	真猿類（亜目） 398
サリドマイド 369	実験形質 41	人工海水 186
サル 160		人工受精法 62

腎腫瘍　198
腎症候性出血熱　154
新世界ザル　389
腎腺癌　124
心臓糸状虫病　133
真胎盤　290
ジーンターゲッティング法　54
人畜共通感染病　75, 113

錐状体細胞　77
水疱性皮膚炎　126
スクラピー　140
star guying　214
スチレン　75
Strain 2　381, 382, 387
Strain 13　130, 381, 382, 387
streptozotocin　378
スナネズミ　5, 357-360
　──のWillis環　360
snow monkey　407
スピロヘータ　346
スペーシング　334
3R　7

生化学的遺伝子　214
性決定領域　314
性周期　68, 77
生殖核　169
生殖巣刺激ホルモン　172
SAIDS　143, 162
性染色体　31, 317
成長曲線　304
生物学的恒常性　65
生物環境制御装置　73
生物要因　66, 78
精　包　189, 192
生理的陥凹　256
生理勾配説　170
赤外線　76
赤肢病　124
赤色野鶏　218
赤色卵　212
脊椎動物門　344
セグリゲイティング近交系　30
舌下腺　307
sex-linked cinnamon　213
接　合　169
接合物質　169
摂餌量　68
摂水量　68
せっそう病　121
節足動物　173, 174
celadon　212
染色体地図　35
全身性エリテマトーデス　41
センダイウイルス病　113, 151
センチニクバエ　176
選　抜　42
選抜効率　43
浅速呼吸　67
繊毛運動　169

騒　音　65, 75, 76
相互包含性　65
草食性　347
相同異質性　176
相同組換え　54, 55, 57
総排泄口　190
相補性　36
ゾウリムシ　168
組織適合性遺伝子座　232
祖先型　39
祖先系統　32
属間雑種　219

タ 行

第一胃内発酵熱　67
体　温　68
体温調節　66
体外受精　53, 54, 62
体外培養　54
大　核　169
体感温度　72
大気汚染ガス　74
耐久卵　173
対向流熱交換機構　67
体細胞交雑法　37
タイ住血線虫　346
代謝水　313
大腸菌　158
大腸菌病　130, 138
体内受精　189
体熱平衡式　66
type A 精祖細胞　314
type B 精祖細胞　314
体　毛　307
対立遺伝子　36
対流量　66
唾液腺涙腺炎　114, 153
唾液塗布現象　68
唾液染色体　175
ダッチ　285
タップミノー　181, 189
タナポックスウイルス　161
Ws　373
多包条虫　346
タマリン　388
多面発現　32
短日照明　184
端部型染色体　317
単雄群　439

Chediak-Higashi病　44, 324
チカイエカ　176
蓄熱量　66
腟開口　69
チャクマヒヒ　438
チャバネゴキブリ　172
チャイニーズハムスター　6, 371-379
　──の頬袋　371, 372, 373
注入キメラ　54
注入キメラ法　55
中葉ホルモン　191

チョウ（魚虱）　185, 187
腸内菌叢　82
　──の系統差　88
　──の代謝活性　90
　──の動物種差　82
　──の変動要因　88
聴原性痙攣　76
長日照明　184
腸炎菌　158
超急速ガラス化保存法　61
腸コクシジウム　146
腸粘膜肥厚症　157
重複子宮　289
鳥　類　127
直線型　78
直腸温　73, 313
珍玩鼠育草　301
チンパンジー　445-450
　──の食胎盤　450
　──の性皮　448

ツメガエル　195

低　圧　73
低圧低酸素　73
DMSO　60
低温順応域　66
D型レトロウイルス　161, 162, 163
T細胞　71
低酸素　73
ティザー病　114, 145, 156, 378
tailless　313
適応限界温度　66
適応試験　42
デスポット型　78, 330
テトラヒメナ　176
テラトーマ　316
電気穿孔法　54
転座現象　176, 317
伝染性コリーザ　129
伝染性膵臓壊死症　121
伝染性造血器壊死症　121
伝染性軟化病　119
伝染性膿疱性皮膚炎　140
伝染性ファブリキウス嚢病　128
伝染性マウス幼子下痢　150
伝導量　66

頭形成頻度　171
凍結保存技術　60
凍結保存法　54
糖原病II型ウズラ　214
同座性　36
同種動物因子　108
同種免疫抗血清　232
闘　争　66
淘汰選抜　43
同胞種　38, 169
動脈硬化易発ウズラ　214
動物ウイルス性凝集素　232
動物虐待禁止法　4

動物権　16
動物福祉　16, 19
動物レクチン　232
トキソプラズマ病　135, 139, 378
特異動的作用　67
突然変異遺伝子　33
donor strain　321
Donaldson　45
トノサマガエル　194
ドブネズミ　328
トランスジェニックマウス　54, 55, 57, 58, 59
トリコジナ病　121, 124
トリメチルアミン　75
ドリル　438

ナ　行

内部環境要因　65
ナキウサギ　284
　　──の過剰排卵　299
　　──の過剰黄体形成　298, 299
　　──の寄生虫　299
　　──の自己免疫疾患　299
夏　毛　408
ナミウズムシ　170
なわばり　66
なわばり制　78, 79

肉用種　226
二酸化窒素　74
2次包虫症　346
日内変動　262
ニホンウズラ　202
ニホンザル　407
　　──の餌づけ　408
　　──の性皮　412
日本白色種　285
日本産ハツカネズミ　30
日本実験動物学会　6, 19
日本実験動物機材協議会　6
日本実験動物技術者協会　6
日本実験動物協会　6
日本実験動物協同組合　6
日本実験動物飼料協議会　6
日本住血吸虫　371
ニホンネコ　246
日本脳炎　370
ニホンヒキガエル　195
日本モンキーセンター　408
乳腺腫瘍　38
ニューカッスル病　127, 371
ニュージーランドホワイト　285
ニューモシスティス　159
二硫化メチル　75
ニワトリ
　　──の腸内菌叢　83
　　──の羽色　229
　　──の羽性　230
　　──の皮膚色　230
ニワトリ肉腫　129
ニワトリ脳脊髄炎　128

ニワトリ伝染性気管支炎　127
ニワトリ伝染性喉頭気管炎　127
ニワトリ白血病　129
妊娠中毒症　69

ヌタウナギ　188
ヌードマウス　68, 71, 73, 114

ネ　コ　5, 240-248
　　──の腸内菌叢　83
ネコウイルス性鼻気管炎　134
ネコ伝染性腹膜炎　134
ネコ汎白血球減少症　134
ネズミ亜目　344
ネズミ科　344
ネズミコリネ菌　156
ネズミチフス菌　158
熱産生　66
熱産生・保持中枢　67
熱性多呼吸　67
熱的中性圏　66
熱放散　66
熱量増加　67
粘液腫病　141

膿核病　119
ノトバイオート　116
野鼠毛色帯状縞　287
ノープリウス　173

ハ　行

灰色野鶏　218
パイエル板　306
肺炎球菌　378
バイオハザード　402
バイオメディカルリサーチ　8
敗血症　125
敗血症性皮膚潰瘍病　125
灰色斑病　125
胚操作　54
hybrid　439
肺マイコプラズマ病　155
白雲病　186, 187
白色初毛　212
白色卵　212
白　癬　133
白点病　121, 179, 187
ハタネズミ科　344
ハタネズミ　347-353
ハツカネズミ種　306
バッククロス　30
発生工学　53, 59
passenger gene　321
バッタ　176
Hartley系　381
buff　212
バ　フ　175
バフンウニ　171
ハムスターの腸内菌叢　83
バリアシステム　113, 116
harem system　376

盤状胎盤　290
繁殖効率　69
繁殖成績　71
伴性遺伝子　36
半致死　36
パンティング　67
panda　212
ハンタンウイルス　154

$B(S)$　211
Bウイルス　160, 161, 162
BSPテスト　411
Pnシステム　216
比較動物学　8, 12, 18
ヒキガエル　196
微気象　73
非近交系　34
pygmy chimpanyee　445
ビーグル種　257
B細胞　71
PCR法　38
ビスナ　140
ビタミン欠乏症　370
ビタミンA欠乏症　369, 370
ヒツジ　140, 281-283
　　──の反芻胃　281
ヒツジ痘　140
PD器官　174
ヒ　ト　5
ヒト科　452
ヒト疾患モデル　57, 59
ヒトデ　171
ヒトデ卵　172
ヒトニザル科　452
ヒト包虫症　346
泌乳量　69
ビニールアイソレーター　74
ヒ　ヒ　441-443
　　──の性皮　443
皮膚糸状菌　159
ビブリオ病　121
非ふるえ産熱　67
ヒマラヤン　285
ヒメゾウリムシ　168
ヒ(緋)メダカ　181
標識遺伝子　32, 39, 48
病態モデル動物　241
日和見感染　113

ファブリシウス嚢　220
フィロウイルス　161
風　速　72
FELASA　6
フェレット　237
フェロモン　75
不感蒸散　67
不完全アルビノ　213
複合音　76
ブ　タ　5, 137, 268-272
　　──の学習能力　269
　　──の胃内菌叢　83

豚コレラ 137
ブタ水疱病 137
ブタストレス症候群 273
ブタ赤痢 139
豚丹毒 138
ブタ伝染性胃腸炎 137
ブタパルボウイルス感染症 138
付着系 180
ブドウ球菌病 129, 145
冬 毛 408
brown 213
brown splashed white 212
brown locus 381
blastura の採取 184
black at hutch 211
プラナリア 170
ブランキオマイセス症 121
brittle-bristle 377
ふるえ産熱 67
ブルセラ病 133, 141
プロテウス 172
フレミッシュジャイアント 285
プロスタグランジン 316
プロトゾア 351
粉 塵 65, 73, 74
分染法 317

ヘアレスマウス 73
平衡胞 174
ベージュ 323
ヘテローシス 34
ヘミ接合体 36
ヘモフィルス感染症 139
ペルビアン種 381
ヘルペス 161, 370
扁形動物 170
偏心着床 290
変 態 189, 190

porcupine 212
棒細胞 191
放射量 66, 378
包 虫 346
放熱中枢 67
母性効果 31
哺乳綱 344
population density 78
homeosis 176
homeostasis 65
ホヤ 173
ポーリッシュ 285
ボルデテラ 158
ポルフィロプシン 191
ホルモン 190
ボレリア 346
white 211
white crescent 212
white spotting locus 382
white breasted 212
white beared 212

マ 行

micromelia 217
マイコバクテリウム症 121
マイコプラズマ肺炎 139
マウス 3, 67, 72, 303-316
　――の腸内菌叢 83
マウス肝炎 114, 152
マウスコロナウイルス 152
マウス脳脊髄炎 150
マウスポックス 149
マウスポリオ 150
マウスロタウイルス 150
マエディ 140
マーカー 39
マガイニン 196
マカカ属 426
マーケットシステム 44
麻 疹 164
まつかさ病 122, 187
mapping 30
マーモセット 388, 389
マラリア 378
マールブルグ病 161, 165, 402
マレック病 127
マンソン住血吸虫 377
マントヒヒ 438
マンドリル 438
満腹中枢 375
mammalia 344

ミエリン形成異常 213
ミクソボルス病 121
未熟物質 170
水かび病 121, 123, 124, 126
ミトコンドリア DNA 32
ミドリザル 401-405
ミニブタ 268
　オーミニ種―― 268
　ゲッチンゲン種―― 268
　ピットマンムア種―― 268
　ホーメル種―― 268
未分化胚性幹細胞 54
耳かいせん 146
ミヤマウズムシ 170
ミュータント系 28, 33

無菌動物 73, 116
無脊椎動物 168
無足目の精子 192
無足類 189
無尾目 190, 194
無尾類 189
無麻酔無拘束 259
ムラサキウニ 171
むれ肉 273

Mason-Pfizer ウイルス 161, 162
mating call 192
メキシコウサギ 295
メキシコサンショウウオ 193, 196

メダカ 181-185
メチルメルカプタン 75
メラノフォア 191
免疫学的遺伝子 216
免疫反応 71, 190
メンケス症候群 36

毛線維異常 377
戻し交雑 34
戻し交配 31
モニタリング 116
モニタリングプロファイル 51
モノクローナル抗体 232
monotrich 307
モルモット 5, 380-386
　――の腸内菌叢 83
　――のロードーシス反応 386
モンキーポックスウイルス 161
モングレル 28

ヤ 行

野猿公苑 408
ヤ ギ 140, 273-278
ヤクザル 407
ヤクニホンザル 407
薬物毒性 71
夜行性 373
夜行性動物 77, 330
野 生 301
野生マウス 30
ヤパウイルス 161
ヤマカガシ 199
ヤマトゴキブリ 176
夜 盲 77

有尾目 192, 193
有尾類 189
優性突然変異遺伝子 373
優性白斑 323
幽門胃 349

幼形成熟 189
溶血性レンサ球菌病 157
幼若ホルモン 176
横川吸虫 378
ヨーロッパウズラ 202
四元交雑 34, 324

ラ 行

light down 211
ライム病 346
radiotelemetry 259
Lassa 熱 114
ラット 4, 328-340
　――の営巣行動 330
　――の腸内菌叢 83
ラブラドールリトリーバー 255
卵肉兼用種 227
卵用種 227
LALS 6

リコンビナント・インブレッド系　38
リコンビナント近交系　32, 42
リスザル　398
　――の季節繁殖性　399
リスザル亜科　398
リステリア病　141
recessive white　213
立鱗病　122
鯉痘　121
Little　3
離乳　303
離乳子数　76
離乳率　69
硫化水素　75
硫化メチル　75
両生類　124, 189
量的形質　24, 40, 41
緑襟野鶏　218
緑膿菌　144, 157
release call　193

ring tail　72
ring worm　131
リンケージ　35
リンケージテスト　37
リンパ球性脈絡髄膜炎　114, 154
リンホシスチス病　120, 121

類鼻疽　166

Race　452
冷水病　121
霊長類ウイルス・レファレンスセンター
　162
劣性シルバー　212
red head　211
レプトスピラ病　133
連関群　32
レンサ球菌病　139
連鎖群　377
連鎖群分析　39

連続発情　77

ロイコチトゾーン病　131
ロードーシス　336
ロタウイルス病　143
ロップイヤー　285
rodentia　344
Robertson 型融合　317
long haired chimpanzee　445

ワ 行

Y 器官　174
Y 染色体　31
ワクシニアウイルス　149
ワシントン条約　445
ワタボウシタマリン　388
ワモンゴキブリ　176
one male unit　439

| 実験動物学（普及版） | 定価はカバーに表示 |

1991年12月10日　初　版第1刷
1997年10月15日　　　　第2刷
2009年 3 月20日　普及版第1刷

監修者　田　嶋　嘉　雄
編集者　江　崎　孝三郎
　　　　藤　原　公　策
　　　　前　島　一　淑
　　　　光　岡　知　足
　　　　高　垣　善　男
発行者　朝　倉　邦　造
発行所　株式会社　朝　倉　書　店
東京都新宿区新小川町6-29
郵便番号　162-8707
電　話　03(3260)0141
ＦＡＸ　03(3260)0180
http://www.asakura.co.jp

〈検印省略〉

© 1991 〈無断複写・転載を禁ず〉　　　新日本印刷・渡辺製本

ISBN 978-4-254-30100-7　C 3047　　　Printed in Japan